GW00367025

Lehrbuch der Allgemeinen Geographie
Band 13

Lehrbuch der Allgemeinen Geographie

Begründet von Erich Obst
Fortgeführt von Josef Schmithüsen

Autoren der bisher erschienenen Einzelbände

J. Bähr, Kiel · J. Blüthgen, Münster · K. Fischer, Augsburg
D. Fliedner, Saarbrücken · H. G. Gierloff-Emden, München · Ed. Imhof, Zürich
Chr. Jentsch, Mannheim · W. Kuls, Bonn · H. Louis, München
E. Obst, Göttingen · J. Schmithüsen, Saarbrücken
S. Schneider, Bad Godesberg · G. Schwarz, Freiburg i. Br.
M. Schwind, Hannover · W. Weischet, Freiburg i. Br. · F. Wilhelm, München

Walter de Gruyter · Berlin · New York 1993

Dietrich Fliedner

Sozialgeographie

Walter de Gruyter · Berlin · New York 1993

Autor

Professor Dr. Dietrich Fliedner
Fachrichtung Geographie
Universität des Saarlandes
6600 Saarbrücken

⊗ Gedruckt auf säurefreiem Papier, das die US-ANSI-Norm über Haltbarkeit erfüllt.

Die Deutsche Bibliothek – CIP-Einheitsaufnahme

Lehrbuch der allgemeinen Geographie / begr. von Erich Obst.
Fortgef. von Josef Schmithüsen. - Berlin ; New York : de Gruyter.

NE: Obst, Erich [Begr.]; Schmithüsen, Josef [Hrsg.]

Bd. 13. Fliedner, Dietrich: Sozialgeographie. - 1993

Fliedner, Dietrich:
Sozialgeographie / Dietrich Fliedner. - Berlin ; New York :
de Gruyter, 1993
(Lehrbuch der allgemeinen Geographie ; Bd. 13)
ISBN 3-11-008863-0

Datenkonvertierung durch: Knipp, Satz und Bild digital, Dortmund. -
Druck: Druckerei Gerike GmbH, Berlin. -
Buchbinderische Verarbeitung: Lüderitz & Bauer, Berlin. - Printed in Germany

Für Marianne

Vorwort

Der Plan eines Lehrbuchs der Allgemeinen Bevölkerungs- und Sozialgeographie im Rahmen des Lehrbuchs der Allgemeinen Geographie besteht seit etwa dreißig Jahren. Seinerzeit hatte es Hans Bobek übernommen, dieses Buch zu schreiben. Er war wie kein zweiter geeignet für die Aufgabe, darf man ihn doch als den eigentlichen Begründer der Sozialgeographie im deutschsprachigen Raum betrachten, der mit einer Vielzahl von Publikationen diesem neuen Wissenszweig eine tragfähige Basis gab. Ende der 60er Jahre vollzogen sich jedoch in der Geographie Veränderungen, die auch oder gerade die Position der Sozialgeographie berührten; der Diskussionsschwerpunkt verschob sich. Dies mag Hans Bobek – wie Elisabeth Lichtenberger (1990b) im Nachruf meinte – bewogen haben, von dem Vorhaben Abstand zu nehmen.

Anfang der 80er Jahre fragte mich der damalige Herausgeber des Lehrbuchs, Josef Schmithüsen, ob ich die Aufgabe übernehmen wolle. Es bestand bald Übereinstimmung darüber, daß die Bevölkerungs- und Sozialgeographie getrennt behandelt werden mußten; demographische und soziale Prozesse sind von unterschiedlicher Art. Die Bevölkerungsgeographie ist so parallel zur Sozialgeographie erarbeitet worden und liegt – verfaßt von Jürgen Bähr, Christoph Jentsch und Wolfgang Kuls – seit etwa einem halben Jahr vor.

Die Arbeiten am Lehrbuch der Sozialgeographie wurden von mir übernommen, obwohl mir klar war, daß es nicht nur darum ging, ein Lehrbuch nach dem heutigen Stand der Kenntnis, unter Ausnutzung der vorhandenen Literatur, zu schreiben; vielmehr galt es auch, ein neues theoretisches Konzept zu erarbeiten, das dem inzwischen erreichten Wissensstand gerecht wird. Für die Darstellung ergab sich das Problem, einerseits die theoretischen Gedankengänge als in sich konsistent überzeugend zu verdeutlichen, andererseits die ja unabhängig von diesen entstandene umfangreiche sozialgeographische Literatur zwar in diesem neuen Rahmen, aber dennoch entsprechend ihrem eigenen Gewicht so zu vermitteln, daß der Anspruch, den der Leser an ein Lehrbuch stellen kann, erfüllt wird. Ich hoffe, dies ist mir gelungen.

Josef Schmithüsen verstarb bereits 1984. Ich danke ihm für viele Gespräche, die uns wissenschaftlich und persönlich einander näherbrachten. Gerade bei solchen Fragen, die wir kontrovers diskutierten, habe ich ihn als scharf denkenden und argumentierenden, aber auch als aufgeschlossenen und toleranten Kollegen kennengelernt, dem ich Hochachtung schulde.

Es müßten viele Namen angeführt werden, von Kollegen, Mitarbeitern und Studierenden, die die Arbeit an diesem Buch begleiteten. Mein Bruder, Dr. Siegfried Fliedner, Kunsthistoriker und ehemals Kustos und stellvertretender Leiter des Fockemuseums in Bremen, hat in vielen Diskussionen mein Wissenschaftsverständnis mit geprägt. Sodann möchte ich meinem Kollegen Wolfgang Brücher, Saarbrücken, danken, der große Teile des Manuskripts durchgesehen hat und mir wertvolle Anregungen gab. Darüber hinaus ist mein wissenschaftlicher Mitarbeiter, Dr. Peter Dörrenbächer, zu nennen, der mich in Diskussionen veranlaßte, manche Frage nochmals zu überdenken. Die Herren Dipl. psych. und geogr. Heiko Riedel, Saarbrücken, und Dipl.biol. Dr. Dirk Denzer, Wuppertal, gaben mir wichtige Anregungen. Auch die Herren Johannes Heymann und Gert Körner sowie Frau Bettina Wülbers, alle ehemals Studierende der Geographie in Saarbrücken, halfen mir bei der Lösung verschiedener Sachfragen; sie unterstützten mich – neben Herrn Dipl.Bibl. Thomas Fläschner – vor allem bei der Literaturbeschaffung. In den USA förderten insbesondere die Kollegen Richard E. Murphy (er starb 1982), Elinore Barrett und Iven Bennett (University of New Mexico), Herr Stewart L. Peckham (Museum of New Mexico) und Herr Tom Giles (National Park Service) meine Archiv- und Geländearbeiten. Der Kartograph unseres Instituts, Herr Walter Paulus, hat in bewährter Weise die Reinzeichnung der Karten und Diagramme vorgenommen und dabei viel Geduld und Geschick gezeigt. Frau Christa Schramm besorgte die Photoarbeiten. Ganz besonders fühle ich mich Frau Karin Commer verbunden; sie hat das umfangreiche, immer wieder von mir geänderte und ergänzte Manuskript mit Nachsicht und Umsicht technisch betreut und die komplizierte Reinschrift besorgt.

Durch freundliche Ermahnungen wurde es mir erleichtert, das Manuskript aus der Hand zu geben. Für das Entgegenkommen und das Verständnis danke ich dem Verlag, insbesondere Herrn Dr. Weber.

Das Manuskript wurde – abgesehen von kleinen Ergänzungen – im Herbst 1991 abgeschlossen.

Sommer 1992 *Dietrich Fliedner*

Inhalt

Einleitung

Die Sozialgeographie ist eine junge Teildisziplin der Geographie. Sie bildete sich in den 20er, 30er und besonders 50er Jahren dieses Jahrhunderts heraus und wechselte seither häufig ihr Erscheinungsbild, ihren Forschungsgegenstand und ihre Methode. Vordergründig betrachtet spielte anfangs der Landschaftsbezug eine wichtige Rolle; in den 60er Jahren drangen quantitative Methoden in die Untersuchungen ein, während heute der qualitative Aspekt besonders wichtig erscheint. In den letzten zwanzig Jahren wurden – zur Sozialgeographie oder Anthropogeographie mit Betonung sozialgeographischer Fragen – etliche Lehrbücher und Übersichten geschrieben, Aufsatzsammlungen publiziert. Die Arbeiten der 70er Jahre standen noch ganz unter dem Eindruck der „quantitativen Revolution“ (vgl. S.142f), versuchten, die Ergebnisse aus unterschiedlicher Sicht zu verarbeiten, so aus mehr traditioneller Sicht (Hambloch 1972/82) und Wirth (1979), in der Überzeugung eines vollzogenen Paradigmenwechsels Haggett (1965/73; 1972/83), Morrill und Dormitzer (1979) u.a. Im historischen Zusammenhang und methodologisch vertieft stellten Thomale (1972), Schultz (1980) und Holt-Jensen (1980) den Umbruch dar; Hard (1973) versuchte, ein Fazit zu ziehen und Perspektiven für die Zukunft zu eröffnen. Das von Maier, Paesler, Ruppert und Schaffer (1977) verfaßte Lehrbuch stellte die Anwendungsmöglichkeiten der Sozialgeographie in den Mittelpunkt.

In den 8oer Jahren verschob sich der Schwerpunkt, der geisteswissenschaftliche Aspekt trat stärker in den Vordergrund. Internationale Übersichten vermittelten Johnston und Claval (Hrsg., 1984) sowie Eyles (Hrsg., 1986), wobei jene die Entwicklung der Sozialgeographie seit dem Zweiten Weltkrieg, dieser den aktuellen Forschungsstand vorstellten. Jackson und Smith (1984) gaben einen Überblick über die wichtigsten Ansätze und Fragestellungen in der anglophonen Sozialgeographie, um ihren theoretischen Vorstellungen einen Rahmen zu geben, Johnston (1983/86) sowie Bird (1989) betonten den philosophischen Hintergrund, während bei Cater und Jones (1989) mehr der Anwendungsaspekt anhand konkreter Probleme demonstriert wurde. Die Bedeutung der soziologischen Theorien für die Sozialgeographie thematisierte vor allem Arnold (1988). Eine Vielzahl von Einzelüberlegungen kam in den von Peet und Thrift (1989), Wolch und Dear (1989) sowie Gregory und Walford (1989) herausgegebenen Aufsatzsammlungen zur Darstellung.

Während man aus den Publikationen der 70er Jahre die Gefahr herauslesen konnte, daß der Mensch auf Zahlen und Elemente, auf passiv reagierende, nur im Durchschnitt und Mengen erscheinenden Werte oder Wesen reduziert ist, dominiert in den Publikationen der 80er Jahre der Eindruck einer Unübersichtlichkeit und Vielfalt, teilweise aber auch Beliebigkeit. Geistreiche Gedanken im Plural, aber kaum miteinander vereinbar, fügen sich nicht zu einem Ganzen. Von manchen Autoren werden übergreifende Theorien sogar als nicht erwünscht erachtet – Einzug der Postmoderne (vgl. S.179f) in die Wissenschaft? Eine Wissenschaft, die keine sie orientierende Theorie anstrebt, die vielleicht dazu sich auch nicht in der Lage sieht, gibt sich selbst auf. Eine Theorie hat einen disziplinierenden Rahmen zu schaffen, in dem sich Gedanken frei entfalten können, empirisch und anwendungsbezogen gearbeitet werden kann. Die vielen guten Ideen und Ergebnisse müssen wenigstens im Großen und Ganzen als Bausteine in einer solchen Theorie ihren Platz erhalten.

Dieser Aufgabe will sich dieses Buch stellen. Zunächst soll in einem historischen Abriß der geisteswissenschaftlichen und methodischen Entwicklung der Anthropogeographie, speziell dann der Sozialgeographie, auf die gegenwärtige Situation hingeführt werden (Kap.1); so wird der Boden für die Theorie bereitet, die im Zentrum des Buches steht (Kap.2). Die Fülle empirischer Arbeiten zur Sozialgeographie, vor allem die der jüngsten Zeit, wird im abschließenden Teil (Kap.3) behandelt, nun im Rahmen der vorher erarbeiteten Theorie.

Die Geistes- und Sozialwissenschaften haben im Verlauf der letzten hundert Jahre – ablesbar an den traditionellen Philosophischen Fakultäten – einen evolutionären Prozeß durchlaufen. Das bedeutet nicht nur eine Vervielfachung der Fachgebiete, sondern auch der Verflechtungen zwischen diesen. Bisher wurden vornehmlich nur die Fachgebiete gesehen, aber wir müssen auch die Verflechtungen und Gemeinsamkeiten berücksichtigen. Die Entwicklung einer Disziplin ist ein erkenntnistheoretischer Prozeß, eingebettet in einem breiten Strom von Gedanken, Ergebnissen und gesellschaftlichen Ereignissen; die Geographie, die Anthropogeographie und schließlich die Sozialgeographie haben sich im Zuge dieses evolutionären Vorgangs durch Spezialisierung herausgebildet. D.h., daß sie Aufgaben für das Ganze, die Wissenschaft, das Leben haben. Dieser Aspekt zwingt zur thematischen Breite, zur Berücksichtigung benachbarter und verwandter Disziplinen und des geistigen und sozioökonomischen Umfeldes. Andererseits ist klar, daß dies nur im begrenzten Umfang geschehen kann, beispielhaft, nur insoweit, als dies die Grundlinien deutlich werden läßt.

1. Entstehung und Entwicklung der Sozialgeographie

1.0 Einleitung

Die heutige Sozialgeographie ist etwas Gewordenes. Um ihre Fragestellungen begreiflich zu machen, möchte ich die Geschichte der Anthropogeographie der letzten hundert Jahre darstellen, in ihr einen Prozeß sehen, dem ein klares – wenn auch unbewußt verfolgtes – Konzept zugrunde liegt. Die Wandlungen vollzogen sich – dies sei vorab postuliert – in Perioden, die aus dem Gesamtprozeß verständlich werden; dabei ist die Veränderung des Raumverständnisses im Hintergrund zu sehen. Es kommt mir nicht auf eine kompendienartige Vollständigkeit an, vielmehr auf die Herausarbeitung und die Hinterfragung der geistigen Strömungen. Der Klarheit wegen wird von der Möglichkeit wörtlichen Zitierens häufig Gebrauch gemacht.

1.0.1 Über das Raumverständnis

Die Geographie befaßte sich immer mit der Erdoberfläche in ihren verschiedenen „Sphären", den Menschen und ihren Werken, arbeitete also in der Größenordnung des Mesokosmos (Vollmer 1985-86, I, S.133 f.; Hambloch 1987, S.19). Nur, wie diese Untersuchungskomponenten gewichtet und zueinander gesetzt werden, welche Bedeutung dem Begriff Raum zukommt, wechselte im Laufe der Zeit. Die Geographie verstand sich als „Raumwissenschaft" (Hettner 1927); heute wird dies z.T. anders gesehen (Eisel 1980; Bahrenberg 1987b;c). Das Raumverständnis ist als Konsequenz der Perzeption aufzufassen, aber es durchgreift unser gesamtes Denken und Handeln. Insofern steht die Geographie mit diesem Problem nicht allein. Dieselbe Frage: was ist Raum und wie stehen wir zu ihm, in ihm? beschäftigt z.B. auch die Bildende Kunst und die Philosophie. Der Raumbegriff ist vor allem in der Physik thematisiert worden, und so sind wir gehalten, die Entwicklung dieser Sachbereiche hier in die Erörterung – wenn auch in gebotener Kürze – einzubeziehen.

Wir sind zuerst in aller Deutlichkeit durch die Relativitätstheorie Einsteins mit dem Umbruch im Raumverständnis bekannt geworden. Er greift aber sachlich über die tote Natur, auch über den Mikro- und Makrokosmos hinaus; er steht auch zeitlich nicht isoliert, läßt sich vielmehr als Entwicklung verstehen, die sich mit den großen Wandlungen der jüngeren Neuzeit, mit den Fortschritten in Wissenschaft und Technik verbindet.

Der Maler sieht z.B. den konkreten Raum als das Darzustellende; dies mögen Portraits sein, Heiligenbilder oder Landschaftsbilder. Der Künstler bemüht sich um eine Darstellung, in der vielleicht der Gegenstand getreu der Realität wiedergegeben wird, oder in der er versucht, möglichst das Wesen zu erfassen, z.B. die Person in ihrem Charakter und ihrer Denkungsart; ihre Seele soll aus dem Bild sprechen, oder ein gewisses Pathos oder Natürlichkeit. Andere Beispiele: Die gemalte Landschaft mag als ideal erscheinen, als besonders schön oder dramatisch. In all diesen Beispielen ist es der dargestellte Gegenstand selbst, der sich präsentieren, der uns ansprechen soll. Das Kunstwerk erscheint als Medium. Das Subjekt ist der Maler, das zu Malende ist das Objekt.

Es mag aber auch sein, daß der Künstler sein eigenes Verhältnis zum Dargestellten wiedergeben will, er sich berufen sieht, das, was er fühlt, ahnt, fürchtet, vorzuführen, wobei der Bildinhalt als Vehikel benutzt wird. Das Subjekt Maler bringt sich selbst ein, z.B. sein Empfinden. Die Gestaltungsziele sind dann ganz andere, das Formale des Bildes wird in den Dienst der beabsichtigten Aussage gestellt.

Der Philosoph sieht das Problem der Position des Menschen in der Welt, fragt, inwieweit der Mensch die Realität mit der Vernunft fassen kann und, weiter, wie seine Wünsche und Emotionen hier hereinspielen; auch sie gehören zum Menschen, seiner Identität. Die Vernunft gibt uns Distanz zum betrachteten Objekt, zur Umwelt oder Welt; die Emotionen, die Wünsche, Ängste, Gefühle – sie sind das „Menschliche". Durch was wird unser Denken und Handeln bestimmt? Diese Frage läßt sich nur im engen Zusammenhang mit jenen Wissenschaften diskutieren, die die Natur, das Gegenüber und das Sein des Menschen, erforschen, d.h. die Naturwissenschaften, insbesondere die Physik. Die Materie erscheint als raumrelevantes, raumschaffendes Medium. Die Grenzen zu Chemie und Biologie sind offen, geht es doch auch um Zeitprobleme, um Umwandlung, um Gestaltung, um Evolution.

Die Naturwissenschaften und die Metaphysik – d.h. „hinter der Physik" –, die Ontologie und die philosophische Anthropologie haben im Verlauf der letzten Jahrhunderte verschiedene Antworten auf diese Fragen gegeben, die sich durchaus zu denen der Malerei in Beziehung setzen lassen.

In der Anthropogeographie ist das Verhältnis des Menschen zur Umwelt, zur natürlichen Umwelt – wie Relief, Klima, Pflanzen- und Tierwelt – auf der einen Seite, zu den anderen Menschen – zur Gesellschaft, zur Kultur – auf der anderen Seite zu untersuchen. Umweltverständnis, Gewolltes und Gestaltetes, Wollen und Gestalten sind wichtige Erkenntnisgrößen für den Anthropogeographen; auch diese Relationen haben sich im Verlaufe der Zeit verschoben, nicht zuletzt unter dem Eindruck der sich wandelnden Realität, der Forschungsgegenstände selbst.

Ähnliche Schwierigkeiten mit dem Mensch-Umwelt-Verhältnis ist in den übrigen Sozialwissenschaften und den Geschichtswissenschaften erkennbar; sie sollen uns hier nur randlich berühren, insoweit sie für unsere Fragestellung wichtig sind.

Die drei Felder der hier berücksichtigten kulturellen Selbstdarstellung – Malerei (als einer Kunstform), Philosophie (im Verein mit den Naturwissenschaften) und Anthropogeographie (als einer Sozialwissenschaft) – stehen so miteinander in geistiger Verbindung; die Klärung des Verhältnisses Mensch-Raum ist das Gemeinsame. Die spezifischen Vorstellungen sind in jedem Bereich inhaltlich und zeitlich zu gruppieren, so daß Perioden mit einheitlichem Theorieverständnis oder Paradigma herausgestellt werden können; sie sind aber auch untereinander zu verknüpfen, so daß sich ein Gesamtbild herauskristallisiert. Dies alles ist aus dem Blickwinkel einer Einzeldisziplin, nämlich der Anthropogeographie, zu betrachten.

Es hatte bereits mehrfach in der abendländischen Geschichte einen Wechsel im Raumverständnis gegeben, z.B. in der Antike im Übergang von der archaischen zur klassischen Kunst, im frühen Mittelalter im Wandel von der ottonischen zur romanischen Kunst (Nitschke 1973, S.129) sich äußernd. In der Frührenaissance wurde die Möglichkeit entdeckt, die dritte Dimension des geometrischen Raumes auf Bildern mittels der Zentralperspektive präzise darzustellen. Hinter dieser in der bildenden Kunst nachvollziehbaren Erkenntnis steht eine Wandlung im Raumverständnis. War es früher lediglich möglich, die Umwelt zweidimensional, flächig darzustellen, als Aufsicht vom Betrachter her, und die räumliche Tiefe anzudeuten, so konnten nun perspektivisch exakt Landschaftsbilder, Architekturzeichnungen etc. entworfen werden. Es zeigt sich hierin, daß sich die ganze Art des Wahrnehmens verändert hatte, differenzierter geworden war. Diese Umwandlungen bedeuteten einen in mehreren Stadien sich vollziehenden Prozeß; er währte über ein Jahrhundert (Panofsky 1927/85) und dürfte alle Bereiche des Lebens erfaßt haben. Es ist ein erkenntnisevolutionärer Prozeß (vgl.S.169f; 311f) gewesen, durch den ganz neue Möglichkeiten erschlossen wurden, der u.a. auch die Wissenschaft und Technik beflügelte.

1.0.2 Paradigma, Theorie, Ansatz, Beitrag

Auch den gegenwärtigen Wandel im Raumverständnis muß man sich als mehrphasigen Prozeß vorstellen, der sich in vielen Lebensbereichen ausdrückt, eben auch in der Wissenschaft, der Geographie. Ihm verdankt die Sozialgeographie ihre Entstehung. In den letzten Jahren wurde in mehreren Arbeiten behauptet, daß die Veränderungen revolutionärer Art sind, ihnen ein Paradigmenwechsel zugrundeliegt. Kuhn (1962/76) analysierte das Wesen und Erscheinungsbild mehrerer wissenschaftlicher Revolutionen in der Vergangenheit (vgl.S.171f). Er gab dem Begriff Paradigma einen spezifischen Inhalt. Dabei erwähnte er die Physik des Aristoteles, den Almagest des Ptolemäus, Newtons Principia und andere bedeutende Werke und meinte (S.25), sie „dienten indirekt eine Zeitlang dazu, für nachfolgende Generationen von Fachleuten die anerkannten Probleme und Methoden eines Forschungsgebietes zu bestimmen. Sie vermochten dies, da sie zwei wesentliche Eigenschaften gemeinsam hatten. Ihre Leistung war neuartig genug, um eine beständige Gruppe von Anhängern anzuziehen, die ihre Wissenschaft bisher auf andere Art betrieben hatten, und gleichzeitig war sie noch offen genug, um der neuen Gruppe von Fachleuten alle möglichen ungelösten Probleme zu stellen. Leistungen mit diesen beiden Merkmalen werde ich von nun an als ‚Paradigmata' bezeichnen...".

Im Verlaufe der Entwicklung vollziehen sich Paradigmenwechsel in revolutionärer Form. Sie kündigen sich dadurch an, daß Probleme sich im Rahmen des überkommenen Paradigmas nicht lösen lassen, daß es verschiedene Versuche gibt, auf der Basis der gegebenen Vorstellungen weiterzukommen, vergebens, bis dann eine völlig neue Theorie ein neues Paradigma setzt. Dennoch – so meint Kuhn (S.108) – sei mit dem Paradigmenwechsel nicht ein wissenschaftlicher Fortschritt verbunden. Vielmehr würde lediglich das eine Paradigma durch ein anderes ersetzt. Die jüngere Forschergeneration verschöbe lediglich die ältere. Eine Falsifizierung, wie sie Popper (1934/89; vgl.S.101f) fordert, hält er für nicht möglich. Es seien vornehmlich irrationale Gründe, die einen Paradigmenwechsel verursachten.

Stegmüller (1987/89, III, S.280 f.) widersprach ihm zum Teil. Zwar sieht auch er in gewissem Maße Irrationalität im Forschungsprozeß; soziologische, psychologische und andere Einflüsse ließen sich nicht leugnen. Er lehnte es aber ab, dies mit der Frage nach der „kumulativen Erwerbung von Wissen" zu vermengen. Der Begriff „Paradigma", von Wittgenstein übernommen, sei zu vage (S.308). Er ersetzte ihn einschränkend durch den der „Theorie" und unterschied zwischen Theorie und Hypothese. Theorien hätten einen Kern, ein Fundamentalgesetz. Was sich in der „normalen Wissenschaft" Kuhns – also im Rahmen seines Paradigmas – wandelt, seien die Kernerweiterungen. „In diesen Kernerweiterungen, und nur in diesen, bestehen die eigentlichen wissenschaftlichen Hypothesen" (S.311). Diese könnten durch Falsifizierung überprüft werden. Die Theorie selbst in ihrem Kern könnte dagegen nur durch eine andere ersetzt werden; ... es „ist keine Situation denkbar, die eine Widerlegung der Theorie beinhaltet" (S.320). „Kuhn kann zwischen solchen wissenschaftlichen Revolutionen, die mit Fortschritt verbunden sind, und solchen, die keinen Fortschritt beinhalten, nicht differenzieren, es sei denn, in unbefriedigender Weise, nämlich durch Rekurs auf die soziologische Situation" (S.321). Durch einen Leistungsvergleich läßt sich aber der Fortschritt erkennen. „Eine Theorie leistet mehr als eine andere, wenn man mit ihr alle Erklärungen, Voraussagen und sonstigen Systematisierungen, welche die letztere gestattet, ebenfalls vornehmen kann, darüber hinaus aber auch weitere" (S.324). D.h. die eine Theorie muß sich auf eine andere Theorie reduzieren lassen. „Theorieverdrängung mit ‚Erkenntnisfortschritt' ist dann gegeben, wenn die alte Theorie auf eine neue strukturell reduzierbar ist. Theorieverdrängung ohne Fortschritt liegt hingegen vor, wenn keine derartige Reduktion möglich ist" (S.325).

Es ist nicht einfach, in der realen Entwicklung einer Wissenschaft nun festzustellen, ob ein Paradigmenwechsel – eine Theorieverdrängung –, d.h. eine Umwälzung (Stegmüller) vorliegt oder nur der normale Fortschritt erscheint. Wirth (1979a, S.173) sagte mit Recht, daß man nicht jede Welle im Ablauf des wissenschaftlichen Forschungsganges als Paradigmenwechsel deuten dürfe. Es werden hier also zwei Größenordnungen angesprochen. Auf der oberen Ebene erscheinen Paradigma oder Theorie. Auf der niedrigeren Ebene kennen wir Hypothesen; bei den mit ihnen verbundenen „Ansätzen" handelt es sich um Versuche, eine Theorie von einer bestimmten Seite her anzugehen. Häufig fühlen sich einem Ansatz verschiedene Wissenschaftler gleicher Herkunft (Schulen), gleicher Altersgruppe oder gleicher ideologischer Ausrichtung verpflichtet.

Zwischen der Darlegung der Theorie und dem Ansatz mag es Übergänge geben, auch zwischen den Ansätzen und den Einzelbeiträgen, seien sie individuell oder in Teamarbeit zustandegekommenen. Diese Arbeiten – auf der untersten Ebene der Hierarchie – dienen der Lösung der konkreten wissenschaftlichen Probleme.

Paradigmen oder Theorien beeinflussen mehrere Disziplinen, eine ganze Disziplin oder doch mehrere Teildisziplinen, Ansätze gelten spezifischen Problemen oder Problemgruppen in der Disziplin, Einzelarbeiten bestimmten theoretischen oder empirischen Detailfragen. Diese wenigen Bemerkungen mögen das Verständnis der folgenden Ausführungen erleichtern.

1.0.3 Die Ausgangssituation

Die Wandlungen im Raumverständnis setzten im letzten Jahrhundert ein. Vorher – als Ausgangssituation – erschienen Raum und Zeit als für sich bestehend; der Mensch stand der Welt gegenüber. Noch für den Klassizismus (in der Kunst) und den Idealismus (in der Philosophie) war diese Grundauffassung gültig.

1.0.3.1 Die Malerei

Bereits im 14.Jahrhundert, in der italienischen Frührenaissance, entdeckten die bildenden Künstler, daß die dritte Dimension sich in unterschiedlicher Form exakt in die Bildnerei einbeziehen läßt und vom Betrachter erfaßt werden kann. In der Malerei kam man zu der Erkenntnis, daß die Zentralperspektive ein genaues Bild von der „Tiefe" des Raumes vermitteln kann. Diese Erkenntnis kam nicht plötzlich, sondern drang nach und nach in die künstlerische Gestaltung ein. Auf den Bildern gelten seitdem folgende Gesetze (Panofsky 1927/85, S.99): „Alle Orthogonalen oder Tiefenlinien treffen sich in dem sogenannten ‚Augenpunkt', der durch das vom Auge auf die Projektionsebene gefällte Lot bestimmt wird. Parallelen, wie sie auch immer gerichtet sein mögen, haben einen gemeinsamen Fluchtpunkt. Liegen sie in einer Horizontalebene, so liegt dieser Fluchtpunkt stets auf dem sogenannten ‚Horizont', d.h. auf der durch den Augenpunkt gelegten Waagerechten; und bilden sie außerdem mit der Bildebene einen Winkel von 45°, so ist die Entfernung zwischen ihrem Fluchtpunkt und dem ‚Augenpunkt' gleich der ‚Distanz', d.h. gleich dem Abstand des Auges von der Bildebene; endlich vermindern sich gleiche Größen nach hinten zu in einer Progression, so daß – den Ort des Auges als bekannt vorausgesetzt – jedes Stück aus dem vorangehenden oder nachfolgenden berechenbar ist."

Der Künstler als Subjekt steht dem darzustellenden Objekt in einer bestimmten Distanz gegenüber. Ob in der Renaissance, im Barock, im Rokoko oder im Klassizismus – es sind immer die Dinge, die Personen, die Landschaften, deren Wesen zu erfassen versucht, die Augenblicke, deren Bedeutung dargestellt werden sollten. Der Maler arbeitete im Auftrag, diente der Kirche, dem Hofe, den Bürgern (Warnke 1985). Er war bestrebt, entsprechend seinem Auftrag und seinem Vermögen das Sujet lebensnah, anrührend, dramatisch, beseelt oder distanziert dem Betrachter zu vermitteln. Sein eigenes Denken und Fühlen, seine Absichten und Vorstellungen können heute so nur indirekt, über Bildinhalt und -komposition, über Farben, Malstil etc. erschlossen werden.

1.0.3.2 Die Philosophie und die Naturwissenschaften

Der Mensch ist der Fragende und der dabei in unterschiedlicher Weise Vorgehende. Dabei lassen sich das Ich, das Erkenntnisvermögen auf der einen, der Raum und die Zeit, die Wirklichkeit, die Welt auf der anderen Seite in ihrem Verhältnis zueinander verschieden interpretieren und gewichten.

Descartes (1644/1908/55) meinte, daß wahr sei, was mittels Vernunft „clare et distincte" erkannt werden könne. „Denn zu einer Erkenntnis (perceptio), auf die ein sicheres und unzweifelhaftes Urteil gestützt werden kann, gehört nicht bloß Klarheit, sondern auch Deutlichkeit. *Klar* (clara) nenne ich die Erkenntnis, welche dem aufmerkenden Geiste gegenwärtig und offenkundig ist, wie man das klar gesehen nennt, was dem schauenden Auge gegenwärtig ist und dasselbe hinreichend kräftig und offenkundig erregt. *Deutlich* (distincta) nenne ich aber die Erkenntnis, welche, bei Voraussetzung der Stufe der Klarheit, von allen übrigen so getrennt und unterschieden (sejuncta et praecisa) ist, daß sie gar keine andren als klare Merkmale in sich enthält" (Descartes 45). Auf Descartes – der sich seinerseits auf antike Lehren stützen konnte – geht die sehr wesentliche Unterscheidung zwischen der Innenwelt des Menschen als der „denkenden Substanz" (res cogitans) und der Außenwelt als der „ausgedehnten Substanz" (res extensa) zurück, die später als Unterscheidung zwischen Subjekt und Objekt eine fundamentale Bedeutung erlangte (Lorenz 1990, S.35 f., 98 f.). Der Betrachter – als Subjekt – steht außerhalb des betrachteten Gegenstandes, des Objekts; nur so ist die rationale Erfassung der Welt möglich.

Der Raum ist nach Descartes materieerfüllt, ein Vakuum existiert nicht. Die Vorstellung vom orthogonal gestalteten dreidimensionalen Raum ist für ihn Basis auch seiner mathematischen Arbeiten. Er entwickelte die analytische Geometrie, mit deren Hilfe geometrische und algebraische Methoden zusammengeführt und als gleichberechtigt behandelt werden. Nun versuchte Leibniz (1714/1962), in diesem materieerfüllten Raum die Bewegungen darzustellen, indem er die in der Antike wurzelnde Monadenlehre neu formulierte. Sie ist im Rahmen der Theodizee, also einer dem Gottesbeweis dienenden Lehre, zu sehen (Wardenga 1989, S.29), aber auch wohl vor dem Hintergrund seiner mathematischen Arbeiten. Der Text ist interpretierbar, manchmal dunkel; vielleicht liegt die Hauptschwierigkeit für ein Verständnis darin, daß Leibniz noch nicht klar zwischen Materie und Form unterschied. Aus geographischer Sicht hat sich vor allem Pohl (1986) mit der Monadenlehre beschäftigt und sie für seine Überlegungen zu einer Geographie als einer hermeneutischen Wissenschaft nutzbar gemacht (vgl.S.198f). Hier, in unserem Zusammenhang, interessieren vor allem fünf Aussagen:

1) Leibniz stellt sich den Raum als geordnete Materie vor, geordnet in Form von Monaden. „Die Monade … ist nichts anderes als eine einfache Substanz, die in das Zusammengesetzte eintritt; einfach ist, was ohne Teile ist" (Leibniz 1). Nach Horn (1962, S.29) bedeutet Monade soviel wie Einheit. Substanz ist das, was den Erscheinungen zugrunde liegt, der Träger von Eigenschaften. Das Zusammengesetzte ist Vielheit, räumlich ausgedehnt, Materie, das Stoffliche.

Pohl (1986, S.89) schreibt, indem er sich auf Ruf (1973, S.14) bezieht: „Das Verhältnis von Einheit und Vielheit läßt sich präziser beschreiben als ‚in-esse' (‚in-etwas-sein'). Die Vielfalt ist gewissermaßen schon in der Einheit, und diese entfaltet sich in der Vielheit". Das „in-esse" wird als Funktion verstanden. „Somit ist die Monas die funktionale Einheit aller ihrer phänomenalen Zustände" (Ruf 1973, S.102).

2) Monaden und Bewegung sind miteinander verkoppelt. Die Monaden verändern sich ständig (Leibniz 10). „Aus dem Gesagten folgt, daß die natürlichen Veränderungen der Monaden von einem inneren Prinzip herkommen, da ein äußerer Grund keinen Einfluß auf ihr Inneres haben kann" (Leibniz 11). Ruf (1973, S.102) schreibt: „Es wurde Leibniz möglich, die Bewegung nicht außerhalb der ‚Elemente der Natur' vorauszusetzen, wie

es die mechanische Naturinterpretation vermöge ihres Ansatzes tun mußte. Die Elemente selbst sind die Bewegungsanfänge respektive Bewegungsprinzipien." Das Problem Raum und Zeit wird bei Leibniz nicht im Sinne von Kant thematisiert (vgl. unten), als etwas generelles, als eine apriorische Anschauungsform erachtet; sie sind vielmehr den Monaden zugeordnet, individuelle Eigenschaften (Pohl 1986, S.92).

3) Die Monaden sind von innen heraus begreifbar, also zentral-peripher aufgebaut. Sie können als Kraftzentren interpretiert werden, sie sind selbstgenügsam, besitzen ein Streben nach Selbstentwicklung. Leibniz sprach von Entelechie, „denn sie haben in sich eine bestimmte Vollkommenheit...; es gibt da eine Selbstgenügsamkeit, welche sie zu Quellen ihrer inneren Handlungen und sozusagen zu unkörperlichen Automaten macht" (Leibniz 18).

4) Monaden sind individuell verschieden. „Es ist ... notwendig, daß jede Monade von jeder anderen verschieden ist. Denn es gibt in der Natur niemals zwei Wesen, die sich vollkommen gleich wären ..." (Leibniz 9). „Und wie eine und dieselbe Stadt, von verschiedenen Seiten aus betrachtet, ganz anders und wie perspektivisch vervielfacht erscheint, so kommt es auch, daß durch die unbegrenzte Vielheit einfacher Substanzen es gleichsam ebenso viele verschiedene Welten gibt, die dennoch nichts anderes sind als Perspektiven der Einen, entsprechend den verschiedenen Blickpunkten jeder Monade" (Leibniz 57).

5) Monaden sind in eine Hierarchie eingebettet. Gott erscheint gleichsam als die alles umfassende Monade, als ultima ratio (dazu Ruf 1973, S.137), der letzte Grund der Dinge (Leibniz 38-42). Die Kontinuität des Raumes ist nur der phänomenale Ausdruck der Bewegung der Punkte (Pohl 1986, S.96).

Nach Sachsse (1979, S.41) hat Leibniz eine Theorie geliefert, die die „Individualität und Singularität alles Existierenden, aller Raum-Zeit-Punkte", und zwar aus dem Determinismus heraus, erklärt. Im Satz von zunehmendem Grunde („Nichts ist ohne Grund oder keine Wirkung ist ohne Ursache"; Leibniz, zit. nach Sachsse 1979, S.39) und dem daraus folgenden Determinismus liegt der Schlüssel für die Einsicht, daß die Realität von ursprünglichen Kräften gesteuert wird. Es besteht ein totaler Zusammenhang. Leibniz spricht von der prästabilierten Harmonie im Universum (Leibniz 78 f.).

Herder zeigte in seinen „Ideen zur Philosophie der Geschichte der Menschheit", daß die Leibnizschen Gedanken durchaus erfolgreich angewandt werden können. Eisel (1980, S.545 f.) und Pohl (1986, S.102 f.) stellten Herders Bedeutung für die moderne Geographie heraus. Herder übernahm die These von der Einheit des Subjekts und Objekts in der Monade (Pohl 1986, S.102), die Überzeugung von der Einheit im Mannigfaltigen, vom Mannigfaltigen in der Einheit. Seine teleologische Grundeinstellung prägt sein Gedankengebäude. Der Mensch erscheint als Mängel- und als Fähigkeitswesen (Lorenz 1990, S.67 f.). Herder schrieb im 15. Buch seiner „Ideen..." (1784/91/o.J., ca. 1910, S.247):

„Ist indessen ein Gott in der Natur, so ist er auch in der Geschichte; denn auch der Mensch ist ein Teil der Schöpfung und muß in seinen wildesten Ausschweifungen und Leidenschaften Gesetze befolgen, die nicht minder schön und vortrefflich sind als jene, nach welchen sich alle Himmels- und Erdkörper bewegen." Und unter der Überschrift „Humanität ist der Zweck der Menschennatur, und Gott hat unserm Geschlecht mit diesem Zweck sein eigenes Schicksal in die Hände gegeben" (S.248/49) schreibt Herder: „Der Zweck einer Sache, die nicht bloß ein totes Mittel ist, muß in ihr selbst liegen. Wären wir dazu geschaffen, um, wie der Magnet sich nach Norden kehrt, einen Punkt der Vollkommenheit, der außer uns ist, und den wir nie erreichen könnten, mit ewig vergeblicher Mühe nachzustreben, so würden wir als blinde Maschinen nicht nur uns, sondern selbst das Wesen bedauern dürfen, das uns zu einem Tantalischen Schicksal verdammte... Glücklicherweise aber wird dieser Wahn von der Natur der Dinge nicht gelehret; betrachten wir die Menschheit, wie wir sie kennen, nach den Gesetzen, die in ihr liegen, so kennen wir nichts Höheres als Humanität im Menschen; denn selbst wenn wir uns Engel oder Götter denken, denken wir sie uns nur als idealische, höhere Menschen." Und weiter: „Zu diesem offenbaren Zweck, sahen wir, ist unsre Natur organisieret; zu ihm sind unsre feineren Sinne und Triebe, unsre Vernunft und Freiheit, unsre zarte und daurende Gesundheit, unsre Sprache, Kunst und Religion uns gegeben."

So kommt er zu einer Beschreibung der Menschennatur und der Völker, sieht ihre Bestimmung in einem vom Göttlichen durchdrungenen Weltganzen. Wenn mit der teleologischen Sichtweise auch die Zeit mit einbezogen wird, so geschieht dies doch ganz in Unkenntnis der Bedeutung der Dimensionen als Skalen eines definierbaren Raumes. Man erkennt, daß das dreidimensionale Nebeneinander – entsprechend dem damaligen Kenntnisstand – solide dargelegt wird, während die vierte Dimension, die Zeit, ganz im Religiösen verschwimmt.

Herder gewann erkennbaren Einfluß nicht nur auf die Geschichtswissenschaft, die Volkskunde und die Völkerkunde; in der Geographie hat er Ritter angeregt, dessen teleologische und ganzheitliche Vorstellungen (vgl. S.15f) Verwandtschaft mit Herders Denken zeigen (Schmitthenner 1951, S.79). Herder war einer der großen Vordenker des Aufbruchs, der sich dann – Jahrzehnte später – in der Romantik vollzog, auch in der Geographie.

Aber inzwischen hatten die Naturwissenschaften einen überaus starken Einfluß gewonnen. Das Raumkonzept des Leibniz konnte damals keine ausreichende Basis für die Erforschung der physikalischen Gesetze abgeben. Die Trennung von Materie und Form erwiesen sich als fruchtbarer. Newton hatte bereits 1686 in den „Erklärungen" zu seinen „Mathematischen Prinzipien der Naturlehre" (1686/1725/1963, S.25 f.) formuliert:

„I. Die absolute, wahre und mathematische Zeit verfliesst an sich und vermöge ihrer Natur gleichförmig, und ohne Beziehung auf irgendeinen äussern Gegenstand. Sie wird so auch mit dem Namen: Dauer belegt.

Die relative, scheinbare und gewöhnliche Zeit ist ein fühlbares und äusserliches, entweder genaues oder ungleiches, Maass der Dauer, dessen man sich gewöhnlich statt der wahren Zeit bedient, wie Stunde, Tag, Monat, Jahr.

II. Der absolute Raum bleibt vermöge seiner Natur und ohne Beziehung auf einen äußeren Gegenstand, stets gleich und unbeweglich.

Der relative Raum ist ein Maass oder ein beweglicher Theil des erstern, welcher von unsern Sinnen, durch seine Lage gegen andere Körper bezeichnet und gewöhnlich für den unbeweglichen Raum genommen wird. Z.B. ein Theil des Raumes innerhalb der

Erdoberfläche; ein Theil der Atmosphäre; ein Theil des Himmels, bestimmt durch seine Lage gegen die Erde.“

Der Raum ist also als solcher ein leerer Behälter, in dem die Gegenstände ruhen oder sich bewegen (im Gegensatz zu Descartes). Diese Auffassung wurde für die kommenden Jahrhunderte die entscheidende Basis für die Physik. Newton und Leibniz schufen gleichzeitig die mathematischen Grundlagen, insbesondere die Infinitesimalrechnung. Nun war der Grund gelegt für empirische Untersuchungen, exakte Messungen und die Erarbeitung von Gesetzen in den verschiedensten Zweigen der Physik, so in der Mechanik, in der Physik der Elektrizität, der Optik und der Wärmelehre.

Wie aber steht der Mensch in diesem Raum, seiner Welt? Wie kann er sein Verhältnis klären? Nach Descartes ist er als Subjekt der Welt, der Wirklichkeit als Objekt seines Erkenntnisvermögens gegenüberzustellen. Kant dagegen meinte, daß wir lediglich die Erscheinungen erkennen, nicht die Dinge, die Wirklichkeit an sich. Nur was wir erfahren, können wir auch erkennen. Die Wirklichkeit existiert in der Außenwelt, die dem Menschen erscheint als etwas Geformtes. Nur die Erscheinungswelt kann sinnlich wahrgenommen, mit dem Verstande erfaßt werden. In diesem Rahmen erhalten Raum und Zeit ihren Stellenwert. Kant schreibt in seiner „Kritik der reinen Vernunft“ (1781/1877, S.50-52):

„Vermittelst des äußeren Sinnes, (einer Eigenschaft unseres Gemüths) stellen wir uns Gegenstände als außer uns und diese insgesammt im Raume vor. Darinnen ist ihre Gestalt, Größe und Verhältniß gegen einander bestimmt oder bestimmbar. …

1) Der Raum ist kein empirischer Begriff, der von äußeren Erfahrungen abgezogen worden. Denn damit gewisse Empfindungen auf etwas außer mich bezogen werden, (d.i. auf etwas in einem anderen Orte des Raumes, als darinnen ich mich befinde,) imgleichen damit ich sie als außer einander, mithin nicht blos verschieden, sondern als in verschiedenen Orten vorstellen könne, dazu muß die Vorstellung des Raumes schon zum Grunde liegen. Demnach kann die Vorstellung des Raumes nicht aus den Verhältnissen der äußeren Erscheinung durch Erfahrung erborgt sein, sondern diese äußere Erfahrung ist selbst nur durch gedachte Vorstellung allererst möglich.

2) Der Raum ist eine notwendige Vorstellung, a priori, die allen äußeren Anschauungen zum Grunde liegt. Man kann sich niemals eine Vorstellung davon machen, daß kein Raum sei, ob man sich gleich ganz wohl denken kann, daß keine Gegenstände darin angetroffen werden. Er wird also als die Bedingung der Möglichkeit der Erscheinungen, und nicht als eine von ihnen abhängende Bestimmung angesehen, und ist eine Vorstellung a priori, die nothwendiger Weise äußeren Erscheinungen zum Grunde liegt.“

Und über die Zeit heißt es (S.58):

„Die Zeit ist 1) kein empirischer Begriff, der irgend von einer Erfahrung abgezogen worden. Denn das Zugleichsein oder Aufeinanderfolgen würde selbst nicht in die Wahrnehmung kommen, wenn die Vorstellung der Zeit nicht a priori zum Grunde läge. Nur unter deren Voraussetzung kann man sich vorstellen: daß einiges zu einer und derselben Zeit (zugleich) oder in verschiedenen Zeiten (nach einander) sei.

2) Die Zeit ist eine nothwendige Vorstellung, die allen Anschauungen zum Grunde liegt. Man kann in Ansehung der Erscheinungen überhaupt die Zeit selbsten nicht aufheben,

ob man zwar ganz wohl die Erscheinungen aus der Zeit wegnehmen kann. Die Zeit ist also a priori gegeben. In ihr allein ist alle Wirklichkeit der Erscheinungen möglich. Diese können insgesammt wegfallen, aber sie selbst, (als die allgemeine Bedingung ihrer Möglichkeit,) kann nicht aufgehoben werden".

Kant distanzierte sich sowohl vom Rationalismus Descartes'scher Prägung als auch vom in England entwickelten Empirismus (Locke, Hobbes etc.), der glaubte, daß die Erkenntnis nur von der Erfahrung abhängt. Die Erkenntnis wird nach Kant nicht mehr ausschließlich durch die Wirklichkeit bestimmt; vielmehr wird die Wirklichkeit von den Voraussetzungen und Bedingungen des Erkennens geprägt.

Kant begründete mit seiner „Kritischen Metaphysik" die Grundideen des Idealismus, der über ein Jahrhundert die Gedankenwelt der deutschen Philosophie beherrschte (Fichte, Schelling, Schleiermacher, Herbart, Hegel). Die Vernunft, das Bewußtsein, die Erkenntnis erhalten den Rang des Objektiven, eine Vorstellung, die für die Wissenschaftsentwicklung grundlegend wurde, Wissen als akkumulierbare Erkenntnis.

Eine herausragende Stelle, gleichsam am Ende der Periode der idealistischen Philosophie, nahm Hegel ein. In seiner „Encyklopädie der philosophischen Wissenschaften im Grundrisse" (1827/1905, S.335/6) schreibt er:

„Die Entwicklung des Geistes ist, daß er
I. in der Form der Beziehung auf sich selbst ist, innerhalb seiner ihm die ideelle Totalität der Idee wird, d.i. daß das, was sein Begriff ist, für ihn wird, und ihm sein Sein dies ist, bei sich, d.i. frei zu sein, – subjektiver Geist;
II. in der Form der Realität als einer von ihm hervorzubringenden und hervorgebrachten Welt ist, in welche die Freiheit als vorhandene Notwendigkeit ist, – objektiver Geist;
III. in an und für sich seiender und ewig sich hervorbringender Einheit der Objektivität des Geistes und seiner Idealität oder seines Begriffes ist, der Geist in seiner absoluten Wahrheit, – der absolute Geist."

Der subjektive Geist äußert sich in der Seele, dem Bewußtsein (Wahrnehmen, Verstand, Begierde, Selbstbewußtsein, der Erinnerung, dem Gefühl etc., Vernunft), der objektive Geist in den gesellschaftlichen Einbringungen wie Recht, Moralität, Familie, Staat, Weltgeschichte, während der absolute Geist sich in der Kunst, der Religion und der Philosophie offenbart.

Hegels dialektische Methode thematisiert den Erwerb des Wissens selbst, untersucht also einen Prozeß von überindividueller Art – die These wird mit einer Antithese konfrontiert, und der folgt schließlich die Synthese, die ihrerseits wiederum eine These auf höherem Entwicklungsniveau darstellt. Die Prozesse streben einen höheren Erkenntnisstand an, streben nach Vollkommenerem. Dieses Prinzip ist nach Hegel nicht nur als ein in der Logik, sondern auch in der Wirklichkeit gültiges; es waltet auch in der Menschheitsgeschichte.

Die Erfolge der Naturwissenschaften auf der Basis des Newtonschen Raumkonzepts waren unübersehbar. Die Geographie griff mit Ritter aber zunächst wieder auf Leibniz und Herder zurück. Erst später übernahm sie das Raumkonzept Newtons; die Erdoberfläche war der zu untersuchende Raum, die Zeitdimension wurde durch die Kausalerklärung einbezogen (vgl. S.32f). Dann ging die Disziplin einen langen Weg, durchschritt mehrere Zwischenstufen. Heute kommt sie dem Denkansatz Leibniz' und Herders wieder näher. Im Nachhinein kann man sagen: Wissenschaft benötigt zur Entfaltung der Fakten und derer Zusammenhänge eine Schritt-für-Schritt-Strategie, wobei die vorhergehenden Schritte jeweils notwendig für die kommenden sind – Wissenschaftsentwicklung als Prozeß (vgl. S.232f).

1.0.3.3 Anthropogeographie (Mitte des 19.Jahrhunderts)

Die wissenschaftlichen Bemühungen um die Erkenntnis des Menschen und der Gesellschaft wurde im 19.Jahrhundert unter dem Einfluß des Idealismus auf einen empirischen Weg gebracht. Nicht mehr lediglich ein enzyklopädisches Zusammentragen des Wissens genügte, sondern es wurde gezielt beobachtet, es wurden Daten herangetragen, um den Sachverhalt zu erläutern und klarzustellen. Beschreibung und Erklärung wurden noch nicht klar getrennt, der beobachtete Sachverhalt wurde als Ganzes gesehen und sinnvoll eingeordnet. Die Spezialisierung bestand nur insofern, als die beobachteten Sachverhalte verschiedenen Gebieten zugeordnet werden konnten, d.h. der Wirtschaft, dem Volkstum, dem Verkehr etc.

Die Geistes- und Sozialwissenschaften sind vor dem Hintergrund des späten Idealismus zu sehen. Der Betrachter sah sich einem geordneten Ganzen gegenüber, dessen Oberfläche er beobachtete; das Innere, die Struktur und funktionalen Zusammenhänge des Beobachteten konnte er nur in erster Annäherung erkennen. Daß aber selbst so schon erstaunliche Erkenntnisse gewonnen werden konnten, die bis heute ihr wissenschaftliches Gewicht besitzen, ist allgemein bekannt. Die politischen und sozioökonomischen Entwicklungen förderten in starkem Maße die wissenschaftliche Neugier.

Allgemeine politische und sozioökonomische Ausgangssituation

Ende des 18.Jahrhunderts kam es zu politischen Erschütterungen, die das ganze Abendland erfaßten. In den USA und Frankreich wurde die Macht der europäischen Herrscherhäuser beendet, die Republik begann sich auszubreiten. Die bürgerlichen Schichten übernahmen die staatliche Macht. Dennoch blieb eine hierarchische Ordnung in der Gesellschaft bestehen; denn neben der neuen Oberschicht gab es eine breite Unterschicht – Landarbeiter, Kleinpächter, Bedienstete, Arbeiter in Manufakturen und Handwerk etc. In Mittel-, Süd- und Osteuropa blieben auch die alten politischen Strukturen erhalten. Die Bevölkerung nahm rasch zu; die Geburtenrate, vor allem bei den Unterprivilegierten – insbesondere auf dem stark bevölkerten Lande – war sehr hoch. Immerhin: die vertikale Mobilität nahm zu, gewann – nach der strengen Reglementierung in der absolutistischen Zeit – an Bedeutung.

Die Dimension machtpolitischer und ökonomischer Betätigung weitete sich weltüber aus. Die napoleonische Expansion kann man als einen ersten „Weltkrieg" bezeichnen. Die wirtschaftlichen Aktivitäten umspannten zunehmend die ganze Erde. Die alten Kolonialreiche veränderten sich, in Nord- und Südamerika errangen die Kolonien Selbständigkeit, wobei die Staaten sich auf die neuen europäischen Ideale beriefen.

Die Situation der Geographie Mitte des 19.Jahrhunderts

Das überkommene Konzept von Raum und Zeit bildete die unverrückbare Grundlage allen Denkens und Handelns. Die Geographie hatte eine rein beschreibende Funktion. Sie sammelte die Fakten in den verschiedenen Erdgegenden, ordnete sie und diente so – in der Tradition des aufgeklärten Absolutismus – als Staatenkunde vor allem dem Staat, indem sie Unterlagen für die Verwaltung lieferte (z.B. die sog. Oberamtsbeschreibungen in Württemberg). Auch Kant (1802/1922) sah die Geographie als beschreibende Disziplin, allerdings mit bestimmten Aufgaben im Rahmen seiner Weltsicht: „Die Erfahrungen der Natur und des Menschen machen zusammen die Welterkenntnisse aus. Die Kenntnis des Menschen lehrt uns die Anthropologie; die Kenntnis der Natur verdanken wir der physischen Geographie oder Erdbeschreibung… Die physische Erdbeschreibung ist also der erste Teil der Welterkenntnis. Sie gehört zu einer Idee, die man Propädeutik in der Erkenntnis der Welt nennen kann." (S.9). Und im Hinblick auf Raum und Zeit schrieb er: „Wir erweitern unsere Kenntnis der gegenwärtigen Zeit durch Nachrichten von fremden und entlegenen Ländern, wie wenn wir selbst in ihnen lebten. ... jede fremde Erfahrung teilt sich uns mit entweder als Erzählung oder als Beschreibung. Die erstere ist die Geschichte, die andere die Geographie" (S.10/11).

Die wichtigsten Vertreter einer „klassischen Periode" (Hartshorne 1939/61, S.48 f.), Ritter und von Humboldt, führten bereits weiter, und zwar insofern, als sie nicht nur Daten sammelten, sondern sie in Beziehung zueinander setzten. Die Fakten wurden als einander bedingend angesehen, z.B. Gebirge als völkertrennend oder Klimaeigenschaften als die Wirtschaft prägend angesehen. So kamen sie auch dazu, den Wert der Erdräume für den Menschen zu beurteilen, ausgehend von den Kontinenten und Ländern.

Von Humboldt trug seine Erkenntnisse auf Forschungsreisen zusammen (Beck 1959-61), die nun nicht mehr – wie bisher – lediglich Entdeckungsreisen waren. In seinen „Ideen zu einer Geographie der Pflanzen" (1807/1960) zeigte er die Zusammenhänge zwischen Klima, Boden und Pflanzengestalt auf und führte so auf eine ökologische Denkweise hin, die dann 1866 von Haeckel aus biologischer Sicht konkretisiert wurde (vgl. S.25). Seine „Naturgemälde der Tropenländer" weisen ihn als wichtigsten Vordenker der Landschaftskunde (vgl. S.44f; 75f) aus. Schmithüsen (1976, S.105) dazu: „Humboldts Begriff ‚Naturgemälde' hatte nichts mit der Kunst zu tun. Er verstand darunter das Strukturbild einer Erdgegend in Verbindung mit einem räumlich geordneten Informationssystem der beobachteten und gemessenen Daten." Wichtig war für von Humboldt einerseits die Analyse, andererseits aber auch die Synthese. Ihm kam es – wenn er es auch, wie er gesteht, nicht immer erreichte – darauf an, „eindringend in die Natur der Dinge, sie in ihrem inneren Zusammenwirken" (1807/1960, S.24) zu schildern.

Von Humboldts Denken ist im Idealismus verankert. In seinem Alterswerk „Kosmos" (1845-62) schreibt er: „Die Natur ist für die denkende Betrachtung Einheit in der Vielheit, Verbindung des Mannigfaltigen in Form und Mischung, Inbegriff der Naturdinge und Naturkräfte, als ein lebendiges Ganzes. Das wichtigste Resultat des sinnigen physischen Forschens ist daher dieses: in der Mannigfaltigkeit die Einheit zu erkennen; von dem Individuellen alles zu umfassen, was die Entdeckungen der letzteren Zeitalter uns darbieten; die Einzelheiten prüfend zu sondern und doch nicht ihrer Masse zu unterliegen; der erhabenen Bestimmung des Menschen eingedenk, den Geist der Natur zu ergreifen, welcher unter der Decke der Erscheinungen verhüllt liegt. Auf diesem Wege reicht unser Bestreben über die enge Grenze der Sinnenwelt hinaus; und es kann uns gelingen, die Natur begreifend, den rohen Stoff empirischer Anschauung gleichsam durch Ideen zu beherrschen“ (S.5/6).

„Humboldts Begriff des Kosmos wurzelt in einer Totalität der Naturauffassung ... Die so erschaute und durch Ideen begriffene Einheit ist im Grunde sehr ähnlich dem, was Ritter meint, wenn er in der Erde oder den Erdindividuen Einheiten oder Ganzheiten sieht“ (Schmitthenner 1951, S.91/92; ähnlich Gellert 1960, S.5).

Ritter war von Haus aus Pädagoge, und dies prägte seine Arbeiten und sein Grundverständnis von der Erde, den Kontinenten, Ländern und Völkern. Er bereiste verschiedene Länder in Europa, doch sah er seine wichtigste Aufgabe in der Aufarbeitung und Darstellung der Kenntnisse von der Erde als dem Erziehungshaus des Menschengeschlechts. In seiner „Einleitung zu dem Versuche einer allgemeinen vergleichenden Geographie“ (1818/52) z.B. schreibt er: „Wenn es anerkannt ist, daß jeder sittliche Mensch zur Erfüllung seines Berufes, und ein Jeder, dem das rechte Thun in etwas gelingen soll, das Maaß seiner Kräfte im Bewußtsein tragen und das außer ihm Gegebene oder seine Umgebungen, wie sein Verhältniß zu denselben, kennen muß: so ist es klar, daß auch jeder menschliche Verein, jedes Volk seiner eignen innern und äußern Kräfte, wie derjenigen der Nachbaren, und seiner Stellung zu allen von außen herein wirkenden Verhältnissen inne werden sollte, um sein wahres Ziel nicht zu verfehlen“ (S.3).

Ritter meinte, das Räumliche sei von Anfang an dagewesen und biete sich dem Menschen zur Erfüllung und zur organisch-einheitlichen Gestaltung an. Die rechte Ausfüllung der Räume sei sittliche Pflicht der Menschen (Schmitthenner 1951, S.86; ähnlich Beck 1979, S.78, 81 f.). Die Weltgeschichte wird zum Weltgericht. Im Sein durchdringen sich Raum und Zeit. Mit dieser teleologischen Grundanschauung knüpft Ritter bewußt an Leibniz und Herder (vgl. S.8f) an. Plewe (1932, S.71) meint, daß die Wirkung Leibniz’ noch weit in Ritters Zeiten hineingereicht habe, „so daß wir ihn als den eigentlichen Vater der Ritterschen Anschauungen sehen müssen. Bei beiden ist der teleologische Gedanke gleichzusetzen mit dem Glauben an eine höchste Weltordnung irgendwelcher Art, der die induktive Forschung nicht hemmt, sondern Ansporn ist zu weiterer Erkenntnis“.

Ritters philosophische Verwurzelung in der Gedankenwelt von Leibniz und Herder wird besonders dann sichtbar, wenn er – in seinem Aufsatz über „das historische Element in der geographischen Wissenschaft“ (1833/52, S.161 f.) – das Verhältnis des Menschen zur Erde erläutert. Er zeigt, wie der „Mensch die raumfüllende Bewegung beherrscht und sie zum Träger seiner Bestrebungen macht“. Er fährt dann fort: „Die größten Veränderungen, bedeutender als solche auch noch so großartige, wie durch Vulkane, Erdbeben oder Fluthen, oder andere zerstörende Naturerscheinungen, die momentan jede Aufmerksamkeit aufregen, haben sich hierdurch auf dem Erdball ganz allmählig, obwol unter den Augen der Geschichte, aber in ihrem Zusammenhange auf die Natur des Planethen, als Erziehungshaus des Menschengeschlechts fast unbeachtet in Menge zugetragen, und diesen, gegen frühere Jahrtausende, zu einem anderen gemacht, als er früher war, und ihm ganz andre Verhältnisse seiner erfüllten Räume zustandegebracht. Ja, hierin liegt die große Mitgift des Menschengeschlechts auch für die künftigen Jahrtausende, sein Wohnhaus, seine irdische Hütte, wie die Seele den Leib, erst nach und nach, wie das

Kind in dem Heranwachsen zum Jünglinge, seine Kraft und den Gebrauch seiner Glieder und Sinne und ihre Bewegungen und Functionen bis zu den gesteigertesten Anforderungen des menschlichen Geistes, anwenden und benutzen zu lernen." Wir Menschen haben uns vorzubereiten „zur Anschauung der Welt und ihres Schöpfers und Meisters" (Bildunterschrift, zit. nach Schmitthenner 1951). Der Schöpfer erscheint hier als der allumfassende Geist, die allumfassende Monade. Die Entwicklung der Menschheit erscheint so bei Ritter determiniert. Nur bei einzelnen Passagen mag man den Eindruck gewinnen, daß Ritter einräumt, Gott habe den Menschen bei der Nutzung des Erdraumes verschiedene Möglichkeiten zugestanden (Büttner 1981, S.83). Ob man hier aber schon von Possibilismus sprechen darf, bleibe dahingestellt.

Die von den Völkern genutzten Räume sind Ganzheiten, geographische Individuen (schon Hözel 1896-97, S.388). Zwar hat Ritter das nur im Bezug auf die Kontinente klar ausgesprochen, doch gilt das auch für die Länder, in die er die Kontinente zerlegt (Schmitthenner 1951, S.58 f.). Aufgabe des Geographen ist es, die dinglich erfüllten Räume zu untersuchen, wie sie sind und wie sie vom Menschen gestaltet werden. Ritter betrachtete die wissenschaftliche Länderkunde als zentrales Anliegen der Geographie und setzte sich damit zugleich gegen die auf die Praxis hin orientierte Staatenkunde durch (Schultz 1981, S.57 f.). Länderkunde und Staatenkunde sind seitdem getrennt.

Von der Länderkunde ausgehend wollte Ritter zu einer Allgemeinen Geographie (geographia generalis) gelangen. Er hat das nicht erreicht; man kann nicht erkennen, daß Ritter den geographischen Stoff klar in Länderkunde und Allgemeine Geographie geteilt hat (Schmitthenner 1951, S.67 f.). Plewe (1932, S.55) weist nach, daß „weder Ritter noch Humboldt eine besondere vergleichende Methode sensu stricto gehabt haben".

Man wird, wie bereits gesagt, behaupten dürfen, daß das – von Individualität, Ganzheit und Teleologie geprägte – Raumverständnis Leibniz' und Herders in Ritter seine geographische Formulierung gefunden hatte. Es mußte schon damals – nach Kant und Newton – als altertümlich empfunden worden sein (Büttner 1981, S.80, 84) und konnte nicht wissenschaftlich in die Zukunft weisen, so lange nicht eine gründliche Analyse der Dinge, Kräfte, Beziehungen und Prozesse ermöglicht wurde. Ritters Werk konnte noch eine „Schule" begründen, die für einige Jahrzehnte wirkte (Länderkunden u.a. von Meinicke und Guthe), doch dann hörte bald sein Einfluß auf.

Peschel setzte sich scharf von Ritter ab; in seiner Arbeit „über die Rückwirkung der Ländergestaltung auf die menschliche Gesittung" (1867/77, S.384) schreibt er: „Carl Ritter hat der Erdkunde die hohe Aufgabe hinterlassen, in den Befähigungen, Leistungen und Schicksalen der Bewohner das Spiegelbild der örtlichen Natur wieder zu erkennen ... In seinen Augen vertrat jedes individualisierte Ländergebiet eine sittliche Kraft und übernahm gleichsam die Erziehung seiner Geschöpfe, so daß ihm für ihre geistige Reife oder Rohheit das Verdienst oder die Verantwortung zufiel... Folgen wir diesem Gedanken weiter, so führt er uns in den Abgrund einer Prädestination, der sich unser Geschlecht nicht entziehen konnte". Dieser Vorwurf ist in seiner Überspitzung gewiß polemisch; andererseits muß man sehen, daß hier nicht nur der Geograph Peschel dem Geographen Ritter gegenüberstand, sondern auch das – in dem damals gegebenen Stande des Wissens nicht ausreichende – Raumverständnis Leibniz' dem zukunftsweisenden und in den Naturwissenschaften sich als erfolgversprechend erwiesenen Raumverständnis Kants. Es ist doch nicht zu übersehen, daß eine nicht nur ins Detail gehende, sondern auch Raumganzheiten, -individuen erfassende Wissenschaft in ihren Analyseverfahren vorgeprägt wird, nicht vorurteilsfrei verfahren kann. Sicher ist richtig, daß Ritter als Wissenschaftler in seiner Zeit selbst kein Vorwurf zu machen ist, aber Peschel hatte doch – wie auch Plewe (1932, S.72) es sieht – klar erkannt, daß die fortschreitende geographische Wissenschaft einer in diesem Sinne teleologischen Grundeinstellung entraten mußte. Eine Disziplin muß ihre Forschungsergebnisse begründen können; das Bewußtsein einer Ordnung, einer Harmonie – sei es des Objektiven Descartes' oder des Weltgeistes Hegels – ist in einer Zeit, da eben dieses als einer letzten Bezugsgröße wissenschaftlichen Denkens verlorengeht und auch in der Philosophie seit Schopenhauer bewußt problematisiert wird, keine Basis für wissenschaftliche Erkenntnis mehr. Die Zukunft der geographischen Wissenschaft stand hier zur Sprache. Peschels radikale Abkehr von Ritter war so ein notwendiger Akt; sie bewahrte die Geographie vor dem Zerfall (Schmitthenner 1951, S.99).

Ein Blick auf die Nachbarwissenschaften der Anthropogeographie

In den benachbarten sozialwissenschaftlichen Sachfeldern hatte sich in ähnlicher Weise eine empirische Arbeitsweise durchgesetzt, so daß auch hier der Weg zu einer soliden Grundlegung der Wissenschaften gewiesen wurde. Einige wichtige Beispiele:

Le Play (1855/77-79) kann als einer der Pioniere der empirischen Sozialforschung gelten. Er hatte vor allem in Frankreich und England starken Einfluß auch auf die Geographie (Dickinson 1969, S.197). Sein Hauptaugenmerk galt den menschlichen Gemeinschaften und ihren Umwelten; insbesondere meinte er, die Gesellschaft durch genaueres Studium der Familien verstehen lernen zu können. Dabei galt aber gleichzeitig sein Augenmerk der Problematik der Erhaltung der Familien, die er als stabilisierendes Element in der gefährdeten Gesellschaft im frühindustriellen Zeitalter ansah. In den Familien erkannte er eine erhaltenswerte Ordnung, getragen von der Autorität des Familienvaters, der die Verantwortung für das Gedeihen der Mitglieder trug. Dieses konservative Gedankengut versuchte er auch in die Politik einzubringen.

Seine Untersuchungen sind induktiv angelegt. Er erarbeitete sich Kenntnisse über Arbeiterfamilien in mehreren Ländern Europas. Die Beobachtungen umfaßten das Einkommen, die Wohnverhältnisse, die Arbeitswelt, die Religionszugehörigkeit, die Moral etc., aber auch die Umwelt, d.h. den Naturraum, die Landwirtschaft, sowie die rechtlichen und sozialen Rahmenbedingungen. Nach Thomale (1972, S.124) führte Le Play seine Befragungen nach einem ganz bestimmten Schema durch, wodurch die gewonnenen Ergebnisse in den verschiedenen Ländern vergleichbar wurden. Für die Sozialgeographie ist die Einbettung der Beobachtungen in die jeweiligen Umwelten beispielgebend gewesen, zumal er zu einer Typenbildung (Sammler, Fischer, Jäger, Nomaden, Waldbewohner, Bergleute, Ackerbauern, Handwerker, Händler etc.) fortschritt. Dickinson (1969, S.201) und Thomale (1972, S.128) sehen hier enge Bezüge zu Vidal de la Blache's Genres de vie (vgl. S.37f).

In Deutschland versuchte Riehl (1851-53-55/o.J.), eine Gesellschaftslehre des „Volkskörpers" zu etablieren; er kann als einer der wesentlichen geistigen Begründer der Soziologie und der Volkskunde angesehen werden. Er reiste durch Deutschland und hinterließ uns treffende, heute noch lesenswerte Schilderungen von Land und Leuten. Besonders hervorgehoben seien die Darstellungen Rügens (1853/61, S.187 f.), des Rheingaus (S.205 f.) oder des Westerwaldes, des Vogelsberges und der Rhön (S.285 f.). Riehl sah diese Landschaften als Ganzheiten, die Natur, die Wirtschaft, die Kultur und das Brauchtum umfassend, die Sozialstruktur und das Einkommen der Menschen. Er sammelte nicht exakte Daten – wie Le Play –, seine Schilderungen erhalten ihren Wert durch Einfühlsamkeit und Verständnis, aber auch durch ihre künstlerische Meisterschaft. Die Wechselwirkungen zwischen Land und Leuten bildeten für ihn die Basis seiner Erkenntnis, und hier kommt er sozialgeographischer Denkweise schon recht nahe.

Dagegen trifft sich Riehl mit Le Play in seinem Bemühen, gegen Armut, politische und andere Mißstände anzugehen, um die guten Werte der Gesellschaft, Recht, Sitte und Moral zu erhalten oder wiederherzustellen. Eine zentrale Bedeutung erlangt auch für ihn die Familie, als Zelle der Ordnung und sozialen Stabilität (1851-53-55/o.J., S.344 f.), sowie die aus dem regional gewachsenen Volkstum heraus gebildeten sozialen Verflechtungen und kulturellen Traditionen.

Neben der Familie gliedern die vier Stände die Gesellschaft des „Volkskörpers". Riehl meinte, daß das Bauerntum und die Aristokratie eine beharrende Tendenz besäßen, Bürgertum und vor allem die Arbeiterschaft dagegen zur Unruhe neigten („Mächte der Beharrung" bzw. der „Bewegung"; 1851-53-55/o.J., S.167 f., 248 f.). Die Arbeit in der Fabrik und das städtische Leben lockerten die sozialen Beziehungen, und hier erhalte die Familie ihre stabilisierende Bedeutung; auch könne ein genossenschaftliches Zusammenrücken der Arbeiterschaft einem Abgleiten in ein bindungsloses Proletariat entgegenwirken.

Riehl hat vor allem für die Entstehung der Volkskunde große Bedeutung erlangt. Seine ganzheitliche Sicht, seine Schilderung der sozialen Wirklichkeit der Menschen, der Differenzierung in soziale Gruppierungen verschiedener Art machen ihn aber auch zu einem Vorläufer der Sozialgeographie, insbesondere der Soziographie (vgl. S.79f).

Auch Kohl verdanken wir meisterhafte Schilderungen von deutschen Landschaften (1873); er bereiste zudem mehrere europäische Länder und Nordamerika; dabei gab er uns in seinen Publikationen einen Eindruck von diesen Ländern, ihren Leuten und den politischen Verhältnissen. Besonders aber ist Kohl in der geographischen Wissenschaft durch sein Werk über den Verkehr und seine Ansiedlungen (1841) bekannt geworden. In ihnen zeigt der Autor, wie die Städte funktional in ihr Umland durch die Lagebeziehungen eingebettet sind und wie der innere Aufbau der Städte durch Sortierungsvorgänge differenziert wird (vgl. S.81f; 472f; 516f).

Daß solche Sortiervorgänge auch das Umland der Städte im Widerspiel von Produktion und Markt – durch die Transportkostenunterschiede mit wachsender Distanz verursacht – erfassen, beobachtete von Thünen (1826/1921). Seine empirisch getroffenen Feststellungen bilden die Grundlage für eine Theorie, die in der Wirtschaftsgeographie große Bedeutung erlangte (vgl. S.71).

Beide Autoren – Kohl und von Thünen – wurden auch für die Sozialgeographie von Bedeutung, wurden doch hier exemplarisch funktional-strukturelle Sortierungsvorgänge theoretisch vorformuliert, die auch die gesellschaftlichen Differenzierungsprozesse betreffen. Dies wurde vor allem im zweiten Stadium des postulierten Paradigmenwechsels erkennbar (vgl. S.90f).

1.1 Erstes Stadium

Einführend, in Abwandlung der Metapher von Carl Ritter von der Erde als dem Erziehungshaus des Menschengeschlechts (vgl. S.15) soll die Grundperspektive des Stadiums durch die Gegenüberstellung von Mensch und Haus verdeutlicht werden: Das Haus wird von außen betrachtet und als Wohnhaus typisiert, es hat eine Form, eine Eingangstür, verschiedene Fenster, ein Dach. So ist es benutzbar, kann betreten werden, erhält Licht, schützt den Innenraum vor Regen. Es wird von einer Familie bewohnt. Einerseits ist es ein Vertreter eines allgemein definierbaren Gegenstandes – des Hauses –, andererseits etwas Einmaliges, der Familie X Zuzuordnendes. Ohne Familie gäbe es das Haus nicht, ohne Haus könnte die Familie nicht existieren.

Das Objekt: Die Erde in ihrer Formenvielfalt, die Welt. Das Subjekt: Der Mensch partizipiert an dieser Welt; die Welt besteht in der Vorstellung des Menschen.

Der Raum erscheint als Behälter: ^{1}Raum. „In einer bestimmten Schachtel können so oder so viele Reiskörner oder auch so oder so viele Kirschen etc. untergebracht werden. Es handelt sich hier also um eine Eigenschaft des körperlichen Objekts ‚Schachtel', die im gleichen Sinne ‚real' gedacht werden muß wie die Schachtel selbst. Man kann dies ihren ‚Raum' nennen" (Einstein 1954/60, S.XIII). Der ^{1}Raum existiert also nicht für sich, sondern in Bezug auf seinen Inhalt.

Der hier näher zu behandelnde Paradigmenwechsel begann etwa am Anfang des 19.Jahrhunderts. Nicht mehr die Wirklichkeit an sich oder ihre Erscheinung – wie im Idealismus und Klassizismus – war das Ziel des Darstellens und Denkens, sondern die Position des Menschen in der Wirklichkeit. Zuerst wurde der Wandel in der Kunst, hier der Malerei, um 1800 spürbar (zum Prozeßverlauf Abb.37b; vgl. S.451), dann folgten die Philosophie und Naturwissenschaften um 1820/40 und schließlich um 1880 die Anthropogeographie (Overbeck 1954/78, S.195 f.; Thomale 1972, S.261 f.; Schultz 1980, S.80 f.) zusammen mit den übrigen Sozialwissenschaften. In der Zwischenzeit hatten sich starke Veränderungen auch im politischen, ökonomischen, sozialen Umfeld vollzogen, was seinerseits auf die wissenschaftlichen Fragestellungen zurückwirkte.

1.1.1 Malerei (ca. 1800 bis ca. 1870): Romantik

In der Bildenden Kunst bahnte sich mit der Romantik – insbesondere in Deutschland – eine neue Entwicklung an. „Waren die Künstler bis dahin – im wörtlichen und übertragenen Sinne – vor allem Handwerker, Dienende oder Beamtete gewesen, so wird nun das ‚freie' Künstlertum zur vorherrschenden sozialen Existenzform. Es ist befreit von den Abhängigkeiten und Konventionen, die in den alten Verhältnissen herrschten, frei aber auch von der relativen sozialen Sicherheit, von der ästhetischen Verbindlichkeit und unmittelbaren Zweckgerichtetheit des Schaffens, die sie gewährleisteten. Die Künstler, ihrer schöpferischen Individualität und des Besonderen und Spezialistischen ihres Tuns bewußt geworden, sind Produzenten für einen eigenen Markt" (Geismeier 1984, S.8). Die Romantiker „stehen vor der Aufgabe, den neuen und zeitgemäßen Versuch einer gesellschaftlich relevanten künstlerischen Idealbildung zu unternehmen" (S.9). Die Abwendung von der gesellschaftlichen Wirklichkeit ermöglicht „eine Idealbildung in Gestalt subjektivistisch verinnerlichter Weltdeutung oder utopistischer Gegenbildentwürfe ... Die Vorstellung einer höheren Zwecken verpflichteten individuellen Verantwortung des Künstlers setzt neue ethische Maßstäbe. Sie erschließt neue schöpferische Möglichkeiten und Erlebnisbereiche, bei deren künstlerischer Realisierung Stil- und Gestaltungsfragen nicht mehr im Sinne von Konvention und Überlieferung, sondern von Gesinnung und inneren Anliegen beantwortet werden." (S.10). Die Malerei wird zu einem Spiegel persönlicher Befindlichkeit und Empfindungskraft (Warnke 1988, S.35 f.).

Dies fand in der formalen Gestaltung der Bilder seinen Niederschlag. Zwar sind die Bilder gegenständlich, akribisch ausgeführt, sofort für den Betrachter eingängig, entsprechen Perspektive und Gesamtkonzeption (Schwerpunktsetzung, Bildachsen etc.) dem überkommenen Muster. Doch werden nun konkrete Bildelemente – Personen, Bäume, Berge etc. – dem Objekt entnommen oder ihm hinzugefügt, dergestalt, daß es den Betrachter nicht stört. Auch die Motivwahl erfolgt aus persönlichen Absichten heraus, nicht um den dargestellten Gegenstand schöner oder begreiflicher zu machen, sondern um gezielt Gefühle, Willensäußerungen, Absichten einzubringen. Der Künstler möchte eine allgemeine Aussage treffen. Die individuellen Bildgegenstände werden einer Idee untergeordnet, sind Repräsentanten dieser Idee. Das Objekt wird so ausgewählt oder so gestaltet, daß dies erkennbar wird. So vermittelt der Künstler religiöse Empfindungen (Friedrich), das Geborgenheitsgefühl der Familie (Richter), die Verbundenheit mit der Vergangenheit des Volkes (Schwind); oder es wird die antiquierte Geisteshaltung des Bürgertums ironisiert (Spitzweg), werden nationale Emotionen geweckt (z.B. Delacroix). Symbole gewinnen an Bedeutung.

Als Beispiel diene das 1822 von Caspar David Friedrich gemalte Bild „Frau am Fenster" (Berlin, Nationalgalerie); Börsch-Supan (1973/80, S.128) beschreibt das Bild (Abb.1):

„Die Rückenfigur stellt Caroline Friedrich, die Frau des Malers dar. Der Raum ist Friedrichs Atelier in dem unmittelbar an der Elbe gelegenen Haus, das er seit 1820 bewohnte. Wie man aufgrund alter Ansichten feststellen kann, stand auch am jenseitigen Ufer gegenüber dem Wohnhaus Friedrichs eine Reihe von Pappeln, die hier jedoch nähergerückt zu sein scheinen. Wer will, kann in dem Gemälde ein Genremotiv sehen ... Das Gemälde hat jedoch Vorstufen im Werk Friedrichs, die eine andere Deutung der Darstellung erfordern. Der dunkle Innenraum steht für die Enge der irdischen Welt, die ihr Licht nur durch das Fenster als Öffnung zum Überirdischen erhält. Die Frau beugt sich aus dem Fenster und schaut über den Fluß zum gegenüberliegenden Ufer, das das Jenseits im religiösen Sinn bedeutet. Der Fluß, auf dem Bild nicht dargestellt, ist der Tod. Als Hinweis auf den Fluß sieht man den Mast eines Schiffes, das am diesseitigen Ufer festgemacht hat, im Fensterausschnitt emporragen, und da ein gleichartiger Mast von einem anderen, am jenseitigen Ufer liegenden Schiffes links daneben erscheint, stellt sich die Vorstellung von einer Überfahrt ein. Das antike Motiv des Flusses der Unter-

Abb. 1 Frau am Fenster. Gemälde von Caspar David Friedrich (1822).
Quelle: Börsch-Supan 1973/80.

welt, den Charon auf seinem Nachen überquert, wird im christlichen Sinn umgedeutet. Die Pappeln sind wegen ihres geraden, schlanken Wuchses nach oben Sinnbild der Todessehnsucht. In diesem Zusammenhang wird auch das dünne Fensterkreuz, dessen senkrechte Linie auf den Mast des Schiffes im Hintergrund zielt, symbolisch zu verstehen sein. Die Anlage des Bildes ist symmetrisch, ohne dabei starr zu wirken. Darin unterscheidet sich dieses Gemälde von dem früheren Bild ‚Frau vor der untergehenden Sonne'. Die leichten Bewegungen und Abweichungen von der Symmetrie sind entscheidend für den Eindruck, daß der theologische Gedanke des Bildes von warmem menschlichem

Empfinden getragen wird. Friedrich macht sinnfällig, daß das Problem des Todes sich auflöst in die Unterscheidung von zwei Arten des Lebens. Das leichte Schwanken der Schiffsmasten, die durch die Bewegung des Wassers hervorgerufen wird, teilt sich der Frauengestalt mit, ja sogar der Architektur. Es scheint, als sinke der Raum nach rechts ab. Das Gleichgewicht wird durch die leichte Neigung der Frau nach der anderen Seite wieder hergestellt. Diese Feinheiten sind nicht nur ästhetisches Spiel, sie besagen, daß es im irdischen Bereich nichts Beständiges gibt.

Daß Friedrich seinem Atelier, seiner alltäglichen Umgebung, diesen Sinn unterlegt, verdeutlicht seine Vertrautheit und den ständigen Umgang mit dem Gedanken des Todes."

1.1.2 Philosophie und Naturwissenschaften (ca. 1820/40 bis ca. 1890)

Philosophie

In der Philosophie wurde die idealistische Vorstellung von der Allbedeutung der Vernunft, der unhinterfragbaren Erfahrung und dem absoluten Geist um die Wende vom 18. zum 19. Jahrhundert problematisiert. In geistiger Nachfolge Herders (vgl. S.9f) entwickelten die Gebrüder Schlegel eine Art Programm, das den künstlerischen und wissenschaftlichen Aufbruch in die Romantik philosophisch vorgab: nicht mehr der vollendete Geist, die Harmonie, die Vernunft bilden die leitende Denkfigur, künstlerisch oder wissenschaftlich; vielmehr erscheint das Subjektive als Ausgang einer Suche nach dem Göttlichen, das alle Wirklichkeit überstrahlt. Damit wird nicht mehr das Sein, sondern das Streben in den Mittelpunkt gestellt.

Schopenhauer (1819) vertiefte diesen Gedanken und leitete damit eine Wende im Denken in der Philosophie ein. Von ihm wird das Subjekt, das Individuum in den Mittelpunkt gerückt. Die Welt ist lediglich als eine Erscheinung oder „Vorstellung" des Subjekts zu sehen. Er schreibt (1819/o.J., ca. 1890, 1.Bd., S.33): „ ‚Die Welt ist meine Vorstellung': dies ist eine Wahrheit, welche in Beziehung auf jedes lebende und erkennende Wesen gilt; wie wohl der Mensch allein sie in das reflektirte abstrakte Bewußtsein bringen kann: und tuth er dies wirklich; so ist die philosophische Besonnenheit bei ihm eingetreten. Es wird ihm dann deutlich und gewiß, daß er keine Sonne kennt und keine Erde; sondern immer nur ein Auge, das eine Sonne sieht, eine Hand, die eine Erde fühlt; daß die Welt, welche ihn umgiebt, nur als Vorstellung da ist, d.h. durchweg nur in Beziehung auf ein Anderes, das Vorstellende, welches er selbst ist. ... Keine Wahrheit ist also gewisser, von allen andern unabhängiger und eines Beweises weniger bedürftig, als diese, daß Alles, was für die Erkenntniß da ist, also die ganze Welt, nur Objekt in Beziehung auf das Subjekt ist, Anschauung des Anschauenden, mit Einem Wort Vorstellung. Natürlich gilt Dieses, wie von der Gegenwart, so auch von jeder Vergangenheit und jeder Zukunft, vom Fernsten, wie vom Nahen: denn dies gilt von Zeit und Raum selbst, in welchem allein sich dieses alles unterscheidet. Alles, was irgend zur Welt gehört und gehören kann, ist unausweichbar mit diesem Bedingtseyn durch das Subjekt behaftet und ist nur für das Subjekt da. Die Welt ist Vorstellung."

Und später (S.150 f.): „In der That würde die nachgeforschte Bedeutung der mir lediglich als meine Vorstellung gegenüberstehenden Welt, oder der Übergang von ihr, als bloßer Vorstellung des erkennenden Subjekts, zu dem, was sie noch außerdem seyn mag, nimmermehr zu finden seyn, wenn der Forscher selbst nichts weiter als das rein erkennende Subjekt … wäre. Nun aber wurzelt er selbst in jener Welt, findet sich nämlich in ihr als *Individuum*, d.h. sein Erkennen, welches der bedingende Träger der ganzen Welt als Vorstellung ist, ist dennoch durchaus vermittelt durch einen Leib, dessen Affektionen … dem Verstande der Ausgangspunkt der Anschauung jener Welt sind. … vielmehr ist dem als Individuum erscheinenden Subjekt des Erkennens das Wort des Räthsels gegeben: und dieses Wort heißt *Wille*. Dieses, und dieses allein, giebt ihm den Schlüssel zu seiner eigenen Erscheinung, offenbart ihm die Bedeutung, zeigt ihm das innere Getriebe seines Wesens, seines Thuns, seiner Bewegungen. Dem Subjekt des Erkennens, welches durch seine Identität mit dem Leibe als Individuum auftritt, ist dieser Leib auf zwei ganz verschiedene Weisen gegeben: einmal als Vorstellung in verständiger Anschauung, als Objekt unter Objekten, und den Gesetzen dieser unterworfen; sodann aber auch zugleich auf eine ganz andere Weise, nämlich als jenes Jedem unmittelbar Bekannte, welches das Wort *Wille* bezeichnet."

Der Wille setzt sich in allen Subjekten durch, dadurch objektiviert er sich zu einem „Urwillen", einem Prinzip, das vom Subjekt unabhängig wird. So ist das Objekt ohne das Subjekt nicht mehr denkbar. „Kein Objekt ohne Subjekt, kein Subjekt ohne Objekt".

Diese Überlegungen haben Konsequenzen:

1. Es gibt keine Welt als etwas in sich Ruhendes, Absolutes; sie existiert nur in der Vorstellung des Subjekts.

2. Kant (vgl. S.11f) hatte die Materie als für das Subjekt erfahrbar gesehen, Raum und Zeit aber als apriorisch; nach Schopenhauer sind Raum und Zeit mit dem Materiellen verbunden, sie existieren nicht für sich. Die Abschnitte des Raumes und die der Zeit sind im Nebeneinander bzw. Nacheinander verbunden.

Der Mensch erhält bei Schopenhauer ein Eigengewicht. Es ist konsequent, daß er ein Leben nach dem Tode nicht akzeptiert. Für ihn ist das „Nichts" der letzte Zufluchtsort, welcher das Leben durch allmähliche Tilgung des Willens zum Dasein befreit (Stegmüller 1987/89, I, S.158).

In der Folgezeit erhielt das Leben in der Philosophie und den Wissenschaften eine wachsende Bedeutung. Nietzsche (1873-76/1930) griff Schopenhauers Gedanken auf. Der „Wille" ist für ihn ganz vorrangig; er bedeutet das Leben, wird von Instinkten und Trieben geleitet; er überstrahlt den Intellekt, das Bewußtsein. Seine Sichtweise wird vielleicht deutlich in folgendem Zitat: Die Kultur „ist das Kind der Selbsterkenntnis jedes Einzelnen und des Ungenügens an sich. Jeder, der sich zu ihr bekennt, spricht damit aus: ‚Ich sehe etwas Höheres und Menschlicheres über mir als ich selber bin; helft mir alle, es zu erreichen, wie ich jedem helfen will, der Gleiches erkennt und am Gleichen leidet: damit endlich wieder der Mensch entstehe, welcher sich voll und unendlich fühlt im Erkennen und Lieben, im Schauen und Können und mit aller seiner Ganzheit an und in der Natur hängt, als Richter und Wertmesser der Dinge'„ (1873-76/1930, S.252). Vernunft, Wissenschaft, Philosophie dagegen sind durch ihre Fehlleistungen und dadurch, daß sie sich einer moralischen Beurteilung entziehen können, in ihre Schranken zu verweisen.

Auch bei Marx (1867/1962-64) ist der Wille ein zentrales Thema; er analysierte die gesellschaftlichen Bedingungen und verlangte ihre Änderung. Marx sah die Gesellschaft in Klassen gegliedert; die Angehörigen der hierarchisch untergeordneten Klassen sind in ökonomisch abhängiger Position. Das kapitalistische System dehumanisiert die Menschen, indem es sie von ihrer eigentlichen Bestimmung entfremdet. Die persönlichen Qualitäten werden ihm entzogen. Dies trifft vor allem auf die Angehörigen der unteren Klasse zu.

Individuen müssen im kapitalistischen System ihre Arbeit verkaufen, um auf einem Subsistenzniveau existieren zu können. Die Arbeit wird an einen Kapitalisten verkauft, der einen möglichst großen Gewinn erwirtschaften will. Der Mehrwert zwischen Verkauf von Waren und den Arbeitskosten wird wiederum in die Produktion gesteckt, um die Kosten weiter zu senken, den Profit zu steigern.

Voraussetzung ist, daß der Markt der Produkte mitwächst. Geschieht dies nicht, zieht der Kapitalist das Geld aus der Produktion heraus und schiebt es in andere Produktionsrichtungen. Es kommt gleichzeitig zu Konzentrationserscheinungen. Der Kapitalfluß ist entscheidend, nicht das Produkt. Durch Überproduktion in bestimmten Sektoren kommt es immer wieder zu Krisen. Die untere, proletarische Klasse wird zur Verfügungsmasse des Kapitalisten, der bürgerlichen Klasse, wird ausgebeutet (Johnston 1983/86, S.101 f.).

Marx sieht also Gesellschaft nicht so sehr als ein mehr oder weniger statisch Gegebenes; vielmehr begreift er sie als Prozeß, der seine Impulse aus – in Klassenkämpfen sich äußernden – Konflikten zwischen Altem und Neuem, Verkrustetem und Vorwärtsdrängendem hält; die gegebenen Produktionsverhältnisse und das Verständnis von ihnen stehen in einem – dies in Rückgriff auf die von Hegel entwickelte Methode (vgl. S.12) – dialektischen Verhältnis zueinander. Die Weltgeschichte läuft nach ihm in gesetzmäßiger Weise in Stufen ab („Urwüchsige Gemeinschaften – Sklavenhaltergesellschaft – Feudalismus – Kapitalismus – Sozialismus – Kommunismus“; Kiss 1974-75, I, S.142 f.). Sie hat ein Ziel, eine humanere Gesellschaftsordnung ohne Entfremdung, den Kommunismus. Aber diese Vision dient als Zielvorgabe für die eigenen Wunschvorstellungen des Menschen, die betrachtete Welt wird als solche nicht problematisiert; die gegebenen Erfahrungen der Geschichte werden im Sinne des Willens gedeutet.

Naturwissenschaften

Die Thematisierung des Verhältnisses zwischen Mensch und Welt brachte der Wissenschaft einen starken Impuls, theoretische und empirische Untersuchungen stützen von nun an sich gegenseitig, bedingten einander. Gleichzeitig begann die Spezialisierung in eine große Zahl von Einzeldisziplinen, die mit wachsender Kenntnis der Details der Wirklichkeit erwuchs. In diesem Kontext ist die Entstehung auch der Anthropogeographie und ihrer Teildisziplinen zu sehen. In der Physik und Chemie setzte sich die Spezialisierung in sachlich begründbare Einzelsachgebiete fort. Insbesondere wurden die Erscheinungen in der Wärmelehre, in der Elektrizität, der Optik, der anorganischen und organischen Chemie geordnet und präziser als vordem erfaßt, aufbauend auf den Meßmethoden und den allgemeinen Ergebnissen der früheren Jahrzehnte.

In der Biologie stellte Darwin seine Evolutionstheorie vor (1869/99/1920/88). Der Kampf ums Dasein wird als ein wesentlicher Selektionsmechanismus herausgestellt. Aufbauend auf ihr und vermutlich beeinflußt durch die Gedanken der Monadenlehre begründete Haeckel einen naturwissenschaftlichen Materialismus sowie einen „naturalen" und „energetischen Monismus", der aus der Darwinschen Evolutionstheorie Folgerungen – auch für die historische Analyse – zog; die Erscheinungen der Welt werden auf das energetische Prinzip zurückgeführt, der Mensch ist ganz in die Natur und Evolution einbezogen. Haeckel (1866) formulierte aber auch die Ökologie, die Wissenschaft, die die Beziehungen zwischen den Organismen und der Umwelt zum Gegenstand hat. Sie hat es mit Ganzheiten zu tun, mit Lebensgemeinschaften und Wechselwirkungen.

Insbesondere begannen die Wissenschaften zu erklärenden Wissenschaften zu werden, wobei bei den Geistes- und historischen Wissenschaften das hermeneutische „Verstehen", als Gegensatz zu der in den Naturwissenschaften üblichen kausalen Erklärung, im Vordergrund stehen. Windelband (1894, S.10 f.) und Rickert (1902, S.226 f.) sehen die geisteswissenschaftlichen Methoden als idiographisch orientiert, aufs Besondere, Individuelle abzielend, die naturwissenschaftlichen Methoden dagegen als nomothetisch, aufs Allgemeine, Gesetzmäßige ausgerichtet, wobei durchaus naturwissenschaftliche Fragestellungen in die Humanwissenschaften aufgenommen werden können, historische in die Naturwissenschaften.

Generell läßt sich für diese Periode der Entwicklung sagen, daß das Ordnen, die präzise Ansprache der Formen und Erscheinungen sowie die sachlich offenkundige Differenzierung im Vordergrund standen. Es wurde der Blick auf den Gegenstand der Umwelt geworfen. Durch die Aufnahme des Willens und von Visionen erhielt die Betrachtung eine Richtung; die statische Betrachtung der Welt, die dem Idealismus anhaftet, wurde abgelöst. Die Subjekte wurden, auf Individualebene, als gleichsam dynamische Gebilde interpretiert, als Eigenwesen, die sich ihre Welt zu gestalten wünschen – ein erster Schritt auch zur Integrierung der Bewegung, zum Verkoppeln von Raum und Zeit. Damit setzte eine mehrstadiale Entwicklung ein, deren Ende sich erst in der Gegenwart abzeichnet.

1.1.3 Anthropogeographie (ca. 1880 bis ca. 1930)

1.1.3.0 Einleitung

Allgemeine politische und sozioökonomische Ausgangssituation

Auf dem europäischen Kontinent setzte sich in der zweiten Hälfte des 19.Jahrhunderts in breitem Umfange die Industrialisierung durch. Textilindustrie, Bergbau und Schwerindustrie waren die eigentlichen Motoren der Entwicklung. Sie waren sehr kapital-, material- und arbeitsintensiv. Dies hatte außerordentliche ökonomische und soziale Konsequenzen.

Die Kolonialreiche wurden in imperialistischer Zielsetzung ausgeweitet, der Weltverkehr erschloß nun alle Kontinente der Erde; Rohstoffe konnten nahezu von überall bezogen werden. Der Nationalismus erhielt harte Konturen. In den Staaten wurden Eisenbahnen gebaut, Industriegebiete entstanden und entwickelten sich zu Ballungsräumen, die den Gegensatz Stadt-Land dramatisch verschärften. Die Bevölkerungsdichte auf dem flachen Land nahm stark ab – eine Voraussetzung für eine Modernisierung der Landwirtschaft auf regionaler, nationaler und internationaler Ebene. Die Sozialstruktur differenzierte sich, es bildete sich ein Gegensatz zwischen Bürger- und Arbeitertum, die Hierarchisierung der Gesellschaft wandelte sich; die alte Ordnung, von Adel und Besitztum geprägt, zerbröckelte zusehends, konnte sich aber bis zum Ersten Weltkrieg noch vielfach erhalten. Die individuellen Rechte und Freiheiten nahmen zu, wenn zum Teil auch erkämpft.

Die Situation der Anthropogeographie um 1880 und Vorschau auf das 1.Stadium

In den 80er Jahren des vorigen Jahrhunderts setzte in der Anthropogeographie eine bis dahin beispiellose Entwicklung ein. In mehreren bedeutsamen Arbeiten wurde der Grundstein für eine neue Geographie gelegt. Man kann in der damaligen Zeit den Beginn des erwähnten (vgl. S.19) Paradigmenwechsels sehen.

Die Entwicklung wurde nun von Persönlichkeiten getragen, die auf der Basis des bereits Erkannten den Untersuchungsgegenstand anfaßten, und zwar von verschiedenen Seiten. Z.B. wurden die Mensch-Boden-Bezüge herausgestellt. Der Boden wirkt auf den Menschen, seine Geschichte, seine Verbreitung, seine Werke (Ratzel). Overbeck (1954/78, S.195 f.) spricht von einer beziehungswissenschaftlichen oder geosophischen Periode der Geographie.

Die vor 1880 nur unscharfe Trennung von Beschreibung und Erklärung der Realität hatte nicht zu wissenschaftlich befriedigenden Ergebnissen geführt; die Erscheinungen mußten vielmehr methodisch sauber erklärt werden, um ein fundiertes Urteil zu erlauben. Dabei erschien eine Klärung der Position des Menschen vordringlich. Der Mensch ist Teil der Realität, der Welt. Diese Einsicht erforderte einerseits eine klare sachliche Gliederung der Erscheinungen in Geofaktoren, wobei der Mensch und seine Werke einen gebührenden Platz erhalten. Innerhalb der Sachgebiete (Bevölkerung, Wirtschaft, Verkehr, Siedlungen) lassen sich Formen heraussondern, typisieren und erklären. In den Naturwissenschaften hatte sich die kausale Erklärung durchgesetzt. Sie wurde auch für die Geographie des Menschen verbindlich (v.Richthofen). Aber eine kausale Erklärung, die den Menschen selbst mit einbezieht, stößt auf Schwierigkeiten; dies hatte man bald erkannt. Die Werke des Menschen dagegen, so glaubte man, sind einer kausalen Erklärung zugänglich. Die Kulturlandschaft – dies ein neuer Ansatz – wird zu einem wichtigen Forschungsgebiet der Geographie (Schlüter).

Andererseits: es gibt viele Erscheinungen, die für den [1]Raum Bedeutung haben, nicht nur die Werke. Die Geographie, so sah man es, ist eine Raumwissenschaft, und der Geograph muß umfassender denken, d.h. auch solche Erscheinungen aufnehmen, die sich nicht unmittelbar in der Kulturlandschaft niederschlagen (Hettner). Die Kultur ist eine solche Erscheinung. Vidal de la Blache hatte erkannt, daß der Mensch verschiedene

Möglichkeiten hat, den Boden in Besitz zu nehmen und sich auf ihm einzurichten; so entwickelte er eine Lehre, die die unterschiedlichen Lebens- und Wirtschaftsformen (Genres de vie) erklären.

Betrachtete man nun, wie es damals geschah, die Geographie als Raumwissenschaft, so ergab sich die Notwendigkeit, die regionalen Unterschiede und die Verbreitung der typisierbaren Formen herauszuarbeiten oder die Länder als einmalige Gebilde in all ihren Erscheinungen, in ihrem „Wesen" zu erforschen. Bei diesen Arbeiten traten notgedrungen Probleme auf, denn die sektoral oder sachlich zu verstehenden Geofaktoren haben verschiedene Verbreitungsmuster. Länder sind nicht, wie Ritter annahm, Individualitäten. Die Definition des Raumes entwickelte sich zu einer Kernfrage der Geographie, bis in die Gegenwart hinein.

Ein Blick auf die Nachbarwissenschaften der Anthropogeographie

In ähnlicher Weise sahen sich auch die Nachbarwissenschaften der Anthropogeographie, insbesondere die Soziologie und die Wirtschaftswissenschaft vor der Aufgabe, Analysemethoden und Systematiken zu entwerfen. Die Kontakte zur Anthropogeographie waren aber nur mäßig.

Spencer (u.a. 1872/1961) versuchte, eine Soziologie auf naturwissenschaftlicher Basis zu entwickeln. Parsons (1961) meinte – in vielleicht etwas kühnem Vorgriff auf ein Denkmodell der zweiten Hälfte des 20. Jahrhunderts (vgl. S.108) –, daß Spencer die Gesellschaft als ein sich selbst regulierendes System verstanden habe. Organismen und Arten wurden mit der Gesellschaft parallelisiert, die Evolution der Lebewelt mit der Evolution der Kultur. Unabhängig von Darwin (vgl. S.25) entwickelte er die Hypothese (vor allem S.298 f.), daß die Organismen an die natürliche, so die Menschen an die soziale Umwelt sich anpaßten. Die dabei auftretende Selektion wurde von ihm als wichtigste Triebfeder der Differenzierung und des Fortschritts betrachtet. Der Tauglichste überlebt, so solle man den Dingen ihren Lauf lassen („laissez-faire"). Der Sozialdarwinismus lag im Zuge der damaligen Zeit und diente auch zur Rechtfertigung des schrankenlosen Kapitalismus.

Simmel (1908) philosophierte über die Formen der Vergesellschaftung und maß dem Raum eine wichtige Rolle zu. Er führte die Vergesellschaftung der Menschen auf Wechselwirkungen zurück, die aufgrund gemeinsamer Interessen bestehen. Der Raum wird von der Vergesellschaftung her verstanden, „als eine Kategorie des sozialen Seins" (Thomale 1972, S.144); es ist klar, daß Wechselwirkungen auch eine räumliche Komponente besitzen. Nicht der Raum bestimmt das geschichtliche Leben, die Bevölkerungsverteilung etc.; „der Raum bleibt immer die an sich wirkungslose Form" (Simmel 1908, S.615). Es sind vielmehr die Inhalte, die die Formen bedingen. „Nicht der Raum, sondern die von der Seele her erfolgende Gliederung und Zusammenfassung seiner Teile hat gesellschaftliche Bedeutung." Der Raum wird von Simmel, indem er sich auf Kant bezieht, als „Möglichkeit des Beisammenseins" verstanden (S.617).

Grundqualitäten der Raumform sind 1) die Ausschließlichkeit des Raumes; jeder Raumanteil ist einzigartig, im Hinblick auf die in ihm vorhandenen Gegenstände. 2) Der Raum läßt sich aufteilen, es entstehen Raumteile, die von Grenzen eingerahmt sind. Sie werden von den Vergesellschaftungen her geschaffen. „Nicht die Länder, nicht die Grundstücke, nicht der Stadtbezirk und der Landbezirk begrenzen einander; sondern die Einwohner oder Eigentümer üben die gegenseitigen Wirkungen aus“ (S.623). 3) „Die dritte Bedeutsamkeit des Raumes für die Gestaltungen liegt in der Fixierung, die er seinen Inhalten ermöglicht.“ Ein Gebäude oder eine Siedlung z.B. ordnet die Vergesellschaftung, bildet einen „Drehpunkt soziologischer Beziehung“ (S.633). 4) „Einen vierten Typus äußerlicher Verhältnisse, die sich in die Lebendigkeit soziologischer Wechselwirkungen umsetzen, bietet der Raum durch die sinnliche Nähe oder Distanz zwischen den Personen, die in irgend welchen Beziehungen zu einander stehen“ (S.640). 5) Die Menschen bewegen sich von Ort zu Ort. „Der Charakter von Vergesellschaftungen wird in hohem Maße dadurch formal bestimmt, wie oft ihre Mitglieder zusammenkommen“ (S.684).

Viele der Bemerkungen Simmels wirken für den Sozialgeographen modern, durch ihre Perspektive. Nicht der Raum ist der Ausgangspunkt der Betrachtung, sondern der Mensch und die Vergesellschaftungen sind es.

Der französische Soziologe Durkheim hat für die Anthropogeographie in zweifacher Hinsicht Bedeutung. Er schuf erstens das Konzept der „Morphologie sociale“, sah die Gesellschaft als in sich gegliedert, über die Familie hinaus; in diesem Sinne betrachtete er die ländlichen und städtischen Siedlungen, die Verkehrswege etc. als Ausdruck einer Gliederung in soziale Gruppen und der Aktivitäten von ihnen. Das „Substrat“ ist zu untersuchen, die Zahl und Eigenart der Teile, die Anordnung, Verbindung, Verteilung der Bevölkerung etc. Dies sei nicht einer Anthropogeographie, sondern der Soziologie zuzuordnen (Durkheim 1897/1898, S.520 f.; vgl. auch Thomale 1972, S.133 f.).

Ein zweites bedeutendes, die Anthropogeographie berührendes Thema ist für Durkheim die Arbeitsteilung und daraus resultierend die Differenzierung der Gesellschaft (1893/1977). Der wachsende Bevölkerungsdruck birgt die Notwendigkeit zur Arbeitsteilung in sich, erhöht die Konkurrenz. Die Gesellschaftsstruktur ändert sich, auch die Art des Umgangs miteinander. Die „mechanische Solidarität“ wird durch die „organische Solidarität“ ersetzt, das direkte und durch Überlieferung festgelegte Zusammenwirken durch indirektes, von Verträgen etc. geregeltes Miteinander (Hartfiel-Hillmann 1972/82, S.150).

Durkheim sprach Gedanken aus, die in der Sozialgeographie später Bedeutung erhielten. U.a. wurde der Bezug von Sozialstruktur zur Landschaftsgestalt bei Bobek und Hartke wichtig (vgl. S.84f; 133f). Die Differenzierung der Gesellschaft zieht sich als eine Grundidee durch die die Kultur thematisierende Sozialgeographie (vgl. S.335f).

Auch M. Weber gab der deutschen Soziologie entscheidende Impulse. Er erkannte, daß das kausale Erklärungsprinzip für gesellschaftliche Vorgänge nicht anwendbar ist und trat für eine verstehende Soziologie ein. Eine wichtige Rolle spielt für ihn in diesem Zusammenhang der Handlungsbegriff. Handlungen sind sinnhaft orientiert (Weber 1921/73). Die Soziologie sollte versuchen, den Sinn der Handlungen nachzuvollziehen, zu deuten und zu verstehen. Entsprechend dem Grad der Rationalität unterscheidet Weber zweckrationales, wertrationales, traditionelles und affektuelles Handeln. Soziales Handeln des einen orientiert sich sinnvoll am Handeln anderer, unterliegt zudem Normen des Verhaltens, Traditionen, der Moral, ist an die Vorstellung bestehender Ordnung gebunden (König 1972, S.757).

Die Überlegungen Webers hatten großen Einfluß auf die Handlungstheorie (z.B. Parsons; vgl. S.65f), aber auch auf die Sozialgeographie (Handlungstheoretischer Ansatz, vgl. S.213f). Daneben wurden die religionssoziologischen Arbeiten für die Wirtschafts- und Sozialgeographie wichtig. Sein Aufsatz „Die protestantische Ethik und der Geist des Kapitalismus“ fand eine Entsprechung in den Arbeiten zum Wirtschaftsgeist (vgl. S.87).

In der Psychologie thematisierte Hellpach (1911/50) die Einflüsse der natürlichen Faktoren auf die „Seele“ des Menschen und wurde so zu einem der geistigen Väter der Ökopsychologie. Themen seines Buches sind Wetter und Klima, der Boden und die Landschaft in ihren vielfältigen Erscheinungsformen und Einwirkungsmöglichkeiten, und zwar erdüber. So werden Wetterfühligkeit und Akklimatisationsprobleme, die Schwerkraft und Bodenständigkeit der Bevölkerung, der Naturgenuß und die Vergeistigung der Landschaft etc. behandelt, Fragen, die später in der Anthropogeographie, u.a. in der Wirtschaftsgeographie, eine gewisse Rolle spielen sollten. Die Gefahr einer deterministischen Interpretation dieser Zusammenhänge ist groß, wie sich u.a. in der „Blut- und Boden“-Ideologie zeigen sollte (vgl. S.69f).

In den USA entwickelte sich die Anthropologie zu einer vielseitigen Wissenschaft vom Menschen. Einer ihrer herausragenden Vertreter war Boas (1911; 1928). Er arbeitete streng empirisch, führte ethnographische Untersuchungen im Felde durch mit einer bis dahin unbekannten Genauigkeit. Die Fragen der Wechselbeziehungen zwischen den Menschen und der kulturellen Umwelt bildeten den Schwerpunkt. Boas vertrat die Position eines historischen Partikularismus (Harris 1968, S.250 f.); aus der Einsicht heraus, daß die Stämme, Völker und Kulturen sich aus sich heraus entwickelt haben, erteilte er der vergleichenden Methode, der Erarbeitung von Gesetzen und dem geographischen Determinismus eine Absage. Der aus dieser Grundauffassung sich ableitende Kulturrelativismus (Harris 1987/89, S.22) verlangte, daß jeder kulturellen Tradition die gleiche Wertschätzung und Achtung entgegengebracht wird. Dies meint aber auch, daß das eurozentrische Weltbild bei der Untersuchung fremder Kulturen zu falschen Schlüssen führen muß. In der heutigen Geographie finden ganz entsprechende Überlegungen neue Nahrung bei dem Versuch, der Länderkunde einen theoretischen Unterbau zu geben (vgl. S.197f).

In der Nationalökonomie ist Sombart zu nennen. Er betonte den freien Willen des Menschen, lehnte – wie Weber und Boas – eine Gesetzlichkeit in Wirtschaft und Gesellschaft ab. Er gab dem Geist eine zentrale Position in seinen Gedanken, näherte sich einer kulturhistorischen Auffassung; Wirtschaft ist im Rahmen der Kultur und Gesellschaft zu verstehen (Sombart 1912/23). Sombart wurde für die Sozialgeographie wichtig auch dadurch, daß er eine Gliederung der sozialen Gruppen vornahm (1931; vgl. S.249).

Neben diesem hermeneutischen Ansatz setzte sich in der Wirtschaftswissenschaft der Wunsch nach der Erkenntnis gesetzmäßiger Zusammenhänge durch. Erwähnt sei A. Webers Modell der Industriestandorte (1909/22). Die Modellbildung, ihrerseits auf Thünen und Kohl zurückgehend (vgl. S.18), wurde in den späteren Jahrzehnten nicht nur in der Wirtschaftswissenschaft und -geographie immer wichtiger (vgl. S.71), sondern auch in der Sozialgeographie (vgl. S.90f; 142f).

1.1.3.1 Allgemein anthropogeographische Ansätze

Die Anthropogeographie hatte Schwierigkeiten, ihren Standort zu finden. Grundsätzlich wurde die Bindung der Menschen mit dem Boden thematisiert, die Einordnung in den Raum. Unterschiedliche Meinungen gab es darüber, wie man diese Abhängigkeit wissenschaftlich fassen sollte, was man untersuchen sollte, den Menschen selbst, seine Gruppierungen, seine geistigen Institutionen, seine Werke. Je nachdem, ob man vom Naturraum ausging oder vom Menschen, ob die Beschreibung im Vordergrund stand oder die Erklärung, gab es unterschiedliche Ansätze.

Der beziehungswissenschaftliche Ansatz: Die Anthropogeographie Ratzels

Ratzel faßte in seiner „Anthropogeographie" (1882-91) das Wissen seiner Zeit über „das menschliche Element in der Geographie" zusammen, systematisierte es und gab ihm einen theoretischen Unterbau. Es ist eine allgemeine Geographie, d.h. die Beobachtungen in den verschiedenen Weltgegenden werden unter allgemeingeographischen Gesichtspunkten abgehandelt, also beschrieben, typisiert und problematisiert. Der Mensch und seine Gruppierungen erscheinen als der eigentliche Betrachtungsgegenstand, die Werke des Menschen sind in diesem Kontext zu sehen (dagegen Schlüter; vgl. S.34f). Konkret – nach einer Klärung der Stellung der Anthropogeographie – werden im 1.Band die Naturbedingungen (Küstenumrisse , Oberflächengestalt, Klima, Pflanzen- und Tierwelt) und ihr Einfluß auf die Menschheit, die Wohnsitze, die Staaten, die Bevölkerungsverteilung und die Wanderungen dargestellt. Im 2.Band stellt Ratzel den Siedlungsraum und die Verteilung der Bevölkerung, die demographischen Verhältnisse, die Kulturhöhe, die Siedlungen und Völkermerkmale vor; d.h. der Mensch selbst ist ein zu untersuchendes Objekt – wie auch die Erdoberfläche oder das Klima. Dabei spielen die Völker eine besondere Rolle, ein Gruppierungstyp, dem Ratzel sich später in der „Politischen Geographie" (1897a) und der „Völkerkunde" (1885-1888) besonders gewidmet hat.

Bei den Siedlungen zeigte Ratzel aber auch, daß andere Typen menschlicher Gruppierung beachtenswert sind. Sie wurden von den Bedürfnissen des Menschen her, der Art der Nutzung (Landwirtschaft, Industrie) interpretiert. Hier erkennt man aber auch eine gewisse Unzulänglichkeit, gerade dieserart vorzugehen; z.B. schreibt Ratzel unter der Überschrift „Einzelbewohner" (1882-91, II, S.403/04): „Die Zusammmendrängung der Glieder einer Familie auf eine Stelle, welche die Hütten derselben auf beschränktem, womöglich aber geschütztem Raume beherbergt, ist eine Erscheinung, welche uns bei allen Völkern der Erde entgegentritt. Sie entfließt dem geselligen Charakter der Menschen, mit welchem sich häufig das Schutzbedürfnis verbindet." Aus dieser Grundeinstellung konnte keine echte problemorientierte Siedlungsgeographie entstehen.

Die Beziehungen zwischen Mensch und Boden waren ein wichtiges Problem für Ratzel. Overbeck (1954/78, S.195 f.) bezeichnete daher den von Ratzel geprägten Zeitraum wissenschaftlicher Tätigkeit als „Beziehungswissenschaftliche Periode“. Aus biogeographischem Blickwinkel konstatierte Ratzel den „Kampf um den Raum“ (1882-91, II, S.XXXIII f.). Seine Studien über den Lebensraum (1897b, 1901/66), die Definition der Ökumene (1882-91, II, S.1 f.) haben in der späteren Geographie eine große Bedeutung erlangt, im positiven und negativen Sinne (vgl. S.69f). Dabei wurde Ratzel eine deterministische Grundeinstellung vorgeworfen. Stellte man diesen Begriff mit monokausaler Grundeinstellung gleich, so würde man Ratzel gewiß Unrecht tun (Overbeck 1957, S.174 f.). Thomale (1972, S.24 f.) verwies darauf, daß es Ratzel „lediglich um die Erkenntnis von *Bedingungen*, ohne die Völker und Staaten nicht denkbar wären“, ging, „nämlich ohne ‚Lage‘, ‚Raum‘ oder ‚Grenze‘ einschließlich der physischen Ausstattung ihrer Wohn- bzw. Einflußgebiete“. Er zitierte sinngemäß Ratzel (1882-91, S.52): „Was uns abhält, auf diesem Forschungsgebiet ebenso sichere Gesetze – wie in der Naturforschung – zu finden, ist eben nichts anderes als der *freie Geist* des Menschen“.

Diese und ähnliche Formulierungen zeigen, daß Ratzel durchaus wußte, daß menschliche Aktivitäten nicht einfach durch den Einfluß des „Bodens“ oder anderer Bedingungen determiniert sind. Eine andere Möglichkeit einer Erklärung sah er aber nicht, konnte es wohl auch nicht. Häufig bemühte er sich um Alternativen. So untersuchte er die „völkersondernde Wirkung der Bodengliederung“, andererseits aber auch die „einigenden Elemente im Gebirgsbau“, führte „Beispiele von Überlegenheit der Gebirgsvölker an“, andererseits aber auch „Beispiele vom Gegenteil“. Die „Anthropogeographie“ ist voll von solch einfachen Gegenüberstellungen von Lebensäußerungen und Naturbedingungen. Ein einfacher Erklärungsversuch, wie er hier anklingt, muß zu deterministischem Urteil führen; denn der Untersuchende sieht nur die Wirkung und folgert aus ihr die Ursache; dabei bleibt ihm der Weg verschlossen, von der Motivation her zu einer Erklärung zu kommen. Nichtdeterministische Erklärungen wurden erst möglich, als die Forschung sich auf die Ebene der menschlichen Gruppen und Individuen verlagert hatte und von dort aus die Entscheidungen verstehen konnte, Entscheidungen, die von den Menschen vor dem Hintergrund ihres Werdegangs, im Umfeld der gegebenen Umstände – von denen die Naturgegebenheiten ja nur einen Ausschnitt darstellen – und in konkreten Situationen getroffen werden. Dies war erst nach Herausbildung der Sozialgeographie möglich (vgl. S.78f).

Ratzel sah durchaus die Notwendigkeit, die sozialen Aspekte näher zu behandeln (Overbeck 1957, S.181 f.). Thomale (1972, S.25 f.) zitiert wiederum mehrere Stellen aus der Anthropogeographie, in denen er die Bedeutung der gesellschaftlichen Verhältnisse anführte. Aber Ratzel hatte eben noch nicht die Möglichkeit, sie wirklich fundiert anzugehen und für sein Konzept zu nutzen. Die ethnologische oder rassenkundliche Perspektive war nicht zureichend, wie Thomale hervorhebt.

Die Möglichkeit, die Wirtschaft im Rahmen seiner Anthropogeographie zu behandeln, sah Ratzel nicht. Es gab schon durchaus wirtschaftsgeographische Untersuchungen, doch führten sie kaum über produktenkundliche Aussagen hinaus. Immerhin konnte Hermann Wagner (1900, S.650) gerade dieses Desiderat nachweisen und schreiben, daß Ratzel es versäumt habe, „die gesamten wirtschaftlichen Fragen in ihrer Abhängigkeit vom Boden“ berührt zu haben. Auch dies erschwerte Ratzel den Zugang zu einer begründeten kausalen Erklärung.

Es kam Ratzel zudem darauf an, das Verhältnis der Geographie zur Geschichte zu klären. Ihm ging es dabei um die Anwendungsmöglichkeiten geographischer Fragestellung bei der Erklärung von Geschichtsabläufen, vor allem im zunächst allein geplanten 1.Band (1882; Hettner 1927, S.102). Anders dagegen im 1891 erschienenen 2.Band; dort führte er eine eigene Konzeption aus geographischem Blickwinkel vor, eine Disziplin, die nicht nur beschreibt, sondern auch erklärt. Freilich ist die Art, wie Ratzel erklärt, doch recht unscharf. Es ist wohl mehr eine hermeneutische Erklärung, ein deterministisches Verstehen. Ratzel schreibt (1882-91, I, S.7): „Was aber erkannt werden soll, ist die Beziehung der Erdoberfläche zur Natur und zur Geschichte, d.h. die Erde wird insofern Gegenstand des wissenschaftlichen Forschens in der Geographie, als ihre Erscheinungen räumliche Anordnung nach bestimmten Gesetzen zeigen, als sie den Grund und Boden alles Lebens und den Schauplatz für die räumliche Entwickelung des Lebens, vor allem des Menschengeschlechts bildet".

In verschiedenen Fragen greift Ratzel in seinen Wünschen und Ideen seiner Zeit weit voraus. So forderte er 1899 (Anthropogeographie, Bd.I, 2.Aufl., S.243/244) eine wissenschaftliche Beschäftigung mit der Frage, wie sich Distanzen auf die geographisch wichtigen Vorgänge auswirken: „Die Wissenschaft" – der Entfernungen – „bereitet sich ganz von selbst in einer großen Zahl von Einzelbestrebungen vor, die wir der Verkehrsgeographie, der Volkswirtschaft und der Handelsgeographie zuweisen. Eine nur die Raumvorgänge haltende Betrachtung, die also nur die Bewegung und die Massen, nicht aber die Qualität sieht, wird am geeignetsten sein zur Entdeckung des Gemeinsamen der verschiedenartigsten Bewegungen". Ratzel bezog seine Bemerkung über die Einzelbestrebungen anscheinend u.a. auf die Bemühungen von J.G. Kohl (1841, u.a. S.165 u. 197 f.), während ihm die in diesem Sinne vielleicht noch aussagekräftigeren Untersuchungen von J.H. von Thünen (1826/1921, S.11 f.) vermutlich unbekannt waren. Wenn Ratzel von dem „Gemeinsamen der verschiedenartigsten Bewegungen" sprach, so dürfte er damit das, was später als Fern- oder Weitwirkung und funktionale Beziehungen bezeichnet wurde, gemeint haben (Fliedner 1974a; vgl. S.341f). An anderer Stelle (1882-91, I, S.61) unterscheidet er Wirkungen, die vom Willen unabhängig sind (physiologische, psychische Wirkungen) von solchen, die die Willenshandlungen des Menschen mitbestimmen. Die Handlungen, die hier angesprochen werden, sind später in der Soziologie vor allem von M. Weber (1921/73; vgl. S.28f) thematisiert und dann wieder erst in der jüngsten Zeit Gegenstand geographischer Forschung geworden (vgl. S.213f).

Ratzel erscheint mit seinen Ideen als vorausschauender Programmatiker. Der Mensch im Mittelpunkt der Betrachtung seiner Gruppierungen, die Dynamik dieser Gruppierungen, die Lehre von den Entfernungen, die gesellschaftlichen Einflüsse, die menschlichen Handlungen – all dies ließ sich damals noch nicht realisieren. Die Anthropogeographie mußte erst eine lange Entwicklung durchmachen. Dabei wandte sich die Forschung in eine andere Richtung. Die Grundperspektive Ratzels wurde noch von Hermann Wagner in seinem Lehrbuch der Geographie (1900) übernommen, doch schon wenige Jahre später publizierte Schlüter seine Ideen von einer Geographie des Menschen, denen die deutsche Geographie eher folgen konnte. Denn inzwischen hatte das kausale Erklärungsprinzip durch v.Richthofen ein solides Fundament erhalten.

Die kausale Erklärung (von Richthofen)

Von Richthofen war von seiner Ausbildung her Naturwissenschaftler, der Schwerpunkt seiner Arbeiten lag in der physischen Geographie. Er hatte mehrere Länder, vor allem China, bereist und eine gewichtige Länderkunde (1877-1912) publiziert, in der er u.a. geologische und geomorphologische Beobachtungen und theoretische Überlegungen eingebracht, daneben aber auch anthropogeographische Fakten verarbeitet hatte. Die naturwissenschaftliche und streng induktive Arbeitsweise führte ihn zur kausalen Erklärung. Er verlangte eine deutliche Unterscheidung zwischen Beschreibung und Erklärung. Auf diese Weise vermittelte er methodische Anweisungen für die wissenschaftliche Behandlung und Systematik des Stoffes der Geographie. In seiner akademischen Antrittsrede „Aufgaben und Methoden der Geographie" (1883) hob er hervor, daß „neben der Chorographie die chorologische Betrachtungsweise" gepflegt werden müsse, „welche sich nicht, wie jene, mit der Registrirung des Thatbestandes begnügt, sondern ihn durch Einführung des causativen und des dynamischen Momentes in seinen ursächlichen Zusammenhang im Hinblick auf jeden einzelnen Erdraum zu erfassen strebt" (S.35). Er verdeutlichte seine Gedanken an der Behandlung der Gebirge: „Die allgemeine Geographie betrachtet" die Erde „in ihrer Gesammtheit, sucht auf Grund der gemeinsamen Merkmale den Begriff ‚Gebirge' als obere Kategorie bestimmter zu fassen und strebt aus der Mannichfaltigkeit der Erscheinungsformen die durch Aehnlichkeit verbundenen Gruppen herauszufinden. Dies führt sie unmittelbar zu der Frage nach den Ursachen dieser Aehnlichkeit und zur Feststellung der Merkmale, durch welche sie bedingt ist" (S.40). D.h., daß sich die wissenschaftliche Diskussion vor allem in der allgemeinen Geographie vollzieht und weiter, daß die eindeutige Definierung und Typisierung der Erscheinungen und Formen als wesentliche wissenschaftliche Ordnungsinstrumente betrachtet werden. Die ordnende Arbeit wird in den einzelnen Sachgebieten durch Vergleich ermöglicht. In diesen Sachgebieten, z.B. in der Anthropogeographie, kann man die Formen isolieren: städtische und ländliche Siedlungen, Formen des Wirtschaftens, des Verkehrs etc.

So sind es vor allem zwei Gedanken, die hervorgehoben zu werden verdienen:

1. die kausale Erklärungsweise; sie ermöglicht überhaupt erst eine wissenschaftliche Diskussion, ein Ringen um die „richtige" Lösung von Problemen;

2. die Gliederung des geographischen Stoffes in sachlich begründbare Teildisziplinen auch innerhalb der Anthropogeographie.

Von Richthofen selbst hat in seinen Vorlesungen und Lehrbüchern dazu beigetragen, daß nicht nur die Geomorphologie, sondern auch die Siedlungs- und Verkehrsgeographie ihren Platz erhielten. In seinem von Otto Schlüter herausgegebenen Werk „Allgemeine Siedlungs- und Verkehrsgeographie" (1891/1908) demonstrierte er seine Vorgehensweise. Es heißt hier (S.5): Nach den Objekten der physischen und biologischen Geographie bildet der Mensch den letzten Gegenstand ihrer Betrachtung, „insoweit er in seiner Verbreitung über die Erde in kausalen Beziehungen zum Boden steht" (vgl. auch Hettner 1906, S.7). V. Richthofen sah den Menschen der passiven Natur gegenüber als eine aktive Kraft (1891/1908, S.14, und später, S.194): „Man stellt häufig den Menschen als ein Produkt der äußeren Bedingungen hin ... Dies trifft dann zu, wenn die Kraft des Menschen zu gering ist, um die Schwierigkeiten zu überwinden. Das ist sicher bei allen primitiven Siedlungen der Fall gewesen; aber es gilt auch für manche der heutigen Zustände." Es wird hier deutlich, daß die Erklärung, seine kausale Erklärung, doch deterministische Züge trägt. „Die Methode der Betrachtung ist naturwissenschaftlich. Sie besteht in einer Analyse des Stofflichen, der Formen, der Kraftäußerungen, der zugrundeliegenden Kräfte. Alles wird so viel wie möglich nach Maß und Zahl bestimmt. Die Frage nach den Ursachen der Erscheinungen, nach ihrem Werden und Entstehen ist stets leitend". Bei der Erklärung ging v.Richthofen häufig in die Vergangenheit zurück, um zu schildern, wie es zu dem heutigen Zustand gekommen ist. Es kam ihm darauf an, zu typisieren und zu systematisieren, die Zusammenhänge, Ursache und Wirkung zu klären. Andererseits wurde die kausale Erklärung dadurch erschwert, daß v.Richthofen den Komplex der Siedlungen, der Wirtschaft und den Verkehr noch als Einheit sah – wie Ratzel und Wagner – und noch nicht als für sich zu behandelnde Geofaktoren. Die Siedlungen betrachtete er als statische Größe, den Verkehr als dynamische (S.15).

Der kulturgeographische Ansatz Schlüters

Einen neuen Weg zeigte Schlüter. Er hatte einen begrenzten Raum – Nordost-Thüringen (1903) – untersucht, kam also von der empirischen Seite her. Er stellte fest, daß viele von Ratzel angestellten Überlegungen sich nicht in konkrete geographische Forschung umsetzen lassen. Im Vorwort (S.VI/VII) schreibt er: ..."Denn nachdem hervorragende Männer die Frage des Zusammenhanges zwischen Mensch und Erde aufgeworfen und durch geistvolle Betrachtungen in ihren Grundzügen geklärt haben, muß jetzt das Bedürfnis immer fühlbarer werden, aus der Höhe der allgemeinen und zum großen Teil noch mehr ahnenden Erkenntnis in die Niederungen der exakten Forschung hinabzusteigen und durch streng methodische Bearbeitung des ungeheuren Thatsachenmaterials, mit dem es die Anthropogeographie zu thun hat, zu zwar beschränkteren, dafür aber auch bestimmteren und greifbareren Problemen vorzudringen, durch deren Lösung die allgemeinen Gedanken nach und nach erst die rechte Fülle, Tiefe und Klarheit gewinnen können." Ratzel hatte seine Anthropogeographie sehr weit ausgelegt; aus diesem weiten Feld hatten sich seit den 80er Jahren mehrere Humanwissenschaften neu etabliert oder bereits bestehende Disziplinen sich stark ausgeweitet, auch auf Kosten des von Ratzel behandelten Themenbereichs (Thomale 1972, S.30 f.). Unter diesem Eindruck forderte Schlüter ein gesondertes Forschungsgebiet für die Anthropogeographie (Schlüter 1906, S.7/8): „Hier, wo die größten Gegensätze aneinandertreten, wo der Mensch, das geistigste, beweglichste und am lebhaftesten sich fortentwickelnde Wesen mit der von mechanischen Gesetzen beherrschten Natur zur Einheit verbunden werden soll, hier spitzt sich die Frage, wie eine Geographie als in sich geschlossene Wissenschaft möglich sei, am schärfsten zu". In Anlehnung an von Richthofen findet er das Ziel: „Wissen wir, auf was sich die geographische Forschung richtet, so brauchen wir kein Wort darüber zu verlieren, daß sie die Erscheinungen kausal betrachten und zu genetischen Anschauungen zu gelangen streben müsse" (S.10). Bei der Anthropogeographie Ratzels vermißt Schlüter den beschreibenden Teil, die Morphologie. So fordert er (S.26): „Wir müssen auch in der Geographie des Menschen das aufsuchen, was selbst schon als Teil der Erdoberfläche in der erweiterten Auffassung der Geographie angesehen werden kann...". So kommt er dazu, die Werke des Menschen in den Mittelpunkt anthropogeographischer Arbeit zu rücken. „Und da lehrt uns denn sogleich ein Blick auf die Ansiedelungen, die

Verkehrsstraßen und Kanäle, die Felder, Gärten u.a.m., daß es auch im Bereich der menschlichen Lebensäußerungen nicht an Objekten fehlt, die ganz ebenso das Landschaftsbild mit zusammensetzen, wie es Wälder und Wiesen, Flüsse und Gebirge tun". Zur Abgrenzung der Größenordnung schreibt Schlüter 1906: „Nicht die Häuser, sondern die Siedelungen sind das geographische Objekt. Und weiterhin wird die Siedelungsgeographie ihren Ausgangspunkt auch nicht bei den einzelnen Orten nehmen, sondern sie wird zuerst die Besiedelung eines Gebietes im Ganzen betrachten" (S.27). Und weiter (S.28): „Es sind die Siedelungen, die Flächen der Bodenbewirtschaftung und die Verkehrswege. Das alles über die Erde hin zu verfolgen und mit möglichst allseitiger Berücksichtigung der natürlichen und der wirtschaftlich-sozialen Faktoren wissenschaftlich zu erklären – ist für sich schon eine große Aufgabe ...". Er gibt dieser Teilwissenschaft den Namen Kulturgeographie.

Es versteht sich von selbst, daß die Karte für Schlüter zu einem wichtigen Darstellungs- und Forschungselement wurde. Dies schlug sich nicht zuletzt in dem Entwurf und der Herausgabe von Karten und Atlanten nieder (z.B. Mitteldeutscher Heimatatlas, ab 1935).

Daneben sah Schlüter (1906) aber auch das Bedürfnis, „nicht bloß die Werke des Menschen, sondern auch den Menschen selbst im Rahmen der Geographie zu betrachten, und unsere Fassung der geographischen Aufgabe gibt uns auch ein Recht dazu. Denn wenn wir alle jene Spuren menschlicher Tätigkeit fortdenken, so würde doch die Anwesenheit oder Abwesenheit von Menschen, ihr dichteres oder gelockerteres Beisammenleben für sich schon Unterschiede im Charakter der Länder hervorbringen. Ebenso wie die Geographie ja auch die Tiere mit berücksichtigt ..., ebenso werden wir den Menschen selbst unter ihre Forschungsgegenstände einreihen müssen" (S.28/29). Er bezeichnet diese Teildisziplin als Bevölkerungsgeographie (vgl. auch Lautensach 1952b, S.224). Das „Rein-Geistige" – Sprache, Religion, Geschichte – gehören nach Schlüter nicht zur Geographie. Die Bevölkerung interessiert nur insofern, als sie die Erscheinungen der Erdoberfläche berührt, also im Bezug auf die Siedlungen, die Wirtschaft und den Verkehr.

Mit dieser Auffassung entkleidet Schlüter den Menschen der Dynamik, nimmt ihm den Bezug zu seinen Werken. Andererseits sind die Menschen natürlich verantwortlich für das von ihnen Geschaffene. Die Urheberschaft wird aber entpersonalisiert, dadurch, daß von Faktoren gesprochen wird, die zur Erklärung herangezogen werden müssen. In einem späteren Aufsatz (1928, S.391/392) betont er, daß zwar „die nicht sichtbaren geistigen Dinge aus dem Kreise der Forschungsgegenstände aus der eigentlichen Geographie auszuscheiden hätten", sie aber andererseits „als gestaltende Faktoren an Bedeutung eher gewinnen". Und weiter: „Für die Geographie der Kulturlandschaft haben also die Werke des Menschen nicht nur Bedeutung, wenn und soweit sie den Einfluß geographischer Bedingungen erkennen lassen, sondern weil und insofern sie greifbare Dinge im Blickfelde des Geographen sind, die das Bild der Erdoberfläche, wie es sich tatsächlich darbietet, oft nur schwach, manchmal aber auch in sehr starkem Maße mitbestimmen. Wir suchen sie einfach als Bestandstücke der Landschaft zu beschreiben und aus ihren Ursachen zu erklären, ganz wie es die Geomorphologie mit ihren Gegenständen macht. Als gestaltende Faktoren können hier aber nicht die physischen Erdkräfte gelten, vielmehr sind es die Handlungen, die Beweggründe und Zwecke der Menschen. Die Kulturlandschaft ist der geographische Ausdruck einer Kultur". Bei der Suche nach den Ursachen sind auch die einzelnen Kulturwissenschaften heranzuziehen. Nur so „wird sich ein sicheres Urteil finden lassen, was an der Erscheinung auf Einwirkungen der geographischen Umwelt beruht, was nicht“ (1919, S.9).

Ähnlich Ratzel sieht zwar auch Schlüter, daß die sozialen Gegebenheiten nicht außer acht gelassen werden dürfen. „Es ist das Gesellschaftsleben, das Verhältnis zwischen Individuum und Gesellschaft, das der Siedlungsgeographie den tieferen Sinn gibt“ (S.36). Aber es ist ihm nicht möglich, tiefer in diese Problematik einzutauchen, z.B. wenn er darlegt: „Aber zugleich zeigt sich auf allen Stufen der Individualismus mannigfach wirksam, am augenfälligsten in der Ausbildung und dem zähen Festhalten des Einzelhofsystems“ (1906, S.37). Andererseits sieht er durchaus das „geschichtsphilosophische Problem, wie weit im Leben der Menschheit allgemeine Gesetze herrschen“ (S.43). Im Verlaufe der Geschichte wiederholen sich manche Prozesse, z.B. Wanderungen; andererseits gibt es Fortschritt. „Je flüchtiger die Erscheinung ist, desto weniger wird sich die Geographie mit ihr befassen, je dauernder, desto mehr“ (S.44).

Er fordert eine Morphologie der Kulturlandschaft (1919, S.18), eine Formenlehre (S.27). Formen sind z.B. Weinbau, Getreidebau, Rindviehzucht, Gartenbau etc. „Durch Verbindung solcher Gesichtspunkte ergeben sich, zunächst für die Landwirtschaft, gewisse Wirtschaftsformen...“ (S.22). Entsprechendes arbeitet er für die Verkehrsgeographie heraus sowie für die Siedlungsgeographie.

Bei der kausalen Erklärung der Formen zieht Schlüter die historischen Quellen mit heran. Schon in seiner Arbeit über „Die Siedelungen im nordöstlichen Thüringen“ (1903) schrieb er: „Die Siedelungsverhältnisse der Gegenwart finden nun aber ihre Erklärung zum großen oder größten Teil erst in der Vergangenheit, und die geschichtlichen Vorgänge erfordern deshalb eine besonders eingehende Behandlung, die aber immer darauf abzielen muß, das Geographische an den Siedelungen ... verständlich zu machen“ (S.X). Von hierher kommt er auch zum Problem der Entwicklung der Kulturlandschaft, eine Thematik, die er einer besonderen historischen Geographie zuordnet, dem „geschichtlichen Seitenstück zur Anthropogeographie“ (1906, S.45). „Mit Benutzung der Ortsnamen, der vorgeschichtlichen Funde, der Bodenzusammensetzung und anderer Anzeichen läßt sich so mit hoher Wahrscheinlichkeit nachweisen, wo in Deutschland etwa zu Beginn der geschichtlichen Zeit die besiedelbaren Gaue lagen“ (1919, S.19). In einer umfangreichen Untersuchung entwarf Schlüter später eine ausführlich kommentierte Karte der Altlandschaft Mitteleuropas, die freilich schon bei Erscheinen (1952-53-58) etliche Mängel erkennen ließ.

Mit Schlüter hatte sich eine neue Entwicklungstendenz in der Anthropogeographie etabliert; indem er von der Physiognomie ausging, schuf er in der Geographie des Menschen ähnliche Voraussetzungen für eine Beschreibung und kausale Erklärung wie sie in der Physischen Geographie gegeben waren (Waibel 1933b, S.199; Lautensach 1952b, S.222 f.). Das Gedankengebäude zeichnet sich durch Klarheit und logische Geschlossenheit aus. Mit Thomale (1972, S.33) kann man sagen, daß im Hinblick auf die spätere Sozialgeographie damit eine folgenreiche methodologische Grundsatzentscheidung gefallen war; denn der „physiognomisch nicht wahrnehmbare Sozialkomplex“ wird an den Rand des Interesses gerückt. Dieser Schritt war in der damaligen Zeit sicher notwendig; denn nun konnte in vorher nicht gekanntem Umfange induktiv gearbeitet werden, auch in der Anthropogeographie. Daß seine Vorstellungen in ihrer Einseitigkeit nicht unproblematisch waren, sah sogar Schlüter selbst. In seiner 1919 erschienenen Schrift – darauf weist auch Thomale (1972, S.34) hin – forderte er im Anschluß an Überlegungen zur Völkerkunde, der Religion, der Wirtschaft und des Staates eine „Geographie der Gemeinschaften" (S.30), hält sie aber neben der Darstellung der Natur- und Kulturlandschaft für nicht sehr sinnvoll. Er hat diesen Gedanken dann auch nicht weiter verfolgt, so daß andere diesen Weg beschritten.

Ratzel hatte die Politische Geographie als einen eigenen Zweig in der Anthropogeographie begründet (vgl. S.49). Während er und v.Richthofen (vgl. S.32f) die übrige Anthropogeographie nicht weiter aufteilten, gliederte sich durch die Arbeiten Schlüters auch die Siedlungsgeographie als eine eigene Teildisziplin ab. Die von Schlüter postulierten Zweige der Wirtschafts- und Verkehrsgeographie konnten sich von seinem physiognomischen Ansatz her nicht zu eigenständigen Teildisziplinen entwickeln. Die Untersuchung der Brücken als verkehrsgeographisch zu interpretierende Bauten (1928) zeigt dies in aller Deutlichkeit. Hier führte der Ansatz Hettners weiter (vgl. S.52).

Das Konzept der Genres de vie (Vidal de la Blache)

In Frankreich wurden eigene Konzepte in der Anthropogeographie entwickelt. Unter ihnen ragt das des Vidal de la Blache heraus, wegen seiner Originalität und seines großen Einflusses auf die späteren französischen anthropogeographischen Forschungen. Daneben zeigt der Ansatz von Brunhes – wiewohl auch dieser eigene Wurzeln besitzt – stärkere Anklänge an deutsche Entwicklungen.

Vidal de la Blache setzte sich – wie Schlüter – mit Ratzel auseinander, doch kam er zu einem anderen Ansatz als Schlüter. Er sah nicht die Werke des Menschen, die Kulturlandschaft als das zentrale Forschungsobjekt; für ihn ging es auch nicht wie bei v.Richthofen um kausale Erklärungen. Vielmehr stand der Mensch selbst als soziales Wesen im Mittelpunkt seiner Betrachtung, die Motivation seiner Aktivitäten. Nach ihm (1902, S.21 f.) ist es nicht die Landschaft, die sich in den sozialen Verhältnissen widerspiegelt; es ist eher umgekehrt. Zwar kann man feststellen, daß die Naturbedingungen ein soziales Leben ermöglichen, und erkennen, daß Lage, Klima etc. in den Formen der Kultur sich auswirken, so daß Vergleiche in analogen Zonen möglich sind. Gleichwohl kann man nicht sagen, daß die Menschen in ihrer Anpassungsfähigkeit in gleicher Weise vom Milieu abhängig sind wie die Pflanzen oder Tiere. Es gibt auf der einen Seite hochentwickelte Formen der Kultur, auf der anderen Seite aber Stämme, die auf niedrigerem Niveau stehengeblieben sind, obwohl die Bedingungen vergleichbar waren. Es gibt Fortschritt und Beharrung, wobei letzteres eher gegeben ist; der Mensch bedarf deutlicher Anstöße, um sich weiterzuentwickeln. In diesem Zusammenhang verwendete Vidal de la Blache bereits den Ausdruck Genre de vie.

So können nach Vidal de la Blache Typen von Kulturen herausgearbeitet, klassifiziert und systematisiert werden – wie es bereits in den Naturwissenschaften gehandhabt wurde. Es besteht zwar die Gefahr, daß ungebührlich generalisiert wird; ihr kann aber durch genauere Analyse begegnet werden.

In einem späteren Aufsatz (1911) führt er an vielen Beispielen (S.200 f.) Typen von Genres de vie vor – Nomaden, Fellachen, frühe Bauernkulturen in Mitteleuropa, Steppenbewohner, Bergvölker etc. – und demonstriert, wie sie unter den gegebenen Naturbedingungen sich in unterschiedlicher Form angepaßt haben und so ihre kulturelle Eigenart entwickelten. Die Beispiele wurden nicht zufällig ausgewählt (1911, S.212); sie erlauben Einblick in die allgemeine Frage der Anpassung und der Entscheidungsmöglichkeiten der menschlichen Gruppen. Vidal de la Blache versuchte, die Genres de vie auf ihren Ursprung zurückzuführen. Sie sind unter verschiedenen Voraussetzungen entstanden. Durch Nachbarschaftseffekte und Wechselwirkungen waren schon auf natürlichem Wege Formenkombinationen entstanden; diese Entwicklung setzte sich in der Gesellschaft fort, nachdem der Mensch diese Gebiete in Besitz genommen hatte. Die natürliche Raumgliederung wirkte auch auf den Menschen, unterstützte mehr oder weniger seine Initiativen, eröffnete verschiedene Chancen. So wurde der Naturraum zum Schauplatz seiner Erfolge oder Mißerfolge. Dabei spielten die Mobilität und Konkurrenz der Gruppen untereinander eine wichtige Rolle. U.a. gingen auch von dem Wechsel der Jahreszeiten Impulse auf den Menschen aus. In Ländern mit gleichförmigen Klimaverhältnissen hatten solche Stimulantien gefehlt. Die großen Klimaumwälzungen in der jüngsten geologischen Geschichte haben in vielen Gebieten der Erde durch solche Anpassungsvorgänge wesentlich zur Mannigfaltigkeit der heutigen Kultur beigetragen.

In diesen Überlegungen lassen sich deterministische Grundzüge erkennen; sie betreffen aber nicht die Beziehung Mensch-Natur – wie bei Ratzel –, sondern äußern sich in einer stark vereinfachten Sichtweise der an sich ja komplizierten Verhaltensmechanismen, die damals – um die Jahrhundertwende – natürlich noch nicht präziser nachvollzogen werden konnten.

Vidal de la Blache sagt dann weiter, daß die Kulturen oder Genres de vie sich nach und nach herausgebildet haben (1911, S.289 f.), wobei verschiedene Kulturpflanzen ausgewählt und kultiviert, verschiedene Techniken und Betriebssysteme, verschiedene Siedlungstypen und Transportmittel entwickelt wurden. Das bedeutet, daß die Genres de vie, so wie sie sind und sich über die großen Erdräume verbreitet haben, hochentwickelte Formen sind, die im Zuge ihrer Adaptation an die Naturgegebenheiten zahlreiche Kulturtechniken und Eigenschaften akkumuliert und integriert haben. Der Mensch erscheint als angepaßt an die Naturräume, andererseits aber auch als deren Gestalter. Welcher Aspekt überwiegt, hängt von der Kulturstufe ab. Diese Gedanken hat Vidal de la Blache in seinem postum von De Martonne herausgegebenen Werk „Principes de Géographie Humaine“ bekräftigt. In diesem Buch, das erst 1922 herauskam, scheinen aber einige Präzisierungen vom Herausgeber vorgenommen worden zu sein (Thomale 1972, S.41 f.).

Das Konzept weist einen direktem Weg zu einer Sozialgeographie. Die deterministische Gedankenführung wird dadurch entschärft, daß Vidal de la Blache von den Menschen selbst ausgeht und deren Genres de vie in ihrem Entwicklungsgang verfolgt. Die Menschen besitzen nach ihm unterschiedliche Möglichkeiten der Entwicklung, und dies nicht nur im Bezug auf die Anpassung an die Naturgegebenheiten, sondern auch auf die Herausbildung der menschlichen Gruppierungen selbst. So begründete Vidal de la Blache den geographischen „Possibilismus“. Während in Deutschland die Entwicklung über die Kulturlandschaftsforschung führte, eröffnete sich in Frankreich ein eigener Weg, der viele Jahrzehnte begangen wurde (vgl. S.92f).

In Holland knüpfte van Vuuren (1941; vgl. S.80f) u.a. an Vidal de la Blache an. In Deutschland ist vor allem Hettner (1923/29; vgl. S.47f) von ihm angeregt worden, später Bobek (1948/69; vgl. S.88f). Auch wurde ein Lebensformgruppenkonzept entwickelt, das Verwandtschaft mit dem von Vidal de la Blache zeigt (vgl. S.85f).

Das Konzept der Faits essentiels (Brunhes)

Andererseits gab es in Frankreich auch andere Tendenzen. Etwa zeitgleich mit Vidal de la Blache brachte Brunhes sein Buch „La Géographie Humaine" (1910/56) heraus. Er ist zwar ein Schüler von Vidal de la Blache (Dickinson 1969, S.212), setzt aber andere Akzente als dieser. Für ihn bildeten nicht die sozialen Gruppen und die Genres de vie den zentralen Forschungsgegenstand, sondern die Spuren der menschlichen Tätigkeit auf der Erdoberfläche, d.h. die sichtbaren und berührbaren Werke des Menschen. Damit näherte er sich den deutschen Geographen, vor allem Schlüter. Nach Brunhes (1910/56, S.2 f.) äußern sich die menschlichen Tätigkeiten vor allem in drei beobachtbaren „faits essentiels":

1) Dörfer, Verkehrswege etc., d.h. ökonomisch notwendige, aber selbst unproduktive Fakten,
2) Fakten der pflanzlichen und tierischen Produktion,
3) Fakten der „destruktiven" Wirtschaft im Gefolge der pflanzlichen, tierischen Produktion und des Bergbaus.

Bevölkerung, Wirtschaft, Staaten und Kultur lassen sich geographisch untersuchen. Eine Sozial- oder Kulturgeographie soll sich mit Nationalitäten, Rassen, Sprachen, Religionen beschäftigen, mit geistigen, künstlerischen und technischen Phänomenen sowie mit Gruppeneigenschaften (Mentalität, Organisation, Rechts- und Sozialverhältnisse), soweit sie sich mit den faits essentiels in Verbindung bringen lassen (vgl. auch Dickinson 1969, S.213).

Geographie des Menschen nach Hettner

Umfassender waren Hettners Vorstellungen von der Anthropogeographie. Er schreibt (1927, S.126; ähnlich 1947, S.3 f.): „Die Geographie kann sich auf kein bestimmtes Reich der Natur oder des Geistes beschränken, sondern muß sich über alle Naturreiche und den Menschen zugleich erstrecken… Zur Eigenart der Länder gehören Natur *und* Mensch, und zwar in so enger Verbindung, daß sie nicht voneinander getrennt werden können. In manchen Ländern tritt der Mensch mehr, in anderen weniger in den Vordergrund…". Hettner lehnt sowohl die „in engerem Sinne räumliche Auffassung Ratzels" als auch „die auf das Bild der Landschaft beschränkte Auffassung von Schlüter und Brunhes" (S.143) als jeweils zu einseitig ab. „Die Geographie hat den Menschen nicht nur als Staffage im Bilde der Landschaft, sondern als ein Stück von deren Wesen aufzufassen" (vgl. auch 1947, S.7). Die geographische Betrachtung des Menschen „ist auf die einzelnen Erdteile, Länder, Landschaften und Örtlichkeiten gerichtet und hat zu fragen: welche Menschen leben in ihnen, wie sind ihre Werke, wie gestaltet sich ihr Leben, wie haben sie die Länder umgebildet? Und sie hat die Menschen und menschlichen Werke auch vergleichend über die Erde zu betrachten" (S.144). Hettner sieht es als Aufgabe der Geographie, den Erdraum, die Verschiedenheit der Teilräume zu untersuchen, und zwar – v.Richthofen folgend – unter kausalen Gesichtspunkten. Dabei soll alles Wesentliche berücksichtigt werden. Als wesentlich wird das erachtet, was nicht fortgedacht werden kann, ohne daß dadurch die Gestalt des Raumes verändert wird oder ohne daß dadurch die kausale Begründung lückenhaft würde; d.h. alles, was „im Wechselspiel der Elemente im Raum eine maßgebliche Rolle spielt, gehört zur Geographie" (Plewe 1960, S.22).

Hierzu gehört auch der Mensch, nicht als solcher – ihn so zu untersuchen ist Aufgabe der Biologie, der Anthropologie, der Psychologie, der Soziologie etc. – sondern in seiner unterschiedlichen Verteilung auf der Erde sowie in seiner Abhängigkeit und Einwirkung auf die Natur, seinem Eingebundensein in das Wechselverhältnis Mensch-Natur, soweit es in der Kulturlandschaft zum Tragen kommt (Hettner 1927, S.125 f., 129 f.; 1947, S.3 f.; Plewe 1960, S.23). Hier laufen mehrere Ideen zusammen; die Verschiedenheit in der Verteilung, die Verbindung mit der Natur, die physiognomische Bedeutung, die innere Begründung – diese das „Wesen" begründenden Eigenschaften können übereinstimmen, sie können sich aber auch widersprechen (vgl. auch Bahrenberg 1987c, S.226 f.). So bleibt für den Untersuchenden viel Spielraum.

Der Mensch wurde von Hettner eher als kollektives, weniger als soziales Wesen betrachtet. Er ist in seinen Entscheidungen frei; dennoch fallen aus der geographischen Betrachtung die Persönlichkeiten heraus, „weil nur wenig aus der geographischen Umwelt in sie eingeht, und dies den Kern der Persönlichkeit nicht berührt; die menschlichen Werke, die zunächst immer Handlungen einzelner Persönlichkeiten sind, lassen sich nur unter deren Ausschaltung und unter unmittelbarer Zurückführung auf die tiefer liegenden Ursachen geographisch auffassen" (Hettner 1927, S.131). Nach Plewe (1960, S.23) hielt Hettner die Freiheit des Menschen in Massenerscheinungen – nur sie sind geographisch relevant – für unerheblich, vernachlässigbar. Findet die Handlung einer Persönlichkeit in der Kulturlandschaft ihren Niederschlag, so ist das Motiv nicht zufällig oder willkürlich gewesen sondern liegt in der Sache. So ist diese Sache begründbar. Diese Auffassung ermöglicht es ihm, die naturwissenschaftliche Begründung der angetroffenen Sachverhalte auch für die Werke des Menschen anzunehmen. Der vielfach zitierte Dualismus in der Geographie ist für Hettner nicht existent (1927, S.126).

Wie Hettner (1927, S.144 f.) die Anthropogeographie gliedert, demonstriert Tab.1. Sein Plan umfaßt Teildisziplinen, die in das schlüssige Schema Schlüters (vgl. S.34f) nicht passen. So fügte er eine Kulturgeographie hinzu, die sich mit der geistigen Kultur befaßt. Auch ist die Gewichtung einzelner Teildisziplinen anders. Schlüter hatte ein klares Konzept insofern, als die Werke des Menschen als zu einer Kategorie gehörig aufgefaßt werden können; sie sind – um es vereinfacht zu sagen – alle auf der Karte darstellbar, füllen den Raum auf der Erdoberfläche aus. Die Formen sind klar identifizierbar. Bei Hettner treten neben die Werke des Menschen (Siedlungen, Verkehrswege, Wirtschaftsanlagen etc.) die Menschen selbst in ihren Gruppierungen (Ethnien, Völker), mit ihren Wanderungen, also Fakten, die Ratzel bereits eingebracht hatte (vgl. S.30f; 48f), die aber Schlüter in seiner Geographie des Menschen nur gering bewertete. Hettner betrachtete wiederum die Mensch-Natur-Verbindungen wesentlich differenzierter als Ratzel. So kommen bei Hettner die wirtschaftlichen Aktivitäten (Produktion, Konsum) hinzu; aber

Tab. 1: Gliederung der Anthropogeographie nach Hettner

- Geographie der Rassen und Völker (vergleichbar der Pflanzen- und Tierwelt)
- Politische Geographie
- Siedlungsgeographie
- Bevölkerungsgeographie (die Bevölkerungsdichte, -bewegungen etc. behandelnd)
- Verkehrsgeographie
- Militärgeographie (die u.a. militärische Operationen, den Bau von Festungen etc. thematisiert)
- Wirtschaftsgeographie
- Kulturgeographie im engeren Sinne (sie befaßt sich mit der geistigen Kultur).

Quelle: Hettner 1927

auch gegenüber Schlüter erhalten die Wirtschaftsgeographie und die Verkehrsgeographie ein ganz anderes Gewicht. Durch die relativ freie Handhabung der Kriterien und die bereits erwähnte gewisse Beliebigkeit in der Auswahl der Fakten erhält die Anthropogeographie Hettners eine Breite, die sich für die folgende Entwicklung positiv ausgewirkt hat. Seine Vorstellungen wurden weithin akzeptiert, u.a. auch in den USA (Hartshorne 1939/61). Sie konnten der Vielfalt der menschlichen Existenz besser gerecht werden, als es bei Schlüter oder Brunhes der Fall war. Dies kam in besonderem Maße auch der Länderkunde zugute. Hettner sah sie als die Hauptaufgabe der Geographie.

1.1.3.2 Regionale Geographie

Nach Ritters Tod setzte sich zunehmend die Staatenkunde wieder durch (Schultz 1981, S.61 f.); das Rittersche Konzept der Länder als Ganzheiten im teleologischen Sinne (vgl. S.15f) hatte mit wachsender analytischer Einsicht seine Daseinsberechtigung verloren. Nun suchte die Geographie erneut, der Länderkunde eine wissenschaftliche Basis zu geben.

Der länderkundliche Ansatz. Geographie als Raumwissenschaft

Bei Kirchhoff stand die geordnete Kompilation noch im Vordergrund. Er hielt bereits in den 70er Jahren des 19.Jahrhunderts länderkundliche Vorlesungen und berücksichtigte in ihnen die Tätigkeiten des Menschen (Hettner 1927, S.103). In seiner „Schulgeographie“ (1882, S.149 f.) behandelte er z.B. von Mitteleuropa in aller Kürze die Bevölkerungsdichte, die Völkerschaften, die Sprachen und Stämme, erwähnte Landwirtschaft, Bergbau und Industrie. Er unterschied in einer späteren Arbeit (1884, S.152 f.) – nach Erscheinen des 1.Bandes von Ratzels „Anthropogeographie“ (1882) – die physische Erdkunde von der Anthropogeographie. Von dieser forderte er (S.154): „Außer den Ansiedlungen ist das Volksleben nach allen seinen materiellen Seiten, von der körperlichen Ausbildung und der Gesundheit bis zu Produktion und Handel, vielfach auch Sitte und Brauch, Gemüt und Intelligenz, Sprache und künstlerisch-wissenschaftliche Leistung, Religion und Verfassung eingewurzelt in den allnährenden Mutterboden der Landesart, so daß eine vollendete Landeskunde entschieden die Pflicht hat, auf das alles einzugehen, ohne deshalb sich zu einer erschöpfenden Volks- oder gar Staatskunde ausdehnen zu müssen." Die Staatskunde fand so in der Geographie keinen Platz mehr.

Von Richthofen (1903, S.25 f.) meinte dann aber, die Länderkunde sei nach Ritter zu einer Kompilation abgesunken. So versuchte er, ihr durch die kausale Betrachtungsweise Rückhalt zu geben. Er empfahl eine „chorologische Behandlung" und Verarbeitung des Materials. Sie „macht es sich zur Aufgabe, die auf einem Erdraum verbundenen natürlichen Erscheinungen in ihrem Kausalverhältnis und genetischen Zusammenhang darzustellen" (S.26) (ähnlich v.Richthofen 1883; vgl. auch S.32f).

Besonders Hettner trat für die Länderkunde als zentralem Gegenstand der Geographie ein (Schultz 1981, S.64 f.). Er betonte – im Anschluß auch an von Richthofen – daß die Geographie eine chorologische Wissenschaft sei. Er schrieb (1927, S.122): „Betrachtungen der Erdoberfläche im Ganzen, d.h. ohne Rücksicht auf die örtlichen Unterschiede, sind noch nicht geographisch; Geographie ist vielmehr nur die Wissenschaft von der Erdoberfläche nach ihren örtlichen Unterschieden, von den Erdteilen, Ländern, Landschaften und Örtlichkeiten. Das Wort Länderkunde würde diesen Inhalt der Wissenschaft besser bezeichnen als das Wort Erdkunde ...", und weiter (S.123): „...Chorologisch ist aber nicht der Weg, sondern das Ziel, der Gegenstand der Geographie selbst. Es bedeutet die Auffassung der irdischen Wirklichkeit unter dem Gesichtspunkt der räumlichen Anordnung, im Gegensatze zu der den systematischen Wissenschaften eigenen Auffassung der Wirklichkeit unter dem Gesichtspunkt der dinglichen Verschiedenheit und der den geschichtlichen Wissenschaften eigenen Auffassung unter dem Gesichtspunkte des Ablaufs in der Zeit" (ähnlich Hettner 1947, S.7).

Die Verknüpfung der Fakten schafft erst den besonderen Charakter des Erdraumes. „Die Kenntnis der geographischen Verbreitung einzelner Produktionen oder Produkte gehört zu den Wissenschaften von der wirtschaftlichen Produktion oder zur Warenkunde und kann als geographische Produktenkunde bezeichnet werden. Dagegen hat es die Wirtschaftsgeographie mit den wirtschaftlichen Eigenschaften und Beziehungen der verschiedenen Länder und Örtlichkeiten zu tun ... Die Geographie ... ist *Raumwissenschaft*, wie die Geschichte Zeitwissenschaft ist" (S.124/125).

Hettner (1927, S.130) warf Schlüter und Passarge (vgl. S.34f; 46) vor, daß sie vom Wahrnehmbaren ausgehen. So könnten sie nicht zum inneren Wesen der Länder, Landschaften und Örtlichkeiten vordringen. Das Wesen gründe sich auf das Zusammensein und Zusammenwirken der verschiedenen Naturreiche und ihrer verschiedenen Erscheinungsformen und die Auffassung der ganzen Erdoberfläche in ihrer natürlichen Gliederung.

Kirchhoff und Hettner versuchten, eine sinnvolle Ordnung zu finden, konnten aber dennoch nicht verhindern, daß die Länderkunden immer auch einen enzyklopädischen Charakter behielten. Hettner legte z.B. in seiner Länderkunde Europas (1932) die großen Naturlandschaften der Gliederung zugrunde, um in diesen dann die politischen Räume und schließlich die kleineren Landschaften darzustellen, wobei er einräumt, daß er nicht allen Erscheinungen gerecht werden konnte (S.57). In vielen anderen Fällen wurde ein – meist politisch umgrenzter – Raum betrachtet und aus ihm die mitteilenswert erscheinenden Sachverhalte vorgebracht, in Kategorien gegliedert. Diese Sachkategorien bezeichnete Sölch (1924, S.25) als Geofaktoren: „Wir nennen einerseits die raumerfüllenden und -gliedernden Erscheinungen geographische Faktoren oder kurzweg Geofaktoren und die Verbreitungsgebiete der einzelnen geographischen Erscheinungen ganz allgemein geographische Räume".

Es ergaben sich dann aber Schwierigkeiten, und zwar dadurch, daß die einzelnen Geofaktoren ganz verschiedene Verbreitungsmuster besitzen. Ritter hatte noch – im Sinne seiner teleologischen Grundperspektive – angenommen, daß die Länder naturgegebene Räume, geographische Individuen seien (vgl. S.15f). Diese Aussage ließ sich nicht halten, wie schon von Richthofen (1903, S.26 f.) und Hettner (1906, S.10 f., 94 f.) erkannten; das Einmalige des komplexen Zusammenwirkens der Geofaktoren an einem Ort auf der einen und die sachspezifische Anordnung der Formen in den Geofaktoren auf der anderen Seite lassen keine eindeutige Grenzziehung zu. Die Grenzgürtelmethode von Maull (1915, S.143 f.; 163 f.; Karte) versuchte zwar, dieses Problem auf „mechanischem" Wege – durch Aufeinanderlegen von Karten mit verschiedenen Grenzverläufen der Phänomene – zu lösen; die Schwierigkeiten blieben aber, erst recht, wenn man berücksichtigt, daß die zunehmende Arbeitsteilung eine Differenzierung der Gesellschaft bewirkt hat; jede wirtschaftliche Aktivität hat ganz verschiedene Raumansprüche, so daß – je nach der Wahl der Kriterien – ganz verschiedene Regionen resultieren.

Hettner und Schmitthenner sahen die Länder oder Landschaften so als etwas vom Forscher Gesetztes an. Hettner (1934, S.144) meinte, „daß man jeden Erdraum verschieden gliedern kann, je nachdem man den einen oder den anderen Gesichtspunkt in den Vordergrund stellt". Schmitthenner (1954) präzisierte, daß der länderkundliche Forscher die Tatsachen der Bodengestalt, des Klimas etc. des zu behandelnden Gebietes getrennt zu untersuchen habe und herausfinden müsse, „wie durch ihr Zusammensein das Land gestaltet wird, wobei Mensch und Natur nicht in unnötig schroffem Gegensatz gestellt werden dürfen; denn der räumliche Gesichtspunkt verbindet den methodischen Unterschied, der in der Behandlung der natur- und geisteswissenschaftlichen Tatsachenreihen besteht" (S.15). Und weiter: „Die Örtlichkeiten sind zwar alle verschieden, schon ihrer Lage wegen, können aber durch die Gleichheit oder Ähnlichkeit ihrer charakteristischen Merkmale und durch die Nachbarschaft als Gebiete oder Landschaften einander zugeordnet werden. Diesen Zusammenhang erkennt das Volk intuitiv, es erlebt ihn und setzt für ihn den lokalen Namen der Landschaften oder Länder. Diese Namen (Odenwald, Alpen etc.) sind Kollektivbegriffe im Gewande von Eigennamen... Die Wissenschaft muß die Zusammenhänge denkend erfahren, untersuchen und die Landschaft (bzw. das geographische Gebiet) forschend in länder- bzw. landschaftskundliche Gedankenarbeit in ihrem Wesen reproduzieren, d.h. als geographische Gestalt setzen. An sich ist die Landschaft oder das geographische Gebiet nicht vorhanden. Gegeben ist nur die wechselvolle Vielfalt des Kontinuums der Erdoberfläche" (S.16). Schmitthenner hatte möglicherweise die phänomenologische Methode Husserls (vgl. S.58f) im Auge.

Bahrenberg (1987c, S.226 f.) meinte, bei Hettner ergebe sich ein Widerspruch dadurch, daß er einerseits die Untersuchung der Verbreitung von Sachverhalten ablehne, andererseits aber davon spreche, daß die Geographie die räumliche Anordnung thematisiere; zur Erfassung der Wirklichkeit gehöre die räumliche Verteilung der Objekte auf der Erdoberfläche. Bei der Stoffauswahl spiele aber das Verhältnis Mensch-Natur herein. In der Tat ist hier zu erkennen, daß die Konzeption Hettners zu logischen Schwierigkeiten führt. Die Widersprüche beruhen darauf, daß Hettner das Paradigma „Chorologie" mit dem

Paradigma „Konkreter Mensch – Konkrete Natur“ (im Sinne von Eisel, 1980) zusammenbrachte (Bahrenberg 1987c, S.230).

Wenn Hettner und Schmitthenner auch die Länderkunde als das wichtigste Ziel der Geographie betrachteten, so konnten auch sie nicht übersehen, daß die eigentliche Forschung in den Sachgebieten, d.h. im Rahmen der Allgemeinen Geographie betrieben wurde. Nach Wardenga (1987, S.200 f.) basiert Hettners Konzept denn auch auf einer Trennung von Forschung und Lehre. Sie fand, daß Hettner ein Programm für die Lehre entwerfen wollte, nicht für die Forschung. Länderkunde wäre für Hettner also ein didaktisches Problem gewesen; für ihn hätte die Frage im Vordergrund gestanden, wie man das darzustellende Objekt systematisch sinnvoll organisiert. Allerdings – dies darf man wohl auch nicht übersehen – er hatte die Aufgabe definiert, das „Wesen“ der Länder, Landschaften und Örtlichkeiten zu erfassen; sah er dies nicht als echten Forschungsauftrag im Sinne seiner „Raumwissenschaft“? Wie dem auch sei: das Problem liegt wohl darin, daß nur Ganzheiten, Individuen eine Wesenheit darstellen, selbst wenn das Wesenswas nur ein gedanklicher Entwurf sein sollte. Länder, Landschaften, Örtlichkeiten sind dies aber, wie ja Hettner und Schmitthenner selbst sagen, eben nicht. An diesem Widerspruch scheiterte m.E. letzlich die Länderkunde als Forschungsdisziplin.

Landschaftskundlicher Ansatz

Die erwähnten Äußerungen Schmitthenners (1954) sind im Rahmen einer Diskussion mit Obst (1950/51) zu sehen. Schon in den 20er Jahren war die Länderkunde von verschiedenen Forschern problematisiert worden, wegen der Schwierigkeit, den von Hettner postulierten inneren Zusammenhang der Sachverhalte zu definieren sowie wegen der daraus resultierenden Abgrenzungsproblematik. Es wurde der Ausweg in einer – auf Schlüters Ideen (vgl. S.35f) sich gründenden (Waibel 1933b, S.199) – Landschaftskunde gesehen, in der analytische und synthetische Methoden kombiniert werden. Im einzelnen lassen sich auch hier verschiedene Ansätze erkennen (vgl. auch Schultz 1980, S.128 f.):

Obst kam von der Wirtschaftsgeographie. Er schrieb (1922, S.11/12): „Der Erdraum als Gegenstand meiner Wissenschaft ist eine komplexe Erscheinung. Will ich ihm kausalwissenschaftlich näher kommen, so bleibt mir zunächst nichts anderes übrig, als zu analysieren, d.h. nacheinander Lage, Größe, Grenzen, Relief, Klima, Hydrographie, Pflanzen- und Tierwelt, die menschlichen Bewohner, Wirtschaft, Verkehr und politische Strukturen zu betrachten. Damit aber ist die Aufgabe der Geographie keineswegs erschöpft, denn die Geographie soll doch das Wesen, den Charakter, die Individualität des Erdraumes bzw. seiner Teilgebiete erfassen und darstellen. An die Analyse muß sich nun also die Synthese anschließen. Aber wie das? Mit irgend einem wissenschaftlichen Schema ist da kaum etwas geholfen, denn gerade in der gesetz- und regellosen Mannigfaltigkeit der einzelnen Landschaften besteht das Wesen der Mutter Erde. Hier tritt vielleicht der Wald als Dominante auf, bei stärker bewegtem Relief tritt dieses in den Vordergrund; wieder an anderer Stelle drückt die wüstenhafte Öde einem orographisch vielleicht reichgestalteten Gelände den Charakter auf oder aber die Fülle der dichtgedrängten Fabrikschlote erzeugt den Eindruck der Industrielandschaft.“ 1948 wiederholte Obst (1950/51, S.8) die Forderung nach Herausarbeiten der geographischen Dominanten der

Landschaften und postulierte eine geographische Strukturlehre; er äußerte die Überzeugung, daß sich so Landschaftstypen herausarbeiten ließen.

In seinem 1922 publizierten Aufsatz meinte Obst (S.12), daß „die Geographie als synthetische Wissenschaft … mählich in das Gebiet der Kunst" hinübergleite. Hier schloß er sich Banse (1920) an, der die Geographie als eine Kunstform betrachtete („Neue Geographie"): „Die Wissenschaft ist darauf aus, unter Zerspellung ihrer Gegenstände in winzige Bestandteile, Begriffe aufzustellen, zu kürzen, zusammenzuziehen, zu systematisieren. Exaktheit ist ihr Götze… Aber Zergliederung und Begriffsbildung allein führen nicht zum Ziele… Hier springt die Kunst ein" (1920, S.3). „Hier erst beginnt sie dem Wesen, dem inneren Kern der Dinge nachzuspüren…" (S.17). Es kommt auf ein „seelisches Wiedergebären erlebter Dinge" an. Das Ziel der Geographie „liegt in der Gestaltung der auf dem Wege wissenschaftlicher Beobachtung und Erfahrung sowie seelischen Einfühlens in Natur und Buch gewonnenen Einzelbilder zu umfassenden Kompositionen, in deren Mittelpunkt die sichtbare Landschaft und das nur empfindbare Milieu stehen" (S.17). Die „Seele der Landschaft" solle erfaßt werden. Es wird hier versucht, aus der Schwierigkeit, die die Unschärfe des chorologischen Ansatzes bereitet, durch Einsatz des Gefühls zum Wesen der Räume vorzustoßen. Daß Banse später die Seele mit Volkheit und Rasse in Verbindung brachte, zeigt, wie wolkig diese Vorstellungen bleiben mußten.

Gradmann (1924) und Volz (1926) versuchten, die Untersuchungsmethoden der Landschaftskunde zu präzisieren und benutzten die Begriffe „Harmonie" und „Rhythmus". Die Landschaft versteht man nach Gradmann erst, wenn man empirisch die einzelnen Erscheinungen erarbeitet und sie ursächlich miteinander verbindet. Dadurch erhält man Klarheit darüber, wie alles zusammenwirkt und „zusammenklingt" ; dies erzeugt „in uns die wohltuende Empfindung der Harmonie". Volz schreibt (S.35): „Der wesentliche Unterschied harmonischer und rhythmischer Betrachtungsweise besteht … darin, daß wir bei ersterer ein bestimmtes Erscheinungsbild uns vornehmen und dieses nach allen Beziehungen und Wechselwirkungen verstandesgemäß zu verstehen und erklären versuchen; es strömen also die Fäden gewissermaßen zentripetal zusammen, um den bestehenden Zustand, das gegebene Interferenzbild zahlloser konkurrierender Faktoren zu erklären. Anders die rhythmische Betrachtungsweise: zwar will auch sie den bestehenden Zustand eines Erscheinungsgebietes erklären, aber auf andere Weise, gewissermaßen mittelbar oder indirekt: wir verfolgen die einzelnen Faktoren nach ihrem steigenden oder sinkenden Wert aus weiterer oder näherer Nachbarschaft auf ihrem Weg durch unser Gebiet und hinaus in die Nachbarschaft, und indem wir diese Abwandlungsreihen miteinander kombinieren, können wir die sich abwandelnden Wechselwirkungen vor unserem geistigen Auge plastisch verfolgen; wir sehen, welche Stelle unser Gebiet einnimmt und haben es zugleich in die Nachbarschaft ringsum eingeordnet; es ist also die rhythmische Betrachtungsweise zugleich eine Methode vergleichender Geographie, zu der sie Bausteine liefert." Dieser Gedanke findet sich später bei Lautensach (1952a) wieder (vgl. S.76f).

Spethmann (1928) ging bei seinem Konzept der „Dynamischen Länderkunde" von einer Wertung der Kräfte im „dynamischen Kraftfeld", also letztlich – wie Obst – von Dominanten aus. Als neu kann man die Perspektive ansehen, die Kräfte selbst zu erfassen, sie aufzuspüren und von ihnen aus die Länder zu interpretieren. Damit konnte er genauer die Wirkungsketten offenlegen. Am Beispiel des Ruhrgebietes (1932-39) demonstrierte er z.B. die überragende Bedeutung der Persönlichkeit für die Entwicklung dieses Raumes (dagegen Hettner 1927, S.131; vgl. S.40). Wenn man diesen Ansatz auch als Fortschritt betrachten kann – damals wußte man noch zu wenig von den inneren Zusammenhängen in diesem Kraftfeld.

Passarge (1919/29) verfolgte einen anderen Weg. Er entwickelte eine Landschaftskunde, die von der Physiognomie ausgeht. „Tier und Mensch finden in der Darstellung der Landschaftskunde nur insofern Platz, als sie sie selbst beeinflußt haben und in ihren Lebensäußerungen sichtbar hervortreten." Am Anfang steht eine Typologie der Formen („Beschreibende Landschaftskunde") sowohl der natürlichen Erscheinungen als auch die menschlichen Werke. Es folgt die „Landschaftsanalyse", die die Vergesellschaftung der Formen zum Gegenstand hat; darunter versteht Passarge (1919/29, S.191) „die planvolle Beobachtung der eine Landschaft zusammensetzenden Erscheinungen". Er schreibt weiter: „Will man sich ... üben, so suche man am besten einen Punkt auf, von dem aus man einen weiten Überblick über die Landschaft hat, und beginne nun nach einem bestimmten Muster die einzelnen Elemente der Landschaft festzustellen und zu beschreiben ... und siehe da, das Material fließt in Strömen zu, mühelos." Schließlich folgt die Landschaftsbeschreibung, „die Zusammenstellung, und die Schilderung des Gesehenen" (1919/29, S.213). In diesem synthetischen Teil werden der Bau der Landschaft, Tier und Mensch in Abhängigkeit von der Landschaft, auch ästhetische Gesichtspunkte behandelt. „Als Krone aber trägt die Landschaftskunde die Länderkunde, die eine Darstellung nicht nur des heutigen Raumes, sondern auch eine solche seiner Entwicklung, der Geschichte des Menschen, seiner staatlichen, sozialen, wirtschaftlichen, seiner stofflichen und geistigen Kulturgüter bringt" (1919/29, S.2/3).

In einem späteren Beitrag erweiterte Passarge (1949) seinen Ansatz; er betrachtete die herkömmliche Länderkunde – unter Hinweis auf v.Richthofen (1903; vgl. S.42) – als reine Beschreibung, daher als problemlos (1949, S.216). Diese „beschreibende Länderkunde" sollte fesseln und belehren. Sie setze keine eigenen Forschungen voraus. Kenntnisreiche Journalisten wären durchaus in der Lage, Länderkunden dieser Art zu schreiben. Passarge führte zusätzlich eine problemorientierte Länderkunde ein. Hierunter verstand er die Untersuchung und Darstellung des „Totalraumes". „Dieser umfaßt die Gesamtheit des Lebensraumes, nicht nur die sichtbare Natur-, Raub- und Kulturlandschaft, sondern auch die Menschen mitsamt ihrer sichtbaren und unsichtbaren Kultur, mit der Geschichtsvergangenheit und Gegenwart" (1949, S.218). Die problemorientierte Länderkunde gründet, wie er sagte, auf eigenen Forschungen. Die Landschaftskunde sei der Weg, der zu ihr führt, sie sei also gleichsam das Fundament für eine solche Länderkunde.

Granö (1927; 1929) ging von beobachtenden Menschen aus. Dieser nimmt seine Umgebung wahr („Naturumgebung", „geographisches Milieu", „geographische Umgebung"; 1927, S.5). „...Die Geographie" ist „die Lehre von den Umgebungen des Menschen und den in bezug auf diese einheitlichen Gebieten" (1929, S.35). Von diesem Standpunkt wird schrittweise die Landschaft analysiert – „Nahumgebung", „Fernumgebung" –, nach bestimmten Kriterien, die von den menschlichen Sinnen ausgehen (Gesicht, Gehör, Gefühl etc.). Ziel seiner „reinen Geographie" ist es, so zu den Ganzheiten vorzudringen, eine Landschaftsgliederung zu erreichen. „Die geographische Forschung bildet die Ganzheiten derer sie bedarf" (1927, S.13).

Zusammengefaßt: Es wurde versucht, das vielgestaltige Mosaik der konkret beobachtbaren Formen und Kräfte auf der Erdoberfläche, wie sie (in der ersten Phase des Paradigmenwechsels) entsprechend ihren Geofaktoren sachlich erarbeitet und in Länderkunden in regionalem Zusammenhang dargestellt worden waren, von verschiedener Seite anzugehen, vom äußeren Erscheinungsbild („Dominanten"), vom intuitiv erfaßten „Wesen", von der Intensität der Erscheinungen in den einzelnen Geofaktoren, von den Kräften, von den von außen definierbaren Einzelformen, um so ein Instrumentarium für eine präzisere Ansprache der Region zu erhalten. Freilich, viele Gegenstände oder Formen in einem [1]Raum, auch wenn sie wissenschaftlich analysiert sind, definieren noch nicht eine Region oder ein Land; dazu bedarf es der Kenntnis der Struktur, der inneren Zusammenhänge.

Aus all diesen Vorschlägen läßt sich zwar ablesen, daß das Problem der Behandlung geographischer Räume erkannt worden war, daß aber die Lösungsvorschläge unbefriedigend blieben. Denn solange unklar ist, wie in einer arbeitsteiligen Wirtschaft die verschiedenen Geofaktoren miteinander interagieren, wie durch die regional weitausgreifenden Bezüge die [2]Räume (vgl. S.55) strukturiert sind, so lange wird man auch nicht zu einer korrekten Regionalisierung gelangen können.

In den 20er Jahren hatte eine neue Phase, das 2.Stadium, in der Entwicklung der Anthropogeographie eingesetzt, die sich diesen strukturellen Zusammenhängen widmete (vgl. S.63f).

1.1.3.3 Sachgebiete der Anthropogeographie

Schon in dieser frühen Phase der Entwicklung der Anthropogeographie vollzog sich die eigentliche Forschung in den nach sachlichen Gesichtspunkten gebildeten Teildisziplinen. Nur innerhalb dieser Sachgebiete ließen sich Formen herausarbeiten, typisieren und kausal erklären, seien es Formen der Kultur, Gruppierungen der Bevölkerung (insbesondere Völker), Staaten, Siedlungsformen, Arten des Wirtschaftens etc.

Ansatz zur Erfassung der Kultur aus geographischer Sicht (Hettner)

Gleichzeitig mit Schlüter und Hettner hatte Vidal de la Blache (1902; 1911; 1922; vgl. S.37f) in Frankreich eine Anthropogeographie entwickelt, die den Menschen und die Gruppierungen in den Mittelpunkt stellte. Man könnte seine Genres de vie auch als Kulturformen bezeichnen und auf diese Weise eine Brücke zu Hettners (1923/29; 1947, S.145 f.) „Gang der Kultur über die Erde" schlagen. Hettner verstand unter Kultur „die Gesamtheit des Besitzes an materiellen und geistigen Gütern sowie an Fähigkeiten und Organisationsformen" (S.4). Sein Ziel war es, „den Entwicklungsgang der Menschheit und ihrer Kultur über die Erde in seiner geographischen Bedingtheit" darzustellen. „Weder die üblichen Darstellungen der Geschichte, die sich von vornherein auf einen kleinen Teil der Menschheit beschränken, noch die der Volkskunde, die umgekehrt die geschichtlichen Völker außer Acht lassen und mehr der Gegenwart als der Geschichte zugekehrt sind, noch die der Soziologie, die zu sehr in Allgemeinheiten bleiben und zu oft von den vorgefaßten Ideen ausgehen, werden dieser Aufgabe ganz gerecht; die Bedingtheit der Entwicklung durch die Natur der Erdoberfläche wird meist viel zu wenig herausgearbeitet" (1923/29, aus dem Vorwort, S.III).

So kam er zu einer Darstellung der Entwicklung der Menschheit und der Rassen und zu einer Klassifizierung der Kulturen; er unterschied niedere und höhere Kulturformen. So behandelte er u.a. Naturvölker, Halbkulturvölker, alte Kulturen sowie die europäische Kultur des Mittelalters und der Neuzeit. Hettner reihte sich in eine lange Tradition von Forschern ein, die aus den verschiedensten Blickwinkeln entsprechende Versuche unternommen hatten (vgl. vor allem S.381f). Er versuchte aber, seine geographische Sicht einzubringen. So wurde die Bedeutung der naturgeographischen Faktoren in ihrem Einfluß auf die Art der Wirtschaft betrachtet, die Nachbarschaftsbindungen und kulturellen Übertragungen, das Städtewesen, der Handel, die staatliche Verwaltung, die Bevölkerung etc. untersucht. Er sah also die Kulturräume im Vordergrund und knüpfte damit an sein länderkundliches Konzept an.

Sonst aber wich hier Hettner von seinem sonst befolgten Grundsatz ab, daß das zeitliche Nacheinander Sache der Geschichtswissenschaft ist (vgl. S.42). Dies sowie die Tatsache, daß die Abhängigkeit von den Naturgegebenheiten herausgestellt wurden, zeigt, daß Hettner sich an Ratzel, aber auch an Vidal de la Blache anlehnte.

Bevölkerungsgeographie

Ratzel (1882/91) hat mit der Anthropogeographie, besonders im 2.Teil, in der er „die geographische Verbreitung des Menschen" behandelt, wesentlich zu einer Fundierung der Bevölkerungsgeographie beigetragen (Kuls 1980, S.15). Er betrachtete die Bevölkerung als einen für sich zu behandelnden geographischen Forschungsgegenstand, als eigene Sachkategorie innerhalb der Geographie – wenn er dies auch nicht expressis verbis geäußert hat. Bei seiner Darstellung ging Ratzel von einer Definition der Ökumene aus, behandelte die Ausbreitung des Menschen in ihr bis an deren Grenzen.

„Das statistische Bild der Menschheit" enthält die Verteilung und Dichte, eine Kritik der Zählungen und ihrer Methoden sowie Wachstum und Rückgang. „Jede Bevölkerung ist beständig in einer inneren Bewegung, welche die Statistiker, jede äußere Bewegung ausschließend, im Gegensatz zum ‚Stand der Bevölkerung', als ‚Bewegung der Bevölkerung' schlechtweg bezeichnen. Sie verstehen hierunter Geburten, Eheschließungen und Todesfälle" (S.291). „Der Bevölkerungsstand ist das Ergebnis der Bevölkerungsbewegung" (S.292).

Damit hat Ratzel wesentliche Aspekte einer Bevölkerungsgeographie bereits angesprochen. Freilich fehlten ihm detailliertere Daten, die ihm eine Präzisierung seiner Aussagen ermöglicht hätten.

So konnten auch seine an sich von der Fragestellung her bedeutsamen Ausführungen über die Beziehungen zwischen Bevölkerungsdichte und Kulturhöhe nur im Unverbindlichen bleiben. Immerhin postulierte Ratzel keineswegs eine simple Abhängigkeit der

Bevölkerungsdichte von der Bodengüte; vielmehr wurde auch das Problem der Arbeitsteilung angedeutet, z.B. wenn er zwischen Kulturstufe und Kulturalter auf der einen Seite und hohe Bevölkerungsdichte auf der anderen Seite Beziehungen sieht; aber die Erkenntnisse von Adam Smith (1776; vgl. S.335) wurden nicht genutzt. So schrieb er (Bd.2, 1891, S.255/56): „Die Volkszahl auf bestimmtem Raum entscheidet wesentlich über den Entwicklungsgang der Kultur; je näher sich die Menschen berühren, desto mehr sind sie aufgefordert, ihre humanen Eigenschaften zu entfalten. Der niedersten Stufe der Kultur entspricht dünne Bevölkerung. Menschen, die von Jagd und Fischfang leben sollen, wohnen viel zu dicht, wenn 1 Person auf 1 Quadratkilometer sitzt… Die dichteste Bevölkerung findet sich aber dort, wo durch den Verkehr der Mensch sich unabhängig von den Erzeugnissen des Bodens gemacht hat, auf dem er lebt, indem er die Nahrungsmittel von außen her bezieht…". Und weiter (S.264): „Je mehr die große Gewerbethätigkeit Raum gewinnt, desto mehr verdichtet sich nun die Bevölkerung. Die über die besten Mittel und Werkzeuge für Gewerbe und Verkehr verfügende höchste Kultur, welche sich in Europa und bei den europäischen Tochtervölkern entwickelt hat, weist die dichtesten Bevölkerungen unabänderlich in den Mittelpunkten der Gewerbe- und Handelsthätigkeit auf".

Nach den Ausführungen Ratzels finden sich ähnliche Überlegungen bei Wagner (1900, S.676 f., 778 f.). Dann wurde es still; die Bevölkerung erschien lediglich als statistische Größe, wurde nicht problematisiert. Auch Hettners Darlegungen führten nur in Teilgebieten weiter. So entwarf er 1900 eine „bevölkerungsstatistische Grundkarte" (die 1947, S.14, unverändert übernommen wurde).

Neue Anstöße zur Bevölkerungsgeographie kamen dann in den 20er Jahren, vor allem aber dann nach dem Zweiten Weltkrieg (vgl. S.113f).

Politische Geographie

Mit seiner Politischen Geographie führte Ratzel (1897a) in einen anderen Problemkreis ein, den der Dynamik der – wie wir heute sagen würden – Populationen. Er betrachtete den Staat als einen, wenn auch unvollkommenen, Organismus, eine Auffassung, die von Spencer (vgl. S.27) – noch vor den biologischen Denkansätzen Darwins und Haeckels (vgl. S.25) – angeregt wurde. Ratzel sah den Staat – aus der Sicht seiner „Biogeographie" – „als eine Form der Verbreitung des Lebens an der Erdoberfläche" (S.3). In ihm kommen die Probleme der biologischen Ansprüche des Menschen, das Angebot des Erdbodens „als einer konstanten Größe in der Entwicklung" und die ordnende Tätigkeit des Menschen, u.a. sich in der Herrschaft und im Besitz äußernd, zusammen. Wichtig für die weitere Entwicklung in der Geographie war die Herausarbeitung der Dynamik der Staaten. Ratzel analysiert die verschiedenen Äußerungen dieses Eigenlebens, indem er die „Bewegungen", d.h. Wanderungen darstellt, Wachstum und Schrumpfung, Eroberung und Kolonisation.

Ratzel stellte diesen Staatsorganismus mit all seinen Eigenschaften dem Boden gegenüber – er sprach später (1897b, 1901/66) von Lebensraum. In diesen Kapiteln wird eine große Zahl von Beispielen vorgeführt; sie zeugen von großem Wissen. Die Ausführungen lassen vielfach deutlich eine deterministische Denkweise erkennen (Overbeck 1957,

S.175). Die Angaben werden nicht hinterfragt sondern offeriert. Der Leser wird vielleicht mit einem Entweder-Oder konfrontiert, auch mit einem Sowohl-Als-Auch, die Informationen können aber nicht ein klares Urteil erlauben, da der strukturelle Aspekt, die soziale Gliederung und wirtschaftliche Raumbeanspruchung nicht deutlich werden. Dies hat in der Politischen Geographie in den folgenden Jahrzehnten sich als verhängnisvoll erwiesen – ohne daß man Ratzel eine Schuld daran geben könnte. Schon das Konzept des Staates als Organismus hinderte Ratzel an der notwendigen Differenziertheit.

Es dauerte nahezu dreißig Jahre, bis die Politische Geographie im Buch von Maull (1925) ein ähnlich gewichtiges Werk erhielt. Maull baute auf Ratzel auf, wandte sich aber gegen die zu einseitig „naturwissenschaftliche" Denkweise (S.22). Die „Naturgrundlage" wurde aber auch bei Maull „als die eigentliche Basis des Staates" erachtet, doch sah er das Verhältnis des Menschen zum Boden differenzierter: die kausale Abhängigkeit besteht nur indirekt, über Zwischenglieder (S.45). Diese sind die Art der Bewirtschaftung und die Verkehrsstruktur, die ihrerseits von der Kulturstufe abhängen. Diese unterliegt der Veränderung, so daß die Stellung des Menschen zur Natur nur entwicklungsgeschichtlich, genetisch aufgefaßt werden kann. Die Staatenbildung wurde von Maull als historischer Vorgang verstanden (S.23). Die Menschen erscheinen in ihrer Zugehörigkeit zu Rassen, Sprach-, Religions- und Kulturgemeinschaften. Die Kulturlandschaft wird vom Menschen geschaffen, unterliegt aber ständiger Veränderung und wirkt auf den Menschen zurück („Wechselwirkungen"). Der Staat wurde – wie bei Ratzel – als Raumorganismus interpretiert (S.65 f.), die Lebensprozesse wurden durch „Geburt", „Staatszelle", „Wachstum und natürliche Auslese", „Kampf um Raum", „Rückentwicklung und Untergang", „Lebensdauer und Lebensalter" charakterisiert. Schöller (1957, S.3) schrieb, daß „O. Maulls großes Handbuch vom Jahre 1925 der letzte umfassende und systematische Versuch geblieben" ist, „durch die Einbeziehung des Menschen als Träger des Staatsgedankens und durch die Berücksichtigung der Kulturlandschaft neben dem naturgeographischen Fundament eine über Ratzel hinausweisende Politische Geographie zu schaffen".

Daß die Geographie schon damals eine Politische Geographie als eigenen Zweig entwikkelte und als Regionalgeographie die Länderkunde herausbildete, hat sicher auch seinen Grund im politischen Umfeld; der Nationalstaat wurde zu einer Leitidee der europäischen Geschichte. Die Größenordnungen der Kulturreiche oder der Gemeinden erschienen damals als weniger bedeutsam, wenn sie auch als Untersuchungsobjekt nicht fehlten.

Wirtschaftsgeographie

Die Wirtschaftsgeographie wurde im letzten Jahrhundert vornehmlich als Produktenkunde und Handelsgeographie betrieben; entweder es wurden Angaben über die wirtschaftliche Produktion bei der Beschreibung von Land und Leuten gemacht, oder die Produkte wurden in enzyklopädischer Art vorgestellt, als etwas, was das Land „hergibt", u.a. im Sinne eines Handelsprodukts. Es gab nur wenige Ausnahmen, die die Wirtschaftsform selbst vorstellten, d.h. eine bestimmte wirtschaftliche Aktivität, begründet in den natürlichen Voraussetzungen und im Umfeld sozialer und ökonomischer Bedingungen (z.B.

von Richthofen 1864). Ende des 19.Jahrhunderts trat dann diese Betrachtungsweise in den Mittelpunkt. Hier ist vor allem Hahn (1892/1969) zu nennen, der die Wirtschaftsformen der Erde vorstellte, wie sie sich aus der weltweiten Kulturentwicklung und der Kolonialisierung der Erde ergeben hatte (Jäger und Fischer, Hackbau, Plantagenbau, Ackerbau, Viehwirtschaft, Gartenbau). Eine Untersuchung über den Ölbaum im Rahmen seiner Mittelmeerforschungen stellte Fischer (1904) vor. Er schildert die Lebensbedingungen, die Art der Bewirtschaftung, die Erträge, zuerst allgemein, dann in den betreffenden Ländern der Erde. Die Arbeit ist ein Musterbeispiel, wie ein wirtschaftliches Produkt als landschaftsprägend erkannt und wie eine Wirtschaftsform in all ihren Verflechtungen vorgestellt wird.

Eine erste tragfähige zusammenfassende Darstellung der Wirtschaftsgeographie finden wir bei v.Richthofen (1891/1908), der aber die Wirtschaft noch nicht als eigenen „Geofaktor" herausstellte (vgl. S.33f).

Hettner (1927) rückte andere Probleme in den Vordergrund. Er setzte die Wirtschaftsgeographie von der Nationalökonomie ab und forderte (S.148 f.), Produktion und Handel nicht isoliert zu betrachten; auch sei die geographische Bedingtheit wirtschaftlicher Erscheinung nicht Sache der Wirtschaftsgeographen sondern einer „geographischen Wirtschaftskunde". Für sie stünden die wirtschaftlichen Erscheinungen und Produkte sowie deren Verbreitung im Mittelpunkt des Interesses. Aufgabe der Wirtschaftsgeographie dagegen sei die Erforschung des Wirtschaftslebens der Länder und Örtlichkeiten. Im Zielpunkt der Geographie steht immer das Land mit seiner „irdischen und dinglichen Erfüllung" (1947, S.7).

In diesem Sinne hat er ein – postum (1957) von Plewe herausgegebenes – wirtschaftsgeographisches Lehrbuch verfaßt, in dem er zunächst allgemein die Bedingungen und Faktoren des Wirtschaftslebens darstellte und dann die Erscheinungen – gegliedert nach sachlichen Gesichtspunkten (Landwirtschaft, Fischerei, Bergbau, Gewerbe und Industrie, Handel, Konsum und Lebensführung) – zu beschreiben und zu erklären versuchte. Den regionalen Unterschieden entsprechend den Klimazonen, Kulturräumen und Ländern wurde besonderes Gewicht beigemessen.

In ähnlichem Sinne, sich zudem von der physiognomischen Betrachtung abhebend, betonte Lütgens (1928) in seinem Lehrbuch, daß „zur Erfüllung des Erdoberflächenraumes nicht nur das stofflich Wahrnehmbare, sondern jede wesentliche Eigenschaft, auch wenn man sie nur mittelbar aus anderen Erscheinungen ableitet, wie z.B. Kräfte aller Art aus ihren Wirkungen" gehört. „Deshalb gehört auch der Mensch nicht nur als körperliches Objekt zur Erfüllung des Raumes, sondern man braucht auch sein Wesen und Wirken, soweit es wesentlich zum Raumbild als solchem gehört und es beieinflußt" (S.21). „So stehen gleichberechtigt nebeneinander einmal die Wirkung des Raumes auf den wirtschaftenden Menschen und dann die Einwirkung des wirtschaftenden Menschen auf den Erdraum. Wirtschaftsgeographie ist also die Lehre von der Wechselwirkung zwischen dem Erdraum mit seiner Erfüllung und dem wirtschaftenden Menschen und damit von der Erklärung der Erscheinungen und Folgen dieser Wechselwirkungen" (S.2).

Im 1.Stadium des von uns postulierten Paradigmenwechsels bildete so die Abhängigkeit der Wirtschaft von der Natur einen dominierenden, wenn auch keineswegs den alleinigen Untersuchungsgegenstand.

Verkehrsgeographie

Auch für die Verkehrsgeographie bildete die Handelsgeographie eine wichtige Ausgangsdisziplin. Um die Jahrhundertwende und danach erschienen mehrere Übersichtsdarstellungen, die den Verkehr zum Gegenstand hatten (u.a. v.Richthofen, 1891/1908, der den Verkehr aber noch im Zusammenhang mit den Siedlungen und der Wirtschaft behandelte; vgl. S.33f). Als methodisch wichtig seien die Ausführungen Schlüters und Hettners herausgegriffen:

Schlüter (1928) räumte den Verkehrsbauwerken – eine Konsequenz seiner die Physiognomie betonenden Auffassung – einen besonderen Stellenwert ein. So untersuchte er die Brücken, begründete ihre Form und ihre Funktion. Hettner (1897/1975) ging ähnlich vor, aber das Gewicht seiner Darlegungen hatte sich mehr auf die Bedeutung des Verkehrs für den Raum verlagert. Transportmittel, Wege, Wegenetze, Abhängigkeit von den Naturbedingungen und den Kulturen, die Entwicklung, regionale Unterschiede etc. sind seine Themen für die Verkehrsgeographie. In umfassender Form legte Hettner seine Vorstellungen über die Verkehrsgeographie in seinem postum von Schmitthenner herausgegebenen Lehrbuch (1951) dar. Hieraus sei das folgende Zitat angeführt, in dem er die Aufgaben der Verkehrsgeographie präzisiert (S.8): „Gegenstand der Verkehrsgeographie sind nicht die Naturbedingungen des Verkehrs, sondern ist der Verkehr selbst in seiner nach Art und Größe so sehr verschiedenen, allerdings von der Natur der Länder abhängigen und dadurch der geographischen Betrachtung unterworfenen Ausbildung in den verschiedenen Teilen der Erde, als ein Bestandteil der Länder und Örtlichkeiten und als ein großes, die Erde umspannendes System."

Siedlungsgeographie

Die Gedanken Schlüters (vgl. S.34f) gaben der Siedlungsgeographie ihr eigentliches Fundament. Schlüters vom Physiognomischen ausgehende Betrachtungsweise konnte naturgemäß den Siedlungen als den am klarsten erkennbaren Zeugen menschlicher Tätigkeit am ehesten gerecht werden. Hinzu kommt, daß die kausale Erklärung bei den Siedlungen mit einer gewissen Zwangsläufigkeit zu einer genetischen Betrachtung führte, und diese wiederum zu der Notwendigkeit, die historischen Quellen zu studieren. Hier öffnete sich ein breites Feld für induktive Forschung, aber auch zu hypothetischen Überlegungen. Die Möglichkeiten einer Überprüfung, die sich gerade in der Siedlungsgeographie dieser Ausrichtung ergaben, förderte die Forschung in hohem Maße. Dies führte zu einer Vielzahl wertvoller Untersuchungen.

Andererseits stand bei der genetischen Betrachtung noch nicht die Entwicklung im Vordergrund, sondern der Ursprung, die Entstehung. Dies zeigt sich auch bei den Forschungen Gradmanns. Seine erste wichtige Arbeit war dem „Pflanzenleben der Schwäbischen Alb" gewidmet (1898). Er rekonstruierte die ursprüngliche Vegetationsdecke und fragte, inwieweit die menschliche Besiedlung mit der Verbreitung bestimmter Vegetationseinheiten in Zusammenhang zu bringen ist. So formulierte er seine „Steppenheidetheorie" (1901), die über Jahrzehnte lebhaft diskutiert wurde. Gradmann wurde neben Schlüter (vgl. S.36) zum Begründer der Altlandschaftsforschung.

In seiner Siedlungsgeographie des Königreichs Württemberg (1914) machte Gradmann einige Anmerkungen über die siedlungsgeographische Methodik (S.203): „In der Siedlungsgeographie ist die Übersichtsuntersuchung der Einzeluntersuchung in der Regel vorzuziehen... Die einzelnen Merkmale, wie Siedlungsgröße, Siedlungsdichte, Orts-, Flur- und Hausform, Ortsnamenformen, geographische und topographische Lage, wirtschaftlicher und kultureller Charakter müssen begrifflich und terminologisch streng auseinandergehalten werden". Dies zeigt, daß es ihm vor allem auf die Erfassung der Formen, ihre Typologie und ihre präzise Beschreibung ankam; daraus ergab sich dann die Erklärung; die hierzu nötigen Unterlagen (historische Nachrichten, Ortsnamen, archäologische Funde, Ergebnisse der historischen Forschung) wurden anderen Disziplinen entlehnt (S.205 f.). Dennoch sah Gradmann nicht eine einseitige Abhängigkeit; die Geographie habe auch zu geben, z.B. die Feststellung des natürlichen Milieus für die einzelnen Zeitabschnitte, die Rekonstruktion der Urlandschaft.

Meitzen (1895) – er war von Haus aus Statistiker – typisierte die Formen der ländlichen Siedlungen in Mitteleuropa und führte sie auf die Zeit ihrer Gründung – durch die Kelten, Germanen, Slawen, Römer oder mittelalterliche Kolonisatoren – zurück. Diese statische Auffassung, die keiner nennenswerten Entwicklung Raum gab, blieb über längere Zeit gültig. Sie trug den Keim einer deterministischen Fehlinterpretation in sich. Wenn z.B. ähnliche Siedlungsformen, evtl. in ganz verschiedenen Gebieten und in verschiedenen Zeiten entstanden, auf die gleiche Ursache zurückgeführt werden, als auf die gleiche Weise entstanden betrachtet werden, so ist dies bedenklich. Die Entwicklung und Veränderung der Formen selbst über die Jahrhunderte hin wurde erst in den 20er Jahren dieses Jahrhunderts thematisiert. Dies gilt z.T. auch für die städtischen Siedlungen (z.B. Geisler 1924).

Genetische Forschung im Sinne einer Untersuchung des Entwicklungsganges selbst oder einer Rekonstruktion der komplexen Realität vergangener Zustände wurde Sache einer Historischen Geographie. Sie geht vor allem auf Wimmer (1885) zurück. Er hatte in seiner „Historischen Landschaftskunde" manche Ideen von Ritter und Ratzel übernommen (Jäger 1969, S.8), doch schuf er eine neue Plattform für unvoreingenommene siedlungs- und landschaftshistorische Untersuchungen. Begriffe wie „historische Landschaftskunde" oder „historische Kulturlandschaft" gehen auf ihn zurück. Die Historische Geographie gehört nach Jäger (1969, S.11) zur Geographie, doch nimmt sie insofern eine Sonderstellung ein, als sie „eine Geographie in ihrer ganzen Fülle und Breite mit Einschluß von Zweigen der Allgemeinen Geographie und der Länderkunde" ist; „im Gegensatz zur primär gegenwartsbezogenen Geographie geht es ihr jedoch in erster Linie um die Erforschung der geographischen Verhältnisse der Vergangenheit". Durch das Forschungsobjekt gelangten Historische Geographie und Siedlungsgeographie jedoch in sehr engen Kontakt miteinander. Schon Schlüter und Gradmann arbeiteten (z.B. auf dem Feld der Ur- oder Altlandschaftsforschung) in beiden Disziplinen; eine deutliche Trennung ist kaum möglich (vgl. die Bemühungen von Fehn 1971).

1.1.4 Rückblick auf das 1.Stadium

In der Malerei der Romantik (ca. 1800 bis ca. 1870) wurden die Elemente von einer vorgegebenen objektiven Umwelt losgelöst und freigesetzt, so daß subjektive Empfindungen und Willensäußerungen der Künstler besser eingebracht werden konnten.

In der Philosophie (ca. 1820/40 bis ca. 1890) wurde der Wille entdeckt; der Mensch wurde sich seiner selbst bewußt, sah sich als Teil der Welt. Er betrachtete diese als nicht denkbar ohne ihn, das Subjekt erschien ohne Objekt nicht vorstellbar. Der als solcher existente umfassende Geist, wie er im Idealismus gesehen wurde, wurde problematisiert, indem der Mensch begann, sich selbst einzubringen. In den Naturwissenschaften wurden das Experiment und die kausale Erklärung – als Eigenleistung des Forschers – unverzichtbar.

Die Sozial- und Humanwissenschaften gliederten sich sachlich nach den konkreten Untersuchungsgegenständen und erlaubten so eine analytische Betrachtungsweise des Menschen, seiner Gruppierungen und seiner Tätigkeiten. In der Geographie dürfte dies, d.h. die Herausbildung einer unvoreingenommenen Analyse und Erklärung, als die größte methodische Leistung in diesem Stadium (ca. 1880 bis ca. 1930) betrachtet werden.

Die Allgemeine Geographie trennte sich von der Länderkunde. Daneben trat in der Allgemeinen Geographie die sachliche Aufgliederung. Im Vorfeld sonderten sich Physische und Anthropogeographie voneinander. In der Anthropogeographie selbst kam es dann zu einer weiteren Aufgliederung des Inhaltlichen in Sachkategorien, den Geofaktoren. In ihnen konnten nun die Formen (Landschaftsformen, Lebensformen, Siedlungsformen, Wirtschaftsformen) definiert und typisiert werden. So wurde eine Erklärung ermöglicht, die sich im wesentlichen als kausal verstand (Ausnahme: der Ansatz von Vidal de la Blache; vgl. unten). Die Formen wurden vor allem in ihren Beziehungen zu den natürlichen Gegebenheiten als einer objektiv vorgegebenen Basis betrachtet. Eine Sozialgeographie gab es in diesem Stadium – trotz einiger Versuche – noch nicht, die Bevölkerung erschien als ein Geofaktor, in ihr waren die sozialen Fakten enthalten, konnten aber noch nicht herausgesondert werden.

Auf dieser konkreten Betrachtungsebene konnte auch nicht entschieden werden, ob die Formen räumliche Ganzheiten sind. So kann man lediglich, wenn man so will, von „Wahrnehmungsgesamtheiten" sprechen (Bartels 1974, S.9 f., 20). Dies wirkte sich problematisch für das Verständnis der Geographie als Raumwissenschaft aus, d.h. vor allem für die Länderkunde. Der Raum erschien als dinglich erfüllter Behälter (= ^{1}Raum). Im Hintergrund stand das Konzept des absoluten Raumes, wie es sich seit der Renaissance herausgebildet hatte. Das Nacheinander in der Zeit zu untersuchen, war nach dieser Sichtweise Sache der historischen Wissenschaften.

In der Anthropogeographie erschien die Zeit lediglich in der „kausalen" Erklärung – sieht man von der historischen Geographie ab. Sölch (1924, S.25) schrieb: „Gewiß handelt es sich … in den selteneren Fällen um einfachste Beziehungen von der Art, daß eine einzige bestimmte Ursache auch eine einzige bestimmte Wirkung hervorruft. Vielmehr ergibt sich die Wirkung fast immer aus dem Zusammentreffen mehrerer Ursachen, mehrerer Kräfte, und je nach der Art und dem Verhältnis der Kräfte, das selbst veränderlich ist, kann auch die Wirkung sehr verschieden sein".

Die kausale Erklärungsform, bei der von der Wirkung auf die Ursache rückgeschlossen wird, ist im Rahmen der Anthropogeographie als deterministisch zu sehen; denn sie setzt voraus, daß gleiche Erscheinungen gleiche Ursachen haben, daß menschliches Handeln von Naturgesetzen bestimmt wird. Damals wurde nicht versucht, die Menschen aus ihren realen Situationen, ihren Bedürfnissen, ihren Überlebensstrategien her zu verstehen; vielmehr wurden diejenigen Kräfte als Ursachen betrachtet, die unter Heranziehung von vergleichbaren Erscheinungen am plausibelsten dünkten. Dies erlaubte eine wissenschaftliche Diskussion, denn mit wachsender Kenntnis wurde so die Ursachenfindung weitergeführt. Und dies wiederum förderte die Forschung. So konnten die Hypothesen überprüft, durch neue ersetzt werden. Andererseits ist klar, daß die Auswahl der Kräfte, die als Ursache definiert wurden, bis zu einem gewissen Grade willkürlich sein mußten. Dies liegt in der Natur dieser Art der kausalen Erklärung.

Auch der geographische „Possibilismus“ des Vidal de la Blache „erklärt“, auch hier kennt der Untersuchende nur die Wirkung, das Gegenwartsbild, d.h. die Kulturform und den Naturraum. Er versucht aber, die Entwicklung zu „verstehen“, indem er von einem hypothetischen Anfangsstadium ausgeht; insofern kann er die Bedingungen besser erörtern, unter denen soziale Gruppierungen agieren, sich in einem Naturraum einrichten. Die Schwierigkeit besteht aber auch hier in der Rekonstruktion der Fakten, die ja vornehmlich vom Gegenwartsbild ausgehen muß.

Mit der Einbeziehung der Erklärung wurde die persönliche Einschätzung des Untersuchenden in die wissenschaftliche Betrachtung eingeführt. Er kam als Subjekt in eine direkte Beziehung zum Untersuchungsobjekt.

Die Geographie entfernte sich damit von der vorherigen distanzierten Darstellung der Realität, die im wesentlichen nur Abbildung und Beschreibung sein konnte.

1.2 Zweites Stadium

Einführend, in Abwandlung der im vorhergehenden Abschnitt (vgl. S.19) gebrachten Metapher: Das Haus wird in seiner Konstruktion betrachtet. Die bewohnende Familie ist in sich differenziert, was sich in den verschiedenen Funktionen im Haus äußert. So haben die Räume eine Bestimmung (Wohn-, Schlafzimmer, Küche, Bad etc.). Die Bewohner (Eltern, Kinder) können die Treppen hinaufgehen, von den Fluren in die Zimmer gelangen, die Zimmer entsprechend ihrer Funktion nutzen.

Das Objekt: Die Welt in ihrer Struktur, ihrem funktionalen Aufbau. Das Subjekt: Der Mensch ist in diese Welt eingebunden, er nutzt sie.

Der Raum definiert sich als Ordnung: [2]Raum. „'Ort' ist ... meist ein mit einem Namen bezeichneter (kleiner) Teil der Erdoberfläche. Das Ding, dessen ‚Ort' ausgesagt wird, ist ein ‚körperliches Objekt'. Der ‚Ort' erweist sich bei simpler Analyse ebenfalls als eine Gruppe körperlicher Objekte. Hat das Wort ‚Ort' unabhängig davon einen Sinn (bzw. kann man ihm einen Sinn geben?). Wenn man hierauf keine Antwort geben kann, wird man so zu der Auffassung geführt, daß ‚Raum' (bzw. ‚Ort') eine Art Ordnung körperlicher Objekte sei und nichts als eine Art Ordnung körperlicher Objekte. Wenn der Begriff ‚Raum' in solcher Weise gebildet und beschränkt wird, hat es keinen Sinn, von leerem Raum zu reden" (Einstein 1954/60, S. XII f.).

Dieses Raumverständnis kam in der zweiten Hälfte des 19.Jahrhunderts zum Tragen. Zuerst – um 1860 – machte sich der Wandel in der Malerei bemerkbar (zu dem Prozeßverlauf Abb.37b; vgl. S.451), um 1880 in der Philosophie und in den Naturwissenschaften. Die Welt veränderte sich dramatisch in dieser Zeit, die „industrielle Revolution" schuf ganz neue Lebens- und Umweltbedingungen. Um 1920 vollzog sich in der Anthropogeographie – in Zusammenhang mit den übrigen Sozialwissenschaften – eine vergleichbar deutliche Verschiebung in der Grundperspektive (Overbeck 1954/78, S.218 f.; Thomale 1972, S.261 f.; Schultz 1980, S.182 f.).

1.2.1 Malerei (ca. 1860 bis ca. 1920): Impressionismus

In Frankreich bildete sich eine Kunstrichtung heraus, die in ganz neuartiger Weise die Realität wiedergibt. Nicht nur die Motive sind frei gewählt und die konkreten Formen frei gestaltet – wie in der Romantik; nun werden auch die Gegenstände nicht mehr als solche dargestellt, sondern nur noch der Eindruck von ihnen. Zwar bleibt die Gesamtkomposition der Bilder erhalten, dergestalt, daß die abgebildeten Gegenstände perspektivisch und vom Bildaufbau her korrekt wiedergegeben werden; aber die Gegenstände oder Personen erscheinen nicht mehr in ihrer Wesenheit, ihrer Funktion abgebildet. Man kann sagen, daß die Gegenstände unter Hintanstellung des Vorwissens über den gegebenen Inhalt und seine Bedeutung angegangen werden. Das Objekt wird entmaterialisiert, die Konturen verschwimmen, die farbigen Flächen lösen sich in Punkte, Striche, Tupfen auf. Nur die Struktur bleibt, gleichsam als Gerippe, das dem Bild Halt verleiht. Die Maler gehen nach der phänomenologischen Methode vor (vgl. S.58f). „Das Ziel der Malerei ist die Darstellung der Außenwelt, und unser Maler verfolgt mit hartnäckigem Willen eine Außenwelt, die zusammengefaßt ist im Spiegelglanz einer Wasserfläche, auf der Seerosen schwimmen. Jenseits dieser Suche findet er bloß noch zerfließende Farben und Reflexe" (Cassou 1954, S.9). Courthion (1976, S.13) zitierte Gustave Geffroy (1894), also einen Zeitgenossen dieser Malerei: „Der Impressionismus ist in seinen repräsentativsten Werken eine Malerei, die sich dem Phänomenalismus, der Erscheinung und der Bedeutung der Dinge im Raum, annähert und die versucht, die Synthese dieser Dinge in ihrer augenblicklichen Erscheinungsweise einzufangen". Die Zeit scheint nicht existent. Und Imdahl (1981, S.12), der sich ebenfalls auf einen Theoretiker des letzten Jahrhunderts bezieht: „Die Macht der Malerei erweist sich … darin, die gegenständliche Welt als eine rein optische und in ihrer Gegenständlichkeit erst gar nicht erkannte oder erkennbare Phänomenalität vorzuführen und damit die Verbindung zwischen sehenden und wiedererkennenden Sehen vollends zu negieren zugunsten eines bloß gegenstandsfreien Sehens." Das, was der Maler sieht und sehen möchte, wird herausgefiltert, alles andere bleibt unberücksichtigt oder tritt zurück. Es wird aber auch vom Künstler anderes deutlicher gesehen, so die zwischen ihm und dem Gegenstand sich befindende Luft, der Regen, die Sonnenreflexionen, die verbergenden Schatten. Dittmann (1987, S.29): „Zu offenkundig ist die Harmonie der Farbklänge, als daß dieser immanente Bezug der Farben noch mit den Naturgegebenheiten verwechselt werden

Abb. 2 Auf der Wiese. Gemälde von Auguste Renoir (1890).
Quelle: Pach 1983.

könnte. … Die Einheit impressionistischer Werke ruht im Sonnenlicht, dargestellt als Lichthelligkeit, die alles Erscheinende umfaßt und durchdringt. … Um die Helligkeit selbst durch die Farben zu präsentieren, müssen die Dinge, die Gegenstände, für die sie sonst bloß Medium ist, in ihrer Bestimmtheit, in ihrer Identität geopfert werden: dies ist der Grund für das dem Impressionismus wesentliche Farbfleckgefüge."

Das Gewicht der Interaktion zwischen dem Künstler als dem Subjekt und dem Darzustellenden als dem Objekt verlagert sich noch mehr zum Künstler hin als in der Romantik. So erhält der Künstler mehr Möglichkeiten, seine Absichten einzubringen. Es werden Stimmungen vermittelt, das Wohlgefühl bei der Betrachtung der Landschaft, Sympathie für die Dargestellten, Begeisterung für nationale Empfindungen, die Wärme der Sonnenstrahlung, die Eleganz der Gesellschaften, die Freude am Tanz oder die Naivität bei Betrachtung der Natur.

Als Beispiel diene das um 1890 von Renoir gemalte Bild „Auf der Wiese“, beschrieben von Pach (1983, S.96; Abb.2):

„Zu dieser Zeit löste sich Renoir von seiner ‚strengen Periode' und kehrte vorübergehend zum Impressionismus zurück, doch gab er diesem ganz persönliche und neuartige Züge. Die Farben sind noch reicher, die Pinselführung noch lebhafter. Das Kolorit ist dünn auf hellem Grund aufgetragen, und die Oberfläche ist seidig, wie zartes Gras im leichten Sommerwind bewegt. Unter den dünnen, aber vielschichtigen Farben ist Licht und Leben. Obwohl die Figuren mit ziemlich genauen Umrißlinien gezeichnet sind und an die Gemälde der achtziger Jahre erinnern, sind es vor allem die Farben, die dieses Bild unvergeßlich machen.

Die Grundstruktur ist sehr einfach und einem ‚X' ähnlich. Von rechts unten nach links oben führt eine Folge lieblicher Farben, vom Hut in der Ecke über die weißgekleidete Figur und die ferne Landschaft bis zum Himmel. Diese Diagonale geht vom Vordergrund in die Tiefe des Bildes. Der andere Schenkel des ‚X' bleibt nahe der Oberfläche und besteht aus satteren Farben, aus Korallenrot und Violett. Er folgt dem Kleid des anderen Mädchens und verläuft von links unten bis zu den Baumkronen rechts oben. Hervorragende Farbkontraste sind über das ganze Bild verteilt. Im Schnittpunkt des ‚X' hat Renoir dem einen Mädchen einen kleinen Blumenstrauß in die Hand gegeben. Wieder sind wir ergriffen von der Neuartigkeit und zugleich völligen Natürlichkeit der Posen. Die Mädchen haben ihren Rücken dem Betrachter zugewandt: Das Bildnishafte ist zugunsten des allgemeinen Menschlichen zurückgetreten.

An Renoirs Werken aus dieser Periode wurde oft die ‚übermäßige Weichheit der Gegenstände' kritisiert, in unserem Fall die Darstellung des Vordergrundes und der Bäume. Genau diesen weichen, fließenden Effekt der Luft eines warmen Sommertages wollte Renoir erzielen. Wunderbar ist die Entspanntheit eines solchen Tages in diesem Bild eingefangen.“

1.2.2 Philosophie und Naturwissenschaften (ca. 1880 bis ca. 1950)

Philosophie

Die Philosophie versuchte nun, zum Wesen des Verhältnisses zwischen Mensch und Welt vorzustoßen, zum Sinn und zur Bedeutung des Menschen in der Welt. Damit wird das Subjekt nicht nur als ein mit eigenem Willen begabtes, dynamisches Wesen gesehen, dessen Streben auf ein fernes Ziel gerichtet ist, wie im 1.Stadium.

Die Phänomenologie Husserls (1913/50) kann als Lehre vom „wesensschauenden Bewußtsein“ aufgefaßt werden. Das Bewußtsein konstituiert die Wirklichkeit. Phänomen heißt hier die Erscheinung, das Wesen einer Sache, nicht deren Sein, also deren Existenz. Hierbei ist die phänomenologische Methode anzuwenden, ein besonders von der Intuition getragenes Erkenntnisverfahren, das man als geistiges Schauen bezeichnen könnte (Bochenski 1954, S.23 f.), ein direktes Erfassen des Gegenstandes des Phänomens. Hierzu ist eine dreifache „Reduktion" erforderlich

1. von allem Subjektivem, z.B. von Emotionen; es ist also eine objektivistische Haltung nötig;
2. von allem sonst empirisch oder theoretisch erworbenen Wissen; z.B. kann man durch Rückschlüsse Kenntnis einfließen lassen, nur die Sache selbst ist gemeint;
3. von allem aus der Tradition vorgegebenen Wissen; z.B. hat man von dem Gegenstand erlernte Kenntnisse.

Vom Gegenstand selbst, dem „Phänomen", ist

1. die Existenz der Sache selbst abzuziehen, so daß nur das Wesen, die Erscheinung des Gegenstandes, übrig bleibt („Washeit"). Hier wird also von der (späteren) Existenzphilosophie abgehoben, die das Sein selbst hinterfragt. Es ist reine Deskription gemeint.

2. Von diesem Wesen ist alles Unwesentliche abzuziehen, entsprechend der Fragestellung des Betrachters. Das Zufällige wird ausgeklammert.

Bochenski (S.29) gibt ein Beispiel: Ein Student soll einen roten Flecken auf einer Tafel phänomenologisch beschreiben; er sieht nicht mehr als diesen, so darf er nicht hinzufügen, daß es ein Flecken ist, der aus Kreidestaub besteht. Die Parallele zur impressionistischen Malerei ist offensichtlich (vgl. S.56f).

Während im ersten Stadium des postulierten Paradigmenwechsels (vgl. S.22f) der Wille, die Emotion als subjektive Eigenschaften eingebracht wurden, kommt nun die Intuition hinzu, d.h. der Verstand wird in den Vorgang einer Annäherung des Subjekts an den Untersuchungsgegenstand einbezogen. Das phänomenologische Vorgehen schließt auch ein, den betrachteten Gegenstand in seine Teile zu zerlegen und die Teile zu beschreiben. Insofern wird die Struktur in weiterem Sinne analysiert.

Die Lebenswelt wird praktisch vom Subjekt erfahren und gibt eine erste Orientierung, steckt den Horizont ab. Jedes Subjekt hat seine Lebenswelt, sein Bewußtsein, seine „phänomenologische Sphäre". Die Analyse der Lebenswelten, verbunden mit einer Reduktion auf das Wesentliche, führt zur Frage einer Intersubjektivität und spricht damit das Problem des Aufbaus einer der Allgemeinerkenntnis zugänglichen Welt an (vgl. auch Stegmüller 1987/89,I, S.56 f.). Husserl geht es also nicht um das Individuum, sondern um die vom Subjekt erfahrene objektive Erkenntnis. Die phänomenologische Methode erlangte in der Anthropogeographie eine große Bedeutung (vgl. S.78).

In der Philosophie erhielt vor allem die philosophische Anthropologie durch diese Methode starke Impulse. Für Scheler war der Mensch selbst der Gegenstand der Betrachtung, wobei nicht so sehr die intellektuellen Bewußtseinsprozesse zur philosophischen Erkenntnis führen, sondern „die liebende Teilnahme des innersten Personenkerns am Wesenhaften der Dinge" (Stegmüller 1987/89,I, S.97). Das Emotionale hat für das Leben entscheidende Bedeutung, insbesondere für die ethische Erkenntnis; es steuert das Erfassen der Werte. Der Personenbegriff gehört zu den fundamentalen Kategorien der Philosophie Schelers (Stegmüller 1987/89,I, S.115). Der Mensch erscheint im Stufenbau der Natur als Verwandter der Tiere, aber der Geist gibt ihm eine eigene Position, macht ihn zur Person.

Scheler (1928/47, S.38/39) schreibt: „Ich behaupte, das Wesen des Menschen und des, was man seine ‚Sonderstellung' nennen kann, steht hoch über dem, was man Intelligenz und Wahlfähigkeit nennt... Das, was den Menschen allein zum ‚Menschen' macht, ist nicht eine neue Stufe des Lebens ..., sondern es ist ein allem und jedem Leben überhaupt, auch dem Leben im Menschen entgegengesetztes Prinzip, eine echte neue Wesenstatsache, die als solche überhaupt nicht auf die ‚natürliche Lebensevolution' zurückgeführt werden kann, sondern, wenn auf etwas, nur auf den obersten einen Grund der Dinge selbst zurückfällt, auf denselben Grund, dessen eine große Manifestation das ‚Leben' ist."

Ein wesentlicher Motor für diese Sichtweise war für Scheler, daß die sich mit dem Menschen befassenden Wissenschaften immer mehr aufspalten, während eine einheitliche Idee vom Menschen fehlt (Hambloch 1983, S.39). In der Tat verstand sich die philosophische Anthropologie auch in den folgenden Jahrzehnten als eine die Spezialisierungstendenzen integrierende Kraft, die den Ganzheitscharakter des Menschen betonte. Nach Keller (1943/71, S.32/33) geht es ihr „in der Frage nach dem Wesen des Menschen ... um das Ganze des Menschen, und das sogemeinte Ganze des Menschen kann, wenn es das Ganze sein soll, weder in einer einzelnen gegebenen Tatsache noch auch in der Summe der menschlichen Tatsächlichkeiten beruhen."

Pleßner (1928/65) untersuchte die Stufen des Organischen und die Position des Menschen. Er schrieb im Vorwort zur 2.Auflage (S.XIX): „Eine Vorstellung von der Daseinsart des Menschen als eines Naturereignisses und Produktes der Geschichte gewinnt man nur im Wege ihrer Kontrastierung mit den anderen uns bekannten Daseinsarten der belebten Natur". So findet er entscheidende Unterschiede zwischen Tier und Mensch. Der Mensch ist zur Selbstreflexivität befähigt. „Das Tier lebt aus seiner Mitte heraus, in seine Mitte hinein, aber es lebt nicht als Mitte. Es erlebt Inhalte im Umfeld, Fremdes und Eigenes, es vermag auch über den eigenen Leib Herrschaft zu gewinnen, es bildet ein auf es selber rückbezügliches System, ein Sich, aber es erlebt nicht – sich" (S.288). Dagegen: „Der Mensch als das lebendige Ding, das in die Mitte seiner Existenz gestellt ist, weiß diese Mitte, erlebt sie und ist darum über sie hinaus... Er erlebt das unmittelbare Anheben seiner Aktionen, die Impulsivität seiner Regungen und Bewegungen, das radikale Urhebertum seines lebendigen Daseins, das Stehen zwischen Aktion und Aktion" (S.291 f.). Die Arbeiten der philosophischen Anthropologie können als Bestimmung des funktionalen und strukturellen Standorts des Menschen im ^{2}Raum gesehen werden und sind von daher mit dem Anliegen der Anthropogeographie (insbesondere der Sozialgeographie) zu parallelisieren (vgl. S.78f; 130f).

Gehlens Überlegungen (1940/62) führen zum Begriff der Kultur. Er lehnte das Stufenbild Schelers ab und sah, indem er sich auf Herder (vgl. S.9f) stützte (S.32 f.; 82 f.), den Menschen – gegenüber dem Tier – als ein Mängelwesen. Die dadurch gegebene Gefährdung veranlaßt den Menschen zu überlegtem gemeinschaftlichem Handeln (S.46 f.). Er schafft sich Institutionen, die ein Zusammenleben ermöglichen. So bildet er die Kultur (S.80 f.); die arbeitsteilige Gesellschaft mit ihren Strukturen und Verknüpfungen entlastet das Individuum (S.62 f.). Gehlen sieht es für den Menschen als lebensnotwendig an, die Befriedigung der Bedürfnisse aufschieben zu können; dadurch entsteht ein „Hiatus zwischen den Bedürfnissen und den Erfüllungen, und in diesem Lebensraum liegt nicht nur die Handlung, sondern auch alles sachgemäßte Denken..." (S.334). „Die Indirektheit der Lebensfristung ist im modernen Kultursystem zu einer ungeheuren Apparatur ausgewachsen, in der doch alle ihr Leben finden ..." (S.336). Umwelt kann im Bereich des Menschen nur Kulturumwelt bedeuten.

Die Thesen Gehlens, insbesondere der in ihnen erkennbare Automatismus, werden von philosophischer (z.B. aus dem Blickwinkel der philosophischen Anthropologie Lorenz 1990, S.68 f.; außerdem Frankfurter Schule; vgl. S.102f) und ethologischer Seite kritisch betrachtet.

Auch Heidegger bediente sich der phänomenologischen Methode. Die Ausklammerung der Existenzfrage, wie sie Husserl vorgenommen hatte, ist beim Menschen nach Heidegger aber nicht möglich (Stegmüller 1987/89, I, S.139), denn „das Wassein des Menschen sind keine vorhandenen Eigenschaften eines vorhandenen Dinges, sondern mögliche Weisen zu sein". An einigen Definitionen zeigt sich der streng das Strukturelle und Funktionale herausarbeitende Denkansatz Heideggers. Er trennt begrifflich das Phänomen und das Seiende (1927/76, S.28/29). Das Phänomen definiert Heidegger als das „Sich-an-ihm-selbst-zeigende, das Offenbare. Die ... ‚Phänomene' sind dann die Gesamtheit dessen, was am Tage liegt oder ans Licht gebracht werden kann ... Seiendes kann sich nun in verschiedener Weise, je nach der Zugangsart zu ihm, von ihm selbst her zeigen. Die Möglichkeit besteht sogar, daß Seiendes sich als das zeigt, was es an ihm selbst nicht ist. In diesem Sichzeigen ‚sieht' das Seiende ‚so aus wie ...'. Solches Sichzeigen nennen wir Scheinen."

Seiendes und Sein sind zu trennen. Der Mensch fungiert als das exemplarisch Seiende, welches auf sein Sein hin befragt wird. „...der Mensch ist nicht als Fall einer Gattung von Dingen anzusehen, die neben anderen Dingen vorkommen, sondern als Seiendes, dem es um das eigene Sein geht ... das Sein des Seienden ‚Mensch'" ist „als Möglichsein zu fassen" (Stegmüller 1987/89, I, S.160/61). „Das Sein ist als Apriori früher als das Seiende" ... (Heidegger, zit. nach v. Weizsäcker 1977, S.421). Das Seiende ist etwas Geschaffenes. „Wenn geschaffenes Seiendes als Geschaffenes möglich sein soll, muß zur Möglichkeit die Wirklichkeit hinzukommen können, d.h. beide müssen realiter verschieden sein" (S.422)... Er erläutert dies: „Der Töpfer bildet aus Ton einen Krug. ... Im Hinsehen auf das vorweggenommene Aussehen des zu bildenden, prägenden Dinges wird dieses hergestellt." Dieses vorweggenommene Aussehen des Dinges nannten die Griechen Idee. „Der Horizont, aus dem her dergleichen wie Sein überhaupt verständlich wird, ist die Zeit. Wir interpretieren das Sein aus der Zeit" (S.421). Der Mensch als das Seiende hat seine Herkunft im „Ereignis", wo er und das Sein einander gegeben werden und dies in die Zeit gesetzt wird. Dies begründet das „Anwesen".

Nach Heidegger ist, wie Stegmüller (1987/89,I, S.142 f.) schreibt, der Mensch kein gegenüber der Welt selbstgenügsames Wesen oder interesseloses Subjekt; vielmehr geht er „geschäftig-besorgend in der Um- und Mitwelt" auf. Diese Umwelt in ihrem feindseligen, bedrohlichen Charakter prägt auch sein Verhalten; Angst wird ausgelöst. D.h. die Welt ist auch im Menschen, es besteht keine Schranke zwischen Innen- und Außenwelt, kein Gegenüber von Subjekt und Objekt wie bei Schopenhauer. Heidegger nennt dies das „In-der-Welt-Sein" (Heidegger 1927/76, S.52 f.).

Die Methode der Phänomenologie Husserls bildet auch die Erkenntnisbasis von Hartmann (1933/49). Sein Ziel ist es aber, „die Naturgesetze der realen Welt – und zwar der seienden, nicht einer dieser vorgelagerten ,bloßen Erscheinungswelt' aufzudecken" (Stegmüller 1987/89,I, S.243). Hartmann schreibt: „... die Einheit der realen Welt erfassen kann nur heißen, diese Welt in ihrem Aufbau und ihrer Gliederung erfassen. Die Einheit, welche sie hat, ist nicht Einheit der Gleichförmigkeit, sondern Einheit der Überlagerung und Überhöhung von sehr verschieden geformten Mannigfaltigkeiten. Und diese wiederum sind so zueinander gestellt, daß die dem Typus nach niederen und größeren auch die tragend zugrundeliegenden sind, die höheren aber, auf ihnen aufruhend, sich über ihnen erheben" (S.198). Seine Untersuchungen münden u.a. in einem – auch von Geographen zitierten – „Schichtenmodell", in dem vier Seinsbereiche konstatiert werden (Hartmann 1933/49, insbesondere S.188 f.; Stegmüller 1987/89, I, S.268 f.). Das „reale Sein" ist das Einmalige, Individuelle und Zeitliche; es wird durch die anorganische Schicht (geprägt u.a. durch Substanz, Kausalität, Wechselwirkung), die organische Schicht (hier kommen formenbildende Prozesse, Selbstregulation, auch überindividuelles Leben auf der Ebene der Arten zur Geltung) und die psychophysische Schicht (Geist in den Grenzen unseres Erfahrungsfeldes, individuell und zeitlich festgelegt). Das „ideale Sein" gibt sich als objektiver Geist, der Sprache, Sitte, Recht, Wissenschaft, Kunst, Weltanschauungen etc. umfaßt (vgl. Hegel; vgl. S.12); er steht über der individuellen Erfahrungswelt und offenbart sich in der geschichtlichen Realität (z.B. Geist der Renaissance, des Hellenentums), ist nicht zweckgeleitet, nicht dem Fortschritt verpflichtet. Nicht alle Überlegungen Hartmanns stehen in Übereinstimmung mit den Ergebnissen der Naturwissenschaft (Stegmüller 1987/89,I, S.282), doch kommt es hier nicht so sehr auf den Inhalt, sondern auf die Vorgehensweise an.

Gemeinsam ist all diesen Ansätzen, daß sie die strukturalen Aspekte des Verhältnisses Mensch-Welt angehen. Der Mensch erscheint als determiniert, mit einem – wie auch immer – präzise definierbaren Standort in der Welt.

Naturwissenschaften

In der Physik wandte sich die Forschung – aus gleichfalls deterministischer Sichtweise – den strukturellen Zusammenhängen der Materie, des Raumes und der Zeit zu. Die radioaktive Strahlung wurde entdeckt (1898), das erste Atommodell entwickelt (1911). Insbesondere ist die prinzipielle Klärung von Raum, Zeit und Energie zu nennen, mit dem Kernstück der Relativitätstheorie Einsteins (1905/74, 1916/74): zwei sich bewegende Gegenstände sind nicht in ihrer Geschwindigkeit relativ zueinander entsprechend dem Parallelogramm der Kräfte zu bemessen, wie es Newton meinte („Galilei-Transformation"), sondern nur in Bezug auf die oberste denkbare Geschwindigkeit, d.h. die Lichtgeschwindigkeit („Lorentz-Transformation"; spezielle Relativitätstheorie). Die Geometrie des Raumes ist durch seinen Inhalt geprägt, darstellbar durch die „Proportionalität des Krümmungstensors des Raumes, der Raumkrümmung, zum Materietensor, der Belegung mit Stoff" (allgemeine Relativitätstheorie). „Das bedeutet aber eine unauflösliche Verbindung von Stoff und Raum und eine Absage an die Vorstellungen Newtons, daß es den Raum an sich gibt, unabhängig davon, ob etwas ,darin' ist oder nicht (was dann Kant zu seiner Raumlehre veranlaßte)" (Meurers 1976, S.81; vgl. auch S.11f).

1.2.3 Anthropogeographie (ca. 1920 bis ca. 1970)

1.2.3.0 Einleitung

Allgemeine politische und sozioökonomische Ausgangssituation

In der ersten Hälfte des 20.Jahrhunderts fand die politische Expansion Europas in die anderen Länder der Erde ein Ende, dem Kolonialismus folgte eine ökonomische Expansion.

In Europa vollzog sich eine politische Neuordnung. Zwei Weltkriege von unerbittlicher Härte beschleunigten die Veränderungen in den Machtstrukturen. Die USA gewannen international an Bedeutung, entwickelten sich zur „Supermacht". In Europa verschwanden die – aus der Feudalherrschaftszeit der früheren Jahrhunderte – überkommenen Monarchien oder wurden auf Repräsentationsaufgaben beschränkt. Diktaturen prägten in Mittel- und Osteuropa das Gesicht des alten Kontinents. Die Umschichtung der Gesellschaft beschleunigte sich, Anzeichen einer Auflösung der Klassengegensätze zeichneten sich in Umrissen ab – Entwicklungen, die in den Demokratien England und Frankreich sich bereits früher vollzogen hatten.

In dieser Zeit stellte sich die Industrie um; die Investionsgüterindustrie, der Fahrzeugbau und die Chemie traten nun in den Vordergrund. Neue Ballungsgebiete entstanden. Die Arbeitsteilung wurde perfektioniert, es bildeten sich stark hierarchisch gegliederte industrielle Systeme, bestehend aus vielen Zuliefererbetrieben und zentralen Montagewerken, in denen Fließbänder die Produktionsschritte optimierten (Taylorismus, Fordismus; Taylor 1913; Hirsch 1985). Der Mensch wurde mehr und mehr zum Funktionsträger, der die Bedeutung seines Tuns nicht mehr erfassen konnte. Die Stadt-Umland-Beziehungen und Hierarchien zentraler Orte differenzierten sich weiter, in den Städten gliederten sich die Cities aus, dicht bebaute Wohngebiete und Industrieviertel ordneten sich um sie.

Parallel dazu wurde die Informationsbasis breiter, immer detailliertere Datenmengen standen der Wirtschaft, der Verwaltung und der Wissenschaft zur Verfügung; die amtlichen Sozial- und Wirtschaftsstatistiken erhielten ein neues Fundament.

Die Situation in der Anthropogeographie um 1920/30 und Vorschau auf das 2.Stadium

Die Entwicklung der Anthropogeographie zeigte etwa in den 20er Jahren, daß der wissenschaftliche Fortschritt immer langsamer wurde, die Ansätze und Methoden den gestellten Aufgaben nicht mehr voll gerecht wurden. Viele Erklärungen konnten in den verschiedenen Sparten – vor allem in der Wirtschafts- und Bevölkerungsgeographie, aber auch in der Siedlungs- und Politischen Geographie – nicht befriedigen, sie blieben an der Oberfläche. Die Frage stand nach wie vor zur Debatte: Was ist ein Raum und wie erfaßt man ihn?

So drängte es viele Geographen zu genaueren Fragestellungen und Methoden; der Aufbau, die Struktur der Formen wurde nun thematisiert. Dieses Vorgehen läßt Verwandtschaft mit der phänomenologischen Methode erkennen (vgl. S.58f). Dies bedeutete

1. eine Aufgliederung der Formen in ihre Bestandteile, die ihrerseits aufeinander bezogen sind und so als Elemente eines Ganzen gesehen werden können,
2. die Erkenntnis, daß jede Form, jede Aktivität radial nach außen wirkt, in eine Umwelt hinein, so daß zentral-periphere Beziehungen erkennbar werden.

Der Begriff Funktion fand Eingang in die Literatur, in zweifacher Bedeutung:

1. Funktion als Aufgabe; hier wird die sachliche, sektorale Differenzierung der Form angesprochen, z.B. die Wohnfunktion einer Siedlung;
2. Funktion als regionale Abhängigkeit; denkt man sich diese quantitativ auf ein Koordinatensystem übertragen, so kann man sie als eine mathematische Funktion behandeln; die Größe y (Intensität) ist von der Größe x (Entfernung) abhängig.

Betrachtet man die zu untersuchenden Formen und die sie aufbauenden Teile als Mengen von Elementen, so lassen sich zwei Typen von Verteilungen erkennen, die sich in der [2]Raumgestaltung niederschlagen. Neben Räumen, die sich durch gemeinsame Merkmale auszeichnen, also homogen erscheinen, treten jene, die zentral-peripher aufgebaut sind, im Zentrum eine höhere Intensität besitzen als in den Randgebieten (Schrepfer 1935/69, S.304 f.; Otremba 1959/69, S.430 f.: Struktureller und funktionaler Wirtschaftsraum; Bartels 1968a, S.74 f.; 148 f.: Regionen und Felder).

Parallel zu diesen Überlegungen zum Raum wurde die Bedeutung des Menschen stärker hinterfragt, die Eigendynamik der vom Menschen ausgehenden Prozesse herausgestellt. Z.B. formulierte nun Hassinger (1930, S.22): „So dürfen wohl Geographie und Geschichte in enger Arbeits- und Schicksalsgemeinschaft ruhig in eine Zeit hineinschreiten, die eine Ueberbewertung der Naturgesetzlichkeit hinter sich hat“ (vgl. in diesem Sinne auch Hassinger 1933: „Soziogeographie“).

Mit dem Vordringen in die Strukturen und Funktionen der Formen erhielt die Siedlungsgeographie starke Impulse, auch die Wirtschaftsgeographie, nachdem diese vorher sich nur langsam entwickelt hatte (Otremba, zit. nach Wirth 1969b, S.XI). Es wurde deutlich, daß ohne eine gründliche Untersuchung der Menschen, ihrer Gruppierungen und Motivationen keine erfolgversprechende Analyse der Strukturen möglich sein würde: die Sozialgeographie entstand, zunächst in den Niederlanden und in den USA. Wenn man so will, war das eine Fortentwicklung der Bevölkerungsgeographie. Wurde vorher von Größen und Faktoren gesprochen, wurden nun die Funktionen näher definiert. Die Menschen selbst kamen in den Blick, als Mitglieder sozialer Gruppen und als Träger anthropogener Kräfte. Die Werke des Menschen erscheinen in dieser Sichtweise als Ausdruck der Flächennutzung.

Mit der Entstehung der Sozialgeographie wurde die Struktur der Gesellschaft, d.h. es wurden die Schichtung, die wirtschaftlich oder beruflich, die religiös, sprachlich unterschiedlich definierten Gruppen, die Dynamik der Populationen, das Wohnort-Arbeitsort-Problem studiert und mit den sonstigen Fakten – Siedlung, Natur, Wirtschaft, Verkehr – in Zusammenhang gebracht. Es wurden Regionen und regionale Beziehungen erkennbar, die vorher unentdeckt bleiben mußten, da die Methoden noch nicht diffizil genug waren. Nun begann der Geograph zu verstehen, daß anthropogene Räume von innen, vom Menschen und seinen Gruppierungen her zu verstehen sind, wie es bereits 1908 (S.620 f.) der Soziologe Simmel gesagt hatte (vgl. S.27f).

Overbeck (1954/78) nannte den mit dieser in den 20er Jahren etablierten Forschungsgrundanschauung verbundenen Zeitabschnitt die „Funktionale Periode". Thomale (1972, S.262) erkannte außerdem eine die 50er und 60er Jahre umfassende strukturale oder strukturelle Phase; die Sozialgeographie fand in dieser Zeit in Deutschland mit gewichtigen Arbeiten Eingang. Anscheinend hatte die wissenschaftliche Orientierung – und Desorientierung – in der NS-Zeit eine frühere Hinwendung auf diesen Wissenszweig verzögert. Hier soll die Herausbildung der deutschen Sozialgeographie – auch im Hinblick auf die Entwicklung des Raumverständnisses – als Fortentwicklung der funktionalen Phase angesehen werden.

Die im 1.Stadium praktizierte Art der „kausalen Erklärung" konnte hier nicht mehr angewendet werden; denn sie ist nur auf der Ebene des Konkreten, Inhaltlichen begreifbar und setzt ein zeitliches Nacheinander voraus. Funktion oder Struktur können nur in ihrem Zusammenhang „verstanden" und interpretiert werden. In beiden Fällen werden aber Gesetze vorausgesetzt, gehört diese Art der Erklärung dementsprechend im „Hempel-Oppenheim-Schema" zu den deduktiv-nomologischen Erklärungsmodellen (Hempel 1962/70, S.215 f.; Strassel 1975, S.99 f.). In diesem Stadium der Entwicklung wurde der Mensch weitgehend als „homo oeconomicus" betrachtet, der alles überblickt und entsprechend seinen wirtschaftlichen Ambitionen handelt. Es ist kein Zufall, daß das Interesse an ökonomischen, insbesondere deterministischen Modellen wuchs.

Ein Blick auf die Nachbarwissenschaften der Sozialgeographie im 2.Stadium

Die Anthropogeographie wurde in den 20er und 30er Jahren stärker als vorher der Partner benachbarter Wissenschaften. Auch hier vollzog sich ein Wandel, fand die funktionale Betrachtungsweise Eingang. In der Soziologie wurde der humanökologische Ansatz (Park, Burgess, McKenzie 1925/67; vgl. S.81f) erarbeitet; er beeinflußte auch die Sozialgeographie sehr nachhaltig. Die Agrarsoziologie erhielt von Sorokin und Zimmermann (1929) Impulse, vor allem bezüglich der Stadt-Land-Beziehungen.

In seinem grundlegenden Werk „The Structure of Social Action" (1937/68) entwarf Parsons eine strukturell-funktionale Theorie sozialen Handelns (vgl. auch Dahrendorf 1963, S.153 f.). Während Weber die Handlungen noch als Ganzes sah, gebunden an die Kategorien „Zweck" und „Mittel" (vgl. S.28; 213), ging Parsons ihnen strukturell auf den Grund. „The first salient feature of the conceptual scheme to be dealt with lies in the character of the units which it employs in making this division. The basic unit may be called the ‚unit act'. Just as the units of a mechanical system in the classical sense, particles, can be defined only in terms of their properties, mass, velocity, location in space, direction of motion, etc., so the units of action systems also have certain basic properties without which it is not possible to conceive the unit as ‚existing'" (S.43; ähnlich S.737). Von dieser Feststellung aus schritt Parsons fort (S.44): „... an ‚act' involves logically the following: (1) It implies an agent, an ‚actor'. (2) For purposes of definition the act must have an ‚end', a future state of affairs toward which the process of action is oriented" (Anmerkung: „In this sense and this only, the schema of action is inherently teleological."). (3) It must be initiated in a ‚situation' of which the trends of development differ in one or more important respects from the state of affairs to which the action is oriented, the end". Es kann hier nicht im Einzelnen den Überlegungen

Parsons nachgegangen werden. Wichtig sind aber noch seine Bemerkungen bezüglich der sozialen Gruppen: „...a personality is nothing but the totality of observable unit acts described in their context of relation to a single actor... When action systems involving a plurality of actors are present they may be described as groups; that is, a larger aggregate may be thought of as made up of persons as their unit. The person, in this context, becomes a member of a group" (S.746).

Die analytisch-strukturelle Vorgehensweise ist kennzeichnend für dieses Stadium der Entwicklung. In einem späteren Werk führt Parsons (1951c) die systemische Betrachtungsweise in seine Theorie ein. Dies soll bei Behandlung des nächsten Stadiums (vgl. S.108) dargelegt werden.

Die Kulturanthropologie erhielt durch die Arbeiten von Benedict (1934) und Mead (1928/70) über die Lebensgewohnheiten „primitiver" Völker neue Impulse. Für den Anthropogeographen ist speziell die Frage nach den Einflüssen der Umwelt auf die Kultur und die Sozialstruktur von Interesse:

Benedict (1934) untersuchte die Struktur dreier verschiedener Stämme, Angehöriger „primitiver" Kulturen und erläuterte an ihnen, wie die Persönlichkeit von der Kultur geprägt wird und das Verhalten der Menschen die Kultur trägt. „There is no proper antagonism between the rôle of society and that of the individual... His culture provides the raw material of which the individual makes his life" (S.181). Ihre Wissenschaft definierte sie: „Anthropology is the study of human beings as creatures of society. It fastens its attention upon those physical characteristics and industrial techniques, those conventions and values, which distinguish one community from all others that belong to a different tradition" (S.1). Und über die Kultur schreibt sie (S.17): „In culture ... we must imagine a great arc on which are ranged the possible interests provided either by the human agecycle or by the environment or by man's various activities. A culture that capitalized even a considerable proportion of these would be as unintelligible as a language that used all the clicks, all the glottal steps, all the labials, dentals, sibilants, and gutturals from voiceless to voiced and from oral to nasal. Its identity as a culture depends upon the selection of some segments of this arc. Every human society everywhere has made such selection in its cultural institutions."

Für Mead (1928/70) stand die Psyche und Lebenssphäre heranwachsender Kinder und Jugendlicher verschiedener Stämme in der Südsee im Blickpunkt. Dabei versuchte sie zu zeigen, daß der Mensch sehr anpassungsfähig, daß er von den jeweiligen Bedingungen der Kultur abhängig ist. Sie betrachtete die Anthropologie als „Wissenschaft, die die Situation des Menschen in höchst unterschiedlichen sozialen Strukturen untersucht" (S.33). Die Umwelt beeinflußt in starkem Maße das Leben; dies zeigte die Auswertung des Materials über die Gebräuche primitiver Völker. „Verhaltensweisen, die wir als unveränderliche Komplementärerscheinungen des menschlichen Lebens anzusehen gewohnt waren, sind eine nach der anderen als Ergebnis von Umwelteinflüssen erkannt worden. Verhaltensweisen, die bei den Bewohnern des einen Landes festgestellt wurden, fehlten bei denjenigen eines anderen Landes; die rassische Zugehörigkeit spielte dabei keine Rolle. Weder Rasse noch gemeinsames Menschsein bieten eine Erklärung für vielerlei Formen, in denen sich Grundregungen des Menschen wie Liebe, Furcht und Zorn unter verschiedenen Bedingungen des Zusammenlebens ausdrücken."

Die Untersuchungen von Benedict und Mead zeigen, wie sich „primitive“ Populationen in ihre Umwelt einpassen, wie sich Kultur und soziale Differenzierung herausbilden. Malinowski (1944/75) entwickelte eine Theorie der Kultur aus einem funktionalen Ansatz heraus, die für die Anthropogeographie wichtig wurde (vgl. S.294f). Diese Problematik bildet ein immer wiederkehrendes Thema in der Sozialgeographie, u.a. im anthropologischen Ansatz (vgl. S.130f) sowie bei der Untersuchung der Adaptation von Populationen in ihrer Umwelt.

In den 20er Jahren hatte sich eine Bevölkerungswissenschaft mit stark biologistischem Hintergrund gebildet. Sie kam in die Nähe der Rassenkunde und thematisierte u.a. Bevölkerungspolitik und „Rassenhygiene“; von dort konnten keine Anregungen auf die Anthropogeographie ausgehen. Ipsen (1933) gab einen ersten Überblick über den Stand der Disziplin. Daneben gab es einige stammesgeschichtliche und anthropologische Arbeiten, z.B. die Sammelwerke „Der deutsche Volkscharakter“ (Hrsg. M. Wähler; 1937) und „Bevölkerungsbiologie der Großstadt“ (Hrsg. E. Freiherr v. Eickstedt; 1941). Einige der Beiträge enthalten durchaus wertvolle Informationen. Recht gründlich und wissenschaftlich korrekt wurden die Land-Stadt-Wanderungen untersucht (vgl. S.68f).

In der Psychologie (1938/44) versuchte Hellpach, generelle Überlegungen über das Wesen des Volkscharakters anzustellen. Er definiert Völker als „aus beiden Geschlechtern gemengte, in festen Fortpflanzungsordnungen sich stetig erneuernde Menschenmassen, welche räumlich gemeinsam wandern oder siedeln und durch den Besitz oder Erwerb gemeinsamer Eigenschaften, Lebensinhalte und Ausdrucksformen eine Wesensgeschlossenheit aufweisen oder anstreben, durch die sie sich tatsächlich oder willentlich als leibseelische Wesenseinheiten gegen andere solche Einheiten absetzen“ (S.2). So werden die geistige Gestalt, Wirtschaftsordnung, Mythos, Volkstum dargestellt, Entwicklungstendenzen (nach Spengler) diskutiert. Als zeitgebunden erweisen sich Gedanken zu Blut und Boden, Rassen, u.a. das „Gesetz der lebensräumlichen Beziehung zwischen Rasse und Volk“ (S.36). Dennoch bleibt die allgemeine Aussage, daß die Völkerpsychologie wichtige Erklärungshilfen für die unterschiedlichen Entwicklungen der Völker gibt, namentlich auch den Wirtschaftsgeist berührt (vgl. S.86). Heute spezifizieren die Forschungen des Cross-Cultural Approach viele der in der Völkerpsychologie entwickelten Ideen (vgl. S.110).

Auch in den Kulturwissenschaften vollzogen sich parallel zur Geographie, diese durchaus aber tangierend, Änderungen. Es sei hier das Buch von Aubin, Frings und Müller (1926) genannt, das „Kulturströmungen und Kulturprovinzen in den Rheinlanden“ behandelt, und zwar auf breiter Basis, die Landesgeschichte, die Volkskunde und die Sprache umgreifend. Hier kamen Themen wie Grenzziehungen, Mittelpunkte, Übertragung und Ausbreitung von Kulturgütern verschiedenster Art, Einflußsphären u.a. zur Sprache, Fakten, die sich auch in Atlanten festhalten ließen. Diese Untersuchungen berührten vor allem natürlich die Siedlungsgeographie, bereiteten aber auch den Boden für das Verständnis z.B. der Lebensformgruppen und der Innovationen, Fragen also, die in der Sozialgeographie wichtig wurden (vgl. S.85; 144f).

Die Wirtschaftswissenschaften öffneten sich der strukturellen Sichtweise. Ein Beispiel ist das Buch von Lösch (1940), das auf der Basis der Christallerschen Theorie der zentralen Orte (vgl. S.71) eine Theorie der räumlichen Ordnung der Wirtschaft entwickelte, die großen Einfluß auch auf die entstehenden Raumwissenschaften (Raumforschung, Regional Sciences) gewann (vgl. S.77f).

1.2.3.1 Die Entwicklung der Teildisziplinen der Anthropogeographie (außer Sozialgeographie)

Die Wandlungen vollzogen sich zunächst im Rahmen der überkommenen Teildisziplinen der Geographie. So fand die funktionale Betrachtungsweise zuerst in der Wirtschaftsgeographie und der Stadtgeographie Eingang, setzte sich neben die historisch-genetische Betrachtungsweise. Die Wiederentdeckung der Thünenschen Theorie, die funktionale Aufgliederung der Citybereiche und die Entwicklung der Theorie der zentralen Orte bilden hier wichtige Beispiele. Erst später, nach dem Zweiten Weltkrieg entstand die Sozialgeographie in Deutschland als eigene Disziplin, und auch die Bevölkerungsgeographie erhielt in dieser Zeit starke neue Impulse. Im einzelnen zeigt sich:

Bevölkerungsgeographie

Ratzels Darlegungen zur Bevölkerungsverteilung und -zusammensetzung in seiner Anthropogeographie (2.Bd., 1891; vgl. S.30f; 48) hatte lange Zeit in der Geographie kaum Folgen, zumindest nicht im Sinne einer Bevölkerungsgeographie (Kuls 1980, S.16 f.). Erst in den 50er Jahren setzte die Forschung ein (vgl. S.111f).

Die Untersuchungen zur Tragfähigkeit bilden eine der Ausnahmen. In ihr wird die Bevölkerungszahl dem vorhandenen natürlichen Potential gegenübergestellt. Penck (1924/69) untersuchte die Bevölkerungsdichte in den verschiedenen Klimazonen, die vorher von Koeppen (1923) typisiert worden waren, und schloß aus dem jeweils höchsten Dichtewert auf die in den Zonen mögliche Bevölkerungsdichte, d.h. die Tragfähigkeit. Er schrieb (S.162): „...variabel sind nur die Intensität der Bodenkultur und, in beschränktem Umfange, das Nahrungsbedürfnis des Einzelnen. Solange dieses unveränderlich bleibt, schwankt die mögliche Zahl der Menschen auf der Erde lediglich mit der Bodenkultur, aber diese kann über ein gewisses Maximum hinaus nicht zunehmen. Sobald allenthalben auf der Erde eine Höchstkultur des Bodens erreicht ist, kann die Zahl der Menschen nicht mehr zunehmen. Die so bestimmte Höchstzahl der Bevölkerung nennen wir die potentielle Bevölkerung, der eine potentielle Volksdichte und die Kapazität der Länder entspricht".

Hollstein (1937) präzisierte die Methode, indem er die Bodentypen hinzuzog und so die Ertragsfähigkeit besser abschätzen konnte. Diesen Untersuchungen folgten etliche weitere (Scharlau 1953), die aber alle dasselbe Problem aufweisen: ohne eine differenzierte Betrachtung der gesellschaftlichen und wirtschaftlichen Gliederung der Bevölkerung ist keine indeterministische Darstellung möglich. So dauerte es noch Jahrzehnte, bis dieses komplizierte Problem sachgerecht angegangen werden konnte (vgl. S.365f; 526f).

Wichtige Arbeiten entstanden auch in der Wanderungsforschung. Es wurden nach 1920 viele Untersuchungen – nicht nur von Bevölkerungswissenschaftlern, sondern auch von Soziologen, Anthropologen und Geographen – durchgeführt, die sich der Richtung und

Intensität der Wanderungsbewegungen widmeten, den Folgen für das flache Land als den Abwanderungsgebieten und den Konsequenzen für die Städte; denn die Wanderungsbewegungen verändern das biotische und soziale Gefüge, es kommt zu Sortiervorgängen.

Die Abwanderungsintensität und -richtung hängen z.B. von der Konjunktur ab. Heberle und Meyer (1937) wiesen zudem nach, daß die zentralörtliche Struktur maßgebend auf die Land-Stadt-Wanderung differenzierend einwirkt. Dann ist für die Abwanderungsintensität die Distanz zwischen Zu- und Abwanderungsgebiet wichtig. Verschiedene Autoren versuchten, das Intensitätsgefälle in den Zuwanderungsgebieten mathematisch zu definieren; so postulierte Young (1924), daß eine vom Gravitationsgesetz abgeleitete Beziehung besteht (vgl. S.471f).

Die Untersuchungen über die Wanderungsbewegungen zeigen, daß Stadt und Umland als eine Einheit betrachtet werden müssen. Zur damaligen Zeit hatten sich mit den Wanderungen vorzugsweise Soziologen und Demographen beschäftigt. In der folgenden Zeit, d.h. dem 3.Stadium, widmeten sich viele Geographen diesem Problem, im Zusammenhang mit der Frage der Notstandsgebiete, der Entwicklungsländer und den Gastarbeiterströmen in den 60er und 70er Jahren (vgl. S.382f).

Politische Geographie und Geopolitik

Ausgangspunkt der Politischen Geographie in diesem Stadium der Entwicklung der Anthropogeographie ist das Handbuch von Maull (1925), das – aufbauend auf Ratzel (vgl. S.49f) – eine Ortsbestimmung versuchte.

Ein besonderes Gewicht erhielt dann aber die politische Einflußnahme in den 30er Jahren. In Deutschland übte die nationalsozialistische Ideologie eine verhängnisvolle Wirkung aus. In der Zeit der Weimarer Republik entstanden Adolf Hitlers „Mein Kampf" (1925/27) und Rosenbergs „Mythus des Zwanzigsten Jahrhunderts" (1930). In ihnen mengten sich germanisch-romantisches Völkerverständnis, wertende Vererbungslehre und Rassentheorien (A. Graf von Gobineau und H.St. Chamberlain), Vorstellungen von Treitschke über Staat, Macht und Sitte sowie Ratzels Darlegungen über den Staat als Organismus und den zugehörigen Lebensraum (vgl. S.30; 49f) mit den Schwärmereien Moeller van den Brucks (1922/31) über ein „Drittes Reich" zu einer neuen Ideologie. Für sich waren die Vorlagen schon einseitig und bedenklich, aber erst ihre Verschmelzung zur Grundideologie des Nationalsozialismus, verbunden mit dem Führerprinzip, führte in den Strudel der Unmenschlichkeit und Massenhysterie; er verursachte einen psychischen Sog, dem auch viele Wissenschaftler nicht widerstehen konnten. Nach 1933 kam die massive Repression eines totalitären Staates hinzu, durch die in den sozialen und politischen Wissenschaften die dringend nötige Kontemplation und Wahrheitsfindung vollends unmöglich gemacht wurde.

Neben die politische Geographie trat, ausgehend von dem schwedischen Staatsrechtler Rudolf Kjellén (vgl. z.B. die 24.Aufl. seines Buches „Die Großmächte der Gegenwart", 1914/33), die Geopolitik. Sie wurde als eine „Lehre über den Staat als geographischen Organismus oder Erscheinung im Raum" aufgefaßt (zit. nach Schöller 1957, S.2). Der Bezug auf Ratzel ist eindeutig. Während die politische Geographie mehr als „statisch" verstanden wurde, so die Geopolitik mehr als „dynamisch", auf die Vorgänge ausgerichtet; nach anderer Definition wurde zwischen reiner bzw. angewandter Wissenschaft unterschieden (Kost 1988, S.70 f.). Nach Schöller (1957, S.5) ist die entscheidende Grenze zwischen Politischer Geographie und Geopolitik „die Scheide zwischen wissenschaftlicher Forschung und praktisch-propagandistischer Anwendung, Tendenz und Prognose". Freilich berührten und überschnitten sich beide Disziplinen vielfältig. Während des Dritten Reichs schwieg die liberal orientierte Politische Geographie; es gab fast nur eine Geopolitik, die sich in Büchern und Atlanten darbot (u.a. Springenschmid 1936).

Allerdings, die auch in der Geopolitik vertretene Auffassung der Völker und Kulturen als dynamischen Gebilden entsprach durchaus dem damaligen Grundverständnis. Es äußert sich hierin der Versuch, von den „Kräften" selbst her die Wirklichkeit zu erfassen (vgl. S.45); die Geographen gingen ja im 1.Stadium des postulierten Paradigmenwechsels umgekehrt vor, versuchten, die Formen und Erscheinungen durch die Kräfte zu erklären (vgl. S.33). Wie Schöller (1957, S.5 f.) meinte, liegt der falsche Ansatz der Geopolitik darin, „daß sie die Naturfaktoren, die immer nur mittelbar und indirekt über Zwischenglieder zur Auswirkung kommen, in direkte Beziehungen zum Staat und politischen Leben setzt, überbewertet und dabei nach ‚Gesetzmäßigkeiten' und praktischen Richtlinien des politischen Handelns strebt. In jedem Anspruch der Geopolitik, zwangsläufiges Geschehen zu erkennen oder vorauszusagen, enthüllt sich ein Determinismus, den die wissenschaftliche Geographie längst überwunden hat und den sie zu bekämpfen hat, wo sie ihn antrifft" (vgl. auch Schöller 1958).

Die undifferenzierte Gegenüberstellung von Mensch und Boden war damals auch sonst üblich, wie die Tragfähigkeitsuntersuchungen (vgl. S.365f; 526f) oder auch geschichtswissenschaftliche Arbeiten (z.B. v. Hofmann 1930) zeigten. Die sonst in dieser Zeit in der Geographie getroffene Erkenntnis der funktionalen Zusammenhänge und der Bedeutung der sozialen und wirtschaftlichen Gruppen hatte in der Geopolitik wie auch in der politischen Geographie bis in die 50er Jahre hinein keinen Eingang finden können, auch außerhalb Deutschlands kaum, wie Schöller (1957, S.6 f.) darlegte.

Die Entwicklung der Geopolitik und der Politischen Geographie in der damaligen Zeit hat Kost (1988; 1989) detailliert untersucht. Er meinte, daß die Geopolitik nicht generell wesentlichen Einfluß auf Erforschung und Theorie der Geographie gehabt habe. Beide Geowissenschaften standen vielmehr, wie andere Disziplinen auch, unter den Einflüssen der politischen Entwicklungen. Der „Zeitgeist" und manche Denkfiguren in der Geographie entsprachen sich aber.

Die Ideologie und die gegebenen Machtverhältnisse wurden teilweise auch als Mittel zur Durchsetzung eigener Meinungen und zu Diffamierung Andersdenkender eingesetzt (Sandner 1989; 1990). Auf diese Weise wurde die Forschergemeinschaft eingeschüchtert. Die Forschung wurde so indirekt weltanschaulich beeinflußt; die diesbezügliche Unbedenklichkeit mußte klar erwiesen sein, manche Themen gelangten gar nicht erst zur Diskussion. Hierauf ist vielleicht auch zurückzuführen, daß die Sozialgeographie erst in den 50er Jahren in Deutschland Bedeutung erlangte (vgl. S.83f); soziale Analysen paßten nicht in das weltanschauliche Konzept der 30er Jahre. Die Geopolitik kann sogar als Instrument zur Abwehr sozialwissenschaftlicher Forschungsansätze betrachtet werden (Kost 1988, S.398). Dagegen waren Untersuchungen über den völkischen Lebensraum erwünscht (Schultz 1980, S.213 f.), und auch die Landschaftskunde paßte in das Konzept der damaligen Machthaber (Schultz 1980, S.382 f.). Daß die Landschaftskunde aber andere Wurzeln hat und auch ihre Ausarbeitung nach dem Zweiten Weltkrieg nicht mit dem Nationalsozialismus in Verbindung gebracht werden darf, sei auch hier vermerkt (vgl. S.44f).

Wirtschaftsgeographie

In der Wirtschaftsgeographie wurde der Wirtschaftsraum zum bevorzugten Forschungsobjekt (Kraus 1933/69; Otremba 1950-51/69). Hier – und in der Stadtgeographie – lagen die Anfänge der die Struktur der Formen thematisierenden Betrachtungsweise; beide Teilgebiete der Anthropogeographie befruchteten sich gegenseitig auf diesem Sektor. Bereits 1926 hatte Obst die Thünenschen Intensitätskreise wiederentdeckt und das Prinzip weltüber in Handelssystemen und in der Weltgetreidewirtschaft als wirksam erkannt (1926/69). Waibel (1933a) stellte das Prinzip der Thünenschen Kreise im Detail vor und hinterfragte seine Gültigkeit. Dieses Modell fand nun in großem Umfange Anwendung. Scheu (1927/69) versuchte, die Intensität der Güterproduktion in zentral-peripher gestalteten Räumen mathematisch zu bestimmen.

In der Arbeit von Christaller (1933) über das System zentraler Orte fand die funktionalistische Betrachtungsweise ihren vielleicht klarsten Ausdruck. Sie hatte nachhaltigen Einfluß auf die Wirtschaftswissenschaften (Lösch 1940), wirkte darüber hinaus auch auf die Regional Sciences, die sich parallel zur deutschen Raumforschung entwickelt hatten (vgl. S.77f). Die deutsche Geographie wurde sich der Bedeutung der Christallerschen Arbeit erst nach dem Zweiten Weltkrieg richtig bewußt.

Neben diesen zentral-peripher gestalteten Räumen stehen die ^{2}Räume mit in sich gleichartiger Struktur (vgl. S.89f). Waibel untersuchte strukturell gleichartige Wirtschaftseinheiten und nannte sie – in Anlehnung an entsprechende Einheiten in der Vegetationsgeographie – „Wirtschaftsformationen" (1927/69, S.248). Sie bilden das Instrument, mit dem „die Gesamtheit des Wirtschaftlichen in der Landschaft sachgerecht" zergliedert werden soll (Schmithüsen 1971, S.29). Es sind durch einheitliche Bewirtschaftung sich auszeichnende Strukturkomponenten – z.B. indianischer Maisbau oder kreolische Weidewirtschaft –, die sich durchdringen. Diese Untersuchungseinheiten eröffnen eine Möglichkeit, komplexe Kulturlandschaften in ihrer Struktur zu analysieren. Sie sind in einfachen Wirtschaftsformen mit Lebensformen zu korrelieren, während dieser Zusammenhang in hochentwickelten Wirtschaftsformen schwer erfaßbar ist (Schmithüsen 1971, S.30). Die Wirtschaftsform ist das gestaltende Prinzip, dem die Wirtschaftsformation als das Gegenständliche in der Landschaft zuzuordnen ist (Schmithüsen 1971, S.32). Wenn diese Methode von anderen Autoren oft auch nicht expressis verbis angewandt wurde oder der Begriff „Wirtschaftsformation" nicht immer sauber verwendet wurde, so erwies sich doch diese Art der Untersuchung struktureller Einheiten überhaupt als wichtiges Hilfsmittel, um die Wirtschaftsräume präziser, als es bisher der Fall war, identifizieren und interpretieren zu können. Im übrigen konzentrierte sich das wirtschaftsgeographische Interesse zwischen dem Ersten und dem Zweiten Weltkrieg noch weitgehend auf länderkundliche Darstellungen sowie auf jene Auswirkungen menschlichen Handelns, die sich physiognomisch in der Landschaft dokumentieren (Schätzl 1981, 1, S.12).

In den 50er Jahren begann sich das Bild langsam zu ändern. Das damals erschienene Handbuch „Erde und Weltwirtschaft“ von Lütgens (1950; 1952), Otremba (1953/76; 1957) und Fels (1935/54) demonstriert gut die Methoden und den Wissensstand der Wirtschaftsgeographie der damaligen Zeit. Otremba (1953/76, S.20) definierte die Landwirtschaftsgeographie als die „Wissenschaft von der durch die Landwirtschaft gestalteten Erdoberfläche, sowohl als Ganzes als auch in ihren Teilen, in ihrem äußeren Bild, in ihrem inneren Aufbau und in ihrer Verflechtung“. Er ging von dem Erscheinungsbild aus und fragte nach der Struktur, den gestaltenden Kräften. Die Industriegeographie betrachtete er als einen Zweig der Wirtschaftsgeographie „zur Erforschung und Darstellung der Industriestandorte, der Industriegebiete, der Industrielandschaften und -länder in ihrem räumlichen Wirkungsgefüge, sowie zur Erforschung der industriellen Struktur und der Verflechtung des gesamten Wirtschaftsraumes der Erde“ (S.208). An anderer Stelle (S.17) betonte er die Bedeutung der Wirtschaftslandschaft als Forschungsobjekt, meinte, daß dies eigentlich eine gemeinsame Behandlung von Agrar- und Industriewirtschaft verlangt; andererseits sah er die grundsätzlich strukturellen Unterschiede beider Zweige und zog eine getrennte Behandlung vor.

Die Berührungspunkte mit der Sozialgeographie bestanden nicht nur in der parallelen Entwicklung der Methoden und Grundkonzepte, sondern auch darin, daß der wirtschaftende Mensch eben auch verschiedenen Gruppen angehört und dies seine Art zu wirtschaften beeinflußt. In seiner „Allgemeinen Einführung in die Geographie der Wirtschaft“ gab P.H. Schmidt (1932) mit Darlegungen über Rasse, Arbeit, Kultur, Gewerbefleiß und Reichtum – nach damaligem Kenntnisstand – wichtige Hinweise auf das gruppenbestimmte Wirken des Menschen, und auch Fels (1935/54) brachte in seinem Buch „Der wirtschaftende Mensch als Gestalter der Erde“ viel Material über die sozialen Komponenten im Wirtschaftsleben bei.

Hier wird der Bezug zur Thematik der Sozialgeographie deutlich. An Bobek (vgl. S.84f) gewandt fragte Otremba (1962/69), „ob wir mit der Betonung sozialgeographischer Sachverhalte richtig liegen und ob es jetzt an der Zeit ist, neben der schon laufenden länderkundlichen speziellen Arbeit eine allgemeine Sozialgeographie zur theoretischen Grundlegung und Methodenlehre aufzubauen, und ob der Rahmen dafür richtig gezogen ist, d.h. festzustellen, ob die ‚Sozialgeographie‘ mit Recht für sich im Rahmen der Geographie des Menschen zu stehen hat oder ob sie neben oder in der Bevölkerungsgeographie ihre bessere Position hat“ (S.112). Er meinte, „mit der Propagierung eines Namens ‚Sozialgeographie‘„ sei „leicht die Gefahr gegeben, daß neben einer immer mehr verarmenden güterbestimmten Wirtschaftsgeographie ein Teilgebiet der Geographie des Menschen als selbständige Disziplin“ erwachse (S.118). Statt dessen sah er die Notwendigkeit „einer vom Menschen und den Menschengruppen bestimmten Wirtschaftsgeographie, und hierzu bedarf es keines neuen Namens. Der Gegenstand der Wirtschaftsgeographie schließt in allen sachlich möglichen Teilbereichen den Menschen und die Menschengruppen als die Schöpfer des Wirtschaftsraumes, in nachhaltigem, kontinuierlichen Arbeitsprozeß stehend, ein“ (S.118).

Bobek (1962/69) antwortete u.a., daß die Sozialgeographie, „um ihre Aufgaben zu erfüllen, alle geographisch wesentlichen Wirkungsfelder und Erscheinungsweisen des Menschen einschließen" müsse (S.130). Nicht nur der Wirtschaftsraum sei zu berücksichtigen, sondern der ganze Raum. „Es bleibt also auch weiterhin nichts anderes übrig als die Kultur- und Wirtschaftslandschaft, den Lebens- und Wirtschaftsraum zu analysieren, wenn man das Zusammenspiel seiner Elemente und Kräfte kennenlernen will" (S.138).

Verkehrsgeographie

Die Verkehrsgeographie griff die Anregungen, die die funktionale Betrachtungsweise einbrachte, nur teilweise auf. Die in den 20er und 30er Jahren erschienenen Lehrbücher (u.a. Hassert 1913/31) sahen die Verkehrsgeographie als „ein Glied der Allgemeinen Wirtschaftsgeographie im Ablaufschema des Wirtschaftsprozesses von Produktion, Handel und Verkehr und Verbrauch. Da aber eine Verbrauchsgeographie nicht entwickelt worden ist, endet gleichsam die Allgemeine Wirtschaftsgeographie in der allgemeinen analytischen oder an Ländergrenzen gebundene Darstellung der Verkehrswege, der Verkehrsmittel und der Export- und Importgüter" (Otremba 1969, S.263/4).

Blum (1936) thematisierte dagegen schon die Gestalt der Verkehrsnetze, Linien und Verkehrspunkte. Das Buch von Hettner (1951) brachte den Verkehrsraum als Forschungsobjekt zur Sprache; dies war, wie Otremba (1969, S.264) darlegt, ein Fortschritt. Freilich ist wohl auch zu sehen, daß dies nur erst ansatzweise geschah (Hettner 1951, S.138 f.), vor allem unter dem Aspekt der Länderkunde. Erst in dem Lehrbuch von Otremba (1957) wurde die Struktur des Raumes im Hinblick auf den Verkehr verdeutlicht. Handel und Verkehr erscheinen als untrennbare Einheit. „Aus der wirtschaftlichen Notwendigkeit des Augenblicks" bestehen „zahllose Bewegungen von Waren, Werten und Nachrichten ... Sie füllen den Wirtschaftsraum mit tätigem Leben ... Diese Handels- und Verkehrsbewegungen nach ihren Grundlagen und Formen, nach Herkunft, Weg und Ziel, nach ihren Wirkungen auf den Wirtschaftsraum zu untersuchen", betrachtete Otremba (1957, S.22) als Aufgabe seines Buches.

Siedlungsgeographie

In der Siedlungsgeographie entwickelte sich eine funktionale Richtung neben den überkommenen historisch-genetischen Forschungen. Vor allem die Stadtgeographie entwickelte sich – parallel zur Wirtschaftsgeographie (vgl. S.71f) – zu einem wichtigen Arbeitsfeld dieser neuen Entwicklung, während in der Geographie der ländlichen Siedlungen die historisch-genetische Betrachtungsweise überwog.

Bei den Untersuchungen der städtischen Siedlungen wurde erkannt, daß die ökonomischen Aktivitäten sowie die sozialen Gruppierungen sich strukturell oft kleinräumig ordnen und entsprechend ihren eigenen Gesetzen die Kulturlandschaft gestalten. Hier sei nur der wirtschaftsräumliche Aspekt erörtert, während der soziale Aspekt später, im Zusammenhang mit der Behandlung des humanökologischen Ansatzes betrachtet werden soll (insbesondere die Modelle zur Stadtgliederung; vgl. S.81f).

Die Städte wurden nach funktionalen Gesichtspunkten gegliedert; so ist die Arbeit von de Geer (1923) über Stockholm zu nennen, dann folgten Leighley (1928) über einzelne mittelschwedische Städte und Bobek (1928) über Innsbruck. Insbesondere wurden die Innenstädte untersucht. Unter anderem lassen sich durch detaillierte Kartierungen genauere Einblicke finden, wie später Klöpper (1961) am Beispiel Mainz zeigte. Die Grundstückspreise erscheinen als ein wesentliches Sortierinstrument (Isovalenmethode). Große Bedeutung wurde der Abgrenzung der verschiedenen Stadtteile beigemessen, insbesondere der City von den umgebenden Wohngebieten (Murphy und Vance 1954; Kant 1962).

Daneben versuchten verschiedene Autoren, ausgehend von Christallers Untersuchung (1933), die Zentralität der Orte sowie Systeme zentraler Orte zu ermitteln. Neef (1952) hob hervor, daß die industrielle Struktur – von Christaller nicht näher erörtert – stark differenzierend auf das Gefüge des Systems der zentralen Orte einwirkt. Schöller (1953/69, S.72 f.) stellte ein „Drei-Stufen-Strukturschema" vor, mit dem er den Funktionsbereich der zentralen Orte zu gliedern versuchte. Die das Umland einbeziehenden Untersuchungen (vgl. S.90f) deuten an, daß Stadt und Umland als Einheit betrachtet werden müssen.

Wenn auch die funktionale Stadtgeographie im Vordergrund stand, so brachte doch auch die historisch-genetische Betrachtung der Stadt wichtige neue Erkenntnisse. Sie ging ebenfalls wesentlich detaillierter vor als früher; eine große Reihe von Monographien zeugt davon, daß die Verbindung mit den historischen Wissenschaften relativ eng war und noch enger wurde. Beispielhaft sei die Untersuchung von Dörries (1925) über die Städte im oberen Leinetal erwähnt, wo er die einzelnen historisch entstandenen Stadtteile entsprechend ihrem Erscheinungsbild heraussortierte und definierte, dann die Arbeit von Louis über Berlin (1936), in der er die verschiedenen Stadtteile in ihrer Entwicklung darlegte. Das Buch von Wilhelmy über die südamerikanischen Städte (1952) zeigt die iberisch-kolonialen Ursprünge und die Entwicklung bis in die Gegenwart.

Wohl gab es auch in der Untersuchung der ländlichen Siedlungen einzelne funktionale Darstellungen (z.B. in Müller-Wille 1936), aber das war die Ausnahme. Der Ursprung der Siedlungsformen und deren Entwicklung standen im Mittelpunkt (Martiny 1926; Hömberg 1935). Dabei spielte die Diskussion der Meitzenschen Thesen (1895), die die völkische Determinierung der Siedlungsformen postulierte, eine große Rolle (vgl. S.53). Entscheidend wurde die saubere historische Analyse; sie ergab, daß die Siedlungsformen keineswegs unverändert von der Gründungszeit auf die Gegenwart überkommen, sondern langsam gewachsen sind (Steinbach 1927), daß in verschiedenen Perioden eine Überformungs- und Neuanlage nachgewiesen werden kann. Dabei wurde die Übertragung von Formen konstatiert (Müller-Wille 1944a). Besondere Bedeutung erhielt die Diskussion um die Entstehung und Entwicklung der Gewannflur (Obst und Spreitzer 1939; Niemeier 1944; Müller-Wille 1944b). Hierbei wurden verschiedene Methoden angewendet, z.B. die Rückschreibungsmethode, bei der man von alten Flurkarten her analysierend die Kernflur heraussortiert. Neu kam hinzu die Kartierung ehemaliger Fluren, die im Spätmittelalter wüstgefallen waren. Diese Methoden brachten neue Erkenntnisse, aber auch Probleme mit sich (Mortensen und Scharlau 1949).

Die „kausale Methode" wurde zur „kausal-genetischen Methode" verfeinert. Doch auch hier blieben Reste einer deterministischen Betrachtungsweise erhalten. Als besonders fragwürdig erwies sich – darauf hatte Krenzlin (1961) hingewiesen –, daß aus den Formen der ländlichen Siedlungen auf ihr Alter rückgeschlossen wurde (z.B. Blöcke, Langstreifen). Andererseits war es auch ein Fehler, Flurformentypen über große Entfernungen und über große Zeiträume als ohne weiteres vergleichbar darzustellen, wie es z.B. Niemeier (1944) und Mortensen (1946/47) praktiziert hatten. Dies sind deterministische Rückschlüsse; sie sind bei anthropogenen Formen und Erscheinungen nicht ohne weiteres erlaubt. Erst in den 60er Jahren brachten detaillierte lokale Analysen, vor allem von Hambloch (1960) sowie Krenzlin und Reusch (1961) eine gewisse Klärung wichtiger Fragen im Hinblick auf die Entstehungsformen.

Landschaftskunde

Die Landschaftskunde entwickelte sich – aus den verschiedenen Ansätzen im 1.Stadium heraus (vgl. S.44f) – zu einem besonderen Zweig der Geographie. Der eigentliche Anstoß kam nun von der Pflanzengeographie, die sich ihrerseits auf v.Humboldt (vgl. S.14f) berufen konnte. Die Untersuchung der Vegetationsformationen und das Aufkommen der pflanzensoziologischen Methoden festigte in der Geographie die Kenntnis natürlicher [2]Räume, die sich als in sich – in bestimmten Sachkategorien – homogene Gebiete umgrenzen und typisieren lassen konnten – in verschiedenen Größenordnungen. Dies führte zu der Erkenntnis naturräumlicher Einheiten (Schmithüsen 1936/74; 1942/74a, b); diese Forschungen fanden später (1953-62) im „Handbuch der Naturräumlichen Gliederung der Bundesrepublik“ (Hrsg. Meynen und Schmithüsen) und weitflächigen Kartierungen ihren sinnfälligsten Ausdruck.

Doch die Landschaftskunde wollte ja die Werke des Menschen einbeziehen; so fand das Verhältnis Mensch-Natur besondere Aufmerksamkeit. Winkler (1935) stellte die Kulturlandschaft als eigentliches Forschungsobjekt der Anthropogeographie heraus. Vor allem ist Waibel (u.a. 1928; 1933b) zu nennen. „Schlüter war von der Frage ausgegangen: Wie sieht Landschaft aus, und wie ist sie geschichtlich entstanden? Waibel fragte jetzt außerdem: Wie funktioniert sie und wie prägt sich die räumliche Organisation ihrer Dynamik in ihrer Gestalt aus?“ (Schmithüsen 1976, S.137). Die Landschaft sollte also aus funktionaler, struktureller Perspektive definiert werden. Insbesondere versuchte Waibel, den Landschaftsbegriff für die Agrargeographie fruchtbar zu machen (Wirtschaftsformation; vgl. S.71). Sieht man einmal davon ab, daß die Begriffe Landschaft und Wirtschaftslandschaft damals in sehr unterschiedlichem Sinne benutzt wurden (Schmithüsen 1976, S.138 f.), so ist doch das Problem, inwieweit Naturraum und vom Menschen gestalteter Raum eine Einheit darstellen, sich in ihrer Einheitlichkeit und ihrer Abgrenzung decken, damals nicht gelöst worden. Die Tatsache, daß die Agrarwirtschaft stark von den edaphischen und klimatischen Bedingungen abhängt, es insofern also durchaus deckungsgleiche Areale gibt, gibt kein Recht, dies als prinzipiell auch für die anderen Bereiche der Wirtschaft gültig anzunehmen. Es gibt keine grundsätzliche Einheit der Landschaft, die Natur- und Kultursysteme gleichermaßen umfaßt. Wir haben bei „primitiven“ Gesellschaften eine extreme Anpassung an den Naturraum, hier ist dementsprechend der Kausalkonnex Mensch-Natur offensichtlich, die Einwirkung auf den Naturraum ist aber sehr gering. In differenzierten Gesellschaften sind solche Einwirkungen zwar sehr stark, üblicherweise aber abseits des Lebensumfeldes; denn die horizontalen Informations- und Energieströme sind so gestaltet, daß die natürliche Umwelt an ganz anderen Orten belastet werden als dort, wo der Boden die Produkte hergibt. Die direkte Einwirkung auf die Umwelt geht nur von wenigen Lebensäußerungen des Menschen aus. Die räumliche Koinzidenz der Kausalverknüpfungen zwischen Mensch und Boden tritt in differenzierten Gesellschaften also in den Hintergrund, so daß der Landschaftsbegriff – im Sinne einer Klammer zwischen Mensch und Natur – ausgehöhlt erscheint.

Der Gleichklang Naturraum-Wirtschaftsraum-Lebensformgruppe ist eine Fiktion. Daraus ist natürlich den Geographen kein Vorwurf zu machen: die wissenschaftliche Erkenntnis hatte noch nicht den Stand, der ihr solch vereinfachende Urteile verbat. Es dauerte eine gewisse Zeit, bis die Konsequenzen aus der Erkenntnis der Feldstruktur menschlicher Aktivitäten (z.B. durch die Arbeit von Christaller 1933) in ihrer ganzen Tragweite erkannt wurden.

Länderkunde

Die von der Landschaftskunde ausgegangenen Anregungen sowie die begangenen Irrtümer ließen die Länderkunde nicht unberührt. Zunächst, in den 30er und 40er Jahren, blieb dieser Zweig der Geographie noch in traditionellen Bahnen. Dabei sind z.T. bedeutende kompilatorische Darstellungen gelungen, z.B. Gradmanns „Süddeutschland" (1931/64), Schmieders Amerikawerk (1932, 1933 und 1934) oder Tuckermanns Darstellung der Niederlande und Belgiens (1931).

In den 50er Jahren wurden teilweise neue Wege beschritten, die sich an die Landschaftskunde anlehnen. Es ist hier besonders das Buch „Westfalen" von Müller-Wille (1952) zu nennen; es bringt auf der einen Seite den typisierenden landschaftskundlichen Aspekt hervor, kommt aber auf der anderen Seite doch – durch Einbeziehung der historischen Komponente – zu einer individuellen Länderkunde des Raumes, in der die ländlich bäuerliche Landschaft, die Bergbau- und Industriebezirke und die zentralen Hauptorte die entscheidenden Akzente setzen.

Die methodische Diskussion wurde von Lautensach (1952a) befruchtet. Er faßte den Raum als Kontinuum auf; schreitet man über ihn, so wandeln sich die Formen. Er schreibt: „Unter geographischem Formenwandel verstehe ich also die regelhafte Veränderung der als Kontinuum ausgebildeten geographischen Substanz im Raum" (S.3). Im Hinblick auf die Sozialgeographie und unter Bezug auf Bobek und Schmithüsen (1949): „Bei der Deutung aller Formen und Erscheinungen der sozialen Räume, also auch derer, die dem Formenwandel unterliegen, kann es sich natürlich nur um das geisteswissenschaftliche Prinzip des mitfühlenden Verstehens der zugrunde liegenden Vorgänge, um die Interpretation im Sinne von W. Wundt mit Hilfe verschiedener Motivationstypen, nicht um das naturwissenschaftliche Prinzip der naturgesetzlichen Abhängigkeit handeln" (S.7). Er stellte vier Kategorien des räumlichen Formenwandels vor (S.7 f.): den westöstlichen, den peripher-zentralen, den hypsometrischen und den planetarischen. So kam er zu einer spezifischen Art von Landschaftstypen.

Schmitthenner (1954) setzte sich kritisch mit der Formenwandellehre auseinander. Er meinte (S.33): „Landschaft und Land im Sinne der Formenwandellehre … sind im Grunde das Gleiche und unterscheiden sich nur durch den Inhalt, der einmal alle wichtigen Tatsachen, dann nur einen mit einer bestimmten Methode ausgewählten Teil der geographischen Substanz enthält". Die Landschaften des Formenwandels seien künstlich unvollständige Länder, keine Typen.

Es muß wohl ergänzt werden: Lautensach wollte die Komplexität von spezifischen Indikatoren aus – die als Lagekategorien individuellen Charakter haben – begreifen. Er sah aber nicht, daß ein vom Menschen gestalteter Raum nicht nur von außen, d.h. der Natur her einwirkenden Kräften seine Individualität erhält, sondern vor allem vom Menschen selbst, seiner Kultur, seiner gesellschaftlichen Struktur. Von ihm aus werden die Verknüpfungen geschaffen, die eine Regionalisierung erlauben.

Regionalwissenschaft, Raumforschung

Der mit dem Erstarken der Länderkunde im 1.Stadium verbundene Niedergang der Staatenlehre alten Stils (vgl. S.41f) hatte ein Vakuum hinterlassen; die Geographie spielte als Zulieferer von Fakten für die Verwaltung keine Rolle mehr. Das änderte sich mit dem Beginn der funktionalen Phase; es entwickelte sich im Zwischenfeld von Anthropogeographie, Wirtschaftswissenschaften, Politologie und Soziologie eine neue Disziplin, die in Deutschland als Raumforschung, im Ausland als Regional Science bezeichnet wurde. Sie verstand und versteht sich als angewandte Wissenschaft, thematisiert Möglichkeiten der Flächennutzung und -gestaltung und ist daher in unmittelbarem Zusammenhang mit der Raumordnung und Landesplanung zu sehen, die damals durch die Einrichtung neuer Behörden ihren Rahmen erhielt. So dient die Regionalwissenschaft dem Staat als Zubringerwissenschaft, entwickelt aber auch eine starke Eigendynamik mit eigenen Forschungsinstitutionen und Universitätslehrstühlen. Rössler (1987) zeigte, wie sich – nach der Gründung von Planungsgemeinschaften und -institutionen in der Weimarer Republik – in der nationalsozialistischen Zeit die Raumforschung an den Hochschulen eingeführt hat. Sie bildete die Basis der nationalsozialistischen Raumordnung und Landesplanung. Die von den verschiedenen Disziplinen entwickelten funktionalen Raum- und Standortmodelle wurden hier zusammengeführt. Besonders bei der Planung des im Krieg eroberten „Lebensraumes im Osten" zeigte sich die Raumforschung als Instrument der Nationalsozialisten (Rössler 1990).

In enger Zusammenarbeit mit den statistischen Ämtern entwickelte sich eine Landeskunde. Es wurden Atlanten mit den wichtigsten Strukturdaten hergestellt (z.B. von Brüning „Atlas Niedersachsen", 1934), und Wege zur Lösung der Probleme in der Landesplanung aufgezeigt. In den 50er Jahren erhielt diese Disziplin starken Auftrieb, sowohl im Ausland (Isard 1956) als auch in Deutschland (Meynen 1952; Boustedt und Ranz 1957). Nun wurden auch eigene Forschungen in größerem Umfang organisiert (z.B. in der Bundesrepublik gefördert von dem Institut für Landeskunde in Landshut, später Remagen und Bad Godesberg, sowie von der Akademie für Raumforschung und Landesplanung, Hannover). Als Beispiel sei die Herausgabe von Landeskunden (z.B. „Die deutschen Landkreise", hrsg. v. Brüning und Meynen) und Atlanten (Regionalatlanten in der Bundesrepublik sowie Nationalatlanten in vielen Ländern) für die Praxis genannt.

1.2.3.2 Die Entwicklung der Sozialgeographie

Hatten sich in den traditionellen Teildisziplinen bereits bemerkenswerte Wandlungen vollzogen, so kam der eigentliche Fortschritt doch mit der Sozialgeographie; in ihr wird der Mensch selbst als Glied der Gesellschaft in den Mittelpunkt gestellt. Von der Bevölkerung, dies ist ja unstrittig, geht die Gestaltung des von Menschen bewohnten [2]Raumes aus, und von ihr muß – so die Vertreter der Sozialgeographie – auch die Durchdringung seitens der Wissenschaft erfolgen. Ratzel und Vidal de la Blache (vgl. S.31; 37f) zeigten hier schon Ansätze; sie hatten aber – jeder auf seine Weise – noch die Bevölkerung undifferenziert direkt dem Naturraum gegenübergestellt. Das änderte sich nun.

Als ein früher Vorläufer dieser Denkweise kann Hoke betrachtet werden. Er entwickelte seine Vorstellungen von einer „Social Geography" bereits 1907, in der er eine Untersuchung der menschlichen Gruppierungen nach sektoralen Gesichtspunkten in ihrer räumlichen Verteilung forderte (Hottes 1970, S.339; Thomale 1972, S.47 f.). Die kleine Arbeit erschien zu früh, sie fand keinen Widerhall; außerdem gab es seinerzeit kaum genügend detaillierte Quellen für solche Untersuchungen.

Nach dem Ersten Weltkrieg wurde auch das Datenmaterial umfangreicher und detaillierter, so daß die soziale Differenzierung berücksichtigt werden konnte. Nun konnten die gesellschaftlichen Gruppierungen in ihren spezifischen Aktivitäten erfaßt werden. Die Sozialgeographie erhielt dadurch ihr eigenes Gewicht. Die phänomenologische Methode, die bei der Betrachtung der Entwicklung der Philosophie dargestellt wurde (vgl. S.58f), bildete die Basis des Arbeitens. Die Untersuchung der Struktur mit objektiven Daten führte zu immer tieferen Einsichten in den Aufbau der Gesellschaft. Ohne diese Methode wäre wohl nie eine Sozialgeographie entstanden.

Es entwickelten sich mehrere Ansätze und Fragestellungen (vgl. dazu auch Thomale 1972). Ausschlaggebend für ihre Entstehung war, daß die Gesellschaftsstruktur von verschiedenen Seiten her gesehen werden kann:

Ein Ansatz geht von den im 1.Stadium im Rahmen der seinerzeitigen Kausalerklärung herangezogenen Kräften aus. Dieser Begriff wird im allgemeinen synonym mit Faktoren verwendet und meint häufig die potentiellen Ausgangsaktivitäten im Sinne der sektoralen Gliederung, aber ohne klare vektorielle Definition. Die Begriffe Kräftekomplex, Kräftespiel, Faktorenbündel etc. beinhalten die Gesamtheit der Kräfte bzw. Faktoren, die die Wirtschaft oder Siedlung oder Landschaft formen. Daneben muß der Mensch selbst gesehen werden, als Mitglied einer Gruppierung. Diese Gruppierungen können in sich gleichartig zusammengesetzt sein, aber auch verschiedenartig, aufeinander bezogen und in sich organisiert. Zudem ist zu unterscheiden zwischen kleinen Untersuchungsobjekten wie Gemeinden oder Gemeindegruppen auf der einen Seite und großen wie Kulturen und Kulturgruppen auf der anderen Seite.

Diese Unterschiede lassen sich in den verschiedenen Ansätzen wiedererkennen. Dennoch muß bedacht werden, daß Forschung ein Prozeß ist, daß Anregungen übernommen und umgeformt werden. Manche Forscher sind in mehreren Ansätzen vertreten; dies bezeugt, daß nicht versucht werden sollte, eine Systematisierung nach einheitlichen Gesichtspunkten vorzunehmen.

Die Amsterdamer Schule: Soziographie (Steinmetz)

Bereits im Jahre 1913 publizierte Steinmetz einen Aufsatz: „Die Stellung der Soziographie in der Reihe der Geisteswissenschaften". Dieser Aufsatz bildete ein Programm. Steinmetz setzte sich bewußt von Ratzels Vorstellungen über die Beziehungen zwischen den Menschen und dem Lebensraum ab. Ihm kam es darauf an, den Menschen als Glied der Gesellschaft zu interpretieren. Die vor allem von Geographen verfaßten Volksbeschreibungen zeichneten sich, so Steinmetz, durch Oberflächlichkeit und Einseitigkeit aus. ..."Wie sich die Tatsachen im betreffenden Lande in Bezug auf die großen Probleme, die Arbeiterfrage, die Armut, den Volksreichtum, die ethnische Zusammenstellung, die Eugenik, den Charakter der Unernehmungen und der Unternehmer, den Wirtschaftsgeist, die Begabung des Volkes, die wirkliche Moralität und Religiosität, die intimere und eigentliche Stellung der Frau usw. verhalten, darüber verbreiten sie sich nicht, oder mit einigen Phrasen machen sie sich von der Sache ab" (Steinmetz 1913/35, S.100). Darin äußere sich Dilettantismus; Geographen könnten nicht gleichzeitig Naturwissenschaftler und Geisteswissenschaftler sein. Die physische Geographie und die Geographie des Menschen seien von zu unterschiedlicher Art, als daß sie in einer Wissenschaft Platz hätten.

Andererseits setzte sich Steinmetz auch von der Soziologie ab, die ihm zu stark theorieorientiert erschien. „Die Soziologie läuft Gefahr, den Kontakt mit der Wirklichkeit zu verlieren" (Steinmetz 1927, S.223). So forderte er eine nun betont empirische Vorgehensweise, d.h. das Zusammentragen von Material und die sorgfältige Analyse. Die von ihm geforderte Soziographie solle diese Aufgabe übernehmen bzw. die vielen bereits vorhandenen Ansätze zusammenfügen. Alle sozialen Erscheinungen hingen ohne Ausnahme aufs engste zusammen (Steinmetz 1913/35, S.104); die Soziographie habe diese Tatsachen in ihrer vollen Komplexität festzustellen (1927, S.225). „Methodische Hilfsmittel von großer Wirksamkeit sind für uns die Zergliederung (Analyse) der Erscheinungen in ihre Bestandteile und die Vergleichung" (1932/35, S.346). Die statistische Methode sei dabei sehr wichtig. So ist seine Soziographie – wie der Name schon darlegt – keiner der beiden Disziplinen Geographie und Soziologie zuzuordnen, besitzt aber von beiden wichtige Teilbereiche. Von der Geographie wird der räumliche Aspekt übernommen; es sollen Völker und ihre Teile („Dörfer, Städte, Großstädte und Provinzen") in ihren konkreten Eigenheiten untersucht werden. Andererseits wird der sachliche Aspekt der Soziologie entlehnt. Hier kommt der Beschreibung einer sozialen Einheit, d.h. einem Soziogramm, eine große Bedeutung zu (Steinmetz 1927, S.222). So werden „systematische Beschreibungen sozialer Verhältnisse von Bevölkerungsgruppen" geliefert (Cools 1950, S.3).

Wie Thomale betonte (1972, S.178 f.), konnte Steinmetz sein Vorhaben, alles erreichbare Material zusammenzutragen und auszuwerten, für größere Räume nicht durchstehen. Der Gegenstandsbereich war inhaltlich nicht klar umgrenzt und methodisch nicht genügend durchdacht. So konzentrierten sich die Schüler von Steinmetz („Amsterdamer Schule der Sozialgeographie") auf bestimmte Einzelfragen in regional begrenzten Objekten („Chorographien"). In den 40er Jahren wurde zunehmend die Bindung der Untersuchungen an die regionale Grundlage gelockert, in den sog. Facettenstudien wurden „bestimmte Facetten der sozialen Erscheinungen gründlich und losgelöst von bestimmten Gebietsregionen" studiert, „z.B. das soziale Verhältnis innerhalb der Unternehmung, die formelle und reelle Hierarchie innerhalb der Unternehmung" etc. (Cools 1950, S.3). So entfernte sich die Soziographie zeitweise von der Geographie. Andererseits erhielt sie durch die umfangreichen Anforderungen der Planung in den Niederlanden ein breites Wirkungsfeld (de Vries Reilingh 1962, S.523; vgl. S.128f).

Die Utrechter Schule (van Vuuren)

Die „Utrechter Schule" der Sozialgeographie geht von einer anderen Perspektive aus; sie sieht sich als geographische Disziplin. Van Vuuren, der Begründer dieser Schule, forderte, die Beziehungen zwischen den Menschen und den natürlichen Bedingungen als Ausgangspunkt zu betrachten und die Erscheinungen, welche aus ihnen hervorgehen, zu behandeln. Die Anknüpfung an Ratzel ist erkennbar, doch wird nun genauer vorgegangen. Nicht nur der Mensch, undifferenziert betrachtet, ist das Forschungsobjekt, sondern der Mensch als eingebunden in soziale Gruppen. Es werden alle Äußerungen der menschlichen Existenz betrachtet, die auch der herkömmliche Anthropogeograph untersucht, so daß die ganze Geographie des Menschen zur Sozialgeographie wird. Cools, ein Schüler van Vuurens, schreibt (1950, S.4/5): „Die Utrechter Schule will also weder Länderkunde noch Anthropogeographie, weder Kulturgeographie noch Soziographie, sondern die Geographie als soziale Wissenschaft, kurz Sozialgeographie genannt."

Van Vuuren (1934, zitiert und übersetzt von Cools 1950, S.3 f.) schrieb, der Gegenstand der Sozialgeographie seien die Erscheinungen, „welche aus den Beziehungen hervorgehen, die zwischen der menschlichen Gruppe und dem Wohnraum, in dem die Gruppe sich organisiert hat, bestehen". Und weiter: „In ihrem Wohlfahrtsbestreben, das im Anfang fast ausschließlich auf die Erhaltung der Gruppe gerichtet ist, wählt die Gruppe einen bestimmten Produktionsprozeß, der einerseits dem von der Gruppe erreichten geistigen Niveau, andererseits den gebotenen Möglichkeiten im gewählten Wohnraume vollkommen angepaßt ist und notwendig angepaßt sein muß. Die Beziehungen zwischen dem geistigen Niveau der Gruppe und den gebotenen Möglichkeiten im gewählten Raume manifestiert sich in der fortwährenden Umgestaltung des Produktionsprozesses. Das Agens ist hier der menschliche Geist, der durch eigene Anstrengung, d.h. durch fortschreitende Begriffsbildung zu einer Umgestaltung des gewählten Produktionsprozesses und damit in der geistigen Struktur gelangt." Der Bezug auf Vidal de la Blache (vgl. S.37f) ist erkennbar. Der Mensch erscheint als soziales Wesen, das Verhältnis Mensch-Natur ist ein indirektes (vgl. auch van Vuuren 1941). „Das spezifisch Geographische nun bildet die Beziehung Mensch-Natur. Hieraus ergibt sich, daß nicht die ganze soziale Realität in den Bereich der Geographie gehört, sondern nur diejenigen Erscheinungen, die auf ihre grundsätzlichen Beziehungen zurückführen, und zwar nur, insoweit diese Erscheinungen einen sozialen Charakter tragen und soweit von ihrer sozialen Bedeutung die Rede ist" (Cools 1950, S.4; er bezieht sich hierbei auf Verstege 1942). Verstege (1942, S.110) meinte zudem, daß die physische Geographie als reine Naturwissenschaft keine Daseinsberechtigung habe, ebensowenig wie die Soziographie als reine Sozialwissenschaft. Die Betrachtungsweise der Sozialgeographie sei funktionell (vgl. dazu auch Keuning 1959), nicht kausal oder final, und daneben dynamisch, nicht historisch.

Wie in concreto vorgegangen werden soll, zeigte Van Vuuren in seiner Untersuchung „De Merapi" (1932): Er schildert zunächst die Landschaft, aus naturgeographischer und kulturgeographischer Sicht, kommt dann über die Bevölkerungsdichte zur Wirtschaft des Raumes, um dann zur sozialen Situation vorzudringen (Lohnniveau etc.). Thomale (1972, S.113) legte dar, daß in den Untersuchungen in drei Stufen vorgegangen wird:

1. Die Analyse der Kulturlandschaft steht am Anfang, denn jede geographisch wichtige menschliche Tätigkeit findet in der Kulturlandschaft ihren Niederschlag. Hier ist der Bezug zu Schlüter offenkundig (Cools 1950, S.4).
2. Es folgt die Betrachtung der Wirtschaft in ihren verschiedenen Sparten; die Kulturlandschaft wird vor allem durch wirtschaftliche Aktivitäten geformt, so daß sie in jedem Fall eine wichtige Erkenntnisebene darstellt.
3. Die letzte Stufe der Untersuchung führt in die sozialen Gruppen und ihre Struktur. Der Mensch in seiner Zugehörigkeit zu gleichartig wirkenden sozialen Gruppen ist als Agens der Kulturlandschaftsgestaltung das Ziel der sozialgeographischen Forschung.

Wie fruchtbar diese Art der Untersuchung sein kann, zeigte sich u.a. in der Arbeit von Keuning (1933) über die Fehnkolonien im Raum Groningen. In ihr wird zunächst die schrittweise Erschließung der Moore behandelt, dann die Wirtschaft, folgend die Sozialstruktur. Den Schluß bildet die gegenwärtige Situation (damalige Weltwirtschaftskrise) und ein Ausblick in die Zukunft. Die Untersuchungsmethode ist der Sache nach phänomenologisch (vgl. S.58f); es wird vom Wahrnehmbaren ausgegangen, und dann unter Ausschaltung aller unwesentlichen Faktoren und vorgefaßten Meinungen zum Wesen vorgestoßen, zur sozialen Gruppe.

Andererseits ist in den sozialgeographischen Arbeiten der Utrechter Schule auch erkennbar, daß die letzte Stufe, die Darlegung der Struktur der sozialen Gruppen, oft nicht befriedigend angegangen wurde, und dieser Mangel wurde, wie Thomale (1972, S.113 f.) darlegt, zu einem Kritikpunkt in der Auseinandersetzung zwischen der Amsterdamer und der Utrechter Schule der Sozialgeographie.

Der humanökologische Ansatz (Park, Burgess, McKenzie u.a.)

Die Entwicklung in den Niederlanden zeigt, wie eng Geographie und Soziologie in der Fragestellung sich berühren können. Die Sozialgeographie hat die Anthropogeographie nicht nur durch ihr Forschungsobjekt, sondern auch in ihrer Forschungsmethode und in der Art der Betrachtung zu einer Sozialwissenschaft gemacht.

Auch von soziologischer Seite ist eine Annäherung erkennbar. Im Rahmen der stadtsoziologischen Arbeitsrichtung entwickelte sich in den USA die „Human Ecology“ der Chicagoer Schule heraus; 1925 publizierten Park, Burgess und McKenzie die Untersuchung „The City“. In ihr werden die Mobilität der Bevölkerung, die Gradienten des Bodenwertes vom Zentrum einer Stadt zur Peripherie, Wachstumsvorgänge, Viertelsbildung, Nachbarschaftswirkung, Jugendkriminalität u.a. behandelt, Fragen, die unmittelbar mit der räumlichen Gliederung der Stadt in Zusammenhang stehen. Der Begriff „Human Ecology“ meint – in Anlehnung an die Fragestellung der biologischen Teildisziplin Ökologie – die Beziehungen der Individuen zur Außenwelt, die Wechselwirkungen zwischen den Individuen in den sozialen Gruppierungen. Die Stadt eignet sich in ihrer Vielgestaltigkeit in besonderem Maße für Untersuchungen dieser Art. Park hatte erkannt, daß die Stadt als ein soziales Ganzes gesehen werden muß, in dem sich in ganz spezifischer Weise die Menschen entsprechend ihrer Position in gesetzmäßiger Weise gruppieren. So lassen sich „natural areas“ mit in sich einheitlichem Sozialgefüge heraussondern; sie ordnen sich entsprechend der Gunst des Standortes an, wobei Selektionsvorgänge eine entscheidende Rolle spielen.

„What we want to know of these neighborhoods, racial communities, and segregated city areas, existing within or on the outer rims of great cities, ist what we want to know of all other social groups:
What are the elements of which they are composed?
To what extent are they the product of a selective process?
How do people get in and out of the group thus formed?
What are the relative permanence and stability of their populations?
What about the age, sex, and social condition of the people?
What about the children? How many of them are born, and how many of them remain?
What is the history of the neighborhood?...“
(Park in Park, Burgess and McKenzie 1925/67, S.11).

Besonderen Einfluß auf die geographische Forschung erzielte der Aufsatz von Burgess, in dem er einen konzentrischen Aufbau der Stadt postulierte und in einem Modell vorstellte. Er schilderte die Ausdehnung der Stadt als einen Prozeß und leitete daher die Ringstruktur der Stadt ab: „The typical processes of the expansion of the city can best be illustrated, perhaps, by a series of concentric circles“. Es zeigt sich vor allem „the tendency of each inner zone to extend its area by the invasion of the next outer zone. This aspect of expansion may be called succession, a process which has been studied in detail in plant ecology“ (Burgess in Park, Burgess and McKenzie 1925/67, S.50).

Dieses Städtewachstum „involves the antagonistic and yet complementary processes of concentration and decentralization“ (S.52), es kommt zu Entzerrungen, Segregationen, Umorganisationen, zur Bildung von „satellite loops“, sozialer Organisation und Disorganisation. Am Beispiel von Chicago demonstrierte er das Ergebnis dieser Prozesse und vervollständigte es wenige Jahre darauf (1929: „Kreismodell“). Später wurde dieses Modell von soziologischer (Hoyt 1941/69: „Sektorenmodell“) und geographischer Seite (Harris und Ullman 1945/69: „Mehrkernmodell“) differenziert und neu formuliert.

Die Anfangsphase war stark von dem Modell eines biologisch funktionierenden Systems geprägt. Später, in den 30er Jahren, wurde erkannt, daß die Stadt als ein soziales System zu interpretieren ist; manche Forscher wechselten vom Begriff „human ecology“ zum Begriff „social ecology“ und verwendeten statt des Ausdrucks „natural areas“ nun „social areas“ (Thomale 1972, S.187).

Die Disziplin entwickelte sich in Amerika rasch und führte zu einer umfangreichen induktiven Forschung. Das Buch von Queen und Carpenter „The American City“ (1953) zeigt die großen Fortschritte, die schon nach etwa zwei Jahrzehnten erzielt worden waren. Zunehmend beteiligten sich auch Geographen. Wenn McKenzie (1925) von den „raumzeitlichen Wechselbeziehungen des Menschen mit den selektiven, streuenden und konzentrierenden Kräften des Raumes“ als dem Forschungsgegenstand der „Human Ecology“ spricht (zit. und übersetzt von Thomale 1972,S.187 f.), so ist in der Tat die Nähe zu den Anliegen zahlreicher Anthropogeographen unübersehbar.

Auch in Europa – schon vor Park, Burgess und McKenzie beginnend – wurden die Städte in funktionale Stadtviertel gegliedert (vgl. S.74), Viertel mit unterschiedlicher Wohndichte und sozialem Status wurden herausgearbeitet (weiteres vgl. Schöller 1953/69, S.50 f.). Man sieht hieraus, wie diese Problematik gleichsam in der Luft lag.

Parallel zur human ecology als Stadtforschung bildete sich eine umfassendere human ecology heraus. Bereits 1923 hatte Barrows die „human ecology as the unique field of geography" bezeichnet; „...the center of gravity within the geographic field has shifted steadily from the extreme physical side toward the human side, until geographers in increasing numbers define their subject as dealing solely with the mutual relations between man and his natural environment" (S.3). Bowman (1934) griff diese Gedanken auf: „Man alone among life forms applies a mind to the frustrations or adaptation of the natural forces of his environment and is less obviously distributed in a logical way. Yet for all his independence and ingenuity he can never wholly escape from his environment" (S.3). „All men are daily making choices that affect the division of their time between realities and ideals" (S.6). White and Renner (1936, S.6) schrieben: „Thus geography reveals itself to be an interpretation of the relation between the life of man and the elements, factors and forces of Nature; in brief, this is human ecology. It studies man's adjustments to the natural environment, the varied and peculiar ways in which he conforms or adapts his life, either wholly or in part, to physical and organic Nature." Und weiter: „In some areas, man's adjustments are simple and direct; in other areas, complex and indirect. Often his adjustments are influenced by non-environmental factors (law, religion, tradition etc.). But whereever mankind has established relationships to the natural environment, those relationships are geography or human ecology...". Diese Vorstellungen – obwohl damals noch nicht sehr präzise – erinnern bereits an die ökologischen Ansätze im 3.Stadium des von uns postulierten Paradigmenwechsels (vgl. S.129).

Der landschaftskundliche Ansatz der Sozialgeographie (Busch- Zantner, Bobek, Schwind)

In Deutschland konnte eine differenzierte Analyse der Mensch-Raum-Beziehungen in den 30er Jahren mit ihrer „Blut- und Boden"-Ideologie schwer gedeihen (vgl. S.69f). So bildete sich nur zögernd eine Sozialgeographie heraus. Zunächst stand die Frage nach dem physiognomischen Erscheinungsbild und der funktionalen Determinierung im Kräftefeld der Umwelt im Mittelpunkt. Umwelt wurde vor allem als soziale Umwelt verstanden; Faktoren wie Bevölkerungsdichte, Bevölkerungszusammensetzung (Arbeitsteilung, Schichtung, Lebensstandard), Technik sind solche Faktoren, die den Sozialkomplex gestalten.

Busch-Zantner (1937/69, S.32/33) schrieb: „So wenig die Vielfalt der anthropogenen Faktoren begrenzbar ist, so wenig ist zudem bisher ihre wechselseitige Bezogenheit einsichtig geworden, und auch im länderkundlichen Schema verdichten sie sich nur zu Tatbestandskomplexen wie ‚Siedlung', ‚Verkehr' oder ‚Wirtschaft', Begriffe, die keineswegs ausreichen können, um den anthropogenen Kräften über eine technische Ordnung hinaus auch eine organische Ordnung von innen heraus zu vermitteln... Alle Äußerungen des Menschen im Raum und in der Landschaft sind ja niemals Äußerungen eines

Individuums, sondern stets nur Äußerungen der Wirksamkeit einer Gruppe in soziologischem Sinne. Nicht das Individuum oder der abstrakte Mensch, sondern ein sozialer Komplex, die Gesellschaft erscheint deshalb als der eigentliche Träger der anthropogenen Kräfte.“ Busch-Zantner forderte eine „einheitliche Ausrichtung der anthropogenen Faktoren auf die soziologische Ordnung“. Der Bezug zur Landschaft ist für Busch-Zantner notwendig; „...wenn man die Soziologie oder besser vom Erkenntnisobjekt her gesehen, die Gesellschaft als Quelle der anthropogenen Kräfte auffaßt, auf die alles, was an anthropogenen Spuren im Landschaftsbild spürbar ist, zurückgeführt werden muß, so wird auch klar, daß umgekehrt alle Einwirkungen, die der Raum und die Gesellschaft auf den Menschen ausüben, in der Gesellschaft gestaltend ausmünden müssen“ (S.35/36).

Bobek (1948/69) schuf auf derselben Basis ein umfassendes System der Sozialgeographie. „Der Ausgangspunkt ist die begriffliche Scheidung von Natur- und Kulturlandschaft, d.h. die gebührende Herausstellung des Menschen als eines landschaftsgestaltenden Faktors erster Ordnung. Wir sehen die landschaftskundliche, besonders die kulturlandschaftliche Forschung sich in drei Betrachtungsweisen vollenden: in der typologisch-physiognomischen, der funktionellen und der genetischen... Mit der funktionellen Betrachtungsweise ... ist der Ansatzpunkt zum entscheidenden Schritt gewonnen: denn jede Funktion bedarf eines Trägers.

Man erkennt allmählich, daß dieser nicht ‚der Mensch' schlechthin ist, gleichsam eine anonyme und ubiquitäre menschliche Kraftquelle, die überall gleichmäßig und allseitig zu wirken bereitstünde, sondern daß es sich dabei um menschliche Gruppen handelt, die sich im Raum betätigen. Man erkennt ferner, daß diese Gruppen gleichartig handelnder Menschen nicht isoliert dastehen, sondern sich zu bestimmten konkreten, historisch und regional begrenzten größeren Komplexen zusammenfügen, zu Gesellschaften...“ (S.47/48).

Bobek trennt den konkreten Naturraum von der konkreten menschlichen Gesellschaft, „beide mit den ihnen zugehörigen Kräftefeldern, beide landschaftlich abgewandelt, wobei auch die räumlichen Begrenzungen sich nicht zu decken brauchen“ (S.48).

Es werden nur die landschaftsbildenden und die länderkundlich belangreichen Erscheinungen und Gesetzmäßigkeiten ausgewählt; außerdem werden – „seit alters“ empirisch erkannte – Funktionen herausgestellt, die als geographisch belangreich betrachtet werden (vgl. S.296). Die Funktionen fügen das anthropogene (Busch-Zantner) oder „soziale Kräftefeld“. Da es sehr verschiedene Gruppentypen gibt, sagt Bobek, daß geographisch jene Gruppen wichtig sind, die durch ihr „Funktionieren“ sowohl in die Landschaft als auch in die Gesellschaft hinein wirken. „Solche sozial und landschaftlich geprägten Lebensformgruppen setzen die Gesellschaften zusammen“ (S.53).

So wird es möglich, „die ökologische Betrachtungsweise ... auch auf die menschlichen Gesellschaften auszudehnen und von einer Sozialökologie zu sprechen, die an der allgemeinen Landschaftsökologie teilnimmt...“ (S.54/55).

Die Gesellschaft wird als komplexer Sozialkörper, aber auch als regionale Erscheinung aufgefaßt. Daneben tritt die „vergleichende Betrachtung menschlicher Gesellschaften“ (S.55/56). Ziel solcher Betrachtung ist ein „tieferes Verständnis der großen Kulturgebiete und Kulturen der Erde". Hier schlägt Bobek die Brücke zu einem anderen, im Rahmen dieses Buches getrennt zu beurteilenden Ansatz (vgl. S.88f).

Bobek vertrat die Auffassung eines funktionalen Zusammenhanges des Landschaftsgefüges. Er meinte, daß die Gesellschaften nach „biologisch-ökologischen" und nach „sozial-ökologischen Gesetzen" sich ordnen (S.55). Neef (1951/52) sah, daß das „Handeln der menschlichen Gesellschaft ... nicht den Gesetzmäßigkeiten, die Naturgesetze regeln" unterliegt; andererseits meinte er, können „die Veränderungen des geographischen Milieus unter dem Einfluß des Menschen ... nur verstanden werden, wenn die gesetzmäßigen Beziehungen zwischen der geographischen Sphäre und der menschlichen Gesellschaft als kausale erfaßt werden können". So formulierte er für die „unter Mitwirkung des Menschen zustandekommenden kausalen Beziehungen den Begriff psychische Kausalität..." (S.81).

Auch Schwind (1952/64) versuchte, aus landschaftskundlicher Sicht einen sozialgeographischen Ansatz zu erarbeiten. Er betrachtete die Kulturlandschaft als objektivierten Geist und knüpfte dabei an die philosophische Terminologie des Idealismus (vgl. S.12) und N. Hartmanns (1933/49; vgl. S.61f) an. Er schrieb: „...sofern sich der Geist aber in Form von Zeichen, Geräten und Gebilden realisiert, er sich also eine sinnlich wahrnehmbare, vom Subjekt losgelöste Form gab, heißt er objektivierter Geist...". Er stellte die These auf, daß auch die Kulturlandschaft in diesem Sinne objektivierter Geist sei, „daß also Geist in der Landschaft dauernde Form gewonnen habe" (S.1). Die Natur wird als das „große Gegenüber des Menschen" betrachtet. Der Mensch drückt in verschiedener Intensität dem Naturplan seinen Stempel auf. Schwind nahm als ein Beispiel Niedersachsen und kam – aufgrund einer Karte der sozialen Gemeindetypen für das Jahr 1939 – zu einer „sozialräumlichen Gliederung"; klare Definitionskriterien wurden freilich nicht vorgebracht. „Die Auffindung der Kernräume ist mehr oder weniger eine Frage der Intuition, einer Intuition, die erwächst aus der tiefen Einsenkung des Blicks in die Sinndurchtränktheit der gesamten Landschaft und nicht zuletzt in jenes Phänomen, das hier als Ausdruckswert in die geographische Betrachtung einzuführen versucht wurde" (S.26).

Thomale (1972, S.204/205) setzte die Auffassungsunterschiede zwischen Bobek und Hartke gegeneinander und schrieb u.a., daß Bobek der Sozialgeographie die Erfassung sozialräumlicher Verteilungsmuster aufgegeben habe, während Hartke eine geographische Analyse sozialräumlicher Verhaltensmuster verlange. Mir erscheint es richtiger, Bobeks Ansatz als der Sache nach funktional zu betrachten. In mehreren Arbeiten Hartkes ist in der Tat das menschliche Verhalten thematisiert; insofern sind diese dem nächsten Stadium des Paradigmenwechsels zuzuordnen (vgl. S.133f).

Die Lebensformgruppen (Waibel, Lautensach)

Der Begriff Lebensformgruppe (genre de vie) wurde zuerst von Vidal de la Blache (vgl. S.37f) verwendet. Das diesem Begriff zugrundeliegende Konzept fand in der Sozialgeographie Eingang. Am Beispiel der Treckburen schilderte Waibel (1933a), wie sich Wirtschaftsform und Lebensform – von tüchtigen Ackerbauern zu einfachen Hirten – wandeln, wenn die Umweltbedingungen dies erzwingen. Er hatte mit diesem Beitrag der

Kulturkreislehre, die fast „nur mit Übertragungen von Gütern, Gedanken, Menschen und ganzen komplexen Kulturen" rechnet (S.32), entgegentreten wollen. Bei diesem Beispiel der Treckburen ist der kulturprägende Einfluß der Naturlandschaft auf die Wirtschaft und die Lebensformen zu erkennen. Wirtschaftsform und Lebensform sind nach Waibel einander zugeordnet, miteinander korreliert. Bobek (1948/69, S.52 f.) hatte, wie bereits oben angedeutet, die Lebensformen als Gruppierungen dargestellt, die „sowohl von landschaftlichen als auch von sozialen Kräften gleichzeitig geprägt erscheinen und die ihrerseits durch ihr ‚Funktionieren' sowohl in der natürlichen (Landschaft) wie in den sozialen Raum (Gesellschaft) hineinwirken". Die Treckburen sind sicherlich ein gutes Beispiel für eine Lebensformgruppe dieser Art.

Auch das von Lautensach (1953) als sozialgeographischer Raum bezeichnete Mormonenland kann hier gesehen werden. In anderem Zusammenhang (1952b, S.229/230) schreibt er: „Die landschaftsgestaltende Wirkung des Menschen geht selten von Einzelpersonen, meist mehr von Gruppen aus, die von einer gemeinsamen Idee beherrscht werden und daher auf die gleichen Vorstellungsinhalte gleichartig reagieren… Das einzelne Individuum gehört auf den höheren Kulturstufen jeweils mehreren dieser Gruppen zu, z.B. einer bestimmten beruflichen, ständischen, nationalen und religiösen Gruppe. Durch diese Übereinanderlagerung entstehen die verschiedensten Gesellschaftsstrukturen, die je einen bestimmten ‚sozialen Raum' einnehmen. Innerhalb dieser Gesellschaftsstrukturen heben sich diejenigen Gruppen heraus, die sich der Nutzung des Landes widmen und ihre ‚Lebensform' entsprechend einrichten. Diese Lebensform stellt eine Anpassung an die physische Landesnatur bzw. die präexistierende Kulturlandschaft dar (‚Sozialökologie' Bobeks). Die Sozialgeographie ist die Geographie der sozialen Räume und ihrer Struktur. Sie beruht auf einer Synthese der einzelnen Zweige der Geographie der menschlichen Gemeinschaften und wird m.E. daher dazu berufen sein, allmählich an deren Stelle zu treten."

In all diesen Fällen handelt es sich um einfach strukturierte gesellschaftliche Gruppen oder – in höher differenzierten Gesellschaften – um solche Gruppen, die durch ihre agrarische Tätigkeit direkt vom Boden, dem Naturraum, abhängig sind, diesen gestalten und auch von diesem gestaltet werden.

Etwas anders sah Hahn (1957, S.39) das Problem der landschaftlichen Prägung der Lebensformgruppen: „Es wird sich zeigen, daß diese Gruppen in sozial wenig differenzierten Räumen stärker landschaftlich, in den sehr arbeitsteiligen Industrieländern stärker sozial geprägt sind". Auch Thomale (1972, S.211 f.) wies auf dieses Problem hin. Er meinte, daß – wenn man den Nachweis „landschaftlicher Prägung" fallen ließe – prinzipiell jede durch bestimmte Gemeinsamkeiten ausgezeichnete soziale Gruppe sozialgeographischer Betrachtung zugänglich gemacht werden könnte.

Der Wirtschaftsgeist (Rühl)

Lebensformgruppen zeichnen sich durch gemeinsame Einstellungen aus. Ein seinerzeit kaum beachteter, aber für das Drängen nach neuen Aussagemöglichkeiten in den 20er Jahren kennzeichnender Ansatz ging von Rühl aus; er fragte nach dem „Wirtschaftsgeist" der Völker und Kulturen (vgl. S.380f). Schon vor ihm hatte Max Weber in mehreren religionssoziologischen Arbeiten gezeigt, daß die religiöse Grundeinstellung einer Bevölkerung zu einer spezifischen Einstellung zur Wirtschaft führt. Insbesondere ist hier seine berühmte Arbeit über „die protestantische Ethik und den Geist des Kapitalismus“ (1920a) zu nennen, aber auch die Untersuchung über „die Wirtschaftsethik der Weltreligionen“ (1920b). In gewissem Sinne sind diese Arbeiten auch mit der Völkerpsychologie in Zusammenhang zu sehen, die sich im vorigen Jahrhundert herausgebildet hatte und sich u.a. auf Herder berufen konnte („Volksgeist“). In der 1.Hälfte unseres Jahrhunderts ist u.a. Hellpach (1938/44; vgl. S.67) zu nennen.

Rühl konnte aus geographischem Blickwinkel in verschiedenen Arbeiten zeigen, wie sich der Wirtschaftsgeist äußert und welche Wurzeln er hat. Dies führte er z.B. in seiner Arbeit über „Die Wirtschaftspsychologie des Spaniers“ (1922/69) vor; er wies auf maurische Einflüsse hin, die wechselvolle Geschichte und die von früher her überkommenen Sozialstrukturen, auf die Kirche und ihre Institutionen; dabei berücksichtigte er auch die verschiedenartigen räumlichen Bedingungen. All dies drückt der Einstellung zur Arbeit und zur Muße, zu den Geschäftspraktiken, zum Verhältnis zum Geld seinen Stempel auf, beeinflußt den Umgang der Menschen miteinander, berührt auch die soziale Schichtung, läßt das Bettlertum verständlich werden usw. Entsprechende Untersuchungen führte Rühl über den Orient (genauer Algerien; 1925) und Amerika (genauer USA; 1927) durch.

In den folgenden Jahren unterblieben ähnliche, den Volkscharakter in so differenzierter Weise behandelnde Untersuchungen. Die politischen Umstände erlaubten es nicht; in der Zeit des Dritten Reiches waren gröbere deterministische Plakatierungen gefragt (vgl. S.69f). Erst in den 50er Jahren wurden die Überlegungen wieder aufgegriffen, nunmehr in Bezug auf die Gestaltung der Kulturlandschaft (Wirth 1956/69).

Kulturstufen und Kulturpopulationen (Schmitthenner, Bobek)

Die Überlegungen zu den Lebensformgruppen und zum Wirtschaftsgeist sind im Zusammenhang mit den Kulturen zu sehen. Schon Hettner (1923/29) hatte diesen Fragenkomplex thematisiert und unterschied verschiedene Kulturformen aufgrund verschiedener Merkmale. Dabei sah er die Kulturräume im Vordergrund (vgl. S.47f).

Hettners Gedankengänge wurden von Schmitthenner aufgegriffen. Allerdings erhielten sie durch ihn einen anderen Akzent. Schmitthenner stellte in seinem Buch „Die Lebensräume im Kampf der Kulturen“ (1938/51) die Eigendynamik der Kulturen heraus und führte damit auch bewußt die Tradition Ratzels (1897a, b) fort. Die Hochkulturen wurden als Zentren der Menschheitsverdichtung identifiziert, als Aktivräume, die gleichzeitig die wichtigsten Expansionsherde darstellen. Von ihnen werden die Kulturgüter und Gedanken ausgebreitet, gehen aber auch die Eroberungen aus, die die Lebensräume erweitern. Die Passivräume werden zu Arealen kolonialer Vereinnahmung. Schmitthenner verstand die Hochkulturen somit als Populationen.

Diese Betrachtung ist der Sache nach sozialgeographisch; daß hierbei geopolitische Gedanken einflossen (vgl. S.69f), sei am Rande vermerkt (Kost 1988, S.377). Zwar hatte auch Hettner schon die Ausweitungstendenzen der Kulturen betont und die Europäisierung der Erde als eine wesentliche Leistung der europäischen Kultur der Neuzeit charakterisiert; aber seine Überlegungen führten zur Typisierung der Kolonien, nicht zu einer Untersuchung der Dynamik der Ausbreitung selbst. Bei Schmitthenner stehen – wenn auch stark aus funktionaler Sicht – die Prozesse, durch die die Kulturräume gestaltet werden, im Vordergrund (Fliedner 1987b, S.114 f.). Er unterschied von den Kernräumen die Außenräume, in denen der Kultureinfluß spürbar war (z.B. distante Siedlungsräume, Kaufmannskolonien, Herrschaftskolonien, von Arbeiterwanderungen und Religionseinflüssen überformte Gebiete). So entstand das Bild zentral-peripher geformter Lebensräume. In ähnlichem Sinne untersuchte Pfeifer (1935) die nordamerikanische Frontier als Grenzbereich der sich ausbreitenden europäischen Kultur.

Bobek (1961/69, S.88) knüpfte an diese Arbeiten an. Er versuchte, die Kulturen in sein System einer Sozialgeographie einzubauen. Dabei forderte er eine „Allgemeine Vergleichende Sozialgeographie", die sich „mit den ... höchstrangigen Integrationen der geographischen Substanz, den sozialgeographischen Einheiten auch generalisierend-nomothetisch befassen kann und muß. Sie gehört dann jener geographischen Arbeitsstufe an, die mit dem Schlagwort ‚Landschaftsforschung' bezeichnet worden ist". Er führte dann 1. die Siedlungen, 2. zentrierte Regionen, 3. unzentrierte Regionen (gauhafte Siedlungsgebiete bzw. Reviere), 4. Staaten (Länder) und Völker und schließlich 5. die Kulturreiche (Zivilisationen) und Sozialsysteme an.

Diese hierarchische Gliederung wird uns später beschäftigen (vgl. S.316f). Wichtiger in unserem Zusammenhang ist die Behandlung der Kultur im Sinne der Fragestellung von Bobek. In einem Aufsatz (1959/69) versuchte er, „die Hauptstufen der Gesellschafts- und Wirtschaftsentfaltung in geographischer Sicht" zu behandeln und auf einer Karte zu fixieren. Diese Karte zeigt den Zustand vor der Europäisierung der Erde. Bobek wußte, daß er die Kulturen nicht erklären kann, weder im Sinne einer kausalen Erklärung und auch nicht mit Hilfe der aktuell funktionalistischen Erklärung. Vielmehr sah er, daß die Kulturen nur aus ihrer Geschichte heraus verstanden werden können, er nannte sie „historische Gebilde, erwachsen in Raum und Zeit, in einer unendlich komplizierten, schwer überschaubaren Abfolge von Antrieben und Anstößen, Bedingungen und Rückwirkungen" (S.443). Dennoch meinte er, daß nicht die Kulturen sich in einer hoffnungslosen Individualität verlieren, sondern deutlich im Hinblick auf ihren Kulturinhalt oder ihre organisatorischen Strukturen als typisierbare Komplexe erweisen. So käme man „zu mehr oder minder stark schematisierten Modellen von kulturellen Strukturen, ähnlich wie die Landschaftsforschung typische Modelle von Landschaftsgestaltungen herausarbeitet" (S.443).

Bei seiner Typisierung hob sich Bobek von einer einzügigen Stufendarstellung ab, wie sie früher allgemein üblich war (vgl. S.380f). Er sah in den einzelnen Stufen durchaus mehrere Entwicklungsmöglichkeiten. „Die Entfaltung der Wirklichkeit findet immer auf vielen Geleisen nebeneinander statt, die Anstöße überlappen sich, die Fortschritte auf diesen verschiedenen Geleisen sind weder kontemporär noch gleichmäßig" (S.444). Grundlage für die Typisierung sind folgende Elemente: 1. die vorhandenen Lebensformen, wobei er primäre, sekundäre und tertiäre Lebensformen unterscheiden möchte, entsprechend den Wirtschaftssektoren; 2. das Zusammenspiel der verschiedenen Lebensformen in der Gesellschaft, ihre Geltung in der sozialen Hierarchie, ihr Anteil am Sozialprodukt; 3. die bevölkerungsmäßige Valenz der Gesellschaften (Bevölkerungsdichte, generatives Verhalten etc.); 4. die räumlich-siedlungsmäßige Gruppierung und die sonstige landschaftliche Ausprägung der Gesellschaft bzw. Kultur. So kam er zu einer Reihe von Stufen, die von der Wildbeuterstufe bis zur Stufe des produktiven Kapitalismus reicht. Es soll später ausführlicher darauf eingegangen werden (vgl. S.380).

Sozialräume aus funktionaler Sicht (Hahn, Hartke, Schöller u.a.)

Neben den Lebensformgruppen sind die Merkmalsgruppen zu sehen, deren Träger außer durch ein Merkmal – z.B. Körpergröße, Zugehörigkeit zu einem Industriezweig etc. – keine Gemeinsamkeit zu haben brauchen. Während die Untersuchung der Lebensformgruppen komplexe Gemeinschaften zum Ziel haben, kann man Merkmalsgruppen zur Erfassung räumlicher Zusammenhänge heranziehen. Hier ist auch eine Quantifizierung möglich. Die so gewonnenen Räume seien als „Sozialräume aus funktionaler Sicht" bezeichnet. Die Verteilungsmuster der Merkmalsgruppen lassen deutlich zwei Typen erkennen:

1. Es ist eine quasi gleichartige Verteilung erkennbar;
2. es ist ein Intensitätsgefälle von einem Zentrum radial nach außen erkennbar.

Beide Typen lassen sich auf verschiedene Wirkungsprinzipien zurückführen (vgl. S.341f).

Die Untersuchung dieser Merkmalsgruppen hat sich als außerordentlich fruchtbar erwiesen. Die Daten wurden durch die seit den 20er Jahren aufgebauten Volks- und Berufszählungen reichlich angeliefert. Die kartographische Darstellung fand schon vor dem Zweiten Weltkrieg z.B. in zahlreichen Regional- und Nationalatlanten ihren adäquaten Niederschlag.

(Statistisch gleichartige Areale)

In der Geographie konnte im Ausland bruchlos an die humanökologischen Forschungen in den USA angeknüpft werden (vgl. S.81f), in Mitteleuropa waren diese Arbeiten nach dem Kriege kaum bekannt (Pfeil 1950, S.68). Winz (1952) trug auf dem Geographentag Frankfurt die Grundlinien der amerikanischen Stadtraumforschung vor. Sonst konnte an die Arbeiten der Raumforschung angeknüpft werden. Die bereits auf Gemeindeebene publizierten Daten der Volkszählungen ließen sich kombinieren. Auf dieser Basis konnten Gemeindetypisierungen vorgenommen werden, so daß sich Räume ähnlicher Sozial- und Wirtschaftsstruktur ergaben (z.B. Hesse 1949; Linde 1953). Solche statistischen Darstellungen sind sicher nützlich, auf der anderen Seite aber sind sie problematisch. Es werden bestimmte Merkmale ausgewählt und einer mehr oder weniger großen Region zugrundegelegt. Sie suggerieren eine Vergleichbarkeit von sozialen Strukturen, die tatsächlich nicht gegeben sein muß, zumindest nicht über größere Distanzen; denn die Merkmale und ihre Kombinationen können ganz verschiedene Hintergründe haben. Den Kartenbildern haftet ein deterministisches Moment an, dies darf man nicht übersehen.

Dennoch, die Methode ist heute unverzichtbar; die Darstellungen sind als interpretierbare Quellen zu betrachten. Die Merkmalsgruppen können miteinander kombiniert werden, um zu Einsichten in die sozialgeographische Struktur zu gelangen. So versuchte

Hahn, von hier aus zu einer Definition der Lebensformgruppen (vgl. S.85) in höher differenzierten Gesellschaften zu kommen. Er hob hervor (1957, S.39), daß die Sozialgeographie in der Lage sei, „mit Hilfe der die soziologischen Ordnungsprinzipien berücksichtigenden sozialgeographischen Analyse die bisher schon untersuchten Funktionen und Erscheinungen wie biologische, ökonomische, politische, daneben Siedlungs- und Flurformen, Wanderungsbewegungen ... zu koordinieren und bestimmten Lebensformgruppen zuzuordnen." Er sah es als eine Aufgabe der „analytischen Sozialgeographie" an, „aus konkreten Gesellschaften oder den Sozialkörpern bestimmter Räume die tragenden Lebensformgruppen herauszuschälen und deren spezifische Handlungsweise zu erkennen". Es folgt der oben (vgl. S.86) zitierte Hinweis auf die Landschaftsgebundenheit. Und weiter: „Die vergleichende und systematische Betrachtung der menschlichen Gesellschaften und ihrer Lebensräume im Sinne einer geographischen Kulturraumforschung ist dann die Aufgabe der synthetischen Sozialgeographie". Hier sind sich Bobek und Hahn einig.

Hahn hatte in mehreren empirischen Arbeiten die konfessionelle Gliederung von verschiedenen Gemeinden im Hunsrück (1950) sowie im Kreis Memmingen (1951) herausgearbeitet und brachte diese Daten mit anderen Daten in Zusammenhang. Auf diese Weise kam er zu dem Ergebnis, daß den beiden christlichen Konfessionen eine unterschiedliche Berufs- und Sozialstruktur der Bevölkerung entsprach. Er konnte so auf die verschiedenartige geistige Haltung der beiden Konfessionsgruppen schließen. Dabei ist nicht einfach eine Entsprechung in den Daten zu finden; vielmehr zeigt sich, daß die unterschiedlichen ökonomischen und demographischen Äußerungen der Konfessionsgruppen auch von anderen Faktoren abhängen, z.B. von der Möglichkeit abzuwandern. Die geistige Haltung der beiden Konfessionen paßt sich in durchaus eigengesetzlicher Weise den geographischen und historischen Gegebenheiten an (Hahn 1951, S.174).

Auch an anderen Beispielen (1958a) konnte Hahn zeigen, daß detaillierte Untersuchungen nötig sind, um zu neuen Aussagen zu kommen. Die Methode: Es werden statistische Daten, Merkmalsgruppen (vgl. S.251) miteinander in Beziehung gebracht; die Ergebnisse werden dann unter Heranziehung weiterer Informationen interpretiert. Genaugenommen konnte Hahn so nur ungefähr zu den Lebensformgruppen selbst vorstoßen, da ja immer nur bei den einzelnen Merkmalen jeweils bestimmte Prozentwerte der Bevölkerung erfaßt werden und nicht unbedingt die Merkmale auf die jeweiligen Individuen zutreffen müssen. Dennoch bedeutete für die damalige Zeit dieses Vorgehen einen wesentlichen Fortschritt.

(Statistisch zentral-peripher organisierte Felder)

Von besonderer Bedeutung wurde daneben die Erarbeitung solcher Sozialräume, die ein Intensitätsgefälle aufzeigen, die von distanziell funktionalen Beziehungen gebildet werden. Hier ist die Berührung einerseits mit der Wirtschaftsgeographie, andererseits auch mit der Stadtgeographie eng. Denn die Städte sind Wirtschaftszentren, die wirtschaftlichen Funktionen greifen weit ins Umland hinein, richten dieses auf die Städte aus; dies liegt im Wesen der Stadt. Andererseits ist die Stadt als Arbeits- und Ausbildungszentrum zu sehen sowie als Zuwanderungsziel.

Platt (1931) untersuchte das Einzugsgebiet einer amerikanischen Mittelstadt, vorwiegend unter ökonomischen Gesichtspunkten. Von dieser Zeit an wurde die Stadt als Mittelpunkt einer Region begriffen und in Monographien abgehandelt (z.B. Verden an der Aller; Mathiesen 1940, insbes. S.43 f.). Hier wird sichtbar, daß Stadt und Umland eine Einheit bilden, eine Tatsache, die den Terminus Stadt-Umland-Population rechtfertigt (vgl. S.457f). Die Arbeiten gehen über eine rein statistische Darstellung hinaus. Erst ein tieferes Eindringen in die Sozialstruktur erlaubt fundierte Rückschlüsse auf die räumlichen Zusammenhänge (vgl. oben).

Als besonders fruchtbar für die sozialgeographischen Fragestellungen erwiesen sich die Untersuchungen von Hartke und Schöller. Hartke (1938) untersuchte das Arbeits- und Wohnortsgebiet im rhein-mainischen Raum. Die Pendelwanderung eignet sich in besonderem Maße, den Raumbegriff zu problematisieren. Hier wurden die Auspendlerzahlen und ihre kartographische Darstellung dazu benutzt, das Problem der [2]Raumbildung zu erarbeiten. Arbeitsort und Wohngebiet werden als kulturgeographische Raumeinheit verstanden. In einer Stadt, so Hartke, fallen Wohn- und Arbeitsort zusammen und sind nur schwer zu analysieren. Sind beide distanziell entzerrt, so ist es leichter möglich, die Bestandteile zu erkennen. „Es ist auch leichter möglich, die Frage der Identität von Kulturlandschafts*struktur* und Kulturlandschafts*form* und Fragen der dabei auftretenden Gesetzmäßigkeiten anzugreifen" (S.31). Die verschiedenen „Wohnräume" – wir würden heute von Pendlereinzugsgebieten sprechen – überschneiden sich teilweise. Eine Bindung der Grenzen des Wohn-Arbeitsortsraumes an „natürliche" Landschaftseinheiten ist kaum erkennbar.

Schöller (1956) kam zu ähnlichen Ergebnissen. Er besprach eine Karte des Pendelverkehrs in der Bundesrepublik und ging den „gestaltenden Faktoren" nach (naturräumliche Grundlagen, Bevölkerungsdichte, Industrialisierung, zentralörtliche Struktur, Verkehrswege, Agrarstruktur etc.).

Eine spätere Untersuchung (1952/69) widmete Hartke der Zeitung als Funktion sozialgeographischer Verhältnisse im Rhein-Main-Gebiet. Er konnte zeigen, daß die verschiedenen Zeitungstypen (Anzeigenblätter, Heimatzeitungen, Nachrichtenblätter, Boulevardzeitungen etc.) eine enge Verbindung mit der täglichen Lebensführung der Menschen aufweisen. Er studierte ihre Verbreitung und stellte eine Korrelation zur geographischen Struktur fest, was im Hinblick auf eine Erörterung der Grenzziehungen, landsmannschaftlichen Verbundenheit, Zugehörigkeitsbewußtsein etc. von Interesse ist. Diese Studien ergänzen in manchen wesentlichen Punkten die übrigen geographischen Strukturuntersuchungen (Arbeitereinzugsgebiete, Bevölkerungsstruktur etc.). Es läßt sich eine nach außen hin sich abschwächende Zentralitätsfunktion eines Kerngebietes herauslesen, aber im einzelnen differenziert durch die soziale Schichtung der Leser sowie durch konkurrierende zentrale Orte. In diesen Fällen dienen also statistisch faßbare Daten (Pendler, Zeitungsleser) in ihrer Verbreitung als Indikatoren für sozialräumliche Verbindungen.

In ähnlicher Weise nutzte auch Schöller verschiedene Daten, um [2]räumliche Beziehungen offenzulegen. In einer Arbeit über die rheinisch-westfälische Grenze (1953b) untersuchte er die Auswirkungen der zentralörtlichen Funktion mit ihrem weitgreifenden Einflußgebieten auf die überkommenen Strukturen der Kulturlandschaft; die alte Territorialgrenze – sie findet ihren Niederschlag in den Mundarten, in Brauchtum und Sitte, in Hausbau, Wirtschaftsgeist und konfessioneller Ordnung – wird seit dem 19.Jahrhundert durch den Ausbau des Verkehrsnetzes und vor allem durch die heutigen zentralen Funktionen der benachbarten großen Städte relativiert, wenn auch nicht ganz ausgeschaltet. Das Stadt-Umland erscheint hier bereits als eigenes Untersuchungsobjekt, nicht nur im Sinne eines Ergänzungsraumes für Städte. Besonders die Behandlung der Wanderungen brachte hier neue Fragestellungen (vgl. S.470f).

Die französische Sozialgeographie in der Nachfolge von Vidal de la Blache (Demangeon, Febvre, Sorre, George)

Die Entwicklung der Sozialgeographie vollzog sich in Frankreich etwas isoliert von der des Auslands. Der Einfluß von Vidal de la Blache („Possibilismus"; vgl. S.37f) war sehr nachhaltig und wirkte bis in die 50er Jahre weiter. Der anthropozentrische Ansatz wurde den modernen Methoden entsprechend verfeinert, dann in den 50er Jahren, als auch in Deutschland die Sozialgeographie sich voll entwickelte, neu formuliert.

Das Werk von Demangeon hatte, wie einer postum (1947) herausgegebenen Sammlung von Aufsätzen aus den Jahren zwischen 1902 und 1940 zu entnehmen ist, als Schwerpunkt die Wirtschaftsgeographie, insbesondere die Agrargeographie. Im Gegensatz zu Brunhes und in Nachfolge von Vidal de la Blache ging Demangeon von den menschlichen Gruppen aus, die er in ihrem geographischen Milieu betrachtete. Er schreibt (S.27 f.), daß die Geographie das Verhältnis der menschlichen Gruppierungen zu ihrem geographischen Milieu zu untersuchen habe. Im einzelnen ergeben sich vier Untersuchungsschwerpunkte (S.30 f.):

1) Der Einfluß des natürlichen Milieus mit seinen Ressourcen auf das menschliche Leben (z.B. in Trockengebieten, den gemäßigten, kalten Zonen etc.), 2) die Wandlungen in den Genres de vie unter dem Einfluß des Fortschritts der Gesellschaft im Hinblick auf den Einfluß des natürlichen Milieus, 3) die Verteilung der menschlichen Gruppen (Bevölkerungsdichte, Wanderungen) als eine Funktion des Einflusses des natürlichen Milieus und des Grads der Differenziertheit der Gesellschaft, und 4) die Spuren des Menschen, d.h. seine Werke in der Landschaft (Häuser, Dörfer, Städte, Felder, Wegetrassen etc.). Der Mensch hat – dies ein Gedanke von Vidal de la Blache – verschiedene Möglichkeiten der Nutzung der Umwelt. Das Land bildet die „regionale Basis".

Auch Febvre (1922/49), ein Historiker, übernahm das Konzept des Genre de vie. Sein Buch „La Terre et l'Evolution Humaine" war als geographische Einführung in die Geschichte konzipiert. Febvre entwickelte einen dezidierten Rahmen für die Grundvorstellung, daß der Mensch in seinem Milieu verschiedene Möglichkeiten zur Entwicklung seiner Kultur, seines Genre de vie besitzt. Er geht von einer „sozialen Morphologie" aus (Durkheim; vgl. S.28), betrachtet die menschlichen Gruppierungen, setzt sich dabei kritisch mit Ratzels beziehungswissenschaftlichem Ansatz auseinander (vgl. S.30f) und führt in die geschichtliche Dimension. In einem 2.Abschnitt schildert er die bestimmenden Faktoren des natürlichen Milieus, bevor er zu den „possibilités et genres de vie" gelangt, dem zentralen Kapitel des Buches. In höher entwickelten Zivilisationen haben sich komplexe räumliche Strukturen entwickelt – administrativ begrenzte Regionen, Staaten, Verkehrsnetze, Städte –, die sich zwar in direktem Kontakt mit der natürlichen

Umwelt gebildet, dennoch ihre eigenständige Formung im Rahmen der gesellschaftlichen Entwicklung erfahren haben.

Sorre und George begannen bereits, das Konzept des Genre de vie von Vidal de la Blache und Febvre zu relativieren (Thomale 1972, S.45; Claval 1987, S.81). Zwar ist die anthropozentrische Grundperspektive dieses Ansatzes noch erkennbar; doch sahen die Autoren, daß die menschlichen Gruppen in differenzierten Gesellschaften in sich sehr komplex gestaltet sind und aufgrund der regionalen Arbeitsteilung nicht mehr ohne weiteres in Bezug zum Milieu gesetzt werden können. Eine Auseinandersetzung mit der Soziologie war unumgänglich (Sorre 1957; George 1966).

Der Ansatz von Sorre (1947-52) ist (human-)ökologisch fundiert (Dickinson 1969, S.236). Er betrachtete in seinem Werk zunächst den Menschen in seinen biologischen Eigenschaften, in seiner Anpassungsfähigkeit, seiner Abhängigkeit von den kultivierten Pflanzen und Tieren, von den Eigenschaften der Ökumene etc. Hier ist noch am stärksten die Nähe von Vidal de la Blache zu spüren, im Verhältnis des Menschen zum natürlichen Milieu. Es werden u.a. der Naturraum und der kultivierte Raum einander gegenübergestellt, die Erhaltung und das Gleichgewicht der menschlichen Vergesellschaftungen besprochen, die Bedürfnisse des Organismus und die Eß- und Trinkgewohnheiten in ihrer Verbreitung vorgeführt.

Im zweiten Band widmete sich Sorre den komplexen Gesellschaftsstrukturen. Hier läßt sich das Konzept des Genre de vie nicht mehr klar ausmachen. Der erste Halbband ist der Rohstoffproduktion und -verarbeitung sowie den hierbei angewandten Techniken gewidmet. Es ist eine Art Wirtschaftsgeographie von der Ressourcenseite aus, eine Präsentation der Landwirtschaft, Forstwirtschaft, Bergbau und Industrie. Der zweite Halbband stellt die Kommunikation im weitesten Sinne in den Mittelpunkt, ausgehend von der Verständigung in den sozialen Gruppen und anderen sozialen Systemen einschließlich der Staaten und politisch erdweiten Machtstrukturen (Kolonialreiche etc.) über die Arten der Energiegewinnung und Verteilung zum Verkehr und Transportwesen. Die Art des Vorgehens demonstriert, wie das Konzept des Genre de vie noch durchscheint, andererseits aber auch überwunden wurde, indem den regionalen Verflechtungen Rechnung getragen wurde.

Das Oeuvre von George umfaßt agrar- und stadtgeographische Werke. George möchte die Anthropogeographie ganz von der Physischen Geographie trennen (Dickinson 1969, S.245), da beide Richtungen verschiedene Methoden verwenden. Das zentrale Problem der Geographie ist nach George das Studium der menschlichen Gesellschaften. Die ökonomische Grundlage und die Organisation der menschlichen Tätigkeit auf der Erde werden als für den Menschen entscheidend betrachtet, wobei der Staat seinen Einfluß ausübt. Der Geograph hat vor allem die räumlichen Verflechtungen zu studieren.

Generell kann man sagen: Die strukturelle und funktionale Sichtweise des 2.Stadiums des von uns postulierten Paradigmenwechsels hatte sich auch in Frankreich durchgesetzt, wobei der Übergang vom 1.Stadium – dank der Vorarbeit von Vidal de la Blache – ohne große theoretische Brüche sich vollziehen konnte. Bei Sorre und George lassen sich sogar Überlegungen erkennen, die in das 3.Stadium weisen, so die Erörterung der Kommunikation und des Transports, der Energieversorgung, der Erhaltung des

Gesellschaftsstrukturen und der Organisation der menschlichen Tätigkeiten; dies hat mit dem Konzept des Vidal de la Blache nur noch wenig zu tun.

1.2.4 Rückblick

In der Malerei (Impressionismus) drang der Blick des Künstlers in das Objekt hinein; die Masse, damit der Gegenstand als solcher lösten sich auf, die Struktur, d.h. die Komposition, und die elementaren Bildbestandteile blieben erhalten; der Künstler konnte seine Sicht der Materie einbringen. In der Philosophie setzte sich die phänomenologische Sichtweise durch; der Philosoph fragte vordringlich nach dem Wesen der Dinge, nach der Existenz des Menschen, seiner Position in der Welt. In der Physik wurden Fragen nach dem Aufbau der Materie, nach Raum und Zeit gestellt.

Ähnlich in der Anthropogeographie. In diesem Stadium der Entwicklung wurden die Formen und Erscheinungen selbst untersucht, ihr innerer Aufbau sowie ihre Zuordnung (z.B. in Hierarchien). Die anfallenden Daten konnten nun korrekt zu Merkmalsgruppen zusammengefaßt, typisiert und systematisch aufgearbeitet werden. Die hermeneutische, funktionale Erklärung (mittels deterministischer Modelle) fand Eingang. Der Raum wurde als Ordnung verstanden (= ^{2}Raum); bei ihm waren die Elemente durch Beziehungen verbunden. Das Konzept des absoluten Raumes blieb gewahrt. Die Zeit wurde in der Wirtschafts- und Sozialgeographie kaum thematisiert.

Die Modelle schlossen im allgemeinen nicht ein zeitliches Nacheinander ein, die Untersuchungen waren häufig ahistorisch oder umfaßten nur kurze Zeiträume. Es konnten aber Vergleiche zwischen zwei verschiedenen Zeitpunkten angestellt werden. Eine besondere Bedeutung erhielt das Gravitationsmodell.

Es vollzog sich eine Trennung zwischen Teilen der Siedlungsgeographie, die weiterhin die Formen untersuchte und insofern dem Inhaltlichen verpflichtet war und historisch-genetische Methoden anwendete, auf der einen und der Wirtschafts- und Sozialgeographie auf der anderen Seite, die diesen neuen Entwicklungen folgten.

Die Kartierung und Deutung von funktional unterschiedlichen Stadtteilen, die Erkenntnis von Hierarchien zentraler Orte, die Wiederentdeckung der Thünenschen Ringe, die Einführung des Begriffs Wirtschaftsformation, die Erfassung von Stadt-Umland-Beziehungen erschlossen eine neue Forschungsebene. In dieser Zeit öffnete sich die Anthropogeographie den Wirtschaftswissenschaften und der Soziologie. Man erkannte: Physische und anthropogeographische Erscheinungen folgen ganz verschiedenen Gesetzen. So wurde hier die Trennung von Physischer und Anthropogeographie auch auf der strukturellen Ebene vollzogen.

Natürlich galt auch für die neue Wirtschafts- und Sozialgeographie, daß nach wie vor nur das Inhaltliche beobachtbar ist; aber durch gezielt erworbene Informationen, d.h. Beobachtungen, amtliche Statistiken, Verkehrszählungen, Kartierungen etc. erhält man detailliertere Auskunft, kann die Daten typologisch nach einheitlichen Kriterien sauber einordnen und qualitativ aufbereiten, in Tabellen und Karten darstellen. Die Länderkunde bekam ihr angewandtes Gegenstück, die Raumforschung oder Regional Science.

In der Sozialgeographie wurden mehrere Ansätze entwickelt. Besonders wichtig wurden jene Ansätze, die einerseits – an Vidal de la Blache anknüpfend – die Lebensformen herausarbeiteten, andererseits die Möglichkeiten der Aussagen statistischer Daten nutzten. Der Mensch erscheint als das eigentliche Agens. Dabei gilt es zu untersuchen, wie die Menschen sich in ihren Merkmalen erfassen lassen, in welchen Formen sie sich gruppieren, welcher Art ihre Lebensäußerungen sind, wie die Beziehungen zwischen den Gruppierungen und dem Raum, der Landschaft sich gestalten.

Die Arbeiten in dieser Phase ließen zentral-peripher organisierte Räume sichtbar werden, in der Größenordnung der Gemeinden, der Städte, der Kulturkontinente und erdweit. Daneben gibt es Räume, die durch Gleichartigkeit ausgezeichnet sind.

In der Politischen Geographie fand die Betrachtung der Funktionen und der Differenzierung in soziale Gruppen keinen Eingang. Wohin – unter politisch totalitären Bedingungen – eine falsch verstandene und gar in die Zukunft verlängerte kausal-deterministische Betrachtung der Länder und Völker führen konnte, zeigte sich dabei in beklemmender Weise in der Geopolitik.

In der regionalen Geographie – Länderkunde und Landschaftskunde – fand die differenzierende Betrachtungsweise der Sozialgeographie nur zum Teil Eingang. Die Landschaftskunde versuchte, die inhaltlich (und nicht strukturell) definierten Räume zu typisieren, was seinerseits voraussetzt, daß die Räume Ganzheiten sind. Dies mußte ein problematisches Unterfangen bleiben – wenigstens in den von der arbeitsteiligen Industriegesellschaft bewohnten Räumen. Andererseits gab das Konzept der Wirtschaftsformationen neue Anstöße.

In den 50er Jahren zeigte es sich, daß die funktionale Betrachtungsweise nicht ganz befriedigend war. Die ahistorische Sichtweise, die einseitige Fixierung auf das Strukturelle und die funktionalen Bezüge konnten nicht deutlich machen, wie sich nun wirklich das Leben abspielt, was „Beziehungen" konkret bedeuten. Die Menschen sind nicht „optimizer", die alles durchschauen und optimal richten; sie sind nicht nur Teil des [2]Raumes, sie sehen den Raum als ihre Umwelt und verhalten sich entsprechend. Diese neue Perspektive wurde für das 3.Stadium der Entwicklung konstitutiv.

Anders die historisch-geographisch ausgerichtete Siedlungsgeographie; sie bezog in ihren Arbeiten die Genese mit ein. Die Untersuchung der Formentypen der ländlichen Siedlungen und der Städte legte ihren inneren Aufbau frei und erarbeitete ein differenziertes Bild von ihrer Entwicklung. Hier gab es noch die kausale Erklärung, mit stark deterministischem Akzent; die Siedlungsformen wurden z.T. über weite Entfernungen und über ganz verschiedene Zeiträume typologisch verknüpft. Daß dies nicht ohne weiteres zulässig ist, zeigte sich um 1960; da hatte aber bereits ein neues Stadium in der Entwicklung der Anthropogeographie eingesetzt.

1.3. Drittes Stadium

Einführend, in Abwandlung der im vorhergehenden Kapitel (vgl. S.55) gebrachten Metapher: Das Haus ist mit Leben gefüllt, und umgekehrt richtet sich das Leben nach den Möglichkeiten, die das Haus bietet. Es kommen Menschen herein und verlassen es wieder, sie konsumieren, essen, sitzen abends vor dem Fernseher, schlafen. Möbel und Gebrauchsgegenstände haben die Bedürfnisse zu befriedigen, Fehlendes wird eingebracht, Müll, Zerbrochenes oder Gefertigtes hinausgetragen. Die Dynamik des Lebens im Haus wird sichtbar, Mensch und Haus sind aufeinander abgestimmt.

Das Objekt: Die natürliche und soziale Umwelt des Menschen. Das Subjekt: Der Mensch als lebendes Wesen, in dieser Umwelt mit seinen Ansprüchen an sie, aber auch ihr ausgeliefert.

Der Raum definiert sich als Gleichgewichtssystem: ^{3}Raum. In den bisher behandelten Konzepten (vgl. S.19; 55) kann der Raum mittels metrischer Koordinaten definiert werden, z.B. unter Heranziehung der Distanzen der Objekte zu einem Nullpunkt oder der Objekte zueinander. Man kann aber auch den Raum unabhängig von Distanzen sich vorstellen, indem man Beziehungen zwischen den Körpern oder auch Menschen betrachtet. Z.B. stehen zwei miteinander bekannte Menschen einander „näher" als zwei einander fremde. Hier sind also nicht Distanzen primär wichtig, sondern Bindungen irgendwelcher Art, Kontakte, Interaktionen, kommunikative Handlungen usw. Auch können die Austauschbeziehungen von Materie oder Energie zwischen Mensch und (natürlicher und sozialer) Umwelt als raumkonstituierende Kriterien und Maßstäbe herangezogen werden. Diese Beziehungsgeflechte können aber ihrerseits in metrische Koordinatensysteme eingefügt werden.

Dieses Raumkonzept setzte sich Anfang dieses Jahrhunderts durch. In der Kunst wurden die Veränderungen um 1910 – wiederum in Frankreich – zuerst sichtbar (über den Prozeßverlauf Abb.37b; vgl. S.451), in der Philosophie und Physik um 1920. Die gesellschaftlichen und ökonomischen Bedingungen, vor allem die politischen Verhältnisse änderten sich drastisch. Um 1950/60 verschob sich in der Anthropogeographie (Burton 1963/70; Schultz 1980, S.259 f.) und in den übrigen Sozialwissenschaften erneut die Grundperspektive, begann eine neue Periode der Forschung.

1.3.1 Malerei (ca. 1910 bis ca. 1950/60): Klassische Moderne

Die Malerei zersplitterte in viele Stilrichtungen. Kubismus, Dadaismus, Expressionismus, Futurismus, Surrealismus scheinen für den Betrachter ganz Verschiedenes auszusagen. In der Tat ist die Spannweite dessen, was der Künstler vermitteln kann, viel größer als früher. Brutale Zerstörung, die Großartigkeit technischen Fortschritts, schockierende Häßlichkeit, die Atomisierung der Umwelt, gesellschaftliche Ungerechtigkeiten, das Unbewußte, die Traumwelt des Menschen – dies wird mit bis dahin unbekannten Methoden darzustellen versucht. Das dargestellte Objekt wird nun als aus Elementen bestehend betrachtet, aus seiner realen Proportionierung herausgeholt. Das Bild erscheint in

Elemente der Realität aufgelöst, besser: die Elemente werden aus ihrer Verankerung in dem Bildaufbau genommen und lassen sich so für sich gewichten. Dies geschieht innerhalb der Sachkategorien; solche sind z.B. die Größenrelationen der im Bild erscheinenden Gegenstände, die Farbe dieser Gegenstände, die Körperlichkeit, die Konturen, die Flächigkeit, das Motorische, die Dynamik, der Ausdruck, der Realitätsgehalt, das Übersinnliche, das Triviale etc. Kurz, es sind die Aspekte, die vom Betrachter in der Umwelt wahrgenommen werden, die ihm etwas bedeuten. Sie lassen sich nun bildnerisch jeder für sich neu ordnen, betonen. So wird vielleicht die Perspektive aufgehoben, die Bewegung erscheint im Bild, einiges wird groß herausgestellt, anderes verschwindet; die Farben werden so eingesetzt, daß sie bestimmte Wirkungen erzielen; durch harte Konturen werden kantige, schroffe Aussagen ermöglicht, verschwimmende Konturen lassen Inhalte verfließen; glatte, perfekte Wiedergabe vermittelt die Illusion des Unwirklichen. Der geometrische Aufbau der Wirklichkeit wird aufgelöst, die Neugestaltung obliegt dem Künstler. So hat dieser ein weiteres Instrument zur freien Verfügung, kann erreichen, daß beim Betrachter so bestimmte Assoziationen und Gefühle ausgelöst werden, die sonst verborgen bleiben, nicht geweckt werden würden.

Für die Kunstrichtung des Konstruktivismus sagt Domnick (1950/63, S.39): „Die neue Kunst besinnt sich auf ihre eigenen Gesetze und sucht nach Klarheit. Oft malt sie hart, in Askese, ohne Schöntuerei und auch gewollt in reinen und bestimmten Farben, mit Verzicht auf alles, was wir primär Gefühl nennen. Das nennen wir Konstruktivismus. Konstruieren, d.h. bilden, formen, gestalten. Von dieser Ausgangsform aus hat diese neue Kunstform im Laufe der Zeit auch malerischen Erfahrungen früherer Kunst in sich aufgenommen, vermag alle gegenwärtigen und alle menschlichen Dinge in sich zu fassen. In ihr entwickelt sich die Gestalt, das ist die Schaffung eines in sich geschlossenen, organisch aus sich selbst heraus gewachsenen Bildes, das in jeder Einzelheit nur so sein kann, wie es ist, und so gewachsen ist und dastehen muß, als habe die Natur es selbst erschaffen. Es ist ein Lebewesen für sich und viel vitaler und gesünder als die Nachahmung einer verklungenen Kunstzeit, die der Modernen so gern als Vorbild vorgehalten wird."

Der Surrealismus läßt den Gesellschaftsbezug deutlich werden. Er versteht sich als ein Instrument zur Erforschung des Unterbewußten mittels der Freud'schen Psychoanalyse, um so ein tieferes Verständnis des menschlichen Wesens zu erhalten; dies sei unerläßliche Voraussetzung für jegliches Handeln. Schwarz (1989, S.13) zitiert Breton, den Verfasser des „Ersten Manifests des Surrealismus": „Der Surrealismus beruht auf dem Glauben an die höhere Wirklichkeit gewisser, bis dahin vernachlässigter Assoziationsformen, an die Allmacht des Traumes, an das zweckfreie Spiel des Denkens. Er zielt auf die endgültige Zerstörung aller anderen psychischen Mechanismen und will sich zur Lösung der hauptsächlichen Lebensprobleme an ihre Stelle setzen." Der Surrealismus verkörperte eine Lebensphilosophie, „eine Daseins- und Denkweise, eine Form des Handelns und die Ereignisse des Lebens und der Geschichte zu reflektieren. Man muß von einer surrealistischen Weltsicht sprechen, einer Sicht auf die geistige, materielle und ideelle Welt, einer Sicht auf die Liebe, die Kunst, die Dichtung, die Revolution. Gemäß dem Marx'schen Satz: ‚bisher haben die Philosophen die Welt nur verschieden interpretiert; es kommt aber darauf an, sie zu verändern' und der Losung Rimbauds: ‚das Leben ändern' bezieht die surrealistische Sichtweise ihre Daseinsberechtigung aus der Umsetzung ihrer ideellen Prämissen". Hier wird die Nähe zur Philosophie Blochs und der „Frankfurter Schule" sichtbar (vgl. S.102f).

Ein anderes Beispiel: der Kubismus. Imdahl (1981, S.29) schreibt über Braque: „Es kann nicht im vorhinein, das heißt unabhängig von der mehr oder weniger präzisen Konzeption des Bildes und seiner Gesetzlichkeit festgelegt sein, welche gegenständlichen Elemente die darzustellenden sind, vielmehr werden die darzustellenden gegenständlichen Elemente sowohl in ihrer Auswahl als auch in ihrer Repräsentationsfunktion für den Gegenstand erst legitimiert durch ihren Funktionswert für die Bildgesetzlichkeit. ... Es ist für die kubistische Malerei charakteristisch und im Blick auf den Realitätsbezug von Malerei überhaupt neu und bedenkenswert, daß sich weniger vom Gegenstande als vielmehr vom Bilde her bestimmt, was und was nicht und was mehr und was weniger für den Gegenstand bezeichnend ist."

Juan Gris, der dem Kubismus zugerechnet werden kann, formulierte 1923 (zit. nach Dittmann 1987, S.370), daß die Arbeitsmethode in der Malerei der Vergangenheit „bis auf wenige Ausnahmen immer induktiv gewesen ist. Man gab das wieder, was einer bestimmten Realität angehörte, man machte aus einem Gegenstand ein Bild." Gris fährt dann fort: „Mein Verfahren ist gerade umgekehrt. Es ist deduktiv. Nicht das Bild X gelangt zur Übereinstimmung mit meinem Gegenstand, sondern Gegenstand X gelangt zur Übereinstimmung mit meinem Bild. Ich nenne mein Verfahren deduktiv, weil die bildnerischen Beziehungen zwischen den farbigen Formen mir bestimmte Beziehungen zwischen Elementen einer vorgestellten Wirklichkeit suggerieren."

Kurz: die Künstler lösen die Erscheinungswelt, die im Impressionismus noch geometrisch geordnet vorgeführt wird, in ihre Elemente auf und fügen diese so zusammen, daß Neues entsteht, Abstraktes oder Neugegenständliches. So erhalten sie bis dahin ungeahnte Möglichkeiten, sich auszudrücken, ihre Gefühle und Intentionen darzustellen. Die Elementvielfalt aus der Realität wird zum Baukasten einer anderen Welt, der Innenwelt des Künstlers. In Collagen wird dies besonders deutlich (Haftmann 1954/76, S.495).

Dies mag an Beispielen für die große Vielfalt an Kunstrichtungen genügen. Der Betrachter mag oft ratlos vor den Werken stehen, er wird nur von einigen angesprochen. Die Differenzierung der Kunstrichtungen führt auch dazu, daß die Betrachter sich spezialisieren, differenziert angesprochen fühlen. Hier spiegelt sich die große Vielfalt der von den Menschen erlebten Realität wider, in der sie eine sehr spezielle Funktion übernommen haben, für ein Ganzes, das sie nur in Ausschnitten zu erkennen vermögen, dessen Sinn sie nur teilweise begreifen, dem sie sich ausgeliefert fühlen.

Am Beispiel des 1937 von Paul Klee gemalten Bildes „Kind und Tante" (Abb.3) soll dies erläutert werden. Will Grohmann (1966/77, S.136) schreibt:

„Ein herbstliches Bild – die Farben Gelb, Braun, Rosa, Zinnober, Violett, etwas Grün bestimmen seinen Charakter, nicht die Linien. Stellt man das Hochformat quer, denkt man eher an eine Landschaft als an eine Frau mit einem Kind an der Hand. Das Physiognomische stellt sich ... erst im letzten Augenblick ein, durch eine Nasenrückenlinie etwa und durch einen Halbkreis für das Auge. Die Gipsgrundierung benützt Klee zu einer strukturellen Belebung der Oberfläche, er ‚perforiert' wie bei den segelnden Raumkörpern einzelne Flächen, die von unten links nach oben rechts aufsteigen, nicht um der

Abb. 3 Kind und Tante. Gemälde von Paul Klee (1937).
Quelle: Grohmann (1966/77).

Durchsichtigkeit willen, sondern, im Gegenteil, um ihnen den Charakter des Wandbildes zu geben; die ‚Perforationen' sind ja mit Gips aufgesetzt.

Die Herbstblätter fallen und rascheln gegen Häuserwände und Straße und sogar gegen die beiden Figuren. Es ist zwar ein Kind mit seiner Tante, aber ganz nebenbei; die Bestimmungslinien sind wie zufällig in den Blätterwald hineingefabelt, sie kommen gerade noch zurecht, um dem Kind das Mäntelchen umzuhängen, der Tante den Hut aufzusetzen mit den ineinander verschränkten U-Bögen. Ein solcher U-Bogen, nur größer, verbindet unten Arm und Hand des Kindes mit denen der Frau. Es hätte ganz anders kommen können, denn solche U-Bögen sind bei Klee prädestiniert für hügelige Landschaften, der Kreis auf dem Körper des Kindes wäre dann der Mond, nicht der Kopf. Die Gebogene, die vom Käppi zum Mund führt, wäre ebenso bereit, Zweig oder Buchstabe zu sein, wie sie in der Lage ist, die beiden Gesichtshälften zu markieren. Oben sind Lettern, ein deutliches P und ein T – wozu gehörig?

Das Hauptgewicht liegt auf den Farben, auf dem Gelb und dem nuancierten Rosaviolett – Sonne und Laub und das in Laub verwandelte ungleiche Paar. Eine ovidische Metamorphose, mit großem Kunstverstand in Szene gesetzt und so erzählt, daß selbst das Anekdotische zu seinem Recht kommt. Das Kind nimmt die typische Abwehrstellung ein, die Tante die liebenswürdige und zugleich herrische Haltung der verantwortungsbewußten Erwachsenen. Das alles resultiert aus den bildnerischen Mitteln, die einerseits ihren eigenen Willen durchsetzen, zum andern Assoziationen erlauben und sich am Ende sogar deuten lassen."

1.3.2 Philosophie und Naturwissenschaft (ca. 1920 bis ca. 1980)

Philosophie

Das philosophische Denken dieses 3.Stadiums des Paradigmenwechsels kreist um die Welt oder die Gesellschaft als Wirkungsgefüge und um den Menschen, der in ihr seinen Platz sucht. Dabei wird teilweise an die im 2.Stadium erarbeiteten Ansätze angeknüpft.

In Fortsetzung der phänomenologischen Sichtweise sah Schütz den Menschen in seiner Welt. Er hatte 1959 ein unfertiges Manuskript hinterlassen, das von Luckmann vervollständigt und 1975 unter dem Titel „Strukturen der Lebenswelt" publiziert wurde. In dieser Arbeit wird die Lebenswelt des Alltags als die „vornehmliche und ausgezeichnete Wirklichkeit des Menschen" (S.23) untersucht. Sie wird als grundsätzlich intersubjektiv verstanden, als Sozialwelt (S.33). Handeln ist motiviert und zielstrebig, also sinnvoll, aber auch die Institutionalisierung des Handelns in sozialen Einrichtungen wird gesehen (S.34). Handeln verändert die Umwelt. Der Mensch handelt in Raum und Zeit, die in verschiedenem Bezug zum Menschen betrachtet werden müssen.

Die Wechselwirkung zwischen Individuum und Umwelt spielt in diesem Zusammenhang eine wichtige Rolle. Schütz (1971a,b) widmete sich der Frage, was das Individuum aus den Eindrücken aus der Umwelt für relevant erachtet. Er nahm an, daß das Bewußtsein sich Erfahrungen zuwendet oder von ihnen abwendet, entsprechend seiner Geschichte. Die Auswahl wird andererseits von praktischem Interesse geleitet, das auch das Handeln bestimmt (vgl. auch Leu 1985, S.241 f.). Die soziale Struktur der Lebenswelt des Alltags wird von der unmittelbaren Erfahrung des anderen und der mittelbaren Erfahrung der Sozialwelt gebildet.

Wittgenstein (1953/67) sah die Welt als etwas Ganzes; er widmete sich den Zusammenhängen und wies der Sprache eine zentrale Rolle zu. Sie bildet Strukturen ab (S.13). In ihrer „Tiefengrammatik" enthält sie Regeln, die – wie bei einem Schachspiel – nicht für sich, sondern nur im Zusammenhang Sinn machen und mit den Handlungen der Menschen selbst gesehen werden müssen. „Sprachspiele" drücken die jeweiligen individuellen komplexen Darlegungen aus, die Sprache und die Tätigkeiten, mit denen sie verwoben ist (z.B. Erlebnisbericht geben, Märchen erzählen etc.; Wittgenstein 1958/67, S.17). „Ein ‚Sprachspiel' besteht im Normalfall aus einer Folge von sprachlichen Äußerungen, wobei noch eine bestimmte äußere Situation und meist auch andere Handlungen dazugehören" (Stegmüller 1987/89, I, S.589). Sprachliche und außersprachliche Handlungen bilden einen sehr komplizierten Zusammenhang. „Die gemeinsame menschliche Handlungsweise ist das Bezugssystem, mittels welches wir uns eine fremde Sprache deuten" (Wittgenstein 1958/67, S.107). Sprache wird aus den eigenen inneren Erlebnissen heraus geformt. Dies macht eine Verständigung zwischen den Menschen, erst recht zwischen Angehörigen verschiedener Kulturen, so problematisch, selbst wenn die Regeln der „Oberflächengrammatik", also der Grammatik der Sprachwissenschaftler, bekannt sind und beherrscht werden. „'So sagtst du also, daß die Übereinstimmung der Menschen entscheide, was richtig oder was falsch ist?' – Richtig und falsch ist, was Menschen *sagen*; und in der *Sprache* stimmen die Menschen überein. Dies ist keine Übereinstimmung der Meinungen, sondern der Lebensform" (S.113). Lebensform ist also ein dynamisches Gebilde, meint den Zusammenhang von Menschen, Handlungen und Sprache. Der Begriff ist so von der funktional-strukturell gemeinten Lebenswelt Husserls (vgl. S.59) zu unterscheiden; der Begriff findet auch in der Sozialgeographie Verwendung (vgl. S.186f), allerdings in umfassenderem Sinne, bezogen auf soziale Gruppierungen in ihren Umwelten. Ein Vergleich der Begriffe scheint – angesichts der unterschiedlichen Ausgangssituation – schwierig.

Auf der Basis der Relativitätstheorie entwickelte Whitehead seine metaphysischen Untersuchungen. Für ihn ist Seiendes grundsätzlich prozeßhafter Natur. Ereignis, nicht Ding. Die Welt wird als ein Prozeßganzes aufgefaßt, „welches fortwährend in Entwicklung begriffen ist. Unter ‚Prozeß' versteht Whitehaed nicht einen Vorgang, der ‚an' oder ‚in' als solchen prozeßfreien Dingen abläuft; das eigentlich Wirkliche ist vielmehr der Prozeß selbst" (Beckmann 1989, S.11/12). Whitehead (1929/87, S.385 f.) zitiert Heraklits Ausspruch „Alle Dinge fließen" und unterscheidet unter Bezug auf die Philosophen des 17. und 18.Jahrhunderts (u.a. Locke, Hume und Kant) zwei Arten von Fließen (S.388): „Die eine ist die Konkretisierung, die in Lockes Sprache der ‚realen inneren Beschaffenheit einer Einzelexistenz' entspricht. Die andere ist der Übergang von einem besonderen Seienden zum anderen. Dieser Übergang ist, um es wiederum in Lockes Sprache zu formulieren, das ‚stetige Vergehen', das einen Aspekt des Zeitbegriffs darstellt". Hier schimmert bereits die von mir (vgl. S.266) vorgenommene Unterscheidung von strukturerhaltenden und strukturverändernden Prozessen durch. Obwohl Kanitscheider (1979, S.386/87) nicht zu Unrecht bemängelt, daß „Whiteheads Prozeßmetaphysik ... sehr oft dunkel in der Begrifflichkeit" ist, muten diese Gedanken doch bemerkenswert modern an (vgl. S.162f).

Nun wird die Welt nicht mehr nur als etwas strukturell Erschließbares verstanden, sondern als System. Popper (zit. nach Beckmann 1989, S.12) schreibt: „Das Universum erscheint uns heute nicht als eine Ansammlung von Dingen, sondern als eine Menge von in Wechselwirkung stehenden Ereignissen oder Prozessen (wie es besonders A.N. Whitehead betont hat)."

Popper begründete den „kritischen Rationalismus", dessen Kernstück eine Methodenlehre beinhaltet (1934/89); er ist der Auffassung, daß Wissen ein vielfältiges Miteinander von Annahmen und Zurückweisungen darstellt. Es wird beispielhaft gearbeitet, sowohl in den Naturwissenschaften als auch in den Sozialwissenschaften. Jede Hypothese muß an Fakten überprüfbar und widerlegbar, d.h. falsifizierbar sein. Die Fehler müssen also erkannt werden können. So gelten Hypothesen nur solange, wie sie nicht widerlegt und durch bessere ersetzt werden (S.15). Dies gilt in entsprechender Weise für Sozialtheorien. Die Wahrscheinlichkeitsaussage erhält einen bedeutenden Stellenwert

(S.106 f.), es gibt keine absoluten Gesetze und Normen. Eine Konsequenz daraus ist auch die Kritik an einer nach „Gesetzen“ ablaufenden Geschichte, wie es u.a. Hegel und Marx gesehen hatten (Popper 1960/87). Der Verlauf der Geschichte läßt sich beeinflussen, Fehlentwicklungen sind durch besonnene Planung, Schritt für Schritt korrigierbar („Stückwerk-Sozialtechnik“; S.51 f.). Die Entwicklung folgt Trends (S.90 f.); sie ist offen („open society“).

Poppers Grundeinstellung ist positivistisch, und auf dieser Basis hat sich auch die Sozialgeographie entfaltet. Dabei wird angenommen, daß die menschliche Erkenntnis auf das erfahrbar Gegebene (das „Positive“) sich beschränkt; dies ist beweisbar, kann typisiert und nach Regelhaftigkeit untersucht werden. Mit dem Positivismus ist der Scientismus verbunden, der die positivistische Vorgehensweise als die einzig richtige und wahre betrachtet, um Kenntnis zu erhalten, während die nichtpositivistischen Methoden nur bedeutungsloses Material produzieren. Scientifische Strategien finden rationale Lösungen für alle Probleme; sie bilden die Basis für das „social engineering“, die „Sozialtechnik“ Poppers.

Weiterhin nimmt der Positivismus Wertfreiheit für sich in Anspruch, Objektivität; Entscheidungen auf dieser Grundlage sind von moralischen oder politischen Bindungen unabhängig. Die Ideen setzen einen erwünschten „normalen“ Verlauf voraus, d.h. eine Gesellschaftsstruktur in einem gegebenen Gleichgewicht. Abweichungen können durch kritische Aufklärung und Beratung gemeistert werden. Poppers Auffassungen, insbesondere bezüglich der Objektivität des Beobachtbaren, der Wertfreiheit der Aussage, der Ablehnung des absoluten Wahrheitsanspruchs „falscher Propheten“ wurde u.a. von den Vertretern der „Frankfurter Schule“ heftig angegriffen, die eine stärkere Berücksichtigung der Gesellschaft und ihres antagonistischen Charakters, des Problems der Entfremdung des Menschen (vgl. Marx, vgl. S.24), der Notwendigkeit einer „aktiven“ Kritik an den gegebenen gesellschaftlichen Zuständen forderten („Positivismus-Streit“).

Diese Philosophen arbeiteten an einer an Marx orientierten Gesellschaftsanalyse; die „kritische Theorie“ umfaßt wissenschafts- und gesellschaftstheoretische Probleme. Sie baut zu einem nicht unwesentlichen Teil auf den Überlegungen von Bloch (1954-59/73) auf, der die Entwicklung der Geschichte von Utopien geleitet sieht, von Tagträumen und Wunschvorstellungen. „Was treibt uns an? ... Daß man lebt, ist nicht zu empfinden. Daß das, das uns lebendig setzt, kommt selber nicht hervor. Es liegt tief unten ... aber all dies empfindet sich nicht, es muß dazu erst aus sich heraus gehen. Dann spürt es sich als ‚Drang‘... Das Drängen äußert sich zunächst als ‚Streben‘, begehrend irgendwohin. Wird das Streben gefühlt, so ist das ‚Sehnen‘, der einzige bei allen Menschen ehrliche Zustand...“ (S.49). Dies Begehren wird zum Wünschen. „... Das ‚Wünschen‘ ist auf eine Vorstellung hin gespannt“ (S.50). Es entsteht ein Wunschbild.

Das „Noch-nicht-Bewußte“ spiegelt sich in der Kunst und in Märchen, findet Gestalt in den Sozialutopien, in der Wissenschaft, in der Technik, in der Religion. Das „Antizipieren der Zukunft“ erscheint als wesentliche Triebfeder menschlichen Handelns.

Bloch sah sich in der Tradition von Hegel und Marx; in seiner Sicht strebt die Geschichte in dialektisch sich korrigierenden Prozessen einer Zukunft entgegen, die durch das Ideal einer klassenlosen Gesellschaft, frei von jeder Entfremdung, in Übereinstimmung mit der Natur, ausgezeichnet ist. Sein Hauptwerk „Das Prinzip Hoffnung“ (1954-59/73, niedergeschrieben 1938-41), in dem er zur Untermauerung seiner Thesen in großer Ausführlichkeit das kulturhistorische Material ausbreitet, endet mit den Worten: „Die wirkliche Genesis ist nicht am Anfang, sondern am Ende, und sie beginnt erst anzufangen, wenn Gesellschaft und Dasein radikal werden, d.h. sich an der Wurzel fassen. Die Wurzel der Geschichte aber ist der arbeitende, schaffende, die Gegebenheiten umbildende und überholende Mensch. Hat er sich erfaßt und das Seine ohne Entäußerung und Entfremdung in realer Demokratie begründet, so entsteht in der Welt etwas, das allen in die Kindheit scheint und worin noch niemand war: Heimat" (S.1628).

Horkheimer, Adorno, Marcuse und Habermas, die eigentlichen Vertreter der „Frankfurter Schule", präzisierten und veränderten diese Gedankengänge, leuchteten sie im Hinblick auf die soziologischen Konsequenzen aus. Die Entstehungsbedingungen und Zusammenhänge der von ökonomischen und technischen Zwängen geprägten Welt, ihre administrative Kälte werden analysiert und Möglichkeiten zu ihrer Veränderung mit dem Ziel einer humaneren, von Entfremdung befreiten sozialen Ordnung untersucht. Sie bemüht sich um Aufklärung der eigenen Existenzbedingungen und gibt praktische Handlungsanweisungen. Wiggershaus (1986) gibt einen Überblick; auf ihn stützen sich die folgenden Bemerkungen:

Für Horkheimer, den Begründer der „Frankfurter Schule", war entscheidend „die Empörung darüber, daß in der bürgerlich- kapitalistischen Gesellschaft ein rationales, der Allgemeinheit verantwortliches und in seinen Folgen für die Allgemeinheit kalkulierbares Handeln nicht möglich war und selbst ein privilegiertes Individuum und die Gesellschaft einander entfremdet waren" (Wiggershaus 1986, S.14). „In der durch den zunehmenden Einsatz von Technologie gekennzeichneten Entwicklung des kapitalistischen Produktionsprozesses sah er die Ursache für die dauernde Spaltung der Arbeiterklasse in einen beschäftigten Teil, dessen Alltag grau war, der aber mehr zu verlieren hatte als bloß seine Ketten, und einen arbeitslosen Teil, dessen Leben die Hölle war, dem aber die Bildungsfähigkeit und Organisierbarkeit fehlten" (S.63). Horkheimer entwarf ein Programm zur Überwindung der Krise des Marxismus, in dem Sozialphilosophie und empirische Sozialwissenschaften sich durchdringen.

Adorno vertrat die Auffassung, daß Freiheit – die Fähigkeit, sich politisch zu artikulieren, die Möglichkeit, sich zu bilden, die Offenheit, sein Glück zu finden – mit Bewußtsein und Rationalität verbunden ist.

Marcuse analysierte die spätkapitalistische Gesellschaft; die Situation des Menschen werde dadurch gekennzeichnet, daß er durch den sich immer stärker ausweitenden technischen Fortschritt eingebunden werde, sich unterwerfen müsse. Es gelte, die tatsächlichen gesellschaftlichen Herrschaftssysteme zu durchschauen und bloßzustellen. „Wesen und Existenz treten" beim Menschen „auseinander: seine Existenz ist ein ‚Mittel' zur Verwirklichung seines Wesens oder – in Entfremdung – sein Wesen ein Mittel zu einer bloßen physischen Existenz. Wenn so Wesen und Existenz auseinandertreten und beider Einigung als faktische Verwirklichung die eigentliche freie Aufgabe der menschlichen Praxis ist, dann ist, wo die Faktizität bis zur völligen Verkehrung des menschlichen Wesens fortgeschritten ist, die radikale Aufhebung dieser Faktizität die Aufgabe schlechthin. Gerade der unbeirrbare Blick auf das Wesen des Menschen wird zum unerbittlichen Antrieb der Begründung der radikalen Revolution" (Wiggershaus 1986,

S.121). Marcuse gab in den späten 60er Jahren den studentischen Unruhen den wesentlichen geistigen Antrieb.

Habermas führte die kritische Theorie der Frankfurter Schule fort. Er war in viel stärkerem Maße als die genannten Philosophen Gesellschaftskritiker. Die Gesellschaft der Gegenwart ist für ihn „verwaltete Gesellschaft“ und „Tauschgesellschaft“. Die individuelle Autonomie wird zurückgedrängt, große Konzerne verhindern echte Konkurrenz. Die Individuen werden abhängig, sind gefangen in wirtschaftlichen, gesellschaftlichen und staatlichen Organisationen, durch Kulturindustrie und Kulturverwaltung (Wiggershaus 1986, S.601 f.). Später entwickelte Habermas eine „Theorie des kommunikativen Handelns“ (1981; vgl. S.182f).

Diesen philosophischen Entwürfen ist die – meist unausgesprochene – Annahme einer systemischen Struktur gemeinsam. Die Entwicklung vollzieht sich in einem Wirkungsgefüge. Die einzelnen Menschen erscheinen in ihren Abhängigkeiten, als Teile, Elemente von Systemen. Diese Systeme lassen sich begrenzen, in einer Gesellschaft entsprechend der Hierarchie nach „oben“ und „unten“. So können sich Gegensätze herausbilden, die – wie von Marx – als Klassengegensätze oder Ungleichheiten gesehen werden können, aber auch als Pole, zwischen denen sich ein ganzes Spektrum von Zuständen oberhalb und unterhalb eines „Mittelwertes“ entfaltet hat. In beiden Fällen orientiert sich das System an einer Norm, einem Standard, es bemüht sich um ein Gleichgewicht. Diese Grundperspektive wurde von den Sozialwissenschaften übernommen.

Naturwissenschaften

In der Physik hatte sich seit den 20er Jahren die „Quantentheorie“ etabliert. Sie geht auf die Entdeckung Plancks (1899/1900) zurück, nach der die Ausstrahlung und Aufnahme des Lichts nicht kontinuierlich, sondern diskret, in Quanten vor sich geht. Andererseits blieb die Wellentheorie des Lichts bestehen und wurde empirisch gesichert. Hieraus und aus weiteren Beobachtungen konnte der Aufbau des Atoms ermittelt werden. Mit Hilfe statistischer Methoden ließen sich die verschiedenen Ansätze zu einer gültigen Theorie vereinheitlichen. Eine wichtige Rolle fiel dabei der Heisenbergschen Unschärferelation zu (1927); nach ihr ist es nicht möglich, Impuls und Ort eines Teilchens gleichzeitig präzise zu bestimmen. Diese Aussage hat insofern auch erkenntnistheoretisch eine erhebliche Bedeutung, als quantenmechanische Aussagen nur auf der Basis der Wahrscheinlichkeitsrechnung getroffen werden können. Die Vorgänge werden also nicht mehr präzise vorausbestimmbar, da die Anfangsbedingungen nicht determinierbar sind; die physikalischen Gesetze sind als statistische Gesetze zu interpretieren (Indeterminismus). v. Weizsäcker (1977, S.420) schreibt: „Man kann in der Quantentheorie ein mögliches Ereignis nur noch in Bezug auf einen möglichen Beobachter definieren. Die Subjekt-Objekt-Beziehung wird hier zum ersten Mal in der neuzeitlichen Physik thematisch“. Zudem heißt dies, daß die Einzelelemente, auf der Mikroebene, zu Gesamtheiten gehören, auf der Makroebene. „Erst heute sieht man in der Physik ganz klar, daß das stoffliche Sein ein Wirkzusammenhang ist, sie nur dadurch möglich wird, daß es Wirkungen gibt, Energie- und Kraftübertragungen von einem zum andern. Sonst kann man keine Physik betreiben“ (Meurers 1976, S.86). Grundsätzlich gilt dieses Ergebnis für alle aus Elementen bestehenden Systeme, nicht nur auf der atomaren Ebene, sondern auch im Kosmos, darüber hinaus aber auch in biotischen und sozialen Systemen.

In der Biophysik wurde erkannt, daß wir es auch bei den Organismen und den Lebensgemeinschaften mit Systemen zu tun haben. Es sind offene Systeme; der Stoffwechsel sorgt für einen ständigen Austausch von Energien und Substanzen. Diese Systeme können nur im Energiefluß existieren. „Der lebende Organismus ist eine vielstufige Organisation ungezählter Komponenten und Prozesse, die Untersuchungen auf allen Systemebenen erfordert"... Wir haben es „mit Beziehungen zwischen vielen Variablen, netzartiger Wechselwirkung zwischen diesen und ... mit Problemen ‚organisierter Kompliziertheit' zu tun" (von Bertalanffy, zit. in von Bertalanffy, Beier und Laue 1952/77, S.6).

Dies trifft auch für Ökosysteme zu. Die Ökosystemforschung entwickelte sich – angeregt auch von der Notwendigkeit, die immer gravierender werdenden Umweltprobleme anzugehen – zu einer wichtigen Disziplin im Grenzbereich zwischen Biologie und Geographie (Ellenberg 1973a und b; P. Müller 1981).

In umfassender Weise versucht die General Systems Theory, Natur und Gesellschaft als Systeme zu begreifen und dies philosophisch abzusichern. Sutherland (1973, S.19) erläutert: „In the broadest sense, General Systems Theory is a supradiscipline, including such special system disciplines as mathematical systems theory, systems engineering, cybernetics, control theory, automata theory. In other sense entirely, general systems theory offers a vocabulary of both terms and concepts applicable to systems of all types, with the terms and concepts drawn from many different substantive disciplines (i.e. biology, engineering, economics, quantum physics)". „In the contemporary systems view man is not a sui generis phenomenon that can be studied without regard to other things. He is a natural entity, and an inhabitant of several interrelated worlds. By origin he is a biological organism. By work and play he is a social role carrier. And by conscious personality he is a Janus-faced link integrating and coordinating the biological and the social worlds. Man is, in the final analysis, a coordinating interface system in the multilevel hierarchy of nature" (Laszlo 1972, S.79).

Das Verhalten wurde von biologischer Seite vor allem in der Ethologie thematisiert. Bereits 1921 (S.6) hatte von Uexküll erkannt, daß zwischen der Innenwelt der Tiere und der Umwelt unterschieden werden muß, und außerdem, daß die Umwelt im Tier – wie auch im Menschen – als „Gegenwelt" abgebildet wird (S.195, 250). Sie ist Teil des Tieres. Bestimmte Verhaltensweisen sind ebenso konstante und kennzeichnende Merkmale von Arten wie irgendwelche Körpermerkmale; sie sind in der Erbmasse verankert. Die Ethologie fragt nach der stammesgeschichtlichen Herkunft solcher Merkmale, die in der Evolution ihre Bedeutung erhalten haben; sie fragt nach dem „Wozu" bestimmter Verhaltensweisen, die dazu beigetragen haben, das Überleben der Arten zu ermöglichen (Lorenz 1965, I, S.9 f.). Verhalten ist aber nicht nur angeboren. Es bedeutet auch nicht nur ein Reflex auf Ereignisse aus der Umwelt. Es umschließt sehr unterschiedliche Vorgänge. „Verhaltensweisen sind Zeitgestalten. Jede Verhaltensforschung hat es also mit Ablaufsformen zu tun, die zum Unterschied von den körperlichen Merkmalen nicht immer sichtbar sind (Eibl-Eibesfeldt 1967/78, S.19). Es werden in der Verhaltensforschung so die angeborenen Verhaltensweisen ebenso untersucht wie Lernen und Gestaltwahrnehmung, Ausdrucksweisen und Gemeinschaftsbildung. Hier wird sie für die Anthropogeographie wichtig.

1.3.3. Anthropogeographie (ca. 1950/60 bis 1980/85)

1.3.3.0 Einleitung

Allgemeine politische und sozioökonomische Ausgangssituation

Der letzte Weltkrieg hinterließ Spuren im politischen Gefüge: die Welt war in zwei große Lager aufgeteilt, das demokratische und sozialistische Lager, letzteres weitete sich in Asien und Afrika aus. Der Kalte Krieg lähmte lange Zeit eine Normalisierung. Auf der anderen Seite nahmen Europa, Japan und die USA einen außerordentlichen Aufschwung; die geballte Wirtschafts- und Innovationskraft konzentrierte sich in diesen Ländern. Andere, die Entwicklungsländer, fielen zurück, ökonomisch herab zu abhängigen Rohstofflieferanten, bedrängt von einer enormen Bevölkerungszunahme. Während in den Industrieländern den Menschenrechten ein hoher Stellenwert eingeräumt wurde, der Wert der Individualität betont wurde, der Wohlstand zunahm und so manche Gegensätze verdeckte, sollte in den sozialistischen Ländern unter diktatorischem Druck die Gleichheit aller hergestellt werden. In den Entwicklungsländern spalteten sich Ökonomie und Gesellschaft unter dem Eindruck wachsender Armut weiter auf; es bildete sich ein Dualismus heraus, der Gegensatz Arm-Reich verschärfte sich. Die Verschuldung nahm zu, ergriff auch die sozialistischen Länder, während von den Industrieländern aus auf der Basis durchrationalisierter Arbeitsteilung (Fordismus) weltweit operierende wirtschaftliche Konzerne sich bildeten. In einigen „Schwellenländern" konnte sich eine entsprechende Großindustrie etablieren.

Diese umfassenden Industriekomplexe wie auch die Staaten zentrierten die Macht in den Industrieländern („Metropole") und laugten andererseits die Entwicklungsländer („Peripherie") aus. Eine Eigenentfaltung der kulturellen Vielfalt wurde so erheblich behindert.

Die Situation in der Anthropogeographie um 1950/60 und Vorschau auf das 3.Stadium

Die Methoden und Fragestellungen der Arbeiten des 2.Stadiums des angenommenen Paradigmenwechsels waren in eine Sackgasse geraten. Die Erfassung der funktionalen Beziehungen, der sozialen Merkmalsgruppen und ihrer Verbreitung sowie die landschaftlichen Zuordnungen konnten nicht zu räumlichen, von innen, von Menschen her begründbaren Einheiten führen, deren Wirken erklärbar wäre. Es mußte die dynamische Komponente stärker berücksichtigt werden, der in der Konsequenz ahistorischen deterministischen Betrachtungsweise durch eine das Wachsen und Schrumpfen der sozialen Gruppen und der Wirtschaft in den verschiedenen Räumen mit einbeziehende Konzeption entgegengesetzt werden. Nur dann konnte es möglich werden, die Beziehungen korrekt manifest zu machen. War die Hinwendung zur sozialen Gruppe von entscheidender Wichtigkeit gewesen, so war das Problem, um was für Gruppen es sich handelt, nicht befriedigend geklärt. Die statistischen Merkmalsgruppen sagen für manche Fragen zu wenig aus, die Begriffe „Lebensformgruppen" oder „Wirtschaftsgeist" blieben andererseits in einer hochindustrialisierten arbeitsteiligen Gesellschaft unklar oder zumindest interpretationsbedürftig.

Es kam aber noch etwas anderes hinzu. Die geographische Wissenschaft fand schon immer in der Realität unserer Umwelt den notwendigen Nährboden für die eigene Arbeit. Mit der Entwicklungsländerproblematik, der Entstehung von Notstandsgebieten und Slums erwuchsen ihr neue Aufgaben, die sich mit den überkommenen Methoden nicht mehr wissenschaftlich befriedigend aufarbeiten ließen. Nun erkannten viele Anthropogeographen, daß die funktionalen Beziehungen nicht nur abstrakt gesehen werden dürfen, sondern sich realiter in Geld-, Informations-, Energie-, Produktentransfer, in Personenverkehr und -umzügen äußerten. So verschob sich das Paradigma. Neben die Betrachtung von Funktionen und Strukturen trat die Auffassung von einem Wirkungsgefüge. Von den beiden Sozialraumtypen (vgl. S.139f) wurde die homogene Region näher betrachtet. Nun erkannte man, daß die Menschen und sozialen Gruppen in systemischen Zusammenhängen agierten und produzierten. Die sozialen Gruppen erscheinen hierin eingebettet; sie werden ihrerseits durch das Verhalten der Menschen konstituiert. Die Individuen funktionieren nicht nur, sondern verhalten sich entsprechend den Bedingungen und Situationen, Normen und Notwendigkeiten.

Diese Einsicht begründete die „behaviorale" oder „behavioristische Revolution" (Schrettenbrunner 1974; Eisel 1980, S.596). Verhalten bedeutet, daß der Mensch ein komplexes Wesen ist, das entsprechend seinen vielen Funktionen in eine Ganzheit eingebunden ist, von der Ganzheit stimuliert wird und reagiert. Durch den Begriff Verhalten wird ein Stimulans-Response-System beschrieben, ein Gleichgewichtssystem. Die Menschen sind in Systeme eingebunden, die ein gewisses „normales" Verhalten erzwingen. Anpassungserscheinungen und Konflikte gehören zum Alltag (z.B. Harvey 1969/73, S.447 f.).

Aber auch diese Gleichgewichtssysteme ändern sich, werden stimuliert, passen sich den gegebenen Umständen an. Es wird dann ein neuer Normalzustand in der Gesellschaft angestrebt. Von hier aus erhält man den Zugang zu Wachstum und Schrumpfung.

Der Begriff „behavioral" meint nichts anderes als das Adjektiv von Verhalten. Der Begriff „behavioristisch" ist durch den Behaviorismus vorgeprägt; dieser bezeichnet eine bestimmte, in den ersten Jahrzehnten dieses Jahrhunderts in den USA entwickelte Forschungsrichtung innerhalb der Psychologie, die das Verhalten einengt auf eine Art Funktionieren im Stimulans-Response-Schema. Im Rahmen unserer Erörterungen ist das Verhalten weiter gefaßt und bezieht auch eigene Entscheidungen der Menschen ein, erlaubt die Annahme eigenen Denkens und Fühlens.

Das Verhalten ist nicht vorhersehbar, nicht determiniert. Es kann eine eigene Dynamik entfalten. Entsprechend dem Hempel-Oppenheim-Schema (Hempel 1962/70, S.218 f.; Strassel 1975, S.99 f.) ist das probabilistische Erklärungsmodell angemessen, das sich auf probabilistische Gesetze oder Prinzipien stützt. Im Rahmen der quantitativen Methoden etablierten sich folgerichtig probabilistische Modelle. Auch auf der Ebene der Wirkungsgefüge sind Prognosen sehr schwierig, Systeme sind nur schwer durchschaubar; oft kommt es zu unbeabsichtigten Folgen von Eingriffen, die das Gegenteil bewirken sollten. Die Simulation wird zu einem wichtigen Instrument der quantitativen Geographie.

Ein Blick auf die Nachbarwissenschaften der Sozialgeographie im 3.Stadium

In den Nachbarwissenschaften vollzog sich eine ähnliche Entwicklung. Dies gilt zunächst für die Soziologie. Nach Erscheinen seines Werkes „Structure of Social Action" (1937; vgl. S.65f) erweiterte Parsons seine Theorie. Schon 1945 entwarf er die Grundzüge einer strukturell-funktionalen Theorie sozialer Systeme (Parsons 1945/73). In seinem Buch „The Social System" (1951c) führte er dann seine Gedanken aus (vgl. dazu auch Dahrendorf 1963, S.157 f.). Er definierte das soziale System als eine Art („mode") der Organisation der Handlungseinheiten („action elements", „units") relativ zu dem gegebenen Zustand („persistence") oder zu den geordneten Prozessen des Wandels der Interaktionsmuster einer Vielheit von individuell Handelnden (S.24).

Das soziale Handeln, also der gesellschaftliche Bezug, wird an dem Modell der „Ego-Alter-Dyade" verständlich zu machen versucht. Parsons (1951c) demonstrierte daran, daß individuelle Handlungen Bedürfnisse befriedigen sollen, sich aber in ständiger Wechselbeziehung zur Umwelt vollziehen und insofern auch als Reaktion auf die Wünsche der anderen („Alter") und unter Einfluß kultureller Werte aufzufassen sind. Die Umwelt, dinglich, sozial und kulturell verstanden, wirkt auf die Ausrichtung der Handlungen ein, indem die interpersonellen Wechselwirkungen ihrerseits durch übergeordnete kulturelle Normen gesteuert werden. Insofern muß die Handlung im Spannungsverhältnis zwischen Ego und Alter und zwischen Ego und der übergeordneten kulturell geprägten „Situation" gesehen werden (vgl. Kiss 1974-75, II, S.147 f.). So werden sie in Bedingungen eingepaßt, was ihnen Sicherheit im Ablauf garantiert bzw. für das System Stabilität erwarten läßt. Das Austragen von Interessenkonflikten schafft so Kohäsion.

An anderer Stelle (S.25) heißt es: „Since a social system is a system of processes of interaction between actors, it is the structure of the *relations* between the actors as involved in the interactive process which is essentially the structure of the social system. The system is a network of such relationships". Das menschliche Verhalten wird normativ geprägt, Parsons entwirft Skalen, auf denen sich soziale Normen anordnen lassen („pattern alternatives" oder „variables"): Affektivität vs. Neutralität, Selbst-Orientierung vs. Kollektivitäts-Orientierung etc. (S.58 f.). In anderem Zusammenhang werden sozialen Grundfunktionen in ein Schema gebracht (adaptive, Normenerhaltungs-, Ziel- und Integrations-Funktion; Dahrendorf 1963, S.161). Der Ansatz Parsons' behandelt die menschliche Gesellschaft als Gleichgewichtssystem. Dahrendorf (1963, S.160) zitiert (und übersetzt) aus einer anderen Arbeit Parsons': „Theoretisch ist der Begriff des Gleichgewichts ein einfaches Korrelat zu dem des Systems, der Interdependenz der Bestandteile als untereinander verwandt. Der Begriff des Systems ist seinerseits so grundlegend für die Wissenschaft, daß es auf Ebenen hoher theoretischer Allgemeinheit keine Wissenschaft ohne ihn geben kann".

Dahrendorf (1958/64) gab dem Homo sociologicus Gestalt. Der Kategorie des sozialen Handelns kommt dabei eine zentrale Bedeutung zu. Der Mensch erscheint „als Träger sozial vorgeformter Rollen. Der Einzelne ‚ist' seine sozialen Rollen, aber diese Rollen ‚sind' ihrerseits die ärgerliche Tatsache der Gesellschaft. Die Soziologie bedarf bei der Lösung ihrer Probleme stets des Bezugs auf soziale Rollen als Elemente der Analyse" (S.16). „Zu jeder sozialen Position gehört eine ‚soziale Rolle'. Soziale Rollen bezeichnen Ansprüche der Gesellschaft an die Träger von Positionen, die von zweierlei Art sein können: einmal Ansprüche an das Verhalten der Träger von Positionen (,Rollenverhalten'), zum andern Ansprüche an sein Aussehen und seinen ,Charakter' (,Rollenattribute')" (S.26). Normen, Gewohnheiten und Präzedenzfälle formulieren die faßbaren Elemente sozialer Rollen (S.39). Wenn der Mensch stirbt, „nimmt die unpersönliche Kraft der Gesellschaft seine Rollen von ihm, um sie in neuer Verbindung einem anderen aufzuladen" (S.63). Wenn der Mensch so auch als ein eher passiv reagierendes Wesen erscheint, dessen Handeln von Zwängen bestimmt wird, so bleibt er doch ein individuelles Wesen. „In der Erscheinung, d.h. in seinem beobachtbaren Verhalten, ist der Mensch für uns ein rollenspielendes, determiniertes Wesen. Diese Aussage berührt jedoch die Tatsache nicht, daß den Menschen jenseits seiner Erscheinung ein von dieser und ihrer Kausalität nicht affizierter Charakter der Freiheit und Integrität eignet" (S.67). Die Menschen verhalten sich nicht stets rollengemäß (S.78). Sie werden in einer Situation des Rollenkonflikts immer den Erwartungen den Vorzug geben, mit denen die stärkeren Sanktionen verknüpft sind (S.79). Die Überlegungen Dahrendorfs wurden in verschiedenen Zweigen der Sozialgeographie wichtig, so im handlungstheoretischen Ansatz (vgl. S.213f) und in der im Kap.2 vorgebrachten Prozeßtheorie.

Die Gemeindesoziologie erhielt in den 50er Jahren starke Impulse (übersichtlich: König 1958), wobei die empirischen Arbeiten überwogen. Wurzbacher und Pflaum (1954) untersuchten den sozialen Wandel in einer Reihe von Dörfern in Westdeutschland unter dem Einfluß wachsender industrieller Einflußnahme. Hierbei wurden die wachsende Verkehrserschließung und in ihrem Gefolge die Zunahme des Pendlerwesens, der Wandel in der sozialen Schichtung, der Bildung, der Familienbindungen, der beruflichen Vielfalt, der Nachbarschaftsbindungen, der Geselligkeit und des Vereinslebens, die Kirchenbindung und die politische Meinungsbildung durchleuchtet, empirisch aufgearbeitet und nach sachlichen Gesichtspunkten gegliedert dargebracht, so daß das Bild eines Querschnitts entsteht.

Kötter (1958) schilderte die Wechselwirkung zwischen Wirtschaftsweise und Sozialordnung in der vorindustriellen Gesellschaft und stellte dieses Bild der sozialen Struktur in der Industriegesellschaft gegenüber. Dabei stellte er ein Stadt-Land-Kontinuum heraus, verursacht durch die Technisierung der Landwirtschaft und den sozioökonomischen Bezug des Landes zur Stadt. Eine städtische Gemeinde (Euskirchen) wurde dagegen von Mayntz (1958) untersucht, insbesondere die soziale Schichtung und der soziale Wandel. Die Autorin führte Kartierungen durch, um einen Überblick über die Verteilung der Berufsgruppen zu erhalten, forschte nach der Herkunft der Bevölkerung und versuchte, die soziale Schichtung zu definieren. Berufliche Mobilität, Bildung, Heiratsverbindungen, Mitgliedschaft in Vereinen sind weitere Themen. Wenn man so will, handelt es sich um eine Bestandsaufnahme einer Gemeinde, wie sie die Soziographie der Amsterdamer Schule der Sozialgeographie (vgl. S.79; 128) fordert.

Ein weiteres Forschungsgebiet der Soziologie, das die Sozialgeographie berührt, ist der Soziale Wandel. Während in den 30er und 40er Jahren die sozialwissenschaftlichen Modelle soziokulturellen Wandels im Hinblick auf konkrete soziale Probleme konstruiert wurden, wurden später, in den 60er und 70er Jahren die Veränderungen als Elemente von Systemprozessen gedeutet (Tjaden 1972, S.135; 155 f.). Nun wurden die Veränderungen zwischen den normativen, geistigen Zuständen und den materiellen Gegebenheiten in der Sozialstruktur untersucht, wurde nach den Ursachen und Tendenzen der Prozesse gefragt, die andere soziale Eigenschaften und strukturelle Verknüpfungen, vor allem im Sinne einer zunehmenden Differenziertheit der Gesellschaft, schaffen. Es gibt zahlreiche Theorien und empirische Arbeiten zu diesem Thema (vgl. z.B. Zapf, Hrsg., 1970; insbesondere die Beiträge von Zapf, 1970, und Eisenstadt, 1964/70).

Auch die Anthropologie erhielt einen neuen Akzent. Thurnwald hatte schon in den 30er Jahren die Kultur als System gesehen (1936-37/66, S.376), und Mühlmann (1964, S.58 f.) untersuchte interethnische Systeme. Lévi-Strauss entwickelte auf der Basis der funktionalen Ansätze (insbesondere Malinowski 1944/75; vgl. u.a. S.294f) sowie in Verbindung mit der Sprachwissenschaft die strukturale Anthropologie (1958/67). Seine Überlegung war, daß der menschlichen Gedankenwelt bestimmte Prinzipien zugrundeliegen und daß die allgemeinen strukturellen Gesetzmäßigkeiten den in empirischen Arbeiten gefundenen Fakten gegenübergestellt werden sollten, um so die Abwandlungen erkennen zu können. Die Untersuchungen können auf verschiedenen Ebenen angestellt werden, bis hinab zu den einzelnen Phänomenen menschlichen Zusammenlebens und menschlicher Kultur. So lassen sich z.B. soziale Organisation, Riten, verwandtschaftliche und sprachliche Verbindungen, Religion, Sagen und Mythen auf ihre gemeinsamen ubiquitären Grundmuster und ihre Differenzen hin untersuchen und interpretieren. Die Methode geht über die der phänomenologischen Untersuchungen des 2.Stadiums (vgl. S.58f) hinaus und versucht, eine ganzheitliche Sicht zu realisieren, durch die Annahme einer Grundstruktur.

In der Kulturanthropologie hatte bereits Boas die Unterschiede in den Kulturen herausgearbeitet („Historical Particularism", „Kulturrelativismus"; vgl. S.29) und auf die Schwierigkeiten eines Vergleichs hingewiesen (Harris 1968, S.250 f.). Diese Thematik wurde neu aufgegriffen, so von philosophischer Seite durch Wittgenstein (vgl. S.100f). Vor allem aber sind Bemühungen der Psychologie hervorzuheben, um zu Vergleichsparametern zu gelangen („Cross-Cultural Approach"). Boesch und Eckensberger (1969) faßten die Problematik zusammen. Nach ihnen gibt es vier Bereiche kultureller Bedingungen, wo sich vergleichende Untersuchungen anstellen lassen (S.524):

1) Gruppenbildung und Rollenverteilung (z.B. Familienformen)
2) Überzufällige Verhaltensweisen von Individuen (z.B. Bräuche)
3) Kommunikations- und Informationssysteme (z.B. Sprachen)
4) Wertsysteme, die z.T. institutionalisiert sind (z.B. Religion, Vorurteile).

In dem Sammelwerk „Cross-Cultural Studies of Behavior" (Hrsg. Al-Issa und Wayne, 1970) wurden volks- und kulturspezifische Eigenheiten der Perzeption, Intelligenz, im Umgang der Menschen miteinander, in der Kindererziehung, in der Sprache und der Emotionalität und bestimmten geistigen Erkrankungen vorgestellt, die Entwicklung der Individuen und Persönlichkeitsstrukturen, Werte- und Normensysteme. Die Untersuchungen gehen auf die Akkulturations- und Enkulturationsprozesse und damit verbunden die Sozialisationsprozesse (vgl. S.364; 378; 394f) in den verschiedenen Kulturen ein. Die Problematik könnte in der modernen Regionalforschung wachsende Bedeutung erlangen.

In den Wirtschaftswissenschaften wurde das wirtschaftliche Wachstum thematisiert, die ökonomischen Bedingungen von Unternehmungen, öffentlichen Haushalten, die Entwicklung von Einkommen, Sozialprodukt in Regionen und Volkswirtschaften untersucht und in verschiedenen Modellen quantifiziert (Schätzl 1978/81, S.87 f.). Wirtschaftliches Wachstum und Wohlfahrt erscheinen miteinander verkoppelt. Wachstum wird als Erhöhung des Outputs verstanden, sowohl absolut als auch relativ, d.h. pro Kopf der Bevölkerung in einer Region. Dabei wird zwischen internen und externen Wachstumsdeterminanten unterschieden. Zu dem internen zählen u.a. reales Einkommen, Arbeit, Kapital, Boden, technischer Fortschritt, Raumstruktur, Sektoralstruktur, Infrastruktursystem, politisches System und das soziale System, zu den externen Wachstumsdeterminanten gehören die interregionalen Interaktionen, darunter mobile Produktionsfaktoren, Güter und Dienstleistungen (Schätzl 1978/81, S.92 f.). Das Zusammenspiel all der Determinanten erscheint in den verschiedenen Theorien unterschiedlich. Die Wirtschaftsstufentheorien (S.112 f.), die in den 50er und 60er Jahren erneut aufbereitet und verbessert vorgelegt wurden, sehen, daß Wachstum in verschiedenen Etappen vor sich geht. Die Wirtschaftsstufen sind mit den Stufen der gesellschaftlichen Entwicklung, d.h. mit dem sozialen Wandel, korreliert (vgl. S.380). Es wird ein systemischer Zustand durch einen neuen ersetzt, der auch durch einen höheren Grad an Arbeitsteilung ausgezeichnet ist.

Eine weitere Hypothese besagt, daß wirtschaftliches Wachstum sektoral unterschiedlich verläuft, so daß sich sektorale Wachstumspole bilden (Perroux 1964, S.123 f.). Im Rahmen der Entwicklungsländerforschung wurde die Hypothese der regionalen Polarisation von Myrdal (1957/74) diskutiert (Schätzl 1978/81, S.127); sie geht von der Annahme einer zirkulären Verursachung eines kumulativen sozioökonomischen Prozesses aus. Dieser kumulative Prozeß kann durch jede Veränderung interdependenter ökonomischer Faktoren ausgelöst werden (Nachfrage, Einkommen, Investitionen, Produktion etc.). Diese Faktoren können sich positiv oder negativ kumulativ beeinflussen; so kommt es zu Wachstum oder Schrumpfung. Der räumliche Gegensatz Zentrum-Peripherie wird auch in den Theorien des wirtschaftlichen Wachstums eingebracht. Das freie Spiel der Kräfte führt nach Myrdal zur Ungleichheit; die „industrielle Produktion, Handel, Banken, Versicherungen, ja in der Tat all jene wirtschaftlichen Aktivitäten, die in einer sich entwikkelnden Wirtschaft einen mehr als durchschnittlichen Gewinn ergeben, würden sich an bestimmten Orten und in einzelnen Regionen zusammenballen, während der Rest des Landes mehr oder weniger brachliegen würde (Myrdal 1957/74, S.37). Die Anziehungskraft eines bestehenden Wirtschaftszentrums läßt sich nicht auf einen historischen Zufall zurückführen. War der erfolgreiche Anfang einmal gemacht, konnten sich die bevorzugten Regionen besser entwickeln als die übrigen Gebiete. Erdüber betrachtet finden sich die unterschiedlichen Entwicklungstendenzen in den Industrieländern als den Zentralregionen und in den Entwicklungsländern als den Peripherieräumen in globalem Zusammenhang (vgl. S.357f).

Als Konzept wurde bei diesen Theorien eine systemische Struktur angenommen, wobei Wechselwirkung und zirkuläre Verursachung eine wichtige Rolle spielen. Es handelt sich um Gleichgewichtssysteme, die durch Wachstum oder Schrumpfung von einem zum andern Zustand gebracht werden. In der Anthropogeographie übten diese Arbeiten großen Einfluß aus (z.B. in der Wirtschaftsgeographie; vgl. S.115f).

Die Bevölkerungswissenschaft erlebte nach dem Zweiten Weltkrieg eine wesentliche Entwicklung mit oft stark erweiterter Datengrundlage und mit solider Methodik. Die Arbeit von Brepohl (1948) über den Aufbau des Ruhrvolkes im Zuge der Ost-Westwanderung sowie das Handbuch der Bevölkerungslehre von Mackenroth (1953) sind beispielhaft für diesen Neuanfang. Das Zusammenwirken von Geburten und Sterbefällen, die Wanderungsbewegung, der Bevölkerungsdruck – bezogen auf die Lebensbedingungen – gerieten vor allem durch die starke Bevölkerungszunahme in den Entwicklungsländern und die Stagnation oder gar Bevölkerungsabnahme in Europa in den Blickpunkt. In verschiedenen Modellen wurde versucht, diese Veränderungen mit den ökonomischen und sozialen Lebensbedingungen in Zusammenhang zu bringen.

Die Erforschung der jüngeren Geschichte erhielt 1946 neue Akzente. In Frankreich etablierte sich die „neue“ Geschichtswissenschaft. Die Zeitschrift „Annales d’histoire sociale“ erhielt eine neue Ausrichtung und einen neuen Namen (Annales – Economies – Sociétés – Civilisations; Honegger 1977, S.20 f.). Dies war zugleich ein Programm. Braudel (1949) publizierte sein Mittelmeerwerk, eine neue umfassende Sicht der historischen Prozesse; es beginnt mit einer ausführlichen Darstellung der natürlichen Verhältnisse, der Nachbarräume, des Städtewesens, der Wirtschaft und des Verkehrs, ehe die politischen Verhältnisse, die Kulturräume und die Gesellschaftsstruktur behandelt werden. Die eigentlichen historischen Ereignisse, die politischen und kriegerischen Vorkommnisse, die gesellschaftlichen Umbrüche werden so in ein Umfeld eingebettet; Geschichte erscheint als ein vielfältiges Miteinander und Ineinander von Abläufen. Dabei muß zwischen lang währenden, die gesellschaftliche und ökonomische Struktur verändernden Prozessen und den politischen Ereignissen, die jenen gleichsam aufsitzen, unterschieden werden („longue durée“, „courte durée“; Braudel 1958/77). In dieser Sichtweise werden verschiedene Brücken zur Soziologie, zu den Wirtschaftswissenschaften und zur historischen Geographie erkennbar, aber auch zur modernen Prozeßtheorie in der Sozialgeographie (vgl. Kap.2).

1.3.3.1 Die Entwicklung der Teildisziplinen der Anthropogeographie (außer Sozialgeographie)

Die anthropogeographische Forschung wurde in den traditionellen sektoral, sachlich begründeten Teildisziplinen weitergeführt. Diese Disziplinen hatten sich von ihrem Inhalt und ihren Methoden her bewährt. Freilich entstanden nun neue Akzente. Systemische Komplexität und Verhalten traten thematisch in den Vordergrund. Es wird ein komplexer Raum oder Sachverhalt von verschiedenen Seiten her betrachtet; so sind die Geofaktoren nicht isoliert, gleichsam als neben- oder übereinander liegend zu sehen, sondern umgreifen denselben Gegenstand, so daß sich die Forschungsinhalte in unterschiedlicher Form durchdringen. Es schält sich ein engeres Miteinander von denjenigen Ansätzen heraus, die sich den Tätigkeiten und Akteuren bevorzugt widmen, während auf der anderen Seite sich solche Ansätze erkennen lassen, die die Werke des Menschen stärker thematisieren. Die Aufgaben der zur ersten Gruppe zählenden Ansätze verteilen sich auf die Bevölkerungsgeographie, die Politische Geographie, die Wirtschaftsgeographie, die Verkehrsgeographie und die neugebildete Sozialgeographie; diese Teildisziplinen arbeiteten bei bestimmten Forschungsobjekten zusammen. Sie orientierten sich häufig an Problemen der Gegenwart, z.B. in der Entwicklungsländerforschung. Eine engere Zusammenarbeit mit den Nachbardisziplinen – Bevölkerungswissenschaft, Politologie, Wirtschaftswissenschaften, Soziologie – ist erkennbar. Die sich den Werken des Menschen widmenden Arbeiten sehen sich dagegen stärker der Genese der Formen verpflichtet; sie sind eng mit der Siedlungsgeographie verbunden, die sich zur Kulturlandschaftsforschung ausweitete und mit den historischen Wissenschaften und den Kulturwissenschaften (z.B. Volkskunde, Siedlungsgeschichte, Archäologie etc.) kooperierten.

Die einzelnen Teildisziplinen:

Bevölkerungsgeographie

Nachdem im 2.Stadium die Bevölkerungsgeographie und auch die Bevölkerungswissenschaft allgemein – die Grenzen sind fließend – nur relativ geringe neue Impulse erhalten hatten, erfuhren sie nun in den 50er und 60er Jahren einen erheblichen Auftrieb (vgl. S.110f). Die Kenntnis der Dynamik demographischer Vorgänge trug dazu bei. So schob sich die Entwicklungsländerproblematik in den Vordergrund, nicht zuletzt veranlaßt durch die Bevölkerungsexplosion in diesen Ländern und deren Dokumentierung durch den demographischen Dienst der UNO. Hinzu kamen die Bevölkerungsverschiebungen – Flucht, Vertreibung – in und nach dem Zweiten Weltkrieg. Neben der Bevölkerungsverteilung und -zusammensetzung nahmen dementsprechend die natürliche Bevölkerungsbewegung sowie die Wanderungen den zentralen Platz in den Forschungen und Darstellungen der Bevölkerungsgeographie ein (vgl. die zusammenfassenden Darstellungen von Kuls 1980; Bähr 1983; Leib und Mertins 1983).

Die Verknüpfung dieser Strukturmerkmale mit den die politischen, sozialen und ökonomischen Situationen charakterisierenden Eigenschaften führte zu neuen Einsichten in das Verhalten der Bevölkerung in den verschiedenen Regionen. Es wurden Modelle entwickelt, die diesen komplexen Sachverhalten gerecht zu werden versuchten. Einzelne Beispiele:

Die Thematik der Tragfähigkeit der Erde wurde erneut aufgegriffen (vgl. S.68). Der Kultur- und Zivilisationsstand, die Art der wirtschaftlichen Betätigung, die Frage des Inputs und Outputs wurden nun behandelt, so daß genauere Aussagen – auch kleine Räume betreffend – möglich wurden. Auf der anderen Seite entstanden Globalmodelle, die das systemische Zusammenwirken von Bevölkerungsentwicklung, Produktivität in Landwirtschaft, Industrie und Handel, Kapitalfluß, verfügbares Land, natürliche Fruchtbarkeit, Ressourcenmenge und Umweltzerstörung einkalkulierten (Meadows, Meadows, Zahn und Milling 1972; unter methodischen Gesichtspunkten Hambloch 1986).

Bei der Erforschung der Wanderungen innerhalb und im Umfeld zentraler Orte wurde stärker zwischen den wandernden Gruppen differenziert und wurden Indikatoren herangezogen, um z.B. die Unzufriedenheit mit der gegebenen Situation zu erfassen, die Wanderungsentscheidungen auslöst (Fliedner 1961). In anderen Arbeiten traten neben das Gravitationsmodell in seinen einzelnen Varianten (vgl. S.470f) regressionsanalytische Wanderungsmodelle, bei denen die für den Wanderungsprozeß wichtigen Faktorengruppen (Faktoren in Verbindung mit dem Herkunftsgebiet und dem Zielgebiet, intervenierende Hindernisse wie Einwanderungsgesetze und persönliche Faktoren wie das Alter oder die Intelligenz) Berücksichtigung finden und Push- und Pull-Faktoren unterschieden werden konnten. Genauer auf die Situation der Bevölkerung selbst gingen probabilistische und verhaltensorientierte Wanderungsmodelle ein; in ihnen wird die Wanderungsentscheidung in den Mittelpunkt gestellt. Z.B. werden die Möglichkeiten erörtert, die Unzufriedenheit mit dem gegebenen Wohnstandort zu mindern; dabei wird nach den Toleranzgrenzen gefragt, die Verbesserung der Transportmöglichkeiten erörtert, die Suche nach dem Standort und die Qualität einer neuen Wohnung thematisiert, berufliche und persönliche Gründe definiert. Gans (1982, S.17) stellte ein Modell vor, das den Entscheidungsprozeß bei Wanderungen erläutert; eine zentrale Rolle spielt dabei der Informationsgewinn („Entropiekonzept").

Ein anderes sprechendes Beispiel: der „demographische Übergang" (J. Schmid 1984). Er wird als Ausdruck einer gesellschaftlichen Umformung interpretiert, führt von einem Gleichgewichtszustand zum andern, wobei die Fertilität mit einer gewissen Verzögerung der Mortalität folgt (Cowgill 1949); die dadurch verursachte Bevölkerungszunahme ist ein Effekt, der unvermeidbar, aber nicht vorgesehen ist. Das überkommene generative Verhalten wird noch eine Zeitlang beibehalten, die Umstellung erfolgt schrittweise. Der Verlauf dieses Prozesses ist kulturspezifisch unterschiedlich. In Europa wird der demographische Übergang im 19.Jahrhundert (Mackenroth 1953, S.56) mit dem Übergang von der Agrar- zur Industriegesellschaft in Verbindung gebracht. In den Entwicklungsländern wird u.a. der Reichtumsfluß zwischen den Generationen betrachtet, der Übergang von der großfamiliären zur kapitalistischen Produktionsweise als entscheidender Faktor angesehen (Caldwell 1976, zit. nach Bähr 1983, S.258 f.).

Politische Geographie

Die Politische Geographie fand nach der Periode des staatlichen Einflusses im Dritten Reich und der Begleitung seitens der deterministisch orientierten Geopolitik nur schwer ihren Weg (dies zeigt das Beispiel Maull 1956). Schöller (1957; 1958) gab bereits deutliche Zielvorgaben in den 50er Jahren. Er forderte eine Bindung der Politischen Geographie an die Sozialgeographie, d.h. eine Berücksichtigung des gesellschaftlichen Gefüges. Nur dadurch würde die Politische Geographie aus dem biologistischen Umfeld herausfinden.

Schwind (1972, S.1 f.) stellte die Prägung der Landschaft durch die Staatstätigkeit in den Vordergrund: Der Inhalt einer Geographie der Staaten „liegt in der Erforschung und Darstellung der staatlichen Gebiete nach ihrer naturräumlichen, sozialgeographischen und wirtschaftsgeographischen Struktur und insbesondere in der Erforschung *jener* in der Landschaft des Staatsraumes enthaltenen Antworten, die eine politisch handelnde Gruppe oder ein ganzes Volk durch seinen Staat auf die Herausforderungen der potentiell wirkenden natürlichen Kräfte sowie auf die Herausforderungen der Geschichte gibt oder gegeben hat".

Hartshorne (1950, S.104 f.) hob den organisatorischen, systemischen Charakter der politischen Einheiten hervor, die Verwaltungsinstitutionen, die Schaffung eines Rahmens, um die soziale und ökonomische Entfaltung zu ermöglichen; auf der anderen Seite steht die Loyalität der Bürger. „Throughout this statement of the organization of the state-area as a unit, the geographer ist primarily concerned with emphasis on regional differences. The state of course is no less concerned to establish unity of control over all classes of population at a single place. In political geography, our interest is in the problem of unification of diverse regions into a single whole; the degree of vertical unification within any horizontal segment concerns us only as a factor aiding or handicapping regional unification". Später (1954, S.178) betonte er stärker den systemischen Zusammenhang, Politische Geographie als „the study of the areal differences and similarities in political character as an interrelated part of the total complex of areal differences and similarities". Auf ähnlichem methodischen Boden steht Prescott (1972/75). Er hob die Bedeutung von politischen Entscheidungen und Handlungen hervor, fragte nach deren Ursachen bzw. Folgewirkungen (S.10).

Boesler (1983, S.29) sprach sich dafür aus, daß sich die Politische Geographie mit der politischen Realität in ihrer Raumabhängigkeit und ihrer Raumwirksamkeit befassen solle; diese Definition umfaßt auch die Prozesse, bezieht das Handeln von Personen, Personengruppen und Institutionen mit ein, „soweit es räumlichen Überlegungen entspringt, auf räumliche Ziele ausgerichtet ist oder räumliche Folgen hat, sowie der Funktionalzusammenhang dieser Aktionen innerhalb des gesamten Prozesses sozialer Entscheidungen." So werden u.a. Rohstoffpolitik und Umweltpolitik behandelt, Wirtschaftsordnungen und politische Systeme.

Wirtschaftsgeographie

Auch in der Wirtschaftsgeographie hatte sich ein deutlicher Wandel vollzogen. Arnold (1985, S.17) definierte die Agrargeographie „als die Wissenschaft von der räumlichen Ordnung und räumlichen Organisation der Landwirtschaft". Während in den 50er Jahren (und mit weiteren Auflagen mancher Lehrbücher bis in die Gegenwart hinein) die Gestaltung der Kulturlandschaft im Vordergrund stand, ist es nun die Agrarwirtschaft selbst, als ein Komplex, der in sich organisiert und räumlich geordnet ist, der sich ökonomisch selbst trägt, in seiner Entwicklung befruchtet oder hemmt, der vom Menschen in bestimmten sozialen Einbindungen geformt wird, und der mit den natürlichen und sonstigen ökonomischen Komplexen in Austausch und Wechselwirkung steht. In ähnlicher Weise zieht bei Brücher (1982, S.6) „die Betonung der industriellen Dynamik und ihrer Wechselwirkungen mit Mensch und Raum als Leitmotiv durch das Buch". Und weiter (S.11): „Der Gegensatz zwischen theoretisch überall möglicher Industrialisierung und der äußerst ungleichen Verteilung der Industrie auf der Erde, aber auch innerhalb kleinster Räume ist gerade der Kern industriegeographischer Fragestellungen".

Schätzl (1978/81, S.16) sagte: „Während sich die Wirtschaftswissenschaft mit ökonomischen Systemen beschäftigt, erforscht die Wirtschaftsgeographie die räumliche Dimension dieser ökonomischen Systeme". Dementsprechend „läßt sich die Wirtschaftsgeographie definieren als die Wissenschaft von der räumlichen Ordnung und der räumlichen Organisation der Wirtschaft". Berry, Conkling und Ray (1976, S.7) zitierten aus einem Report, der vom US National Academy of Sciences' National Research Council 1965 angefertigt wurde, unter dem Titel „The Science of Geography". Es heißt u.a. „...very recently a new synthesis has begun to emerge based upon: (1) the identity of spatial concepts and principles developed in (several) subfields of geography; and (2) emphasis upon the interaction of economic, urban and transportation phenomena in interdependent regional systems that are the material consequences of man's resource-converting and space-adjusting techniques. This emerging synthesis thus results from a concerted application of systems theory within geography“.

Nun sehen wir also das System „Wirtschaft“ selbst im Zentrum der Betrachtung, seine Organisationsformen, seine Verflechtungen mit Natur, Siedlung, Infrastruktur, arbeitenden und konsumierenden Menschen, seinen regionalen Disparitäten. Die Arbeitsperspektive korrespondiert im Grundsatz mit der der Wirtschaftswissenschaft (vgl. S.110f). Die systemische Betrachtungsweise wird z.T. sogar bis auf die Ebene eines einzelnen Bauernhofes herabgeführt (Scrimshaw und Taylor 1980).

Unter die regionalen Schwerpunkte der wirtschaftsgeographischen Forschung treten die hochindustrialisierten Länder wie die Bundesrepublik, auf der anderen Seite aber auch die Entwicklungsländer insbesondere in den Tropen hervor. Jätzold (1970) z.B. untersuchte die Wirtschaftsstruktur Südtanzanias, seine Entwicklungsprobleme und -tendenzen. Er versuchte dabei, den komplexen wirtschaftlichen Sachverhalt aufzudecken. Dies erlaubte auch, Ratschläge für die zukünftige Entwicklung des Landes zu geben.

Am konsequentesten wurde die anthropogeographische Systemforschung in der Ökonomischen Geographie in der ehemaligen DDR sowie in anderen Ländern des ehemaligen Ostblocks angewendet. Die Ökonomische Geographie war vor allem von Sanke (u.a.1956) politisch begründet worden. Sie versuchte nun, die Territorialstruktur des Staatsgebietes in Systemmodellen darzustellen. Die Naturraumausstattung, die verschiedenen Bereiche der Wirtschaft, Siedlungsstruktur, Verkehr und Bevölkerungsverteilung werden eingebracht. Es sind Gleichgewichtsmodelle. Abgesehen von der ideologischen Festlegung wundert es, daß in den einschlägigen ökonomischen geographischen Landeskunden bis in die jüngste Zeit hinein (z.B. Autorenkollektiv 1990) die reale wirtschaftliche Situation so falsch dargestellt und die gravierenden ökologischen Probleme kaum angesprochen wurden. Hier muß man sehen, daß die Forscher so unter dem Druck des Staates standen, daß sie die Wahrheit verdrängten.

Verkehrsgeographie

Wie Otremba und Auf der Heide (1975, S.15) vermerkten, führten die Forschungswege der Handels- und Verkehrsgeographie, die in dem 2.Stadium noch in dieselbe Richtung wiesen, auseinander. Die Handelsgeographie näherte sich der Wirtschaftsgeographie. Die Verkehrsgeographie betrachtete den Verkehr als einen Aspekt der Organisation des Raumes. Damit löst sich der Verkehr von vorgegebenen Bindungen und erscheint als ein eigenes System, das die ökonomischen, sozialen etc. Fakten durchdringt und seinen eigenen Gesetzlichkeiten unterliegt. Taaffe und Gauthier jr. (1973, S.1) schrieben: „...the transportation geographer ist concerned with (1) the particular linkages and flows that comprise a transportation network, (2) the centers, or nodes, connected by these linkages, and (3) the entire system of hinterlands and hierarchical relationships associated with the network. His analysis starts with these patterns, then moves to the processes that have brought these patterns about“.

Wie der Wirtschaftsgeograph die Nähe zu den Wirtschaftswissenschaftlern suchte, der Bevölkerungsgeograph die zu den übrigen Bevölkerungswissenschaftlern, so fand sich auch der Verkehrsgeograph „working more closely with the transportation economist, the civil engineer, and the specialist in business logistics, since the disciplinary lines dividing processes into those that are explicitely spatial and those that are not become less clear“ (Taaffe und Gauthier jr. 1973, S.2). Die wachsende Spezialisierung, vor allem wohl auch eine Folge der Bemühungen um eine Quantifizierung, hat zu dieser Entwicklung beigetragen.

Siedlungsgeographie

Ging es im 2.Stadium noch darum, die Siedlungsformen zu analysieren, genetisch zurückzuverfolgen und kausal zu erklären, so gelangte man nun zu einer ganzheitlichen Schau. Siedlungen erscheinen als Ausdruck der menschlichen Kultur, der Sozialstruktur, der Wirtschaftsintentionen. Nicht nur die Siedlungsform – z.B. die Gewannflur oder die mittelalterliche Stadt – wurden erfaßt, sondern flächenhaft alle Werke des Menschen, also auch Verkehrswege, Zeugen der gewerblichen Wirtschaft oder militärischer Ambitionen.

Eine der ersten Arbeiten dieser Art im ländlichen Bereich ist die von Jäger (1951) über die Entwicklung der Kulturlandschaft im Kreise Hofgeismar. Die Wüstungsforschung erhielt einen ganz neuen Stellenwert. Die Siedlungsgeographie hatte sich gewandelt, sie war Kulturlandschaftsforschung geworden. In Europa, vor allem in Deutschland, verstand sich die Siedlungsgeographie nach wie vor als eine sich an die historischen Disziplinen anlehnende Wissenschaft, fühlte sich dem genetischen Vorgehen verpflichtet. Die Entstehung der Siedlungsformen wurde mit Kolonisationen und Ausbreitungsprozessen in Verbindung gebracht. Die Arbeiten zeigen, daß die kausalgenetische Betrachtung in diesem Stadium der Entwicklung vielfach mit einer rein historisch-geographischen, diachronischen Betrachtung (Jäger 1969) verschmolz. In diesem Sinne ist auch die Arbeit von Born (1974) über die Entwicklung der deutschen Agrarlandschaft zu werten.

Neben solchen komplex-geographischen Arbeiten wurden auch die Formen der Siedlungen selbst aus einer neuen Perspektive untersucht. Czajka (1964) erkannte, daß Siedlungsformen – wenn es sich nicht um reine Übertragungsvorgänge handelt – im Zuge von Kolonisationen einen Entwicklungsprozeß durchmachen. Dieser Ansatz demonstriert, daß wir es mit Formensequenzen zu tun haben, die man zu regionalen Typen zusammenschließen kann. Es ist nicht ohne weiteres möglich, über große Entfernungen ohne genaue Kenntnis des Kolonisationsgefüges Formen miteinander zu vergleichen.

Die Vielfalt der Untersuchungsgegenstände nahm zu; alte Hütten- und Bergbauanlagen (Rippel 1958; Düsterloh 1967), Verkehrswege (Denecke 1969) etc. wurden nun thematisiert und erweiterten unser Wissen vom Aussehen und der Struktur früherer stadtferner Kulturlandschaften.

Die Siedlungsformen selbst wurden nun in komplexen Zusammenhängen gesehen. Beispielhaft sei die Untersuchung der Hausformen von Rapoport (1969, S.VII-VIII) genannt: „The book tries to propose a conceptual frame-work for looking at the great variety of house types and forms and the forces that affect them. It attempts to bring some order to this complex field and thus create a better understanding of the form determinants of dwellings. This is a subject which overlaps many disciplines – architecture, cultural geography, history, city planning, anthropology, ethnography, crosscultural studies, and even the behavioral sciences. It is therefore necessarily cross-disciplinary".

Aber auch die Städte wurden – in Zusammenarbeit mit der Archäologie und den historischen Wissenschaften – neu gesehen. Stoob (1956) und Haase (1960/65) fanden, daß sich im Verlaufe der Entwicklung seit dem frühen Mittelalter immer neue Stadttypen herauskristallisierten, daß es Stadtgründungswellen gab und Zeiten, in denen kaum neue Städte entstanden. Die Stadtkernforschung erhielt Impulse. Neu etablierte sich die historische Stadt-Umland-Forschung (Ammann 1963).

Die Kulturlandschaftsforschung hat also ihre Wurzeln nicht in der Landschaftskunde der 20er bis 50er Jahre, sondern in der Siedlungsgeographie, die ihrerseits – wie auch die Landschaftskunde – auf Schlüter zurückgeführt werden kann. Während man aber die Landschaftskunde als der Gegenwart zugewandte Disziplin charakterisieren könnte, so ist die Kulturlandschaftsforschung eng mit der Geschichtswissenschaft verflochten; sie ist im Umfeld der Historischen Geographie angesiedelt. Ein Überblick über Stand und Methoden der europäischen Kulturlandschaftsforschung gab Jäger (1987).

Versuche, die Kulturlandschaft in die Systemzusammenhänge zu bringen, wurden nur wenig beachtet: Wöhlke (1969) betrachtete „die Kulturlandschaft als Funktion von Veränderlichen". Sie „ist bekanntlich das Ergebnis menschlichen Handelns (Gestaltens) auf der Grundlage der Landesnatur. Diese wird als ‚primäres', die Kultur als ‚sekundäres' Milieu bezeichnet. Natur- und Kulturlandschaften werden durch Prozesse geschaffen und erhalten. Sie sind also die Funktion von Veränderlichen (= Kräften). Dies bedeutet zugleich, daß Landschaften Zustände, d.h. zeitliche Ausschnitte von Prozessen sind. Unterschiede der Landschaften setzen also Unterschiede in den Prozessen voraus" (S.298). Wöhlke entwickelte anhand einiger Beispiele (u.a. Marschhufendorf, Altstädte in Mittel- und Osteuropa) ein Modell von einem System der Prozeßabläufe im primären und sekundären Milieu, das die Landschaftsgenese verständlich machen soll. Sie berücksichtigen die Regelung durch den Markt und die Steuerung durch die Planung.

H.-G. Wagner (1972) untersuchte den „Kontaktbereich Sozialgeographie – Historische Geographie als Erkenntnisfeld für eine theoretische Kulturgeographie". Er vermißte bei den seinerzeitigen theoretischen Ansätzen (Ruppert 1968; Wöhlke 1969; Wirth 1969a; Uhlig 1970 etc.) eine exakte Zielansprache, eine eingehende Beschreibung und Ableitung der allgemeinen Regelhaftigkeiten, die der Kulturlandschaftsgestaltung zu Grunde liegen und meinte, daß darüber hinaus der Versuch fehle, „über fortschreitende Abstraktion die immer noch schwer überschaubare Vielfalt solcher Regelhaftigkeiten der Raumgestaltung auf möglicherweise vorhandene entscheidende gemeinsame Grundlinien zurückzuführen" (S.31). Wagner entwickelte dann ein Modell der raumwirksamen Tätigkeit des Menschen, in dem er die übergeordneten ökonomischen Gesetzmäßigkeiten (Arbeitsteilung, Entwicklung des Kapitalfaktors, Kosten-Preis-Relationen etc.), die Sozialgesetzlichkeit (Normen, Wertsysteme verschiedener Tätigkeiten des Menschen) und als überkommenes Strukturmuster das Naturpotential etc. berücksichtigte und dies alles in einem zweiten Modell in den „historisch-genetischen Ablauf" stellte (S.44 f.). Wagner meinte, daß die Kooperation zwischen Sozialgeographie und Historischer Geographie dazu beitragen könne, die systemtheoretische Vorgangsfolge: „ökonomische Gesetzmäßigkeiten – Modifikation durch gruppenspezifische Verhaltensweisen – Kulturlandschaftsgestaltung" als geographisch relevante Korrelation schärfer zu fassen als dies bisher möglich war (S.48/49). Solch eine Kooperation ist sicher wünschenswert; sie setzt aber ein anderes Konzept voraus; die Gruppierungen wären dabei ins Zentrum zu stellen (vgl. Kap.2).

Landschaftskunde

Die Landschaftskunde wandelte sich. Die konkrete Erscheinung verlor an Interesse, zugunsten der Struktur. Gleichzeitig verlagerte sich der Untersuchungsgegenstand vor allem auf den physischen Bereich der Erdoberfläche. Hier sind die Zusammenhänge zwischen unbelebter und belebter Natur, zwischen Gestein, Boden, Bodengestalt, Klima, Pflanzendecke und Tierwelt ja auch offenkundig; es gibt keine weit ausgreifenden, den sozioökonomischen vergleichbaren Wirkungsfelder; Lebewesen und anorganische Agentien wirken dort, wo sie sind. Die Ökologie gewann in den 60er und 70er Jahren stark an Gewicht. Aus der pflanzensoziologischen Forschung und naturräumlichen Gliederung – wichtigen Triebfedern der Landschaftskunde im 2.Stadium der Entwicklung (vgl. S.75) – wurde Ökosystemforschung. Dieser Ansatz fand seinen Weg über die theoretische Biologie und Ökologie zur Geographie (vgl. S.105). Die Landschaftskunde wurde damit zur Geosystemforschung (Sochava 1972; Schmithüsen 1976, S.241 f.; Klug und Lang 1983; Turba-Jurczyk 1990). Die hier gemeinten Systeme lassen sich modellhaft ebenfalls als Stimulans-Response-Systeme, also als Gleichgewichtssysteme definieren. Ihre Belastbarkeit ist eine der zentralen Fragen, der Regelkreis wurde als entscheidender Baustein erkannt, mit dem das Fließgleichgewicht (Informations- gegen Energie- oder Güterfluß) beschrieben werden kann. U.a. wurde der Naturhaushalt einer Region thematisiert, der Energiefluß zwischen der unbelebten Natur, dem Ökosystem des Bodens, in der Pflanzen- und Tierwelt untersucht, z.T. mit hoher Genauigkeit. Es konnten so Modelle entwickelt werden, die die „Strukturdynamik" z.B. einer Steppenfazies zentralasiatischen Typs verdeutlichen. So läßt sich auch quantitativ der Naturhaushalt eines regionalen Ausschnitts simulieren. Wir haben es bei den Geosystemen mit Ganzheiten zu tun, allerdings nur im Informations- und Energiefluß („vertikales Feld"; vgl. S.245f). Regionale Ganzheiten (im „horizontalen Feld") sind diese Geosysteme nicht.

Der Mensch erscheint in diesen Modellen nur als eine Art, wenn auch als eine Schlüsselart, oder als Störfaktor (Hambloch 1986). Nicht die durch ihn vorgenommene Gestaltung des Systems im Sinne sozialer Prozesse – z.B. Stadt-Umland-Populationen – wird zu ergründen versucht, es sind vielmehr die Belastungen, die er im Rahmen seiner Adaptationsbestrebungen verursacht. „Zur Erhaltung des biologischen Gleichgewichts sind nicht nur Informationen über das natürliche Milieu und die Gesetzmäßigkeiten der Wechselbeziehungen zwischen ihm und dem Menschen nötig, sondern auch eine unmittelbare Beteiligung der Geographen an der Erarbeitung von Maßnahmen zur Verhütung unerwünschter Naturveränderungen und zur Optimierung der den Menschen umgebenden Naturverhältnisse" (Sochava 1972, S.96). Und in einem späteren Beitrag (1974, S.61): „Von größter Wichtigkeit ist die Vorstellung über die realen Systeme in Natur und Gesellschaft. ... Abstraktion und Generalisierung haben methodische Bedeutung und sind wichtige Verfahren der Systemanalyse. ... Die Geographen haben es mit unterschiedlichen Systemen zu tun. Von grundsätzlicher Bedeutung sind davon die Geosysteme (natürliche geographische Systeme) und die territorialen Produktionssysteme". Beide

Typen – dies sei hinzugefügt – sind getrennt zu untersuchen. Ähnlich sah es Schmithüsen (1976, S.284).

Das Konzept einer Landschaft im Sinne eines konkrete und bestimmte Erdräume definierenden Mensch-Natur-Anpassungssystems besteht in einer differenzierten Industriegesellschaft nicht mehr. Die traditionelle Landschaftsgeographie löste sich in den 60er und 70er Jahren auf (Schultz 1980, S.251 f.). Hard (1988, S.265) meinte, daß der Gegenstand Landschaft „verdampfte". Vielleicht ist es, wie oben geschehen, richtiger, zu sagen, daß sich dieses Konzept mit dem Aufkommen der Systemforschung auf die Ökosystemforschung zurückgezogen hat. Die Zukunft dieser Teildisziplin hängt stark von den verfeinerten naturwissenschaftlichen Analyseverfahren sowie von der Fähigkeit ab, die Ergebnisse modelltheoretisch sauber zu erklären. Die Synergetik (vgl. S.167) dürfte hierbei von Bedeutung sein (Turba-Jurczyk 1990, S.95 f.).

Auf der anderen Seite ist die Kulturlandschaftsforschung zu sehen. Schlüter (vgl. S.34f) hatte in seinem Konzept der Geographie des Menschen die Siedlungen als Teil der Landschaft verstanden und sie als seiner Kulturlandschaftsmorphologie zugänglich erachtet. Danach war aber, wie dargelegt (vgl. S.73f), die Siedlungsgeographie andere Wege gegangen. Nun mündete sie wieder in die Kulturlandschaftsforschung ein, gab dieser aber einen neuen Inhalt (vgl. S.117f), so daß kaum mehr ein Anknüpfungspunkt an die traditionelle Landschaftsforschung erkennbar ist.

Rückblickend sei angemerkt: Die Landschaftskunde war ein Zweig der Geographie, dessen Entstehung und Werdegang sich in die allgemeine Entwicklung der Disziplin einordnete. Sie hat wesentlich zur Klärung der Problemfelder inhaltlich-strukturell (im Übergang vom 1. zum 2.Stadium des Paradigmenwechsels), allgemein-speziell (in der Diskussion um die Länderkunde), System-Element (ganzheitliches Konzept im Übergang vom 2. zum 3.Stadium des Paradigmenwechsels) beigetragen. Andererseits, auch die Diskussion um die Berechtigung der Existenz der Landschaftskunde war wichtig und notwendig. Sie ist z.T. aber einseitig geführt worden, berührte nur Teilaspekte. Zudem, nicht nur die Landschaftskunde, auch etliche andere Ansätze aus dieser Zeit werden heute kaum noch diskutiert. Die Landschaftskunde ist wie jedes andere wissenschaftliche Denkmodell im historischen Kontext zu sehen.

Länderkunde

Auch die Länderkunde als wissenschaftliches Forschungsgebiet löste sich auf. Schaefer (1953/70, S.64) sah die eigentliche Aufgabe der Anthropogeographie darin, allgemeingeographische Fragen anzugehen, nach Gesetzen zu forschen (vgl. S.137). Auf dem Geographentag in Kiel (Bestandsaufnahme ... 1970) wurde Kritik an der Länderkunde laut. Schultze (1970) forderte eine ausschließliche Behandlung allgemeingeographischer Themen im Schulunterricht; regionale Beispiele sollten vertiefte Einsichten ermöglichen.

Dennoch entstand – auch vom Markt her gesteuert – eine Vielzahl neuer länderkundlicher Darstellungen. Im allgemeinen folgten sie der traditionellen Linie. Dabei wurden aber nicht nur deskriptiv die Fakten, sondern auch die Probleme in den Ländern dargestellt (z.B. Entwicklungsländer). Diese Schriften erhielten so praktische Bedeutung für den gebildeten Bürger, für den Verwaltungsfachmann, für den Touristen – Länderkunde als Staatenkunde, nun aber auf höherem Niveau (vgl. S.16; 41; 77).

Die methodische Diskussion verstummte aber nicht. Wirth (1978) verteidigte die Länderkunde. Er sah sie als Modellbildung; nach ihm erfüllt sie drei Kriterien: „Sie bildet ab, sie vereinfacht, und sie tut dies zu einem bestimmten Zweck" (S.248). Die Auswahlkriterien sind individuell zu erarbeiten. Das wissenschaftliche Grundproblem der Länderkunde liegt vor allem darin, „daß der Modellbildung und Abstraktion in der Länderkunde ein klares Ziel und ein eindeutiger Zweck fehlen" (S.249). Man kann pragmatisch verschieden vorgehen, je nach den Intentionen. Die Individualität kommt nach Wirth vor allem bei der Darlegung der anthropogeographischen Sachverhalte zur Darstellung. Aber auch hier sind Rahmenbedingungen vorgegeben. Nicht nur Beschreibung und Erklärung, sondern auch die phänomenologische Analyse hat im Rahmen länderkundlicher Arbeit ihren Wert. Unabdingbare Voraussetzung für jede phänomenologische Analyse ist langjährige Vertrautheit mit Land und Leuten sowie ein enges persönliches Verhältnis zu dem darzustellenden Raum.

In ähnlichem Sinne hatte Schöller (1978, S.11) formuliert: „Ich sehe es als Ziel der regionalen Geographie, Länder und Völker, Kulturen und Gesellschaften in ihren spezifischen Lebenswirklichkeiten zu begreifen und sie aus den Bedingungen ihrer eigenen raumbezogenen Entwicklung verstehen und achten lernen". Hier fanden kulturrelativistische Überzeugungen Eingang (vgl. S.29).

Bahrenberg (1979) – in einer Kritik an Wirth – meinte u.a., daß eine wissenschaftstheoretische Begründung einer Natur und Mensch umfassenden Länderkunde kaum möglich sei, es sei denn eine Zweiteilung in „Länderkunde der Natur" und „Länderkunde des Menschen" beabsichtigt (S.153 f.). Der einzig mögliche Weg sei – wenn der Mensch in den Mittelpunkt der Betrachtung gestellt wird (vgl. dazu Wirths Antwort: 1979b, S.160) – eine Länderkunde als hermeneutische Disziplin, Hermeneutik etwa als „Lehre des Verstehens", als Metatheorie der Erkenntnis lebensweltlicher, „ganzheitlicher" Phänomene verstanden, „wozu notwendigerweise immer eine kritische Reflexion auf die historische Subjektivität der Träger der Erkenntnis gehört" (S.155). In ähnlichem Sinne äußerte sich Mügerauer (1981).

Will man über eine schlichte Beschreibung einer Region und ihrer Probleme hinaus eine wissenschaftliche, in sich begründbare Länderkunde erarbeiten, erscheint es notwendig, von den menschlichen Populationen und den Aktivitäten der Menschen, also sozialgeographisch gleichsam von unten sowie historisch-geographisch vorzugehen (vgl. S.197f).

Regionalwissenschaft und Angewandte Geographie

Mit dem Schwinden des Einflusses der Landschafts- sowie der Länderkunde und dem Einsatz quantitativer Methoden (Spatial, Systems approach; vgl. S.142f) wandten sich vor allem die Wirtschafts- und Sozialgeographen vermehrt den Regionalwissenschaften und der Angewandten Geographie zu. Typische Problemkreise waren die ungleiche Entwicklung der Regionen, die Verbesserung der Infrastruktur, die Naherholung und der Tourismus, die Erschließung neuer Wohnflächen etc. So boten die Arbeiten Hartkes und der „Münchener Schule" (vgl. S.133f) etliche Ansatzmöglichkeiten für eine angewandte

Geographie. Steinberg (1967, S.90) betrachtete die Bodennutzung „als Spiegelbild bodenbezogenen, wandelbaren Verhaltens menschlicher Gruppen" und brachte Beispiele aus dem ländlichen Raum (Sozialbrache, Aufforstungen, Vergrünlandung), der Gemeindeplanung etc. Der sozialräumlichen Gliederung maß er eine besondere Bedeutung zu. Vor allem bot die Entwicklungsländerforschung vielfältige Berührungsflächen; es gibt kaum eine Darstellung der Wirtschaft oder der Sozialstruktur eines Entwicklungslandes, die nicht auch Handreichungen für eine sinnvolle Planung enthielte. Beispielhaft seien hier die Untersuchungen von Sandner und Nuhn in Costa Rica (1971) erwähnt.

Nach Boesler (1976/80, S.1 f.) bestanden über Aufgaben und Inhalte der Regional- oder Raumordnungswissenschaft Meinungsunterschiede. Auf der einen Seite gab es die Auffassung, sie müsse in einer interdisziplinär angelegten Bestandsanalyse und Diagnose feststellen, wie das räumliche Potential einer Region durch die Raumordnung verbessert werden kann. Andererseits wurde die Meinung vertreten, die Raumordnungswissenschaft sei eine politische Handlungs- und Verwaltungslehre, die sich mit der Koordination und Kooperation verschiedener Politikbereiche im Staatsterritorium zu befassen habe. Boesler meinte, daß beide Aspekte ausreichend beachtet werden müßten, sowohl das räumliche Ist wie auch das politische Soll. In marktwirtschaftlich orientierten Ländern wurde u.a. die Konzeption einer Regionalpolitik verfolgt, die einen Ausgleich zwischen wachstumsorientierten, stabilitätsorientierten und versorgungsorientierten Strategien anstrebt.

1.3.3.2 Sozialgeographie

Die Sozialgeographie änderte ihre Perspektive. Nun traten neben die statistisch faßbaren Merkmalsgruppen die Sozialgruppen in ihrem Verhalten, als Bestandteil des [3]Raumes.

Es wurde bereits oben von Lebensformgruppen gesprochen und von Völkern mit einem spezifischen Wirtschaftsgeist (vgl. S.86f). Die Betrachtung dieser Gruppen konnte freilich nicht direkt weiter verfolgt werden, ohne daß die Struktur der betrachteten Gruppen näher untersucht wurde. Hartke (1959/69, S.166 f.) brachte das Verhalten als wichtige Eigenschaft in die Diskussion. Wirth (1977, S.167) sah den Interaktionszusammenhang als wesentliches Kriterium, der Mensch erscheint als soziales Wesen. Dieser Homo sociologicus (vgl. S.108f) ist Glied eines Gleichgewichtssystems, das im Produktionsprozeß im Rahmen der arbeitsteiligen Wirtschaft eingespannt ist, ähnlichen Möglichkeiten und Zwängen unterliegt, eine bestimmte Nische in der Gesamtheit eines Systems einnimmt.

Die Systeme, die Verhaltensgruppen und Individuen lassen sich nun aus verschiedener Perspektive betrachten:

1) die Systeme als Ganzes als räumlich und inhaltlich definierte Gebilde und
2) die Verhaltensgruppen lassen sich als konkrete inhaltlich definierte Objekte oder
3) aus strukturell-funktionaler Sicht untersuchen.
4) Die Diffusion von Innovationen verändert Systeme und Verhaltensgruppen.
5) Die Individuen verhalten sich (Mikrogeographie).
6) Marxistische Sichtweise.

Diese Perspektiven sind keine klar definierbaren „Fächer“; sie bilden nur ein vorläufiges Ordnungsinstrument für die Darstellung. Selbstverständlich gibt es breite Überschneidungen. Auch innerhalb dieser Perspektiven ergibt sich ein vielfältiges Bild; es lassen sich jeweils mehrere Ansätze erkennen, die unterschiedlichen Wurzeln entstammen, sich voneinander abheben, sich aber auch gegenseitig befruchten können. Oft sind die Grenzen fließend. Wissenschaftliches Arbeiten vollzieht sich als vorwärts drängender Prozeß, in dem die einzelnen Fragestellungen, Hypothesen, Ergebnisse sich neu bilden, weitergeführt werden, verschwinden. Insofern kann diese Darstellung kein fertiges Konzept darstellen, sondern nur der Versuch, eine gewisse Ordnung zu vermitteln.

Bei der Darstellung der philosophischen Entwicklung in diesem 3.Stadium des Paradigmenwechsels (vgl. S.101f) wurden die Darlegungen Poppers vorgestellt. Die positivistische Grundauffassung bildete die Basis auch für die Sozialgeographie. Vor allem in der quantitativen Sozialgeographie, u.a. beim Herausarbeiten von Regionen, ist diese Vorgehensweise wohl am klarsten erkennbar. Positivisten behaupten, wertfrei zu arbeiten und zu objektiven Erkenntnissen zu kommen. Die marxistische Geographie sieht dies – wie die „Frankfurter Schule“ – anders; wertfreie Wissenschaft gibt es nach ihr nicht – eine Auffassung, die im 4.Stadium größeres Gewicht erhielt (vgl. S.210f).

Sozialgeographische Kräfte (Schöller, Wirth)

Die Betrachtung des Systems als Ganzes aus inhaltlicher Perspektive leitet sich von der im 1.Stadium entwickelten Geofaktorenlehre (vgl. S.33f) her; oft bilden Länderkunde und Landschaftskunde den Hintergrund. Es wird ein einheitlicher vorgegebener Raum angenommen, in den die Menschen und Gruppierungen sich fügen, von Kräften, die den Geofaktoren zuzuordnen sind, gelenkt werden. Zwar ist klar, daß die sozialen Kräfte von anderer Qualität sind als die natürlichen, doch wirken beide Arten auf den Menschen ein, formen ihn und seine Gruppen. Es wird also von einer Bindung des Systems an einen gegebenen [3]Raum ausgegangen, d.h. die gesellschaftlichen Erscheinungen und Aktivitäten ordnen sich diesem ein.

Schöller (1968) versuchte, im Rahmen des traditionellen Systems der allgemeinen Geographie der Sozialgeographie einen Schwerpunkt im System der Geographie einzuräumen und „die Grundlagenforschung der anthropogenen Kräfte von den kulturlandschaftlichen Wirkungsgefügen“ abzusetzen (S.177). „Damit ist zugleich klar ausgedrückt, daß die sozialgeographischen Kräfte ökonomisch-gesellschaftlicher, politischer, religiöser und geistig-kultureller Art in alle Teilbereiche der Wirtschaft, der Siedlung und des Verkehrs hineinwirken“. Die Objekte der sozialgeographischen Forschung sind vorwiegend dynamischer Art; im Gegensatz zu den mehr wirkungsbezogenen Gefügen der Kulturgeographie „baut die Geographie der Bevölkerung, Kultur- und Sozialgruppen in erster Linie auf einer Gesamtheit von beobachtbaren Prozessen auf“ (S.178). Die Sozialgeographie untersucht „die Ausbildung, Differenzierung und Wirkung der sozialen Prozesse und dynamischen Sozialgebilde im Raum“.

Eine große Bedeutung kommt dem menschlichen Verhalten zu; auf individueller Ebene – so Schöller (1968) – wirken vier Faktoren zusammen: Anlage, innere Entwicklung, Umwelt, äußeres Schicksal. Nur abstrahierend können diese Faktoren auseinandergehalten werden. „Gruppenverhalten ist die sich aus Anlage, räumlicher Umwelt, geschichtlicher Entwicklung und gemeinsamen Interessen ergebende Grundeinstellung in der Auseinandersetzung mit der Wirklichkeit, die Voraussetzung landschaftlicher Objektivation“ (S.179). Allgemein-normative Leitmotive im Bevölkerungsverhalten sind z.B. im Gegensatzpaar konservativ-fortschrittlich erkennbar; solche Mentalitätsunterschiede prägen Sozialräume.

Hier werden Anklänge an das Konzept des Wirtschaftsgeistes (vgl. S.86f) erkennbar.

In einem späteren Beitrag betonte Schöller (1977, S.36), daß die räumlichen Fragestellungen im Mittelpunkt der Arbeit stehen sollten. Sozialgeographische Beiträge hätten „zum Verständnis der Raumwirklichkeit beizutragen, konkret, realitätsnah und anschaulich“.

Wirth (1969a; 1979a) entwarf eine Kräftelehre, die den modernen Entwicklungen in der Anthropogeographie Rechnung tragen sollte. Dabei griff er die Gedanken Spethmanns (1928; vgl. S.45) und Busch-Zantners (1937/69; vgl. S.83f) auf. Als Rahmen für das Wirken räumlich differenzierender anthropogener Kräfte nahm er den Naturraum an und die momentane historische Situation; durch den Rückgriff in die Vergangenheit werden Erfahrungshorizonte und Beobachtungsmöglichkeiten einer allgemeinen kulturgeographischen Kräftelehre erweitert (1969a, S.166 f.). Die Kräfte definierte Wirth (1979a, S.229) als Determinanten raumwirksamer Entscheidungen oder als Determinanten regelhaften raumwirksamen Verhaltens. Regelhaft meint, daß beim Menschen – abgesehen von angeborenen Verhaltensmustern – eine Normierung des Verhaltens im Rahmen der Gruppe und Gesellschaft gegeben ist, und weiter, daß ein einheitliches Handeln vieler Menschen vorauszusetzen ist. Handlungen werden als zielorientiertes Verhalten verstanden; ihnen liegen Motive zugrunde, die aber kaum faßbar sind. Wichtiger sind für Wirth die Determinanten; ihre Berücksichtigung läßt die Frage nach den Ursachen überflüssig erscheinen, „Kausalität ist nur eine unter mehreren Formen der Determination“ (1979a, S.230). Angesichts der kaum zu fassenden Zahl der Einzeldeterminanten ist es nötig, ein vereinfachtes Modell zu entwickeln; bei der Auswahl spielen pragmatische Gründe eine wesentliche Rolle. So teilte Wirth die kulturgeographischen Kräfte in wirtschaftliche, soziale und staatlich-politische Determinanten ein.

Die wirtschaftlichen Determinanten sind nach Wirth (1969a, S.168 f.) durch die Wirtschaftswissenschaft und die Regional Science relativ gut erforscht. Die Modelle von Thünen, Christaller und Lösch sind in diesem Zusammenhang zu sehen, zentral-periphere Intensitätsabstufungen, Innovationsausbreitung etc. sind wichtige Themen. Je nachdem, ob man das Verhalten des Menschen im Rahmen eines Konzepts Homo oeconomicus (Optimizer), Homo stochasticus, Satisficer, Decisionmaker sieht, wird man zu unterschiedlichen Ansätzen und Ergebnissen kommen (1979a, S.237 f.).

Unter dem Arbeitstitel „soziale Determinanten“ wurden von Wirth (1969a, S.170 f.) Bestimmungsgründe wie Gewohnheit, Neigung zu Beharrung, Sozialprestige, Mode, Nachahmung, Gruppennorm, social control, Sanktionen etc. zusammengefaßt. Sie haben als meist ungeschriebene Verhaltensnormen und Wertsysteme Gültigkeit, sind aber schwer faßbar. Der von der „Münchener Schule“ vorgebrachte Gruppenbegriff sowie die Verwendung der Grunddaseinsfunktionen wurden von ihm abgelehnt (vgl. S.135f), dagegen empfahl er, das Handlungsmodell von Parsons (1951a,b,c; vgl. S.65f) der Lehre von den sozialen Kräften zugrunde zu legen. Die Interaktionen erhalten so eine besondere Bedeutung auf der Mikroebene, während das kulturelle System auf der Makroebene eine gute Basis zur Erklärung der Regelhaftigkeiten menschlichen Verhaltens im Raum bietet (1979a, S.246).

Staatliche Determinanten sind im weitesten Sinne jene, „die aus dem Bereich von Legislative, Verwaltung, öffentlicher Ordnungsgewalt kommen, die also in der Organisation menschlicher Gesellschaft gründen" (1969a, S.172). So gehören hierher die Determinanten aus dem Bereich der staatlichen Wirtschafts-, Bevölkerungs- und Sozialpolitik.

Wirth betonte, daß diese Determinanten einen breiten Überschneidungsbereich haben. Eine an sich erstrebenswerte Theorie menschlichen Verhaltens im Raum sei bisher noch nicht einmal in groben, skizzenhaften Konturen erkennbar (1979a, S.257). Wichtige Teilaspekte wären: Gewisse physikalische, organische und psychologische Grenzen können nicht überschritten werden. Angeborene Verhaltensmuster steuern die Aktivitäten. Menschliches Verhalten bedeutet Bewegung im Raum, schließt Interaktionen mit anderen Menschen ein; es läßt Regelhaftigkeiten und Grundprinzipien erkennen und gründet auf den täglichen Handlungszusammenhängen und auf der elementaren Lebenspraxis. Unbewußtes Registrieren von Merkmalen steuert zu einem Teil die menschliche Orientierung im Raum; dabei ist ein überaus kompliziertes System von Einstellungen im Hintergrund anzunehmen. Die unmittelbare Umwelt wird durch ein „Sich-Wohnlich-Einrichten" zum vertrauten Bezugspunkt; der vorgefundene Raum wird um- und neugestaltet. Schicksalhafte Züge trägt der jeweilige persönliche Standort im vierdimensionalen Raum.

Eine solche Theorie des menschlichen Verhaltens im Raum würde auf allen Ebenen geographischer Betrachtung deterministische Modelle ermöglichen; die probabilistischen Techniken und Modelle – jetzt noch wichtig für Planung und Prognose – könnten dann entbehrlich werden (1979a, S.260).

Bartels (1980) kritisierte u.a. die zum Teil unklare Terminologie in Wirths Ausführungen. So fragte er, auf welche Gegenstände die Determinanten wirken sollen. Überhaupt meint er, daß althergebrachte Vorstellungen und Konzepte in neuem Gewande vorgebracht würden und daß die neuen Ansätze inkorporiert worden wären, obwohl sie aus einer anderen Grundperspektive heraus verfaßt worden wären. In diesem Zusammenhang sprach er von einer „konservativen Umarmung der Revolution". In der recht scharfen Kritik wird sichtbar, wie in der Sozialgeographie über Jahre hinweg zwei Linien der Entwicklung nahezu ohne Berührung nebeneinander bestehen konnten. Es ist wohl richtig, daß Wirth in seiner Kräftelehre den traditionellen, aus der Länderkunde erwachsenen Vorstellungen nahesteht und versucht, den neueren, dem 3.Stadium angemessenen Ansätze in seinem Konzept einzubauen, während Bartels den Theoriewechsel in seiner Grundperspektive ganz mitvollzogen hat (vgl. S.137f).

Sozialgeographie im Rahmen der Landschaftskunde (Winkler, Carol, Uhlig u.a.)

Wirth hatte versucht, die modernen Forschungsansätze und -methoden in die traditionelle Grundperspektive einzubringen. D.h., der Untersuchende sieht sich einem Geofaktoren-, Kräfte- oder Determinantenkomplex gegenüber und entscheidet, aufgrund bestimmter Kriterien – physiognomische Auffälligkeit, „Raumwirksamkeit", statistische Offenkundigkeit, gesellschaftliche Relevanz, anwendungsorientierte Nützlichkeit, pragmatische Handhabbarkeit etc. –, welche Fakten als geographisch wichtig betrachtet und heraussortiert, zur Erklärung herangezogen werden, welche nicht. Der länderkundliche Ansatz war die Basis.

Ausgehend von der Landschaftskunde entwickelte sich parallel ein weiterer Zweig der Sozialgeographie. Er stellt die Verknüpfung zwischen dem Menschen und seinen Aktivitäten mit der natürlichen Basis in den Vordergrund (Bobek und Schmithüsen 1949; Schmithüsen 1970; 1976). Innerhalb dieses Ansatzes gibt es mehrere Möglichkeiten.

Winkler (1961/69) schrieb, daß die Sozialgeographie nicht die Gesellschaften als regionale Erscheinungen an sich und vergleichend mit zu behandeln habe – dies sei Aufgabe der Soziologie und der übrigen Sozialwissenschaften (S.66); vielmehr sei „die Sicht von der Gesellschaft auf die Landschaft (oder landschaftliche Erdhülle) mit der Grundfrage, inwiefern und inwieweit die menschliche Gesellschaft diese Landschaft mitbestimme und vor allem: ob und inwiefern Landschaften bestehen, die das Stigma menschengesellschaftlicher Einwirkung tragen, Soziallandschaften genannt werden können ... ein spezifisches Problem der Geographie" (S.67). Und später (S.68): „Während die Gesellschaft als Faktor der Landschaft voll und ganz durch die Landschaftsforschung zu untersuchen ist, kann sie als Element (Bestandteil) von dieser nur so weit berücksichtigt werden, als sie zu deren spezifischen Wesen, zu ihrer Eigenart als Phänomen gehört." Sozialgeographie wird hier als „Lehre von den (menschlich-)sozial bestimmten Landschaften, den ‚Soziallandschaften' der Erde" (S.68) betrachtet. In einem (1968 verfaßten) Nachtrag (S.73) meinte Winkler freilich auch, daß Sozialgeographie in weiterem Sinne auch mit der Anthropogeographie gleichgesetzt werden könne, da alles Menschliche gesellschaftlich sei. In engerem Sinne könne sie aber auch als Teilwissenschaft der Anthropogeographie aufgefaßt werden, als Geographie des Sozialen neben einer Geographie des Personalen.

Carol (1963) sah die Sozialgeographie neben der Politischen Geographie und Wirtschaftsgeographie als eine Zweigdisziplin der Anthropogeographie (S.29); eine Siedlungsgeographie gebe es nicht; die Siedlungen dürften nicht „aus dem Zusammenhang der Erdhülle" herausgegriffen werden (S.31). Wenn Carol auch den Begriff Landschaft wegen seiner Vieldeutigkeit durch den Begriff des Geomers ersetzte (S.26, 35), so ist er doch in den Grundzügen mit Bobek und Schmithüsen (1949) einig, daß die Sozialgeographie in engem Zusammenhang mit der Landschaftskunde gesehen werden muß. Die einzelnen Teildisziplinen der Anthropogeographie – unter ihr eben die Sozialgeographie – „sind den hauptsächlichen menschlichen Tätigkeiten nachgebildet, die an der Gestaltung der Erdhülle Anteil haben" (S.29).

Uhlig (u.a.1963) führte sozialgeographische Untersuchungen in Südostasien durch. Im Rahmen eines Organisationsplans der Geographie entwickelte er (1970) seine Vorstellung von einer Geographie, in der er die neuen verhaltens- und systemorientierten Ansätze einzubeziehen versuchte. U.a. schrieb er (S.26): „Neue Feldforschungsergebnisse und theoretische Überlegungen machen es wünschenswert, den Standort der seitdem ausgebauten Methoden, besonders der Sozialgeographie und der Landschaftsökologie, genauer zu bestimmen, sie gegenüber älteren Begriffen abzugrenzen und die Nuancen der Bedeutung – z.B. von Anthropogeographie, Kulturgeographie und Sozialgeographie – zu klären. Weiter muß den sozialgeographisch bestimmten funktionalen Raumgefügen, Prozeßfeldern oder regionalen Systemen, die nicht in die strukturellen landschaftlichen Komplexe einmünden, der ‚logische' Platz im System gegeben werden". Es kommt Uhlig u.a. darauf an, zu zeigen, daß die Einzelfaktoren und Partialkomplexe durch zahlreiche Interrelationen verbunden sind. „Nicht isoliert als solche, sondern in ihrer Einbindung in die natürlichen Wirkungsgefüge und ihre Gestaltung und räumliche Anordnung durch soziale Kräfte werden ja die Gegenstände und Prozeßabläufe erst wirkliche Geofaktoren" (S.35). „Die Dynamik, die in den Wirkungsgefügen des Landschaftshaushalts durch natürlichen Stoffumsatz entsteht, wird in der menschlichen Ökumene von sozialen Kräften getragen" (S.37).

Die Probleme, die sich aus dieser Perspektive ergeben, sind dieselben, die auch die Landschaftskunde belasteten und zur Aufgabe zwangen (vgl. S.119f).

Utrechter Schule (Keuning u.a.)

Die Utrechter Schule der Sozialgeographie hatte – in Fortsetzung der Arbeit im 2.Stadium (vgl. S.80) – vor allem die Klärung der Zusammenhänge zwischen Kulturlandschaftsgestaltung, wirtschaftlicher Tätigkeit und Lebensform der sozialen Gruppe im Blick (Keuning 1951; 1968). Dabei beschränkte sie sich nicht auf die höher differenzierten „Kulturvölker" wie die Soziographie (vgl. S.128). Keuning (1959) sah die Wohlfahrt der Menschen als wichtigstes Ziel (vgl. den Welfare Approach, der eine etwas andere Perspektive einbringt; vgl. S.201). Im Rahmen des „struggle for welfare" (S.10) sind soziale Techniken entwickelt worden. Als „Grundobjekt der sozialgeographischen Wissenschaft" betrachtete Keuning (1968, S.91 f.) die menschliche Existenzweise oder den „Genre de vie" (Vidal de la Blache; vgl. S. 37f). Die Übernahme dieses Konzepts – gegenüber dem Hettnerschen Ansatz (vgl. S.39f) – bezeichnet er sogar als „Kopernikanische Wende" (1951, S.23 f.). Die „Sozialgeographie studiert die menschliche Existenz in einer ganz eigenen Weise, nämlich in deren Gebundenheit an Ort und Stelle, und besonders, als Folge davon, ihre Mannigfaltigkeit und ihre räumliche Verschiedenheit" (Keuning 1968, S.92). So erhält die Wirtschaft eine zentrale Bedeutung (z.B. Ortsgebundenheit der Agrarbetriebe, industrielle Standortfaktoren, Handel und Transport, Konsum; Keuning 1951, S.56 f.). Im Gegensatz zu der Auffassung, nach der die Region vorgegeben ist (z.B. eine natürliche Landschaft), der die menschlichen Erscheinungen untergeordnet sind, ist für die Sozialgeographie „die Region eine Schöpfung der Menschen selber. Sie läßt sich zurückführen auf das eigentliche Objekt der Sozialgeographie, nämlich die räumliche Verschiedenheit der menschlichen Existenzweisen als das Ergebnis eines Zusammenspiels endogener, menschlicher Faktoren und der Eigenschaften des natürlichen Milieus und der Gesellschaft" (Keuning 1968, S.95).

Die räumliche Differenzierung steht im Vordergrund. So erarbeitete Haas (1965) ein sozial-ökonomisches Strukturbild der niederländischen Provinz Limburg, der zentralen Orte und der Entwicklungstendenzen. Diese Untersuchung kommt schon nahe an die auch in Deutschland gepflegten regionalen anthropogeographischen Untersuchungen heran.

Insgesamt wird man sagen können, daß die Utrechter Geographen die Dreiheit von physischer Umwelt, von den Techniken, diese zu nutzen, und der Bevölkerung in ländlichen oder kleinstädtischen Regionen analysierten (v. Pater und de Smidt 1989, S.354). Ihre Arbeiten waren stark praktisch orientiert, anwendungsbezogen. Im Verlaufe der 60er Jahre verlor diese Schule – ähnlich wie die Sozialgeographie im Rahmen der Landschaftskunde – ihren spezifischen Charakter.

Amsterdamer Schule: Soziographie (De Vries Reilingh u.a.)

Auch die Soziographie formulierte sich neu, indem nun stärker die Daten verknüpft wurden, so daß die komplexen Strukturen – in meist kleinen Gebieten – sichtbar werden. Der ganze Bereich sozialen Lebens – Sozialstruktur, Lebensumstände, Geschichte, politische Willensbildung – sollte auf diesem Wege erfaßt werden. De Vries Reilingh (1961) betonte, daß die geographischen Fragestellungen sich mit den Bedürfnissen und geistigen Trends im sozialen Leben entwickelten. Er wehrte sich gegen Keunings (1959; vgl. S.127) Meinung, daß „Wohlfahrt" das zentrale Untersuchungsobjekt der Geographie des Menschen sei und meinte, daß geistige und kulturelle Faktoren wichtiger seien. Je höher entwickelt die Gesellschaft sei, um so mehr spielten gruppenpsychologische und ideologische Motive bei der Bewältigung der Alltagsprobleme eine Rolle (vgl. auch v. Pater und de Smidt 1989, S.54).

Nach De Vries Reilingh befaßte sich die Soziographie – im Unterschied zur Sozialgeographie der Utrechter Schule – nur mit „Kulturvölkern" (1962, S.523). „Soziographie ist also nicht nur die Lehre von der räumlichen Verbreitung sozialer Erscheinungen – das wäre ‚geographische Soziologie' – und ebensowenig nur das Studium der für ein gewisses Gebiet relevanten sozialen Beziehungen und Strukturen – das wäre ‚soziologische Geographie' oder ‚Soziogeographie' –, sondern der ganze Bereich des sozialen Lebens in geographischer Sicht, d.h. unter Einbeziehung von historischen, politischen, wirtschaftlichen und sozialpsychologischen Momenten. Diese komplexe Raum- oder Regionalforschung wird heute immer wichtiger, u.a. auch wegen der wachsenden praktischen Anforderungen von seiten der Orts- und Regionalplanung". Im Unterschied zu den mehr spezialisierten Sozialwissenschaften betont die Soziographie mehr die Synthese im Rahmen eines gewissen Gebietes. Auch die Nachbarwissenschaften liefern Material. Der Soziograph muß breite Kenntnisse aus mehreren Disziplinen haben, um deren Ergebnisse für ein bestimmtes Gebiet koordinieren zu können.

Aus den kleinräumigen induktiven Forschungen heraus wurden auch verschiedene allgemein interessante Schlußfolgerungen gezogen. De Vries Reilingh (1968) erkannte die große Bedeutung der Persistenz (von ihm Konsistenz genannt) im Rahmen sozialer Entwicklung; eine einmal geschaffene Institution, ein Gebäude, ein Gesetz etc. behindern einen raschen Wechsel, wirken stabilisierend auf die sozialen Prozesse. So werden Schwankungen im gegebenen Rahmen aufgefangen. Erst ein dauerhafter Bedarf schafft einen Wandel, veranlaßt neue Investitionen.

Die Soziographie verstand sich als soziale Raumforschung (Maier, Paesler, Ruppert, Schaffer 1977, S.39). So wurde sie für die Regionalforschung und Landesplanung in den

Niederlanden wichtig, näherte sich inhaltlich der „Münchener Schule" der Sozialgeographie (vgl. S.134f).

Der ökologische Ansatz in der Sozialgeographie (Weichhart)

Vor dem Hintergrund der sich aufbauenden Ökologie (vgl. S.105) ist auch der ökologische Ansatz der Sozialgeographie zu sehen. Weichhart (1975) meinte, daß die oft beklagte „Krise der Geographie" vorwiegend als Krise der komplexen Geographie aufgefaßt werden müsse und mit Hilfe des Ökologiekonzepts überwunden werden könne (S.94). Eine kategoriale Unterscheidung von Natur- und Sozialwissenschaften wird zurückgewiesen, die Geographie wird als grundsätzlich in der Lage gesehen, die zwischen Naturplan und Kulturplan bestehenden Zusammenhänge zu untersuchen. So wird einer Ökogeographie das Wort geredet (S.55 f.). In den zu thematisierenden Systemen komme der Information eine wichtige Bedeutung zu; eine „Ökologie des Menschen" müsse so zweifelsohne auch die geistige (und damit die kulturelle, soziale und wirtschaftliche) Dimension der Mensch-Umwelt-Beziehungen berücksichtigen (S.75). Die Umwelt des Menschen sei an sich komplex, wobei mindestens drei Hauptkomponenten zu unterscheiden seien: die physikalische Umwelt, die von der Gesellschaft selbst erzeugten materiellen Kulturausprägungen (Siedlungen etc.) und die Gesellschaft selbst mit ihren unterschiedlichen geistigen, ideologischen, wirtschaftlichen etc. Wertvorstellungen (S.84 f.).

Die Ökologie des Menschen wird nach Weichhart zur methodologischen Schlüsselkonzeption der Geographie. Die Kategorie des „Sozialen" wird relativiert; die sozialen Kräfte werden zwar nicht angezweifelt, die Einbeziehung technischer, wirtschaftlicher, politischer und anderer Wirkfaktoren aber ebenfalls ermöglicht (S.110). Die Fragestellung der Ökogeographie bezieht sich nur auf solche Teilaspekte der Elemente der anthropogeographischen (wirtschaftliche, kulturelle, soziale, biologische und psychologische) Geofaktoren, die mit Elementen der physischen Außenwelt in Beziehung stehen (S.116).

Im Organisationsplan der Geographie rücken „an die Stelle der traditionellen individualisierenden Länderkunde ... die spezielle komplexe Physiogeographie, die spezielle Komplexe Kulturgeographie und vor allem die spezielle Ökogeographie, die mit Hilfe jener allgemeinen Gesetzlichkeiten, die in der generellen Ökogeographie aufzudecken sind, konkrete regionale Systeme der Gesellschaft-Umwelt-Auseinandersetzung erforschen und erklären soll".

„Der Landschaftsbegriff der traditionellen Geographie wird ... durch den ontologisch neutralen Systembegriff ersetzt, der besonders geeignet ist, die Oparationalisierung und Quantifizierung der aufgestellten Hypothesen zu ermöglichen. Die beiden grundlegenden Dichotomien der traditionellen Geographie haben in diesen neu konzipierten Organisationsplan keinerlei Bedeutung" (S.133). Diese Aufassung kann jedoch nicht verhindern, daß – durch den Einbezug der menschlichen Systeme – die gleichen Schwierigkeiten bei der Umsetzung dieses Ansatzes ergeben wie bei der traditionellen Landschaftskunde (vgl. S.119f).

Der anthropologische Ansatz (Hambloch)

Daß im Rahmen der ökosystemaren Perspektive auch moderne – und zwar erdweit sich verstehende – Probleme angegangen werden können, zeigte Hambloch (1983; 1986; 1987). Er formulierte einen anthropologischen Ansatz, fragte, welche Bedeutung – allgemein formuliert und in globalem Rahmen – dem Menschen selbst im Ökosystem Mensch-Natur zukommt. „Geographie wird als eine einheitliche, eigenständige und unabhängige Wissenschaft aufgefaßt, die die Vorgänge im Ökosystem Mensch-Erde erkennen und verstehen will" (1987, S.20). Hambloch hielt eine ganzheitliche Sicht für unverzichtbar: Die Bedrohung des Ökosystems Mensch-Erde durch die technischen Mittel, über die die heutige Zivilisation verfügt, „erzeugt wachsende Unruhe, unter der der Mensch der Gegenwart leidet. Er fragt nach dem Sinn menschlicher Existenz und nach der Zukunft des Menschen, Fragen, denen auch die Kulturgeographie nicht ausweichen kann. Und die Frage nach dem Verhalten des Systemglieds ‚Mensch' (als Operator) führt zwangsläufig zur Anthropologie" (S.9).

Die Evolution hat zu einem unaufhörlich beschleunigten Wachstum von Mustern geführt, zu immer weiter vernetzten und komplexeren Zuständen der Materie. Dies gilt auch für den Gang der Kultur über die Erde (S.13). „Das Ökosystem Mensch-Erde ist nichts anderes als ein vernetztes Gefüge von Elementen: stoffliche und energetische Kreisläufe zwischen Boden, Wasser, Klima, Tier und Pflanze dort; stofflicher und energetischer Eintrag (Input) und Austrag (Output) in das System durch den siedelnden und wirtschaftenden Menschen hier". Wenn Hambloch auch die Einheit der Geographie forderte (S.7 f.; 42 etc.), so trennte er doch zwischen diesen Systemtypen, brachte sie vor allen Dingen nicht in begrenzten Regionen in ihrer inneren Struktur zusammen, soweit nicht die Belastbarkeit selbst angesprochen wurde.

Der verhaltensorientierte Ansatz innerhalb der sozialgeographischen Konzeption birgt nach Hambloch den Keim zur Hinwendung zur Anthropologie (S.37). Im Hinblick auf die Tragfähigkeit der Erde bzw. des Ökosystems Mensch-Erde verlangte er eine „anthropologisch begründete Theorie vom räumlichen Verhalten des Menschen im Ökosystem" (S.38). Anpassungsvorgänge und Willensentscheidungen greifen hier ein. „Anpassungserscheinungen laufen über die Veränderung von Verhaltensweisen" (S.109). „In der Kausalkette spielen ... nicht nur Normen, Pflichtgefühl und Charakter, sondern auch Bequemlichkeit, Gewöhnung und Temperament eine Rolle. Diese Vielschichtigkeit erschwert jede Prognose" (1983, S.97).

Bis zur ersten Zäsur, der Seßhaftwerdung, lebte der Mensch in einer nahezu unberührten natürlichen Umwelt. „Der Mensch braucht einen Naturbezugsraum" (S.108). Seit der zweiten Zäsur, der industriellen Revolution, wird der Mensch der Natur entfremdet. Dies kann zur physischen und psychischen Schädigung führen (S.109). Die Belastung des Ökosystems Mensch-Erde wird immer größer. Wohl ist sich der Mensch der Probleme bewußt, findet aber keinen Ansatz im gegebenen kulturellen und politischen Rahmen, sich den Zwängen zu entziehen.

Der Mensch selbst erleidet in der Gegenwart einen Identitätsverlust durch Entfremdung, d.h. auch einen Verlust des geistigen Erbes der eigenen Kultur (S.141). „Das Leistungsdenken kann zu einer Bedrohung für die Menschlichkeit werden. Die gesellschaftlichen Funktionen werden weniger gelebt als geleistet, und die Träger der Funktionen verlieren sich an anonymen Techniken und Organisationen" (S.142). In diesem Zusammenhang hinterfragte Hambloch die Bedeutung der Handlung. „Handeln ist anthropologisch fundamental ebenso wie die Tatsache, daß der Mensch nur im Kollektiv zum Homo sapiens werden konnte" (S.152). „Es ist aber fraglich, ob soziale Handlungstheorien, die ja auch viel mehr auf das Handeln des einzelnen oder der überschaubaren, definierten Gruppe als auf das der Massengesellschaft zugeschnitten ist, die Kluft zwischen dem Handeln welchen Typs auch immer bei den einzelnen Akteuren und dem Handeln der anonymen Masse überbrücken können" (S.154).

Hambloch ist mit dieser Arbeit in das Problemfeld Individuum-System eingedrungen. Seine Fragen sind allgemein formuliert und global gemeint, betreffen also nicht kleine begrenzbare Regionen, wie es bei den aus der Landschaftskunde entwickelten Ansätzen (vgl. S.125f) der Fall ist. In den Abschnitten über die Mikrogeographie (vgl. S.146f) und die die Handlungen problematisierenden Ansätze (vgl. S.213f) soll einer Reihe von Vorstellungen nachgegangen werden, die die Position des sich erhaltenden und handelnden Individuums in der Gesellschaft thematisieren.

Das Konzept des „Espace social"

In Frankreich hatte sich die Anthropogeographie bis in die 50er Jahre hinein – wenn auch andere Ansätze nicht fehlten – noch stark an das Konzept der Genres de vie des Vidal de la Blache (vgl. S.37f) angelehnt und war so in eine Sozialgeographie gemündet. Nun kamen vor allem von soziologischer Seite neue Anregungen. Chombart de Lauwe publizierte 1952 sein Buch „Paris et l'Agglomération parisienne". Unter Bezugnahme auf Durkheim (vgl. S.28) und Mauss suchte er, den Menschen in seiner sozialen Wirklichkeit zu erfassen. Die vielen Komponenten des sozialen Lebens durchdringen sich und bilden ein unlösbares Ganzes, konstituieren das „phénomène social total". Jede der Komponenten entfaltet sich, prägt dem Raum ihren Stempel auf. So gibt es einen ökonomischen Raum, einen Rechtsraum, einen kulturellen Raum, einen religiösen Raum etc. (Frémont, Chevalier, Hérin und Renard 1984, S.106 f.). Jeder dieser sachlich verstandenen elementaren Räume hat eine Struktur und wird zudem durch die Träger der Funktionen, die Menschen charakterisiert. Der Sozialraum, l'espace social, ist die Synthese dieser elementaren Räume. Er wandelt sich im Laufe der Geschichte. In einem späteren Beitrag (1956; zit. nach Thomale 1972, S.159) differenzierte Chombart de Lauwe zwischen objektivem und subjektivem Sozialraum. L'espace social objectif ist jener Raum, in dem sich das Individuum, eine soziale Gruppe oder eine große menschliche Vergesellschaftung entwickelt, eingebunden in die Strukturen, die von ökologischen und kulturellen Faktoren bestimmt werden, während der espace social subjectif vom Individuum oder Vertretern einer sozialen Gruppe wahrgenommen wird.

So lassen sich zum humanökologischen Ansatz (vgl. S.136f) Verbindungen knüpfen. Die sozialen Beziehungen manifestieren sich in räumlichen Verteilungsmustern, und umgekehrt können die vom Menschen bestimmten Räume nicht ohne Einbeziehung der Verknüpfungen der Gesellschaft verstanden werden (Frémont 1976, zit. in: Frémont, Chevalier, Hérin und Renard 1984, S.108). L'espace géographique versteht sich weitgehend als Projektion der Gesellschaft auf den Raum. Die Gesellschaft ergibt sich aus den Beziehungen, die sich zwischen den Menschen entwickelt haben, die in der Produktion und in der Reproduktion des Raumes engagiert sind. So besteht ein dialektisches Verhältnis von Gesellschaft und Raum (Isnard 1978, zit. in Frémont, Chevalier, Hérin und Renard 1984, S.108). „L'espace social est le niveau supérieur, le niveau le plus englobant, le plus complexe de l'espace géographique. S'y inscrivent de façon interdépendante, les rapports sociaux et les rapports spatiaux tant dans le domaine des activités économiques que dans ceux des pratiques spatiales, sociales et culturelles" (Frémont, Chevalier, Hérin und Renard 1984, S.108).

Der espace social erhält in erster Linie von den Beziehungen im Produktionsprozeß seinen Zuschnitt, ist also ökonomisch bestimmt. Dies gilt sowohl im Hinblick auf die Landwirtschaft als auch auf die Industrie. Sodann sind die Formen der Gesellung wichtig, die Gruppierungen wie die Familien und die komplexeren sozialen Organisationen, Stämme, Kasten, soziale Klassen etc. Drittens ist der espace social ein „espace architectural", der von Wohnungen, Häusern, Straßen, Vierteln, städtischen Agglomerationen oder ländlichen Dörfern gebildet wird (Frémont, Chevalier, Hérin und Renard 1984, S.108 f.). Und schließlich ist der espace social auch ein Raum des Risikos und der Einsätze (enjeux) sowie der Konflikte (conflits), wobei die Wirtschaft, die Politik und Ideologie den Hintergrund bilden.

„Espace du travail et du capital, des enjeux et des conflits, des pratiques sociales ou des rapports sociaux inscrits dans l'architecture, l'espace social est, dans chacune de ces dimensions, simultanément produit, représentation et symbole par lesquels s'exprime la dialectique du social et du spatial" (Frémont, Chevalier, Hérin und Renard 1984, S.118).

Das Objekt der Sozialgeographie läßt sich, wie Frémont (1984, S.40) meinte, dadurch umschreiben, daß man die „faits sociaux" in ihren Verknüpfungen sehen müsse und in ihren Beziehungen zu und Interferenzen mit den geographischen Faktoren. „La géographie sociale se définit complémentairement comme une géographie des faits sociaux et comme une sociologie des faits géographiques". Die Betonung liegt auf den Beziehungen; damit wird im Hintergrund das Systemkonzept sichtbar.

Zur Unterscheidung der Forschungsgebiete der Soziologie und Sozialgeographie meinte Chapuis (1984, S.43): „La sociologie est l'étude des sociétés, c'est-à-dire d'ensembles d'hommes qui vivent en groupes organisés et qui tissent entre eux un ensemble de relations complexes. La géographie sociale est l'étude spatiale des sociétés, c'est-à-dire qu'elle étudie les sociétés sous l'angle de l'espace."

Typische Themen sind das Wohnumfeld, die Segregation sozialer Gruppen in den Städten, der Prozeß der Urbanisierung z.B. um Paris oder an der Mittelmeerküste, soziale Gruppen in ländlichen Gebieten und das Besitzgefüge im Agrarraum, Fragen der Raumplanung etc. Derruau (1968) und Hérin (1984) vermittelten über die jüngeren Entwicklungen in der französischen Sozialgeographie einen Überblick.

Betrachtung der Verhaltensgruppen

In den 50er und 60er Jahren wurde das Landschaftskonzept durch den Verhaltensansatz abgelöst (Hard 1988, S.265). Der Begriff Verhaltensgruppe bezieht sich auf einen Vergesellschaftungstyp, der sich von dem der Merkmalsgruppen der funktionalen Betrachtungsart unterscheidet (vgl. S.89f). Während sich diese als Menge von Individuen mit bestimmten gleichen Eigenschaften – lediglich mit Aufgaben für ein Ganzes bedacht – darstellen und eine statistisch ermittelbare [2]räumliche Verteilung besitzen, werden Verhaltensgruppen durch ihre Tätigkeiten, ihre [3]Raumwirksamkeit definiert; ihre Mitglieder leben und gestalten ihre Umwelt in gleichartiger Weise, reagieren gleichartig auf Einflüsse von außen, d.h., sie verhalten sich gleichartig. Verhaltensgruppen können als Lebensformgruppen einen bestimmten Lebensraum bewohnen, die Umwelt gestalten; sie können aber auch – in der arbeitsteiligen Gesellschaft – als Sozialformationen miteinander vergesellschaftet sein (vgl. S.463f). Ein ausschließliches und unmittelbares Zusammenleben ist nicht erforderlich, wohl aber eine Verteilung der Mitglieder, die Kontakte ermöglicht. Verhaltensformgruppen zeichnen sich durch ähnliche Reaktionsweisen und Aktivitäten aus, wie sie sich z.B. in sozialen Kontakten vielfältiger Art und gleicher Grundorientierung äußern (familiäre Verflechtung, soziale Kontrolle, gemeinsame Normen und Moralvorstellungen, evtl. Kleidervorschriften, lebhaftes Vereinsleben etc.). Dies kann man als Interaktionszusammenhang deuten. Im Hinblick auf die wirtschaftlichen Aktivitäten sind die Mitglieder dagegen auch Konkurrenten, wenn auch ihre Grundeinstellung (Wirtschaftsgeist; vgl. S.86f) gleichartig ist. (Über die Position des Verhaltens als Mittler zwischen individueller Handlung und systemischem Prozeß vgl. S.298f).

(Der Ansatz von Hartke)

In Deutschland haben sich vor allem Hartke und seine Schüler („Münchener Schule") mit Verhaltensgruppen befaßt und Methoden zu entwickeln versucht. Es ist klar, daß es nur selten statistische Daten gibt, die diese Gruppierungen und ihre Position im System der Gesellschaft eines Raumes befriedigend wiedergeben könnten. Deshalb kommt Indikatoren eine wichtige Rolle zu.

Hartke ging bei seinen sozialgeographischen Untersuchungen im agrarisch geprägten Raum von der Frage des Einflusses sozialer Strukturwandlungen auf die Landschaft aus (1953, S.12), betonte die Unterschiedlichkeit von der natur-ökologisch orientierten Anschauung der Landschaftskunde und einer die Mehrschichtigkeit in der gesellschaftlichen Struktur der menschlichen Gruppen verfolgenden sozialgeographischen Arbeitsweise und meinte, daß sich die Wirkung der sozialgeographischen Einflüsse auch in den den verschiedenen Schichten zugeordneten Teilen des Landschaftsgefüges verschieden bemerkbar machen.

Um die Lebensprozesse der sozialen Gruppen präziser fassen, in Räumen gleichen sozialgeographischen Verhaltens ermitteln zu können, fragte Hartke nach typischen Merkmalen im Landschaftsbild, um sie kartieren und analysieren zu können. „Mit der Benutzung derartiger Indizes ist es in der Landschaft möglich, wie auf einer photographischen Platte Aktionen und Reaktionen zu registrieren, die sonst oft erst viel später u.U. lange nach Ablauf des eigentlichen Prozesses in den üblichen statistischen Erhebungen oder in Beobachtung von Fluren faßbar werden oder auch gar nicht, weil niemand bei der Aufhellung der Arbeitsprogramme der Statistik wissen konnte, daß irgendein Prozeß bzw. Phänomen einmal so große und typische Bedeutung für die Erkenntnis der Struktur, d.h. das gruppenmäßige gleiche Verhalten des Menschen eines Gebietes haben würde" (1959/69, S.168).

In diesem Sinne untersuchte Hartke (1953; 1956a) kleinräumig, d.h. auf Parzellen- und Gemeindeebene, die „Sozialbrache" und interpretierte sie als Zeugnis sozialen Umbaus. In ähnlicher Weise verstand er (1957/69) den Zerfall der Wiesenbewässerungsanlagen im Spessart und kartierte hier Gebiete gleichen sozialräumlichen Verhaltens. Hartkes Untersuchungen zielen also einerseits auf das Verhalten der betroffenen Menschen, andererseits aber auch auf die Darstellungen der Wandlungen selbst.

Dies gilt auch für die Untersuchungen, die die sozialen Gruppen selbst zum Gegenstand haben, so die Hütekinder im Vogelsberg (1956b). Das Phänomen der Hütekinder ist eine Begleiterscheinung struktureller Armut; insofern sind die Mißstände nicht leicht zu beseitigen. „Die Wirtschaftsstruktur bedingt die Hütekinder, und die Hütekinder helfen, eine überholte Wirtschaftsstruktur zu konservieren" (S.25). Ähnlich ist das Problem der Hausierer in Süddeutschland (1963/69) zu sehen. Hartke schildert die Lebensumstände dieser Gruppen und ihre Erhaltung bzw. Umorientierung unter den Zwängen der ökonomischen Struktur in der Umwelt. Er sah diese Untersuchungen als „Beiträge zu der Entwicklung einer Kräftelehre der Geographie des Menschen", als „einen Baustein zu den Grundlagen einer sozialgeographischen Theorie der Entwicklung" (1963/69, S.439).

Hartke strukturierte mit seinen Arbeiten gedanklich bereits eine anthropozentrische Sozialgeographie vor (Thomale 1978, S.89). Diese Perspektive gewann später, vor allem im 4.Stadium des von uns vorgestellten Paradigmenwechsels, große Bedeutung.

(Die Münchener Schule der Sozialgeographie)

Ruppert und Schaffer, Maier und Paesler bauten in ihrem Ansatz u.a. auf Hartke auf, setzen aber auch neue Akzente. Schaffer (1968b, S.205) und Ruppert (1968, S.171) sahen die Landschaft als ein Prozeßfeld; die Sozialgruppen sind nicht nur als Träger von Funktionen zu sehen – wie Bobek (1948/69, S.50; vgl. S.84f) es getan hatte –, sondern auch als Träger räumlicher Prozesse. „Die Reaktionskette, die zum räumlichen Prozeß führt, kann z.B. über folgende Stationen laufen: 1. Veränderung der Wertvorstellung, d.h. die Wertschätzung, die eine Sozialgruppe sozialen, wirtschaftlichen oder natürlichen Gegebenheiten beimißt, kann sich mehr oder weniger rasch ändern. Dadurch wandeln sich 2. bestimmte wirtschaftliche und soziale Verhaltensweisen, die 3. neue soziale und wirtschaftliche Prozesse induzieren können, die 4. nach gewisser Laufzeit konsistente Muster umbauen, dadurch in räumliche Prozesse umschlagen und folglich neue sozialgeographische Raumstrukturen hervorbringen" (Schaffer 1968b, S.206). Dabei haben die verschiedenen Sozialgruppen ihre gruppenspezifischen Reaktionsreichweiten (Ruppert 1968).

Die Prozesse vollziehen sich im Rahmen von Daseinsgrundfunktionen (oder Grunddaseinsfunktionen); sie sind Überlegungen von Partzsch (1965; 1970a,b) entlehnt, der aus der Sicht der Raumforschung versuchte, die Raumansprüche der Gesellschaft („Funktionsgesellschaft") zu ordnen. Er unterschied als Daseinsgrundfunktionen

- Wohnung; sie wird von Partzsch mit dem Streben des Menschen, „die ihm adäquate Kultur zu schaffen" (1970a, S.426) gekoppelt.

- Arbeit; jeder Mensch ist in den Arbeits- bzw. Produktionsprozeß einbezogen oder zumindest von ihm existentiell abhängig.
- Versorgung; hierunter wird das potentielle Angebot von materiellen Gütern und Dienstleistungen (Handel, Handwerk, öffentliche Verkehrs- und Transportmittel, Verwaltungs-, Kultur-, Aus- und Fortbildungs-, Informations- und kirchliche, gesundheitspflegerische und rekreative Einrichtungen) verstanden.
- Bildung; d.h. Schul- und Berufsausbildung und -fortbildung sowie sog. Allgemeinbildung (mittels Büchereien, Lesesäle, Volkshochschulen, Theater, Konzertsäle).
- Erholung; Naherholung in leicht erreichbaren Gebieten (Wälder, Parks, Wiesen, landschaftlich reizvolle Gebiete, Grünflächen, der Entspannung und dem Sport dienende Einrichtungen) ist bedeutsamer als das Phänomen der außerhalb der Wohn- und Arbeitsgemeinde verbrachte Jahresurlaub.
- Verkehr; Nah- und Fernverkehrsfunktionen sind zu berücksichtigen.
- Kommunikation (Leben in Gemeinschaft); diese Funktion findet ihre Ausprägung in vielen Gemeinschaftsordnungen (Familie, Verwandtschaft, Freundeskreis, Heimat- bzw. Wohngemeinde, Glaubensgemeinschaft, Berufs- und Interessengemeinschaft etc.). Schaffer (1968b, S.204) sah auch die Funktion „sich fortpflanzen" hier einbezogen.

So ergibt sich als Definition (Schaffer 1968b, S.205): „Die Sozialgeographie will als Wissenschaft von den räumlichen Organisationsformen und raumbildenden Organisationsprozessen der Grunddaseinsfunktionen menschlicher Gruppen und Gesellschaften verstanden sein".

Die Daseinsgrundfunktionen sind also ganz auf die raumordnerische Praxis bezogen. Dies hat sich für die weitere Entwicklung der Sozialgeographie als sehr fruchtbar erwiesen; viele wertvolle, oft unmittelbar anwendungsbezogene Arbeiten sind in der Münchener Schule der Sozialgeographie entstanden. Insbesondere ist die Geographie des Freizeitverhaltens hier hervorzuheben. In einem Lehrbuch gaben Maier, Paesler, Ruppert und Schaffer (1977) einen guten Überblick über ihre Konzeption.

Andererseits ist unverkennbar, daß eine systematisch-logische Begründung dieser Funktionen nicht leicht ist. Leng (1973, S.124 f.) wies – aus marxistisch-geographischer Sicht – auf die Unvergleichlichkeit der „Arbeit" mit den übrigen Daseinsgrundfunktionen hin. Überhaupt werde das politisch-gesellschaftliche Umfeld nicht richtig gewichtet. „Die territorialen Strukturen einer Gesellschaft werden durch die Lokalisation bestimmter Einrichtungen ‚funktionierender Stätten' festgelegt, an die der räumliche Ablauf des gesellschaftlichen Produktions- und Reproduktionsprozesses gebunden ist." Hierzu gehören die Einrichtungen, die mit den Daseinsgrundfunktionen gekoppelt sind. Die Entscheidungskompetenz liegt bei Unternehmen oder staatlichen Institutionen. Es sei nicht möglich, vom Raumverhalten der Individuen her die „räumliche Organisation des Lebens der Gesellschaft" zu begreifen (S.129 f.). Auch Wirth (1977) hat in einer ausführlichen Besprechung auf die Unvergleichlichkeit verschiedener Daseinsgrundfunktionen hingewiesen (S.171) und meinte, daß die Möglichkeit einer Verortung und der Umsetzung in gegenwartsnahe und gesellschaftsrelevante Curricula (Birkenhauer 1974) kein Argument für theoretische Tragfähigkeit biete. Die Diskussion des Gruppenbegriffs (z.B. Ruppert und Schaffer 1969, S.211 f.) ist sicher problematisch. Die Fixierung auf „sozialräumliche Reaktionseinheiten" verstellt den Blick; vielleicht hätte man, wie

Wirth (1977, S.167) vorschlug, den Begriff der Gruppe auch mit dem Interaktionsbegriff in Zusammenhang bringen können.

Wenn jedoch Wirth (1977, S.170) schreibt: „Eine sozialgeographische Betrachtung müßte doch eigentlich vom Standort einer Funktion oder von der Funktion eines Standorts, nicht hingegen von der Funktion irgendwelcher Gruppierungen von Menschen ausgehen; denn das räumliche Interaktionsmuster wird durch Standorte, nicht durch Funktionen geprägt“, so ist auch dies problematisch; denn kann man im vorhinein – ohne die ja erst nach einer Analyse möglichen Kenntnisse der strukturellen Zusammenhänge des komplexen Systems – wissen, daß „das räumliche Interaktionsmuster durch Standorte, nicht durch Funktionen“ geprägt wird? Stellt man die Prozesse in den Mittelpunkt, so ist es durchaus nötig, nach ihrer Motivation bzw. – von dem systemischen Zusammenhang aus betrachtet – nach der Funktion zu fragen. Es erscheint unter diesem Gesichtspunkt auch nicht unproblematisch, wenn Werlen (1988a, S.230) meint, „die ‚Münchener Konzeption der Sozialgeographie' von Ruppert und Schaffer (1969, 1977), die sich um eine Synthese der Grundgedanken der ‚funktionalen Phase' sowie derjenigen von Bobek und Hartke bemüht (1969, 208 f.), ist auf dem Wege der Entwicklung der Sozialgeographie zu einer sozialwissenschaftlichen Disziplin als ein Rückschritt auszuweisen“. Sicher werden die Gruppen- und der Prozeßbegriff in dem „Münchener Konzept“ nicht klar hinterfragt, und auch der Funktionsbegriff – ohne Kenntnis des Ganzen – ist unzureichend definiert; andererseits erscheint es verdienstvoll, überhaupt die Funktionen wieder in den Blickpunkt gerückt zu haben; die Anregungen Bobeks (1948/69) waren ja in der Zwischenzeit nicht wieder aufgegriffen worden. Freilich, erst in einem Konzept, das die Nichtgleichgewichtssysteme, die strukturerhaltenden und strukturverändernden Prozesse in den Mittelpunkt stellt, wird den Funktionen – wenn auch inhaltlich anders definiert und in anderer Systematik – wieder der ihnen gebührende Platz zugewiesen (vgl. S.294f).

Humanökologischer Ansatz

In Amerika weiteten sich die Forschungen im Gefolge des humanökologischen Ansatzes gerade in der Geographie sehr stark aus. Die Gemeinde gelangte in den Mittelpunkt des Interesses, insbesondere die Stadt. Nun wandte sich die Forschung der unterschiedlichen sozialen Entwicklung in den verschiedenen Teilen der Stadt zu, ging also differenzierter vor als früher (vgl. S.81f); es wurde insbesondere die Entstehung der Ghettos und Slums sowie anderer Sozialformationen (vgl. S.463f) – auch hier handelt es sich um Verhaltensgruppen – in den USA und Kanada sowie in Australien und Südafrika untersucht. Dabei wurden wichtige Analysen getätigt, Analysen der verschiedenen an dieser Entwicklung beteiligten Parameter, so das Einkommen, die Wohnungssituation, die Unterprivilegierung der Bewohner, die Arbeitslosigkeit, die Infrastruktur, die Rassendiskriminierung etc. Daraus konnten Modelle formuliert werden, die das Zusammenwirken beschreiben (Timms 1971; einführend Knox 1982).

Auch die Stadtmodelle – in Fortsetzung von Burgess – wurden präzisiert. Vor allem Lichtenberger (1981) versuchte, die Zonen der Flächennutzung und der sozialräumlichen Differenzierung darzustellen und u.a. in Abhängigkeit vom Bodenpreis und als Ergebnis eines dynamischen Entwicklungsprozesses darzustellen. Sie kam dabei zu

Übergangsgebieten mit sozialer Auf- bzw. Abwertung. Zwischen dem Typus der nordamerikanischen Stadt (Beispiel Chicago) und der mitteleuropäischen Stadt (Beispiel Wien) bestehen signifikante Unterschiede.

Der Aufbau der Städte und das Wanderungsverhalten der verschiedenen Sozialschichten wurden weltweit, insbesondere in den Entwicklungsländern untersucht, und zwar unter dem Eindruck der dramatischen Bevölkerungszunahme. Z.B. wurden die lateinamerikanischen Städte von Sandner (1969), Brücher und Mertins (1978), Bähr und Mertins (1981) untersucht. Dabei ist den innerstädtischen und randstädtischen marginalen Vierteln in besonderer Weise Aufmerksamkeit geschenkt worden.

Diese Sichtweise wurde auch aus der Gemeindeebene herausgehoben und generalisiert, auf die nationale und die internationale Ebene gebracht. Es formierte sich eine Geographie der Ungleichheit (als Beispiel eines Lehrbuchs: Coates, Johnston und Knox 1977; vom Grundsätzlichen her: Bartels 1978), so daß die Problembereiche der Slums, der Notstandsgebiete und Entwicklungsländer (z.B. Dickenson u.a. 1985) aus demselben Ansatz heraus angegangen werden konnten.

Choristisch-chorologischer Ansatz (Bartels, Kilchenmann u.a.)

Nicht nur durch den Verhaltensansatz wurde das traditionelle Landschaftskonzept abgelöst, sondern auch vom Spatial Approach (Hard 1988, S.265); es hatte sich vor allem in den USA die „quantitative Revolution" vollzogen. Die Innovationsforschung gab zusätzlich Impulse (vgl. S.144f).

Voraussetzung für diese Entwicklung war die Anerkenntnis des nomologischen Charakters der Geographie. Schaefer (1953/70) wandte sich – allerdings auf der Basis grober Vereinfachung (Wardenga 1987, S.206) – entschieden gegen die Auffassung von einer im Kern idiographisch ausgerichteten Geographie (S.52 f.), wie sie von Hettner (1927; vgl. S.39f) und Hartshorne (1939/61) vertreten wurde. Er lehnte auch die Landschaftskunde ab, weil sie eine Typologie von – inhaltlich verstandenen – geographischen Einheiten anstrebe; dies setze die Existenz von Ganzheiten voraus. „Wir dagegen, von unserem Standpunkt aus, bezweifeln, ob irgendeine geographische Einheit, Region oder nicht, eine Ganzheit in diesem methodologischen Sinne ist" (S.62). Vielmehr solle die Geographie nach der Erkenntnis von Gesetzen streben, sie sei eine nomothetische Disziplin wie alle anderen Sozialwissenschaften auch. Während diese sich aber vor allem auf die Entdeckung von Ablaufgesetzen konzentriere, forsche der Geograph nach räumlichen Gesetzen. „Rein geographische Gesetze enthalten keinen Hinweis auf Zeit oder Veränderung. Damit soll nicht bestritten werden, daß die räumlichen Strukturen, die wir erforschen, wie Strukturen überall, das Ergebnis von Prozessen sind. Der Geograph jedoch befaßt sich mit Strukturen meistens, wie er sie findet – fix und fertig... Er stellt ... eine räumliche Korrelation fest, die ein morphologisches Gesetz darstellt" (S.60). Bartels, der diesen Text übersetzt hatte, merkt hier an, daß dieser Meinung – im Jahre 1970 – nur noch sehr bedingt zugestimmt werden kann.

Bartels (1968a) erarbeitete seinerseits vor diesem Hintergrund eine breite methodologische Basis für die Anthropogeographie und begründete den choristisch-chorologischen Ansatz.

Dieser Begriff leitet sich aus den – schon früher im Rahmen des funktionalräumlichen Ansatzes erwähnten (vgl. S.89f) – zwei räumlichen Betrachtungsweisen her:

1) Mit dem Regionsbegriff wird das choristische Prinzip verbunden; es meint regional deskriptiv. Mit ihm werden die meisten Erfahrungen der Disziplinen taxonomisch beschrieben, identifiziert und erläutert (Bartels 1968a, S.87). Dieses Deskriptionsschema wird seit langem als choristisch-geographische Betrachtungsweise angesehen, die Tradition seiner Verwendung reicht bis in die Anfänge des Faches zurück (von Richthofen; vgl. S.33f).

2) Mit dem Feldbegriff wird das chorologische Prinzip verknüpft. Unter Feld wird etwa der Wirkungsbereich einer Veränderlichen verstanden; Feld ist Bestandteil einer geographischen Theorie distanten Zusammenhangs und bedarf daher jeweils der Bezugsbasis zur vollständigen Erklärung dieses Zusammenhangs (Bartels 1968a, S.111).

Mit dieser genauen Festlegung wird einer Quantifizierung das Tor geöffnet. So werden im Rahmen des choristischen Begriffsrahmens Gebiete inhaltlich typisiert, Verbreitungsmuster behandelt, Areale definiert. Zum chorologischen Untersuchungsspektrum zählen funktionale räumliche Zusammenhänge, Prozesse und Handlungen in Abhängigkeit von Distanzen, ökonomische Standorthypothesen. Dabei ist die Frage der Distanzen nicht nur geometrisch zu sehen, sondern auch im Zusammenhang mit dem Ablauf der Prozesse („soziale Distanzen“; Bartels 1974, S.18 f.). Bei Behandlung der Prozesse kommt der zeitliche Aspekt zur Geltung (Bartels 1970a, S.24, 38).

Die Nähe zu den Regional Sciences wurde von Bartels ausdrücklich betont (1968a, S.172 f.). Innerhalb der Geographie des Menschen werden Wirtschafts- und Sozialgeographie als zusammengehörig betrachtet. Die in ihr zur Geltung kommende sozialwissenschaftliche Grundperspektive hebt sich von der naturwissenschaftlichen Grundperspektive ab. Auf der sozialwissenschaftlichen Ebene überschneiden sich etliche Bereiche unterschiedlicher Ausrichtung; die Wirtschafts- und Sozialgeographie erscheint hier (in einem Venn-Diagramm) als Überlagerungsbereich im Sinne von verschiedenen Ansätzen, die der choristisch-chorologischen Methodik verpflichtet sind (Bartels 1968a, S.180 f.). Eine klare Definition des Inhalts der Geographie des Menschen wird von Bartels 1968 noch als verfrüht betrachtet; in einer späteren Arbeit (1970a, S.33) schreibt er: „Die Aufgabe des Fachs ist die Erfassung und Erklärung erdoberflächlicher Verbreitungs- und Verknüpfungsmuster im Bereich menschlicher Handlungen und ihrer Motivationskreise, wie sie im Rahmen von mehr oder weniger organisierten Institutionen, Gruppen, Verhaltensnormen und anderen Kulturbestandteilen, nicht zuletzt technischem Wissen und zuhandenen Ressourcen existieren“. Als erste Stufe einer wirtschafts- und sozialgeographischen Analyse sieht er eine erdräumliche Fixierung der Standorte aller begrifflichen Elemente (Aktivitäten, Gruppen, Interaktionsmuster etc.) und Beschreibung ihrer chorischen Verteilung. Die zweite Stufe ist die Untersuchung von Regionalzusammenhängen; dabei werden die Verteilungsmuster miteinander korreliert (z.B. Flächennutzung und Grundstückspreise, Einkommenshöhe und Verkehrsaufkommen etc.). Die dritte Stufe ist die chorologische Modellbildung, d.h. mit menschlichen Aktivitäten und Interaktionssystemen in ihrer erdräumlichen Distanzabhängigkeit. Dabei ist von der räumlichen Beweglichkeit des Menschen auszugehen (Migration, Aktivitäten wie Arbeiten, Bilden etc.), im Tages-, Jahres- und Lebensrhythmus (Bartels 1970a, S.34 f.). Viele Aktivitäten und ihre Motivationen lassen sich nicht direkt beobachten, sondern nur theoretisch formulieren. So ergeben sich aus dem Vergleich verschiedener Handlungszusammenhänge bestimmte Wertemuster. Andererseits lassen sich Aktivitäten und Verhaltungsgrundlagen vielfach durch ihre physischen Manifestationen erkennen; Beobachtungsgrundlage ist also oft die Physiognomie, die auf ihr bauende Methode erwächst aus der Tradition der Landschaftsbeobachtung (Bartels 1970a, S.34), d.h. die Artefakte der menschlichen Aktivitäten dienen als Ausgang für eine wirtschafts- und sozialgeographische Analyse.

Damit wird der Schwerpunkt der Geographie des Menschen schon im Sinne von Bartels von der Kulturlandschaftsforschung ganz zum Menschen selbst verlagert. Die Geographie des Menschen wird als eine Gesellschaftswissenschaft betrachtet; sie unterscheidet sich von den anderen durch die Betonung der chorischen Sichtweise. Die Geographie des Menschen erscheint im Überschneidungsbereich etlicher verschiedener Disziplinen.

Kilchenmann (1975, S.1/2) konkretisierte den quantitativen Ansatz; er sprach von einer „neuen Geographie" und subsumierte darunter eine moderne, analytische, theoretische oder theorieorientierte, wissenschaftstheoretisch fundierte, computergestützte, mathematische, aktualisierte, problembezogene, prognostische, prozessuale und operationale Geographie. Speziell sind die Behandlung von Ausbreitungsprozessen (vgl. S.144f) und die Systemforschung zu nennen, es werden Dynamik, Variabilität und Wandel untersucht. Die Sozialsysteme schälen sich als Untersuchungsobjekte heraus, die Ökosysteme mit ihrer ganz anderen Dynamik rücken in die Position der Umwelt. Dies berührt auch den Raumbegriff. Beide Systemarten – Ökosystem und Sozialsystem – sind verschiedenen Räumen zuzuordnen, im Definitionsbereich „Raum als Ordnung". Der systemische Ansatz zwingt dazu, die Elemente als die Raumbildner zu betrachten; sie schaffen die Ordnung.

In den kommenden Jahren wurde an der choristisch-chorologischen Konzeption Kritik laut. Eisel (1980) wandte sich ganz von einer Geographie als Raumwissenschaft – wie sie Bartels vorgeschwebt hatte – ab. Seine Überlegungen stehen mit dem 4.Stadium der Entwicklung der Anthropogeographie in Verbindung (vgl. S.205f). Ähnlich Bahrenberg (1987c); er hob hervor, daß jede Aktivität irgendwie räumlich verortbar und distanzumgreifend ist. Insofern läßt sich keine Abgrenzung zu anderen Sozialwissenschaften, wie Bartels sie sich gedacht hatte, vornehmen. „Die Humangeographie bestünde vielmehr aus einem Kern abstrakter ‚chorischer Logik' und inhaltlich ausschließlich aus Überschneidungen zu allen andern gesellschaftswissenschaftlichen Disziplinen" (S.232). Man kann deshalb auch kein Kriterium „Distanzabhängigkeit" konstituieren.

Sozialräume aus funktionaler Sicht

Die „quantitative Revolution" ermöglichte die Erarbeitung von ^{3}Räumen (vgl. S.96), die durch Interaktionen definiert werden. In der Funktionalraumforschung werden statistische Daten verschiedener Merkmale in ihrem regionalen Verbreitungsmuster untersucht und miteinander verknüpft. Wenn natürlich auch methodische Probleme über die Aussagekraft dieser Daten bestehen, so bilden doch die nach einheitlichen Kriterien erfragten Daten die zuverlässigsten Grundlagen für viele Arten sozialgeographischen Arbeitens.

Die Daten lassen sich oft auch als Indikatoren für bestimmte, statistisch als solche nicht faßbaren, Sachverhalte anwenden (indikatorischer Ansatz). Freilich ist eine Begründung dafür erforderlich, daß die verwendeten Daten auch als Indikator benutzt werden können. Die Verbreitung und die Intensitätsabfolge der Merkmale gibt zudem über die räumliche Organisation Auskunft.

(Gleichartig strukturierte Areale)

Auf der einen Seite wandte man sich durch gleichartige Struktur gekennzeichneten Sozialräumen (Regionen) zu. Dank neuer statistischer Aussagemöglichkeiten und neuer Auswertungstechniken ließen sich die Methoden der Darstellung erheblich verfeinern. In der Kartierung von Stadtvierteln berühren sich Sozialraumforschung, Humanökologie und funktionale Stadtgeographie aufs engste. Die Schwerpunkte sind etwas unterschiedlich. Die Sozialraumforschung bringt die Daten zur Darstellung und interpretiert sie mit dem Ziel einer Gliederung der Stadt in [3]Räume unterschiedlicher sozialer Struktur. Die Humanökologie fragt nach dem systemischen Aufbau und den Abweichungen von einem gedachten oder errechenbaren Standardwert, um abweichendes Verhalten oder unbeabsichtigte Entwicklungen zu erkennen (z.B. Slums). Die funktionale Stadtgeographie dagegen versucht nicht nur die Sozialräume, also vom Menschen belebte Räume, zu erfassen, sondern auch wirtschaftliche oder kulturell genutzte [3]Räume, d.h. die Flächennutzung in ihrer Bedeutung für das Stadtganze (z.B. City und ihre Untergliederung; Kant 1962).

In diesem Sinne ist z.B. die Arbeit von Braun (1968) als sozialräumliche Untersuchung zu werten. Es konnte eine sehr detaillierte Karte vorgestellt werden, die auf der Basis der Volks- und Berufszählung von 1961 die Sozialräume Hamburgs enthalten (z.B. Arbeiterviertel, Beamten-Arbeiter-Angestelltenviertel, kleinbürgerliches Viertel mit hohen Arbeiter- und Angestelltenraten).

Blume und Schwarz (1976) stellten eine auf dreizehn Merkmale sich erstreckende Gliederung der USA in Kulturregionen vor; in dieser Arbeit wurden neunzig Variablen verarbeitet. Dabei wurden nicht nur Sozialdaten, sondern auch Wirtschaftsdaten verwendet.

Vor allem wurde von der Praxis – z.B. der Landesplanung – erwartet, daß administrativ einheitlich zu behandelnde Räume – Planungsräume – ausgewiesen werden. Im Laufe der Zeit wurden auf der Basis statistischer Methoden etliche solcher Regionalisierungsverfahren entwickelt (vgl. Sedlacek, Hrsg., 1978; Bahrenberg 1988).

Auch die zweite Generation von Regional- und Nationalatlanten (vgl. S.77) kann als Beispiel angeführt werden. Die erheblich verbesserte statistische Datenbasis ermöglichte die Herstellung von Karten, die ein detailliertes Bild von der Realität erlauben. In der Auswahl der Daten und der Festlegung der Schwellenwerte ist individuelle Entscheidung nötig; das bringt naturgemäß eine gewisse Unsicherheit in die Aussage, ermöglicht andererseits aber auch, persönliches Vorwissen einzubringen und so ein rein mechanisches Vorgehen zu vermeiden.

Steinberg (1964/69, S.194 f.) hatte den Vorschlag gemacht, die so erhaltenen Einheiten als sozialstatistische Räume oder einfach als Sozialräume zu bezeichnen. Er diskutierte den Wert der statistischen Daten und betonte, daß die „Stellung im Beruf" zur Charakterisierung von Sozialräumen als unzureichendes Merkmal betrachtet werden muß. So müssen die Zugehörigkeit zu den Wirtschaftssektoren, die Betriebsgrößen, die Bevölkerungsverteilung und -dichte, die Herkunft (z.B. Heimatvertriebene), die Konfessionszugehörigkeit und das Pendlertum zur Charakteristik von Räumen dieser Art herangezogen werden. „In der Verknüpfung mit zusätzlichen Merkmalen liegt der eigentliche Wert einer solchen Untersuchung. Bei der Herausarbeitung von Sozialräumen kommt es weniger auf die Analyse von Einzelelementen an, sondern der Wert einer solchen Gliederung kann doch nur darin gesehen werden, aus dem Zusammenwirken der Teilstrukturen das individuelle Wirkungsgefüge der Teilräume, ihren Geist und Lebensstil zu erkennen. Denn letztlich steht doch hinter allen Zahlen der Mensch mit seinen Traditionen, Ideen und Interessen, der durch sein persönliches Handeln den Raum so und nicht anders prägte" (Steinberg 1964/69, S.222).

Damit werden Sozialformationen (vgl. auch den humanökologischen Ansatz; vgl. S.136f) angesprochen, das Verhalten der Menschen im ^{3}Raum. Die statistischen Daten werden zu Indikatoren für die Erkenntnis von Sachverhalten, die nicht direkt – z.B. im Rahmen von Volks- und Berufszählungen – vermittelt werden können. Damit gelangen die „Sozialräume" Steinbergs in die Nähe von Hartkes (1959/69, S.167 f.) „sozialgeographischen Räumen" oder „Räumen gleichen sozialen Verhaltens" (vgl. S.132f).

Isbary (1960) untersuchte in diesem Sinne Problemgebiete im Spiegel politischer Wahlen. Dabei stellte er fest, daß die Wahlverweigerung und die Unentschiedenheit der Wähler im Verhalten zu den Parteien als ein Indiz für wirtschaftliches und soziales Problemverhalten zu gelten hat. Ganser (1966) nutzte die Wahlergebnisse als Indikator für die Erkenntnis von Verhaltensmerkmalen sozialer Gruppen (Relative Dynamik bzw. Stabilität, Verwurzelung in Berufsgruppen, Grad der Integration, Mobilität, Unzufriedenheit etc.).

(Zentral-peripher organisierte Felder)

Auf der anderen Seite behandelte man auch durch ungleichartige Struktur gekennzeichnete Sozialräume (Felder), insbesondere am Beispiel des Stadtumlandsystems. Uthoff (1967) untersuchte den Pendelverkehr um Hildesheim unter genetischen Aspekten und im Hinblick auf seine Raumwirksamkeit in der Kulturlandschaft. Dabei wurde den Wechselwirkungen zwischen dem Pendelverkehr und den natürlichen und anthropogeographischen Erscheinungen Raum gegeben (vgl. vor allem S.460f).

Aber auch die Indikatorenmethode fand Eingang. Schöller (1959/69, S.191 f.) forderte bei der Behandlung des Stadt-Umland-Problems: „Kultursoziale Strömungen neuer Art gilt es zu erkennen, sozialgeographische Siedlungs- und Auslesevorgänge festzustellen, Anpassung und Assimilation, Modefreudigkeit und Wandlungsbereitschaft am Gegenwartsmaterial zu verfolgen". Und weiter: „Es ist klar, daß es auf Grund der statistischen Ergebnisse der Berufsgliederung und der sozialen Schichtung nicht möglich ist, räumliche Unterschiede von Verhaltensweisen zu erkennen. Dagegen scheint mir manches dafür zu sprechen, daß man dem Gesamtkomplex näherkommt, wenn man die Frage nach der Mobilität in den Vordergrund stellt und danach fragt, wie die Beweglichkeit und Stabilität eines Sozialraumes auf dem Weg über statistisch faßbare Daten erkannt werden kann". Dabei schwebten Schöller auch die Ergebnisse der politischen Wahlen vor.

Die Wahlentscheidung selbst wurde von mir (1961) zum Indikator für die Land-Stadt-Mobilität gewählt. Hierunter wurde das Verhalten zwischen Wohn- und Arbeitswelt verstanden, wobei Definitiv-Wanderung, Pendelverkehr und Arbeitslosigkeit im Zusammenhang betrachtet wurden. Es zeigte sich in der Verbreitung der Gruppen eine enge statistisch belegte Korrelation mit den Wählern der Parteien im linken Teil des Spektrums (z.B. Abb.35; vgl. S.414). Diese Gruppen waren im Zentrum der Städte unterrepräsentiert („Bürgerstadtkomplex"; vgl. S.488f), am Stadtrand aber besonders stark vertreten („Arbeiterstadtkomplex"). Von hier sank der Anteil nach außen ab ins flache Land, wobei die Verkehrslinien eine vermittelnde Rolle einnahmen. Auf diese Weise lassen sich Sozialräume definieren. Auch Änderungen im Gefüge dieser Stadt-Umland-Räume sind erschließbar (Fliedner 1963), wie ein Vergleich der Bundestagswahlergebnisse 1953, 1957 und 1961 am Beispiel des Raumes zwischen Bremen, Hamburg und Hannover zeigte.

Die Anwendung von Modellen: Spatial Approach, Systems Approach

Das Datenangebot sowie die strukturelle Sichtweise ermöglichten die Einführung statistischer Methoden sowie die Entwicklung von Modellen (spatial approach). Voraussetzung war, daß die Geographie sich bevorzugt als nomothetische Wissenschaft sah, d.h. die Gemeinsamkeiten in sozialwissenschaftlichem Bereich als thematisierbar und formulierbar betrachtete.

Es lassen sich mehrere Ausgangspunkte erkennen. In der University of Washington führte Garrison (1956) die statistischen Methoden in die Geographie ein. Später untersuchte er – in gedanklicher Nachfolge von Lösch (1940) – die räumliche Struktur der Wirtschaft (1959-60). Sein Schüler Bunge (1962) schuf einen ersten Überblick über eine theoretische Geographie auf quantitativer Grundlage. Nystuen (1963/70) hinterfragte den Raumbegriff im Hinblick auf eine Modellbildung. Daneben ist vor allem Chicago zu nennen; Berry (1961/70) präzisierte die Definition des Regionsbegriffs mittels Faktorenanalyse. Gould (1963/70) führte die Spieltheorie als Untersuchungsmethode in die Geographie ein. Bartels hat in einem Sammelband (Wirtschafts- und Sozialgeographie, 1970) einige dieser grundlegenden Arbeiten ins Deutsche übersetzt und publiziert.

Die deterministischen Modelle traten in den Hintergrund; probabilistische Modelle dominierten. Parallel zur Einführung des spatial approach erlebte auch die regional science (vgl. S.121f) eine Neubelebung.

Mitte der 60er Jahre war die eigentliche „Revolution" vorüber (Burton 1963/70, S.97). In dem Lehrbuch von Haggett (1965/73) z.B. wird ein Überblick über die Arbeiten gegeben. In ihnen werden die Modelle räumlicher Verteilungen (Bewegung, Netze, Knotenpunkte, Hierarchien) und der Oberflächenstruktur (unter Berücksichtigung der Gradienten) dargelegt sowie die Methoden der räumlichen Analyse (Datenerhebung, Beschreibung, Regionalisierung, Hypothesenprüfung). In den folgenden Jahren wurde das Gedankengut präzisiert, ausgebaut (Kilchenmann 1974) und mit dem konkreten Sachwissen in der Anthropogeographie verknüpft. Dies schlug sich in mehreren Lehrbüchern nieder (Abler, Adams und Gould 1971; Haggett 1972/83; Morrill and Dormitzer 1979).

Im Verlaufe der Zeit erkannte man jedoch, daß sich viele Probleme nicht mit den quantitativen Methoden des spatial approach fassen lassen. So sind die Ergebnisse oft ernüchternd, die Aussagen nur scheinbar genauer und objektiver als nach den herkömmlichen qualitativen Methoden. Eine neue Generation von Modellen entstand, im Zusammenhang mit der Systemforschung.

Die systemtheoretischen Vorstellungen finden in Modellen ihre didaktische Präsentation, aber auch ihre quantitative Basis. Der didaktische Wert der Modelle findet dort seine Grenzen, wo ein Gewirr von Pfeilen und Kästchen die Aussagekraft zu stark reduziert. Einen einführenden methodologischen Überblick gab Bartels (1979).

Systemische Modelle bestehen aus Elementen (z.B. Rollen von Individuen), die in einer bestimmten Relation zueinander stehen. Die Elemente können sich in bestimmten Gruppen zusammenfügen, die funktional zusammengehören, z.B. Berufsgruppen. Sie können zu Kompartimenten zusammengefaßt sein, die ihrerseits enger verbunden sind. Solche Kompartimente sind z.B. die Geofaktoren. Die Interrelationen werden durch Informations- und Energiefluß gebildet. Die Informationen werden in geistigen, kulturellen, politischen etc. Äußerungen manifestiert, die Energie in Produkten materieller Art, Rohstoffen etc. Die Elemente und Funktionen sind verortet, z.B. in Form von Siedlungen und Territorien. Informations- und Energiefluß werden durch Kommunikations- und Transportstränge und -netze gewährleistet.

Die Systeme sind in Umwelten eingebettet, nachfragende und anbietende Umwelten. Der Informationsfluß führt vom ersteren zum letzteren, der Energiefluß in umgekehrter Richtung (vgl. S.245). Dabei spielen Hierarchien und Subsysteme eine Rolle. Die Natur ist eine Art der Umwelt, häufiger aber sind es andere soziale Systeme, die hier eine große Rolle spielen; durch den in den Industrieländern hohen Grad an Arbeitsteilung und Aufsplitterung der Bedürfnisse ist eine Identifizierung recht schwierig geworden und erfordert noch viel gedankliche und empirische Arbeit.

In der Stadtforschung wurden systemische Modelle entwickelt, die die komplexeren Verknüpfungen von Wirtschaft, Wohnung, Sozialstruktur, geldliche Fördermaßnahmen und Effekte in Stadtregionen zum Gegenstand haben. Diese Modelle ließen sich aber auch auf andere Systeme übertragen, z.B. auf Betriebe. Zunächst wurden deterministische Lösungen gefunden, z.B. in den Modellen von Forrester (1968/72; 1969), sowie in den „Weltmodellen" (Meadows, Meadows, Zahn und Milling 1972), später solche, die auch nichtlineare und probabilistische Gleichungssysteme enthalten (Vester 1976; Vester und v.Hesler 1980). Auch die Territorialforschung in der ehemaligen DDR (Haase und Lüdemann 1972; Mohs und Grimm 1983; G. Schmidt u.a. 1986; Wehner 1987) ist hier zu erwähnen (vgl. S.116). Einen Überblick über die systemtheoretischen Ansätze vermittelten die Lehrbücher von Bennett und Chorley (1978) sowie Klug und Lang (1983).

Es sind Gleichgewichtssysteme, die hier besprochen werden; sie sind vertikal, im Informations- und Energiefluß, begrenzbar. Eine horizontale, also räumliche Begrenzung ist meist mit Schwierigkeiten verbunden, da die einzelnen Regionen und Felder sich weit überlappen können. Man kommt nur zu sozialen oder ökonomischen Formationen (vgl.

S.463). Nur, wenn von Natur oder durch andere (z.B. politische) Eingriffe überaus dominierende Grenzlinien vorgezeichnet werden, fällt es leichter, Grenzen solcher Systeme festzulegen.

Ausbreitungsprozesse, Innovationsforschung (Hägerstrand, Rogers u.a.)

Hartkes Darlegungen (vgl. S.133f) behandelten Wandlungen in der Kulturlandschaft und im Verhalten der betroffenen Menschen. Veränderungen dieser Art können spontan vor sich gehen, örtlich angeregt, aus den sozialen Gruppen heraus. Häufiger aber sind sie mit Ausbreitungsprozessen verknüpft. In verschiedenen Disziplinen wurde diese Thematik angegangen, in der Geographie, der Archäologie, der Volkskunde, der Sprachwissenschaft, der Geschichtswissenschaft, der Ökonomie; zunehmend wurde erkannt, daß die Ausbreitung von Ideen, Techniken, Kulturgütern als ein ubiquitärer Vorgang zu betrachten ist und konstitutionell der Kultur und Zivilisation eigen ist (übersichtlich mit verschiedenen Beispielen aus Vorgeschichte und Geschichte vgl. Hugill und Dickson, Hrsg., 1988). Dabei spielen Wanderungen, d.h. daß die Menschen diese Neuerungen als Eigenschaften mit sich bringen, nur eine untergeordnete Rolle; häufiger ist die Weitergabe und Übergabe der Innovationen auf Nachbarschaftseffekte oder andere Übertragungsvorgänge zurückzuführen. Griffith und Lea (Hrsg., 1983) stellten eine Reihe von mathematischen Modellen vor, die Migrationsprozesse, Diffusion, regionales Wachstum, Kostenentwicklung, Arbeitslosigkeit etc. zum Gegenstand haben. (Über die theoretische Begründung der Diffusionsvorgänge vgl. S.268f); die Wanderungen werden ausführlich in anderem Zusammenhang behandelt; vgl. S.470f).

Die Erforschung der Innovations- und Diffusionsprozesse erfolgte nach Windhorst (1983, S.5 f.) in vier Phasen: die erste Phase („ethnographische Phase") ist mit dem Namen Ratzel (1882/91) verknüpft und währte bis etwa 1920. Es folgte die „kulturlandschaftsgenetische Phase" (ca. 1920-1952), wobei Hettners Buch „Über den Gang der Kultur über die Erde" (1923/29; vgl. S.47) sowie die Kulturraumforschung (vgl. S.67) Pilotfunktionen einnahmen. Die nächste Phase („modellorientierte Phase") wurde durch die grundlegende Arbeit „The propagation of innovation waves" von Hägerstrand (1952) eingeleitet. Eine vierte Phase – beginnend um 1975 – bedeutet nach Windhorst eine „interdisziplinäre Neuorientierung". Die Gleichzeitigkeit der von Windhorst für die geographische Innovations- und Diffusionsforschung mit den hier für die Anthropogeographie herausgearbeiteten Entwicklungsphasen ist auffällig.

Im Rahmen dieser Darstellung sind vor allem die Arbeiten von Hägerstrand (insbesondere 1952 und 1953/67) maßgebend. Ihnen kommt – wie Windhorst (1983, S.13 f.; 90 f.) schon betonte – eine Schlüsselrolle zu. Es wird eine räumlich durch Kontakte miteinander verknüpfte Menge von Adoptoren angenommen, die insofern gleichartig ist, als sie in der Lage ist, die Neuerung, Innovation, aufzunehmen. Die räumliche Ausbreitung einer Innovation erfolgt aufgrund von Übertragung und Aufnahme der Information. Um diesen Vorgang formalisieren zu können, entwickelte Hägerstrand ein Modell, das auf der Wahrscheinlichkeit von Kontakten zwischen den betroffenen Adoptoren beruht (Monte-Carlo-Simulation). Basis ist ein „mean information field"; mit zunehmender Distanz von den bereits Informierten nimmt die Wahrscheinlichkeit ab, in Kontakte zu möglichen Adoptoren zu kommen. Im zeitlichen Ablauf wird der Diffusionsvorgang zunächst positiv-exponentiell, dann – wenn die Zahl der noch nicht berührten potentiellen Adoptoren spürbar sich vermindert – negativ-exponentiell zunehmen, so daß bei kumulativer Darstellung im Diagramm eine S-förmige Kurve („logistische Kurve“) entsteht. Dabei folgen dem Initialstadium das Diffusionsstadium und das Verdichtungsstadium, bis schließlich im Sättigungsstadium der Ausbreitungsprozeß endet. Man kann diesen Ausbreitungsprozeß auch als Welle darstellen, die vom Initialort aus sich in die Menge der potentiellen Adoptoren hinein fortbewegt (vgl. Abb.10, vgl. S.273).

Der Ausbreitungsprozeß wird räumlich durch hierarchische Strukturen – z.B. das System zentraler Orte – differenziert, durch regional unterschiedliche Adoptionsfreudigkeit in bestimmte Richtungen gelenkt, gefördert oder gehemmt.

In der Folgezeit wurde dieses Konzept verfeinert und weiter ausgebaut (u.a. Brown 1968a, b). Überhaupt erhielt die Innovations- und Diffusionsforschung starke Impulse (vgl. Windhorst 1983, S.2 f.). Borcherdt (1961) führte diesen Ansatz in Mitteleuropa ein; er sah die Innovation als „agrargeographische Regelerscheinung“, verstand sie als Prozeß. Er definierte (S.3) die Innovation als einen „Ausbreitungsvorgang, der von einem Zentrum aus durch Nachahmung in Verbindung mit einer unterschiedlichen Wertung bei den einzelnen Sozialgruppen flächen- oder linienhaft nach außen vordringt und dabei die Gegenkräfte der ‚Tradition‘ zu überwinden hat“. Rogers (1962) trennte dagegen Innovation („an idea perceived as new by the individual“, S.19) und Diffusion („the process by which an innovation spreads“, S.19/20), sah in ihnen zwei verschiedene Vorgänge und definierte zudem den Begriff Adoption: „Adoption is a decision to continue full use of an innovation. This definition implies that the adoptor is satisfied with the innovation“.

Auch parallel zu dieser auf Hägerstrand zurückgehenden Forschungsrichtung wurde den Ausbreitungsvorgängen von Ideen und Kulturgütern vermehrt Aufmerksamkeit zuteil, und zwar interdisziplinär. Es sei an die wichtige Arbeit von Sauer (1952) erinnert, in der dem Problem der Ausbreitung der Kulturpflanzen und Haustiere nachgegangen wird und eine größere Zahl von Ausbreitungsherden auf der Erde und die Empfängerländer ermittelt werden. Sauer konnte so der Wirtschaftsgeographie und der Kulturforschung wesentliche Impulse vermitteln. Einen guten Überblick über den heutigen Stand der Forschung vermitteln Windhorst (1983) und Rogers (1962/83).

Wie die Innovations- und Diffusionsforschung ist auch die Erforschung der Wanderungsbewegungen, Kolonisations- und Landnahmeprozesse interdisziplinär angelegt. Beide Prozeßarten haben manche Gemeinsamkeiten in der Art des Ablaufs. Schon Hägerstrand (1957) übertrug sein Modell auf die Wanderungsbewegungen; anhand schwedischer Beispiele stellte er Überlegungen an und entwarf eine Hypothese, die an die Stelle des deterministischen Gravitationsmodells (vgl. S.470f) treten könnte. Generell ging die Wanderungsforschung dazu über, nach den Motiven zu fragen, Entscheidungen in den Vordergrund zu stellen (u.a. Bartels 1968b; Kühne 1974, S.181 f.).

Der Formalisierung der Kolonisationen widmete sich eine Arbeit von Bylund (1960), in der ein Modell der Ausbreitung von Siedlungen in Nordschweden entwickelt wird und verschiedene Stadien (Punktkolonisation, Klonkolonisation, Flächenkolonisation) herausgestellt werden. Als eine auf induktive Forschung zurückgehende Arbeit sei die Untersuchung von Sandner (1961) über die Agrarkolonisation in Costa Rica erwähnt. Ich selbst (1975) versuchte – auf Gelände- und Archivstudien mich stützend und mit Hilfe eines Modells – die Kolonisation der Spanier in New Mexico (17.-19.Jh.) zu simulieren (vgl. S.496f).

Mikrogeographischer Verhaltensansatz

(Einleitung)

Die individuelle Ebene oder Mikroebene – in ihr sind Verhalten und Handeln angesiedelt – ist die Elementarebene sozialer Systeme (vgl. S.317f). Verhalten ist an das Individuum gekoppelt und muß daher auch von dort her interpretiert werden. Dies ist für Geographen eine ungewohnte Perspektive. Für Schlüter (1906, S.27) lag die Siedlung in der untersten Größenordnung der für einen Geographen untersuchbaren Objekte. In den 50er Jahren wurden auch einzelne Straßen behandelt (u.a. Hübschmann 1952/69), in den 60er Jahren Häuser (u.a. Rapoport 1969). Die Analyseverfahren erzwangen ein Herabsteigen in Größenordnungen, die früher anderen Disziplinen vorbehalten waren.

Man mag hier einen Ansatz erkennen, die auf der Phänomenologie gründet (vgl. S.58f). Wenn nun das Individuum im Mittelpunkt einer „Mikrogeographie" (Klingbeil 1979; Tzschaschel 1986) steht, so ist die Begleitung vor allem der Psychologie, der Anthropologie und der Verhaltensforschung unverzichtbar. Es ist kein Zufall, daß diese Verbindung zunächst in der amerikanischen Forschung entstand, hat sich die amerikanische Anthropologie doch schon immer als eine Disziplin verstanden, die sich dem Menschen in seinem ganzen Daseinsspektrum widmete und neben der biologischen Anthropologie auch die Ethnologie, die Archäologie, die Kultur- und die Sozialanthropologie umfaßte; die amerikanische Psychologie widmete sich schon früh angewandten Fragen, in denen die Frage Mensch-Raum von Bedeutung ist, und kam so in manchen Problemfeldern in die Nähe der Geographie, zum Beispiel in der Ökopsychologie.

Die ersten Vorüberlegungen zu einer Mikrogeographie mögen auf die 40er Jahre zurückgehen, als Wright (1947/66) in seinem Aufsatz „Terrae Incognitae, the Place of the Imagination in Geography" forderte, daß nicht nur die Probleme, die sich mit natur- und sozialwissenschaftlicher Denkweise erfassen lassen, untersucht werden dürften; es gäbe darüber hinaus einen Randbereich, der den Geisteswissenschaften vorbehalten sei. „All science should be scholarly, but not all scholarship can be rigorously scientific ... The terrae incognitae of the periphery contain fertile ground awaiting cultivation with the tools and in the spirit of the humanities" (S.87). Wright ermunterte zu einem Studium der Menschen aus ihm selbst, seiner Perspektive der Welt heraus. „Taking into account the whole peripheral realm, it covers the geographical ideas, both true and false, of all manner of people ... and for this reason it necessarily has to do in large degree with subjective conceptions. Indeed, even those parts of it that deal with scientific geography must reckon with human desires, motives, and prejudices..." (S.83). Er nannte diesen Ansatz „Geosophie". Bowden (1977, S.201) schreibt: „The statement was truly revolutionary in advocating the study of the individual and his conceptions and in effect opening up the border zone between Geography and the behavioral sciences". Kirk diskutierte bereits 1952 ein Konzept des behavioral environment, um die Nachteile des Possibilismus (vgl. S.38), der lediglich von „außen" feststellte, daß die Menschen sich für eine

Lösung entschieden haben, aufzufangen. Er meinte, man müsse die Region in ihrem dynamischen Aspekt, als eine „Gestalt“, als eine Ganzheit sehen, die mehr sei als die Summe ihrer Teile. Ihm war an einem praktizierbaren Konzept der Beziehungen zwischen Mensch und Umwelt gelegen, in dem das Verhalten des Menschen einen zentralen Platz haben müsse. Ende der 50er und Anfang der 60er Jahre wurde das menschliche Verhalten im Raum in mehreren Arbeiten von Architekten und Psychologen thematisiert (Boulding 1956; Hall 1959/76; Lynch 1960/65). In dieser Zeit etablierte sich auch die verhaltensorientierte Geographie in den USA. In einem Lehrbuch faßte Gold (1980) die wichtigsten Ansätze zusammen. Die analytischen Methoden stellten Golledge und Stimson (1987) dar, mit einer Vielzahl von Modellen und Beispielen.

(Perzeptionsgeographie)

Als Raum des Homo oeconomicus wird ein vollständig in seinen Realitäten und Möglichkeiten erkanntes Gebilde postuliert, in dem die von dem Menschen intendierten Vorhaben in voller Ausschöpfung des Angebots der realen Welt durchgeführt werden können. Dies Gebilde ist natürlich eine Fiktion. Tatsächlich hat der Mensch nur eine begrenzte Einsicht in seine Umwelt, und dementsprechend ist sein Verhalten keineswegs optimal. Wahrnehmung und Entscheidung sind im Verhalten eng gekoppelt; man kann sie aber auch getrennt untersuchen; tatsächlich lassen sich zwei Ansätze erkennen, die diese Vorgänge zum Gegenstand haben.

Mittels seiner Sinne nimmt der Mensch die Informationen aus seiner Umwelt auf. Man schätzt, daß die menschlichen Sinne pro Sekunde ca. 10.000 Einzeleindrücke erhalten. Dies erfordert eine drastische Auswahl jener Wahrnehmungen, die den höheren Hirnzentren zugeleitet werden, da diese sonst mit unwesentlicher Information überschwemmt und von ihr blockiert werden würden. Die Entscheidung darüber, was wichtig ist, ist von Mensch zu Mensch sehr verschieden und scheint von Kriterien abzuhängen, die weitgehend außerbewußt sind (Watzlawick, Beavin und Jackson 1990, S.92 f.). Auch sind verschiedene Vorgaben zu berücksichtigen; solche können sein das persönliche Vermögen (Begabung, Bildungsgrad etc.), die Motivation (im Hinblick auf eine bestimmte Handlung) und die (z.B. ideologische) Einstellung. Hierdurch wird das Bild, das das Individuum von seiner Umwelt erhält, geprägt. „It is the image that largely governs my behavior“ schrieb bereits 1956 (S.6) Boulding und führte dies anhand unterschiedlicher Sachverhalte vor. „Dieses Vorstellungsbild ist dann Ausgangspunkt für das Verhalten des Individuums, Alternativen werden abgewogen, eine Entscheidung wird gefällt, schließlich folgt der Verhaltensakt“ (Tzschaschel 1986, S.24).

Die Umwelt des Menschen ist hierdurch nicht mehr einfach mit den „Gegebenheiten“, die die „Kräfte“ steuern, identisch; sie ist vielmehr vom Menschen „gefiltert“. Nach Lynch (1960/65) enthält das Vorstellungsbild der Umwelt drei Komponenten: 1) die Identität, im Sinne des Bildgegenstandes, der ihn von anderen unterscheidbar macht, 2) die Struktur, d.h. den Aufbau, die räumliche Beziehung zum Beobachter und andere Gegenstände enthaltend und 3) die Bedeutung für den Beobachter, den Sinn, die praktische oder gefühlsmäßige Beziehung. Die Einprägsamkeit ist dabei wichtig (S.20 f.).

„Der Aufbau des inneren Bildes der Umwelt ist ein gegenläufig gerichteter Vorgang zwischen dem Betrachter und dem Betrachteten. Er sieht die äußere Form. Aber wie er diese interpretiert, zu einem Bild ordnet und auf was er besonders achtet, das beeinflußt wiederum das Gesehene. Der menschliche Organismus ist in hohem Maße anpassungsfähig und flexibel. Verschiedene Gruppen können gänzlich verschiedene Eindrücke von der gleichen äußeren Wirklichkeit haben“ (S.151).

Downs und Stea – Geograph und Psychologe – waren maßgeblich an der Erforschung der Wahrnehmung der räumlichen Umwelt beteiligt; sie haben den entscheidenden Vorgang, das kognitive Kartieren genauer definiert (1973, S.9): „Cognitive mapping is a process composed of a series of psychological transformations by which an individual acquires, codes, stores, recalls and decodes information about the relative locations and attributes of phenomena in his everyday spatial environment“. Die Umweltwahrnehmung ist nun nicht mehr ein einmaliger Akt; vielmehr wird das „Bild“ durch ständiges Erweitern des Erfahrungshorizontes durch Lernen verändert.

Wahrnehmung vollzieht sich in einem durch Rückkoppelungen gesteuerten Regelkreis, in dem Individuen und Umwelt, Image und reale Welt, Informationsaufnahme, Entscheidung und Verhalten in einem Zusammenhang stehen (Downs 1970, S.84 f.). Die Interdependenzen machen es sehr schwierig, die einzelnen Variablen herauszusondern und für sich zu untersuchen. Tzschaschel (1986, S.25 f.) warnte hier zu Recht. Andererseits gilt dies für alle Prozesse oder Sachverhalte, sieht man sie als Glieder eines Systems oder als Teilprozesse eines übergeordneten Prozesses. Eine Analyse ist notwendig, wenn man die Vorgänge verstehen will. Daß hier stets auf die systemische Verknüpfung geachtet werden muß, ist in der Tat sehr wichtig.

Kognitives Kartieren ist als zielgerichtet zu betrachten (Downs und Stea 1977/82, S.100 f.). Es soll uns zum Lösen räumlicher Probleme befähigen, vollzieht sich teils unbewußt, teils bewußt. Es stiftet Zusammenhang, nimmt Synthesen vor und „läßt uns die Welt als Ganzes erfassen, um eine Gestalt aus ihr zu formen“ (S.197).

Eine beliebte Möglichkeit, Einsicht in das individuelle Image von einem bestimmten Umweltsachverhalt zu nehmen, ist das Sichtbarmachen mittels mental maps. Sie geben in etwa den Kenntnisstand und die individuelle Prioritätensetzung wieder. Die hierbei zutage tretenden Images zeigen im allgemeinen eine deutliche Abweichung von der Realität.

Umweltwahrnehmung ist die Voraussetzung für Umweltgestaltung. Dies gilt zumindest für die Gestaltung der – z.B. städtischen – nachbarschaftlichen Umgebung. Lynch (1960/65, S.137) meinte im Hinblick auf die urbane Umwelt: „Die Gestaltung oder Umgestaltung sollte nach einem, wie man sagen könnte, ‚visuellen Plan‘ für die Stadt oder Stadtregion erfolgen. Er bestände aus einer Reihe von Empfehlungen und Bestimmungen, die sich auf die äußere Gestalt im städtischen Maßstab beziehen würden. Die Vorbereitung zu diesem Plan würde mit einer Untersuchung der bestehenden Form und mit dem Vorstellungsbild beginnen, das die Öffentlichkeit von ihr hat“. Diese Anregungen sind lange Zeit nur wenig aufgegriffen worden (Downs und Stea 1977/82, S.320 f.). Erst in jüngster Zeit artikulieren sich Bewohner und werden so zu Partnern der Behörden und Architekten, um ihre Umwelt wohnlicher, menschlicher zu gestalten (vgl. S.536f).

Insbesondere ist auch – gleichsam im umgedrehten Verfahren – die Vorstellung vieler Beteiligter von einem bestimmten Gebiet, einer Stadt, einem Stadtteil oder einem Haus hier zu sehen. Dann spricht man davon, daß dieses spezifische Objekt ein Image besitzt. Daß dies für Wohn- oder Industrieansiedlungsentscheidungen von Bedeutung ist, liegt auf der Hand. Es versteht sich, daß hier nicht nur der Kenntnishintergrund, sondern auch Vorurteile und Emotionalität eine wesentliche Rolle spielen. Um ein schlechtes Image z.B. von peripheren Regionen zu verbessern, betreiben die Behörden der betroffenen Gebiete „Imagepolitik" (am Beispiel Oberfrankens v. Ungern-Sternberg 1989). Auch Länder haben – aus dem Blickwinkel der Bewohner anderer Länder – ein Image (vgl. S.443f).

Ein weiterer Anwendungsbereich wird von der Hazard-Forschung abgedeckt (vgl. auch S.511f). Sie ist mit dem Wahrnehmungsansatz gekoppelt. Nach Preusser (mündliche Mitteilung) muß zwischen Ereignis, Katastrophe und Hazard unterschieden werden. Ein Ereignis vollzieht sich, ohne daß Menschengruppen involviert sein müssen (z.B. Bergsturz in menschenleerem Gebiet). Dagegen werden Menschen von einer Katastrophe direkt oder indirekt geschädigt (z.B. Bergsturz in dichtbesiedeltem Gebiet). Hazard meint das Sich-Bedrohtfühlen (nicht nur von Individuen, sondern) von Menschengruppen; eine mögliche Katastrophe beeinflußt das Leben in gefährdeten Gebieten. Hazardminimierung bedeutet daher, die Bedrohung durch Schutzmaßnahmen, durch Aufklärung, durch Einrichtung von Rettungsstellen etc. so gering wie möglich halten. Die Frage, wie die Bewohner gefährdeter Gebiete drohende Naturkatastrophen wie Erdbeben (Geipel 1977; Palm 1982), Flutkatastrophen (als Vorläufer, in dem das Problem nur indirekt angesprochen wird, White 1945; genauer dann Kates 1967), Dürrekatastrophen (Saarinen 1966) oder Vulkanausbrüche (Preusser 1990) verarbeiten, wie sie mit der Bedrohung leben, ist ein wichtiger Ansatz im Rahmen der Perzeptionsgeographie.

Das Image und die Kenntnis enthalten, wie erwähnt, eine bestimmte Bewertung im Sinne des Ziels des Wahrnehmungsprozesses. Daß diese „Einstellung" ihrerseits wiederum eine komplexe Genese haben kann, sei hier betont, aber nicht näher ausgeführt (vgl. Tzschaschel 1986, S.51 f). Für das Verständnis der Reaktion und der Entscheidungsprozesse müssen freilich noch andere Einflüsse einbezogen werden (vgl. S.213f).

(Entscheidungsansatz)

Die Wahrnehmung enthält, wie gesagt, nicht nur Perzeptionsvorgänge, sondern auch Entscheidungen, Handlungen, Rückkoppelungen. Wahrnehmung ist, wie bereits dargelegt, selektiv und im Rahmen eines übergeordneten Prozesses zu verstehen. In der Geographie wurden solche Entscheidungen behandelt, die raumrelevanten Prozessen zuzuordnen sind. So wurden sie im Rahmen der Informationsausbreitungsprozesse thematisiert, im Rahmen von Einkaufsverhalten, vom Wanderungsverhalten etc.

Wolpert (1963/70) entwickelte ein Modell, das die Entscheidungen in Innovationsprozessen thematisiert, anhand von Beispielen aus der schwedischen Landwirtschaft. „Der Landwirt muß in seiner Funktion als Unternehmer bestimmen, wie sein Land, seine Arbeitskraft, sein Kapital genutzt werden soll – er entscheidet über die Kombination von Bodennutzung und Viehhaltung, über die Investition für Maschinen und über sonstige Produktionserfordernisse“ (S.380). An die Stelle der ökonomischen Rationalität und ihrer Annahme des Optimierungsverhaltens und des vollständigen Wissens möchte Wolpert eine mehr deskriptive Verhaltenstheorie setzen, die einen Spielraum bei den Entscheidungen einbezieht (S.383). Die Annahme des Optimierungsverhaltens (vgl. S.95) sollte ersetzt werden durch das Verhaltenskonzept des Satisficer, des „Begnügsamen“ (Übersetzung Bartels). „Diese Vorstellung trägt dem gesamten Kontinuum menschlicher Reaktionen vom Optimierungsverhalten bis zu jenem Minimum an Anpassung, das zum Überleben unerläßlich ist, Rechnung“ (S.384).

Die Wissenssituation ist unvollständig, Innovationen erreichen mit ihrem ganzen Informationsspektrum (Technologie, Preise etc.) nur verzögert und lückenhaft die Menschen, so daß der Entscheidungsspielraum eingeengt ist. Hinzu kommen Unwägbarkeiten seitens der Umwelt, die zusätzliche Überlegungen zur Vermeidung von Risiken erzwingen. Dies bedingt z.B. für den Landwirt die Entscheidung für eine gewisse Produktionsvielfalt. Das Entscheidungsverhalten wird zudem durch Alter, Bildung, Verschuldung und Familienverantwortung geprägt; das Interesse an der Nachfrage nach Information ist durchaus unterschiedlich; das bedingt auch eine unterschiedliche Ausbreitungsgeschwindigkeit der Informationen. Auf diesem Wege kann man nach Wolpert zu einer räumlichen Theorie des Entscheidungsverhaltens gelangen.

Die Wahl von Einkaufsorten ist ein anderes Untersuchungsfeld. Durch Befragung lassen sich die Präferenzen der Einkaufenden vermitteln und mit gegebenen Daten – Entfernung, Konkurrenz, Preisniveau, Öffnungszeiten etc. – in Beziehung setzen. So kann man faktorenanalytisch die entscheidenden Bestimmungsgründe hinterfragen (Bailly 1984). Es kommen Gewohnheiten und Firmentreue hinzu (Heinemann 1974, S.242 f.), besonders ausgeprägt bei älteren Menschen, aber auch sonst, und zwar um so deutlicher, je häufiger die Geschäfte im Rahmen der Einkaufsroutine aufgesucht werden müssen (S.252 f.). Es geht nur dann bei der Wahl der Einkaufsstätten ein wirklicher und sorgfältiger Entscheidungsprozeß voraus, wenn der Konsument in eine neue Situation gelangt (z.B. im Rahmen des Lebenszyklus und Änderung des Status oder der Familienposition) oder das Geschäftsvorhaben sich ändert (Neugründungen etc.; S.257 f.).

Entscheidungen bei der Wahl der Wohnung beruhen u.a. auf der Zufriedenheit mit dem eigenen Wohnumfeld; Michelson (1977) ging in einer empirischen Untersuchung nach, die sich auf Umfragen bei 761 Familien im Gebiet von Toronto in einem Zeitraum von fünf Jahren stützt. Dabei wird dem Mensch-Umwelt-Verhältnis besondere Aufmerksamkeit geschenkt, wobei Mietkosten, Lebensstil, Wohngewohnheiten, soziale Kontakte, Vorlieben, Statusfragen etc. eine Rolle spielen, das Verhältnis zu Freunden und Verwandten, aber auch Distanzen zu Einkaufszentren, Restaurants, Arbeitsstätten, Kirchen etc. Entscheidungen im innerstädtischen Wanderungsverhalten, insbesondere in Bezug auf den Entschluß zum Umzug, sind u.a. von Höllhuber (1982) am Beispiel Karlsruhe behandelt worden. Höllhuber entwickelte ein „Modell humangeographischer Analyse“. Er verlangte, daß eine Wanderungstheorie, die das Element der Wahrnehmung und Bewertung der Situation durch den Wanderungswilligen einbezieht, einerseits auf dem sozialpsychologischen Konzept der Entscheidungsfindung des Individuums basieren muß und andererseits das „subjektive polarisierte Aktivitätsfeld, innerhalb dessen das Individuum sich für den einen oder anderen Standort, die eine oder andere subjektiv bewertete Situation entscheidet“, einzubeziehen hat (S.73). Die sozialpsychologische „Theorie der marginalen Differenz" erfüllt diese Vorgaben weitgehend. Sie berücksichtigt u.a. Faktoren wie Aufwandsminimierung, Situationsverbesserung, Konfliktvermeidung und kommt zu dem Schluß (S.154): „Die Menschen verhalten sich, wenn sie sich für marginale Situationsverbesserungen im polarisierten Aktivitätsfeld entscheiden, optimierend, weil sie sich in bezug auf das Maß der Veränderung minimierend verhalten. Je größer das Maß der Veränderung, desto größer die Einbuße an Zufriedenheit, die durch die Einflüsse des Motivs der Kontakterhaltung, der Konfliktvermeidung, des sozialen Vergleichs bewirkt wird. Nur die marginal kleinen Schritte sind Fortschritte".

Desbarats (1983a,b) stellte heraus, daß zwischen Umweltwahrnehmung und Verhalten im Raum eine gedankliche Brücke geschlagen werden müsse. Die Entscheidungsfreiheit sei von äußeren und inneren Zwängen („constraints"; vgl. S.155) eingeengt. Sie entwarf ein Stufenschema (1983a; vgl. auch Tzschaschel 1986, S.149 f.), das aufzeigt, wie eine „objektive Auswahl" durch äußere Zwänge (Informationen, soziale Zwänge) in eine „effektive Auswahl" umgewandelt, diese durch internalisierte (soziale, intentionale) Zwänge zu einer „Zielauswahl" eingeengt wird. Aber auch diese wird noch nicht realisiert, da wiederum äußere Einflüsse entsprechend der gegebenen Situation die Wahlmöglichkeiten nochmals einschränken. Sie diskutierte Möglichkeiten einer quantitativen Erfassung des Entscheidungsverhaltens (1983b, S.15 f.).

(Kritik am Verhaltensansatz)

Am Verhaltens- oder behavioralen Ansatz ist in den 70er und 80er Jahren zunehmend Kritik geübt worden. Es ist außerordentlich schwierig, Verhalten korrekt zu erklären oder von den Motiven her zu verstehen. Zwar sind etliche Methoden entwickelt worden, keine aber ist unproblematisch. So kann man von den Ergebnissen her die Begründung erarbeiten, im rückhinein die Ursache ermitteln; die räumliche Wahrnehmung kann z.B. anhand der Mental maps erschlossen werden, die Entscheidung anhand der vollzogenen Handlung etc. Die Gefahr des Zirkelschlusses ist naheliegend. Direkte Befragungen führen oft zu unklaren Ergebnissen, da die Befragten unter „Laborbedingungen" anders reagieren können als in der konkreten Lebenssituation; die Mehrzahl der „Versuchspersonen" verhalten sich rollenkonform. Wirth (1981, S.174 f.) zweifelt an der Berechtigung der diesen Methoden zugrundeliegenden positivistischen Grundauffassung. „Der fast schon naturwissenschaftlich-experimentelle Charakter vieler sozialwissenschaftlicher Erhebungen wird klar, wenn man sich die bei Interviews übliche Verfahrensweise vergegenwärtigt: Die der ‚Versuchsperson' gestellten Fragen dienen gewissermaßen als ein sprachlicher *Reiz*, der eine entsprechende sprachliche *Reaktion* auslösen soll. Letztere wird dann schematisch einer von mehreren Antwort-Alternativen zugeordnet, die schon *vor* der jeweiligen Befragung festgelegt worden sind." Ein Gespräch wird vermieden. Dieses passive Reagieren ignoriere, daß reales Verhalten in einem Interaktionszusammenhang stehe.

In einem späteren Aufsatz hob Wirth (1984, S.76) hervor, daß menschliches Handeln kaum unter Bezug auf allgemeine Theorien erklärt werden kann. „Die ungeheuer komplexe Umwelt menschlicher Handlungssituationen, Alltagserfahrungen, Beobachtungen und Erlebnisse verarmt zur Datenbasis von mit Maß und Zahl eindeutig festlegbaren Sachverhalten". Eine befriedigende Erklärung menschlichen Handelns und Verhaltens erfolgt nach Wirth in vielen Fällen eher „aus ganz einmaligen historischen, sozialen, kulturellen Sachverhalten und Zusammenhängen heraus“. Sie aber können mit den gängigen theorieorientierten empirischen Sozialforschungen, durch Befragungen etc. kaum erschlossen werden. Es gibt kaum eine verläßliche Basis für Verstehen und Interpretation. Die phänomenologische Methode (vgl. S.58f), die sich um die Erkenntnis menschlichen Handelns „durch Beschreibung und Interpretation des Einzelfalls aus der alltäglichen lebensweltlichen Erfahrung heraus“ bemüht, bringt keine eindeutigen Ergebnisse (S.77).

Ein Ausweg bietet sich nach Wirth (1984, S.77) dadurch, daß nicht das Verhalten einzelner, sondern die Handlungssituationen rational in rückblickender Analyse rekonstruiert wird. Wirth beruft sich dabei auf Schwemmer (1976): „Handeln kann durch objektive Ziele und Zwecke durch Intentionen, Maximen und Normen gedeutet und erklärt werden. Dabei kann man von der Voraussetzung ausgehen, daß menschliches Handeln rational und vernünftig ist“. Wenn diese Interpretation menschlichen Handelns auch nicht selbstverständlich ist, so mag man sich doch der Meinung Wirths anschließen: Dadurch, daß Handlungen in kulturelle, historische, soziale und wirtschaftliche Sinnzusammenhänge gestellt werden, wird von dem – als Alltagshandelnden oft uninteressanten – Einzelfall wieder abgerückt in Richtung auf Allgemeineres. Dieses Allgemeine ist jedoch kein Gesetz und keine Theorie, sondern etwas historisch-kulturell Einmaliges.

Fragwürdig ist auch, daß – wie von Seiten der humanistischen (z.B. Tuan 1976) und „radikalen“ (marxistischen) Geographie (z.B. Beck 1982) hervorgehoben wird – die vorgefaßte Meinung des Untersuchenden in die Methoden und Arbeitsweisen eingeht. Der Untersuchende sieht sein eigenes Verständnis von der Welt durch die soziale Prägung als gültig für andere an (vgl. S.158; 210).

Bei aller Kritik: Der Verhaltensansatz hat die Forschung vom überkommenen [2]Raumkonzept fortgeführt, zum Menschen hin und gezeigt, daß man, will man das soziale System in seiner komplexen Gestalt begreifen, erst den Menschen selbst – auf der Elementebene des Systems – verstehen muß, in seinem situationsbedingten Verhalten, seinen Wünschen und Reaktionsweisen. Die Untersuchungen müssen auf verschiedenen Ebenen durchgeführt werden; die Methoden sind inzwischen sehr verfeinert (Golledge und Stimson 1987), so daß der Verhaltensansatz wichtige Grundlagen für eine moderne Prozeßforschung liefern kann. Das menschliche Verhalten nimmt – wenn man so will – eine Mittelstellung zwischen individueller Handlung und sozialem Prozeß ein (vgl. S.298f).

Aktionsräumlicher Ansatz

Verhalten versteht sich auch im Interaktionszusammenhang. Dabei ist das Problem der Position des Individuums, das Verhalten in seiner Umwelt von Bedeutung. Erste wichtige Anstöße in dieser Frage kamen von Hall (1959/76). Er behandelte Fragen des tierischen Verhaltens im Raum (Distanzverhalten, Übervölkerung, Territorialität etc.), diskutierte die Arten der Raumperzeption und führte Beobachtungen an, die die verschiedenen Arten der menschlichen Raumwahrnehmung demonstrieren und in verschiedenen Sachzusammenhängen und Situationen stellen (Distanzverhalten, Unterschiede zwischen Völkern, Privatsphäre, Verhalten in der Öffentlichkeit). Diese Unterschiede finden auch in der Kunst, Architektur und Städteplanung ihren Niederschlag. Hall (S.119) kam u.a. zu dem Ergebnis, daß die Raumkonzeption durch den Menschen dynamisch ist, weil sie eher auf Tätigkeiten bezogen ist, in dem Sinne, wie der Raum genutzt werden kann, als darauf, was durch passive Betrachtung gesehen wird (vgl. auch S.96: [3]Raum). Er unterschied vier für das menschliche Verhalten wichtige Distanzen (S.121 f.):

1) die intime Distanz – bis etwa 45 cm; in ihr sind u.a. alle Sinne involviert, körperliche Berührung wird zugelassen;
2) die persönliche Distanz – etwa 45 bis etwa 120 cm (Armeslänge) umgreift den Raum, der u.a. für den körperlichen Schutz nötig ist. In ihn können nur Personen gelangen, die Vertrauen genießen;
3) die soziale Distanz – etwa 120 bis etwa 360 cm; der so erfaßte Raum dient sozialen Kontakten mit Personen, die man nicht näher kennt, durch die man sich aber auch nicht bedroht fühlt;
4) die öffentliche Distanz – über etwa 360 cm – wird bei Personen in der Öffentlichkeit eingehalten, wenn mehrere Menschen involviert sind (Politiker, Lehrer, Schauspieler etc.).

Diese Distanzen ermöglichen dem Individuum eine ungestörte Verrichtung seiner täglichen Arbeiten und Freizeithandlungen, aber auch eine geregelte Interaktion mit anderen Menschen.

Der eigentliche Aktionsraum wird unterschiedlich definiert (vgl. Wirth 1979a, S.208 f.). Dieser Raum greift weit über das – vom Menschen kontrollierte (vgl. S.265) – Territorium hinaus und umfaßt den genutzten Raum überhaupt. Dürr (1972, S.74) verstand darunter die „Lokalisation aller ‚funktionierenden Stätten', die der Mensch in Ausübung seiner Grundfunktionen aufsucht". Grundfunktionen meinen hier die Daseinsgrundfunktionen im Sinne von Partzsch (vgl. S.296). Unter Aktionsraum versteht man also keine Flächen, sondern die Menge der tatsächlich berührten Einrichtungen im Sinne des Feldbegriffs (vgl. S.90f; 141f).

Horten und Reynolds (1971, S.37) definieren in ähnlichem Sinne den Begriff „activity space": „An individual's activity space is defined as the subset of all urban locations with which the individual has direct contact as the result of day-to-day activities. Geometrically, activity space is characterized as a surface … descriptive of the intensity of actual spatial behavior over portions of the action space".

Etwas anders faßt Chapin, jr. (1965, S.224) den Begriff: „Activity systems is defined here as behavior patterns of individuals, families, institutions, and firms which occur in spacial patterns that have meaning in planning for land use."

Als Tätigkeiten im Sinne von activity systems der Haushalte und Individuen sieht Chapin, jr. (1965, S.226):

„income-producing activities
child-raising and family activities
education and intellectual development activities
spiritual development activities
social activities
recreation and relaxation

club activities
community service, political activities
activities associated with food, shopping, health etc.“

Wichtig ist, daß der Raum – Aktionsraum oder ³Raum im Sinne von Aktivitätssystem – zugänglich ist, daß die Einrichtungen, die für das Leben nötig sind, in zuverlässiger Weise in bestimmten Zeiten aufgesucht werden können. Es zeigt sich hier, daß die Frage der Distanz, des Zeitbudgets, der Öffnungszeiten, der Erreichbarkeit mit Verkehrsmitteln wichtig ist. Schwesig (1985) fand z.B., daß die ausgeübten Aktivitäten sich eng an die Achse Wohnen-Arbeiten anlehnen.

Die Reichweite vieler Aktivitäten wird durch den Tagesrhythmus begrenzt. So können „Aktionssysteme“ und „Aktionsräume“ ermittelt werden, die in den einzelnen Verhaltensgruppen unterschiedlich gestaltet sind (Chapin, jr., 1968/71; Buttimer 1969; Maier 1976). Dürr (1972) hat durch Befragungen in Gemeinden südlich Hamburg ermittelt, daß die Haushalte ein ganz verschiedenes aktionsräumliches Verhalten zeigen. Die so ermittelten „aktionsräumlichen Haushaltstypen“ konnten mit sozialstatistischen Merkmalen korreliert werden; der Beruf und die Arbeitsorientierung scheinen dabei eine Art Schlüsselfunktion zu besitzen. Mit wiederum etwas anderer Zielsetzung versuchte Klingbeil (1978) am Beispiel der Kategorie der Hausfrauen herauszufinden, „ob und in welcher Weise die infolge von unterschiedlichen Entfernungen zu den Tätigkeitsgelegenheiten unterschiedlichen Belastungen von Wohnstandorten verhaltenswirksam sind“ (S.274).

Beim aktionsräumlichen Ansatz wird der ³Raum von den Menschen her verstanden. Aus psychologischer Sicht sah Boesch (1963) „Raum und Zeit als Valenzsysteme“; die Valenzzeit „bezieht sich auf die Relation von Verhaltensverläufen, der Valenzraum auf die Ordnung von Verhaltensorten“ (S.153). Auch Gatrell (1983) löste sich vom geometrischen Distanzbegriff (vgl. auch Bartels' „soziale Distanzen“; 1974, S.18f.). Statt dessen formalisierte er den Aufwand an Zeit – kartographisch darstellbar mittels Isochronen – oder an Kosten (z.B. Transportkosten; „ökonomische Distanzen“). „Kognitive Distanzen“ sind mittels Mental maps (vgl. S.147f) sichtbar zu machen. Weitere Raumkonzepte sind auf der Makro- und Mikroebene definierbar. Schon früh hatte sich Tobler (1963/70) mit Problemen der Darstellung solch nichtmetrischer Distanzen beschäftigt. Als wichtigste Einsicht aus diesen Versuchen und Ergebnissen mag resultieren, daß jeder Denkvorgang, jeder Prozeß einen ganz spezifischen räumlichen Rahmen besitzt. Dieser Gedanke soll später (vgl. z.B. S.291f; 329f) wieder aufgegriffen und verdeutlicht werden.

Zeitgeographie (Hägerstrand u.a.)

Der aktionsräumliche Ansatz bezieht durch die Berücksichtigung des Zeitbudgets die Zeit in das ³räumliche Verhalten ein; die zur Verfügung stehende Zeit erscheint so als ein Kapazitätsbegriff. Die eigentliche Bewegung der Individuen in Raum und Zeit wird in der Zeitgeographie behandelt (u.a. Hägerstrand 1973; 1975; 1978; Martensson 1977; Carlstein, Parkes und Thrift, Hrsg., 1978), unter Beachtung der sozio-ökonomischen Einflüsse. Der Blick soll auf den Einfluß der Zeit bei räumlichen Entscheidungen gelenkt werden, auf den Menschen als einzelnes lebendes Individuum mit seinen Fähigkeiten, Wünschen und Grenzen. „Durch Verknüpfung der räumlichen und zeitlichen Dimension wird es möglich, räumliche Entwicklungen und dynamische Prozesse in vierdimensionale Zustandsbeschreibungen zu überführen“ (Kaster 1979, S.7).

Grundlage der Zeitgeographie ist ein Raum-Zeit-Modell; der ^{2}Raum erscheint auf der Erdoberfläche auf zwei Dimensionen (Karte) reduziert. In der Vertikalen kann die Zeit eingetragen werden. So lassen sich für jedes Individuum Ortsveränderungen über eine bestimmte Zeitspanne darstellen. Diese Zeitspannen können Lebensabschnitte, Tage oder Jahre sein. Nun lassen sich die Ortsveränderungen, die in der Karte sich vollziehen, von bestimmten oder – theoretisch – allen Menschen darstellen und analysieren. Dabei spielen sog. Stationen eine Rolle, Gebäude z.B., in denen die Individuen längere Zeit sich aufhalten (z.B. Arbeits- oder Wohnstätte) und die Wege von einer Station zur nächsten. Den „Weg“ der Individuen durch den zeitgeographischen ^{3}Raum bezeichnet man als „Bahn“.

In dem Gewirr von einzelnen Bahnen werden sich Handlungs- und Ereignisgruppen herausschälen, die sich ähneln. Oder es gibt bestimmte Gebäude, die im Tageslauf von einer Vielzahl von Menschen aufgesucht werden; z.B. bilden Arbeitsstätten die Stationen vieler Menschen in einer bestimmten Zeitspanne. Andere Gebäude, wie Postämter, bilden über längere Zeiträume für ganz unterschiedliche Menschen kurzfristig das Ziel.

Um ein bestimmtes Ziel zu erreichen, müssen die Individuen bestimmte Aktivitäten entwickeln und Hilfsmittel benutzen. So werden die Schritte auf ein Ziel hin begreifbar, und damit auch die Projekte, in denen die Individuen engagiert sind. Freilich sind die Menschen in ihrer Bewegungsfreiheit Beschränkungen („Constraints“) unterworfen. „Capability constraints circumscribe activity participation by demanding that large chunks of time be allocated to physiological necessities (sleeping, eating, and personal care) and by limiting the distance an individual can cover within a given time-span in accord with the transportation technology available. Coupling constraints pinpoint where, when, and for how long the individual must join other individuals (or objects) in order to form production, consumption, social, and miscellaneous activity bundless. Authority constraints in some measure spring from the simple fact that space-occupation is exclusive and that all spaces have a limited packing capacity“ (Pred 1977, S.208).

Die Bahnen und Aktivitäten werden in starkem Maße durch das Zeitbudget von beteiligten Personen beeinflußt. Die Zeitgeographie interessiert sich insoweit dafür, als es evtl. zu bestimmten Ortsveränderungssequenzen kommen kann; z.B. wird beim Einkauf darauf geachtet, daß innerhalb eines bestimmten Zeitraums möglichst viele Vorhaben erledigt werden können.

Dieses Grundmodell ist nach verschiedenen Seiten hin ausgebaut worden. Z.B. wurde von Erlandsson (1979) die Erreichbarkeitssituation regionaler Arbeitsmärkte durch den öffentlichen Personennahverkehr mit zeitgeographischen Methoden untersucht. Das Ergebnis hat Bedeutung für die Verkehrsplanung. Ellegard, Hägerstrand und Lenntorp (1977) dagegen stellten ein Modell vor, das das zukünftige tägliche Reiseverhalten in der schwedischen Gesellschaft untersucht und dabei die Aktivitäten und den damit verbundenen Zeitbedarf auf die Bevölkerung und ihre Zeitreserven projiziert. U.a. wurde die Entwicklung der Bevölkerungsstruktur, die Siedlungsstruktur, die ökonomische Entwicklung, Konsum und Ressourcen, Arbeitszeit und Erziehungswesen einbezogen. Carlstein (1982) untersuchte in einer umfangreichen Arbeit in vorindustriellen Gesellschaften (z.B. Sammler und Jäger, Nomaden, Shifting cultivators, Bewässerungskulturen) die zeitgeographische Situation der Menschen und fragte u.a. nach der Intensität der Zeitnutzung im Zusammenhang mit der Spezialisation.

Die Methoden der Zeitgeographie werden auch bei anderen Ansätzen verwendet, z.B. bei der Netzwerksanalyse (vgl. S.531f) und dem Strukturierungsansatz (vgl. S.185f; 218).

Verschiedene Autoren versuchten, die Zeitgeographie aus der individuellen Ebene in die gesellschaftliche Ebene zu heben, aus der Mikro- in die Makroebene. Parkes und Thrift (1978) konstatierten vier Ebenen: die politisch-soziale Ordnung als Superstruktur, die natürliche und bebaute Umwelt, das individuelle und gruppenspezifische Aktivitätssystem sowie Wahrnehmung und Verhalten auf individueller Ebene. Dieses vierstufige System filtert die Informationen, die das Raum- Zeit-Kontinuum konstituieren. Die Autoren setzten neben die Mental maps (für den Raum) die Mental clocks (für die Zeit).

Diese allgemeinen Einsichten lassen sich freilich nur schwer konkret umsetzen, so daß man den Hiatus zwischen individuellem Tun und gesellschaftlicher Struktur so kaum überbrücken kann (vgl. zu diesem Problem auch die Bemühungen im Zusammenhang mit der Strukturierungstheorie von Giddens; vgl. S.218f). Die Zeitgeographie demonstriert, wie in einem Individuum Raum und Zeit verknüpft sind. Gesellschaftliche Strukturen können freilich ohne Berücksichtigung des Inhaltlichen kaum verstanden werden. Die Bewegung in Raum und Zeit ist nur ein Aspekt (vgl. S.298).

„Radikale", marxistische Geographie (Harvey u.a.)

Die Einbindung der Individuen in die Gesellschaft und den [3]Raum findet vor allem in der marxistischen oder radikalen Geographie ihren Ausdruck; sie bildete sich in den 60er Jahren und steht der „Frankfurter Schule" der Philosophie (vgl. S.102f) nahe. Insbesondere als Harvey (1973) sich dieser Sichtweise angeschlossen hatte, etablierte sich eine eigene Forschungsrichtung. Harvey (1973, S.27 f.) forderte eine „philosophy of social space". Bereits in liberaler Sichtweise wird sozialer Raum nicht nur als etwas Naturgegebenes betrachtet. „If we are to understand space, we must consider its symbolic meaning and its complex impact upon behavior as it is mediated by the cognitive processes. ...without an adequate understanding of social processes in all their complexity, we cannot hope to understand social space in all its complexity" (S.36). Harvey forderte darüber hinaus ein Eindringen in die Frage der ökonomischen Mechanismen. So kam er zu einer sozialistischen Sichtweise (S.125 f.). Marx baute nach Harvey (S.286 f.) auf Leibniz, Spinoza, Hegel, Kant und die englischen politischen Ökonomen auf. „Marx brought together all of these diffuse elements (and more) and constituted a method which, by the fusion of abstract theory and concrete practice, allowed the creation of a theoretical practice through which man could fashion history rather than be fashioned by it" (S.287).

Anhand der kapitalistischen Stadt demonstrierte Harvey, daß die Sozialstruktur, die Verteilung von arm und reich sowie die räumliche Anordnung der Bevölkerungsschichten von dem Verlauf der Güterströme abhängt. Er unterschied zwischen „effective space" und „created space". In der vorindustriellen Zeit formte die natürliche Umwelt die geographische Differenzierung. „Effective space was created out of ecological differentiation by arranging for the flow of goods and services from areas of supply to areas of demand" (S.309). Es kam zu einer Akkumulation des Mehrwerts in den Städten. So konnten sich regionale und soziale Lebensformgruppen bilden („life-styles"). Durch die Industrialisierung änderte sich dies. Die regionalen Lebensformgruppen lösten sich durch die Kräfte des Weltmarkts auf. Der „created space" wird durch die Urbanisierung geprägt. Die Güterströme werden gelenkt, in der Weise, daß die Kontraste zwischen den Einkommen erhalten bleiben oder vergrößert werden. Ghettobildung ist in diesem Rahmen zu verstehen. Die Menschen sind die Quelle der Ausbeutung seitens der oberen Klasse. Der Profit wird durch den Mehrwert (vgl. S.24) ermöglicht, der von der Arbeitskraft erwirtschaftet wird. „Yet the urban system has … to be viewed …as a giant man-made resource-system… ‚of great economical, social, psychological and symbolic significance'. The growth of this man-made resource system involves the structuring and differentiation of space through the distribution of fixed capital investments. A new spatial structure is created and some of the old lines of regional differentation are revived to accentuate the structure … To put it in Marx's terminology, created space comes to dominate effective space as a consequence of the changing organic composition of capital" (S.309/310).

Die industrielle Gesellschaft ist eng mit der Verstädterung verwoben. „Urbanization provides the opportunity for industrial capital to dispose of the products it creates. In this sense the urbanization process is still being propelled by the requirements of industrial capitalism. Urbanization creates new wants and needs, new sensibilities and aspirations, and insofar as these achieve an autonomous development, urbanism puts pressure on industrial capitalism" (S.311).

Der „created space" zeichnet sich also durch eine Struktur aus, die man generell auch als Territorialstruktur benennen kann (vgl. S.116). „The territorial structure is – for the capitalistic mode of reproduction – the totality of production localities (productive and unproductive), consumption localities and the localities of the external conditions with the infrastructure that physically and functionally ties it all together" (Buch-Hanson und Nielsen 1977, S.5). Territorialsysteme und -muster werden vor allem von den die Produktionsmittel besitzenden Unternehmern gestaltet, durch deren Entscheidungen im Hinblick auf die Ansiedlung von Produktionsstätten. Die arbeitende Bevölkerung hat sich diesen Gegebenheiten anzupassen, sie kann ihre Entscheidungen nur in diesem Rahmen fällen.

Neben den räumlichen Strukturen sind auch Ungleichheiten nach der marxistischen Geographie als unmittelbarer Ausdruck und Ursache der sozioökonomischen Strukturen anzusehen. „Uneven development is both the product and the geographical premise of capitalist development. As product, the pattern is highly visible in landscape of capitalism as the difference between developed and underdeveloped spaces at different scales: the developed and the underdeveloped world, developed regions and declining regions, suburbs and the inner city. As the premise of further capitalist expansion, uneven development can be comprehended only by means of a theoretical analysis of the capitalist production of nature and space. Uneven development is social inequality blazoned into the geographical landscape, and it is simultaneously the exploitation of that geographical unevenness for certain socially determined ends“ (N. Smith 1984, S.155).

Auf dieser Basis sah Harvey (1985) es als eine Aufgabe „to construct a general theory of space-relations and geographical development under capitalism that can, among other things, explain the significance and evolution of state functions (local, regional, national, and supra-national), uneven geographical development, interregional inequalities, imperialism, the progress and forms of urbanization and the like“ (S.143/144). Nur so, meinte er, kann man verstehen, wie Territorien und soziale Klassen sich formen, wie Regionen an ökonomischer, politischer oder militärischer Macht gewinnen oder verlieren, wie es zu regionaler Anhäufung von Kapital kommt, wie sich strategische Zentren bilden, von denen Klassenkämpfe oder interimperialistische Auseinandersetzungen ausgehen.

Ausgangsposition jeder Untersuchung im Sinne der radikalen Geographie ist die Beobachtung des Gesellschaftssystems mit seinen sozioökonomischen Klassenkonflikten. Z.B. ist Wahrnehmung ohne subjektives Selektieren nicht möglich; die sozialen Bezüge sind immer wirksam.

Beck (1982, S.66) brachte Überlegungen im Rahmen einer Kritik des behavioristischen Ansatz vor (vgl. S.152). Der Unterschied zwischen marxistischer und bürgerlicher Theorie besteht nach ihm (S.80) nicht darin, daß die bürgerliche Theorie keine Klassenunterschiede kennt, sondern darin, daß sie sie bewußt vernachlässigt, ignoriert. Er meinte, die behavioristische „Theorie“ – als ein Ausfluß bürgerlicher Denkweise – gehe davon aus, daß die Menschen eine Anpassung an gegebene Zustände anstreben. „Es sind (‚kognitive Gleichgewichts-‘)theorien, deren Grundkonzeption sich etwa in Form der Aussage darlegen läßt, daß eine kognitive Dissonanz als Strafe wirke, die Reduktion oder Vermeidung einer solchen als Belohnung“ (S.66). Die konkret historischen Bedingungen würden zwar gesehen, aber in der Theorie nicht verwandt oder als Störfaktoren an den Rand gedrängt und ausgeschaltet. „...Von den konkreten gesellschaftlichen Verhältnissen, von der Systemstruktur der ‚Rahmen- und Randbedingungen‘, wird abgelenkt, und die Unterschiede in den Ergebnissen sozialen Verhaltens werden auf individuelles Verhalten bzw. Fehlverhalten zurückgeführt, d.h. letztlich ans Subjekt gebunden“. Die behavioristische Theorie wurde von Beck als prinzipiell überflüssig angesehen (S.68).

Johnston (1986a, S.21 f.) entwickelte Gedanken zu einem Modell der Gesellschaft, das Ideen der radikalen Geographie aufgreift. Das entscheidende Element ist der Mensch als Handelnder. Er schafft die Organisationsformen, in denen sein Leben strukturiert ist. Die Interaktionen zwischen den Handelnden und den Strukturen führen zur Formierung von Gesellschaften, „complex empirical organizational frameworks“. So kommt Johnston zu drei interagierenden Elementen: Menschen (people), Mechanismen (mechanism) und Gesellschaften (societies). Die Menschen sind hier zentral zu sehen; die Mechanismen werden von ihnen geschaffen, um die Grundbedürfnisse zum Überleben zu decken, und die Gesellschaften, um diese Mechanismen zu lenken, die durch die Strukturen zusammengebunden sind. Die Mechanismen bilden die treibenden Kräfte, der Kapitalismus kreiert solche spezifischen Mechanismen in der Gegenwart. Johnston kommt dann zu einer Interpretation der Produktion und der Klassenbildung. Dieses System reguliert sich aber nicht selbst, sondern wird vom Staat stabilisiert (S.32 f.). Im Hintergrund ist zudem die kulturelle Superstruktur zu berücksichtigen (S.36), die mit ihren Institutionen (wie Familie, religiöse Bindungen etc.) die Sozialisation der Individuen regelt, ihre Rollen in der Gesellschaft, und die die Formen der Arbeitsteilung legitimiert. Das Studium der kapitalistischen Art der Produktion (mode of production) ist ein Studium des Wandels, die Strukturen erfordern einen ständigen Wechsel, die Menschen sind in diesen Wandel eingebettet, ihm ausgeliefert. Für die Geographen bedeutet dies das Studium der sich verändernden räumlichen Organisation der Gesellschaften und der sich verändernden Nutzung der physischen Umwelt. Die Dynamik der kapitalistischen Art der Produktion ist eine geographische Dynamik (S.38 f.).

Die radikale Geographie bezieht ihren stärksten Impuls aus dem Gegensatz zwischen der oberen Klasse, die über Eigentum an den Produktionsmitteln (Boden, Kapital, Arbeit) verfügt, und jener Klasse, die besitzlos ist und die Arbeiten verrichtet. Unbestreitbar ordnet sich tendenziell jede Gesellschaft hierarchisch (vgl. S.316f), dies ist u.a. eine Begleiterscheinung der Herrschaft und Verwaltung, des Steuermechanismus des Systems. Außerdem sind die Güter ungleich verteilt, es gibt reich und arm, und meistens ist mit Reichtum Macht gekoppelt. In entwickelten Gesellschaften haben sich aber die Grenzen zwischen den Klassen verwischt. So zeichnen sich die Industriegesellschaften heute durch eine große Vielfalt und ein breites Spektrum von Klassen und Schichten zwischen den Antipoden „oben-unten“, „reich-arm“ aus.

Diese Entwicklungen sieht auch die radikale Geographie; sie versucht, sich von deterministischen Vorgaben zu lösen; Marxist research „argues that economic processes enable people to act in particular ways but constrain them from acting in others – which way is chosen is unpredictable from the general theory, and can only be understood in retrospective empirical investigations. Thus man is not presented as an automation, but an actor operating on a defined stage...“ (Johnston und Gregory 1984, S.119 f.).

Arnold (1988) entwickelte – aus marxistischer Sicht – ein „sozial-psychologisches Modell zum kausalen Zusammenhang des Raumprozesses und seiner Bedingungen“; nach ihm lassen sich die räumlichen Verhältnisse ändern, durch Prozesse, in einzelnen Schritten (S.397):

1) Die Ausgangssituation: Raumsystem (Lokalisation der gesellschaftlichen Einrichtung, Verteilung der Gruppen, Schichten und Klassen im Raum, Bevölkerungsbewegungen, Siedlungen, Aktionsräume).
2) Anfangswiderspruch zwischen Bedürfnissen und ihrer Realisierung im vorgegebenen Raumzusammenhang.
3) Bewußtwerden des Widerspruchs zwischen Bedürfnis und Wirklichkeit in der Raumsituation des Einzelnen.
4) Urteilsbildung a) subjektiv: Motive; b) objektiv: Ursachen, reale Bedürfnisse.
5) Entscheidung zum Handeln (Werte, Ideen).
6) Raumverhaltensweise (Ansiedlung von Betrieben, Bevölkerungsmobilität)
7) Neues Raumsystem (gewandelte Aktionsräume, neue Produktions- und Konsumptionsstandorte).

Das vorhergehende Prozeßglied bildet die Ursache, das folgende die Wirkung; der Raumprozeß ist „als chronologischer Prozeß und zugleich als gleichgerichteter Erklärungszusammenhang zu begreifen“ (S.396). Mit seiner Vorstellung vom Prozeß als einem gerichteten Zusammenspiel von Ereignissen weist Arnold in das 4.Stadium des von uns postulierten Paradigmenwechsels.

1.3.4 Rückblick

In der Malerei („Klassische Moderne") sind nicht nur das Substantielle, also die Farbgebung und das Materielle, vom Objekt zum Künstler als dem Subjekt übergewechselt – wie im Impressionismus –, sondern auch die Bildstruktur, der kompositorische Aufbau. Damit erhält der Künstler freie Hand, die Bildelemente – Größenverhältnisse, materielle Bildteile, das Körperhafte, die Farbgebung, die Bewegung – so zu gestalten wie er es möchte. Er kann neue systemische Zusammenhänge postulieren.

Die Philosophie thematisierte das Eingebundensein des Menschen in die Gesellschaft, seine Abhängigkeiten vom System. Je nachdem, ob der Untersuchende die Situation aus Distanz, also gleichsam als Außenstehender betrachtet oder selbst als Mitleidender engagiert ist, sich als Teil des Systems versteht, gibt es verschiedene Ansätze. Der Kritische Rationalismus (Popper etc.) betrachtet den Menschen als Teil der Gesellschaft für fähig, Fehlentwicklungen zu erkennen und zu korrigieren; er lehnt alle Formen des Historismus ab, die einen gesetzmäßigen Ablauf der Geschichte postulieren, und in deren Gefolge Sozialutopien jeglicher Art. Die Kritische Theorie (Bloch, „Frankfurter Schule") dagegen lehnt die positivistische Grundanschauung Poppers ab und sieht das Problem des gesellschaftlichen Wandels sowie die Verstrickung des Menschen in diesem Prozeß im Vordergrund; der Mensch sieht das Bild einer besseren Welt vor sich. Diese Philosophen engagieren sich auch im Hinblick auf eine – evtl. revolutionäre – Veränderung der Situation, um die verkrusteten, den Fortschritt hemmenden Klassengegensätze aufzubrechen.

Die Forschungsfront bewegte sich vor allem in der Physik; hier wurde die Quanten- und Wellenmechanik erarbeitet; die ihr zugrundeliegenden Gesetze sind statistische Gesetze, die Vorgänge sind nicht genau determinierbar. Die Untersuchungsobjekte sind also Elemente (auf der Mikroebene) sowie Gesamtheiten (auf der Makroebene).

In der Anthropogeographie wurden die Menschen und ihre sozialen Gruppierungen nicht mehr nur als solche untersucht, typisiert und zur Erklärung ihrer Werke herangezogen; sie wurden vielmehr als Teile von miteinander und mit der Umwelt wechselwirkenden Systemen betrachtet, Systemen, die geben und nehmen und sich dadurch erhalten. Der Interaktionsbegriff wurde von der Soziologie und Psychologie übernommen. Es stehen Verbreitungs- und Verknüpfungsmuster im Vordergrund. Die sozialfunktionalen Ebenen – im zweiten Stadium der Entwicklung herausgearbeitet – werden hier vertikal verknüpft. So ergeben sich Interaktionssysteme und Sinnzusammenhänge. Für sie wurden die Distanzen als wichtig erachtet.

Wichtige Themen wurden seit den 60er Jahren die wirtschaftlich und sozial zurückgebliebenen Regionen und Länder (Slums, Notstandsgebiete, Entwicklungsländer). Dabei stand die Frage im Vordergrund, wie es zu solchen Fehlentwicklungen, fort vom zu Erwartenden, Erwünschten kommen konnte. Je nach dem politisch-kulturellen Standort wurden die Fragen unterschiedlich beantwortet. Generell betrachtet wurde ein Normalstandard, ein Gleichgewichtszustand zwischen Wollen und Erreichen vorausgesetzt, zwischen Nachfrage und Angebot, ein Gleichgewicht, das immer wieder gestört wird, das sich aber meist wieder austariert, wenn die Störung nicht zu groß ist.

Die Dynamik der Veränderungen – Wachsen und Schrumpfen – wurde ein wichtiges Erkenntnisfeld. So lernten die Geographen, sorgsam zwischen den biotischen und sozioökonomischen Veränderungen zu unterscheiden; die Bevölkerungsgeographie auf der einen sowie die Wirtschafts- und Sozialgeographie auf der anderen Seite emanzipierten sich. Die Werke des Menschen erschienen in diesem Rahmen für den Sozial- und Wirtschaftsgeographen nur noch als Artefakte, deren Studium freilich der Aufhellung der Zusammenhänge dienen konnten. Andererseits entwickelte sich die Siedlungsgeographie zu einer umfassenden Kulturlandschaftsforschung. Neben den eigentlichen Siedlungen wurden nun auch andere Artefakte einbezogen wie Verkehrswege, Gewerbeeinrichtungen etc., so daß die komplexe Gesamtgestalt erfaßt werden konnte. Die sachlich umfassende traditionelle Landschaftsforschung hatte sich aufgelöst.

Der Mensch wurde nun in seinen Aktivitäten als Komponente eines zusammenhängenden Ganzen betrachtet, als Träger sozialer Rollen. Er ist Gegenstand von Entwicklungen, die ihn mehr oder weniger passiv treffen und zum Handeln anregen. Er „verhält sich". In verschiedenen Ansätzen wurde versucht, diesem Problemkreis gerecht zu werden. Einige Autoren stellten – darin dem traditionellen Anliegen der Geographie (z.B. der überkommenen Landschaftskunde) verbunden – den Zusammenhang Mensch-Natur und die „Raumwirksamkeit" in den Mittelpunkt des Interesses. Das raumwirksame Verhalten läßt sich evtl. – dies ist ein anderer Ansatz – auf Grunddaseinsbedürfnisse des Menschen zurückführen („Münchener Schule"). Es fügt sich – wiederum ein anderer Ansatz – zu einem Komplex von Kräften zusammen. Andere Autoren gingen nicht vom [3]Raum, sondern von den Menschen und den Formen ihrer Vergesellschaftungen aus („Humanökologischer Ansatz").

Die Verbreitung und innere Differenzierung von „Funktionen", d.h. Regionen und Felder, bildeten den Rahmen für die Entwicklung weiterführender quantitativer, oft anwendungsbezogener Modelle („Choristisch-chorologischer Ansatz"). Es wurden dynamische Modelle, vielfach auf probabilistischer Basis eingebracht (u.a. Wachstumsmodelle, Entscheidungsmodelle etc.). Sie befassen sich mit Kommunikation und Güterströmen und setzen eine systemische Struktur, d.h. den Ganzheitscharakter sowie Informations- und Energiefluß in Kontext mit Nachfrage und Angebot voraus. Mit ihnen vollzog sich die „quantitative Revolution", die jedoch nicht als Paradigmenwechsel im Sinne Kuhns (1962/76; vgl. S.5f; 171f) bewertet werden kann, betrifft sie doch lediglich die Methoden und ist als Begleiterscheinung zu den theoretischen Entwicklungen zu verstehen.

Der zeitliche Aspekt wurde vor allem in der Innovationsforschung sichtbar; Innovationen diffundieren in gleichartige Elementmengen, z.B. Wirtschaftsräume gleicher Struktur. Die Gleichgewichtssysteme werden auf diese Weise von einem zum andern Zustand gebracht. Auch fand das Modell des Gleichgewichts seine quantitative Ausarbeitung. Systemverhalten läßt sich nicht voraussehen und ist nur durch hohen maschinellen Aufwand zu fassen. Ursprüngliche deterministische Modelle wurden in der Folgezeit erheblich verbessert, es wurden Wahrscheinlichkeitsverknüpfungen sowie kompliziertere nichtlineare Funktionen eingefügt. In den Modellen dieses Stadiums wurde – im Gegensatz zum zweiten Stadium – das zeitliche Nacheinander wieder stärker thematisiert. Es handelt sich auch hier um eine Art hermeneutische Erklärungsweise. Nun aber stellt sich die Frage der Eindeutigkeit. Verhalten kann nur – es schließt ja Entscheidungen ein – mit einer gewissen Wahrscheinlichkeit vorhergesagt werden.

Im Rahmen dieser Systeme, die den Menschen nur die Rollenfunktion zuweist, drohte der Mensch selbst als Ganzheit, als Individuum vernachlässigt zu werden. So wurde der anthropologische Aspekt stärker thematisiert. Vor allem aber kam das Verhalten auf individueller Ebene in den Blick („Mikrogeographie"). Dies brachte eine zunehmenden Einfluß der Verhaltensforschung mit sich, aber auch der Humanpsychologie. Hier ist die Perzeptionsgeographie zu sehen, die Menschen nehmen aus ihrer Perspektive nur einen Ausschnitt aus der Umwelt wahr („Wahrnehmungsgeographischer Ansatz", „Entsscheidungsansatz"). Sie sind entsprechend ihren Ansprüchen und Aufgaben in verschiedene Systeme (auch räumlich) eingebunden; ihnen steht nur ein begrenztes Zeitbudget zur Verfügung („Aktionsräumlicher Ansatz"), die Handlungen können nur nach und nach durchgeführt werden („Zeitgeographie"). Zwänge verschiedenster Art engen das Verhalten ein.

1.4 Viertes Stadium

Einführend, in Abwandlung der im vorhergehenden Kapitel (vgl. S.96) gebrachten Metapher: Das Haus und die Bewohner bilden eine Einheit, entwickeln sich gemeinsam. Die Menschen verändern ihre Vorlieben, richten Zimmer neu ein, gestalten andere um. Sie bauen eine Garage an, richten im Dachgeschoß eine Einliegerwohnung ein. Andererseits müssen sie beachten, daß das Haus die Umbauten verträgt, statisch, funktional, ästhetisch, daß die Nachbarschaft nicht beeinträchtigt wird in ihren Rechten. D.h. das Haus muß wie das Leben vorsorgend gestaltet werden, Schritt für Schritt, umwelt- und sozialverträglich.

Objekt und Subjekt verschmelzen zur Einheit, nicht nur im Sinne Mensch-Lebenswelt; vielmehr ist der Mensch etwas mit seiner Lebenswelt Gewordenes, als politischer Mensch formt er sich seine Welt; er betreibt seine eigene Evolution, wird aber auch von dieser wiederum selbst gestaltet. Die Erde kann so wieder als das Erziehungshaus des Menschengeschlechts betrachtet werden, wenn auch in anderem Sinne als Ritter es sah (vgl. S.15). Der Kreis schließt sich, auf höherer Erkenntnisebene, mit ungewissem Ausgang.

Der Raum definiert sich als Nichtgleichgewichtssystem: ^{4}Raum. Gegenüber den vorher behandelten Konzepten bringt sich als eine neue Dimension in die Definition und Gestaltung eines Raumes die Zeit ein. D.h. die Zeit wird durch Schritte, die mit dem Werdegang des Systems gekoppelt sind, definierbar. Ein sich bewegendes und veränderndes Ganzes, das aus vielen Gliedern besteht, zeigt sich als ein Prozeß. Der ^{4}Raum entfaltet sich evolutionär. In synchronischer Betrachtung ergeben sich zwischen den Gliedern dieses Raumes verwandtschaftliche Beziehungen, z.B. biologischer oder sozialer Art.

Diese Vorstellung vom ^{4}Raum fand im Zweiten Weltkrieg Eingang. Um 1940, wohl etwa gleichzeitig in den USA und Frankreich, befreite sich die Malerei ganz von den Zwängen des Widerparts im Objekt. Philosophie und Naturwissenschaften erkannten um 1960 die Bedeutung von Prozessen und Nichtgleichgewichtssystemen, ein wichtiger Schritt zum neuen Raumverständnis. Fehlentwicklungen in der Wirtschaft, in der Gesellschaft und ihrem Verhältnis zur natürlichen Umwelt stimulieren nun – in der Gegenwart – auch die Anthropogeographie und Sozialwissenschaften zur Änderung ihrer Sichtweise.

1.4.1 Malerei (seit ca. 1940): Gegenwartskunst

Im Zweiten Weltkrieg befreite sich die bildende Kunst von jeglichen formalen Fesseln einer Vorlage – sei es der Mensch, die Landschaft, die Stadt. Waren in der ersten Hälfte des 20.Jahrhunderts noch aus der Erscheinungswelt der Wirklichkeit Form- und Strukturelemente vom Maler identifiziert und für sich gewichtet worden, so fühlte sich der Künstler nun ganz frei in seinen Techniken, seinen Gestaltungsmöglichkeiten, der Wahl seiner Bildinhalte; d.h. die Bausteine der Welt erscheinen gleichsam integriert. So konnten die Künstler noch genauer ausdrücken, was sie sagen mochten, die Gefühle, Ängste, Absichten noch unmittelbarer darlegen. Es wurden neue Formen komponiert, die die inneren Empfindungen freilegen. Hier ist zunächst die Kunstrichtung des Informel zu nennen. Über sie schreibt de la Motte (1983, S.9 f.): „Was machte Kritiker, Museumsleute, auch Sammler nur so böse, wenn sie mit ‚Abstraction lyrique', ‚art autre', ‚Informel', ‚action painting', ‚abstraktem Expressionismus', ‚gestischer Malerei', ‚Tachismus' etc. konfrontiert wurden? Das alles richtete sich doch nur gegen die letztlich unmenschlichen Regeln einer konstruiert-abstrakten Kunst – und war nicht als Aggression gegen Publikum und Betrachter gemünzt. Gegen neo-plastische Strenge führten diese ‚anderen Abstrakten' wieder die Psyche, die Sensibilität und die Emotion des Menschen ein, Fragen nach Sinn, nach Leben, gar dem Universum". Und weiter (S.10/11): „Mein Interesse am ‚Phänomen' Informel/Tachismus ist ein sinnliches, subjektives aber engagiertes Plädoyer für Kunst als Kunst – nicht als Vehikel irgendwelcher Ideologien. Mich fasziniert die Einstellung dieser Künstler, immer wieder, oft auch ‚trotzdem', an ihren eigenen, eigensten Darstellungen zu arbeiten. … Von allen je geprägten Begriffen ist mir ‚Informel' am liebsten, und ich würde es mit ‚anti-formalistisch' frei übersetzen. Denn allein die Abwesenheit von Form oder Zwang wäre viel zu wenig. ‚Informel' ist auch so schon un-stilistisch! Es verlangt vor allem Haltung, Moral und Ethik – hohes Spielgeld, gebe ich zu – sich der Kunst, der Welt und also letztlich auch sich selbst näher zu kommen; Klarheit zu gewinnen. … Gerade gegen jenen formalen Zwang ging es und geht es, gegen bloße Fertigkeiten und geheuchelte Objektivität, also auch gegen jede Wiedererkennbarkeit um jeden Preis… Wollte man einen Katalog von Gemeinsamkeiten, so käme man zu: Offenheit, auch der Form, der Formulierung. Ständige Wachheit, Neugier als Voraussetzung jeglicher Kreativität, Souveränität auch dem eigenen Werk und seiner Geschichte gegenüber, das Verlassen von liebgewonnenen Gewohnheiten, auch Mißtrauen in bereits Gelungenes."

In den 50er und 60er Jahren kamen weitere Stilrichtungen hinzu (Thomas 1985). Neue Materialien wurden verwendet – neben den traditionellen Farben Kunststoffe, Erde, Schrott, vergängliche Substanzen etc., neue Formen der künstlerischen Gestaltung wurden gesucht – Happenings, Fluxus, Video, Laser. Neben dem Informel entstanden die Popart, die Opart, der Fotorealismus, Minimal Art, Neoexpressionismus, „Neue Wilde", chromatische Malerei, Zero; manche Künstler lassen sich gar nicht einer dieser Gruppen zuordnen, andere wechseln mehrfach die Darstellungsart.

Abb. 4 Zeit, Mensch und Raum. Gemälde von Emanuel Scharfenberg (1989). Mit Genehmigung des Künstlers.

Glozer (1981) schreibt im Katalog zur Ausstellung „Westkunst“ (S.234/236): „Daß die abstrakte Kunst zwar nicht die Welt, aber die Kulturszene“ in Atem gehalten „hat, kann man behaupten. … Man registrierte jede Zumutung und nahm sie doch hin… Als großer Stilentwurf der Epoche hatte die abstrakte Gestaltung öffentliche Geltung gewonnen. Auf den Spielwiesen dieser vermittelten Kunst war alles möglich, nur eines nicht vorstellbar –, daß die Kunst wieder gegenständlich werden könnte. … Trotzdem scheint es wichtig zu vergegenwärtigen, wie die zeitgenössische Kunst an der Wende von den fünfziger und die sechziger Jahre rezipiert wurde… Der Gegensatz Abstrakt – Gegenständlich brach hier mit Vehemenz auf. Daß die ‚Strukturen‘ und ‚Texturen‘ zur Zeit des Informel sehr wohl Schemen von eingewobenen Figuren mitführen konnten, daß die

Skulpturen der fünfziger Jahre immer auch figural war und daß schließlich eine ‚Neue Figuration' sich auch schon zu behaupten begann, dies alles reichte nicht aus, um am System der Abstraktion zu zweifeln. Es kam offenbar darauf an, daß die integrierende Einheit gewahrt bleibt, daß das Bild durch die Malgeste definiert sein mußte... Man kann nicht sagen, daß die Bilder von Lichtenstein und Warhol oder Rosenquist gleich dazu beigetragen hätten, die Bilder und die Kunst des Informel anders zu sehen. Die neuen Bilder haben nur auf sich selbst aufmerksam gemacht... Jetzt aber ging alles sehr schnell. Marshall McLuhans Losung ‚Das Medium ist die Botschaft' rief eine neue Produktion und ihre Deuter auf den Plan... Zu bedenken ist, daß das gemalte Bild, dieses zentrale Medium der bildenden Kunst in der Neuzeit, während der Geschichte der Moderne als Modell der Veränderungen im Kontinuum seine Krisen übersteht. Das Bild ist nicht Ziel. Die Avantgarden zielen auf Weltveränderung. Die entworfenen Utopien lassen nicht nur die traditionellen Gattungen der bildenden Kunst hinter sich, sondern sie heben die Vorstellung von Kunst auf, indem sie die Grenze zwischen Kunst und Leben aufheben wollen. Die Praxis der Avantgarden mit den demonstrativen, symbolischen Gesten hat sich in die Grenzaufhebung schon früh eingeübt. Da war das Bild am besten geeignet, Vehikel der Veränderungs- und Aufhebungsübung zu werden. Man kann behaupten: als solches hat das Bild überlebt. Es bleibt stets als ‚mißbrauchtes' Kunstwerk das verläßlichste, komplexe Zeugnis der jeweils zeitgenössischen Kreativität, die ihrerseits über die mit dem autonomen Bildwerk gesetzten Grenzen hinauszielt. Das Bild ist das Maß dafür, daß es in der Kunst keinen Fortschritt geben kann. Das ‚Neue' relativiert sich im Bild zur spezifischen Bestandsaufnahme im größeren Kontinuum der Moderne."

Das Wollen des Künstlers wird mehr oder weniger direkt vermittelt. In der Tat werden die Probleme der Gesellschaft, der Umwelt, der Politik noch unmittelbarer dem Betrachter angedient. War die Kunst noch der Klassischen Moderne (3.Stadium) eine wohlbegrenzte Institution, so verfließen nun die Ränder. Eine Vielzahl von zum Teil überdimensionierten Ausstellungen gibt der Kunstszene eine – z.T. auch kommerziell genutzte – Plattform zur Selbstdarstellung wie nie zuvor (z.B. documenta 8, 1987). Das Interesse der Betrachter wächst in entsprechendem Maße – wohl aber auch Ausdruck der Tatsache, daß die gegenwärtigen Probleme so drängend sind, daß der Künstler und sein Publikum sie gleichermaßen empfinden. In mancher Hinsicht kommen sich beide näher. Die Kunst drängt in die Politik, verlangt unmittelbares Engagement, zur Verbesserung der Umwelt, in der Friedensdiskussion, in der Problematik der Dritten Welt etc. Der Betrachter wird in das Vorhaben der Künstler einbezogen, wird vielleicht selbst zum Künstler erklärt (z.B. Beuys). Die technische Fertigkeit des Künstlers – eine zuvor deutliche Schranke zum „Konsumenten" – wird oft nicht mehr als herausragend empfunden, so daß sich mancher Betrachter selbst animiert fühlen mag, es den Künstlern gleichzutun.

Neben dieser – manchmal vielleicht etwas laut und unsensibel wirkenden – Kunst hat sich die „informelle Malerei" aber behaupten können. Dem Umkreis dieser Richtung entstammt das Bild „Zeit, Mensch und Raum" von Emanuel Scharfenberg (Berlin), gemalt 1989 (Abb.4):

Das Bild behandelt eine abstrakte Thematik. Der Künstler hat sich von allen Stilelementen, die die Außenwelt vermitteln könnte, befreit; er bedient sich nur konturarmer Striche, kontrastierender Helligkeitswerte, verhaltener Farben. Daraus fertigt er eine neue

Komposition, die er ganz von innen heraus gestaltet. Er schreibt: „Meine Gedanken zum Ausdruck Zeit – Mensch – und Raum: Es ist das wissende und ahnende Lebensgefühl, mit ihm verbunden und von ihm getrennt zu werden, von ihm geduldet – gefordert und bedrängt zu sein". Und weiter: Es entstand eine innere Vorstellung vom Bild: „Den Raum – als umschlossenes und freies Gebilde zu begreifen. – Die anregendsten Grundmotive sollten dabei in ihrer Abstraktheit – Licht und Dunkelheit, Nähe und Ferne, Weite und Enge, Ruhe und Bewegung, sowie Außen- und Innenraum und – intuitiv – Wärme und Kälte suggerieren. – Es ist der malende, aber zugleich der herausfordernde Versuch, assoziativ und visionär auf die eigene Empfindungswelt zu reagieren, deren Ausgangspunkt der verletzte Zustand von Zeit und Raum ist – hier in Hinwendung zu Mensch und Natur – ein ahnendes Zeitgefühl auszudrücken."

1.4.2 Philosophie und Naturwissenschaften (seit ca. 1960)

Betrachtet man die Bemühungen der Metaphysik in der Gegenwart, so fällt zunächst auf, daß die naturwissenschaftliche Erkenntnis mit der philosophischen eine Einheit eingegangen ist. Stegmüller (1987/89, III, S.1) schreibt: „Es ist richtig, daß diejenigen Leute, welche sich mit diesen Dingen beschäftigen, gewöhnlich die Berufsbezeichnung ‚Naturforscher' und nicht ‚Philosoph' haben". Wir erleben heute „eine Konvergenz von Philosophie und Empirie, da es sich darum handelt, daß die in das Stadium der Grundlagenforschung eingetretenen Naturwissenschaften damit beginnen, uralte philosophische Fragen mit empirischen Methoden zu behandeln und für die Deutung der relevanten Phänomene empirisch nachprüfbare Hypothesen zu entwickeln" (S.2). Meurers (1976, S.VII) hob das früher schlechte Verhältnis zwischen Naturwissenschaftlern und Philosophen hervor. „Das hat sich grundsätzlich geändert. Die Entwicklung der Naturwissenschaften läßt das Bedenken ihrer Resultate und Methoden als unausweichlich erscheinen; und auf philosophischer Seite hat man eingesehen, daß es besser ist, sich an Fakten statt an Denkkonstruktionen zu halten."

Inhaltlich sind drei Gedankenstränge erkennbar:

1. Die Gestaltung der Materie, im Anorganischen, Organischen und Sozialen;
2. die Evolution, im Anorganischen und Organischen;
3. die Entwicklung der Wissenschaft.

Alle sind miteinander verbunden in einer – wie man es nennen könnte – Philosophie der evolutionären Gestaltung. Die Ergebnisse wirken sich auf

4. die Methode der Erklärung aus. Uns interessieren nur bestimmte charakteristische Entdeckungen und Überlegungen, die auch in der Anthropogeographie eine Rolle spielen. Eine traditionell philosophische Aufgabe ist
5. die Analyse der Gegenwart.

In diesem Zusammenhang ist auch

6. die Ethik zu sehen; sie begleitet kritisch die moderne naturwissenschaftliche und technische Entwicklung mit ihren Risiken.

Theoretische Ansätze zur Gestaltung im Anorganischen und Organischen

In den Naturwissenschaften hatten sich in den 60er Jahren bahnbrechende Entwicklungen vollzogen; sie sind mit den Stichworten Physik des Werdens, Chaosforschung und Synergetik zu umschreiben. Hierbei geht es um das Verständnis von Strukturen, um ihr Entstehen und Vergehen, um die Gesetze des Wachstums mit ihren Rückkoppelungen, um das Durchschauen chaotischen Verhaltens in dynamischen Systemen. „Und zur Überraschung zeigt sich, daß der sogenannte chaotische Bereich selbst nicht völlig ungeordnet ist, sondern eine eigene Ordnungshierarchie besitzt. Die ‚Durchlöcherung' der chaotischen Welt mit ‚Streifen' partieller Ordnung zeigt, wie komplex die Unordnung selbst sein kann" ... Dies berührt die „prinzipiell philosophische Frage, unter welchen Bedingungen die Zukunft überhaupt deterministisch erfaßbar ist" (Seifritz 1987, S.2).

Prigogine entdeckte in den 60er und 70er Jahren die Bedingungen, unter denen auch Ordnung sich aus dem Chaos heraus bildet, Elemente sich selbst organisieren können. Die Chaosforschung konnte inzwischen eine Fülle von interessanten Strukturbildungsprozessen aufhellen (u.a. „Fraktale Geometrie"; Mandelbrot 1977/83). Die Synergetik widmet sich den durch „Versklavung" und Kooperation entstehenden Prozeßverstärkungen und -muster (Haken 1977/83). „Man kann erwarten, daß die Synergetik zum gegenseitigen Verständnis und zu weiteren Entwicklungen in offensichtlich ganz unterschiedlichen Disziplinen beitragen kann. Wie die Synergetik fortschreiten könnte, kann mittels folgendem Beispiel aus der Philologie illustriert werden. In der Terminologie der Synergetik sind Sprachen Ordnungsparameter, die Untersysteme, nämlich Menschen, versklaven. Eine Sprache verändert sich nur wenig über den Zeitraum eines einzelnen Lebensalters. Nach seiner Geburt erlernt ein Mensch eine Sprache, d.h. er wird durch sie versklavt, und er trägt während seines Lebens zum Überleben der Sprache bei. Eine Vielzahl von Fakten zu einer Sprache wie Wettbewerb, Fluktuationen (Veränderungen der Bedeutung von Wörtern usw.) können jetzt mit den Methoden untersucht werden, die durch die Synergetik bereitgestellt werden" (S.361). In jedem Fall bilden Systeme den Rahmen.

Was sind Systeme? Eine Menge von Elementen – seien es physikalische Teilchen, seien es Sonnen, Tierorganismen oder Menschen in ihren Rollen (vgl. S.108f) – ist in Gruppierungen geordnet. Die Ganzheiten oder Systeme sind mehr als die Summe ihrer Elemente; sie haben einen höheren Ordnungsgrad als die Umwelt der Systeme oder als die Summe der Elemente für sich betrachtet. Die Systeme würden ohne Energiezufuhr wieder zerfallen, ihren Ordnungscharakter verlieren, d.h. die Entropie würde zunehmen. Nur offene Systeme können also ihre Ordnung erhalten, offene Systeme, die im Energiefluß stehen.

Systeme können im Gleichgewicht sein (vgl. S.252f); sie werden von ebenso viel Energie durchströmt wie umgekehrt Energie nachgefragt wird, d.h. sie nehmen von der einen Seite der Umwelt Energie auf, wandeln diese vielleicht in den Elementen um und geben sie an die andere Seite der Umwelt ab; entgegengesetzt wird Energie nachgefragt, d.h. Information durch das System hindurchgeführt. Diese Systeme können sich selbst erhalten; wir nennen sie Gleichgewichtssysteme.

Andererseits gibt es Systeme, die die Information, d.h. Nachfrage nach Energie, aufnehmen und Information wieder abgeben; später, mit Verzögerung, mag die nachgefragte

Energie von der die Nachfrage empfangenden Umwelt an das System gegeben und wieder an die ursprünglich energienachfragende Umwelt abgegeben werden. Diese Systeme befinden sich fern dem Gleichgewicht, es sind Nichtgleichgewichtssysteme, und sie bilden eigene, zentralperipher organisierte „dissipative“, energieverbrauchende Strukturen. Sie sind nicht nur zur Selbsterhaltung, sondern auch zur Selbstergänzung, Autopoiese, fähig.

Diese Ergebnisse berühren auch unsere Vorstellungen von der Zeit; zwei Sichtweisen sind möglich: zum einen haben wir die objektiv meßbare, allgemein gültige externe Zeit. Sie ist für alle Gegenstände, alle Lebewesen gleich; die Bewegungen in unserem Sonnensystem geben hier einen Maßstab. Zum andern haben wir es mit einer zweiten Zeit zu tun (Prigogine und Stengers 1981, S.259 f.); sie drückt sich in den Veränderungen aus, denen die Menschheit ständig unterliegt. Diese interne Zeit fließt parallel zur externen, universellen, mit unterschiedlicher Geschwindigkeit, wie sich an den Veränderungen selbst erkennen läßt. Jedes komplex strukturierte System benötigt einen ständigen Zufluß an Energie, um es vor dem Zerfall zu bewahren. Bekanntlich wird ständig Entropie erzeugt, das System hat die Tendenz, sich vom Zustand höherer Ordnung zu einem Zustand niederer Ordnung hin zu bewegen. Durch erhöhte Energiezufuhr kann diese Tendenz umgedreht werden, d.h. das System wird komplexer, es differenziert sich aus. (Die Zeit selbst dagegen kann nicht umgedreht werden.)

Die Untersuchung dieser Nichtgleichgewichtssysteme wurde zu einem besonders erfolgreichen Gedankenprojekt, das über die Physik und Chemie weit hinausgreift, besonders in die Biologie, Demographie und Wirtschaftswissenschaft hinein. Auch in der Sozialgeographie eröffnet die Untersuchung der Nichtgleichgewichtssysteme, die sich in Populationen demonstrieren, eine wichtige, weiterführende Grundperspektive. Hierbei spielt die Analyse der Prozesse eine entscheidende Rolle (vgl. S.279f).

Eigen konnte zeigen, daß im Zuge der Evolution jede Mutation, die eine Erhöhung des Selektionswertes bringt, mit einem Absinken der Entropieproduktion verbunden ist, d.h., daß sich das System in einen Zustand höherer Ordnung bringt (Stegmüller 1987/89, III, S.236). Differenzierung in der Evolution bedeutet also, daß die Entropie im System des Kosmos oder der Lebewelt abnimmt. Mit fortschreitender Differenzierung nimmt die Menge realer Möglichkeiten zu (von Weizsäcker 1977, S.148). „Zwar werden mit der Verwirklichung einer Möglichkeit alle ihr entgegenstehenden ausgeschlossen. Aber das neue Gewordensein eröffnet seinerseits neue Möglichkeiten, die vorher nicht real bestanden. Durch dieses Wachstum der Gestaltenfülle geschieht es, daß das Gewordene nicht ganz vergeht. Ein Dokument seines Gewesenseins bleibt in aus ihm Gewordenen übrig.“

Die die Nichtgleichgewichtssysteme erhaltenden und verändernden Prozesse sind durch Rückkoppelungsschleifen miteinander verbunden. Eigen untersuchte die Chemie des Übergangs zwischen unbelebter und belebter Natur im Bereich der Riesenmoleküle und Einzeller, die damit zusammenhängende Frage der Selbstorganisation und Selbstreproduktion, oder Selbstreferenz und Autopoiese. In diesem Zusammenhang spielen zyklisch verbundene Reaktionszyklen eine wichtige Rolle („Hyperzyklen“ als kooperative Gesamtheiten):

„1. Die miteinander verkoppelten Individuen sind aufeinander angewiesen und damit koexistent. Im Existenzbereich des gesamten Zyklus ist jedes einzelne Mitglied stabil.
2. Der Zyklus als Ganzes ist nach außen hin äußerst wettbewerbsfreudig…“ (Eigen und Winkler 1975, S.259).

Die Prozesse sind in sich gestaltet. Sie laufen phasenhaft ab. D.h., die Systeme bleiben eine Zeitlang in einem gewissen Zustand – gleichsam wie auf einem Plateau – stabil, dann erfolgt ein Übergang zu einem anderen Zustand, auf ein anderes Ordnungsniveau (von Weizsäcker 1977, S.159). „Zwischen zwei Plateaus geht der Weg meist durch eine Krise, durch das Sterben einer Gestalt. Im organischen Leben ist die Spezies ein Plateau. In der Umwelt, der sie angepaßt ist, ist sie zu harmonischem Leben fähig; sie ist in ihrer Welt in relativem Frieden.“ Durch Mutationen, die wie immer zufällig auftreten, können die Chancen, sich im Konkurrenzkampf durchzusetzen, steigen oder fallen. Dementsprechend können die Krisen positive oder negative Folgen haben, in einem höheren oder niedrigeren Plateau enden.

Eine wichtige Annahme in diesen Überlegungen, die auch für unsere Theorie grundlegend sind (Kap.2), ist, daß die Prozesse gerichtet sind. Diese Zielorientierung ist allerdings zu unterscheiden von der Teleologie der früheren Stadien, zum Beispiel bei Leibniz, Herder oder Ritter (vgl. S.8f; 14f). Das Ziel ist nicht von außen gesetzt – Gott, absoluter Geist etc. –, sondern von innen heraus gegeben; es steckt in dem System, gleichsam als Programm („Teleonomie“; vgl. S.174), in dem Nichtgleichgewichtssystem.

Theoretische Ansätze zur kosmologischen und biologischen Evolution

Die Evolutionstheorie Darwins (vgl. S.25) wurde neu belebt, diesmal auf ganz breiter Basis, ausgestattet mit dem Wissen der neueren physikalischen, chemischen, geologischen und biologisch-paläontologischen Forschung. So konnte auf mehreren Ebenen vorgegangen werden, im anorganisch-kosmischen Bereich, in der Biologie und in den Geistes- und Sozialwissenschaften.

Der „Kosmologie des Werdens“ (Meurers 1984, S.312 f.) liegt ein radikal neues – auf empirischer Basis beruhendes – Modell zugrunde. Es behauptet, ausgehend von einem Urknall und Feuerball, die Ausdehnung des Weltalls (Weinberg 1977); in den ersten Millionen Jahren werden vier Stadien angenommen, in denen jeweils neue der Strahlen- und Materieteilchen sich herausbildeten. Grundsätzlich sind für unsere Problematik mehrere Gesichtspunkte herauszustellen:

1. Die einzelnen Phasen sind untereinander verschieden, die späteren bauen auf den vorhergehenden auf. Wir haben also einen Prozeß vor uns mit einer klaren internen Struktur.
2. Es erfolgt eine zunehmende Differenzierung. „Wenn auch der Feuerball prinzipiell nicht einfach undifferenziert ist, so entsteht doch aus ihm das All durch eine Differenzierung… Ohne das Erklärungsprinzip der Differenzierung wäre die Kosmologie des Werdens heute nicht möglich“ (Meurers 1984, S.322).Differenzierung bedeutet aber ein exponentielles Aufgliedern und vielleicht auch Vermehren der Materie.

3. Durch die Ausdehnung des Weltalls entsteht ein Raum. Er ist nicht orthogonal, sondern zentral-peripher aufgebaut ([4]Raum; vgl. S.162).

Die biologische Evolutionslehre erhielt durch die Entschlüsselung der Genstruktur und durch Entwicklung kybernetischer Modelle eine präzisere Form. Die Entstehung neuer Arten durch regionale Absonderung stützt die These von der großen Rolle der Anpassung beim Selektionsprozeß und führt die Entstehung neuer Populationen vor Augen. Die geologisch-paläontologische Entwicklung demonstriert den phasenhaften Ablauf; Stadien relativer Konstanz der Arten in den einzelnen „Perioden“ oder „Formationen“ werden von Umbrüchen abgelöst, die diese Zeitabschnitte trennen. So erscheint die Evolution als nicht kontinuierlich.

In diesem Rahmen muß die kulturelle Evolution (vgl. S.367f) gesehen werden. Es gibt hier verschiedene Ansätze: Die Soziobiologie versucht, das Verhalten der Tiere und die Bildung von Sozialstrukturen aus der Evolution heraus zu deuten, als genetisch vorgeprägt zu interpretieren (E.O. Wilson 1975, S.548 f.). Auch beim menschlichen Verhalten deute vieles darauf hin, daß es sich evolutionär herausgebildet habe, im Genpool fixiert sei. Verschiedene universelle Eigenschaften wie z.B. Exogamie, Altruismus, Hierarchie, Arbeitsteilung zwischen Mann und Frau bildeten einen genetisch bedingten Sokkel, auf dem sich die Kultur mit ihren Institutionen entfaltet habe.

Monod (1970/75, S.141 f.) glaubt, daß das Bedürfnis nach einer umfassenden Erklärung des Seins und der Umwelt angeboren sei; daraus hätten sich die Religionen entwickelt. Auf der anderen Seite stehe die Idee der objektiven Erkenntnis. Sie habe sich zu einem Zeitpunkt der Menschheitsgeschichte herausgebildet – es gebe eine Art Evolution der Ideen – und begründe die Wissenschaft; sie biete keine Erklärung, sei aber als die neue und ausschließliche Quelle der Wahrheit zu sehen. Auch Monod trägt als Biologe also den Evolutionsgedanken in die Sphäre des Geistes und Bewußtseins herein, ein Vorhaben, das der neu entstandenen Evolutionären Erkenntnistheorie eignet.

Lorenz – aus dem Blickwinkel der biologischen Verhaltensforschung – meint (1973, S.12): „Es ist ein bei nicht biologisch denkenden Philosophen weitverbreiteter Irrtum, zu meinen, wir seien imstande, uns durch den bloßen ‚Willen zur Objektivität‘ von allen persönlichen, subjektiven, einseitigen Stellungnahmen, Vorurteilen, Affekten usw. zu befreien und uns zu dem Standpunkt allgemein gültiger Urteile und Wertungen zu erheben. Um dies zu können, bedürfen wir der naturwissenschaftlichen Einsicht in die kognitiven Vorgänge innerhalb des erkennenden Subjektes. Der Vorgang des Erkennens und die Eigenschaften des Objektes können nur gleichzeitig untersucht werden.“

Riedl (1987) betrachtete die Kulturentwicklung aus dem Blickwinkel der Evolutionären Erkenntnistheorie. Nach ihm sind die Vorbedingungen unserer Vernunft angeborene „ratiomorphe“ Anschauungsformen; und diese sind Produkte der Selektion, der Anpassung an die Welt der Vorfahren. Für diese Anschauungsformen „ist der Aufgaben- und Verantwortungsbereich, der uns mit unseren sozial-kapitalistischen Erfolgsgesellschaften passiert ist, zu kompliziert geworden. Die zivilisatorische Entwicklung ist der genetischen davongaloppiert. Unsere reflektierende Vernunft aber, die auf jenen ratiomorphen Vorbedingungen aufbaut, vermeint deren Weltsicht beliebig extrapolieren zu können“. Und weiter: „Die Folge ist eine Eskalation der bescheidenen ratiomorphen Anpassungsmängel zu beträchtlichen, ja lebensgefährlichen rationalen Fehlern“ (S.258/9). Andererseits meint Riedl weiter, daß wir in der Lage seien, „uns selbst zu übersteigen. ... Die Evolution unseres Geistes muß nicht in allen seinen geistigen Vorbedingungen gefangen bleiben“ (S.259). „Wir könnten uns wieder eine Welt nach dem Maß des Menschen einrichten“.

Die Neurobiologen Maturana und Varela (1984/87) demonstrierten, daß wir Menschen in Koexistenz mit anderen unsere Welt selbst hervorbringen. Wir sind in einen Kreisprozeß eingefügt, den wir selbst betreiben. Einen „objektiven“ Bezugspunkt gibt es nicht. „Wenn wir die Existenz einer objektiven Welt voraussetzen, die von uns als den Beobachtern unabhängig und die unserem Erkennen durch unser Nervensystem zugänglich ist, dann können wir nicht verstehen, wie unser Nervensystem in seiner strukturellen Dynamik funktionieren und dabei eine Repräsentation dieser Unabhängigkeit erzeugen soll. Setzen wir jedoch *nicht* eine von uns als Beobachtern unabhängige Welt voraus, scheinen wir zuzugestehen, daß alles relativ ist und daß alles möglich ist, da es keine Gesetzmäßigkeiten gibt. So sind wir mit dem Problem konfrontiert zu verstehen, wie unsere Erfahrung – unsere Lebenspraxis – mit einer uns umgebenden Welt gekoppelt ist, die erfüllt zu sein scheint von Regelmäßigkeiten, die in jedem einzelnen Fall das Ergebnis unserer biologischen und sozialen Geschichte sind“ (S.259). Wir können nicht aus diesem Kreis heraustreten, somit nicht aus unserem kognitiven Bereich. „Wirksames Handeln führt zu wirksamem Handeln: das ist der kognitive Kreis, der unser Sein und Werden charakterisiert, welches Ausdruck unserer Weise ist, autonome lebende Systeme zu sein“ (S.260). Uns allen ist die biologische Tradition gemeinsam, die mit dem Ursprung der Reproduktion in autopoietischen Systemen und in der kulturellen Tradition des Menschseins begann. „Was die Biologie uns zeigt, ist, daß die Einzigartigkeit des Menschseins ausschließlich in einer sozialen Strukturkoppelung besteht, die durch das In-der-Sprache-Sein zustande kommt“ (S.265). Dadurch werden die Regelmäßigkeiten in der menschlichen sozialen Dynamik (z.B. Identität, Selbstbewußtsein) erzeugt, andererseits die rekursive, soziale Dynamik, die die Fähigkeit zur Reflexion über unsere von uns geschaffene Welt einschließt.

Die Problematik der zirkulären Prozeßstruktur wird uns später ausführlich beschäftigen (vgl. S.279f). Sie ist Voraussetzung zum Verständnis des Aufbaus der Populationen.

Zur evolutionären Wissenschaftstheorie

Die bereits oben zitierte Theorie der Wissenschaftsentwicklung von Kuhn (1962/76; vgl. S.5) bildet den Ansatzpunkt einer weiterführenden Diskussion, die mit der Erarbeitung einer evolutionären Wissenschaftstheorie einherging – parallel zur evolutionären Erkenntnistheorie (Vollmer 1987). Kuhn hatte ausgeführt, daß die Akzeptanz neuer Ideen stark von psychologischen und soziologischen Bedingungen abhängt, so daß es zu Bruchstellen in der Entwicklung kommt (wissenschaftliche Revolutionen, Paradigmenwechsel). Eine Zeitlang besteht in einer Disziplin – so seine Vorstellung – ein Paradigma, eine Theorie, „normale Wissenschaft“. Dieser Zustand entspricht dem „Plateau“ von Weizsäckers (vgl. S.169). Dann wird diese Phase von einer „Revolution“ oder einem „Paradigmenwechsel“ beendet, ein neues Paradigma etabliert sich.

Als solche können diese Beobachtungen sicher bestätigt werden. Die sich damit verknüpfende Behauptung Kuhns aber, daß hierdurch kein echter wissenschaftlicher Fortschritt im Sinne von akkumulierbarem Wissen stattfinden könne, wurde von Stegmüller und Popper zurückgewiesen. Stegmüller (1973/85, S.224 f.; 1987/89, III, S.279 f.) verdeutlichte, daß man Theorien – er setzte diesen Begriff an die Stelle des Paradigmenbegriffs Kuhns – aus einem Kernbereich bestünden, der sich nicht ändert. Dieser Theoriekern könne nur durch Verdrängung ersetzt werden. Andererseits sei um den Kernbereich der Bereich angesiedelt, in dem die Fakten durch Hypothesen erklärt würden; diese Hypothesen seien falsifizierbar, hier sei der Bereich, in dem durch empirische Falsifikation ein Fortschreiten der Erkenntnis gegeben sei. Würde eine Theorie durch eine Ersatztheorie verdrängt – im Zuge wissenschaftlicher Revolutionen –, so sei die neue (grundsätzlich nicht falsifizierbare) Theorie durch Reduktion auf die vorhergehende Theorie mit dieser verknüpfbar.

Popper hatte schon früher in seinem Buch „Logik der Forschung" (1934/89; vgl. S.101f) einen eindeutigen Standpunkt vertreten. Er meinte (1987, S.29), „daß alles, was wir wissen, genetisch a priori ist. A posteriori ist nur die Auslese von dem, was wir a priori selbst erfunden haben". Und weiter (S.36): „Unser aller Aufgabe als denkende Menschen ist die Wahrheitsfindung. Die Wahrheit ist absolut und objektiv, nur haben wir sie nicht in der Tasche. Es ist etwas, was wir dauernd suchen und oft nur schwer finden".

An anderer Stelle (1973, S.312) schreibt er: „...Das Wachstum unseres Wissens" ist „das Ergebnis eines Vorganges ..., der dem sehr ähnlich ist, was Darwin ‚natürliche Auslese' nannte; es gibt also eine natürliche Auslesung von Hypothesen: unser Wissen besteht zu jedem Zeitpunkt aus denjenigen Hypothesen, die ihre (relative) Tüchtigkeit dadurch gezeigt haben, daß sie bis dahin in ihrem Kampf ums Dasein überlebt haben; in einem Konkurrenzkampf, der die untüchtigen Hypothesen eliminiert."

Andererseits, so führt Popper weiter aus, ist beim Menschen etwas neues hinzugekommen; er stellt dem „Baum der Evolution" den „wachsenden Baum der Erkenntnis" gegenüber. Wörtlich heißt es (S.313): „Der Evolutionsbaum unserer Werkzeuge und Geräte sieht ganz ähnlich aus. Er fing wahrscheinlich mit einem Stein oder Stock an; unter dem Einfluß immer speziellerer Probleme verzweigte er sich in eine ungeheure Zahl hochspezialisierter Formen". Und weiter: „Doch vergleichen wir nun diese Evolutionsbäume mit der Struktur unseres wachsenden Wissens, so finden wir, daß der wachsende Baum der menschlichen Erkenntnis eine völlig andere Struktur hat. Es ist zuzugeben, daß das Wachstum des angewandten Wissens der Entwicklung der Werkzeuge und sonstigen Geräte sehr ähnlich ist: es gibt immer mehr und differenziertere und spezialisiertere Anwendungen. Doch die reine Erkenntnis (oder ‚Grundlagenforschung', wie sie manchmal genannt wird) entwickelt sich ganz anders. Sie wächst fast in der umgekehrten Richtung wie jene wachsende Spezialisierung und Differenzierung. Wie Herbert Spencer bemerkte, wird sie weitgehend beherrscht von einer Tendenz zu wachsender Integration in Richtung auf einheitliche Theorien".

Differenzierung – im Zuge der kulturellen Evolution – bedeutet so nicht nur die Schaffung neuer Formen, sondern auch, daß diese Formen nicht aus der Einheit, aus der sie erwachsen sind, entlassen werden (auch Habermas 1981; vgl. S.182f); sie bleiben dem Ganzen, der Gesellschaft verbunden, besitzen für diese eine spezifische Aufgabe. Aber muß man dies nicht auch – das sei hier gefragt – für die biotische Evolution so sehen?

Die Ganzheit ist dann das Ökosystem der Erde, die Lebewelt oder Biosphäre. Und auch die kosmische Evolution – vom postulierten Urknall an – könnte vielleicht in diesem Sinne zu interpretieren sein (vgl. S.169), als Differenzierungsprozeß, bei dem die einzelnen Formen – z.B. Galaxien – eine Aufgabe für das Ganze, das Weltall besitzen. Wenn dies so ist, würde die Evolution der Gesellschaft, der Lebewelt, des Weltalls vollinhaltlich vergleichbar sein mit der Evolution unseres Wissens.

Zur Methodik der Erklärung

Diese neue Sichtweise erfordert auch neue Erklärungsmodelle. Die kybernetische Erklärung (Bateson 1967/85) berücksichtigt, daß im Geschehensablauf viele Ereignisse nicht eingetreten sind, so daß das besondere Ereignis eins von wenigen war, die in der Tat auftreten konnten. Die Theorie der Evolution unter natürlicher Selektion ist das klassische Beispiel für eine kybernetische Erklärung. Die Evolution folgte den Spuren der Lebensfähigkeit, der Geschehensablauf ist Einschränkungen unterworfen, „und es wird angenommen, daß die Wege der Veränderung ohne solche Einschränkungen nur von der Gleichheit der Wahrscheinlichkeit beherrscht würden“ (S.515). Die Einschränkungen, auf denen die kybernetische Erklärung beruht, kann man „als Faktoren betrachten, welche die Ungleichheit der Wahrscheinlichkeit determinieren.“

Batesons Vorstellungen wurzeln in dem Konzept mechanischer Regelsysteme, die von der Feedbackschleife reguliert werden. So ist die Nähe zu deterministischen Erklärungsmodellen nicht zu übersehen (Bargatzky 1986, S.199). Der „kybernetischen Erkenntnislehre“ Batesons liegt die Vorstellung von der Harmonie der Welt a priori zugrunde, der Weltgeist Hegels (Friedman, zit. in Bargatzky 1986, S.207).

Immerhin – die kulturelle Evolution wird durch Prozesse und Handlungen bewirkt. Sie können nur dadurch einer Erklärung zugeführt werden, daß sich der Erklärende in den zeitlichen Ablauf, die Entwicklung des zu erklärenden Objekts hineinversetzt.

Schwemmer (1976) meinte, daß Erklären in den Kulturwissenschaften – Geschichts- und Sozialwissenschaften, Sprach- und Literaturwissenschaften –, Erklären menschlichen Handelns bedeute. „Da unser Handeln argumentationszugänglich ist …, ist der erste Schritt zur Bewältigung dieser Schwierigkeiten das Argumentieren und der Aufbau einer Argumentationslehre… Um Voraussagen durch antizipierte Argumentationen begründen zu können, müssen wir wissen, daß die Handlungen, deren Ausführung oder Unterlassung Gegenstand der Voraussagen ist, als sinnrational zu behandeln sind. Dies können wir dadurch zeigen, daß wir solche Handlungen von Personen, insofern sie bestimmten Gruppen angehören, als sinnrational deuten“ (S.153). … „Die Aufgabe einer Erklärung von Handlungen ist daher der Aufweis dieser Handlungen als sinnrational. Damit ist die Erklärung nicht nur in die allgemeinen Aufgaben der Kulturwissenschaften eingeordnet, sondern auch – in einer Begründung von diesen Aufgaben her – in ihren methodischen Schritten erklärt“ (S.154).

Vielleicht noch wichtiger für ein Verständnis der Gesellschaftsentwicklung, den Sozialen Wandel oder die kulturelle Evolution sind übergeordnete „Zwänge“ und Tendenzen, deren „Sinn“ dem handelnden Individuum kaum bekannt sein muß. Dies muß man wohl berücksichtigen, wenn überindividuelle Nichtgleichgewichtssysteme – z.B. menschliche Populationen – untersucht werden. Der Sinn, die Aufgabe und die Position der Populationen und der mit diesen gekoppelten Prozesse in dem übergeordneten Nichtgleichgewichtssystem – hier der Gesellschaft – sowie in der übergeordneten Prozeßsequenz wären die zu eruierenden Koordinaten (vgl. S.294f).

Evolution schafft durch Differenzierung systemische Strukturen. Rescher (1985) sieht angesichts der Vernetzung der Strukturen die Notwendigkeit eines „pragmatischen" Erklärungsansatzes, der die Zirkularität der Zusammenhänge nachvollzieht (S.91). Der Rekurs auf die pragmatische Dimension ist im Sinne eines Feedback-Zyklus zu verstehen. Dies ist also kein Circulus vitiosus, sondern vermittelt ein „Netzwerk-Modell der Erkenntnis" (Puntel, in der Einleitung zu Rescher 1985, S.32). Die Vorstellungen gehen über Bateson hinaus (vgl. oben).

Riedl (1979/88, S.197), aus der Sicht des Biologen, meint: „In der Geschichte der Natur steht das, was wir als Zweck erleben, als eine Ursache. Wir können darum aus der Sicht der Biologie ... von einer Final-Ursache sprechen. Sie steht zwar als Antriebs-Ursache, also als Ursache im konventionellen Sinn der Naturwissenschaften so gegenüber, wie der Plan eines Hauses dem Kapital oder die Arbeitskraft der Bauführung gegenübersteht. Aber sie wird sich als ein ebenbürtiges Glied systembedingten, funktionalen Ursachen-Zusammenhangs erweisen." Er betont den Unterschied zwischen Teleologie und Teleonomie, die sich zueinander verhalten sollen wie Astrologie und Astronomie; Teleologie soll implizieren, daß die Gegenwart von der Zukunft bestimmt wird, während Teleonomie meint, daß wir unsere Ideen in die Zukunft projizieren oder im Rückblick sehen, wer oder was sich im Gang der Evolution durchgesetzt hat (Riedl 1987, S.74, 213). Bargatzky (1986, S.199 f.) erläuterte, daß ein teleologischer Prozeß das – eventuell selbst gesetzte – Ziel kennt, während bei teleonomischen Prozessen das Ziel nicht bekannt, wohl aber im Programm festgelegt ist.

Wie dem auch sei, jedes Nichtgleichgewichtssystem strebt eine in seiner Organisation begründete Form und Struktur an. Dabei ist nicht der Anfangszustand wichtig, verschiedene Anfangszustände führen zum gleichen Ergebnis („Äquifinalität"; vgl. S.329f). Dies hat wesentliche Bedeutung für die Erklärbarkeit des Systems. Im Extremfall kann die Systemorganisation sogar völlige Unabhängigkeit von den Anfangszuständen herbeiführen. „Das System ist dann seine eigene beste Erklärung und die Untersuchung seiner gegenwärtigen Organisation die zutreffendste Methodik" (Watzlawick, Beavin und Jackson 1990, S.124). Gleichgewichtssysteme werden dagegen durch seine Anfangszustände vollkommen determiniert. Zur Erklärung dieses Systemtyps müssen daher die Anfangszustände erkannt werden.

Zur Problematik der Postmoderne

Wenn das System „seine eigene beste Erklärung" ist und die menschliche Gesellschaft sich evolutionär zu einem solchen System herausgebildet hat, so bedeutet dies wohl auch, daß die Gesellschaft selbst – anstelle einer vorgegebenen „Wahrheit" – als Bezugsbasis für das vielfältige Geschehen in ihr zu dienen hat. Dies wird wohl auch in der Analyse der Gegenwart erkennbar. Es hat sich hier eine Diskussion entwickelt, die auch in der Geographie ihren Widerhall gefunden hat (vgl. auch S.227f).

Bell (1973/85) untersuchte das Aufkommen der postindustriellen Gesellschaft. Darunter verstand er in erster Linie einen Wandel der Sozialstruktur in den – von damals aus – nächsten 30 bis 50 Jahren, der sich allerdings in den einzelnen Gesellschaften je nach den politischen und kulturellen Konstellationen unterschiedlich auswirken wird, aber doch die Industrieländer, ob kapitalistisch oder sozialistisch, prägen wird.

Dabei wird nicht die Frage nach Ursache und Wirkung gestellt, „sondern die nach dem zentralen Prinzip, nach der Achse, um die sich die Gesellschaft dreht“ (S.27). Den stark verallgemeinerten Begriff „postindustrielle Gesellschaft“ unterteilt er in fünf Dimensionen oder Komponenten (S.32):

„1. Wirtschaftlicher Sektor: der Übergang von einer güterproduzierenden zu einer Dienstleistungsgesellschaft;
2. Berufsstruktur: der Vorrang einer Klasse professionalisierter und technisch qualifizierter Berufe;
3. Axiales Prinzip: die Zentralität theoretischen Wissens als Quelle von Innovationen und Ausgangspunkt der gesellschaftlich-politischen Programmatik;
4. Zukunftsorientierung: die Steuerung des technischen Fortschritts und die Bewertung der Technologie;
5. Entscheidungsbildung: die Schaffung einer neuen ‚intellektuellen Technologie‘.“

Bell stellt u.a. fest, daß die Annahme von Marx, daß die sozialen Verhältnisse in den Mittelpunkt rücken und über den Klassengegensatz zum Klassenkampf führen würden, nicht eingetroffen ist, daß statt dessen Technik und Industrialisierung in den Vordergrund getreten seien; so sei eine Industriegesellschaft entstanden (S.50). Diese Entwicklung und vor allem der Übergang zur postindustriellen Gesellschaft mache den sozialistischen Ländern, die die Diktatur des Proletariats propagiere, Schwierigkeiten (S.90 f.).

„Der Industriegesellschaft ging es letztlich in ihrer Weltbetrachtung um das Spiel gegen eine technisierte Natur“ (Bell 1973/85, S.375). Das hervorstechendste Merkmal der nachindustriellen Gesellschaft „ist eine wachsende Distanzierung des Menschen von der Natur, aber auch von Maschinen und Gegenständen, und eine Hinwendung zu seinesgleichen, mit denen er in immer engerem Kontakt und Austausch lebt“. Unsere Wirklichkeit wird in erster Linie eine soziale Welt, also „Menschen, wie wir sie im wechselseitigen Bewußtsein unserer selbst und der anderen erfahren. Ja, die Gesellschaft ihrerseits wird zu einem Bewußtseinsnetz, zu einer Art Imagination, die wir als gesellschaftliche Konstruktion zu verwirklichen trachten“ (S.376).

Bell betrachtet die postindustrielle Gesellschaft als prinzipiell pluralistisch. „Der Postmodernismus im engeren Sinne gehört Bell zufolge nur *einer* gesellschaftlichen Sphäre zu – der kulturellen –, aber der einschneidende Pluralismus und die unaufhebbare Heterogenität verschiedener Paradigmen, wie dieser kulturelle Postmodernismus sie propagiert, sind Bell zufolge ein Prinzip der postmodernen Gesellschaft *insgesamt*, denn diese ist durch eine Mehrzahl konfligierender und unvereinbarer Maßstäbe charakterisiert“ (Welsch 1987, S.30).

Damit entfällt ein generelles stabiles Bezugssystem, die Postmoderne gibt sich als eine Pluralität von Ideen, Fakten, Prozessen, die für sich stehen, lediglich im Gesellschaftlichen verankert sind; die Gesellschaft ist aber wieder ihrerseits ein Werk der Ideen, Fakten, Prozesse. Lyotard u.a. (1985) sieht die „Immaterialien“ in den Mittelpunkt gesetzt, die Nachricht, die Interaktion, die Sprache etc., sie formen die Materialien, die Substanz. „Fährt man im Wagen von San Diego nach Santa Barbara, also eine Strecke von mehreren hundert Kilometern, durchquert man eine Zone der ‚Verstadtung' (Zersiedlung). Das ist weder Stadt, noch Land, noch Wüste. Der Gegensatz zwischen Zentrum und Peripherie verschwindet, ja, es gibt auch kein Innen (Stadt der Menschen) und kein Außen (Natur). Man muß mehrere Male das Autoradio wieder neu einstellen, da man mehrere Male den Sendebereich wechselt. Es wäre eher angemessen, von einem Nebelgebilde zu sprechen, in dem die Materialien (Gebäude, Straßen) metastabile Zustände einer Energie sind. Die ‚städtischen' Straßen sind ohne Fassaden. Die Informationen zirkulieren über Strahlungen und unsichtbare Interfaces." Und weiter: „Ein solcher Zeit-Raum, wie er hier flüchtig skizziert wurde, wird gewählt, um ‚die Immaterialien' aufzunehmen. Dem Auge wird das Exklusivrecht, das ihm die moderne Galerie zuspricht, entzogen..." (S.87 f.).

Die „neue Unübersichtlichkeit" (Habermas 1985) mag durch kommunikative Vernunft einen gemeinsamen Rahmen erhalten. „Gerade durch die Vervielfältigung und Spezialisierung von Rationalitätstypen hat sich die Aufgabe von Vernunft verschoben und deren Begriff verändert: Als Vernunft gilt heute – pluralitätsbezogen – gerade ein Vermögen der Verbindung und des Übergangs zwischen den Rationalitätsformen. Nicht mehr kosmische, sondern irdische, nicht mehr globale, sondern verknüpfende Funktionen prägen ihr Bild" (Welsch 1987, S.295). Im Gegensatz zu den bereichsbezogenen Begriffen Verstand und Rationalität (z.B. kognitive, religiöse, technische Rationalität) „ist Vernunft das überschreitende Vermögen ... Daher – als solcherart in Verbindungen und Übergängen sich vollziehende Vernunft – wird sie" von Welsch (S.296) „als ‚transversale Vernunft' bezeichnet". „Transversale Vernunft ist eine Prozeßform, die quer durch die Rationalitätstypen und in ihnen anzutreffen ist... Vernunft ist nicht, Vernunft geschieht. Und sie geschieht nicht andernorts, sondern in ihren eigenen Prozessen" (S.307/08).

Die Nähe dieser Sichtweise zu der Hegels („Absoluter Geist"; vgl. S.12) ist erkennbar, aber auch der Unterschied. Während bei Hegel der Geist vorgegeben ist, wird er hier von denkenden und handelnden Menschen in vielfältiger Form erst gestaltet. „Die Konzeption transversaler Vernunft ... teilt weder das teleologische Prinzip noch die Aufhebung noch die Totalisierung. Die Umfeldverflechtungen implizieren ja im allgemeinen eine Pluralität inkonvertibler Determinanten. Daher vermag man zwar Komplexionen in einzelnen Sachverhalten aufzudecken und auch ganze Bereiche transparent zu machen, aber ein Gesamtsystem kommt nicht in Sicht, sondern wird, je genauer man die Verhältnisse untersucht, desto unwahrscheinlicher" (Welsch 1987, S.309 f.).

Welschs Prozeßbegriff meint Übergang von einem Zustand zum andern: „Denn die postmoderne Wirklichkeit verlangt allenthalben, zwischen verschiedenen Sinnsystemen und Realitätskonstellationen übergehen zu können..." Diese Fähigkeit ermöglicht „den Übergang von einem Regelsystem zum andern, die gleichzeitige Berücksichtigung unterschiedlicher Ansprüche, den Blick über die konzeptionellen Gatter hinaus" (Welsch 1987, S.317). Welschs Konzeption ist nicht evolutionär; sie deutet nicht den Übergang selbst.

Andererseits ist es möglich, auf dieser Basis ein Verständnis für den Alltag, die normativen Ansprüche des postmodernen Alltags zu erlangen. Vor dem obigen Zitat heißt es: „Transversale Vernunft erweist sich gerade im Blick auf diese Herausforderungen als bedeutsam. Sie stellt das Grundvermögen einer postmodernen Lebensform dar." Von hier könnte man einen Bogen zum Anliegen der qualitativen Sozialgeographie (vgl. S.207f) spannen. Sedlacek (1989, S.14 f.) schreibt, unter Bezug auf Beck (1986; vgl. S.179; 187): „Gerade die enge Verflechtung von Alltagswelt und Wissenschaft, das Bewußtsein dafür, daß die Wissenschaft nicht prinzipiell anderen Regeln als die Lebenswelt gehorcht, eröffnet die Chance zu einer Entmythologisierung und einem qualitativen Sprung in der Wissenschaftsentwicklung. Vielleicht bedarf eine Wissenschaft, die sich der Lebenswelt und ihrer Gestaltung verschreibt, nicht der Wahrheit, sondern eher des Entwurfs eines ‚Weltbildes', das seine Relevanz und Geltung durch soziale Akzeptanz findet. … Geltung erlangen die Ergebnisse (wissenschaftlicher Arbeit; Fl.) nicht durch ihre ‚Objektivität' und ‚Wahrheit', nicht durch die ‚Gültigkeit' einer Theorie, sondern durch die Praxis in der Lebenswelt, d.h. durch die Akzeptanz und praktische Umsetzung der Ergebnisse im Alltagshandeln"

Wenn soziale Akzeptanz die Einpassung in die Gesellschaft mit ihrem Aufgaben- und Bedürfnisgefüge meint, ist dem zuzustimmen. Es wird damit der letzte Schritt vollzogen, der die Wissenschaft aus ihrem idealistischen Gebäude, in dem absoluter Geist und allumfassende Wahrheit die Fundamente darstellten, herausführt, ihre Ergebnisse werden relativiert. Wir sind, wie bereits oben dargelegt, in einem Kreisprozeß eingefangen; er bestimmt die Einsichtsmöglichkeiten (vgl. S.171). Andererseits ist aber auch deutlich, daß wir uns unsere Welt selbst schaffen. Dies erfordert vorsorgende Verantwortung. Wissenschaft und „Fortschritt" müssen mit der Ethik verknüpft werden.

Fragen der Ethik in der Gegenwart

Jonas (1979/84) spricht die Verantwortung des Menschen in einer technologisch bestimmten Zivilisation besonders klar an. „Die moderne Technik hat Handlungen von so neuer Größenordnung, mit so neuartigen Objekten und so neuartigen Folgen eingeführt, daß der Rahmen früherer Ethik sie nicht mehr fassen kann" (S.26). So fordert Jonas eine neue Ethik (S.54 f.). Voraussetzung ist eine Vorausschau, eine Prognose der Entwicklung, um eine Vorstellung von den „Fernwirkungen" des eigenen Tuns zu erhalten. Wir haben eine Verantwortung gegenüber den Nachkommen und der Natur. Die Verantwortung der Menschen für die Menschen ist primär (S.184 f.).

Heute kommt die Verantwortung für die Natur hinzu, angesichts der Übermacht der Technologie, der großen Probleme bei der Nahrungsbeschaffung, der Rohstoff- und Energieversorgung. Unter Bezug auf Kant, Hegel und Marx schreibt Jonas: „Sicher ist, daß wir keiner immanenten ‚Vernunft in der Geschichte' mehr trauen können, daß von einem selbstwirksamen ‚Sinn' des Geschehens zu reden schierer Leichtsinn wäre: daß wir also ohne gewußtes Ziel den vorwärtstreibenden Prozeß auf ganz neue Weise in die Hand nehmen müssen" (S.229/30). Gegenüber Marx betont Jonas, daß es ein Irrtum sei, daß das „Reich der Freiheit" beginnt, wo die Notwendigkeit aufhört; richtig sei vielmehr: „Es gibt gar kein ‚Reich der Freiheit' außerhalb des Reiches der Notwendigkeit" (S.365).

Böckle (1985) greift in einem Vortrag den Gedanken von Jonas auf, daß der Mensch in seinen Handlungen Vorsorge zu treffen habe für die Permanenz echten menschlichen

Lebens auf der Erde, meint aber, daß dies nicht ausreiche; Jonas gebe „kein hinreichendes Kriterium für das, was in der Gegenwart des Handelns verantwortlich zu tun ist. Ja sie gibt nicht einmal ein begründetes Wissen für das, was sicher unterlassen werden muß“ (S.16). Aus der Sicht der katholischen Morallehre betont er, daß unsere konkreten Entscheidungen an einem Wert sich selbst messen lassen müssen. „Verantwortung der Wissenschaft kann nur in einer vertieften Reflexion auf das Wesen sittlicher Freiheit deutlich werden. Sittliche Freiheit ist in Pflicht genommene Freiheit. Sie wird in Pflicht genommen durch den Dienst am gemeinsamen Wohl aller, auch der zukünftigen Generationen.“

Ein neues Weltbild wird auch von Moser (1981, S.129 f.) gefordert. Grundlage ist ein ganzheitliches Menschenbild, das von den vier gleichwertigen Funktionen (nach C.G. Jung) Wahrnehmen, Fühlen, Denken und Intuition ausgeht. Bisher war – seit der Aufklärung – die Ratio überbetont. Der Mensch hat einen metaphysischen Bezugspunkt, der ihm den Sinn seines Daseins vermittelt. Auch in der Wissenschaft fordert Moser ein ganzheitliches Denken.

Ende der 60er und Anfang der 70er Jahre war die Situation anders; damals wurde die Forderung nach der Nützlichkeit wissenschaftlicher Forschung gestellt, nach der Relevanz für die Gesellschaft. Im Rückblick können wir – so vermutet Böhme (1984, S.11 f.) – annehmen, daß dieses Ansinnen von einer Art Wissenschaftseuphorie getragen wurde, vom Glauben, daß die großen Weltprobleme durch Einsatz von Wissenschaft und Technik zu lösen wären. Seit Ende der 70er Jahr erkannte man zusehends, daß die Wissenschaft zwar weiterhin unverzichtbar ist und unbestreitbar zur Lösung der ökonomischen Probleme nötig ist, daß andererseits große Gefahren von ihr ausgehen; die Umsetzung ihrer Ergebnisse in die Wirtschaft bescherte der Gesellschaft hohe Risiken, vor allem ökologischer, aber auch direkt sozialer Art. Die Bürger und schließlich auch die Politik wollen mitbestimmen, was geforscht wird.

Mittelstraß (1984) betrachtet Industriegesellschaften als wissenschaftsgestützte technische Kulturen; technische Vernunft besitzen in ihnen universelle Geltung. Der Fortschritt wird „vielfach lediglich als das Resultat einer sich immer kompromißloser realisierenden Industriekultur gesehen“ (S.14). Technische Kulturen haben die Institution des Experten erfunden (S.21). Eliten steuern und fördern Verwaltung, Industrie, Wissenschaft (über den Begriff Elite vgl. auch S.417). In demokratisch verfaßten Gesellschaften muß daher das Prinzip Gleichheit durch das Prinzip Freiheit ergänzt werden. So erhalten Eliten ihren Platz in der Gesellschaft; es sind „Funktionseliten – definiert über die Zugehörigkeit zu bestimmten funktionalen Gruppen“ (S.35). „Die Grenzen des Fortschritts ..., dessen Motor unter den Bedingungen der Gleichheit und Freiheit Eliten sind, sind Grenzen der Verwissenschaftlichung der Welt und des Menschen, und sie sind ökonomische und ethische Grenzen“ (S.38). Die Gesellschaft regelt den Fortschritt. „Subjekt moralischer Ansprüche ist der Wissenschaftler nicht als Wissenschaftler, sondern stets als Bürger“ (S.50).

„Die Verwissenschaftlichung unseres Lebens ist gleichbedeutend mit einer Entteleologisierung unserer Lebenswelt, einer Ersetzung spontan teleologischer Prozesse durch deren wissenschaftlich-technische ‚Konstruktion'“ (Spaemann und Löw 1985, S.285). Angesichts der ökologischen Probleme, denen sich die Menschheit nun ausgesetzt sieht, gibt es aber „einen praktischen Imperativ, der uns gebietet, in bezug auf das Leben in der

Natur die uns natürliche teleologische Betrachtungsweise nicht preiszugeben. Er resultiert daraus, daß wir uns und unseresgleichen einerseits als Handelnde verstehen wollen und müssen, andererseits uns selbst aber auch als ein Stück Natur aufzufassen genötigt sind" (S.288). Die lebendige Natur muß anthropomorph interpretiert werden, oder wir werden zu „weltlosen Subjekten... . Die wiederauftauchende Diskussion des Teleologieproblems – nicht nur im Rahmen der Biologie – muß in diesem Kontext gesehen werden."

Beck (1986) schreibt: „Gegen die Bedrohung der äußeren Natur haben wir gelernt, Hütten zu bauen und Erkenntnisse zu sammeln. Den industriellen Bedrohungen der in das Industriesystem hereingeholten Zweitnatur sind wir nahezu schutzlos ausgeliefert". Wir verdrängen das Problem. „Die Kehrseite der vergesellschafteten Natur ist die Vergesellschaftung der Naturzerstörungen, ihre Verwandlung in soziale, ökonomische und politische Systembedrohungen der hochindustrialisierten Weltgesellschaft" (S.9/10). Die moderne Gesellschaft hat kein Steuerungszentrum. Gefragt ist eine differentielle Politik. Die Risiken müssen verhindert werden, ohne die Freiheit der Forschung zu beschneiden.

Angesichts der Bedrohung durch die Atomwirtschaft fordern Meyer-Abich und Schefold (1986) eine Sozialverträglichkeitsanalyse. In ähnlichem Sinne thematisiert – aus der Sicht eines Theologen – Höver (1990) das Problem des Umweltschutzes und wünscht sich, unter Einbeziehung sozialgeographischer Forschungen, eine „an der Eigengesetzlichkeit des Geosystems" orientierte Ethik (S.171). Das Prozeßfeld Raum sei der Ort, an dem unsere Verantwortung gegenüber Gott wirksam werden müsse.

Mit den wachsenden Erkenntnissen aus der Erforschung der Evolution und der Erkenntnis der Gestaltbarkeit der Umwelt wandelt sich also das Menschenbild. Das Individuum löst sich aus seiner Rolle als Objekt von Planungen und wird sich seiner Eigenbedeutung bewußt. Die gegebenen Hierarchien werden relativiert. Damit nimmt aber auch die Verantwortung des einzelnen zu.

1.4.3 Anthropogeographie seit ca. 1980

1.4.3.0 Einleitung

Allgemeine politische und sozioökonomische Situation der Gegenwart

Die philosophischen Überlegungen beleuchten die Situation und die Probleme der Gesellschaft in der Gegenwart.

In den 60er und 70er Jahren bildeten sich neue Industriezweige heraus, die in besonderem Maße einer engen Koppelung an die Naturwissenschaften bedürfen. Es sind dies vor allem die Atomindustrie, die Computerindustrie und die Gentechnologie. Die enorme Leistungsfähigkeit dieser Industrien ist mit einer immer weiteren geistigen Entfernung zum Bürger verbunden; es entwickelte sich ein Mißtrauen gegenüber dem althergebrachten Fortschrittsbegriff (vgl. S.177f).

Das Verhältnis zwischen politischem System und Gesellschaft änderte sich, führte zu einer „Entformalisierung" der Politik, d.h. zu einem Bedeutungsverlust kollektiver Institutionen und Interessenorganisationen. Diese Tendenz im Rahmen des Postfordismus (Hirsch 1985, S.174 f.) trägt die Züge einer Revolution von unten, er löst die hierarchisch-zentralistischen Strukturen des Fordismus (vgl. S.63) ab.

Der Urbanisierungsprozeß verliert an Dynamik; das flache Land und kleinere Städte erhalten wieder verstärkt Zuzug („Counterurbanisation"). In den Städten werden die räumlichen Segregationstendenzen aufgeweicht; in die Elendsviertel z.B. der amerikanischen Großstädte breiten sich Wohnformen höheren Standards aus (Gentrifikation), die Kontraste zwischen arm und reich bleiben freilich, Obdachlosigkeit tritt vermehrt auf.

Zudem wird deutlich, daß die Industrie, aber auch der Verkehr und die Haushalte die natürliche Umwelt der menschlichen Umwelt über die Maßen belasten. Die Güte der Luft und des Trinkwassers, der Erholungswert der näheren und weiteren Umgebung werden in der Öffentlichkeit problematisiert. Es bilden sich Bürgerinitiativen, die für eine bessere Umwelt kämpfen. Der Begriff Lebensqualität bekommt eine politische Dimension.

Die Akzeptanz gegebener staatlicher Strukturen und überkommener politischer Prioritäten sinkt. So drängen die Menschen die politischen Organe zu Entscheidungen. Gewalt von oben, vom Staat, wird nicht mehr so einfach hingenommen. Selbsthilfe, auch am Rande der Legalität (z.B. Hausbesetzungen, Blockaden von militärischen und ökonomischen Einrichtungen) wird geduldet, zumindest teilweise; der Staat muß andere Akzente setzen, will er die Meinung des Volkes vertreten.

Die Gewaltherrschaft wird zunehmend als Überbleibsel vergangener Zeiten bloßgestellt und an vielen Orten beendet. Auch in Osteuropa zeigt sich, daß die Emanzipation der Bürger, die Selbstbestimmung und die Menschenrechte sich durchzusetzen beginnen. Die Organisationen werden gleichsam von unten her neugestaltet. Hier zeigt sich, daß die Theorie von Marx, dem 1.Stadium der Entwicklung vielleicht angemessen (vgl. S.24), differenziert werden muß. Sie hatte in deterministischer Weise die strukturell der Gesellschaft eignenden Gegensätze zwischen „oben" und „unten" konkreten Menschengruppen zugeordnet, den Klassen. Die Klassengegensätze haben sich in Europa inzwischen stark gemindert.

Dies äußert sich auch im Spektrum der politischen Parteien; so entwickelt sich die ursprünglich im Angesicht der Not der unteren Schichten gegründete SPD in der Bundesrepublik zur Volkspartei. Wohl sind die Gegensätze zwischen reich und arm, mächtig und ohnmächtig, privilegiert und diskriminiert nicht abgebaut; aber es gibt viele Zwischenstufen, so daß die Konfrontation zwischen den verschiedenen Klassen an Schärfe verloren hat.

Mit der Hinwendung zum Postfordismus und mit dem steigenden Wohlstand vollzieht sich ein sozialer Wandel zur „postmodernen" Gesellschaft (vgl. S.174f; 227f), in der das Individuum sich selbst entdeckt, die Freizeit konsumiert, aber auch sich selbst isoliert, in der die wichtigsten Informationen über Massenmedien aufgenommen werden, die Grenzen zwischen Privatheit und Öffentlichkeit immer schärfer werden, ein Pluralismus der Lebensformen erkennbar wird, das Miteinander des Menschen ins Unverbindliche abdriftet, gemeinsame Utopien verblassen (über die Individualisierung der Gesellschaft vgl. S.187).

Gleichberechtigung ist noch längst nicht erreicht. Dies trifft die sozial Benachteiligten, vor allem die Arbeitslosen. Aber auch sonst findet sich Resignation, die Kriminalität wächst, viele Jugendliche suchen Zuflucht in einer Scheinwelt. Es ist das System der gesellschaftlichen Ordnung, die hochspezialisierte arbeitsteilige Wirtschaft, in der viele menschliche Dimensionen vermissen. Vor allem verschärft sich der Gegensatz zwischen reich und arm weltüber, zwischen Industrie- und Entwicklungsländern.

Die Situation in der Anthropogeographie um 1980/90 und Vorschau auf das 4.Stadium

In den 80er Jahren wurde zunehmend Kritik an der verhaltensorientierten sowie der quantitativen Geographie laut (vgl. auch S.151f). Sie bemängelt u.a.:

1. der ^{3}Raum kann nicht als primäres Betrachtungs- und Selektionskriterium herangezogen werden; Verhalten umfaßt sachlich das ganze Spektrum des Lebens.
2. Verhalten im Stimulans-Response-System ist reaktiv, der Mensch ist vorwiegend passiv involviert; eigenständiges Handeln wird zwar für notwendig erachtet, aber kaum strukturiert.
3. Auch das persönliche Engagement des Untersuchenden ist zu thematisieren (u.a. „Radikale Geographie“).
4. Die Zeitdimension ist nur angedeutet, im Rahmen der Innovationsaufnahme und der Zeitgeographie. Sie ist aber nicht wirklich hinterfragt, so daß keine strukturbildenden Prozesse sichtbar werden. Tatsächlich sind Systeme und Menschen in ein zeitliches Zusammenwirken eingespannt.

In den letzten Jahren vollzieht sich in der anthropogeographischen Grundperspektive daher ein Wandel. Es wird erkannt, daß der Raum vom Menschen aus gestaltet wird. Die entscheidenden neuen Gedanken bestehen vor allem darin, daß der Mensch als eigenständiges Wesen erscheint, das handelt und sich seine Umwelt selbst formt. Damit rückt der Prozeß in neuer Konzeption in den Mittelpunkt. Ein Prozeß involviert Individuen und soziale Gruppen. In der Kunst und Philosophie sind die Grundideen bereits vorgezeichnet (vgl. S.163f).

Freilich, diese Gedanken finden erst langsam Eingang in die Geographie. Es überwiegt noch eindeutig die Diskussion entweder auf der Mikroebene, und hier bestehen große Schwierigkeiten – soweit das Problem überhaupt gesehen wird –, den Menschen einerseits als Individuum, als Ganzheit zu sehen, andererseits als Element im Rollenspiel der Systeme; darüberhinaus werden, traditionell, die Probleme auf der Makroebene erörtert. Der gedankliche Übergang von der Mikroebene zur Makroebene, zum Menschen als Gestalter des ^{4}Raumes, ist bisher kaum als Thema entdeckt worden. So gibt es vor allem solche Arbeiten, die zur Thematik hinführen; möglicherweise wird man einen Teil von ihnen, wenn die Konturen der gegenwärtigen Wissenschaftsentwicklung deutlicher erkennbar sind, noch dem 3.Stadium zuordnen müssen.

Ein Blick auf die Nachbarwissenschaften der Sozialgeographie

Nicht anders sieht es in den Nachbarwissenschaften aus; sie entwickeln parallel zur Anthropogeographie ihre Konzepte, stehen mit dieser in Zusammenhang. Meist sind die Nachbarwissenschaften – Soziologie, Anthropologie, Geschichtswissenschaft, Volkswirtschaftslehre etc. – aber die Gebenden. Die Sozialgeographie ist vornehmlich an den Problemkreisen

- Handlungs- und Systemtheorie im Hinblick auf die Gesellschaftsstruktur,
- Lebenswelt und Alltag in ihrer Bedeutung für die Identitätsbildung,
- Individuum und Herrschaft als Konfliktfeld sowie
- Zeit und Prozeß als konstitutiv für die Gesellschaftsordnung

interessiert.

(Handlungs- und systemtheoretische Ansätze)

Von verschiedenen Seiten und zu verschiedenen Zeiten wurden Handlungstheorien entwickelt, die unterschiedliche Schwerpunkte setzen. Sie bilden auch für die Sozialgeographie eine wichtige Erkenntnisgrundlage. Einen Überblick vermitteln das Sammelwerk „Handlungstheorien interdisziplinär“ (1977-1982; Hrsg. Lenk) sowie Werlen (1988a; vgl. S.213).

Herausgestellt sei hier die Arbeit von Habermas „Theorie des kommunikativen Handelns“ (1981). Es geht in ihr – im Schnittpunkt zwischen Philosophie und Soziologie – um die Vorstellung einer Gesellschaftstheorie, die am Rationalitätsprinzip orientiert ist (Schnädelbach 1982, S.162 f.). „Die Theorie des kommunikativen Handelns ist keine Metatheorie, sondern Anfang einer Gesellschaftstheorie, die sich bemüht, ihre kritischen Maßstäbe auszuweisen“ (Habermas 1981, I, S.7). Rationalitäts- und Gesellschaftstheorie sollen durch das Konzept des kommunikativen Handelns miteinander verknüpft werden. Dieses Konzept stützt sich auf die Sprache als das Instrument, das Handlungen koordiniert. Kommunikation und Handlung werden zusammengedacht, im Sinne einer „kommunikativen Rationalität“ (Schnädelbach 1982, S.163).

Der Autor behandelt ausführlich das Konzept des zweckorientierten Handelns von M. Weber (Habermas 1981, I, S.238 f.: vgl. S.28), d.h. eines vom Individuum selbst gesteuerten Vorganges. Er untersucht den Begriff der – phänomenologisch erfaßbaren – Lebenswelt, die vom Individuum rational rezipiert, als schlicht gegeben betrachtet wird, als nicht weiter hinterfragbar (II, S.182 f.; vgl. S.59). Habermas sieht nun die Lebenswelt auch als Komplementärbegriff zum kommunikativen Handeln, als Korrelat zum handelnden, sich verständigenden Subjekt (II, S.198; I, S.107), transportiert die verschiedenen handlungstheoretischen Ansätze jeweils auf die gesellschaftliche Ebene und verknüpft sie mit seinen Gedanken vom kommunikativen Handeln. Stets wird dabei die evolutionäre Komponente mit einbezogen.

So sieht er die soziale Evolution als einen Differenzierungsvorgang, bei dem sich das Institutionensystem aus der durch kommunikatives Handeln verbindenden soziokulturellen Lebenswelt abgliedert (II, S.230): „System und Lebenswelt differenzieren sich, indem die Komplexität des einen und die Rationalität der anderen wächst, nicht nur jeweils als System und als Lebenswelt – beide differenzieren sich gleichzeitig auch voneinander." Die verschiedenen Stufen in der Gesellschaftsentwicklung lassen sich unter Systemaspekten „durch jeweils neu auftretende systemische Mechanismen und entsprechende Komplexitätsniveaus kennzeichnen. Auf dieser Analyseebene bildet sich die Entkoppelung von System und Lebenswelt so ab, daß die Lebenswelt, die mit einem wenig differenzierten Gesellschaftssystem zunächst koextensiv ist, immer mehr zu einem Subsystem neben anderen herabgesetzt wird. Dabei lösen sich die systemischen Mechanismen immer weiter von den sozialen Strukturen ab, über die sich die soziale Integration vollzieht. Moderne Gesellschaften erreichen ... eine Ebene der Systemdifferenzierung, auf der autonom gewordene Organisationen über entsprachlichte Kommunikationsmedien miteinander in Verbindung stehen. ... Gleichzeitig bleibt die Lebenswelt das Subsystem, das den Bestand des Gesellschaftsssystems im ganzen definiert. Daher bedürfen die systemischen Mechanismen einer Verankerung in der Lebenswelt – sie müssen institutionalisiert werden". Unsere später zu erläuternde Unterscheidung zwischen Menschheit als Gesellschaft und Menschheit als Art (vgl. S.239) ist hier zu parallelisieren, wenn auch nicht gleichzusetzen.

Habermas geht – auch nach seinem eigenen Verständnis (Schnädelbach 1982, S.164) – mit diesen Vorstellungen über die „Kritische Theorie" der Frankfurter Schule hinaus; er weist damit in das 4.Stadium des von uns postulierten Paradigmenwechsels. Er versucht also – aus unserer Blickrichtung – vom Individuum her zur gesellschaftlichen Ordnung vorzudringen. Andererseits ist er noch auf das Konzept der Gleichgewichtssysteme festgelegt. Zwar behandelt er Probleme der Evolution, doch – wie das obige Zitat zeigt – vor allem unter dem Gesichtswinkel der Zustandsänderung, nicht unter dem der Irreversibilität.

Subjekt und Rationalität sind für Habermas Schlüsselbegriffe. Gerade diese treten in der Theorie der sozialen Systeme von Luhmann (1984) zurück. In ihr wird zu beschreiben versucht, was das Soziale ist. „Von sozialen Systemen kann man immer dann sprechen, wenn Handlungen mehrerer Personen sinnhaft aufeinander bezogen werden und dadurch in ihrem Zusammenhang abgrenzbar sind von einer nichtdazugehörigen Umwelt. Sobald überhaupt Kommunikation unter Menschen stattfindet, entstehen soziale Systeme; denn mit jeder Kommunikation beginnt eine Geschichte, die durch aufeinander bezogene Selektionen sich ausdifferenziert, indem sie nur einige von vielen Möglichkeiten realisiert. Die Umwelt bietet immer mehr Möglichkeiten, als das System sich aneignen und verarbeiten kann. Sie ist insofern notwendig komplexer als das System selbst. Sozialsysteme konstituieren sich durch Prozesse der Selbstselektion – so wie Lebewesen durch Prozesse der Autokatalyse. Sowohl ihre Bildung als auch ihre Erhaltung impliziert daher eine Reduktion der Komplexität des überhaupt Möglichen" (Luhmann 1970/75, II, S.9/10).

Soziale Systeme schaffen sich als Einheit selbst, ihre Elemente, ihre Struktur, ihre Prozesse, ihre Teil- oder Subsysteme (1984, S.30 f.). „Es gibt selbstreferentielle Systeme. Das heißt zunächst nur in einem ganz allgemeinen Sinne: Es gibt Systeme mit der Fähigkeit, Beziehungen zu sich selbst herzustellen und diese Beziehungen zu differenzieren gegen Beziehungen zu ihrer Umwelt" (S.31). Soziale Systeme reproduzieren sich auf der Ebene der Elemente selbst (Autopoiese; S.60 f.).

Es werden von Luhmann drei Integrationsniveaus unterschieden (1970/75, II, S.9 f.; Klüter 1986, S.31 f.):

1) Einfache Interaktionen zwischen anwesenden Handelnden, sie bestehen nur kurze Zeit.

2) Organisationen, die sich aus Mitgliedern zusammensetzen und über Medien kommunizieren, sie haben eine Vergangenheit, entscheiden in der Gegenwart und planen für die Zukunft.

3) Die Gesellschaft; sie enthält alle Interaktionen und Organisationen und entwickelt sich in langen Zeiträumen.

„Psychische und soziale Systeme sind im Wege der Co-evolution entstanden. Die jeweils eine Systemart ist notwendige Umwelt der jeweils anderen ... Personen können nicht ohne soziale Systeme entstehen und bestehen, und das gleiche gilt umgekehrt..." (1984, S.92). Die Systeme werden – evolutionär herausgebildet – durch den „Sinn" verklammert. Er bestimmt Komplexität und Selbstreferenz. „Auch die Umwelt ist für sie in der Form von Sinn gegeben, und die Grenzen zur Umwelt sind Sinngrenzen, verweisen also zugleich nach innen und nach außen. Sinn überhaupt und Sinngrenzen insbesondere garantieren dann den unaufhebbaren Zusammenhang von System und Umwelt" (1984, S.95/96).

Dieser Zusammenhang erfordert Gleichzeitigkeit. Luhmann (1984, S.254) meint: „Kein System kann schneller in die Zukunft vorrücken als andere und so die für Umweltkontakte erforderliche Gleichzeitigkeit verlieren. Selbst wenn ‚die Zeit', Einstein zufolge, dies erlauben würde: das System würde an seiner Umwelt kleben bleiben. Die Differenz von Umwelt und System kann nur als gleichzeitige etabliert werden. Also setzt die laufende Verknüpfung von Umwelt und System eine gemeinsame Chronologie voraus...". Die jeweilige Gegenwart kann als Differenzpunkt zwischen Zukunft und Vergangenheit benutzt werden. So schließen sich die Zukunfts- und Vergangenheitshorizonte von System und Umwelt zu „Welthorizonten" zusammen. „Was ein System als eigene Zeit ausdifferenzieren kann, ergibt sich aus dem so ausgewählten Zusammenhang ausgewählter künftiger und vergangener Ereignisse. Es ist die Zeit, die man ‚haben' kann; die Zeit, die knapp werden kann; die Zeit der Eile und der Langeweile" (S.255).

Hier zeigt sich, daß Luhmann nicht zwischen Gleichgewichts- und Nichtgleichgewichtssystem unterscheidet. Gleichgewichtssysteme – z.B. Wirtschaft, Wissenschaft, Sprache – haben keine eigene Zeit, Nichtgleichgewichtssysteme – Populationen wie Völker oder Familien – dagegen sehr wohl; sie haben ihren eigenen Lebensrhythmus. Autopoiese ist nur in Nichtgleichgewichtssystemen denkbar.

Diese Unsicherheit äußert sich auch bei der Erörterung des Problems der Hierarchie. Sie ist nach Luhmann eine besonders komplexitätsgünstige Form der Systembildung. Andererseits – so meint er – trifft es nicht zu, daß sich soziale Systeme durchweg in Form von Hierarchien bilden. Es bestehen auch andere Möglichkeiten, „vielleicht weniger leistungsstarke, aber damit auch leichter erreichbare Formen. Wir suchen sie in einer Bewährungsauslese an Hand von Funktionen" (S.405). Wie später zu zeigen ist (vgl. S.335f), differenzieren sich Funktionen nach sachlichen Gesichtspunkten aus, und zwar im Rahmen von Gleichgewichtssystemen.

Dennoch muß man sagen, daß die systemische Betrachtungsweise Luhmanns in das 4.Stadium des von uns postulierten Paradigmenwechsels weist. Zum Schluß versucht Luhmann nämlich, die Irreversibilität der Zeit zu thematisieren. „Die Irreversibilität der Zeit besagt an sich noch nicht, daß Vorhandenes hingenommen werden müßte; aber sie kann so gelesen werden… Ebenfalls auf die Zeitdimension beziehen sich Finalisierungen. Hier macht das System die Wahl seiner Operationen von der Aussicht auf künftige Zustände abhängig – sei es, um sie zu erreichen, sei es, um sie zu vermeiden. Die Asymmetrie wird hier nicht der Unabänderlichkeit des Vergangenen, sondern der Unsicherheit des Zukünftigen abgewonnen. … Die Ungewißheit der Zukunft wird zur Gewißheit, daß man gegenwärtig etwas tun muß, um sie zu erreichen – aber dieser Schluß funktioniert nur dann, wenn man Asymmetrie unterstellt und die Möglichkeit ausblendet, daß man sich auch andere Ziele setzen könnte“ (S.632).

Irreversible Prozesse sind für Nichtgleichgewichtssysteme konstitutiv (vgl. S.283f). Andererseits müßten diese aber in ihrem strukturellen und [4]räumlichen Umfang definierbar sein. Hier werden die Ausführungen Luhmanns unklar. Der Begriff Sinn weist nur auf den Zusammenhang, läßt aber auch hierbei Deutungen zu. D.h. mit System kann Gleichgewichts- oder Nichtgleichgewichtssystem gemeint sein. Klüter (1986, S.54/55) zitiert einen Brief Luhmanns: „Soziale Systeme haben, anders als organische Systeme, keine räumliche Existenz. Sie bestehen aus Kommunikation und aus nichts anderem als Kommunikation: Und Kommunikationen lassen sich nicht räumlich fixieren, da sie eine Synthese von Information, Mitteilung und Verstehen erbringen, wobei diese drei Selektionen die in der Kommunikation synthetisiert werden, jeweils verschiedene räumliche Referenzen haben mögen“. Luhmanns Theorie weist keinen Weg zum Verständnis räumlicher Muster.

Auch Giddens (1984/88) hinterfragt den Widerspruch zwischen dem sozialen Handeln, wie es vor allem von M. Weber und Parsons (vgl. S.28f; 65f) herausgearbeitet wurde, und den gesellschaftlichen Strukturen, wie sie u.a. in der marxistischen Theorie erklärt werden sollen. Mikroebene und Makroebene, menschlicher Wille und vorgegebene gesellschaftliche Realität bilden einen Kontrast.

Diesen Gegensatz versucht Giddens zu überbrücken, die gegebenen Ansätze zu verknüpfen. Das Ergebnis ist seine Theorie der Strukturierung. Menschliches Handeln wird in Zusammenhang mit raum-zeitlichen Strukturen gebracht (1984/88, S.55 f.), die Strukturen zwingen die Handlungen in bestimmte Bahnen, ermöglichen andererseits sie aber auch, und gleichzeitig wird Struktur durch die Individuen reproduziert und umgeformt. Dies geschieht vor dem Hintergrund eines praktischen Bewußtseins, das auch – durch Routine im sozialen Alltag erworbenes – Wissen begründet. Gewohnheiten und Gespräche verknüpfen die Individuen mit anderen, schaffen soziale Systeme (Giddens 1984/88, S.131 f.). „Soziale Systeme sind nach diesem Verständnis nicht Kollektive von Individuen, sondern Netze von – in Handlungen realisierten – Beziehungen zwischen Personen“ (Jaeger und Steiner 1988, S.138). Die Zeitgeographie (vgl. S.154f) dient Giddens (1984/88, S.161), um die „Situiertheit“ von Interaktionen in Raum und Zeit zu verdeutlichen.

Das Geflecht raum-zeitlich produzierter und reproduzierter Handlungen wird von Giddens „System“ genannt (Giddens 1984/88, S.215 f.). „Strukturen“ sind nach ihm dagegen die Zusammenhänge gemeinsamer Regeln und verteilter Ressourcen. Sah Parsons (vgl. S.108) die soziale Ordnung durch eine – auf Interessenkonflikte zurückzuführende – Kohäsion begründet, so Giddens „auf einer tieferen Ebene als das der Gewährleistung von Ordnung durch das Transzendieren enger räumlicher und zeitlicher Grenzen. Diese Ordnungsleistung wird aber nicht im Sinne der Phänomenologie als eine je einzelner, welterfahrender Subjekte gebracht, sondern selbst von vornherein handlungstheoretisch eingebettet" (Joas 1988, S.15). Mikroebene und Makroebene werden von Giddens also zu überbrücken versucht; vor allem deswegen sowie durch sein Raumverständnis hat die Theorie auch in der Geographie Aufmerksamkeit gefunden (Reichert 1988) und wird auch uns in anderem Zusammenhang erneut beschäftigen (vgl. S.218f).

In diesem Rahmen – Handlung, Kommunikation, Struktur – ist auch die Ethnomethodologie einzuordnen. Sie geht auf die 60er Jahre zurück, findet aber auch vor allem seit den 80er Jahren ihre klareren Konturen. Nach Patzelt (1987, S.10) „soll geklärt werden, wie Menschen es schaffen, ihre Sinndeutungen und Handlungen aufeinander abzustimmen (zu ‚konzertieren') und auf diese Weise mehr oder weniger stabile Situationen und Gefüge von Situationen hervorzubringen. Dazu wird das tatsächliche, alltägliche Handeln dieser Menschen betrachtet ... Längerfristig und auch in wechselnden Zusammenhängen stabil aufeinander abgestimmte Handlungen werden Rollen, längerfristig stabile Rollengefüge werden Institutionen oder Organisationen genannt. Verschiedene Institutionen bilden ihrerseits beliebig komplexe Institutionengefüge. Diese gründen ausschließlich darauf, daß ausreichend viele Menschen es schaffen, in einer Vielzahl von Situationen täglich ihre Sinndeutungen und Handlungen in ausreichend gleicher und stabiler Weise aufeinander abzustimmen ...". Die „soziale Wirklichkeit" wird als „Hervorbringung sinnhaft aufeinander bezogener Handlungen" definiert.

Der handlungstheoretische und der humanistische Ansatz erhalten von der Ethnomethodologie Anregungen (vgl. S.207f; 213f).

(Identitätsbildung, Lebenswelt, Alltag)

Greverus (1978/87) setzt sich für eine ökologisch orientierte Kulturanthropologie ein. „Die Lehre vom ‚oikos', die in den arbeitsteiligen Wissenschaften als ein Komplex von Lehren oder als ‚eine Art Konversationslexikon' ... kritisiert wurde, gewinnt durch die Krise des segmentierten Menschen in der bis zur Totalität institutionalisierten und arbeitsteiligen Gegenwart eine tiefgreifende Relevanz für eine ökologisch orientierte Kulturanthropologie, die sich als Beitrag zu einer nur interdisziplinär zu bewältigenden praxisbezogenen Forschung über den Menschen in seiner Kultur und Alltagswelt – als ‚Ort des Gleichgewichts' – versteht" (S.51).

Von zentraler Bedeutung erscheint dabei die Frage nach der Identität des Individuums. „Für das ‚definierte Ich' als erfolgreiche Variante einer Gruppenidentität, d.h. für die sich als handelndes Wesen erkennende und anerkannte Person, sind Sicherheit, insbesondere Verhaltenssicherheit, und die Möglichkeit zur Aktivitätsentfaltung in einer sozialen Realität, d.h. in der sie erkennenden Gruppe, Voraussetzung für die Identitätsbildung. Damit werden Anonymität, Angst und Langeweile, oder besser Inaktivität, zu sich wechselseitig bedingenden Kriterien des Identitätsverlusts und der Verhinderung von Identitätsbildung" (S.229).

Identitätsbildung erfolgt über Gruppen. Je sozialdifferenzierter sich die Gesellschaften entwickelt haben, um so wichtiger wird die identitätsgebende Rolle der gemeinsamen Alltagskultur (S.264 f.). Zudem spielt für die Identitätsbildung der [4]Raum und seine Gestaltung eine wichtige Rolle. „Der gestaltete Raum als geprägter und prägender gehört zu den Identifikationsfaktoren, in denen sich eine Gruppe erkennt und erkannt wird und sich gegen andere Gruppen abgrenzt" (S.274).

Das soziale Binnengefüge wird durch den gegenwärtig sich vollziehenden Modernisierungsprozeß stark geprägt (Beck 1986). Die Sozialformen der industriellen Gesellschaft (soziale Klassen, Familienformen, Ehe, Elternschaft, Beruf etc.) werden freigesetzt, „ähnlich wie sie im Laufe der Reformation aus der weltlichen Herrschaft der Kirche und Gesellschaft ‚entlassen' wurden" (S.115). Dieser Vorgang läßt sich unter dem Begriff „Individualisierung" subsumieren. Die Menschen werden dazu gezwungen, „sich selbst – um des eigenen materiellen Überlebens willen – zum Zentrum ihrer eigenen Lebensplanungen und Lebensführung zu machen" (S.116/117). So lösen sich u.a. die Klassen auf; die Ungleichheit bleibt aber, wenn auch in anderer Form (z.B. Arbeitslosigkeit). Diese Tendenz wird überlagert durch eine Freisetzung des Individuums relativ zu den Geschlechtslagen, d.h. Freisetzung aus der Ehe- und Hausarbeitsversorgung. „Familie wird zu einem dauernden Jonglieren mit auseinanderstrebenden Mehrfachambitionen zwischen Berufserfordernissen, Bildungszwängen, Kinderverpflichtungen und dem hausarbeitlichen Einerlei" (S.118). Gesellschaftstheoretisch gewendet ergeben sich hieraus Widersprüche in der Industriegesellschaft; die unteilbaren Prinzipien der Moderne – individuelle Freiheit und Gleichheit – werden immer schon geteilt und qua Geburt dem einen Geschlecht vorenthalten, dem anderen zugewiesen. So erscheint die Industriegesellschaft gleichzeitig als Ständegesellschaft; diese ist kein traditionelles Relikt, sondern industriegesellschaftliches Produkt und Fundament. Im Zuge des Individualisierungsprozesses werden – da ja die Bindungen an die sozialen Klassen bzw. Familien entfallen – „der oder die einzelne selbst ... zur lebensweltlichen Reproduktionseinheit des Sozialen" (S.119). Die freigesetzten Individuen werden arbeitsmarktabhängig und damit abhängig von Bildung, Konsum, sozialrechtlichen Regelungen und Versorgungen, von medizinischer, psychologischer Beratung etc. Gleichzeitig werden neue Formen der Kollektivität und Standardisierung gesucht; dies führt zur Entstehung neuer soziokultureller Gemeinsamkeiten. „In diesem Sinne sind die neuen sozialen Bewegungen (Umwelt, Frieden, Frauen) einerseits Ausdruck der neuen Gefährdungslagen in der Risikogesellschaft und der aufbrechenden Widersprüche zwischen den Geschlechtern; andererseits ergeben sich ihre Politisierungsformen und Stabilitätsprobleme aus Prozessen der sozialen Identitätsbildung der enttraditionalisierten, individualisierten Lebenswelten" (S.120).

Der Begriff Lebenswelt geht auf Husserl zurück, der ihn im Rahmen seiner Phänomenologie (vgl. S.58f) einführte. Schütz und Luckmann (1975, S.54 f.) betrachten die Lebenswelt des Alltags. In diesem Zusammenhang untersuchen sie auch die Struktur des Raumes, die „räumliche Aufschichtung des Raumes". „Den Sektor der Welt, der meiner unmittelbaren Erfahrung zugänglich ist, wollen wir Welt in aktueller Reichweite nennen. Er umfaßt sowohl aktuell wahrgenommene als auch bei aufmerksamer Zuwendung wahrnehmbare Gegenstände" (S.54). Daneben gibt es die Welt in potentieller Reichweite, sei sie früher in meiner Reichweite gewesen („Wiederherstellbare Reichweite"), sei sie für mich in meinem Wissensvorrat vorhanden, antizipatorisch erlangbar („Erlangbare

Reichweite"). Außerdem kann man noch eine „Wirkzone" herausgliedern, innerhalb der Welt der Reichweite gelegen. Auch die Zeit läßt sich in Beziehung zum Menschen sehen, als strukturiert. Schütz und Luckmann unterscheiden zwischen Weltzeit, der Zeitstruktur der Reichweite und der subjektiven Zeit.

Lippitz (1980, S.1) stellt aus der Sicht des Erziehungswissenschaftlers verschiedene Definitionen vor; so erscheint Lebenswelt als schichtenspezifische Sozialwelt oder als Ausdruck der Sozialisations- und Erfahrungszusammenhänge. „'Lebenswelt' ist schließlich – sozialwissenschaftlich gesehen – der soziale Ort der kommunikativen und interaktiven Sinnfindungs- und Handlungsprozesse, in denen die Gesellschaftsmitglieder ihre soziale Identität aufbauen und in deren Rahmen Verständigung über gesellschaftliche Normen, sozialen Fortschritt etc. stattfindet. An die ‚soziale Lebenswelt' verstehend anzuknüpfen, wird zum grundlegenden methodischen Erfordernis einer sozialwissenschaftlichen Denkrichtung, die in den intersubjektiven Prozessen der Genese sozialen Sinns einen wesentlichen Bestandteil ihres Gegenstandes erkennt."

Zudem meint Lippitz (S.5), daß die Lebenswelt als Fundierungsgrund der Wissenschaften dient, „daß der vorwissenschaftliche Erfahrungs- und Erlebnisbereich als eigenständiger sinnhaft strukturierter Bereich, als spezifische Weise von vorwissenschaftlicher ‚Rationalität' gegenüber den Allmachtansprüchen wissenschaftlicher Vernunft rehabilitiert werden" muß. „'Lebenswelt' ist im radikalen Sinne die materiale Basis eines endlichen Vernunftbegriffs; menschliche Erkenntnis bleibt bis in die Höhen wissenschaftlicher Reflexion an die Erfahrungs- und Erlebnisvollzüge menschlicher Existenz gebunden" (S.7). Hier knüpft Lippitz an Husserl (vgl. S.58f) an.

Der Begriff Alltag wird verschieden interpretiert. In der Kulturanthropologie oder Ethnographie half der Alltagsbegriff, die Wendung von einer das Volksleben (mit Bräuchen, Mythen, Trachten etc.) thematisierenden Wissenschaft „zu einer analytischen, sozialwissenschaftlichen Volkskunde" zu vollziehen, „deren Leitmotiv statt ‚Volksleben' nun ‚Volkskultur-Massenkultur' heißt, oder genauer: Kultur und Lebensweise der unteren Schichten und Klassen" (Kaschuba 1985, S.82). Die Alltagsperspektive will „den Blick öffnen für die ‚Innenseite' schichtenspezifischer und historischer Lebenswirklichkeiten, auf die materiellen Probleme und die sozialen Stationen, die den täglichen Lebensrhythmus ‚der Vielen' in Geschichte und Gegenwart prägen, und auf die kulturellen Folgen der Erfahrung und Bewältigung". Alltag kann als reflexhafter Selbstlauf begriffen werden, als eine Handlungskette, „als eine dichte Folge von Entscheidungs- und Orientierungsfragen, von Interaktions- und Kommunikationsakten, in denen sich soziales Verhalten zugleich Regeln schafft und von Regeln geprägt wird" (S.82/83). Die Gemeinde erscheint als wichtigster Bezugsraum.

Alltagsgeschichte bedeutet „Geschichte von unten", auch hier ist die Lokalität das Umfeld. Lokalgeschichte wird häufig von Laien erarbeitet. Dabei spielen Sitten und Gebräuche, Geselligkeit, Wohnkultur, Unterhaltung etc. eine wichtige Rolle. Die Identitätssuche ist ein wichtiges Motiv, Spurensuche im Sinne einer regionalen Nahoptik, verknüpft mit der Suche nach den Wurzeln, der Heimat. Alltagsgeschichte läßt aber auch die zu Wort kommen, „die nicht ‚große' Geschichte ‚machten', die im Dunkeln blieben und auf die bisher nicht das Licht der Geschichte fiel", darüber hinaus kann es aber auch heißen, Geschichte aus der Sicht der sogenannten kleinen Leute zu schreiben (Hey 1985, S.110).

Soziologische Alltagsforschung ist eine grundlegende methodologische Orientierung. „Gegenstand der Soziologie des Alltags auf der grundlagentheoretischen Ebene sind nicht die Inhalte alltäglicher Handlungen, sondern die formalen methodischen Eigenschaften des Alltagshandelns“ (Meuser 1985, S.140). Die phänomenologische Soziologie und Ethnomethodologie sehen, daß die Menschen in ihren Alltagshandlungen methodisch vorgehen, nicht beliebig; allerdings ist der alltagsweltlich Handelnde sich meist nicht der methodischen Grundlage seines Handelns bewußt (S.139). Im Hintergrund steht das Alltagswissen, im wesentlichen unreflektiertes Routinewissen. Die Alltagsforschung setzt gegen die quantitativen Forschungsmethoden „das Konzept einer interpretativen und qualitativen Sozialforschung. Deren Maxime lautet: Sozialwissenschaftliche Forschungsmethoden müssen so konstruiert sein, daß man mit ihnen die Perspektive nachvollziehen kann, in der die Menschen im Alltag ihre Welt erfahren und deuten. Sie müssen sensibel sein für dic alltagsweltlichen Interpretationen und Sinnzuschreibungen“ (S.151). Hierher zählen das offene Interview, die Gruppendiskussion etc.

Die Begriffe Identität, Lebenswelt und Alltag nehmen in der Humanistischen Geographie sowie in der Mikrogeographie (vgl. S.146f; 207f) eine wichtige Position ein. Der Begriff des Individuums erhält hier eine zentrale Bedeutung.

(Individuum und Herrschaft)

Weitere Arbeiten thematisieren das Verhältnis Individuum – Herrschaft. Die Emanzipation der Individuen läßt Überlegungen über die Position der Bürger im Staat laut werden. Daß diktatorische Herrschaftssysteme in diesem Kontext nicht toleriert werden, ist verständlich. Aber auch die demokratische Staatsform muß sich der Kritik stellen; denn auch für sie sind Machtstrukturen kennzeichnend, die den Einfluß der Bürger einengen.

Der tschechische Politologe Langer (1988) meint, daß wir nicht nur an die Grenzen des Wachstums gestoßen seien, sondern auch an die Grenzen der Herrschaft (S.12). Die von den Menschen geschaffenen Herrschaftsstrukturen widersprechen den Gesetzen der natürlichen Evolution, sie behindern selbstregulative Entwicklungen. Sie müßten durch in der Natur geläufige heterarchisch vernetzte Systeme ersetzt werden (S.8). Die heute praktizierte Form der Demokratie paßt sich nicht der Evolution ein. Die Administration, die Interessenorganisationen, die Parteien sind auf Machtausübung ausgelegt, hierarchisch strukturiert; es fehlt den Bürgern „jedes wirksame Gegengewicht der ‚Vertretenen‘ gegen die Machtinteressen der etablierten Herrschaftsgruppe der ‚Vertreter‘„ (S.91).

Hasenhüttl (1974) entwirft ein Modell einer Kirche ohne Herrschaft. Weder theologisch noch soziologisch läßt sich beweisen, daß die katholische Kirche eine Herrschaftsinstitution sein muß, mit einer hierarchischen Rangordnung und der Möglichkeit rechtlicher Sanktionen. Jede Form von Institution ist zeitlich-geschichtlich bedingt, ihr Inhalt ist transformierbar, kann nicht als „göttliche Satzung“ gerechtfertigt werden. Die Kirche ist ein menschliches Produkt, die Herrschaftsstruktur kann aufgegeben werden. Ein herrschaftsfreier Dialog ohne formale Autorität ist denkbar, eine gemeinsame dialogische Sinngestaltung. „Eine derart kritische und selbstkritische Kirche wird keinen vorgegebenen Fixpunkt akzeptieren, sondern die Wahrheit im Dialog zur Geltung bringen" (S.150).

In diesen Arbeiten wird also reklamiert, daß die gesellschaftlichen Formen und Strukturen von unten, vom Individuum her gestaltet werden müssen.

(Zeit und Prozeß)

Der Zeitbegriff hängt vom Weltbild ab, von der Einheit Subjekt – Objekt; Elias (1984) stellt ihn in den evolutionären Kontext. „Um auf festem Boden zu stehen, genügt es nicht, ... eine ‚soziale Zeit', wie es zuweilen geschieht, einer ‚physikalischen Zeit' gegenüberzustellen. Das Datieren, ‚Zeitbestimmen' überhaupt läßt sich nicht von der Grundvorstellung einer gespaltenen, auch nicht einer in ‚Subjekt' und ‚Objekt' gespaltenen Welt her verstehen. ... Nicht ‚Mensch' und ‚Natur' als zwei getrennte Gegebenheiten, sondern ‚Menschen in der Natur' ist die Grundvorstellung, deren man bedarf, um ‚Zeit' zu verstehen" (S.XV). Mit dieser Meinung befindet sich Elias im Paradigma des 4.Stadiums.

Die Zeit ist „etwas, das sich unter Menschen in Zusammenhang mit ganz bestimmten Aufgaben, mit spezifischen Zwecken, die sie erfüllt, entwickelt hat" (S.XX). Die Vielheit der Menschen ist geordnet. Die Einzigartigkeit des Zusammenlebens bringt die Entstehung von spezifisch sozialen Gegebenheiten mit sich, die sich nicht verstehen und erklären lassen, wenn man von dem einzelnen her denkt (S.XXVII). „Was sich im Zuge eines Ziviliationsprozesses ändert, das sind vor allem die Muster der Selbstregulierung und die Art ihres Einbaus" (S. XXXIV).

Jede Gruppe ist an ihrer Entwicklung nicht nur passiv, sondern auch aktiv beteiligt. Jeder Mensch steuert sich bis zu einem gewissen Grade selbst, ist aber auch Zwängen ausgesetzt, als Glied der Gesellschaft. Die Balance zwischen beiden ist ein Problem, das auch im Rahmen des Prozesses der Zivilisation eine große Bedeutung besitzt. Daß Zeit den Charakter einer universellen Dimension annimmt, ist nichts anderes als ein symbolischer Ausdruck der Erfahrung, daß alles, was existiert, in einem unablässigen Geschehensablauf steht. Zeit ist ein Ausdruck dafür, daß Menschen Positionen, Dauer von Intervallen, Tempo der Veränderungen und anderes mehr in diesem Flusse zum Zwecke ihrer eigenen Orientierung zu bestimmen suchen (S.XLIII f.).

Für Elias steht der Mensch im Mittelpunkt. Er plädiert dafür, alle Konzepte zu vermeiden, die von den sozialen Realitäten fortführen (Gleichmann, Goudsblom u. Korte 1977/82, S.9 f.). Dabei bilden für Elias die Figurationen, die die Individuen miteinander bilden, den Ausgangspunkt. Der Mensch ist die Person, durch die hindurch die Prozesse führen, die ihrerseits wieder ihn konstituieren. In seinem Werk „Über den Prozeß der Zivilisation" (1969) beschreibt er z.B., wie die höfische Gesellschaft des Mittelalters immer subtilere Formen annahm, als die unmittelbare Bedrohung durch Gewalt abnahm, die Herrschaft sich etablieren konnte. Der Übergang zur Neuzeit ist durch längerwährende Entwicklungszeiträume gekennzeichnet. Dies bedeutet eine Thematisierung des Problemfeldes der Verhaltensweisen der Menschen und sozioökonomisch langfristiger Entwicklung. Zum Schluß des Werkes erarbeitet er einen „vorläufigen Entwurf einer Theorie der Zivilisation, ein Modell der möglichen Zusammenhänge zwischen dem langfristigen Wandel der menschlichen Individualstrukturen in der Richtung auf eine Festigung und Differenzierung der Affektkontrollen und dem langfristigen Wandel der Figurationen, die Menschen miteinander bilden, in der Richtung auf einen höheren Standard der Differenzierung und Integrierung, also zum Beispiel auf eine Differenzierung und Verlängerung der Interdependenzketten und auf eine Festigung der ‚Staatskontrollen'…" (Elias 1969, I, S.X). „Die Zivilisationstheorie ist eine Theorie der prozeßhaften Veränderungen von Gesellschaften, wobei die Unterscheidungen Vergangenheit, Gegenwart und Zukunft zur Klassifizierung dieser Theorie untauglich sind" (Gleichmann, Goudsblom u. Korte 1977/82, S.12).

Bühl (1987) thematisierte den Kulturwandel und plädierte für eine dynamische Kultursoziologie. Die moderne Systemtheorie bietet ihm dafür eine Basis. „Gerade die Kulturproblematik bietet eine gute Chance, aus veralteten Systemvorstellungen herauszukommen, die den alten Gegensatz von Mechanizismus und Organizismus endlich zu überwinden versprechen" (S.59). Er dachte u.a. an das Parsons'sche Modell (vgl. S.108). „Der Aufbau der Kultur ist zwar in gewisser Weise hierarchisch zu nennen, doch geht es hier sicher nicht um die prästabilierte Hierarchie eines homogenen Systems, sondern um die stets problematische und veränderliche Integration eines großenteils lose gekoppelten Mehrschleifen-Systems (multiloop system)" (S.61). Besser ist es – nach Bühl –, von einem Mehrebenen-System zu sprechen. So hält er es für möglich, eine Hierarchie der Kulturerscheinungen auf der Ebene der sozialen Wertschätzung zu konstruieren, etwa mit den Ebenen „Trivialkultur", „Lebenskultur" und „Hochkultur" (S.67). Diese Ebenen sind lose verkoppelt.

„Der Kulturwandel ist auf jeden Fall ein Ergebnis vieler sich überlagernder Strukturen und Mechanismen (oder Prozessualismen), die sich zwar dem durch eigene Erlebnisse, Wertsetzungen und Vorurteile beeinflußten Beobachter ohne weiteres zu einem oft recht einfachen und ‚sinnhaften' Bild zusammenfügen, die bei einer sorgfältigeren und methodisch geleiteten Analyse aber doch in ganz verschiedene Richtungen laufen und kein einheitliches (oder nur ein wirres) Gesamtbild ergeben" (S.72). Die Dynamik äußert sich in Fluktuationen, Katastrophen, Oszillationen, Zyklen und als Evolution. Bühl versucht, die Veränderungen mit dem Kondratieff-Zyklus (vgl. S.453) in Verbindung zu bringen (u.a. im künstlerischen Stilwandel sich äußernd).

Diese Sichtweise läßt bereits ein Verständnis der Arbeitsweise von Nichtgleichgewichtssystemen erkennen; dies gilt auch für das später publizierte Buch über den „sozialen Wandel im Ungleichgewicht" (Bühl 1990), in dem wichtige Ergebnisse der Physik nichtlinearer Systeme (vgl. S.167f) mit Fakten der sozialen Struktur und sozialen Prozessen parallelisiert werden. Angedeutet finden sich auch schon bei Laszlo (1987) solche Bemühungen; z.B. werden Kriege, Revolutionen, technische Innovationen etc. mit kritischer Instabilität und Bifurkationen in der Systementwicklung in Verbindung gebracht. Freilich gilt auch hier, daß zwar verschiedene Eigenschaften von Nichtgleichgewichtssystemen angesprochen werden, daß aber eine deutliche Unterscheidung zwischen Gleichgewichts- und Nichtgleichgewichtssystemen unterbleibt. Nur der Populationsbegriff kann hier aus den Schwierigkeiten herausführen (vgl. S.255f).

Schon vorher hatte Mensch (1975) die Struktur des Wirtschaftswandels und Wissenstransfers untersucht. Anhand empirischen Materials aus der Zeit des 19. und 20.Jahrhunderts arbeitete er heraus, daß sich die historischen, kulturellen und ökonomischen Entwicklungen nicht unabhängig voneinander vollziehen. Er entwickelte ein auf dem die Wirtschaftszyklen darstellenden Wellenmodell aufbauendes „Metamorphose-Modell", um die Beobachtungen richtig einordnen zu können. „Offensichtlich läuft die sozialwirtschaftliche Entwicklung nicht kontinuierlich ab; es gibt Brüche und Umwälzungsvorgänge, deren Tempo im Zeitablauf heftig variiert. Trotzdem weist das gesamte Geschehen auch Regelmäßigkeiten auf. ... Zwischen dieser Regelmäßigkeit und dem historischen Determinismus ist aber doch noch ein großer Unterschied: Die Inhalte des Neuen sind offen" (S.84/85). Das Wechselspiel von Stagnation und Innovation bietet „den Tatmenschen auch in Zeiten der gesellschaftlichen Verkrustung eine Chance. Während weite Bereiche der gängigen Praxis von der Stagnation ergriffen werden, schlägt auf den Feldern der Vor-Praxis bereits die Stunde der Kreativität." Dies ist ein wichtiger Gedanke; denn er zeigt, daß Prozesse aus verschiedenen Stadien bestehen, die notwendig aufeinander folgen. Anhand von Zeitreihen konnte Mensch zeigen, daß der als Wissenstransfer sich darbietende Prozeß in sechs Stufen sich vollzieht: 1) Neue Theorien, 2) Basisinventionen, 3) Technische Feasibilität, 4) Beginn der Entwicklung, 5) Innovationsentscheidung, 6) Basisinnovation. Hier setzt dann der neue Zyklus ein.

Der mehrgliedrige Prozeß bildet einen konstituierenden Bestandteil auch für unsere Theorie der Gesellschaftsbildung (Kap.2).

1.4.3.1 Die Entwicklung der Teildisziplinen der Anthropogeographie (außer Sozialgeographie)

In den einzelnen Sachgebieten der Anthropogeographie wird zunehmend erkannt, welche Dynamik den ihnen zuzuordnenden Prozessen eignet. Die überkommenen Sachgebiete erweisen sich nur teilweise als in diesem Sinne wirklich eigenständig; hierher zählt die – wegen des parallel erscheinenden Bandes (vgl. Vorwort) hier nicht behandelte – Bevölkerungsgeographie, die Wirtschaftsgeographie und die Kulturlandschaftsforschung; die Menschheit entwickelt sich in der Bevölkerung als demographischem Komplex, in der Wirtschaft, in der Kulturlandschaftsgestaltung (sowie in der Gesellschaft; sie wird im Kapitel „Sozialgeographie" behandelt, vgl. S.203f) tendenziell unterschiedlich (vgl. S.194f). Die Landschaftskunde ist hier nicht zu behandeln; sie hat sich zur Geosystemforschung weiterentwickelt, die die Dynamik der „Landschaft" aus vornehmlich naturwissenschaftlicher Perspektive untersucht (vgl. S.119f).

Wirtschaftsgeographie

Die Wirtschaft unterliegt ökonomischen Gesetzen; die Effizienz, d.h. ein möglichst großer Profit bei möglichst geringem Faktoreneinsatz, bestimmt die Prozesse in starkem Maße. So kann es in den Produktionsketten zu weit ausladenden Absatz- und Bezugsfeldern kommen, wenn die Transportkosten dies ermöglichen. Das beeinflußt natürlich die Regionsbildung. Der Mensch als soziales Wesen hat andererseits seine eigenen [2]räumlichen Präferenzen. Beide sind aber in der gesellschaftlichen Entwicklung miteinander verkoppelt, so daß sich im Zuge des Paradigmenwechsels Parallelen ergeben.

Sieht man die Entwicklung der Wirtschaftsgeographie seit dem 2.Stadium, so kann man mit Barnes feststellen, daß sich in den letzten fünfzig Jahren die Perspektive auch hier entschieden verschoben hat. Grand theories – wie die neoklassische Theorie (Keynes 1935/55) – mit ihrer umfassenden Vision, ihrem Anspruch, daß alle Teile der Welt rational zusammenpassen, wurden mehr und mehr in Frage gestellt, von verschiedenen Seiten her. Die Konzepte, die auf den Homo oeconomicus bauen, „reject the richness and diversity of human life by reducing it to some fundamental essence. In contrast, to understand why people do the things they do one must see human action within the broader context in which it occurs" (Barnes 1988, S.489).

Es wird sichtbar, daß es nicht ausreicht, die Zusammenhänge von Produktion und Konsum, von Anbaumethoden und Technik, von Infrastruktur und Arbeitskräftereservoir zu erarbeiten, die Produktionsabläufe und den Einfluß auf die Umwelt darzustellen; vielmehr wird der Mensch in den regionalen Besonderheiten zunehmend für eine Beurteilung der ökonomischen Situation und der Möglichkeiten der Entwicklung wichtig. Die endogenen Potentiale sind zu untersuchen, damit man sie wecken kann. Dies gilt für mitteleuropäische Regionen, dies gilt insbesondere für die Entwicklungsländer; hier werden die überkommenen Methoden mit ihren weitgreifenden Theorien durch Ansätze, die die im Land selbst gegebenen Entwicklungsmöglichkeiten induktiv erfahrbar und nutzbar machen, ergänzt (vgl. S.359f).

Die individuelle Ebene erhält zunehmend Bedeutung, die Lebenswelt und die sie formenden Handlungen. In diesem Sinne fordert Sedlacek (1988) eine handlungsorientierte Wirtschaftsgeographie. In den Mittelpunkt der Untersuchungen müßten die Ziele, Handlungsweisen und Wirkungen der interessierten und interagierenden Gruppen gesehen werden, der produzierenden Einzelpersonen, der Unternehmen, der Gemeinden, der Kunden etc. Sie sind agierende Wirtschaftssubjekte, ihre Interessen überschneiden sich, es kommt zu Konflikten. Wichtige Themen sind räumliche Strategien der Unternehmenssicherung, regionale Wirtschaftspolitik, staatliche Wirtschaftsförderung, Interessenkonflikte auf internationaler, regionaler und lokaler Ebene. Neben Gleichgewichtssystemen werden nun auch dissipative Strukturen thematisiert (Ritter 1991, S.100f).

In der Industriegeographie wird einerseits in den USA ein Konzept entwickelt, das von der Struktur ausgeht (nach Dörrenbächer 1991, S.39 f.). Die räumliche Ordnung der industriellen Produktion und Arbeitsvorgänge wird thematisiert und postuliert, daß diese Zusammenhänge aus der Entwicklung heraus zu begreifen sind; den politisch-ökonomischen Systemen ist eine räumliche Struktur eigen, die sich im Laufe der Wandlungen verändert. Die Technik wird als Medium gesehen, nicht als Ursache dieser Wandlungen; diese liegen tiefer, im herrschenden ökonomischen System selbst. Andererseits ist die unternehmensbezogene Industriegeographie zu nennen (S.17 f.), die von den Organisationen her die Arbeits- und Produktionsprozesse thematisiert. Das raumbezogene Verhalten der Unternehmen steht im Zentrum der Betrachtung; die unternehmerischen Absichten und Strategien auf lokaler, regionaler, nationaler und internationaler Ebene gestalten die ökonomische Struktur und den Raum. Die Organisationslehre bildet eine wichtige Basis.

Dörrenbächer (1991) verarbeitet – am Beispiel des Bergbauunternehmens Saarberg – diese beiden Ansätze und fügt sie unter Einbeziehung der Zeitgeographie zu einem neuen Ansatz zusammen. Er unterscheidet dabei die Makroebene, die übergeordnete

Umwelt, d.h. die Wirtschaftssituation, staatliche Vorgaben etc., von der Mikroebene, der untergeordneten, aber auch mit eigener Dynamik agierenden Umwelt, d.h. die Arbeitskräfte etc. In der Mesoebene sieht er das Unternehmen selbst, ein offenes System, das durch Anpassung sich behaupten muß und durch Organisation seine Prozesse differenziert gestaltet. Die unternehmerischen Entscheidungen sind das Ergebnis einer Anpassung an veränderte Bedingungen innerhalb und außerhalb (in den Umwelten) des Unternehmens. Die Anregungen und Reaktionen erfolgen auf globaler, nationaler, regionaler und lokaler Ebene; das Unternehmen versucht, sich im Umfeld der unterschiedlichsten Ansprüche zu behaupten und dementsprechend räumlich zu organisieren. Bei diesen Anpassungsvorgängen treten verschiedene Geschwindigkeiten in den einzelnen Teilbereichen des Unternehmens auf (langfristige Unternehmensplanung, kurzfristige Reaktion auf Marktgegebenheiten etc.).

Zusammenfassend sei herausgestellt, daß einerseits zunehmend die Individuen oder Unternehmen oder kleine Regionen die Ausgangsbasis oder das Ziel der Untersuchung bilden, daß die komplexe Struktur der Wirtschaft gleichsam von unten her erforscht wird, von den Aktionszentren aus, und daß andererseits die zeitliche Komponente immer wichtiger wird.

Historische Geographie und Siedlungsgeographie (Kulturlandschaftsforschung)

Die Kulturlandschaftsgestaltung ist notwendigerweise eng mit den natürlichen Ökosystemen verbunden, so daß hier ganz andere Tendenzen charakterisitsch sind. Hier geht es um eine Optimierung der Anpassung der Menschheit an den „Boden“, die natürlichen Ökosysteme. Alle Aktivitäten vollziehen sich in dieser Umwelt, die dauerhaften Anlagen sollen ihnen Stabilität geben (vgl. S.247). Hard (1989) meint, die Landschaft stelle ein Ensemble von Spuren dar, sei Teil der Alltagswelt, und lasse sie sich so vor allem laienwissenschaftlich untersuchen (über Hards Auffassung von der Wissenschaftlichkeit der Geographie vgl. S.597f). „Raum, Landschaft, Spur, Spurenlesen und Spurensicherung scheinen am ehesten Konzepte zu sein, die für eine Theorie der (Geographie) Didaktik und für eine Methodologie der Laienwissenschaften interessant sein müßten“. Nicht alle Aktivitäten hinterlassen Spuren, nicht alle Spuren bleiben erhalten; es ergibt sich nur ein unvollkommenes Bild von den Geschehnissen. Ein „Spurenleser“ muß so „immer auch versuchen zu sehen, was er nicht sieht“ (S.109). So muß Spurenlesen reflexiv werden, Spuren nicht nur als Quelle sondern auch als Ziel der Untersuchung, und dies bezogen auch auf den Untersuchenden selbst. „Welche Geographen achteten und achten auf welche Spuren? Wo lagen und liegen die (räumlichen und thematischen) Bereiche besonderer Spurendichte in den verschiedenen Zeiträumen und Subdisziplinen der Geographie? Es wäre meines Erachtens eine wirklich aufschlußreiche Geographiegeschichte, einmal zu beschreiben, daß, wie und warum die Epochen, Teile und Forschungsprogramme der Geographie jeweils unterschiedliche Spurenselektionen vorgenommen haben“ (S.9).

Andererseits, beachtet man, daß die Spuren Zeugnisse von Prozessen sind, daß sie von Menschen geschaffen wurden, scheint die Interpretation von dieser Seite sinnvoller; die Spuren bilden dann eine Quelle der Erkenntnis.

Zunehmend wird auch in der historischen Geographie und der Siedlungsgeographie der Anwendungsbezug wichtig (Fehn 1991; Denecke 1991). Historische Geographie wird als lebensweltliche Umweltanalyse verstanden. Mücke (1988, S.301 f.) plädiert für eine spezifisch-historische, nicht fragmentierte und kontextbezogene Theorie, für eine historische Geographie menschlichen Verhaltens in Raum und Umwelt. Ziel der Forschung soll aber nicht das Verhalten sein, sondern vielmehr sollen es die mensch- und individuumbezogenen Raum- und Umweltparameter sein. Ebenso müßten Kategorien wie Region und Lokales einbezogen werden. Es ergeben sich für eine lebensweltliche historische Geographie folgende „Schlüsselbegriffe" oder „Schlüsselbeziehungen":

> „Flächennutzungskonflikte und räumliche Struktur, Organisierung des Alltags und Organisierung des Raumes sowie Geschichte der Umwelt und Geschichte der Kultur".

Siedlungsgeographen untersuchen den Kulturlandschaftswandel aus handlungsorientierter Sicht (Huber 1989) oder widmen ihre Arbeit der Erhaltung und vorsorgenden Erneuerung der historischen Kulturlandschaft (Gunzelmann 1987; v. d. Driesch 1988). Dorferneuerung wird zu einem wichtigen geographischen Forschungsfeld (Henkel 1979/83; Nerreter 1985) oder die Erhaltung von Altstädten (Schaffer 1988). Moewes (1980) macht sich – anhand von Beispielen in Mittelhessen – Gedanken über die Gestaltung der bebauten Umwelt. Aufbauend auf den Gedanken Poppers (1960/87) einer Verbesserung der Lebensbedingungen durch die „Stückwerk-Sozialtechnik" (vgl. S.102), kommt er zu der Vorstellung (S.12/13): „Die raumbezogenen Entscheidungen der Menschen und deren Konsequenzen sind weitestgehend unwägbar und potentiell variabel. Daher läßt sich auch nicht verläßlich voraussagen, wie die Menschen in Zukunft im Raum handeln werden. Es gibt dafür keine allgültigen Gesetze oder Gesetzmäßigkeiten der gebietlichen Entwicklung. Wie sich die Nutzung unseres Lebensraumes entwickeln wird, ist relativ ungewiß. Zwar gibt es Grenzen der Anpassung an lebensräumliche Bedingungen, die nicht ohne Gefahr der Schädigung überschritten werden, auch neigt der Mensch aufgrund seiner genetischen Fixierung oder kulturspezifischen Gewohnheiten zu bestimmten raumbezogenen Verhaltensweisen, aber daraus läßt sich nicht ableiten, wie und in welcher Weise die zukünftige Nutzung und Gestaltung des Lebensraumes erfolgen wird. Entsprechend lassen sich auch keine gewissermaßen allgültigen und ewig idealen Raumnutzungsmodelle aufstellen... Seine Verfahren zur Planung des konkreten Lebensraumes sollen ‚offen' und flexibel sein, so wie seine Wertvorstellungen an einem wirklichkeitsgerechten und humanen Menschenbild orientiert sein müssen. Dann kann die Angst vor der Zukunft durch verantwortliches, schrittweises Handeln gebannt werden."

Die Gestalt der bebauten Umwelt ist im Kontext mit den wirtschaftlichen und sozialen Prozessen zu sehen, und so ist auch die vorsorgende Gestaltung der Lebenswelt nur dann sinnvoll durchzuführen, wenn die Prozesse von ihren Akteuren her, von den Individuen und Populationen verstanden werden. Wenn sicher auch die Wirtschafts- und Sozialgeographie sowie die Kulturlandschaftsforschung – entsprechend ihren Traditionen – mit ihren eigenen Methoden und Fragestellungen weiter bestehen werden, so ist doch – über einen Abbau der auf beiden Seiten gehegten distanzierenden Skrupel hinaus – eine Kooperation dringend geboten.

Politische Geographie

Auch die Politische Geographie erfuhr eine bemerkenswerte Wandlung. Nach Ante (1989) wurde seit 1970 – vereinfacht gesagt – das Politische in die Politische Geographie hineingebracht. Die Bedeutung des Raumes wird nicht als horizontales Verbreitungs-, Beziehungs- und Verknüpfungsmuster gesehen, sondern als vertikales System, in das unterschiedliche Strukturen, Prozesse und Sichtweisen eingebunden, homogen gedachte und funktional gehandhabte Räume integriert sind. Ossenbrügge (1983; 1984) demonstriert, daß in der angloamerikanischen Literatur die Politische Geographie eine Art Renaissance erfährt (u.a. Cox 1973; Taylor 1983). „Zentrale Fragestellungen entwickeln sich beispielsweise aus geographischen Perspektiven zur Untersuchung politischer Prozesse, aus Diskussionen über das Verhältnis zwischen politischer und räumlicher Organisation der Gesellschaft und aus Analysen der zunehmenden Konflikte in und um die natürliche und bebaute Umwelt“ (Ossenbrügge 1984, S.22).

Der Staat wird auch gleichsam von unten her verstanden, von der lokalen Ebene und den Bürgern, ihren Bedürfnissen und Aktivitäten (vgl. S.189f). Politische Geographie wird als Studium jener ökonomischen und sozialen Konflikte gesehen, die sich auf den Staat richten, räumliche und umweltbezogene Auswirkungen zeitigen. Politisches Handeln in Entscheidungsprozessen dieser Art erscheint in systemischem Zusammenhang, oft mit ungewollten Nebenerscheinungen. Z.B. zerstört wachstumsorientierte Regionalpolitik die Lebensgrundlage verschiedener Bevölkerungsgruppen; oder: profitbezogene Stadterneuerung erzeugt Segregation und Verdrängung sozioökonomisch Benachteiligter (Ossenbrügge 1984, S.27). Eine Untersuchung der „raumwirksamen Staatstätigkeit“ (vgl. S.115) genügt nicht mehr (Hempel 1985).

Konfliktforschung versteht sich auf der Ebene des Weltsystems, des Nationalstaates und der lokalen Ebene (Taylor 1985; vgl. auch Ante 1989; O'Loughlin 1989).

Auf internationaler Ebene unterscheiden O'Loughlin und Van der Wusten (1986) zwischen einer Geographie des Krieges und einer Geographie des Friedens. Hierbei werden die Ergebnisse aus der politologischen und der soziologischen Friedens- und Konfliktforschung eingearbeitet, die Verteilung von Armut und Reichtum, von Spannungszonen, Rüstung etc. thematisiert. Die Ebene des Staates stellt u.a. die Problematik Territorialität in den Mittelpunkt, versucht, den Nationalismus zu deuten (Kliot, Waterman, Hrsg., 1983; Taylor 1985). Ein Beispiel einer Arbeit auf dieser Ebene – betreffend Belgien und seine politisch-ethnische Problematik – hat Murphy (1988) vorgelegt. Sie zeigt, wie umfassend politisch-geographische Fakten in den allgemeinen kulturellen Rahmen eingebettet sind und nur so sowie im historischen Zusammenhang verstanden werden können. „This study explores the evolution, nature, and implications of linguistic regionalism in an effort to demonstrate the significance of conceptual, functional, and formal (in the sense of politically instituted) compartimentalizations of territory for the development of group consciousness and intergroup relations“ (S.8).

Auf der lokalen Ebene sind vor allem die Städte Gegenstand der Untersuchungen. Hier erhält die soziale Komponente besonderes Gewicht (Segregation, Nachbarschaften, Alltagswelt; Jackson 1987a, in einer Literaturübersicht). Die sozialen Probleme umgreifen natürlich auch die übrigen Ebenen. Dies gilt z.B. auch für die Umweltpolitik, ein Untersuchungsgegenstand auch der Politischen Geographie (Gallusser 1986).

Es versteht sich, daß der politischen Grundperspektive – kirchlich gebunden, liberal oder marxistisch – bei den verschiedenen Ansätzen eine entscheidende Bedeutung zukommt. Dies hat die Politische Geographie mit ihrer Nachbarwissenschaft Politologie, an die sie sich methodisch annähert, gemeinsam.

Programmatisch fordert Sandner (1988): „Immer geht es letztlich um die Spannung zwischen der hierarchischen Struktur im politischen Handeln und Gestalten und der räumlichen Bindung und Einbindung des Menschen" ... Und später: „Wenn Geographie des Menschen Geographie für den Menschen bedeutet, kann das nur heißen, daß es letztlich nicht um die politischen Zusammenhänge und Interessen, sondern ihre Wirkungen und Folgen für den regional eingebundenen Menschen geht, nicht nur auf der Dimensionsstufe Ort und Stadtteil, Heimat und Nationalstaat, sondern bis in die großräumigen Zusammenhänge hinein" (S.53).

Die politische Grundperspektive greift so heute weit über eine sachlich festgefügte Politische Geographie mit einem nur ihr eigenen Gebiet hinaus. Nach O'Loughlin (1989) wird es immer schwieriger zu entscheiden, was zu einer Politischen Geographie gehört und was nicht, da immer mehr Geographen politische Perspektiven in ihre Arbeit einbeziehen. Zudem kommt es zu einer wachsenden thematischen Diversifizierung politisch-geographischer Untersuchungsgegenstände. Taylor (1983) unterschied zwei Trends:

1. die bestehenden Untersuchungsfelder der Anthropogeographie erhalten immer stärker eine politische Ausrichtung, und
2. die Politische Geographie weitet ihr traditionelles Forschungsgebiet aus.

Auch Sandner (1988) sieht diese Entwicklung; er ruft „zu einer erweiterten Sicht und zu bewußterem Umgang mit den räumlichen Bezügen menschlicher Existenz" auf und fordert, „dazu Einsichten zu liefern". In diesem Bemühen liegt „der Weg, auf dem Politische Geographie – mit großem P als Teildisziplin der Geographie – zur politischen Geographie – mit kleinem p als sich verantwortende Mitwirkung an Gestaltungsprozessen – werden kann" (S.54).

Die Politische Geographie nähert sich damit der Sozialgeographie an, geht in einer umfassenderen Sozialgeographie auf, die zunehmend die vorsorgende Gestaltung der Lebenswelt – in den verschiedensten Größenordnungen – als ein zentrales Anliegen begreift.

Regionale Geographie

Die Erkenntnis, daß die Umweltgestaltung vom Menschen – entsprechend einer eigenen Dynamik – ausgeht, hat auch ihre Bedeutung für die regionale Geographie. Es ist ein wachsendes Verständnis für diese Teildisziplin festzustellen, sowohl im anglophonen als auch deutschsprachigen Raum, nachdem in den 60er und 70er Jahren das wissenschaftliche Interesse nur relativ gering war (Johnston, Hauer und Hoekveld 1990, S.1; vgl. auch S. 120f). Nach Johnston (1990, S.130 f.) sollen regionale Untersuchungen zeigen,

„1. That the creation of regions is a social act...

2. That regions are self-reproducing entities, because of their importance as contexts for learning and socialization…
3. That the self-reproducing characteristics of regions are not deterministic, so that culture does not have an existence as a thing-in-itself, separate from the individuals who make and remake it…
4. That regions in a capitalist world economy are not isolated, independent units whose residents can control their own destinies…
5. That regions are not simply the outcome of human activities, so that the geographical mosaic is studied merely as a consequence of local responses to global imperatives…
6. That regions are not only containers in which to live seperate existences but also the potential sources of conflict…"

In Deutschland hat vor allem Pohl (1986) versucht, die regionale Geographie mit einem neuen theoretischen Unterbau zu versehen. Er kritisiert die in den 60er und 70er Jahren entwickelten Ansätze (S.31 f.); das Festhalten am szientistischen, d.h. von den Naturwissenschaften her geformten Wissenschaftsideal führte zur behavioristischen „Revolution" (S.55). Andererseits wurde der Raumbegriff, wie er vorher definiert wurde, aufgegeben. Die geographische Disziplin verlor ihre Grundperspektive, nur die Institution des Faches blieb. Nun benötigt aber eine als eigenständiges Fach anerkannte Disziplin einen facheigenen erkennbaren Fragenkatalog und einen Wissenskorpus (S.56). Dies wurde wohl gesehen, aber nicht realisiert; es wurden etliche neue Ansätze entwickelt, doch gelang es nicht, „ein allgemein anerkanntes Set an Zielen, Programmen und Maßstäben zu schaffen" (S.56). Die Geographie wurde zu einer „diffusen" Disziplin.

Pohl setzt die Notwendigkeit von Hermeneutik dagegen. Er analysiert die Entwicklung der Grundkonzeption des Raumverständnisses seit der Antike (S.63 f.), diskutiert die Vorstellungen von Descartes, Kant und Leibniz und zeigt, daß die Leibnizsche Monadenlehre (vgl. S.8f) eine hermeneutisch-idiographische Perspektive begründet. Herder übernahm das Gedankensystem der Monadologie, „um die Relativität und die Geschichtlichkeit der Kulturen und Sitten der Völker zu beweisen" (S.126). Diese Betrachtungsweise wurde zu Humboldt und Ritter tradiert (S.111 f.). Später jedoch setzte sich – nicht zuletzt durch den Einfluß der Newtonschen Physik – das Descartes'sche und Kantsche Weltbild durch, d.h. der Kartesisch-Newtonsche Raum.

Unter Bezug auf Schütz und Luckmann (1975) führt Pohl den Begriff Lebenswelt an (vgl. S.100). „Die Lebenswelt ist der Wirklichkeitsbereich, an dem der Mensch unausweichlich teilnimmt, in den er eingreift, der aber zugleich seine Handlungsmöglichkeiten begrenzt. Nur in der Lebenswelt verständigt sich der Mensch mit den Mitmenschen und wirkt mit ihnen zusammen; mit ihnen bildet er eine kommunikative Umwelt" (S.180). Die Lebenswelten könnten zum eigentlichen Forschungsgegenstand der Geographie erhoben werden; sie unterscheiden sich von Ort zu Ort und treten als regionale Einheiten in Erscheinung. Unter Bezug auf Leibniz und Herder: „Der Raum ist hier nicht auf geometrische Weise zu verstehen, sondern Raum verbunden mit Zeit, ist die äußere Anschauung der permanent wirkenden (Monade) Lebenswelt" (S.126).

Nach Pohl gibt es einen Weg über die verstehende Sozialforschung zur monographischen Darstellung von Lebenswelten, und er führt – u.a. – als Beispiel die bereits früher (vgl. S.87) zitierte Arbeit von Rühl über die Wirtschaftspsychologie des Spaniers

(1922/69) an. „Eine regionale Lebenswelt als Repräsentation einer Monade zum Gegenstand geographischer Forschung zu machen, unterscheidet sich zwar nicht prinzipiell, graduell aber doch erheblich von früherer Forschungspraxis, wie sie teilweise noch in den Länderkunden präsent ist. In der monadischen Geographie ist das regionale Individuum oder der erdräumliche Organismus der Gegenstand der ganzheitlichen Einzelfallbeschreibung, und das Erkenntnisziel ist wie der Erkenntnisweg hermeneutisch. Die idiographische Tradition der Disziplin, welche in der Länderkunde das Oberziel der Geographie sieht, ist in der Methode oft bloß haltlose Spekulation über die inneren Zusammenhänge eines Datenberges. Geographische Forschung muß über das Verstehen der Handlungen von Subjekten das Regelwerk einer Lebenswelt rekonstruieren... . Je mehr im Zuge steigender Arbeitsteilung, Lösung von der agrarischen Basis und interregionaler Verflechtung Lebenswelten als unmittelbar wahrnehmbare Einheiten von Natur, Kultur und Mensch im Raum verschwinden, um so mehr ist es notwendig, über die Handlungen der Mitglieder die Regeln der Lebenswelt zu rekonstruieren" (S.215).

Auch der Phänomenologie Husserls – so Pohl – ging es darum, das Wesen der Lebenswelt zu erkunden (vgl. S.59). „Der Verstehende tritt mit seinem gegebenen Horizont in die andere Lebensform ein. Das Beobachtete wird auf die Erfahrungshorizonte der Subjekte bezogen" (S.133). „Jedes Verstehen ist ... ein je anderes Verstehen" (S.136). Die hermeneutische Methode dient damit dem besseren Zurechtfinden des Menschen in einer ihm zugeordneten Welt. Nomologie und Idiographie werden in eigenartiger Weise vermischt; alles hängt mit allem zusammen (S.140).

Gregory (1989) zeigt, daß nicht nur die Geographie, sondern auch die benachbarten Disziplinen (Politische Ökonomie, Soziologie und Anthropologie) die Unterschiedlichkeit, Einmaligkeit der Entscheidungen mehr und mehr in den Vordergrund stellen. Die räumliche Struktur erscheint so nicht verabsolutiert, eingefroren in geometrische Rahmen fortwährender Ordnung; soziales Leben entsteht und vergeht, räumliche Strukturen wandeln sich ständig. Vor diesem Hintergrund sollten Geographen das Problem der räumlichen Differenzierung, der Regionalisierung angehen. Auch nach Pudup (1988) müssen die Ergebnisse und Methoden benachbarter Disziplinen wie Anthropologie, Geschichtswissenschaft und Soziologie beachtet werden. „Reconstructed regional geography is guided by social, cultural and economic questions containing regional differentiation as a central dynamic. Addressing such questions requires explaining some particular process and pattern of regional differentiation" (S.382). Raum wird, wie Thrift (1983, S.40) sagt, von einer Zahl von verschiedenen „settings for interaction" gestaltet. Räume dieser Art sind das Ergebnis menschlicher Geschichte. „As territorial entities, regions are defined through historical material processes in which spatial structures initially are produced and, by their reproduction and transformation, become constitutive of material processes. Because the historical constitutions of regions are continually transformed, the foci of analysis in reconstructed regional geography is less the region as a classifiable geographical object in the taxonomic schema ... Instead the focus is regional formation as a dynamic historical geographical process..." (Pudup 1988, S.380).

Eine Arbeit von Sandner (1985) ist in diesem Sinne als beispielhaft zu zitieren. Er untersucht Zentralamerika und den fernen karibischen Westen in seinem geschichtlichen Werdegang von der Conquista bis zur heutigen Zeit, und zwar indem er die demographischen, politischen, ökonomischen und sozialen Probleme in ihrem jeweiligen zeitlichen

Kontext als miteinander interagierend betrachtet und dabei den Konjunkturzyklen eine zentrale Bedeutung zumißt. Er schreibt im Vorwort (S.V; ähnlich S.271): „Die Zusammenschau der bisher fast immer getrennt gesehenen Raumeinheiten Zentralamerika – westliche Karibik und die Verknüpfung geographischer, territorial- und wirtschaftsgeschichtlicher, sozial- und politikwissenschaftlicher Sichtweisen erwiesen sich im Laufe der Arbeit als ein Abenteuer, das immer wieder in unerwartete Fragestellungen und Einsichten hineinführte. Ein wichtiges Hilfsmittel bei dem Versuch, die inneren Zusammenhänge zwischen den Konjunkturen, Krisen und Konflikten im historischen Längsschnitt seit Beginn der Kolonialzeit nachzuzeichnen, wurde die Betonung der räumlichen Strukturen und die kartographische Umsetzung… Wichtiger als die Information ist dabei die Erweiterung der Sichtweise, weil es immer wieder neu darum gehen muß, Geschehenes und Geschehen zu übersetzen in die Sprache unseres Denkens und unserer Einsichten. Dazu gehört auch, die Betroffenheit nicht zu verlieren, das heißt hinter den Konjunkturen, Krisen und Konflikten die Handelnden und die Betroffenen, die Menschen zu sehen“.

Hier werden Populationen und politische Strukturen vom Ursprung her verstanden, Nichtgleichgewichtssysteme, die den ^{4}Raum definieren.

Angewandte Geographie

Die theoretisch zwischen dem 3. und 4.Stadium erkennbare Schwerpunktverlagerung von der Thematisierung des Eingebundenseins der Menschen im System zur Behandlung der Wege zur Neugestaltung der Lebensumwelt findet naturgemäß in einem deutlichen Anschwellen des Anteils an anwendungsbezogenen Forschungen in der Geographie ihre Entsprechung. Schon die Erörterung der gegenwärtigen Situation der Politischen Geographie (vgl. S.196f) verdeutlichte, daß der Anwendungsbezug der heutigen Sozialgeographie inhärent ist. Dies gilt für alle wichtigen Ansätze.

Moderne Anthropogeographie kann kaum noch ohne persönliches Engagement betrieben werden, und jeder Geograph ist bestrebt, seine Sichtweise einzubringen und damit auch die Wissenschaft selbst zu beeinflussen. Relph (1986) stellt die Frage nach dem persönlichen Engagement in Gedanken und Handlung, danach, wie mit Hilfe der wissenschaftlichen Arbeit aus ethischem Bewußtsein heraus als ungerecht erkannte Zustände und Entwicklungen bekämpft werden können. Geographische Arbeit kann in diesem Sinne nicht „neutral“ sein.

Auch Boesch (1989) plädiert für eine engagierte, d.h. „eine theoriebezogene, normativkritische, integrative Geographie als praxis- und politik-orientierte Raumwissenschaft“ (S.226), fordert mehr oder minder aktive Teilnahme an der Gestaltung der Politik. „Dabei liegt die Grenze des Engagements nicht im Verzicht auf Meinungsäußerung, sondern im Verzicht auf Machtausübung, weil nur so die Wissenschaft ihren moralischen Anspruch auf Freiräume aufrecht erhalten kann“. Er formuliert fünf Thesen zum „Leitbild Geographie“ (S.214 f.):

1) Metatheoretische Kompetenz stärken, methodologische Transparenz verbessern;
2) Theorie-Bezug verbessern;
3) Normendefizit überwinden;

4) operative Ebene einbeziehen;
5) räumlich integrative Perspektive thematisieren.

Bemerkenswert ist hier die Verknüpfung der theoretischen und angewandten Arbeit (vgl. S.223f).

Das persönliche Engagement gilt natürlich besonders für die Vertreter solcher Geographien, die direkt politischen Bewegungen entstammen. Marxisten, Vertreter der Black Sociology oder der Black History, der Feministischen Wissenschaften sind nicht nur bestrebt, die Thesen, Betrachtungsweisen und Forderungen der Bewegungen, denen sie sich verpflichtet fühlen, zu verdeutlichen; sie sind auch gezwungen, die Rolle der Sozialwissenschaften in der Gestaltung und Erhaltung gesellschaftlicher Realität zu reflektieren und die Disziplinen selbst durch ihre Aktivität als oppositionelle Wissenschaftler zu einem Überdenken ihrer eigenen Arbeit zu veranlassen (Benard 1981, S.23).

Die Feministische Geographie (vgl. S.560) sucht – vor dem Hintergrund der Benachteiligung der Frauen in der Gesellschaft – die geographischen Forschungsgegenstände sowie die planerischen Maßnahmen aus der Perspektive der Frau zu sehen und die Interessen einzubringen. Die „radikale", marxistische Geographie ist schon von ihrem Grundanliegen her auf Veränderung der gesellschaftlichen und ökonomischen Strukturen im Kapitalismus aus (z.B. Harvey 1973; vgl. S.156f), ähnlich aber auch der humanistische Ansatz (z.B. Buttimer 1984, besonders S.93 f.; vgl. S.209f); sie lehnen sich gegen Ungerechtigkeit und Ungleichheit auf, gehen aber auch direkt die Probleme an.

In diesem Feld bewegt sich auch die Welfare-Geography (S.J. Smith 1977; 1989), die aus der Betroffenheit heraus sich der geographischen Fundierung der Sozialpolitik widmet, der Gesundheits- und Bildungspolitik. Aus dem Blickwinkel des Welfare Approach: „Human geography may be defined as the study of ‚who gets what where, and how' ..." (S.7). Es werden so die geographischen Verteilungsmuster im Hinblick auf die menschlichen Lebenschancen untersucht. Jedes der Wörter who, what, where und how beinhaltet ein eigenes Problemfeld. Es sind dies die verschiedenen Aspekte, mit denen sich beschreiben läßt, was die Menschen an Gütern und Diensten produzieren und konsumieren, die die Lebensqualität betreffen. „Our spatial concept of welfare incorporates everything differentiating one state of society from another. It includes all things from which human satisfaction (positive or negative) is derived, and also the way in which they are distributed within society" (S.8). So wird die Ungleichheit, werden Armut und Reichtum, das Gesundheitswesen und die ökonomische Versorgung, Wachstum und Schrumpfung behandelt, die Konflikte, die Diskriminierung, die Chancen, die Planungen und politischen Hemmnisse.

„Wertfrei" sind aber auch die übrigen Ansätze der Geographie nicht, können es nicht sein. „Die Beurteilung der verschiedenen theoretischen Ansätze der Sozialgeographie kann in letzter Konsequenz nur hinsichtlich ihrer Leistungsfähigkeit bei der Lösung sozialer Probleme erfolgen" (Werlen 1986a, S.55).

Hantschel (1986) meint, neben dem Begriff „soziale Gerechtigkeit" solle der der „räumlichen Gerechtigkeit" definiert werden. Sie spricht sich dafür aus, die Trennung Mensch-Umwelt durch Mensch-Raum-Handlungseinheiten sowie Gesellschafts-Raum-Systeme zu ersetzen. „Gesellschaft-Raum-Systeme enthalten außer nichtorganischen und organischen Strukturen auch geistige Konstrukte, Sinngehalte. Wenn der Mensch als Element in Systemen betrachtet wird, ist also zu berücksichtigen, daß seine Handlungen nicht nur dem Ergebnis seiner physiologischen Evolution entsprechen, sondern auch den Einflüssen der gesamten gesellschaftlichen Entwicklung unterliegen, die Systemzwecke in Wechselwirkung mit vorgefundenen Raumstrukturen bewußt setzt" (S.131). Sie sieht – wie auch Boesch (1986a), der von einem Normendefizit in der Geographie spricht, – die Notwendigkeit, normative Theorien in die Geographie einzubeziehen. Auch Raumstrukturen haben ihren moralischen Aspekt, können Ungerechtigkeiten und Ungleichheiten einschließen, verfestigen.

Gregory and Urry (1985, S.2): „Finally, the ring-mosaics or urban land use identified by the Chicago School were not merely cages for the contemplation of a brute and invariant ‚natural order', supposedly derived from Darwin, but also springs for the explication of a definite ‚moral order', founded on public discourse and communication and which derived in its essentials from Durkheim" (S.2).

Man kann dies generalisieren; z.B.: Neben die in erster Linie der Wirtschaft und dem Verkehr dienenden Verbesserung der Infrastruktur muß in den Entwicklungsländern, Notstandsgebieten, Stadtquartieren und Gemeinden die ökologische Komponente treten. Es müssen also in umfassendem Sinne Ziele verfolgt werden, die der Erhaltung und vorsorgenden Gestaltung der Lebensumwelt dienen. Der von Ratzel (1897b; 1901/66) verwandte (vgl. S.30f) Begriff Lebensraum erfährt eine Renaissance, nun aber auf breiterer Basis: als der gestaltete und zu gestaltende, aber auch umgekehrt die Menschen und ihre Handlungen gestaltende Raum (Moewes 1980; Gresch 1989). Die Umweltverträglichkeitsprüfung ist ein wichtiges Anliegen (vgl. S.511); es ist aber auch die Frage nach einer Prüfung der Sozialverträglichkeit zu stellen (vgl. S.179), für sie gibt es noch keinen formellen Rahmen.

Im Detail ergeben sich z.B. in der Bundesrepublik viele Aufgaben, die von den Kommunen, den Ländern und privaten Unternehmen gelöst werden müssen. Die wichtigsten (v. Rohr 1988, S.98; vgl. auch v. Rohr 1990):

1) Gestaltung der bebauten, unentwickelten und sozialen Umwelt (d.h. auf lokaler Ebene Dorf- und Stadterneuerung, Integration von Problemgruppen);

2) Gestaltung der regionalen Verteilung der Arbeit (d.h. regionale Unterstützung der Wirtschaft, Förderung von Innovationen, Lokalplanung des Ausbildungswesens);

3) Gestaltung der regionalen Organisation der Versorgung mit Gütern und Diensten (z.B. öffentlicher Nahverkehr, zentrale Orte und Einkaufszentren, Gesundheitspolitik);

4) Gestaltung der regionalen Organisation der Gütererzeugung und Dienstleistungen (d.h. Planung von privaten und öffentlichen Unternehmen und Institutionen, Beachtung der Umweltverträglichkeit);

5) Schutz, Management und Wiederherstellung der natürlichen Ressourcen (d.h. sektoraler Umweltschutz: Wasser, Energieversorgung, Müllbeseitigung, Altlastenbeseitigung);

6) Schutz und Wiederherstellung der natürlichen Lebensräume (Landschaftsschutz, ökologische Planung);

7) Information über regionale Beziehungen (d.h. Publikation, Marktbeobachtung, Statistiken etc.).

Stiens (1989) stellt die Frage nach einer „geographischen Prognostik" und diskutiert mögliche Anwendungsfelder. Geographische Migrationsforschung ist schon seit längerem ein Feld, in dem auch Prognosen betrieben werden, räumlich differenzierende Bevölkerungsprojektionen. Als Beispiel für künftige Arbeitsgebiete könnten aber auch die Raumordnungsprognosen betrachtet werden: Bevölkerungs- und Arbeitsmarktentwicklungen, im Hinblick auf politisches Handeln in den Bereichen Siedlungsstruktur, Arbeitsmarkt, Infrastruktur. Ein weiteres Beispiel ist die weiter ausgreifende Entwicklung von Szenarien im Bereich raumbezogener bzw. räumlich differenzierender Zukunftsexploration.

Lichtenberger (Hrsg., 1989) erarbeitet in Kooperation mit anderen Forschern ein Bild von Raum und Gesellschaft Österreichs zu Beginn des 3.Jahrtausends. Dabei berücksichtigt sie Bevölkerungsentwicklung, zentralörtliche Systeme, Wohnungsmarkt, Schulwesen, Arbeitsmarkt, Landwirtschaft und Fremdenverkehr im Kontext der politischen Entwicklung und erarbeitet dabei Alternativszenarien. Die Untersuchung verwendet „das heuristische Prinzip eines politökonomischen Produktzyklus, welcher in der Distanz zur Vergangenheit die abgelaufenen Jahrzehnte der Nachkriegszeit unter dem Gesichtspunkt des Auf- und Ausbaus des sozialen Wohlfahrtsstaates zu erklären unternimmt und der Zukunft als nächsten Produktzyklus eine Liberalisierung zuschreibt" (S.250).

Prognostische Ansätze für die Bundesrepublik enthält auch der von Windhorst (1987) herausgegebene, die Rolle der Geographie in einer postindustriellen Gesellschaft thematisierende Sammelband. Bei solchen Arbeiten sind die Grenzen zwischen den Aufgaben der Geographie als einer „rein" wissenschaftlichen und einer angewandten Disziplin nicht mehr klar zu definieren.

Auch im Verhältnis zwischen administrativen und wirtschaftlichen Institutionen sowie wissenschaftlichen Einrichtungen (Universitäten etc.) können solche Definitionsprobleme auftreten. Entwickelte bisher vornehmlich der Wissenschaftler die Methoden und wies die Wege zur Problemlösung auf, so werden nun zunehmend Projekte von Ministerien oder anderen Verwaltungsgremien sowie von Privatfirmen in Hochschulinstitute gegeben. Auf diese Weise werden geographische Hochschulwissenschaft, Ausbildung und Wirtschaft bzw. Verwaltung einander nähergebracht. Das bringt z.T. erhebliche – auch finanzielle – Vorteile für die wissenschaftlichen Institute. Welche Auswirkungen dies aber auf die Forschung hat, kann noch nicht übersehen werden. Insbesondere erheben sich Fragen im Zusammenhang mit der Unabhängigkeit der Wissenschaftler und dem zukünftigen Stellenwert der Grundlagenforschung. Daß hier nicht nur forschungspolitische, sondern auch ethische Probleme berührt werden, liegt auf der Hand.

1.4.3.2 Sozialgeographie

Die hier anzuzeigenden Arbeiten lassen – wie in den Nachbarwissenschaften und den übrigen Teildisziplinen der Anthropogeographie (vgl. S.192f) – eine Schwerpunktverlagerung gegenüber früher erkennen. Zwar trennen auch die Sozialgeographen nicht scharf zwischen Gleichgewichts- und Nichtgleichgewichtssystemen; die Gesellschaft wird gewöhnlich aus der Grundperspektive der Gleichgewichtssysteme betrachtet, die auch Eigenschaften von Nichtgleichgewichtssystemen besitzen. Der Zugang zum Begriff des Prozesses – im Sinne einer Sequenz von Teilprozessen – bleibt daher einseitig oder ganz verschlossen. Andererseits zeigen die Arbeiten doch deutlich, daß sich ein neues Stadium in der Entwicklung der Grundanschauung in der Sozialgeographie anbahnt.

In erster Linie ist zu vermerken, daß die Menschen und die Gesellschaft ganz für sich gesehen von dem einen objektiv gegebenen [3]Raum (vgl. S.96) gelöst, aus sich heraus zu verstehen versucht werden. Dies ist zunächst auf der individuellen Ebene festzustellen. Die Humanistische Geographie sieht den Menschen mit seinen Wünschen und Eigenarten als ein denkendes, die Umwelt gestaltendes Wesen. Auch in den – strenger formalisierten – handlungstheoretischen Ansätzen werden der Wille und die Intention des Individuums thematisiert.

Sodann ist die Gesellschaft als komplexes, in sich strukturiertes Gebilde zu begreifen, nicht lediglich als ein Teil des [3]Raumes oder eines Ökosystems. Strukturalistische und systemische Ansätze berücksichtigen dies und führen zum Verständnis der inneren Bindungen. Nun ist es möglich, das Verhältnis solcher Strukturen zur Umwelt, ihre Einbindung in Raum und Zeit zu untersuchen. So erhält auch die regionale Komponente eine ganz neue Basis; die [4]Räume werden von den gesellschaftlichen Strukturen her definiert, gleichsam also von innen her. Die verschiedenen Möglichkeiten, die Fragen anzugehen, verstehen sich vor dem Hintergrund verschiedener Menschenbilder. Die postmoderne Geographie zeichnet sich durch Pluralismus aus. Die Sozialgeographie entkoppelt sich von der Wirtschaftsgeographie.

Gesellschaft statt [3]Raum als Forschungsgegenstand (Wagner, Eisel)

Ph. Wagner (1972) verstand den Raum aus den menschlichen Aktivitäten heraus. Umwelt bedeutet für die Kulturgeographie mehr „than the immediate spatial surroundings, or the field of sensory perceptions, or the mere domaine of mechanical contact and interaction of individual bodies, or even the habitual spatial range of individual movements. Environment has larger relevance as a momentary coexistence among varied presences, human and artifactual. Through it a person may experience vicarious exposure to people, things, and places that are distant or remote in time. Environment at any instant or participation in a multitude of histories. Its chains of personal acquaintance afford direct connection to all ancestral and contemporary mankind. In the substance and style of artifacts, it immobilizes and immortalizes lives and acts now gone. Through it, too, the individual, creating, may embark into a future that transcends his limitation of mortality“ (S.3).

Aus dieser vertieften Sicht der Umwelt stellt Wagner die Kommunikation in den Mittelpunkt seiner Betrachtung. Kulturgeographie ist nach ihm das Studium des Prozesses der Lokalisierung der kulturellen Elemente und Systeme. „This particular model or myth uses communication to account for cultural location; and behavior, artifacts, and landscapes are just clues to the operations of communication“ (S.5). Kommunikation wird zum Erklärungsprinzip. „In fact, it becomes difficult to separate the communication process from the substance of culture if one takes the view propounded here, that all behavior, in a social-sensory context, is communication".

Umwelt und Kommunikation bilden so für Wagner den Schlüssel zum Verständnis der Verteilungs- und Differenzierungsprozesse, die Kulturlandschaft, Staatenbildung etc. Kommunikation einigt alle Menschen, macht aber auch jede Person einmalig, durch ihre eigene Vergangenheit und ihre Umgebung. Die Welt ist ein Kontinuum, jeder Ort ist ein Brennpunkt, der in seine Umgebung ausstrahlt. Kultur erscheint so mehr als ein Prozeß oder die Eigenschaft eines dynamischen Systems als eine statische Menge von getrennten Ideen (S.100). „The holistic viewpoint envisions each individual acting in perpetual coordination with his fellows, and all of them in like manner interacting with their surroundings. The adjustments among members in this highly articulated unity become the stuff of communication."

In diesem Zusammenhang bekommt der Begriff „place" seinen Sinn. „No person ist real without his plausible setting, his manner and style, his schedules, itineraries, and associations. The need for a place, for a rootedness is much more than a psychological quirk. Place, person, time, and act form an indivisible unity. To be oneself, one has to be somewhere definite, do certain things, at appropriate times. Accordingly, every place carries in it the implication of a person, ob someone's pride and striving, and moreover of a heritage passed down from person to person, continued for each generation's tenancy" (S.50).

Wagners Überlegungen sind einerseits für strukturalistische, systemische Gedankengänge offen – so seine Vorstellungen über die Bedeutung der Kommunikation (vgl. S.220f) –, andererseits aber auch für subjektivistische, humanistische Reflexionen. Der Begriff „place" ist hier mit dem der „Lebenswelt" zu parallelisieren (vgl. S.207f).

Für Bartels war noch der ^{3}Raum (vgl. S.137f), die Region, das Feld das Forschungsobjekt der Geographie, der Rahmen, in dem das Verhalten und die Aktivitäten des Menschen eingebunden sind – Geographie also als Raumwissenschaft (Bahrenberg 1987b,c). Eisel (1980) spricht klar aus, daß der Geograph sich von diesem Konzept zu lösen habe; er betrachtet die Anthropogeographie nicht mehr als Raum-, sondern als Gesellschaftswissenschaft.

Die Geographie als Raumwissenschaft hat ihre Wurzeln, wie er formuliert, in den Reisebeschreibungen. Die Erde oder Ausschnitte aus ihr wurden als Einheit gesehen, Natur und Kultur als zusammengehörig betrachtet. Die Natur wurde als das Haus gesehen, in dem der Mensch sich verwirklichte. Ratzel hatte die Beziehungen zwischen Mensch und Natur, Schlüter die Werke des Menschen als Forschungsgegenstände ausgemacht. Konkreter Raum – konkreter Mensch stehen in unmittelbarem Zusammenhang. Dieser Raum – Land, Landschaft etc. benannt – wird in seiner „Totalität" untersucht. In dieser Vorstellungswelt war die Länderkunde gewachsen, als idiographische Wissenschaft. Realiter ist sie aber nur in einfach strukturierten Gesellschaften gültig. Diese Grundperspektive konnte nur solange bestehen, bis erkannt wurde, daß die industrielle Welt ihren eigenen Gesetzen folgt, daß in der Gesellschaft sich Prozesse vollziehen, die durch die einfache Gegenüberstellung Mensch-Natur nicht mehr abgedeckt werden. Die funktionalen Beziehungen greifen über den konkreten Raum, in dem sie angesiedelt sind, weit hinaus. Dies hatte der funktionale Ansatz (2.Stadium; vgl. S.90f) bereits herausgearbeitet.

Eine neue Grundperspektive kündigt sich an. Die Anthropogeographie wird zur Gesellschaftswissenschaft, zu einer nominalistischen Sozialgeographie (S.584). Eine „positive Heuristik“ mußte aber aufrecht erhalten werden (S.587). Ein Kern wurde so beibehalten, um den sich ein Schutzgürtel herumlegt, der verändert wurde (S.581 f.). Landschaft und Land im Sinne des konkreten Raumes mußten im Sinne von abstraktem Raum ausgewechselt werden. Genese wurde durch Prozeß ersetzt (S.590 f.).

Die Theorie des räumlichen Verhaltens (sie gehört ins 3.Stadium des postulierten Paradigmenwechsels; vgl. S.132f; 146f) tritt an die Stelle des alten Raumverständnisses. Wir können hier von einer behavioristischen Revolution sprechen (S.596). „Zur Modernisierung der Ideologie war allerdings ein Paradigmenwechsel notwendig“. Und weiter: „Er entspricht dem gesellschaftlichen Strukturwechsel vom Feudalismus zum Industriekapitalismus“ (S.598). „Der Rückbezug dieses Kerns auf ‚räumlich‘ ... und somit die Beibehaltung der alten positiven Heuristik für den neuen Kern ergibt dann die derzeitige, zwar formal dynamische, aber sehr diffuse und zirkuläre Situation des Faches, die ja als eine institutionelle Gesamtsituation nicht dem Endpunkt der ‚rationalen Rekonstruktion‘ ihrer Geschichte entspricht“ (S.599). Die Geographie taumelt so – nach Eisel – zwischen zwei „Heuristiken“, ohne sich klar zu entscheiden.

Gefordert wird eine eindeutige Hinwendung zur Anthropogeographie als Gesellschaftswissenschaft, d.h. der Mensch ist allein entscheidend für die Konstitution des Raumes (in unserem Sinne also eines ^{4}Raumes). Das traditionelle Landschaftskonzept und die überkommenen Länderkunden müssen aufgegeben werden (vgl. S.119f). Dann wird es möglich, nomologisch vorzugehen, wie es Bartels gewollt hatte, aber letztlich doch nicht realisieren konnte. Statt als Verhaltenswissenschaft sollte sich die Anthropogeographie als Handlungswissenschaft ausweisen. Ähnlich argumentiert Schultz (1980); er legt ausführlich dar, wie das Landschaftskonzept in die Geographie Eingang gefunden und die Anthropogeographie vor wachsende Schwierigkeiten gebracht hatte (vgl. auch Hard 1988, S.224 f., 252 f., 260 f.).

Durch die Ausdifferenzierung der Gesellschaft aus der ^{3}Raum-Gesellschafts-Einheit des überkommenen geographischen Weltbildes, durch das Begreifen der Gesellschaft als eines eigenen dynamischen Gebildes erhält das „Räumliche“ eine neue Position in der Geographie. Der mit dem Menschen verbundene ^{4}Raum ist dem neutralen „absoluten“ Raum gegenüberzustellen.

Aber auch die Zeit erhält – wie schon Elias sah (vgl. S.190f) – einen neuen Inhalt. Wir können nicht mehr nur die astronomisch vorgegebene, für sich existierende „absolute“ Zeit hier sehen; Menschen und Gesellschaften sind an menschen- und systemeigene „innere“ Zeitabläufe gebunden. Die „absolute“ Zeit kann nur noch zur gegenseitigen Verständigung herangezogen werden, sie dient gleichsam als Hintergrund.

Qualitative Sozialgeographie, Humanistische Geographie

Im 3.Stadium erschienen die Menschen also als Teile von Strukturen und eingebunden in Abläufe, gebunden an den ³Raum, in den sie sich einzuordnen hatten. Mengenstatistisch konnten sie in Gesetzmäßigkeiten gefaßt werden, in ihrer Verteilung, ihrer Bewegung, ihrem Verhalten.

Die qualitative Sozialgeographie (Sedlacek 1989) stellt sich bewußt in Gegensatz zu jenen sozialgeographischen Ansätzen, die quantitativ arbeiten, mit Statistiken, Modellen und Gesetzen operieren, d.h. positivistisch oder szientifisch orientiert sind. Sie geht von einem Menschenbild aus, das der philosophischen Anthropologie entlehnt ist (vgl. S.59f). Unter der qualitativen Sozialgeographie lassen sich alle jene Ansätze subsumieren, die aus der Hermeneutik, Phänomenologie, Ethnomethodologie (vgl. S.58f; 189) etc. erwachsen sind oder die sich an die Ethnologie und die Kulturanthropologie anlehnen. Der Untersuchungsgegenstand muß mit Hilfe phänomenologischer Methoden angegangen werden, d.h. ihm muß aufgeschlossen gegenübergetreten werden, den Akteuren, der Deutung deren Handelns und der Lebenswelt; die eigenen Vorstellungen sind dabei ständig zu reflektieren und zu revidieren.

Die Humanistische Geographie erfüllt diese Forderungen in besonders klarer Weise. Johnston (1983/86, S.55) schreibt: „The basic feature of humanistic approaches is their focus on the individual as a thinking being, as a human, rather than as a dehumanized responder to stimuli in some mechanical way, which is how some feel people are presented in the positivist and structuralist social sciences. There is a variety of such approaches, for which there is no agreed collective noun. Their common element is a stress on the study of people as they are, by a researcher who has a few presuppositions as possible. The aim is to identify the true nature of human action …". Guelke (1986, S.V) meinte, daß es vielleicht ebensoviele humanistische Geographien gebe wie humanistische Geographen. Wir wollen die wichtigsten Ansätze in einzelnen Themenkreisen vorstellen:

(Identität und emotionaler ⁴Raumbezug: Treinen, Tuan u.a.)

Die Individuen besitzen zu ihren Umwelten ein emotionales Verhältnis. Die persönliche Sphäre vermittelt ein Gefühl der Geborgenheit, der Sicherheit. Der Begriff Heimat ist hier zu sehen. Es ist nicht einfach, diesem affektiven Raumbezug wissenschaftlich gerecht zu werden. Treinen (1965/74) bringt diese Begriffe mit den – seit der Kindheit bestehenden – Räumlichkeiten und Sozialzusammenhängen in Verbindung und meint, daß Ortsbezogenheit und Heimatgefühl emotional sich auf verschiedene Sozialzusammenhänge bezieht, die durch unterschiedliche räumlich gebundene Objekte symbolisiert werden (S.253 f.). „Das Heimatgefühl ist … auf örtlich gebundene Intimgruppen – und auf die innerhalb dieser Intimgruppen gemachten Erfahrungen – gerichtet. Die Hypothese lautet, daß diese Intimgruppen-Erfahrungen durch räumlich gebundene Objekte innerhalb eines Ortes symbolisiert sind, wie z.B. durch Elternhaus, landschaftliche Umgebung und so fort. Emotionale Ortsbezogenheit hingegen ist die Folge der Zugehörigkeit zu einer größeren, örtlich beschränkten Bezugskategorie, die eng mit dem Sozialzusammenhang der Ortsgemeinde in Verbindung steht. Diese Ortsbezogenheit ist durch Ortsnamen symbolisiert. Eine emotionale Ortsbezogenheit betrifft gerade nicht die Herkunftsfamilie und weitere Verwandtschaft im Ort, nicht die Kindheits- und Jugenderlebnisse und nicht Freundschaftsbeziehungen" (S.257).

Bartels (1981, S.10 f.) zeigt, daß das Heimatbewußtsein besonders in der durch Anonymität und Fremdbestimmtheit der heutigen Gesellschaft geprägten Atmosphäre einen hohen Stellenwert besitzt. Aber auch Einwanderer entwickeln häufig in ihrer neuen fremden sozialen Umwelt einen starken Heimatbildungswillen. „Prospektives Adjustment als Heimataufbau wurde dort" (in der Neuen Welt) „zur nationalen Tugend, und retrospektives Heimweh wurde als Versagen gewertet" (S.11). (Zum Heimatbewußtsein vgl. auch S.534f).

Für die Summe der positiven Raumerlebnisse verwendet Tuan (1974, S.93) den Begriff „Topophilia". The „human being's affect ties with the material environment ... differ greatly in intensity, subtlety, and mode of expression. The response to environment may be primarily aesthetic"... or „tactile, a delight in the feel of air, water, earth. More permanent and less easy to express are feelings that one has toward a place because it is home, the locus of memories, and the means of gaining a livelihood" (S.93). In anderem Zusammenhang (1976) schreibt er: „Humanistic geography achieves an understanding of the human world by studying people's relations with nature, their geographical behavior as well as their feelings and ideas in regard to space and place" (S.266). Als eine der Hauptaufgaben sieht es Tuan (S.269), the „mere space" in „an intensely human place" zu übertragen. Place erscheint als ein fundamentaler Aspekt der menschlichen Existenz, als Lebenswelt (vgl. S.186f). Themen sind z.B. die Einstellungen der Menschen zum Raum, kognitiv und emotional („space" and „place"; Tuan 1974), ihre künstlerischen Fertigkeiten und geistigen Denkwelten, die Auffassung vom Kosmos, vom Meer, von den Bergen. Was bedeutet Privatheit angesichts der sich auf engem Raum drängenden Menschen? Der Einfluß der sozialen Umwelt, der religiösen Herkunft auf das Leben und die Gestaltung des Raumes sind zu untersuchen. Geschichte darf nicht nur als Abfolge von Ereignissen gesehen werden; sie muß auch in dem Sinne verstanden werden, daß sie die Wurzel für das heutige Leben darstellt, die unsichtbare Spuren – im Gedankengut, in der Grundeinstellung, im Bewußtsein – hinterlassen hat. Von daher erhalten Landschaften ihre unverwechselbare Prägung; die Baustile, die Stadtformen, die ländliche Umgebung gehören dazu. „Generally speaking, the humanist's competence lies in interpreting human experience in its ambiguity, ambivalence, and complexity. His main function as a geographer is to clarify the meaning of concepts, symbols, and aspirations as they pertain to space and place" (Tuan 1976, S.275).

Die [4]räumliche Identität ist als Ergebnis der Sozialisation zu sehen (vgl. S.364f). Hierbei übernimmt das Individuum Normen, Werte und Verhaltensmuster von seiner sozialen Umwelt, im wesentlichen mittels symbolischer Interaktionen. „Dieser räumliche Bezug sozialen Handelns, ihr räumliches Korrelat, macht damit einen integralen Bestandteil von Ich-Identität, eben räumliche Identität, aus" (Mai 1989, S.12).

Was bedeutet place, der Raum, mit dem man sich identifizieren kann, in der Welt des modernen Massenkonsums? Sack (1988, S.642) formuliert: „Geography explores the experience of being situated in the world, of being in place. Place provides a fundamental means by which we make sense of the world and through which we act. To be an agent, one must be somewhere." Die grundlegende und integrierende Bedeutung von place erscheint in der modernen Welt in widersprüchliche und desorientierende Teile fragmentiert. Dafür wird space mehr und mehr integriert und territorial segmentiert, in diesen Arealen vollziehen sich die Prozesse, wird produziert. Einen gewissen Ersatz gibt der Konsum. Indem wir Produkte von außen wieder hereinholen, können wir bis zu einem gewissen Grade das Gefühl für place erhalten. Aber die places, die durch solche Produkte geschaffen werden, sind nicht stabil; sie gaukeln uns nur das Gefühl vor. Die modernen Menschen leben als Fremde in ihrer Welt. Die places geraten immer mehr in das kommerzielle Geschehen. „As places become ‚consumed', they lose much of their former uniqueness" (S.661).

Abgesehen von den persönlichen Bezügen zum Raum – Umwelten können als attraktiv oder abstoßend empfunden werden. So lassen sich Bewertungen vornehmen. Lowenthal (1978) stellt die Frage, nach welchen Kriterien sich ob ihrer Besonderheit bevorzugte Landschaften herausfinden lassen, welche Komponenten dabei eine Rolle spielen, natürliche Eigenschaften, symbolische Bedeutung bestimmter Erscheinungen etc. Untersuchungen müßten auch darauf gerichtet sein, wie Personen oder Gruppen in ihren Empfindungen differieren. Die Ergebnisse solcher Arbeiten könnten für die Planung wertvolle Fingerzeige geben.

In seinem Buch „Die Unwirtlichkeit unserer Städte" zeigt Mitscherlich (1965/80), wie durch die Eintönigkeit oder abweisende Kälte im modernen Bauen, die Übermacht des Verkehrs und die Entmischung der Funktionen der städtische Lebensraum auch in seiner emotionalen Dimension zerstört wird. Bahrdt (1974, S.235) schreibt: „Für unsere Altstädte, deren mittelalterliche und barocke Bausubstanz an ziemlich vielen Stellen Europas ihresgleichen hat, gilt: Geschichtliche Zeugnisse sind dann wertvoll, wenn sie in unserem heutigen Leben auch für diejenigen, die mit ihnen leben, eine Funktion haben, notfalls für die Fremdenindustrie, wenn diese ein wichtiger Erwerbszweig ist, vor allem aber, wenn sie ein Stück unseres Alltags sind, indem sie genutzt werden, indem sie wichtige Orientierungsmarken in unserer alltäglichen Umwelt darstellen, und indem sie Gelegenheit geben, uns mit ihnen als mit unserer eigenen Geschichte zu identifizieren, bzw. auch durch ihre Andersartigkeit einen Kontrast zur heutigen Umwelt zu bilden".

Tzschaschel (1986, S.77) zeigt, daß generell auch den negativen Raumerlebnissen wie Streß, Engegefühl, Verlorenheitsgefühl mehr Aufmerksamkeit gewidmet werden muß. Bisher haben hier weniger Geographen gewirkt, sondern vor allem Umweltpsychologen. Boots (1979, S.53) meint, daß der Geograph zu einer Lösung der Probleme des Stresses, der durch hohe Bevölkerungsdichte und große Menschenzahl verursacht wird, aufgrund seiner speziellen Kenntnisse durchaus seinen Beitrag leisten könne (z.B. durch Untersuchung der räumlichen Interaktion und der Mental maps, durch Anbieten von Konzepten für die räumliche Planung, durch Trendanalysen der räumlichen Entwicklung).

(Humanistische Perspektive und Einmaligkeit: Buttimer u.a.)

Buttimer (1984, S.51 f.) setzt sich mit der behavioralen Mikrogeographie (vgl. S.146f) auseinander (zur Kritik vgl. auch S.151f). Sie hält es nicht für sinnvoll, das Leben in seine verschiedenen Äußerungen aufzugliedern, und über die Wahrnehmung der Menschen zu reflektieren; besser wäre es, das Leben selbst zu thematisieren. Weiterhin wirft sie der behavioralen Mikrogeographie vor, die Besonderheiten, die Vielfalt der Attribute menschlichen Verhaltens nicht genügend zu beachten. Die westliche Wissenschaft besitze zu wenig Sensibilität gegenüber den Symbolwelten, insbesondere bei der Beurteilung anderer Gesellschaften. In diesen hätten Gehör, Geruch, Gefühl und Geschmack ebenso großes Gewicht.

Auch wäre die Zeit in die Überlegungen einzubeziehen, im Sinne eines Ersatzes der analytischen durch holistische Wahrnehmungen. „Wir haben uns für den Raum als das Hauptkonzept unserer Disziplin entschieden zu einem Zeitpunkt, als in der gesamten Naturwissenschaft die Einsteinsche Vision an Boden gewann, daß die raumzeitliche Mannigfaltigkeit die letzte Basis für das Wissen über das Leben und den Wandel sei ... Tatsächlich eröffnet sich eine ganze Reihe neuer Forschungsaspekte, wenn man die zeitliche Dimension wieder dazu nimmt" (S.53). Im Verlaufe der Entwicklung des 20.Jahrhunderts vollzog sich in der Geographie ein Wandel der Position des Untersuchenden gegenüber dem Objekt, und zwar von der Beobachtung zur Partizipation (Buttimer 1984, S.20 f., unter Bezug auf Toulmin). Die Rolle des Zuschauers (wissenschaftstheoretische Phase) ging in eine Phase über, die den Outsider zum Insider werden ließ (dialektische Phase). Ein drittes Modell wäre, daß der Untersuchende zum Partizipanden wird (hermeneutische Phase). Die Phasen überlappen sich, und noch heute kommen die drei Einstellungen gleichzeitig vor, eine zeitliche Fixierung der Phasen ist also nicht möglich. Buttimer plädiert für eine lebensnahe Geographie, die den Menschen als Ganzheit respektiert, die den engagierten Geographen einbezieht.

In einer späteren Arbeit erläutert Buttimer (1990), wie im Zusammenhang mit der Geschichte des westlichen Humanismus die Thematik der geographischen Forschung sich gewandelt hat, und wie sich die geographische Disziplin gestalten sollte. Im Hinblick auf die gegenwärtige Situation schreibt sie: „The recovery of the human subject, the recognition of human agency as integral part of the lived world, and the creativity again apparent on peripheral and previously marginalized regions, are all seen as fresh potential for human geography today... One is challenged to not only regard humanity and earth in global terms, but also to understand the ecological and social implications of a world humanity now ‚planetized'. The need for cross-cultural and comparative research implies an extension of time horizons on the history of the earth and human occupants to date, but also reflection on the potential future of Gaia..." (S.28).

Kein Zweifel, gegenüber den Ansätzen im 3.Stadium hat sich eine deutliche Wende vollzogen. Keineswegs kann man – wie Jäger (1987, S.23) aus dem Blickwinkel der Historischen Geographie und Landschaftsgeschichte – von einer Modeströmung sprechen, die das Fach lediglich mit neuen Aspekten und Ansätzen bereichert. Zwar wird wohl keine Teildisziplin entstehen, aber man muß doch grundsätzlich von einer neuen Sichtweise sprechen.

Die Methoden der Humanistischen Geographie sind phänomenologisch und hermeneutisch. Der Forschende versucht, das So-Sein des Untersuchungsgegenstandes, der Handlungen, der Lebenswelt, des Alltags zu verstehen, sich in sein Objekt hineinzuversetzen. „Doing humanistic research is very large a personal matter, therefore, involving intuition and imaginative interpretation" (Johnston 1983/86, S.84). Im Gegensatz zu den positivistischen Methoden kann man nichts messen, nichts beweisen. Es kann nicht eine Frage auf dem Ergebnis einer vorhergehenden Untersuchung aufbauen. Die Sprache ist ein flexibles Instrument, mit Hilfe derer erklärt, aber auch verschleiert werden kann. Eine solche Beliebigkeit im Urteil ist unvermeidbar. Andererseits kann sprachlich sehr viel genauer ein konkreter Sachverhalt beschrieben werden als mit mathematischen, standardisierten Statements.

Für eine Imagination, die nicht durch vorgegebene Annahmen über ihre Grenzen beschnitten wird, plädiert auch Curry (1986). Er lehnt „essentialism" und „foundationalism as ontologies" und „reductionalism as an epistemology" ab, meint, daß man nicht mehr ohne weiteres annehmen könne, daß es eine philosophische Theorie gibt, „true for all time and space and essential as a foundation for scientific and geographic work" (S.98f.). Man solle seine Untersuchungen im kontextualen Zusammenhang – er bezieht sich dabei (und begründet dies 1989 ausführlicher) auf Wittgenstein (vgl. S.100f) – durchführen und dann erst, reflexiv, allgemeine philosophische Fragen angehen.

Johnston (1983/86, S.96) meint, daß man Kenntnis nur von dem erhalten kann, was bereits in dem menschlichen Geist vorgegeben ist. Es gibt also mehrere Ebenen:

- die meist unhinterfragten und akzeptierten Elemente der Alltagswelt;
- die neuen Elemente, die in die Lebenswelt oder Verhaltens-Umwelt hereingebracht werden;
- die Theorien, die diese Elemente verknüpfen und den Rahmen für die Durchführung und Handlung abgeben;
- die Komponenten des reinen Vorwissens, die diese Theorien strukturieren;
- und die Wahrnehmungsprozesse, die in die Bildung der Verhaltens-Umwelt involviert sind.

Die humanistischen Ansätze suchen diese verschiedenen Ebenen zu durchdringen, um ein Verständnis für das Individuelle zu erhalten. Sie erforschen diese Aspekte im Verhältnis zu ihrem Hauptthema: dem Verhältnis zwischen Mensch und Umwelt sowie zwischen Mensch und Mensch in ihrem räumlichen Kontext. Das Ergebnis dieses Verständigungsprozesses hilft dem Individuum, sich selbst zu verstehen, und dabei wächst sein Selbstverständnis und ermöglicht so, die Lebensqualität zu verbessern. Damit wird sichtbar, daß die Humanistische Geographie die Bedeutung des Konkreten, des unmittelbar im Alltag und aus der Lebenswelt Wirkenden für den Menschen zu erfassen sucht. Dies führt zwangsweise ins Einmalige, vom Abstrakten und Gesetzmäßigen fort. (Vgl. auch die Bemühungen im Rahmen des Cross-Cultural Approach; vgl. S.110).

Andererseits, gerade dies ist auch nicht unbedenklich; die für die humanistische Geographie kennzeichnenden subjektiven Analysen sind offen für subjektive Interpretationen, die naturgemäß in verschiedenen Zeiten verschieden ausfallen (Kenzer 1988, in der Besprechung von Guelke, Hrsg., 1986). Eine Verständigung wird immer schwieriger, und offenkundige gesellschaftliche Strukturen (Institutionen, Gruppierungen etc.) können nicht thematisiert werden. So suchen andere Geographen nach Wegen, die zwar ebenfalls vom Individuum ausgehen, aber dann doch zu generelleren Aussagen gelangen (z.B. handlungs- und systemtheoretische Ansätze; vgl. S.213f; S.220f).

Psychologisch fundierte Ansätze

(Psychogeographie: Stein)

Die Psychogeographie hat ihre Wurzeln im verhaltensorientierten Ansatz (vgl. S.146f). Sie ist eine Perspektive, keine neue Disziplin und kann als das psychoanalytische Studium des Daseins im Raum betrachtet werden, der unbewußten Konstruktion der sozialen und physikalischen Umwelt (Stein1987, S.15). „Psychogeography is simply a way of understanding how people construct the physical and social world base on fantasies about their bodies and their families“ (S.78/79). Und weiter: „The perspectives from psychogeography helps us understand what and who, as a human animal, we are. It instructs us about our limits and opportunities“ (S.80).

Stein demonstriert die Schwierigkeiten, die Umwelt korrekt wahrzunehmen, und die Unmöglichkeit, als „Outsider“ korrekte Urteile zu fällen. Er formuliert den provokativen Satz: „Just as history is largely a mythology of past reality, a phantasy about time, likewise geography is a mythology of spatial reality, a fantasy about space“ (1987, S.15). Wir Menschen erhalten Vorstellungen aus dem Unbewußten, aus unseren Erfahrungen und unserer kulturellen Umwelt, interpretieren sie nach außen und stülpen sie – vielleicht emotional aufgeladen – über den Raum (space). Dann akzeptieren wir diesen Überbau als die Realität selbst und behandeln die externe Welt, als wäre sie ein Teil von uns selbst. Auf diese Weise bringen wir das Ich und den Raum (space) durcheinander, vermengen unser „whoness“ mit unserem „whereness“. Das Ergebnis ist notgedrungen ein „narcissism of place“; „I am *where* I am“ (S.22).

Themen der Psychogeographie betreffen z.B. die Gruppenzugehörigkeit und die Abgrenzung gegenüber anderen, die undifferenziert – und geschlechtsunspezifisch – als böse angesehen werden („die Hunnen“ etc.). „The very fundamental and universal notion of group bounderies – which separate in psychogeographic space the identity of every ‚us‘ from every ‚them‘ – rests on an equally fundamental und ubiquitous misperception that is at once paradoxical, ironic, and dangerous. For, alas, those groups from which we most passionately distinguish ourselves are those with which we are most inseparably bound.“ Und weiter: „The enemy, whom we are certain is a despicable ‚other‘, is in fact endowed and littered with parts cast out from the self. The ‚enemy‘ is in many instances an inner representation become flesh. The ‚boundary‘ is thus a sacred illusion and delusion, defended to the death to keep the ‚good‘ inside and the ‚bad‘ outside“ (1987, S.193).

(Psychodramatischer Ansatz: Jüngst, Meder)

Die Psychodramatik (Jüngst und Meder 1990) untersucht die „szenisch-räumliche Dynamik von Gruppenprozessen“, die „Territorialität und präsentative Symbolik von Lebens- und Arbeitswelten“. „Unser Alltag ist von einer komplexen Vielfalt von – in engerem und weiterem Sinne – institutionellen Räumen bestimmt, deren komplexe Schichtungen ... aus seinem professionellen Kontext verstanden werden können (S.9). Solche institutionellen Räume sind z.B. Kirche, Bibliothek, Schule etc. Zwischen diesen Räumen und der individuellen und gleichzeitig kollektiven Psychodynamik lassen sich Bezüge erkennen. Mittels Experimente, „Spiele", lassen sich diese Zusammenhänge aufhellen; durch diese Versuche werden also „Räume" geschaffen, „in Szene gesetzt". Die Ergebnisse verweisen auf einen größeren Rahmen, in dem gesellschaftliche und insbesondere historische Implikationen eingeschlossen sind. Ziel dieser Untersuchungen sind Folgerungen zu „territorialen Strukturierungen als Ausdruck von szenisch-räumlichen Bewältigungsformen institutioneller Wirklichkeiten" bis hin zu einer „komplexen Theorie des Territoriums". Diese Folgerungen sollen später publiziert werden.

Handlungstheoretische Ansätze (Wirth, Sedlacek, Werlen u.a.)

Einen anderen Weg, auf der Mikroebene zu allgemeineren Aussagen zu gelangen, weisen handlungstheoretische Ansätze. Handlungstheoretische Arbeiten gibt es in der Soziologie seit dem ersten Stadium des hier postulierten Paradigmenwechsels. Für die Sozialgeographie wurde diese Forschungsrichtung aber erst jetzt, im Vorfeld des 4.Stadiums des Paradigmenwechsels, von Bedeutung. Daher seien hier nochmals die wichtigsten Ansätze zusammengestellt (nach Werlen 1988, S.112 f.). Zweckrationales Handeln (Pareto 1916/55; Weber 1921/72, S.12 f.; vgl. S.28f) bedeutet, daß der subjektiv verfolgte Zweck als objektiv oder subjektiv rational nachvollziehbar sich erweist. Voraussetzung ist, daß der Handelnde über ein Wissen verfügt, das für wahr erachtet wird (Werlen 1988, S.129). Das normorientierte Handlungsmodell stellt die soziale Ordnung und die Bedeutung der Normen in den Mittelpunkt der Handlungs- und Gesellschaftsanalyse (Werlen 1988, S.130 f.). Im einzelnen läßt sich das funktionale Handlungsmodell (Parsons 1937/68; vgl. S.65f), das noch deterministische Züge besitzt, von dem nicht nur den Rollencharakter, sondern auch die Freiheit des Handelnden würdigenden Modell (Dahrendorf 1958/64; vgl. S.109) unterscheiden. Eine Betrachtung des „sozialen Handelns" kehrt vor allem das Eingebettetsein in die gesellschaftlichen Bezüge heraus, das Widerspiel von Aktion und Reaktion. Der Handelnde setzt „beim Partner eine bestimmte Einstellung voraus, hegt gewisse ‚Erwartungen' über sein gegenwärtiges, vergangenes und zukünftiges Handeln. Die solchermaßen entstehenden Regelmäßigkeiten des sozialen Handelns und ihre Typen sind der eigentliche Gegenstand der Soziologie" (König 1972, S.756). Das – nach Werlen – verständigungsorientierte Handlungsmodell schließlich (Schütz 1971a, b) betont u.a. den prozessualen Ablauf und stellt die Sequenz von Teilhandlungen in den Mittelpunkt, wobei sowohl rationale Mittelwahl als auch Normorientierung einbezogen erscheinen (vgl. S.300). Der Handelnde sucht sich in seiner Lebenswelt zu verständigen (ähnlich Habermas 1981; vgl. S.182f).

Der Psychologe betrachtet die Handlung in ihrer Mikrostruktur, vom Individuum aus. Boesch (1980, S.103 f.) unterscheidet zwischen „antizipierender Motivationsbildung, die instrumentellen Annäherungen und das konsumatorische Verhalten, was ungezwungen zu einer Gliederung in die Anfangs- , Verlaufs- und Endphase der Handlung führt". Handlungen haben meist nicht nur 1 Ziel. „Viel häufiger sind Zielkombinationen oder Zielverschachtelungen" (S.141). „Das angestrebte ‚operationale' Handlungsziel (definiert durch die Operationen, mit denen man einen bestimmten Effekt zu erreichen versucht) dient gleichzeitig mehreren ‚Motiven' – etwa also dem des Sozialkontaktes und dem der materiellen Bereicherung ..." (S.147). Handlungen werden bewußt begonnen („Zielbewußtsein"), doch kann dieses Bewußtsein bei länger währenden Handlungen in der Verlaufsphase in den Hintergrund treten; Nebenhandlungen werden eingeschoben.

Verschiedene Geographen versuchen, diese handlungstheoretischen Ansätze für die Geographie fruchtbar zu machen.

Wirth (1981, S.186) fordert – aus kritischer Distanz zum verhaltensorientierten Ansatz (vgl. S.151f) – „eine raumwissenschaftlich relevante Konzeption habitualisierten menschlichen Alltagshandelns". Er sieht die Notwendigkeit, sich stärker den soziologischen Handlungstheorien zuzuwenden. „Das Verhältnis des Menschen zu seiner Umwelt ist immer gesellschaftlich vermittelt" (S.188). Psychologische Theorien seien zunächst einmal auf das Individuum ausgerichtet. „Umweltwahrnehmung, Umweltvorstellung, Raumbewertung je einzelner Menschen und die daraus resultierenden Entscheidungen werden aber erst dann geographisch relevant, wenn sie zu einem regelhaft gleichgerichteten Handeln und Verhalten vieler Menschen führen. Für die Erklärung eines solchen Verhaltens erscheinen die klassischen soziologischen Grundbegriffe (z.B. Verhaltensmuster, Einstellungen, Verbrauchsgewohnheiten, Gruppennormen, Anspruchsniveau, Rollenkonformität) geeigneter als die Konzeption einer positivistisch orientierten Verhaltenspsychologie; denn erst unter Heranziehung soziologischer Konzeptionen kann einsichtig gemacht werden, warum Menschen in ihrer Wahrnehmung Sachverhalte in gleicher Weise filtern und akzentuieren, oder warum sie von bestimmten Örtlichkeiten eine je gleich gute oder gleich schlechte Meinung haben. ... Die Normen der jeweiligen Gruppe werden gewissermaßen zu einem Orientierungsraster, welches das Wahrnehmungsfeld und die Interpretationsmuster des Einzelnen bestimmt und strukturiert" (S.189).

Unter der Vorgabe, daß „unser Forschungsinteresse ... sich ja keineswegs auf Gruppen oder soziale Gebilde" beschränkt, „sondern ... vor allem dem Verhalten und Handeln von Individuen" gilt, mißt er den phänomenologischen Handlungstheorien besondere Bedeutung zu. „Denn sie bemühen sich um eine Überwindung des Gegensatzes zwischen individueller Handlungssituation einerseits und übergeordneten handlungsleitenden sozialen Strukturen, Systemen und Normen andererseits".

Auf der Basis der Ethnomethodologie (vgl. S.186) muß, so Wirth, eine raum- und umweltbezogene Handlungstheorie aufgebaut bzw. weiterentwickelt werden. „Ausgangspunkt wäre die These, daß alle Objekte ihren jeweiligen Sinn und ihre Bedeutung erst im Handeln und durch das Handeln zugewiesen erhalten" (S.191). Die jeweilige Umwelt des Menschen wird erst durch dessen Handlungen definiert.

Sedlacek (1982b) kritisiert Wirth. Nach ihm (Sedlacek 1982a) läßt sich die kulturgeographische oder – nach ihm synonym – sozialgeographische Forschung auf die Lebenspraxis beziehen (S.189 f.). Nicht der Raum kann als entscheidendes Kriterium für die Spezifizierung der Aufgaben der Anthropogeographie gelten; alle Handlungen sind irgendwie raumgebunden. „Die vorfindliche räumliche Ordnung (einzelner oder mehrerer Sachverhalte) stellt sich ... als Ergebnis menschlichen Tuns, als ein Artefakt dar, wie es im Laufe der Zeit Stück um Stück hergestellt worden ist ... Die vorfindliche gesellschaftliche Regionalität, d.h. eine gemeinsame Praxis unter den Bedingungen ihrer räumlichen Organisation läßt sich ... als Ausgangspunkt kulturgeographischer Wissensbildung bezeichnen. Da sie stets vom Menschen in konkreten Situationen hergestellt ist und wird, gerät die Herstellung der räumlichen Ordnung als gemeinsame Praxis notwendig zum Thema, wenn die Kulturgeographie mehr als eine Beschreibung von Gegebenheiten liefern will. Kulturgeographie läßt sich somit auffassen als theoretische Leistung über und für situationsbezogenes menschliches Handeln, wobei die räumliche (Un-)Ordnung von Sachverhalten als Folge des Handelns (und Bedingungen weiteren Handelns) den Ausgangs- oder Ansatzpunkt der ... Betrachtung bildet" (S.191/192). Handlung wird als sinnrationales Tun definiert.

Eine normativ orientierte, d.h. sich um praktische Orientierung bemühende geographische Handlungswissenschaft wird sich, um ihrer Aufgabe gerecht zu werden, um eine Beurteilung bemühen. Praktische Problemlösungen können evtl. so erreicht werden, daß „bei unverträglichen Zweckvorschlägen diese zunächst als abgeleitete Zwecke" betrachtet werden und „unter allen Beteiligten und Betroffenen nach Oberzwecken" gesucht wird, „für die die Zustimmung aller Beteiligten und Betroffenen gewonnen werden kann" (S.207). So lassen sich Zwecksysteme strukturieren.

Butzin (1982) führt den behavioral approach kritisch in einem Modell vor; in ihm weist die Wahrnehmung von der Umwelt zum Menschen, die Aktion vom Menschen zur Umwelt. Menschliches Handeln wird – nach dieser Sichtweise – a) als konfliktfrei erachtet, b) als zwischen Alternativen wählbar und c) als bewußt und entscheidungsgesteuert; d) wird der Raum als Ziel- oder Ursachenbereich des menschlichen Handelns gesehen, nicht aber in seinem Mittlercharakter zur Zielerreichung (Funktionsraum) (S.101). Dagegen sagt Butzin, daß Entscheidungen prinzipiell konfliktträchtig sind. „Gerade die unüberwindbaren und nicht wahrgenommenen handlungsbeschränkenden und -lenkenden Faktoren sind ... gebiets- und schichtenspezifisch von so überragender Bedeutung, daß ein auf subjektive Wahrnehmung und Entscheidungsfreiheit verkürzter Ansatz oft nur nebensächliche Handlungsursachen erfassen kann" (S.102). Neben einem Optimizer- und dem Satisficer-Modell (vgl. S.95 bzw. 150) ist das konfliktorientierte Modell einzubringen (S.106 f.). Eine weitere Differenzierung der Handlungen kann nach „Handlungseinheiten" erfolgen. Es lassen sich drei Grundtypen unterscheiden: die politischen, ökonomischen und sozialen Handlungseinheiten. „Das einheitsstiftende Kriterium ist hierbei nicht eine Gruppe von Handelnden, sondern ein innerhalb gewisser Handlungssituationen (zunächst hypothetisch) einheitliches Handlungsschema, mit dem Raum (gegen unter Umständen konfligierende Ziele) bedarfsgerecht organisiert und genutzt wird" (S.109). Derartige Handlungsschemata – in unterschiedlichen Größenordnungen – „sind das analytische Bindeglied, in dem die Dimensionen ‚Umwelt' und ‚menschliches Handeln' vereint sind" (S.109). Jede Raumstelle kann als Schnittpunkt a) mehrerer und unterschiedlicher Interessen bzw. Nutzungsansprüche sowie b) verschiedener Nutzungspotentiale aufgefaßt werden. „Die Fähigkeit, hochkomplexe Funktionsbündel zu entflechten und räumlich-faktoral zu differenzieren, scheint eine Schlüsselrolle im räumlichen Entwicklungsprozeß zu spielen ... Dabei ist immer ein räumlicher Kern als Steuerungszentrale vorausgesetzt..." (S.112).

Auch Weichhart (1986) versucht, die Handlungen in einen sozialgeographischen Bezug zu bringen. Unter der Annahme, daß „die spezifische Weltsicht" der Sozialgeographie „... in der Beschäftigung mit Sozialphänomenen im Raum, in der Erklärung der erdräumlichen Differenzierung der ‚sozialen Welt' und ihrer materiellen Ausprägungsform" besteht, würden sich folgende Problemkreise ergeben:

1) Die Phänomene „Wert" und „Sinn", die handlungwirksamen Wertsysteme,
2) die subjektive Rationalität, die Rekonstruktion der argumentationsleitenden subjektiven Logik,
3) subjektive und gruppenspezifische Dimensionen menschlicher Weltsicht, also die Trivialontologie der Lebenswelt,
4) symbolische und emotionale Komponenten von Raumwahrnehmung und Raumbewertung,
5) Typologie von Handlungen und Handlungselementen,
6) Persönlichkeitsstruktur.

„Wegen des Prozeßcharakters von Handlungen und der vielfältigen Rückkoppelungen durch argumentierende und attributierende Reflexionen der Akteure müssen handlungstheoretische Untersuchungen wohl überwiegend als zeitliche Längsschnittanalysen angelegt werden" (S.90).

Werlen (1988) unternimmt es, „die Möglichkeiten und Grenzen des handlungstheoretischen Bezugsrahmens für die Bearbeitung sozialgeographischer Fragestellungen abzuklären" (S.277). Dabei steht im Vordergrund, wie Handlungen zustande kommen und welchen Bedingungen sie ausgesetzt sind. Handlungen sind zielgerichtet – im Gegensatz zum Verhalten –, sie stellen nicht lediglich Reaktionen dar, sondern beinhalten Intentionen, erlauben Kreativität und Gestaltungswillen. „Der gesellschaftliche Lebenskontext mit seiner historischen Dynamik kann erst unter Berücksichtigung der intentionalen Struktur, der sinnhaften Orientierung menschlicher Tätigkeiten, der sozialwissenschaftlichen Analyse zugängig gemacht werden ... Über die Berücksichtigung der Intentionalität der Handlungen können die bewußten Bezugnahmen auf andere Mitglieder der Gesellschaft und die sozial-kulturellen Bedeutungen von Sachverhalten thematisiert und rekonstruiert werden. Die ‚Handlung' ist somit als das ‚Atom' des sozialen Universums zu betrachten, über die sich die Gesellschaft als primär sinnhafte Wirklichkeit konstituiert und derart in ihrer kleinsten Untersuchungseinheit erforscht werden kann. ... Jeder Versuch, in das Verhaltensmodell Entscheidungen einzuführen, ist ... als unangemessen anzusehen, denn jede Entscheidung kann immer nur im Hinblick auf ein bestimmtes Ziel getroffen ... werden... Eine handlungstheoretische Neuorientierung der Sozialgeographie eröffnet hingegen den Zugang zur Erforschung der sozialen Welt und zur Erforschung der sozialen Bedeutung erdräumlicher Anordnungsmuster" (S.23).

Bei jeder Handlung, die durch einen Akteur hervorgebracht wurde, sind vier „Prozeßsequenzen" zu unterscheiden (S.12 f.): 1. Der Handlungsentwurf beinhaltet „die Bildung der Intentionalität der Handlung als vorbereitende planende antizipierende Sequenz des Aktes im Rahmen einer Situation...". 2. Die Situationsdefinition legt das Ziel fest, „in der die Situation (I) als Situation (I') strukturiert wird". 3. Die Handlungsverwirklichung beinhaltet die Konkretisierung des vom Handelnden konzipierten Ziels; die Situation I wird umgewandelt oder vor einer Veränderung bewahrt. 4. Das Handlungsresultat bezieht die beabsichtigten und nichtbeabsichtigten Folgen der durchgeführten Handlung ein; es mag für den Handelnden selbst als Situation (II) erscheinen, für andere Handelnde für dieselbe Situation als Situation (I).

Handlungsfolgen sind nicht in jedem Fall ein beabsichtigtes Ergebnis. „Denn Handlungsentwürfe werden erstens nicht immer so verwirklicht wie sie vorgesehen waren; zweitens brauchen die Folgen, die aus der Handlung resultieren – selbst wenn der Entwurf genau verwirklicht wurde – nicht vom Entwurf vorgesehen zu sein; drittens können auch in jenen Fällen, bei denen sich Entwurf, Realisierung und Folgen genau in der vorgesehenen Weise aufeinander beziehen, die Folgen auf den Handelnden selbst auf ungünstige Weise zurückwirken, ohne daß dies von ihm beabsichtigt wurde; viertens können diese Folgen für andere zu derartigen Zwängen führen, daß diese ihre eigenen Ziele nicht mehr verwirklichen können, was aber vom Hervorbringer nicht beabsichtigt zu sein braucht“ (S.22).

„Handlungstheoretische Gesellschaftsanalyse begreift die Handlungen der Menschen, aber nicht die Personen, die Handlungen hervorbringen, als die zentrale Grundkategorie der sozialen Welt. Die Gesellschaft wird verstanden als die Gesamtheit der Handlungen in ihren kultur-, institutions-, gruppen- usw. -spezifischen Orientierungen und Verwirklichungen. Das allgemeinste Ziel dieser Forschungsperspektive besteht darin, die Komplexität gesellschaftlicher Sachverhalte und Problemsituationen von den Handlungen der Gesellschaftsmitglieder her aufzuschlüsseln oder genauer: zu verstehen, zu erklären und für Problemsituationen angemessene Vorschläge zur Veränderung der problematischen Handlungsweisen zu unterbreiten. Eine aktuelle Gesellschaftsform ist in diesem Sinne das Ergebnis aller beabsichtigten und unbeabsichtigten Folgen der Handlungen aller Personen, welche mit ihren Tätigkeiten an dieser Gesellschaft partizipieren/partizipierten“ (S.22).

Raumprobleme sind nach Werlen als Handlungsprobleme zu verstehen (S.279). Dementsprechend sollte das Hauptinteresse der Sozialgeographie nicht in der Erforschung des Raumes, sondern in der Interpretation der psychisch-materiellen Bedingungen des Handelns und deren Bedeutung für die soziale Wirklichkeit bestehen.

Generell kann vielleicht angemerkt werden, daß die handlungstheoretischen Arbeiten ihr Schwergewicht auf das Umfeld, die Motivation, die Situation legen; sie betrachten Handeln als Äußerung der Menschen als Glieder der Gesellschaft, beeinflußt von den sozialen Umständen, der Ordnung, den Institutionen, Traditionen, den Ziel- und Wertvorstellungen etc. Sie beachten aber kaum den Inhalt der Handlungen, die Bedeutung für das gesellschaftliche Ganze; Handlungen können altruistisch oder egoistisch sein, sie können mühsam oder vergnüglich sein, durch Handlungen werden Menschen geboren oder umgebracht. Auch ist nicht immer klar, ob Handgriffe, die nur wenige Sekunden dauern, gemeint sind, Handlungszüge, die sich über Stunden hinziehen (z.B. Autofahrt), oder eine Art durchschnittliches Handeln der Individuen. Zudem ist nicht ersichtlich, wie aus der Mikroebene in die Makroebene gelangt werden kann, zu den die Umwelt gestaltenden Prozessen. Vielleicht sollte auch angemerkt werden, daß Soziologen und Psychologen enger kooperieren müssen; jetzt überwiegt der Eindruck eines Nebeneinanders.

Die Verknüpfung von Mikro- und Makroebene (Giddens u.a.)

Die Humanistische Geographie und die handlungstheoretischen Ansätze führen, wie gesagt, nicht aus der Mikroebene heraus. Andererseits thematisiert der strukturalistische, vor allem der marxistische Ansatz (vgl. S.156f) die Makrostruktur. In der „structure-agency-debate" werfen die Vertreter der Mikrogeographie – verkürzt gesagt – den Vertretern der Makrogeographie, insbesondere der Marxistischen Geographie Determiniertheit, funktionalistische Sichtweise, die Reduktion der sozialen Wirklichkeit auf Klassenstruktur und eine den Individuen unterstellte Passivität vor; umgekehrt wird den Vertretern der Mikrogeographie vorgehalten, ihr Untersuchungsgegenstand sei letztlich chaotisch, unfaßbar, und könnte so kaum die Basis für ein Verständnis der Gesellschaft abgeben. „In extreme, society can be viewed as either conditioning all human activity, as in structural determinism, or as the product of unconstrained human action, as in volunteerism" (Cadwallader 1988, S.242). Dies ist natürlich sehr pointiert formuliert.

Giddens (1984/88; vgl. S.185f) wendet sich gegen die Ansicht einer determinierten Entwicklung, wie sie Marx unterstellt; andererseits hebt er sich auch von individualisierendem Subjektivismus ab, wie ihn z.B. die Humanistische Geographie verfolgt; er besteht auf Regeln, Gemeinsamkeiten und intersubjektiver Vergleichbarkeit. So kommt er auf die Handlungstheorie zurück, betrachtet Handlungen als zeitliche und räumliche Gebilde. Seine „theory of structuration can be summarized as emphasizing the interdependence of human agency and social structure in time and space" (Gregson 1986, S.184). So wird die Zeitgeographie von Giddens (1984/88, S.161 f.) in seine Theorie eingebaut.

Die Handlungen unterliegen nach Giddens Bedingungen, die ihrerseits als Resultat von raumzeitlichen Informationen – Wirtschaftssystem, Rechtssystem, Wertesystem etc. – betrachtet werden, die von übergeordneten sozialen Strukturen eingegeben werden. So entstehen Handlungsmuster auf der Individualebene. Umgekehrt werden eben diese raumzeitlichen Informationen und übergeordneten Strukturen im Rückkoppelungsprozeß stabilisiert. Dabei dient die bebaute Umwelt als Vermittler. Der Alltag erhält so einen spezifischen überindividuellen Zusammenhang. Die individuellen Bahnen im Rahmen der Zeitgeographie führen jeweils zu Stationen (vgl. S.154f), hier treffen sich viele Individuen zu bestimmtem Tun, z.B. in der Schule oder im Postamt. Damit wird eine höhere Organisationsform angesprochen. In diesen Orten („locales") wird der Raum als Bezugsrahmen für Interaktionen verfügbar gemacht, während umgekehrt dieser Interaktionsbezugsrahmen für die Spezifizierung der Kontextualität des Raumes verantwortlich ist. „The combined effects of society and space produce the structure of the locale, which is the complex outcome of evolution through time and space. The influence and actions of structures, institutions, and agents are experienced and implemented through the locale" (Dear und Wolch 1989, S.11). Orte dieser Art tragen zur Stabilität, die den Institutionen zugrundeliegt, bei. Sie sind von den „places" (vgl. S.205; 208f) zu unterscheiden (Giddens 1984/88, S.170 f.).

Grundsätzlich meint Giddens, daß Mikro- und Makroebene nicht scharf getrennt werden dürften. Soziale Strukturen sind nach ihm dualistisch. „Jedes Individuum bezieht sich auf die soziale Struktur, aber sooft es dies tut, konstituiert es die Struktur durch die Produktion oder Reproduktion der Bedingungen für die Produktion oder Reproduktion neu" (Palme 1987, S.42, unter Bezug auf Thrift 1983, S.29). „Damit haben die Individuen die Möglichkeit, die Struktur neu zu schaffen oder gar zu verändern... Die Strukturen, die eine Handlung möglich machen, werden in der Ausführung dieser Handlung reproduziert..." (vgl. auch Jackson und Smith 1984, S.61). Die Individuen können nur interagieren, wenn sie kopräsent sind. Interaktionen sind die Voraussetzung für überindividuelle Gesellschaftsstrukturen. Es sind die Regionalisierungsweisen zu untersuchen, „welche die Raum-Zeit-Wege, denen die Mitglieder oder Gemeinschaft oder Gesellschaft in ihren alltäglichen Aktivitäten folgen, lenken und von ihnen gelenkt werden. Die Wege sind weitgehend von grundlegenden institutionellen Parametern der entsprechenden Sozialsysteme beeinflußt und reproduzieren sie gleichermaßen" (Giddens 1984/88, S.196). Für die wenig differenzierte Gesellschaft ist die Dorfgemeinschaft der wichtigste Ort, an dem Begegnungen in Raum und Zeit konstituiert und rekonstituiert werden; in stärker differenzierten Gesellschaften sind die Städte mit ihren Umländern solche Kommunikations- und Interaktionsforen.

Giddens (1984/88, S.421) sah die Geschichte als „die Strukturierung von Ereignissen in Raum und Zeit durch das kontinuierliche Zusammenspiel von Handeln und Struktur, die Verbindung der weltlichen Natur des Alltagslebens mit den über immense Spannen von Raum und Zeit sich erstreckenden institutionellen Formen". Und später (S.427): „Der Raum ist keine leere Dimension, entlang der soziale Gruppierungen strukturiert werden, sondern man muß ihn in Bezug auf seine Rolle für die Konstitution von Interaktionssystemen betrachten. Was in Bezug auf die Geschichtswissenschaft herausgearbeitet wurde, läßt sich auch auf die (Human-) Geographie anwenden: Es gibt keine logischen und methodologischen Differenzen zwischen der Humangeographie und der Soziologie!"

Die Strukturierungstheorie von Giddens ist von mehreren Geographen aufgegriffen und weitergeführt worden (z.B. Dear und Moos 1986; Moos und Dear 1986; Kellerman 1987; Jaeger und Steiner 1988; Reichert 1988). Jackson und Smith (1984) kombinieren die die Interaktionen und die Konflikte thematisierenden Ansätze mit Überlegungen zum sozialen Wandel, den sie als Ausdruck eines dynamischen Ungleichgewichts interpretieren. Die Strukturierungstheorie von Giddens gibt den Rahmen: „It cautions both against exclusive enthusiasm for the voluntarism of human subjectivity, and against overemphasising the autonomy of apparently determining social structures" (S.207); Strukturen konstituieren die menschliche Gesellschaft, werden aber auch durch diese konstituiert.

Gregory (1984, S.126 f.) und Gregson (1986) warnen aber davor, die in der Theorie von Giddens versteckten Probleme zu übersehen. Soziale Theorien könnten nicht einfach mit geographischen Modellen – wie der Zeitgeographie – zur Deckung gebracht werden. Auch Pred (1984; 1986) sieht den Raum aus einer etwas anderen Perspektive. Er führt Raum und Gesellschaft noch näher zusammen und sieht „place" als „historically contingent process", als eine Aneignung und Umwandlung von „space", untrennbar verbunden mit der Reproduktion und Transformation der Gesellschaft. Auf diese Weise fügt er der Strukturierungsthese eine humanistisch-geographische Komponente hinzu; „place ... always involves an appropriation and transformation of space and nature that is inseparable from the reproduction and transformation of society in space and time. As formation of society, place is not only what is fleetingly observed on the landscape, a locale, or setting for activity and social interaction" (wie Giddens es sah). „It also is what takes place ceaselessly, what contributes to history in a specific context through the creation and utilization of a physical setting" (Pred 1984, S.279). Anhand einer Untersuchung der sozialen und ökonomischen Entwicklung Südschwedens 1750 bis 1850 versucht er, seine Gedanken empirisch darzulegen (Pred 1986; über die Begriffe „place" und „Lebenswelt" vgl. auch S.205 u. 208f).

Ob das Problem des Übergangs zwischen Mikro- und Makroebene durch diese Ansätze gelöst ist, erscheint jedoch zweifelhaft. Beim Individuum, das sich in Raum und Zeit bewegt, ist klar, daß es auch Raum und Zeit für seine Person selbst gestaltet; denn es ist eine Ganzheit und unterliegt einem Willen, hat bestimmte Bedürfnisse, eine klar definierbare Tages-, Wochen-, Jahres- oder Lebensbahn – im zeitgeographischen Sinne. Aber was sind das für soziale Systeme, Institutionen, Strukturen, Gemeinschaften, Gesellschaften, die durch Interaktion in Raum und Zeit entstehen? Kann man auch bei ihnen, die gar nicht immer klar definiert sind, Raum und Zeit zusammenfügen, als im sozialen System verschmolzen betrachten? Das dürfte nicht gehen; es sind auch dazu Ganzheiten notwendig; hier ist das Modell der Populationen einzufügen, wie später darzulegen versucht wird (vgl. S.255f).

Der zweite Einwand: Die Handlungen haben einen Sinn, eine Bedeutung. Die Humanistische Geographie führt gerade diesen Gedanken in den Mittelpunkt. Tuan (1984, S.176) schreibt in einer Besprechung: „But certain difficulties and absences remain, as critics have pointed out, even when time-geography is wedded to the social theory of Giddens et al. Time-geography takes human agency seriously. Individuals do not merely behave. They act and have projects that can be graphed on time and space axes. But the significance of these projects to the individual agents, if not also to society at large, does not appear on the graphs. A scientist goes everyday from his modest house to his modest laboratory. A few years later he produces the equation $E = m \cdot c^2$. The action that is significant to him (and in this case also to the society) does not lie in going from A to B. The real action – the real project – is that which goes on in his head. What is true of this particular scientist is true, though perhaps to a lesser degree, of all human beings. My own space-time diagram is a poor index of who I am and what I have imspired to do. This criticism is appropriate because structuration theory and time-geography, unlike the usual kind of social science claim to take the human individual seriously."

System- und raumtheoretische Ansätze (Klüter, Heymann, Boesch)

Der Begriff Raum wird – das ergeben sowohl der humanistische als auch der handlungstheoretische und der strukturalistische Ansatz – aus den sozialen Wirklichkeiten her definiert; der ^{4}Raum erscheint als soziales Konstrukt. Die Verknüpfungen dieses Konstrukts werden in den systemtheoretischen Ansätzen thematisiert.

Raffestin (1986) schildert, wie sich ein wachsendes System durch Information seinen Raum schafft, mittels spezifischer Codes. „L'espace est une condition indispensable à l'action humaine mais la nécessité géographique est révélée par l'information, tous les codes à disposition de ceux qui agissent. Il n'y a de nécessité géographique que par l'information dont disposent les hommes. Dès lors, la géographie sociale m'apparaït davantage conditionée par l'information diffusée que par l'espace lui-même" (S.96).

Wesentlich detaillierter betrachtet Klüter (1986; 1987a,b; vgl. auch Hard 1986; 1987a, S.34 f.) den Raum aus systemtheoretischer Sicht. Er untersucht, wozu Raum als gedankliches Konstrukt, als Form der Informationsaufbereitung in der Gesellschaft genutzt wird. Der Raumbedarf hängt davon ab, wer wie reagieren soll. „Die räumliche Darstellung ist Bestandteil eines Strategiekonzepts, eine Plans, eines Programms" (S.22). Räumliche Darstellung kann komplizierte Informationen bündeln und vereinfachen, ohne daß der beabsichtigte Sinn verlorengeht. Die Akteure lesen, „decodieren" die Karte, nehmen die Information zur Kenntnis, halten aber mit ihren jeweiligen eigenen Strategien zurück. So tritt neben die Vereinfachung eine Anonymisierung. „Es gibt keine objektiven, für alle Akteure gültigen Parameter der Raumwirksamkeit. Sie hängen von organisatorischen Prämissen, von den Strategien der Akteure, den Durchsetzungsmöglichkeiten und -intensitäten ab" (S.23). Es müssen also in ein sozialgeographisches Konzept organisationstheoretische Bezüge eingebracht werden.

Klüter ist nun bestrebt, die Systemtheorie Luhmanns (u.a. 1984) in diesem Sinne nutzbar zu machen. Eine systemtheoretische Aufgabe besteht darin, einen Sachverhalt auf die geringste Zahl seiner sich am häufigsten wiederholenden Elemente (Objekte, Relationen) zu reduzieren. Darüber hinaus lassen sich Objekt- und Relationsmengen umgruppieren, um bessere Lösungen zu finden (S.26). Wie bereits dargelegt (vgl. S.183), kann man nach Luhmann von Sozialsystemen immer sprechen, wenn Handlungen mehrerer Personen sinnhaft durch Kommunikation aufeinander bezogen sind. Selektion bildet die Voraussetzung für Systembildung. Aus den gegebenen Möglichkeiten wählt das System nach bestimmten Sinnkriterien aus. Die durch Selektion verworfenen anderen Möglichkeiten bleiben als „Umwelt" erhalten. Die Grenzen eines solchen Systems sind offen, sie können als Komplexitätsgefälle interpretiert werden. Die Systeme sind also Kommunikationseinheiten. So erfährt soziales Handeln eine überindividuelle Orientierung. Kommunikation liefert die Selektionskriterien für Inhalt und Struktur der Systeme.

Der Raumbegriff wird aus dem Steuerungsbedarf sozialer Systeme abgeleitet. Dabei lassen sich drei Ebenen unterscheiden: „Interaktionssysteme" auf der Mikroebene, „Organisationen" auf der Mesoebene und „Gesellschaft" auf der Makroebene. „Interaktionssysteme kommen dadurch zustande, daß Anwesende sich wechselseitig wahrnehmen. Das schließt die Wahrnehmung des Sich-Wahrnehmens ein. Ihr Selektionsprinzip und zugleich ihr Grenzbildungsprinzip ist die Anwesenheit." Als Selektionsprinzip für den zweiten Systemtyp, die Organisation, sieht Luhmann, wie dargelegt (vgl. S.184), die Mitgliedschaft an; der Eintritt in ein derartiges System ist von Anerkennung bestimmter Regeln (z.B. Arbeitszeit, Beitragszahlung, Glauben an etwas, Beamteneid) abhängig, die nicht der betreffenden Person allein zugerechnet werden. Organisationen können mehr Komplexität reduzieren als Interaktionssysteme und besitzen so gegenüber der Umwelt mehr Eigengewicht (Klüter 1986, S.51). Gesellschaft wird als politisch-rechtliches Normensystem verstanden, von dem aus Klassen- oder Schichten-, Institutions- oder Organisationssummen abstrahiert werden. Sie ist das umfassende Sozialsystem aller kommunikativ füreinander erreichbaren Handlungen (S.35).

Raum erscheint als kombinatorisches Problem, in Bezug auf soziale Systeme; Interaktionssysteme bestehen aus Kommunikation, sie haben keine räumliche Existenz. Ihre

Umgebung, soweit sie für die Kommunikation relevant ist, wird von Klüter als „Kulisse“ bezeichnet. Organisationen dagegen ist ein Raum, der „Programmraum“ zuzuordnen; innerhalb eines zeitlich spezifizierten Programms stellt sich aufgrund der Arbeitsteilung das Problem der innerorganisatorischen Koordination (S.61). Programmräume müssen von allen organisatorischen Beteiligten verstanden werden. Organisationsexterne Abläufe sind schwieriger zu steuern. Die Adressierungen werden diffuser. Hier spielt die Reichweite eine Rolle. Klüter nennt diesen Raum „Sprachraum“. Manche dieser Räume umfassen die ganze Welt, das hängt vom konstituierenden Code ab.

Daneben ist Raum als Synchronisierungsproblem zu sehen. Zur Erzeugung planvoller Bewegungen sozialer Systeme erweist es sich als notwendig, Bewegung in Raum und Zeit abzubilden (S.107). Dies ist eine Voraussetzung für die Bildung von Organisationen. „Raum in diesem Sinne ist ... ein abstraktes Mittel zur Steuerung sozialer Systeme“. So werden „Netze“ (Straßen etc.) und „Grundstücke“ als begrenzte Gebilde geschaffen.

Einen dritten Raumtyp stellen kommunizierbare Raumabstraktionen dar (S.109 f.). Die Gesellschaft ist funktional in Teilsysteme gegliedert, und jedes dieser Teilsysteme verfügt über einen Code (S.40 f.); z.B. ist der Code des Teilsystems Wirtschaft das Geld (Eigentum haben – nicht haben), ein anderes Teilsystem ist z.B. der politisch-administrative mit dem Code Macht (Recht haben – nicht haben), wieder ein anderes die Wissenschaft mit dem Code Wahrheit (wahr – unwahr). Die Teilsysteme sind, wie gesagt, dazu da, die Kommunikation zu erleichtern, die Komplexität zu reduzieren. Jedes dieser Teilsysteme ist natürlich ganz anders strukturiert; die Instanzen und Adressaten sind jeweils verschieden, die Kommunikation verläuft unterschiedlich.

Raum ist so ein Bestandteil von Kommunikation; letztere liefert Selektionskriterien für Inhalt und Struktur des ersteren. Handeln wird nicht nur von außen stimuliert; die gesellschaftlichen Subjekte entwickeln vielmehr eigene Pläne, Strategien und Programme.

Dieser Ansatz demonstriert sehr deutlich, daß Raum aus der Gesellschaft heraus gestaltet wird. Zwei Probleme sind aber zu erkennen: 1. Die Systeme sind – wie bei Luhmann – Gleichgewichtssysteme; sie sind nicht in der Lage, Prozesse, die die Gesellschaft gestalten, aktiv zu tragen und zu steuern. 2. Die angeführten Beispiele zeigen eine Unsicherheit in der Zuordnung des Inhaltlichen zum Systemisch-Strukturellen. Die Zuordnung der Institutionen und Prozesse zu den Strukturen ist vielfach unklar und nur schwer nachvollziehbar. Z.B. erscheint (S.110) „Vaterland“ als „Raumabstraktion“, ihm zugeordnet „Glaube“ als „Medialer Bezug“, „Volk, Schule, Streitkräfte“ als „Sozialer Bezug“, „Propaganda“ als „Strukturbildung“, „Substitut totaler Landesherrlichkeit, Motivationsrahmen für straffreien Totschlag“ als „Teilaspekte bezüglich bestimmter anderer sozialer Systeme“.

Einen neuen Akzent in die Diskussion brachte Heymann (1989), indem er Nichtgleichgewichtssysteme in ihrer Bedeutung für den Aufbau der Gesellschaft betonte, unter bewußter Anlehnung an die Ergebnisse der modernen Naturwissenschaften (vgl. S.167f). Er sah das Problem, daß Anthropogeographen auf der einen Seite mikrogeographisch arbeiten, sich „mit den kontextuellen Bedingungen, die räumliche Organisation entstehen lassen, um ihre Komplexität zu erklären“ (S.1), befassen, während sie auf der anderen Seite großräumliche Organisationen, d.h. komplexe Gebilde, untersuchen und deren

Kontextualität zu erklären versuchen. Zusammenfassend schreibt Heymann (S.332 f.): „Kontextualität bezeichnet das Beziehungsgefüge zwischen Bestandteilen und Ereignissen, ohne daß dieses Beziehungsgefüge eine unterscheidbare Organisation entwickelt". Es bezeichnet außerdem „das Eingehen von Verknüpfungen und ihre Öffnung"; es kommt so die zeitliche Komponente hinzu. Es werden Neuerungen möglich, wodurch das Beziehungsgefüge von seiner Umgebung sich unterscheidet. So kommt es zu Komplexität in begrenzbaren Organisationen. „Jede Organisation erklärbar durch die Polarität Kontextualität/Komplexität ist zudem eingespannt in das Verhältnis der Polaritäten Erstmaligkeit/Bestätigung". So besitzt „jede der definierten Organisationen ... eine gemeinsame spezifische Räumlichkeit, die aus einem wechselwirkenden Beziehungsgefüge mit spezifischer Zeitlichkeit zu den Ereignissen und Bestandteilen ihrer Umwelt entstanden ist" („Sozialraum"). Dimensionen sind die Funktion, die aus der Genesis folgende Ordnung und die – aus der Selbstorganisation sich regelnde Formung und – Abgrenzung (S.170 f.). Der Sozialraum ist autopoietisch organisiert, fern vom Gleichgewicht; d.h. er erhält und erneuert sich selbst durch Kreativität. „Die Selbstorganisation des Verhaltens zum Sozialraum hat im menschlichen Schaffen und Gestalten seine Wurzel" (S.481). Im Detail spielen Wahrnehmung und Verhalten eine zentrale Rolle; anhand von Untersuchungen des räumlichen Verhaltens von Studenten in zwei Hörsälen überprüfte Heymann seine Überlegungen (S.344 f.).

Theoretische Überlegungen von Boesch (1989, S.163 f.) gehen direkt das Problem des Raumes an; der Autor unterscheidet drei Raumtypen, die nach unserer Kategorisierung dem ^{2}Raum (Ziffer 1 und 2), ^{3}Raum bzw. ^{4}Raum (Ziffer 3) entsprechen dürften:

1) Der d-Raum wird durch das „Wo-der-Dinge" konstituiert, im Sinne der Choristik. „Unter Choristik ist das Ordnen eines ‚Basis-Bereichs' nach der Lage der einzelnen Elemente der Grundmenge X, also die Lagebestimmung von Objekten, Sachverhalten oder Ereignissen x_{ij} zu verstehen. Dabei gehören diese Elemente nur einer Sachkategorie, einer Objektklasse an" (S.164).

2) Der f-Raum ist „mehrschichtig aufgebaut, das heißt sachdimensional vielfältig ausgestattet, aber er ist statisch. Typische Abbildungsformen des f-Raumes sind topographische Karten und bildhafte Landschafts- bzw. Stadtansichten (Anm.: „In jüngerer Zeit in Form von Diapositiven") mit entsprechenden Begleittexten" (S.167).

3) Der „p-Raum steht als Metapher für die prozeßhaft verflochtene konkrete Wirklichkeit, die ihre Spuren im Raum hinterläßt: Der Mensch transformiert diesen Raum durch seine Tätigkeit, aber auch selbst durch seine bloße Anwesenheit und Betrachtung; der p-Raum wird durch den Menschen in einen rekursiven Prozeß – materiell oder/und virtuell – erst geschaffen. Die Zeit gewinnt als zusätzliche Komponente der Fragestellung eine fundamentale Bedeutung" (S.171).

Der p-Raum ist einer Erklärung zugänglich; die „Chorotaxie" beschäftigt sich damit und ist „das Kernstück einer theorieorientierten Raumwissenschaft". Die Prozeßstruktur der räumlichen Entwicklung besteht aus dezisionistischen und deterministischen Elementen zugleich. Unter Bezug auf Reymond (1981) schreibt Boesch (S.174): „Aus einer Ausgangssituation A_0 ergibt sich etappenweise – aufgrund von Entscheidungen/Handlungen einerseits und notwendigen Konsequenzen solcher Handlungen andererseits – eine (räumliche) Endsituation E_i, die nicht genau vorhersehbar, aber auch nicht beliebig ist...

Es ist Aufgabe der Chorotaxie, diesen Prozeßbaum mit den Optionen und Handlungsspielräumen einerseits und den Entscheidungsfolgen andererseits aufzuzeigen."

Die Arbeiten von Klüter und Heymann versuchen – aus verschiedener Perspektive –, die Mikro- und Makroebene zu verknüpfen. Sie verwenden dabei die systemtheoretischen Methoden und kommen so dazu, die räumlichen Organisationsformen zu begründen. Auch die Arbeit von Boesch ist hier zu sehen; sie beschreibt die Anordnung der Elemente und führt so in die Raumproblematik. In all diesen Arbeiten: die Handlungen erhalten einen sie strukturierenden Rahmen. Aber erst die Einbindung des Prozeßbegriffes kann zu einem klareren Verständnis des gesellschaftlichen Aufbaus mit seinen Populationen und Hierarchien führen (vgl. S.314f).

Zur Problematik eines Regionalbewußtseins (Blotevogel, Heinritz, Popp u.a.)

Zwischen den strukturalistisch-funktionalen und den humanistischen [4]Raumbegriffen bestehen offensichtlich große Unterschiede – Raum als soziale Eigenschaft gesehen. Strukturalistisch-funktional bedeutet, daß der Mensch in Funktionen aufgegliedert ist, Funktionen, die die Gesellschaft konstituieren. Dieses Raumverständnis haben die handlungs- und systemtheoretischen Ansätze (vgl. S.213f; 220f). Hier sind in den verschiedenen Funktionen ganz unterschiedliche Areale vorgegeben. Jeder Mensch ist also völlig unterschiedlichen [4]Raumtypen zuzuordnen, je nachdem, welche Funktionen gemeint sind (z.B. als verwalteter Bürger, als konsumierender Feinschmecker, als Pendler etc.). Beim humanistischen Ansatz dagegen (vgl. S.207f) ist der Mensch als Einheit, Individuum zu sehen, das u.a. einem Vaterland, einer Heimat, also einem „place" emotional verbunden ist. Probleme treten in der mittleren Größenordnung – etwa zwischen „Vaterland" und „Heimat" – auf. Fühlen sich die Menschen einer Region wie Ostfriesland oder dem Baskenland in entsprechender Weise zugehörig, in ihren sozialen (funktionalen) Bezügen, als Individuen?

Blotevogel, Heinritz und Popp (1986) definieren Regionalbewußtsein als „Bewußtsein der Zugehörigkeit zu einem bestimmten Raum" (S.104). Dabei sollen – so die Autoren – zwei Aspekte getrennt werden: die Intensität des Zugehörigkeitsgefühls und der Inhalt der Raumvorstellung, die jemand hat, wenn er von einem bestimmten Raum – z.B. vom Allgäu – spricht. Die Autoren meinen, es gelte, sich um präzisere Vorstellungen darüber zu bemühen, welche Umstände und Fakten für die Kohäsion auf regionaler Ebene besonders wichtig sind. Aus der Sicht der deutschen Landeskunde könne die Erfassung des Regionalbewußtseins zu einer kulturgeographischen Raumgliederung führen, aus der Insider-Perspektive. Relevant erscheinen den Autoren wenigstens fünf Dimensionen: Maßstab (Nation, Region, Kommune etc.), Grenzen und innere Struktur, Zeit (historische Entwicklung), Intensität (z.B. diffus, bewußt, artikuliert, praktiziert) sowie sozialkategoriale Differenzierung (der Regionalbevölkerung).

Hard (1987) wendet sich gegen ein solches Konzept der „Räume gleichen Regionalbewußtseins". „In einer Gesellschaft, wo die Sozialsysteme immer weniger als Interaktionssysteme und immer mehr als Kommunikationssysteme strukturiert sind, also immer weniger durch Anwesenheit, wechselseitige Wahrnehmung, räumliche Koinzidenz usf., aber immer mehr durch formale Mitgliedschaften und ‚sprachliche Erreichbarkeit' konstituiert werden (wozu auch z.B. die Erreichbarkeit kraft Geld, Macht und Recht gehört) – in einer solchen Gesellschaft sind begreiflicherweise funktionsbezogene Beschreibungen sozialer Systeme und Kommunikationen besser als räumliche (aber auch als ‚schichtenbezogene') Beschreibungen" (S.134 f.). Falls es ein Regionalbewußtsein gebe, richte es sich wohl kaum auf Raumabstraktionen wie Flächen und Grenzen, sondern gemeinhin auf Inhaltliches, inhaltliche Besonderheiten (z.B. Geschichte, Dialekte, Trachten, Lebensform, Architektur, Sitten), unter Umständen auch auf Wirtschaftsstrukturen, Lebensstandards und Arbeitsplatzangebote (S.139). Eine sozialgeographisch-landeskundliche Regionalbewußtseinsforschung dürfe sich nicht auf den konkreten Raum beziehen, sondern müsse von den Sozialsystemen ausgehen.

In ähnlichem Sinne warnt Bahrenberg (1987a) davor, in ein vormodernes Paradigma zurückzufallen. In den heutigen kapitalistischen Industriegesellschaften mit ihren weit ausgreifenden regionalen Bezügen in den verschiedenen Funktionen würde eine Erfassung von regionalen Bewußtseinsräumen kaum möglich sein. Solche Räume setzten voraus, daß es so etwas wie Kulturräume gebe, die in ihrer Komplexität und Vielschichtigkeit Ganzheiten darstellten. Diese Voraussetzungen seien nur in nach Familien, Sippen, Stämmen gegliederten „archaischen" Gesellschaften weitgehend erfüllt; sie würden aber nicht mehr für moderne, vorwiegend funktional differenzierte Industriegesellschaften gelten, deren Subsysteme nicht selten die gesamte Erde umfassende „Lebensräume" aufweisen. In der Bundesrepublik müßte eine Kulturraumforschung notgedrungen auf archaische Relikte (wie Trachten, Dialekte etc.) gründen. Es gebe dagegen „keine Kulturräume mehr, an die staatliches, administratives, politisches Handeln anknüpfen könne" (S.151). Das theoretische Problem bestehe nicht darin, angeblich existierende Kultur- und Lebensräume zu „entdecken" und zu zeigen, wie sie funktionieren, sondern im Räsonnieren darüber, wie Lebensräume als autonome Regionen beschaffen sein, welche Struktur und Ökologie sie haben könnten. Die Suche nach möglichen autonomen Regionen sei somit die eigentliche Aufgabe (S.156/57). Zu diesen theoretischen Aufgaben kämen praktische, d.h. die Umsetzung der Ideen auf administrativer Ebene in dem Sinne, daß dem Willen der Bürger bei raumordnerischen Maßnahmen auf verschiedenen Ebenen zu seinem Recht verholfen würde.

Auf diese Einwände versuchen Blotevogel, Heinritz und Popp (1989), ihre Vorstellungen zu spezifizieren. Sie definieren nun den Begriff Regionalbewußtsein als „Gesamtheit raumbezogener Einstellungen und Identifikationen fokussiert auf eine mittlere Maßstabsebene". Unter Raum wird dabei der – die soziale Dimension einschließende – physisch-materielle Raum im doppelten Sinne verstanden; er bildet einmal die Rahmenbedingung für menschliches Handeln, zum andern wird der physisch-chorische Raum von Menschen nach ihren Vorstellungen und Zwecken gestaltet. Mittlerer Maßstab meint die Größenordnung zwischen der nationalen und der lokalen Ebene.

Dem Einwand von Hard (1987b), der – auf der Basis von Überlegungen, die die systemische Struktur und die Kommunikation in den Vordergrund stellt – die Bedeutung von Regionalbewußtsein in Bezug auf den „Raum" in Abrede stellt, setzen die Autoren die Unterscheidung von „System" und „Lebenswelt", wie sie Habermas (1981; vgl. S.183) vorgenommen hat, entgegen. Auf Systemebene ist der Raum Rahmenbedingung, Ziel, Mittel und Folge des Handelns von Organisationen; auf der Ebene der Lebenswelt „wird der Raum als eine der Grundstrukturen der Alltagswelt relevant" (S.69). „Einstellungen" beziehen sich auf die Wahrnehmung einer Region (kognitive Dimension), auf den emotionalen Bezug zu ihr (affektive Dimension) und die regionale Handlungsorientierung (konative Dimension). „Identifikation" meint räumliche Identität („identity of a place"), individuelle räumliche Identifikation („identification with a place") und soziale räumliche Identifikation.

Weichhart (1990) versucht, vom Menschen als Glied sozialer Systeme einen Ansatz zu einer „Theorie räumlich-sozialer Kognition und Identifikation" zu finden und meint, daß räumliche Identität zur Entwicklung und Aufrechterhaltung der personalen Einheit menschlicher Individuen beiträgt; hierbei seien Sicherheit, Aktivität/Simulation, soziale Interaktion/Symbolik und Identifikation/Individuation als „Hauptgruppen funktionaler Wirkungen" zu unterscheiden (S.30 f.). Neben dieser Bedeutung für das Individuum selbst habe raumbezogene Identität aber auch für die Bildung sozialer Systeme Bedeutung, als „Orientierungshintergrund" für soziale Kommunikation und Interaktion, zur „Präsentation personaler und sozialer Identität" und vor allem im Hinblick auf ihre „Kohäsions- und Integrationswirkung" (S.46 f.).

Dem postmodernen Verständnis der Realität entspricht eine Aufwertung des Inhaltlichen, Besonderen im Verständnis zur Umwelt. Ley (1989, S.53) schreibt: „In contrast to the isotropic space of modernism, post-modern space aims to be historically specific, rooted in cultural, often vernacular, style conventions, and often unpredictable in the relation of parts to the whole. In reaction to the large scale of the modern movement, it attempts to create smaller units, seek to break down a corporate society to urban villages, and maintain historical associations through renovation and recycling."

Dieses Raumverständnis – im Sinne von Lebenswelt oder place (vgl. S.207f) – muß man auch den „Regionen" zugrundelegen. Murphy (1991) meint, daß die Ausdehnung und der Charakter der in empirischen Studien untersuchten Räume in die sozialen Prozesse einbezogen werden müssen, die diese Räume gestalten. „This in turn requires a social theory in which regional settings are not treated simply as abstractions or as a prior spatial givens, but instead are seen as the results of social processes that reflect and shape particular ideas about how the world is or should be organized" (S.24). Die Betrachtung der Territorialität erscheint ihm hierbei ein wichtiger Weg. Territorien werden von ihm als Areale („areas") definiert, über die Personen oder Institutionen eine gewisse Kontrolle ausüben (vgl. S.265; ähnlich Sack 1986). Gesellschaften sind territorial bestimmt, soziale Identität ist – wenigstens in großem Maße – grundsätzlich an territoriale Mitgliedschaft gebunden (vgl. auch Sack 1980). Zwar gibt es funktionale Überschneidungen, wirtschaftliche, administrative Systeme und soziale Strukturen werden funktional aufgespalten; aber die Menschen schaffen sich ihre „behavioural environments" (Johnston 1989, S.235 f.). Und Murphy (1991) schreibt: „... ideas about territory are not solely shaped by functional factors. They are also tied to the political and social ideologies that dominate that process of territorial formation and subsequent governance" (S.29). Und weiter: „...I contend that we must see dominant ideas about regions as products of historical interactions between large-scale institutional and ideological developments, on the one hand, and place-specific activities, interactions and understandings, on the other. Such an approach, with its structurationist overtones, acknowledges that human societies respond to political and social structures, but in different ways in different places". Unter Bezug auf Sayer (1989) meint er, daß „neue" Regional-Geographen einen mehr ethnographischen Ansatz wählen sollten.

Im Hintergrund muß man sehen – dies sei vorgreifend erwähnt (vgl. S.457f) – daß wir es in den Volksgruppen und den Stadt-Umland-Populationen in hochindustrialisierten Gesellschaften mit zwei verschiedenen Typen von Populationen, d.h. Nichtgleichgewichtssystemen, zu tun haben, den Primär- bzw. Sekundärpopulationen, die in derselben Größenordnung ganz verschiedene Verbreitungsmuster besitzen.

Postmoderner Pluralismus

Die philosophischen Diskussionen um die Postmoderne (vgl. S.174f) werden in der Geographie aufgegriffen. Angesichts der strukturellen Änderungen der Gesellschaft – postfordistische Umgestaltung der Wirtschaft, die Verbreiterung des Spektrums Reichtum/Armut, gegenseitige Durchdringung von Kultur, Politik und Wirtschaft, Individualisierung der Gesellschaft, Informationsüberflutung etc. (Hasse 1988) – fordern verschiedene Wissenschaftler einen paradigmatischen Pluralismus der Ansätze, insbesondere sowohl die Humanistische Geographie als auch die Strukturierungstheorie einschließend (vgl. S.207f; 218f).

Die Grundposition des Forschers ist dabei wesentlich. Reichert (1987) lehnt eine Trennung zwischen Subjekt und Objekt in der Forschung ab, Forschungsprozeß sei als reflexiver Prozeß zu interpretieren. Das überkommene geographische Menschenbild – in dem absolut räumliche Merkmale als wesentlich erachtet werden – verliert einiges an seiner Spezifität. Der Mensch wird beschrieben

a) als Träger von Merkmalen und Verhaltensweisen,
b) als unbewußter Akteur,
d) als bewußter Schöpfer unbewußter Konsequenzen,
e) als Ausdruck objektiver Basisgesetze.

Eine Entscheidung für eines dieser Menschenbilder ist notwendig – wenn es zwischen ihnen auch Übergänge gibt; mit den Menschenbildern sind unterschiedliche Fragestellungen verbunden, die Teilnahme an bestimmten „Sprachspielen" (Wittgenstein; vgl. S.100f). Ein absolutes Entscheidungskriterium zwischen diesen verschiedenen Abstraktionsbildern, Paradigmen, Sprachspielen der ideologischen Positionen gibt es nicht. Die Menschenbilder können nicht um Alleinherrschaft kämpfen, „denn zum Sieg fehlt ihnen die Basis eines gemeinsamen Regelwerkes" (S.37). Ein Nebeneinander heterogener Sprachspiele ist die Konsequenz; denn das allgemeinste Menschenbild der Moderne bietet kein Absolutes als Halt für universellen Konsens.

Auch andere Autoren halten einen paradigmatischen Pluralismus in der Postmoderne für angemessen, so Cadwallader (1988) anhand von stadtgeographischen Überlegungen. Dear (1988) schreibt, Postmoderne sei ein Aufstand gegen das, was man als Rationalität der Moderne bezeichnen kann: „The postmodern challenge is to face up to the fact of relativism in human knowledge, and to proceed from this position to a better understanding" (S.271). Zur Frage, ob ein Standpunkt als bevorzugt betrachtet werden kann, meint er: „The essence of postmodern answer is that all such claims are ultimately undecidable“ (S.265/266). Wir haben nicht die Möglichkeit, die Realität zu fassen, wegen der unterschiedlichen Bedeutungsinhalte der „places“, dem Eingefangensein in die „Sprachspiele“ (nach Wittgenstein) etc. Und zusammenfassend: „The reconstruction of human geography proposed in this essay is based on the notion that society is best characterized at a time-space fabric upon which the details of political, social, and economic life are inscribed. There are many theoretical approaches available to describe the creation and evolution of this fabric. A postmodern social theory deliberately maintains the creative tensions between all theories in its search for better interpretations of human behaviour. At the core of the wonderful ‚geographical puzzle' lies the dialectic between space and society“ (S.271/72). Soja (1989) findet eine vielfältige und immer neue Inwertsetzung des Raumes. „The production of capitalist spatiality ... is no once-and-forall event. The spatial matrix must constantly be reinforced and, when necessary, restructured – that is, spatiality must be socially reproduced, and this reproduction process is a continuing source of conflict and crisis“ (S.129). Für den Raum ist eine „flexible accumulation“ konstitutiv. Wie Lyotard (vgl. S.176) erörtert Soja seine Gedanken am Beispiel Los Angeles. „The contemporary period must be seen as another crisis-generated attempt by capitalism to restore the key conditions for its survival: the opportunity for gaining superprofits from the juxtaposition of development and underdevelopment in the hierarchy of regionalized locales and amongst various productive sectors, branches, and firms“ (S.184)... „Never before has the spatiality of the industrial capitalist city or the mosaic of uneven regional development become so kaleidoscopic, so loosened from its nineteenth-century moorings, so filled with unsettling contrariety. On the one hand there is significant urban deindustrialization emptying the old nodal concentrations... On the other hand, a new kind of industrial base is being established in the major metropolitan regions ... (S.187) ... Growing, in large part, out of this combination of deindustrialization and reindustrialization is an equally paradoxical internal restructuring of metropolitan regions, marked by both a decentering and recentering of urban nodalities“ (S.188). Zur selben Zeit entstehen außerhalb neue amorphe Agglomerationen, „that defy conventional definitions of urban-suburban-exurban ...: technopolis, technourb, urban village, metroplex, silicon landscape.“

Relph (1991, S.104 f.) sieht in der Postmoderne die Auflösung aller räumlichen Bindungen. „If I were to choose a single word to describe post-modern geography as it is manifest in actual places and landscapes it would be ‚heterotopia'... Heterotopia is the geography that bears the stamp of our age and our thought – that is to say it is pluralistic, chaotic, designed in detail yet lacking universal foundations or principles, continually changing, linked by centreless flows of information; it is artificial, and marked by deep social inequalities...“

Boesch (1986a) versteht sich auf einen „kooperativen Pluralismus“, in dem Sinne, daß aktive Versuche grenzüberschreitender Kontakte im methodologischen Sinne unternommen werden. Analytische und makroskopische Ansätze sollten einander befruchten. Er spricht sich dafür aus, Theorien, Sachverhalte (Fakten) und Normen miteinander in Beziehung zu bringen und so zu Problemlösungen zu kommen. Krüger (1988, S.92) hält es für notwendig, sowohl die gesamtgesellschaften strukturellen als auch die lebensweltlichen Aspekte zu untersuchen, die „System-/Struktur-Ebene“ mit der „Alltagswelt“ zusammenzuführen, mit der zwischen beiden vermittelnden „Handlungsebene“. Auch Hasse (1988; 1989) erkennt die Notwendigkeit, Systemstruktur und Lebenswelt zu untersuchen, mit unterschiedlichen methodologischen Instrumentarien. „In die vorgegebene duale Programmatik gehen sowohl die Paradigmen einer kultur- und gesellschaftskritischen als auch einer subjekt-orientierten Sozialgeographie ein“ (1989, S.27).

Unter Bezug auf Welsch (1987; vgl. S.176f) meint Krüger (1988, S.39), daß auf der einen Seite eine Pluralität in der Gesellschaft anerkannt werden müsse, zum anderen der reflektierende Wissenschaftler „Wahrheit, Gerechtigkeit und Menschlichkeit im Plural“ zu suchen habe. „Wir wollen deshalb – radikal-postmodern – auf jeden Anspruch einer Einheits-Rationalität verzichten“.

Scott und Simpson-Housley (1989) sowie Becker (1990) sehen dagegen keine Notwendigkeit, die gegebenen sozialgeographischen Ansätze durch ein neues Paradigma zu ersetzen. „Mittelpunkt postmodernen Erkenntnisinteresses ist ein ‚Befragen‘, ein sich ‚ganzheitlich‘ ‚Hineinversetzen-Wollen‘ in den zu erklärenden Gegenstand. Dabei haben die verschiedenen ‚Erklärungsansätze‘, die verschiedenen ‚Sprachspiele‘ ihre grundsätzliche Existenzberechtigung, eine ‚Einheitsrationalität‘ soll es nicht geben. Insofern ist es auch nur konsequent, daß mit dem Rückgriff der Autoren auf schon vorfindliche Positionen der humanistischen Geographie und des handlungs- bzw. verhaltenstheoretischen Ansatzes die angestrebte Erneuerung der Sozialgeographie lediglich in der in der Geographie schon oft geübten Praxis des Zusammenführens alter Ansätze besteht“ (Bekker 1990, S.22).

Damit sind die „Postmodernisten“ lediglich moderne „Modernisten“? Curry (1991) meint, daß die Postmodernisten, die sich auf Wittgenstein berufen, dessen Anliegen richtig interpretieren müßten. Wittgenstein – so Curry – hatte gemeint, daß es keine Ontologie gibt, in der die Sprache irgendwie über der Welt schwebt und diese vielleicht widerspiegelt. Sprache und Lebensform seien zusammen zu sehen. Wenn Sprache als ein Kommunikationsmittel betrachtet wird, dann müssen nicht nur die Definitionen, sondern auch die Urteile übereinstimmen. Curry (S.222/223) meinte nun: „We have seen that in their pronouncements, postmodernists appear to see the world much richer and more complex than that seen by their modernist predecessors, to see knowledge as more relative and variable, and to see language as difficult and in some ways beyond the control of its users. If these views in some ways signal a radical break from modernism, we have also seen that in their actions postmodernists seem often to be very modernist. Indeed, in postmodern geographies we find that accounts are written in ways that seem little different from modernists. Behind the new typographical trappings there lies that authorial presence, where the author claims ultimate control over the text, which for that reason lies outside of time, as a timeless commentary on a society that is itself ensnared in the logic of epochal change“.

Wie dem auch sei, es scheint aber doch wohl so, daß wirklich eine neue Ebene der Diskussion angestrebt wird; denn Subjekt – der Forschende – und Objekt – der Untersuchungsgegenstand – verbinden sich miteinander. Betrachtet man die Entwicklung der Kunst (vgl. S.163f), so scheint dieser Schritt vorgezeichnet. Freilich muß der Künstler sich als in einem breiten Strom des „Zeitgeistes“ eingebettet sehen; von daher erhält er seine Legitimation, dies ist sein ihn tragendes Umfeld, sein „System“. Der Wissenschaftler kann sich gleichfalls nicht aus der Gesamtheit des ihn tragenden epistemologischen Umfeldes verabschieden. Wohl ist es so, daß bei der Fragestellung der einzelne Erkennende als Subjekt und das einzelne zu Erforschende als Objekt in Wechselverhältnis zueinander stehen – aber dies geschieht ja vor einem allgemeinen evolutionär gebildeten Kenntnishintergrund (vgl. die Überlegungen von Maturana und Varela 1984/87; vgl. S.171), der letztlich sich auch im Begrifflichen und in der Verständigung äußert. Struktur und Individualität bedingen einander. Dies soll in einem späteren Kapitel (vgl. S.308f) gezeigt werden.

Zusammenfassung

Die sozialgeographische Forschung hat in den letzten zehn Jahren die verschiedensten Ansätze entwickelt, die Problembereiche berühren, die teils schon ältere Wurzeln haben, teils aber auch erst neu entstanden sind.

Nun zeigt sich, daß die überkommene Betrachtungsweise, die den Menschen vor allem in vorgegebenen Strukturen eingebunden sah, nicht zu einem befriedigenden Ergebnis führen kann; der Mensch ist nicht nur als Träger von Rollen in ökonomisch bestimmten Systemen eingespannt, sondern auch ein Individuum. So trennen sich Wirtschafts- und Sozialgeographie nicht nur aufgrund ihrer unterschiedlichen Objekte, sondern auch von ihrer Fragestellung her.

Im Zuge dieser Forschungsentwicklung hat sich auch die Mikrogeographie weitergebildet, in dem Bestreben, das menschliche Einzelwesen in seinem Umfeld zu erforschen. Schon die geographische Verhaltensforschung des 3.Stadiums war auf die individuelle Ebene herabgestiegen. Von hier aus ließ sich leicht der Übergang zu einem handlungsorientierten Ansatz finden. Handlungen – so die Überlegungen – zeichnen sich im allgemeinen durch Ziele und Zwecke aus, sie können in einem gesellschaftlichen Umfeld gedeutet werden, müssen als rational und vernünftig betrachtet werden.

Auf dieser Ebene muß auch verstanden werden, daß Menschen Individuen, d.h. Ganzheiten sind; u.a. hatte die philosophische Anthropologie den Boden bereitet. Die Humanistische Geographie sieht den Menschen als ein selbstbestimmtes Wesen, mit seinen Wünschen, Einfällen, seiner Entscheidungsfreiheit. Sie versteht sich als qualitative Sozialgeographie. Die Individualität findet in der Geographie eine neue Basis; sie war in den früheren Jahrzehnten durch Modelldenken und szientifische Arbeitsweisen in den Sozialwissenschaften vernachlässigt worden. Die geisteswissenschaftliche Betrachtungsweise tritt nun gleichwertig neben die naturwissenschaftliche. Es ist sicher kein Zufall, daß sich die Hinwendung zum Individuum zu einer Zeit vollzieht, die durch eine Individualisierung der Gesellschaft gekennzeichnet ist.

Ein Aufstieg aus der Mikroebene in die Makroebene wird in der Strukturierungstheorie und Systemtheorie versucht, was voraussetzt, daß Individuelles in Strukturen und Zusammenhänge eingebunden ist, damit generellen Regeln unterliegt. Es ist dies, wenn man so will, ein allgemeingeographisches Vorgehen, nun aber auch wieder nicht in dem Sinne, daß die alte, inhaltlich definierte Allgemeine Geographie mit ihren Gliederungen ihre unreflektierte Wiederbelebung findet, sondern als Sichtweise, das Strukturelle in den Vordergrund stellendes Vorgehen; das Miteinander, Übereinander, Umeinander menschlicher Aktivitäten auf allen Ebenen und die systemische Verknüpfung mittels Kommunikation, Informations- und Energiefluß werden thematisiert.

Freilich, so ganz eindeutig sind die bisherigen Ansätze in ihrem Ergebnis nicht, Lebenswelten und Systeme können sich geometrisch als Regionen oder als Felder darstellen, können Gleichgewichts- oder Nichtgleichgewichtssysteme sein. Die Autoren unterscheiden hier nicht klar. Die Unschärfe in der Definition der Systeme beeinträchtigt auch die Verständigung. Viele seit den 50er Jahren verfaßte soziologische und sozialgeographische Arbeiten demonstrieren Klarheit im Detail, aber Unklarheit im Gesamtkonzept, im Aufbau der Theorie oder im Ansatz. Wenn der Leser nicht weiß, wie die vielen guten und vielleicht meist auch richtigen Gedanken hierarchisch positioniert werden können, ob sie anderen Gedanken über- oder untergeordnet, vor- oder nachgeordnet sind, wird die Architektur unklar.

Es zeigt sich hier aber auch, daß die zeitliche Komponente stärker gesehen werden muß; Gesellschaften haben eine lange Entwicklung hinter sich, einen Differenzierungsprozeß, den wir als kulturelle Evolution bezeichnen, gegenwärtig als sozialer Wandel sich äußernd. Die zeitliche Dimension wird aber auch in der Humanistischen Geographie angemahnt; Einmaliges hat im Historischen sein Bezugssystem. Von hier ist dann die Erkenntnis möglich, daß Geographie nicht nur gegenwärtige Zustände, auch nicht nur als Gewordenes untersucht, sondern auch den Blick in die Zukunft werfen muß. Der Sozialgeograph ist Teil dessen, was er untersucht, wie jeder Sozialwissenschaftler. Er ist Insider, er ist aber auch Partizipand und beeinflußt so – im Zuge des sozialen Wandels – sein Untersuchungsobjekt. Das Subjekt wird in die Objektebene gehoben. Der Geograph kann nicht wertfrei forschen, er wird zum Betroffenen, zu einem politisch Wirkenden; die Sozialgeographie führt zur Angewandten Geographie.

Bisher ist freilich nur die strukturelle Seite der Prozesse behandelt worden, nicht die inhaltliche. In der Humanistischen Geographie wird auch sie gefordert, wird gefragt, ob ein zeitliches Nacheinander nicht auch ein inhaltliches Nacheinander einschließt. Im handlungsgeographischen Ansatz wird immerhin deutlich, daß Handlungen einen Anfang haben und ein Ende, daß perzipiert, entschieden, gehandelt, die Umwelt verändert wird, daß Konflikte auftreten. Lebenswelten, „places", sind aber auch konkret, durch Gegenständliches wie Relief, Wasser, Häuser, auch menschliche Körperlichkeit gekennzeichnet. Hier kann nur eine konsequente Betrachtung der menschlichen Gesellschaft und der sie verändernden Prozesse im Rahmen der Theorie der Nichtgleichgewichtssysteme weiterführen, deren Entwicklung in den Naturwissenschaften begonnen wurde.

1.4.4 Rückblick

Das 4.Stadium ist in der Malerei („Gegenwartskunst") durch eine völlige Lösung von einem darzustellenden Gegenstand gekennzeichnet. Auch die „Elemente" werden nicht mehr übernommen, vielmehr wird das ganze Bild neu gestaltet, von Grund auf entsprechend dem Willen des Künstlers nach seinem inneren Bilde geformt. Dies gilt sowohl für die abstrakte als auch für die gegenständliche Form der Präsentation.

In der Philosophie hat sich das Subjekt ganz gegenüber dem Objekt durchgesetzt. Der Mensch verändert seine Umwelt durch gemeinsames Vorgehen. Dies bedeutet, daß das Nichtgleichgewichtssystem und der Prozeß thematisiert werden. Beide Probleme sind von genereller Art, greifen über die Sozialwissenschaften hinaus. Sie lassen sich aber gerade in Sozialsystemen studieren, kaum in physikalischen oder chemischen, nur schwer in biotischen Systemen; insofern tragen die Ergebnisse der Synergetik und der Chaosforschung nur in Teilfragen zum Verständnis der Nichtgleichgewichtssysteme bei. Sie können nicht den komplexen Aufbau gesellschaftlicher Systeme und Systemhierarchien als Ganzheiten befriedigend erklären. Dazu bedarf es eben der Kenntnis des „Insiders", der Perspektive des Menschen in seiner Umwelt, der unbelebt-natürlichen, der biotischen und der sozialen.

Schon lange wurden in der Geographie die Wechselwirkungen thematisiert; im 3.Stadium der Entwicklung, bei der Untersuchung von Gleichgewichtssystemen, wurde die – in den Naturwissenschaften erkannte – Rückkoppelungsschleife als Erklärungsmodell eingeführt. Nun aber muß in umfassenderer Weise vorgegangen werden. Der (postmoderne) Pluralismus der Ansätze, der die heutige Situation der Sozialgeographie kennzeichnet, befruchtet; auf der anderen Seite bedeutet im Zuge der Evolution Differenzierung nicht nur ein Auseinanderstreben; vielmehr bleiben die Teile im Sinne einer Ganzheit miteinander verbunden (Arbeitsteilung). Insofern sollte man auch hier nicht Pluralismus als etwas Gegebenes einer Entwicklung hinnehmen, sondern als Ausdruck einer Evolution. So soll im Folgenden versucht werden, auf der Basis der Theorie der Nichtgleichgewichtssysteme eine eigene Theorie zu entwickeln, die die Ansätze – soweit möglich – einbezieht und einander zuordnet. Dabei werden der Populationsbegriff und der Prozeßbegriff eine zentrale Rolle einnehmen.

Beide Strukturformen sind bisher schon in vielfältiger Form behandelt und als Hintergrund für die Behandlung von Problemen genutzt, aber noch nicht selbst befriedigend thematisiert worden. Beispiele von Populationen – dies sei vorausgreifend gesagt – sind Familien, Gemeinden, Stadt-Umland-Populationen, Völker etc. Populationen sind durch ihre innere Organisation, ihren aufeinander abgestimmten Informations- und Energiefluß als Nichtgleichgewichtssysteme zu definieren. Sie sind zentral-peripher aufgebaut, sind nicht nur zur Selbsterhaltung (wie Gleichgewichtssysteme), sondern auch zur Selbstergänzung (Autopoiese) fähig. Populationen sind hierarchisch einander in der Gesellschaft zugeordnet. Prozeß meint nicht nur die Ausbreitung von Innovationen, sondern auch die Veränderung, die Entwicklung. Prozesse verändern nicht nur die Struktur eines vorgegebenen ^{3}Raumes, sondern auch die substantielle Beschaffenheit des Systems selbst; sie sind – wie die Handlungen – im zeitlichen Nacheinander in sich gegliedert.

Dies soll im Kapitel 2 näher erörtert werden.

1.5 Zusammenfassung und Ergebnis; Gedanken zum Paradigmenwechsel

Der eingangs angedeutete Paradigmenwechsel der Anthropogeographie ist in einen breiten, die Kultur umgreifenden Strom eingebettet. Anhand der Entwicklung der Malerei,

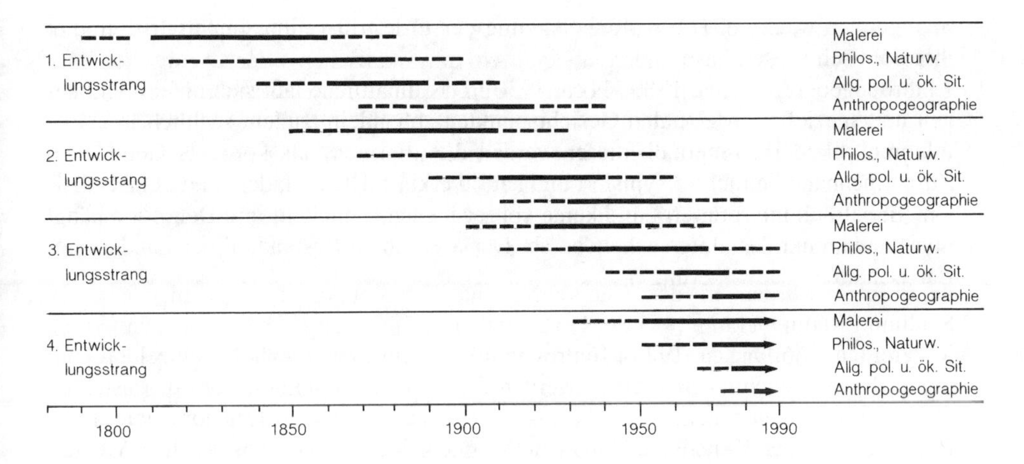

Abb. 5 Der Paradigmenwechsel mit seinen vier Entwicklungssträngen im Überblick. Vgl. Text

der Philosophie und Naturwissenschaften wurde versucht, die wichtigsten Tendenzen aufzuzeigen und im Zusammenhang mit der Anthropogeographie plausibel zu machen.

Jedes Stadium – so der Schluß aus den vorgebrachten Beobachtungen – wird zuerst in der Kunst (Malerei) manifestiert. Es folgt die Philosophie, gleichzeitig mit den Naturwissenschaften. Dann kommen die realen technischen, wirtschaftlichen und politischen Erneuerungen, die dieses Stadium ausmachen. Die Sozialwissenschaften, mit ihnen auch die Anthropogeographie, führen – wie es scheint – zum Ende der jedem Stadium eigenen Entwicklung. Es ist verständlich, daß es zu breiten zeitlichen Überlappungen der Stadien mit ihren einzelnen Trends und verschiedenen Manifestationen kommt. So befindet sich um 1920 die Geographie noch im 1.Stadium ihrer Entwicklung, die Philosophie im Übergang vom 2. zum 3.Stadium und die Malerei im 3.Stadium (Abb.5). Es soll diese Phasenverschiebung der Entwicklung später näher kommentiert werden (vgl. S.311f).

Die folgende Zusammenfassung kann nur die wichtigsten Leitlinien aufzeigen:

1.Stadium: [1]Raum
- Malerei (ca. 1800 bis ca. 1870): Romantik. Es werden einzelne konkrete Elemente (Figuren, Teile von Figuren, Accessoires, Teile von Landschaften oder Interieurs etc.) formal dem dargestellten Objekt entnommen, verändert, durch andere ersetzt. So erhält der Künstler als das Subjekt die Möglichkeit, bestimmte Gefühlsdimensionen von sich und generelle geistige Aussagen in das Bild einzubringen.
- Philosophie und Naturwissenschaften (ca. 1820/40 bis ca. 1890): Nicht mehr die allumfassende Vernunft wird thematisiert, der objektive Geist, sondern die Subjektivität des Menschlichen; ohne Objekt kein Subjekt, ohne Subjekt kein Objekt. Die Naturwissenschaften erleben eine dramatische Entwicklung (vor allem durch den Ausbau der Empirie und der kausalen Erklärung).
- Politische, technologische und sozioökonomische Situation (2.Hälfte 19.Jahrhundert): Die Industrialisierung vollzieht sich in Europa mit großer Geschwindigkeit. Soziale

Spannungen wachsen. Die Kolonialisierung der Erde tritt in ihre imperialistische, in ihre politisch letzte Phase.

- Anthropogeographie (ca. 1880 bis ca. 1930): Das Inhaltliche läßt sich unter allgemeinen und speziellen, regionalen Gesichtspunkten abhandeln, zudem sachlich in „Geofaktoren“ gliedern. Innerhalb dieser werden die „Formen“ als konkrete Gebilde im Zusammenhang betrachtet, typisiert und kausal erklärt. Die „Länder“ und „Landschaften“ (inhaltlich interpretiert) sind keine vorgegebenen Einheiten; ihre Definition hängt vom Standpunkt des Untersuchenden ab. Der Mensch ist Bestandteil der Länder oder Landschaften („Bevölkerung“).

2.Stadium: ^{2}Raum

- Malerei (ca. 1860 bis ca. 1920): Impressionismus. Zusätzlich – zu den einzelnen konkreten Elementen im 1.Stadium – werden Struktur und Funktion vom dargestellten Objekt formal abgezogen, es bleibt das reine Erscheinungsbild (phänomenologische Betrachtung). Der Künstler erhält mehr Möglichkeiten, seine gedanklichen Vorstellungen in das Bild zu projizieren.
- Philosophie und Naturwissenschaft (ca. 1880 bis ca. 1950): Phänomenologie, Philosophische Anthropologie und Existenzphilosophie. Der Philosoph versucht, mittels bestimmter struktureller Methoden zum Wesen und zur Existenz des Menschen, aber auch der Außenwelt vorzudringen. In den Naturwissenschaften wird die Struktur der Materie und des Raums thematisiert.
- Politische und sozioökonomische Situation (1.Hälfte 20.Jahrhundert): Zwei Weltkriege bringen eine neue politische Ordnung. Die Industrialisierung breitet sich in Europa und Amerika aus. Der Informationsfluß wächst.
- Anthropogeographie (ca. 1920 bis ca. 1960): Die „Formen“ werden ihrerseits nach sachlichen Gesichtspunkten in „Funktionen“, d.h. strukturelle Einheiten gegliedert. Ihre Ausdehnung läßt sich kartographisch darstellen („Regionen“ oder „Areale“; „Felder“). Der Mensch ist Angehöriger „sozialer Gruppen“, funktional zugeordnet. Eine Sozialgeographie entsteht.

3.Stadium: ^{3}Raum

- Malerei (ca. 1910 bis ca. 1960): Klassische Moderne. Zusätzlich – zu einzelnen konkreten Elementen sowie Struktur und Funktionen im 2.Stadium – werden ganze Kompartimente (Körperlichkeit, farbliche Erscheinung, Dynamik, Gegenständlichkeit, Perspektive etc.) dem dargestellten Objekt entzogen und dem Künstler als dem Subjekt zur freien Komposition, Verfremdung überlassen. So erhält der Künstler noch mehr Möglichkeiten, in dem Bild seine Vorstellungen auszudrücken.
- Philosophie und Naturwissenschaft (ca. 1920 bis ca. 1980): Der Mensch wird als Glied politischer und ökonomischer Systeme erkannt, ihr Schicksal wird thematisiert (Frankfurter Schule, kritischer Rationalismus), und es werden Wege zur Besserung gesucht. Die Naturwissenschaften widmen sich den Zusammenhängen der Materie (z.B. Quantenphysik) und biotischer Systeme (z.B. Ökosystemforschung).
- Politische und sozioökonomische Situation (2.Hälfte 20.Jahrhundert): Die sozioökonomischen Gegensätze alter Art in den Industrieländern nehmen ab; neue Gegensätze treten auf, auf nationaler Ebene (Slums, Notstandsgebiete) und international (Entwicklungsländerproblematik); sie nehmen dramatische Ausmaße an. Internationale Konzerne greifen immer weiter aus, die Rüstung nimmt zu, die Umweltprobleme steigen. Die internationale gegenseitige Abhängigkeit wird offenkundig.

- Anthropogeographie (ca. 1950 bis ca. 1980/85): Die „Funktionen“ werden vertikal verknüpft, sie befinden sich im Informations- und Energiefluß. Die so gewonnenen Gleichgewichtssysteme sind in diesem Sinne strukturelle „Ganzheiten“; regional können sie z.B. als „sozioökonomische Formationen“ erscheinen. Der Mensch „verhält sich“ entsprechend seiner Rolle in der Gesellschaft, ist Konsument und Produzent.

4.Stadium: ^{4}Raum
- Malerei (ab ca. 1940): Gegenwartskunst. Der Künstler als das Subjekt löst sich ganz von vorgegebenen Objekten und gestaltet frei seine Aussage, mit den unterschiedlichsten Stilmitteln und Materialien, mit unterschiedlicher Direktheit und unterschiedlicher Thematik.
- Philosophie und Naturwissenschaft (ab ca. 1960): Metaphysik und Naturwissenschaften nähern einander wieder an. Die Evolution wird hinterfragt, als Differenzierungsvorgang interpretiert, im Anorganischen, Organischen und Geistigen. Außerdem steht die Gestaltung der materiellen, biotischen und sozialen Komplexe im Vordergrund des Interesses (Nichtgleichgewichtssysteme).
- Politische und sozioökonomische Situation (ab ca. 1960): Die Menschen beginnen, sich gegen ihre Lage zu wehren. Es entstehen organisierte Initiativen, Unruhe von unten greift um sich. Ziel ist die Emanzipation von staatlichen, sozialen und ökonomischen Zwängen und Traditionen, die Neugestaltung einer menschlichen Lebenswelt. Jüngstes Ergebnis ist der Zusammenbruch alter starrer Ordnungen in Osteuropa.
- Anthropogeographie (ab ca. 1980): Das Handeln, die Gestaltung der Umwelt werden stärker thematisiert; allerdings wird noch nicht klar zwischen Gleichgewichts- und Nichtgleichgewichtssystemen unterschieden, zwischen Diffusions- und echten Umgestaltungsprozessen. Die Zeitdimension kommt erst langsam ins Bewußtsein der Forscher.

Überblicken wir die geschilderte Entwicklung, so können wir verschiedene Entwicklungstendenzen erkennen, die sich aber alle berühren, gegenseitig bedingen.

1) Das Menschenbild hat sich gewandelt; erscheint der Mensch am Anfang der Entwicklung als bloßer Bestandteil des Raumes, so ist er heute, im 4.Stadium, dessen Gestalter. Das Subjekt hat sich das Objekt, die Außenwelt einverleibt.

2) Es gibt bestimmte Grundanschauungen von der Realität, die vor dem 1.Stadium vorherrschend waren, die dann erst wieder heute, im 4.Stadium erscheinen. Hier ist vor allem die holistische Sichtweise zu nennen. Dahinter steht das philosophische Konzept der Leibnizschen Monade damals und das der Nichtgleichgewichtssysteme heute. Damit hängt aber auch die Art der Erklärung zusammen; damals eine Beschreibung, und auch heute wieder eine Beschreibung. Nur damals waren es konkret zu begreifende Inhalte, heute sind es Strukturen und Systeme, auch im Hinblick auf ihren Sinn, Wert in der Gesellschaft (Anwendungsaspekt).

3) Die Wissenschaft – so die These der bisherigen Ausführungen – hat einen Differenzierungsprozeß hinter sich gebracht, jedes Stadium führt auf eine durch höheren Informationsgehalt gekennzeichnete Stufe. In der 1.Stufe wird das in Formen sich darstellende Untersuchungsobjekt inhaltlich-sachlich definiert, in der 2.Stufe zusätzlich strukturell-funktional verstanden, in der 3.Stufe zusätzlich als durch Informations- und Energiefluß in sich und mit der Umwelt vernetzt betrachtet und schließlich in der

4.Stufe zusätzlich im Prozeßablauf, sich evolutionär ständig neu gestaltend und musterbildend, beschrieben.

4) Der Raum ist nicht mehr einfach ein Ausschnitt aus der Erdoberfläche, ein Behältnis, in dem viele Dinge Platz haben; er ist vielmehr ein durch vielfältige Beziehungen der Dinge gestaltetes Gebilde, das sich durch das Modell des Nichtgleichgewichtssystems beschreiben läßt. Er wird gleichsam von innen, von den Elementen her, geometrisch dimensioniert; d.h. er ist nicht orthogonal, sondern zentral-peripher strukturiert. Der orthogonal gestaltete Raum (Descartes, Newton, Kant) steht für Vorgegebenes, objektiv Vorhandenes; er eignet sich für generelle Aussagen, Vergleiche, präzises Messen, Analyse. Der zentral-peripher gestaltete Raum (Leibniz, Herder) dagegen ist mit subjektiv Erschließbarem, aus Lokalem heraus Erfahrbarem zu verbinden; es lassen sich Synthesen herstellen, Ganzheiten formulieren, die Information, Energie, Materie, räumliches Gestalten und zeitliches Werden umgreifen.

Betrachtet man die verschiedenen Entwicklungslinien: das sich wandelnde Menschenbild, die sich verändernde Art der anthropogeographischen Forschung, den von zunehmender Differenzierung geprägten wissenschaftlichen Fortschritt, das wechselnde Raumverständnis, so könnte man zu der Meinung gelangen, daß der behandelte viergliedrige Prozeß seinem Ende zusteuert.

Die „wissenschaftliche Revolution" stellt sich in der Anthropogeographie als eine über hundert Jahre umfassende Evolution dar, als ein in sich gegliederter Prozeß. Die die Stadien konstituierenden Fragestellungen werden weiterentwickelt, sitzen gleichsam dem jeweils vorhergehenden auf, sind ohne diese nicht denkbar. So ist z.B. die Kenntnis der funktionalen Beziehungen (2.Stadium) für eine Analyse der Prozesse (4.Stadium) unabdingbar. Kuhn (1962/76, S.108) hatte „eine kumulative Erwerbung unvorhergesehener Neuheiten" im Rahmen von wissenschaftlichen Revolutionen zwar als „eine fast nicht existierende Ausnahme" bezeichnet; aber schon Popper (1973) und Stegmüller (zuletzt 1987/89, III, S.280 f.; vgl. auch Windhorst 1983, S.38 f.) hatten ihm widersprochen (vgl. S.171f). Auch bei der hier vorgetragenen Ereignisfolge muß man sicherlich von einem Paradigmenwechsel sprechen; er betrifft den hinter den zahlreichen wissenschaftlichen Ansätzen sich verbergenden Wandel im Raumverständnis. Vielleicht kann man diese Entwicklung auch als eine Folge von Paradigmenwechseln im Kuhnschen Sinne verstehen, lassen sich die jeweiligen Ausgangsbasen der einzelnen Stadien als „Revolutionen" deuten. Diese Revolutionen verliefen z.T. allerdings recht unspektakulär; immerhin – die Stadien sind deutlich voneinander zu unterscheiden, nicht nur in ihren Fragestellungen, sondern auch in ihren Methoden. Auch wurden die neuen Theorien keineswegs reibungslos akzeptiert. Der Kreis der beteiligten Forscher wechselte gewöhnlich, die Diskussionen waren und sind heftig; man hat z.T. den Eindruck, als redeten die Vertreter der verschiedenen Richtungen aneinander vorbei. Es sind also Brüche in der Entwicklung erkennbar; zum Teil ist dies aber auch innerhalb der Stadien zwischen den einzelnen Ansätzen der Fall. So erscheint es mir richtiger, die ganze Folge der vier Stadien als einen Paradigmenwechsel zu deuten, bildet die Folge doch eine Einheit.

In den folgenden Abschnitten soll versucht werden, das neue Raumverständnis durch ein Modell plausibel zu machen.

2. Die Menschheit – als Nichtgleichgewichtssystem betrachtet: Eine Theorie

2.0 Einleitung

Eingangs ist zu bemerken, daß hier nicht versucht werden soll, in Verfolg eines veralteten Weltbildes der Realität mit seiner großen Vielfalt einen „Theorie-Panzer" anzumessen. Andererseits wird niemand leugnen, daß es in der Gesellschaft strukturierte Gebilde gibt – Staaten, Religionen, Verkehrsnetze, Wirtschaft etc. Sie lassen sich nicht ausschließlich aus dem Individuellen deuten, aus der Mikroebene gleichsam. Dem Individuellen stehen aus sich heraus leider nicht nur endlich, sondern prinzipiell unendlich viele Möglichkeiten offen. Eine Billardkugel wird angestoßen, unmerklich ein wenig weiter rechts oder links – schon verfolgt sie ganz verschiedene Bahnen, das Spiel nimmt seinen unvorhersehbaren Verlauf. Um solche Möglichkeiten einzuengen, bedarf es eines Einflusses von außen, einer vorgegebenen Ordnung, einer Information. Hier liegt das Problem, das in dieser Theorie angegangen werden muß. Jedes Individuum bedarf zur Entfaltung seiner Kreativität eines Rahmens; dieser, und nur dieser soll möglichst präzise beschrieben werden. Der Autor ist der Auffassung, daß hierzu eine detaillierte Beschreibung der Systeme und Prozesse mittels Modelle erforderlich ist; der Entwurf einer mathematischen Formalisierung ist an anderer Stelle (Fliedner 1990) publiziert worden. Es genügt nicht – so anregend und geistvoll die Versuche sein mögen –, ausschließlich sich der verbalen Sprache zu bedienen. Sie ist letztlich nicht eindeutig genug, um so komplizierte Zusammenhänge zu definieren.

Eine Theorie, die der Sozialgeographie als neue Basis dienen soll, hat die Ordnung der Gesellschaft in den Mittelpunkt zu stellen; sie muß in der Lage sein, für die Lösung der einzelnen Probleme Orientierung zu vermitteln. Sie kann es nur im Generellen tun; die Probleme selbst sind mittels Hypothesen oder im Rahmen neuer Ansätze anzugehen (vgl. S.5f). Als offene Fragen haben sich u.a. erwiesen:

1) Wie ist der Widerspruch zwischen Gesetzlichkeit und Individualität zu verstehen?

2) Welcher Art sind die Beziehungen zwischen Makro- und Mikroebene:
   a) zwischen Gruppierung und Individuum,
   b) zwischen Prozeß und Handlung?

3) Was ist das Individuum, eine „unteilbare" Ganzheit oder ein Träger von Rollen im Rahmen einer übergeordneten Ganzheit?

4) Gibt es ein Regionalbewußtsein, abgrenzbare Volksgruppen in hochdifferenzierten Gesellschaften, trotz der Existenz von Stadt-Umland-Systemen und trotz weltweiter Informations- und Warenflüsse?

5) Ist die Vielfalt der Ansätze, wie sie im Vorfeld des 4.Stadiums entwickelt wurden, in denen diese und weitere Probleme aufgeworfen wurden, miteinander unvereinbar, „postmodern“ unverbindlich?

Die Menschheit erscheint als ein unentwirrbarer Komplex von Gruppierungen, Institutionen und Prozessen. Hier soll der Versuch unternommen werden, diesen Komplex als ein sich selbst erhaltendes und gestaltendes System zu interpretieren, das die Umwelt nutzt, von dort und aus sich selbst heraus seine Lebensimpulse und Energien bezieht (vgl. S.239f). Es gilt, die Zeit einzubeziehen, wie es in der Philosophie und den Naturwissenschaften bereits geschieht (vgl. S.166f). Dabei sollen die wichtigsten Strukturen, Verknüpfungen und Prozesse herausgearbeitet werden. Es wird vom Bekannten zum Neuen vorgegangen, um dem Leser zu ermöglichen, den Gedankengang nachzuvollziehen.

Systeme sind – wie im letzten Kapitel erläutert wurde (vgl. S.167f) und weiter unten (vgl. S.251f) ausführlicher dargestellt werden soll – Ganzheiten; sie bestehen aus Elementen und Teilsystemen, die untereinander in einem erkennbaren Informations- und Energiefluß stehen. Gleichgewichtssysteme sind sachliche definierbare, mehr oder weniger homogene Komplexe; sie organisieren und erhalten sich selbst („Selbstreferenz“) und sind von daher als Ganzheiten zu betrachten. Nichtgleichgewichtssysteme sind in sich vielgestaltig, zentral-peripher organisiert; sie haben auch die Fähigkeit zur Selbstergänzung (Reproduktion, „Autopoiese“) und sind räumliche Ganzheiten; und sie gestalten und differenzieren sich evolutionär selbst. Es ist dieser Systemtyp, der in den modernen Naturwissenschaften und in der Philosophie im Vordergrund des Interesses steht (vgl. S.167f).

Zum Vorgehen: Es wird von den Großstrukturen zum Detail fortgeschritten und von dort her – mit präziseren Kenntnissen – zu den Großstrukturen zurückgekehrt. Also: Die Menschheit als Ganzes steht am Anfang, ihre strukturelle Gliederung und Einbettung in die Umwelt. Als wichtigstes strukturbildendes Element erscheint dann die Population, die zunächst als Ganzes, gleichsam von außen betrachtet wird. Die Prozesse, soweit sie in der Diskussion sind, runden das Bild ab. Den Kern der Theorie bildet die Beschreibung der Strukturen und Prozesse innerhalb der Population. Ihre Kenntnis ist Voraussetzung für das Verständnis der komplexeren Zusammenhänge und schließlich des Aufbaus der Menschheit als Ganzes.

Wichtig ist bei diesem Vorgehen, daß Schritt für Schritt die Untersuchungsmaterie erschlossen wird, daß dennoch nicht der Blick für das Grundanliegen verloren geht. Um dies zu erleichtern, erhält jeder wichtigere Abschnitt eine Zusammenfassung.

2.1 Die Menschheit als Ganzes und ihre Umwelten

2.1.1 Die Menschheit als Art und die Menschheit als Gesellschaft

Leben gestaltet sich aus sich heraus, entsprechend bestimmten Prinzipien (Entelechien); Lebewesen, also auch Menschen, vermehren sich exponentiell. Diese Formungsvorgänge vollziehen sich aber im Verbund mit der Umwelt. Im Menschen vereinen sich zwei unterschiedliche Tendenzen: Von der biotischen Seite her gesehen bildet die Menschheit eine Art, die neben den anderen Arten der Lebewelt sich eine spezifische Nische im Ökosystem geschaffen hat. In diesem Sinne ist sie in den Energiefluß eingebunden; der Mensch bildet das Endglied einer Nahrungskette. Er besitzt eine große Anpassungsfähigkeit und Beweglichkeit, die es ihm ermöglicht, in nahezu allen Bereichen der Erde – d.h. in der Ökumene – zu leben und die jeweiligen klimatischen, tellurischen und biotischen Eigenschaften des Ökosystems zu nutzen bzw. zu ertragen. In der Evolution bedeutet die aktive Anpassung an die Umwelt und damit die Fähigkeit, sie zu nutzen, einen entscheidenden Vorgang im Selektionsprozeß der Arten (Zimmermann 1967-74, I, S. 138 f.; E.O. Wilson 1975, S. 3 f.). Dieser als Adaptation definierte Anpassungsprozeß dient letztlich der Gewinnung von Energie, garantiert der Menschheit ihre Eigenexistenz als Art. So betrachtet bildet die Menschheit als Art mit ihrem Bedarf an Energie den Ausgangspunkt des Adaptationsprozesses, das Produkt Energie wird der Menschheit zugeführt, dadurch wird der Reproduktionsprozeß ermöglicht. Zunahme oder Abnahme der Bevölkerung werden mit der Adaptation gekoppelt, denn auch umgekehrt wird der Bedarf an Energie, wird der Adaptationsprozeß durch die Bevölkerungszahl beeinflußt. Im Evolutionsprozeß hat sich die Art Mensch als besonders tauglich erwiesen, dank vor allem der Fähigkeit, sich zu adaptieren.

Die Reproduktion ist als biotischer Prozeß zu interpretieren; die Basis-Kontrollmechanismen sind angeboren, im Erbgut festgelegt. Bewußte, aber auch unbewußte populationsspezifische Handlungen, die letztlich auf Speicher erlernter oder ererbter Informationen zurückgehen, greifen ineinander. Hier sind die Elementargedanken Bastians (1895; Eisenstädter 1912) oder die Urvisionen und Archetypen Jungs (1950) anzuführen. Diese Probleme können hier nicht erörtert werden; sie sind Gegenstand verschiedener Disziplinen, der Psychologie, der Verhaltensforschung, der Anthropologie oder der Soziobiologie.

Die Menschheit ist aber nicht nur von den demographischen Prozessen her zu betrachten, sondern auch von den sozialen. In deterministischer Vereinfachung sah bereits White (1943) die Kultur als Mechanismus zur Einsparung von Energie (vgl. auch M. Harris 1968, S. 635 f.; früher ähnlich schon Ostwald 1909, in jüngerer Zeit wieder Hass und Lange-Prollius 1978). Der Mensch unterscheidet sich von den übrigen Tierarten durch sein hochdifferenziertes Gehirn, das ihm die Fähigkeit verleiht, als Einzelwesen und – durch die Entwicklung einer Sprache – in sozialen Gemeinschaften planend vorzugehen, Techniken zu entwickeln und sich selbst als Lebewesen in der Umwelt zu begreifen, den Sinn des Daseins zu hinterfragen (vgl. S.59). Im Verlaufe der Menschheitsgeschichte hat gerade diese geistige Fähigkeit dazu geführt, daß sich neben den angeborenen Verhaltensweisen, die ein Überleben der Art im Ökosystem ermöglichen, ein eigener, stark vom Bewußtsein geprägter Komplex entwickelt hat, der mit dem Begriff Gesellschaft umschrieben werden kann. Unter Gesellschaft versteht man das durch Informationen und Interaktionen verknüpfte, durch vornehmlich eigenentwickelte Institutionen („Kultur") kontrollierte System der Menschheit (vgl. auch Steward 1955; Luhmann 1970/75, I, S.137 f.; Buckley 1972). Für unsere Fragestellung ist entscheidend, daß es zu einer die ganze Struktur des Miteinanders in der Menschheit erfassenden Arbeitsteilung gekommen ist, die sich in zunehmender Geschwindigkeit – wenn auch im einzelnen retardierend und akzelerierend – in die heutige Zeit fortsetzt und die Tragfähigkeit – damit die Größe der ökologischen Nische – erhöht.

Eine Reihe von Autoren hat sich mit diesen Vorgängen befaßt. So sind von Anthropologen, Soziologen, Wirtschaftswissenschaftlern, Philosophen, Theologen Theorien zur Entstehung der Kultur oder der Zivilisation entwickelt worden, die hier nicht näher besprochen werden können (vgl. S.190f). Hier soll nun nicht die Totalität der Kultur, der Gesellschaft erklärt, sondern lediglich versucht werden, von einer Grundidee ausgehend wichtige strukturelle Züge der Menschheit als Gesellschaft herauszuarbeiten. Für den Geographen steht die Einpassung der Menschheit in die natürliche Umwelt im Vordergrund (u.a. Hambloch 1983). Daß Kultur (zur Definition des Begriffs vgl. S.371f) nicht allein aus dem Blickwinkel der Adaptation betrachtet werden darf, ist selbstverständlich. Aber die Selbstbeschränkung auf ein überschaubares Ursachentableau läßt die Gedanken in kontrollierbare Bahnen lenken. Die Falsifizierbarkeit dieses Modells ist unverzichtbar, wenn Fortschritte in diesem theoretischen Rahmen erzielt werden sollen.

Als ein Ergebnis dieses Abschnitts dürfte deutlich geworden sein, daß man von der demographischen Seite die „Menschheit als Art" und von der sozialen Seite die „Menschheit als Gesellschaft" zu unterscheiden hat. (Über diese Doppeleigenschaft des Menschen auch Laszlo 1972; vgl. S.105). Die Menschheit als Art ist im Rahmen der Evolution entstanden, einem die Lebewelt verändernden Differenzierungsprozeß. Er vollzieht sich langsam, in Jahrmillionen. Die Menschheit als Gesellschaft ist parallel dazu, insbesondere aber dann im Zuge der kulturellen Evolution seit etwa 20.000 Jahren, entstanden; hier ist die Geschwindigkeit wesentlich größer, der Zeitmaßstab ist in Jahrtausende oder noch kleinere Abstände einzuteilen (vgl. S.320).

Die kulturelle Evolution ist ein Prozeß, der auf wachsender Arbeitsteilung beruht. Die Begriffe sozialer Wandel (Zapf 1970), kultureller Wandel (Bühl 1987), Prozeß der Zivilisation (Elias 1969; vgl. S.190f) weisen auf verschiedene Aspekte dieses Prozesses. Durch diese Differenzierungsprozesse im Zuge der biotischen und kulturellen Evolution ist die Menschheit in viele Gruppierungen gegliedert, die sich wiederum durch eigene Prozeßabläufe auszeichnen (vgl. S.322f).

Beide, Menschheit als Art und Menschheit als Gesellschaft, besitzen so ihre eigene Dynamik; sie stehen aber in ständiger Wechselwirkung miteinander. In einfach strukturierten Gesellschaften sind die Dynamik und Gestaltung stärker von der Menschheit als Art her beeinflußt – Stammesstruktur, geringe Arbeitsteilung etc. –, während in hochdifferenzierten Industriegesellschaften die Menschheit als Gesellschaft in ihrer Vielschichtigkeit der Gruppierungen und Komplexheit der Bezüge mit weit ausladenden Feldern dominiert; aber auch in ihr sind die Merkmale der Menschheit als Art klar gegeben. Jeder Mensch ist als biotisches Wesen Mitglied der Menschheit als Art, als soziales, im Berufsleben direkt oder indirekt engagiertes Wesen Mitglied der Menschheit als Gesellschaft. Beide Systeme sind Nichtgleichgewichtssysteme.

Darüber hinaus sind der Energiefluß und die ihn auslösende Nachfrage auf der einen und die zeitliche Entwicklung, das Werden, die Gestaltung auf der anderen Seite, voneinander zu trennen. Adaptation umfaßt ja beides. Um hier zu einer Klärung kommen zu können, muß gefragt werden, was Energiefluß realiter ist und was Umwelt in diesem Zusammenhang bedeutet.

2.1.2 Formen der Energie

Als Energie bezeichnet man die Fähigkeit, Arbeit zu leisten. Man kann sie nach verschiedenen Gesichtspunkten systematisieren. Aus naturwissenschaftlicher Sicht gibt es Strahlungs-, Wärme-, chemische, mechanische, elektrische, Kern-Energie. Die Geosystemforschung (vgl. S.119f) setzt andere Akzente. Sie interessiert sich für den Energie- und Stoffaustausch, z.B. zwischen dem vom Menschen bewohnten Erdraum mit seinem natürlichen Potential und der Gesellschaft. Durch Eingriffe des Menschen werden Dynamik und Haushalt des Naturraumes verändert, während umgekehrt Abfälle, Abwässer und Abgase ihm zugeführt werden und das Ökosystem belasten können. Um hier einen Einblick zu erhalten, kann man im einzelnen verschieden vorgehen. Nach Neef (1967; 1969) setzt sich das dem vom Menschen genutzten Erdraum innewohnende Potential zusammen aus

1. der direkt durch Strahlung aufgenommenen Energie,
2. der potentiell der Gravitation innewohnenden Energie,
3. der in der Materie (Gesteine, Böden, Luft, Wasser, Pflanzen- und Tierwelt) gespeicherten physikalischen, chemischen und biologischen Energie,
4. der direkt der menschlichen Arbeit entstammenden oder vom Menschen in materiellen Objekten auf der Erdoberfläche installierten Energie.

Man darf dies nur global sehen, nicht den Menschen direkt dem von ihm bewohnten Lebensraum als einen Ausschnitt aus der Erdoberfläche gegenüberstellen; denn sonst müßte der Transport der Energie bzw. der Abfälle mit berücksichtigt werden (vgl. S.510). Im Rahmen unserer Überlegungen ist zudem nur diejenige Energie von Interesse, die dem Menschen und seinen Gruppierungen, also nicht dem Naturraum als solchem, innewohnt. Zwei Energiearten sind zu unterscheiden:

1. Es werden Nahrungsmittel benötigt, also organische und anorganische Substanzen, die im Körper in Energie und Materie umgesetzt werden. Die Menge je Person, gemessen z.B. in Kalorien, variiert mit dem Alter (auch mit den beruflichen Belastungen, den Nahrungsgewohnheiten etc.), ist sonst jedoch bei allen Menschen größenordnungsmäßig gleich (unelastische Nachfrage). Diese Nahrungsenergie wird z.T. in Arbeitsenergie umgesetzt; auch sie ist als größenordnungsmäßig gleich je Person anzusehen.

2. Anders ist es, wenn Materie, also stoffliche Substanzen und tierische oder mineralische Energie benötigt werden, die nicht direkt dem Menschen zugeführt, sondern anderweitig in Arbeit oder Güter umgesetzt werden. Hier muß die Menge nicht proportional zur Zahl der in ihre Gewinnung oder ihren Verbrauch involvierten Individuen oder Arbeitskräfte sein (elastische Nachfrage).

Die Menschen können aus sich heraus nur eine gewisse Summe von Arbeitsenergie aufbringen, um sich mit der zum Leben notwendigen Energie versorgen zu können. Zu diesen der Menschheit als Gesellschaft zuzuordnenden Arbeiten kommen in gleicher Weise noch solche, die im Rahmen der Menschheit als Art zu verrichten sind (z.B. Kinderaufzucht, individuelle Erholung etc.). Die Möglichkeiten, neue Arbeitsbelastungen in den Zeitplan einzufügen, sind begrenzt (Zeitbudget; vgl. S.154f). Eine Steigerung der Bevölkerungszahl kann so nur bis zu einem gewissen Grade durch direkte Steigerung der menschlichen Arbeitsenergie aufgefangen werden. In jedem Fall ist in einem gegebenen Lebensraum die Umwelt zur Erhöhung der Nahrungsmittelmenge verstärkt zu beanspruchen. Aber auch hier sind Grenzen zu beachten (Tragfähigkeit; vgl. S.329f). Alle Energie – außer der Strahlung – wird gewöhnlich in Form von Substanz der Umwelt entnommen. Die Urproduktion arbeitet an der Kontaktfläche zwischen System und natürlicher Umwelt. Durch die Verarbeitung werden diese Produkte für den Menschen verwendbar gemacht, also veredelt; nur wenige sind direkt verwendbar.

Mit der Entwicklung der Kulturen ist die pro Kopf zur Verfügung stehende Energiemenge gestiegen; ohne zusätzlichen Energieeinsatz wäre die kulturelle Evolution nicht möglich gewesen. Dies wurde durch Arbeitsteilung erreicht (vgl. S.335f). Auch die Effizienz in der Energienutzung ist, mißt man nur den Ertrag des menschlichen Arbeitseinsatzes, größer geworden. Dagegen wurde, worauf Harris (1987/89, S.104) hinwies, die Nahrungsproduktionseffizienz geringer, bezieht man in die Berechnung auch andere, d.h. nichtmenschliche Energiequellen mit ein; der Einsatz an Energie für die modernen industriellen Landwirtschaftssysteme ist außerordentlich hoch. Arbeitsteilung ist mit – insgesamt gesehen – erhöhtem Energieverbrauch verbunden. Damit wird die natürliche Umwelt mit ihren Ökosystemen belastet.

Man muß schließlich sehen, daß in Bezug auf die Lebensfähigkeit des Menschen auch solche Stoffe von Bedeutung sind, die nicht als Energien im engeren Sinne verstanden werden können, deren Kaloriengehalt also zweitrangig ist. Hierher gehören die Luft zum Atmen, das Wasser, lebenswichtige Mineralien, außerdem die materiellen Rohstoffe, die zur Gewinnung der Nahrungsmittel oder der fossilen Brennstoffe sowie zu deren sinnvoller Kontrolle und Nutzung nötig sind, die im Zuge der gesellschaftlichen Prozesse veredelt, zu Werkzeugen, Kleidung, Behausung, kurz zu Gütern aller Art umgewandelt werden. Diese ganzen Stoffe erlauben es ja letztlich, daß wir die Nahrung aufnehmen, die wir benötigen, die Körperwärme erhalten, um leben zu können. Wenn wir im folgenden also von Energie sprechen, meinen wir alles, was der natürlichen Umwelt entnommen wird, um menschliches Leben im weiteren Sinne zu ermöglichen, seien es gasförmige, flüssige oder feste Rohstoffe. In diesem umfassenden Sinne muß Energie verstanden werden, will man die Menschheit als Art und als Gesellschaft als Konstrukt, als System verstehen; denn der allen Systemen eignenden Entropie, also Entwertung der Energie (vgl. S.168), kann nur durch ständige Zufuhr neuer Energie begegnet werden, wobei die verschiedenen Formen sich zum Teil substituieren.

Die Produktion in ihrer ganzen Vielfalt, von der Gewinnung der Rohstoffe über die Verarbeitung bis zur Abgabe an den Menschen, aber auch die Nachfrage nach den Produkten haben zu sehr unterschiedlichen Tätigkeiten geführt. Sie werden von den Menschen ausgeführt; jeder mag für sich stehen, oder in arbeitsteiliger Wirtschaft seine Rolle spielen, seine „ökonomische Nische" einnehmen. Die Arbeitsteilung führt zur Differenzierung der Gesellschaft (vgl. S.339f), sie gestaltet am augenfälligsten die kulturelle Evolution (vgl. S.367f).

2.1.3. Die Umwelten der Menschheit als Gesellschaft

Alle Menschen beanspruchen im Rahmen der Adaptation einen Teil der Erdoberfläche, in dem sie ihre Aktivitäten entfalten können, den sie entsprechend ihrer Intentionen gestalten, aus dem sie vielleicht die notwendigen Nahrungsmittel und Materialien beziehen, an dessen Eigenarten sie selbst sich aber auch anpassen müssen, durch den sie also mitgeformt werden. Hierdurch wird die Erdoberfläche in den anthropogeographischen Zusammenhang gesetzt. Sie ist die die Menschen umgebende, ihre Existenz sichernde „Hülle". Dies ist die natürliche Umwelt. Man kann sie funktional betrachten, im Sinne einer ökologischen Nische; man kann sie aber auch konkret, geometrisch beschreibbar sehen, als Habitat. Fällt beides zusammen, sprechen wir von Lebensraum. Dieser den Geographen geläufige Begriff geht auf Ratzel (1897b; 1901/66) zurück, der, wenn auch in teilweise deterministischer Vereinfachung, die Beziehungen zwischen Menschen und Boden herausstellte (vgl. S.30f). Erdüber betrachtet ist die Ökumene, also der dauernd oder periodisch bewohnte Siedlungsraum (Niemeier 1967/69, S. 13), der Lebensraum der Menschheit (Maull 1934, S. 14 f.).

Durch mehr oder weniger vorsichtige Bodenbearbeitung, durch schonende Jagd und Fischerei, überhaupt durch die Einhaltung von bestimmten Regeln verhindern die Menschen eine baldige Erschöpfung der natürlichen Reserven des Lebensraumes. Dies zeigt, daß die natürliche Umwelt ein eigenes Faktum darstellt, dessen Reaktionen und ökologische Persistenz (Leser 1976, S. 186) in Rechnung zu stellen sind; der Mensch hat sich ihnen anzupassen, sich dauerhaft in den Produktions- und Konsumkreislauf der Ökosysteme einzuordnen. Dabei müssen sich allerdings auch die Tier- und Pflanzenpopulationen den Absichten der Menschen weitgehend fügen. Sie weichen großenteils Ersatzgesellschaften.

Die Ökosysteme sind bis zu einem gewissen Grade belastbar, denn die in ihnen beteiligten Organismen, Pflanzen- und Tierpopulationen produzieren mehr Substanz, als sie zum Überleben benötigen (E.O. Wilson u. Bossert 1973; Fränzle 1978). Die Belastbarkeit der Ökosysteme ist im Einzelnen verschieden. Dementsprechend haben sich die Menschen in verschiedener Weise zu verhalten.

Der Aufwand muß – langfristig betrachtet – der Produktion angemessen sein, so daß zwischen den Menschen und ihrer natürlichen Umwelt ein Gleichgewichtszustand besteht. Dabei kann es sich nur um Fließgleichgewicht handeln, d.h., Substanzen und Energiemengen werden der Umwelt entnommen, dafür werden ihr andere Substanzen (Dünger, Wasser, Mineralien aus dem Untergrund etc.) und Energien (z.B. durch menschliche Arbeit, Sonnen-Energie) wieder zugeführt, so daß die Ökosysteme in ihr regenerieren können. Eine Regeneration ist freilich nur dann möglich, wenn die Substanzen in einer Form zurückgeführt werden, daß sie von den Systemen der Umwelt aufgenommen werden können. Am Problem der heutigen Umweltbeanspruchung (vgl. S.510) wird deutlich, daß die Abfallsubstanzen der Menschen nur z.T. von den Ökosystemen abgebaut und wiederverwendet werden können. So kann lokal, regional oder gar global der

Belastbarkeitsspielraum überdehnt werden, so daß diese Systeme verarmen, was seinerseits die menschlichen Populationen in ihren Entfaltungsmöglichkeiten einengt.

Es wird also dadurch ein Fließgleichgewicht erhalten, daß Energie aufgenommen, umgewandelt und in einer für den Nachfolger verwertbaren Form weitergegeben wird. Innerhalb eines Belastbarkeitsspielraums haben die Menschheit und die Ökosysteme die Möglichkeit, sich aufeinander einzuspielen. Ständige Schwankungen und Verschiebungen sind kennzeichnend, denn von beiden Seiten besteht ein sehr differenzierter Bedarf an Stoffen, den sie in die nötige Energie umsetzen können. Es wird hier das Gesetz des Minimums wirksam, das bereits Justus Liebig Mitte des 19. Jhs. bei seinen Pflanzenwuchsexperimenten herausfand. Es besagt grundsätzlich, daß das Wachstum oder die Höhe des Pflanzenertrages in erster Linie durch denjenigen Faktor, z.B. Nährstoff, bestimmt wird, der in der geringsten Menge, relativ zum Bedarf, zur Verfügung steht. Dieser Faktor kann nicht durch einen anderen ersetzt werden. In der Volkswirtschaftslehre und Kulturökologie (Bargatzky 1986, S.167 f.) wurde das Gesetz übernommen; besteht bei einem nicht substituierbaren Faktor gegenüber den übrigen Unterversorgung, so wirkt sich dies bremsend auf die gesamte Ertragssituation aus. Dies gilt natürlich auch für die Beschaffung von Nahrungsmitteln und anderen lebensnotwendigen Substanzen; denn die Menschen müssen die Stoffe in bestimmter Zusammensetzung und Mindestmenge aufnehmen.

Die Menschheit ist also in das globale Ökosystem eingebettet, hat in ihm seine natürliche Umwelt, aus dem sie Energie bezieht und in das sie Energie abgibt. Daneben muß gesehen werden, daß dies nur ein Augenblicksbild ist. Die Menschheit befindet sich auch in einer zeitlichen Umwelt (Vergangenheit-Zukunft), wobei auch hier zwei Sichtweisen möglich sind: Zum einen haben wir die objektiv meßbare, allgemein gültige externe Zeit. Sie ist für alle Gegenstände, alle Lebewesen gleich; die Bewegungen in unserem Sonnensystem geben hier einen Maßstab. Zum andern haben wir es mit einer zweiten Zeit zu tun (Prigogine und Stengers 1981, S.259 f.); sie drückt sich in den Veränderungen aus, denen die Menschheit ständig unterliegt. Diese interne Zeit fließt parallel zur externen, universellen, mit unterschiedlicher Geschwindigkeit, wie sich an den Veränderungen selbst erkennen läßt. Jedes komplex strukturierte System benötigt einen ständigen Zufluß an Energie, um es vor dem Zerfall zu bewahren. Bekanntlich wird ständig Entropie erzeugt; das System hat die Tendenz, sich vom Zustand höherer Ordnung zu einem Zustand niederer Ordnung hin zu bewegen. Erhöhte Energiezufuhr ist nötig, wenn diese Tendenz umgedreht, d.h. das System komplexer, differenzierter werden soll; hierzu ist außerdem Information nötig, die besagt, wie dies geschehen soll (vgl. unten).

Die Ökosysteme bilden als Energiequelle der ausbeutenden Menschheit als Gesellschaft gegenüber die untergeordnete Umwelt. Als übergeordnete Umwelt ist die Menschheit als Art zu interpretieren; denn sie fragt Energie nach, die in der Menschheit als Gesellschaft produziert wird. D.h., die Menschheit als Gesellschaft steht im Energiefluß, der von der natürlichen Umwelt mit seinen Ökosystemen durch die Menschheit als Gesellschaft zur Menschheit als Art als dem Empfänger führt (Tab.2), wie bereits dargelegt wurde.

Die vergangene und die zukünftige Menschheit in ihrer jeweiligen Gestaltung sind gegenüber der gegenwärtigen Menschheit in horizontaler Folge zugeordnet. Dabei sei hier

Tab. 2: Die Menschheit als Gesellschaft, ihre vertikalen und horizontalen Umwelten. Vgl. Text

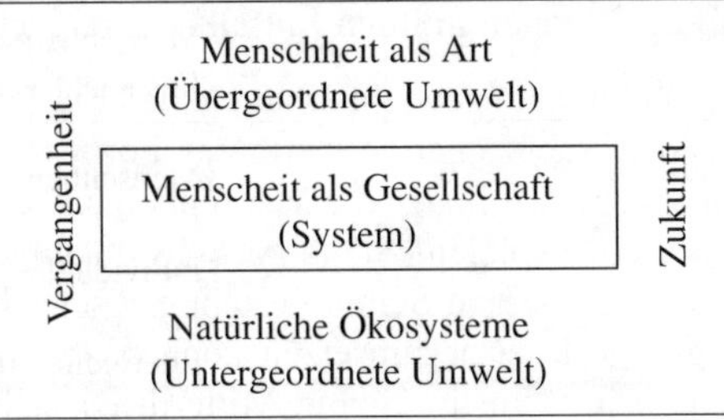

nochmals hervorgehoben, daß wir hier von der Menschheit als Gesellschaft als Ganzes sprechen, nicht als einem in sich gegliederten Sozialkörper. In dem Fall können wir weiter differenzieren (vgl. S.261f).

2.1.4 Vertikales und horizontales Feld

Aus den Überlegungen folgt, daß zwei polare Paarungen oder Felder für die Einordnung der Menschheit in den Umweltrahmen eine zentrale Bedeutung besitzen:

1) das vertikale Feld zwischen nicht vorhandener und vorhandener Energie,
2) das horizontale Feld zwischen Vergangenheit und Zukunft.

Das vertikale Feld vermittelt zwischen nachfragender und energieliefernder Umwelt. Im Ökosystem sind die Ressourcen vorhanden oder werden durch Umwandlung gebildet. Das globale Ökosystem ist nur zum Teil direkt – d.h. am Ort seiner Existenz – für die Menschen wichtig. Spezifische Ökosysteme niederer Ordnung liefern die nötigen Rohstoffe, organische und anorganische Substanzen. Nachfrager ist, wie bereits in den vorhergehenden Kapiteln dargelegt, letztlich die Menschheit als Art, d.h. die Menschheit mit ihren spezifischen biotisch bestimmten Bedürfnissen. Die Menschheit als Gesellschaft wandelt die Rohstoffe um, veredelt sie, so daß sie vom Menschen für seinen Energiehaushalt oder andere Zwecke verwendet werden können. D.h. es wird aus einer weniger differenzierten Form der Energie und Materie eine höher differenzierte Form hergestellt. Es setzt dies einen Zugang an Informationsgehalt voraus.

Mit anderen Worten: Die Information durchfließt die Menschheit als Gesellschaft im vertikalen Feld von oben, von der Menschheit als Art, nach unten zu den untergeordneten Ökosystemen, während umgekehrt die Energie von unten nach oben geführt wird und dabei Information aufnimmt, veredelt wird (Produktion). So sind Informations- und Energiefluß, die Nachfrage nach und das Angebot an Energie, im vertikalen Feld einander entgegengerichtet (Tab.3).

Im horizontalen Feld, d.h. im Ablauf der Zeit, folgen Nachfrage und Angebot aufeinander. Die Nachfrage erfolgt von einer der Menschheit als Gesellschaft vorgeschalteten zur nachfolgenden Umwelt, dem Zeitpfeil entsprechend. Dabei wird sie umgewandelt.

Tab. 3: Vertikales Feld (Menschheit). Vgl. Text

Übergeordnete Umwelt	Menschheit als Art (als nachfragendes System)
System	Menschheit als Gesellschaft
Elemente	Individuelle Arbeitskräfte
Untergeordnete Umwelt	Energieliefernde Ökosysteme

Aus der untergeordneten Umwelt wird dann der Rohstoff aufgenommen, zu Produkten umgewandelt und der übergeordneten nachfragenden Umwelt angeboten (Tab.4).

Diese Umwandlungen der Information und Energie benötigen Zeit; sie verlaufen über differenzierte, mehrgliedrige Stufen und in mehreren Stadien ab. Es schalten sich verschiedene soziale Einheiten (Populationen; vgl. S.258f) ein; diese erhalten durch den Informations- und Energiefluß sowie durch das Nacheinander in der Entwicklung ihre innere Struktur und ihre Gestalt.

So bekommen wir Ganzheiten zwischen den Umwelten, das System im vertikalen und den Prozeß im horizontalen Feld. In beiden Feldern bestehen die Ganzheiten aus Elementen. Sie sind die Beteiligten, die in verschiedener Weise gruppiert sind (vgl. S.248f).

Tab. 4: Horizontales Feld (Menschheit). Vgl. Text

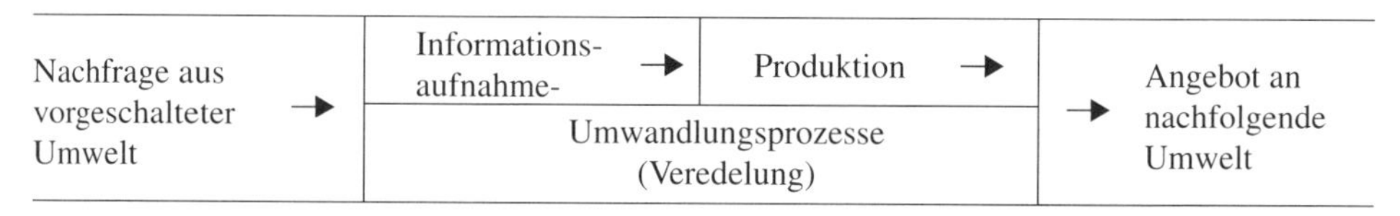

<table>
<tr><td rowspan="2">Nachfrage aus vorgeschalteter Umwelt →</td><td>Informations-aufnahme- →</td><td>Produktion →</td><td rowspan="2">→ Angebot an nachfolgende Umwelt</td></tr>
<tr><td colspan="2">Umwandlungsprozesse (Veredelung)</td></tr>
</table>

2.1.5 Medien und dauerhafte Anlagen in ihrer Bedeutung für die Adaptation

Die Adaptation dient der Energiegewinnung im weiteren Sinne. Sie geht, wie gesagt, letztlich von der Menschheit als Art aus, von den Lebensbedürfnissen im allgemeinen Sinne. Die Menschheit als Gesellschaft paßt sich in ihrer Struktur dem an, differenziert sich, so daß sie die Prozesse durchführen kann.

Die Durchführung der Prozesse selbst erfolgt meist mit Hilfe der Technik, im einzelnen der Medien. Medien heißt hier Mittel im weiteren Sinne, also nicht nur der Kommunikation dienende Medien. Unter diesem Begriff werden z.B. Geräte, die den Feldbau verein-

Tab. 5: Die Prozeßebenen der Adaptation. Vgl. Text

Übergeordnete Umwelt: Menschheit als Art
Lebensbedürfnisse: Menschheit als Art als Nachfrager
Gestaltung der Menschheit: Menschheit als Gesellschaft
Einsatz der Technik etc.: Medien
Formung der Kulturlandschaft: Dauerhafte Anlagen
Untergeordnete Umwelt: Natürliche Ökosysteme

fachen, Instrumente, die die Tätigkeit des Arztes ermöglichen, Fahrzeuge, die den Verkehr effizienter machen, Fernsehgeräte, die Information vermitteln, Möbel, die eine optimale Raumausnutzung erlauben, Waffen, die der Verteidigung dienen, Kleidung, die den Körper schützt, Maschinen, die die Arbeit erleichtern und beschleunigen etc., verstanden. Medien erlauben die Anwendung von Energie in präziser, kontrollierter Form, so daß auch hierdurch der Effekt vergrößert wird (vgl. auch Schmithüsen 1976, S. 179 f.).

Die Medien erlauben, die Materie und die Energie den untergeordneten Umwelten zu entnehmen und zu veredeln. Es handelt sich entweder um Rohstoffe, die unmittelbar der natürlichen Umwelt (vgl. S.243) entstammen oder um Halbfertigwaren, die von anderen, im Sinne des Energie- oder Produktenflusses untergeordneten Populationen übernommen und weiterverarbeitet werden, oder um Kraftstoffe, die den Betrieb von Maschinen ermöglichen etc.

Die von den Populationen oder Individuen durchzuführenden Prozesse müssen für eine gewisse Zeit einen konstanten Rahmen besitzen. Dieser wird durch die dauerhaften Anlagen gebildet, die entsprechend den Aufgaben verschiedenes bezwecken. Hierher zählen z.B. Häuser (für die Betriebe und Familien), Straßen, Brücken und Kanäle (für den Verkehr), Gräben, Felder (für die Landwirtschaft), Bergwerksgebäude und -schächte, Bunker (für die Sicherung, Verteidigung), kurz alle zielbewußt vom Menschen zur besseren Nutzung des Lebensraumes geschaffenen Bauten und Erdwerke. Sie sind die eigentlichen Zeugen der Kulturlandschaft, und sie stellen in ihrer Anordnung für den Anthropogeographen schon bisher wesentliche Untersuchungsobjekte dar. Hierher sind ja auch die Siedlungen, Verkehrsstraßennetze und ähnliches als komplex zusammengesetzte Gebilde dieser Art zu zählen.

Die Kulturlandschaft ist in ihrer Formenvielfalt bereits als ein Ergebnis von Prozessen zu verstehen, das einen Kompromiß zwischen den Intentionen der Systeme und der vorgefundenen Gestalt der natürlichen Umwelt darstellt. Während der Einsatz der Medien erlaubt, die Aktivitäten zu optimieren, vermitteln die dauerhaften Anlagen zur natürlichen Umwelt und gestalten sie (ähnlich Weichhart 1975, S. 87). Medien, z.B. Lokomotive, und dauerhafte Anlagen, z.B. Gleisanlagen, sind aufeinander abgestimmt; Medien und dauerhafte Anlagen können auch ineinander übergehen (z.B. eine Erdölraffinerie). Es sind Konstrukte, die die Prozesse in Richtung und Intensität dergestalt beeinflussen sollen, daß die Adaptationsprozesse zwischen Mensch und Lebensraum erleichtert werden.

So kann man vier für die Adaptation wichtige Prozeßebenen herausstellen (Tab.5).

2.1.6 Zusammenfassung

Die Menschheit läßt sich als Art oder als Gesellschaft betrachten. Beide sind für sich zu untersuchende – sehr komplex gestaltete – Nichtgleichgewichtssysteme, die sich gegenseitig beeinflussen. Der Menschheit als Art obliegen vor allem die biotische Reproduktion und die Erhaltung der Art – im Zuge der Evolution. Die Menschheit als Gesellschaft gestaltet durch Adaptation den Energiefluß, entwickelt soziale Gemeinschaften verschiedener Art und entfaltet sich im Rahmen der kulturellen Evolution.

Der Energiefluß wird aus der natürlichen Umwelt in das System Menschheit gelenkt. Er besteht aus Nahrungsmitteln und Materialien, die ihrerseits in Güter umgewandelt werden. Die benötigte Nahrungsmittelmenge steigt etwa proportional zur Zahl der Menschen; die für die Güterproduktion benötigten Energie- und Stoffmengen sind nicht direkt mit der Zahl der Menschen zu parallelisieren. Die Arbeitsteilung ermöglicht einen gegenüber der Menschenzahl überproportionale Energiedurchfluß.

Menschheit und Ökosysteme in der natürlichen Umwelt haben sich aufeinander einzuspielen. Von der Menschheit als Art mit ihren biotischen Bedürfnissen kommt die Nachfrage nach Energie, dieser Informationsfluß führt durch das System Menschheit als Gesellschaft mit seinen Elementen, den Individuen, zur natürlichen Umwelt, zu dem Lebensraum; diese liefert Energie, die in der Menschheit als Gesellschaft verarbeitet und der Menschheit als Art zugeführt, angeboten wird. Das vertikale Feld ist also zwischen übergeordneter, energienachfragender, und untergeordneter, energieliefernder Umwelt ausgebildet.

Ihm steht das horizontale Feld gegenüber, von der vorgeschalteten Umwelt über die Umwandlungsprozesse in der Menschheit als Gesellschaft zur nachfolgenden Umwelt. Das horizontale Feld folgt also dem Zeitpfeil.

Medien (technische Hilfsmittel etc.) und dauerhafte Anlagen (Häuser, Verkehrswege etc.) erlauben eine gezielte Durchführung der Prozesse und erleichtern die Kontrolle des Informations- und Energieflusses.

2.2 Die Population als Ganzes

2.2.1 Gruppierungstypen in der Menschheit

2.2.1.0 Einleitung

Die modernen (Nichtgleichgewichts-)Systemtheorien bringen Informations- und Energiefluß mit der Musterbildung, der Gestaltung und Strukturierung in Verbindung (vgl. S.167f). Solche Zusammenhänge sind auch bei der Formung der Gesellschaft zu postulieren. Vertikales und horizontales Feld, Informations- und Energiefluß sowie Strukturierungsprozesse beeinflussen die Art, wie die Menschen miteinander interagieren, verbunden sind. Es bilden sich Interaktionseinheiten. Diese Einheiten, wie immer sie gestaltet und zusammengesetzt sein mögen, seien hier neutral als Gruppierungen bezeichnet. Der Begriff Gruppe ist durch die soziologische und sozialgeographische Diskussion vorgeprägt, umgreift zudem meist kleinere, unter der Größenordnung von Völkern angeordnete Gruppierungen, während wir auch solche einbeziehen, die größer sind, manchmal ganze Erdteile bewohnen und prägen. Auch ist der Begriff Verband, der u.a. von Sombart (1931; vgl. unten) benutzt wird, mehrdeutig, in der neueren soziologischen Diskussion verengt (z.B. Mayntz 1963, z.B. S. 15 f.).

Bisher hat die Geographie noch keine befriedigende Systematik der menschlichen Gruppierungen erarbeitet. In den fachlich benachbarten Sozialwissenschaften wurden dagegen verschiedene Überlegungen angestellt, wenn auch andere Fragestellungen im Vordergrund stehen. Als wichtigstes Kriterium für eine Definition von Gruppierungen kann der Zusammenhalt, die Kohärenz, oder anders ausgedrückt, der Umfang und die Art der Interaktionen zwischen den Mitgliedern gelten (Homans 1950/60, S. 60 f.; Wirth 1977, S. 167 f.). Nach der Größe und somit nach dem Grad der Übersichtlichkeit können (der Sache nach bereits von Cooley 1902, S. 135) kleine von großen Gruppierungen unterschieden werden. In den kleinen Gruppierungen – Familie, Nachbarschaft, dörflicher Verein – ist meist ein auf persönlichen Kontakten beruhender, stark emotional bedingter Zusammenhalt vorhanden, während dieser bei den großen ganz in den Hintergrund tritt. Bei ihnen ist der Integrationsprozeß schwieriger, es besteht eine Tendenz zur Differenzierung, z.B. auf ökonomischer Ebene. Sombart (1931, S. 227 f.) unterschied drei Arten von Gruppierungen:

1. Die „Intentionalen Verbände“, die ihren Zusammenhalt nur durch gemeinsame Absichten erhalten, wobei der Gruppencharakter nicht allen Angehörigen bewußt sein muß. Anhänger bestimmter Ideen oder hervorragender Persönlichkeiten müssen hier gesehen werden. Intentionalverbände können sich dadurch, daß sie sich organisieren, zu Finalverbänden entwickeln.

2. Die „Finalen Verbände“, Zweckverbände, verdanken ihr Dasein bestimmten, besonders ökonomischen Zielen; hierher zählen Aktiengesellschaften, Gewerkschaften usw.

3. Bei den „Idealen Verbänden“ ist der Zusammenhalt am ausgeprägtesten. Darunter fallen die familiären Gruppen wie Familie und Sippe, dann die politischen Verbände wie die Völker und Staaten, Stände sowie die religiösen Verbände, also die Kirchen.

Auch für Sombart war also der Zusammenhalt das wichtigste Kriterium, wenn auch nicht das einzige. So trat die Orientierung der Mitglieder auf bestimmte Ziele, die Sinngebung dieser Gruppierungen als weiteres Beurteilungsindiz hinzu. Zweifellos spielt auch der Interaktionsbegriff hier herein, doch er ist zu unspezifisch und sieht nur die Wechselbeziehungen auf individuellem Niveau. Ebenso wichtig ist die Beachtung der Rolle, also die Verknüpfung mit übergeordneten Aufgaben. In diesem Sinne möchte ich vier verschiedene Typen von Gruppierungen unterscheiden (Abb.6):

2.2.1.1 Individuen

Der erste Typ läßt noch keine Sortierung im Hinblick auf eine bestimmte Orientierung erkennen. Er ist eine insoweit ungeordnete Menge. Die Individuen stehen für sich. Das

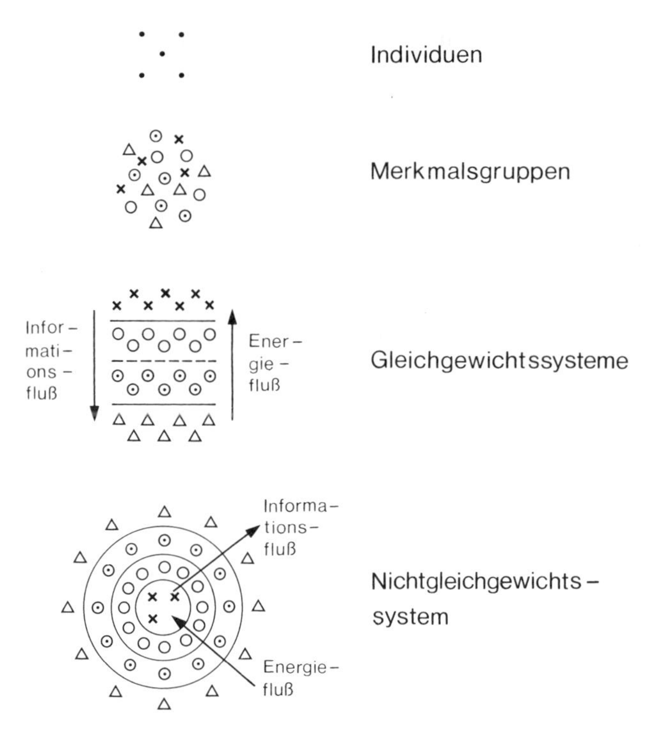

Abb. 6: Gruppierungstypen in der Menschheit. Vgl. Text

Individuum ist fähig, im Zeitablauf nacheinander diese oder jene Arbeit zu verrichten, aber auch zu konsumieren. Es besitzt bis zu einem gewissen Grade Entscheidungsfreiheit, handelt selbstverantwortlich, entwickelt Kreativität (vgl. S.585). Es ist in diesem Sinne „unteilbar", ein Mitglied der Menschheit als Art. Darüber hinaus sind Individuen Mitglieder der Menschheit als Gesellschaft; in den sozialen Systemen sind sie als Arbeitskräfte oder Elemente zu sehen, die spezifische Aufgaben haben, ihre „Rolle" spielen (vgl. z.B. auch Dahrendorf 1958/64, S.20 f., 32 f.; Linton 1964/79, S.97 f.; Wiehn 1968, S.18). Durch die Zugehörigkeit zu den Gruppierungen wird die individuelle Freiheit eingeschränkt („constraints"; vgl. S.155), doch ordnet und selektiert das Individuum im Normalfall die Handlungen in der Weise, daß sein Eigenleben möglichst wenig beeinträchtigt wird.

Die Individuen führen eine Vielzahl von Handlungen aus, die ihnen ein Überleben und ein Durchsetzen der eigenen Vorstellungen ermöglichen. Individuen entfalten ein eigenes Leben, initiieren eigene Aktivitäten. Zudem haben sie sich in den sozialen Verband einzuordnen. Soziales Handeln ist auf das Verhalten anderer bezogen und orientiert sich daran in seinem Ablauf (Weber 1921/72, S.1.; vgl. auch Werlen 1988, S.119 f.). Handeln im Sozialsystem ist immer zugleich Handeln in einer Kommunikationsgemeinschaft (Siebel 1974, S.69; vgl. hierzu auch S.213f).

Für den systemischen Einbau ist aber auch die Aufgabe der Handlungen wichtig. Handlungen können produktiv und konsumptiv sein, d.h. dem System zugewandt oder auf das Individuum orientiert, vom System her kommend. Handlungen bewirken ja etwas, sie sind daher nicht nur vom Individuum zu sehen, sondern auch vom System, der übergeordneten Gruppierung. Hier kommen die Arbeiten im Sinne des Berufs des Individuums, aber auch andere Tätigkeiten ins Spiel, soweit sie die Existenz eines Systems stützen. Der Gang zur Kirche oder die Nutzung des Postamts ist hier genau so zu sehen wie die Teilnahme am Nahverkehr oder der Aufenthalt in einem Hotel; denn jedes Mal werden andere Systeme dadurch, daß man ihre Angebote in Anspruch nimmt, in ihrer Existenz gestützt (in den genannten Beispielen die Kirchenorganisation, der öffentliche Dienst, der Träger des Verkehrssystems bzw. der Betrieb des Hotels). Also nicht die Handlung als solche, sondern die inhaltlich definierbaren produktiven bzw. konsumptiven Tätigkeiten sind die im Sinne sozialer Systeme wichtigsten Einheiten. Diese Einheiten sind den Rollen (Dahrendorf 1958/64) zur Seite zu stellen. Die Individuen erscheinen so nicht als solche, sondern als Ausführende von Tätigkeiten im System, als Träger von Rollen (vgl. S.108f).

2.2.1.2 Merkmalsgruppen (Funktional einheitliche Gruppen)

In diesem Sinne sind die Inhaber von Merkmalen, z.B. als Beschäftigte in einer bestimmten Branche oder als Angehörige einer Berufsgruppe, aber auch als Mitglieder einer Kirche, als Postbenutzer, als Verkehrsteilnehmer oder als Hotelgäste zu sehen. Damit gehören sie bestimmten Gruppierungen an, die sich identifizieren, typisieren, auch kartieren lassen. Sie sind funktional zuzuordnen, denn sie haben eine Funktion oder Aufgabe für ein übergeordnetes System (Abb.6).

An sich können die Merkmalsgruppen ohne jeden räumlichen Zusammenhang gesehen werden; sie können ja ganz verschiedenen systemischen Einheiten zugehören. Es gibt z.B. Postbenutzer oder Textilarbeiter in Deutschland, den USA oder Japan. Eine genauere Untersuchung zeigt aber doch charakteristische Verbreitungsmuster, und dadurch werden sie für den Untersuchenden interessant. Die Sozialgeographie begann in den USA und in Deutschland in den 20er Jahren mit Arbeiten, die solche Merkmalsgruppen herausstellten und so zu sozialen, statistisch untermauerten Einheiten kamen, die wesentliche Einsichten in den Aufbau z.B. der Städte oder anderer wirtschaftlich komplexer Formen gestatteten (vgl. S.89f). Es wurde entdeckt, daß zwei Typen von Verbreitungsmustern zu unterscheiden sind: die Intensität oder Dichte von Individuen mit bestimmten Merkmalen ist etwa gleichmäßig verteilt; es ergeben sich Areale oder Regionen. Oder es erscheinen konzentrisch angeordnete Muster, derart, daß die Intensität radial von außen nach innen – z.B. von einem Umland in das Stadtzentrum hinein – zunimmt; es zeichnen sich Felder ab. Die Mitglieder interagieren in unterschiedlich starkem Maße und in unterschiedlicher Art miteinander, die Definierbarkeit ihrer Identität wird aus einem übergeordneten Zusammenhang verständlich (beispielsweise Zugehörigkeit zu Konfessionen, zu einer Wirtschaftsabteilung, zu bestimmten Berufsgruppen).

2.2.1.3 Aggregate (Gleichgewichtssysteme)

Vielfach fühlen sich aber die Angehörigen der gleichen Merkmalsgruppen zueinander gezogen; so leben gleichartig Produzierende vielleicht – aber nicht notwendig – in zusammenhängenden Arealen, es bilden sich in den Städten Viertel gleicher Wohnstruktur (vgl. S.472f) usw. Räumliche Konzentration wird nicht primär durch den Wunsch, gemeinsame Ziele zu verfolgen, verursacht, sondern gemeinsam zu reagieren, weil die übergeordnete Situation dies veranlaßt. Dies gilt auch für die in bestimmten Wirtschaftsformen engagierten Bewohner eines Gebietes, z.B. die Winzer des Moseltales (Schmithüsen 1941/74); die Konzentration des Weinbaus ist stark vom Klimatischen und Edaphischen sowie der übergeordneten ökonomischen und kulturellen Situation her bestimmt (Wirtschaftsformation; vgl. S.463f). Wir wollen diese Einheiten als dritten Typ in unserem Zusammenhang als Aggregate bezeichnen (Abb.6; vgl. S.250). Der Begriff „Aggregation" der Verhaltensforschung (Eibl-Eibesfeldt 1967/78, S. 481) meint grundsätzlich das Gleiche („Ansammlung von Tieren einer oder mehrerer Arten" aufgrund der „anziehenden Wirkung gewisser Umweltgegebenheiten"), kann aber sowohl den Zustand als auch den Vorgang beinhalten, so daß hier von Aggregat gesprochen werden soll.

Bei den Aggregaten liegen die Verhaltensformen in der regionalen Infrastruktur begründet. Insofern sind sie geographisch besonders interessant. Zu ihnen zählen auch die sozialen Schichten. Hier wird ein gewisses Gemeinschaftsbewußtsein sowohl der Betroffenen selbst als auch der übrigen Mitglieder vorausgesetzt. Soziale Schichten sind Ausdruck einer hierarchischen Ordnung. So zeugen Klassen von einer sozialen Schichtung, einer „Ungleichheit", einer hierarchischen Struktur in Industriegesellschaften (vgl. S.414f). In nichtindustriellen Gesellschaften kann man im entsprechenden Sinn Stände oder Kasten unterscheiden. Untereinander brauchen die Angehörigen dieser Schichten eine gewisse Zeitspanne kaum Kontakt miteinander zu haben, treten im Prozeßgeschehen vielleicht nur passiv in Erscheinung. In anderen Zeitabschnitten oder in begrenzten Fragen lassen sie aber erkennen, daß sie gleichartig reagieren, zeigen sie ein ähnliches Verhalten.

Die Gruppierungen zeichnen sich durch ein ähnliches Verhalten im Raum aus (Hartke 1959/69; 1970; Ruppert und Schaffer 1969; Dürr 1972; vgl. S.132f). Vielleicht kann man auch von „problemorientierten Gruppen" (Ruppert und Schaffer 1974, S. 117) sprechen. Für die deutsche Sozialgeographie ist die Wirksamkeit der menschlichen Gruppierungen in der Umwelt („Raumwirksamkeit") ein wichtiges Anliegen. Aufgrund dieser Problemstellung sind zahlreiche Untersuchungen entstanden.

Aggregate sind ohne Kommunikation nicht denkbar. Der geordnete Ablauf der Prozesse verlangt bestimmte integrierende Mechanismen. Dadurch wird der – nicht unbedingt, aber häufig auch regionale – Zusammenhalt gewährleistet. Dies bringt für den Untersuchenden die Erkenntnis, daß diese Strukturen als Einheiten begriffen werden können.

In der Geographie war die Definition und Begrenzung von komplex zusammengesetzten Räumen schon immer ein wichtiges Anliegen. Dies gilt besonders für die Landschaftskunde (Schmithüsen 1976, S. 104 f., 151 f.; vgl. S.119). Allerdings ist es schwierig und problematisch, aus den substantiellen Erscheinungsformen und Werken – z.B. Landschaften – Ganzheiten zu rekonstruieren (vgl. unten); vielmehr sind die Gruppierungen und Vergesellschaftungen der Bevölkerung selbst zu betrachten. Voraussetzung der Erkenntnis ist eine Analyse der Aggregate und Populationen sowie der Prozesse selbst.

Den Einstieg in das Verständnis der Dynamik und des Ablaufes der Prozesse bietet der systemtheoretische Ansatz (vgl. S.143f). Gleichgewichtssysteme definieren sich dadurch, daß sie relativ homogene Wirkungsgefüge darstellen; sie bestehen aus Elementen, die nach bestimmten Regeln vernetzt sind. Vernetzung bedeutet eine Verknüpfung durch Informations- und Energiefluß. Elemente sind als unterste stoffliche und energetische Glieder zu verstehen, die von ihrer Bestimmung her isolierbar und meßbar sind (nach Klug und Lang für Geosysteme 1983, S.22 f.). In unserem Fall handelt es sich um Individuen oder Gruppierungen (im Sinne von dem System untergeordneten Populationen; vgl. unten), soweit sie im Sinne des Systems (d.h. entsprechend der Aufgabenstellung; vgl. S.294f) agieren, also adoptieren, produzieren oder weitergeben. Z.B. ist die Wirtschaft ein Gleichgewichtssystem, die produzierenden Betriebe und Konsumenten können als Elemente betrachtet werden. Diese Systeme kann man noch in Teilsysteme aufgliedern, in unserem Beispiel die Erzeugung bestimmter Produkte oder der Markt. Diese Teilsysteme sind dann ihrerseits wieder Systeme, die sich für sich untersuchen lassen. Diese Gleichgewichtssysteme wie z.B. die Wirtschaft kann man aber – aus anderem Blickwinkel – auch als Institution bezeichnen; Institutionen bestehen u.a. aus den Menschen, die in ihnen involviert sind, den verschiedenen Techniken, den zugehörigen dauerhaften Anlagen etc. (vgl. S.309). Auch sie kann man nach sachlichen Gesichtspunkten weiter in Teilsysteme gliedern; so ist die Landwirtschaft ein solches Teilsystem, mit dem untergeordneten Teilsystem Feldbau, und diesem wiederum untergeordnet Gemüseanbau in einer Talaue etc. Wir kommen auf diesem Wege zu den Wirtschaftsformationen (vgl. S.463f). Die Menschen selbst bilden als die Akteure in solchen Systemen natürlich gleichfalls Systeme und zwar Aggregate, Sozialformationen z.B. .

In entsprechender Form kann man den Verkehr, die Wissenschaft, die Religion etc. als Systeme sehen oder als Institutionen, und diese lassen sich wiederum nach sachlichen Gesichtspunkten aufteilen. Aggregate erhalten ihre Verbreitungsstruktur dadurch, daß sie bestimmte Informationen oder Rohmaterialien oder Rohinformationen erhalten, sie verändern und weitergeben. Sie verschwinden, wenn sie nicht in einem solchen Informations- oder Energiefluß stehen. Das bedeutet zunächst eine Einbettung in ein Gleichgewichtssystem, in das Aggregat höherer Ordnung.

Der Fluß von Informationen und Energie ist in übergeordnete Prozesse eingebettet; die Systeme werden dadurch angeregt, stimuliert. Insofern handelt es sich um offene Systeme im Sinne der Thermodynamik. Dieses Fließgleichgewicht zeichnet sich dadurch aus, daß Zufluß und Abfluß bei den Elementen eine stetige, d.h. in für sie erträglichen Toleranzgrenzen schwankende Produktion gewährleisten. Die Stetigkeit setzt einen Mechanismus voraus, der durch Informationsrückfluß vom Ausgang zum Eingang des Systems dafür sorgt, daß die Energieaufnahme und damit ihre Produktion gesteuert werden kann. Er ermöglicht Selbstregulation (Selbstreferenz). Dies ist die Rückkoppelungs- oder Feedbackschleife. Die Elemente des Systems bleiben so in ihrer Struktur, ihrer Gestalt, ihrem Zustand erhalten (von Bertalanffy 1951a, S. 155 f.; 1960, S. 151 f.).

Änderungen der Gleichgewichtssysteme vollziehen sich durch „strukturverändernde Prozesse". Es handelt sich um Prozesse, durch die ein Systemzustand in einen anderen Systemzustand verwandelt wird (vgl. S.266f). So wird der Energiefluß durch Einführung einer neuen Technik, mittels der rascher produziert werden kann, beschleunigt (Innovation).

In der Ökologie werden seit längerer Zeit systemanalytische Untersuchungen durchgeführt (vgl. z.B. Stoddart 1965/70). Die Erforschung der Ökosysteme ist vor allem darauf gerichtet, den Energiestrom zwischen den verschiedenen Elementen zu verfolgen. Es ist klar, daß diese Konzeption von System neue Perspektiven eröffnet. Früher war es nur möglich, einzelne Organismen morphologisch und physiologisch als Einheit zu untersuchen, z.B. durch Erfassung des Stoffwechsels. Nun können entsprechende Fragen an komplex zusammengesetzten lebenden Gebilden, eben den Ökosystemen, untersucht werden. Bereits Tansley (1935, S. 300) betonte als wesentliche Eigenschaft der Ökosysteme das „dynamische Gleichgewicht". Die Fähigkeit zur Selbstregulation erlaubt, Störungen durch Reaktion im System bis zu einem bestimmten Grade auszugleichen. Dadurch wird das System belastbar (P. Müller 1977a; 1977b; Fränzle 1978) und kann sich eine gewisse Zeitspanne erhalten. Bei Kenntnis der Belastbarkeitsgrenzen sind Aktionen als Reaktionen vorhersehbar, als Folgen von Veränderungen, die von außen kommen („Stimulans-Response-System"). Eine Formalisierung wird möglich.

Sochava (1972, 1974; vgl. S.119f) suchte, die Methoden der Ökosystemforschung auf die Landschaft anzuwenden. Er prägte den Begriff „Geosystem" und verstand darunter das Beziehungsgefüge größerer Räume, aus biotischem Blickwinkel. Die Untersuchungen umfassen die Beziehungen und den Austausch zwischen Vegetation, Tierwelt, Mensch, Boden, Wasser und Luft. Ökosysteme sind nach Sochava biozentrisch betrachtete Geosysteme. Grundsätzlich läßt sich dieses Konzept auch zum klareren Verständnis der Prozesse in der menschlichen Gesellschaft anwenden (vgl. Harvey 1969/73, S. 447 f.; Langton 1972); wir würden es dann aus anthropozentrischem Blickwinkel mit Schmithüsen (1976, S. 291) mit Anthropogeozönosen zu tun haben; Ökosysteme sind identisch mit Biogeozönosen.

Opp (1972, S. 189 f.) betont, daß die menschliche Gesellschaft als ein sich regulierendes System betrachtet werden muß, das dazu tendiert, einen bestimmten Zustand zu erhalten oder ihm zuzustreben. Dabei spielen Lernprozesse eine erhebliche Rolle. In der Archäologie ist der Ansatz von Flannery (1968/71) bemerkenswert, der die Entwicklung meso-amerikanischer Kulturen in der natürlichen Umwelt aus systemtheoretischer Sicht zu interpretieren versuchte. Rouse (1972, S. 202 f.) übernahm systemtheoretische Aspekte in seine Erklärungsmodelle von prähistorischen Kulturen, Sozialstrukturen und Prozessen. Olsson (1967/70) thematisierte die Stadt-Umland-Systeme im Sinne von Gleichgewichtssystemen.

Doch müssen bei solchen Systemen zusätzlich Probleme gelöst werden. In der Ökosystemforschung kann der Energiezufluß direkt gemessen werden; er wird durch Umrechnung auf Kalorien als Maßeinheit begreifbar. Bei den menschlichen Systemen ist dies nur zum Teil möglich, denn durch die Arbeitsteilung werden Informationen und Energie (Waren) produziert und transportiert, für deren Wert sich noch nicht ein einheitlicher Maßstab – entsprechend der Bedeutung für das System – ermitteln läßt. Sodann wird in der Ökosystemforschung die Produktion, d.h. die Umwandlung der Energie, selbst nur randlich angesprochen.

Es steht hier also die vertikale Verknüpfung der funktionalen Gruppen im Sinne eines Informations- und Energieflusses zur Sprache. Da vielfach aber – besonders in hochdifferenzierten Gesellschaften – eine funktionale Verknüpfung im Informations- und Energiefluß im Gegensatz zu den Ökosystemen oft nur über große Distanzen gegeben ist, die durch den Verkehr überwunden werden müssen, ist es meistens ausgeschlossen, die vielen Gleichgewichtssysteme zu übergeordneten Ganzheiten, in ihrem ganzen vertikalen Umfang, also z.B. von der Entnahme der Rohstoffe bis zur Aufnahme durch den Konsumenten zu erfassen; deshalb kann es nur in seltenen Fällen wirkliche Landschaften im Sinne von Geosystemen geben. Wohl aber sind vielfach die einzelnen Aggregate als räumliche Einheiten erfaßbar, z.B. die Wirtschaftsformationen innerhalb eines Thünenschen Ringes oder die Sozialformationen innerhalb großer Städte (vgl. S.463f).

2.2.1.4 Populationen (Nichtgleichgewichtssysteme)

Gleichgewichtssysteme kann man also als Aggregate gleichartig produzierender und konsumierender, d.h. auf gleicher Ebene im Informations- und Energiefluß angeordneter Populationen oder Individuen auffassen. Vielfach ist erkennbar, daß sich die Angehörigen der Aggregate in bestimmten, ihr Interesse berührenden Fragen enger zusammenschließen, die Interaktionen häufiger und vielfältiger werden und zeitweise auch zu Bürgerinitiativen führen. So können in den Städten die Bewohner von Vierteln sich zu gemeinsamen Aktionen zusammenschließen. Eine solche Gruppierung kann sich in ihrer Umwelt stabilisieren, um auch künftige Prozesse gemeinsam auszuführen. Sie wird dann räumlich fixierbar und durch ihren Zusammenhalt definierbar. Gruppierungen dieser Art – dies ist der vierte Typ – ändern zwar ständig ihre Zusammensetzung, bleiben aber – wie auch die übrigen Gruppierungen – als Einheit über eine längere, relevante Zeitspanne (Periode) erhalten (Abb.6; vgl. S.250). Sie erhalten ihre Eigenart durch gemeinsame Orientierung, diese hält sie auch zusammen. Die Tätigkeiten, der Transfer von Informationen und materiellen Substanzen sind koordiniert im Sinne der programmierten Zielerreichung. Auf diese Weise wird die Existenz dieser Gruppierungen über eine Mindestzeitspanne gewährleistet und so eine Stabilität des Prozeßgeschehens garantiert.

Um diesen Gruppierungstyp von den Aggregaten abzuheben, erscheint der Populationsbegriff geeignet. Wie die Ökosystemforschung für die Gleichgewichtssysteme, so hat die Populationsbiologie für die Nichtgleichgewichtssysteme wertvolle Grundeinsichten geliefert. Population meint ursprünglich Bevölkerung, wurde dann aber von der Biologie wissenschaftlich definiert. Sie versteht darunter die ein begrenzbares Areal einnehmende Gesamtheit der Individuen einer Organismenart mit spezifischem sozialen und demographischen Verhalten (MacArthur und Connell 1966/70, S. 132 f.; E.O. Wilson und Bossert 1973). Daneben wird bei Tieren der Begriff „Sozietät" (Schwerdtfeger 1963/77, S. 13, 16, 332 f.; E.O. Wilson 1975, S. 7 f.) abgesondert, worunter Verbände verstanden werden, die aufgrund eines nicht näher zu definierenden arteigenen Triebes entstehen (z.B. Ameisenstaat, Tierrudel etc.). Der umfassendere Begriff Population erscheint für das, was wir sagen wollen, geeigneter, da es zahlreiche Tiere gibt, die keiner Sozietät angehören oder auch Tierarten, in denen sich keine solchen Gruppierungen bilden; die menschlichen Individuen dagegen gehören immer zu Populationen (vgl. unten). Populationen haben eine Eigendynamik; auch ist ihnen Beständigkeit über eine gewisse, oft sehr große Zeitspanne eigen. Insofern handelt es sich bei ihnen um Einheiten, die ihren bestimmten Platz im Gesellschaftssystem, ihre Nische einnehmen und selbsttätig zu erhalten bestrebt sind.

Verschiedene Anthropologen haben schon früher diesen Gruppierungstyp als wesentlich für den Aufbau der menschlichen Gesellschaft erkannt. Mühlmann (1964, S. 57) gliedert so „Ethnien", Stämme und Völker heraus; sie leben in einem mehr oder weniger geschlossenen Areal, zeichnen sich durch gemeinsame Kultur und Geschichte aus, haben eigene Normen und Wertvorstellungen entwickelt und besitzen ein Zusammengehörigkeitsbewußtsein. In die gleiche Richtung zielen die Untersuchungen von Francis zu den Begriffen Volk, Nation und Volksgruppe (1965, S. 42 f., 60 f., 195 f.). Hier wird der Einfluß soziologischer Fragestellung deutlich. Man kann in diesen Gruppierungen die „idealen Verbände" Sombarts (vgl. S.249) wiederfinden. In ähnlicher Weise sind die von Vierkandt (1928/75, S. 442 f.) aufgeführten „Gruppen" sowie die „komplexen Sozialkörper" Bobeks (1961/69, S. 102), in die die einzelnen kleineren Sozialgruppen eingebunden sind, mit den Populationen identisch. Bargatzky (1986, S.159) bedient sich bereits des Populationsbegriffs.

Informations- und Energiefluß im System lassen sich nur dann wissenschaftlich erschließen und verstehen, wenn die Populationen als Akteure selbst in den Mittelpunkt der Betrachtung treten. Hier stehen sich Nachfrage und Angebot gegenüber; dazwischen schaltet sich der Produktionsprozeß, der Zeit in Anspruch nimmt. Diese deutlich verzögerte Antwort auf die Anregung kennzeichnet das System als Nichtgleichgewichtssystem, d.h. eine Population. Auch hier kann eine Stabilität über einen längeren Zeitraum gegeben sein.

Entscheidungsprozesse können Berücksichtigung finden und in den gebührenden Rahmen gestellt werden. Die Populationen sind die dynamischen Zentren, die durch ihre sinnorientierten Aktionen und Reaktionen während des Prozeßablaufs sich in die Lage versetzen, sich in der Umwelt zu behaupten. Die Prozesse haben für die Population, die sie initiierten, einen Sinn. Luhmann (1971, S.25 f.; 1970/75, II, S. 72 f.; 1984, S.92 f.) sah soziale Systeme durch ihren Sinn bestimmt (vgl. S.184). System und Umwelt werden als eine Differenz in Komplexität begriffen, soziale Systeme dienen der Reduktion von Komplexität; sie erhalten durch ihren Sinn ihre Identität und Begrenzung. Hier darf auch Toynbee (1950/54) angeführt werden, der die Kulturen – in unserem Sinne Populationen – als „in sich verständliche Sinneinheiten" begriff. Langton (1972) betonte ihren Zweck. All diese Autoren präzisierten freilich nicht deutlich die Unterschiede zwischen Gleichgewichts- und Nichtgleichgewichtssystem, und auch der Begriff Sinn ist nicht ganz klar. Es ist besser, von einer Zielorientierung zu sprechen: so kommt der Zeitaspekt zur Geltung. Das konkrete Ziel muß nicht bekannt sein, wohl aber die Richtung und das strukturelle Ziel, das durch den Prozeß verfolgt wird (Teleonomie; vgl. S.174).

Durch die Zielorientierung werden die Prozesse und Populationen als Einheiten verklammert. Zielgebung nach innen zu den Angehörigen der Population bedeutet zur Umwelt hin die Determination der Position, der Aufgabenstellung der Population als Ganzes zum übergeordneten System. Die Aufgabe, als intendierte Funktion, begründet für die Dauer des durch sie motivierten Prozesses die Einheit der Population nach innen und zur Umwelt hin. Die als solche berechtigte Kritik von Harvey (1969/73, S. 443 f.) und Eyles (1974, S. 30 f.) an einer funktionalistischen Betrachtungsweise erscheint durch die Einbeziehung der Zeitdimension – manifestiert im Prozeßablauf – abgeschwächt. Der Prozeß benötigt Zeit. Der Rückkoppelungsschleife im Gleichgewichtssystemen ist die zirkulare Prozeßstruktur im Nichtgleichgewichtssystem als verklammernder und stabilisierender Mechanismus gegenüberzustellen (vgl. S.279f). „Systeme mit zielgerichteter Organisation“ oder „zielgerichtete Systeme mit Selbstregulation“ (Stegmüller 1961/70) werden von der übergeordneten Aufgabe her motiviert, die den einzelnen Mitgliedern der Systeme bzw. Populationen gewöhnlich als solche nicht bewußt ist. Wie letztlich das Ergebnis der Prozesse aussieht und welche Wege dorthin führen, wird erst im Verlaufe der Prozesse erkennbar.

Tschierske (1961) bezeichnete diesen Systemtyp als Quant. Dieser Begriff drückt die Geschlossenheit und energetische Einheitlichkeit aus. Hass und Lange-Prollius (1978, S.64) prägten für in ähnlichem Sinne einheitlich gesteuerte Energie- und Funktionsträger (darunter faßte er Pflanzen, Tiere, „menschliche Berufskörper“ und „Erwerbsorganisationen“ zusammen), die in der Lage sind, „mehr arbeitsfähige Energie aus der Umwelt zu gewinnen und in ihren Dienst zu zwingen als die Gesamtheit ihrer Tätigkeiten als solcher verbraucht“, den Begriff Energon. Durch die deterministisch vereinfachende Gleichsetzung von biologischen und sozialen Phänomenen, das Fehlen einer genaueren Analyse der vertikalen und horizontalen Struktur sowie der Verknüpfung durch Prozesse, überhaupt einer empirisch sachverständigen Untermauerung besonders der kulturellen, sozialen und historisch-geographischen Fakten ist dieser Begriff so befrachtet, daß er hier keine Verwendung finden soll.

Jede Population hat die Lösung von Aufgaben zu erledigen (vgl. S.319f). Um die notwendigen Austauschprozesse, die die Aufgaben in diesen Kategorien lösen sollen, analysieren zu können, müssen sowohl die Beziehungen innerhalb des Systems als auch die mit der Systemumwelt untersucht werden. Homans (1950/60, S. 100 f., 123 f.) unterscheidet dementsprechend (auch für Gleichgewichtssysteme) zwischen innerem und äußerem System einer Gruppe – hier könnte man von Population sprechen. Dies soll später erörtert werden (vgl. S.261f).

Im Innern besitzt die Population die Qualifikation, die einzelne Aufgaben lösenden Prozesse so zu steuern, daß sie für die Population, das System ablaufen können. Dies setzt Verfügungsgewalt auch über die an diesem Prozeß beteiligten Einheiten voraus. Kontrollierter Prozeß beinhaltet also eine Hierarchie, es werden Anweisungen gegeben und befolgt. Außerdem erfordert es spezielle Kontrolleinrichtungen, damit während des Prozeßablaufs die Steuerung erfolgen kann (vgl. S.279f).

Für den Geographen ist die Betonung der zeitlichen Konstanz und der [4]Raumbezogenheit (vgl. S.162) der Populationen wichtig. Die regionale Einheit oder doch – bei disjunkter Verbreitung – die regionale Definierbarkeit erlaubt, verschiedene Größenordnungen zu erkennen, auf die eine Systematik der Populationen aufbauen kann. Der Größenrahmen der Gruppierungen ist einfach bestimmbar. Die obere Grenze liegt fest; es ist die Menschheit in ihrer Ganzheit, als Teil der Lebewelt bzw. des globalen Ökosystems. Die untere Grenze ist durch das Individuum gegeben.

Der Klarheit wegen hier nochmals: Nichtgleichgewichtssysteme sind ganz anders strukturiert als Gleichgewichtssysteme; es sind keineswegs Gleichgewichtssysteme, die lediglich durch einige nichtlineare Beziehungen den empirischen Befunden angepaßt sind, wie einige Forscher wohl meinen. Nichtgleichgewichtssysteme (= Populationen) werden durch die diese in ihrer Gesamtheit erfassenden Prozesse gestaltet. Die Prozesse sind in sich strukturiert, bestehen – wie noch zu zeigen sein wird – aus qualitativ unterschiedlichen Teilprozessen in ganz bestimmter Abfolge. Sie sind nur in klar umgrenzbaren Elementmengen denkbar, eben den Nichtgleichgewichtssystemen (oder Populationen). Die Elemente haben unterschiedliche Aufgaben (die Individuen spielen ihre Rollen) in der Ganzheit, je nach ihrer Position im Prozeßverlauf, ihrem Engagement in einem der Teilprozesse. Sie formieren sich, bilden Muster. Nur in diesem Rahmen ist Selbstergänzung, Autopoiese möglich. Nichtgleichgewichtssysteme sind Ganzheiten gegenüber allen Umwelten, im vertikalen und horizontalen Feld (vgl. S.261f).

Gleichgewichtssysteme (z.B. Wirtschafts-, Sozialformationen; vgl. S.463f) zeichnen sich dagegen durch Homogenität aus. Veränderungen erfolgen derart, daß ein Systemzustand in einen anderen gebracht wird, z.B. auch dadurch, daß Innovationen diffundieren. Diese Systemarten sind zur Selbstregulation (im Informations- und Energiefluß), nicht aber zur Autopoiese fähig. Sie sind durchaus Ganzheiten, aber nur im vertikalen Feld (vgl. unten).

2.2.1.5 Verknüpfung der Gruppierungstypen durch Informations- und Energiefluß

Wie gesagt, bestehen Systeme aus einer Menge von Elementen, die zueinander in definierbarer Beziehung stehen. Dies ist zunächst der Energiefluß, der sich in Produktketten, vergleichbar den Nahrungsketten in Ökosystemen, äußert. Außerdem ist zu berücksichtigen, daß für die Strukturierung der Populationen nicht nur das Angebot an, sondern auch die Nachfrage nach Energie entscheidend ist. In den hier näher betrachteten sozialen , d. h. der Menschheit als Gesellschaft zugehörigen, Populationen sind die der Nachfrage und dem Angebot gewidmeten Aktivitäten unter dem Begriff Arbeit zu definieren. Die Einrichtung der Arbeitsplätze, ihre Aufgabenstellung, Zuordnung und räumliche Anordnung sind für die Größe, den Aufbau und die Position der Populationen in der Menschheit als Gesellschaft wichtig (vgl. S.570f).

Als Beispiel sei eine ökonomisch (idealiter) autarke menschliche Population betrachtet, eine ländliche Gemeinde (Abb.7). Sie bezieht ihre Nahrung, also ihre Energie aus dem Ökosystem der natürlichen Umwelt. Auslöser für die Nahrungssuche und -beschaffung ist der Bedarf, der sich im Hunger der Bevölkerung äußert. Die Nachfrage kommt also von der Population als biotischem System, das neben der Aufgabe der Stillung des Hungers auch die der Fortpflanzung, der Erholung etc. besitzt. Die eigentliche Nahrungsbeschaffung wird im sozioökonomischen System besorgt, das sich durch Aktivitäten wie Feldbau, Jagd, Sammeln, Aufbereitung der Nahrung (Drusch, Kochen, Backen etc.) sowie Bekleidung, Hausbau usw. auszeichnet. Die Energie wird also im System umgewandelt, veredelt. Aus Rohstoffen werden Produkte. Dieses sozioökonomische System schaltet sich zwischen das biotische System, das die Nachfrage eingibt, und das Ökosystem, das die Ressourcen für das Angebot bereitstellt.

So führt die Nachfrage als Nachricht mit einem bestimmten Informationsgehalt aus der nachfragenden Umwelt durch das (hier sozioökonomische) System zur energieliefernden Umwelt, das Angebot dagegen aus der energieliefernden Umwelt durch das (sozioökonomische) System zum nachfragenden (hier biotischen) System; die Aktivitäten gehen vom Menschen mit seinen biotisch bestimmten Bedürfnissen aus. Der Informationsfluß ist also dem Energiefluß entgegengerichtet.

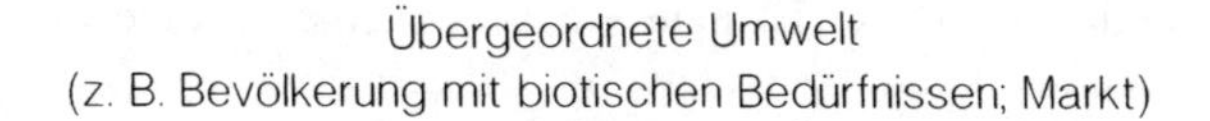

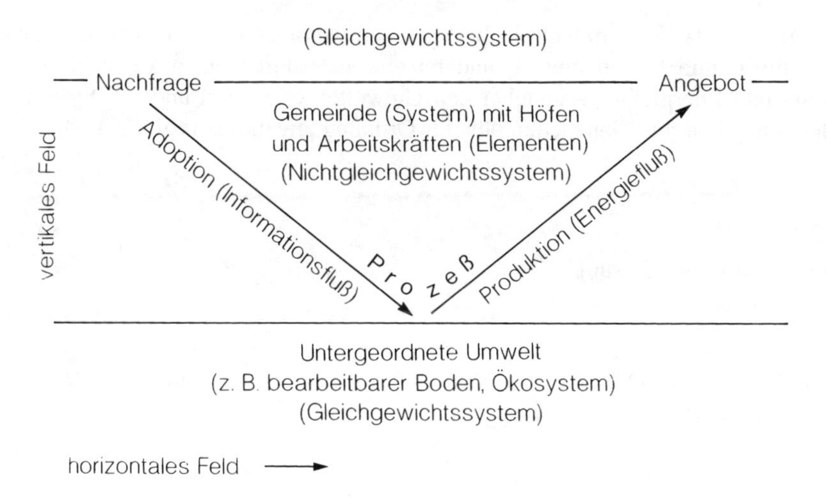

Abb. 7: Prozeßablauf in einer ländlichen Gemeinde im vertikalen und horizontalen Feld. Vgl. Text

Populationen existieren als Nichtgleichgewichtssysteme fern vom Gleichgewicht; die Nachfrage liegt zeitlich deutlich vor dem Angebot. Es schaltet sich, wie erwähnt, zwischen beiden der Prozeß. Die Anpassung des Angebots an die Nachfrage kann Erhaltung oder Veränderung der Systemstruktur beinhalten (vgl. S.266f).

Die Elemente sind die Energieträger. Im sozioökonomischen System wie im Falle der Gemeinde sind es die Individuen als Arbeitskräfte. Sie sind ihrerseits aber in Höfen oder landwirtschaftlichen Betrieben – hier als Organisate, also als Populationen verstanden (vgl. S.543f) – organisiert; auch diese sind Nichtgleichgewichtssysteme (niederer Ordnung, Subsysteme), und man könnte auch sie als Elemente betrachten – im Hinblick auf die landwirtschaftliche Produktion der Gemeinde (vgl. S.507f). Die Elemente, wie man sie auch definieren mag, nehmen die Energie als Rohstoff auf und erledigen Teilumwandlungen im Rahmen der Aufgaben des Systems. D.h., zwischen den Elementen und Systemen besteht zugleich eine Hierarchie. Das System ist als Ganzheit den Elementen übergeordnet. Die Elemente erfüllen bestimmte Aufgaben, lassen sich also zu Merkmalgruppen zusammenfassen. Diese sind denn auch als Aggregate zu verstehen, da sie im Informations- bzw. Energiefluß stehen. In diesem Sinne wird die Information, aus der übergeordneten Umwelt kommend, Schritt für Schritt durch das System geführt, im Gegenzug die Energie aus der untergeordneten Umwelt.

Je mehr Elemente – in unserem Beispiel arbeitende Individuen oder Höfe – es gibt, um so rascher können Nahrungsmittel beschafft werden, wenn das Ökosystem als Energieressource dies zuläßt. Generell kann man sagen, daß der Informations- und Energiefluß positiv mit der Zahl und Dichte der Elemente korreliert; die Kontakthäufigkeit mit den informationseingebenden und den energieliefernden Umwelten (oder Elementen in den Umwelten) regelt die Geschwindigkeit des Flusses. Es werden neue Elemente gebildet, wenn dies notwendig ist. Diese Elemente haben wiederum eigenen Systemcharakter (vgl. S.335f).

Dies zeigt, daß das System nicht isoliert gesehen werden darf. Es ist auf der einen Seite Informations- und Energieeinheit, andererseits aber durch einen kontrollierten Informations- und Energiefluß gegenüber den Umwelten offen, mit anderen Systemen verbunden, die wiederum Ganzheiten höherer Ordnung angehören (vgl. S.316f).

2.2.1.6 Zusammenfassung

In der Menschheit als Gesellschaft lassen sich verschiedene Arten der Gruppierung erkennen. Für die hier verfolgte Fragestellung ist wichtig, wie die individuellen Rollen in höhere systemische Einheiten eingebunden sind.

Individuen, Merkmalsgruppen, Aggregate und Populationen unterscheiden sich durch ihre Einbindung in das vertikale und horizontale Feld.

Individuen werden für sich betrachtet, als solche, im vertikalen und horizontalen Feld als Angehörige der Menschheit.

Merkmalsgruppen bestehen aus Individuen mit spezifischen Eigenschaften. Die Individuen als deren Träger wechseln, aber die Eigenschaft überdauert. In diesem Sinne haben Merkmalsgruppen eine bestimmte Funktion oder Aufgabe für eine übergeordnete Ganzheit.

Aggregate befinden sich im Informations- und Energiefluß. Ihre Größe hängt davon ab, daß sich Nachfrage und Angebot in etwa zu jedem Zeitpunkt entsprechen. Im vertikalen Feld besteht also ein Gleichgewicht. Daher sind Aggregate als Gleichgewichtssysteme zu betrachten.

Populationen bestehen aus mehreren Aggregaten, die für die Population eine bestimmte Aufgabe haben. Diese Aufgaben werden durch Prozesse gelöst, die Zeit beanspruchen. Hierdurch fallen Nachfrage und Angebot zeitlich auseinander. Die Nachfrage wird der Population eingegeben, sie gibt sie weiter und – mit Verzögerung – folgt das Angebot. Andererseits bilden Populationen gleicher Art ein Aggregat. D.h. die Populationen sind sowohl gegenüber dem untergeordneten als auch dem übergeordneten Aggregat als den Gleichgewichtssystemen in einer Zwischenposition, jeweils für sich abseits des Gleichgewichts. Populationen sind Nichtgleichgewichtssysteme.

Wir erkennen in dieser Abfolge – Elemente für sich, Merkmalsgruppen, Gleichgewichtssysteme, Nichtgleichgewichtssysteme – jene Reihung wieder, die dem Prozeß der zunehmenden Differenzierung im Zuge des Paradigmenwechsels und der kulturellen Evolution der letzten zwei Jahrhunderte zugrundeliegt (Kap. 1). Sie wird uns später in wieder anderem Zusammenhang nochmals begegnen (vgl. S.311f).

2.2.2 Die Umwelten der Populationen

Die Systeme werden nicht nur durch interne Vorrichtungen stabilisiert, sondern auch an den externen Kontaktflächen. Diese Kontaktflächen markieren die Grenzen der Population gegenüber der Umwelt, worunter mit Schmithüsen (1976, S. 227) „die Gesamtheit der für einen Organismus oder eine Lebensgemeinschaft wirksamen äußeren Faktoren" oder, bezogen auf den Menschen, „die für das Leben … relevanten Strukturen und Vorgänge" (S. 295) verstanden werden können (vgl. auch J. u. G. Haase 1971, S. 251).

Wie bereits eingangs bei der Behandlung der Menschheit als Art bzw. als Gesellschaft dargelegt, haben wir zwischen dem vertikalen und dem horizontalen Feld zu unterscheiden (vgl. S.245f); dies gilt entsprechend für jede Population. Aber die Population ist auch von Populationen umgeben, und so können wir genauer differenzieren. Wir erhalten vier Umwelten. Man kann dies in dem Satz zusammenfassen, daß es keine zwei Populationen geben kann, die dieselbe Position im Informations-/Energiefluß (substantielle Position), in der Zeitskala, in der Hierarchie der Populationen (vgl. S.316f) und im [1]Raum (vgl. S.19) besitzen; in einer dieser vier Positionen müssen sie sich unterscheiden („Einmaligkeitsprinzip").

Dementsprechend haben wir vier Umwelten zu betrachten: die substantielle im vertikalen, die zeitliche im horizontalen, die hierarchische wieder im vertikalen und die [1]räumliche wieder im horizontalen Feld; in sie sind die Prozeßabläufe eingebunden.

2.2.2.1 Substantielle Umwelt (im vertikalen Feld)

Es wurde dargelegt (vgl. S.258f), daß jede Population und jedes Aggregat im vertikalen Feld eine bestimmte Position hat. Informations- und Energiefluß führen durch die Systeme hindurch. Den Systemen kommt dabei die Aufgabe zu, die Information bzw. die Energie oder die Materie, die als Rohware aufgenommen wird, zu verändern, zu veredeln. Es wird also aus der substantiellen Umwelt Information bzw. Energie eingegeben, es wird aber auch in diese Umwelt abgegeben, eigene Information oder Produkte sowie Abfälle.

In einfach strukturierten Populationen bietet der Lebensraum die notwendigen Ressourcen. Ipsen (1933, S.426) definierte dementsprechend den Lebensraum als „Inbegriff der gegenständlichen Bedingungen und Bestimmungen eines menschlichen Daseins. Er deckt sich in keiner Weise etwa mit den sogenannten ‚natürlichen Gegebenheiten' der Erdoberfläche oder irgend eines Teiles davon; denn immer ist er eine durchaus einseitige Auswertung und Ausprägung gewisser Möglichkeiten." In der Biologie wird unter Lebensraum bereits seit Haeckel (1899; zit. nach Leser 1976, S. 19) die natürliche Umwelt von Organismen verstanden, mit dem diese in Wechselbeziehung stehen. Von hier nahm die Ökologie als Wissenschaft ihren Ausgang. Der Begriff kann erdumspannend gemeint sein (z.B. Lebensraum der Menschheit, Ökumene); aber auch der kleine Raum, der in sich weitgehend einheitlich ist, wird als Lebensraum oder Lebensstätte bezeichnet.

In der Anthropogeographie fand der Begriff Lebensraum, wie erwähnt (vgl. S.49), in der Politischen Geographie Anwendung (Ratzel 1897b; 1901/66; in seiner Politischen Geographie, 1897a, sprach er noch vom „Boden“). Schmitthenner (1938/51) korrelierte ihn – ganz in unserem Sinne – mit den Populationen der Hochkulturen. Bobek (1957/67, S. 322) und Isbary (1971, S. 2) verwendeten den Begriff entsprechend. Dagegen sah Paffen (1959, S. 368 f.) den Lebensraum in streng biologischem Sinne, als Untersuchungsobjekt der Physischen Anthropogeographie, schloß also die „physisch-ökologischen Grundlagen und Verhältnisse der menschlichen Werke in der Landschaft“ aus.

Durch seine spezifische Form, seine Ressourcen und deren Erreichbarkeit beeinflußt der Lebensraum die Aktivitäten der Population. Langfristige Erhaltung eines Gleichgewichtszustandes zwischen Population und Lebensraum sowie eine optimale Nutzung der Ressourcen stehen im Zusammenhang mit einer Anpassung seitens der Population, wie der Sache nach bereits Bastian (1886, S. VII f.) erkannte. Die Adaptation beinhaltet die Erkenntnis von den Möglichkeiten und Notwendigkeiten, die der Lebensraum bietet bzw. fordert sowie das daraus abgeleitete Verhalten. Die Aktivitäten der Population werden wesentlich – wenn auch nicht nur – vom Zwang zur Adaptation bestimmt.

Als eine Konsequenz gestaltet die Population den Lebensraum, paßt ihn durch die Formung der Siedlungen, die Gestaltung des Verkehrsnetzes, den Bau von Sicherungseinrichtungen, also grundsätzlich durch Erstellung dauerhafter Anlagen ihren Bedürfnissen an. Hierdurch wird die Kulturlandschaft geformt (vgl. S.246f). So ist der Lebensraum nicht identisch mit der natürlichen Umwelt, obwohl er diese auch umgreift. Bobek (1957/67, S. 299) sprach von künstlich geschaffenem Lebensraum.

Der Lebensraum einer Population besitzt seine Grenzen dort, wo die Ressourcen enden oder nicht mehr benötigt werden oder wo die Lebensräume anderer, hierarchisch gleichgestellter Populationen anschließen.

In höher differenzierten Populationen besteht nur bei Primärpopulationen (im Rahmen der Menschheit als Art; vgl. S.316f) ein direkter Bezug zwischen Population und Lebensraum, die Population versteht sich als Kommunikationsgemeinschaft mit gemeinsamer Geschichte, gemeinsamer Sprache, gemeinsamem Volkstum, gemeinsamen regionalen Problemen (z.B. Arbeitslosigkeit); der Lebensraum erscheint als erhaltenswerte Identifikationskulisse (als Teil der „Lebenswelt“ oder des „place“; vgl. S.207f). Bei Sekundärpopulationen (im Rahmen der Menschheit als Gesellschaft) sind die Verteilungsmuster, die sich aus der Flächenkonkurrenz der den verschiedenen Institutionen zuzuordnenden Betrieben und der Ressourcenverbreitung ergeben, wesentlich komplizierter (vgl. S.513f).

Im vertikalen Feld fragen letztlich die Populationen als biotische Einheiten nach, die Populationen als sozioökonomische Einheiten dagegen bieten an (vgl. S.287f). Bei der Subsistenzwirtschaft ist es dieselbe Population, bei der Marktwirtschaft fragen viele Populationen nach, viele Populationen bieten an.

2.2.2.2 Zeitliche Umwelt (im horizontalen Feld); Persistenz und Tradition

Im Prozeßablauf wird die Population oder das Aggregat ständig neu beansprucht, und die Einflüsse prägen die Population. Wie uns die Naturwissenschaften und die Philosophie lehren (vgl. S.167f), sind Vergangenheit und Zukunft keine abstrakten Begriffe, die nur eine Einordnung in eine astronomisch begründete „objektive" Zeitskala ermöglichen; vielmehr müssen hier die Erhaltung und die Veränderung (Innovation) selbst gesehen werden (Bahrdt 1974, S.19 f.). Umwelt bedeutet hier das Übernommene bzw. Nachfolgende. Vor allem erscheinen hier die Begriffe Persistenz und Tradition. Persistenz („Erhaltensneigung" nach Nipper und Streit 1977) der einmal geschaffenen, als Erbe vergangener Prozesse überkommenen Infrastruktur (De Vries Reilingh 1968; Maier, Paesler, Ruppert und Schaffer 1977, S. 79 f.) kann durch dauerhafte Anlagen verursacht (Linde 1972; er spricht generell von „Sachen"; Jaschke 1974) oder im Beharrungsvermögen von solchen Institutionen der Population begründet sein, die der Beschaffung, Verarbeitung oder Verbreitung von Informationen dienen.

Persistenz verzögert die Veränderung und fördert die Tendenz, daß die Prozesse stoßweise, diskret von einer untergeordneten Population zur anderen vorgetragen werden, und zwar mit so großer Intensität, daß sie jeweils Aussicht haben, zu Ende geführt zu werden, die ganze Population zu erfassen. Hieraus läßt sich folgern, daß Persistenz notwendige Voraussetzung für den Fortschritt darstellt. Auch der Begriff Tradition gehört in diesen Sinnzusammenhang.

Hier kommt noch ein zweites hinzu. Innovationen ändern die Art der Prozesse grundsätzlich nur in einem Sachbereich (z.B. Einführung von einer technischen Errungenschaft). Sonstige Eigenschaften dagegen bleiben erhalten oder orientieren sich entsprechend um. Dadurch erhält das System Stabilität. Z.B. kann die Religion in einer Kulturpopulation über etliche Jahrhunderte hindurch auf diese Weise stabilisierend auf die Entwicklung der übrigen Populationen und Prozesse wirken (vgl. S.373f).

Generalisiert gilt dies überhaupt für die Tradition (vgl. S.553). Sie bildet die Basis, von der aus der Fortschritt erfolgen kann (z.B. aus japanischem Blickwinkel Ichii 1970). Tradition gibt dem System im Zeitablauf Halt. Die Stabilisierung, die als ein dynamischer Prozeß mit Schwingung und Rotation verbunden ist, wird so erleichtert. Die Schwingung (vgl. S.272f) erhält gleichsam ihre Achse, die Rotation (vgl. S.277f) ihren Pol.

Über die zukünftige Struktur der betroffenen Populationen läßt sich im Rahmen der Behandlung der Prozeßsequenzen (vgl. S.294f) Näheres ausführen.

2.2.2.3 Hierarchische Umwelt (im vertikalen Feld)

Eine klare Kontrolle der Systeme und Prozesse ergibt sich durch die Hierarchie. Übergeordnete Populationen bilden für die untergeordneten den Rahmen, die untergeordneten ordnen sich den übergeordneten ein. In der Hierarchie bildet daher die übergeordnete Population gegenüber der untergeordneten eine Umwelt, und umgekehrt gilt das Entsprechende. Z.B. ist die Stadt-Umland-Population der Gemeinde übergeordnet, aber nicht in ihrer Totalität, sondern nur insoweit dieselbe Aufgabe berührt wird. Denn jeder

Populationstyp – hier also Stadt-Umland-Population oder Gemeinde – hat eine spezifische Aufgabe für die Gesellschaft (vgl. S.319f). Sie wird – über die Institutionen (vgl. S.308) – von den Elementen besorgt, d.h. den Individuen, die durch ihre Rolle in der Erfüllung der Aufgabe engagiert sind. Z.B. ist die ([2]räumliche) Organisation die Aufgabe der Stadt-Umland-Population, der Verkehr die Institution (vgl. S.457f).

Die untergeordneten Populationen können in ihrer Gesamtheit aber auch als Aggregat angesehen werden. Im vertikalen Aufbau wechseln also Population und Aggregat einander ab (vgl. S.316). Das bedeutet auch, daß nicht jede einzelne Population dieses unteren Niveaus den Anweisungen der übergeordneten Population Folge zu leisten hat, sondern nur das Aggregat insgesamt; auf dieser Ebene, im Aggregat, d.h. Gleichgewichtssystem, sind die Prozesse also unkontrolliert.

Innovationen werden innerhalb der Aggregate von Population zu Population weitergegeben (vgl. S.268f). Durch die wechselseitigen Beziehungen beeinflussen die Populationen einander in ihren Aktivitäten. Umgekehrt ausgedrückt kann man auch hier von Anpassungsvorgängen sprechen.

2.2.2.4 [1]Räumliche Umwelt (im horizontalen Feld)

Die demographische und soziale Struktur der Menschheit und die Prozesse finden auf der Erdoberfläche ihren Niederschlag in der räumlichen Ordnung. Im Hintergrund ist zu konstatieren, daß alle Prozesse zu jedem Zeitpunkt [1]Raum beanspruchen und die theoretisch denkbare dreidimensionale Zuordnung auf der Erdoberfläche weitgehend in ein Nebeneinander umgewandelt werden muß. Dadurch entsteht Flächenkonkurrenz (vgl. S.514). Jeder Prozeß nimmt seinen Raum ein. Ein Arrangement ist erforderlich, dies vollzieht sich nach Regeln.

Wir müssen hier zwischen Populationen in wenig und stark differenzierten Gesellschaften unterscheiden. Im Rahmen der substantiellen Umwelt (vgl. S.261f) wurde der Lebensraum mit seinen Ökosystemen behandelt. Er hat im Sinne des Informations- und Energieflusses in wenig differenzierten Populationen auch die Funktion einer [1]räumlichen Umwelt; der Ökologe würde von Habitat sprechen.

In höher differenzierten Gesellschaften mag man größeren Populationen – Völker, Kulturpopulationen – einen Lebensraum zuordnen. Bei Populationen geringerer Größe muß berücksichtigt werden, daß die einzelnen Tätigkeiten im Sinne einer Aufgabe für die Population ganz unterschiedliche Raumansprüche haben, d.h. die Aggregate ganz verschiedene Verteilungsmuster besitzen. Vor allem ist festzustellen, daß Wohnung und Arbeitsplatz räumlich auseinanderfallen, im Sinne der systemischen Verknüpfung die Konsumenten- und Produzentenseite der Populationen; außerdem werden die zum Leben und Produzieren nötigen Waren und Rohstoffe nicht einem direkt zugeordneten Lebensraum entnommen, sondern z.T. von weit her herangebracht. Von der Population aus gesehen greifen also die Funktionsräume weit über den eigenen Verbreitungsraum hinaus. Mit den Nachbarpopulationen werden Waren gehandelt, bestehen personelle, religiöse, ökonomische etc. Kontakte. Der Begriff Umland wird in der geographischen Forschung seit langem in diesem Sinne benutzt. Die Stadt wird als Gemeinde gesehen. Bei der Stadt-Umland-Population ist das Umland die Summe der Funktionsräume oder

Felder; sie gehören zur Population (Sekundärpopulation, im Rahmen der Menschheit als Gesellschaft; vgl. S.319f). Nische und Habitat fallen auseinander. Die Verbreitungsgebiete der einzelnen Aggregate bezeichnet man als Areale oder Funktionsräume (oder Felder). Hierzu gehören auch die Aktionsräume (vgl. S.152f). Der Begriff Lebensraum mag bei Primärpopulationen Verwendung finden (im Rahmen der Menschheit als Art).

Im übrigen wird man von Territorien sprechen, wenn man den Kontrollaspekt im Vordergrund sehen möchte. Die Verhaltensforschung bezeichnet als Territorium ein Areal, das ein Individuum oder eine Population kontrolliert (Ardrey 1966; Eibl-Eibesfeldt 1967/78, S.425 f.; Sommer 1966, S.61). Sack (1986, S.2) sieht Territorialität weniger restriktiv, als „a human strategy to affect, influence and control". In diesem Sinne sind Landeigentum, Arbeitsplätze, Wohnhäuser, politisch administrative Rechtstitel Beispiele von territorialer Organisation. Hier stehen soziale Macht und soziale Befugnis im Hintergrund. An anderer Stelle definierte Sack (1983, S.56 f.): „Territoriality is an extension of action by contact. It is a strategy to establish differential access to people, things, and relationships. Its alternative is always nonterritorial action". Obermaier (1980) untersuchte den Territorialbegriff aus der Sicht der Planung und diskutierte u.a. die Möglichkeiten einer aktiven Gestaltung und Einflußnahme durch die Nutzer auf ihre konkreten Lebensbereiche, die Erweiterung von Handlungs- und Verhaltensspielräumen in konkreten Situationen (S.121). In der Landschaftsökologie der ehem. DDR wurde unter einem Territorium ein Teil der Erdoberfläche verstanden, der nach politischen und ökonomischen Kriterien abgegrenzt ist. Es ist der „gesellschaftliche, insbesondere ökonomische Wirkungsraum der dort lebenden und arbeitenden Bevölkerung" (Barsch 1971, S. 95), das „Hoheitsgebiet einer staatlichen Einrichtung, Gesamtbegriff für Raumeinheiten mit einer bestimmten Organisationsform des gesellschaftlichen Reproduktionsprozesses" (Haase und Lüdemann 1972, S. 19; vgl. S.116). Auch die Historiker verstehen unter Territorium eine politische Einheit, vor allem ein Staatsgebiet. In diesen Fällen kann das Territorium vom Lebensraum, der ja einer Primärpopulation zugeordnet ist (vgl. oben), abweichen.

2.2.2.5 Zusammenfassung

Da die Population – im Gegensatz zur Menschheit als Ganzes – von anderen Populationen umgeben ist und nur einen bestimmten Ausschnitt aus der Erdoberfläche bewohnen, sind vier Umwelten zu unterscheiden; vertikales und horizontales Feld sind in zweifacher Bedeutung zu berücksichtigen. Wie bei der Menschheit als Gesellschaft gibt es ein vertikales Feld, das das Fehlen bzw. das Vorhandensein von Energie, sowie ein horizontales Feld, das den zeitlichen Ablauf beinhaltet. Dann kommt ein vertikales Feld hinzu, das zwischen hierarchisch übergeordneten und hierarchisch untergeordneten Populationen ausgebildet ist, und ein horizontales Feld, das den [1]Raum beinhaltet, nicht als direkten Energielieferanten, sondern als Fläche, die für die menschlichen Aktivitäten benötigt wird.

Dementsprechend sind in differenzierten Gesellschaften (Sekundärpopulationen im Rahmen der Menschheit als Gesellschaft) Funktionsräume oder Felder herauszustellen, die für jede Tätigkeit, bestimmte Prozeßabläufe, benötigt werden. Der Begriff Territorium meint den von der Population kontrollierten Raum. Er tritt neben den Begriff Lebensraum, den energieliefernden Raum für die Primärpopulation (im Rahmen der Menschheit als Art. Die verschiedenen den Bestand der Systeme stützen Mechanismen lenken die Prozesse nicht nur in bestimmte Richtungen; sie können den Ablauf von Prozessen auch behindern (Persistenz) oder stabilisieren.

2.2.3 Die Prozesse: Die Systeme als Ganzes

Die Prozesse selbst sind an die verschiedenen Kontrollmechanismen gebunden, formen diese aber auch. Zunächst sind die Aggregate und Populationen als Ganzes zu sehen; die Systeme erscheinen gleichsam als black boxes. In diesem Sinne lassen sich strukturerhaltende und strukturverändernde Prozesse unterscheiden.

Die strukturverändernden Prozesse werden z.B. als Innovationen in Aggregaten diffundiert (vgl. S.251f). Die Populationen dagegen schwingen in bestimmten, von Verlauf und Dauer der Prozesse in ihnen abhängigen Rhythmen (vgl. S.320f). Diese Schwingungen haben auch eine [4]räumliche Komponente, die sich u.a. in der Rotation äußert. Im Einzelnen:

2.2.3.1 Strukturerhaltende und strukturverändernde Prozesse

Verschiedene Entwicklungen von sozialen Systemen sind beobachtbar. Hinter ihnen stehen verschiedene Typen von Prozessen. Zunächst überwiegt der Eindruck einer Konstanz. Aggregate (z.B. Sozialformationen; vgl. S.463f) und Populationen (z.B. Völker oder Gemeinden) versuchen sich in ihrer spezifischen Art zu erhalten. Die Menschen wechseln, die Struktur bleibt. Ländliche Siedlungen haben sich – vor der Industrialisierung – so jeweils viele Jahrzehnte kaum verändert. In diesem Fall haben wir strukturerhaltende Prozesse vor uns.

Ein solcher Zustand währt aber nur eine gewisse Zeit; heute beobachten wir, daß die Populationen sich ändern, daß in ländlichen Siedlungen neue Techniken der Landbearbeitung, neue Anbaufrüchte etc. aufgenommen werden. Wir bezeichnen solche Vorgänge als strukturverändernde Prozesse oder als Transformationen (z.B. Fränzle 1971, S. 302 f.). Sie sind mit Ausbreitungsprozessen, mit Diffusionen, häufig mit Innovationen, d.h. der Übernahme von Neuerungen verbunden. Strukturverändernde Prozesse sind in großer Zahl beschrieben worden. Der Begriff Innovation wurde zunächst in der Botanik verwendet. Schumpeter (1912/52, S. 88 f.) führte diesen Prozeßtyp der Sache nach in die Wirtschaftswissenschaft ein. Auch in der Anthropologie und Volkskunde spielt er eine große Rolle (z.B. Barnett 1953; Wiegelmann 1970). Die Übernahme von Innovationen kann angeordnet werden. Als solche könnte eine Gemeindereform innerhalb eines Bundeslandes oder könnten raumordnerische Maßnahmen in einem sozialistischen Land betrachtet werden. Diese Prozesse sind kontrolliert, ihre Auswirkungen freilich nicht. Besser bearbeitet sind die sich selbst regulierenden Prozesse. Sauer (1952) untersuchte die Verbreitung der wichtigsten Kulturpflanzen und Haustiere über die Erde, Hägerstrand (1953/67) die Diffusion verschiedener Innovationen (z.B. des Automobils) in Schweden, Borcherdt (1961) landwirtschaftlicher Produktionsformen in Bayern.

Als ein weiteres Beispiel sei die Ausbreitung des Kartoffelanbaus in Mitteleuropa genannt (Denecke 1976a).

Strukturverändernde Prozesse erfordern zusätzliche Energie, neue Arbeitsleistungen. Vielfach kommen weitere Investitionen hinzu, z.B. der Kauf von Geräten, Maschinen oder der Bau dauerhafter Anlagen, d.h. die Veränderung der Kulturlandschaft – durch Rodungen, Bau von Verkehrswegen etc. Damit wird die Umwelt entsprechend den Bedürfnissen des Systems gestaltet. Während dieser strukturverändernden Prozesse werden die strukturerhaltenden Prozesse weitergeführt. Z.B. wird während der Rodung neuen Landes in der Gemarkung weiterhin Feldbau betrieben, so daß die Veränderung des Umfangs des Feldbaus durch die Produktion dem Bedarf angepaßt werden kann – also ein strukturverändernder Prozeß ohne Innovation. So wird sukzessive so viel Land gerodet, bis es genügend Nahrungsmittel liefern kann. Wird erkannt, daß der Bedarf gedeckt ist, hört die Rodung auf. Durch diese negative Rückkopplung wird die Fortsetzung des strukturverändernden Prozesses gebremst, die strukturerhaltenden Prozesse, also die Produktion stabilisieren sich auf etwa dem neuen Niveau.

In der Geschichtswissenschaft setzt die Diskussion um den Aussagewert der Prozeßanalyse erst langsam ein (z.B. Faber und Meier, Hrsg., 1978). So wurde bisher begrifflich noch keine Übereinstimmung mit den übrigen Disziplinen erzielt. Z.B. stellte Ch. Meier (1978, S. 27 f.) „Ereignisse" „autonomen Prozessen" gegenüber; sie entsprechen im Großen und Ganzen den strukturverändernden bzw. strukturerhaltenden Prozessen.

Die strukturerhaltenden Prozesse beruhen auf einem stetigen (besser: in geringerem Umfange schwankenden) Zufluß von Energie. Sie sind nötig, da Populationen als Nichtgleichgewichtssysteme, d.h. „dissipative" Systeme (vgl. S.168) ständig Energie benötigen. Verändert sich die Struktur nicht, so halten sich gewöhnlich Nachfrage und Angebot die Waage. Strukturverändernde Prozesse deuten dagegen auf Disparitäten hin. Wird vorübergehend zusätzlich Energie nachgefragt, so kann ein System elastisch reagieren; es erhöht das Angebot, ohne deshalb seine Struktur zu ändern. Die Elemente werden zeitweise überlastet. Bleibt dagegen die Nachfrage auf Dauer höher, so kommt es zur Strukturveränderung. Strukturverändernde Prozesse signalisieren Weiterentwicklung, Fortschritt und Wachstum – aber auch Rückschritt. Die „systemstörende Unruhe" (Jettmar 1973, S. 86) initiiert geschichtliche Veränderungen und sozialen Wandel.

Durch die strukturverändernden Prozesse werden die Systeme auch zur horizontalen Umwelt, zu Nachbarsystemen, geöffnet. Die Aufnahme von Innovationen (z.B. die Einführung einer neuen Getreidesorte) wird meist von außen initiiert. Sie bedingt ihrerseits Wandlungen im Energiehaushalt, und auch die zusätzlich benötigte Energie (z.B. Dünger) muß von außen beschafft werden. Wie dies im einzelnen geschieht, ist freilich noch weitgehend unklar. Gerade in Bezug auf den Problemkreis der Anregung von Prozessen ist noch wesentliche induktive Arbeit zu leisten. So betont Walter (1969, S. 176 f.), daß im Detail die Beweggründe für den technischen Fortschritt noch kaum erforscht seien, was auch wohl als eine Folge der Schwierigkeit fächerübergreifender Untersuchungen gedeutet werden muß.

Insgesamt sind folgende Arten von Verhalten der Nichtgleichgewichtssysteme in der Zeit denkbar (u.a. Fliedner 1987a, S. 109):

1) Es wird weniger Energie nachgefragt oder geliefert als vorher. Folge: Das System wird reduziert oder zerfällt.

2a) Es wird soviel Energie nachgefragt und angeboten wie vorher. Folge: Das System erhält sich (= strukturerhaltender Prozeß).

Dies gilt langfristig. Tatsächlich schwingt das System um einen Mittelwert:

2b) Es wird wechselnd mehr oder weniger Energie nachgefragt bzw. angeboten (Schwankung). Folge: Die Elemente produzieren vorübergehend mehr oder weniger als im Durchschnitt vorher, das System als solches verändert sich nicht.

3) Es wird dauernd mehr Energie nachgefragt als vorher. Folge: Die Zahl der Elemente muß erhöht werden oder die Elemente müssen vergrößert werden (= strukturverändernder Prozeß).

4) Wird die Nachfrage nach Energie noch weiter gesteigert, sind die Systeme überfordert. Folge: ein chaotisches Verhalten; in dem Zusammenhang bilden sich Ansatzpunkte für die Bildung neuer Ordnungsstrukturen. Die strukturverändernden gehen in systemerzeugende Prozesse über (vgl. S.330f; 333f).

2.2.3.2 Diffusionsprozesse

Den entscheidenden Anstoß zur Untersuchung von Diffusionsprozessen in der Geographie gab Hägerstrand (1953/67). Er entwickelte auf der Basis der Wahrscheinlichkeitsberechnung ein Modell, das für das Verständnis dieser Prozesse noch heute grundlegend ist (vgl. S.144f). Übersichtliche Darstellungen der Innovations- und Diffusionsforschung wurden von Rogers (1962/83), Windhorst (1983) und Echternhagen (1983) vorgelegt.

Innovationen beinhalten eine Information, die örtliche Kräfte weckt und Aktionen stimuliert; die Annahme der Innovation ist die Adoption. Diffusion ist der Ausbreitungsprozeß. Diese Begriffe sind zu unterscheiden (Rogers 1962, S.19 f.; Windhorst 1983, S.2).

Adoptierbar ist nur, was sinnlich wahrnehmbar, registrierbar ist (vgl. auch Heuß 1973, S. 192 f.). Z.B. bedeutete die Einführung der Reformation in Süddeutschland (Hannemann 1975) eine Änderung der Konfession, als solche also eine Änderung eines Informations-, nicht materiellen Sachverhaltes. Der Vorgang wurde aber erst dadurch wirksam, daß er sinnlich wahrnehmbar gemacht wurde, daß z.B. Menschen predigten und gehört werden konnten, Schriften verteilten, die gelesen werden konnten, Bekehrte sich zur neuen Lehre bekannten etc. Jeder Prozeß, welche Aufgabe er auch besitzen mag, muß sich in perzipierbare Erscheinung niederschlagen. Solche Diffusionsprozesse können aber auch mit Migrationen, mit Landnahme und Kolonisation verbunden sein.

Während des Prozesses sind die beteiligten Populationen mit der übergeordneten Population verkoppelt; deren Bedarf soll durch den Prozeß gedeckt werden. Z.B. sind in einer Gemeinde die landwirtschaftlichen Erträge zu gering. Eine neue, bessere Getreidesorte soll eingeführt werden. Die Diffusion der Innovation verläuft selbst im Aggregat (vgl. S.251f), den landwirtschaftlichen Betrieben. Ein strukturverändernder Prozeß kann eine technische oder ökonomische Neuerung, Innovation beinhalten, muß es aber nicht, wie gesagt. Hier soll die Tragfähigkeit (vgl. S.526f) erhöht werden.

Auf der anderen Seite ist die Rückkoppelung, sie signalisiert über das Output, ob der Prozeß weiterlaufen, die Diffusion fortgesetzt werden kann. Der Prozeß kann seinerseits neue Bedürfnisse wecken – z.B. die Einführung neuer Geräte –, evtl. kann ein zweiter Prozeß ausgelöst werden, der seinerseits neue Bedürfnisse nach sich zieht etc. Solche Vorgänge lassen sich häufig beobachten. Z.B. konnte D.R. Meyer (1976, S. 5 f.) solche sich verstärkenden Wechselwirkungen bei der Industrialisierung Connecticuts in der ersten Hälfte des 19. Jahrhunderts nachweisen. Aber auch in größerem Rahmen ergibt sich die Möglichkeit, die historischen Prozesse in diesem Sinne zu deuten. So versuchte Flannery (1968/71), die großen Kulturwandlungen im alten Mexiko auf agrarischem Sektor (Maisbau, Bewässerung etc.) und die Bevölkerungsentwicklung zu erklären, indem er die prähistorischen „Kulturen" bei Berücksichtigung der Populationsstruktur als Systeme begriff, die sich durch Wechselwirkung gegenseitig positiv beeinflußten.

Solche sich gegenseitig verstärkenden Prozesse sind generell der Startphase und der Phase der stärksten Ausbreitung der Innovation eigen. Wir sprechen von positiver oder kumulativer Rückkopplung. Es ist dies der Effekt, der als „Prinzip der Selbstverstärkung" in der physikalischen Geographie schon früh Aufmerksamkeit gefunden hat (Behrmann 1919). Der Multiplikatoreffekt in der volkswirtschaftlichen Entwicklung ist ebenfalls in diesem Rahmen zu sehen (Keynes 1936/55, S. 97 f.; Lloyd und Dicken 1972, S. 164 f.). Schwankungen in einem kleinen Bereich des Volkseinkommens können große Schwankungen in der Gesamtbeschäftigung und dem Gesamteinkommen auslösen. Auch die „Beschleunigung der kulturellen Entwicklung", die Hart (1959/72) in der Geschichte des Abendlandes und Narr (1978) bei der kulturellen Evolution in den letzten 20.000 Jahren (vgl. S.367f) anhand mehrerer Merkmale herausstellten, darf in diesen Zusammenhang gebracht werden. Bleiben über eine längere Zeit die Signale der Rückkopplung positiv, so setzt sich der Innovationsprozeß immer weiter fort. Bei einer Diffusion kann die Größe des Ausbreitungsgebietes, damit aber auch die Zahl der die Innovation adoptierenden Populationen entsprechend einer Exponentialfunktion zunehmen.

Auf der anderen Seite setzt sich bei fortschreitendem Prozeß eine gegenteilige Tendenz durch. Z.B. kann die Ausbreitung eines Anbauprodukts durch hohe Nahrungsmittelpreise ausgelöst werden. Im Laufe des Ausbreitungsprozesses werden neue Anbaugebiete erschlossen, die Nahrungsmittelproduktion steigt schneller als die Nachfrage. Schließlich deckt die Nahrungsmittelproduktion den Bedarf, die Preise sinken. Der Markt wirkt als Rückkopplungsmechanismus. Bei den an dem Prozeß beteiligten Populationen und Individuen wird der Absatz erschwert. Dadurch wird die Produktivität gemindert, denn die Kosten für den Faktoreneinsatz steigen relativ an, die Gewinne sinken, der Ertragszuwachs nimmt ab, schließlich sogar der Ertrag selbst. Die Rodung neuen Landes wird unrentabel. Der Ausbreitungsprozeß wird gestoppt. Die Rückkopplung ist negativ. Ein Beispiel bietet die Landnahme der Pecos-Indianer in einem breiten Becken im späteren New Mexico in der Zeit des 13. und frühen 14. Jahrhunderts. Anhand der Verbreitung der Wohnstätten, der Pueblogebäude und zahlreicher Feldhäuser, die die Ausdehnung des Feldlandes wiedergeben, läßt sich der Umfang der Veränderung gut erkennen (Abb.8 und 9).

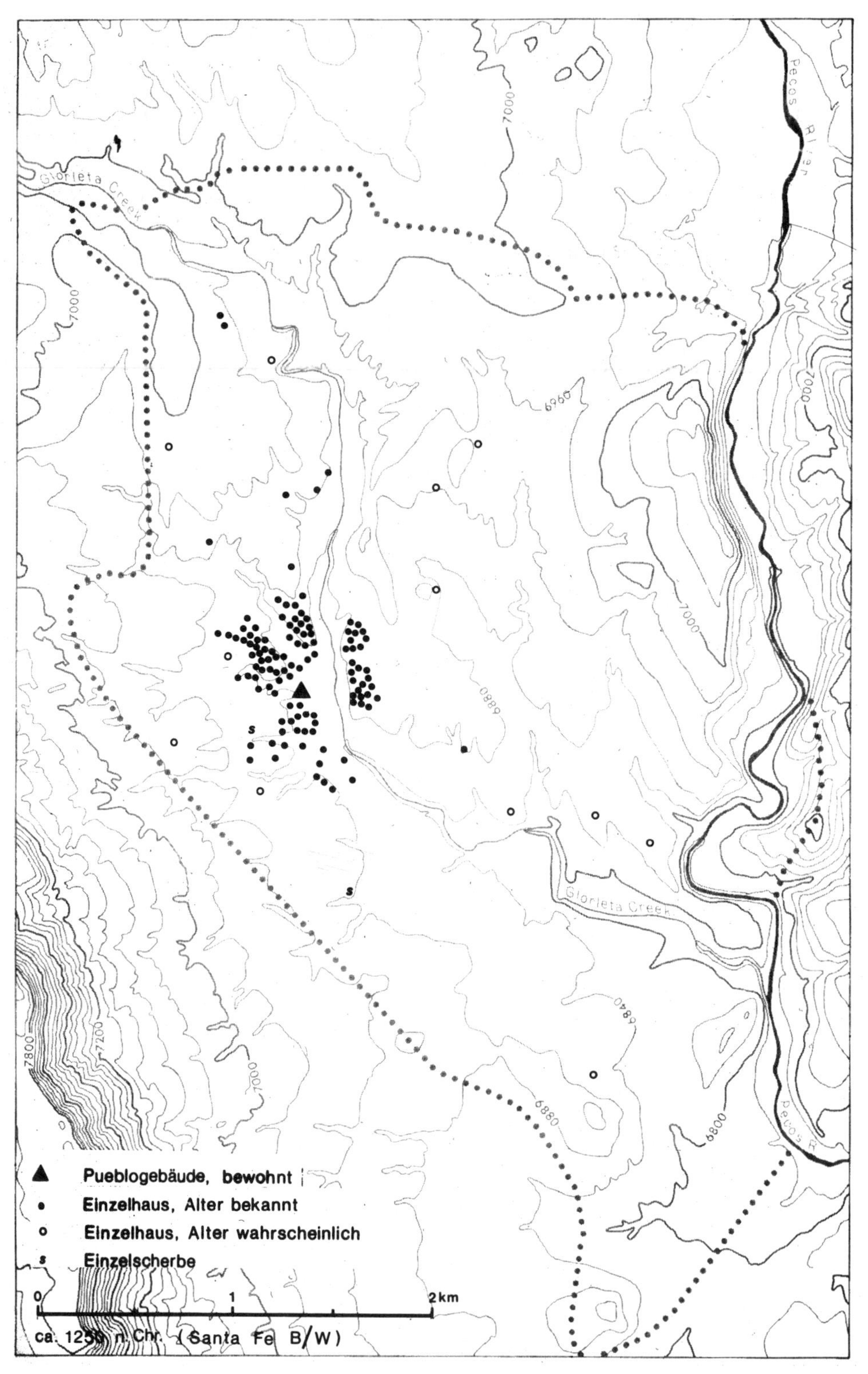

Abb. 8 Pueblo Pecos. Dorfsiedlung und Einzelhäuser ca. 1250 n.Chr.
Quelle: Fliedner 1981, S.57, 273 f.

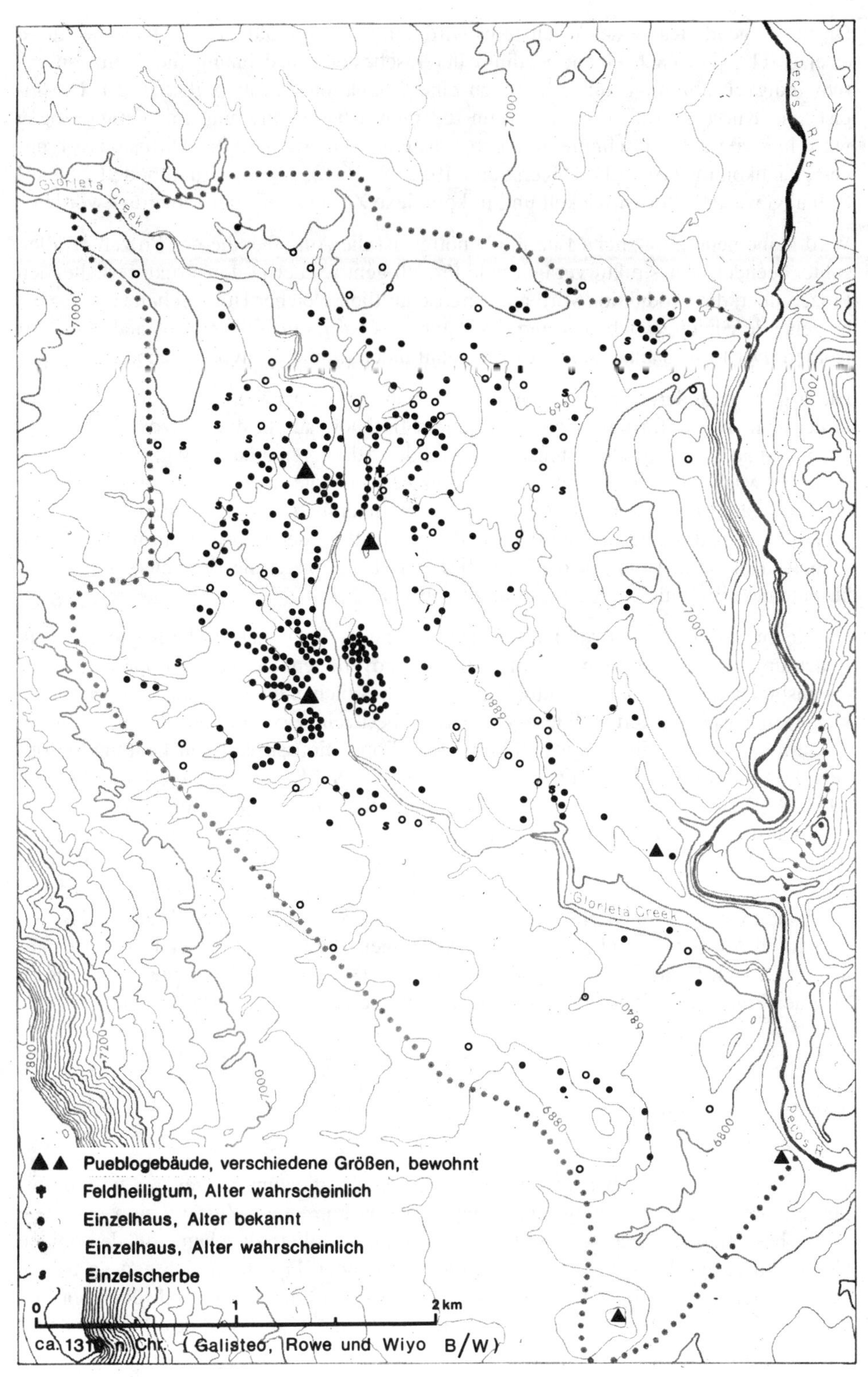

Abb. 9 Pueblo Pecos; Dorfsiedlungen und Einzelhäuser ca. 1310 n.Chr.
Quelle: Fliedner 1981, S.57, 273 f.

Die aufsteigende Kurve des Wachstums wird durch die sigmoide oder logistische Kurve ersetzt, d.h., daß nach einem Stadium der raschesten Ausdehnung die Diffusionsgeschwindigkeit abnimmt und schließlich eine Stagnation eintritt (vgl. S.310f). Die logistische Kurve läßt sich, zumal wenn die räumliche Ausbreitung mit herangezogen wird, in weitere Teilabschnitte zerlegen, was einer Unterteilung des Diffusionsvorganges gleichkommt (vgl. z.B. Hägerstrand 1952, S. 16 f.). Dieses Grundmodell ist vielfach abgewandelt, fortentwickelt und in komplexe Zusammenhänge eingefügt worden.

Wird keine neue zusätzliche Energie benötigt, ist die Aufgabe, die der Prozeß erfüllen sollte, beendet. Der strukturverändernde Prozeß geht wieder in den strukturerhaltenden Prozeß über, die Produktion wird auf durchschnittlich gleicher Höhe gehalten. Der vorhergehende Gleichgewichtszustand des Aggregats ist in einen neuen Zustand überführt worden. Der Prozeßablauf selbst ist im Detail indeterminiert, unvorhersehbar.

Die strukturverändernde Innovation diffundiert in Form einer Welle; sie verebbt im Laufe der Zeit. Die Diffusion erfolgt von einem Initialort aus in die horizontale Umwelt hinein, zunächst mit großer Intensität (Anteil der Adoptoren an den möglichen Adoptoren). Mit wachsender Entfernung nimmt üblicherweise die Intensität ab, um schließlich auszuklingen (Morrill 1968; 1970; vgl. Abb.10). In ähnlicher Weise verliert ein Ereignis an Bedeutung; das Interesse an der Meldung selbst, an der Information, nimmt zuerst schnell, dann abflachend mit der Zeit ab. Ein Beispiel bietet die Berichterstattung von bedeutenden Ereignissen in der Zeitung (Abb.11).

Die Kenntnis des Ablaufs von Diffusionen von Innovationen hat für die Regionalpolitik Bedeutung. Augenscheinlich muß man solche Innovationen, die breite Adoptorenschichten ansprechen (z.B. Telefon, Auto, Fernseher) von solchen unterscheiden, die nur einen kleinen hochspezialisierten Interessentenkreis besitzen. Über diesen Typ sind unsere Kenntnisse bisher gering. Im Detail kommt die Populationsstruktur zur Geltung, besonders die zentralörtliche Struktur (z.B. Bartels 1970c, S. 288 f.; Bahrenberg und Łoboda 1973, S. 167 f.; 177). Innovationen von spezifischen Technologien entstehen in einer hochindustrialisierten Gesellschaft häufig in den Ballungsräumen; hier sind dann die Initialorte der Diffusion der technischen Neuerungen, wie es u.a. in den wachstumspoltheoretischen Überlegungen von Perroux (1964; vgl. S.111) zum Ausdruck kommt. Aber auch von kleinen Orten können Ausbreitungsprozesse ausgehen. Weiterhin ist natürlich die Adoptionsfreudigkeit zu berücksichtigen, die bei Industriebetrieben z.B. abhängig ist vom Management (Giese und Nipper 1984). Weitere Überlegungen im Rahmen des Einbaus der Innovationen in die hier vorgestellte Theorie (vgl. S.308f).

2.2.3.3 Schwingung

Jede Welle im Aggregat bedeutet bei jeder Population, die zum Aggregat gehört, dieses mit aufbaut, eine Schwingung. Die Transformation von einem Zustand zum nächsten, wie er beschrieben wurde (vgl. S.266f), ist also nicht isoliert zu sehen. Aus den obigen Überlegungen ergibt sich, daß bei strukturverändernden Prozessen sich erst nach dem Output durch die Annahme des Produktes durch das den Prozeß auslösende übergeordnete System entscheidet, ob der Prozeß weitergeht oder nicht. Während des Prozesses wird

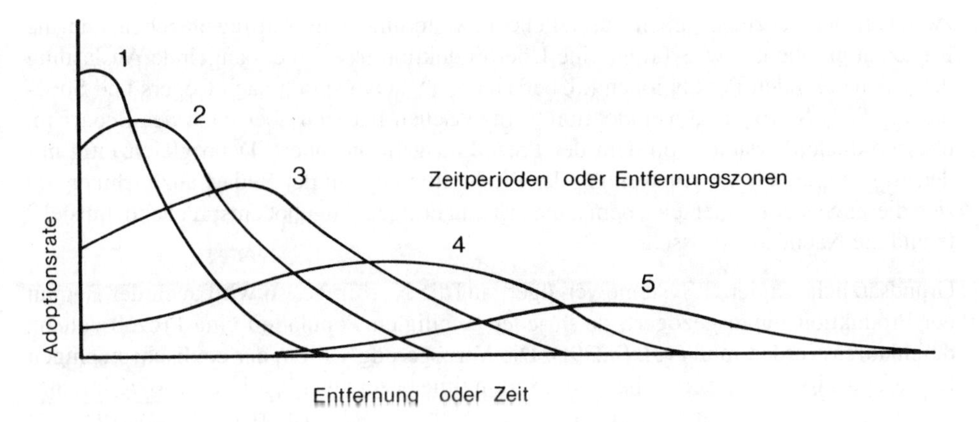

Abb. 10 Adoptionsrate im Diffusionsprozeß mit wachsender Entfernung oder Zeit.
Quelle: Morrill 1968, S.7; Morrill und Dormitzer 1979, S.356

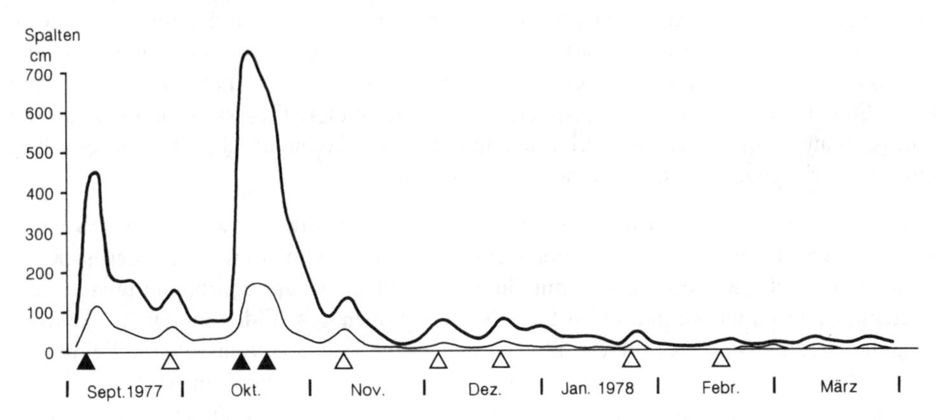

Abb. 11 Behandlung wichtiger Ereignisse in der Tageszeitung als Ausdruck der zeitlichen Weitwirkung: Das westdeutsche Terroristenproblem (Saarbrücker Zeitung September 1977 bis März 1978).
Quelle: Fliedner 1981, S.66, 274 f. (dort detaillierte Beschreibung)

der anfänglichen Nachfrage entsprochen, und die Lösung der Frage, ob der Prozeß beendet wird, hängt davon ab, ob auch am Ende des Prozesses Nachfrage und Angebot sich entsprechen. Nun sind ja viele, voneinander unabhängig entscheidende und miteinander konkurrierende Populationen niederer Ordnung im Aggregat in gleicher Weise an der Produktion beteiligt. Da jeder Prozeß Zeit beansprucht, kommt der Prozeß noch nicht gleich zum Stillstand, wenn der Mehrbedarf der übergeordneten Population gedeckt ist. Denn bevor die beteiligten untergeordneten Populationen alle perzipiert haben, daß der Markt gesättigt ist, sind schon weitere Investitionen getroffen worden; z.B. wurden inzwischen bei Fabrikbetrieben zusätzliche Erweiterungen in Auftrag gegeben, die die Kapazität erhöhen, usw. So folgt eine Überproduktion bzw. eine mangelnde Auslastung der produzierenden Populationen („Überschießen", „Overshot"; nach Rogers und Shoemaker 1971, S. 164 f. „Overadoption"). Inzwischen hat sich aber auch der Bedarf im übergeordneten System, von dem der Prozeß ausgeht, geändert. Denn gleichzeitig mit den Anstrengungen zur Ausweitung der Produktion begann der Bedarf abzunehmen, da sich dieses System seinerseits, dem zunächst zu geringen Angebot entsprechend, umstellte und die Nachfrage drosselte.

Grundsätzlich reagieren Systeme verzögert auf die Nachfrage; so wird auch der Beginn der Produktion hinausgezögert, da in jeder beteiligten Population eine Prozeßsequenz durchlaufen werden muß (vgl. S.279f). Die Verzögerung wird in der englischsprachigen Literatur als Response period bzw. Relaxation time bezeichnet (Carlsson 1967/68; Langton 1972, S. 138 f.). Auch der Cultural lag (Ogburn 1922, zitiert in Ogburn 1957/72) gehört in dieses Begriffsfeld.

Durch die jeweilige Verzögerung gelangen Angebot und Nachfrage nicht genau zur Deckung, eine präzise Abstimmung kommt nicht zustande. Es werden auf diese Weise periodisch die Prozesse erneut stimuliert, wobei die Art der Produktion entsprechend dem inzwischen eingetretenen Fortschritt jeweils neue Akzente erhält. Dadurch kommt es zu Schwingungen, und jede Schwingung ist mit einer Diffusion verbunden. Ob die Diffusion auch eine echte Innovation beinhaltet, hängt davon ab, ob in der Gesellschaft ein Fortschritt gegeben ist. Notwendig ist dies nicht:

Bei der Untersuchung der Entwicklung des Pueblos Pecos im Südwesten der USA ließ sich – aufgrund detailliert datierbarer Keramik – gut erkennen (Abb.12), daß sich die Population in ihrem Lebensraum mit ihrer Umwelt über fünf Jahrhunderte in einem Gleichgewicht halten konnte (Abb.12a). Nach der oben geschilderten starken Ausweitung des Siedlungslandes (vgl. S.269f) wurden einige Pueblos verlassen, die Feldfläche drastisch verkleinert. Dann schwankte die Siedlungsfläche um einen Mittelwert. Wie sich aus den Spuren von früherer Bodenerosion schließen läßt (Fliedner 1981, S.80 f), wurden die Ökosysteme des Lebensraumes bis an die Grenze der Belastbarkeit und darüber hinaus beansprucht. Weiterhin ist die Entwicklung der Bevölkerungszahl belangvoll. Es lassen sich in den letzten zwei Jahrhunderten der Existenz des Dorfes – nur für diese Zeit liegen Zählungen vor – entsprechende Schwankungsphasen erkennen, wobei die Extremwerte jeweils mehrere Jahrzehnte gegenüber denen der Feldbauflächenentwicklung verschoben erscheinen (Abb.12c).

Kombinieren wir nun die Beobachtungen, so können wir zu folgendem Schluß kommen (Abb.13):

1. Stadium: Zunahme der Bevölkerung, Nahrungsmittel werden knapper, da nicht genügend Land bebaut wird. Nachfrage steigt.

2. Stadium: Bevölkerungszahl überschreitet aufgrund der fehlenden Nahrungsmittel ihr Maximum. Inzwischen wird neues Land gerodet, die Anbaufläche also vergrößert. Angebot steigt.

3. Stadium: Die Bevölkerungszahl schrumpft, die Erntehöhen nehmen zu. Das Angebot übersteigt die Nachfrage.

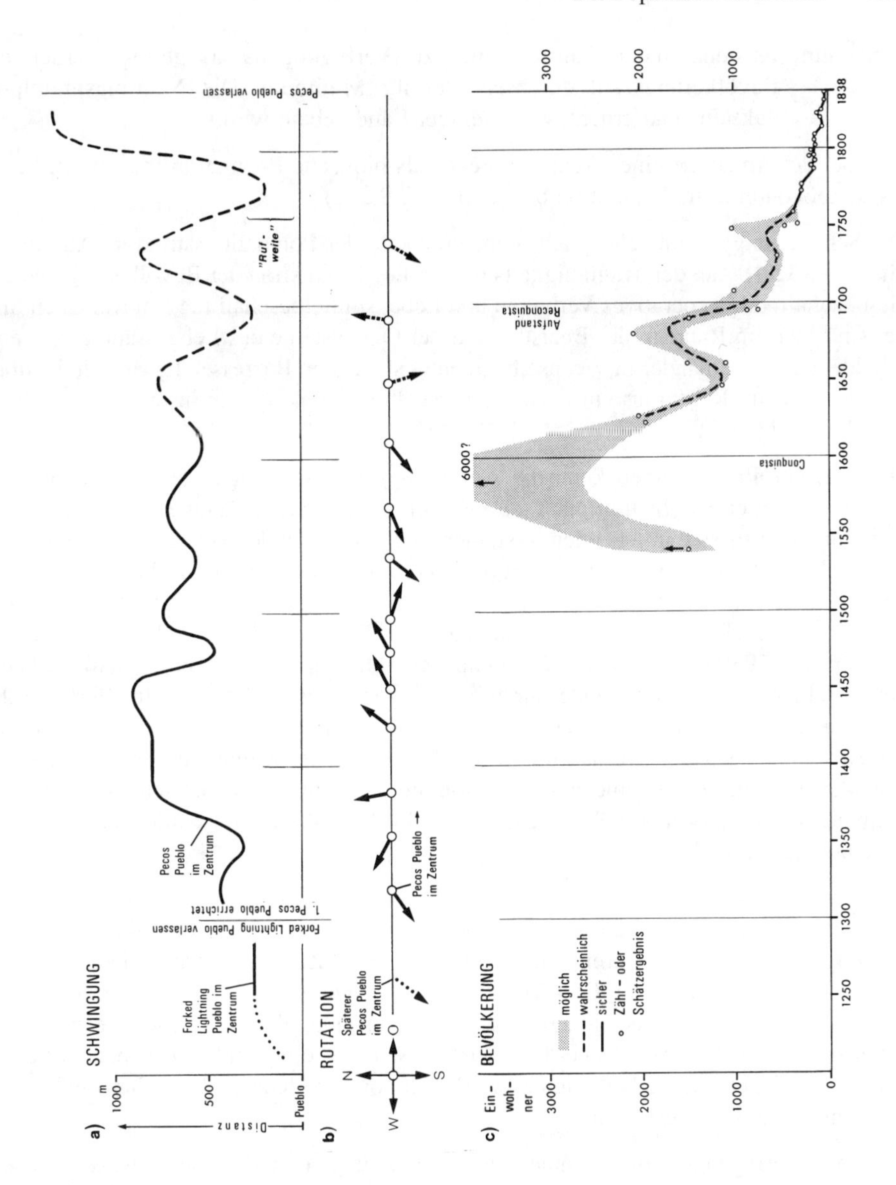

Abb. 12 Pueblo Pecos; Schwingung und Rotation in der Feldnutzung vom 13.bis zum 19. Jahrhundert; Bevölkerungsentwicklung vom 16. bis zum 19. Jahrhundert.

a) Die Schwingungen ergeben sich durch Eintragung der mittleren Distanz der Fundpunkte vom Pueblo Pecos.

b) Die Rotation wird durch Umrechnungen sichtbar gemacht: 1) mittlere Distanz aller Fundpunkte vom Pueblo Pecos (zur Ausschaltung der Unterschiede in der Bodengüte) in den Himmelsrichtungen (16-teilige Rose); 2) Abweichung der Fundpunkte der einzelnen Stadien von mittlerer Verteilung; 3) Resultierende des Vektorenzuges.

c) Bevölkerungsentwicklung (Auswertung der Literaturangaben).
Quelle: Fliedner 1981, S.75, 275 (dort detaillierter Quellennachweis)

4. Stadium: Es stehen mehr Nahrungsmittel zur Verfügung als nachgefragt werden, die Bevölkerungszahl durchschreitet ihr Minimum. Die Nahrungsmittelproduktion sinkt erneut, weil weniger Land bebaut wird.

D.h. bei der Annahme einer Autarkie: Pecos als biotische Population fragt nach, Pecos als sozioökonomische Population bietet an (vgl. S.262).

Die Schwingungen vollziehen sich – entsprechend der Populationsstruktur (Äquifinalität; vgl. S.329f) – an der Tragfähigkeitsgrenze. Die Produktion der Bevölkerung und der Gesellschaft, d.h. generatives Verhalten und Lebensmittelbeschaffung (im weitesten Sinne) sind hier, im Rahmen der Belastbarkeit der Ökosysteme des Lebensraumes die entscheidenden, miteinander in Wechselbeziehung stehenden Prozesse, denen sich die übrigen Prozesse im Rhythmus einfügen. So versucht sich das System in seiner Umwelt im Gleichgewicht zu halten.

Durch Kontrollmaßnahmen kann die Auslenkung der Schwingungen verkleinert werden; sie setzen eigene Institutionen voraus (vgl. S.309). Schwingungen sind kennzeichnend für jeden Prozeß in lebenden Systemen. Sie wurden in den verschiedenen Disziplinen beobachtet und untersucht, z.B. in der Ökologie (Räuber-Beute-Zyklen; MacArthur und Connell 1966/70, S. 152 f.; Bekämpfung von „Ungeziefer“; Margulis 1977), der Anthropologie (Rappaport 1967; Shantzis und Behrens 1976) und der Ökonomie (Schumpeter 1939/61; Mensch 1975). Ganz generell kann man behaupten, daß der Gang der Geschichte in starkem Maße durch Schwingungen gestaltet wird. Im Verlaufe der Erörterungen soll hierzu weiteres Material beigesteuert werden (Kap.3). Wie noch zu zeigen ist (vgl. S.312f), werden durch den Schwingungsrhythmus die Prozesse, somit auch die Innovationen, in eine zeitliche Ordnung gebracht. Mathematisch lassen sich die Schwingungen in erster Annäherung durch die Lotka-Volterra-Beziehungen beschreiben (Fliedner 1990, S.37),.

Das System bleibt so lange im (Schwingungs-)Gleichgewicht mit der Umwelt, wie die Umwelt-Bedingungen es zulassen. Ändern sich diese, so kann dies zu einer Änderung der Populationsstruktur führen, vielleicht sogar zum Zusammenbruch. Der erwähnte Pueblo Pecos geriet aus dem Gleichgewicht, die Schwingungen wurden sehr ausladend, die Bevölkerungszahl sank bis auf wenige Überlebende, als die Spanier die religiösen Voraussetzungen änderten; außerdem wurden Seuchen eingeschleppt, benachbarte bodenvage Indianerstämme bedrängten die Population. Die letzten Bewohner mußten die Siedlung schließlich verlassen.

Weitere Überlegungen zum Einbau der Schwingungen in das theoretische Konzept vgl. S.311f.

2.2.3.4 Selektion

Die Schwingungen halten die Population im Gleichgewicht, erhalten die Struktur. Sie führen aber in den Elementen, also den untergeordneten Populationen zu Strukturveränderungen. Hier findet eine Selektion statt.

Es wurde bereits kurz dargestellt, daß der Prozeß in ein Aggregat, d.h. ein Gleichgewichtssystem der untergeordneten Population hineinführt. Beim Aufwärtstrend im

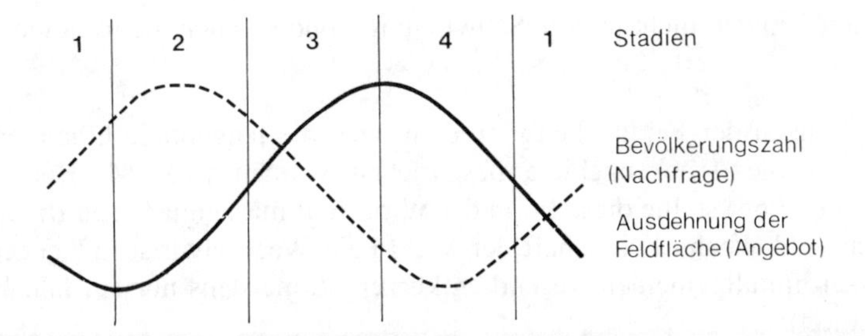

Abb. 13 Wechselseitiger Einfluß von Bevölkerungszahl (Nachfrage) und Ausdehnung der Feldfläche (Angebot) in einer autonomen ländlichen Gemeinde (Beispiel Pueblo Pecos). Vgl. Text

Schwingungsrhythmus werden zunehmend Produkte angeboten, es erfolgen zusätzliche Investitionen; beim jeweiligen Abwärtstrend kommt durch den relativ zum Angebot schwindenden Konsum die Konkurrenz der produzierenden Populationen in den Aggregaten schärfer zur Geltung, dann erfolgt die Selektion. Nur die günstigsten Angebote werden von der Bevölkerung aufgenommen. Diese Selektion kommt der übergeordneten, der nachfragenden Population zugute. Durch sie werden die „tauglicheren" Populationen herausgefiltert, womit die übergeordnete Population ihrerseits den Konkurrenzkampf mit gleichartigen Populationen eher bestehen kann. Daß dies nicht vollständig geschieht, steht auf einem anderen Blatt (vgl. S.347). Beim folgenden Aufwärtstrend übernehmen die verbleibenden Populationen die Produktion und die Innovationen. Die aufgrund ihrer Vorleistung geeignetsten Populationen sind dann wahrscheinlich die Träger der Entwicklung, die Innovationszentren. Im Marktgeschehen läßt sich dies leicht nachvollziehen. Ähnliche Erscheinungen sind aber auch in – in der Hierarchie – höher einzustufenden Populationen erkennbar. Z.B. tritt in den Kulturpopulationen jeweils eine Stammes-, Volks- oder Staatspopulation hervor, die als Innovationszentrum zu betrachten ist (z.B. bei den Indianern im SW der heutigen USA zwischen 11. und 16.Jahrhundert (Abb.30; vgl. S.398). Dies führt zum Problem der Rotation.

2.2.3.5 Rotation

Neben die Schwingungen, die zeitlich das Prozeßgeschehen ordnen, treten räumliche Verschiebungen. Auch bei ihnen, die man unter dem Begriff Rotation zusammenfassen kann, sind die Wechselwirkungen zwischen dem System und dem in ihm initiierten Prozeß auf der einen Seite sowie der Umwelt auf der anderen zur Erklärung heranzuziehen. Auch hier bietet der Pueblo Pecos ein gutes Beispiel. Wie bereits oben angedeutet, greifen in die Schwingung ökologische Reaktionen ein; die langfristige Erhaltung der Erträge zwang die Indianer, bei ihren Rodungsaktivitäten die Feldbauareale im Außenbereich jeweils zu wechseln. Bei jeder radialen Verschiebung (Schwingung) erfolgte gleichzeitig eine tangentiale, d.h. der Schwerpunkt des Feldbauareals wurde seitlich versetzt. Die tangentiale Verschiebung erfolgte – vor Ankunft der Spanier – immer in einer Richtung, im Uhrzeigersinn (Abb.12b; vgl. S.275). Durch Bodenerosion hatte sich der vorher benutzte und dann verlassene Raum noch nicht ganz erholt, so daß das Nachbarland attraktiver erschien. Das bedeutet, daß zu den Ausgleichbewegungen der Pecos-

Population in ihrer Umwelt nicht nur die Schwingung, sondern auch die Rotation gehörte.

Solche Verschiebungen der Feldflächen – freilich ohne die tangentiale Orientierung – sind mehrfach für die Trockengebiete beschrieben worden (u.a. M. Born 1965, S. 143 f.). Boserup (1965) stellte diese Form der Wirtschaft mit langjährigen Brachintervallen als Busch-Feld-Wechselwirtschaft der Wald-Feld-Wechselwirtschaft gegenüber, deren Umtriebszeit im allgemeinen wesentlich kürzer ist, meistens nur ein Jahr beträgt (Shifting cultivation).

Dahinter stehen generellere Regeln. Durch die Nutzung und den damit verbundenen Bodenabtrag ist das Feldland in dem betroffenen Teil der Wirtschaftsfläche für die späteren Prozesse weniger geeignet geworden, so daß das Nachbarareal bevorzugt wird. Auf einen Nenner gebracht heißt dies, daß die Adoption durch die vorgegebene, in diesem Fall menschenbedingte Struktur der Umwelt (den übernutzten Bereich) verweigert wird. Dies ist Ausdruck von Persistenz (vgl. S.263). Rodung und Nutzung werden im Nachbarraum ermöglicht. Die Prozesse werden somit [4]räumlich gelenkt, die Adoption regional differenziert. Rotation setzt ein agierendes System voraus; es handelt sich um Gestaltungsvorgänge im Nichtgleichgewichtssystem, die mit dem rhythmischen Prozeßverlauf in Verbindung stehen.

Jede Umstrukturierung erfordert eine zusätzliche Anstrengung, eine Investition. Ein anderes Beispiel: Die historisch gewordene, also vorgegebene Struktur einer Stadt kommt einer Umgestaltung in ganz verschiedenem Umfange entgegen. Dies gilt für alle dauerhaften Anlagen, aber auch für die dabei geschaffenen Institutionen, also auch immaterieller Art, die eine Durchführung der strukturerhaltenden Prozesse ermöglichen sollen. So setzen, wie jeder weiß, enge Innenstädte, deren Gestalt dem Fußgängerverkehr und den öffentlichen Verkehrsmitteln angemessen war, der Innovation des Kraftfahrzeugverkehrs besonders großen Widerstand entgegen. Früher konnten die Kunden des Einzelhandels mit der Bahn aus dem Umland bis zum Geschäftszentrum gelangen. Heute ist dies mit den Kraftfahrzeugen des beengten Parkraumes nicht mehr so leicht möglich. Neue Einkaufszentren entstehen am Stadtrand.

Bereits früher waren mir (Fliedner 1962a) – durch statistische Umrechnungen sichtbar gemacht – „zyklonale Tendenzen" bei Bevölkerungs- und Verkehrsbewegungen in verschiedenen Städten aufgefallen, die wohl letztlich auf ähnliche Ursachen zurückgehen (Abb.48; vgl. S.506).

Hall (1985) stellte fest, daß sich – im Zusammenhang mit dem Kondratieff-Zyklus und den Innovationsschüben in diesem Rhythmus (vgl. S.450) – das Zentrum der Weltwirtschaft, auch die Innovationszentren innerhalb der Staaten verschoben haben, es also häufig keine räumliche Persistenz gibt. Er nannte dies den Upas-Baum-Effekt; der südpazifische Upas-Baum läßt in seinem Schatten keine weitere Vegetation aufkommen. Hier meint dies, daß ein in einer Region oder einer Stadt dominanter Wirtschaftsbereich dort keine andere Wirtschaftsbereiche aufkeimen läßt. Bei einem im Rhythmus des Kondratieff-Zyklus erfolgenden Abschwung des alten Wirtschaftsbereichs kann sich dann bei dem neuen Aufschwung hier kein neuer Wirtschaftsbereich entfalten. Auch dies ein Beispiel für Rotation. Weiter Beispiele sollen später aufgezeigt werden (Kap.3).

2.2.3.6 Zusammenfassung

Entspricht die Nachfrage etwa dem Angebot, so wird das System so viel Energie liefern und für sich verbrauchen, daß es sich selbst erhält. Dies bezeichnen wir als strukturerhaltenden Prozeß. Wird dagegen dauerhaft mehr (oder weniger) Energie nachgefragt, so wird sich das System umstellen, einen strukturverändernden Prozeß einleiten.

Die Diffusion von Innovationen erfolgt in ein Aggregat, es wird das Gleichgewichtssystem von einem zum andern Zustand gebracht. Diese Strukturveränderung berührt auch die Populationen, also Nichtgleichgewichtssysteme, die das Aggregat zusammensetzen. Die in ihnen ablaufenden Prozesse benötigen Zeit, das Angebot erfolgt verzögert der Nachfrage. Da während dieser Zeit sich die Nachfrage wieder ändert, kommt es praktisch nie zu einer genauen Entsprechung von Angebot und Nachfrage. Die Folge sind Schwingungen, die mit der Diffusion der Innovation – sie erfolgt in Wellenform – im Zusammenhang stehen.

Im Zuge dieser Schwingungen kommt es zu Selektionsvorgängen – in den Abschwungphasen – sowie zu Rotationserscheinungen; die im Schwingungsrhythmus jeweils neu einsetzende Ausdehnung des Systems bevorzugt in der vorgegebenen Umwelt eine andere Richtung – vom Zentrum aus gesehen. Dies hängt vermutlich mit einer regionalen Persistenz der überkommenen Struktur zusammen.

2.3 Die Population in ihrem inneren Aufbau: Die Grundprozesse

2.3.0 Einleitung: Das Basissystem

Nach Behandlung der Menschheit als Ganzes sowie der Population als Ganzes soll nun ein Schritt weiter ins Detail gegangen und versucht werden, einen Blick in die Population, die „Black box" vorzunehmen. Ziel der Darlegungen ist, aus den gegebenen, beobachtbaren Fakten, wie sie geschildert wurden, die Prozeßabläufe möglichst genau zu definieren, auf die Grundeinheiten zu reduzieren.

Um hier weiterzukommen, soll ein Modell beschrieben werden, das die für die Existenz einer Population als eines Nichtgleichgewichtssystems wesentlichen Strukturen und Prozesse präzisiert und in eine – ideale – Ordnung bringt. Dieses Modell sei als „Basissystem" bezeichnet. In ihm werden sämtliche denkbaren Verknüpfungen berührt, wenn Informationen oder Energie durch das System geführt werden. Insgesamt gesehen handelt es sich um einen mehrstufig aufgebauten Kreisprozeß. Jede Schwingung bedeutet in der Population ein solcher Kreisprozeß.

Dabei soll auf die bereits früher (vgl. S.261f) vorgenommene strukturelle Gliederung in vertikales und horizontales Feld zurückgegriffen werden. Überhaupt soll auf den Überlegungen, die wir bereits früher erörtert haben (Felder, Gruppierungstypen, Prozeßabläufe, Systemaufbau, Elemente etc.) aufgebaut werden. Am Beispiel einer ländlichen Gemein-

Tab. 6: Die Bindungsebenen im Basissystem. Vgl. Text

1. Übergeordnete Umwelt	–	Systembereich Oberseite (= Ganzheit)
2. Systembereich Oberseite	–	Systembereich Unterseite
3. Systembereich Unterseite	–	Elementbereich Oberseite
4. Elementbereich Oberseite	–	Elementbereich Unterseite (= Ausgang zur untergeordneten Umwelt)

de soll dies illustriert werden. Nur durch ein Schritt-für-Schritt-Vorgehen kann Klarheit über die Vorgänge im Basissystem erreicht werden. Eine Übersicht über die Grundprozesse vermittelt Abb.14.

2.3.1 Das vertikale Feld: Die Bindungsebenen

Man kann ein System, auch das Basissystem, als Modell einer Population als Ganzheit begreifen und als die Summe seiner Teile, der Elemente. Im vertikalen Feld befindet sich die übergeordnete Struktur, das System, hierarchisch oberhalb der untergeordneten Struktur, der Elemente, die in ihrer Gesamtheit als Aggregat gesehen werden können. Beide, System und Elemente, werden im Informations- und Energiefluß berührt. Ein Beispiel (Fliedner 1990, S.17 f.): Eine ländliche Gemeinde (Abb.7; vgl. S.259). Sie wird angeregt, entsprechend der Nachfrage vermehrt Lebensmittel zu produzieren. Dies kann z.B. durch die Übernahme einer neuen Maissorte, einer Innovation also, geschehen. Der Markt ist übergeordnet, von dort kommt die Nachfrage. Der Boden, das gegebene Ökosystem, wird von den Höfen der Gemeinde mit ihren Arbeitskräften bearbeitet, er hat die Lebensmittel, die Energie zu liefern; er ist untergeordnet. Die landwirtschaftlichen Organisate (zum Begriff vgl. S.317) oder Höfe bilden hierarchisch untergeordnete Systeme, die Arbeitskräfte die Elemente. So entsteht von oben durch die Gemeinde mit ihren Höfen nach unten ein Informationsfluß (Nachfrage) und von unten nach oben ein Energiefluß (Angebot). Beides ereignet sich im „vertikalen Feld". Markt und Ökosystem sind Gleichgewichtssysteme. Die einzelne Gemeinde dagegen sowie die einzelnen Höfe sind Nichtgleichgewichtssysteme. Wir können für unseren Fall vereinfachen und die Höfe als die Produktionseinheiten als Elemente betrachten.

Im System können wir eine zunehmende Bindungsdichte zwischen der übergeordneten und der untergeordneten Umwelt konstatieren. Daher nennen wir die beschriebenen Niveaus Bindungsebenen; der Informationsfluß führt von der 1. zur 4., der Energiefluß von der 4. zur 1. Bindungsebene. Betrachten wir den Informationsfluß:

In der dem Basissystem übergeordneten Umwelt, d.h. in einem Aggregat, werden Produkte benötigt. Diese Information wird – durch Kontaktierungen - durch das System (die Population) zur untergeordneten Umwelt, die die Energie- (oder Materie-)ressource darstellt, geführt. System- und Elementbereich müssen nun unterschieden werden; außerdem ist zu berücksichtigen, daß beide ihre Ein- und Ausgänge besitzen, formal gesehen Ober- bzw. Unterseite im Informationsfluß. So lassen sich vier Niveaus unterscheiden, in denen sich die Kontakte vollziehen (Tab.6).

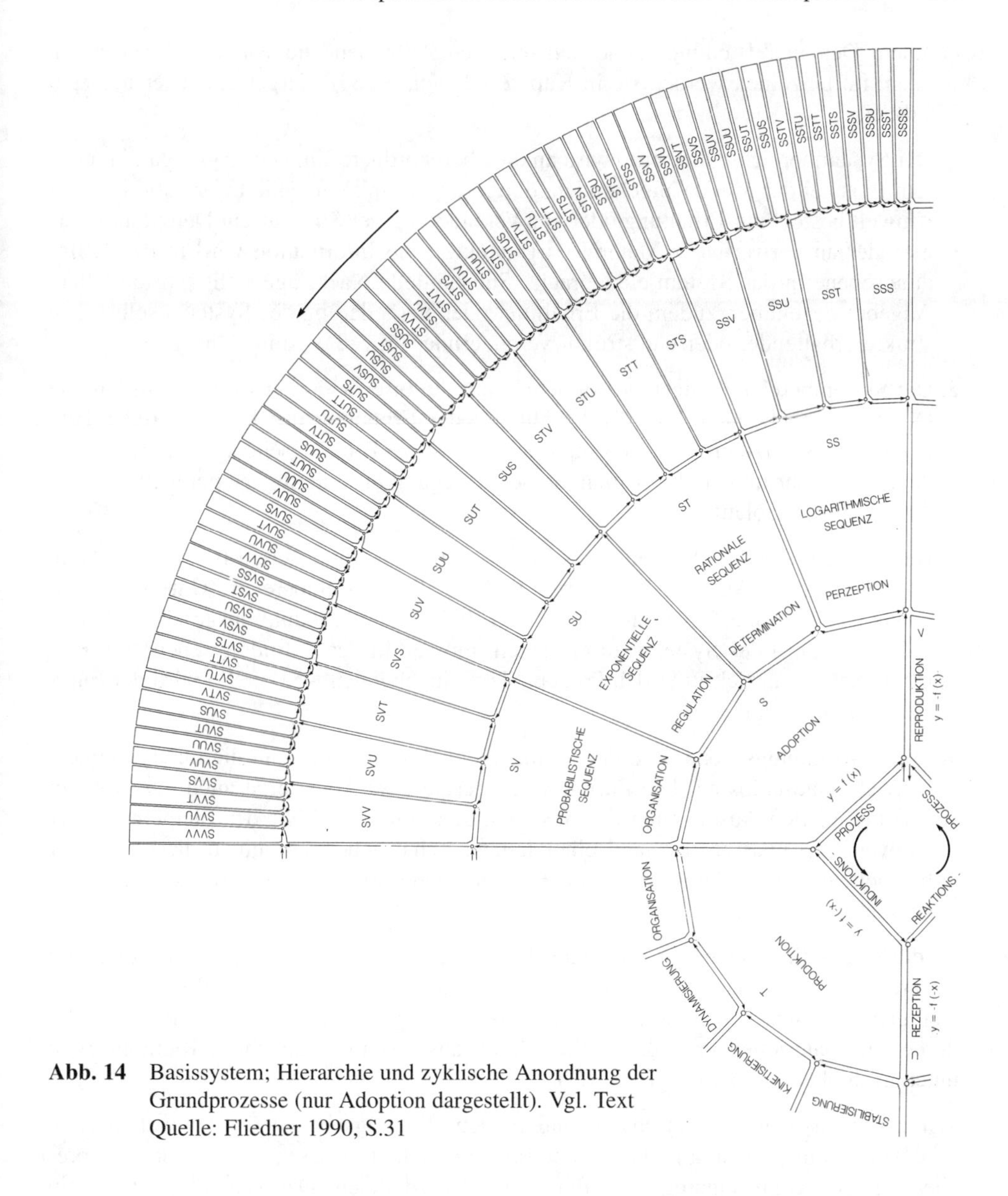

Abb. 14 Basissystem; Hierarchie und zyklische Anordnung der Grundprozesse (nur Adoption dargestellt). Vgl. Text
Quelle: Fliedner 1990, S.31

Da die Information von oben nach unten geführt wird, impliziert die jeweils tiefere Ebene die Daten aus den jeweils übergeordneten Ebenen; d.h. je tiefer die Ebene, um so präziser ist die Aussage, sind die zu treffenden Entscheidungen, d.h. um so mehr Bindungen sind zu berücksichtigen, um so höher ist die Bindungsdichte. Wir kennzeichnen die Bindungsebenen durch die Zahl der Bindungen (Einfach-, Zweifach-, Dreifach- und Vierfachbindung).

Diese Bindungsebenen bezeichnen also bestimmte Eigenschaften, die auf der verschiedenen Position in der innersystemischen Hierarchie – System- und Elementbereich –

beruhen. Den vier Bindungsebenen entsprechen Aufgaben, die von Prozessen erfüllt werden. Im einzelnen werden sie in Kap. 2.3.2 (vgl. S.283f) dargestellt. Hier nur zum Überblick:

1. Der Systembereich (Oberseite) wird an die übergeordnete Umwelt (Aggregat, in unserem Beispiel der Markt) angebunden, durch die hereinkommende Information. In der Umwelt besteht zur Erhaltung oder zur Veränderung der Struktur ein Defizit an Energie oder an verwertbarer Materie (= Produkte); die Information wird in der 1.Bindungsebene in das System eingebracht. Substantielle Nachfrage steht substantiellem Angebot gegenüber, zudem die Erhaltung oder Veränderung des Systems selbst. Ein strukturerhaltender oder/und strukturverändernder Prozeß wird in Gang gesetzt.
2. Der Systembereich (Unterseite) stellt sich auf die Information um, d.h. er wird an die Oberseite angebunden. Um die Erhaltung oder Erhöhung des Energie- (oder Produkten-) flusses zu ermöglichen, muß in der zweiten Bindungsebene die Reihenfolge der Arbeitsschritte von der Aufnahme der Anregung bis zur Abgabe geregelt werden, d.h. der Prozeßablauf.
3. Der Elementbereich (Oberseite) des Basissystems (also in unserem Beispiel die Höfe mit ihren Arbeitskräften) wird strukturell an den Systembereich (Unterseite) angebunden; um eine Erhaltung oder eine Erhöhung der Produktionsgeschwindigkeit (oder Leistung) des Systems zu erreichen, müssen in der 3.Bindungsebene die Elemente Schritt für Schritt in den Prozeßablauf eingebunden werden. So wird der Energiefluß ermöglicht.
4. In der 4.Bindungsebene wird der Elementbereich (Unterseite) an die untergeordnete Umwelt angeschlossen. Die Zufuhr von Energie bzw. Materie ist auch ein Problem der ^{2}räumlichen Ausdehnung des Systems; denn mit der Größe der Elemente in der Umwelt – in unserem Beispiel einer landwirtschaftlichen Gemeinde die Größe der bearbeiteten Flur – steigt auch die Energiemenge. So erhält das Basissystem eine geometrische Gestalt.

Es dürfte deutlich geworden sein, daß die Prozesse in den Bindungsebenen einander hierarchisch zugeordnet sind. In dem hier geschilderten Informationsfluß setzen die jeweiligen Bindungsebenen die in der Sequenz folgenden voraus. Die Nachfrage löst dadurch den materiellen Prozeß, die Produktion aus, der in umgekehrter Richtung, von unten nach oben, verläuft (vgl. S.245f).

Wir erkennen weiterhin unschwer, daß in den Bindungsebenen die Umwelten (vgl. S.261f) ihre Entsprechung finden. In der Tat werden die Prozesse ja auch in den entsprechenden Umwelten angeregt und führen wieder zu ihnen. Das Einmaligkeitsprinzip kommt auch in den Bindungsebenen zur Geltung.

2.3.2 Das horizontale Feld: Die Grundprozesse

2.3.2.0 Einleitung: Definition des Grundprozesses

Ganz allgemein gilt: Im Marktgeschehen regeln Nachfrage und Angebot die Produktion. Arbeitsplätze und Arbeitskräfte sind von ihnen abhängig. Mit anderen Worten: Nachfrage und Angebot sind die Pole, zwischen denen bei einem Nichtgleichgewichtssystem, also in einer Population, die im Marktgeschehen involviert ist, der Prozeß sich vollzieht (vgl. S.258f). Weiterhin gilt die Feststellung, daß die Prozesse sich in den Institutionen mit Hilfe der Ausführenden (Arbeitskräfte), in dauerhaften Anlagen (Häuser, Felder etc.) und unter Nutzung technischer Hilfsmittel, der Medien vollziehen (vgl. S.246f). Diese Prozesse seien hier als Grundprozesse bezeichnet; es sind jene Prozesse, die die Erhaltung oder Veränderung der Einzelbeziehungen realisieren. Sie lassen sich im Basissystem genau in ihrer Position und ihrem Ablauf fixieren; die Grundprozesse verlaufen auf jeder der Bindungsebenen von dem vorgegebenen zum neuen Zustand. Sie führen also – im horizontalen Feld (vgl. S.263) – entlang der Zeitachse und erhalten oder verändern das System. Die die Prozesse anregenden Defizite erscheinen als Unterschiede zwischen Ist- und Sollwerten; sie werden im Gefolge des jeweils vorhergehenden Prozesses eingebracht, so daß die Änderungen oder doch Anregungen durch das System geführt werden.

Als Beispiel diene wieder eine agrarische Gemeinde (vgl. S.258f). Die Produktion der Gemeinde ist zu erhalten oder zu erhöhen, d.h. die zur Gemeinde gehörigen Organisate (und Arbeitskräfte) müssen ihre Leistung erhalten bzw. mehr und schneller produzieren. Dann können die Produkte dem Markt zugeliefert werden, so daß die Nachfrage auf derselben Höhe bleibt oder sich vermindert. In den Höfen, also den Elementen des Systems „Gemeinde“ werden die Entscheidungen im Detail getroffen, ob die Nachfrage, also die Information aufgenommen wird, und weiter, ob auch tatsächlich produziert werden soll, d.h. der Energiefluß, das Angebot, erfolgt. Dann muß sich ja das System mit seinen Elementen vielleicht selbst ändern, z.B. indem die Höfe ausgebaut werden oder die Flur umgestaltet wird.

Die Bindungsebenen im vertikalen Feld werden durch den Prozeßverlauf, also im horizontalen Feld, verknüpft. Es lassen sich vier Stadien erkennen, die jeweils die vier Bindungsebenen durchmessen (vgl. S.282f). Die Prozesse der einzelnen Bindungsebenen sind hierarchisch einander zugeordnet, d.h. daß der Grundprozeß der 1.Bindungsebene – er wurde hier kurz dargestellt – aus Teilprozessen besteht, die ihrerseits erst dann zuende geführt werden, wenn der zugehörige Grundprozeß der 2.Bindungsebene beendet wurde, der seinerseits aus Teilprozessen besteht, etc. So bilden sich zahlreiche Feedbackschleifen und zirkuläre Prozeßverläufe.

Dabei stellt das System als Ganzheit in allen Prozessen den Bezugsrahmen dar. So nimmt mit jedem Schritt nicht nur die Zahl der vertikalen sondern auch der horizontalen Bindungen zu; die erworbenen Werte werden als Erfahrung in das jeweils folgende Stadium eingebracht. Am Anfang der Prozeßstadien ist jeweils die Diskrepanz zwischen Soll- und Istwert, am Ende hat sich der Istwert dem geplanten Sollwert genähert.

Bei der Darstellung der Schwingungen (vgl. S.274) wurden vier Stadien vorgestellt. Nachfrage und Angebot schalten sich im Prozeßablauf hintereinander; sie werden ihrerseits dadurch, daß jeweils ein Eingang und ein Ausgang unterschieden werden müssen, nochmals geteilt. Dies gilt für alle Prozesse in den vier Bindungsebenen. Die Zahl der Grundprozesse mit je vier Teilprozessen nimmt von Bindungsebene zu Bindungsebene exponentiell zu. Es ergeben sich zusammen insgesamt 85 Grundprozesse mit je vier Teilprozessen.

Die vier Stadien in jedem der horizontal verlaufenden Prozesse erhalten die Kennbuchstaben S, T, U und V. Die vier Bindungsebenen lassen sich durch die Zahl dieser Kennbuchstaben definieren, d.h. ein Kennbuchstabe ist für die 1.Bindungsebene, zwei Kennbuchstaben sind für die 2.Bindungsebene gedacht usw. Es kommt auch optisch so zum Ausdruck, daß jeweils die folgende Bindungsebene hierarchisch gegenüber der vorhergehenden untergeordnet ist. Die Formeln können so genau in ihrer Position im System bzw. Prozeß definiert werden.

Es versteht sich, daß hier ein Idealbild gezeichnet wird. Die Prozesse können jederzeit abgebrochen oder korrigiert werden; Planungen bleiben stecken, Populationen werden von anderen bedrängt, gefördert, aufgelöst oder überwältigt (vgl. S.347f). Aber hier soll zunächst das theoretische Konzept vorgestellt werden.

Jedes System benötigt ständig Energiezufluß zur Erhaltung der Struktur. Diese strukturerhaltenden Prozesse seien hier im wesentlichen zugrunde gelegt, wenn es nicht anders formuliert wird. Dabei sollen die Beziehungen im folgenden erläutert werden.

2.3.2.1 Erste Bindungsebene (Hauptstadien, S...V)

Qualitative Betrachtung des Grundprozesses

In der 1.Bindungsebene wird die übergeordnete Umwelt mit dem System als Ganzheit verknüpft. Eine Gemeinde erhalte aus der übergeordneten Umwelt, d.h. dem Markt, die Information, daß Produkte benötigt werden.

Im vertikalen Feld führt der Prozeß – wie gesagt – durch die Bindungsebenen von der Ober- (Informations-) zur Unter- (Materie-)seite, d.h. von oben nach unten durch System- und Elementbereich und wieder zurück. Die Information, d.h. die Nachfrage führt von oben nach unten zu den Elementen, d.h. den landwirtschaftlichen Organisaten. Diese beziehen Rohstoffe (von der untergeordneten, d.h. zuliefernden Umwelt), belasten sich, d.h. produzieren und geben die Produkte wieder nach oben, wo sie in den Markt gelangen können. Nun haben die Arbeitskräfte nur eine begrenzte Lebensdauer; dauerhafte Anlagen und technische Geräte (Medien) verschleißen sich und müssen ersetzt werden. Auch dazu wird Energie benötigt, stehen sich also Nachfrage und Angebot gegenüber. Es müssen die Beschäftigten ersetzt werden, die Rohstoffbasis muß in Anspruch genommen werden. Mit den vorgegebenen Informationen wird in einem zweiten Durchgang die Zahl der Elemente ersetzt (Abb.15).

Im horizontalen Feld müssen die Bindungsebenen also zweimal in beiden Vertikalrichtungen durchlaufen werden, um die nachgefragte Materie zu beschaffen und dies für die

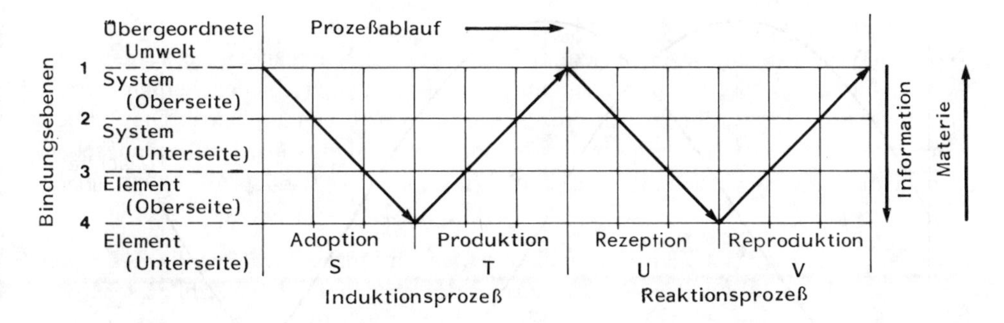

Abb. 15 Strukturdiagramm der Prozeßtypen und Bindungsebenen. Vgl. Text
Quelle: Fliedner 1984, S.29

folgende Umwelt dauerhaft zu sichern. Hierbei werden die Grundprozesse in den tieferen Bindungsebenen aktiviert. Die Nachfrage wird jeweils als Sollwert eingegeben, das Angebot ist der Istwert. Dies ist der Prozeß, dem alle anderen Prozesse in allen übrigen Bindungsebenen zuarbeiten. Horizontales und vertikales Feld bilden den Rahmen.

Auf der 1.Bindungsebene werden die Grundtendenzen der Prozeßabläufe festgelegt. Der Prozeß besteht aus vier Teilprozessen, deren erste zwei der Produktherstellung dienen („Induktionsprozeß"), die übrigen zwei der Elementherstellung („Reaktionsprozeß"). Insgesamt sind also vier Stadien erkennbar, die wir als Hauptstadien bezeichnen wollen.

Beim ersten Hauptstadium (S) wird die Nachfrage als eine den Sollzustand beschreibende Information in das System eingebracht und von oben nach unten geführt, d.h. es werden die im Istzustand vorgegebenen Elemente stimuliert, den Sollzustand anzustreben. Wir nennen diesen Vorgang Adoption. Bei deutlich erhöhter Nachfrage wird die Information als Anregung zu einem strukturverändernden Prozeß (vielleicht als Innovation) aufgenommen. Durch Aufnahme der Information entsteht eine Spannung, durch die das System zur Produktion angeregt werden soll.

Beim zweiten Hauptstadium (T) werden die Energie oder Materie – der Rohstoff oder die Halbfertigwaren – aus der untergeordneten Umwelt hereingenommen, durch die Elemente nach oben geführt und dabei neu geformt; Information und Materie werden also zusammengebracht. Das ist die Produktion. Die Entnahme der Rohstoffe aus der untergeordneten Umwelt hat im Wirtschaftsablauf letztlich die Umgestaltung der natürlichen Umwelt zur Folge. Dabei werden wieder andere Systeme stimuliert, insbesondere die Populationen der Lebewesen in den Ökosystemen. Das Ergebnis des Prozesses im hier behandelten Basissystem ist das Produkt, das systemintern auch für die Erhaltung oder den Ersatz der Elemente verwertbar ist. Beim Produktionsprozeß werden also die Stadien des Adoptionsprozesses wieder durchlaufen, nun aber – vertikal betrachtet – in umgekehrter Reihenfolge. Das Produkt wird an die nachfragende (übergeordnete) Population (oder den Markt) abgegeben (Angebot).

Im Induktionsprozeß wird also die Information in das System geführt und dabei zum Produkt umgewandelt; der Reaktionsprozeß, der nun folgt, widmet sich dem Erhalt (oder der Veränderung) des Systems selbst. Bei einem strukturverändernden Prozeß bedeutet dies am Beispiel der Gemeinde, daß die Überlastung der Elemente, also der Ar-

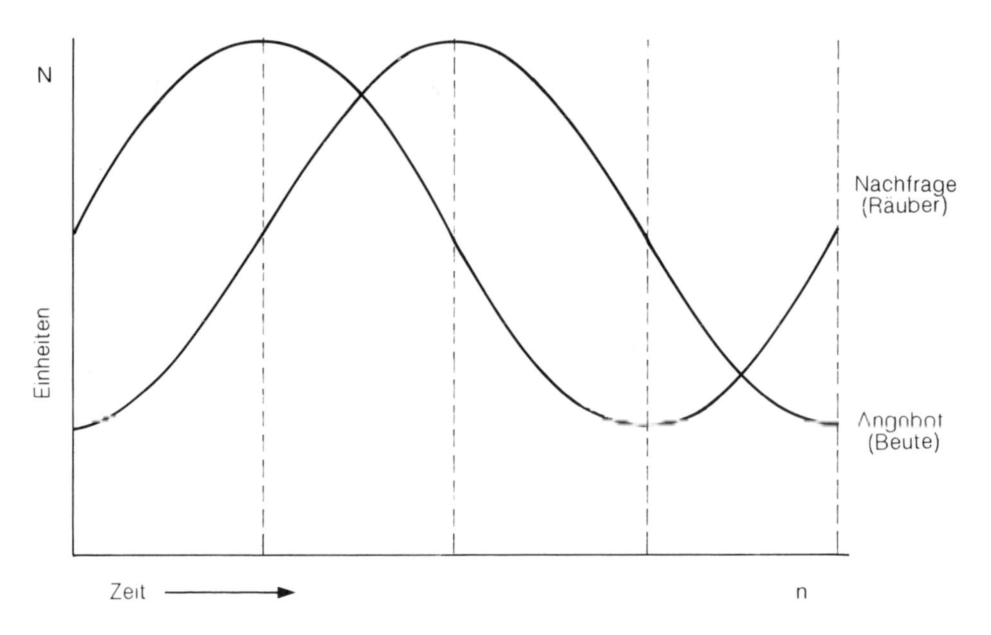

Abb. 16 Nachfrage-Angebot-Modell (Lotka-Volterra-Beziehungen). Vgl. Text
Quelle: Fliedner 1990, S.26

beitskräfte oder der Höfe, in eine Erhöhung der Anzahl der Arbeitskräfte oder der Höfe umgesetzt wird. Auf dem Markt wird dadurch die Produktionsausweitung verstetigt, die durch die Innovation angeregt wurde. Beim strukturerhaltenden Prozeß werden, wie dargelegt, nur die abgehenden Elemente ersetzt, der Energiefluß durch das System bleibt also auf demselben Niveau. Das System stabilisiert sich in der Umwelt. Der strukturverändernde Prozeß ist beendet, wenn das Angebot zu diesem Zeitpunkt der Nachfrage entspricht. Daß dies gewöhnlich nicht der Fall ist, zeigen Schwingungen und Rotation (vgl. S.272f; 277).

Im dritten Hauptstadium (U) des Hauptprozesses wird der Erlös aus den Produkten dem System zugeführt. Damit wird beim strukturerhaltenden Prozeß die Existenz der Elemente gesichert. Der Energiefluß wird so in das System geleitet. Konkret bedeutet dies Investition. So kann die Struktur des Systems erhalten oder ausgebaut werden. Dieses Stadium bezeichnen wir als Rezeption. (Der in früheren Publikationen verwendete Begriff Konsum soll, um Mißverständnissen vorzubeugen, nicht mehr verwendet werden.)

Es folgt das vierte Hauptstadium (V). Der Prozeß geht – wie die Produktion – von der unteren (materie- oder energieliefernden) Umwelt aus. Durch den Ersatz (oder – da es sich ja auch um Nichtgleichgewichtssysteme handelt – Reparatur) der abgehenden Elemente bleibt das System als Ganzheit erhalten. Wir bezeichnen dieses Stadium als Reproduktion. Elemente reproduzieren sich nur im Rahmen der übergeordneten Nichtgleichgewichtssysteme. Hierdurch wird die Systemgröße erhalten; oder es wird – durch Neuschaffung von Elementen – das System ausgeweitet bzw. verkleinert, der nächste Prozeß hat dann andere Voraussetzungen. Insgesamt gesehen versucht so das System, sich in der Umwelt zu stabilisieren.

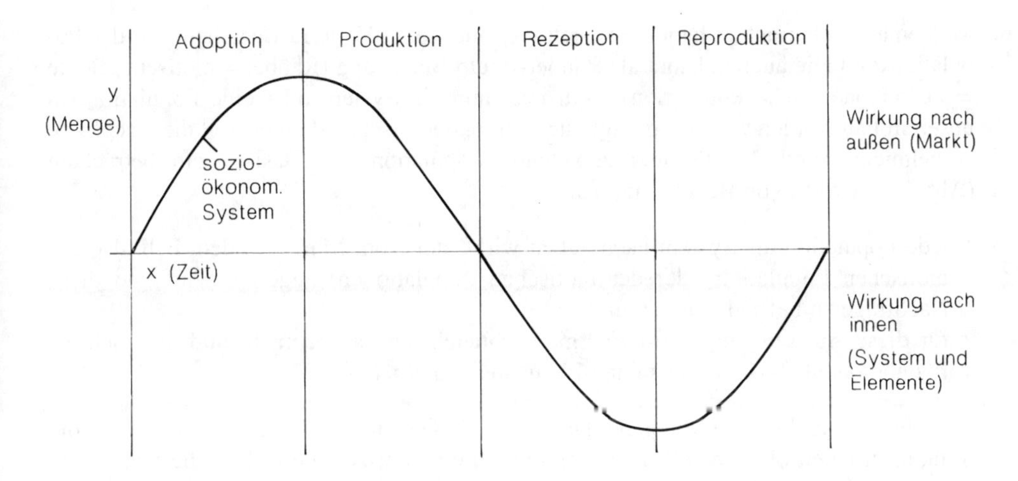

Abb. 17 Adoption, Produktion, Rezeption und Reproduktion im sozioökonomischen System (nach Abb.16). Vgl. Text
Quelle: Fliedner 1990, S.27

Soweit die Begriffe Adoption, Produktion, Rezeption und Reproduktion als Hauptstadien im Sinne dieser Prozeßsequenz im Text verwendet werden, sollen sie mit einem Stern versehen werden (*Adoption etc.), um Verwechslungen zu vermeiden.

Quantitative Betrachtung des Grundprozesses

Das hier zu definierende System – die Gemeinde – besteht, wie gesagt, aus einer Menge von Elementen, den Höfen mit ihren Arbeitskräften.

Es ist bekannt, daß Informationen in Form von Wellen diffundieren (Morrill 1968; vgl. S.272f); genauer besehen sind es zwei Wellen, die sich in die Menge gleichartiger landwirtschaftlicher Gemeinden mit ihren Bauernhöfen ausbreiten. Greifen wir eine Gemeinde heraus, und nehmen wir an, daß sie als biotische Population – im Verein mit den biotischen Populationen in den anderen Gemeinden – nachfragt, als sozioökonomische Population anbietet (vgl. S.262): Zuerst kommt die Nachfrage der biotischen Population (die konsumieren will), dann – verzögert – das Angebot der sozioökonomischen Population (das hier behandelte Basissystem, das produzieren soll). Das bedeutet, daß hier zwei Systeme miteinander interagieren. Die biotische Population der Menschheit als Art fragt nach, die sozioökonomische Population der Menschheit als Gesellschaft bietet an (vgl. auch Abb.13; vgl.S.277). In jeder der Populationen bedeutet dies eine Schwingung. Im Detail ergeben sich vier Stadien (Abb.16):

1) die Nachfrage nimmt zu, das Angebot nimmt zu
2) die Nachfrage nimmt ab, das Angebot nimmt zu
3) die Nachfrage nimmt ab, das Angebot nimmt ab
4) die Nachfrage nimmt zu, das Angebot nimmt ab

Mathematisch betrachtet handelt es sich um eine Lotka-Volterra-Beziehung, in der Populationsbiologie auch bekannt als Räuber-Beute-Beziehung (Räuber = biotische, Beute = sozioökonomische Population). Will man nun ein System oder eine Population (in unserem Fall wählen wir, wie gesagt, die sozioökonomische oder generell die Nachfrage aufnehmende und das Produkt anbietende Population) als Basissystem betrachten (Abb.17), wird es von Bedeutung, daß

1. jede Population als System nach außen wirkt, d.h. vom Markt (in dem Fall also der biotischen Population oder der biotischen Populationen) angeregt wird und diese Nachfrage zu befriedigen hat, und
2. für diese Anstrengung selbst Energie verbraucht und aufnehmen muß, um sich als Population, als System mit seinen Elementen, zu erhalten.

Zwischen diesen beiden Größen hat langfristig ein Gleichgewicht zu bestehen, wenn die Struktur erhalten bleiben soll. Dies kann durch eine horizontale Achse, die man als x-Achse für dieses Nichtgleichgewichtssystem festlegen kann, dargestellt werden. Um sie schwingt das System. Um nun den Prozeßablauf der sozioökonomischen Population (des Basissystems) näher vom Anfang her betrachten zu können, verschieben wir das Achsensystem (gegenüber dem der Abb.16) nach rechts. Es erfolgt die Auslenkung zunächst nach oben (Marktbereich), dann nach unten (in das sozioökonomische System):

1) Die Nachfrage wird eingebracht: *Adoption (S)
2) Der Energiefluß folgt: *Produktion (T)

Beide wirken auf den Markt oder gehen von ihm aus. Die Prozesse werden durch Rückkoppelung mit dem nachfragenden, biotischen System gesteuert („Selbstreferenz"). Die beiden folgenden Stadien wirken dagegen in das System mit seinen Elementen hinein:

3) Der Energiefluß wird in das System gelenkt: *Rezeption (U)
4) Das System ergänzt sich selbst: *Reproduktion (V)

Das System erhält durch seine Aktivitäten sich selbst, also die Komponenten, aus denen es besteht („Autopoiese").

Das heißt: Zuerst werden Informations- und Energiefluß verändert, dann das System selbst. Zusammen betrachtet ergibt sich ein Kreisprozeß – oder allgemeiner ein wieder in sich zurückführender Prozeß –, der alle vier Quadranten des Koordinatensystems durchläuft, in positiver Reihenfolge (Abb.18):

(S)	$f(x)$	*Adoption
(T)	$f(-x)$	*Produktion
(U)	$-f(-x)$	*Rezeption
(V)	$-f(x)$	*Reproduktion

D.h., daß die Prozesse in ihrer Richtung an den Achsen des Koordinatensystems gespiegelt werden.

Das Entscheidende: Es werden Informations- und Energiefluß in ein zeitliches Nacheinander umgesetzt, d.h. in einen Prozeß (vgl. innerer Kreis in Abb.14; vgl. S.281).

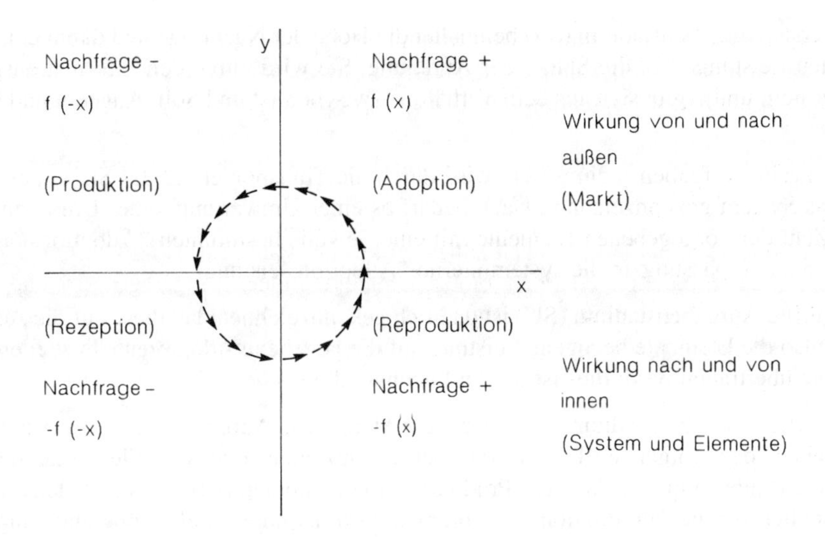

Abb. 18 Das sozioökonomische System im Kreisprozeßmodell (1.Bindungsebene). Vgl. Text
Quelle: Fliedner 1990, S.28

2.3.2.2 Zweite Bindungsebene (Aufgabenstadien; SS…VV)

In der 2.Bindungsebene (Abb.14, 2.Kreis von innen; vgl. S.281) werden Systembereichsober- und Systembereichsunterseite zueinander in Beziehung gebracht (vgl. S.282f). Es werden also zwei Werte – Ist und Soll oder alt und neu – in derselben Größenordnung verknüpft.

Diese Prozesse setzen im einzelnen verschiedene Aktivitäten voraus. Im festgelegten Rahmen des Systems bedeutet dies eine Überbrückung des qualitativen Hiatus und somit die Strukturierung des Prozeßablaufes selbst; es wird festgelegt, was in den einzelnen Stadien geschehen soll. Mit anderen Worten: es wird nach den Aufgaben gefragt, sie bestimmen jeweils das, was in den Zeitabschnitten geschieht oder geschehen sollte; hier erfolgt die qualitative „Dimensionierung". Deshalb sprechen wir von Aufgabenstadien.

Wir betrachten nur den *Adoptionsteilprozeß (S): Die *Adoption beginnt mit der Anregung (Stimulans), die Eingabe der Information, der Nachfrage also, mit einem bestimmten Gehalt; sie wird von den Elementen aufgenommen. Der Prozeß endet – wenn die *Produktion angeregt werden soll – mit einem erhöhten Wert, der an den *Produktionsprozeß (T, zweites Hauptstadium; vgl. S.285) weitergegeben wird.

Eine Gemeinde z.B. nimmt die Höhe der Nachfrage wahr, danach richtet sich die Anstrengung, die unternommen werden muß, um dieser Nachfrage nachkommen zu können. Diese Stimulansstärke ist auf die einzelnen landwirtschaftlichen Betriebe zu verteilen, die ja die *Produktion (im zweiten Hauptstadium) durchführen müssen. Die Betriebe treffen Vorbereitungen, um der geforderten Leistung entsprechen zu können. Generell formuliert ergeben sich im Zuge des *Adoptionsstadiums (S) folgende Aufgabenstadien (SS…SV):

Das erste Aufgabenstadium (SS) beinhaltet die Höhe der Nachfrage und damit der intendierten Leistung, d.h. die Stärke der Anregung. Sie wird durch den Informationsgehalt dargestellt und ergibt sich aus dem Verhältnis zwischen Ist und Soll, Angebot und Nachfrage.

Das zweite Aufgabenstadium (ST) wird durch die Transponierung des Stimulanswertes in das System gekennzeichnet. Dazu bedarf es einer Umwertung, einer Umsetzung auf die Zahl der vorgegebenen Elemente mit einer jeweils bestimmten *Adoptionsleistung, also einer Anpassung an die systeminterne *Adoptionsleistung.

Das dritte Aufgabenstadium (SU) ist dadurch gekennzeichnet, daß diese auf die Adoptoren, also die Elemente bezogene Leistung auf die gegebene Adoptoren- (bzw. Element-) menge übertragen wird; dies ist das Diffusionsstadium.

Im vierten Aufgabenstadium (SV) wird diese Menge von Adoptoren (genauer Adoptionseinheiten) dem folgenden Prozeß, d.h. den Produzenten (oder den Elementen des folgenden Hauptstadiums, also der *Produktion T) dargeboten (Übergabe). Welcher Anteil tatsächlich für die *Produktion übernommen wird, ist eine Zufallsgröße und hängt von der Wahrscheinlichkeit von Kontakten zwischen Adoptoren und Produzenten ab.

Quantitativ betrachtet: Die einzelnen Teilprozesse der *Adoption (S), die nach und nach das so strukturierte System in verschiedener Richtung durchlaufen, werden von logarithmischen (SS, Stimulansstärke), rationalen (ST, Dimensionierung entsprechend der Aufnahmefähigkeit der Elemente), exponentiellen (SU, Diffusion in die Elementmenge) und probabilistischen (SV, Kontakt mit dem folgenden Prozeß, der *Produktion) Gleichungen beschrieben.

Zusammenfassend kann man konstatieren, daß mit jedem Aufgabenstadium eine neue Eigenschaft eingebracht wird. Hier wurde nur die Adoption besprochen. Für die *Produktion, die *Rezeption und die *Reproduktion laufen die Entwicklungen in umgekehrter Richtung ab bzw. sind negativ orientiert, wie in der 1.Bindungsebene vorgeführt (vgl. S.287). Hier soll nicht näher darauf eingegangen werden.

2.3.2.3 Dritte Bindungsebene (Kontrollstadien; SSS...VVV)

Wird in der 2.Bindungsebene der Prozeßablauf des Systems festgelegt, so werden in der 3.Bindungsebene die Werte in den Elementbereich gegeben (Abb.14, 3.Kreis von innen; vgl. S.281). Aus struktureller Sicht betrachtet werden die Beziehungen zwischen dem bei der – hier wieder näher erörterten – *Adoption (S) die Anregung abgebenden Systembereich (Unterseite) und dem aufnehmenden Elementbereich (Oberseite) geregelt. Damit wird das Übereinander charakterisiert, d.h. die einzelnen Elemente erscheinen an das Ganze gebunden, im Prozeßablauf von oben gelenkt; man kann hier von Kontrolle sprechen. Wir bezeichnen die Teilprozesse daher als Kontrollstadien.

Mit fortschreitendem Prozeß im Rahmen der *Adoption (S) erscheint die Menge der Elemente immer stärker zu einem Ganzen verknüpft, d.h. die Anregung (die Nachfrage) wird nicht nur aufgenommen, sondern auch weitergegeben, so daß die Elemente von allen Seiten vernetzt werden. Dies geschieht in jedem Aufgabenstadium SS, ST, SU und SV. Jedes Kontrollstadium – innerhalb jedes Aufgabenstadiums also – dokumentiert eine andere Verknüpfungs- oder Gruppierungsstruktur der Elemente (vgl. S.248f). Zunächst werden die Elemente, also z.B. die landwirtschaftlichen Organisate oder Höfe für sich als aufnehmende Adoptoren gesehen. Dann erscheinen sie durch ein gemeinsames Merkmal verbunden, begrenzt dadurch, daß es sich um agrarische Organisate einer Gemeinde (mit ihren Arbeitskräften) handelt. Im 3.Stadium stehen diese Organisate im Informationsfluß; sie können nur das als Nachfrage aufnehmen, was sie selbst verarbeiten können. Schließlich sind sie auch untereinander verknüpft; sie geben die Nachfrage (Anregung) an die untergeordnete energieliefernde Umwelt weiter; aber diese wirkt mit ihrer begrenzten Kapazität auf die Elemente (die Organisate) als Bestandteile der Gemeindepopulation zurück.

Insgesamt betrachtet wird im Verlauf der vier Kontrollstadien der Einbau der Anregung in die Systemstruktur demonstriert, durch sukzessiven Einbezug der jeweiligen Umwelten (vgl. S.261f). Sehen wir die *Adoption als Aufnahme der Nachfrage nach einer erhöhten Leistung des Systems, so tritt der Umfang der Erhöhung im Verlauf des Prozesses immer deutlicher hervor, d.h. die Menge der tatsächlich angeregten *Adoptionseinheiten.

2.3.2.4 Vierte Bindungsebene (Elementarstadien; SSSS...VVVV)

In der 3.Bindungsebene wurde die Zahl der angeregten *Adoptionseinheiten angepaßt, in den Prozeß einbezogen. Die Ausbreitung der *Adoption ist aber mit der Übernahme der Anregung durch die Adoptoren (= Elemente = agrarische Organisate = Höfe) noch nicht beendet; denn in der 4.Bindungsebene (Abb.14, äußerer Kreis; vgl. S.281) ist die die Materie oder Energie erschließende Seite der Elemente (Unterseite) an die die Information empfangende Seite (Oberseite) anzugleichen. Die Anregung wird also von der Informationsseite zur Materie- (=Energie-)seite der Adoptoren weitergegeben. Es stehen sich angeregte Adoptoren (Informationsseite) und angeregte Adoptoren (Materieseite) gegenüber.

Wiederum sei als Beispiel die Gemeinde angeführt: Die – im Rahmen der *Adoption – die Information, die Stimulans aufnehmenden landwirtschaftlichen Organisate oder Höfe in einer Gemeinde müssen die Anforderung und die Möglichkeit der materiellen, produktiven Erfüllung in ihrer Planung in Übereinstimmung bringen. Da die Teilprozesse in der 4.Bindungsebene also die Anpassung der Elemente beinhaltet, können wir sie als Elementarstadien bezeichnen. Jedes Element hat seinen eigenen Bedarf an ^{2}Raum, er ist den Aktivitäten angemessen (Aktionsraum; vgl. S.152f). Dieser in den einzelnen Teilprozessen sich vollziehende Prozeß wird über das System (Gemeinde) verbreitet. So wird im Rahmen der Elementarstadien der ^{4}Raum des Systems angepaßt. Der Prozeß führt von innen nach außen, ist zentral-peripher gerichtet.

Die Anpassung erfolgt wiederum jeweils in vier Teilprozessen. Zur Illustration der Zusammenhänge sollen, wie schon gesagt, wieder die Adoptoren gewählt werden.

Im ersten Elementarstadium (SSSS, SSTS, ..., SVVS) erfolgt die Aufnahme der Information (Nachfrage) in einen gegebenen ^{1}Raum. Der Prozeß geht von der im Prozeßablauf vorgegebenen Anzahl der *Adoptionseinheiten als Sollwert aus. Dieser Sollwert wird von den vorgegebenen Adoptoren (Informationsseite) (im vorgegebenen ^{1}Raum des Systems) angestrebt. In diesem Elementarstadium wird also die Dichte der *Adoptionseinheiten (Informationsseite) im System erhalten (oder verändert).

Das zweite Elementarstadium (SSST, SSTT, ..., SVVT) beinhaltet die Anpassung der intendierten Leistung. Die Erhaltung (oder Erhöhung) der Dichte der *Adoptionseinheiten (Informationsseite) zieht die Erhaltung (oder Erhöhung) der intendierten Leistung im System nach sich. Es wird also die Leistung der Adoptoren (Materieseite) je Schritt an die neuen Werte der Adoptoren (Informationsseite), d.h. den Sollwert herangeführt.

Im dritten Elementarstadium (SSSU, SSTU, ..., SVVU) findet die Anpassung der Zahl der involvierten *Adoptionseinheiten statt. Die Erhaltung (oder Erhöhung) der Leistung je Adoptor (Materieseite) wird in eine Erhaltung (oder Erhöhung) der Zahl der Adoptoren (Materieseite), gemessen in *Adoptionseinheiten, umgesetzt.

Das vierte Elementarstadium (SSSV, SSTV, ..., SVVV) ist durch die Erhaltung oder Vergrößerung des ^{4}Raumes gekennzeichnet. Die Zahl der involvierten Adoptionseinheiten (Materieseite) korreliert mit der Fläche oder dem Volumen des Systems und damit mit der Kontaktfläche zur untergeordneten (ressourcenliefernden) Umwelt (vgl. S.258f).

Umgesetzt auf unser Beispiel der Gemeinde bedeutet dies, daß die einzelnen *Adoptionsstadien in jedem Organisat oder Element (^{1}Raumbeanspruchung bei 1. der Aufnahme der Idee, 2. der Planung des Arbeitsablaufs, 3. der Anweisungen, 4. dem Zugriff auf den Ressourcenbedarf) für sich über die Gemeinde verbreitet werden. So wird der ^{4}Raum des Systems, ausgehend von einem Initialort, von der Anregung durchdrungen. Die Vorgänge sind durch die exponentiellen Grundformeln beschreibbar.

2.3.3 Zusammenfassung

Die Schwingung ist mit einem Kreisprozeß verbunden, der alle Beziehungen innerhalb des Nichtgleichgewichtssystems erfaßt. Dies läßt sich an einem Modell, dem Basissystem, darstellen. Diese Beziehungen äußern sich im Informations- und Energiefluß; das Gegen- und Miteinander beider Flüsse ermöglicht die Bildung zahlreicher Rückkoppelungsschleifen, die den zirkulären Prozeßdurchlauf auch im Detail kontrollieren.

Jeder Prozeß (= Grundprozeß) besteht aus vier Teilprozessen. Alle diese vier Teilprozesse – es sind insgesamt 340 – ordnen sich im vertikalen und horizontalen Feld an. Im vertikalen Feld sind vier Bindungsebenen zu unterscheiden, innerhalb derer die Prozesse – im horizontalen Feld – ablaufen.

1.Bindungsebene: Die Ausbreitungswelle im Zuge einer Diffusion im Aggregat bringt die Populationen zum schwingen. Dies bedeutet innerhalb der Population ein Kreisprozeß, d.h. die vier Quadranten des Koordinatensystems werden – im mathematisch-positiven Sinne – durchlaufen („Hauptstadien"): Zuerst erfolgt die *Adoption der Information (S, Einbringen der Nachfrage), dann die *Produktion (T, Erarbeitung des Angebots). Beide bilden den Induktionsprozeß. Der anschließende Reaktionsprozeß mit der *Rezeption (U) der Energie seitens des Systems selbst und die *Reproduktion (V) der Elemente paßt sich das System selbst den durch die Information gesetzten Notwendigkeiten an. In der 1.Bindungsebene steht also das Problem der Substanz (Information, Energie) und der Einbau in die Umwelten an.

2.Bindungsebene: *Adoption (S), *Produktion (T) etc. sind viergliedrige Prozesse in sich („Aufgabenstadien"); beispielsweise werden im *Adoptionsstadium die Anregungsstärke, die Zumessung der Anregung auf die Elemente, die Diffusion in die Elemente und die Abgabe an den folgenden Prozeß (die *Produktion) beschrieben. Es sind logarithmische, rationale, exponentielle und probabilistische Funktionen. In der 2.Bindungsebene wird also der Prozeß selbst, das Nacheinander geordnet.

3.Bindungsebene: Im (Nichtgleichgewichts-)System erscheinen zunächst die Elemente für sich als Aufnehmende, dann als Anregende eingebunden in Merkmalgruppen, folgend in Aggregate und schließlich im Prozeßablauf („Kontrollstadien"). Dementsprechend müssen die 16 Prozesse der 2.Bindungsebene nochmals in jeweils vier Formeln gegliedert werden. In der 3.Bindungsebene werden also die Gruppierungstypen der Elemente thematisiert.

4.Bindungsebene: Alle Prozesse benötigen Raum. Der vom System für die einzelnen 64 Prozesse eingenommene Raum ist den neuen Werten anzupassen, in wiederum jeweils vier Schritten („Elementarstadien"): Es wird ein neuer Wert eingegeben, auf die Elemente umgesetzt, wiederum verbreitet und mit neuem Distanzfaktor versehen. Es sind exponentielle Formeln, die die Ausweitung steuern. In der 4.Bindungsebene ordnet sich also das Nichtgleichgewichtssystem als ^{4}Raum ein, vom Zentrum ausgehend nach außen.

Alle Prozesse sind von Bindungsebene zu Bindungsebene hierarchisch geordnet, werden durch Feedback-Schleifen kontrolliert, laufen hintereinander – in den jeweiligen Bindungsebenen – ab. Grundsätzlich führt der Informationsfluß von oben nach unten, im Diagramm Abb.14 (vgl. S.281) von innen nach außen, der Energiefluß dagegen von unten nach oben, im Diagramm von außen nach innen. So sind alle denkbaren Beziehungen des Basissystems formalisierbar.

Die Darlegungen machen deutlich, daß Populationen als soziale Systeme nicht nur sich selbst regulieren, zur Selbstreferenz fähig sind, sondern auch sich selbst ergänzen, reproduzieren, gestalten, d.h. zur Autopoiese in der Lage sind. Roth (1986) warnte zwar davor, soziale Systeme in dieser Frage biotischen Systemen gleichzustellen; unter sozialen Systemen verstand er jedoch u.a. „Gesellschaft oder bestimmte Systeme sozialen Handelns, wie Kommunikation oder Rechtssysteme" (S.177), also offenbar Gleichgewichtssysteme (vgl. auch Luhmann 1984; vgl. S.184), nicht dagegen Populationen, also Nichtgleichgewichtssysteme, wie es hier geschieht, so daß seine Bedenken begreiflich sind.

2.4 Die Population in ihrem inneren Aufbau: Die Verknüpfungsprozesse

Mit den Darlegungen über die Grundprozesse sind wir auf der untersten Ebene der Analyse der Struktur der Gesellschaft angelangt. Nun soll wieder schrittweise zu den Großstrukturen zurückgekehrt werden, ausgestattet mit neuen Einsichten. Es wird also – wie eingangs erläutert (vgl. S.238) – der Versuch unternommen, den Aufbau der Gesellschaft von „unten" her verständlich zu machen.

Die – jeweils viergliedrigen – Grundprozesse sind einer bestimmten Aufgabe gewidmet. Sie führen von der Nachfrage zum Angebot, regeln den Energie- bzw. Produktenfluß. Sie stehen in den einzelnen Bindungsebenen für sich, haben in der Population ihre genau definierte Position.

Zur Erhaltung und Veränderung der Populationen ist darüber hinaus die Verknüpfung der Flüsse zu komplexen Gebilden erforderlich. Das bedeutet, daß die Grundprozesse zunächst zu sinnvollen Ganzheiten kombiniert werden, die auch die Struktur der Populationen selbst einschließen. Die Grundprozesse – in der 2.Bindungsebene – müssen in ganz bestimmter Weise zu Prozeßsequenzen verknüpft werden, so daß der Impuls von einem zum nächsten überspringen kann. Hier soll zunächst gefragt werden, welche Aufgaben sich für die Menschen stellen. Die Aufgaben geben – über Institutionen (vgl. S.308) – den Prozessen ihren Sinn, ihr Ziel; d.h., daß mit der Erfassung der Aufgaben ein Schritt von der – abstrakten – Ebene der Gesetze zur – konkreten – Ebene der empirisch faßbaren Prozesse getan wird.

2.4.1 Aufgabenkategorien

Auf empirischem Wege – aufgrund von Untersuchungen in „primitiven Gesellschaften" – erarbeitete Malinowski (1944/75, S. 123 f.) ein Konzept der sozialen Funktionen als Basis für eine Theorie der Kultur. Er erkannte eine Reihe von „basic needs", Grundbedürfnisse, die in Institutionen festgeschrieben sind und so den „Kulturen" ihre Struktur vermitteln. Den Grundbedürfnissen entsprechen „cultural responses" (Tab.7). Mit wachsender Differenzierung der Gesellschaft werden immer neue „kulturelle Antworten" gegeben, neue Institutionen geschaffen, die der „integralen Befriedigung einer Serie von Bedürfnissen" dienen (Kiss 1974-75, II, S. 209).

Mühlmann (1966, S. 19 f.) fand, angeregt durch die Ergebnisse der Tiersoziologie und -psychologie, fünf „universale Konstanten", die sich in allen Kulturen nachweisen lassen:

1. Bedürfnisse nach Nahrung, Obdach und Schutz, also irgendeine Form der ökologischen Lebensgestaltung.
2. Bedürfnis nach geschlechtlicher Ergänzung sowie nach irgendeiner Institutionalisierung des männlichen und weiblichen Rollenverhaltens. Hierher zählt auch die Fürsorge für die Kinder.

Tab. 7: Grundbedürfnisse und Kulturreaktionen nach Malinowski

Grundbedürfnisse	*Kulturreaktionen*
Stoffwechsel, Nahrungsaufnahme und Verdauung	Ernährungswesen (Regelung der Produktivitäten)
Fortpflanzung	Verwandtschaft (Heirat, Geburt, Elternschaft)
Körperliche Bequemlichkeit (bes. im Temperaturbereich, Abwesenheit schädlicher Stoffe)	Wohnung
Sicherheit (Verhinderung körperlicher Beschädigungen und Gefahr)	Schutz (individueller Schutz, Verteidigung, Militär)
Bewegung (Betätigung für den Organismus)	Tätigkeiten (Sport, Spiel, Tanz, Feste etc.)
Wachstum (Aufwachen, Reife)	Training (Kulturprozesse, die der Bildung der Persönlichkeit dienen, Schule etc.)
Gesundheit (Abwesenheit von Krankheit oder pathologischen Bedingungen)	Hygiene (Heilung, Zauberei etc.)

Quelle: Malinowski 1944/75

3. Bedürfnis nach Gegenseitigkeit, Reziprozität, Vergeltung in allen Bezirken des Lebens.
4. Symboldenken und -sprache, die feste Lautgestalten mit bestimmten Bedeutungen verknüpft; hier ist auch der Drang nach künstlerischem Ausdruck, Musik, Tanz, Dichtung einzugruppieren.
5. Ordnungsvorstellungen, wie das Leben der Gruppe beschaffen sein sollte, also über das moralische Verhalten, gut und böse, richtig und falsch etc.

Diese Merkmale lassen gleichzeitig einige wichtige Aufgaben erkennen (vgl. unten).

Von psychologischer Seite kam Guilford (1965, S. 421 f.) mit Hilfe der Faktorenanalyse zu fünf Gruppen von Grundbedürfnissen:

1. Bedürfnisse des Organismus,
2. Bedürfnisse der Leistung,
3. Bedürfnisse der Selbstbestimmung,
4. Soziale Bedürfnisse,
5. Milieubedürfnisse.

Bobek (1948/69, S.50; vgl.S.84) unterschied sechs „Sozialfunktionen“, die der Sache nach den Grundbedürfnissen anderer Autoren gleichgeordnet werden können:

1. Biosoziale Funktionen: Fortpflanzung und Aufzucht, Erhaltung der Art,
2. Oikosoziale Funktionen: Wirtschaftsbedarfsdeckung und Reichtumsbildung,
3. Politische Funktionen: Behauptung und Durchsetzung der eigenen Geltung,
4. Toposoziale Funktionen: Siedlungsordnung des bewohnten und genutzten Landes,
5. Migrosoziale Funktionen: Wanderung, Standortsänderung,
6. Kulturfunktionen (soweit landschafts- oder länderkundlich belangreich).

Diese Funktionen bilden nach Bobek das „soziale Kräftefeld“, sie sollen schon immer das geographische Interesse gefunden haben.

Die Grundbedürfnisse wurden als Daseinsgrundfunktionen (oder Grunddaseinsfunktionen) von Partzsch (1965; 1970 a,b) konzipiert, im Hinblick auf die Anwendung in der Regionalplanung. Dementsprechend stand die heutige „Funktionsgesellschaft“ (Isbary 1971,S. 3 f) mit ihren Erfordernissen hinter dem Entwurf. Partzsch stellte sieben Daseinsgrundfunktionen vor:

–Wohnung
– Arbeit
– Versorgung
– Bildung
– Erholung
– Verkehr
– Kommunikation

Diese Überlegungen wurden von verschiedenen Autoren übernommen und für Konzepte der Regionalplanung verwendet (z.B. Frommhold 1970, S. 263 f). Ruppert und Schaffer (1969) sowie Hartke (1970) führten diese Gedanken in die Geographie ein (vgl. S.134f), um, ähnlich wie vorher Bobek, die Motivationen der sozialgeographischen Prozesse zu typisieren.

Generell läßt sich bei diesen und ähnlichen Versuchen (z.B. Moewes 1975, S. 138) erkennen, daß nicht so sehr auf eine Gleichgewichtigkeit und Vergleichbarkeit Wert gelegt wurde. So kann man zweifeln ob die von Malinowski bezeichneten Grundbedürfnisse „Fortpflanzung“, „Wachstum“ und „Gesundheit“ oder die „Sozial-“ und „Milieubedürfnisse“ Guilfords sich nicht jeweils in Teilbereichen überschneiden; Guilford rechnet das „Bedürfnis nach Beachtung“ zur Kategorie der Milieubedürfnisse, das „Bedürfnis nach Wohlwollen“ aber zu den sozialen Bedürfnisfaktoren (1965, S. 427, 437). Auch kann man sich mit Leng (1973,S. 124 f) fragen, ob die „Arbeit“ im Rahmen der Daseinsgrundfunktionen von Partzsch (1965, 1970 a,b) in derselben Kategorie wie Bildung und Verkehr gesehen werden darf. Man sollte es nicht tun, wenn man die Daseinsgrundfunktionen (mit Ausnahme eben der Arbeit) der Konsumsphäre zusprechen möchte. Andererseits ist es aber vertretbar, wenn man sie als individuelle, Zeit in Anspruch nehmende Tätigkeit bewertet.

Betrachtet man die Prozeßabläufe in den Populationen, so muß hier ein weiterer Versuch unternommen werden, die „Funktionen“ oder, klarer, Aufgaben als Kategorien herauszustellen. Hier soll zunächst nur eine Aufstellung mit einigen Hinweisen gegeben werden. Im Laufe der Abhandlung werden weitere Kriterien erkennbar werden. Grundsätzlich können solche Kategorien nur durch den möglichst widerspruchsfreien Einbau in den Gesamtzusammenhang verständlich gemacht werden (vgl. S.174).

Eine Grundvoraussetzung für die Existenz der Population ist die biotische Erhaltung des Bestandes, so daß die Population ein substantielles Eigengewicht im Ökosystem gegenüber der Nachbarpopulation erhält. Hierher zählt die von Malinowski sowie von Mühlmann aufgeführte Fortpflanzung, auch das „Wachstum des Menschen" sowie dessen Gesunderhalten, die Erziehung der Kinder, die Versorgung der Alten und Kranken, die „Erholung" (die die „körperliche Bequemlichkeit" und die „körperliche Bewegung" Malinowskis einschließen mag). Diese „Grundbedürfnisse" bzw. „Daseinsgrundfunktionen", die z.T. auch von Malinowski und Partzsch aufgeführt wurden, tragen alle dazu bei, daß die Populationen ihre Aufgaben erfüllen können; sie entsprechen ziemlich genau den „biosozialen Funktionen" Bobeks.

Diese der biotischen Existenz der Bevölkerung gewidmeten Aktivitäten gehören zu einem Aufgabenkomplex (Menschheit als Art; vgl. S.239f). Ein anderer umfaßt die nächsten Kategorien; in ihm sind die gesellschaftlichen Aufgaben zusammengefaßt, im Rahmen der Menschheit als Gesellschaft. Insgesamt sind es sieben. Bei den den ersten drei Kategorien zuzuordnenden Prozessen dieses Komplexes werden Informationen erhalten, verarbeitet und weitergegeben. Sie sind mit „geistigen" Leistungen verknüpft.

1. Die Wahrnehmung oder „Perzeption" ist zur Kontaktaufnahme mit der Umwelt lebensnotwendig. Sie dient der Erkundung, der Anknüpfung neuer Kommunikationsverbindungen, überhaupt der Informationszuleitung zur optimalen Nutzung der Umwelt und zum Schutz, letztlich der Erweiterung des Kenntnisstandes.

2. Individuen entscheiden darüber, wie sie sich in ihrer Umwelt behaupten. Dadurch bestimmen sie über sich selbst, geben sich eine Identität, einen Sinn, eine Motivation. Hierher kann man einen Teil der „Kulturfunktionen" Bobeks zählen. Wir nennen diese Aufgabenkategorie „Determination" (vgl. auch Wirth 1969a, S.166).

3. Die Menschen leben in Gemeinschaften, ordnen sich ein. Gemeinsame Aktionen werden dadurch erreicht, daß Anweisungen gegeben und befolgt werden. Die „politischen Funktionen" Bobeks führen zum Verständnis einer eigenen Aufgabenkategorie. Steuerungsaufgaben dieser Art verlangen Abgrenzung, d.h. Schutz gegen Einwirkungen von außen. Deshalb ist auch das Schutzbedürfnis eingeschlossen (Malinowskis Grundbedürfnis der Sicherheit). Voraussetzung ist ein Informationsfluß in beiden Richtungen, eine Kommunikation (Partzsch 1965; 1970 a, b). Der ganze so umrissene Aufgabenbereich sei als „Regulation" bezeichnet.

4. Die Individuen und ihre Handlungen benötigen Raum. Der [1]Raumanspruch zwingt zu einem Nebeneinander auf der Erdoberfläche; damit kommen die Flächenkonkurrenz und das Problem des optimalen Standorts in den Blick. Bobek sprach von „toposozialen Funktionen". In der Verkehrsgeographie wird häufig der Begriff „Raumüberwindung" benutzt. Partzsch sah in der Teilnahme am Verkehr eine seiner Daseinsgrundfunktionen, auch Bobeks „migrosoziale Funktionen" stehen dieser Aufgabenkategorie nahe. Die Kategorie sei als „Organisation" bezeichnet.

Im Gegensatz zu den ersten drei, der Informationsbeschaffung, -verbreitung und -verarbeitung gewidmeten Aufgabenkategorien beinhaltet die Organisation auch materielle Aktivitäten. Besonders gilt dies aber für die drei folgenden Kategorien; in ihnen werden Energie und Materie gewonnen, verteilt und empfangen.

5. Individuen und Populationen benötigen zum Leben, für die Prozesse Energie, die von außen, aus der Umwelt, hinzugeführt werden muß. Malinowski spricht von Ernährung und Stoffwechsel, Begriffe, die z.T. in dieses Feld gehören (z.T. aber auch dem Komplex Menschheit als Art zuzuordnen sind). Es handelt sich um die Aufnahme von Rohstoffen bzw. um Investitionen. So erscheint die „Dynamisierung“ als eigenständige Aufgabenkategorie (Teile der „Oikosozialen Funktionen“ sowie „Toposozialen Funktionen“ Bobeks).

6. Es folgt die eigentliche Durchführung. Sie äußert sich vielfältig. Vor allem ist die Arbeit zu nennen, durch die die Energie für das System, die Population nutzbar gemacht wird. Hier werden die in den bisher genannten Kategorien aufgeführten Aufgaben vollzogen. Wir nennen diese Kategorie „Kinetisierung“.

7. Dieses Angebot ist in seinem Umfang dem Bedarf der nachfragenden Population anzupassen, für die es gedacht ist. Dieser Bedarf wird durch den Konsum offenbar. Die Abstimmung von Angebot und Nachfrage bringt Stabilität. Die Aufgabenkategorie ist die „Stabilisierung“.

Diese Aufgabenkategorien können sich nicht gegenseitig ersetzen; die zu ihrer Lösung notwendigen Prozesse erhalten die Population. Die Population stirbt oder geht in anderen Populationen auf, wenn eine Aufgabe nicht erfüllt wird. Oder, um es anders zu sagen: alle Prozesse – im Rahmen der Gesellschaft - sind jeweils einer dieser Aufgabenkategorien zuzuordnen. Sie sind mit Institutionen verbunden (vgl. S.308).

Wie die Aufgaben gelöst werden, in welcher Reihenfolge, soll im Folgenden besprochen werden.

2.4.2 Prozeß und Handlung

2.4.2.1 Relation Prozeß / Handlung

Die Individuen, im Rahmen der Menschheit als Gesellschaft (vgl. S.239), – arbeiten in Prozessen mit, die diesen Kategorien zuzuordnen sind. Sie wechseln häufig im Tagesablauf ihre Position in der Hierarchie der Populationen (vgl. S.319), ordnen sich nacheinander vielen Prozessen, Systemen, ein, arbeiten in Betrieben der Wirtschaft, kaufen in Geschäften ein, nutzen Verkehrsmittel, haben mit Ämtern in der Verwaltung zu tun, kehren abends in die Wohnung zur Familie zurück, d.h. sie sind mal aktiv Mitwirkende, ein andermal Konsumenten. In den jeweiligen Handlungen sind sie in bestimmte Rollen, bestimmte übergeordnete Prozeßabläufe eingebunden und somit für verschiedene Systeme tätig. Jede Tätigkeit setzt eine andere voraus, die von anderen Personen erledigt sein kann und bildet die Basis für weitere Aktivitäten, die wiederum von weiteren Individuen getätigt werden (über Handlungen vgl. S.213f; über Rollen vgl. S.108).

Die von Prozessen und Populationen gebildete Makroebene ist von der von den Handlungen und dem Verhalten der Individuen geformten Mikroebene zu unterscheiden. Hier

Tab. 8: Das Verhältnis zwischen Makroebene und Mikroebene, Prozeß und Handlung. Vgl. Text

Makroebene	Systemische Prozeßebene	Sequenz von Teilprozessen
Mikroebene	Tätigkeits-, (Rollen-), Verhaltensebene	Stimulans-Response-System
	Ebene der Einzelhandlungen	Sequenz von Teilhandlungen

muß gesehen werden, daß Individuen die – wenn auch durch Zwänge eingeengte – Freiheit haben, ihre Handlungen im Tagesablauf selbst zu ordnen. So müssen drei Ebenen unterschieden werden (Tab.8):

1) Die (systemische) Prozeßebene:
Die Prozesse der Menschheit als Gesellschaft und der Menschheit als Art vollziehen sich in der Makroebene, im Niveau der Populationen. Sie dienen der Lösung von Aufgaben für die Menschheit als Gesellschaft und als Art. In sich sind die Prozesse in Teilprozesse gegliedert (vgl. S.279f).

2) Die Ebene der Tätigkeiten im Rollenspiel, des Verhaltens und sozialen Handelns:
Das Individuum hat im vertikalen Feld, d.h. als unterstes Glied der Populationshierarchie, die Arbeiten oder Tätigkeiten für die Prozesse durchzuführen. Sie sind inhaltlich bzw. im Katalog der Aufgabenkategorien definierbar. Die Anregungen kommen in vielfältiger Zusammensetzung und ungefiltert zum Individuum, es sind Anforderungen im Rollenspiel der Menschheit als Gesellschaft und als Art. Es müssen also viele Tätigkeiten und mit unterschiedlichster Zielsetzung, d.h. im unterschiedlichsten prozessualen Zusammenhang, bei beschränkter geistiger, körperlicher, räumlicher und zeitlicher Kapazität durchgeführt werden; denn diesen Anforderungen stehen die Notwendigkeiten im Hinblick auf die Selbsterhaltung der Individuen entgegen. Jedes Individuum ordnet zeitlich die Tätigkeiten, es kommt zu ganz unterschiedlichen individuellen Tages-, Wochen- und Monatsabläufen, in denen die Verrichtungen – Arbeit, Essen, Schlafen etc. – abgewickelt werden. Das Individuum verhält sich entsprechend den gegebenen Situationen in je ähnlicher Weise, wobei auch Veranlagung, Erziehung etc. eine Rolle spielen. Es erscheint zwischen den Anforderungen der sozialen und biotischen Systeme auf der einen und den eigenen Wünschen und Möglichkeiten auf der anderen Seite als Teil eines Stimulans-Response-Systems (vgl. auch S.254). Die Verhaltenstheorie sieht den Menschen eher passiv reagierend, die Handlungstheorie den Menschen in derselben Ebene eher als Agens. Im Rahmen der hier vorgestellten Theorie sind vor allem die Tätigkeiten im Rollenspiel von Bedeutung.

3) Die Ebene der einzelnen Handlungen:
Das Verhalten findet in einer sehr großen Zahl von Handlungen seinen Niederschlag, die ihrerseits wieder – wie die Prozesse in der Makroebene – in Teilhandlungen geordnet sind. Die Individuen erscheinen als Träger, bestimmen (mehr oder weniger bewußt) die Zielrichtung, sind ihrerseits aber vielen Zwängen ausgesetzt (vgl. S.213f).

Zusammenfassend ergibt sich also eine hierarchische Abfolge (Tab.8). Durch die Zwischenschaltung der Ebene der Tätigkeiten im Rollenspiel, des Verhaltens und des Handelns in der Mikroebene bleibt ein direkter Zugang zur Makroebene, von der einzelnen Handlung zum Prozeß verschlossen. Insofern hat die individuelle Handlung für das Verständnis des Aufbaus der Gesellschaft nur begrenzte Bedeutung (vgl. dagegen Werlen, der die Handlung als „Atom des sozialen Universums" betrachtete; vgl. S.216).

2.4.2.2 Handlungs- und Prozeßsequenz

Aussichtsreicher ist es, die Struktur der Handlungen zu betrachten. Für den hier verfolgten Gedankengang sei herausgestellt, daß Handlungen zeitlich gegliedert sind. Von pädagogischer Seite wird die Aktivität des Menschen in eine Sequenz von Teilhandlungen gegliedert (Frank 1969, S. 23): Bewußte Handlung soll nach dem Schema

> Zielsetzung – Programmentwicklung (Planung) – logische Zuordnung von Steuerungsmaßnahmen zu Befehlen – physikalische Arbeitsleistung (= Umweltbeeinflussung)

ablaufen (ähnlich aus psychologischer Sicht E. Boesch 1976, S. 18 f.).

Auch Anthropologen widmeten sich dem Problem. W. Keller (1971, S. 94 f.) sah die Handlung im Zusammenhang mit dem Verhalten. Am Anfang steht der Bereich der Motive, die auf unbefriedigte, nach einer Lösung verlangende Situation zurückgehen. An diese erste Phase schließt sich eine genaue Orientierung über die Lage selbst und die Suche nach Lösungsmöglichkeiten. Als dritte Phase wird von Keller die Dauereinstellung auf eine bestimmte Lösungsmöglichkeit sowie die Umsetzung in die Tat erkannt. Also:

> Situation, Motive – Orientierung, Lösungsmöglichkeiten – Dauereinstellung, Umsetzung in Tat.

Schütz (1971 a, S.77 f.) entwickelte ein Modell, das von Werlen (1988, S.147) der Gruppe der verständigungsorientierten Handlungsmodelle zugeordnet wird (vgl. S.213). Die von ihm vorgetellte Sequenz von Teilhandlungen:

> Entwurf – Abwägen (als Wahl zwischen Entwürfen) – Entschluß – Absicht – Ausführung auf die eine oder andere Art.

Handlungen sind den Individuen zuzuordnen. Prozesse gehen, wie gesagt, von Populationen aus. Sie können – in ihrer Zielorientierung – in Analogie zu den Handlungen gesehen werden. Bei ihnen lassen sich Teilprozesse erkennen; z.B. wurde der Innovationsentscheidungsprozeß von Rogers (1962/83, S.163 f.) in folgende Stadien untergliedert:

> Knowledge – Persuasion – Decision – Implementation – Confirmation,

wobei Knowledge Kenntnisnahme, Persuasion das Abwägen, Decision die Entscheidung, Implementation die Übernahme der Innovation und Confirmation die Absicherung der Entscheidung bedeuten. Brockhoff (1988, S.18 f.) publizierte ein Diagramm, in dem er die Prozeßabläufe in Unternehmen darstellt, wobei es ihm vor allem auf die Forschungs- und Entwicklungsstadien ankam:

> Projektidee – Forschung und Entwicklung – Erfindung (geplante bzw. ungeplante Invention) – Investition, Fertigung, Marketing – Einführung eines neuen Produktes am Markt.

Es liegt nahe, hier an unsere Überlegungen zu den Aufgabenkategorien anzuknüpfen (vgl. S.294f). In Tab.9 wird – in erster Annäherung – versucht, die von den genannten Autoren aufgeführten Teilhandlungen und Teilprozesse zu parallelisieren. So kommen wir zu einer bestimmten Abfolge von Teilhandlungen bzw. -prozessen.

Zwei Beispiele mögen dies erläutern:

Zunächst die Teilhandlungen eines Wurfs in einem Korbballspiel (Fliedner 1981, S.63):

1. Ein Spieler empfängt den Ball, das Team erwartet eine das Spiel fördernde Leistung (Perzeption)
2. Entscheidung des Spielers über das weitere Verhalten, z.B. Weitergabe an einen anderen Spieler (Determination)
3. Plan des Wurfs (Regulation)
4. Sich in Position bringen, zielen (Organisation)
5. Schwung holen, d.h. Lenkung der Körperenergie auf die Handlung (Dynamisierung)
6. Ausführung des Wurfs entsprechend der getroffenen Entscheidung (Kinetisierung)
7. Flug des Balles, Entgegennahme durch die avisierten Spieler des Teams (Stabilisierung).

Dies ist die Induktion, die Ausführung der Handlung selbst. Der Wurf mag gelungen sein oder nicht, es folgt beim Spieler selbst ein Lernvorgang, die Reaktion.

Nun ein Beispiel für die zeitliche Anordnung der Teilprozesse, dargestellt wieder anhand einer ländlichen Gemeinde:

Die Nachfrage nach Getreide wird in die Population aufgenommen; dies ist die *Adoption (S). Sie wird als Information durch alle vier Bindungsebenen von oben nach unten geführt:

1. Es wird wahrgenommen, daß Getreide benötigt wird (Perzeption)
2. Es wird entschieden, daß in einem bestimmten Umfang Getreide produziert wird (Determination)
3. Es wird festgelegt, wer welche Arbeiten tun soll (Regulation)
4. Es werden die Flächen für den Getreidebau in der Gemarkung ausgewiesen (Organisation)

Damit beginnt bereits die *Produktion (T). Die Bindungsebenen werden von unten nach oben durchlaufen:

5. Die Arbeiten zum Anbau des Getreides (Einsaat etc.) werden durchgeführt (Dynamisierung)

Tab. 9: Versuch einer Parallelisierung der von verschiedenen Autoren postulierten Teilphasen von Handlungen und Prozessen. Vgl. Text

Handlungen				*Prozesse*			
V. Mises (1953), Parsons (1951), Koch (1962), Haferkamp (1972/76) etc. Handlungstheorie	Frank (1969) (Pädag. Kybernetik)	Keller (1943/71) (Philos. Anthropologie)	Schütz (1971) (Handlungstheorie)	Rogers (1962/1963) (Innovation-Decision Process)	Brockhoff (1988) (Prozeßablauf in Unternehmen)	Schierenbeck (1987) (Managementprozeß)	Versuch einer Zuordnung zu den Aufgabenkategorien (Kap. 2.4.1)
Sinngebung Motivation	Zielsetzung	Motive	Entwurf Abwägen Entschluß Absicht	Knowledge Persuasion Decision	Projektidee Forschung u. Entwicklung	Zielbildung, Problemanalyse, Prognose einschl. Bewertung)	Perzeption
						Entscheidung	Determination
Soziales Handeln	Planung Steuerung	Suche nach Lösungsmöglichkeiten	Ausführung	Implementation	Erfindung (geplante u. ungeplante Invention)	Durchsetzung	Regulation
	Logische Zuordnung						Organisation
	physikalische Arbeitsleistung	Tat			Investition	Realisation	Dynamisierung
					Fertigung		Kinetisierung
				Confirmation	Marketing Einführung auf dem Markt	Kontrolle	Stabilisierung

6. Die Getreidemenge wird produziert, d.h. das Getreide geerntet (Kinetisierung)
7. Das gewonnene Getreide wird der Bevölkerung (biotisches System) offeriert (Stabilisierung).

Dies ist der Induktionsprozeß. In ihrer Reihenfolge stellen die vier Einzelstadien Organisation bis Stabilisierung (= *Produktion) das – durch den Fortgang des Prozesses verzerrte – Quasi-Spiegelbild der vier Einzelstadien Perzeption bis Organisation dar (vgl. S.305f).

Die Nachfrage deckt den Dauerbedarf der Population, die damit ihre Struktur erhalten kann. Bei einem strukturverändernden Prozeß wäre eine zusätzliche Nachfrage zu dekken. Es folgt in jedem Falle der Reaktionsprozeß, der die Erhaltung der gegebenen Einrichtungen bzw. die Anlage neuer Einrichtungen (Rodung, Bau neuer landwirtschaftlicher Betriebe etc.) zum Ziel hat. Dieser Fall sei angenommen; es wird auf Dauer eine erhöhte Nachfrage an Getreide erwartet. Wiederum führt der Prozeß durch die vier Bindungsebenen von oben nach unten (*Rezeption U):

1. Der Erlös wird entgegengenommen und die Reinvestition geplant (Perzeption)
2. Die Entscheidung für die Rodung neuen Landes und den Bau eines zusätzlichen landwirtschaftlichen Organisats wird von der Gemeinde getroffen (Determination)
3. Die Arbeit dazu wird aufgeteilt (Regulation)
4. Die Lage der Rodungsflächen und der Standort des Organisats werden geplant, die Grundstücke werden besorgt (Organisation)

*Rezeption bedeutet also die Aufnahme des Erlöses aus dem Verkauf des Getreides sowie die Veränderung der Struktur der Gemeinde. Mit der Organisation beginnt sogleich die *Reproduktion (V):

5. Dann wird das Land gerodet und der Bau durchgeführt (Dynamisierung)
6. Die zusätzlichen Flächen werden bewirtschaftet (Kinetisierung)
7. Die Gemeinde hat sich ausgedehnt, das zusätzliche Getreide wird offeriert (Stabilisierung).

*Reproduktion beinhaltet hier also die Veränderung der Gemeinde in ihrer Gestalt und als Produktionseinheit. Bei einem strukturerhaltenden Prozeß werden im Reaktionsprozeß z.B. Reparaturarbeiten durchgeführt.

In abstrahierter Form läßt sich ein Prozeß in folgende Stadien gliedern (Induktions- oder Reaktionsprozeß):

Perzeption: Bedarf wird von der Population wahrgenommen

Determination: Entscheidung über das weitere Vorgehen zur Bedarfsdeckung, Institutionalisierung

Regulation: Voraussetzungen für kontrollierte Kommunikation werden geschaffen (Hierarchie, Strategie etc.)

Organisation: Räumliche Planung und Vorbereitungen zur Anpassung des Systems, des Prozesses an die untergeordnete Umwelt

Dynamisierung: Beschaffung von Energie aus der Umwelt

Kinetisierung: Durchführung des Vorhabens

Stabilisierung: Sättigung des Bedarfs.

Es leuchtet ein, daß die Reihenfolge zwingend ist. In der (Handlungs- und) Prozeßsequenz manifestiert sich die Irreversibilität aller Aktivitäten der Individuen und Populationen.

Hier wird deutlich, daß die hier vorgestellte Prozeßsequenz – Induktions- bzw. Reaktionsprozeß mit jeweils sieben Stadien – sich auch als detaillierte Betrachtung des Grundprozesses in der 1.Bindungsebene (Hauptstadien; vgl. S.285) interpretieren läßt. Die einzelnen Teilprozesse der 2.Bindungsebene (Aufgabenstadien; vgl. S.289.) sind miteinander verknüpft worden. Wir nennen diese Prozesse Verknüpfungsprozesse. In den Verknüpfungsprozessen werden die Grundprozesse, die den Informations- und Energiefluß regeln, untereinander verbunden; so werden die Populationen strukturiert.

2.4.3 Grund- und Verknüpfungsprozeßmodul

Die internen Verknüpfungen erlauben einen zirkulären Durchlauf der Impulse durch das ganze Basissystem. Da es hierarchisch aufgebaut ist, sind auch die Zyklen hierarchisch angeordnet (Abb.14; vgl. S.281). Der oberste, d.h. systemumfassende Zyklus führt durch alle Bindungsebenen und enthält alle Prozesse.

Die von außen in das System gegebenen Anregungen werden während der *Adoption (S) aufgenommen, als Information von oben nach unten, aus der übergeordneten Umwelt durch die vier Bindungsebenen zur untergeordneten Umwelt geführt (vgl. S.285f). Von hier wird die nachgefragte Energie durch die *Produktion (T) von unten nach oben gegeben. Dies ist der Induktionsprozeß. *Rezeption (U) und *Reproduktion (V) beschreiben den Reaktionsprozeß, d.h. die Reaktion des Systems selbst (Abb.15; vgl. S.285). Die Prozesse in den untergeordneten Bindungsebenen arbeiten denen in den übergeordneten zu.

1.Bindungsebene:
Die vier Quadranten des Koordinatensystems werden in positiver Richtung durchlaufen (vgl. S.288). Die Prozesse werden zuerst an der y-Achse, dann an der x-Achse gespiegelt. *Adoption und *Produktion (also der Induktionsprozeß), dienen der Energienachfrage und dem Energieangebot, während *Rezeption und *Reproduktion (also der Reaktionsprozeß), die Nachfrage nach bzw. das Angebot an Elementen regeln.

2.Bindungsebene:
Die logarithmische, rationale, exponentielle und probabilistischen Formeln (vgl. S.290) folgen aufeinander, wobei der jeweilige veränderte Ordinatenwert in die folgende Gleichung eingeht.

Die Teilprozesse in der 1.Bindungsebene umfassen, wie hervorgehoben, infolge des hierarchischen Aufbaus des Systems auch die untergeordneten Bindungsebenen. In der 2.Bindungsebene sind theoretisch insgesamt 16 Teilprozesse gegeben. Durch die in der 1.Bindungsebene angelegten Spiegelungen oder Faltungen sind sie aber gegenläufig angeordnet, die jeweiligen (logarithmischen bzw. probabilistischen) Eckstadien über-

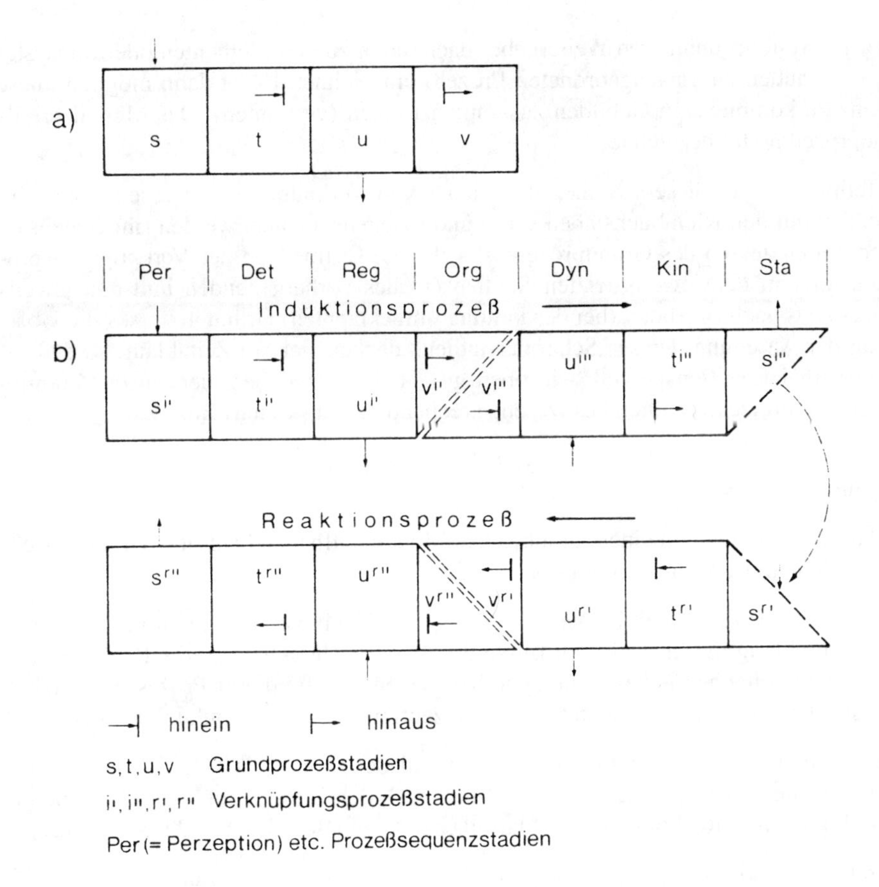

Abb. 19 Grundprozeßmodul (a) und Verknüpfungsprozeßmodul (b). Vgl. Text
Quelle: Fliedner 1989a, S.30

lappen sich zeitlich, so daß dadurch die Anregungen weitergegeben werden. So reduziert sich die Zahl der Stadien von 8 auf 7 (Induktions- bzw. Reaktionsprozeß) bzw. von 16 auf 13 (gesamte Prozeßsequenz; Abb.19):

Die einzelnen Glieder der viergliedrigen Grundprozesse sind mathematisch, wie angedeutet wurde, entsprechend der Position im übergeordneten Zusammenhang ganz unterschiedlich zu definieren. Als Bestandteil hierarchisch angeordneter Systemverbände ist der Grundprozeß aber in immer derselben Weise eingebunden: Er empfängt im 1.Teilprozeß die Anregung vom übergeordneten System (Perzeption) und führt sie im 3.Teilprozeß nach unten, in die hierarchisch untergeordnete Elementgruppe weiter (Regulation); im 2.Teilprozeß wird die Anregung aus dem vorhergehenden Prozeß auf das System umgestellt (Determination), im 4.Teilprozeß dagegen an den in der Sequenz folgenden Prozeß weitergegeben (Organisation).

Man kann dies in einem graphischen Schema einfach darstellen (Abb.19a), indem man durch Pfeile die Herkunft der Anregung (von oben aus der übergeordneten Umwelt, von vorher im System) und deren Weitergabe (nach unten zu den Elementen oder Subsystemen, nach außen zum nachgeordneten Prozeß) einzeichnet. Es ist dann möglich, diese Sequenz zu komplexeren Gebilden zusammenzufügen (vgl. unten). Das Modell sei als Grundprozeßmodul bezeichnet.

Die Teilprozesse in diesem Sinne, als Glieder von Verknüpfungsprozessen, sollen im Folgenden mit den Kleinbuchstaben s, t, u und v gekennzeichnet werden (im Gegensatz zu den Teilprozessen des Grundprozesses; vgl. S.284). Im Zuge der Verknüpfungsprozesse erfolgt in den jeweils letzten Stadien (v) des vorhergehenden und den jeweils ersten (v) des nachfolgenden (bei der Faltung umgeklappten) Grundprozesses die Übertragung der Anregung. Diese „Scharnierstadien" decken sich im Zeitablauf, so daß Induktions- und Reaktionsprozeß, wie oben gesagt, jeweils sieben, der ganze Verknüpfungsprozeß dreizehn Stadien besitzt, entsprechend der (diskreten) Beziehung

$$y_n = 2y_{n-1} - 1$$

(Ausgangswert $y_o = 4$)

Man kann die Prozesse in einem graphischen Modell, aufbauend auf dem Grundprozeßmodul, miteinander kombinieren (Abb.19b).

Um die Grundprozeßstadien im Verknüpfungsprozeß sichtbar machen zu können, seien auf der Abbildung die Induktionsprozesse durch ein hochgesetztes i, die Reaktionsprozesse durch ein hochgesetztes r, die erste bzw. zweite Hälfte dieser Prozesse zusätzlich durch Striche markiert; so bedeutet s^{i}, das Perzeptionsstadium im Induktionsprozeß.

Dieses Modell sei als Verknüpfungsprozeßmodul bezeichnet. Es läßt sich zu höheren Systemeinheiten zusammensetzen, so daß man sich den Informations- und Energiefluß im Induktions- und Reaktionsprozeß klar machen kann (Beispiel Abb.23; vgl. S.321).

Anhand des Verknüpfungsprozeßmoduls läßt sich, wie gezeigt, veranschaulichen, wie zwei Grundprozesse – Informations- und Energiefluß – in einem Basissystem zu einem siebengliedrigen Induktionsprozeß verknüpft werden. Der Informationsfluß (Nachfrage) führt durch die vier Bindungsebenen von oben nach unten (Abb.15; vgl. S.285):

$s^{i'}$ Es kommt die Information (Nachfrage) mit einem bestimmten Gehalt aus der übergeordneten Umwelt (Position im Basissystem = SS): Perzeption (Per)

$t^{i'}$ Die Information wird für das System aufbereitet (= ST): Determination (Det)

$u^{i'}$ Die Information wird an die Elemente weitergegeben, diese werden so eingebunden. Gleichzeitig bilden diese im vertikalen Feld die untergeordnete Umwelt (= SU): Regulation (Reg)

$v^{i'}$ Schließlich wird die Information räumlich mit der untergeordneten Umwelt verbunden (= SV): Organisation (Org)

Das System ist damit aufgeschlossen worden. Jetzt setzt der Energiefluß ein, von unten nach oben:

$v^{i''}$ Die Energie (= Rohstoffe) wird räumlich mit der untergeordneten Umwelt verbunden (= TS): Organisation (Org) [Die Teilprozesse $v^{i'}$ und $v^{i''}$ sind zeitgleich (vgl. oben).]

$u^{i'''}$ Die Energie wird von den Elementen aufgenommen (= TT): Dynamisierung (Dyn)

$t^{i'''}$ Die Energie wird umgewandelt, die eigentliche Erzeugung oder Durchführung (= TU): Kinetisierung (Kin)

$s^{i'''}$ Abgabe der Produkte an die nachfragende übergeordnete Umwelt (TV): Stabilisierung (Sta)

Durch diesen Kontakt mit der Umwelt wird der Induktionsprozeß beendet. In der Regel ist damit der Energiefluß als solcher aber nicht beendet, da in der Zwischenzeit Energie im System verbraucht worden ist. Es schließt sich so im Zuge der Schwingungen (vgl. S.287f) unmittelbar ein neuer Induktionsprozeß an, d.h. Induktionsprozeß folgt auf Induktionsprozeß. Zur selben Zeit setzt mit dem Stabilisierungsstadium aber auch der Reaktionsprozeß ein, der die Struktur des Systems weiter erhält; so verlaufen der Induktionsprozeß der zweiten und der Reaktionsprozeß der ersten Periode gleichzeitig, d.h. auch, Reaktionsprozeß folgt auf Reaktionsprozeß. So werden Informations- und Energiefluß in den Grundprozessen miteinander vernetzt. Dadurch, daß der Reaktionsprozeß dem Induktionsprozeß entgegenläuft, erhält das System Stabilität (vielleicht vergleichbar einer „stehenden Welle“ in physikalischen Systemen).

3.Bindungsebene:
Es werden – jeweils in der logarithmischen, rationalen, exponentiellen und probabilistischen Sequenz der Aufgabenstadien der 2.Bindungsebene (vgl. S.289f) – die vier verschiedenen Gruppierungstypen durchlaufen, d.h. die Elemente für sich, die Merkmalsgruppen, Gleichgewichts- und Nichtgleichgewichtssysteme. Dies geschieht nicht nacheinander (wie in der 2.Bindungsebene), sondern in allen vier Typen gleichzeitig; d.h. z.B. SSS, SST, SSU und SSV. Dies bedeutet auch, daß das Ergebnis des Teilprozesses SSS (Perzeption, Elemente für sich) zum Teilprozeß STS (Determination, Elemente für sich) weitergegeben wird, und das Ergebnis dieses Teilprozesses zum Teilprozeß SUS (Regulation, Elemente für sich) etc. Berücksichtigt man, daß die Population, also das Basissystem, als Ganzes Teil eines (übergeordneten) Aggregats ist, so erhalten wir hier im 3.Teilprozeß die 2. (untergeordnete) Aggregatebene. Die Elemente erscheinen als Populationen niederer Ordnung; d.h., daß hier vertikal eine breite strukturelle Überlappung gegeben ist, die verschiedenen Systemebenen miteinander verknüpft werden (vgl. S.324).

4.Bindungsebene:
Der überkommene Dichtewert wird schrittweise durch Veränderung der Elementzahl und des Volumens beeinflußt. Jede einzelne der hier verwendeten exponentiellen Formeln beinhaltet zudem eine (deterministische) Feedback-Schleife in sich.

In allen vier Bindungsebenen werden die Umläufe jeweils in den einzelnen Schleifen (Abb.14, vgl. S.281) so lange fortgeführt, bis ein entsprechender Schwellenwert erreicht wird. Dann springt der Impuls auf die nächste Schleife über. Während des Prozeßdurchlaufs bleibt die Struktur erhalten; sie ändert sich – bei einem strukturverändernden Prozeß – erst nach Ablauf des Induktions- bzw. Reaktionsprozesses.

2.4.4. Zusammenfassung

Die Verknüpfung der Grundprozesse erlaubt den zirkulären Prozeßverlauf; die Impulse springen von einem Grundprozeß zum nächsten über. Dies geschieht auf verschiedene Weise: In der 1.Bindungsebene durch Spiegelung an der y- und der x-Achse, so daß die Endwerte des einen als Anfangswerte des folgenden Prozesses übernommen werden können; in der 2.Bindungsebene durch Überlappung der End- bzw. Anfangsglieder, so daß der Induktions- bzw. Reaktionsprozeß jeweils 7 (statt 8) Glieder, der Gesamtprozeß 13 (statt 14) Glieder besitzt; in der 3.Bindungsebene werden die Werte der Teilprozesse auf die folgenden Teilprozesse übertragen – im jeweiligen Gruppierungstyp; in der 4.Bindungsebene endlich folgen Teilprozeßwerte direkt aufeinander. So werden die 340 Teilprozesse zu einer Einheit verknüpft. Grundsätzlich ist es so möglich geworden, die interne, den Populationen als Nichtgleichgewichtssystemen eignende Zeit (vgl. S.320f) zu dimensionieren.

2.5 Die Prozesse zwischen normativer und individueller Betrachtung

Wir hatten bereits früher (vgl. S.266f) Prozesse, Innovationen und Schwingungen behandelt; nun, nach Einblick in die Vorgänge im System (Kap. 2.3 und 2.4; vgl. oben) können wir die Zusammenhänge zwischen Gleichgewichts- und Nichtgleichgewichtssystem genauer beurteilen. Die in Kap. 1 vorgestellten Beobachtungen zum Paradigmenwechsel und ihre Interpretation, außerdem die im 3. Kapitel vorzustellenden empirischen Arbeiten regen zu Überlegungen an, die die Ebene der beobachtbaren Ereignisse mit der abstrakten, durch (mathematisch beschreibbare) Modelle charakterisierten Ebene verknüpfen.

2.5.1 Die Institutionen

In diesem Zwischenbereich zwischen abstraktem Modell und konkreten, empirisch untersuchbaren Erscheinungen spielt der Begriff Institution eine wichtige Rolle.

Institutionen stabilisieren – mittels der strukturerhaltenden Prozesse – die Verknüpfungen im System. Der Begriff spielt in der soziologischen Diskussion eine wichtige Rolle (Malinowski 1944/75; Nadel 1951/63; Gehlen 1963; Schelsky 1970/73; Giddens 1984/88, S.81 f.). So wird von gesellschaftlichen Einrichtungen gesprochen, mit Hilfe derer grundlegende soziale und individuelle Bedürfnisse – in unserem Sinne handelt es sich um Aufgaben (vgl. S.294f) – geordnet befriedigt werden können. Sie sollen, durch Normen, Denkweisen, Leitideen, hierarchische Festlegung, das Verhalten der Menschen regeln und die Handlungen in eine überdauernde, persistente Form bringen. Institutionalisation bedeutet demnach, daß die Individuen ihr Handeln auf die Lösung einer spezifischen Aufgabe einrichten, d.h. die Rolle übernehmen; dabei sollen Regeln im

Verhalten entstehen, die sich festigen oder durch die sie festgelegt werden. Die strukturell dem System vorgegebenen Aufgaben werden so durch die Institutionen konkretisiert, so daß sie überhaupt im Zuge von Prozessen erfüllt werden können.

Solche Institutionen sind z.B. Religion, Herrschaft, Verkehr, Wirtschaft (vgl. vor allem Kap. 3). Sie prägen in ihrer Gesamtheit entscheidend die Lebensform oder die Kultur. Institutionen werden also vom Inhalt her ausgerichtet, von ihrer Aufgabe für ein übergeordnetes Ganzes, z.B. die Menschheit als Gesellschaft.

Strukturell betrachtet handelt es sich bei den Institutionen um Gleichgewichtssysteme, die sich selbst regulieren. Sie werden durch soziale Kontrolle ergänzt. Siebel (1974, S.226) schreibt: Mit „Kontrolle“ soll „die Überprüfung des Handelns von Personen gemeint sein, die zur Erfüllung der gesetzten Normen verpflichtet sind“. Wolff (1972, S.722) definiert: „Die soziale Kontrolle bezeichnet diejenigen Prozesse und Mechanismen einschließlich der Sozialisation des Kindes, durch die die Gesellschaft ihre Herrschaft über die sie zusammensetzenden Individuen ausübt (und umgekehrt) und es erreicht, daß diese ihre Normen (die sie allerdings in Frage stellen mögen) Folge leisten.“ Abweichendes Verhalten (vgl. S.392f) wird durch Sanktionen verschiedener Art geahndet. Gibbs (1981) sah vor allem die Vernetzung der Kontrollbeziehungen: „Social control is an attempt of one party to manipulate the behavior of another party through still another party by any means other than a chain of command“ (S.109).

Man kann in der sozialen Kontrolle, den Normen und Regeln konkretisierte Komponenten der Rückkoppelungsschleifen sehen, die die Institutionen stabilisieren. Die Selbstregulation dient der Strukturerhaltung, d.h. es werden – im vertikalen Feld – Informations- und Energiefluß kontrolliert. Mit diesen Aktivitäten sind die strukturerhaltenden Prozesse in Verbindung zu bringen, aber auch strukturverändernde Prozesse, wenn sie lediglich als Transformationen gesehen werden, die das Gleichgewichtssystem vom einen zum andern Zustand bringen (vgl. S.272), nicht aber als Prozeßsequenz. So sind die Begriffe Institution, Gleichgewichtssystem und strukturerhaltender sowie strukturverändernder (soweit es sich um Transformationen handelt) Prozeß im Zusammenhang zu sehen – vom Inhalt, von der Struktur und vom Informations- bzw. Energiefluß her.

2.5.2 Die Abstufung individuell-normativ

Im Rahmen der Institutionen vollziehen sich die einzelnen Prozesse. Sie erscheinen in ganz verschiedenem Gewand, als Produktionsverläufe, Populationsbewegungen oder Vorgänge in der Kulturlandschaft, als künstlerische oder wissenschaftliche Entwicklung etc. Wie bereits (vgl. S.272f) dargelegt, verlaufen die strukturerhaltenden Prozesse rhythmisch, mit etwa gleichbleibenden Schwankungen. Diese Zusammenhänge lassen sich alle auf vierfache Weise fassen (Tab.10):

1) Die Veränderungen in einer Population erscheinen jede für sich, qualitativ unterscheidbar. Z.B. wird die Bautätigkeit in einer Gemeinde mal in diesem, mal in jenem Gebiet ihren Schwerpunkt haben, der Verkehr in einem Land liegt in der einen Zeit mehr auf der Straße (Pferdefuhrwerk), dann mehr auf der Schiene, schließlich wieder auf der Straße (Autoverkehr); die Malerei oder Architektur bevorzugt verschiedene Stile etc. Es

Tab. 10: Die Sequenz normativ-individuell. Vgl. Text

Ebene	Qualitative Formulierung	Quantitative Formulierung
normativ	Generelles Gesetz	(Mathem.) Formalisierung
↓	Aufgabe	Stadium in Prozeßsequenz
	Institutionen	Schwingungskurve
individuell	Innovation	Diffusionskurve

folgt also Innovation (im weitesten Sinne) auf Innovation, deshalb sei hier von Innovationsbild gesprochen (vgl. S.312). Die Innovationen lassen sich aus statistischen Angaben – unterschiedlichster Herkunft – in ihrem zeitlichen Verlauf und [3]räumlichen Rahmen definieren. Der Verlauf der Diffusion läßt sich darstellen als Zustandsänderung oder als Veränderung selbst, als (Transformations-)Prozeß (Abb.20).

2) Man kann die Innovationen zu Sachkategorien zusammenfassen und feststellen, daß die Bautätigkeit einer Gemeinde, der Verkehr in einem Land, die Malerei oder Architektur in ihren Veränderungen als solchen, Schwankungen unterliegen, und dann diese Schwankungen darstellen. Dies ist eine höhere Generalisierungsebene, die der Institutionen (vgl. S.308). Z.T. sind die Prozesse sogar nur so sinnvoll faßbar, z.B. die Schwankungen in den Geburten- oder Sterbeziffern. Es sei hier vom Schwingungsbild gesprochen.

3) Außerdem können die Prozesse in ihrer Bedeutung für das Systemganze untersucht werden; sie haben eine Aufgabe, im Rahmen der Prozeßsequenz (vgl. S.303f). Diese Aufgabe gilt es, aus den konkret in den statistischen Angaben erscheinenden Produkten herauszulesen, ihre Zugehörigkeit zu bestimmten Institutionen und Prozeßabläufen herauszuarbeiten, ihre Bedeutung für den Ablauf der Prozesse zu ermitteln.

4) Die normative Ebene ist die der generellen Gesetze, die sich vielleicht mathematisch formalisieren lassen.

2.5.3 Interpretation der Prozesse des Paradigmenwechsels

Die abstrakten Ebenen der Gesetze und der Aufgaben wurden bereits dargestellt (vgl. S.294f). Hier sollen die konkreten Ebenen (Innovations- und Schwingungsbild) vorgeführt werden. Ausgang der Überlegungen ist der in Kap.1 vorgestellte Paradigmenwechsel. Es lassen sich – dies sei hier wiederholt – vier Entwicklungsstränge erkennen, mit je eigener definierbarer Grundperspektive; es werden – so lautete das Ergebnis – die konkreten Formen, die Struktur, die Vernetzung und die Gestaltung der Wirklichkeit problematisiert. In systemischer Betrachtungsweise kommen die Elemente für sich, die Merkmalgruppen, die Gleichgewichts- und die Nichtgleichgewichtssysteme in den Blick, d.h. vier Stufen zunehmender Differenziertheit (vgl. S.248f).

In sich sind diese Entwicklungsstränge wiederum gegliedert; Malerei, Metaphysik und Naturwissenschaften bilden den Anfang, sie eilen der realen politischen und sozioökonomischen Entwicklung voraus; diesen schließlich folgen die Sozialwissenschaften.

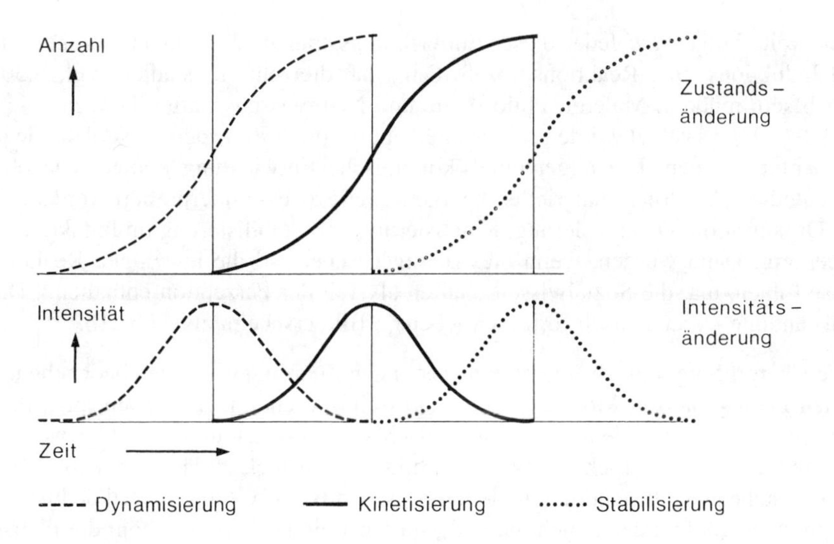

Abb. 20 Sequenz von Teilprozessen, Zustands- und Intensitätsänderung. Vgl. Text

Sie sind – das sei hier gefolgert – thematisch aufeinander bezogen, insofern als die Kunst, Metaphysik und Naturwissenschaften den Boden für die reale Entwicklung bereiten, während die Sozialwissenschaften auf dieser aufbauen, u.a. sie kommentieren.

Die Institutionen dienen als Indikatoren für die Aufgaben. Die Interpretation ist nicht einfach und kann hier nur angedeutet werden. Zunächst wird vorausgesetzt, daß die geistigen Entwicklungen sich mit den realen Entwicklungen auf gleichem Niveau vollziehen; der Wissenschaftler oder Künstler steht nicht außerhalb des Geschehens, sondern ist Teil von ihm (vgl. S.163f). Wie in Kap. 3 dargelegt werden soll, kann man die den Institutionen Kunst und Wissenschaft zuzuordnenden Prozesse als Teil des Informationsflusses, die reale ökonomische Entwicklung als Ausdruck des Energieflusses werten. Sie lassen sich als Teile von Prozeßsequenzen interpretieren. Kunst, Metaphysik und Naturwissenschaft könnten zum Induktionsprozeß, Sozialwissenschaften zum Reaktionsprozeß gehören. Die Entwicklungsstränge überlappen sich; sie sind so angeordnet, daß die jeweils dem Informationsfluß gewidmeten Prozesse, als Innovationen, in etwa aneinander schließen – der Kunststil des zweiten Entwicklungsstranges folgt dem Kunststil des ersten Entwicklungsstranges etc. (Abb.21a). So schließen Induktionsprozeß an Induktionsprozeß, Reaktionsprozeß an Reaktionsprozeß (vgl. S.307).

2.5.4 Innovations- und Schwingungsbild

Richtige Interpretation vorausgesetzt, stellen also die vier Entwicklungsstränge Stadien einer Prozeßsequenz dar, die zu einem höheren Grad von Differenziertheit führen, von der Elementmenge über die Merkmalsgruppen und Gleichgewichtssysteme zu Nichtgleichgewichtssystemen. Weitergehend soll dies hier nicht interpretiert werden.

Die zweite Folgerung: Jeder dieser Entwicklungsstränge ist ein untergeordneter Prozeß mit Induktions- und Reaktionsprozeß. D.h., daß dreizehn Teilstadien (vgl. S.305) gegeben sein müßten. Malerei, Philosophie und Naturwissenschaften können, wie später (vgl. S.351f) dargelegt werden soll, als Perzeptionsprozesse gedeutet werden, die jeweils am Anfang stehen. Die allgemeine ökonomische Entwicklung könnte, wie oben angedeutet, als Ausdruck materieller, energetischer Prozesse interpretiert werden, also als der Organisation, Dynamisierung, Kinetisierung und Stabilisierung im Induktionsprozeß zugehörig. Dann würden, wenn dies richtig gesehen ist, die jeweiligen Reaktionsprozesse folgen, u.a. die Sozialwissenschaften als Teil der Perzeption enthaltend. Das vervollständigte – mechanisch fortgeschriebene – Bild erscheint als Abb.21b.

Eine Überprüfung und Absicherung dieser ersten Zuordnung von den beobachteten konkreten Prozessen zum Modell müßte empirisch vorgenommen werden, in dem Sinne, daß weitere Prozesse identifiziert, thematisch angesprochen und eingefügt werden. Nur ein möglichst widerspruchsfreies Gesamtbild ist plausibel, erklärt sich selbst. Trotz der noch bestehenden Unsicherheit in der empirischen Basis soll das Modell deduktiv weiter besprochen werden; denn auch die widerspruchsfreie Deduktion erhöht die Plausibilität des Gesamten:

Unterstellt man, daß die Innovationen in der üblichen Weise diffundiert wurden (z.B. anhand der Kunst vgl. S.447), so erhält man das Innovationsbild (Abb.21c). Sieht man nun die jeweiligen Induktionsprozesse und die jeweiligen Reaktionsprozesse als Einheiten, so führt dies zur Abb.21d. Hier erkennt man, wie bereits oben erwähnt, daß Induktions- auf Induktionsprozeß folgt, Reaktionsprozeß auf Reaktionsprozeß.

Der Übergang vom Innovationsbild zum Schwingungsbild ist aufgrund der Bemerkung, daß wir dabei lediglich einen Schritt auf ein höheres Abstraktionsniveau vornehmen (vgl. S.310), einfach nachzuvollziehen. In Abb.22a ist der Zusammenhang ersichtlich, d.h. welcher Induktionsprozeß welchen Reaktionsprozeß zur Folge hat.

Jede Schwingung – Induktions- und Reaktionsprozeß – entspricht einem vollständigen zirkulären Prozeß des Basissystems mit all seinen internen Prozeßabläufen und Verknüpfungen (vgl. S.279f). Die Tatsache, daß im Prozeßablauf Induktionsprozeß auf Induktionsprozeß folgt, Reaktionsprozeß auf Reaktionsprozeß, zeigt, daß die Schwingungszüge in den verschiedenen Entwicklungssträngen jeweils um 180° versetzt sind. Eine Population ist – richtige Deutung vorausgesetzt – offensichtlich erst dann stabil, wenn diese breiten Überlappungen gegeben sind; jeweils zwei gegenläufige Schwingungen (Induktion, Reaktion) sind aufeinander bezogen.

Berücksichtigt man, daß diese Schwingungen nochmals in sich differenziert sind, als Sequenzen breit sich überlappender Einzelschwingungen aufgefaßt werden können – entsprechend dem Innovationsbild –, so kommt man zu einem recht kompliziert aufgebauten Schwingungsbild für jede Population (Abb.22b). D.h., daß eine ideale Population als Ganzes nur in erster Annäherung mit einem Basissystem gleichgesetzt werden kann (vgl. S.279), nämlich dann, wenn man sie während einer Schwingungshalbphase betrachtet, also annimmt, daß sie einen Teilprozeß (in der übergeordneten Prozeßsequenz) durchläuft. Betrachtet man dagegen die gesamte Prozeßsequenz, die die Population – als Ganzes – durchlaufen muß, so sind zwei Basissysteme beteiligt, die sich gegenseitig stabilisieren. Der Gedankengang soll hier nicht weiter verfolgt werden.

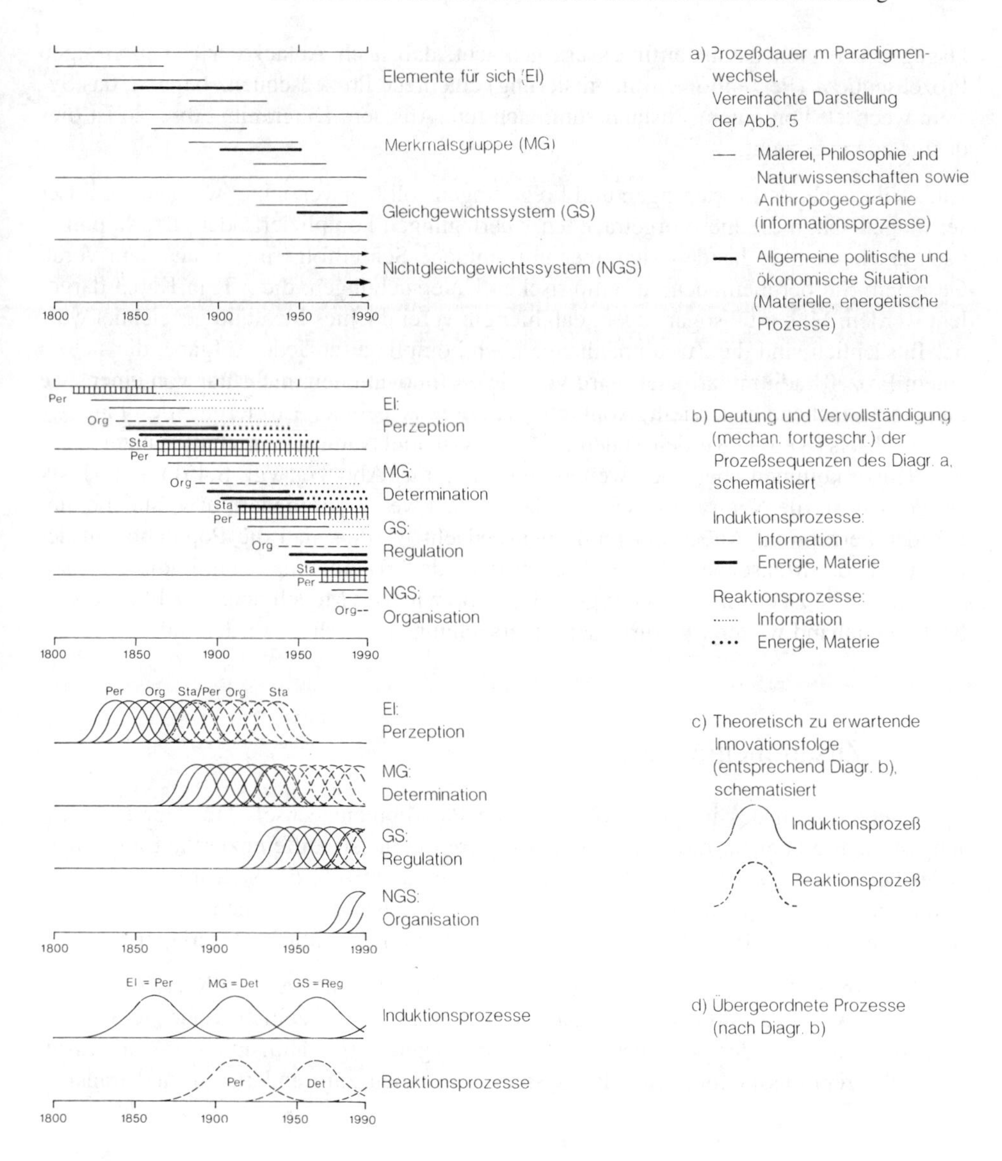

Abb. 21 Interpretation des in Kap.1 behandelten und in Abb.5 dargestellten Paradigmenwechsels als Matrix von Entwicklungssträngen und Prozeßsequenzen. Vgl. Text

Dagegen sei noch darauf aufmerksam gemacht, daß nach Ablauf der siebenphasigen Prozeßsequenz (Perzeption … Stabilisierung) eine neue Prozeßsequenz beginnt, das System wechselt von einem Zustand zum nächsten. Auf dem Diagramm Abb.22c ist dies darzustellen versucht.

Auf weitergehende Erörterungen und Folgerungen soll hier verzichtet werden. Dem Leser mögen schon die hier vorgetragenen Überlegungen kompliziert oder allzu hypothetisch erscheinen; es handelt sich aber um einfache Schlußfolgerungen aus dem vorab Gesagten. Sie beruhen auch auf empirischen Untersuchungen, die z.T. in Kap.3 dargelegt werden. Man muß sogar sagen, daß hier ein vereinfachtes Idealbild gezeichnet wurde. Tatsächlich sind die Zusammenhänge noch komplizierter. Jede Aufgabe, die sich in einem Prozeßstadium darbietet, wird von vielen Innovationen, nicht nur von einer, wie hier vereinfachend unterstellt, konkretisiert. Bereits bei der Erörterung des Paradigmenwechsels (Kap. 1) wurden Malerei, Metaphysik und Naturwissenschaften unterschieden. Hinzu kommen aber noch weitere wie Literatur (Abb.37a; vgl. S.451) und Musik bei der Kunst; die Naturwissenschaften lassen sich weiter aufgliedern usw. Sie alle dienen der Perzeption. Außerdem muß noch bedacht werden, daß die Population in der Hierarchie der Menschheit als Gesellschaft (und als Art) eingefügt sind, in diesem Rahmen Aufgaben zu erfüllen haben (vgl. S.319f). So wird das Modell noch erheblich ausgebaut und anhand weiterer empirischer Untersuchungen gesichert werden müssen.

2.5.5 Zusammenfassung

Die Interpretation des in Kap.1 vorgestellten Paradigmenwechsels läßt vier Entwicklungsstränge erkennen, die jeweils einen höheren Grad an Differenziertheit anstreben. Jeder beinhaltet – so die Folgerung – einen eigenen Prozeß, der sich im Innovations- und im Schwingungsbild darstellen läßt. Im Innovationsbild erscheinen die Teilprozesse der Prozeßsequenz (Perzeption…Stabilisierung) in breiter zeitlicher Überlappung.

Induktionsprozeß schließt an Induktionsprozeß, Reaktionsprozeß an Reaktionsprozeß an. Im Schwingungsbild zeigt sich, daß jeweils zwei um 180° zeitlich versetzte Schwingungszüge aufeinander bezogen sind und sich gegenseitig stabilisieren. Im Stabilisierungs-/Perzeptionsstadium wird das System vom einen zum andern Zustand transformiert.

2.6 Die Hierarchie der Populationen und Prozesse

Nach den vorherigen Ausführungen ist es nun angezeigt, aus der Populationsebene zu den größeren komplexeren Strukturen wieder aufzusteigen. Die Populationen als Nichtgleichgewichtssysteme gesehen sind auch als Bestandteile hierarchisch strukturierter Systemkomplexe begreifbar; die Prozesse sind in übergeordnete Zusammenhänge eingebettet. D.h. die Anregung, die Nachfrage nach Energie kommt von einem anderen Sy-

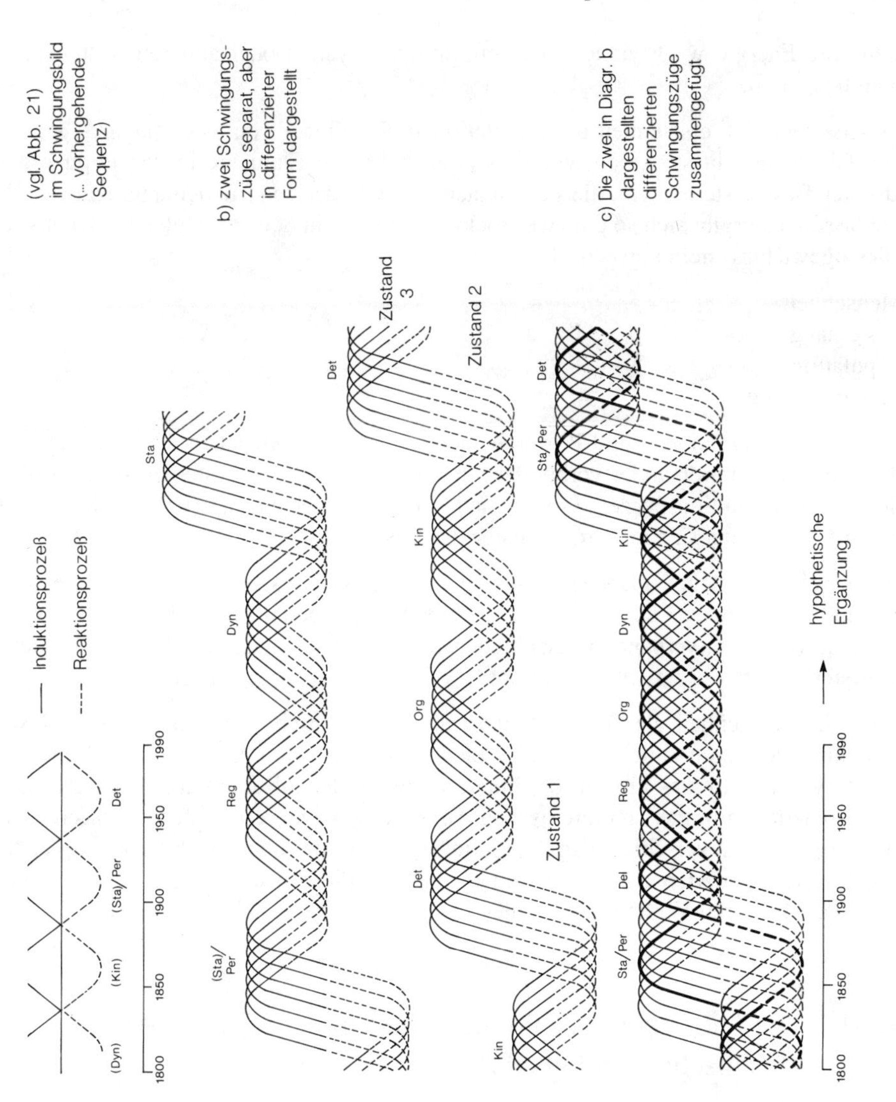

Abb. 22 Prozeßsequenzen als interagierende Schwingungszüge, abgeleitet aus dem in Kap.1 erörterten Paradigmenwechsel (vgl. Abb.21). Vgl. Text

stem, die Energie wird wiederum einem anderen System oder anderen Systemen entnommen.

In der Hierarchie erscheinen die Populationen als Glieder von Systemaggregaten, also von Gleichgewichtssystemen, wie dies ja auch für die Elemente in den Populationen, also den Basissystemen gilt, die sich zunächst als Glieder von Elementaggregaten auffassen lassen. Es ergibt sich so ein zweistöckiger Aufbau, in dem Nichtgleichgewichts- und Gleichgewichtssystem abwechseln:

Menschheit –
Systemaggregat –
Population –
Elementaggregat.

So sind die Populationen und Prozesse auch in ihrer hierarchischen Abfolge nicht starr, deterministisch miteinander verbunden; in den Gleichgewichtssystemen sind die Selektions- und Produktionsprozesse sowie die Diffusionen, wie gezeigt (vgl. S.268f), indeterminiert, vollziehen sich auf probabilistischer Basis.

Wie bereits dargelegt (vgl. S.304f), lassen sich das Basissystem, die Grundprozesse und Verknüpfungsprozesse in verschiedenen Größenordnungen als Module verwenden. Man kann sie in Systemverbänden verschiedenster Art, abstrahiert man diese zu Modellen, wiedererkennen.

Auch die Menschheit als Gesellschaft ist als ein – nun aber in sich sehr komplexer – Systemverband zu definieren. Sie ist gleichzeitig, wie schon betont, ein Nichtgleichgewichtssystem, und dies gibt ihr die innere Ordnung. Es soll nun dargelegt werden, wie die Populationen in ihrer hierarchischen Anordnung die Gesellschaft strukturieren, welche Aufgaben den verschiedenen Populationstypen für das übergeordnete Nichtgleichgewichtssystem der Menschheit zukommen und wie die Prozesse miteinander verknüpft sind. Zum besseren Verständnis sei hierzu auf Abb.23 (vgl. S.321) verwiesen.

2.6.1 Die Hierarchie der Populationen in der Menschheit als Gesellschaft und als Art

Die Populationen der Menschheit als Gesellschaft lassen sich erdweit in eine Hierarchie einordnen. Sie ist für die Strukturierung der Gesellschaft von entscheidender Bedeutung, eine Tatsache, die bisher anscheinend – merkwürdigerweise – in den Sozialwissenschaften kaum erkannt worden ist, obwohl die einzelnen Typen jeweils eine ausführliche Würdigung in vielfältiger Form erfahren haben und erfahren. Diese Typen bzw. hierarchischen Niveaus sind herauszustellen. Hier kann dies nur in übersichtlicher Form geschehen. In Kap.3 werden die Details erörtert.

Als kleinster Populationstyp – oberhalb der Individuen - ist die Familie (Eltern und Kinder) zu identifizieren (Thurnwald 1932; Goode 1967, S. 37 f., 76 f., sprach von Kernfamilie). Sie ist bereits in der Lage, eine gewisse Zeit, eine Generation, sich selbst zu erhalten, zu ernähren, zu schützen usw. Sie kann Bestandteil einer Großfamilie oder Sippe sein, die im einzelnen unterschiedlich strukturiert ist, muß es aber nicht. Diese

Populationsform hat sich heute stark gewandelt (vgl. S.555f). Während in wenig differenzierten Populationen die für das Überleben nötigen Arbeiten auf Familienebene durchgeführt werden, durch den Lebensrhythmus vorgegeben (Nahrungssuche, Fortpflanzung, kultische Handlungen, Erholung, Kinderaufzucht etc.), sind in arbeitsteiligen Gesellschaften neben der Familie Betriebe – oder allgemeiner aus sozialgeographischer Sicht Organisate (vgl. S.543f) – entstanden, in denen gewisse dem Lebensunterhalt dienende Aktivitäten durchgeführt werden, so die vor allem der Energieausnutzung im weitesten Sinne und der Umwandlung, Veredelung der Materie, aber auch lediglich der Kommunikation gewidmeten Tätigkeiten. Die Familie als der ältere Populationstyp sei als „primär" bezeichnet, das Organisat als „sekundär". Hier werden also zwei ganz verschiedene Populationstypen und Prozeßstränge angedeutet. Die Menschheit als (biotische) Art steht, wie bereits früher (vgl. S.239f) dargelegt, der Menschheit als Gesellschaft gegenüber.

Aber auch die übrigen Populationstypen lassen eine entsprechende Zweiteilung zu (vgl. unten). So lassen sich Hierarchien von primären und sekundären Populationen erkennen und miteinander parallelisieren.

Eine Familie oder mehrere Familien können als Lokalgruppe, Gemeinde oder Siedlungspopulation in – bodenvagen oder bodensteten – Siedlungen zusammenleben; hier kommen noch mehrere Organisate hinzu. Diese Populationen richten sich in ihrer natürlichen Umwelt ein. In wenig differenzierten Gesellschaften bietet die natürliche Umwelt als Lebensraum (vgl. S.264f) die materielle Basis für den Lebensunterhalt. In höher differenzierten Populationen können direkte Kontakte mit der natürlichen Umwelt mehr im Hintergrund stehen. Die Gemeinden sind biotische (Primär-) und sozioökonomische (Sekundär-)Populationen. Sie werden in höher differenzierten Gesellschaften Teil eines Land-Stadt-Kontinuums (z.B. Hahn, Schubert, Siewert 1979, S.45 f.).

Mehrere Siedlungspopulationen in einfach strukturierten Gesellschaften können eine gemeinsame Sprache sprechen, dieselbe Art haben, ihre Häuser zu bauen, die gleiche Keramik herstellen etc., sich gemeinsam im Naturraum einrichten, Kontakt miteinander halten. Sie handeln, z.B. bei Wanderungen, bei Gefahr etc., – auch ohne daß sie eine gemeinsame Herrschaft entwickelt haben – als eine Einheit, so daß geschlossen werden kann, daß ein Konsens in allgemeinen politischen Fragen besteht. Wir können hier von einem Stamm sprechen. Beispiele sind die germanischen Stämme im Zuge der Völkerwanderung, die verschiedenen Stämme der Pueblokultur etc.

In höher differenzierten Gesellschaften läßt sich die überkommene Stammesstruktur vielfach noch in ethnischen oder Volksgruppen verschiedener Abstufung wiedererkennen; Populationen bewohnen gemeinsam eine Region, die sich als zusammengehörig im Sinne gemeinsamer Tradition oder gemeinsamer Probleme empfinden, z.B. innerhalb des deutschen Volkes die Ostfriesen oder die Sachsen. Insbesondere entstehen bei Kolonisationen solche Gebilde (Fliedner 1975). Volksgruppen können auch den Charakter ethnischer oder kultureller Minoritäten besitzen (für Francis 1965, S. 201, dem wir in dieser Frage nicht folgen, ein Definitionsmerkmal). Dies sind Primärpopulationen. In der arbeitsteiligen Gesellschaft sind im übrigen in dieser Größenordnung die Stadt-Umland-Populationen als Sekundärpopulationen zu sehen, die mehr und mehr auch ein ausgeprägtes Identitätsbewußtsein erhalten können, so daß das überkommene Stammesgefühl langsam ausgehöhlt werden kann (z.B. Schöller 1953 b; zur Diskussion dieser Problematik vgl. S.224f).

Den Völkern ist zusätzlich der Wille nach politischer Selbstbestimmung eigen (Ratzel 1897 a; Francis 1965, S. 42 f., 95 f.). Ihnen – als Primärpopulationen – sind als Sekundärpopulationen die Staaten zur Seite zu stellen, die häufig nicht die Volksstruktur berücksichtigen. In weniger differenzierten Gesellschaften sind in dieser hierarchischen Stufe gleichfalls die (Primärpopulationen) Stämme als Entsprechung zu betrachten (Sahlins 1968, S. 16, 20 f.). Hier ist also oft nicht eine klare Unterscheidung in zwei Niveaus wie bei den höherdifferenzierten Gesellschaften (Volksgruppe bzw. Volk) möglich.

Oberhalb der Stämme bzw. Völker und Staaten sind die Kulturpopulationen zu identifizieren. Dies gilt in wenig differenzierten Gesellschaften; z.B. sind die Pueblo-Indianer mit den umgebenden Stämmen der Sammler und Jäger im Südwesten der heutigen USA vor Ankunft der Europäer zu nennen. Sie bilden eine kleine, nur wenig differenzierte Primärpopulation. Kulturpopulationen (nach Bobek 1961/69 „Kulturreiche“) sind noch klarer in höher differenzierten Gesellschaften identifizierbar („Hochkulturen“; Schmitthenner 1938/51). Durch die gegenwärtige Ausbreitung der europäischen Kulturpopulation wird ein anderer – hier nicht weiter zu behandelnder – überkommener Populationstyp in dieser Größenordnung überlagert, die Rasse. Dieser Populationstyp ist biologisch-genetisch begründbar (Kenntner 1975). Definition und Begrenzung der Rassen sind nicht ganz eindeutig und die Systematik hängt von der Wahl der Merkmale ab (Schwidetzky 1974, S. 19 f., 153 f.).

Insgesamt sind zwischen den Ebenen der Individuen bzw. der Menschheit als Ganzes erdweit fünf Typen von Populationen zu unterscheiden.

Jedes Individuum ist Angehöriger aller Populationsebenen. Wirksam wird dies aber erst in seinen Handlungen, seinen Aktivitäten. D.h., das Individuum wechselt immer wieder seine Rolle, wirkt einmal für die Familie, für das Volk oder die Kulturpopulation, aber auch für sich selbst als Konsument. So sind die Individuen, wie bereits hervorgehoben wurde (vgl. S.299), in ihrer Rolle zu sehen, als Arbeitskraft im System Menschheit als Gesellschaft, als ganzheitliche Lebewesen in der Menschheit als Art. Andererseits muß auch die Menschheit als Population für sich gesehen werden, als oberste Populationsebene der Menschheit als Gesellschaft bzw. als Art. So resultieren sieben Niveaus (Tab.11).

Jede der Populationen hat ihre Umwelt, wie sie früher dargestellt wurde (vgl. S.261f); sie ist strukturell im vertikalen (substantiell bzw. hierarchisch) und horizontalen Feld (zeitlich bzw. räumlich) eingebunden. Die vor allem in der Humanistischen Geographie verwendeten Begriffe „Lebenswelt“ und „place“ (vgl. S.207f) sind den Individuen als Ganzheiten bzw. den Primärpopulationen zuzuordnen, da sie die Umwelt im Hinblick auf deren Individualität, nicht nur im Hinblick auf bestimmte Aufgaben umschreiben. Der Begriff Lebensraum (vgl. S.264) gehört ebenso in dieses terminologische Feld; er ist als Teil der Lebenswelt zu definieren.

Tab. 11: Klassifizierung der Primären und Sekundären Populationen. Vgl. Text

Primäre Populationen (Menschheit als Art)	*Sekundäre Populationen* (Menschheit als Gesellschaft)
Menschheit (als Population)	
Kleine Kulturpopulation	Hochkulturpopulation
Stamm, Volk	Staatspopulation
(Stamm), Volksgruppe	Stadt-Umland-Population
Lokalgruppe, Gemeinde	Gemeinde
Familie	Organisat
Individuum (Lebewesen)	Individuum (Arbeitskraft)

2.6.2 Die Aufgaben der Populationen für die Menschheit als Gesellschaft und als Art

Nimmt man nun an, daß nicht nur die Elemente Aufgaben für die Population, sondern auch die Populationen Aufgaben für die Menschheit haben, also (Nichtgleichgewichts-) Subsysteme eines übergeordneten Systems sind (vgl. S.316f), und berücksichtigt weiter, daß es nur eine endliche Zahl von Aufgaben im Rahmen einer Prozeßsequenz zu lösen gibt (vgl. S.300f), kommt man zum Schluß, daß auch die Menschheit (als Gesellschaft bzw. als Art) als Ganzheit definierbar ist. Hat die einzelne Population die Aufgabe, den Informations- und Energiefluß zu regeln und im Reaktionsprozeß die Größe und Struktur, d.h. die Elemente der Population zu bilden, so obliegt es der Menschheit, diese Vorgänge zu kontrollieren und – im Zuge ihrer kulturellen Evolution – die Populationen selbst zu bilden und zu formen.

So erhält sich die Hierarchie der Populationen im Prozeßgeschehen. Die Populationen werden mit Informationen und Energie versorgt, verarbeiten sie, und darüber hinaus erhalten, verändern und ergänzen sie sich, d.h. Induktionsprozeß und Reaktionsprozeß im hierarchischen Prozeßablauf sind einander entgegengerichtet. Dabei ist die Menschheit als Gesellschaft neben der Menschheit als Art zu sehen; beide stehen in enger Wechselbeziehung zueinander, auch auf Populationsniveau (Sekundär- und Primärpopulationen). Neben den hierarchisch ablaufenden Prozessen, die die Menschheit als Ganzes verklammern, haben auch die Populationen selbst entsprechend ihrer Aufgabe ihre eigenen Prozesse zu absolvieren.

Die Hierarchie der Populationen ist mit der Prozeßsequenz (vgl. S.300f), die die Menschheit als Gesellschaft in ihrer Eigenart als Nichtgleichgewichtssystem durchzuführen hat, in Zusammenhang zu sehen. Jeder Populationstyp hat seine spezifische Aufgabe (Tab.12; Abb.23). Dies kann hier zunächst nur als These formuliert werden. Mit den weiteren Erörterungen in diesem Abschnitt, vor allem auch in Kap.3, wird deutlich, daß sich die vielen Einzelannahmen zu einem Gesamtbild fügen.

Die oberen vier Populationstypen sind demnach der Informationsaufnahme, der *Adoption gewidmet. Auf dem Niveau der Volksgruppe bzw. Stadt-Umland-Population erfolgt der Anschluß an die *Produktion, der von den vier unteren Populationstypen getragen

Tab. 12: Populationstypen und Aufgaben im Rahmen der Menschheit als Art und als Gesellschaft. Vgl. Text

Aufgaben	Populationstypen
Perzeption	Menschheit (als Population)
Determination	Kleine Kulturpopulation, Hochkulturpopulation
Regulation	(Stamm), Volk, Staatspopulation
Organisation	Volksgruppe, Stadt-Umland-Population
Dynamisierung	Lokalgruppe, Gemeinde
Kinetisierung	Familie, Organist
Stabilisierung	Individuum (als Lebewesen, als Arbeitskraft)

wird. Der Induktionsprozeß verläuft hierarchisch von oben nach unten, die jeweils untergeordneten Populationen arbeiten den übergeordneten zu (vgl. S.324f). Ihre Zahl nimmt exponentiell zu; der Verzweigungsfaktor ist ganz unterschiedlich, er mag k = 10, er mag aber auch k = 100 betragen. Das hängt davon ab, wie stark die Aufgaben in Einzelaufgaben – für die eigene Systeme gebildet wurden – aufgesplittert sind, wie weit die Differenzierung fortgeschritten ist.

2.6.3 Die Hierarchie der Prozesse

Wenn die untergeordneten Populationen den übergeordneten zuarbeiten, so bedeutet dies, daß die Prozesse mit ihren sieben Stadien in den verschiedenen Populationstypen gleichfalls hierarchisch geordnet sein müssen, d.h. daß die untergeordneten Prozesse schneller absolviert werden als die übergeordneten.

Prozesse unterschiedlicher Dauer sind vielfach beschrieben worden. So sind biologische Rhythmen seit langem bekannt. Wichtiger für unseren Zusammenhang sind die sozioökonomischen Schwingungen. Die Konjunkturzyklen sind das vielleicht bekannteste Beispiel (Schumpeter 1939/61), aber auch Historiker unterscheiden zwischen Langzeitentwicklungen und kurzen Perioden (Braudel 1958/77). In neuerer Zeit betrachteten Young und Schuller (1988) – einleitend zu einer Aufsatzsammlung – verschiedene Aspekte des Zeitablaufs im gesellschaftlichen Kontext. Sie schreiben, daß soziale Einheiten ihre eigenen Rhythmen haben und entsprechend ihrem eigenen Takt fortschreiten; von anderem Standpunkt aus existieren sie als Teil einer größeren Menge. Laslett (1988) unternimmt im selben Band den Versuch, verschiedene Entwicklungsgeschwindigkeiten zu typisieren. So unterscheidet er zwischen

- change of fast-paced order (politischer Wandel, Mode, Meinung, Militär etc.)
- change of medium-paced order (wirtschaftlicher, technologischer, demographischer, intellektueller, ästhetischer Wandel etc.)
- change of slow-paced order (Änderungen der Verfassung, des Glaubens etc.)
- change of very-slow-paced order (Änderungen von Normen, in der sozialen Struktur etc.).

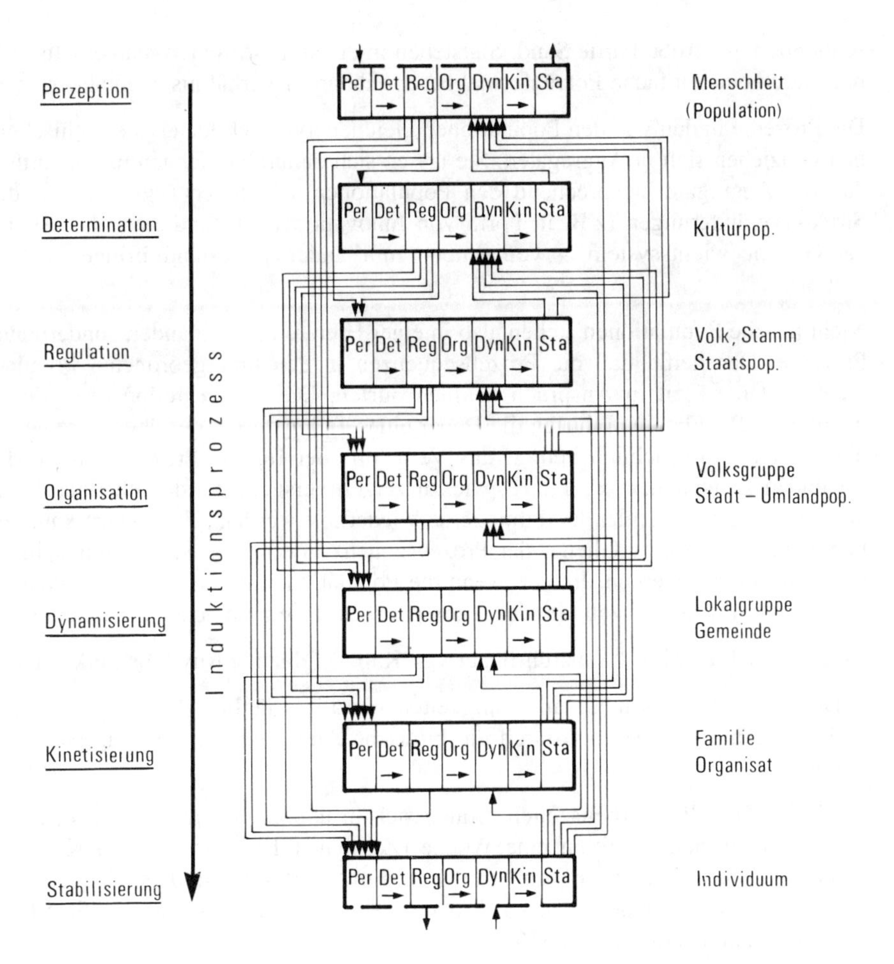

Abb. 23 Hierarchie der Prozesse und Populationen in der Menschheit (Induktionsprozeß). Vgl. Text
Quelle: Fliedner 1989a, S.34

Natürlich sind dies nur vage Vorstellungen; sie zeigen aber doch, daß auf breiterer Basis dieses Thema erkannt und angegangen wird.

Präziser formulieren Physiker entsprechende Hierarchien in ihrer Theorie der selbstorganisierten Kritizität (einführend: Bak und Chen 1991). Viele große interaktive Systeme entwickeln sich von selbst auf einen kritischen Zustand hin, in dem bereits ein unscheinbares Ereignis eine Katastrophe auslösen kann. Als Beispiel dient ein Sandhaufen, auf den in regelmäßigem Fluß Körnchen geträufelt werden; nach einer gewissen Zeit erreichen kleine Teilpartien den kritischen Zustand und rutschen etwas ab. Wird nun weiter Sand in unverminderter Stärke hinzugegeben, so kann – nach mehreren solcher kleinen Ereignisse – ein großer Teil des Sandhaufens abrutschen. D.h., es sind hier drei hierarchische Ebenen im Zeitablauf zu unterscheiden: das einzelne Sandkorn, die kleine und schließlich die große Partie Sand. Sie stehen in einem bestimmten mathematisch faßbaren (durch eine einfache Potenzformel beschreibbaren) Verhältnis zueinander.

Die Prozesse in den von den Populationen gleichen Typs gebildeten hierarchischen Ebenen vollziehen sich in Aggregaten. Sie lassen sich dadurch erkennen und identifizieren, daß die Aggregate entsprechend den Populationen schwingen (vgl. S.272f), daß die Strukturveränderungen (z.B. in Form von Innovationen) diffundieren, das Aggregat – als Gleichgewichtssystem – von einem zum anderen Zustand bringen (vgl. auch S.266f).

Nicht nur die Populationen stehen also in einer Hierarchie zueinander, sondern auch die Prozesse. Das heißt, daß die Prozeßsequenzen in den untergeordneten Populationen nicht zu lange Zeit in Anspruch nehmen dürfen. Die sieben Teilprozesse der untergeordneten Populationen dürfen die Dauer eines Teilprozesses der übergeordneten nicht überschreiten. Tatsächlich beträgt das Verhältnis der für die Prozesse zur Verfügung stehenden Zeitspannen ca. 1 : 10, wie zu zeigen versucht wurde (Fliedner 1981). So können ihr Ziel verfehlende Teilprozesse wiederholt werden. Umgekehrt kann es vorkommen, daß mehrere Glieder der Prozeßsequenz in einzelne Schwingungsphasen zusammengedrängt werden. Immer, wenn die Populationen ihre Sequenz durchlaufen haben, setzt ein neuer Prozeß ein, das Aggregat rückt zu einem neuen Zustand auf.

Es lassen sich empirisch (ausführlicher vgl. Kap.3) folgende Rhythmen erkennen:

1. Das Individuum ordnet seine Tätigkeiten vor allem täglich. Der Tagesrhythmus ist ihm angemessen, bedingt durch die biotische Anpassung an den Tag-Nacht-Zyklus (vgl. S.592f).

2. Die individuellen Arbeitszeiten ordnen sich in übergeordnete Rhythmen, die in der abendländischen Tradition eine Woche (Zerubavel 1985; in anderen Kulturen z.T. davon abweichende Zeiträume) umfassen. Ein Feiertag trennt diese Sequenz von Arbeitstagen von der der nächsten Woche; der Betriebsablauf und das Familienleben richten sich danach (vgl. S.566f).

3. Die Feldbewirtschaftung in den ländlichen Gemeinden ist dagegen auf den Jahresrhythmus abgestimmt, bedingt schon durch den Jahreszeitenverlauf („Ländliches Jahr"). Aber nicht nur die Landwirtschaft, sondern auch die übrigen Wirtschaftsbereiche haben sich diesem Rhythmus angepaßt (vgl. S.539f).

4. Die infrastrukturellen Maßnahmen zur ^{3}räumlichen Ordnung – die Planung, die Durchführung von Bauvorhaben, die Anlage und Erneuerung von Wegen – umfassen Zeiträume von jeweils mehreren Jahren (vgl. S.500f). Die Aufgabe der „räumlichen" Organisation ist Sache der Volksgruppe bzw. des Stadt-Umland-Systems.

5. Die räumliche Ordnung einer Region bzw. eines Stadt-Umland-Systems ist ihrerseits im Zusammenhang mit den das ganze Volk bzw. den ganzen Staat umfassenden technischen Basisinnovationen zu sehen, z.B. die Einführung der Schwerindustrie oder der Eisenbahn (vgl. S.450f). Solche Innovationen werden in Jahrzehnten diffundiert. Dabei wird die strukturelle Anpassung verlangt; sie schließt evtl. eine berufliche Neuorientierung von Teilen der Bevölkerung ein – die allein schon eine Zeit von vielleicht einer Generation verlangt –, dann die strukturelle und bauliche Umorientierung der Ökonomie etc.

Tab. 13: Zuordnung von Populationstyp, -aufgabe und Teilprozeß- (oder Schwingungs-)dauer. Vgl. Text

Populationstyp (Sekundärpopulation)	Aufgabe	Dauer der Teilprozesse
(Menschheit)	Perzeption	ca. 5000 Jahre (Millennien)
Kulturpopulation	Determination	ca. 500 Jahre (Zentennien)
Staatspopulation	Regulation	ca. 50 Jahre (Dezennien)
Stadt-Umland-Population	Organisation	ca. 5 Jahre
Gemeinde	Dynamisierung	ca. 1/2 Jahr, 1 Jahr
Organisat	Kinetisierung	ca. 1 Woche, 1 Monat
(Individuum)	Stabilisierung	ca. 1 Tag, 1Tag-Nacht-Periode

6. Völker oder Staatspopulationen tragen damit als Elemente die großen kulturellen Wandlungen, die in Hunderten von Jahren die Kulturpopulationen erfassen (z.B. Mittelalter oder Neuzeit in Europa; vgl. S.399f). Hier geben sich die Bewohner eine neue Werteordnung, prägen ihr Leben im Miteinander und im Verständnis ihrer Umwelt.

7. Diese Wandlungen in der weltanschaulichen, religiösen Grundausrichtung im Rahmen von Kulturpopulationen wird ihrerseits durch die kulturelle Evolution veranlaßt (vgl. S.367f), die sich in Jahrtausende umfassenden Stadien vollzieht. Sie ist der Menschheit als Ganzes eigen, erhält durch Wissensaneignung und geistigen Wandel ihr Gepräge.

Der Schwingungsrhythmus der einzelnen Populationstypen richtet sich nach den Elementen, jedem Teilprozeß einer Population entspricht in den Elementen, also den untergeordneten Populationen als Subsystemen, jeweils die ganze Sequenz der Induktionsprozesse, von der Perzeption bis zur Stabilisierung, d.h. sieben Glieder (vgl. oben, S.300f). Die einzelnen Teilprozesse (z.B. Perzeption oder Determination) erscheinen im Aggregat der untergeordneten Populationen als Diffusion von Innovationen, z.B. bei der Menschheit als Gesellschaft im Aggregat und im Rhythmus der Kulturpopulationen (vgl. S.319f). Ganz formell betrachtet wird so durch die Schwingung im Sinne der Lotka-Volterra-Beziehungen die Energie von dem übergeordneten zum untergeordneten Populationstyp übertragen. Die Teilprozesse sind die kleinsten Einheiten, die sich als solche definieren lassen, und so sprechen wir von Tagesrhythmen bei den Individuen oder von Dezennienrhythmen bei Völkern bzw. Staatspopulationen (Tab.13), wohl wissend, daß ein vollständiger Zyklus beim Individuum etwa eine Woche, aber beim Volk oder der Staatspopulation etliche Jahrhunderte umfassen würde; es schließt ja, wie oben geschildert (vgl. S.307), Induktions- an Induktionsprozeß. So erscheint es eindeutiger, die Dauer der Teilprozesse den Benennungen zugrunde zu legen.

Man kann es auch anders formulieren: Während des Ablaufs der Prozeßsequenz bleibt – idealiter – die Struktur in ihrer Grundausrichtung erhalten, wenn nicht unvorhergesehene Ereignisse Korrekturen erheischen. Auch Korrekturen sind im Rahmen denkbar oder gar selbstverständlich. Die grundlegende Struktur ändert sich aber erst in der Stabilisierungsphase, also dem letzten Teilprozeß des Induktions- bzw. Reaktionsprozesses (Energiefluß- bzw. Systemstrukturänderung; vgl. S.266f). D.h., daß in der Zuordnung von Populationstyp und Prozeßdauer die strukturerhaltenden Prozesse – genauer die Schwankungen im Zuge der strukturerhaltenden Prozesse – angesprochen werden. Ihr Rhythmus entspricht den halben Kreisprozessen der untergeordneten Populationen. Die genannten Rhythmen gelten für hochdifferenzierte Gesellschaften, also Sekundärpopulationen.

Die Dauer der Schwingungen hängt also letztlich von der Dauer der internen Prozeßabläufe ab. Hierdurch erhalten die Populationen gleichsam ihre eigene Uhr.

2.6.4 Vertikale Vernetzung der Prozesse

Die Verknüpfung zwischen den Populationsebenen erfolgt, wie aus den Ausführungen über die Prozeßsequenz hervorgeht (vgl. S.304f), derart, daß die Anregung im Zuge des Induktionsprozesses im Perzeptionsstadium von oben aufgenommen und im Regulationsstadium nach unten weitergegeben wird, der Energiefluß dagegen im Dynamisierungsstadium von unten empfangen und im Stabilisierungsstadium nach oben weitergegeben wird. In den dazwischenliegenden Stadien (Determination, Organisation, Kinetisierung) wird der Prozeßablauf jeweils auf derselben Ebene weitergeführt.

Die Prozesse, ihre Aufgabe und ihre Dauer lassen sich auf induktivem Wege definieren. Die Innovationen werden innerhalb der Institutionen, in denen sich die Strukturen und Prozeßabläufe konkretisieren, eingeführt, dann verbreitet und erscheinen schließlich als akzeptiert, bis eine neue Innovation verbreitet wird. Dies kann man anhand von Zeitreihen ermitteln.

Es zeigt sich, daß die genannten Rhythmen nicht nur maßgebend für jene Prozesse sind, die die Populationen selbst zur Erledigung ihrer eigenen, zu ihrer Selbsterhaltung erforderlichen Prozesse benötigen; durch die hierarchische Verknüpfung kommen Aufgaben der Populationen sämtlicher anderer – unter- und übergeordneter – Niveaus hinzu.

Z.B. hat ein Organisat (Begriff vgl. S.543f) die Aufgabe der Kinetisierung, der Durchführung des Produktionsablaufs (vgl. S.320f). Dies kann für alle Aufgaben aller Populationstypen gelten. So haben die Organisate ganz unterschiedliche Orientierung; d.h. die einen arbeiten für die Aufgaben der Gemeinde, andere für die der Stadt-Umland-Population, wieder andere für den Staat etc. In sich hat das Organisat seine eigene Prozeßsequenz, es beschäftigt Individuen als Arbeitskräfte. Die übergeordneten Populationen andererseits können ohne die untergeordneten ihre Prozesse nicht durchführen, d.h. ihre Aufgabe nicht erfüllen. Z.B. benötigt die Kulturpopulation die Staaten (oder Völker), denn sie regulieren die Prozesse, kontrollieren sie; diese benötigen ihrerseits die Stadt-Umland-Populationen (oder Volksgruppen), denn diese ordnen die Prozesse im ^{3}Raum etc.

Die untergeordneten, etwa um den Faktor 10 schneller arbeitenden Populationen (vgl. S.322f) nehmen die Anregungen von oben auf bzw. geben das Produkt nach oben ab, und zwar innerhalb eines Teilprozesses dieser übergeordneten Population. Dies signalisiert schon, daß die jeweils untergeordneten Populationen nur in Teilaspekten an die übergeordneten angebunden sind (Abb.23; vgl. S.321f). Die Menschheit als Population benötigt alle Populationen aller Ebenen; diese arbeiten ihr zu. Die Kulturpopulation benötigt weniger, etc. Das Individuum steht am Ende dieser Sequenz. Es gehört umgekehrt seinerseits ganz den übergeordneten Populationen an. Es führt nacheinander alle Tätigkeiten aus, spielt alle Rollen der übergeordneten Populationen, d.h. es gehört einer Familie (und einem Organisat) an, einer Gemeinde, einer Volksgruppe (und Stadt-Umland-Population), einem Volk (und einem Staat) sowie einer Kulturpopulation, natürlich auch der Menschheit als Population. Damit hat diese die stärkste Innenbindungsdichte, das Individuum die stärkste Außenbindungsdichte, d.h. es ist am stärksten abhängig, unterliegt den meisten Zwängen, hat die meisten Aufgaben.

Dementsprechend werden die Populationen im Zuge der vertikalen Prozeßsequenz (in der Hierarchie der Menschheit als Gesellschaft bzw. als Art), als Element (Einheit), als Merkmalsgruppe, als Aggregat oder als Nichtgleichgewichtssystem genutzt. So sind die Prozesse in den Aggregaten der oberen Ebenen am komplexesten, werden aber am wenigsten von außen her kontrolliert; umgekehrt sind die Prozesse in den Aggregaten in den unteren Ebenen am einfachsten strukturiert, werden andererseits am stärksten reglementiert. In der Mitte, auf der Ebene der (Volksgruppen/) Stadt-Umland-Populationen (Organisation in der vertikalen Prozeßsequenz) treffen sich die beiden entgegengerichteten Tendenzen.

Die Populationen müssen also in ganz verschiedenem Zusammenhang gesehen werden, je nachdem, welchen Prozeß sie durchzuführen helfen. Sie sind Elemente der die Menschheit umfassenden Hierarchie und fördern den von oben nach unten bzw. von unten nach oben durchlaufenden Prozeß; sie gehören andererseits mit ihresgleichen in den jeweiligen Populationsebenen zu Aggregaten, und schließlich sind es in sich Nichtgleichgewichtssysteme, und als solche haben sie die systemeigenen Prozeßsequenzen zu durchlaufen (vgl. S.279f).

Aber auch thematisch, inhaltlich sind die Populationen vertikal verknüpft; die Aufgaben sowie die sie konkretisierenden Institutionen und Prozesse gelten ja für alle Populationsebenen. Z.B. ist ein Bergbauunternehmen als ein Organisat in den wöchentlichen Produktionsrhythmus eingebunden. Andererseits ist es den Zwängen der übergeordneten Populationen ausgesetzt, der infrastrukturellen Ausstattung und Flächenkonkurrenz seiner dauerhaften Anlagen, für die die Gemeindeebene zuständig ist (Kap.3), der Verkehrseinbindung (Stadt-Umland-Populationen), der staatlichen Reglementierung etc. Wird (wie es Dörrenbächer 1991 näher untersucht hat; vgl. S.193f) eine Produktionsumstellung erforderlich, so benötigt dies Jahre – durch Planung, bauliche Veränderung (z.B. Schachtstillegungen) im Induktionsprozeß, durch Umstellung der beteiligten Menschen in ihren Lebenswelten (Pendelung, Umzug oder Neubau des Eigenheims, Schaffung neuer Aktionsräume etc.) im Reaktionsprozeß. Damit gliedert sich das Organisat in den Rhythmus der Gemeinde ein. Darüber hinaus fügt sich das Unternehmen wie auch die Wirtschaft allgemein in den (den Staaten eigenen) Dezennienrhythmus (vgl. S.450). Umgekehrt ist auch der (dem Individuum zuzuordnende) Tagesrhythmus im Produktionsablauf erkennbar (Schichteinteilung etc.).

Dies einfache Beispiel zeigt, daß jede Population jedem der Gesellschaft eigenen sieben Rhythmen eingeordnet ist, soweit es die Lebensdauer der Population zuläßt. Nur so können Informations- und Energiefluß alle Populationsebenen der Gesellschaft erreichen, nur so kann die Gesellschaft zur Einheit verklammert werden.

2.6.5 Typenbildung und Individualität

Wie bereits oben hervorgehoben, wird auf der Ebene der Individuen die Stabilisierung des Induktionsprozesses der Menschheit als Gesellschaft vollzogen. Nun folgt einerseits eine neue Prozeßsequenz des vertikal durch alle Populationsebenen verlaufenden Induktionsprozesses; andererseits beginnt der Reaktionsprozeß, durch den die Gesellschaft als Ganzheit verändert wird. Er führt die Hierarchie aufwärts von der Ebene der Individuen zur Menschheit als Population. Auf diesem Wege gelangen die unterschiedlichen Entwicklungen und Erscheinungsformen in die Gesellschaft. Bilden für den Induktionsprozeß *Adoption S (Perzeption bis Organisation) und *Produktion T (Organisation bis Stabilisierung) die Halbprozesse, so für den Reaktionsprozeß *Rezeption U und *Reproduktion V. So werden auf der Ebene der Individuen *Produktion T und *Rezeption U miteinander verbunden.

Hier ist die Frage zu stellen, was Individualität meint. Der Begriff liegt, natürlich, im Individuum, dem „Unteilbaren", begründet. Individualität wurzelt tief in der Psyche und Veranlagung des Menschen, ist aber auch das Ergebnis des Lebens in der Gesellschaft. Leu (1985) sucht, auf den Überlegungen von Schütz (vgl. S.100) aufbauend, diese schwierige Frage im Zwischenfeld zwischen Psychologie und Soziologie aufzuhellen. Das Individuum steht mit der Umwelt in Wechselbeziehung, auf der Mikroebene (vgl. S.213f). Dabei spielen das Erfahren, das Verstehen und das Handeln herein. Für den Aneignungsvorgang, das Lernen, sind die Situation und das Bewußtseinsfeld wesentlich, ihre vom Individuum vorgenommene Analyse beeinflußt die Auswahltätigkeit des Geistes, bestimmt, was als relevant angesehen wird und was nicht. Durch das unterschiedlich „weitreichende" Aneignen oder Lernen aus den Erlebnissen wird im Laufe des Lebens die Persönlichkeit geformt, entsteht das Subjekt, entsteht das Einmalige.

Zurück zur Makroebene: Durch den hierarchischen Aufbau vom Individuum aufwärts über die Populationen bis zur Menschheit werden Individualität und Gesetzlichkeit zu Antagonisten (Tab.10; vgl. S.310). Die Strukturierung der Menschheit als Gesellschaft erfolgt durch die von oben nach unten gerichteten Induktionsprozesse, die Individualisierung im Gegenzug von unten nach oben durch die Reaktionsprozesse (vgl. die Diskussion um die strukturalistischen und humanistischen Ansätze in der modernen Geographie; vgl. S.207f; 218f).

Dies geschieht über die Aggregate. Die Populationen als Nichtgleichgewichtssysteme sind in der hierarchischen Abfolge ja durch Gleichgewichtssysteme verbunden, wie dargelegt (vgl. S.316). Denn jede Population A besteht aus einer Vielzahl untergeordneter Populationen B. Weitet sich z.B. die Population A aus, so bedeutet dies auch, daß die untergeordneten Populationen B als ein Aggregat angeregt werden, sich zu vergrößern. So gelangt die Anregung in die einzelnen Populationen B, in denen jeweils die Prozeßsequenz ausgelöst wird. (Es kann aber auch zur Vermehrung von Populationen B kommen; vgl. S.331)

Umgekehrt treten die Populationen in den Aggregaten im Hinblick auf die übergeordnete Population bzw. Aufgabe als Konkurrenten auf und bringen so ihre Individualität in den Prozeßablauf mit ein. Welches individuelle Angebot von der übergeordneten Population angenommen wird, ist nicht vorhersehbar.

Der die Menschheit als Gesellschaft erhaltende Induktionsprozeß führt in exponentieller Abfolge die Hierarchie herab (vgl. S.322f). Umgekehrt vermindert sich im Reaktionsprozeß die Zahl der Populationen in negativ exponentieller Folge, so daß sich die Möglichkeit, daß der Einfluß der (Individuen und) Populationen in die jeweils übergeordneten Populationen wirksam wird, abnimmt. In der Tat müssen sich die Prozesse in ihrer spezifischen inhaltlichen Ausprägung in den Populationsaggregierungen, d.h. in Konkurrenz mit den übrigen gleichartigen Populationen durchsetzen, um wirksam werden zu können. Häufig ist eine Population im Aggregat dominant (vgl. Selektion bzw. Rotation, S.276f), und diese Population wird ihre Eigenart bevorzugt einbringen können.

So leuchtet ein, daß auch Individuen bis in die höchsten Populationen ihren Einfluß geltend machen können; denn jedes Individuum prägt durch seine Einmaligkeit seine Familie oder sein Organisat mit, dies paust sich auf die Gemeinde durch usw. Überragende Persönlichkeiten – z.B. Religionsstifter, Industrielle, Politiker – können sogar große Populationen stark beeinflussen. Aber auch Populationen wirken in der Populationshierarchie; eine bedeutende Firma kann den Gang der Gemeinde oder gar einer Stadt-Umland-Population fördern oder behindern, ein mit Macht ausgestattetes Amt die Wohlfahrt eines Volkes, ein Volk die Entwicklung der Kulturpopulation. Die unterschiedliche Ausbildung der Populationen, ihre Unverwechselbarkeit und somit ihre Identifizierbarkeit wird auf diese Weise verständlich, die Vielfalt begründbar.

2.6.6 Zusammenfassung; Bemerkungen über Raum und Zeit

Die Menschheit als Gesellschaft und die Menschheit als Art lassen sich erdweit in sieben hierarchisch angeordnete Niveaus von Nichtgleichgewichtssystemen gliedern, die jeweils bestimmte Aufgaben für die Menschheit zu absolvieren haben (Tab.11; vgl. S.319). Diese Hierarchie der (Individuen und) Populationen geben die die Menschheit erhaltende und die kulturelle Evolution tragende Prozeßsequenz wieder, wobei der Induktionsprozeß von oben nach unten, der Reaktionsprozeß von unten nach oben führt.

Auch die Prozesse, die die Populationen erhalten, sind hierarchisch geordnet (Tab.12; vgl. S.320); denn die untergeordneten Populationen arbeiten den übergeordneten zu, ein Teilprozeß der einen Population beinhaltet zeitlich einen ganzen Induktionsprozeß der untergeordneten Populationen. So reicht die Skala von Teilprozessen, die tausende von Jahren umfassen (Menschheit) bis zu Teilprozessen, die in einem Tag durchgeführt werden können (auf individueller Ebene). Die Hierarchie wird durch die vertikalen Prozesse erhalten, verändert oder ergänzt. Daneben führen die Populationen in Erfüllung ihrer Aufgabe und damit zur Erhaltung ihrer selbst die systemeigenen Prozesse durch.

Durch die vertikal von oben nach unten führenden Induktionsprozesse erhalten die Populationen ihre Aufgabe, werden typisierbar. Die gegenlaufenden, d.h. von unten nach oben führenden Reaktionsprozesse geben den Populationen ihre Individualität. Diese Sichtweise könnte die strukturellen, das Normative herausstellenden, und die humanistischen, das Einmalige betonenden Ansätze miteinander versöhnen. Positivistische und humanistische Sichtweise sind beide aufeinander bezogen.

Ein Fazit, Raum und Zeit betreffend:

Es gibt viele, scheinbar unendlich viele zentral-peripher gestaltete ^{4}Räume. Wir können uns nur insofern in ihnen orientieren, als sie hierarchisch geordnet sind. Die Zeit ist in entsprechender Weise zu sehen. Sie existiert nicht für sich, sondern als Veränderung des Raumes, als Prozeß. So ist auch sie hierarchisch geordnet. Es gibt viele, scheinbar unendlich viele Zeiten. Nur die Richtung ist dieselbe, und dies ermöglicht die Verständigung. Der Zeitpfeil ist durch eine zunehmende Entropie, eine Dissipation der Energie vorgezeichnet; er weist – entsprechend dem zweiten Hauptsatz der Thermodynamik – von der Ordnung zur Unordnung (Prigogine und Stengers 1981; vgl. S.167f). Beim Aufbau von Ordnung im Zuge der Prozesse muß mehr Energie in das Nichtgleichgewichtssystem hineingeführt werden als per saldo gewonnen wird. Es kommt also auch hier zur Dissipation von Energie. Dies heißt, daß die Richtung des Zeitpfeils erhalten bleibt.

Absoluter Raum und absolute Zeit bestehen nicht für sich; Raum und Zeit in unserer Definition können ohne einander nicht existieren; sie sind in den Populationen aufeinander bezogen. So wird die Zeit als vierte Dimension in unsere Umwelterfahrung eingefügt. In diesem Sinne kann man auch die im Prozeßablauf sich verändernden Nichtgleichgewichtssysteme oder gar die Prozesse selbst als ^{4}Räume bezeichnen; dies ist eine Definitionsfrage.

2.7 Populationsgestaltung und Tragfähigkeit

Um der Problematik der Gestalt der Population in ihrer Umwelt, d.h. auch der Tragfähigkeit, näher kommen zu können, genügen nicht Betrachtungen der ganzen Population oder Region, deren Input und Output gemessen werden kann. Vielmehr muß die innere Struktur der Populationen untersucht werden.

Es wurde oben (vgl. S.274f) erörtert, wie sich eine einfach strukturierte Population in ihrem Lebensraum halten kann. Es entstehen dabei in einem gewissen Rahmen Schwingungen. Die Populationen haben Regeln entwickelt, die eine Begrenzung der Bevölkerungszahl ermöglichen. Es sei nun angenommen, daß diese Methoden versagen, daß sich die Bevölkerungszahl so erhöht, daß seitens des biotischen Systems mehr Energie, d.h. Lebensmittel, Kleidung etc. nachgefragt wird als das sozioökonomische System liefern kann.

Die Population wird zunächst versuchen, mit den gegebenen Mitteln möglichst viel zu erreichen, das Nahrungsangebot zu erhöhen. Die gegebene Populationsstruktur läßt dies aber nur in engen Grenzen zu (Äquifinalität). Wächst der Bevölkerungsdruck weiter, gibt es zwei Alternativen. Die erste Möglichkeit ist, daß ein Teil der Bevölkerung abwandert und Filialpopulationen bildet (Kolonisation, Landnahme) bzw. sich in andere Populationen einfügt. Eine zweite Möglichkeit besteht darin, daß sich die Population differenziert, d.h. ihre Struktur verändert; ist die Ausgangspopulation eine Primärpopulation, so führt diese Entwicklung in eine Sekundärpopulation.

Damit wird der Fragenkomplex der Selbstergänzung, Autopoiese, angesprochen.

2.7.1 Äquifinalität

Wachsender Bevölkerungsdruck wird in einer landwirtschaftlich strukturierten, weitgehend autonomen Gemeinde zunächst dazu führen, daß die gegebenen Ressourcen ausgeschöpft werden.

Es gibt zwei Möglichkeiten, ein erhöhtes Angebot zu erreichen:

1) Die Intensität des Anbaus wird erhöht, d.h. im vertikalen Feld wird der Lebensraum, werden die untergeordneten Ökosysteme stärker belastet.

2) Die Anbaufläche wird vergrößert, d.h. im horizontalen Feld wird mehr Zeit und [1]Raum vom Lebensraum beansprucht, soweit noch Flächen für eine Ausdehnung zur Verfügung stehen.

Eine Erhöhung der Anbauintensität ist bis zu einem gewissen Grade möglich. Natürlich setzt der Boden als Ökosystem enge Grenzen; es kann sehr schnell zu Bodenerosion kommen. So bleibt intensivere Bearbeitung, Düngung, vielleicht Bewässerung, also Erhöhung des Faktoreneinsatzes. Freilich läßt sich feststellen, daß die Erträge aus der Bewirtschaftung des Lebensraums im Verhältnis zum Faktoreneinsatz nicht linear steigen, sondern bei stetig steigendem Faktoreneinsatz von einem gewissen Punkt ab langsamer zunehmen und schließlich sogar absinken. Dabei ist immer angenommen, daß die Art der Bodennutzung sich nicht ändert. Es äußert sich hierin das „Gesetz des abnehmenden Ertragszuwachses". Es besagt, daß eine konstante Steigerung des Input zunächst eine entsprechende Steigerung des Output zur Folge hat, daß aber dann von einem bestimmten Punkt an der Produktionszuwachs wieder abnimmt (für die Pflanzenproduktion Mitscherlich 1909, S. 545 f.; angewandt auf die Agrarwirtschaft Boserup 1965, S. 35 f.; vom Standpunkt der Wirtschaftswissenschaft Kilger 1958, S. 21 f.). Voraussetzung ist, daß sonst keine Änderung bei den übrigen Produktionsmittelmengen – dies schließt auch die Arbeit und ihre Organisation ein – vorgenommen wird.

Auch eine Vergrößerung der Anbaufläche birgt Probleme. Jede Population, jedes Individuum hat ein begrenztes Zeitbudget (vgl. S.152f), um die Grundbedürfnisse zu decken, also Nahrungszubereitung, Herstellung der Kleidung, Hausbau, Verrichtung kultischer Handlungen, Sicherung des Lebensraumes vor Feinden, Kinderaufzucht, Erholung etc. Eine Vergrößerung des Anbauareals würde so durch den damit verbundenen höheren Zeitaufwand für das Leben negative Konsequenzen haben, vielleicht auch auf die Gesundheit zurückwirken. Das bedeutet, daß die Größe des Wirtschaftslandes über die Höhe der Nahrungsmittelproduktion und damit über die Größe der Siedlungspopulation entscheidet.

Mit anderen Worten: die Intensität des Feldbaus ist von den Ressourcen des Lebensraumes her eingeengt, sie ist andererseits durch den mit wachsender Entfernung größer werdenden Zeitaufwand nur mit einem relativ engen Spielraum versehen. Wächst die Population über eine gewisse Toleranzgrenze hinaus, so muß ein Teil der Bevölkerung abwandern und eine neue Siedlung gründen (Kolonisation), oder die Population muß sich differenzieren. Sonst gerät das System aus dem Gleichgewicht.

Man könnte hier den Ausdruck einer Äquifinalität erblicken. Gleichstrukturierte offene Systeme, z.B. auch Organismen, können nur bis zu einer bestimmten Größe wachsen, wobei die Ausgangsgröße des Wachstumsprozesses unwichtig ist (Driesch 1908/28, S. 133 f.; v. Bertalanffy 1950, S. 25; 1951, S. 157 f.). Populationen wie auch andere Nichtgleichgewichtssysteme folgen in ihrer Entwicklung einem spezifischen Formprinzip, einer Entelechie. Dieses Prinzip ist schon in der Antike von Philosophen postuliert, später vor allem von Leibniz in seiner Monadologie (vgl. S.8f) wieder aufgegriffen worden (vgl. auch Teleonomie; vgl. S.174).

Äquifinalität ist natürlich auch höher differenzierten und in der Hierarchie übergeordneten Populationen eigentümlich. Besonders klar äußert sich dies in der Abhängigkeit der Größe der Stadtumländer von dem „Bedeutungsüberschuß" der Städte, d.h. in den Stadt-Umland-Populationen (vgl. S.459f); hier spielt der Nahverkehr, der an einem Tag (hin und zurück) zu bewältigende Transport von Menschen und Gütern, eine besonders wichtige formgebende Rolle. Bei Staaten ist es die Herrschaft (vgl. S.407f), usw. Es sind die Aufgaben, die sie konkretisierenden Institutionen und Prozesse sowie ihre Akzeptanz durch die Menschen und die Umwelten, die den Populationen ihre Struktur und damit auch ihre Form geben. Der Siedlungspopulation, der Gemeinde, kommt in der Tragfähigkeitsproblematik insofern eine besondere Bedeutung zu, als sie die Aufgabe der Dynamisierung, der Nutzung der Systeme der untergeordneten Umwelt, insbesondere der Ökosysteme der natürlichen Umwelt, innehat (vgl. S.508f). Da sie in die übergeordneten Populationen eingebettet ist, von ihnen ihre Anregungen erhält, darf sie nicht isoliert gesehen werden, sondern als Teil der gesellschaftlichen Hierarchie. So wird die Tragfähigkeitsproblematik auch bei der Behandlung der Menschheit als Population und der Gemeinde zu erörtern sein (vgl. S.365f und 526f).

2.7.2 Die Neubildung von Populationen als Filialsystemen

Die Antwort auf wachsenden Bevölkerungsdruck kann sein, daß neue Populationen gebildet werden, als Filialsysteme. Sie produzieren zusätzlich zum Muttersystem, d.h. die Produkte werden (additiv) hinzugefügt. Dies kann die Neubildung von Primärpopulationen sein, durch Kolonisation oder Landnahme; dies kann auch die Neubildung von Sekundärpopulationen sein – z.B. durch Schaffung neuer gleichartig produzierender Organisate im Rahmen übergeordneter Organisate, also durch Schaffung von Betrieben im Rahmen der großen Unternehmen. In beiden Fällen handelt es sich um autopoietische Prozesse.

2.7.2.1 Landnahme und Kolonisation

Wanderungen können, wenn sie auf eine Region hin orientiert sind und in besiedelbares Land führen, Teil einer Kolonisation oder Landnahme sein. Die Population als System greift aus dem Lebensraum ins Umland über, vielleicht in die Lebensräume anderer Populationen. Die Bevölkerungsdichte und auch die Struktur ändern sich damit. Die Gebiete, in die die Bevölkerung hineinwandern will, die sie kolonisieren will, müssen perzipiert, bekannt sein. Es sei auf die Erkundungsexpeditionen bei der Kolonisierung New Mexicos hingewiesen (vgl. S.497). Im größeren Rahmen der europäischen Kulturpopulation läßt sich die „Entschleierung der Erde“ (Behrmann 1948; 1949) als Perzeptionsprozeß im Sinne der folgenden Kolonisierung der Erde deuten.

Kolonisationen sind verschieden organisiert. Dabei ist die Größenordnung zu beachten. In Mitteleuropa entstanden z.B. im hohen Mittelalter oder in der frühen Neuzeit vielerorts Tochterhöfe oder -siedlungen in den Allmenden (Martiny 1926; Born 1974, S. 44 f.; 77 f.), soweit deren Größe und Beschaffenheit dies zuließ. Hier sind also Familien von der nächst höherstehenden Population, der Siedlungspopulation, neu angesetzt worden, als Abhängige oder Selbständige, meistens sozial tiefer Eingestufte. Wurden größere Gebiete oder gar zusammenhängende Flächen innerhalb des Lebensraumes eines Volkes neu besiedelt, so sprechen wir von Binnenkolonisation. Die Besiedlung der Moore in Mitteleuropa zur Zeit des Absolutismus gehört hierher. Die biotische Überproduktion der Volkspopulation konnte so im eigenen Lebensraum aufgefangen werden.

Wenn dagegen neue Territorien außerhalb des Lebensraumes des Volkes oder Stammes in den Machtbereich einbezogen oder besiedelt wurden, sprechen wir von Außenkolonisation oder einfach Kolonisation bzw. von Landnahme.

Migrationen setzen Entscheidungen voraus, die das Wie und Wohin umfassen, dann werden sie von Individuen oder Familien durchgeführt. Kolonisationen setzen eine sehr große Zahl von Einzelentscheidungen voraus. Zu einer Kolonisation, d.h. zu einem definierbaren Prozeß, werden diese Wanderungen dadurch, daß ein Bedarf und ein Angebot bestehen, die durch eine Großzahl von Einzelwanderungen ausgeglichen werden können. Wir bezeichnen als Kolonisation den Vorgang der Niederlassung von Menschenmengen, die nicht in sich als Einheit, also als Population zu definieren sind. Kolonisationen breiten sich von Punkten aus, verzweigen sich und werden schließlich flächenhaft vorgetragen (Bylund 1960; Fliedner 1975). Populationen bilden sich erst in der folgenden Zeit durch Differenzierung heraus (vgl. S.339f).

Anders die Landnahme; als z.B. germanische Stämme in der Völkerwanderungszeit – mit welchen Motiven auch immer – teils in toto, teils nach Absonderung ihren heimatlichen Lebensraum verließen, um sich in einem anderen Teil Europas nach Herausdrängen oder nach Unterwerfung der vorher ansässigen Bewohner (z.B. Kelten und Römer) erneut niederzulassen, blieben die Populationen als solche bestehen oder bildeten sich während der Wanderung (Wenskus 1961, bes. S. 462 f.). Ein Lebensraum wurde verlassen, ein neuer nach einer Wanderung besetzt. Wir nennen diesen Vorgang Landnahme. Er ist ohne eine gewisse Steuerung, die die Population umgreift, nur schwer denkbar.

Die Siedlungsformen werden über die Kolonisations- oder Landnahmeprozesse verbreitet (zur Diskussion z.B. Nitz 1972). Während des typischen Verlaufs der Kolonisation (vgl. S.455f) werden die Siedlungsformen weiter entwickelt. Sie schließen sich zu Formenserien zusammen (zuerst erkannt von Schultze 1962, fortentwickelt von Czajka 1964, Krüger 1967). Am Beginn stehen gewöhnlich unregelmäßige oder aus anderen herausentwickelte Formen; sie erhalten im ersten Stadium ihre spezifische Gestalt. Diese Formierungsphase geht in die Phase stärkster Ausbreitung über, während der die sog. Hochform vervielfältigt wird. Im Endstadium der Kolonisation werden meist nur noch Kümmerformen angelegt. Diese Formenserien werden durch ihre Aufeinanderfolge in ihrer Gestaltung verständlich. Wie sich in einer Untersuchung der spanischen Kolonisation in New Mexico zeigte, können Kolonisationen schubweise vorgetragen werden, wobei jeweils neue Siedlungsformen entstehen können (Abb.40; vgl. S.454).

Auch die Städte sind durch Diffusion verbreitet worden, z.B. bei der griechischen Kolonisation in der Antike oder der deutschen Ostkolonisation. Allerdings ist noch nicht untersucht worden, ob sich auch hier Formenserien erkennen lassen, d.h. eine Wandlung der Stadtgestalt im Verlaufe des Ausbreitungsprozesses.

2.7.2.2 Landaufgabe und Wüstung

Landaufgabe kann mit einer Landnahme in Verbindung stehen. Zwischen Landaufgabe und Landnahme liegt dann eine Wanderung. Die Zeit der Völkerwanderungen war durch zahlreiche Vorgänge dieser Art gekennzeichnet (Wenskus 1961). Auch in anderen Kulturpopulationen kennt man Wanderungen dieser Art, z.B. bei den nordamerikanischen Indianern.

In vielen Fällen sind also solche Wanderungen von Stämmen bezeugt. Andererseits geht es aber nicht an, jedes größere Ruinenareal mit Abwanderung in Verbindung zu bringen. Häufig liegt die Annahme näher, daß Landaufgabe, Bevölkerungsrückgang und Verfall der Organisationsformen in näherer Beziehung zueinander standen, d.h., daß sich die Populationen entdifferenzierten (vgl. S.343f). In dem Fall wäre nicht unbedingt eine Abwanderung anzunehmen.

Wüstungen stehen häufig in Zusammenhang mit Kolonisationen. Wir hatten oben angedeutet (vgl. S.272f), daß bei einer durch wachsende Nahrungsmittelverknappung ausgelösten Siedlungskolonisation im Verlaufe des Prozesses und der zunehmenden Getreideproduktion der Zeitpunkt näher rückt, der die Sättigung des Bedarfs der übergeordneten Population, von der der Prozeß ausging, anzeigt. Die Schwierigkeiten der Kolonisten wachsen, denn sie bekommen weniger Geld für dieselbe Leistung, vor allem die Produktion ihres Getreides. Das führt bei den Kolonisationsprozessen häufig nicht nur zu Abbremsung, sondern auch – als Überkompensation („Overshot"; vgl. S.274) zu deuten – zur Rücknahme der Kolonisationsfront. So können auch Wüstungsprozesse als Äußerungen des Geschehens an der Kolonisationsfront im Randbereich der übergeordneten Population verstanden werden. Ein Beispiel: Die Kolonisation New Mexicos durch die Spanier (vgl. oben) wurde zwischen dem 17. und 19.Jahrhundert phasenweise vorgetragen; zwischen den Kolonisationsschüben wurden mehrfach Siedlungen wieder aufgegeben (Fliedner 1975, S.23 f.).

Kolonisations- und Wüstungsvorgänge zeugen so von einer Stabilisierungsbestrebung der übergeordneten Population; Erweiterung und Einengung des Lebensraumes sind das Ergebnis der Wechselbeziehungen zwischen der Population auf der einen und ihrem Lebensraum und den benachbarten Populationen im Systemumland auf der anderen Seite, wobei die Prozesse durch positive und negative Rückkoppelung stimuliert bzw. gebremst und durch gegenläufige, von außen initiierte Prozesse teilweise rückgängig gemacht werden. Die Rhythmizität, mit der sich diese Prozesse vollziehen, kann als ein Sicheinpendeln des Systems in seiner Umwelt interpretiert werden. Populationen entstehen und vergehen im Rhythmus und als Folge der Schwingung der übergeordneten Populationen.

2.7.2.3 Die Bildung oder Auflösung von nichtagrarischen Populationen

Bei der Anlage von landwirtschaftlichen Tochtersiedlungen oder Kolonien handelt es sich um eine Vermehrung von Populationen auf derselben hierarchischen Ebene, d.h. im Aggregat, also im Gleichgewichtssystem. Solche einfache Vermehrung von Populationen gibt es auch bei Populationen mit anderer Aufgabenstellung in höherdifferenzierten Gesellschaften, vor allem Organisaten. Z.B. entstanden im Rahmen der Industrialisierung im letzten Jahrhundert zahlreiche Bergbaubetriebe und Stahlwerke im Ruhrgebiet, also Betriebe unter der Ägide von Unternehmern, die auf diese Weise ihre Unternehmen vergrößerten. Es handelt sich um Filialbetriebe, also Organisate, in denen Gleichartiges wie in den Mutterbetrieben hergestellt wurde. Ähnlich ist die Gründung von Automobilwerken in anderen Ländern (VW in Mexiko, Brasilien, Südafrika, USA etc.) zu sehen. Für die Mutterbetriebe ist es unrentabel oder gar unmöglich, die Kunden von ihrem Betrieb aus zu versorgen. Auch die Missionen mancher Kirchen könnte man hier sehen.

Im Grunde handelt es sich um die Bildung von Sekundärpopulationen im Gefolge von Übertragungsprozessen. Auf diese Weise werden die Inhalte der übertragenen Innovationen, z.B. im Zuge von ökonomischen Expansionsprozessen oder von Akkulturationsprozessen (vgl. S.387f), durch den Aufbau von Filialsystemen, in diesem Falle von Sekundärpopulationen, gefestigt. Fehlt diesen Filialpopulationen die Basis, oder erhalten sie durch andere Konkurrenz, so können sie wieder aufgelöst werden.

2.7.2.4 Zur mathematischen Behandlung

Kolonisations- bzw. Landnahmeprozesse und Schwingungen zeugen von einem deterministischen Chaos (vgl. S.167f). Chaos meint das Zufallsverhalten von Systemen, ein Zustand, der beim Aufbau oder durch Zerfall von Ordnung entsteht. „Bei vielen dynamischen Prozessen werden … bei Phasenübergängen chaotische Situationen durchschritten, die sich dann zu neuen höheren Ordnungen stabilisieren können. Dies ist etwa in allen Verzweigungspunkten, Bifurkationspunkten … von evolvierenden Systemen der Fall …“ (Cramer 1988, S.158 f.). „Deterministisch heißt vorherbestimmt oder vorherbestimmbar“ (S.159). In diesem Fall werden die Rahmenbedingungen durch deterministische Gleichungen beschrieben, Exponentialgleichungen vor allem. Sie beinhalten Rückkopplungsschleifen, d.h., daß der Ausgangswert im Fortschritt der Zeit auf den jeweiligen Eingangswert zurückwirkt. Die Systeme, die sich z.B. durch die logistische Gleichung (Seifritz 1987, S.42 f.; Cramer 1988, S.189 f.; ähnlich Kunick und Steeb 1987, S.1 f.)

$$x_{n+1} = kx_n(1-x_n)$$

beschreiben lassen, verhalten sich verschieden, je nachdem, wie hoch der Wert k angegeben wird, d.h. der Wachstumsfaktor. Beträgt er z.B. 2,8, so wird der Ausgangszustand in S-förmigem Schwung von einem Zustand in einen höheren zweiten Zustand versetzt (Abb.24). Wird der Wachstumsfaktor aber auf k = 3,2 erhöht, so beginnt das System zu schwingen; bei k = 3,5 kommt es zu Periodenverdoppelung und bei k = 3,57 ist keine klare Regelhaftigkeit mehr zu erkennen. D.h., daß das System einem Punkt-, einem periodischen, einem quasiperiodischen bzw. einem chaotischen Charakter zustrebt. Die

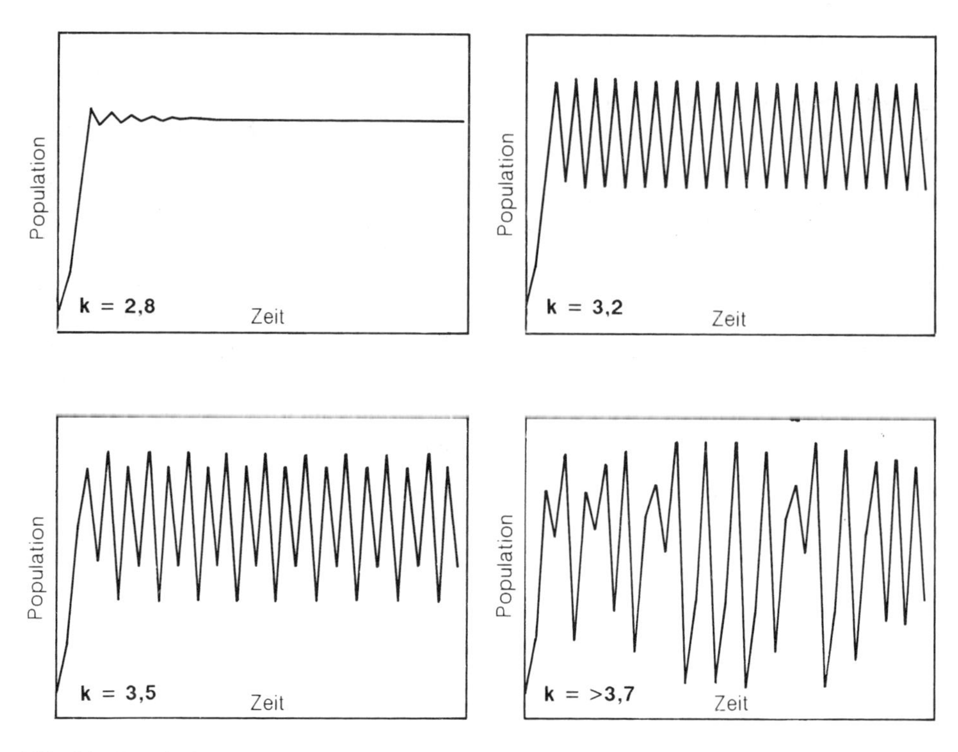

Abb. 24 Populationsverhalten bei unterschiedlichen Wachstumsfaktoren (Logistisches, Periodisches, Quasiperiodisches, Chaotisches Verhalten). Vgl. Text
Quelle: Cramer 1988, S.190

bereits erwähnte Pueblo-Population im Pecos-Becken im heutigen New Mexico läßt vom 14. bis 17.Jahrhundert in ihrer Umwelt ein wohl quasiperiodisches Verhalten erkennen; sie oszilliert in einem ca. 60-jährigen Rhythmus und rotiert gleichzeitig, d.h. verschiebt ihren Schwerpunkt im Feldland im Uhrzeigersinn (Abb.12; vgl. S.275). Im 14.Jahrhundert kommt es bei einer starken Ausweitung zur Bildung von Tochterpueblos, d.h. Filialsystemen. Hier muß man annehmen, daß chaotisches Verhalten vorliegt. Das System produziert Selbstähnlichkeit, also auch hier kommt es zu einer räumlichen und zeitlichen Symmetrie, d.h. die Tochterpopulationen sind von derselben Art wie die Mutterpopulation.

Diese Population hat sich nicht weiter differenziert. Der Differenzierungsprozeß führt, wie noch zu zeigen ist, zu einer inhaltlichen Aufgliederung, Spezialisierung.

2.7.2.5 Zusammenfassung

Ein Ausweg aus der Überlastung des Lebensraumes ist die Neugründung von Filialpopulationen. Sie können sich abspalten, einen neuen Lebensraum suchen und neue Siedlungen anlegen. Es ist dies - meist bei wenig differenzierten Populationen – die Landnahme oder – meist bei höher differenzierten Populationen – die Kolonisation. Im ersten Fall verlieren die Populationen den Kontakt zu der Mutterpopulation, werden mit der Ansiedlung weitgehend autonom. Beispiele sind die germanische Landnahme und die Ostdeutsche Kolonisation. Als negative Siedlungsbewegungen entsprechen der Landnahme die Landaufgabe, der Kolonisation die Wüstung.

Dieser Neubildung bzw. diesem Zerfall von Primärpopulationen sind entsprechende Entwicklungen bei den Sekundärpopulationen, z.B. auf der Ebene der Organisate (Filialen) zur Seite zu stellen. Diese Filialsysteme werden auf derselben Ebene, also in Gleichgewichtssystemen aus Gründen der Erweiterung der Produktion initiiert. Filialsysteme erhöhen die Produktion, ohne daß ein grundsätzlicher Strukturwandel – wie bei der Bildung von Hilfssystemen (Differenzierung) – notwendig wäre.

2.7.3 Die Differenzierung der Populationen und die Entstehung von Hilfssystemen

Eine zweite Antwort auf erhöhten Bevölkerungsdruck kann eine Differenzierung sein, auch dies ein autopoietischer Prozeß. Es kommt zu einer inhaltlichen Sortierung, entsprechend den Aufgaben einer Population (Arbeitsteilung). Eine hohe Bevölkerungszahl und eine große Distanz von der Mutterpopulation fördern eine eigenständige Entwicklung von Populationen, aber auch eine reichhaltige und vielseitige Ausstattung des Lebensraumes sowie natürliche Barrieren an den Grenzen, z.B. Gebirge, Trockengebiete und breite Gewässer; denn diese erschweren eine Fremdsteuerung seitens der Mutterpopulation. Differenzierungsprozesse finden überall im Zuge der kulturellen Evolution statt.

2.7.3.1 Arbeitsteilung

Seit Adam Smith (1776/86/1963, S. 9 f.) wird die Arbeitsteilung als eine der wesentlichen Voraussetzungen für die Effizienz wirtschaftlicher Aktivitäten angesehen. Dabei werden die Arbeiten nach inhaltlichen Gesichtspunkten aufgegliedert. Spezialisierung fördert die Fertigkeiten der Arbeitenden (Schmoller 1890/1968; F.W. Taylor 1913, S. 44 f.); darüber hinaus bildet die Vereinfachung der Arbeitshandlungen, die mit der Spezialisierung verbunden ist, selbst eine Hilfe für die Mechanisierung und für die Anwendung arbeitssparenden Kapitals. Von technischer Seite her werden die Arbeitsschritte effizienter; der Einsatz von wenigen großen Maschinen, an denen einige Spezialisten arbeiten, ist im allgemeinen rentabler als der von vielen kleinen Maschinen, an denen viele Menschen tätig sein müssen. Der mit jedem Prozeß verbundenen Dissipation von Energie wird so entgegengearbeitet. Bücher (1893/1926) unterschied zwischen Berufsbildung und -spaltung, Arbeitsverlegung und räumlicher Arbeitsteilung, wobei die Grenzen freilich nicht scharf zu ziehen sind, es sich z.T. sogar um verschiedene Sichtweisen derselben Sache handelt. Einen Überblick aus der wirtschaftswissenschaftlichen Sicht gibt Brandt (1964).

Mit der Arbeitsteilung wird die Produktionsrichtung in einer Aufgabe abgesondert und als eine Institution verstetigt (vgl. S.308). Dabei befassen sich konkret Menschen mit neuen Arbeiten, ein Organisat (zum Begriff vgl. S.543f) oder mehrere Organisate übernehmen die Produktion. Dies sei an einem erdachten, wiewohl nicht abwegigen Beispiel erläutert:

Die Bearbeitung von Metall mochte in prähistorischen Agrargesellschaften zur Herstellung von verschiedenen Geräten, die besonders harter Belastung ausgesetzt waren, wünschenswert erscheinen. Zum Beispiel sind hier Waffen oder Wagenachsen zu nennen. Bronze-, besonders aber Eisenverarbeitung setzt Fachkenntnisse voraus, dazu Hilfsmittel wie Öfen, Gußformen und anderes spezielles Werkzeug, d.h. die Einrichtung einer Schmiede. Solche Betriebe sind in bronze- und eisenzeitlichen Dörfern nachgewiesen worden (Jankuhn 1969, S. 89 f.). Dort, so muß man annehmen, kam es dazu, daß sich eine – vielleicht schlechter mit Land ausgestattete – Familie im Dorf besonders dieser Aufgabe widmete; dafür wurden andere Arbeiten, z.B. die agrarische Nutzung, zurückgestellt, d.h. es erfolgte eine Spezialisierung (vgl. auch Beck, Brater und Daheim 1980, S.46, aus dem Blickwinkel der Arbeitslehre). Die für das Leben der Familie notwendigen Nahrungsmittel werden im Tausch gegen Produkte der Schmiedearbeit erworben worden sein. Die Dorfbevölkerung war somit – ökonomisch betrachtet – von der Herstellung von Stein- und Holzgeräten, die vorher für die gleichen Zwecke wie nun die Metallgeräte benutzt wurden, freigestellt. So konnte sie sich stärker der Landarbeit widmen, den Boden intensiver bearbeiten oder größere Landflächen nutzen, um höhere Erträge zu erzielen; die agrarische Überproduktion diente dann vor allem dem Erwerb der Metallgeräte.

Dieses einfache Beispiel zeigt folgendes:

Die angenommene wirtschaftliche Autonomie auf Familienebene wurde teilweise aufgegeben. Eine Familie – oder ein Organisat – arbeitete nun auf dem speziellen Sektor der Metallbearbeitung für das ganze Dorf, also die übergeordnete Population. Es liegt die Annahme nahe, daß bei einem solchen eine größere Zahl von Familien betreffenden Prozeß die lokale Herrschaft – ebenfalls eine Familie, ein Organisat – engagiert war (z.B. in der Marschenwurtsiedlung Feddersen Wierde; Haarnagel 1971, S. 102). Das heißt, daß die Neubildung von Systemen das Überleben der Populationen erleichtert. Dorfschmiede und lokale Herrschaft sind Hilfssysteme der Dorfpopulation.

Im Zuge dieser Arbeitsteilung werden neue Produktionsrichtungen institutionalisiert, dadurch, daß neue, sich selbst tragende Organisate eingerichtet werden. Bei guter Auftragslage, vielleicht auch unter Einbeziehung benachbarter Dörfer, konnte sich die Schmiede – damit vielleicht auch die Macht der herrschenden Familie – vergrößern, Mitglieder auch anderer Familien beschäftigen. Schon Adam Smith (1776/86/1963; vgl. oben) erkannte, daß Spezialisierung einen größeren Markt benötigt.

Es kann häufig angenommen werden, daß bei der Entstehung neuer Organisate in einer gegebenen Population neue Techniken entwickelt worden sind, die die Arbeit erleichtern und damit eine größere Produktivität insgesamt erlauben. Die Einführung von Innovationen und die Entstehung von Hilfssystemen sind häufig miteinander verbunden. In der modernen hochdifferenzierten Gesellschaft sind für alle wichtigeren Aufgaben Organisate eingerichtet, Handwerksunternehmen, Verbände, Ämter, Praxen, Geschäfte, also Einrichtungen, in denen eine bestimmte Arbeit verrichtet wird, z.B. ein spezielles Produkt erzeugt wird, das in anderen Betrieben weiterverarbeitet wird. So entstehen Produktketten, den Nahrungsketten in Ökosystemen vergleichbar, in denen die Materie oder – allgemeiner – Energie durch zusätzliche Informationen veredelt wird. Arbeitsteilung hat also eine Differenzierung des Gesellschaftsaufbaus zur Folge (vgl. S.339f). Schon Marx (1867/1962-64), dann aber vor allem Durkheim (1893/1977; vgl. S.28) stellten im Rahmen ihrer – als solche voneinander abweichenden – Gesellschaftstheorien heraus, daß Arbeitsteilung nicht isoliert betrachtet werden darf. Die Populationsstruktur wird verändert; es kommt zu einer „Rollendifferenzierung" und „sozialen Differenzierung" (vgl. auch Dahrendorf 1964; Udy, jr. 1969/72).

Der Arbeitsteilung liegt ein synergetischer Effekt zugrunde. Die Synergetik (Haken 1977/83, S.211) beschreibt, wie die Elemente zusammenwirken, im Gleichtakt gleichsam („Versklavung"), und so deutlich effektiver sind (vgl. S.167). In der Wirtschaftstheorie werden Modelle erarbeitet, die solche Prozesse berücksichtigen (z.B. Schlicht 1986). In einer nichtdifferenzierten Population werden die Arbeiten von den Individuen durchgeführt, sie sind nicht koordiniert. In spezifischen Organisaten dagegen werden die Arbeiten entsprechend der Prozeßsequenz aufeinander abgestimmt. Die Negentropie wird vermehrt, dadurch, daß Aufgaben einer Population auf neu geschaffene Organisate – in unserem Fall war es eine Schmiede, aber auch die Herrschaft – verlagert wurden. Diese Organisate produzieren schneller als die übergeordneten Populationen, da die Prozeßdauer kürzer ist (vgl. S.320f). Andererseits bestehen diese Prozesse aus Prozeßsequenzen mit den Teilprozessen der Perzeption, Determination etc., die hintereinander durchgeführt werden müssen. Da das Organisat auf nur eine Produktionsrichtung spezialisiert ist, können die Einzelschritte optimal aufeinander abgestimmt, der Energiefluß präzise kontrolliert werden. Die Organisate sind Bestandteile von Aggregaten, die der übergeordneten Population angehören. Innovationen diffundieren in dem übergeordneten Rhythmus. Dabei werden die untergeordneten Populationen koordiniert, d.h. sie arbeiten synchron, daher besonders wirkungsvoll. Also wird durch die Arbeitsteilung auf zwei Ebenen ein synergetischer Effekt erzielt. Hier wird somit ein Weg gewiesen, ohne zusätzliche menschliche Arbeitsenergie, aber unter Ausnutzung besserer Medien (Begriff; vgl. S.246f) der Entstehung und Vergrößerung der Entropie entgegenzuwirken, vielleicht unter Hinzuziehung von anderer Energie aus dem Lebensraum, die vorher nicht erschlossen werden konnte. Die Tragfähigkeit kann so beträchtlich erhöht werden.

Dies bewirkt, daß sich die Organisate spezialisieren, für diese oder jene Aufgabe in der Prozeßsequenz der übergeordneten Population „zuständig" werden, für die sie sich als besonders effektiv erwiesen haben. Daher kommt es in den unteren Ebenen der Populationshierarchie, d.h. den Individuen, den Organisaten und den Gemeinden zu einer (nach oben zu abnehmenden) Spezialisierung. Die Bildung von Hilfssystemen ist so vorgezeichnet; im Aggregat kommt es zur Auslese, die Spezialisierung kommt von unten her, vom Inhaltlichen („Beruf" eines Individuums; vgl. S.549). Die Organisate bilden das Forum der Arbeitsteilung (vgl. unten).

Schon zur Strukturerhaltung einer Population wie generell eines Systems ist die Zufuhr von Energie, sind Prozesse nötig, die aufeinander abgestimmt sind, sonst würde die Population sich auflösen. Durch die Entstehung von Entropie ist die Unordnung der wahrscheinlichste Zustand. Entropie tritt immer dann auf, wenn das System aufgrund seiner Struktur zu wenig Leistung erbringen kann oder vergeblich erbringt. Die Form dieser Leistung kann Nachrichtenübermittlung sein, denn wenn Informationen nur unvollständig ihren Empfänger erreichen, laufen die Prozesse unvollkommen ab, die auf diesen Informationen beruhen. Dasselbe gilt, wenn Güter verlorengehen oder Fehlprodukte hergestellt werden, in deren Herstellung ja auch Energie gesteckt wurde. Durch Arbeitsteilung schafft sich die Population also einen höheren Status von Ordnung und vermindert damit die Entropie bzw. erhöht die Negentropie. Dadurch wird sie in die Lage versetzt, die Ressourcen des Lebensraums gezielter zu nutzen und das eigene Zeitbudget nicht zu überlasten. So bleibt das Fließgleichgewicht bei gleicher Arbeitsbelastung der Menschen und ohne Überbeanspruchung des Ökosystems des Lebensraumes erhalten.

Es kommt zu einer gegenseitigen Abhängigkeit, damit zu einer neuen räumlichen Einheit; neben dem umgebildeten oder neu entstandenen Organisat zu einer horizontalen, räumlichen Verflechtung, zu einem Feld, das an die Stelle der vertikalen Verbindung mit dem unmittelbar unterliegenden Boden oder Ökosystem, das die Rohstoffe lieferte, und der unmittelbar übergeordneten Gemeinde, die die Produkte abnahm. Die gegebenen Grenzen der Gemeinde werden, wenn das Feld über sie hinausgreift, in ihrer Bedeutung geschwächt, von einer untergeordneten Population, d.h. der Familie oder dem Organisat. Führt man diesen Gedanken fort, so gelangt man schrittweise zur arbeitsteiligen Wirtschaft, mit weit ausgreifenden Feldern der verschiedensten Organisate, bis hin zur regionalen und internationalen Arbeitsteilung. Die übergeordnete Population, also die Gemeinde, bleibt als solche aber bestehen; sie hat die Aufgabe, die nötige Infrastruktur für das spezialisierte Organisat, aber auch für die übrigen, nun ebenfalls stärker spezialisierten Organisate zu bereiten (vgl. S.513).

Im Gegensatz zur Filialsystembildung (z.B. Kolonisationen; vgl. S.330f), die als Neubildung von Elementen im System betrachtet werden kann, also die Hierarchie System-Element berührt, vollzieht sich die Arbeitsteilung auf einem Populationsniveau, dem der Organisate. Genauer gesagt handelt es sich um eine Produktionsteilung.

Die Trennung von Wohn- und Arbeitsstätte bedingt zusätzlichen Verkehr und Wanderungsbewegungen. Sie ermöglicht so eine Standortoptimierung in ganz verschiedenen Systemen, mit ganz verschieden gestalteten Umländern. Der Bezug und Absatz der Stoffe und Waren wird vom Standortzwang in Gemeinden und Stadt-Umland-Populationen mit ihrem Infrastrukturangebot und Arbeitskraftreservoir entkoppelt, die damit zu Sekundärpopulationen werden. Das Organisat erweist sich als der entscheidende Schrittmacher der Differenzierung. Es durchdringt in seinen verschiedenen Erscheinungsformen (vgl. S.544) – vom Kleinbetrieb bis zum weltumspannenden Konzern – sowie seinen z.T. weit ausholenden Zuliefer- und Absatzbereichen auch die übergeordneten Populationen und veranlaßt diese zur Reaktion, zur Umformung, und zwar dadurch, daß diese die Infrastruktur stellen, von potentiellen Arbeitskräften und Konsumenten bewohnt werden. Die ökonomischen Umlandbeziehungen bilden eine wichtige Basis für die Entstehung der Sekundärpopulationen (vgl. S.465f).

Rückblickend: Die große Vielfalt der Institutionen und der sie tragenden Populationen kommt durch Arbeitsteilung und Differenzierung zustande. Die kulturelle Evolution ist ein umfassender Differenzierungsprozeß. Differenzierung bedeutet

1) daß eine Tätigkeit aufgegliedert wird (Arbeitsteilung),
2) daß die Population sich strukturell umformt durch Bildung oder Verstärkung einer Institution, durch Schaffung von Berufen, Infrastruktur etc.,

3) daß die neu entstehenden Teiltätigkeiten sachlich aufeinander bezogen bleiben.

Die Theorie hat u.a. die Aufgabe, die vielen Einzelerscheinungen so wieder miteinander zu verknüpfen, wie sie zusammengehören. Nur so kann man den Standort der Einzelprozesse und der Einzelerscheinungen im Gesamtsystem ermitteln.

2.7.3.2 Die Bildung von Sekundärpopulationen durch Differenzierung

Ein in sich vielgestaltiges System wie die Menschheit als Gesellschaft ist nie in einem Zustand, in dem sich Informations- und Energiefluß, Nachfrage und Angebot an Energie die Waage halten. Die kulturelle Evolution sowie die populationsformenden Prozesse erstrecken sich ja über lange Zeitspannen, d.h., daß der am Anfang gegebenen Nachfrage praktisch nie oder nicht überall entsprochen werden kann. Differenzierungsprozesse und an anderem Ort Entdifferenzierungsprozesse sind die Regel, d.h. strukturverändernde Prozesse; dies sind, auf dem Niveau der Populationen betrachtet, (sekundär-) systembildende oder -vernichtende Prozesse.

Da die Differenzierungsprozesse von unten – den Organisaten – ausgehen, in den unteren Niveaus der Populationshierarchie also nur kurze Zeit in Anspruch nehmen, werden die in höherer Position der Hierarchie angeordneten Populationen langsam und scheinbar stetig verändert. Daß dennoch in allen Niveaus entsprechend den jeweiligen Prozeßsequenzen die Wandlungen sich phasenweise vollziehen, wurde bei Behandlung der Prozesse (vgl. S.320f) gezeigt. Jede Innovation bedeutet, so sie von der Population strukturell verarbeitet wird, einen Schritt im Differenzierungsprozeß.

An einem Beispiel, der Bildung einer Stadt-Umland-Population in New Mexico, soll gezeigt werden, wie sich die Differenzierung im einzelnen, d.h. in der Population vollzieht (vgl. S.497f). Im späten 17.Jahrhundert – nachdem eine vorhergehende Kolonisationsphase hatte abgebrochen werden müssen – hatten sich hier im Rio-Grande-Tal spanische Kolonisten aus Mexico niedergelassen. Santa Fe war der Ausgangspunkt und zunächst die einzige Siedlung mit auch nichtlandwirtschaftlichen Funktionen. Ein Bevölkerungsdichte-Querschnitt durch die Population zeigt zunächst die Gestalt einer flachen Normalverteilung mit mehreren niedrigen Gipfeln (Abb.25). Im 18. und frühen 19.Jahrhundert wuchs die Population und differenzierte sich dabei; Santa Fe wurde Zentraler Ort mit einer nennenswerten nichtlandwirtschaftlichen Bevölkerung. Eine Citybildung ist – abgesehen von dem Geschäftsleben auf und um die Plaza – noch nicht erkennbar, und auch das Umland zeigt noch keine nennenswerte Sortierung. Das Diagramm zeigt hier und bei verschiedenen kleineren Zentren ein steileres Aufragen der Bevölkerungsdichte-Kurve. Nach Einführung der Eisenbahn erfolgte ein weiterer rascher Anstieg der Bevölkerungszahl und gleichzeitig eine Fortsetzung der Differenzierung, wobei sich nun die Population zu einem hohen Anteil auf Albuquerque – wo die Eisenbahn das dichtbesiedelte Rio-Grande-Tal kreuzt – konzentrierte. In diesem zentralen Verdichtungsraum lebt heute ca. ein Drittel der Bevölkerung New Mexicos. In der ersten Hälfte dieses Jahrhunderts vollzog sich in dieser Stadt eine klare Differenzierung in eine City am Bahnhof, einen Wohnungsgürtel, eine Stadtrandbebauung und ein Umland. In den letzten dreißig Jahren verlagerte sich die Einkaufsfunktion – wie in den meisten Städten Nordamerikas – unter dem Eindruck des zunehmenden Kfz-Verkehrs in neue Shopping

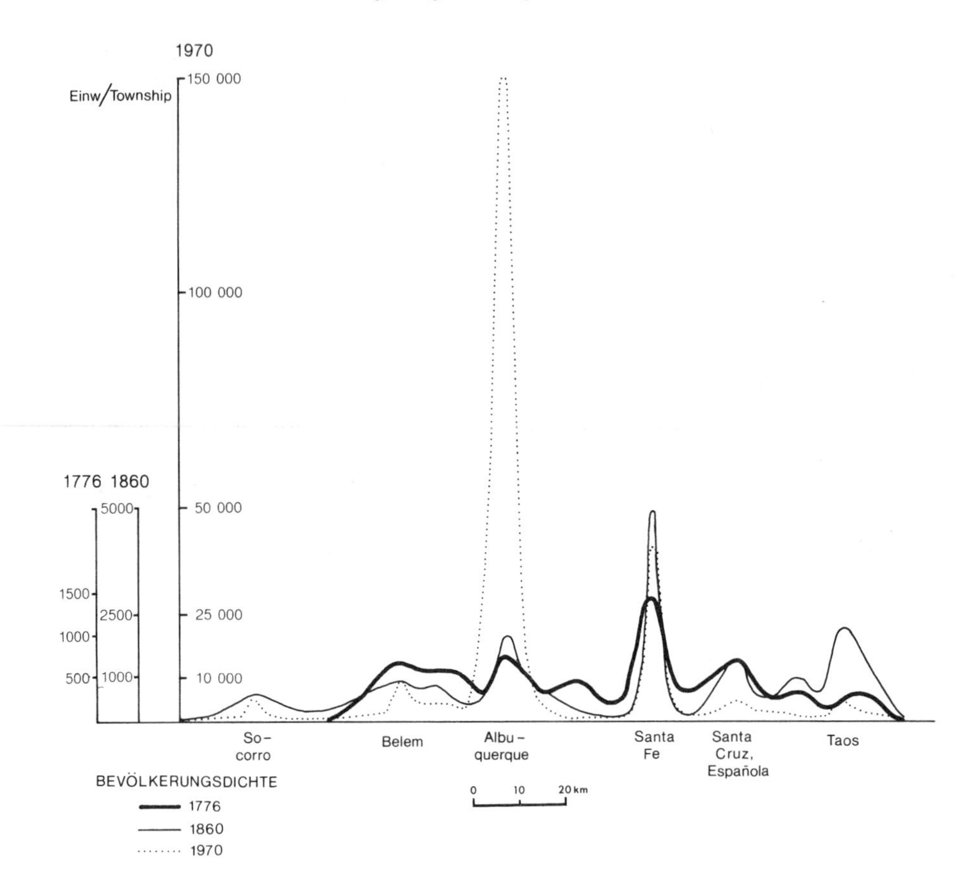

Abb. 25 Veränderung der Populationsgestalt entsprechend dem unterschiedlichen Differenzierungsgrad. Bevölkerungsdichteprofil entlang der Hauptsiedlungsachse in New Mexico 1776, 1860 und 1970.
Quelle: Fliedner 1981, S.154, 280 (dort detaillierter Quellennachweis)

Centers. Die Bevölkerung New Mexicos hat sich in seinem Zentralraum von etwa 18.000 (einschließlich Indianer in ihren überkommenen Dörfern) in der zweiten Hälfte des 18.Jahrhunderts auf ca. 800.000 um 1980 erhöht. Das heißt nicht, daß die Tragfähigkeit in entsprechender Weise gewachsen ist; New Mexico wird heute von vielen Menschen als Wohnsitz gewählt, die ihre Einkünfte von außerhalb beziehen. Dennoch wird man auch ohne nähere Analyse sagen können, daß sich die Tragfähigkeit vervielfacht hat. (Über die Tragfähigkeit vgl. auch S.329f).

In einer einheitlichen, nur wenig differenzierten Primärpopulation, in der ersten Phase, verteilt sich die Bevölkerung etwa gleichmäßig, mit geringen – landwirtschaftlich bedingten – Konzentrationen an verschiedenen Stellen. In der zweiten Phase bilden sich mehrere kleine, nebeneinander bestehende Subpopulationen mit ihren eigenen, unvollkommenen Stadt-Umland-Systemen heraus. Erst in der dritten Phase kommt es dazu, daß diese Populationen sich zu einer übergeordneten Stadt-Umland-Population zusammenschließen, zu einem einheitlichen Raum.

In die Bildung der Stadt-Umland-Populationen sind Gemeinden, Familien/Organisate und Individuen einbezogen, d.h. naturgemäß die untergeordneten Populationen mit den (für die Menschheit als Gesellschaft) Aufgaben Dynamisierung, Kinetisierung und Stabilisierung. Es sind also die der Energiegewinnung und -verarbeitung gewidmeten Populationstypen, während jene Populationen, die der Stadt-Umland-Population übergeordnet sind – Volk, Kulturpopulation und Menschheit als Population –, die Informationsaufnahme und -verarbeitung zur Aufgabe haben. Die Ressourcenabhängigkeit und der Kostenaufwand für den Transport von Energie und Materie ist in der Tat besonders hoch, so daß die räumliche Ordnung der Menschheit als Gesellschaft auf diesem Niveau einleuchtet.

Die Menschheit als Gesellschaft erscheint so als Rahmenpopulation für die Bildung einer Stadt-Umland-Population notwendig. Die Organisation ist ein Teilprozeß im Rahmen der kulturellen Evolution. In ähnlicher Weise erfüllen auch die übrigen Populationstypen jeweils ihre Aufgabe (vgl. S.319f). So ändert sich die Populationsstruktur grundlegend. Dennoch bleibt im wesentlichen die grundsätzlich seit alter Zeit überkommene Hierarchie der Populationstypen erhalten, denn die Differenzierung erfolgt auf den jeweiligen Populationsniveaus von der Primär- zur gleichrangigen Sekundärpopulation.

2.7.3.3 Räumliche Gestaltungsprinzipien der Primär- und Sekundärpopulationen

Die unterschiedliche Gestaltung von Primär- und Sekundärpopulationen auf der Ebene der Volksgruppen bzw. Stadt-Umland-Populationen beruht auf zwei verschiedenen räumlichen Ordnungsprinzipien, auf dem „Kohärenzprinzip“ und dem „Weitwirkungsprinzip“.

Die Verteilung der Bevölkerung einer nicht differenzierten (Primär-)Population im Raum entspricht grundsätzlich der einer Pflanzen- oder Tierpopulation. Im Zentrum ist die Dichte am höchsten, nach den Rändern zu fällt sie ab, um am Rande kurz auszulaufen (Glockenprofil; Whittaker 1975, S.123). Die Anordnung beruht auf zufälligen Kontakten; die Population strebt im Idealfall eine Binomialverteilung an (Fliedner 1990, S.38 f.). Im Hintergrund steht der Wunsch der Populationsmitglieder nach Kontakten. Es wird hier das Kohärenzprinzip erkennbar (Fliedner 1974a; Abb.26). Daß sich die homogenen Gruppierungen grundsätzlich stabil über lange Zeit hinweg in dieser Anordnung halten, ist der Ausdruck eines Zusammenhalts, einer Kohärenz, die eine Kraft darstellt, die ihrerseits auf ein Bedürfnis nach Kommunikation und Interaktion – in etwa nach dem Zufallsprinzip – zurückgeht. Homans (1950/60, S.418; 1958/73, S.250) subsumierte unter dem Begriff Kohäsion alles, was den Einzelnen zur Teilnahme an der Gruppenaktivität veranlaßt. Das Kohärenzprinzip begünstigt eine Konzentration der Individuen und Populationen, so daß homogene [4]räumliche Einheiten definierbar werden. Sie sind räumlich begrenzbar durch Dichte- oder Intensitätsoberflächen, die auf die Erdoberfläche projiziert als Grenzsäume erscheinen.

Anders sind – entsprechend dem Weitwirkungsprinzip – arbeitsteilig gegliederte, differenzierte (Sekundär-)Populationen, d.h. die Stadt-Umland-Populationen, verteilt

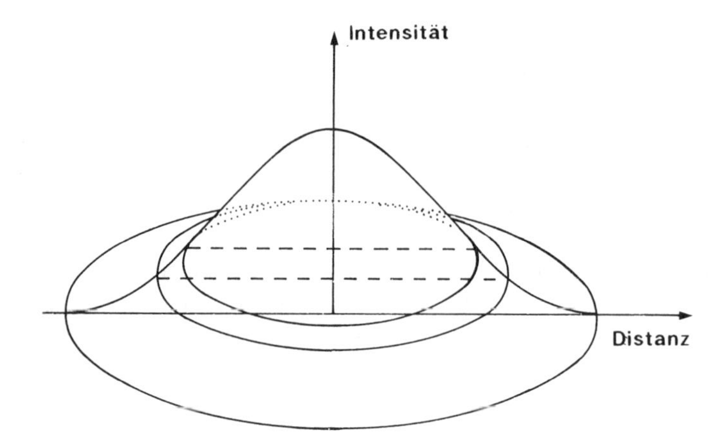

Abb. 26 Kontakthäufigkeit in einer Population entsprechend dem Kohärenzprinzip. Vgl. Text
Quelle: Fliedner 1981, S.47

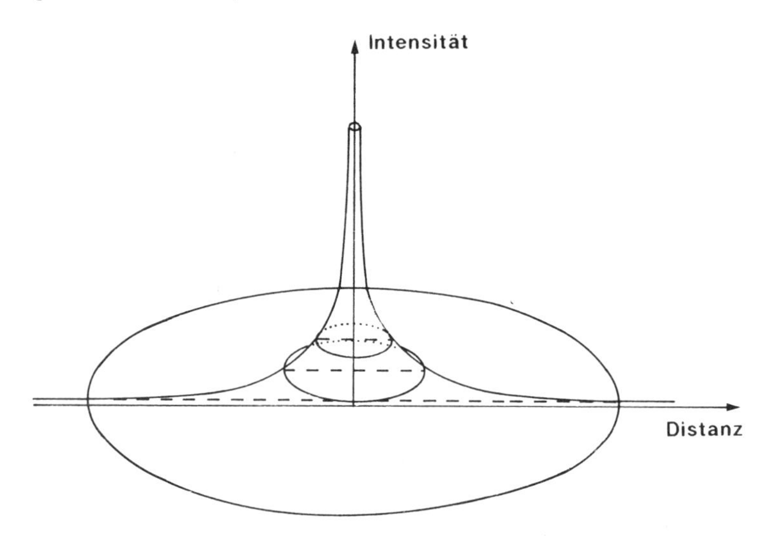

Abb. 27 Kontakthäufigkeit in einer Population entsprechend dem Weitwirkungsprinzip. Vgl. Text
Quelle: Fliedner 1981, S.47

(Abb.27). Es kommt hier – im Hintergrund – die Gravitationsformel Newtons zur Geltung, die auch als Formel des superexponentiellen Wachstums einen schrittweisen Nachvollzug der Entwicklung ermöglicht (Fliedner 1987a, S.111). Die Bindungen zwischen dem Zentrum und der unmittelbaren Nachbarschaft sind im Kernbereich am intensivsten; von hier aus nimmt die Intensität der Verknüpfungen zunächst rasch, dann mit wachsender Entfernung – je Flächeneinheit betrachtet – immer langsamer ab. Bekannte Beispiele in höher differenzierten Gesellschaften sind im Umkreis der Großstädte der Berufspendel- und Naherholungsverkehr. Zentral-peripher strukturierte [4]Räume sind nicht homogen, sondern die sich in diesen Feldern einzuordnenden Elemente und Subsysteme (Individuen in ihren Rollen, Organisate) zeichnen sich – vom Zentrum zur Peripherie betrachtet – durch Diversität aus; es sind, nach Funktionen sortiert, konzentrisch angeordnete Ringe mit in sich gleichartiger Struktur erkennbar. Im Hintergrund sind die Flächenkonkurrenz und Bodenpreise zu sehen.

Kohärenz- und Weitwirkungsprinzip lassen sich, wie gesagt, besonders klar auf der Ebene der Volksgruppen bzw. Stadt-Umland-Populationen nachweisen. Sie liegen aber – wenn natürlich auch nicht allein – als räumliche Ordnungsprinzipien den Verbreitungsmustern aller Populationen zugrunde, der Menschheit ebenso wie den Kulturpopulationen, Völkern und Gemeinden.

2.7.3.4 Zur Frage der Entdifferenzierung

Arbeitsteilung in den Organisaten und Differenzierung der Populationen können dann aufkommen, wenn die Population die Grenze ihrer Tragfähigkeit erreicht hat. Umgekehrt können sich Populationen entdifferenzieren, wenn z.B. die Bevölkerungszahl und damit die Nachfrage nach Produkten sinkt; denn dann werden die am stärksten spezialisierten Betriebe, die ja auf einen großen Kundenkreis angewiesen sind, nicht ausgelastet. Die Betriebe verlieren ihre Lebensfähigkeit und müssen aufgegeben werden. So können ganze Institutionen verschwinden, wenn dieser Entdifferenzierungsprozeß ein größeres Ausmaß erreicht hat. Hier ist z.B. der Verfall alter Hochkulturen zu nennen.

Solch ein Abbau von Populationen geht häufig wohl mit einer negativen Bevölkerungsentwicklung einher. Z.B. hatten die Hohokam-Indianer von ca. 900 bis ca. 1400 n.Chr.Geb. eine hochstehende Bewässerungskultur mit zahlreichen großen Dörfern im Süden des heutigen Arizona aufgebaut (Turney 1929; Martin und Plog 1973, S.286 f.), so daß man von einer, wenn auch kleinen, einheitlichen Kulturpopulation sprechen konnte. Allem Anschein nach nahm aber dann die Bevölkerungszahl ab, so daß genügend Raum zur Verfügung stand. Die Population sah sich nicht mehr zu einer intensiven Bewässerungswirtschaft motiviert und ging zu Regenfeldbau über. Richtige Deutung vorausgesetzt, wäre dies ein Entdifferenzierungsprozeß, d.h., es wurde eine Institution, der intensive Bewässerungsfeldbau, aufgegeben, die Regulation und Organisation auf hierarchisch niedrigere Populationen verlagert; das bedeutet in diesem Fall, daß der Feldbau wieder von den Siedlungspopulationen allein kontrolliert wurde.

Im einzelnen muß man sich vorstellen, daß bei einer intensiven Bewässerung pro Person viel Arbeitszeit aufgewendet werden muß, um die Bewässerung aufrecht erhalten zu können, d.h. zur Unterhaltung der Gräben, Kontrolle der Wasserverteilung, gemeinsamen Verwaltung etc., also auf nicht der Urproduktion selbst zuzuordnende Tätigkeiten. Sinkt nun der Absatz an Nahrungsmitteln, so wird die Produktion gedrosselt. Damit wird aber, damit die Anlagen verkleinert werden können, immer weniger Arbeitszeit für die nicht urproduktiven Tätigkeiten benötigt, und diese Zeit kann direkt den Feldarbeiten zukommen; diese werden so relativ wichtiger. Schließlich wird der Punkt erreicht, an dem allein die Feldarbeiten übrig bleiben, die Grabensysteme dagegen verfallen sind (generell Boserup 1965, S.65 f.). So fanden bei ihrer Ankunft im 18.Jahrhundert die

Europäer im Süden des heutigen Arizonas Regenfeldbau vor. Die hier lebenden Pimas können als Nachfahren der Hohokam-Indianer angesehen werden (Ezell 1963).

Auch die Mayas wanderten, als ihre Bevölkerungszahl sank, ihr Reich zusammenbrach, vermutlich nicht ab; sie gaben zwar die Städte auf, verblieben aber im Lebensraum und wandten sich extensiveren Formen der Nutzung des Landes zu. Der Orient und Südostasien bieten weitere Beispiele. Entdifferenzierungsvorgänge traten auch in Indianerpopulationen bei der spanischen Conquista auf (Steward 1951, S.388). In der jüngeren Vergangenheit sind entsprechende Beobachtungen z.B. in Südafrika gemacht worden (Sayce 1933, S.133 f.; vgl. auch Gouldner 1959/73, S.388).

Aufstieg und Niedergang der Kulturpopulationen wurden von Thurnwald (1936-37/66, S.384 f.) als Kulturrhythmus bezeichnet. Toynbee (1950/54, S.241 f.; 355 f.) bezog den Niederbruch und Zerfall von Kulturen als „Gesellschaftskörpern" in seine geschichtstheoretischen Überlegungen ein. Schwidetzky (1954, S.80 f.) sprach von Völkertod. Als sich gegenseitig beeinflussende Prozesse und Faktoren zog sie Geburtenrückgang, das Aussterben der Eliten, Rassenmischung und Rassenwandel oder auch die fehlende Fähigkeit, Zugewanderte zu assimilieren, in Betracht. In jedem Fall änderte sich das generative Verhalten. Häufig ordnen sich diese Prozesse in Rotationsvorgänge der übergeordneten Populationen (Kulturpopulation, Menschheit) ein (vgl. S.277f). Entdifferenzierungsprozesse sind also nur als Begleiterscheinungen der kulturellen Evolution zu werten, die ihrerseits als ein Differenzierungsprozeß zu interpretieren ist. Das System Menschheit als Gesellschaft strebt unaufhaltsam ein immer höheres Niveau der Ordnung an.

2.7.3.5 Zusammenfassung und Rückblick

Das Ökosystem des Lebensraumes wird bis an die Grenze der Belastbarkeit genutzt, aber auch die Population befindet sich an der Grenze der Belastbarkeit. Dem Problem der Tragfähigkeit kann man nur dadurch beikommen, indem man die innere Struktur der Populationen berücksichtigt. Die Population strebt eine Größe an, die ihrer Struktur angemessen ist (Äquifinalität). Die Organisate haben die Aufgabe, die Produktion zu optimieren. Sie übernehmen Teilaufgaben der übergeordneten Populationen, z.B. der Gemeinden. Bei der Arbeitsteilung werden Populationen abgesondert (= Hilfssystembildung), erhalten im Sinne des Prozeßablaufs spezifische Aufgaben. Dies ist ein sachlicher Sortierungsvorgang; die einzelnen Produktionsschritte werden besser als vorher koordiniert, so daß die einzelnen Glieder der Prozeßsequenzen freigestellt werden. Ein Prozeß in der Prozeßsequenz wird in den Populationen in mehrere Teilprozesse aufgeteilt; im Aggregat trifft dies für viele Populationen zu, die im Gleichklang schwingen. Da die Organisate auf Außenbeziehungen angewiesen sind, durchdringen sie die übergeordneten Populationen, veranlassen die dortigen Organisate, sich auf sie einzustellen. Es kommt zu Wechselwirkungen. Auf der Ebene der Stadt-Umland-Populationen kommt es zur Differenzierung, zur ringförmigen Anordnung der Organisate, die ihrerseits die in ihrer Größenordnung dazwischenliegenden Gemeinden einbeziehen. Es bildet sich eine Sekundärpopulation. Die Organisate wirken durch ihre „Umländer" auf den verschiedensten Ebenen, im lokalen, regionalen, nationalen Maßstab und weltüber. Die Sekundärpopulationen entstehen über die Bildung von Hilfssystemen aus den Primärpopulationen.

Umgekehrt kann es zu Entdifferenzierungserscheinungen kommen, wenn die Bevölkerungszahl abnimmt. So sind manche ehemaligen Hochkulturen verfallen.

Die Populationen haben eine ganz unterschiedliche [4]Raumstruktur; während Primärpopulationen eine der Binomialverteilung entsprechende Verteilung aufweisen, ist bei Sekundärpopulationen, insbesondere den Stadt-Umland-Populationen, eine kegelförmige Verteilung mit steil aufragendem Dichtezentrum und nach außen zu abfallender Intensität kennzeichnend.

2.8 Zusammenfassung und Rückblick

2.8.1 Zusammenfassung

Die theoretischen Erörterungen führten von der Menschheit als Ganzes zu den Populationen und schließlich zu den diese bestimmenden Prozesse. Von hier aus konnte dann versucht werden, den Aufbau der Menschheit verständlich zu machen.

Die Menschheit gliedert sich in Menschheit als Gesellschaft und Menschheit als Art; die Menschheit als Gesellschaft hat vor allem in der Aufgabe der Adaptation ihren Ursprung, d.h. der Nutzung des Lebensraumes zum Zwecke der Energiebeschaffung für das nachfragende biotische System Menschheit als Art. Beide Systeme sind aufeinander eingestellt; es sind Nichtgleichgewichtssysteme, die sich aufgrund der kulturellen Evolution auseinander differenziert haben.

Menschheit als Art und Menschheit als Gesellschaft setzen sich aus einer Vielzahl von einander hierarchisch zugeordneten Populationen zusammen, aus Primär- bzw. Sekundärpopulationen (Familien/Organisate, Gemeinden als biotische/sozioökonomische Populationen, Volksgruppen/Stadt-Umland-Populationen, Völker/Staaten, Kleine/Hochkulturpopulationen). Populationen bilden die Grundeinheiten; sie sind selbst Nichtgleichgewichtssysteme. Jedes Individuum gehört den Populationstypen aller Ebenen an. Populationen haben einen spezifischen inneren Aufbau. Sie sind als Kommunikations- und energetische Einheiten begrenzbar, dauerhafte Ordnungsstrukturen im Informations- und Energiefluß. Um den Fluß zu gewährleisten, sind Kontakte nötig. Bei fortgeschrittener Arbeitsteilung, d.h. Differenzierung der Gesellschaft, werden die Funktionen auch regional getrennt. Dies ist auch mit einer Umgestaltung der vorgegebenen und Bildung weiterer Populationen verbunden. Den Organisaten kommt dabei eine Schlüsselrolle zu.

Um die Prozesse, die diese Populationen erhalten oder verändern, verstehen zu können, muß ein Modell („Basissystem") entwickelt werden. Z.B. wird eine Gemeinde angeregt, entsprechend der Nachfrage vermehrt Lebensmittel zu produzieren. Dies kann durch die Übernahme einer neuen Maissorte, einer Innovation also, geschehen. Der Markt ist übergeordnet, von dort kommt die Nachfrage. Der Boden, das gegebene Ökosystem, wird von den Höfen bzw. Arbeitskräften der Gemeinde bearbeitet; er hat die Lebensmittel, die Energie zu liefern, ist untergeordnet. So entsteht von oben durch die Gemeinde mit ihren Höfen und Arbeitskräften nach unten ein Informationsfluß (Nachfrage) und von unten nach oben ein Energiefluß (Angebot). Beides ereignet sich im „vertikalen Feld". Markt und Ökosystem sind Gleichgewichtssysteme. Die einzelne Gemeinde dagegen ist ein Nichtgleichgewichtssystem. Zwischen Nachfrage und Angebot schaltet sich in der Gemeinde ein Prozeß, der entsprechend dem Zeitpfeil abläuft, im „horizontalen Feld". Er beginnt, wenn wahrgenommen wird, daß eine Änderung vollzogen werden kann; er endet, wenn – in unserem Beispiel – die Gemeinde sich umgestellt hat.

Dies alles geschieht in vielen Einzelschritten, die sich zu einem mehrstufigen Kreisprozeß zusammenfügen. In ihnen wird der Prozeßablauf spezifiziert, werden die Vernetzungen zwischen den Elementen beschrieben und schließlich die Ansprüche an [1]Raum festgelegt, in Abhängigkeit von den Nachbarpopulationen. Vier Stadien oder Teilprozesse fügen sich zu einem „Grundprozeß" zusammen. Alles in allem ergibt sich ein Tableau von 340 – hier nicht beschriebenen – Formeln. Dies ist der Grundbestand, der die Teilprozesse in einer Population, in unserem Fall also der Gemeinde beschreibt, ein Rahmenmodell. Es gilt für alle Populationen.

Die Prozesse fügen sich zu Sequenzen („Verknüpfungsprozesse") zusammen, die jeweils sieben Phasen (Perzeption, Determination, Regulation, Organisation, Dynamisierung, Kinetisierung und Stabilisierung) umfassen. Sie beschreiben, wie die Neuerung in das System hereingeführt, die Anregung, d.h. die Nachfrage aufgenommen, die Produktion durchgeführt wird („Induktionsprozeß"). Dann erfolgt der – ebenfalls sieben Phasen umfassende – „Reaktionsprozeß", der die Änderung des Systems selbst besorgt.

Nun sind die Populationen, wie gesagt, ihrerseits in einer Hierarchie zu sehen. In einer bestimmten Position des Formeltableaus können jeweils die untergeordneten Populationen angefügt werden; in unserem Fall sind die Höfe als untergeordnete Populationen in der Gemeinde zu verstehen, und die Höfe ihrerseits werden von Arbeitskräften als den Elementen bewirtschaftet. So ergibt sich eine Hierarchie, die man – über die verschiedenen Populationstypen – auf die ganze Menschheit ausdehnen kann. Das hier kurz angedeutete Modellsystem dient als Modul in verschiedenen Größenordnungen.

In entsprechender Weise sind die übergeordneten Populationen miteinander verknüpft. Dies bedeutet auch, daß die Prozeßdauer um so länger ist, je höher der Populationstyp in der Hierarchie angeordnet ist; sie unterscheidet sich etwa durch den Faktor 10 von den jeweils in der Hierarchie benachbarten Populationsebenen. Die Gesamtheit der Populationen einer Ebene – z.B. der Kulturpopulationen – hat für die Menschheit als Gesellschaft bzw. Menschheit als Art eine bestimmte Aufgabe, die durch die Position dieser Populationen in einer vertikalen Prozeßsequenz vorgegeben ist. So obliegt z.B. der Menschheit als Population die Perzeption, den Kulturpopulationen die Determination, den Individuen die Stabilisierung.

Jede Population ist – wie alle Nichtgleichgewichtssysteme – sowohl zur Selbstreferenz, d.h. zur Selbstregulation des Informations- und Energieflusses, als auch zur Autopoiese, d.h. zur Selbstergänzung seiner Komponenten, fähig. Autopoiese äußert sich in der Kolonisation bzw. Landnahme sowie der Differenzierung; es sind zwei Wege, in sich gegliederte Populationen als Nichtgleichgewichtssysteme neu zu bilden, als Elemente übergeordneter Populationen, die sich erhalten oder verändern können („strukturerhaltender" bzw. „strukturverändernder Prozeß").

2.8.2 Rückblick

Die konventionelle (Gleichgewichts-)Systemtheorie (vgl. S.105) hat in der Anthropogeographie kaum Fuß fassen können. Die auf ihr fußenden Arbeiten kommen nur in einzelnen Fällen zu guten Ergebnissen; manchmal führen sie zu kryptischen Formulierungen und unscharfen Definitionen. Der Grund ist die Unklarheit über den Aufbau der verwendeten Systeme. Es handelt sich meistens um Institutionen wie Wirtschaft, Religion etc., d.h. Gleichgewichtssysteme, die sich sachlich durch den Differenzierungsprozeß ständig weiter aufgliedern. Menschen sind in diesen Untersuchungen nur von randlichem Interesse. Um analytisch weiterzukommen, muß man umgekehrt vorgehen, von den Menschen aus und ihren Gruppierungen. Dann werden klare Definitionen und Quantifizierungen möglich. Die komplexen Ganzheiten erhalten deutliche Konturen. Die Akteure müssen in den Mittelpunkt, sonst kann kein Prozeß, keine Struktur verstanden, keine Neuschöpfung nachvollzogen werden.

Die Akteure sind die von den Individuen (in ihren Rollen und Tätigkeiten) gebildeten Populationen. Sie bilden mit den Prozessen eine Einheit und können als Grundbausteine der Menschheit verstanden werden. Gehören sie der Menschheit als Art an (Primärpopulationen), handelt es sich um biotisch (im weiteren Sinne) bestimmte Prozesse; sie erfordern Zusammenhalt der Menschen (Kohärenzprinzip), der Bezug zum Boden ist noch erkennbar. Gehören sie der Menschheit als Gesellschaft an (Sekundärpopulationen), handelt es sich um sozioökonomische (in weiterem Sinne) bestimmte Prozesse; sie sind sektoral aufgegliedert, die Populationen sind in weit ausladende horizontale Felder eingebunden (Weitwirkungsprinzip). Die Diskussion um das Regionalbewußtsein (vgl. S.224f) wird von dieser Überlegung tangiert.

Eine so weitgehend die Strukturen und Prozesse definierende Theorie läßt den Eindruck entstehen, als seien Prozesse determiniert, sei auch die hier in Ansätzen vorgebrachte Prozeßtheorie in ihrer Grundstruktur deterministisch. Dies trifft nur z.T. zu. Zwar ist der Prozeßverlauf im Nichtgleichgewichtssystem unumkehrbar, die Reihenfolge der Teilprozesse in der Tat verbindlich; jeder Prozeß kann aber vorzeitig beendet werden, wenn die internen Mechanismen versagen oder die Umweltbedingungen dies erheischen; realiter heißt dies z.B., daß Planungen steckenbleiben, nicht durchgeführt werden können. Aber auch in sich sind die Prozesse nicht deterministisch; die Teilprozesse sind probabilistisch verknüpft (vgl. S.290). In der Hierarchie sind zudem die Nichtgleichgewichtssysteme immer durch Gleichgewichtssysteme voneinander getrennt, so daß sich – von oben nach unten betrachtet – Selektionsmöglichkeiten ergeben, umgekehrt – von unten nach oben betrachtet – den Nichtgleichgewichtssystemen die Entscheidung vorbehalten bleibt, ob sie an den übergeordneten Prozessen (Innovationen) teilhaben, sich anregen lassen oder nicht. Dies entspricht einer Grundidee der Evolution. Auf diesem Wege entsteht auch Individualität. Gesetzlichkeit und Individualität bilden in der durch die Hierarchie der in Populationen gegliederten Gesellschaft Antagonisten. Durch Eingabe der Informationen und Energie von „oben", der Menschheit als Population durch die verschiedenen Populationsniveaus bis zum Individuum (Induktionsprozeß) wird Gesetzlichkeit, während im Gegenzug durch den Aufbau der Populationen von „unten" (Reaktionsprozeß) Individualität in das System der Menschheit als Gesellschaft (bzw. als Art) gegeben wird. Die Gesetzlichkeit, sich äußernd in Struktur, gibt einen Rahmen, der die Individualität, z.B. im Rahmen einer Innovation, erst erlaubt. Die Populationen erinnern an die Leibnizschen Monaden (vgl. S.8). Die Gesellschaft ist ein sich dauernd weiter differenzierendes und entdifferenzierendes Gebilde; es ist ein Ganzes, befindet sich aber in ständiger Veränderung. Die individuellen Wege der Geschichte und der kulturellen Evolution sind unvorhersehbar; sie können erst im Nachhinein in ihren Sinnzusammenhängen erschlossen werden.

Die Individuen nehmen in der Übergangsposition von die Menschheit von oben nach unten durchlaufenden Induktions- und dem von unten nach oben führenden Reaktionsprozeß eine Schlüsselstellung ein. Sie sind durch ihre Rollen und Tätigkeiten an die Populationen und Prozesse gebunden. Als Angehörige der Menschheit als Art sind die Individuen „unteilbare" Ganzheiten, begabt mit Kreativität, Entscheidungsfreiheit, Bedürfnissen. Als Mitglied der Menschheit als Gesellschaft sind sie Arbeitskräfte, gehören Berufen an, üben viele Tätigkeiten aus, im Rollenspiel der Populationen. Rollen und Tätigkeiten sind im Rahmen von Aufgaben zu sehen, die die Indivdiuen für die Menschheit haben, für die Prozesse und Populationen. Die einzelnen Handlungen sind unterhalb dieser Grenze zu sehen; erst im Rahmen von Tätigkeiten und Rollen sind sie für die hier vorgetragene Theorie von Bedeutung. Darüber hinaus sind die einzelnen Handlungen aber insofern von Interesse, als sie im allgemeinen zielgerichtet sind. Prozesse und Handlungen entsprechen einander, aber eben in verschiedenen Größenordnungen; beide werden durch die Ebene der Tätigkeiten im Rollenspiel und des Verhaltens voneinander getrennt.

Vielleicht ist es gelungen, die verschiedenen Ansätze, die unterschiedlichen Annäherungen an das Problem Gesellschaft in das richtige Umfeld zu bringen. Mit dieser Theorie soll ein Rahmen gegeben werden, der unsere Lebenswelt verständlicher werden läßt. Nur dann können wir diese verbessern, wenn wir sie verstehen. Der in Kap.1 behandelte Paradigmenwechsel zeigt, wie sehr sich im Verlaufe der letzten hundert Jahre die Perspektive verschoben hat. Und mit dieser Verschiebung ist auch immer stärker der Anwendungsaspekt in die Wissenschaft eingedrungen. Die theoretischen Erörterungen sollen helfen, eben dies zu erleichtern. Jeder erfolgreiche Prozeß bedarf der vorherigen Information; um einen Gedanken von Heidegger (vgl. S.61) aufzugreifen: So wie ein Töpfer im voraus eine Idee von dem hat, was er formt, so erfordert jede sinnvolle Handlung, jeder sinnvolle Prozeß eine vorgegebene „Information", eine Zielorientierung. Ein Individuum ist machtlos, wenn es für sich operiert, um etwas zu verändern. Es bedarf der Unterstützung jener Gruppen, die dieselbe Idee verfolgen. Das sind – dieses versuchte die Theorie zu zeigen – keine undefinierbaren Massen, sondern Menschengruppierungen, die im Rahmen ihrer Populationen ihre Willensbildung vollziehen und tätig werden. Politisches Handeln muß sich immer der gegebenen Rahmenbedingungen bedienen.

3. Die Populationen; ein Überblick über ihre empirische Bearbeitung

Die theoretischen Erörterungen (Kap.2) geben die Möglichkeit, den Stoff der Sozialgeographie sachgemäß anzugehen, angemessen zu systematisieren; die Ergebnisse lassen sich mit den empirischen Befunden der sozialgeographischen Forschung verknüpfen. Dabei ist zu beachten, daß zwischen den normativen Aussagen der vorgestellten Theorie und den aufgrund der empirischen Forschung erarbeiteten individuellen Prozesse kein direkter determinierbarer Kontakt besteht; vielmehr schalten sich – unter Beachtung der Prozeßstruktur – zwischen sie die Aufgaben und Institutionen (vgl. S.310).

So muß auch im folgenden Kapitel (3) vorgegangen werden, in dem versucht werden soll, die Ergebnisse der jüngeren sozialgeographischen Forschung in den vorgestellten theoretischen Rahmen einzubringen. Nur so kann der Hiatus überbrückt werden. Die Gliederung des Kapitels trägt dem Rechnung:

1) Entsprechend der Hierarchie der Menschheit als Gesellschaft bzw. Menschheit als Art und dem Verlauf der Prozeßsequenz werden die Populationsebenen von oben nach unten nacheinander abgehandelt. Den Populationsebenen sind die Aufgaben (im vertikalen Induktionsprozeß) zugeordnet (vgl. S.316f).

2) Die nächste Betrachtungsebene ist die der Institutionen (vgl. S.308f), die sich, unter typologischen Gesichtspunkten, als strukturerhaltende (oder als strukturverändernde, wenn es sich um Transformationen handelt; vgl. S.266f) Prozesse darstellen. Hier sind Menschheit als Gesellschaft und Menschheit als Art zu trennen. Die Menschheit als Art erscheint hier insofern, als sie von den sozialen Prozessen in der Populationshierarchie geformt wurde (Primärpopulation), nicht in ihrer – seitens der Bevölkerungsgeographie zu thematisierenden – biotischen Dynamik. Aus dem Blickwinkel der strukturerhaltenden Prozesse läßt sich eine Untergliederung in Induktionsprozeß und Reaktionsprozeß vornehmen:

   a) Die Institutionalisierung als thematische Konkretisierung der Aufgabe in der Populationsebene (*Adoption). Hier sind die Basisinstitutionen gemeint, die den Populationen ihre Prozeßorientierung vermitteln.

   b) Die diese Themen realisierenden Prozesse, die Ausführung der Aufgabe im Rahmen der Institution (*Produktion).

   c) Die Aneignung auf elementarer Ebene, die Identifizierung der Population mit der Aufgabe, bedeutet das Sich-Einordnen, d.h. die Ausrichtung und Strukturierung der Population (*Rezeption).

   d) Die Formung der Population und Ergänzung der Elemente, d.h. die *Reproduktion.

Eine präzise Trennung dieser Teilprozesse ist auf empirischer Ebene noch nicht immer möglich, auch nicht intendiert. Weitere Untergliederungen erfordern zusätzliche empirische Untersuchungen. Hier kann es nur darauf ankommen, die Position zu bestimmen.

3) Der letzte Abschnitt ist jeweils den strukturverändernden Prozessen und Prozeßsequenzen gewidmet, soweit sie empirisch erarbeitet wurden.

So ist es möglich, die in der Literatur vorgestellten Ergebnisse sinnvoll in den theoretischen Rahmen einzufügen. Es geht dabei nicht um den Versuch einer Verifizierung der in Kap.2 vorgestellten Theorie, andererseits auch nicht um eine erschöpfende Aufarbeitung der in der Literatur diskutierten Probleme, sondern um einen Überblick über die wichtigsten Tendenzen der heutigen Sozialgeographie. Das Schwergewicht der Darstellung liegt auf den letzten fünf bis zehn Jahren. Die Gliederung der Ergebnisse entsprechend der vorgestellten Theorie soll dabei einen Rahmen abgeben. Empirische Untersuchungen haben ihre eigenen Wege; sie entzünden sich z.B. an aktuellen Problemen, greifen frühere Diskussionen auf, sind traditionell in anderen Disziplinen, z.B. der Soziologie oder Psychologie angesiedelt, hängen auch von persönlichen Interessen des Forschers ab. Daneben bestehen – zufällig – Lücken, schon dadurch, daß die Statistiken gewöhnlich nicht aus wissenschaftlichen, sondern aus praktischen Gründen erstellt wurden; so ist das Material sehr heterogen. Häufig ist es nötig, aus den verschiedensten Angaben selbst Statistiken zu erstellen. Ungleichgewichte sind so unvermeidlich. Dies gehört nun mal zum Individuellen, zu einer evolutionär gewachsenen Wissenschaft. Ich hoffe dennoch, die große Vielfalt der Themen in plausibler Weise dem Gesamten der Theorie zugewiesen zu haben.

Vorsorglich sei vermerkt, daß die Richtigkeit der Zuordnung nicht monokausal bewiesen werden kann; vielmehr müssen entsprechend der systemischen Struktur des Dargestellten (vgl. S.174) die jeweiligen Entscheidungen als solche dadurch einsichtig werden, daß die Position der dargestellten Fakten und ihre Verknüpfungen sowohl auf der hierarchischen, d.h. von den Populationstypen gebildeten Ebene, als auch im Zeitablauf (d.h. in der Prozeßsequenz) als korrekt erscheinen.

3.1 Die Menschheit als Population

3.1.0 Definitionen. Die Perzeption als Aufgabe

Die Menschheit kann unter verschiedenen Gesichtspunkten betrachtet werden. Aus biotischer Sicht stellt sie eine – aus vielen Unterarten, Rassen etc. bestehende – Art dar. Menschen sind gekennzeichnet durch aufrechten Gang, durch Fehlen eines den Körper bedeckenden Haarkleides und durch eine besondere Ausbildung des Gehirns. Sie sind, dies steht im Mittelpunkt unserer Erörterungen, geistbestimmte soziale Wesen. Anthropologen, Theologen, Philosophen, Psychologen, Soziologen, Archäologen, Historiker und natürlich auch Geographen beschäftigen sich mit dem Menschen, seinem Wesen, seiner Position in der Welt, in der Geschichte und im (wie auch immer definierten) Raum. Dies wurde in Kap.1 ausführlich dargelegt.

Als Population, die den übrigen kleineren Populationen – Kulturpopulationen, Völker etc. – kategorial gleichgestellt ist, scheint die Menschheit m.E. bisher noch nicht untersucht worden zu sein. Im Sinne unserer Darlegungen dient sie der Kontrolle des vertikalen, von oben ins System gerichteten Informationsflusses, d.h. der Wahrnehmung (Perzeption; vgl. S.297f). Wahrnehmung ist Voraussetzung dafür, daß sich Individuen und Populationen in ihrer Umwelt orientieren und ihr Verhalten danach einrichten können. Die Aufgabe der Perzeption ist also die Einholung und Bewertung von Informationen durch die Population und das Individuum, um eine Basis für die Entscheidung im Hinblick auf die Durchführung der Prozesse zu geben. Zeitlich bildet die Perzeption also den Ausgang der die Menschheit als Gesellschaft und als Art erhaltenden und gestaltenden Prozesse.

Notwendig ist „ein Organismus, der über seine sensorische Ausstattung fähig ist, den unmittelbaren Zugang zur vorgegebenen Objekt- und Ereigniswelt sicherzustellen ... Notwendig ist weiter eine Motorik, die dafür sorgt, daß leibhafte Erfahrung im Umgang mit Objekten gemacht werden. Die Dinge befassen sich nicht mit dem Menschen; er befaßt sich mit ihnen... Schließlich ist ein leistungsfähiges Verarbeitungsorgan, das Erfahrungen registriert, festhält und bei Gelegenheit abruft, notwendig“, das menschliche Gehirn (Dux 1982, S.79 f.). Alle Menschen haben die gleichen Organe, um Informationen aufnehmen, verarbeiten, bewerten und speichern zu können; d.h. die Erwerbung von Kenntnissen ist als die der gesamten Menschheit zuzuordnende Aufgabe zu sehen, wenn auch das Ergebnis des Perzeptionsprozesses im einzelnen sehr unterschiedlich sein kann (vgl. S.148f).

Die für die Menschheit als Gesellschaft bzw. als Art charakteristischen Institutionen sollen den Kenntniserwerb ermöglichen, das Sammeln von Erfahrungen, die Adaptation der Menschheit als Gesellschaft in die Umwelt erleichtern und so der Menschheit als Art einen Vorteil gegenüber den anderen Arten der Lebewelt verschaffen. Der Millennienrhythmus ist für die Prozesse maßgebend (vgl. S.323f), d.h. die einzelnen Teilprozesse währen ca. 5000 Jahre (bzw. ca. 10000 Jahre, rechnet man Induktions- und Reaktionsprozeß zusammen), die gesamte Prozeßsequenz nimmt ca. 50000 Jahre in Anspruch.

3.1.1 Institutionen und Prozesse im Rahmen der Menschheit als Gesellschaft

3.1.1.1 Institutionalisierung der Aufgabe (Induktionsprozeß: *Adoption)

Die Menschen nehmen auf direktem Wege Fakten und Ereignisse aus ihrer Umwelt über ihre Sinne wahr. Dies ist ein dem Individuum zuzuschreibender Prozeß des Kenntniserwerbs. Die Perzeptionsgeographie hat sich diesem Prozeß ausführlich gewidmet (vgl. S.147f). Um für die Gesellschaft wirksam werden zu können, müssen die Ergebnisse von den übrigen Individuen erkannt und aufgenommen werden. Dazu bedarf es verschiedener Institutionen. Besonders seien die Kunst und die Wissenschaft herausgestellt, die Kunst, in der das Wahrgenommene durch den Künstler so transformiert wird, daß es von den übrigen Menschen sinnlich aufgenommen werden kann, die Wissenschaft, in der das Wahrgenommene gespeichert und weiterentwickelt werden kann.

Kunst als Basisinstitution

Nach Alsleben (1973, S.355) könnte man Kunst als „höchstentwickelte Formulierung erlebter Wahrnehmungen" definieren. Auch Bahrdt (1974) spricht in diesem Sinne von „ästhetischer Wahrnehmung" und Kommunikation, betont z.B. die „Vergegenwärtigung der Geschichte" in überlieferten Bauwerken. Der das Kunstwerk Perzipierende wird zur geistigen Aktivität aufgefordert, zur „produktiven Wahrnehmung" (S.184), obwohl das menschliche Verhalten selbst nicht durch Kunstwerke direkt gestaltet wird. In der Architektur sieht Bahrdt eine „Selbstdarstellung der Gesellschaft" (S.187).

Kunst bedeutet also Wahrnehmung und Wiedergabe des Wahrgenommenen. Dabei wird selektiert. „Mit Hilfe der Augen beobachtet der Organismus seine Umwelt, um Nützliches oder Gefährliches zu entdecken. Bedürfnisse führen zu einer selektiven Wahrnehmung ... Dieser Selektionsfaktor manifestiert sich auch in der bildenden Darstellung. Er bestimmt Thema und Form. Er sagt uns, was der Künstler – oder sein Mäzen – für wichtig und gesichert hält" (Arnheim 1984, S.141). Formfaktoren wie Größe, Proportion, Plazierung, Schattierung und Richtung hängen von den Absichten des Künstlers ab.

Kunst vermittelt so zwischen dem Künstler und der Umwelt, und zwar in zweierlei Richtung: der Künstler nimmt Anregungen auf und wird dadurch stimuliert, und er macht seine Formulierung anderen gegenüber erkennbar (vgl. auch Frey 1946, S.30 f.). Das Kunstwerk kann als ein Medium betrachtet werden, – Frey (1958/76, S.84) spricht von „Gerätecharakter" –, das mittels Symbolen die Umwelt, so wie sie der Künstler sieht, vorstellbar machen soll.

Kunstwerk ist nicht identisch mit Sinnbild. Ein Sinnbild setzt bereits eine definierte Sinngebung, eine Grundorientierung, voraus, die durch das Symbol verständlich gemacht werden soll. „Sinnbild und ästhetisches Objekt stehen sich als polare Gegensätze gegenüber, in deren Spannungsraum sich das Kunstwerk entfaltet" (Frey 1976, S.120). Kunst bedient sich aber Sinnbilder, die abgebildeten Gegenstände erhalten oft Symbolcharakter. Goodman (1984) setzte Wissenschaft und Kunst gegeneinander und fand Verwandtes. Auch die Kunst ist nach ihm untersuchend. Ästhetische wie wissenschaftliche Aktivität besteht u.a. im Erfinden, Anwenden, Umformen, Manipulieren von Symbolen und Symbolsystemen (S.579). „Der Unterschied zwischen Kunst und Wissenschaft ist nicht der zwischen Gefühl und Tatsache, Intuition und Konklusion, Freude und Überlegung, Synthese und Analyse, Sinneswahrnehmung und Gehirnarbeit, Konkretheit und Abstraktheit, Passion und Aktion, Mittelbarkeit und Unmittelbarkeit oder Wahrheit und Schönheit (sic!), sondern eher ein Unterschied in der Dominanz gewisser spezifischer Merkmale von Symbolen" (S.590).

Als eine Vorstufe zur Kunst kann man vielleicht die in der Tierwelt verbreiteten Darbietungen verstehen, die bereits ein ästhetisches Empfinden verraten. Sie sind genetisch festgelegt. Dies mag vielleicht auch auf einzelne Grundmuster ästhetischen Empfindens beim Menschen zutreffen, wie die Soziobiologie behauptet (E.O. Wilson 1975, S.564).

Je weniger differenziert die Gesellschaftsstruktur der Population, um so größer also deren Abhängigkeit von der Umwelt ist, um so geringer ist die Variationsbreite der Stilmittel und der Ausdrucksmöglichkeiten. So kann man die sogenannte primitive Kunst sehen, aber auch Kunsthandwerk und Volkskunst können in diesen Zusammenhang gestellt werden. Gegenstand der Darstellung z.B. an Felswänden (Petroglyphen) sind entweder Menschen, z.T. sicher mit Symbolcharakter, und Tiere oder Gestirne, Blitze und andere Zeichen des Unerklärten, Transzendentalen. Gewöhnlich werden diese Bildnisse der Kultausübung gedient haben (vgl. S.375); sie sollten Nachrichten zum oder vom Transzendentalen vermitteln, ebenso wie Tanz- oder Musikdarbietungen.

Im Gegensatz zu diesen Äußerungen „primitiver Kunst", die von nicht speziell ausgebildeten Angehörigen der Population angefertigt wurden, verlangen die wichtigeren und größere Populationen ansprechende Kunstwerke in stärker differenzierten Gesellschaften spezielle technische Fertigkeiten, die erlernt werden müssen. So bildeten sich Werkstätten und Schulen heraus. Der Künstler ist seiner Zeit, seiner Kultur, seinem Raum zugehörig, denn er gehört als Individuum einer Kulturpopulation, einem Volk, einer Volksgruppe an, hat Teil an den Prozessen des sozialen Wandels. Das in der Form-Inhalt-Einheit der Werke mit formulierte ästhetische Ideal einer Gestaltung und Veränderung menschlicher Beziehungen hat sich in der Sozialisation des Künstlers herausgebildet. Im Zuge des lebensgeschichtlichen Lern- und Erfahrungsprozesses erfolgt die Aneignung kultureller Werte und Normen, die ihrerseits sich wandeln und von Ort zu Ort verschieden sind (Schneider 1988, S.307 f.).

Die Kunstgeographie versucht, regional gebundene Grundauffassungen und die diesem Phänomen zugrundeliegenden Wechselwirkungen herauszuarbeiten (von geographischer Seite vgl. Lehmann 1961; von kunstgeschichtlicher Seite vgl. Frey 1955/76; Hausssherr 1965; für Westfalen: Pieper 1964). Die großen Kunststile sind den Kulturpopulationen eigen (z.B. Gotik); zwischen den Volkspopulationen haben sich Varianten herausgebildet (z.B. deutsche Gotik). Auch innerhalb der Völker lassen sich Differenzierungen erkennen (z.B. norddeutsche Backsteingotik). Noch wesentlich klarer sind in der Volkskunst regionale Unterschiede auszumachen, da hier nicht Berufskünstler tätig waren, sondern Handwerker oder Laien, die mit stark in der örtlichen Tradition verwurzelten Symbolen und Stilelementen arbeiteten. Die Fachwerkarchitektur Deutschlands bietet viele Beispiele (Binding, Mainzer und Wiedenau 1975).

Wissenschaft als Basisinstitution

In dem Bedürfnis nach Erwerb neuer Kenntnisse von der Umwelt liegt eine wesentliche Wurzel für die Wissenschaft. Sie schafft die Voraussetzung für eine immer bessere Ausnutzung des Lebensraumes und eine Minderung der Abhängigkeit von den Unwägbarkeiten der Ökosysteme des Lebensraumes. Dies erlaubt grundsätzlich der Menschheit, ihre ökologische Nische auszufüllen, die Umwelt zum eigenen Vorteil zu nutzen. Die Wissenschaft ist als Institution zu betrachten, die eine kontrollierte Perzeption erlaubt. Die grundsätzlich gleichartige biotische Veranlagung ermöglicht der Menschheit, daß Erkenntnisse nicht nur individuell verarbeitet werden, sondern auf denen anderer aufbauen können, so daß Umweltfakten auch über Kulturpopulationsgrenzen hinweg erforschbar und die Ergebnisse übertragbar werden.

Als Ergebnis der Bemühungen um Kenntniserwerb steht in der Menschheit und den ihr untergeordneten Populationen das Wissen oder das „Bild“, das als Input in die übrigen Prozesse eingehen kann. Dux (1982, S.21) formuliert: „Unsere Zeit hat längst auch das Wissen ausgebildet, von dem aus das, was man Weltanschauung nennt, zu erarbeiten ist; sie hat, wenn man so will, mit dem neuerworbenen Wissen auch die Strategie mitgeliefert, von der aus es sich zur Einheit eines Weltbildes zusammenfügt... Der Mensch kann über die Anschauung von der Welt als Ganzes nur befinden, indem er zugleich über sich in der Welt befindet. Er muß seine Stellung in ihr klären, wenn er seine Anschauung in ihr klären will“. Er muß sich aus zwei Bereichen zu verstehen suchen, aus seiner Stellung zur Natur und aus seiner Selbstdarstellung in der Geschichte.

Thrift (1985) demonstrierte anhand verschiedener historischer Beispiele aus England und Frankreich die Bedeutung des Wissens für soziales Handeln. Er unterschied dabei verschiedene Arten des Wissens, ihre Entstehung und ihr Abhandenkommen (z.B. Magie, Astrologie und Alchemie in Europa zwischen dem 16. und dem 19.Jahrhundert) und befürwortet weitere Forschungen, denn „we know very little about what people know and do not know“ (S.397).

3.1.1.2 Durchführung der Aufgabe (Induktionsprozeß: *Produktion)

Künstlerische Arbeit wird vor allem in Museen, im öffentlichen Raum, in Konzerthallen, in Theatern, durch die kommunikativen Medien verbreitet, den Menschen nahegebracht. Die Akkumulation und Verarbeitung des Wissens verlangt immer neue Möglichkeiten der Untersuchung, Speicherung und Wissensverbreitung. Heute bildet die Forschung eine hochkomplexe Institution, der wissenschaftliche Einrichtungen – also Forschungsstätten, wie immer sie auch gestaltet sein mögen –, Finanzierungsorganisationen, Bibliotheken angehören. Forschung entwickelt aber auch eine Eigendynamik, die ethische Fragen aufwirft. Es wurde bereits an anderer Stelle (vgl. S.177f) darauf eingegangen.

Bildung

Die Ergebnisse dieser Prozesse werden von der Menschheit als Population sukzessive übernommen. Die Vermittlung erfolgt z.B. in den Schulen und Universitäten. Als Institution stellt sich die Bildung dar. Der Begriff ist von dem der Erziehung zu unterscheiden; diese hat die Aufgabe, Kinder durch Einwirkungen von Personen der Umwelt – Eltern, Lehrer, andere Kinder – zur Mündigkeit zu bringen, der Lebensform zuzuführen (vgl. S.394). Bildung ist unabhängig vom Alter (über die Definitionen vgl. Groothoff 1964; Dolch 1967, S. 36f.). Bildung ist so in erster Linie der Menschheit als Gesellschaft zuzuordnen, Erziehung der Menschheit als Art. Die Trennung der beiden Begriffe ermöglicht es, die Wechselbeziehungen zwischen ihnen zu untersuchen.

Bildung bedeutet natürlich mehr als einfache Vermittlung von Kenntnissen. Mag der Bildungsbegriff auch „politisiert und ideologisiert sein, er erscheint für systematische Diskussionen dann unentbehrlich, wenn nicht allein die partikularen Ansprüche der Fachqualifizierung, sondern universalisierbare oder mit Anspruch auf allgemeine Geltung auftretende Erwartungen an das Bildungswesen behandelt werden" (Tenorth 1986, S.9). Bildung ist nicht gleich Wissen, aber wohlverstandenes Wissen ist für sie unerläßlich; sie ist ein „Interpretationshorizont, ein Gedankenkreis, der Erkennen und Ermessen ermöglicht, um Erkanntes und Ermessenes weiß und dementsprechend ‚freizugeben' vermag. Bildung ist nicht ‚Allgemeinbildung', aber Wissen und Denken aus einem ‚Allgemeinen', ‚Gemeinsamen', das nicht nur ich denke als mein Eigentum …, sondern von allen gedacht, gewußt, behandelt werden kann" (Ballauf 1989, S.119). „Bildung ist, systematisch interpretiert, Resultat und beständiger Prozeß der Wechselbeziehung zwischen Mensch und Welt… Die jeweiligen wirtschaftlichen, politisch-sozialen sowie geistig-ästhetischen Verhältnisse ergeben einen komplexen Bedingungszusammenhang, der die objektiven Inhalte der Bildung bestimmt" (Ebert und Herter 1986, S.234 f.). Unbestritten steht die Wissensvermittlung im Zentrum der Bildung.

Wenn Bildung als Institution somit etwas der Menschheit als Gesellschaft insgesamt Eigentümliches ist, so sind die Wege der Bildung und der Stand des Wissens zwischen den Populationen und Individuen sehr unterschiedlich. Zum Lernen gehören Umwelterfassung, die Zuordnung, also Typisierung der Eindrücke, die kommunikative Einordnung in das vorhandene Wissen, was einer Kontrolle nahekommt. Die Individuen gehören Populationen an, die auf verschieden orientierte und verschieden umfangreiche Erfahrungen aufbauen können und dementsprechend die Umwelt bewerten.

Der Staat versucht durch Beaufsichtigung des Schulwesens weitgehend die Bildung in seinem Sinne zu beeinflussen. Erst recht ist klar, daß die Bildungspolitik in den verschiedenen Kulturen ganz verschiedene Akzente setzt. In der arbeitsteiligen Industriegesellschaft steht die Vermittlung theoretischer Kenntnisse stärker im Vordergrund. Ein hochdifferenziertes Schulsystem versucht den Ansprüchen der Wissenschaft und Praxis Rechnung zu tragen (Lieb 1986).

Auch die Geographie hat sich – die räumliche Organisation im Brennpunkt – mit Fragen der Bildung und Bildungspolitik befaßt. In der Bundesrepublik untersucht sie die Bildungseinrichtungen in ihrem sozialen und ökonomischen Rahmen, betrachtet z.B. Standortprobleme im Hinblick auf den Arbeitsmarkt, betrachtet das Ausbildungsniveau in den sozialen Gruppen und im hierarchischen System zentraler Orte. „Das Bildungswesen steht dabei immer in der Spannung zwischen Zentralisierung, um große, reichgegliederte Systeme zu schaffen, und Regionalisierung, um dem zu Bildenden räumlich entgegenzukommen, ihn durch auf die regionale Arbeitsmarktsituation abgestimmte Angebote zu motivieren und in zumutbarer Entfernung mit Bildungsgütern zu versorgen" (Geipel 1988, S.343; beispielhaft demonstriert in Giese, Hrsg., 1987). In ähnlichem Sinne fordert Meusburger (1991), daß die Qualifikationsstrukturen des Arbeitsplatzangebotes und das Ausbildungsniveau der Erwerbsbevölkerung in ihren regionalen Disparitäten untersucht werden.

In den Entwicklungsländern (vgl. S.357f) ist die Vermittlung praktischer Fähigkeiten besonders wichtig. Ein Problem ist hier der Analphabetismus (Fordham, Hrsg., 1985). In zahlreichen Ansätzen und Projekten wird in den verschiedenen Ländern versucht, ihm zu begegnen (Bhola u.a., Hrsg., 1983). In der Tat hat der Anteil der Analphabeten in den letzten Jahren stark abgenommen; doch sind verschiedene Gruppen, vor allem die Frauen, benachteiligt (United Nations, Hrsg., 1985, II, S.78 f.). Nach den letzten Schätzungen der UNO scheint sich aber auch die Zahl der Analphabeten überhaupt wieder zu erhöhen. Unwissenheit behindert vor allem die regionalen Entwicklungsimpulse (vgl. S.359f).

Laaser (1980, S.45 f.) empfiehlt eine Weltbildungsförderung; im Zentrum gegenwärtiger Reformbestrebungen nennt er folgende Zielvorstellungen:

„– die Einstellung von Bildung auf die ländliche Arbeitswelt und den damit gegebenen Lernbedarf (‚Arbeits- und Umweltbezug'),
– die damit zusammenhängende Orientierung der Bildung an den Erfordernissen des ländlichen Gemeinwesens und seiner Entwicklung,
– die Auffassung von Bildung als eines permanenten, auf kein Lebensalter allein beschränkten, u.U. lebenslangen Prozesses (‚Lebenslanges Lernen', ‚Wiederkehrendes Lernen'),
– die Ent-Institutionalisierung und Deformalisierung des Schulsystems, die Aufwertung des ‚non-formalen' Lernens; weitergehend auch die Ent-Schulung der Gesamtgesellschaft (‚Deschooling'),
– die Einstellung von Bildung auf die nationalen Entwicklungsbelange, insbesondere auf die nachschulische, berufliche Empfangsstruktur mit Aufwertung der technisch-gewerblichen Ausbildung (‚Vokationalisierung'),
– die Selbsthilfe bei Auf- und Ausbau von Bildung in Eigeninitiative und -verantwortlichkeit,
– die Integration von Bildung in die Entwicklung anderer gesellschaftlicher Sektoren".

3.1.1.3 Strukturierung der Population (Reaktionsprozeß: *Rezeption)

Lernen, Wissensübertragung und Bildung von Informationsfeldern

Aufgabe der Menschheit als Population ist es also, den für das Überleben der Menschheit als Gesellschaft nötigen Kenntniserwerb zu kontrollieren. Lernen ermöglicht schneller und auf flexiblerem Wege die Aneignung von Fertigkeiten als die genetische Evolution (Harris 1987/89, S.35). Es setzt das Zusammenwirken vieler Individuen voraus. Wissen ist über Generationen akkumulierbar und von Mensch zu Mensch übertragbar, also auch hier ist soziales Zusammenwirken vonnöten; der Mensch erscheint als Zwischenträger. Zudem wird Fortschritt ermöglicht, die Weiterentwicklung von Fertigkeiten, die Verbesserung und Neuentwicklung von Geräten, die den Einsatz menschlicher Energie erleichtern, konzentrieren und präzisieren. Durch Beobachtung können die Vor- und Nachteile der Umwelt eruiert werden, können Gefahren erkannt und einkalkuliert werden.

Das Wissen wird über Zwischenträger weitergegeben, durch Kontakte vom Initialort aus, an dem die neue Erkenntnis entstand. Innovationen verbreiten sich, werden von den Menschen aufgenommen und in Aktionen umgesetzt. Die Intensität nimmt, wie bereits dargelegt (vgl. S.341f), nach dem Weitwirkungsprinzip ab.

Umgekehrt besitzt jedes Individuum sein eigenes Informationsfeld. Nach Wirth (1979a, S.214 f.) erstreckt sich dieses „vom engeren Wohnumfeld und alltäglichen Lebensbereich bis hin zu fernen Regionen oder Örtlichkeiten, von denen man gehört, gelesen oder

Bilder gesehen hat. Quellen der räumlichen Information sind nicht nur persönliche Inaugenscheinnahme, sondern Erzählungen, Radio, Zeitung, Bücher usw.".

Auch die Informationsfelder sind zentral-peripher aufgebaut; die bei weitem meisten Informationen werden aus dem Nahbereich aufgenommen, während nach außen zu die Grenzen verschwimmen. Auf jeden Fall sind die Informationsfelder erheblich weiter ausgreifend als die Kontakt- und Interaktionsfelder (vgl. S.152f; 491f).

Der Kenntniserwerb, die Aufnahme von Nachrichten kann zur Adoption von Innovationen führen. Dies bedeutet die Übernahme einer Tätigkeit. Daher ist der Kenntniserwerb eng mit dem Begriff Arbeitsteilung verbunden, d.h. auch mit Differenzierung. Man kann sagen, daß die Informationsfelder die strukturelle Basis für die Sekundärpopulationen abgeben. Die kulturelle Evolution (vgl. S.367f) ist in erster Linie als ein Differenzierungsprozeß zu verstehen, der die Menschheit als Ganzes umfaßt, sie strukturiert. Ausführlich wurde diese Problematik an anderer Stelle behandelt (vgl. S.335f).

3.1.1.4 Formung der Menschheit als Sekundärpopulation (Reaktionsprozeß: *Reproduktion)

Differenzierung – im Gefolge der Arbeitsteilung – ist ein Prozeß, der sukzessive von den am weitesten „entwickelten" Ländern aus in die übrigen Weltgegenden übertragen wird. Die Menschheit als Population wird zur Sekundärpopulation. Die entscheidenden Impulse gehen in der Gegenwart von der europäisch-nordamerikanischen Kulturpopulation aus. Durch sie erhält die Menschheit als Population eine neue Gestalt (*Reproduktion). Seit der frühen Neuzeit weitete sich die europäische Kulturpopulation aus (Hettner 1923/29, S.102 f.; Schmitthenner 1938/51), wobei die Portugiesen im 15.Jahrhundert den Anfang machten; es folgten fast alle größeren europäischen Staaten bis ins 20.Jahrhundert (vgl. S.450f). Durch die „Europäisierung der Erde" wurde Wissen transferiert, im Gewande von Medizin, Administration, Ökonomie und Technik. Die Kulturpopulation Europas weitete sich über die Erde aus; die Völker und Staaten Europas schicken sich an, dem Status einer Staatspopulation sich anzunähern. Europa wird gleichsam von unten, den einzelnen Staaten und Regionen her aufgebaut, geeint. Im Zuge der Europäisierung der Erde haben andere Kulturpopulationen an Bedeutung eingebüßt, erscheinen teilweise aus eurozentrischer Sicht sogar als zur „Dritten Welt" gehörig.

Industrie- und Entwicklungsländer

Die Kolonisierung der Erde (Abb.34; vgl. S.404) endete am Ausgang des 19.Jahrhunderts in der besonders raumgreifenden „imperialistischen Phase", bevor die Kolonialreiche Mitte des 20. Jahrhunderts zusammenbrachen. An die Stelle der Kolonialländer traten die Entwicklungsländer. Gleichzeitig gewannen außerhalb des traditionellen Europa (und Japans) die USA als ein Staat mit einer neuen Größenordnung an Gewicht. Über die Problematik der Entwicklungsländer gibt es eine große Zahl von Überblicksdarstellungen (z.B. Coates, Johnston u. Knox 1977; Elsenhans 1984; Dickenson 1985; Pacione, Hrsg., 1988).

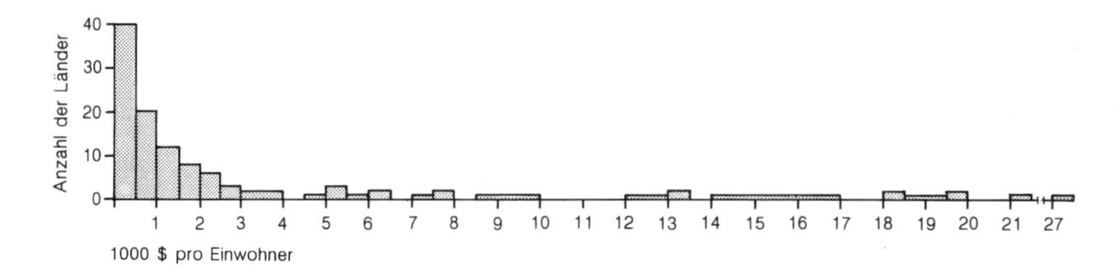

Abb. 28 Bruttosozialprodukt in den Ländern der Erde (mit über 1 Mio Einwohner) im Jahre 1988
Quelle: Statistisches Jahrbuch der Bundesrepublik Deutschland 1990, S.709

Der weltweite Akkulturationsprozeß (vgl.S.378) hat einige Länder stärker, andere schwächer erfaßt. Einige Länder sind ökonomisch weiter entwickelt, andere verharren noch im „Urzustand". Predöhl (1962, S.87 f.), Senghaas (1972a, S.16), Menzel und Senghaas (1986, S.99 f.) u.a. stellten diese Mehrstufigkeit heraus. Die Gliederung der Länder nach sozioökonomischen Gesichtspunkten und ihre Einordnung in ein „Weltsystem" – Kern, Semiperipherie, Peripherie – kann allerdings verschiedene Ergebnisse zeitigen, wie Terlouw (1989) anhand von Versuchen verschiedener Autoren demonstrierte. Insbesondere bereitet die Zuordnung der sozialistischen (und ehemals sozialistischen) Staaten, der entwickelten Länder auf der Südhalbkugel (z.B. Australien), aber auch mit Ressourcen reich gesegneter Staaten (z.B. Saudi-Arabien) oder verschiedener „Schwellenländer" (z.B. Südkorea) Schwierigkeiten. Mit Hilfe von 52 Merkmalen stuften Bratzel und Müller (1979) die Entwicklungsländer in Typen entsprechend ihrem Entwicklungsstand ein. Die globale Einkommensverteilung zeigt das Gros der Länder in den Bereichen mit niedrigem Bruttosozialprodukt (Abb.28).

Verschiedene Theorien versuchen, dem Phänomen des Gegensatzes Industrie-/Entwicklungsländer näherzukommen. Die in Südamerika entwickelte Dependenztheorie stellt, als politisches Konzept formuliert, die Präsenz des imperialistischen übergeordneten Systems auch innerhalb der Gesellschaften der Entwicklungsländer heraus („Dualismus") und betrachtet sie als Ursache der „Abhängigkeit" (Senghaas 1972a; Sunkel 1972; Evers u. Wogau 1973, S.412; Lühring 1977). Der Dependenztheorie stehen die sog. Modernisierungstheorien gegenüber, die die Unterentwicklung damit erklären, daß sich die Länder der Dritten Welt auf dem Wege zu einer Höherentwicklung befinden und sich so – über mehrere Phasen – sozioökonomisch den Industrieländern annähern (Rostow 1960/67; Zelinsky 1971; Bratzel 1976; vgl. auch Bähr 1983, S.282 f.).

Der Dependenztheorie kann vorgeworfen werden, daß sie die Möglichkeiten einer Eigenentwicklung und Durchsetzungsfähigkeit der unterentwickelten Länder unterschätzt, während bei den Modernisierungstheorien das Problem der Abhängigkeit und Außensteuerung zu kurz kommen mag. In der neueren Entwicklungsländerforschung – sie soll hier bevorzugt dargestellt werden – wird auch gesehen, daß solche Globaltheorien, wenn sie einseitig vertreten werden, in eine Sackgasse führen, daß die Gefahr besteht, von einem Paradigma in ein anderes zu verfallen (Boeck 1985, S.68 f.). So werden auch verschiedene Theorien miteinander verbunden.

Der sog. (Bielefelder) Verflechtungsansatz stellt nicht den Raum, sondern die Entwicklung als Problem in den Mittelpunkt. Entwicklung und Unterentwicklung werden als Schein-Dualismus interpretiert, „als Resultat eines langfristigen Prozesses weltweiter Arbeitsteilung im Rahmen des kapitalistischen Weltsystems (in das auch die staatskapitalistischen Länder des Ostblocks eingeschlossen sind), als Dualisierung der einen Welt" (Blenck, Tröger, Wingwiri 1985, S.69). Die Subsistenzproduktion erscheint in dieses System integriert. Die fortschreitende Behinderung und Zerstörung dieser Form der Wirtschaft wird nicht – durch Anstrengungen zur Erhöhung der Eigenproduktion, z.B. mittels Verstärkung von Lohnarbeit – aufgewogen. Vielmehr sinkt die agrarische Produktion, der Anteil städtischer Bewohner (in den marginalen Slums) steigt. Insofern ist Dualismus nicht Ausgang der Unterentwicklung, sondern das Ergebnis eines langfristigen Prozesses. Das ökonomische Beharrungsvermögen der Angehörigen der traditionell arbeitenden Menschen ist nicht als mangelnde Innovationsbereitschaft zu interpretieren, sondern erscheint notwendig, um ein Überleben zu ermöglichen (Elwert 1985, S.82 f.). Subsistenzproduktion, Warenproduktion, Lohnarbeit, Staat und Weltmarkt müssen miteinander verflochten werden (Evers 1987).

Es zeigt sich, daß die einzelnen Länder, je nach ihrer eigenen Politik, ganz unterschiedliche Entwicklungen nehmen können. Allgemein besteht aber die Tendenz, die Probleme „von unten", aus den Problemregionen selbst, anzugehen. Nach Scholz (1986) werden Theorien zunehmend vom Pragmatismus abgelöst, Globalstrategien durch Konzepte begrenzter regionaler Reichweite ersetzt; der Faktor „Mensch" rückt in den Mittelpunkt des Interesses. Wenn auch angesichts der Wirkungslosigkeit der akademischen Analysen und Reformkonzepte in der praktischen Entwicklungspolitik Resignation verständlich ist, so ist es doch unverzichtbar, mit Engagement die Arbeit weiterzuführen, praxisnah, um den schlimmen Entwicklungen entgegenzuarbeiten (vgl. auch Nuscheler 1985, S.23). Die Geographie hat hierbei besondere Möglichkeiten, durch ihren in Projektrealität und Forschung benötigten ganzheitlichen Ansatz und durch ihre sozioökonomisch-ökologische Grundperspektive, das „Mensch-Umwelt-Theorem" (Scholz 1988, S.9).

Bohle (1986b) zeigte anhand der Debatte über Produktionsweisen in Indien auf, daß sich theoriegeleitete, sozialwissenschaftlich begründete geographische Entwicklungsländerforschung und eine von konkreten Handlungssituationen ausgehende, geographische Sachverhalte auf regionaler Ebene interpretierende Forschung nicht ausschließen. Solche Theorien, die aus einem regionalen Kontext heraus entwickelt worden sind, stellen wichtige Bindeglieder dar (vgl. auch Schmidt-Wulffen 1987).

Galtung (1983, S.28 f.) stellte das Konzept der Self-Reliance vor; in ihm sind drei Ideen enthalten:

1) Die Entwicklung soll den Menschen dienen, nicht den Dingen. „Statt unter dem Begriff Entwicklung von Männern und Frauen auf der ganzen Welt zu verstehen, wurde darunter die Entwicklung von Gütern, Systemen und Strukturen verstanden" (S.132).

2) Entwicklung kann nur durch Autonomie erreicht werden; die Länder müssen sich auf ihre eigenen Kräfte und Faktoren verlassen, ihre eigene Kreativität. Nahrungsmittel sollten im Land selbst ausreichend produziert werden.

3) Unterentwicklung und Überentwicklung sind vor allem ein Ergebnis einer internationalen Struktur, nicht der schlechteren oder besseren Versorgung mit natürlichen oder menschlichen Ressourcen.

Self-Reliance kann als „Kampf gegen jede Zentrum-Peripherie-Formation“ betrachtet werden. Die Entwicklungsländer müssen in die Lage versetzt werden, „die Grundbedürfnisse durch eigene Produktion zu befriedigen, besonders im Bereich der Nahrungsmittel, damit diese im Fall einer Krise nicht als Waffe eingesetzt werden können“ (S.49).

Im Rahmen seiner Untersuchung über die Wohn- und Bebauungssituation in den Slums von Lima schrieb Pantel (1989): „Nicht hilfreich sind ... Planungsvorstellungen, die z.B. erst vor einem gedachten post-revolutionären Hintergrund ansetzen und dann auf dieser Basis im Rahmen eines gesamtgesellschaftlichen Neubeginns die umfassenden Probleme zu lösen versprechen. Diese Planungsansätze kapitulieren vor der Problemsituation und entziehen sich in unzulässiger Weise der ‚Noch'-Realtität und damit auch der Frage ‚Was kann unter status-quo-Bedingen zur Verbesserung der Wohnsituation getan werden?',„ (S.1). Pantel entwarf ein Konzept, wie die Bewohner, Träger, Förderer, Planer zusammenarbeiten, aus der gegebenen Situation heraus. „Es ... kann nur vom Einheimischen selbst erwartet werden, Anstöße zur Änderung traditioneller ‚negativer' sozio-kultureller Verhaltensweisen mit Erfolg geben zu können“ (S.251).

Hier, mit unseren Ausführungen, soll betont werden, daß die Populationen ihre Eigendynamik besitzen, daß sie eine Prozeßsequenz zu durchlaufen haben, die von außen beeinflußt, aber nicht paralysiert werden kann. Die Entwicklungsländerpopulationen werden als Nichtgleichgewichtssysteme verstanden, die für ihre Modernisierung, ihren sozialen Wandel Zeit benötigen, während der die Außenbeziehungen mit steuernd eingreifen.

In den Entwicklungsländern hat der Akkulturationsprozeß bisher nur selektiv Eingang gefunden, was in hohem Maße destruktive Auswirkungen zeitigt. Die Prozesse, die in Europa zur Industrialisierung geführt haben, nahmen lange Zeit in Anspruch, die Entwicklung erfolgte in einem Hunderte von Jahren währenden Rhythmus (vgl. S.399f). In den Entwicklungsländern fehlt diese „vorbereitende“ Zeit. Starke Bevölkerungszunahme, Bildungsprozesse, Mission und Innovation staatlicher Institutionen (im Sinne einer Prozeßsequenz: Perzeption, Determination, Regulation) haben den Bedarf an Gütern erhöht, die Lebensorientierung verschoben und die überkommenen Stammes- und Herrschaftsstrukturen ihres Sinnes, im Rahmen einer auf Subsistenz ausgerichteten oder durch eine alturbane, auf einfache Arbeitsteilung eingestellte Gesellschafts- und Wirtschaftsstruktur, beraubt; andererseits sind die späteren Stadien der – zur Organisation, Dynamisierung, Kinetisierung bis zur Stabilisierung führenden – Prozeßsequenz noch nicht zur Eigenentwicklung herangereift. Konkret: es fehlt u.a. an einem Netz zentraler Orte (über die Stadt-Umland-Verflechtungen vgl. Potter und Unwin, Hrsg., 1989), an Möglichkeiten, die wirtschaftliche Differenzierung durchzuführen, die eigenbestimmte Produktion zu erhöhen. Vor allem in diesen Stadien prallen die Kulturen hart aufeinander; die imperialistische Einwirkung auf die Länder äußert sich besonders in den die Welt- und einheimische Wirtschaft unvollkommen verknüpfenden „Hauptstädten“, in den „Terms of Trade“ und der internationalen Verschuldung, in der Ausnutzung der Niedriglöhne durch „verlängerte Werkbänke“, in der Strategie der Markterschließung, in der Verdrängung der einheimischen Produkte der Landwirtschaft und des Handwerks durch Billigimporte, was seinerseits die einheimische Wirtschaft schädigt („Back-Wash-Effekt"; Myrdal 1974, S.28 f.), in der Ausbeutung einheimischer Rohstoffe, der Zerstörung der Umwelt etc. Die Agrarstruktur bedarf in den meisten Entwicklungsländern dringend einer Reform (Elsenhans, Hrsg., 1979). Bevölkerungsentwicklung, Landwirtschaft und Industrie sind nicht aufeinander abgestimmt. Besonders problematisch auf die Sozialstruktur, das Wertesystem und die Familienbande der einheimischen Bevölkerung wirkt sich der Ferntourismus aus (Vorlaufer 1984a; Hussey 1989 am Beispiel von Bali; Bürskens 1990 am Beispiel von Barbados).

Das weltweite Handelssystem ist auf die Industrieländer zentriert, so daß den peripheren Räumen aus dieser Sicht nur die extensivste Art der Bewirtschaftung angemessen wäre. Wachsende Differenzierung hat eine Umgestaltung der Populationen in der Weise zur Folge, daß eine zufällige Verteilung – entsprechend der Glockenkurve – in eine räumliche Verteilung mit steil aufragendem Kegel in der Mitte und flach auslaufenden Außenrändern sich umwandelt. Es äußert sich hierin eine Verdrängung des Kohärenzprinzips durch das Weitwirkungsprinzip (vgl. S.341f). D.h., daß in den Industrieländern als den Zentren sehr hohe Bevölkerungsdichte möglich wäre, in den nach außen zu sich angliedernden Entwicklungsländern dagegen nur eine sehr geringe, wenn man einen entsprechenden Lebensstandard und eine total ungehinderte Weltwirtschaft zugrundelegt. Für die Entwicklung einer eigenständigen Ökonomie in den meist dicht bevölkerten Entwicklungsländern kann dies aber natürlich kein Ausweg sein.

Es sollte angestrebt werden, die notwendigen Veränderungen in ruhiger und überschaubarer Weise durch Abschirmung von den Einflüssen der europäisch-nordamerikanischen und japanischen Wirtschaft vor sich gehen zu lassen („Autozentrierte Entwicklung"), wie dies Dorner (1974, S.134 f.) und Senghaas (1976, S.59 f.) forderten. Samoa bildet ein Beispiel dafür, daß eine auf Subsistenzwirtschaft basierende Wirtschaft auf dem Lande sich so schützen kann. Die traditionell auf Umverteilung innerhalb der Großfamilien beruhende Sozialordnung und eine politisch autonome Struktur der Dörfer vermochten die Grundbedürfnisse der Gesellschaft zu befriedigen (Hennings 1988). Im Rahmen einer weltmarktorientierten Politik sollte von der Regierung eine Landreform durchgesetzt werden, indem privates Eigentum und marktwirtschaftliche Produktionsweise Eingang finden sollten. Diese Entwicklung wurde verhindert, durch selbstbewußtes Auftreten der samoanischen Häuptlinge und der Dorfräte, die, indem sie die traditionelle politische Autonomie nutzten, die Gefahren der geplanten Projekte erkannten und die Landreform verhinderten. Hennings kommt zu dem Fazit, daß die Geschichte fast aller Länder der Dritten Welt zeige, „daß zwischen der Zerstörung des traditionellen Landrechts, der Unterordnung der Subsistenzwirtschaft unter weltmarktabhängige Monostrukturen im Agrarbereich und der Peripherisierung sowie Verelendung der Mehrheit der Bevölkerung dieser Länder" ein unmittelbarer Zusammenhang besteht (S.35). Dieser Einsicht dürfen sich die internationalen Organisationen nicht verschließen.

Freilich, generell wird Entsprechendes kaum möglich sein. Dem stehen die Gegebenheiten der herrschenden Gesellschafts- und Herrschaftsstrukturen in den Entwicklungsländern entgegen. Die Verwaltung ist im allgemeinen auf die Herrschaft abgestimmt, die gleichzeitig die Oberschicht darstellt. „So sehr sich auch die Gesellschaften der ‚Dritten Welt' voneinander unterscheiden, so scheint ihr gemeinsames Schicksal zu sein, daß sie in die technische Zivilisation vermittels eines bürokratischen Herrschaftssystems eintreten, das heißt, daß die grundlegende Veränderung ihres historischen Daseins und die Stabilisierung eines neuen Systems von einer Staatsbürokratie bewerkstelligt werden" (Jacoby 1984, S.252). Diese Staatsbürokratie entstammt der Kolonialbürokratie oder ist der technisch-kapitalistischen Zivilisation entlehnt, ist der traditionellen Gesellschaft im allgemeinen entfremdet. Durch ihre Koppelung an die Herrschaft stellen die Beamten die Elite des Staates dar.

Wünschenswert wäre eine Änderung der Weltwirtschaftsordnung (Ochel 1982, S.255). Sie ist natürlich nur schwer erreichbar. Dennoch, die Länder müssen in die Lage versetzt werden, sich selbst zu helfen. Elsenhans (1984, S.120): „Anstelle der Auseinandersetzung zwischen ‚dem' Westen und ‚den' Entwicklungsländern müßten im Westen und im Süden Kräfte, die weltweit Vollbeschäftigung und steigenden Massenkonsum anstreben, sich zusammenschließen und eine solche Lösung der derzeitigen Weltwirtschaftskrise und der Unterentwicklung im Süden durchsetzen". Menzel und Senghaas (1986) befürworteten – ähnlich wie Galtung –, daß den Entwicklungsländern die Möglichkeit eingeräumt wird, das „eigene innere Entwicklungspotential breitenwirksam" zu mobilisieren, „gleichgültig, ob die weltwirtschaftlichen Bedingungen günstig oder abträglich sind" (S.71). Dazu ist eine solide Agrarbasis nötig, als Austauschgrundlage für eine zunächst agrarnahe Industrialisierung. Erst dann kann eine eigenständige Industrie sich entfalten. Vor allem muß die soziokulturelle Dimension gesehen werden. Die Entwicklungsländer müssen ihre neue Identität finden, in die Lage versetzt werden, sich aus den agrarisch-traditionalen durch Differenzierung zu arbeitsteilig-hochindustrialisierten Strukturen weiterzuentwickeln. Dies kann unter Beibehaltung der kulturellen Eigenständigkeit geschehen.

3.1.2 Institutionen und Prozesse im Rahmen der Menschheit als Art

3.1.2.1 Institutionalisierung der Aufgabe (Induktionsprozeß: *Adoption)

In seinem alltäglichen Umgang mit der natürlichen und sozialen Umwelt erhält der Mensch Informationen, die er als Erfahrung speichert. Sein Verhalten wird dadurch geprägt. Alltägliche Umwelt meint die Welt, mit der wir regelmäßig in Kontakt kommen, die den normalen Hintergrund für unser Handeln darstellt (Downs und Stea 1977/82, S.25). Die Bedeutung der Kontakte für uns prägt das Raumverständnis, legt die Distanzen und zeitlichen Parameter fest, die Rigidität der Zwänge und die Erreichbarkeit des Handlungsziels.

„Die Grundstruktur primitiven Weltverstehens, jene, mit der die Geschichte der Gattung ebenso beginnt wie die Geschichte jedes einzelnen, ist die subjektivische" (Dux 1982, S.290). Die Welt umfaßt Natur- und Sozialwelt, einen Kosmos. Die Einheit des primitiven Weltbildes, die Strukturkonformität inbesondere zwischen Welt und Selbstverständnis des Menschen in ihr sind das Resultat einer Genese. Die „Welt" muß erst konstituiert werden und diese Konstitution erfolgt über ein einheitliches Grundschema; so fällt auch die Deutung einheitlich aus (S.291).

Magie (als Vorform der Wissenschaft)

Alle Gesellschaften, auch primitive, betreiben Wissenschaft. „Es heißt, die Verhältnisse hoffnungslos verwirren, wenn man Wissenschaft, Naturwissenschaft insbesondere, an dieses oder jenes Verfahren, Beobachten, Klassifizieren, Schlußfolgern oder ähnliches bindet. Das alles gehört zum einfachen Denken" (Dux 1982, S.118).

Als eine frühe Stufe der Wissenschaft wird von manchen Autoren die Magie betrachtet, als der Versuch, die Umwelt und die gegenseitigen Zusammenhänge aufzufassen (Mowinckel 1953, S.15). Auf dieser Stufe kann noch nicht zwischen leblos und lebend, organisch und anorganisch, eingebildet und real, Begriff und Realität unterschieden werden. Lévi-Strauss (1949/78, S.277) sieht in den magischen Verhaltensweisen die Antwort auf eine Situation, die sich „dem Bewußtsein durch affektive Äußerungen offenbart, deren tiefere Natur aber intellektuell ist" (vgl. auch Petzold 1978, S.XVI). Andere, so Bertholet (1926/78, S.134), hatten dies bestritten. In der Magie wird versucht, Ursache-Wirkungs-Ketten zu manipulieren, die nach unserer Erfahrung und Kenntnis nicht existieren (Keesing und Keesing 1958/71, S.303 f.). Hexerei, Zauberei und Schamanentum liegen aber auch im Grenzbereich zur Religion und zum Kult, d.h. Magie soll auch etwas bewirken (Harris 1987/89, S.283 f.). Anscheinend muß man die Magie sowohl als Vorläufer der Wissenschaft als auch der Religion betrachten. Ebenso wie Astronomie und Astrologie noch bis in die frühe Neuzeit hinein nicht getrennt wurden, da sie sowohl exakte Messungen vornahmen als auch die Antwort auf Fragen an die Zukunft zu geben versuchten, so sammelt die Magie Wissen und Erfahrungen, z.B. auf dem Gebiet der Medizin, versucht andererseits, durch rituelle Verrichtungen die unsichtbaren Kräfte und Geister der Natur zu gewinnen und die Zukunft zu beschwören.

Magie ist die konkrete Äußerung eines Weltbildes, in dem Mensch und Natur, Innenleben und Verhalten, Individuum und Gemeinschaft, Wissen und Glauben, Gefühl und Verstand eine Einheit darstellen. Dieser umfassende Zusammenhang ist in undifferenzierten Gesellschaften noch unmittelbar. In den hochdifferenzierten Industriegesellschaften ist er schwerer begreifbar; er wird aber auch hier in der Gegenwart immer mehr erkannt. Denn Differenzierung schafft zwar Vielfalt, zerstört aber nicht die struktruellen Zusammenhänge (vgl. S.336f).

3.1.2.2 Durchführung der Aufgabe (Induktionsprozeß: *Produktion)

Erziehung

In einigen Prozessen ist auch in der hochtechnisierten Welt für den Menschen erkennbar, daß er sich als Ganzheit sieht. Es wird hier die allgemeine Grundeinstellung zum Leben berührt.

Während bei der Sekundärpopulation die Akkumulationsfähigkeit des Wissens sowie die Möglichkeit der Verbesserung und Differenzierung im Vordergrund steht, so bei der Primärpopulation die Grundversorgung mit Fertigkeiten im Überlebenskampf im Hinblick auf die Erhaltung und Reproduktionsfähigkeit der Art. Das Kind wird als hilfloses Wesen geboren; das genetische Erbe bedarf der Ergänzung durch die Erziehung. „Der

Mensch ist das am meisten lernfähige und lernbedürftige Wesen. So umfassend seine Lernfähigkeit, so umfassend die Reduktion seiner instinktiven Fixierungen im Innen-Außen-Schema" (Dux 1982, S.43). Durch die Erziehung werden die Individuen mit diesen generellen Fähigkeiten vertraut gemacht, in das Leben hineingeführt. Vorstufen dieser Institution finden sich bei vielen höheren Tierarten (Eibl-Eibesfeldt 1967/78, S.349 f.).

Im Gegensatz zu Tieren ist die embryonale Phase bei den Menschen bis zur Geburt im Vergleich zum Kindesalter, also zur Erziehungsperiode bis zum Eintritt in das Erwachsenenalter, verkürzt (Portmann 1956, S. 49 f.; Mitscherlich 1963, S. 19; Goode 1967, S. 30), was die Bedeutung der Erziehung der Kinder und Jugendlichen und ihre Vorbereitung auf die differenzierten Aufgaben im Erwachsenenalter unterstreicht; während Bildung in höher differenzierten Gesellschaften, auch wegen des umfangreichen Stoffangebotes, vornehmlich in Schulen und Universitäten vermittelt wird (vgl.S.354f), ist Erziehung nach wie vor in erster Linie dem Elternhaus vorbehalten. Erziehung ist eine „Sache der Führung und des Umgangs miteinander" und bezieht sich „im wesentlichen auf die Haltung (ethos) und die Sitten (mores)" (Groothoff 1964, S. 32). Der Mensch muß lernen, mit seinen Mitmenschen zusammenzuleben. Dazu muß er Normen, Werte, Verhaltensweisen, Rollenerwartungen internalisieren. Dies ist die Sozialisation (Schenk-Danziger 1984, S.114 f.). Erziehung kann als beabsichtigte Sozialisation bezeichnet werden (Ballauf 1989, S.2). Hierbei fließen die für die Entwicklung des Kindes wichtigen Fakten und Kulturprodukte wie Phantasie, Sprichwörter, Märchen, Weltanschauungen etc. mit ein. Ziel der Erziehung ist so, die Kinder in die eigene Umwelt, in die Population einzuführen, unbewußt auch, um diese in ihrer Eigenart zu erhalten. Insofern führt sie zu einer „Kulturähnlichkeit" (Goode 1967, S. 49 f.; vgl. auch Flitner 1958, S. 30 f.).

Die Vorstellungen über die richtige Art der Erziehung änderte sich mit dem Menschenbild, das seinerseits durch die Philosophie und die Wissenschaften, auch durch die Religionen entscheidend mitgestaltet wurde. Es kann hier nicht näher darauf eingegangen werden.

3.1.2.3 Strukturierung der Population (Reaktionsprozeß: *Rezeption)

Sozialisation, Kooperation und Bildung von Interaktionsgemeinschaften

Sozialisation führt in die menschliche Gemeinschaft und bildet so die Voraussetzung für ein kooperatives Miteinander. Die Menschheit als Art bildet eine Population, insofern, als sie sich als biologische Gemeinschaft selbst erhalten will. Die Erhaltung der Art nimmt in der Evolutionstheorie eine Schlüsselstellung ein. „Natürliche Auslese ist das Ergebnis der potentiell unendlichen Reproduktionsfähigkeit des Lebens und der faktischen Endlichkeit von Raum und Energie, von dem das Leben abhängig ist" (Harris 1987/89, S.32). Die natürliche Auslese vollzieht sich nicht auf individuellem Niveau, bedeutet nicht dasselbe wie Kampf ums Überleben. Nicht nur die Durchsetzungsfähigkeit der Individuen gegenüber anderen, das gegenseitige Verdrängen von den lebenswichtigen Ressourcen und Ausbeuten fördern die Überlebensfähigkeit der Art – so hatte es der Sozialdarwinismus (vgl. S.27) behauptet; ebenso wichtig wie die Konkurrenz sind

Kooperation, gegenseitige Hilfe und Altruismus. Menschen sind sozial lebende Wesen, die Erhaltung der Gene eines Individuums ist nur möglich, wenn auch andere Individuen in ihrer Reproduktion erfolgreich sind.

Kooperation erfordert das Zusammenwirken von Menschen in – wie immer auch gearteten – Gruppen. Es sind Interaktionsgemeinschaften, die von ihrer Struktur her das Muster der Primärpopulationen abgeben. Das Kohärenzprinzip ist bei ihnen im Hintergrund zu sehen (vgl. S.342f).

3.1.2.4 Formung der Menschheit als Primärpopulation (Reaktionsprozeß: *Reproduktion)

Menschen suchen, wie erwähnt, Kontakte, sie benötigen sie zum Überleben. Undifferenzierte Populationen besitzen ein glockenförmiges Dichteprofil (vgl. S.342).

Vor der Europäisierung der Erde (Abb.34, S.404) und der Einbindung der Länder in das Weltwirtschaftssystem war die Erdbevölkerung in viele Populationen mit nur mäßiger Dichte über die Erde verbreitet; an einigen Punkten hatten sich bereits „Hochkulturen" (vgl. S.372) mit städtischen Mittelpunkten gebildet, z.B. in Europa, dem Orient, Indien, China, Mexiko etc.; auch gab es landwirtschaftlich intensiv genutzte Regionen. Jäger und Sammler nahmen aber die weitesten Flächen ein (Bobek 1959/69). So gab es viele kleine und einige größere Konzentrationen der Bevölkerung, die man als Mittelpunkte von Kulturpopulationen bezeichnen kann, jeweils mehrere hierarchisch einander zugeordnete Populationstypen enthaltend – Familie, Gemeinde/Lokalgruppe, Stamm – mit ihren spezifischen Aufgaben für die Menschheit als Art.

Dieses Verteilungsbild hat eine lange Geschichte, die in die Zeit vor Beginn der eigentlichen kulturellen Evolution, d.h. vor das Jungpaläolithikum zurückreicht. In der Frühzeit der Menschen, dem Alt- und Mittelpaläolithikum, formten sich Populationen heraus, durch Wanderungen und Ausnutzung der Ressourcen der Ökosysteme der Erde, durch Schaffung und Ausweitung der Ökumene. Es bildeten sich Rassen heraus, Unterarten, durch aktive Anpassung und unter Herausbildung der ökologischen Nischen. Die Populationen selbst entwickelten dabei ihre Kulturen. Im Jungpaläolithikum begann vermutlich eine Vereinheitlichung der Entwicklung, die kulturelle Evolution im engeren Sinne (vgl. S.367f).

Tragfähigkeit der Erde

In diesem Kontext ist auch das globale Tragfähigkeitsproblem zu erörtern, denn hier ist die Gesamtheit der Menschen (als Art) angesprochen. Werden Teilbereiche der Menschheit behandelt, kommt das Problem der Arbeitsteilung und Differenzierung in den Blick (vgl. S.335f). Die Menschheitsentwicklung mag sich im wesentlichen an der jeweiligen Grenze der Tragfähigkeit vollzogen haben, d.h. die Dichte und Struktur der Bevölkerung auf der einen und die Ergiebigkeit der Ressourcen des Lebensraums auf der anderen Seite ermöglichten langfristig ein Gleichgewicht; kurzfristig gab es notgedrungen Probleme, die sich in Schwankungen der Populationsgröße und in Schäden der Umwelt äußerten. In der frühen Zeit der Menschheitsgeschichte konnten zudem bei Übernutzung die Menschen ihren Lebensraum wechseln oder ausweiten. Selbst im vorigen Jahrhundert wirkte die Auswanderung z.B. in die USA als ein Ventil für das übervölkerte Europa. Heute, wo im Zuge der kulturellen Evolution im engeren Sinne die Entwicklung der Menschheit zu einer Einheit verschmolzen wird und die Ökumene bis auf geringe Reste besetzt ist, gibt es diese Möglichkeit nicht mehr.

In den 20er Jahren unseres Jahrhunderts, ganz unter dem Einfluß deterministischer und funktionalistischer Arbeitsweise, wurde von Penck (1924/69) die Frage der Tragfähigkeit der Erde gestellt (vgl. S.68). Er bezeichnete das Tragfähigkeitsproblem als das „Hauptproblem der physischen Anthropogeographie“. Heute versteht sich die physische Anthropogeographie als Teilgebiet der (inzwischen genauer definierten) Biogeographie. Die Tragfähigkeit der Erde muß vor allem im Rahmen der Sozialgeographie behandelt werden; sie hängt eng mit der Sozialstruktur zusammen. In der Tragfähigkeitsproblematik sind Menschheit und Umwelt aufeinander bezogen (vgl. z.B. Hambloch 1983).

Penck meinte seinerzeit, die potentielle Bevölkerungszahl der Erde könne man dadurch ermitteln, daß man die „Höchstkultur des Bodens“ in den verschiedenen Klimazonen zugrundelegt; die jeweils dichtest besiedelte Region bildet dann den Ausgang der Berechnungen. Diese Methode stellte sich aber bald als sehr problematisch heraus. Es wurde zudem deutlich, daß auch etliche andere Komponenten hinzugezogen werden müssen. Vor allen Dingen kann man nicht ignorieren, daß durch den Welthandel die Regionen nicht isoliert voneinander gesehen werden dürfen; denn nur die Erdbevölkerung als Ganzes ist in strengem Sinne autonom. Auch wenig differenzierte Populationen, z.B. Lokalgruppen von Sammlern und Jägern betreiben Handel mit mehr oder weniger seltenen Materialien. Auch die Ermittlung der Tragfähigkeit großer Räume – z.B. von Klima- oder Bodenzonen – ist nicht ohne weiteres möglich, selbst wenn die Masse der in diesen Zonen produzierten Nahrungsmittel dort verzehrt wird. Der Gegensatz Industrie/ Entwicklungsländer zeigt sehr deutlich die Problematik (vgl. S.357f); Überfluß und Hunger sind ungleich verteilt (Boesch und Bühler 1972).

Solche teilglobalen Untersuchungen können Anregungen vermitteln (Hollstein 1937; Weischet 1977; Ehlers, Hrsg., 1983; zusammenfassend: Scharlau 1953), aber eigentlich nur methodischer Art. Jede Zahlenangabe über eine maximale Bevölkerungszahl scheitert – auch übrigens bei Globaluntersuchungen – am Problem der Arbeitsteilung und Differenzierung; denn Tragfähigkeit ist als ein Resultat der Adaptation, also der gesellschaftlichen Prozesse zu sehen. Sie hängt vom Geschick der Populationen, sich den Umweltgegebenheiten anzupassen, ab. Ohne Einbeziehung der Entwicklung läßt sich heute keine Tragfähigkeitsuntersuchung, auch nicht globaler Art, durchführen. Man muß dabei von dem gegenwärtigen Zustand ausgehen. Dabei sind die verschiedensten Komponenten einzubringen, um zu gewissen Näherungswerten zu gelangen. Sie können in systemischen Modellen kombiniert werden, wie z.B. den sogenannten Weltmodellen des „Club of Rome“ (Forrester 1968/72; Meadows, Meadows, Zahn und Milling 1972; Mesarovic und Pestel 1974) sowie in verschiedenen Folgeberechnungen, oder auch in dem Bericht „Global Zweitausend“ (1980, hrsgg. vom Council of Environmental Quality). Freilich haben sich auch diese Globalberechnungen als recht ungenau erwiesen, vielleicht, weil sie eben nur die – auch wichtigen – Gesamtzusammenhänge, aber nicht die realen Unterschiede im Detail berücksichtigen, d.h. die vielen Populationen mit ihren eigenen Möglichkeiten und Strategien.

Heute ist man vorsichtiger; Detailuntersuchungen erscheinen geboten, und zwar dort, wo Probleme zwischen den wirtschaftenden Menschen und den Ökosystemen auftreten; die Untersuchenden haben sich der Armut und der Bevölkerungsprobleme etc. auf der einen Seite, der Störungen im Ökosystem (Vegetation, Tierwelt, Boden, Wasser, Lokal- und Regionalklima) auf der anderen Seite an vielen Stellen auf der Erde anzunehmen, und hier liegt sicher eine wichtige Aufgabe der Geographie im Verein mit anderen Disziplinen (u.a. Ehlers 1984; Clark 1989).

3.1.3 Kulturelle Evolution als Prozeßsequenz im Millennienrhythmus

Die kulturelle Evolution umfaßt die Menschheit als Ganzes. Im Hintergrund dieses Prozesses ist vor allem die Akkumulation des Wissens zu sehen, im Zusammenhang mit der Erschließung der räumlichen Umwelt. Das Raumverständnis wandelt sich. Auch die – im Kap.1 behandelte – gegenwärtig sich vollziehende Wandlung in der Raumerfassung signalisiert einen Abschnitt in diesem säkularen Wandel.

Damit gewinnt der Mensch eine neue Sicht von sich selbst und seiner Position in der Umwelt. Dies geschieht langsam; es werden die Schritte der Prozeßsequenz absolviert, Aufgabe für Aufgabe. Die Menschheit als Gesellschaft löst sich Schritt für Schritt aus der Menschheit als Art (vgl. S.239f), d.h. die Sekundärpopulationen treten als neue Struktureinheiten in Erscheinung.

Es wurde früher dargelegt (vgl. S.323f), daß die Menschheit als Population im Millennienrhythmus schwingt, d.h. die Teilprozesse – Perzeption, Determination etc. – umfassen jeweils ca. 5000 Jahre, Induktions- und Reaktionsprozeß zusammen ca. 10000 Jahre. Es sind die umfassendsten Schwingungen der kulturellen Evolution, und an diesem Prozeß beteiligt sich die ganze Menschheit mit all ihren Populationsniveaus.

Die älteren Teilprozesse dieser Prozeßsequenz sind noch nicht ausreichend erforscht. Irgendwann im Jungpaläolithikum, zwischen 25000 und 10000 v.Chr.Geb., begann der Mensch, erste Zeugnisse der bildenden Kunst zu liefern, mit einer Fülle von Ausdrucksformen als Plastik, Zeichnung und Ornament, vor allem im Franko-Kantabrischen Raum. Sicher stehen sie mit einer Erneuerung auch der kultischen Gewohnheiten im Zusammenhang. Narr (1973, S.33, 39 f.) sah hierin das Ende der alten und den Beginn der jüngeren Urgeschichte, den Anfang der eigentlichen „Entfaltung der Menschheit". Die Jäger und Sammler begannen sich zu spezialisieren. Feustel (1973/85, S.234 f.) sprach von „jungpaläolithischer Revolution", und tatsächlich setzte in dieser Zeit eine exponentielle Beschleunigung der Entwicklung ein, die Zeitspannen zwischen den Innovationen, der Einführung jeweils neuer Techniken wurden immer kürzer (Narr 1978, S.18); auch die Bevölkerungszahl stieg (und steigt) exponentiell an.

Im Mesolithikum, d.h. zwischen 12000 und 8000 v.Chr.Geb. in Vorderasien, zwischen ca. 8000 und 4000 v.Chr.Geb. in den Nord- und Ostseeländern, klang die Wirtschaftsweise des Sammelns und Jagens langsam aus (Feustel 1973/85, S.235 f.). Es vollzog sich vermutlich der Übergang vom Umherschweifen zu einer Art Quasi-Seßhaftigkeit, d.h. die Wohnplätze wurden längere Zeit benutzt.

Die erste klarer faßbare Innovation ist die Einführung des Feldbaus, d.h. der Übergang von der Sammler- und Jägerwirtschaft mit gelegentlichem Anbau auf kleinem Raum zur gezielten rationalen Nutzung der Pflanzen- und Tierwelt. Diese „neolitische Revolution" (Childe 1936/51, S. 59 f.) vollzog sich nach unserer heutigen Kenntnis im „fruchtbaren Halbmond", Palästina, Libanon, Nord-Syrien, Süd-Anatolien, Nordost- und Ost-Irak, Südwest-Persien in den Jahrhunderten um 9000-7000 v.Chr.Geb. (Reed 1962/71; Butzer 1964/71; Mellaart 1975, S.48 f.). Damals wurden die Menschen seßhaft, wenn sie zunächst den Boden auch wohl erst in Form der Shifting Cultivation bearbeiteten (Regenfeldbau). Dabei lassen sich Anzeichen für soziale Unterschiede erkennen, also von Herrschaft (Nissen 1983, S.37 f.). Aus soziologischer Sicht machte auch Hondrich (1973) plausibel, daß der Übergang von der Kulturstufe des Sammlers und Jägers zu der der Seßhaftigkeit mit Herrschaftsbildung einhergeht. In ähnlicher Weise vermutete Dux (1982, S.264) – aus theoretischer Sicht –, daß in dieser Zeit die Herrschaft entstand; die agrarische Produktion führte zu sozialstrukturellen Veränderungen, zu neuen Siedlungsformen. Dadurch sollen jene Außenanforderungen und Zwänge geschaffen worden sein, die Herrschaft begründen: der Zwang zur Organisation. Die Organisationskompetenz gelangte in die Hände einer Herrschaftsclique. Auch Dürrenberger (1987, S.89 f.) nahm – aufgrund von Überlegungen zur Entwicklung der gesellschaftlichen Hierarchisierung – an, daß in dieser Zeit sich eine politische Ordnung formierte.

In den folgenden Jahrtausenden wurde die Landwirtschaft intensiviert, vermutlich um 5000 v.Chr.Geb. konnte Bewässerungswirtschaft in Mesopotamien und im Iran eingeführt werden (Flannery 1969/71, S. 70 f.; Hole, Flannery und Neely 1969/71, S. 308 f.). Die Bewässerung wurde von Wittfogel (1955) nicht nur als technisches Problem gesehen – die Werkzeuge waren dieselben wie bei dem Regenfeldbau – sondern auch als regulatives. Der Betrieb komplizierter Bewässerungsanlagen setzte eine soziale Hierarchie voraus, d.h. von Ethnien, also Völkern und Stämmen. Heute sieht man dies vorsichtiger (Nissen 1983, S.63). Auch scheint der Zusammenhang zwischen der Entstehung der Schrift und der der Herrschaft nicht eindeutig zu sein; die ersten Schriftzeichen wurden vermutlich – zwar auch in dieser Zeit, zwischen ca. 5000 und ca. 3500 v.Chr., aber – außerhalb des Orients (auf dem Balkan?) und vielleicht auch nicht mit der Ausübung von Herrschaft, sondern mit religiösen Riten verknüpft, benutzt (Haarmann 1990, S.70 f.). In jedem Fall entstanden Anfänge von Systemen zentraler Orte als Konsequenz früher Arbeitsteilung (Nissen 1983, S.41 f.). Diese Tendenz und auch die räumliche Separierung im Wirtschaftsraum – Feldflächen, Flächen für Jagd und Sammeln – setzt Raumüberwindung, also Verkehr, voraus; denn die Produkte müssen transportiert werden. Der Seßhaftigkeit folgte also der Verkehr.

Die eigentliche Innovation, d.h. eine ausgesprochene räumliche Differenzierung der wirtschaftlichen Aktivitäten, vor allem die Konzentration von Herrschaft und Gewerbe, folgte erst später; sie war mit der Stadtbildung gekoppelt, die um 3000 v.Chr.Geb. einsetzte (Childe 1936/51, S. 115, 133 f.; Hole 1966/74, S. 273 f.). Seit dieser Zeit scheint auch der Pflug benutzt worden zu sein (Isaac 1962/71, S. 455), der eine wesentlich wirtschaftlichere Nutzung des Bodens erlaubte. Zwischen 3000 und 2000 v.Chr. wurde hier die

Schrift eingeführt, und es entstanden die ersten eigentlichen Territorialstaaten. Nun können wir von der ersten Hochkultur der Menschheit sprechen (Nissen 1983, S.71 f.; Lloyd 1984, S.88 f.). Mit der „städtischen Revolution" wurde eine Phase eingeleitet, in der die Stadt über die Erde verbreitet wurde. Die Stadtentstehung war gleichbedeutend mit der Bildung der Stadt-Umland-Populationen und zentralen Orte (Johnson 1975). Mit ihr wurde der Verkehr revolutioniert, das Rind als Haustier eingeführt, zunächst wohl als Arbeitstier, zum Befördern von Waren; denn in dieselbe Zeit fällt auch die Erfindung von Schlitten, Joch und Wagen (Isaac 1962/71, S. 455). Die kommunikativen (z.B. Herrschaft) und wirtschaftlichen Aktivitäten konnten in ihrer räumlichen Zuordnung optimiert werden. Die „städtische Revolution" leitete eine neue Phase im Millennienrhythmus ein.

Erst im 19. Jahrhundert wurde das von Tieren gezogene Gespann als wichtigstes Landverkehrsmittel abgelöst, durch Einführung der Eisenbahn und des Kraftfahrzeuges; hinzu kam die Mechanisierung des Schiffsverkehrs sowie der Flugverkehr. Damit war die Möglichkeit einer grundsätzlich andersartigen räumlichen Struktur geschaffen, mit Ballungsräumen als zentralen Orten von weitreichenden Umländern. Diese Innovationen sind also Teil einer neuen „Revolution", die mit der kolonialen Expansion in der frühen Neuzeit (Abb.34; vgl. S.404) begann. Jetzt stand die Nutzung der Ressourcen im Vordergrund, die weltweite Schaffung einer neuen Material- und Energiebasis. War die Stadtbildung in erster Linie eine organisatorische Leistung, so scheint diese dann auch die „industrielle Revolution" einbeziehende neue Phase vornehmlich der Ökonomie gewidmet zu sein. Die Erfindung der Dampfmaschine, die fossile Energie verwerten und damit die menschliche und tierische Kraft ersetzen konnte, ist die bisher wohl symbolträchtigste Leistung dieser neuen Periode im Millennienrhythmus.

Der Primat der Wirtschaft in der Gegenwart ist u.a. von Galbraith (1967/74) herausgestellt worden. Das Problem der Energiebeschaffung im weitesten Sinne scheint nun ja auch einer Lösung nahe zu sein. Immer neue Energieträger werden erschlossen, wobei aber auch die Probleme z.T. bedrohliche Ausmaße annehmen, die Grenzen des Wachstums erreicht werden (vgl.S.177f).

Generell läßt sich die kulturelle Evolution als Sequenz von Innovationen beschreiben. Die wirtschaftlichen Techniken, Anbaufrüchte und Haustiere wurden jeweils von den Entstehungsgebieten über die ganze Erde verbreitet (z.B. Sauer 1952); die Diffusionen lassen sich als Prozesse fassen. Die Zeiten zwischen den Perioden besonders rascher wirtschaftlicher Entwicklung zeichnen sich vermutlich durch starke Bevölkerungszunahme aus. So scheinen die Jahrhunderte vor 3000 v.Chr. Geb. durch sehr schnelles Wachstum ausgezeichnet gewesen zu sein (z.B. im Iran: Hole, Flannery und Neely 1969/71, S. 309); eine ähnliche Entwicklung läßt sich in Europa für das späte 18. und das 19. Jahrhundert vor der Industrialisierung (in Europa: J. Schmid 1976, S. 111 f.) erkennen, ein Prozeß, der sich nun als „demographischer Übergang" über die ganze Erde ausbreitet (Cowgill 1949; Schmid 1984). Bevölkerungsdruck und Innovationen stehen wohl in einem gewissen Zusammenhang, Menschheit als Art und Menschheit als Gesellschaft interagieren miteinander; doch sollte man sich hüten, in deterministischer Weise diese Zusammenhänge zu vereinfachen. Sicher, gemessen an der gesamten Entwicklung der Menschheit steigt nicht nur die Bevölkerungszahl in exponentieller Folge an, sondern auch die Zahl der Erfindungen, d.h. der technische Fortschritt. Dennoch darf man wohl eine unmittelbare Abhängigkeit beider Entwicklungen nicht konstatieren; beide haben ihre Eigendynamik, dabei beeinflussen sie sich wechselseitig – positiv und negativ.

Wenn man diese Prozesse im Rahmen der hier vertretenen Prozeßtheorie deuten soll, so wird man im Jungpaläolithikum und Mesolithikum (ab ca. 25000 v.Chr.Geb.) die Perzeptions- und Determinationsphasen (Innovationen der Kunst und der Religion als Institutionen; vgl. S.352 u. S.373), im Neolithikum („neolithische Revolution", ca. 8000 v.Chr.Geb.; Einführung der Herrschaft als zugehörige Institution; vgl. S.407) das Regulationsstadium im Induktionsprozeß annehmen können. Das Organisationsstadium würde mit der „urbanen Revolution" (Verkehr als Institution; vgl. S.457) beginnen (ca. 3000 v.Chr.Geb.); die geistigen und ökonomischen Aktivitäten erhielten eine räumliche Ordnung. Das Dynamisierungsstadium setzte mit der „kolonial-industriellen Revolution" (ca. 15.- 20.Jh.) ein, der Erschließung neuer Energiequellen (Wirtschaft als zugehörige Institution; vgl. S.508). Die Populationen stellten sich in den jeweiligen Reaktionsstadien, die gleichzeitig mit den in der Sequenz folgenden Induktionsprozessen ablaufen, um. Es sei zum besseren Verständnis auf die Erörterungen in Kap.2 (vgl. S.303 sowie Abb.21c, d, und 22a auf S.313 bzw. 315) hingewiesen.

Es lassen sich Anzeichen einer Rotation erkennen. Die Innovationszentren scheinen sich vom Franko-Kantabrischen Raum (Perzeption) über den Balkan (?) (Determination) zum westlichen, nördlichen und östlichen Randbereich der arabisch-syrischen Halbinsel verlagert zu haben (Regulation), von dort zum Zweistromland (Organisation) und schließlich zurück nach Europa (Dynamisierung). Freilich liegen die vor der „neolithischen Revolution" vollzogenen Entwicklungen noch ziemlich im Dunkeln.

Durch die kulturelle Evolution wird Schritt für Schritt die unmittelbare Abhängigkeit der Individuen von der natürlichen Umwelt gelöst; nach Dürrenberger (1987, S.129) führt dies wohl auch zum Verlust von Kulturgut „namentlich aus dem Bereich, den wir heute Ökologie nennen". Dafür werden aber die gesellschaftlichen Verflechtungen umso intensiver (vgl. Bell; vgl. S.175). Das sich wandelnde Verhältnis zur natürlichen Umwelt führte auch zu einer sich verändernden Definition territorialer Verfügbarkeit; am Anfang der kulturellen Evolution hatten die Territorien privaten Charakter, die Familien verfügten über die von ihnen genutzten Flächen. Im Gefolge der neolithischen Revolution, mit Etablierung der politischen Struktur, wurden die Territorien öffentlich kontrolliert, durch Herrschaften oder Staaten. Seit der frühen Neuzeit ist die berufliche Sphäre ausgebaut worden und hat durch die Trennung von Arbeitsplatz und Wohnplatz ganz neue räumliche Verknüpfungen geschaffen, so daß man nun von beruflichen Territorien sprechen kann (Dürrenberger 1987, S.99 f.).

3.1.4 Formale Einordnung der Institutionen und Prozesse (Zusammenfassung)

Die Menschheit als Population, als Sekundärpopulation im Rahmen der Gesellschaft

Die Aufgabe ist die Perzeption. Im Induktionsprozeß bilden Kunst und Wissenschaft die die Gesellschaft gestaltenden Basisinstitutionen der Menschheit als Population. Durch sie wird die Kenntnis von der Umwelt in die Gesellschaft gebracht: *Adoption. Die Umsetzung in der Population selbst erfolgt u.a. durch die Bildung: *Produktion. Die Gesellschaft nimmt – im Reaktionsprozeß – die Kenntnisse auf, die Populationen differenzieren sich: *Rezeption. Das – dem Weitwirkungsprinzip folgende – Informationsfeld bildet die Strukturvorlage der Sekundärpopulation. Schließlich ordnet sich – im Zuge der kulturellen Evolution – die Menschheit zu einer einheitlichen Sekundärpopulation: *Reproduktion. In diesem Rahmen ist die Entwicklungsländerproblematik zu sehen.

Die Menschheit als Population, als Primärpopulation im Rahmen der Art

In der Menschheit als Art sind die Institutionen mehr auf den Menschen als Ganzes, also auch seine biotische Seite umfassend, ausgerichtet. Wahrnehmen und Erkennen, in spezifischer Konkretisierung als Magie, repräsentieren den Eingang der Kenntnisse, die ein Überleben in der Umwelt ermöglichen: *Adoption. Die Kenntnisse werden in die Population weitergegeben, u.a. durch Erziehung: *Produktion. Es kommt zur Arbeitsteilung und Kooperation; strukturell ist ihnen das Kohärenzprinzip zuzuordnen, bilden sie die Basis der Primärpopulationen: *Rezeption. Die Menschheit erscheint als eigenständige Population, die sich im Ökosystem Erde einordnet und behauptet: *Reproduktion.

Die Entwicklung der Menschheit beschleunigte sich dramatisch seit dem Jungpaläolithikum (eigentliche „kulturelle Evolution“) und vollzieht sich im Millennienrhythmus. Im Hintergrund ist ein sich wandelndes Raumverständnis zu postulieren.

3.2 Die Kulturpopulation

3.2.0 Definitionen. Die Determination als Aufgabe

Aus anthropologischer Sicht definierte Harris (1987/89, S.20): „Kultur beinhaltet die erlernten, sozial angeeigneten Traditionen und Lebensformen der Mitglieder einer Gesellschaft einschließlich ihrer strukturierten gleichbleibenden Weisen des Denkens, Empfindens und Handelns (d.h. des Verhaltens)“. Mühlmann (1972b, S.479) verstand unter Kultur „die Gesamtheit der typischen Lebensformen einer Bevölkerung, einschließlich der sie tragenden Geistesverfassung, insbesondere der Wert-Einstellung“.

Der Begriff Kultur hat – aus dem Blickwinkel der Geisteswissenschaften (Perpeet 1984) – auch eine ergologische Seite; ohne anstrengende menschliche Tätigkeit ist Kultur nicht denkbar. Er hat weiterhin eine ethische Seite und beschreibt den Sinn, die guten Sitten des Miteinander-Umgehens. Es kommt eine soziative Bedeutungsnuance hinzu, meint die wechselseitige Verpflichtung und geregelte Rücksichtnahme auf andere. Kultur ist schließlich auch im historischen Kontext zu verstehen, das Entstandensein, das Ergebnis einer – stufenweise erfolgten – Evolution.

Für den Geographen erscheint die Definition von Greverus (1978/87, S.91) wichtig; sie sieht Kultur als Fähigkeit des Menschen, „kulturell zu handeln, d.h. Umwelt und menschliches Verhalten in dieser Umwelt gestaltend zu verändern und sich in einem Lernvorgang anzueignen". Auf der Mikroebene erscheint Kultur „in ihrem sozio-geographischen und sozio-historischen Rahmen als besonderes konfiguratives Verhaltensmuster…, das die Antwort einer Sozietät auf ihre Umweltbedingungen und ihre spezifische Lebensweise (way of life) beinhaltet" (S.9). Dabei steht die Lebenswelt im Alltag im Zentrum des Interesses (vgl. S.186f).

Wie die Kenntnisse über die Umwelt (vgl. S.350f) für das Leben, den Lebensstil, den „Genre de vie" (vgl. S.37f) verwertet werden sollen, beruht auf einer Entscheidung. Sie hängt ihrerseits von der Umwelt ab, aber auch von eigenen Entwicklungen, für die es keine Vorausbestimmung gibt. Im Katalog der Aufgaben im Rahmen der Menschheit erscheint hier die Determination. Determination bedeutet Entscheidung, und zwar im Hinblick auf das weitere Verhalten (vgl.S.300f). So bestimmt sie das Verhalten des Systems in seiner Umwelt. Sie fixiert dann – durch Institutionalisierung – das erwünschte, wenn auch nicht immer erreichbare Ziel, gibt den Prozessen in den Populationen ihre Orientierung, ihren Sinn. Dies wird nach außen deutlich gemacht; durch die Determination wird es möglich, das System zu identifizieren, von anderen zu unterscheiden, eine wesentliche Voraussetzung von Interaktionen.

Die Kulturpopulationen verstehen sich als Träger einheitlicher Lebensart, einheitlicher Werte und Normen. Man könnte von „Lebensformgruppen" höchster Ordnung sprechen; zwar kann man jede Population als eine Lebensformengruppe interpretieren, jede Population hat ihren Sinn, aber nur die Kulturpopulation erhält durch die Determination ihren wesentlichen Existenzzweck.

Kulturen können durch die Ähnlichkeit ihrer Lebensformen – vor dem Hintergrund der vorgegebenen Rassen (Unterarten) – Einheitlichkeit erhalten, mit vielen kleinen (demographischen, geistigen, ökonomischen) Zentren als Primärpopulationen; benachbarte Gruppierungen mögen sich dann kulturell einander angenähert haben, im Laufe der Geschichte zu kleinen Kulturpopulationen und später im Zuge der kulturellen Evolution (vgl. S.367f) gar zu „Hochkulturen", großen Kulturpopulationen als Sekundärpopulationen formiert haben. Bedeutende Persönlichkeiten, z.B. Religionsstifter, konnten einem solchen Prozeß die Orientierung vermitteln.

Eine Kulturpopulation entsteht in mehreren, vielleicht fünf Jahrtausenden. Die Teilprozesse dauern jeweils mehrere, im Durchschnitt fünf Jahrhunderte (Zentennienrhythmus; vgl.S.323); sie beziehen Stämme oder Völker ein, wobei diese untergeordneten Populationen sich jeweils ihrem Lebenszyklus einfügen.

3.2.1. Institutionen und Prozesse im Rahmen der Menschheit als Gesellschaft

3.2.1.1 Institutionalisierung der Aufgabe (Induktionsprozeß: *Adoption)

Religion als Basisinstitution

Als Sekundärpopulationen sind die großen Kulturpopulationen also zunächst als Träger der Determination zu interpretieren. Diese „Hochkulturen“ werden durch je ganz spezifische „Hochreligionen“ geprägt, sie wiederum gliedern sich in Konfessionen und Sekten.

Die Religion vermittelt den Sinn des Lebens (Keller 1943/71, S. 140/41); sie begründet und reguliert die sozialen Beziehungen (Keesing und Keesing 1958/71, S. 308 f.) und verklammert so die Population. Aus systemtheoretischer Perspektive sagt Luhmann (1977, S. 10 f.), daß die Religion nicht immer und grundsätzlich eine systemintegrierende Aufgabe habe, andererseits auch nicht nur eine interpretierende „Funktion“. „In der Religion geht es um die Transformation unbestimmbarer in bestimmbare Komplexität“ (S. 20). Höhn (1985, S.249) schreibt: „Die Funktion der Religion ergibt sich unmittelbar aus der Bestimmung ihres gesellschaftlichen Bezugsproblems: Das Religionssystem übernimmt für die Gesellschaft die Aufgabe des Transfers unbestimmter, weil nach außen (Weltkomplexität) und innen (Eigenkomplexität) unabschließbarer Wirklichkeit in bestimmbare“. Dann zitiert er Luhmann: „Es interpretiert Ereignisse und Möglichkeiten in einer Weise, die mit sinnhafter Orientierung korreliert und eine Steigerung tragbarer Unsicherheit ermöglicht“.

In entsprechender Weise, in systemtheoretischem Zusammenhang, betrachtete Forrester (1971, zitiert nach Burhoe 1973, S. 178) die Religion als Institution, die der Gesellschaft „long term values“ bietet, die sie zum Überleben benötigt. Burhoe (S. 184) ergänzte, daß kulturelle Information über den Sinn des Lebens die genetische Information ersetzen müsse. Auf diese Weise würden psychische Probleme vermieden. Der Tod des Körpers hätte den Menschen veranlaßt, nach einem Modell zu suchen, das zeigt, daß menschliches Dasein mehr ist als der Körper. Die Religion erlaube ihm, langfristige Ziele als real, signifikant zu betrachten. Auf diese Weise erhalte das menschliche Dasein in übergeordnetem systemischen Zusammenhang einen vom Menschen selbst begreiflichen Sinn.

Und schließlich Dux (1982, S.149): „Die Religion muß dem Menschen die Welt als Ganzes verständlich machen. Daran hängt das Selbstverständnis des Menschen, die Sinnhaftigkeit seiner eigenen Lebensführung“.

Die Religion prägt so die Kultur, bereitet den Boden für die Herausbildung einer Kulturpopulation.

3.2.1.2 Durchführung der Aufgabe (Induktionsprozß: *Produktion)

Religion realisiert sich in dreifacher Hinsicht: Mythos (Glaubensinhalt, Lehre), Kultus (Gottesverehrung) und Ethos (Lebensführung, Moral). Sie sind Erscheinungsformen derselben Sache (Mowinckel 1953, S. 7), doch erfordern sie verschiedene Handlungen, äußern sich in verschiedener Weise. Hinzu kommt die Mission, die Verbreitung der Lehre.

Mythos, Glaubenslehre

„Der Mythos erzählt eine heutige Geschichte, d.h. ein primordiales Ereignis, das am Anbeginn der Zeit, ab initio, stattgefunden hat“ (Eliade 1957/85, S.85). Es handelt sich um ein Mysterium, denn es sind Götter; sie schufen die Welt oder stifteten die Religion, gaben die Lehre, den Glaubensinhalt. Sie sind personalgefaßte Mächte. Ihre Aufgabe ist, „... als Agens einzustehen für Verhältnisse und Ereignisse“ (Dux 1982, S.197). Die vorfindliche Welt wird in Schöpfungsgeschichten von einem Ursprung her begründet, „in dem sie als unentfaltete Potentialität in ihrer Substanz beschlossen liegt“ (S.215). „Schöpfungsmythen haben einen monotheistischen Einschlag. Der Ursprung ist immer als das Höchste gedacht, da alles andere sich von ihm herleitet“ (S.224).

Der Mythos wird häufig auf die jeweilige Zeit und Umwelt projiziert, denn er dient einer Fundierung der Glaubensaussage (Büttner 1987/89). Der Glauben bildet die rational nicht zu bezweifelnde Basis der Religion. Die Glaubenslehre enthält – neben den Offenbarungen des Gottes oder der Götter und den Bekenntnissen zu ihnen – Regeln für das Verhalten des Menschen, z.T. in Geboten, z.T. in Gleichnissen oder Legenden formuliert. Sie sind für die Gläubigen verbindlich. Die Glaubenslehre muß, da sie – wie oben hervorgehoben – der Kulturpopulation die grundlegende Orientierung vermittelt, über lange Zeit unverändert bleiben. Insofern sieht sich die Kirche in der Rolle der Bewahrerin der Tradition (Mensching 1968, S.255 f.). Auf der anderen Seite birgt gerade diese Notwendigkeit der langfristigen Wertrepräsentation für das System auch die Gefahr der Erstarrung in sich. Besonders in Randbereichen mögen untergeordnete Populationen mit anderen Problemen bei der Bewältigung der Lebensaufgaben in der Umwelt konfrontiert sein. Solche Rückwirkungseffekte auf die Religion wurden z.B. von Büttner (1972, S. 91 f.) betont. Es kann zu Abweichungen in den Ansichten über den „richtigen“ Weg kommen, die die Toleranzgrenze berühren (Mensching 1968, S.239 f.; Lemberg 1977, S.20 f.). Die Rückführung des Denkens und Handelns auf die Fundamente mag eine Abspaltung begünstigen, andererseits aber die Tradition im Kern festigen. „Fundamentalismus“ in der heutigen Zeit kann auch als eine Reaktion auf den forcierten Modernisierungsprozeß betrachtet werden, der einen kulturellen Identitätsverlust nach sich ziehen kann (Th. Meyer 1989).

Diese weitreichende Festlegung der Glaubensinhalte mag dazu beigetragen haben, daß sich die Religionen vielfach aufspalteten, daß neue Ideen als Innovationen örtlich Eingang fanden. Die großen Kirchen konnten sich nur teilweise den wechselnden Situationen, vor allem im Hinblick auf die wissenschaftlichen Erkenntnisse oder auch die wirtschaftlichen Situationen, anpassen; neben ihnen entstanden kleine religiöse Vereinigungen, aus vermeintlich besserer Einsicht oder auch aus lokalen Bedürfnissen erwachsen, oft mit besonders strengen moralischen Normen. Z.B. bildeten sich zahlreiche – inhaltlich z.T. auf ältere Traditionen fußende – kleine Kirchen („Sekten"; Stark 1974, S.36 f.) und weltanschauliche Gruppierungen an der amerikanischen Frontier, die sich der besonderen Lage der Siedler (Isolation, feindliche Umwelt etc.) oder auch der wissenschaftlich-technischen Entwicklung besser angepaßt wähnten (z.B. Schempp 1968, S. 29 f.; B. Wilson 1970). Diese Gruppen auf religiöser Basis gliedern in oft prägnanter Form die übergeordneten Populationen, wie Bjorklund (1964) und Francis (1965, S. 231 f.) bei kirchlichen Gruppen in den USA bzw. Canada herausarbeiteten (vgl. dazu auch Sopher 1967, S. 41 f.).

Kultus, heilige Räume, heilige Zeiten

Es gibt einen „heiligen, d.h. ‚starken', bedeutungsvollen Raum, und es gibt andere Räume, die nicht heilig und folglich ohne Struktur und Festigkeit, in einem Wort amorph sind" (Eliade 1957/85, S.23). Für die „archaische Welt ist alles, was nicht ‚unsere Welt' ist, überhaupt noch keine ‚Welt'" (S.31). Die Welt muß in Besitz genommen, von Chaos in Kosmos überführt worden sein.

In höher differenzierten Kulturpopulationen („Hochkulturen", Schmitthenner 1938/51, S. 13 f.) schaffen besonders Tempel, Moscheen und Kirchenbauten als Stätten der Kultausübung „heilige Räume" (Fickeler 1947; Sopher 1967; Tuan 1978). Tempel und Kathedralen sind Abbilder eines transzendenten Modells, Nachbildungen des Kosmos (Eliade 1957/85, S.55). Sie können in ihrer Gestaltung eine Botschaft vermitteln, Macht, Festigkeit, Majestät ausdrücken, aber auch die Erleuchtung repräsentieren oder als aufklärende Institution erscheinen (Heatwole 1989 am Beispiel von Kirchenbauten von Mennoniten).

Die heiligen Räume erscheinen mythologisch fixiert, sie sind aber auch in der Realität bedeutsam für die Population. Berge, Seen, Flüsse, Bäume sind das Ziel des Gläubigen, z.B. im Rahmen von Festumzügen, werden von Zeit zu Zeit von Gruppen aufgesucht (z.B. Schlee 1989 am Beispiel der Kamelnomaden im kenyanisch-äthyopischen Grenzland). Vor allem sind die Pilgerströme zu nennen. Rinschede (1990) untersuchte den Religionstourismus und typisierte ihn nach den Religionen, Aufenthaltsdauer und Organisationsformen. Jede große Religion – Christentum, Judentum, Islam, Hinduismus, Buddhismus – hat ihre Pilgerstätten. Weltweit werden über 200 Mio Pilger pro Jahr geschätzt. Große Pilgerzentren werden jährlich von bis zu 500.000 Gläubigen aufgesucht. Durch die Aufnahme des Flugverkehrs hat z.B. die Anzahl der Mekkapilger von 1929 (unter 25.000) bis heute auf nahezu 1 Mio Menschen zugenommen. Für die Pilgerzentren haben diese Wanderungen z.T. überragende ökonomische Bedeutung (z.B. Schöller 1984 für Japans „Neue Religionen"; Bonine 1987; Ehlers und Momemi 1989 für den Iran).

In Mythen und Legenden werden zudem „heilige Zeiten" erkennbar, die durch Kulthandlungen sichtbar gemacht werden (Goldammer 1960, S.190 f., 205 f.; Sopher 1967, S.47 f.; Zerubavel 1981, S.101 f.). Sie wurzeln z.T. im Kosmologischen, aber z.T. auch in historisch belegbaren Erfahrungen. Die heilige Zeit ist die Zeit der Feste, die größtenteils periodische Feste sind. Dagegen steht die profane Zeit. „Die heilige Zeit ist ihrem Wesen nach reversibel, insofern sie eine mythische Urzeit ist, die wieder gegenwärtig gemacht wird. Jedes religiöse Fest, jede liturgische Zeit ist die Reaktualisierung eines sakralen Ereignisses, das in einer mythischen Vergangenheit, ‚zu Anbeginn' stattgefunden hat" (Eliade 1957/85, S.63). Die Feste werden jährlich wiederholt, d.h. die Kosmogonie, der Übergang von Chaos zum Kosmos wird jedes Mal aktualisiert (S.70).

Ethos, Normen, Kontrolle

Das Zeitliche, der Weg des Menschen von einem Ursprung zu einem Ziel wird einerseits durch den Mythos formuliert, andererseits durch das Ethos (vgl. auch S.177f); dieses weist in die Zukunft. Die Ethik vermittelt „die Einsicht, wie gehandelt werden muß, damit die Handlung als moralisch anerkannt werden kann" (Pieper 1985, S.63 f.). Sie ist einem Kompaß vergleichbar, der die Richtung des Handelns angibt, der zeigt, was angemessen ist, der andererseits nicht den Inhalt selbst der Handlung vorschreibt. Die Individuen erhalten für das Zusammenleben verbindliche Normen, die dem allgemeinen Verhalten und den wesentlichen Aktivitäten der Gläubigen einen bestimmten Zuschnitt geben. So wird ein für die Populationen notwendiges Wertbewußtsein geschaffen, das den Prozessen einen gemeinsamen Sinn verleiht.

Das Einhalten der Normen und Werte, die Befolgung der Glaubenssätze, die Mitwirkung an den kultischen Übungen und Veranstaltungen, kurz das den Religionen angemessene Leben und Handeln wird auf verschiedenem Wege überwacht. Dies geschieht in den wichtigsten Religionen der Hochkulturen („Hochreligionen") durch die Kirchen und vergleichbaren Organisationen, die bis auf Siedlungspopulationsebene herab vertreten sind und durch die kultischen Handlungen (Gottesdienst etc.) bei wichtigen Lebensereignissen (z.B. Taufe, Hochzeit, Begräbnis) jedes Mitglied erreichen (Mensching 1968, S.250 f.). Die Art, wie die Kirche organisiert ist, ist Ausdruck der Tradition und des Selbstverständnisses im Spannungsfeld von Lehre und Gläubigen (für die katholische Kirche Garijo-Guembe 1988, u.a. S.45 f., 147 f.). Die Kirchen sorgen für Kontinuität und steuern die Aktivitäten mit Hilfe von zum Teil hierarchisch geordneten Institutionen.

Unverzichtbar ist darüber hinaus die soziale Kontrolle, d.h. die Gesamtheit aller Maßnahmen und Einflußmöglichkeiten, die Mitglieder der Populationen, hier der religiösen Gemeinschaften, veranlassen, sich konform zu verhalten. Sie ist überlebenswichtig bei den einfacher strukturierten Kulturen, vollzieht sich auf der Ebene der kleinen Populationen und Nachbarschaften. Aber auch in höher differenzierten Populationen ist sie wichtig; sie äußert sich schon – neben anderen – in der Teilnahme an kirchlichen Veranstaltungen (für die Niederlande z.B. Knippenberg und de Vos 1989). Hier, im Gemeindeleben und im Rahmen der Kulturpopulationen, spielt die soziale Kontrolle eine besonders wichtige Rolle, denn den religiösen Gruppen stehen nur ausnahmsweise – wenn Kirche und Staat identisch sind oder eng kooperieren – die Zwangsmittel des Staates zur Verfügung. Die soziale Kontrolle bildet überhaupt ein Korrektiv in Bezug auf die Einhaltung der Normen und Beachtung der Werte (vgl. S.108f) und erreicht so auch die Mitglieder der Kulturpopulation, die sich von den engeren kirchlichen Bindungen gelöst haben. Sie wird dadurch wirksam, daß die gruppenspezifischen „Vorschriften" von den Mitgliedern akzeptiert und Nachbarn oder andere Gruppenmitglieder deren Einhaltung überwachen.

Abweichendes Verhalten wird durch mehr oder weniger subtile Sanktionen geahndet (vgl. S.392f).

Mission

Nahezu allen Religionen ist auch der Drang, die Lehre zu verbreiten, d.h. die Mission, eigen. Hierdurch werden die Kulturpopulationen ausgedehnt, wird ihre Dynamik besonders verstärkt. Die Ausbreitung von Religion und Weltanschauung hat die Geschichte der Menschheit in außerordentlichem Umfange geprägt. Die Stiftung und Ausbreitung der Hochreligionen bedeutete den Ursprung der wichtigsten Kulturpopulationen, d.h. Chinas, Indiens, des islamischen Orients und des Abendlandes (Schmitthenner 1938/51; Noss 1949/74).

Der Ausbreitungsprozeß religiöser Ideen kann gewaltsam oder auf friedlichem Wege vor sich gehen. Die Übertragung des Christentums im Zuge der Europäisierung der Erde (Hettner 1923/29, S. 102 f.; H. Schmitthenner 1938/51, S. 111 f.; Zelinsky 1970, S. 70 f.) ist vor allem in den früheren Zeitabschnitten – 16. und 17.Jahrhundert – gewaltsam vor sich gegangen. Die militärischen Aktionen wurden wesentlich durch den missionarischen Impuls motiviert; sie fallen zeitlich mit den großen religiösen Veränderungen auch in Europa selbst zusammen. Ein Beispiel für eine friedliche religiöse Innovation ist das Vordringen der Lehre Luthers in Süddeutschland (Hannemann 1975), während die der Reformation folgende katholische Reform zwischen 1555 und 1648 friedliche und kriegerische Züge trug (Brandi 1927/60). Ob Glaubenslehren auf die eine oder die andere Weise übertragen werden, hängt u.a. davon ab, ob sie staatlich reglementiert werden. Ideen erhalten ideologische Aspekte, wenn sie Anspruch erheben, allein gültig zu sein. Wenn sich z.B. ein ganzes Volk mit einer Glaubenslehre identifiziert, wenn es sich berufen fühlt, die Kulturpopulation zu führen, kann dies ein starker Impuls sein, der eine Expansion erheblich fördert, d.h. auch Kriege bewirkt. Die Population erhält für die Ausdehnung und Unterwerfung anderer Populationen eine innere Rechtfertigung. In dem Fall werden also nicht nur Form und Inhalt der Religion von einer Population auf eine andere übertragen, sondern das ganze System expandiert und die Übernahme der Religion wird in den unterworfenen Populationen gewaltsam durchgesetzt.

3.2.1.3 Strukturierung der Kulturpopulation (Reaktionsprozeß: *Rezeption)

Im Reaktionsprozeß werden die Lehren der Religion und die Einstellung zu den Werten des Lebens aufgenommen, in die Geisteshaltung, die Art und Weise, das Leben zu führen, umgesetzt. Dies ist der entscheidende Akkulturationsprozeß. Religionsgeographie muß so auch Geographie der Geisteshaltung sein (Büttner 1977/89). Der „Wirtschaftsgeist“ (vgl. S.87) ist dann ein Ausdruck der Geisteshaltung. Hierdurch wird auch die Übernahme ökonomischer Innovationen mitbestimmt. Die Wirtschaftsstufen sind der strukturelle Niederschlag dieser Prozesse.

Akkulturation

Unter Akkulturation wird verschiedenes verstanden. Mühlmann (1972a, S.20) definierte – aus anthropologischer Sicht – Akkulturation als „Erwerb von Elementen aus einer fremden Kultur durch die Träger einer gegebenen Kultur". Dies gilt natürlich auch für die Übernahme der Glaubenslehre; sie ist der eigentliche kulturprägende Akkulturationsprozeß. Nach Hillmann (1988, S.237 f.) bedeutet aus wirtschaftssoziologischer Sicht Akkulturation die „Aufnahme entwicklungsfördernder Elemente aus fremden Gesellschaften und Kulturen". Auch Hartfiel und Hillmann (1972/82, S.14) verstehen unter dem Begriff den „Erwerb von Elementen einer fremden Kultur durch Angehörige einer bestimmten Kultur", freilich auch „die partielle oder totale gegenseitige Angleichung und Einschmelzung sich berührender Kulturgemeinschaften". Für diesen Vorgang gibt es andererseits den Begriff „Assimilation" (vgl. S.384f). Hier soll unter Akkulturation die Übernahme von Ideen, Innovationen verstanden werden, von Wertvorstellungen, Verhaltensweisen und Techniken (zu „Enkulturation" vgl. S.394f).

Die Ausbreitung kulturbestimmender Innovationen ist beispielhaft von Sauer (1952) dargestellt worden.

Wirtschaftsgeist

Für die Entwicklung der Populationen werden durch die Religion wichtige Aussagen getroffen. Für die christliche Religion ist das Postulat der Gleichheit aller Menschen, das sich in Ansätzen schon im Urchristentum realisiert findet, von Bedeutung (Mensching 1968, S.124 f.). Im Gegensatz dazu begründet die indische Religion eine Gesellschaftsschichtung, das Kastenwesen. Ähnlich bedeutsam für die christliche Religion ist das Gebot der Nächstenliebe, das einer Selbstgenügsamkeit entgegenwirkt, auch gemeinsame Leistung fördert und der eigenen Arbeit einen sozialen Sinn gibt.

Die Vorgabe von der Gleichheit aller Menschen fand in die Ideale der Französischen Revolution Eingang. Sie bildet die Grundlage des Sozialismus, der sich mit dem Kapitalismus entwickelt hat; statt des Privateigentums bildet für den Sozialismus das Gemeineigentum die Basis der Wirtschaftsordnung. Sozialismus auf freiwilliger Basis – wohl im Gefolge eines Übertragungsvorganges – ist in den Kibbuzzim Israels realisiert. Diesen Lebensgemeinschaften und Wirtschaftsvorstellungen steht der Sozialismus gegenüber, der auf Marx (vgl.S.24) zurückgeht, die Diktatur des Proletariats anstrebt und sich daher des staatlichen Machtmonopols bedient. Er dürfte, wie die Umwälzungen in der Gegenwart in Ostmittel- und Osteuropa zeigen, nicht lebensfähig sein – nicht nur, weil er sich ökonomisch nicht behaupten kann, sondern vor allem auch, weil er nicht gegen den Willen der Menschen auf Dauer akzeptiert wird.

Darüber hinaus gibt der christliche Glauben die Möglichkeit, daß der Mensch durch Eigenleistung sein Schicksal z.T. selbst bestimmen kann; so wird eine wichtige Orientierungshilfe im Leben, besonders im Arbeitsleben gegeben. Dies bestimmt im hohen Maße den Wirtschaftsgeist, der in der Geographie vor allem von Rühl thematisiert wurde (vgl. S.86). „Die Werte, in denen der Wirtschaftsgeist sich ausdrückt, stehen ... nicht ‚außerhalb' der Wirtschaft, sondern erfüllen sich entweder direkt in der wirtschaftlichen

Tätigkeit oder stehen mit dieser in Zusammenhang" (Meyer-Abich und Schefold 1986, S.159).

Wie stark der – religiös bestimmte – Wirtschaftsgeist die Innovationsbereitschaft seinerseits beeinflußt, zeigte z.B. Francis (1965, S.299 f.) anhand der aus Rußland nach Manitoba umgesiedelten Mennoniten; die Entscheidung z.B. über die Anschaffung neuer Geräte erfolgt nicht einfach aufgrund der technischen Leistungsfähigkeit oder der Arbeitserleichterung, denn die Tradition erfordert eine schlichte Lebensführung. Technischer Fortschritt wird nur dann akzeptiert, wenn er für die Gemeinschaft betriebliche Vorteile verspricht, dem Wohl der Gemeinde dient.

Dieses Beispiel zeigt, daß die Art der Wirkungen der Religion auf andere Prozesse weitgehend von der unterschiedlichen Wertorientierung abhängt, die durch die Religionen gegeben werden sollen. Bellah (1964/73), Eisenstadt (1970), Dux (1971/73) und Sprondel (1973) brachten die Religion und den sozialen Wandel, die gesellschaftliche Differenzierung in engen historischen Zusammenhang. Auch hier wurden Wechselwirkungen vorausgesetzt und aufgezeigt. Die Arbeiten bauen auf den Überlegungen des Soziologen M. Weber (1920a) auf; dieser postulierte vielleicht am klarsten einen Zusammenhang zwischen Religion und Wirtschaft, genauer zwischen Protestantismus und Kapitalismus (vgl. S.87). Der ökonomische Erfolg der abendländischen Kulturpopulation in der Menschheitsgeschichte – im Vergleich zum Orient, zu China oder Indien – ist nach Weber auf die Bewertung der Arbeit seit der Reformation, vor allem durch den Calvinismus, aber auch durch das Luthertum zurückzuführen. Arbeit wurde nun positiv als Daseinserfüllung, das arbeitserfüllte Dasein selbst als eine „innerweltliche Askese" betrachtet. Arbeitserfolg gilt als Gottessegen. Der Kapitalismus ist die klarste Konsequenz dieser Grundhaltung. Sie äußert sich unmittelbar in der ökonomischen Vorgehensweise; der erworbene Erlös wird nicht einfach konsumiert, sondern wieder investiert, d.h. in den Dienst noch größerer Arbeitserfolge gestellt (Kißler 1985, S.10).

Diese Grundhaltung förderte eine starke Eigendynamik der Wirtschaft, entfremdete andererseits den Menschen von seinen Bezügen zur Natur, was sich indirekt im Umgang mit der Umwelt äußert, in der Gestaltung vor allem des städtischen Lebensraumes; die USA bieten ein Beispiel. Holzner (1990) sieht den Ausuferungsprozeß der Stadt in Nordamerika („Stadtland USA") in Übereinstimmung mit dieser Denkweise. Es ist „nichts anderes als der wahr gewordene Traum des frühen Amerika und folgt noch demselben Modell, ‚wertloses' oder billiges Land zu erschließen, zu entwickeln und an die ruhelosen Amerikaner und Neueinwanderer zu verkaufen, auf ihrer nie endenden Jagd nach dem Glück, ihrem Traum nach dem großen Erfolg, für den sie immer wieder alles hinter sich lassen" (S.475). Diese Gestaltungsprozesse erscheinen als Ausdruck technischer Effizienz, des persönlichen Freiheits- und Glücksstrebens innerhalb einer zutiefst demokratischen Gesellschaft (Holzner 1985). Das amerikanische „Suburbia" (vgl. S.478) muß als eine – in Europa entstandene – Utopie verstanden werden, eine Schöpfung, geboren aus einem machtvollen, kulturellen Ideal (Fishman 1987; Schneider-Sliwa 1989).

Über die ethischen Probleme, die sich in der Gegenwart aus dem Umgang des Menschen mit der Natur und ihren Ressourcen ergeben, wurde an anderer Stelle berichtet (vgl.S.177f).

Wirtschaftsformen und ökonomisch bestimmte Lebensformgruppen

Akkulturationsprozesse, die Übernahme von Innovationen sind mit der Bildung von Wirtschaftsformen und ökonomisch bestimmten Lebensformen häufig gekoppelt. Eine Lebensform übernehmen bedeutet, sich der Kultur einfügen, d.h. nach den Grundsätzen der üblichen Normen und Werthaltungen leben. Die Bildung der ökonomisch bestimmten Lebensformen und die Strukturierung von differenzierten Hochkulturen als Sekundärpopulationen sind aufeinander bezogene Prozesse.

Die ökonomisch bestimmten Lebensformen lassen sich typisieren. So wurden mehrere Versuche von Wirtschaftswissenschaftlern unternommen, so von Hildebrand (1864/1971; „Natural-", „Geld-", „Kreditwirtschaft") und von Bücher (1914/71; 1893/1926), der eine Wirtschaftsstufenlehre entwickelte („geschlossene Haus-", „Stadt-", „Volks-" und „Weltwirtschaft"). Der Ethnologe Hahn (1892/1969; 1914) stellte Wirtschaftstypen auf („Jäger- und Fischerleben", „Hackbau", „Plantagenbau", „europäisch-westasiatischer Ackerbau", „Viehwirtschaft", „Gartenbau"), zeigte ihre Verbreitung auf der Erde und stellte sie in eine Entwicklungsreihe. Von den Ethnosoziologen Goetze und Mühlfeld (1984, S.114 f.) wurden fünf – ebenfalls ökonomisch begründbare – Lebensformgruppen herausgegliedert; sie basieren auf Jagd und Sammeltätigkeit, dem Hack- und Pflanzbau, dem Fischfang, dem Ackerbau und dem Hirtennomadismus. Die komplexere gesellschaftliche Realität wurde aus ökonomischer Sicht von Spiethoff (1932/71) hervorgehoben, der von ihm betonte Wirtschaftsstil dann von Müller-Armack (1940/71) in den Vordergrund seiner Betrachtung gestellt: er brachte die Wirtschaft in den geistesgeschichtlichen Zusammenhang, verstand sie vom religiösen Weltbild her (Stil der „magischen", „animistischen", „polytheistischen" und „monotheistischen" Epoche). Bereits Marx (nach Kiss 1974-75, I, S. 146 f.) hatte versucht, die gesellschaftliche Realität möglichst umfassend zu begreifen („urwüchsige" oder „archaische" oder „asiatische Gemeinschaft", „Sklavenhaltergesellschaft", „Feudalismus", „Kapitalismus", denen er den „Sozialismus" und „Kommunismus" hinzufügte).

Aus sozialgeographischer Sicht stellte Bobek (1959/69) seine „Hauptstufen der Gesellschafts- und Wirtschaftsentfaltung" am Ende des 15. Jahrhunderts, also vor der Europäisierung der Erde, vor:

- Abendländische Stadtgesellschaften
- Rentenkapitalistische Stadtgesellschaften (orientalische, mediterrane, osteuropäische, indische, ostasiatische)
- Altamerikanische Stadtgesellschaften
- Agrargesellschaften herrschaftlicher Ordnung
- Sippenbauern verschiedener Stufe mit größerer oder geringerer Staffelung
- Hirtennomadische Gesellschaften, zum Teil mit etwas Anbau, gestaffelt, zum Teil mit herrschaftlicher Ordnung
- Spezialisierte Jäger- und Fischerstämme mit Anbau und Staffelung
- Jäger- und Fischerstämme ohne Anbau, zum Teil mit spezialisiertem Sammeln
- Spezialisierte Sammler
- Wildbeuter-Lokalgruppen.

Dieses Schema stellt vor allem den unterschiedlichen Grad der Arbeitsteilung, also die Differenzierung in den Vordergrund (vgl. S.336f). Aus heutiger Sicht wären noch die neuzeitliche bzw. moderne abendländische Stadtgesellschaft hinzuzufügen, von der aus die Europäisierung der Erde ausgegangen ist; alle vorgenannten Lebensformgruppen wurden durch sie umgeprägt, die Entwicklungsländerproblematik greift hier ein (vgl. S.357f).

Boserup (1981) verfolgte ein anderes Anliegen. Sie untersuchte – über den Zeitraum der kulturellen Evolution von den urgeschichtlichen Perioden bis zur Gegenwart – den Zusammenhang von Bevölkerungsdichte und technologischem Stand. Dabei stellte sie Abhängigkeiten fest, betrachtete die verschiedenen Anbausysteme (Sammeln, Wald-Brache, Busch-Brache, Kurzbrache, Dauerfeldbau mit jährlich einer oder mehreren Ernten), zog Arbeitsteilung, Verstädterung, Industrialisierung und Handel heran, berücksichtigte auch die Diffusion und Adoption von technologischen Neuerungen und kam so zu einem Bild der Interdependenzen zwischen Bevölkerungsdichte und technologischem Niveau, aus ökonomischem Blickwinkel. Die soziale Seite, die Differenzierung der Gesellschaft, wurde nur randlich behandelt.

3.2.1.4 Formierung der Kulturpopulation als Sekundärpopulation (Reaktionsprozeß: *Reproduktion)

Die Strukturierung der Kulturpopulationen durch – von bestimmten Initialorten ausgehende – Differenzierungsprozesse schafft regionale Ungleichgewichte; diese bilden die Voraussetzung für verschiedene Ausgleichsbewegungen. Intern formen Wanderungsbewegungen die Population, verdichten meistens den Zentralraum. Umgekehrt führen Kolonisationen, häufig begleitet oder getragen von Missionsbestrebungen, aus dem Zentralraum oder gar aus der Kulturpopulation hinaus. Auf diese Weise werden Assimilations- und Akkulturationsprozesse in anderen Kulturpopulationen in Gang gesetzt.

Internationale Wanderungen: Zur Typologie

Internationale Wanderungen vollziehen sich gewöhnlich innerhalb einer Kulturpopulation oder deren Einflußgebiet. Das herausragende – wenn natürlich auch nicht einzige – Zielgebiet ist der Zentralraum, von dem die geistigen und ökonomischen Innovationen ausgehen. Man kann die Wanderungen auf verschiedene Weise typisieren (Kuls 1980, S.166 f.). Hier soll vor allem Sorre (1947-52, Bd.2, S.559) herausgestellt werden. Er unterschied zwischen Wanderungen organisierter Gruppierungen und von Einzelpersonen. Zur ersten Gruppe zählte er Kolonisationen und Völkerwanderung, aber auch kriegerische Invasionen oder Nomadismus; letztere würden wir heute eher als eine spezifische Wirtschaftsform betrachten. Kriegerische Invasionen sollen hier ebenfalls keine Berücksichtigung finden (vgl. S.429f), soweit sie nicht zur dauernden Niederlassung geführt haben (auch Flucht und Vertreibung umfassend). Die Herausstellung von Völkerwanderung (Landnahme) und Kolonisation als ein Wanderungstyp scheint auch im Sinne unseres Gedankenganges wichtig; hier werden Populationen angesprochen (nach Petersen 1961/75, S.324 „Pioniere"), die sich ihren Lebensraum schaffen (vgl. S.387f).

Die große Gruppe der Einzelwanderungen steht dagegen – soweit sie nicht in die Kolonisationen eingebunden sind – im Zusammenhang mit der Bildung und Umbildung von Sekundärpopulationen, bei den hier erörterten internationalen Wanderungen von Kulturpopulationen. Hierbei sind im einzelnen verschiedene Wanderungskomplexe zu unterscheiden, die im historischen Zusammenhang gesehen werden müssen. Der Sklavenhandel vom 16. bis zum 19.Jahrhundert aus Afrika in die Neue Welt z.B. begünstigte die Plantagenwirtschaft der von Europa aus gesteuerten Kolonialgebiete oder verselbständigten Kolonien, ähnlich die Arbeiterwanderungen aus Indien und China in südostasiatische und andere zirkumpazifische Wirtschaftsräume (Pelzer 1935). Dagegen sind Vertreibung, Flucht und Zwangsarbeit politisch, religiös, rassisch motiviert, von staatlicher Gewalt oder staatlich geduldeter Gewalt begleitet. Beispiele bieten die europäischen Staaten in den letzten 80 Jahren (vgl. S.388f).

Wirtschaftliche Motive vor allem unterliegen auch den Gastarbeiterwanderungen aus den Mittelmeerländern in die europäischen Industriestaaten, aus Mittelamerika und Mexiko in die USA und Kanada, aus den volkreichen armen islamischen Staaten (Pakistan, Bangladesch, Jordanien, Jemen, Ägypten etc.) in die Region des Persischen Golfes (vor dem Golfkrieg) oder in Afrika.

An den internationalen Arbeiterwanderungen sind ca. 20 Mio Menschen beteiligt (Lewis 1986). Der Umfang wird steigen, da die Arbeitslosigkeit in den Staaten der Dritten Welt, aber auch in den ehemals sozialistischen Staaten Osteuropas zunimmt. Die Unterschiede im Detail sind groß, eine allumfassende Erklärung des Verhältnisses zwischen diesen Wanderungen und regionalen Disparitäten gibt es nicht. Vergleichende Studien sind nötig.

Internationale Arbeiterwanderungen, insbesondere mit dem Ziel der Bundesrepublik Deutschland

Die europäischen Arbeiterwanderungen („Gastarbeiterwanderungen“) aus dem Mittelmeerraum in die Industrieländer Mittel-, West- und Nordeuropas begannen in den 50er Jahren, schwollen dann stark an, gingen während der Wirtschaftskrise in den 60er Jahren vorübergehend zurück und erfuhren eine Neubelebung in den 70er Jahren. In den 80er Jahren ließ die Zuwanderung nach (Bähr 1983, S.326 f.; Herbert 1986, S.179 f.). Im Ganzen handelt es sich um sozioökonomische Ausgleichsbewegungen, die das Zentrum der Kulturpopulation, die industrialisierten Länder verdichten und demographisch stärken.

In den Herkunftsländern der europäischen Arbeiterwanderungen zeichnen sich die ländlichen Gebiete durch Armut und fehlende Entwicklungsperspektiven aus (Hudson und Lewis, Hrsg., 1985). Teile der Bevölkerung sehen in der Abwanderung eine Chance für einen Weg aus der Armut und für einen sozialen Aufstieg. Wichtig für die Wanderungsentscheidung sind das Sich-Bewußtwerden über die Situation, d.h. die Wahrnehmung der sozioökonomischen Aufstiegsmöglichkeit, dann der soziale Druck, dem sich die Leute in den Heimatdörfern ausgesetzt sehen und die konkrete Aussicht im Zielland, Arbeits- und Wohnmöglichkeiten geboten zu bekommen. D.h., Informationen spielen eine wesentliche Rolle (Bartels 1968b) sowie verwandtschaftliche oder bekanntschaftliche Beziehungen zu bereits Abgewanderten im Zielland (Beziehungswanderung; Struck 1985 für die Türkei). Anwerbungskampagnen unterstützen und erleichtern die Entscheidung. Für junge Leute ist der Entschluß einfacher als für ältere. Die Abwanderung führt zum großen Teil direkt ins Zielland.

Hier sei vor allem die Bundesrepublik Deutschland als Zielland herausgestellt. In ihr läßt sich eine wellenförmige Ausbreitung der ausländischen Arbeiter von Süden nach Norden und von den Ballungsräumen in die Umgebung hinein erkennen. Giese (1978) stellte drei Phasen fest, in denen der Ausbreitungsprozeß von jeweils anderen Faktoren gesteuert wurde. In der ersten Phase standen Informations- und Erfahrungsaustausch im Vordergrund, in der zweiten Phase (nach 1964) – mit zunehmendem Prozeßfortschritt – ökonomische Faktoren. In der dritten Phase (nach 1968) wurde die zeitliche Persistenz wichtiger, d.h. die räumliche Verteilung wurde in zunehmendem Maße von der vorhergehenden räumlichen Verteilung bestimmt. Die konjunkturelle Entwicklung beeinflußte in ihrem zeitlichen Verlauf das Wanderungsverhalten (Ludäscher 1986; erkennbar auch in Abb.47; vgl.S.505); seit Beginn der 60er Jahre korrelierten die Zuzüge von Gastarbeitern aus dem europäischen Ausland mit dem Arbeitsmarkt („offene Stellen"). Hier muß man auch das Ausbleiben der Zuwanderung aus der damaligen DDR erwähnen, das eine verstärkte Abwerbung ausländischer Arbeitskräfte zur Folge hatte.

Die berufliche Qualifikation der ausländischen Arbeiter ist im allgemeinen niedriger als die der Beschäftigten in den Gastländern. In der Bundesrepublik Deutschland sind ca. 85 % – gegenüber ca. 45 % der Deutschen – als Arbeiter beschäftigt. Im einzelnen variieren die Qualifikationen mit den Heimatländern. Am unteren Ende der Skala stehen Griechen und Türken. Zudem ist die Frage wichtig, ob die Abwanderer ländlichen oder städtischen Gebieten entstammen. Die Abwanderer aus den ländlichen, unter starkem Bevölkerungsdruck leidenden Gebieten haben im allgemeinen (in den jeweiligen Ländern) einen niedrigeren Ausbildungsstand als die städtischen Räumen entstammenden Menschen. In der Bundesrepublik kamen zunächst Gruppen des ersten, später des zweiten Typs (Bähr 1983, S.329 f.).

Von den ausländischen Arbeitern werden im allgemeinen die am wenigsten gefragten Arbeiten durchgeführt, solche, die schwere körperliche Anstrengungen erfordern und sozial geringeres Prestige besitzen. Die einheimischen deutschen Bewohner haben sich dagegen höher qualifizierten Arbeiten zuwenden können. Der Ausbildungsstand der „Gastarbeiter" ändert sich aber, da die zweite Generation der Ausländer hier aufgewachsen ist und eine Schulausbildung und berufliche Qualifikation genossen hat.

Ein Teil der ausländischen Arbeiter geht – durch Prämien etc. gefördert – wieder in die Heimatländer zurück. Bei der Analyse von Aussagen von Remigranten nach den Motiven ihrer Rückkehrentscheidung erscheinen vordergründig die planmäßige Erreichung von Sparzielen, individuelle Motive des persönlich-familiären Bereichs, Heimweh. Tatsächlich sind ähnlich wichtig soziale und ökonomische Strukturfaktoren der Gastländer; Ausländerfeindlichkeit, Arbeitslosigkeit bzw. die Verschlechterung der ökonomischen Individualverhältnisse stehen an erster Stelle. Bürkner, Heller und Unrau (1988) forderten, daß die strukturellen Bedingungen des Verhaltens und Handelns der Remigranten stärker Berücksichtigung finden, nicht nur das individuelle räumliche Verhalten. Notwendig ist, „strukturelle Zusammenhänge auf der jeweiligen Mikro- und Makroebene exakt zu definieren und die Interdependenzen zwischen den sozialen und ökonomischen Strukturfaktoren sowie den jeweiligen individuellen Handlungsmöglichkeiten und –zwängen genau herauszuarbeiten" (S.23).

Die Verbindungen der im Gastland verbliebenen Ausländer mit der Heimat bleiben meist erhalten. Geldzahlungen an die Familienangehörigen und Sachunterstützung fördern im Heimatland die Entwicklung. Rückkehrwillige Gastarbeiter investieren in Haus- und Grundbesitz (z.B. Hümmer und Soysal 1979 für die Türkei), gründen Kleinunternehmen (Taxis, Werkstätten, Geschäfte etc.). Die Zahlungsbilanz der Herkunftsländer wird durch den Geldtransfer verbessert. Dennoch tritt nur selten eine wirkliche Strukturverbesserung ein; die eventuell im Gastland erworbene berufliche Qualifikation kann kaum eingesetzt werden (Hümmer und Soysal 1979; Herbert 1986, S.221). Die Rückwanderer haben mit erheblichen Integrationsproblemen zu kämpfen, vor allem die Kinder und Jugendlichen.

Ökonomisch sind die ausländischen Arbeiter in der Bundesrepublik unentbehrlich geworden. Tatsächlich ist der Begriff „Gastarbeiter" irreführend; wenn auch die rechtliche und politische Gleichstellung mit den Einheimischen, also den Bewohnern des Gastlandes, noch nicht vollzogen ist, so wird doch deutlich, daß zumindest ein erheblicher Teil dieser Menschen als Einwanderer zu bezeichnen ist. Sie leben seit vielen Jahren in der Bundesrepublik und wollen (oder können) nicht mehr in ihr Heimatland zurück. Tatsächlich hat sich die Zahl der ausländischen Arbeitnehmer in der Bundesrepublik trotz Anwerbestop und Rückkehrprämien, trotz auch tatsächlich erfolgter Rückwanderung in den 80er Jahren erhöht. Es haben sich hier Minoritätenpopulationen aufgebaut, mit einer ausgewogenen Geschlechtsproportion und wachsender Kinderzahl (vgl. S.437f).

Wie in Europa in Zukunft die Wanderungsströme verlaufen werden, ist noch nicht klar abzusehen. Es zeichnen sich neue Tendenzen ab. Z.B. wandern aus Italien nur noch wenige Menschen aus in andere europäische Länder; vielmehr kommen zahlreiche Einwanderer vornehmlich aus der Dritten Welt (u.a. Afrika) – unkontrolliert – in dieses Land. Auch hat sich die Hauptwanderungsrichtung der Binnenwanderung geändert; nicht Norditalien – wie in früheren Jahren –, sondern die zentralen Regionen üben eine größere Attraktion aus (Rivière 1987).

Auch die anderen europäischen Länder sind zum Ziel von Immigranten aus der Dritten Welt geworden. In jüngster Zeit setzt, wie bereits erwähnt, verstärkt – im Gefolge der Wandlungen in der ehemals sozialistischen Welt – ein Zustrom von Menschen aus Osteuropa ein, vornehmlich nach Mitteleuropa. Ob diese Wanderungsströme das Ausmaß der Gastarbeiterwanderung aus den mediterranen Ländern erreichen werden, bleibt abzuwarten.

Assimilationsprobleme der ausländischen Arbeiter

Die Einwanderung der Arbeiter bringt Probleme mit sich, für die Arbeiter selbst, aber auch für die aufnehmende Population. Generell ergibt sich die Frage, wie weit sich diese Menschen eingliedern, inwieweit sie ihre kulturelle Identität bewahren wollen oder sollen. Es ist dies der Problembereich der Assimilation, der Vorgang der mehr oder weniger vollständigen Anpassung, der Übernahme von Traditionen, Normen, Verhaltensmuster. Die Skala reicht von der Adoption einzelner Elemente (Akkulturation; vgl. S.378) bis zur vollständigen Verschmelzung.

Es wurden in den achtziger Jahren mehrere Umfragen durchgeführt. Wenn sie auch mit Vorsicht zu beurteilen sind, so zeigt sich doch, daß die Position der ausländischen Arbeitnehmer in der Bundesrepublik Deutschland immer noch schwach ist (Hoskin 1985). Die Vorurteile lassen sich nur schwer abbauen. Die Ausländer müssen mit einer ständigen Diskriminierung leben. So ist es für sie schwierig, sich zu integrieren. Dabei sind Unterschiede erkennbar; die Italiener und Spanier können – in den untersuchten Fällen (Loll 1985) – sich leichter assimilieren als Portugiesen und Türken. Generell sind die Integrationsprobleme nicht nur auf kulturelle Unterschiede zurückzuführen, sondern auch darauf, daß die meisten Ausländer niedrigeren Einkommensgruppen angehören als die deutschen Bewohner, so daß das Problem der sozialen Schichtung hier verstärkend wirkt.

Esser (1981) und Leitner (1983) verknüpften bei ihren Interviews die Umweltgegebenheiten – Lage in der Stadt, Wohnbedingungen im Stadtviertel, Bausubstanz etc. – und persönliche Eigenschaften der befragten (Bildungsstatus, ursprüngliche Herkunft von Stadt oder Land, Berufsausbildung im Heimatland, interethnische Kontakte, Identifikation, Religion, Sprachkenntnisse, Dauer des Aufenthaltes etc.). Anscheinend sind die persönlichen Eigenschaften und Fertigkeiten z.B. für eine Integration in die Gesellschaft des Gastlandes wichtiger als die Umweltbedingungen wie Nachbarschaft oder Zustand des Hauses (vgl. auch S.437f).

Das Verhältnis zwischen Majorität und Minorität, zwischen der Aufnahmegesellschaft und den Immigranten läßt sich in verschiedener Weise gestalten. Bayaz und Weber (1984) stellten eine Sequenz zwischen völliger Separation und völliger Assimilation auf und sahen darin einen „historisch-wechselseitigen Prozeß, der einer eigenständig-reversiblen Gesetzmäßigkeit folgt" (S.165):

1) Anfangsstadium:
Die Minoritäten stehen außerhalb der Aufnahmegesellschaft.

2) Separierung, Ghettobildung:
Gegenwärtige Phase in der Bundesrepublik Deutschland; die Doppelstrategie heißt „Integration" bei gleichzeitiger Rückkehrförderung und Ausgrenzung.

3) Kulturautonomie:
Kulturelle Autonomie bei rechtlich-gesellschaftlicher Gleichstellung („Salad-Bowl").

4) Kultureller Pluralismus:
Gegenseitiger Einfluß von Majorität und Minorität durch Austausch von verschiedenen Normen und Werten. Bedarf der Toleranz von beiden Seiten.

5) Assimilation:
Die Immigranten sind ganz in die Aufnahmegesellschaft aufgegangen („Schmelztiegel"), enkulturiert (vgl. S.394f).

Besondere Aufmerksamkeit verdient im Hinblick auf die Situation der ausländischen Arbeiter in der Bundesrepublik das 2.Stadium, das die Ghettobildung begründet (vgl. S.517f). Ghettobildung – wenn sie nicht mit einer Verelendung verbunden ist (vgl. S.472f) – muß nicht negativ beurteilt werden. Solidarität unter den ausländischen Gastarbeitern setzt „unter den Bedingungen des sozialen Stresses … die Grenzziehung" voraus (Elwert 1984, S.54 f.). Solidarität läßt sich durch drei Zusammenhänge charakterisieren, nämlich:

1) Zusammenhang von Selbstbewußtsein und Binnenintegration; ohne Vergleich, ohne Anerkennung, Bewertung, Korrektur durch andere geht Selbstbewußtsein verloren. Voraussetzung ist eine gleiche Basis der Gruppe, gleiche kulturelle Identität und gleicher sozialer Status.

2) Vermittlung von Alltagswissen; die Kenntnis, um mit Behörden umzugehen, mit Vermietern etc., ist für das Überleben notwendig. Unter Gleichgesinnten läßt sich dieses Alltagswissen problemlos vermitteln; so wird die Selbsthilfe durch binnenintegrierte Strukturen erheblich erleichtert.

3) Konstituierung der Immigranten als pressure-group; Probleme werden auf diesem Wege spezifischer formuliert, die Kommunikation wird strukturiert. Dies bedingt auch nach außen klare Konturen des Willens, erhöht die Durchsetzungsfähigkeit der Betroffenen. So können Interessen verhandelbar gemacht werden.

Wichtig ist auf der anderen Seite, daß Ghettos gewaltfreie Räume sind, daß sie nicht zur Bildung sozialer Isolate innerhalb der Immigrantengemeinschaft führen. Die Kultur der Immigranten muß ein lernfähiges System bilden.

Als besonders vordringlich für eine Eingliederung von Arbeitsmigranten postulierte Hill (1984) eine Verbesserung des Spracherwerbs im Rahmen der kognitiven Assimilation, des Berufsstatus im Rahmen der strukturellen Assimilation und des interethnischen Kontaktverhaltens im Rahmen der sozialen Assimilation; er entwickelte Modelle, die die Kausalstruktur verdeutlichen. Als Determinanten fand er Alter, Bildung, Segregationsgrad, Aufenthaltsdauer, Diskriminierung etc. Er untersuchte Italiener, Jugoslawen und Türken näher. Um hier erfolgreich sein zu können, müssen die ökonomische Situation, der juristische Status der Migranten und das Verhalten der autochthonen Bevölkerung in der Bundesrepublik günstig sein. Hill sah hier Schwierigkeiten, da die Bundesrepublik droht, sich in eine ethnisch-geschichtete Gesellschaft zu entwickeln.

Ganz konkret und aktuell sind folgende Probleme zu lösen (Herbert 1986, S.222 f.):

1) Die Wohnsituation ist zu verbessern. Die Gastarbeiterfamilien wohnen meist in Vierteln zusammen; stellenweise – so in Berlin, München, Frankfurt, Mannheim – bilden sich Konzentrationen, die man freilich noch nicht als Ghettos bezeichnen kann (vgl. S.517f). Die Wohnungen sind meist sanierungsbedürftig. Eine Sanierung würde aber die Mieten hochtreiben, so daß erhebliche staatliche Unterstützung notwendig wäre.

2) Arbeits- und Ausbildungsplätze müssen bereitgestellt werden. Der Anteil arbeitsloser Ausländer liegt höher als der einheimischer; dies ist strukturbedingt, denn die Arbeitsplätze, die von ausländischen Arbeitskräften eingenommen werden, sind besonders gefährdet. Ausländer sind nur schwer vermittelbar.

3) Der Ausbildungsstand der Jugendlichen ist – verglichen mit dem der Jugendlichen in den Heimatländern zwar gut, verglichen aber mit dem der deutschen Jugendlichen immer noch – niedrig. Dies erschwert die Integration in Deutschland. Andererseits finden sich die Jugendlichen auch in den Heimatländern nicht mehr zurecht, so daß sie besonderer Fürsorge in Deutschland bedürfen.

4) Das Verhältnis zwischen Deutschen und Ausländern ist meist schwierig, umso schwieriger, je schlechter die Wirtschaftssituation ist. Ein Beispiel bietet heute die Aggresssivität mancher Jugendlicher gegen Ausländer, vor allem im Gebiet der ehemaligen DDR.

Für viele ausländischen Arbeitergruppen ist ein Anwachsen des ethnischen Bewußtseins zu verzeichnen. Dies zeigt sich auf organisatorischer Ebene, es formieren sich Interessenverbände und Gemeinschaften, die sich politisch artikulieren können. So fand es Jaakkola (1985) bei den in Schweden lebenden Finnen; aber auch bei den in Deutschland lebenden ausländischen Arbeitern wächst das Gefühl für eine eigene kulturelle Identität. Sie versuchen, die Sprache zu pflegen, die Kultur und Folklore wachzuhalten. Ein Überleben dieser Arbeiter erfordert eine kulturelle Eigenbesinnung der Ausländer selbst sowie eine verstärkte Unterstützung seitens des Staates. Vor allem müssen Hilfen bei der Wohnungsbeschaffung, der Ausbildung und der Arbeitsvermittlung geleistet werden (Bayaz, Damolin und Ernst, Hrsg., 1984).

Für die jugoslawischen Gastarbeiter in Wien stellte Lichtenberger (1984b) eine Unsicherheit fest, die sich daraus ergibt, daß diese Gastarbeiter nicht klassische Einwanderer sind, sondern zum großen Teil nur als Zeitwanderer betrachtet werden können. In Deutschland ist, wie gesagt, die Situation etwas anders. Für das Gros der Menschen kommt eine Rückwanderung kaum in Betracht. Die Probleme wachsen hier, wenn nicht eine eindeutige Ausländerpolitik Platz greift. Die Unsicherheit zwischen den Polen „Vorübergehender Arbeitsaufenthalt“ und „Einwanderung“ mit Annahme der Staatsbürgerschaft sollte bald beseitigt werden. Die Entwicklung läuft in Deutschland auf volle Integration hinaus. „Die Ausländerpolitik wird sich auf diese Entwicklung ... einzustellen haben, und je früher und differenzierter sie dies tut, um so eher werden politische und soziale Friktionen und Kollisionen zu vermeiden sein“ (Herbert 1986, S.235).

Kolonisationsprozesse (Außenkolonisation)

Führen Wanderungen ausländischer Arbeiter gewöhnlich in den ökonomisch intensiv genutzten Zentralraum der Kulturpopulation hinein und erhöhen dort die Bevölkerungsdichte, so sind Außenkolonisationsprozesse nach außen gerichtet. Jeder „Hochkultur“-Population ist ein Expansionsdrang eigen, der sich in Außenkolonisation äußern kann. Häufig erfolgt die Ausbreitung kriegerisch, wie beim Islam im 7. und 8. Jahrhundert (Schmitthenner 1938/51, S.38 f.), oder bei den Kreuzzügen. In diesen Fällen ist vor allem die Religion mit ihrem missionarischen Impuls die treibende Kraft (vgl. S.377). Im einzelnen aber besitzen Kolonisationen unterschiedliche Zielsetzungen. So kann man zwischen Handels-, Herrschafts-, Wirtschafts- und Siedlungskolonisation unterscheiden (Hettner 1915), wobei die Siedlungskolonien jene Räume sind, die realiter bevölkert wurden.

Der Europäisierung der Erde (Abb.34; vgl. S.404) hat viele Motive gehabt. Am Anfang spielte die Mission eine wichtige Rolle, aber ebenso bedeutend waren wirtschaftliche Motive. Siedlungskolonisation ist fast immer sozioökonomisch motiviert, wirtschaftliche, auch politische Zwänge oder religiöse Wünsche treten im Einzelfall zusätzlich hervor. Bei ökonomisch begründeter Siedlungskolonisation soll durch die mit der Vergrößerung des Wirtschaftsterritoriums verbundene Steigerung der Lebensmittelproduktion bei

Bevölkerungsdruck im Mutterland eine Entlastung des Systems herbeigeführt werden. Kolonisationen dieser Art sind gewöhnlich mit Intensivierung des Anbaus auch im angestammten Lebensraum selbst verbunden. Die Zusammenhänge von wirtschaftlichen Lagen und Kolonisationsschüben konnte Sandner (1984) im westkaribischen Raum aufzeigen.

Obwohl Außenkolonisation im Rahmen der Kulturpopulationen gesehen werden muß, gehen die Initiativen von Staaten aus, werden politisch gelenkt. Bei Siedlungskolonisationen werden Personen und Personengruppen aus dem Mutterland abgeworben oder zwangsrekrutiert, so z.B. im hohen Mittelalter bei der deutschen Ostkolonisation. Als die Siedler aus Altdeutschland – im allgemeinen auf friedliche Weise – in den Osten zogen, um dort zu siedeln, bestanden zunächst nur kleine Populationen – Familien, religiöse oder politische Gruppen –, die untereinander kaum organisatorische Verbindungen besaßen. Die Niederlassung selbst wurde aber von Unternehmern geplant und organisiert, und in den folgenden Phasen des Landesausbaus und der Verwaltungskonsolidierung bildeten sich neue Volksgruppen heraus, die Brandenburger, Schlesier, Pommern usw. Ähnlich friedlich und vielgestaltig vollzog sich seit etwa dem 10.Jh. die chinesische Agrarkolonisation in Südostasien (Hill 1988).

Mit der Kolonisation sind Akkulturationsprozesse verbunden. Bitterli (1986) unterschied zwischen Kulturberührung, Kulturzusammenstoß und Kulturbeziehung. Kulturberührung ist ein in seiner Dauer begrenztes erstmaliges oder mit großen Unterbrechungen erfolgendes Zusammentreffen von Europäern mit Vertretern einer überseeischen Kultur (S.17). Sie kann in Kulturzusammenstoß umschlagen, wenn Brutalität und Diskriminierung hinzukommen, wenn die Berührung kriegerisch vor sich geht. Der Sklavenhandel ist z.B. Ausdruck eines Kulturzusammenstoßes. Kulturberührung und -zusammenstoß können zur Kulturbeziehung werden; darunter versteht Bitterli „ein dauerndes Verhältnis wechselseitiger Kontakte auf der Basis eines machtpolitischen Gleichgewichts oder einer Pattsituation" (S.42). Beispiele sind Handel, friedliche Mission etc. Bitterli versuchte, die Kulturkontakte im Rahmen der Europäisierung der Erde nicht nur aus der Perspektive der Europäer, sondern auch aus der der Einheimischen zu verstehen.

Flucht und Vertreibung

Gewaltsame Bevölkerungsverschiebungen sind häufig mit Kriegen verbunden. Insbesondere sind hier Flucht und Vertreibung zu nennen. Diese Problematik hat von geographischer Seite schon früh durch Schlenger (1953) Beachtung gefunden, doch hielt sich in der folgenden Zeit die geographische Forschung in dieser Frage zurück.

Flüchtlinge sind Menschen, die – nach eigener Entscheidung – aufgrund von Kriegshandlungen oder politischem Druck ihr Heimatland verlassen, ihre Staatsangehörigkeit aber beibehalten. Beispiele bieten die Kroaten und Serben, die zur Zeit (1991/92) vor den Kriegshandlungen in ihrer Heimat fliehen. Vertriebene oder Heimatvertriebene haben auf staatliche Anordnung ihr Land verlassen müssen; hierher zählen vor allem die Deutschen der ehemaligen deutschen Ostgebiete im heutigen Polen, der Sowjetunion, der Tschechoslowakei (Frantzioch 1987, S.82).

Aber bereits vor dem Zweiten Weltkrieg haben Millionen von Menschen in Europa ihre Heimat verlassen, Griechen, Türken, Bulgaren, im Gefolge des Balkankrieges 1912/13 und den Zwangsumsiedlungen nach dem Ersten Weltkrieg, Armenier (vor allem aus der Türkei um 1915), Deutsche (aus Polen), Russen (Flucht vor den Bolschewisten). Der Zweite Weltkrieg löste dann eine Welle von Flucht und Vertreibung aus, wie es sie vorher noch nicht gegeben hat. Schwind (1972, S.411) schätzt die Gesamtzahl dieser Menschen in Europa, Palästina, Süd- und Ostasien auf über 60 Millionen, nicht gerechnet die Kriegsgefangenen oder Evakuierten.

Heute richtet sich das Augenmerk auch auf die Flüchtlingsströme in der Dritten Welt, wo die Menschen vor Krieg, Verfolgung und Hunger ihre Heimatländer verlassen. Nach Unterlagen der UNO und des US-Komitees für Flüchtlinge gab es Ende 1985 über zehn Millionen Flüchtlinge im Exil. Hinzu kommen mehrere Millionen Menschen, die als Flüchtlinge oder aus dem eigenen Lande Vertriebene zu betrachten sind (Rogge, Hrsg., 1987, S.4 f.). Ein Beispiel: In Pakistan leben z.Zt. ca. 3 Mio afghanische Flüchtlinge, unter der Obhut des UN-Hochkommissars für das Flüchtlingswesen, in zahlreichen Lagern, die vornehmlich entlang der afghanischen Grenze angelegt wurden. Das seinerseits arme Pakistan wird finanziell unterstützt und auf verschiedenem Wege gefördert, damit es diese Belastung tragen kann. In und um die Lager hat sich eine Art Ersatzwirtschaft entwickelt, die den Menschen mit dem Nötigsten versorgt, Nahrungsmittel, Heizung, Kleidung (Wiebe 1985), aber auch Kriegsgerät der verschiedensten Art für die „Flüchtlingskriegergemeinschaft". Die Menschen haben sich Gemeinschaftseinrichtungen geschaffen, Bildungsinstitute, religiöse Zentren, Einkaufsmöglichkeiten etc. Dennoch bleibt alles Provisorium. Ob und wie die Situation sich wieder normalisiert, hängt von verschiedenen Variablen ab (Wood 1989): Von der Zahl der rückkehrwilligen Menschen, von der militärischen und staatlichen Stabilität, von infrastrukturellen Bedingungen und der landwirtschaftlichen Produktivität. Die meisten Flüchtlinge wollen zurück in ihre Heimat, obwohl gerade diese Gebiete besonders stark unter den Kriegshandlungen gelitten haben, noch heute stark vermint sind. Die Planungen der Repatriierung haben sich danach zu richten, wo die – von internationalen Organisationen kommenden – Geldmittel am besten angelegt werden können. Zunächst müssen insbesondere die Dörfer wieder aufgebaut, die Bewässerungssysteme repariert, Getreide eingesät und das Marktsystem wieder eingerichtet werden.

Zur Gestalt der Kulturpopulation als Sekundärpopulation

Abgesehen von den natürlichen Bevölkerungsbewegungen werden Kulturpopulationen durch Wanderungen, Akkulturations- und Assimilationsprozesse sowie Kolonisationen, Flucht und Vertreibung gestaltet; die Kontrolle erfolgt durch die religiösen Institutionen, dann aber auch durch politische und ökonomische Prozesse, die ihrerseits durch die Religion ihre kulturspezifische Ausprägung erhalten. Die religiösen Zentren sind hierbei z.T. von herausragender Bedeutung. Im christlichen Abendland gingen bis zum Mittelalter von Rom mit dem Sitz des Papstes, im mohammedanischen Orient von Arabien aus die entscheidenden Impulse für die Entwicklung der Kulturpopulationen (übersichtlich dargestellt von H. Schmitthenner 1938/51; Noss 1949/74; Ling 1968/71).

Viele Kulturpopulationen weisen im geistigen Zentrum auch die höchsten Bevölkerungsdichten auf; denn hier ist meist auch die Wirtschaft am höchsten entwickelt. In Europa verlagerte sich das Zentrum der Kulturpopulation mit dem Beginn der Neuzeit – vielleicht im Zusammenhang mit der Trennung von Religion und Ökonomie – nach Norden. In den Zentralräumen der Kulturpopulation ist die Arbeitsteilung am weitesten fortgeschritten, sind die höchsten Wirtschaftsstufen erreicht, d.h. es ist auch die Tragfähigkeit am größten (vgl. S.335f). Vom Zentrum zur Peripherie hat sich ökonomisch und meist auch in der Bevölkerungsdichte ein Intensitätsabfall herausgebildet (z.B. Fischer 1928).

Selbst innerhalb der Staaten sind die wirtschaftlich wichtigeren Räume auf das Zentrum der Kulturpopulation ausgerichtet, besonders erkennbar dort, wo die Länder am Rande liegen. Z.B. liegen die Industrieräume in den meisten europäischen Ländern in den dem intensivst genutzten Zentralraum zwischen Paris – Mittelengland – Kopenhagen – Leipzig – Frankfurt/Main am nächsten gelegenen Gebieten (wobei freilich auch klimatische Gründe eine Rolle mitspielen mögen; v.Valkenburg und Huntington 1935, S. 23 f., 115).

Im Zuge der kulturellen Evolution (vgl. S.367f) hat die europäische Kulturpopulation sich zur treibenden Kraft in der Menschheit als Population entwickelt. Die Entwicklungsländerproblematik wurzelt nicht zuletzt in diesem Kern-Peripherie-Verhältnis (vgl. S.357f). Vielfältig sind die die Populationen verklammernden Institutionen. Die sog. Weltwirtschaft ist eine solche Klammer für die weltweit expandierende europäisch-nordamerikanische Kulturpopulation. Auch für die älteren Kulturpopulationen ist ein weites von Handelsbeziehungen gebildetes Umland charakteristisch; ihm werden bedeutsame Wirkungen im Hinblick auf die Ausbreitung der Kulturpopulation selbst zugeschrieben. Handel, Militär und Politik beeinflußten sich meistens gegenseitig (z.B. Webb 1975).

3.2.2 Institutionen und Prozesse im Rahmen der Menschheit als Art

3.2.2.1 Institutionalisierung der Aufgabe (Induktionsprozeß: *Adoption)

Magie und Religion als Basisinstitutionen

Religion berührt natürlich nicht nur die ökonomische Seite differenzierter Populationen, der Hochkulturen, sondern auch die generell menschliche Seite, das Umgehen der Individuen miteinander. Insofern ist sie auch als Institution im Rahmen der Menschheit als Art zu deuten. Im Vorfeld der Religion – und der Wissenschaft (vgl. S.363f) – kann man die Magie betrachten. Sie kann als Institution gewertet werden, die wie die Religion das Wesen der Menschen prägt. Die Magie versucht, rational nicht erfaßbare Vorkommnisse auf übernatürliche Kräfte zurückzuführen und diese zum eigenen Vorteil zu beeinflussen. Hierbei sind Rituale und Symbole meist unverzichtbar. Als Spezialisten spielen in wenig differenzierten Gesellschaften dabei Schamanen und Priester eine zentrale Rolle (Harris 1987/89, S.205 f.).

Die „übernatürlichen" Kräfte werden vielfach mit dem Göttlichen in Verbindung gebracht und haben so eine integrative Kraft für die Population. Dux (1982, S.167) schreibt: „Führt man sich vor Augen, daß religiöse wie magische Praktiken der gleichen Logik entstammen, dann kann nicht zweifelhaft sein, daß sie für die religiös-magischen Praktikanten keine Verhaltensweisen waren, deren Bedeutungsinhalt prinzipiell verschieden war".

Die Magie durchdringt, mehr noch als die Religion, das Denken und Handeln der Menschen, bestimmt den Kanon der Werte und Normen. Sie definiert, was für die Menschen für das Überleben der Population nötig oder verwerflich ist. Petterson (1957/78, S.321) meint: „ ‚Religion' schließt immer, genau wie ‚Magie', ein Element des Bedürfnisses ein... Mittels verschiedener Riten – ob wir sie nun ‚magisch' oder ‚religiös' nennen – erwartet der Mensch Befreiung aus schwierigen Lebenslagen, aus Krankheit und Tod und eine Garantie für einen glücklichen Verlauf des Lebens". Und zusammenfassend (S.323): „Die wissenschaftliche Diskussion über die Beziehung zwischen ‚Magie' und ‚Religion' ist eine Diskussion über ein künstliches Problem, das dadurch erzeugt wurde, daß man ‚Religion' anhand des idealen, christlichen Grundmusters definierte".

Religion (wie bereits angeführt; vgl. S.374f) und Magie äußern sich in der Praxis in der Glaubenslehre, in Riten und in Normen für das Verhalten.

3.2.2.2 Durchführung der Aufgabe (Induktionsprozeß: *Produktion)

Mythologie und kultische Aktivitäten

Über die Bedeutung von Mythen und Riten in differenzierten Gesellschaften wurde bereits gesprochen (vgl. S.374f), so daß wir nicht näher darauf eingehen müssen. Die Mythologie in wenig differenzierten Gesellschaften ist noch eng mit der Umwelt, mit Pflanzen, Tieren, Felsen, Gewässern, mit Witterung und Gestirnen verknüpft. Die Menschen sehen sich als Teil der Natur. Die kultischen Veranstaltungen – z.B. rituelle Tänze, z.T. verbunden mit Feldumzügen – in wenig differenzierten Populationen sind gewöhnlich mit den praktischen Aufgaben der Population zu sehen; sie beziehen sich konkret auf die Ökonomie. Andere Themen bilden Fruchtbarkeit und Krieg, umfassen also ein breites Spektrum der Lebensrealität. Sie stehen vielfach eng in Verbindung mit dem Arbeitskalender der Bevölkerung (für die Pueblo-Indianer: Ford 1972; generell: Mowinckel 1953, S. 58; K.E. Müller 1973/74, S.70 f.). Die Rückkoppelung von den kultischen Aktivitäten auf die Arbeiten in den übrigen Aufgabenbereichen ist in den animistischen Religionen noch unmittelbar.

Die undifferenzierten Populationen haben durch ihren direkten Kontakt mit der Erde und den Naturereignissen ein ganz anderes Verhältnis zur Umwelt als die Populationen in differenzierten Industriegesellschaften. Jene leben „in einem geheiligten Kosmos", „haben teil an einer kosmischen Sakralität, die sich ebenso in der Tierwelt wie in der Pflanzenwelt manifestiert" (Eliade 1957/85, S.19). Ein Mensch der modernen Gesellschaft lebt dagegen in einem „entsakralisierten Kosmos". Schamanen und Männergeheimbünde sind häufig der Fruchtbarkeit, der Jagd, dem Feldbau, dem Heilen, dem Krieg und anderen Problembereichen gewidmet (für die Puebloindianer Ellis 1964), d.h. die Institutionen sind sachlich gegliedert.

Durch Übergangsriten – bei Geburt, Eintritt ins Erwachsenenalter, Heirat, Tod –, durch Tabus etc. wirken Religion und Magie in das Alltagsleben der Menschen, sowohl in undifferenzierten als auch in differenzierten Gesellschaften.

Normengerechtes und abweichendes Verhalten; Kriminalität

Jede gesellschaftliche Gruppierung bedarf – wie dargelegt (vgl. S.376f) – spezifischer Verhaltensvorschriften oder Normen, die das Miteinander der Menschen regeln. Sie geben eine ethische Zielvorstellung als Orientierungshilfe für das Handeln des Menschen. Durch sie wird geregelt, wie sich die Individuen als Inhaber sozialer Rollen in der Gruppe, der Gemeinschaft, der Population zu verhalten haben. Die Individuen werden so in ihrer Freiheit eingeengt, andererseits ermöglichen Normen das Leben in Gruppen, was seinerseits für das Überleben der Art entscheidend ist. Die Normensysteme erhalten durch Wertsetzungen ihr Gerüst, sittliches Handeln mißt sich an ihnen.

Angemessen verhält sich das Individuum, wenn es sich entsprechend den sozialen Normen verhält. Völlig konform, in dem Sinne, daß das Individuum nur seine Rollen spielt, kann andererseits auch kein Mensch leben. Der Homo sociologicus ist ein fiktives Strukturerlement, das in der Gesellschaft seine Position besitzt, dessen Handeln von Erwartungsbeziehungen vorgegeben wird; die Gesellschaft ist unabhängig von einzelnen Menschen gestaltet. Diese Gesellschaft gibt es so nicht (Dahrendorf 1958/64; Hartfiel und Hillmann 1972/82, S.311 f.). Die Menschen sind nicht nur auf Anpassung orientiert, auch nicht in einer modernen Massengesellschaft, sondern nutzen ihren Spielraum in ihrem sozialen Handeln. Darüber hinaus gibt es von Population zu Population Unterschiede in der Definition der Normen.

So ist sozial angemessenes Verhalten nur unscharf definierbar, und andererseits wundert es nicht, daß sozial abweichendes Verhalten vieles beinhalten kann; es kann z.B. Alkoholismus, Prostitution und Selbstmord (vgl. dazu die umfassende Studie von Hard 1988) umschließen, in verschiedenen nichtchristlichen Kulturen sogar psychische und körperliche Gebrechen. In höher differenzierten Gesellschaften ist natürlich vor allem das Verbrechen als Abweichen von der sozialen Norm zu sehen. Aber auch hier gilt, eine allüberall gültige Definition von Verbrechen kann es nicht geben, da jede Gesellschaft zwischen sozialverträglich und kriminell ihre eigenen Grenzen zieht.

Aus sozialwissenschaftlicher Sicht (J. Maier 1969/72, S.888) mag man urteilen, daß Verbrechen als Kollektiverscheinung nichts Pathologisches an sich ist, sondern integrierender Bestandteil jeder funktionierenden Gesellschaft (Durkheim 1895/1979). Seine Existenz wird gleichsam als Preis für ein dynamisches, sich entwickelndes Gemeinwesen gesehen, als Preis, der für die Freiheit des Individuums zu zahlen ist. Verbrechen kann als ein Regulativ für die soziale Ordnung betrachtet werden, das die Grenzen markiert. Aus rechtlicher Sicht ist dies natürlich anders. Der Staat ist Inhaber des Gewaltmonopols, was den Schutz der Bevölkerung vor Verbrechen einschließt. Andererseits genießt auch der Delinquent Schutz; von einem Kriminellen spricht man erst, wenn er

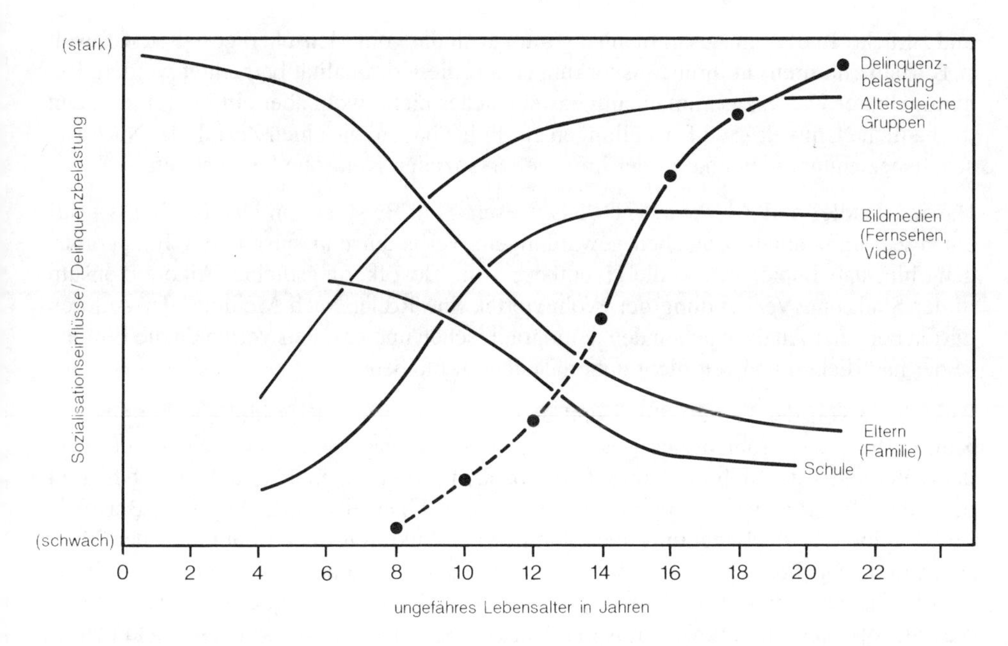

Abb. 29 Sozialisationseinflüsse und Delinquenzbelastungen in den verschiedenen Altersstufen (Modell)
Quelle: Kaiser 1988, S.449 (mit freundlicher Genehmigung des Juristischen Verlages Müller, Heidelberg)

von den Instanzen der formellen Sozialkontrolle (z.B. von den Gerichten) als solcher erkannt worden ist (Schneider 1987, S.81).

Kriminalität ist nicht biologisch oder rassisch bedingt. Die vor allem in den 20er und 30er Jahren versuchten Diskriminierungen dieser Art waren ideologisch bestimmt (Kaiser 1988, S.54 f.; vgl. auch S.418f). Dagegen sind psychische Vorgaben sowie soziale Einflüsse dominant. Verbrechen, soziale Kontrolle und räumliche Strukturen sind im Zusammenhang zu sehen (Lowman 1986; 1989). Die soziale Umwelt ist von großer Bedeutung (Kaiser 1988, S.449 f.), die soziale Schichtung (z.B. Miller 1958/79), aber auch das Alter. Das soziale Bezugsfeld ändert sich mit ihm, die Sozialisationseinflüsse verschieben sich (Abb.29). Typische Verbrechensarten, die bevorzugt mit bestimmten sozialen Gruppen in Verbindung gebracht werden, sind White-Collar-Kriminalität (Aubert 1952/79) und Wirtschaftsverbrechen bei Bessersituierten, Verbrechen in Elendsvierteln, Verbrechen im Umfeld des Drogenkonsums, Jugendkriminalität, Ausländerkriminalität. Gerade die letzten Gruppen signalisieren Sozialisationsprobleme.

In der Kriminologie hat sich als besonderes Forschungsgebiet die Kriminalgeographie etabliert. Sie befaßt sich mit der raum-zeitlichen Verteilung des sozial abweichenden Verhaltens und der Kriminalität in der Welt, in den Städten und Stadtvierteln (z.B. C.F. Schmid 1960/79 am Beispiel Seattle), in ländlichen Gebieten etc. Tatort und Täterwohnsitze sind ihr Gegenstand, aber auch die Verbrechensfurcht (Schneider 1987, S.327 f.), die Auswirkungen der Sozialstruktur der Religion auf die Kriminalität, die Tätermobilität (d.h. die Wege und Bewegungen der Täter von ihren Wohnorten zu ihren Tatorten und zurück). In diesem Zusammenhang muß auch die vom Menschen gestaltete Umwelt (z.B. Baustrukturen) in ihren Auswirkungen auf die Kriminalität betrachtet werden. Ein unmittelbarer Kausalzusammenhang besteht sicher nicht, wohl aber ein indirekter; denn die bauliche Umwelt kann Einstellungen zur Folge haben, die einen Zerfall der Nachbarschaftsbeziehungen und damit der informellen sozialen Kontrolle begünstigen.

Harries, Stadler und Zdorkowski (1984) wiesen – am Beispiel von Dallas (Texas) – auf einen Zusammenhang zwischen gewalttätigem Verhalten und saisonalem Temperaturgang hin; dabei spielen – so die Hypothese – die Bevölkerungsdichte, Alkoholkonsum in der Stadt und Verelendung der Wohnviertel eine Rolle. Nach Meinung der Autoren dürfen bei einer Analyse neben den demographischen und sozialen Variablen die Einflüsse der natürlichen Umwelt nicht unberücksichtigt bleiben.

Ausgehend von der Fragestellung und den Ergebnissen der Kriminologie ging es S.J. Smith (1987) das Problem der Angst vor dem Verbrechen an. Sie betrachtete die Seite der Opfer und Täter in ihrem Umfeld, die sozialen Strukturen in den Städten, hob hierbei besonders die Alten und die Frauen als Opfer heraus. Dabei standen englische Beispiele im Mittelpunkt, die Bedeutung der räumlichen Strukturen, die Einbindung der Menschen in die Nachbarschaft. Die Angst wirkt auf das städtische Leben und die städtische Kultur; die Sozialpolitik und Lokalpolitik ziehen daraus Konsequenzen. „The central message of this review, however, is that fear is the product of diverse causes, and that its alleviation requires no less a variety of stategies. Crime reduction is necessary but insufficient. Complementary measures include environmental improvements, social reforms and political rearrangements" (S.16).

Einen Überblick über die Problematik der Beziehungen zwischen städtischer Umwelt, abweichendem Verhalten und Verbrechen gab aus geographischem Blickwinkel Ch.J. Smith (1988); es wird ein weites Feld abgehandelt, vom Drogenmißbrauch bis zum Verbrechen, von Armut bis zur körperlichen Behinderung, von der Obdachlosigkeit bis zu den Jugendproblemen, vom Widerstand bis zum Selbstmord. Es sind dies Probleme, mit der die Öffentlichkeit konfrontiert wird. Generell zeigt sich, daß der Sozialgeograph vor allem die individuelle Situation im Alltag und die örtliche Lebenswelt in den Mittelpunkt zu stellen hat, das, was der humanistische Ansatz (vgl. S.207f) als „place" betrachtet (Herbert 1989). Z.B. müssen Regionen, in denen gehäuft Verbrechen auftreten, aus sich selbst heraus verstanden werden. Places – als diskrete Gebilde – unterscheiden sich in Werten, Einstellungen und davon abgeleiteten Formen von Verhalten. Sie sind sich unterscheidende subjektive Umwelten, differieren auch im Hinblick auf ihre Anfälligkeit für Verbrechen. Auch die Kriminologie hat dies erkannt.

3.2.2.3 Strukturierung der Kulturpopulation als Primärpopulation (Reaktionsprozeß: *Rezeption)

Enkulturation und kulturell bestimmte Lebensform

Normen und Verhaltensregeln werden durch Enkulturation von der Gesellschaft aufgenommen. Dieser mit der Erziehung in Zusammenhang zu bringende Sozialisationsprozeß (vgl. S.364f) führt zu den kulturell bestimmten Lebensformen. Enkulturation ist so von der Akkulturation zu unterscheiden (vgl. S.378).

Religionsinhalte, Normen und das Wissen um Überlebensstrategien werden weitergegeben, Bildung und Erziehung setzen einen solchen Lernprozeß in Gang. So bilden sich die für die Kultur typischen Denk- und Verhaltensweisen heraus. Sieht man die Erziehung im Vordergrund, so verknüpft man diesen Lernprozeß vor allem mit dem Generationenwechsel. „Enkulturation basiert hauptsächlich auf der Kontrolle, die die ältere Generation mit Hilfe von Belohnungen und Strafen über Kinder ausübt“ (Harris 1987/89, S.21). Erachtet man dagegen die Bildung als wichtiger, so erscheint die Enkulturation eher als ein Aufbauprozeß. „Menschliche Gesellschaften und Kulturen dauern nicht, weil sie von denen, die vor ihnen leben, an die nachfolgende Generation ‚weitergegeben' werden. Menschliche Kulturen und Gesellschaften dauern, weil die nachfolgende Generation in ihrem Aufbauprozeß unter vergleichbaren Bedingungen die gleiche Richtung einschlagen und die Eigentümlichkeit schon konstituierter Welten als Realitäten vorfinden und verarbeiten muß“ (Dux 1982, S.71). Die unterschiedlichen Lebenswelten erweisen sich als unterschiedliche Entwicklungen der Ausgangslagen.

Im Gewissen oder auch im Verstand oder im Gefühl des Einzelnen erfahren die Normen ihre persönliche Fixierung. Im Verhalten und im Handeln findet die ethische Grundperspektive ihren intersubjektiven, sozialen Ausdruck. Auf diese Weise erhalten die großen Gruppierungen ihre Eigenart, werden von anderen unterscheidbar.

So gelangt man zu dem Begriff der vom Individuum her kulturell bestimmten Lebensformgruppe als Eigenheit der Menschheit als Art. Die Verhaltensforschung faßt unter Lebensformgruppen jene Lebensweisen zusammen, die gleiche Überlebensstrategien entwickelt haben (Eibl-Eibesfeldt 1976, S.260), die spezifische Art, das Leben zu gestalten, sich in die Umwelt einzuordnen.

Lebensformgruppen lassen sich von „unten“, vom Menschen und seiner Lebenswelt her begreifen. Spranger (1914/66) verstand – aus der Sicht des Psychologen – unter Lebensform „die idealtypischen Strukturen der subjektiven Wertrichtung und der historischen und gesellschaftlichen Wirklichkeit mit ihren objektiven Wertgebilden und den ihnen entsprechenden Kulturgütern“. Curry (1989, S.284 f.) verwies auf Wittgenstein (vgl. S.100f), der in seinen philosophischen Überlegungen die Sprache auch in diesen Zusammenhang einbrachte; Sprechen erscheint als Teil einer Tätigkeit, einer Lebensform. Sprache und Verhalten sah er als grundsätzlich miteinander verkoppelt an (S.294).

Die Untersuchung der Lebensformgruppen eröffnet den Weg zum Verständnis der Alltagswelt des Menschen (vgl. S.186f). Der Mensch wird als Einheit gesehen, nicht nur als Träger von Rollen – abgesehen von der als Angehöriger der Kulturpopulation. Hier kann an den Kulturbegriff von Greverus (1978/87) angeknüpft werden; die Alltagswelt muß als Lebenswelt verstanden werden, „in der die Handlungen des Menschen nicht mehr unverbunden nebeneinander stehen, nicht ferne und konträre Institutionen Werte feilbieten und diktieren, sondern Handlungen und Orientierungen wieder auf einen für den Menschen verstehbaren und mitgestaltbaren Sinn bezogen sind“ (S.97). Die Lebenswelt erscheint dann als von Lebensformgruppen geprägte und die Lebensformgruppen prägende Umwelt.

Vidal de la Blache führte, wie dargelegt (vgl. S.37f), das Konzept der Genres de vie in die Geographie ein und verstand darunter die Art, sich in der Umwelt einzurichten, eine kulturelle Eigenart zu entwickeln in Anpassung an die gegebenen Naturbedingungen. Auch Waibel (1933a) und Lautensach (1952b) stellten die enge Bindung an den natürlichen Lebensraum heraus, den Zusammenhang Lebensform – Landschaftsgestaltung (vgl. S.86). Dabei handelt es sich um relativ einfach strukturierte, große Gruppierungen, die auch die Landbewirtschaftung besorgen, insofern eng mit der natürlichen Umwelt in Kontakt sind.

Lebensformen lassen sich aber auch auf niedrigerer Maßstabsebene betrachten, und innerhalb der ausgedehnten Industriegesellschaften ist dies auch notwendig. So untersuchte Hahn (1950; 1957; vgl. S.90) anhand vor allem statistischer Daten auf Gemeindeebene konfessionell unterschiedliche Lebensformgruppen in verschiedenen ländlichen Gebieten Deutschlands. Dabei stellte er ganz unterschiedliche soziale Verhaltensweisen – in Bezug auf Kinderzahl, Berufswahl, Teilnahme am Pendelverkehr, Abwanderung etc. – fest. Ein Beispiel einer Untersuchung städtischer Lebensformgruppen im Ruhrgebiet bietet die Untersuchung von Buchholz (1970). Die Art des Wohnens, die Zugehörigkeit zu Berufsgruppen und sozialen Schichten, die Versorgung mit Gütern, das Wahlverhalten, der Grad an Mobilität, die Pendelbeziehungen sind Indikatoren, die Lebensformgruppen definierbar machen.

3.2.2.4 Formung der Kulturpopulation als Primärpopulation (Reaktionsprozeß: *Reproduktion)

Wanderungen und Landnahmeprozesse

Entsprechend der Vielgliedrigkeit der kulturell bestimmten Lebensformgruppen und der nur kleinräumigen Zentrierung vollziehen sich Fernwanderungen im Rahmen der Menschheit als Art nicht – wie bei den Kulturpopulationen als Sekundärpopulationen (vgl. S.382f) – tendenziell zentral-peripher bzw. umgekehrt, sondern diffus, zwischen ähnlichen Lebensformgruppen. Einzel- oder Familienwanderungen aus nichtökonomischen Motiven betreffen Partnerschaftsverhältnisse und haben ähnliche, im Individuellen liegende persönliche Motive. Wanderungen dieser Art werden im allgemeinen nur über kurze Distanzen durchgeführt, z.B. innerhalb von Regionen (vgl. S.492f) oder sie sind in Zusammenhang mit den sozioökonomischen Migrationen zu sehen (vgl. S.470f).

Wichtiger in unserem Zusammenhang sind die Landnahmeprozesse, bei denen ganze Lebensformgruppen ihren Standort verlagern. Während Siedlungskolonisationen – sie sind den Kulturpopulationen als Sekundärpopulationen zuzuordnen (vgl. S.387f) – üblicherweise aus einer großen Zahl von Einzelwanderungen bestehen, unter der Leitung von Staaten oder Völkern vorgetragen werden, wandern bei der Landnahme ganze Populationen, verlassen einen Lebensraum und besiedeln einen neuen. Als Beispiel wurden bereits die Völkerwanderungen der Germanen in den Jahrhunderten vor und nach Christi Geburt erwähnt (vgl. S.331).

Vergleichbare Prozesse finden sich auf der ganzen Erde. Auch von bodenvagen Stämmen, z.B. Sammlern und Jägern sowie Nomaden, kann Land genommen werden. Im

Südwesten der heutigen USA läßt sich die Ankunft der Athapaska-Indianer-Stämme rekonstruieren, insbesondere der Navajos im 15. und 16.Jahrhundert. Sie setzten sich zunächst in Nähe des Hauptsiedlungsgebietes der seßhaften Pueblo-Indianer am Rio Grande-Gebiet an, verschoben im 17. und 18.Jahrhundert ihren Lebensraum nach Westen zu in Richtung auf das Siedlungsgebiet eines separat lebenden Stammes der Pueblo-Indianer, der Hopis. Dabei dehnten die Navajos ihren Lebensraum aus (Hester 1962, S.82 f.).

In dieser Größenordnung gehen Landnahmeprozesse im allgemeinen von nahezu autonomen, wenig differenzierten Populationen aus, Sammlern und Jägern oder Agrarpopulationen. Seltener finden sich auch in stärker differenzierten Gesellschaften Landnahmeprozesse solcher Größenordnung; z.B. kann der Zug der Mormonen in den Westen der USA und ihre Ansiedlung am Großen Salzsee hier angeführt werden. Dieser Prozeß ist aber nur im Rahmen der Besiedlung Nordamerikas zu verstehen, ein Prozeß, der als Kolonisation zu interpretieren ist (Billington und Ridge 1949/82, S.474 f.).

Landnahme ist häufig mit Landaufgabe verbunden (vgl. S.332). Über diese sich oft über Jahrzehnte oder gar Jahrhunderte erstreckenden Migrationen und die Struktur der Populationen während dieser Zeiten wissen wir nur sehr wenig. Auch sind uns die näheren Umstände der Landaufgabeprozesse nicht genügend bekannt. In der Forschung wurde bisher dem Landnahmeprozeß und der zunehmenden Differenzierung der Populationen mehr Aufmerksamkeit geschenkt, da sich die Siedlungen und anderen dauerhaften Anlagen in diesem Sinne besser untersuchen lassen.

Gestaltung der Kulturpopulation als Primärpopulation

Landnahmeprozesse stehen in Zusammenhang mit der Bildung von Primärpopulationen, die wir auch als Kulturpopulationen ansehen müssen. Im Gegensatz zu den Hochkulturpopulationen als Sekundärpopulationen haben wir es bei ihnen mit mehr oder weniger locker zusammengefügten Systemen von unterschiedlichen Lebensformengruppen zu tun, die für sich existieren mögen, z.T. aber auch um höher entwickelte Populationen sich gruppieren. Die Pueblo-Indianer lebten um 1500 vom Feldbau, in festen Dorfbauten. Sie hatten ein hochentwickeltes Priestertum entwickelt, mit ausgeprägtem Kultleben. Sie waren von einer größeren Zahl von Indianer-Populationen umgeben, die als spezialisierte Jäger und Sammler und noch weiter entfernt als Wildbeuter lebten, mit einem ärmer erscheinenden kulturellen Hintergrund – geringerer Vielfalt der Tanzdarbietungen, der künstlerischen Aktivitäten, der Ornamentmuster auf den Gebrauchsgegenständen etc. Aber auch bei den Feldbau treibenden Populationen zeigen sich Ansätze zu einer Zentrenbildung, z.B. der sog. Suntempel im Bereich der Mesa-Verde-Population (Wormington 1947/68, S.94) oder die sog. Casa Grande bei den Hohokam-Indianern (Martin und Plog 1973, S.313) im Südwesten der heutigen USA; die Sinngebung dieser Gebäude ist freilich noch nicht ganz geklärt. In diesen Fällen befanden sich die Anlagen in dichter bevölkerten Arealen solcher kleinen Kulturpopulationen, hatten dementsprechend wohl auch eine gewisse zentrale Funktion.

Auffallend ist, daß sich die Perioden der stärksten Ausweitung in den verschiedenen Stämmen zu verschiedenen Zeiten vollzogen haben (Abb.30). Eine genauere Untersu-

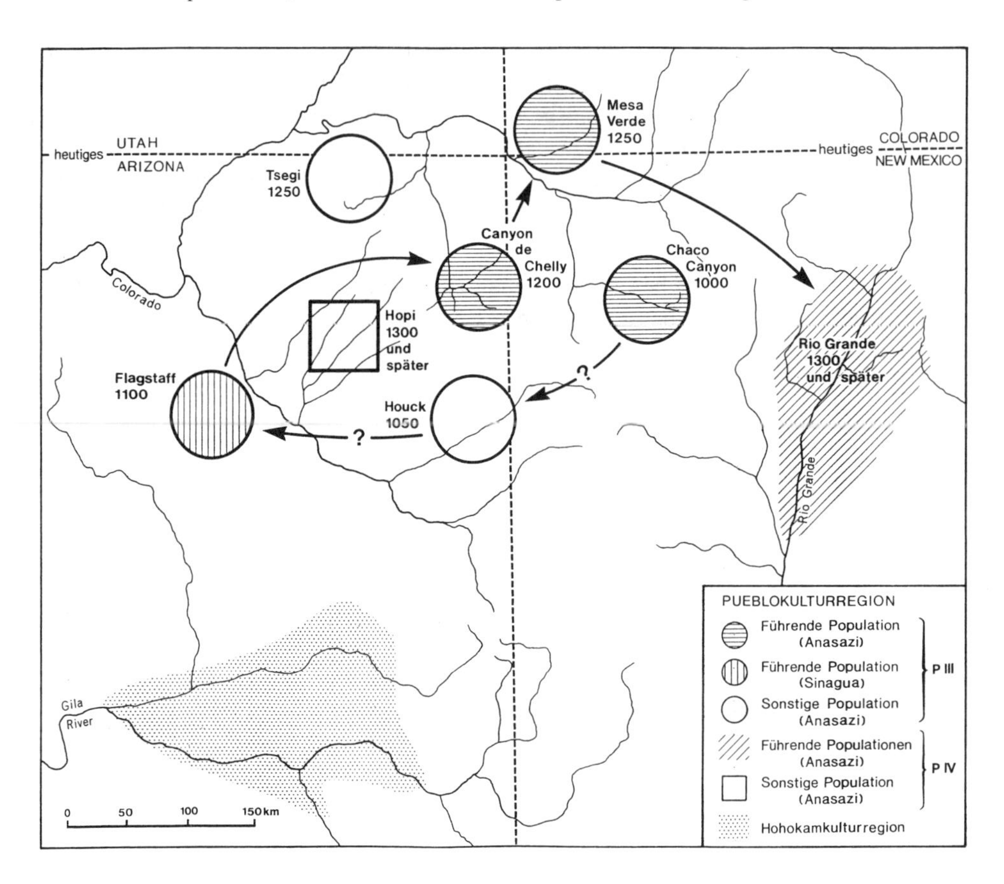

Abb. 30 Die Stämme der Pueblo-Kultur im Südwesten der heutigen USA mit der höchsten Bevölkerungsdichte, mit Pueblobauten und Feldbau zwischen ca. 1000 und 1600 n.Chr. (Rotation)
Quelle: Fliedner 1981, S.173, 281 (dort detaillierter Quellennachweis)

chung zeigt, daß hier eine Regelhaftigkeit erkannt werden kann; in einer etwa ein halbes Jahrhundert währenden Periode zeigte immer eine Population den stärksten demographischen Entwicklungsschub; sie ging von alleiniger Sammel- und Jagdtätigkeit zum Feldbau über und baute große Dorfanlagen, die Pueblos. Nach einigen Jahrzehnten wurden die Bauten wieder verlassen, die Felder verödeten, die Populationen sanken auf das Niveau der Sammler und Jäger wieder herab (für die Hohokam-Indianer z.B. Ezell 1963) oder schlossen sich anderen Gruppen an. Eine andere Population übernahm die Funktion des dominierenden Stammes; so finden wir heute in ganz verschiedenen Gebieten dieser Region Ruinenfelder solcher Pueblos. Wahrscheinlich wird hier eine Rotation (vgl. S.277f) sichtbar, und es sei die Frage erlaubt, ob nicht hierdurch die Kulturpopulation der Anasazi zu einer Einheit verbunden wurde.

Diese kleinen Kulturpopulationen ordnen sich übergeordneten Kulturerdteilen ein, die auch Hochkulturen einschließen mögen (z.B. in Altmexiko). Kulturerdteile zeichnen sich durch Ähnlichkeit im Kodex der Werte und Normen, durch ähnliche Stile in den

Riten, in der künstlerischen Darstellung, in der Kulturlandschaftsgestaltung aus (z.B. in der Formung der Städte, wie sich im Grund- und Aufriß zeigt; z.B. Agnew, Mercer und Sopher, Hrsg., 1984; Eisenstadt und Shachar 1987). Kolb (1962, S.46) definierte: Unter Kulturerdteil wird „ein Raum subkontinentalen Ausmaßes verstanden, dessen Einheit auf dem individuellen Ursprung der Kultur, auf der besonderen Verbindung der landschaftsgestaltenden Natur- und Kulturelemente, auf der eigenständigen und gesellschaftlichen Ordnung und dem Zusammenhang des historischen Ablaufes beruht". Es gibt verschiedene Möglichkeiten der Einteilung von Kulturerdteilen. Newig (1986) unterschied zehn Kulturerdteile: Nord-, Lateinamerika, Europa, Sowjetunion, Orient, Schwarzafrika, Südasien, Ostasien, Südostasien und Australien. Bei diesem Ansatz der Kulturerdteile sah er eine Möglichkeit, die fremden Kulturerdteile aus sich heraus zu verstehen. Die Lebensformen passen sich den örtlichen, regionalen Gegebenheiten an, die Umwelteinflüsse spielen dabei stark mit hinein. Die Religionen geben die Wertorientierungen.

3.2.3 Entwicklung der europäischen Kulturpopulation als Beispiel einer Prozeßsequenz im Zentennienrhythmus

Im Zentennienrhythmus – die Teilprozesse währen etwa 500 Jahre – wird die Hochkulturpopulation gebildet. (Über die theoretischen Grundlagen der Prozeßsequenzen vgl. S.312f sowie Abb.21c, d, und 22a.) Als Beispiel diene die Entwicklung des Abendlandes, also der europäisch-nordamerikanischen Kulturpopulation. In der Zeit zwischen der Antike und heute bildete sich das Verständnis von der Position des Menschen in der Welt heraus. Die Hauptphasen in der Entwicklung sind identisch mit den großen Perioden, die die letzten zweieinhalb Jahrtausende die Geschichte des Abendlandes prägten (Abb.31).

In der griechisch-römischen Antike begann sich durch Kunst, Philosophie und Wissenschaft das Weltbild des Abendlandes zu formen. Vielleicht ist es erlaubt, hier die Perzeptionsphase in der Prozeßsequenz zu sehen (wie bei der Menschheit als Population; vgl. S.352f). Gleichzeitig trat die Entwicklung der Kulturpopulation des alten Orients in ihre Endphase.

Im alten Orient, genauer im Judentum, wurzelt das Christentum, dessen Ausbreitung in den ersten fünf Jahrhunderten unserer Zeitrechnung der stärkste kulturprägende Prozeß gewesen sein dürfte. Der Prozeß bedeutete die Determination (vgl. S.371f); gleichzeitig verlor das römische Weltreich seinen inneren Halt, so daß die Germanenstämme den Zusammenbruch herbeiführen konnten. Im frühen Mittelalter – ca. 500 bis ca. 900 n.Chr.Geb. – konnten die Franken auf der Basis des Christentums eine neue staatliche und gesellschaftliche Ordnung etablieren (Bosl 1971). In der Prozeßsequenz darf man die Periode als Regulationsphase deuten (vgl. S.407f). Gleichzeitig dehnte sich die Kirche in Mittel- und Nordwesteuropa aus, es kam zur Spaltung in eine west- und eine oströmische Kirche. Östlich, südlich und westlich des Mittelmeers drang andererseits der Islam vor (Abb.32). In diesen Jahren wurden stadtähnliche Siedlungen errichtet, die vornehmlich der Verwaltung – z.B. als Bischofs- oder Grafensitze – dienten.

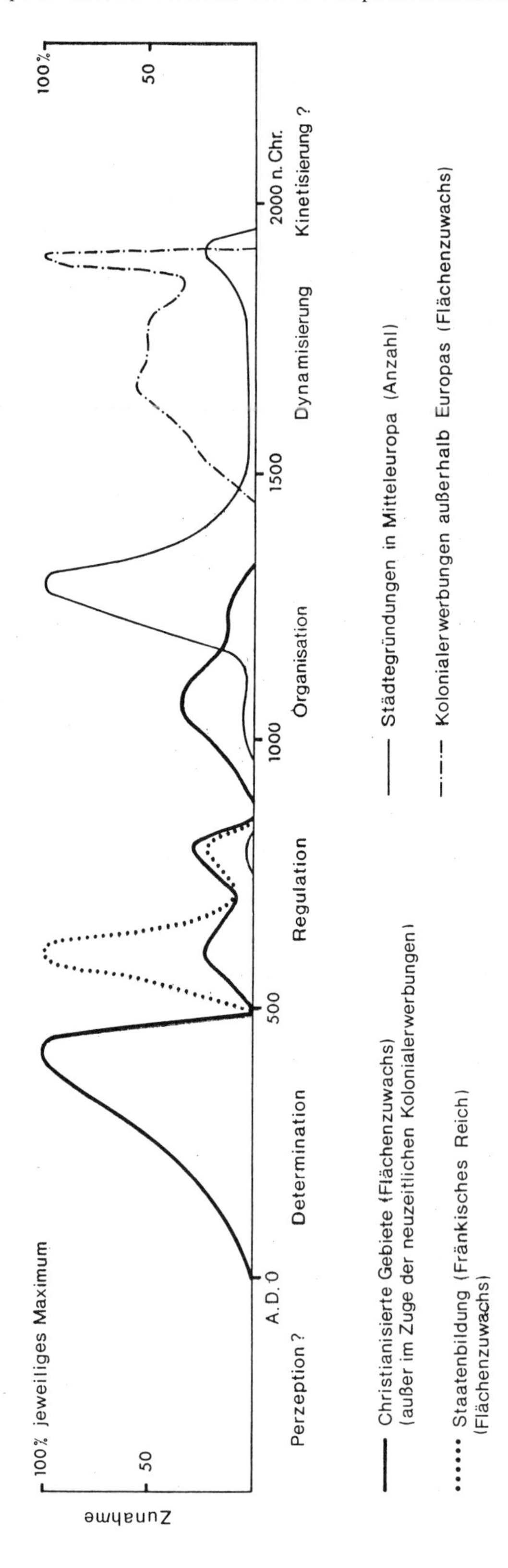

Abb. 31 Für die Entwicklung der europäischen Kulturpopulation wesentliche Innovationen (Maximum der jeweiligen Zuwächse in jeder Kurve = 100) Quelle: Fliedner 1981, S. 191, 280 (dort detaillierter Quellennachweis)

Die Hauptphase der Stadtbildung folgte im hohen Mittelalter, zwischen ca. 1000 und ca. 1400 n.Chr.Geb. Das ganze Populationsgefüge wurde neu geordnet, jede Stadt Mittelpunkt einer ökonomisch weitgehend autonomen Zelle (Fliedner 1974 b), und zwischen den Zellen wurde fast nur mit selteneren Fernhandelsgütern – Salz, Tuche, Metallwaren (z.B. Eisen; Sprandel 1968, S. 83 f.) etc. – gehandelt. Im wesentlichen dürfte damals die Stadtwirtschaft Büchers (1914/71, S. 93 f.) verwirklicht gewesen sein. Im Hinblick auf den Fernhandel hatte sich freilich bereits eine Hierarchie der zentralen Orte entwikkelt (vgl. den Rekonstruktionsversuch von Russel 1972). Das Städtewesen blühte in dieser Zeit, was in zahlreichen Gründungen nach 1150 sowie im Wachstum der schon vorhandenen Städte seinen direkten Ausdruck fand (Stoob 1956, S. 23 f.; Keyser 1958, S. 106 f.; Haase 1960/65). In dieser Zeit wurden große Gebiete in Nord- und Osteuropa für das Christentum gewonnen, die Stadt folgte in diese Räume (Abb.33). Das hohe Mittelalter darf man als Organisationsphase interpretieren (vgl. S.457f).

Im 14. und 15. Jahrhundert änderte sich das Bild. Nun wurde der Fernhandel auch mit Massengütern wichtig. Die Hanse z.B. entwickelte sich nicht zuletzt aufgrund der Ausweitung des Getreidehandels zwischen Ost und West (von Brandt 1963, S. 21 f.; Johanson 1963, S. 48 f.). Die überkommene zellulare Struktur der Wirtschaft brach zusammen; die Städte wuchsen nicht weiter. Die Landwirtschaft im Altsiedelland ging in dieser Zeit zurück, viele Siedlungen, insbesondere auf schlechten Böden, mußten aufgegeben werden (Wüstungsperiode). Eine neue Phase in der Entwicklung der europäischen Kulturpopulation setzte ein, die Neuzeit. Sie war begleitet von Umbrüchen im Weltbild; die Säkularisierung von Kunst, Wissenschaft, Politik und Wirtschaft setzte sich in den folgenden Jahrhunderten durch. Reformation und katholische Reform änderten das religiöse Gefüge (Lutz 1982). Auf dieser geistigen Grundlage konnte sich das Gewerbe entfalten; es erhielt als eigener Wirtschaftssektor ein großes Gewicht (für Deutschland: Kellenbenz 1971, S.414 f.; Zorn 1971, S.536 f.; über die sozialen Implikationen: Zorn 1971, S.486 f., 592 f.). Bergbau, Verhüttung und Verarbeitung von Metallen wurden bedeutsam; Wind- und Wasserkraft erschlossen neue Energienutzungsmöglichkeiten. Im großen Umfange wurde die Holzkohle gewonnen. Die Manufakturen setzten sich durch, u.a. im Textilgewerbe. Rohstoffe wurden zunehmend ausgebeutet und aus anderen Ländern importiert. Die Kolonisierung der Erde weitete die Wirtschaftsbasis erheblich aus (Abb.34; Schmitthenner 1938/51; v.Borries 1986). Man wird diese Periode als Dynamisierungsstadium im Zentennienrhythmus deuten dürfen (vgl. S.507f).

Mit der Industrialisierung setzte ein neuer Teilprozeß ein. Für ihn ist die Steigerung der Produktion kennzeichnend, so daß man ihn als Kinetisierungsstadium in der Kulturentwicklung Europas charakterisieren darf (vgl. S.543f). Der Primäre Sektor verlor, der Sekundäre gewann an Bedeutung (für Deutschland: Kaufhold 1976, S.328 f.; Fischer 1976, S.527 f.; über die sozialen Implikationen Conze 1976, S.436 f.; 611 f.). In der 1.Hälfte dieses Jahrhunderts verlangsamte sich die Zunahme des Sekundären Sektors, und seit der Mitte nahm der Tertiäre Sektor erheblich zu (Fourastié 1949/54; Henning 1974/78, S.32).

Die großen Innovationen des Abendlandes im Zentennienrhythmus gingen von Italien (Übernahme des Christentums im Römischen Reich), vom Rheinland (Franken, Chlodwig), Frankreich (Cluny), Italien (Renaissance) oder Deutschland (Reformation) und

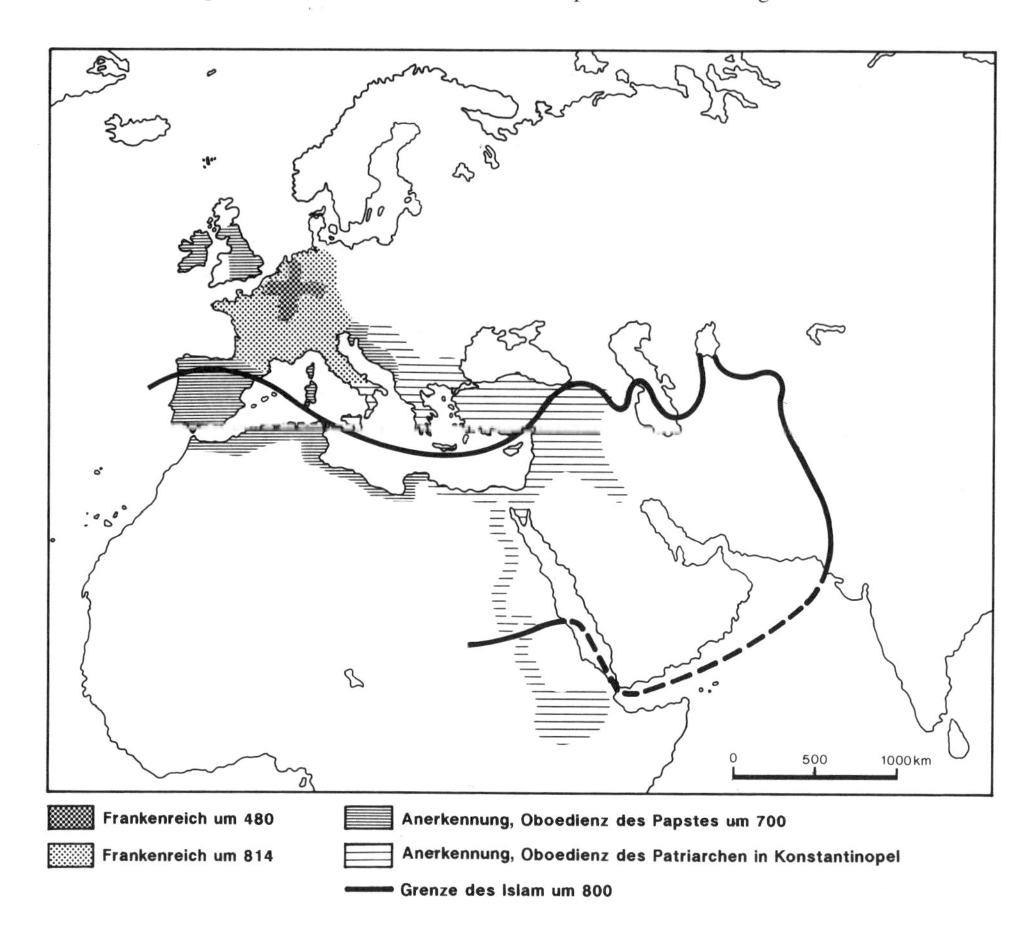

Abb. 32 Regionale Entwicklung der europäischen Kulturpopulation im frühen Mittelalter
Quelle: Fliedner 1987b, S.116, S.122/23 (dort detaillierter Quellennachweis)

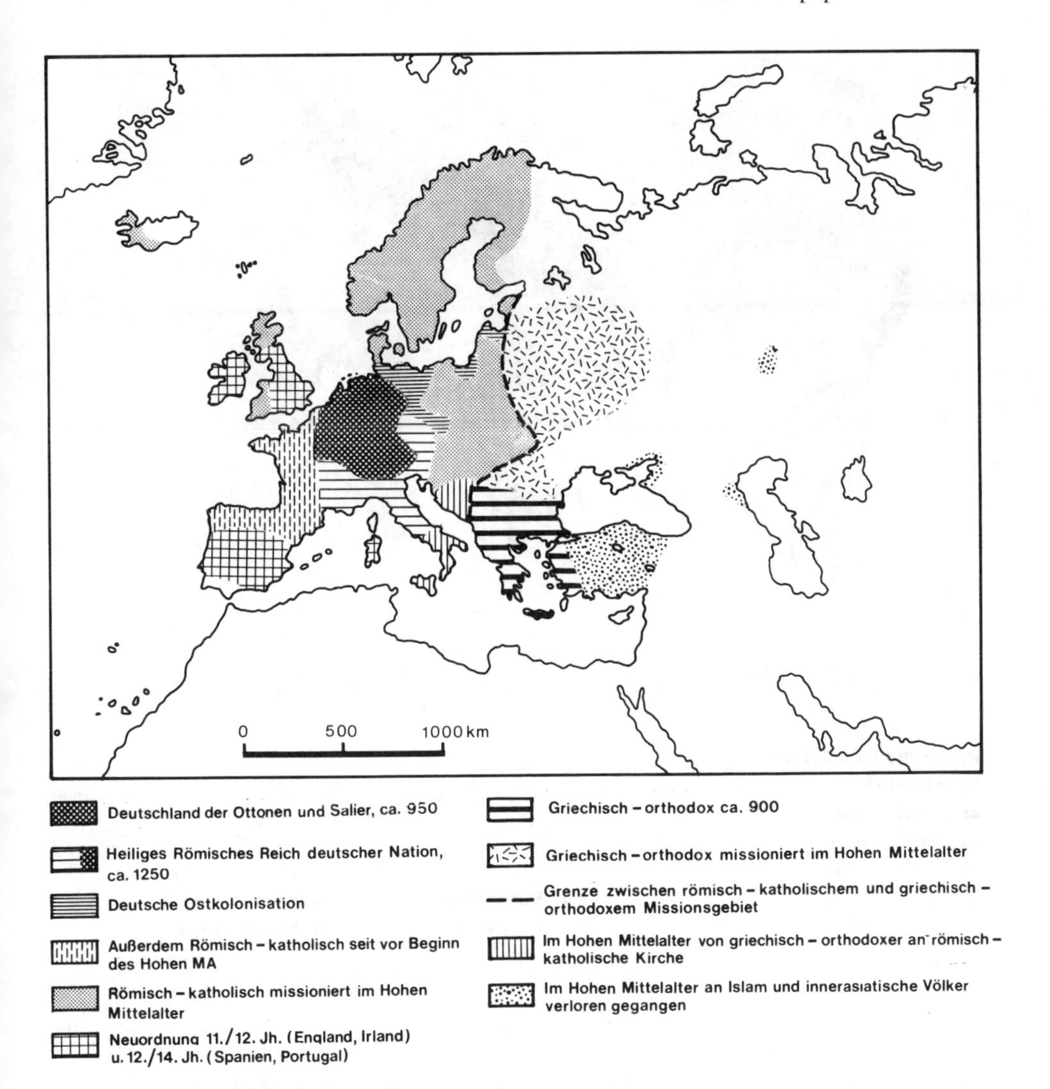

Abb. 33 Regionale Entwicklung der europäischen Kulturpopulation im hohen und späten Mittelalter
Quelle: Fliedner 1987b, S.117, 122/23 (dort detaillierter Quellennachweis)

England (Industrialisierung) aus. Auch sind die wichtigsten Weltanschauungen vornehmlich von diesen Ländern ausgegangen. Es äußert sich hierin vielleicht eine Rotation der Innovationszentren.

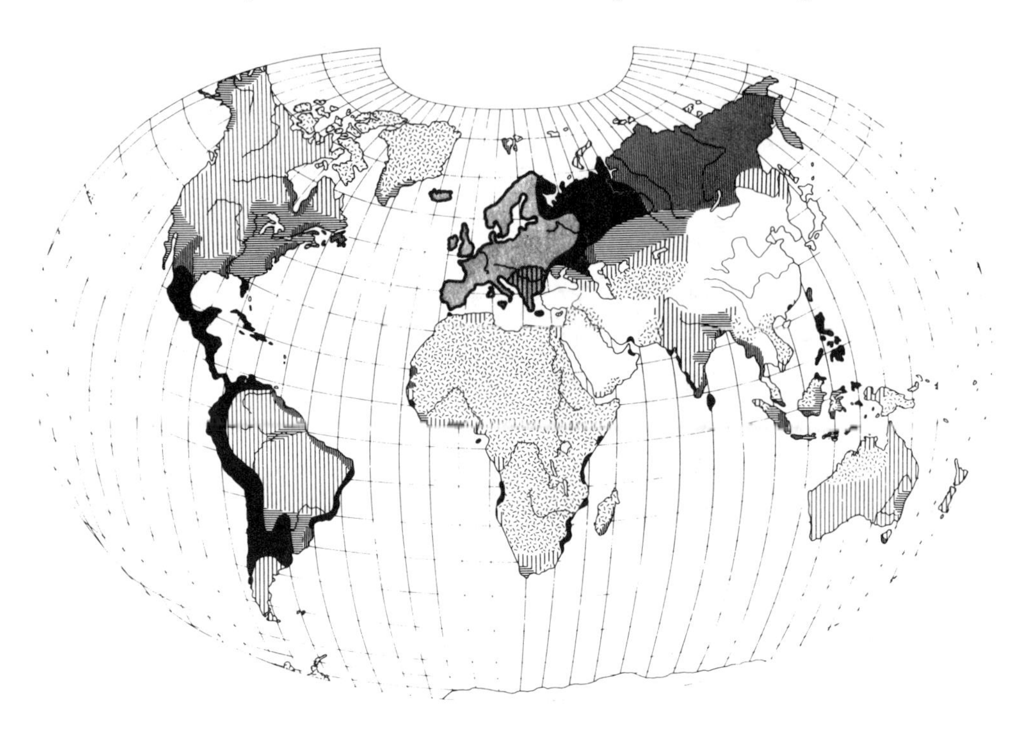

Abb. 34 Regionale Entwicklung der europäischen Kulturpopulation in der Neuzeit; Erwerb von Kolonien außerhalb Europas
Quelle: Fliedner 1987b, S.119, 122/23 (dort detaillierter Quellennachweis)

3.2.4 Formale Einordnung der Institutionen und Prozesse (Zusammenfassung)

Die Kulturpopulation als Sekundärpopulation im Rahmen der Menschheit als Gesellschaft

Die Determination ist die Aufgabe dieses Populationstyps. Als Basisinstitution gibt die Religion der Kulturpopulation ihre Orientierung: *Adoption. Durch Verkündigung der Glaubenslehre, durch Kultus und Mission wird die Orientierung der Population zugeführt (*Produktion). Dies ist der Induktionsprozeß. Die Aufnahme der Lehre erfolgt durch Akkulturation; die Population erhält eine spezifische Einstellung zum Leben (Wirtschaftsgeist). In der ökonomischen Lebensform, der Art, die Umwelt zu nutzen, im Denken und Handeln, Interaktionen und im Wirtschaften finden wir die Kultur: *Rezeption. Durch internationale Migrationen, u.a. Gastarbeiterwanderungen, wird die Kulturpopulation in stärker differenzierten Gesellschaften gestaltet. Hinzu kommen Kolonisationen. So formt sich die Kulturpopulation (Hochkultur) mit einem ausgesprochenen Zentrum: *Reproduktion. Dies ist der Reaktionsprozeß.

Die Hochkulturen bilden sich im Zentennienrhythmus; anhand der Bildung des Abendlandes wird gezeigt, daß die Populationsbildung sich in ca. 500 Jahre umfassenden Phasen vollzieht, im Rahmen einer Prozeßsequenz.

Die Kulturpopulation als Primärpopulation im Rahmen der Menschheit als Art

Jede Gesellschaft, sei sie auch nur wenig differenziert, regelt das Miteinander der Menschen durch Verhaltensnormen und ethische Grundsätze. So wird dem Leben eine geordnete Bahn ermöglicht, eine Orientierung vermittelt. Die Magie mag hier – für einfach strukturierte Populationen – einen wichtigen Beitrag leisten: *Adoption. Das bewußte oder unbewußte Vermitteln dieser Grundsätze – von ihnen kann es Abweichungen geben (z.B. Kriminalität) – ist als *Produktion zu deuten. Im Reaktionsprozeß wird – wie bei den höher differenzierten Populationen – eine spezifische Lebensform angenommen, nun aber nicht ökonomisch, sondern ganzheitlich, vom Individuum her bestimmt: *Rezeption; in einfach strukturierten Gesellschaften kommt es zur Bildung von kleinen, einfachen Kulturpopulationen; hierbei spielen Landnahmeprozesse, bei denen ganze Lebensformgruppen wandern, eine Rolle. Diese kleinen Kulturpopulationen – wie auch die Hochkulturen – ordnen sich in Kulturerdteile ein: *Reproduktion.

3.3 Staat, Stamm, Volk

3.3.0 Definitionen. Die Regulation als Aufgabe

Der Staat läßt sich auf verschiedene Weise definieren, je nachdem, ob man ihn aus der Sicht des Liberalismus oder des Sozialismus, ob man eine konservative oder rechtspositivistische Auffassung vertritt (Boesler 1983, S.15 f.). Für unsere Zwecke ist ausreichend, wenn man definiert: „Der Staat ist ein auf territorial umgrenztem Gebiet errichtetes gesellschaftspolitisches Herrschaftsgebilde mit einer von der etablierten Herrschaftsgruppe bestimmten Staatsordnung" (Langer 1988, S.147), wobei der Begriff Herrschaftsgruppe weit definert sein müßte. Im einzelnen werden die Schwerpunkte verschieden gesetzt. Der Historiker interessiert sich vielleicht besonders für die Herrschaftsgruppe, für die Entstehung und Entwicklung der Staaten und der sie tragenden Menschen und Gruppierungen, sowohl aus individueller als auch genereller Sicht, für „menschliches Tun und Leiden in der Vergangenheit" (Faber 1972, S.35); der Politologe zieht die Herrschaftsordnung heran, den Rechtsraum, die hoheitliche Gewalt, die Politik und die Administration (z.B. Fraenkel u. Bracher, Hrsg., 1957/64), der Soziologe betont den Charakter des Staatsvolkes als Sozialeinheit, die Tatsache, daß die „Mitgliedschaft in einem Staatsgebilde ... für das Individuum existentiell" ist (Siebel 1974, S.194). Der Geograph sieht als ein wichtiges Kriterium schließlich die vom Staat eingenommene und gestaltete Region. In unserem Zusammenhang steht die Staatspopulation im Mittelpunkt, d.h. die Gesamtheit der vom Staat getragenen und den Staat gestaltenden Menschen, diejenigen, die die Gesetze machen, die sie durchsetzen und die sie leben, vor allem natürlich die Bürger.

Im einzelnen hat sich der Staatsbegriff auch mit der Zeit geändert, sowohl in dem Sinne, daß verschiedene Staatsformen als erstrebenswert oder bereits als realisiert betrachtet werden (Staatstheorien; Möbus, in Fraenkel u. Bracher, Hrsg., 1957, S.278 f.), als auch im Verständnis der sich mit diesem Gegenstand befassenden Disziplinen; auch in der Politischen Geographie hat sich der Schwerpunkt verlagert (vgl. S.196f).

Dem Staat als Sekundärpopulation stehen der Stamm und das Volk als Primärpopulationen gegenüber, der Stamm in einer undifferenzierten, das Volk in einer differenzierten Gesellschaft.

Arbeitsteilung (vgl. S.335f) ist nur denkbar, wenn Informationen, z.B. Entscheidungen, weitergeleitet werden können. Die Arbeiten werden getrennt, durch Informationsvermittlung erfolgt die Koordination. Wenn der Zusammenhalt, die Kohärenz (vgl. S.341f) einer Population trotz dieser Differenzierung erhalten bleiben soll, so muß eine Regulation erfolgen. Ein Mehr an Arbeitsteilung erfordert ein Mehr an Regulation. Diese Überlegung schließt ein, daß die Informationsweiterleitung kontrolliert werden muß, d.h. es müssen Abgabe und Empfang von Anweisungen garantiert sein.

Im Rahmen der Menschheit als Gesellschaft haben die Staatspopulation bzw. der Stamm oder das Volk die Aufgabe der Regulation, d.h. der vertikalen Strukturierung und Verknüpfung des Informationsflusses im System (vgl. S.303f). Dafür sind eine Reihe von Institutionen geschaffen worden. Staatspopulationen, Stämme und Völker entstehen in Jahrhunderten, z.B. in der Periode der Neuzeit. Die Teilprozesse dauern jeweils mehrere Jahrzehnte, wir sprechen daher von Dezennienrhythmus (vgl.S.323f). Der jeweilige Induktionsprozeß währt etwa 50 Jahre, Induktions- und Reaktionsprozeß zusammen nehmen etwa 100 Jahre in Anspruch.

3.3.1 Institutionen und Prozesse im Rahmen der Menschheit als Gesellschaft

Wenn die Prozesse mit Hilfe der Kommunikation kontrolliert werden sollen, bedeutet dies, daß von der Population Institutionen geschaffen werden, die gewährleisten, daß Kommunikation verstetigt wird. Wir haben hier ein Information übertragendes, der Kommunikation dienendes und dieses kontrollierendes System vor uns. Die die Population, d.h. hier den Staat konstituierende Basisinstitutionen sind Herrschaft und Macht. Im systemischen Sinne wird Information eingegeben („Sender"); als Institutionen fungieren hier Verfassung, Gesetz, Verordnung. Die Übertragung der Information (als „Kanal") besorgen Regierung, Administration, Polizei. Als Medien der Informationsvermittlung sind die Kommunikationsmittel, d.h. Schrift, Presse, Rundfunk, Fernsehen zu sehen. Der „Empfänger" ist der Bürger, er legitimiert und kontrolliert die Regierung durch Wahlen, Bürgerinitiativen, Demonstrationen etc. Diese Teilprozesse sind als Induktionsprozeß, also *Adoption und *Produktion zu deuten. Der Reaktionsprozeß, also *Rezeption und *Reproduktion, beinhaltet Strukturierung und Formung der Population selbst.

3.3.1.1 Institutionalisierung der Aufgabe (Induktionsprozeß: *Adoption)

Herrschaft und Macht als Basisinstitutionen

Die Herrschaft ist die Eigenschaft eines Systems (Hondrich 1973, S.62 f.; Hennen und Prigge 1977, S. 10 f.), in unserem Sinne also einer Population. Autorität dagegen ist die Eigenschaft einer Person (Sennett 1985, S.20 f.). Ohne Autorität ist Herrschaft nicht denkbar. Autorität setzt im gegenseitigen Aufeinanderbezogensein Verständnis, Legitimation und Geltung zwischen dem Über- und dem Untergeordneten, demjenigen, der Anweisungen gibt und demjenigen, der sie empfängt, voraus (Hennen und Prigge 1977, S. 21 f.; vgl. S.434).

Der heute verwendete Herrschaftsbegriff geht auf M. Weber zurück (Brunner 1956/68, S.70). Nach Weber (1921/72, S.28/29) bedeutet Macht die Möglichkeit, einer sozialen Gruppe seinen Willen aufzuzwingen. So definierte Hondrich (1973, S.36): „Macht ist die Chance einer Einheit in einem sozialen System, bei der Bestimmung von Bedürfnissen (Leistungszielen) und der Produktion und Verteilung von Mitteln der Befriedigung (Leistungsmitteln), die eigenen Interessen (Bedürfnisse) auch gegen die Interessen anderer Einheiten durchzusetzen, gleichgültig, worauf die Chance beruht" (vgl. auch Hennen und Prigge 1977, S.27 f.). Herrschaft dagegen schließt Gehorsam ein; sie ist institutionalisiert, dauerhaft und auf Befehlsbereiche abgestimmt. Der Staat ist legitimiert, Herrschaft auszuüben, Zwang anzuwenden, nach außen wirksame Verbindlichkeiten zu begründen, für die die gesamte Gesellschaft haftet.

Herrschaft greift bis auf die individuelle Ebene hinab. „Man kann Herrschaft geradezu so definieren, daß sie jederzeit imstande ist, die Regeln vorzugeben, nach denen sich die Menschen ihre Zeit aufzuteilen gezwungen sind und in welchen Räumen sie sich zu bewegen haben. Herrschaft besteht primär nicht in globalen Abhängigkeitsverhältnissen, sondern in einer Detailorganisation von Raum- und Zeitteilen, die den einzelnen Menschen in seiner Lebenswelt wie in ein Korsett einspannen" (Negt 1984, S.21, zit. nach Mücke 1988, S.7). Und Langer: „Die Stabilität einer Herrschaftsstruktur hängt von zwei grundlegenden Komponenten und von deren wechselseitiger Beziehung ab: von der Wirksamkeit der Machtmittel, die in der gegebenen Herrschaftsstruktur der etablierten Herrschaftsgruppe zur Verfügung stehen, und von dem Maß und Umfang der von der Herrschaftsgruppe ausgeübten Macht, die die Beherrschten noch legitim empfinden".

Brunner (1956/68, S.71) betonte, daß der Begriff Legitimität hinterfragt werden müßte; er kann unterschiedlich definiert werden, je nach der Art der Herrschaft (kirchlich, monarchisch, liberal-konstitutionell, diktatorisch etc.) und der historischen Situation. Für unsere Thematik ist entscheidend, daß zum Herrschenden ein Gegenpart gegeben sein muß, der – wie auch immer – über einen gewissen Zeitraum das Gewaltmonopol an Herrschaft und Staat abgetreten hat, so daß von einer Institution mit den zuzuordnenden Instrumenten – vor allem der Administration – gesprochen werden kann.

Herrschaft dürfte ursprünglich auf Autorität und Macht basiert haben (vgl. S.434). Mit zunehmender Arbeitsteilung in der Gesellschaftsentwicklung kam es häufig zur Vereinigung verschiedener Privilegien in der Hand des Steuernden. So bildete sich der Adel, d.h. eine Gruppe oder Familie, die diese Institutionen weiter vererben konnte. Damit wuchs die Macht. Vor allem scheint Verfügungsgewalt der Steuernden über Landeigentum und damit die Vererbbarkeit von materiellen Werten eine Sicherung des Steuerungsprivilegs in der Hand einer Familie bedeutet zu haben. Eigentum an dauerhaften Anlagen oder Teilen des Lebensraumes wirkte machtstabilisierend. Die Verbindung von Machtausübung und Kontrolle über Produktionsmittel ist bekanntlich bereits von Marx (vgl. S.24) herausgestellt worden. Es können aber auch andere machtstabilisierende Faktoren, z.B. kultische Verehrung, Privilegien bei der Sklavenhaltung, dem Abgabenempfang oder der Rechtsprechung hinzugekommen sein. Herrschaft und Macht treten in größeren differenzierten Populationen immer vergesellschaftet auf, da hier Mehrheiten die Herrschaftsausübung ermöglichen, Minderheiten also sich einer Macht fügen müssen. Herrschaft solcher Populationen schließt Macht ein, Macht und die Ausübung von Gewalt werden zur Realisierung von gesellschaftsrelevanten Vorhaben oder zur Ermöglichung eines geordneten Ablaufs der Prozesse innerhalb der Population benötigt.

Herrschaft bedarf zusätzlicher Kontrollmedien, um wirksam werden zu können. Die Steuerung kann von der Population, wie gesagt, an Individuen oder Familien übertragen, sie kann aber auch vielleicht, wie beim Staat, durch eine Verfassung legitimiert und durch eine Bürokratie handlungsfähig gemacht worden sein. Die Herrschenden sind gehalten, im Interesse der Population als einer Ganzheit Macht auszuüben. Die Kommunikation wird verstetigt. Es können Anweisungen gegeben, durch die Bürokratie übertragen und durch die Angehörigen der Population empfangen und befolgt werden.

Die Ausübung der Macht erscheint in größeren Populationen notwendig und ist daher wertfrei zu beurteilen (Hondrich 1973, S.84 f.). Problematisch für den Bestand der Population wird Macht erst dann, wenn der Inhaber aufgrund seiner Steuerungsmöglichkeiten und Rechte bestimmte Leistungen, die von der ganzen Population erbracht wurden, für sich unkontrolliert abzweigen kann und so der Population entzieht. In dem Fall wird der Sinn der Herrschaft verfälscht, die Kontrolle seitens der Population ausgeschaltet. Hier sind die Begriffe Machtmißbrauch, Tyrannei und Korruption angesiedelt.

Herrschaft wird aber auch von anderen Kräften unterhöhlt. Machtdestabilisierend können alte überkommene Herrschaftsgruppierungen, beherrschende Wirtschaftsunternehmen, sich verselbständigende Geheimdienste wirken, auch sich wandelnde Sozial- und Wertestrukturen (z.B. in den Entwicklungsländern: Scholz 1987; Rathjens 1990).

3.3.1.2 Durchführung der Aufgabe (Induktionsprozeß: *Produktion)

Verfassung und Gesetz

Die Staaten gründen sich und ihre hierarchische Ordnung gewöhnlich auf staatsphilosophische Einsichten. Machiavelli, Montesquieu, Rousseau, Marx vermittelten, indem sie die Schwächen und Fehlentwicklungen bestehender gesellschaftlicher Strukturen erkannten und offenlegten und neue Konzepte entwarfen, eine Grundorientierung für die zukünftige Entwicklung. Solche Konzepte finden in den Verfassungen der Staaten Eingang. Sie weisen die Grundwerte, denen sich die staatliche Ordnung verbunden fühlt, auf, regeln die Befugnisse und Pflichten der staatlichen Organe sowie der Bürger.

In kapitalistischen Ländern steht die Freiheit der Bürger im Vordergrund. Dementsprechend ist eine nur geringe Einwirkung, zur Sicherung der Wohlfahrt, vorgesehen. Dies hat z.T. zu einer stark unterschiedlichen Einkommensstruktur geführt (vgl. S.579f). Staatliche Eingriffe sind z.B. durch Steuererleichterungen möglich, auch durch Schaffung der Infrastruktur (Boesler 1969; vgl S.513f). In der Hand des Staates liegen meist bereits die Einrichtungen für Bildung und Wissenschaft sowie die Verkehrswege. Die Wirtschaft soll durch Planungsmaßnahmen Anreize erhalten. Z.B. kann die landwirtschaftliche Bevölkerung durch Agrarreformen völlig neue Entwicklungsmöglichkeiten erhalten. Die Beschäftigungspolitik kann nachfrage- oder angebotsorientiert sein; im ersten Fall wird durch zusätzliche staatliche Ausgaben (Beschäftigungsprogramme etc.) die Kaufkraft erhöht und so die Nachfrage nach Gütern stimuliert, im zweiten werden die Unternehmungen z.B. durch Steuererleichterungen zu Investitionen animiert, so daß der private Produktionsapparat verbessert wird (Friedrich und Brauer 1985, S.174).

In sozialistischen Staaten ist die Gleichheit aller Bürger oberste Maxime. Dazu ist es nötig, die Wirtschaft und die räumliche Organisation weitgehend direkt zu steuern. So sollten sozialistischer Städtebau und Raumordnung im Dienst des Sozialismus stehen (für Polen: Goldzamt 1971/74; für die ehem. DDR: Werner 1971; Schöller 1986). Die Schaffung von Verwaltungseinheiten berührt auch die Gliederung in Wirtschaftseinheiten. In diesen Staaten fehlt dagegen eine klare Legitimation durch die Bürger, was sich im Regelfall in Despotie und Unterdrückung äußert. Daß solche Vorgaben auf die Dauer nicht akzeptiert werden, daß sie zudem ökonomisch sinnvoll, d.h. finanzierbar sein müssen, zeigt die jüngste Entwicklung in den ehemals sozialistischen Staaten Mittel- und Osteuropas.

Wesentliche Quellen für das Verständnis des Staates überhaupt bilden die Gebung und Anwendung der Gesetze. Gesetze werden von Parlamenten, absoluten Herrschern oder vergleichbaren Organen erlassen. Es handelt sich um Regeln, die für die Bürger verbindlich sind und rechtlich ein gesichertes Miteinander erlauben. Ihre Anwendung ist ein Problem, Rechtsprechung vollzieht sich im regionalen, historischen und sozialen Kontext (Blomley 1987; 1989). Blacksell, Watkins und Economides (1986) zeigten, daß das Recht die räumliche Organisation von Staat und Gesellschaft beeinflußt. Mit diesen Fragen beschäftigt sich auch eine Geographie des Rechts. „The Geography of law ... is much more than the simple imposition of law on space. Rather, it can best be seen in terms of the mediation of law and state action within a sociospatial context“ (Blomley 1987, S.530).

Administration

Die staatliche Administration ist hierarchisch gegliedert; die Regierung gibt die Anweisungen, die Verwaltung vermittelt sie und überwacht deren Ausführung bis auf Gemeindeebene herab. Die Dienststellen sind weisungsgebunden, also kontrolliert. Die räumliche Organisation des Staates kommt in der territorialen Gliederung des Staatsgebietes in Verwaltungseinheiten zum Ausdruck. Jede Verwaltungsebene hat neben der Aufsicht der untergeordneten Behörden eigene Aufgaben sowie die Ausführung von Aufgaben der übergeordneten Behörden (Boesler 1983, S.77 f.) zu besorgen. Daß es je nach der Verfassung des Staates, dem Entwicklungsstand, seiner Wirtschaft und Gesellschaft, der Größe des Territoriums erhebliche Unterschiede gibt, daß der Verwaltungsapparat ganz verschieden in sich gestaltet ist, die Beamten unterschiedlich streng in die Hierarchie integriert, die nichtstaatlichen Organisationen in ungleicher Weise eingebunden sind, sei hier vermerkt, aber nicht weiter ausgeführt (vgl. hierzu Jacoby 1984; Wunder 1986).

Das Staatsterritorium wird wie jede Verwaltungseinheit von klar definierten Grenzen umgeben, die bewacht und beschützt werden (Prescott 1972/5, S. 70 f.; Schwind 1972, S. 104 f.; Ausnahme: Die innerasiatischen Nomadenstaaten, z.B. der Mongolen im 13.-15. Jahrhundert, hatten nur vage definierte Grenzen; Krader 1968, S. 26). Die Eindeutigkeit der Grenzen zwischen den Populationen soll eine störungsfreie Kommunikation (Vermeidung von „Redundanz“) und so einen ungehinderten Ablauf der systemerhaltenden Prozesse gewährleisten. Grenzen sind somit von Frontiers zu unterscheiden (Pfeifer 1935; Kristof 1959/69), die bei strukturverändernden Prozessen auftreten und die Front der Innovations- bzw. Populationsausbreitung markieren. Der Staat überwacht seine äußere Grenze und versucht, sie durch Vorkehrungen zu schützen, um eventuelle Übergriffe ohne Schaden überstehen zu können.

Als Ausdruck politischer und sozialer Prozesse, als gesellschaftsimmanenter Vorgang, als Mittel und Ergebnis politischen Handelns offerieren sich Grenzen ganz unterschiedlich, als Demarkationslinien, Mauern, Wehranlagen, aber auch als Quartiergrenzen und Sackgassen (Scholz 1985; H. Müller 1985).

Kommunikationsmedien

Die Informationsvermittlung erfolgt auf verschiedenen Wegen. Durch die Hierarchie wird eine Kontrolle der Prozesse ermöglicht, wird garantiert, daß der Partner die Anweisung erhält. Durch das persönliche Gespräch, die briefliche oder telefonische Anweisung wird kontrollierte Kommunikation ermöglicht. Reaktion und Rückkopplung des

Empfangs stellen sicher, daß die Information aufgenommen worden ist und somit die Anweisung durchgeführt werden kann (R. Schulz 1989).

In einfach strukturierten seßhaften Siedlungspopulationen im Stammesverband genügte das gesprochene Wort, um die notwendigen Prozesse zu steuern (Linton 1964/79, S.130 f.). Wo sich Herrschaft herauskristallisiert hatte und es damit galt, von einem Ort aus einen größeren Raum mit zahlreichen Siedlungspopulationen zu steuern, mußte das gesprochene Wort („Amtssprache") durch schriftliche Anweisungen ergänzt werden, so daß Anweisungen durch Zwischenschaltung Dritter ohne inhaltliche Verluste weitergegeben werden konnten. Wenn man die Entstehung der Schrift zunächst auch vor allem mit sakralen Handlungen in Verbindung bringen muß – Bilder und Schriftsymbole als Medium zwischen dem Menschen und den Gottheiten (Haarmann 1990, S.73; vgl. S.368) –, so gelangten doch bald administrative Zwecke in den Vordergrund (Heuß 1973, S.180). Schrift ermöglicht die genaue Weitergabe von Anordnungen, Meldungen etc. über große Entfernungen, es können Boten einbezogen werden, ohne daß die Gefahr besteht, daß der Inhalt der Botschaft verändert wird.

Ein großer Staat mit einer nach Millionen zählenden Population benötigt darüber hinaus nicht nur die Schrift als Steuerungsmedium, sondern auch Medien, mit denen er sich direkt an die Bürger wenden kann. Die sogenannten Massenmedien Zeitung, Buch, Rundfunk und Fernsehen, auch Plakate und Wandzeitungen sowie Reklame vermitteln die Information von einer Zentrale aus an ein breites, relativ undefinierbares Publikum („Öffentlichkeit"; W. Schulz 1989, S.104; zum Begriff Öffentlichkeit im Gegensatz zur Privatheit vgl. Bahrdt 1974, S.29 f.). Die Information erfolgt im allgemeinen entsprechend dem zentralörtlichen Gefüge. So konnte Bauer (1990) am Beispiel Bayern eine grundsätzliche Übereinstimmung der Tageszeitungsverbreitung mit der zentralörtlichen Gliederung erkennen. Doch es gibt auch Abweichungen (Anlehnung an alte Verwaltungsstrukturen, politisch oder konfessionell motivierte Präferenzen, aber auch verlegerische Absprachen in Abweichung vom marktwirtschaftlichen Wettbewerb).

Die Massenmedien haben eine Integrationsfunktion; aus ihnen entnimmt der einzelne die Information, was er sagen und tun kann, ohne sich zu isolieren. Öffentliche Meinung bewirkt den Zusammenhalt eines Verbandes, besonders wenn äußere Bedrohung besteht. Sie ist eine an Ort und Zeit gebundene Erscheinung (Noelle-Neumann 1989a, S.260 f.). Die Wirkung der Massenmedien ist ganz unterschiedlich, je nachdem, ob man nach der Existenz als solcher fragt oder einer bestimmten Organisationsform, ob bei totalitärer Lenkung oder bestehender Pressefreiheit, als Mittel zur Argumentation oder Artikulation, der Beeinflussung, der Überzeugung (Noelle-Neumann 1989b, S.360 f.). Massenmedien tragen zur politischen Meinungsbildung bei, d.h. sie informieren nicht nur, vermitteln nicht nur Erfahrungen, sondern lenken indirekt auch bis zu einem gewissen Grade unser Denken und Handeln. An die Stelle der Umwelt tritt das „gefilterte" Bild von der Umwelt, was zur Beeinträchtigung der Urteilskraft führen kann (Postman 1985). Die Mediaforschung versucht, diese Wirkungen näher zu untersuchen (R. Schulz 1989, S.133 f.).

Die Ebene der Bürger; Wahlen

Herrschaft und Staat erhalten ihre Legitimation durch die Bürger. Es gibt verschiedene Wege, die Akzeptanz staatlicher, herrschaftlicher Entscheidungen oder Systeme deutlich zu machen. Sie können nur dann sich als dauerhaft erweisen, wenn die Institutionen dem Grad der Differenzierung angemessen sind. In einfach strukturierten Gesellschaften mögen Sippen- und Gefolgschaftsstrukturen zur Steuerung ausreichen, in vorindustriellen Agrargesellschaften feudale Herrschaftsstrukturen angebracht sein oder doch akzeptiert werden. In hochdifferenzierten Industriegesellschaften scheint dagegen eine eindeutige Rückmeldung durch Wahlen erforderlich zu sein, d.h., daß eine demokratische Verfassung eine breite Streuung der Verantwortlichkeiten unerläßlich ist. In Diktaturen oder absolutistischen Staaten ist eine Rückmeldung schwierig. Hier kontrollieren u.a. Geheimpolizei, Militär, ein ausgeklügeltes Spitzelwesen und ähnliches die Meinung der Untertanen, um die Herrschaft stabil zu halten. Die deutsche Geschichte dieses Jahrhunderts bietet anschauliche Beispiele. In Chinas Städten werden die Menschen u.a. in sog. Danweis eingebunden; es handelt sich um eine Arbeits- und Lebenseinheit, die von einer mehrstufig hierarchischen Parteistruktur durchdrungen ist. Mit Hilfe dieser Organisationsform soll die Modernisierung Chinas vorangebracht werden. Arbeit und Wohnen, Gesundheitsfürsorge, Erziehung und Erholung werden so kontrolliert (Bjorklund 1986).

Unwillen kann in solchen Staaten – wenn überhaupt – über Gerichte, manchmal nur über Verweigerung oder gar Revolution deutlich gemacht werden. Innerhalb demokratisch verfaßter Staaten können sich Parteien auf weltanschaulicher Basis bilden und artikulieren. Die Wahlentscheidungen offenbaren, wie die Wähler die staatliche Politik honorieren. Diesen Wählerwillen untersucht die Wahlgeographie (u.a. Siegfried 1913; Prescott 1972/75, S.104 f.; Boesler 1983, S.127 f.).

Wahlentscheidungen geben den Bürgerwillen im vorgegebenen Rahmen des Parteienspektrums wieder; sie unterliegen aber vielfältigen Einflüssen im Detail. Neben einer direkten Beeinflussung durch Vorstellung der Kandidaten und durch Massenmedien im Rahmen von Wahlkämpfen treten sozialer Hintergrund, Erziehung, religiöse Einstellung der Wähler hinzu. So können die Wahlergebnisse interpretiert werden, sie erlauben Rückschlüsse auf Probleme der Wirtschafts- und Sozialstruktur (Isbary 1960; Ganser 1966), sie können zudem in Zusammenhang mit räumlichen Interaktionsprozessen gebracht werden (Cox 1969).

Steingrube (1987) betrachtete „raumbedeutsame" Komponenten des Wahlsystems (Wahlkreiseinteilung, Bevölkerungszahl etc.) und zeigte einige Aspekte der Wahlergebnisse auf, insbesondere „auffällige" Wahlkreise, Regionen gleichen Wahlverhaltens und räumlicher Stabilität der Parteipräferenzen; für ihn stand weniger die Deutung, sondern vor allem die statistische Erfassung im Vordergrund.

Anders die Untersuchung von Johnston, Pattie und Johnston (1990), die als ein weiteres Beispiel genannt sei. Die Autoren stellten fest, daß von den 1920er Jahren bis in die frühen 1970er Jahre Stabilität ein hervortretender Zug im Wählerverhalten in Großbritannien war, auch im räumlichen Verteilungsmuster. Die Conservative und die Labour Party dominierten eindeutig. Dann jedoch kam es zu Schwankungen und Verschiebungen. Der Grund ist im sozialen Wandel zu suchen, in ökonomischer Rezession und dem Aufkommen anderer politischer Parteien, insbesondere der Alliance.

Detaillierte Kartierung auf Wahlbezirksebene erlaubt Einblicke in die Struktur der Bevölkerung im Stadt-Umland-System. So konnte (in den 50er Jahren) ein Zusammenhang der Bevölkerung in ihrem Mobilitätsverhalten zwischen Stadt und Land und den Wahlentscheidungen ermittelt werden; der Kern der Städte zeigt vornehmlich niedrige (Bürgerstadtkomplex; vgl. S.488f), der Stadtrand hohe Werte (Arbeiterstadtkomplex) der für die Linksparteien abgegebenen Stimmen, während nach außen eine allmähliche Abnahme dieser Werte zu erkennen ist, entsprechend der Abnahme der Pendlerzahlen (Abb.35). Auch sind jährliche Schwankungen in der Bevorzugung der einen oder anderen Partei festzustellen; die CDU hat ihren höchsten Sympathiewert vornehmlich im Sommer; bei der SPD war es früher umgekehrt (Fliedner 1961). Seit den 60er Jahren hat aber auch die SPD ihren höchsten Sympathiegrad im Sommer (Abb.56; vgl. S.543). Die Grünen und Alternativen Listen erscheinen heute im Winter stärker beachtet zu werden als im Sommer. Über die Gründe soll hier nicht diskutiert werden.

Das Wissen um solche Zusammenhänge kann zu Manipulation führen, z.B. bei der Einteilung in Wahlkreise („Gerrymandern"; Boesler 1983, S.133 f.) oder der Festlegung der Wahltermine.

In den Entwicklungsländern wurden bisher kaum solche Analysen durchgeführt. Osei-Kwame und Taylor (1984) untersuchten Wahlergebnisse zwischen 1954 und 1979 in Ghana, vor dem Hintergrund der Form des Staates und der politischen Parteien. Sie stellten fest, daß die Wahlergebnisse ohne Berücksichtigung der Position des Landes in der Weltwirtschaft nicht verständlich sind; sie berührt die innerökonomischen Probleme und kann zu einer instabilen Politik führen. Daneben sind die ethnischen Besonderheiten von großer Bedeutung; durch die häufig auftretenden Differenzen zwischen den ethnischen Gruppen werden die politischen Eliten mobilisiert.

In der Gegenwart ist in den meisten Industrieländern eine Vielzahl neuer sozialer Bewegungen entstanden, die bürgerschaftliche Beteiligungforderungen formulieren, so auch in der Bundesrepublik Deutschland. Die Studentenrevolte der späten 60er und frühen 70er Jahre, die Friedensbewegung, die Grünen, die Frauenbewegung, regionale Bürgerproteste (z.B. gegen die Wiederaufbereitungsanlage Wackersdorf), Selbsthilfegruppen der verschiedensten Art sind Ausdruck einer zunehmenden Selbstbewußtheit der Bürger, eines Mitgestaltungswillens des politischen Raumes von unten (vgl. dazu verschiedene Beiträge in Roth und Rucht, Hrsg., 1987). Nach Wiesendahl (1987) sind die „demokratischen Elitisten" davon überzeugt, daß sich Durchschnittsbürger nicht für Politik interessieren und von ihr auch nichts verstehen. Sie werden sogar in deren Augen zum potentiellen Sicherheits- und Stabilitätsrisiko der bestehenden Herrschaftsverhältnisse. Die heutigen sozialen Bewegungen mobilisieren die Bürger, die von den gegenwärtigen Verhältnissen entfremdet sind. Die Bewegungen stehen grundsätzlich für ein Humanisierungsprogramm von Politik, „das der hergebrachten organisationsinternen und -externen Elitenherrschaft abträglich ist…" (S.379). Als gemeinsamer Grundzug dieser basisdemokratischen Bewegung ist der direkte Anspruch auf Selbstbestimmung, die Ablehnung von Bürokratie und Außensteuerung, der Glaube an die Selbstbestimmungsfähigkeit des „homo civilis". (Über theoretische Versuche, die demokratische Verfassung bürgernäher zu gestalten, vgl. Langer 1988; vgl. S.189).

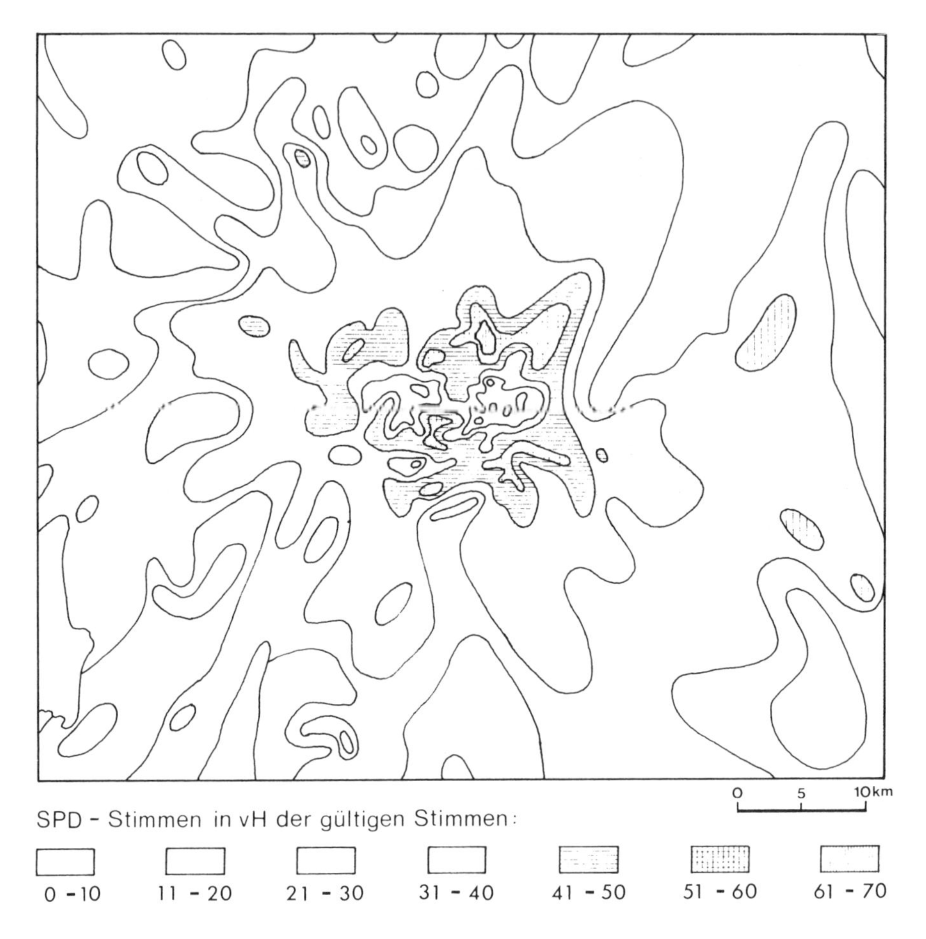

Abb. 35 Anteil der für die SPD abgegebenen Stimmen bei der Bundestagswahl 1957 in München und Umgebung
Quelle: Fliedner 1961, Abb.9

3.3.1.3 Strukturierung der Staatspopulation (Reaktionsprozeß: *Rezeption)

Soziale Schichtung

Man wird sagen können, daß die Akzeptanz der Herrschaft und des Staates seitens der Bürger, d.h. der Staatspopulation, vor allem durch das Sicheinordnen in den Staat und in die Hierarchie erfolgt. So bildet Herrschaft eine Voraussetzung für die Entstehung der sozialen Schichtung (Dahrendorf 1961, S. 27 f.; vgl. auch Wiehn 1968, S. 148, der die Bedeutung der Macht für die soziale Schichtung hervorhob). Aber entsprechend der Vielfalt der Kommunikationskanäle in einer komplexen Gesellschaft ist auch die soziale Schichtung vielgestaltig.

Unter sozialer Schichtung oder Ungleichheit versteht man eine vertikale Gliederung der Gesellschaft. Sie bedeutet „kurz gefaßt: Rangordnung oder hierarchische Gliederung der

Gesellschaft, wonach Personen, Familien und/oder Bevölkerungsteile einer sozialen Einheit in ihren jeweiligen Positionen aufgrund eines oder mehrerer Bewertungskriterien (z.B. Prestige, Einkommen, Bildung) sozial höher oder niedriger, angesehener oder unmaßgeblicher eingestuft werden..." (Wallner und Funke-Schmitt-Rink 1980, S.13). Nach anderer Formulierung befaßt sich die Schichtungs- und (Vertikal-)Mobilitätsforschung „erstens mit der Verteilung und Struktur unterschiedlich bewerteter Positionen und Güter; zweitens mit dem Zugang zu diesen Gütern und Positionen; und drittens mit den Konsequenzen für soziales Handeln, die aus der Ungleichbewertung und den Strukturen entstehen" (Herz 1983, S.9). Als Bewertungskriterien werden neben statistisch erfaßbarer Stellung im Beruf das Einkommen, die Bildung – auch Fremdeinschätzung, also das Ansehen oder Prestige – betrachtet (Mayntz 1969/72; Bolte, Kappe und Neidhardt 1975, S. 11 f.).

Im einzelnen stellt sich der Sachverhalt sehr schillernd dar. Die verschiedenen Äußerungen decken sich zum Teil, zum andern aber auch nicht. Man gewinnt den Eindruck, daß zwar etwas allgemein Verbindliches gegeben ist, nämlich die Hierarchie, die Ungleichheit, das Oben/Unten-Verhältnis, daß sich dieses andererseits aber in den einzelnen Populationen verschieden äußert.

Eine einheitliche Bewertungsskala ist nur in einem einheitlichen Kommunikationsraum denkbar, in dem Normen und Werte allgemein anerkannt werden, kontinuierlich über einen längeren Zeitraum. Eine Verstetigung der Kommunikation in den Populationen bedeutet auch eine Verstetigung der Hierarchie, damit auch des Rollenangebots. Dadurch wird eine populationsspezifische Bewertungsskala geschaffen, die auf der Bedeutung der Rolle in den strukturerhaltenden Prozessen – gemessen nach der Position in der Hierarchie – beruht. Dies äußert sich im Ansehen der Rollen, im Prestige. Innerhalb der Populationen dürfte jeweils der das höchste Ansehen besitzen, der einen Informationsvorsprung besitzt, also geeignet wäre, Anweisungen zu geben.

Hier sind u.a. die Eliten zu sehen. Wenn der Begriff Elite auch nicht eindeutig verwendet wird – er wird häufig mit dem der Oberschicht oder oberen Klasse gleichgesetzt –, so ist doch deutlich, daß er einen anderen Akzent besitzt (Endruweit 1986, S.18 f.; 303 f.). Eliten stehen Massen gegenüber, Oberschichten oder -klassen untergeordneten Schichten oder Klassen. Der Begriff Elite setzt besondere Einschätzung, herausragende Eigenschaften, fachliche Kompetenz voraus (vgl. auch S.419).

Soziale Schichtung ist keineswegs eine „automatische" Folge der Herrschaft. Die Schwäche einer funktionalistischen Schichtungstheorie (Davis und Moore 1945/73) besteht darin, daß z.B. der Entscheidung kein Spielraum eingeräumt, so komplizierte Mechanismen wie Angebot und Nachfrage, die in die Einkommensstruktur eingreifen, verkannt werden (vgl. Mayntz 1961/74; Bolte, Kappe und Neidhardt 1975, S. 21). Soziale Schichtung setzt eben auch die Reaktion der Menschen voraus. Schichten und Klassen kontrollieren und organisieren sich bis zu einem gewissen Grade selbst. So rangieren sich die Individuen entsprechend den Angeboten nach den verschiedenen Wertskalen ein. Es ist dies die vertikale Mobilität, die häufig mit der horizontalen Mobilität (Migration; vgl. S.460f; 469f) gekoppelt ist. So tragen die Individuen der ganzen Population, nicht nur die Herrschaft, zur Verstetigung der Kommunikation bei. Und diese Individuen müssen als solche, als Personen, nicht allein von der Rolle her verstanden werden.

Ansehen, Prestige kommt nicht nur der Rolle, sondern auch den Individuen zu (Autorität; vgl. S.434).

Andererseits dient als Filter vor allem der Beruf. Er trägt zur Verstetigung des Ansehens bei. Berufszugehörigkeit kann so die Schichtenzugehörigkeit stabilisieren (Beck, Brater u. Daheim 1980, S.70). Inhaber von Berufen der in der Prozeßsequenz vorhergehenden, der Informationsbeschaffung, -weiterleitung und -verarbeitung dienenden Aufgabenkategorien („White Collar"-Berufe) erscheinen gegenüber den materiellen Kategorien („Blue Collar"-Berufe) privilegiert; denn in den Populationen gelten gewöhnlich die Prozesse, die in den Sequenzen (vgl. S.303f) vorher liegen, oder von Populationen, die übergeordnet sind, kontrolliert werden, mehr als die späteren bzw. untergeordneten Prozesse. Die Zusammenhänge zwischen Beruf und anderen, die soziale Schicht konstituierenden Merkmalen – z.B. Vermögen, Zugehörigkeit zu Religions- oder ethnischen Gruppen, Hausbesitz etc. – lassen sich empirisch untersuchen. Ein Beispiel ist die Arbeit von Pratt (1986) über Vancouver (B.C.).

Neben Ansehen und Beruf tritt die Entlohnung, und sie richtet sich nach der Angebots-/Nachfragestruktur. Die Angebote an qualifizierten Individuen mit bestimmten Berufen für hierarchisch im Ansehen hochgestellte Positionen ist relativ gering; freilich ist auch gewöhnlich die Nachfrage nach solchen Individuen gering, da es nur wenige Positionen dieser Art zu besetzen gibt. Angebot und Nachfrage regeln langfristig die Entlohnung (vgl. zur Problematik der Bewertung entsprechend der Bedeutung und der Entlohnung Mayntz 1961/74, S. 20 f.).

Es gab wohl Zeiten, in denen nur ein Bewertungsmaßstab in der Staatspopulation gültig war; vielleicht traf dies für das Zeitalter des Absolutismus in den meisten europäischen Ländern zu. „Jedem im Staate wurde eine klar definierte Aufgabe übertragen und eine nur in engen Grenzen veränderbare Stellung in einer geburtsständischen Ordnung angewiesen, die nicht durch Leistung und Reichtum geprägt war, sondern ausdrücklicher als je zuvor durch Herkunft, Herrschaft und Prestige. Das Lebensprinzip dieser sich am Hof des Landesfürsten orientierenden Gesellschaft war Akkumulation von Ehre, für die alles Vermögen eingesetzt wurde" (Kunisch 1986, S.42). Überhaupt waren in der vorindustriellen Zeit die Schichten klarer ausgebildet. In den mittelalterlichen Städten (Bolte, Kappe und Neidhardt 1975, S.26 f.; Regensburg: Bosl 1966; Lübeck: v.Brandt 1966) gab es Stände, die Landesherren und Patrizier (z.B. Adel, Geistlichkeit), Bürger (z.B. Erbbürger, Kaufleute, Handwerker) und Büdner (z.B. Handwerksgesellen, Tagelöhner, Fahrendes Volk), auf dem Lande den Landadel, die Bauern und Kötner bzw. Seldner. In der frühen Neuzeit kamen noch weitere Schichten hinzu (Meibeyer 1966, S.140 f.; Martiny 1926; Grees 1975; Franz 1970/76). Solche Wandlungen verdeutlichen, daß sich im Laufe der Zeit die Bewertungsskala innerhalb der Populationen verschiebt. Es wäre zu untersuchen, ob dies damit zu tun hat, daß die Population sich in einer Prozeßsequenz befindet (vgl. S.303f) und die Bewertungsskala von der Position der Population in der Sequenz abhängt. Durchläuft z.B. eine Staatspopulation als Glied der Kulturpopulation das Perzeptionsstadium, so könnten die Leitbilder aus dem Rahmen der Perzeption entnommen worden sein (z.B. große Künstler und Wissenschaftler, u.a. in der Renaissance in Italien). Wenn das Determinationsstadium gerade durchlaufen wird, würden Religion und Priesterherrschaft besonders wichtig sein (z.B. im Spanien des 16.Jahrhunderts), im Regulationsstadium (z.B. im Zeitalter des Absolutismus) König und Beamte, während in der Zeit, in der die Population das Dynamisierungsstadium durchläuft, der Wirtschaftserfolg entscheidend für das Ansehen sein mag.

Heute, in der pluralistischen vielgliedrigen Gesellschaft, dominiert der Eindruck der Uneinheitlichkeit. Dies äußert sich u.a. in einer Vielzahl von Eliten (Endruweit 1986, S.22 f.). Auch ist eine klare durchgehende Einteilung in Klassen in der modernen Industriegesellschaft nicht ohne weiteres möglich (Dahrendorf 1953; Mayntz 1961/74, S. 75; Bolte, Kappe und Neidhardt 1975), vor allem wegen der inzwischen mit der Industrialisierung einhergegangenen unterschiedlichen Differenzierung. Beck (1986; vgl. S.187) meinte, dieser Vorgang begünstige im Zusammenhang mit der zunehmenden „Individualisierung" der Gesellschaft das Aufkommen einer neuen „Ständegesellschaft".

In den städtischen Innovationszentren hat sich eine kaum noch zu überblickende Vielfalt an Berufen und Kommunikationshierarchien herausgebildet, mit unterschiedlichen Bewertungsskalen sowohl im Hinblick auf das Prestige, als auch auf die Entlohnung. Hier wird auch erkennbar, daß Bewertungsskalen manipulierbar sind. Es lassen sich bestimmte Aktivitäten von anderen einflußreichen Institutionen in ihrer Bedeutung aufwerten (z.B. durch Demagogie, Pressure groups, Reklame etc.), so daß sich zum Beispiel die Entlohnungsskala erheblich verschieben kann.

Zum Problem der Unterprivilegierung

Unterprivilegierung bildet das entscheidende Problem der sozialen Schichtung. Ein besonders krasses Beispiel bietet Indien, ein Entwicklungsland. Die Kasten in Indien sind in der Hindureligion verankert. Heute bilden sie ein Problem für die Entwicklung, insbesondere im ländlichen Raum (Bronger 1989). Auf der Ebene der Gemeinde ordnet sich die Kastenbevölkerung (übrigens einschließlich Moslems) in Kastenviertel. Die wirtschaftlichen Unterschiede zeigen sich in den Hausformen und dem Umfang des Landeigentums. Jede Kaste hat im Bewußtsein des Dorfes ihren Rang. Die hochrangigen Kasten sind die „Landlords", sie haben ihr großes Gewicht auch im politischen Sektor. Heute bemüht sich der Staat, die Kastengliederung aufzulösen; die Verfassung verspricht Gleichheit aller Bürger. Die Kastenbindung bei der Heirat, der Berufszugehörigkeit, der Ranghierarchie etc. behindern eine vertikale Mobilität, eine Erschließung der Begabtenreserven etc. Neben der Bevölkerungszunahme, dem überkommenen Statusdenken, einer häufig gegebenen Verschuldung bedingt die Kastengliederung, daß die Unterschiede zwischen arm und reich im ländlichen Indien vielfach größer werden. „Sozialer Rang, wirtschaftliche Potenz und politische Macht sind nach wie vor nahezu deckungsgleich verteilt" (S.82). Die dominanten Kasten steuern auch im überregionalen Zusammenhang die Politik, bestimmen die Entwicklungsprogramme, lenken sie in ihrem Sinne. Die Geldmittel kommen vor allem den Schichten auf dem Lande zugute, die genügend Land besitzen, um z.B. mit Hilfe von Darlehen Innovationen aufnehmen zu können. Die ärmere Bevölkerung hat nicht die Mittel; sie ist mit Arbeiten für das eigene Überleben beschäftigt.

Die als liberal-kapitalistisch, pluralistisch, demokratisch bezeichnete Gesellschaftsordnung hat Wohlstand, Lebensqualität, Produktivität, Kultur und Wissenschaft erfolgreich gefördert. Dennoch nehmen Ungleichheit und Armut zu, international, aber auch in den Ländern selbst (Benard 1981, S.103 f.).

Die Angehörigen der unterprivilegierten sozialen Schichten nehmen entweder ihr Schicksal hin; sie sehen sich am rechten Platz in der Gesellschaft. Dies ist z.B. in absolutistischen Staaten beobachtbar, z.T. aber auch in den von kapitalistischem Wirtschaftsgeist durchdrungenen USA, in dem nur der Erfolgreiche etwas gilt, der Nichterfolgreiche die Schuld am Versagen sich selbst zuschreibt.

Andere aber resignieren nicht. Gegen das Gewicht der bestehenden Ordnung vertreten opositionelle Gruppen die Anklage der starren Autoritätshörigkeit, der gewalttätigen Verhinderung von Alternativen, des Kreativitätsverlustes und der Korruption (Benard 1981, S.12). Aus der Sicht der Unterprivilegierten erscheint die übrige Gesellschaft als geschlossener, geordneter Block, der nur durch Kampf und Rebellion aufgeschlossen werden kann. Die Mitglieder organisieren sich, um Einfluß zu gewinnen. Dies zeigen z.B. kleinräumige Untersuchungen in Kanada (Kingston, Ontario; Harris 1984). Das beste Beispiel ist aber wohl die Entwicklung der Arbeiterschicht im vergangenen Jahrhundert in Europa. Die Arbeiterbewegung in ihren vielen Facetten (Parteiengründung, Bildung von Gewerkschaften, Rechtshilfeorganisationen etc.) geht in England auf das 18.Jahrhundert zurück. Mit den Anfängen der Industrialisierung und der Verelendung großer Menschenmassen (Abendroth 1965/72, S.13 f) breitete sie sich in den folgenden zwei Jahrhunderten auf dem europäischen Kontinent aus. Auch die Gründung der totalitär organisierten sozialistischen Staaten nach dem Ersten und Zweiten Weltkrieg geht auf die Arbeiterbewegung zurück. Die Staaten entwickelten dann aber eine Eigendynamik; dabei verlor die Bewegung ihren Charakter als Repräsentant einer sozialen Schicht („Diktatur des Proletariats"). Nun muß sie sich, nach deren Zusammenbruch, neu formieren. Aber auch in den demokratisch verfaßten Staaten hat sie ihren Charakter stark verändert, sieht sich als sozial engagierter Widerpart zu den mehr kapitalistisch orientierten konservativen Kräften der Gesellschaft.

Unterprivilegierung im Rahmen der sozialen Schichtung trägt sicher Züge der Diskriminierung. Dennoch ist diese Form der Unterordnung von Rassismus und Diskriminierung aufgrund der Herkunft zu unterscheiden. Denn mittels Rassismus werden solche Eigenschaften, die nicht in der sozialen Schichtung begründet sind (z.B. Hautfarbe, Sprache, körperliche Unzulänglichkeiten etc.), zur Herabsetzung der Persönlichkeit genutzt, im täglichen Miteinander (vgl. S.439f). Aber auch der Staat kann sich biologistischen, rassistischen Gedankenguts bemächtigen, um Herrschaft zu konservieren oder Ideologien durchzusetzen. Hier ist insbesondere die Südafrikanische Republik zu sehen, vor allem aber das Deutschland der 30er Jahre.

In Südafrika wurden seit 1922 die berüchtigten Rassengesetze erlassen, die nach und nach für die Nichtweißen die Bürgerrechte einschränkten, beruflich, im Hinblick auf die Nutzung öffentlicher und privater Einrichtungen wie Verkehrsmittel oder Badeanstalten, auf die Wahl der Lebenspartner, des Wohnortes etc. (vgl. auch S.520). Daß die Restriktionen und Schikanen dieser Apartheidspolitik schwere Auswirkungen auf das Sozialleben, die wirtschaftliche Entwicklung und das internationale Ansehen hatte, liegt auf der Hand (Steinberg 1986). In jüngster Zeit zeigt sich, daß diese Politik sich nicht halten läßt. So werden die Gesetze, von ständigem Druck der nichtweißen Bevölkerung begleitet, mehr und mehr umgangen.

In Deutschland wurde in den 30er Jahren die – in vielen Ländern unterschwellig wirkende, z.T. in Pogromen sich äußernde – Diskriminierung der Juden im Rahmen der biologistischen Ideologie des Nationalsozialismus staatlich sanktioniert und gefördert. Seit 1933 wurden Gesetze erlassen, die die Juden benachteiligten; sie durften nicht Beamte werden. 1935 kamen die Nürnberger Gesetze hinzu. Sie verlangten von jedem Deutschen den Nachweis „arischer Abstammung"; „Nichtarier" wurden aus dem staatlichen Dienst entfernt, durften keine öffentlichen Aufgaben übernehmen (z.B. Notariate). Ihnen wurde das Bürgerrecht, „Ariern" der Umgang mit ihnen verwehrt. Später wurde jede selbständige wirtschaftliche Tätigkeit verboten. 1938 kam es zu den berüchtigten Pogromen, bei denen Synagogen vernichtet, Geschäfte geplündert, Wohnhäuser angezündet wurden. Die Juden wurden zum großen Teil in Konzentrationslager verschleppt. Im Zweiten Weltkrieg wurde dann auf der sog. Wannsee-Konferenz (1942) von den damaligen Machthabern beschlossen, die Juden in den von den Deutschen beherrschten Gebieten auszurotten („Endlösung der Judenfrage"). Dazu wurden im Osten Europas Vernichtungslager eingerichtet. Über den Mord an den Juden im Zweiten Weltkrieg, von der Entschlußbildung, den Befehlen an die Einsatzgruppen und den Vernichtungslagern, u.a. Auschwitz und Treblinka, berichten u.a. ein von Jäckel und Rohwer (1985) herausgegebener Band sowie ausführlich Hilberg (1985).

Soziale Umschichtungen

Ständiger Druck der unteren Schichten, der Einfluß kirchlicher Organisationen oder staatliche Gesetzgebung können zu Veränderungen in der Werteskala der sozialen Schichtung beitragen und schließlich zu Umschichtungsprozessen führen. Herz (1983) und Endruweit (1986) informierten übersichtlich über die verschiedenen Erklärungsansätze.

Pareto (1916/55, S.217 f.; vgl. auch Kiss 1974-75, II, S. 118 f.; Endruweit 1986, S.224 f.) stellte die These auf, daß die Geschichte der menschlichen Gesellschaft durch einen ständigen Wechsel in der Führungsschicht, der Elite, zu erklären ist. Nach seiner Meinung degenerieren die herrschenden Gruppen im Laufe der Zeit, während gleichzeitig tüchtige Gruppen der unteren Schicht aufsteigen und die Macht der schwach gewordenen Mächtigen brechen, zumal diese sich davor scheuen, Gewalt anzuwenden. Dieser Selektionsprozeß, durch den die Eliten an die Macht kommen, vollzieht sich nach Pareto also in Form einer Zirkulation. Sie soll in allen Gruppierungen vorkommen. Besondere Aufmerksamkeit wurde ihr bei der Erklärung der Wandlungen in der innerstaatlichen politischen Hierarchie zuteil.

Bei den Umschichtungen entstehen neue Eliten. Zapf (1965, S. 130 f.) erkannte bei seiner Untersuchung der Entwicklung der Eliten in Deutschland seit 1918 mehrere Phasen, in denen sich die Steuerungshierarchie änderte, jeweils gefolgt von Jahren der Ruhe. Schwidetzky (1954, S. 110 f.) brachte Beispiele vom „Aussterben der Eliten" aus der Antike, wobei sie teilweise wahrscheinlich machen konnte, daß die Geburtenbeschränkung – bei den Griechen und Römern – in den „oberen Schichten" einsetzte, so daß es zu einer Reduktion kommen konnte. Auch höhere Sterberaten, aus verschiedenen Gründen (u.a. Fehden), und Abwanderung spielten eine Rolle. Mit Recht stellte allerdings Schwidetzky die Frage, welche quantitative Bedeutung die Eliten, die ja nur ganz unscharf umrissen werden können, für die Völker gehabt haben.

Bottomore (1966/69, S. 47 f., 114 f.) bezweifelte eine wirksame Zirkulation der Eliten, da – abgesehen von der „klassenlosen Gesellschaft" – die soziale Schichtung einen vertikalen Austausch verhindere. Dies gelte auch für die westlichen Demokratien. „Moderne Revolutionen", durch die durchgreifende Veränderungen möglich würden, aber auch allmähliche Umschichtungen, ließen sich nicht durch die Aktivität kleiner Elitegruppen erklären, sondern beruhten auf dem Wandel ganzer Klassen. Bei diesen Prozessen würden allerdings neue Eliten gebildet, denen eine Führungsrolle zufiele.

Umschichtungen sind strukturverändernde Prozesse, die im Verlauf der Adoption neuer Ideen entstehen. Dabei stellen die Angehörigen der tiefer stehenden Schichten der Population die hierarchische Ordnung zur Disposition. Dies kann zur Revolution führen. Voraussetzung ist wohl vor allem, daß durch die überkommene hierarchische Ordnung die Adoption von für die Entwicklung der ganzen Population wesentlichen Innovationen seitens der überlegenen Schicht der Gesellschaft der unterlegenen vorenthalten wird. Herrschaft wandelt sich, um mit Hennen und Prigge (1977) zu sprechen, in Gewalt. Die Persistenz einer gegebenen vertikalen Ordnung behindert einen Wandel. Mit Galtung (1972, S. 62 f.) sprechen wir dann von „struktureller Gewalt". Das System kann in ein Ungleichgewicht geraten, wenn die Unterschicht „mobilisierende Erfahrungen" macht, z.B. durch Kontakte mit anderen Gruppen, durch Veränderungen in der Arbeitsteilung etc. (Ch. Johnson 1971, S. 90); in unserem Zusammenhang meint dies, daß der Unterschicht bewußt werden muß, daß auch ihre Situation, ihre Lebensbedingungen, Rechte etc. geändert werden müssen, wenn sie an der übergeordneten Entwicklung teilhaben will. Der so entstehende Druck kann sich revolutionär entladen („personelle Gewalt" nach Galtung 1972, S. 82 f.; für die diskriminierten ethnischen Minoritäten in den USA vgl. z.B. Adams 1972). Dabei bilden sich örtlich Ideologien, Aktionsprogramme (Ch. Johnson 1971, S. 103), die das Gleichgewicht in der Gesellschaft wieder herstellen sollen und den revolutionären Prozeß determinieren.

Man muß sehen, daß Eliten – mit fachlicher Kompetenz – vorhanden sein müssen, da sie allein in der Lage sind, komplexere Systeme, wie z.B. Völker, zu steuern (in ihrer ethischen Verantwortung: Mittelstraß 1984; vgl. S.178). Wird diese Aufgabe nicht wahrgenommen, müssen die Populationen zerfallen; das Gesellschaftssystem hat sich dann auf einem – im Hinblick auf die Regulation und Differenzierung – niedrigeren Niveau sozial neu zu stabilisieren. Daß dies gleichzeitig den Weg für neue räumliche Organisationsformen und wirtschaftliche Aktivitäten freigeben kann, zeigte sich z.B. im 18.Jahrhundert, als die straff im Sinne merkantilistischer Wirtschaftsordnung gesteuerten europäischen Staaten sich liberalisierten (Merritt 1963/69). Hinter den Umschichtungen verbergen sich im Detail sehr komplexe soziale Prozesse. Es handelt sich ja nicht nur um vertikale Umgruppierungen, sondern auch um eine Umformung des Normen- und Handlungsgefüges (Endruweit 1986 im Hinblick auf die Eliten).

3.3.1.4 Formung der Staatspopulation (Reaktionsprozeß: *Reproduktion)

Innerstaatliche Wanderungsbewegungen

Wie bereits angedeutet ist vertikale Mobilität häufig mit horizontaler Mobilität gekoppelt. Die innere Gestaltung des Staates wird in hohem Maße durch solche sozioökonomische Wanderungsbewegungen (vgl. S.470f) bestimmt. Die Verteilung der Bevölkerungsdichte, der Ballungszentren und peripheren Gebiete wird durch sie verursacht. Die demographischen Bewegungen sollen hier nicht erörtert werden; sie sind einer Bevölkerungsgeographie zuzuordnen.

In der jüngeren angloamerikanischen sozialgeographischen Literatur wird die Frage aufgeworfen, inwieweit soziale Schichtung und räumliche Verteilung der Bevölkerung einander bedingen. Soziale Klassen sind raum- und zeitgebunden, und dies schließt ein, daß die sozialen Konflikte sich wandeln, daß Klassengegensätze das Alltagsleben mitbestimmen (Hoggart und Kofman, Hrsg., 1986; Thrift und Williams, Hrsg., 1987). Vor allem das vorige Jahrhundert, d.h. die frühkapitalistische Gesellschaft, gibt Gelegenheit, anhand konkreter Fälle – z.B. der Bergleute in West-Cornwall –, den Fragen nachzugehen, die mit dem Kapitalfluß entsprechend der möglichen Rentabilität, der räumlichen Beweglichkeit der Arbeiter, dem Wohnungsproblem, der Rolle der Frauen in dem Arbeitsmarkt, der Ghettobildung etc. im Zusammenhang stehen. Auch die marxistische Geographie befaßt sich mit Fragen dieser Art (vgl. S.156f).

In der Tat haben sich in mehreren Staaten seit Beginn der Industrialisierung die ökonomischen Zentren mehrfach verschoben, und dies führte dazu, daß vor allem Angehörige der unteren Schichten ihren Wohnort wechselten. Aber auch die Angehörigen der mittleren und oberen Schichten haben sich an diesen Wanderungen beteiligt. Diese Wanderungen führten in Deutschland in der zweiten Hälfte des vorigen Jahrhunderts und in der ersten Hälfte dieses Jahrhunderts, besonders zwischen 1880 und dem Ersten Weltkrieg, vornehmlich vom Lande zur Stadt, aus den Bergländern in die Talbecken, aus dem Osten des Reiches in den Westen. Die Industrialisierung war der eigentliche Motor, es bildeten sich die Ballungsräume an Rhein und Ruhr, Berlin und Hamburg. Wenn auch im Detail dieser Prozeß differenziert gesehen werden muß, wenn auch saisonale und konjunkturelle Schwankungen auftraten, Etappenwanderungen und Rückwanderungen im einzelnen ein kompliziertes Bild entstehen lassen (Heberle und Meyer 1937; Brepohl 1948; Köllmann 1971; 1974; Langewiesche 1977; 1979; Kuls 1980, S.188), so ist die Grundtendenz doch eindeutig. Neben die Land-Stadt-Wanderung (vgl. S.470f) trat eine Wanderungstendenz, die im ganzen Land von Ost nach West gerichtet war, wobei vor allem Berlin als Zielpunkt der Abwanderung aus Ostpreußen, Pommern und Schlesien erscheint, die Ballungsräume an Rhein und Ruhr, Rhein-Main und Oberrhein insbesondere aus Niedersachsen, Westfalen, Hessen und Franken, darüberhinaus aber ebenso aus Ostmitteleuropa, gespeist wurden.

Diese Ost-West-Wanderung fand in Skandinavien und England ihre Entsprechung in einer Nord-Süd-Wanderung, in Spanien und Italien in einer Süd-Nord-Wanderung (kartographisch aufgearbeitet u.a. von Tobler 1975). Damit orientierten sich die Länder an dem Gesamtrahmen der europäischen Kulturpopulation. Die Tendenz hält z.T. noch an. So ist in der Türkei eine Ost-West-Verschiebung der Bevölkerung festzustellen (Ritter und Richter 1990), und aus der ehemaligen DDR wechseln heute viele Menschen in den alten Teil der Bundesrepublik über – freilich bedingt durch die besondere Übergangssituation.

Auch unabhängig davon sind andere Tendenzen erkennbar, z.B. eine Nord-Süd-Wanderung in der Bundesrepublik, die mit dem Aufkommen neuer Industrien im Süden und dem Bedeutungsrückgang überkommener Industrien im Norden im Zusammenhang stehen („Süd-Nord-Gefälle"; Brücher und Riedel 1991); in der jüngsten Zeit scheinen sich aber auch hier Änderungen zu vollziehen.

Auch die USA bietet ein Beispiel für große Bevölkerungsverschiebungen über das ganze Land. Nachdem hier die Zeit vor Mitte dieses Jahrhunderts durch starke Zuwanderungsraten in den großen Ballungsräumen gekennzeichnet war, wird nun, vor allem seit den 70er Jahren, der Süden und Südwesten als Zielgebiet bevorzugt. Der Norden, aber auch der mittlere Westen, stellen das Hauptabwanderungsgebiet dar (kartographisch aufgearbeitet u.a. von Tobler 1975; übersichtlich Bähr 1983, S.349 f.).

Zentrale und periphere Regionen in den Industrieländern

Die Wanderungen führen im allgemeinen aus ärmeren, strukturschwachen Gebieten in reichere, ökonomisch prosperierende Regionen. Sie erweisen sich als Indikatoren für die Verschiebungen der Innovationszentren. So bleibt, wenn in der Gegenwart sich auch vielleicht abschwächend, ein Gefälle zwischen Zentrum und Peripherie: eine Herausforderung für den Staat.

Das Zentrum-Peripherie-Gefälle kann politische Konsequenzen haben. Häufig haben sich die in den Randgebieten lebenden Populationen weniger in die Nation integriert. Bei der vom Zentralraum ausgehenden Ausbreitung der Staaten waren solche Populationen oft subordiniert worden. Mit der Zeit mögen sich diese Populationen einfügen, dann hat dies Akkulturation und Verschmelzung zur Folge. Es mag aber auch sein, daß die unterlegene Population sich ihre eigene Identität erhalten oder beleben kann. Dies fördert Bestrebungen nach Selbstbestimmung und politischer Autonomie (vgl. S.497f).

Der Staat kann hier eine verschiedene Grundhaltung in seiner Politik einnehmen. Der Zentralismus in Frankreich sucht – „durch Jahrhunderte, über wechselnde Staats- und Regierungsformen hinweg, … von einer einzigen Entscheidungszentrale … ausgehend, das gesamte zugehörige, unteilbare Territorium mit seiner Bevölkerung und deren Existenzbereichen maximal zu durchdringen, zu gestalten und zu steuern. Es geht um die Formung einer geschlossenen ‚Nation', d.h. einer zentralregierten Bevölkerung auf einem großen Staatsgebiet mit dem Bewußtsein der Zusammengehörigkeit, der gemeinsamen Geschichte und dem Willen zum Staat" (Brücher 1992, Kap. 2). Die Probleme der Ungleichheit der Entwicklung zwischen dem Zentrum und der Peripherie sind in Frankreich sehr ausgeprägt. Die Politik versucht (wenn auch mehr oder weniger halbherzig), dem entgegenzusteuern, doch hat der Zentralismus eine sehr persistente Wirkung. Brücher (1987) erläuterte seine Grundthese: „Die Persistenz des Phänomens Zentralismus ist viel zu ausgeprägt und erfährt in Wechselwirkung mit dem Raum ständige Selbstverstärkung, so daß sich der Zentralismus letztlich gegen die Dezentralisierungsbestrebungen durchsetzen wird" (S.668). Erst in der Gegenwart scheint im Zuge der auch in

Frankreich erkennbaren Counterurbanisation (vgl. S.482f) vielleicht eine gegenläufige Tendenz erkennbar zu sein.

Ein anderes Modell wird in jenen Staaten realisiert, die durch eine föderative Struktur geprägt sind, wie z.B. die Bundesrepublik Deutschland, die USA oder Kanada. Hier werden die regionalen Besonderheiten, insbesondere auf kulturellem Gebiet, aber auch ökonomisch gefördert. Kanada z.B. strebt heute das Ideal einer multikulturellen Gesellschaft an (Ley 1984), ein Konzept, das nur z.T. erfolgreich ist, wie sich in der Gegenwart erweist. Schöller (1987) demonstriert die Entwicklung Deutschlands in seinen wechselnden Schwerpunktsetzungen zwischen Partikularismus, Zentralismus und Föderalismus seit dem Mittelalter.

Der Staat versucht, die peripheren Gebiete wirtschaftlich zu stärken. In der Gegenwart setzt sich immer mehr die Tendenz durch, die Eigenentwicklung der Regionen zu fördern. Stiens (1987) fragte, ob die Unterstützung regionalistischer Tendenzen in der Bundesrepublik Deutschland unter dem Gesichtspunkt der Raumordnung wünschenswert ist. Er beobachtete in jüngster Zeit vielerlei Ansätze teilbereichsbezogener Dezentralisierung; ein besonderer Typus läßt sich mit den Schlagworten wie „endogene Entwicklungsstrategien" oder „regional angepaßte Entwicklungsstrategien" umschreiben. Mittels funktionaler Integration läßt sich in verschiedenen Politikbereichen eine regional angepaßte Entwicklungspolitik initiieren. „Raumordnung wird noch stärker als bisher auf individuelle Problemstrukturen der verschiedenen Regionskategorien abgestellt sein müssen" (S.553). Der Staat darf dabei freilich nicht aus komplementären Beiträgen entlassen werden.

Endogene und exogene Entwicklungspotentiale im (damaligen) Zonenrandgebiet wurden von Hartke (1985) und Bohle (1988b) untersucht (Tab.14). Wurden bisher die Planungen zur Verbesserung der Struktur von „oben", d.h. exogen gesteuert, so wird jetzt gefordert, daß die Möglichkeiten der Regionen selbst aktiviert, die Bewohner stärker einbezogen werden. Endogene Entwicklungsstrategien ermuntern die örtlichen Planungsträger zu mehr Selbstverantwortlichkeit, d.h. die Kreisverwaltungen, Gemeinden, Wirtschaftsförderungsinstitutionen, Kammern, private Initiatoren etc.

Ach Mose (1989) befürwortete eine eigenständige Regionalentwicklung im peripheren ländlichen Raum, insbesondere (S.159 f.):

„Politische Handlungsansätze

- Dezentralisierung politischer Kompetenzen, Stärkung des regionalen politischen Gewichts (föderalistische Struktur)
- Koordination und Kooperation auf innerregionaler Ebene
- umfassende Mitbestimmung auf lokaler Ebene;

Ökonomische Handlungsansätze

- Aktivierung der endogenen Potentiale einer Region
- Aufbau innerregionaler Produktionsabläufe
- kontrollierte innerregionale Austauschbeziehungen, die sich auf gezielte Ausfuhr von Produkten mit guten Marktchancen konzentrieren
- Vertiefung der zwischenbetrieblichen Kooperation, genossenschaftliche Organisationsformen;

Tab. 14: Endogene Entwicklungspotentiale in ländlichen Gebieten der Bundesrepublik Deutschland; Zusammenfassung von kleinsträumlichen Stabilisierungs- und Dezentralisierungsmaßnahmen

1. Wohnsiedlungstätigkeit und Eigenentwicklung in allen ländlichen Siedlungsteilen (auch in Splittersiedlungen für den Bedarf Ortsansässiger)
2. Kommunale Arbeitsmarktpolitik auf Kreiebene unter Einbezug der Gemeinden und der regionalen Beratungsinstitutionen, Kammern und Verbände
3. Dezentralisierung der Verwaltung durch: Außenstellen, Gemeindebüros, Ortsbeauftragte, Mobile Sprechstunden und Nutzung von Kommunikationstechniken
4. Kindergärten: Kleingruppen, Mobilisierung von Kindern und Personal
5. Grundschulen: betriebliche Umorganisation an kleinen Standorten, mobile Fachlehrkräfte, Mehrfachnutzung der Gebäude
6. Sekundarstufen I und II: Kooperation aller Schulen, Mehrfachnutzung von Gebäuden, innere Organisation, Mobilisierung der Lehrkräfte, Teilmobilisierung der Schüler
7. Krankenhaus-Regelversorgung: Belegärzte-Kooperation und stationäre Fachabteilungen. Ergänzungsnutzen: Altenheime, Pflegeplätze
8. Ambulatorien, Belegbettensystem, Ärztehäuser, Gemeinschaftspraxen, Zweigstellenpraxen, Mobilisierung, Transportsysteme
9. Einzelhandel: stationäre Zeit-Verkaufsstellen; Job-Kombination mit Ladeneinzelhandel; Mobilisierung; Versand-Bestellsysteme evtl. unter Einbezug neuer Kombinationstechniken
10. Laden- und Reparaturhandwerk: Sammelstellen, mobile Versorgung, Job-Kombination, Integrationen, Integrationen in Existensgründungsprogramme und in Selbsthilfeinitiativen Arbeitsloser (Gemeinschaftsläden)
11. Kreditinstitute: Zeit-Zweigstellen, Mobilisierung, Automatisierung und neue Buchungstechniken/Kommunikationstechniken
12. Bundespost: Posthaltestellen, Job-Kombination, Mobilisierung, Kooperation mit privaten Zustelldiensten, evtl. Leistungserweiterung (Postsparkasse, Postgiro etc.)
13. Gastronomie: Job-Kombinationen, Spezialisierung und Kooperation, Selbstbetreibung durch Dorfgemeinschaft, Vereine und Klubs
14. ÖPNV in der Fläche: sog. "Bedarfs-gesteuerte Korridor-Bedienungssysteme", Mitfahrgemeinschaften, Bedarfsbusse, Bedarfstaxis im privaten Dolmus-System.
15. Stadttechnik und Entsorgung: dezentrale Abwasserklärung, Abfallbeseitigung und Gülle-, Stroh-, Kleinholzverwertung in Gruppenanlagen integriert in örtliche Gruppen-Gruppen-Energieanlagen.
16. Neue Dienste: Gemeinwesenarbeit durch Regionalbetreuer, "Animateure" und Sozialarbeit integriert in Schulungssysteme, Existenzgründungsberatung, Kulturarbeit und Vereine (Computerclubs für Landwitrte, Jugendliche).
    Ludothek nach Schweizer Vorbildern
    um einige Punkte beispielhaft aufzuzählen

Quelle: Hartke 1985, S. 398 (ergänzt nach Ullmann)

Sozio-kulturelle Handlungsansätze

– Verstärkung der regionalen Vielfalt und Identität (Vereine etc.)
– Intensivierung regionaler Kommunikationsnetze (Regionalzeitungen etc.)
– Aktivierende Bildungsarbeit (Regionalbetreuung etc.);

Ökologische Handlungsansätze

– Anpassung an natürliche Standortbedingungen
– Erschließung regional vorhandener Ressourcen (z.B. Energie-, Wasserversorgung)
– Ökologisch verträgliche Bewirtschaftungsmethoden".

Auch in den USA wird immer stärker eine von den Bürgern ausgehende Administration befürwortet, um die regionalen und lokalen Potentiale zu beleben. Clark (1983; 1984) bewegte die Frage, inwieweit auf lokaler Ebene politische Autonomie gegeben ist. Im Rahmen des Föderalismus ist sie allgemein gewünscht, aber die praktische Umsetzung bereitet Schwierigkeiten. Der Einfluß von der nationalen auf die lokale Ebene ist dominant, die Maximierung der Volkswirtschaft steht im Vordergrund. Das bedingt Migrationen der Bürger über große Distanzen. Wie kann soziale Gerechtigkeit unter solchen Bedingungen realisiert werden? Clark befürwortete – unter Bezug auf die utilitaristischen Vorstellungen des Rechtsphilosophen Bentham und auf die Bedeutung, die dieser der Gemeinde zuschreibt – eine Politik, die die Gemeinde stärkt. Hier muß den Bürgern ein ausreichendes Einkommen gesichert werden.

Fincher (1987) hinterfragte das Problem des „lokalen Staates". Es gibt verschiedene Auslegungen dieses Begriffs, der in Amerika seit Mitte der 70er Jahre diskutiert wird. Lokale Administration, versehen mit mehr Kompetenzen, ist ein Konzept, ein anderes sieht vor, daß alle Regierungsinstitutionen auf lokaler Ebene handeln. Die Position der Jurisdiktion spielt dabei eine Rolle. Fincher meint, daß eine allgemeine Theorie auf empirischen Untersuchungen auf lokaler Ebene beruhen müsse. Die lokalen sozialen Beziehungen seien von besonderem Gewicht. Die allgemeine Theorie des lokalen Staates hat die lokale Einzigartigkeit zu betonen.

Zentrale und periphere Regionen in Entwicklungsländern

Auch in den Entwicklungsländern bestehen erhebliche Unterschiede in der regionalen Verteilung der ökonomischen Chancen. Die Hauptstadt oder doch die großen Städte stehen (als „primate cities") auf der einen Seite, der weite Raum der ländlichen Regionen auf der anderen. Die Städte bilden die Innovationszentren, von hier kommen die Impulse, sie üben die Macht aus, die ökonomische und politische. Insofern sind diese Unterschiede zwischen Stadt und Land hier zu erörtern, vor allem soweit sie die Politik der Staaten berührt. Die eigentlichen Stadt-Umland-Beziehungen sind an anderer Stelle zu behandeln (vgl. S.459f).

Becker (1988) kommt zu folgenden räumlichen Kategorien subnationaler Planungsräume in den Entwicklungsländern:

1) Hauptstadt (oder andere Metropole) mit Industrieraum
2) Stadtrandzone (Sektor)
3) Metropolitane Region
4) Nationaler Wirtschafts- und Planungsraum.

Im einzelnen zeigen sich starke Unterschiede. In weiter entwickelten Ländern (z.B. „Schwellenländer"; vgl. S.358) strahlt der Einfluß der Hauptstadt auf die Umgebung aus, praktisch in das ganze Land; von der Hauptstadt aus werden die wenig entwickelten, weitgehend auf der Ebene der Subsistenzwirtschaft verharrenden ländlichen Regionen erschlossen. Ein Beispiel ist Ecuador; Preston (1990) demonstrierte, wie in diesem Jahrhundert die soziale, ökonomische und ökologische Situation sich wandelte. Seit den 60er Jahren griff eine mit wachsender Urbanisierung und Differenzierung der Gesellschaft entstandene Mittelklasse in die – von Hacienden und kleinen Kolonisten bestimmte – Agrarwirtschaft ein und schuf einen marktorientierten Betriebstyp, in enger Anlehnung an die Stadtökonomie. Die Städte – auch die kleineren – waren die Kristallisationspunkte dieser Entwicklung.

In anderen Ländern ändern sich die Ungleichheiten zwischen den Regionen im Hinblick auf Einkommen, Gesundheitsversorgung und Erziehungsangebot kaum. Stadt und Land geraten mehr und mehr in ein Polaritätsverhältnis. Aryeetey-Attoh und Chatterjee (1988) demonstrierten dies anhand von Ghana und zeigten, welche Verteilungsprobleme vorliegen und daß zwischen der Erkenntnis und der Umsetzung in praktische Politik eine Kluft besteht.

Die überkommenen politischen Strukturen, insbesondere die gegebenen Machtverhältnisse, können eine stark bremsende Wirkung ausüben. Für die Adoption von Innovationen ist oft das Anfangsstadium wichtig, wie sich die frühen potentiellen Adoptoren verhalten. In der Dritten Welt – dies zeigte Freeman (1985) am Beispiel von agrarischen Innovationen in Kenya – kommt den Eliten eine große Bedeutung zu; bestimmten Personengruppen können aufgrund politischer Einflußnahme Vorteile und Dauereinnahmen erwachsen, wenn sie eine weitere Diffusion verhindern. So werden künstliche Barrieren aufgebaut. Dies ist durch die spezifische Sozialstruktur und der politischen Einflußmöglichkeiten einzelner Gruppen möglich.

Ein anderes Beispiel: Coy (1986) schilderte, wie ein von der Weltbank unterstütztes Programm „Integrated Rural Development“ in Brasilien zu einer wenig effektiven infrastrukturellen Verbesserung „von oben“ umgebildet wurde. Solche Programme müssen, um optimal wirksam sein zu können, auf übergeordneter Ebene durch Veränderung der Rahmenbedingungen unterstützt werden.

Die Unfähigkeit oder der fehlende Wille, die Bevölkerung angemessen in die Projekte einzubeziehen, wird auch als eine Ursache des Sahelproblems herangezogen (Fuchs 1985). Die betroffene Bevölkerung sieht sich ausgeschlossen, die Planung erfolgt z.T. fern, abgehoben von der Realität vor Ort, in den großen Zentren. Die Folge ist passiver Widerstand, die Kreativität wird gelähmt. Entwicklungsprojekte müssen die einheimische Bevölkerung einbeziehen, sie muß zur Mitarbeit motiviert werden, denn diese Menschen kennen die Startegien, die ihnen das Überleben ermöglichen. Risikominimierung muß den Vorrang vor Gewinnmaximierung erhalten. Zu ähnlichen Ergebnissen kam J.O. Müller (1988) bei seinen Untersuchungen im Senegal. Er empfiehlt Regeneration des Ökosystems durch standortgerechten Landbau, Diversifikation zugunsten risikosichernder extensiver Wirtschaftsformen, Wiederherstellung und Schutz der agro- und pastoralkulturellen Identität der Betroffenen.

Die Frauen erweisen sich bei diesen Umstrukturierungsprozessen oft als stärker, anpassungsfähiger als die Männer. Dies betonte auch Herwegen (1988); in der Elfenbeinküste und Nigeria z.B. unterstützen sich die im informellen Sektor tätigen Frauen durch Selbsthilfeorganisation gegenseitig. Nähen, Backen, Kochen, Holzkohle beschaffen, Mahlzeiten verkaufen und transportieren etc. gehören zu den Tätigkeiten. Die Anstrengung, die sie unternehmen, um sich selbst zu helfen, und die Erfolge, die sie dabei erzielen, dürfen nicht ignoriert werden. Solche Beobachtungen stärken die Erkenntnis, daß in weit größerem Maße als bisher die regionalen Diskrepanzen in den Entwicklungsländern nur unter Einbeziehung der zurückgebliebenen Regionen selbst und unter der Mithilfe der dort lebenden Menschen gemindert werden können.

Rauch und Redder (1987) entwickelten eine Theorie der „autozentrierten Entwicklung" in ressourcenarmen ländlichen Regionen in Ländern der Dritten Welt (bezogen auf die Entwicklungsländerthematik allgemein vgl. S.357f), bei Beachtung kleinräumiger Wirtschaftskreisläufe. Die direkten Bedürfnisse sollen aus den lokalen Ressourcen der Region befriedigt werden. Dieses Konzept will verhindern, daß periphere ländliche Räume von den großen zentralen Orten der Staaten ökonomisch und sozial ausgelaugt werden. Am Beispiel Nordwest-Zambias zeigten die Autoren, daß – begünstigt durch eine Krise der monokulturellen Kupferwirtschaft und die damit verbundene Devisenverknappung, die die Versorgung mit billigen Industrieprodukten verhinderten – eigenständige kleine Wirtschaftskreisläufe entstehen. Die kleingewerbliche Produktion in den lokalen Zentren erhalten so ihre Chance (vgl. auch Redder und Rauch 1987). Hierbei sind verschiedene hierarchische Verwaltungs- und ökonomische Ebenen zu unterscheiden, beginnend beim Haushalt und dem Dorf, aufsteigend über die kleineren Regionen (Ward, Distrikt) zur Provinz und zum Staat.

In ähnlicher Weise diskutierte – anhand von Beispielen aus Indien – Bohle (1988a) die Möglichkeiten und Probleme einer dezentralisierten Entwicklung. Als „endogenes Potential" werden Arbeit, Ressourcen und Kapital angesehen. Lokale Führungspersönlichkeiten, Entscheidungsträger und Partizipationsstrukturen, die gesellschaftlichen und technologischen Rahmenbedingungen, aber auch die kulturellen Institutionen, sozialen Organisationsformen und ökologischen Wissenssysteme können dazu beitragen, eigenständige Entwicklungsziele im Sinne einer „autozentrierten" Entwicklung zu artikulieren und langfristig durchzusetzen. Allerdings muß davor gewarnt werden – hier zitiert Bohle S. Hartke –, daß der Staat sich aus der Verantwortung zurückzieht, daß die Regionen lediglich „passiv" saniert werden, daß die gesellschaftlichen Konflikte von oben nach unten verlagert werden und schließlich, daß die traditionellen Ungleichheiten und Abhängigkeiten gestützt werden.

Auf ökonomischer Ebene genügt es auch nicht, zur Entlastung der Hauptstädte die Zentralität der kleineren Städte lediglich im Dienstleistungsbereich zu fördern. In Costa Rica zeigt sich, daß die Eigendynamik der großen Zentren ungebrochen ist, obwohl die Regierung durch Stützung der Regionalzentren versucht, diese ungleiche Entwicklung zu mindern (Nuhn und Oßenbrügge 1988). Im Versorgungsbereich wirken sich solche Maßnahmen zwar günstig aus, doch kommt es nicht zu einer Dynamisierung der Regionalzentren, die Wachstumsimpulse bleiben aus. „Nur dann, wenn gleichzeitig im produzierenden Sektor regional verflochtene Aktivitäten ausgelöst werden, sind nachhaltige Veränderungen zu erwarten" (S.239). Lokale Initiativen „von unten" können nur dann erfolgreich sein, wenn sie regional vernetzt werden.

Das Zusammenwirken der lokalen und exogenen Kräfte muß von Detailkenntnissen her erschlossen werden (Waller 1986). So lassen sich mehrere Ansätze miteinander verknüpfen, nomothetische und idiographische Betrachtungsweisen, Entwicklungstheorien und länderkundliche Ergebnisse (Brown 1988). Die Motivierung für die Hilfe, die Qualität der Mitarbeiter vor Ort, die Beobachtung der Besonderheiten in den Gemeinden, die richtige Wahl des Verbindungsmannes, zudem Takt, Einfühlungsvermögen und Beharrlichkeit sind erforderlich (Akyürek 1985). Nur so lassen sich die drei (nach Hammer 1988) wichtigsten Problemfelder

1) die Landflucht und das unkontrollierte Städtewachstum,
2) die regionalen Unterschiede in der Beschäftigung und
3) die wirtschaftliche und technologische Außenabhängigkeit

erfolgreich angehen.

Binnenkolonisation in peripheren Regionen

Eine andere Problematik des Gegensatzes zentral-peripher in Staaten ergibt sich dann, wenn den dichtbesiedelten zentralen Regionen solche Randgebiete gegenüberstehen, die sich durch Kolonisierung erschließen lassen. Im 18. und 19. Jahrhundert war bei uns, in Mitteleuropa, diese Situation gegeben; heute ist sie es in manchen Entwicklungsländern. In verschiedenen tropischen Ländern werden noch nicht erschlossene unberührte oder von einheimischen Stämmen nur wenig ökologisch beanspruchte tropische Regenwälder oder Savannengebiete von Siedlern aus übervölkerten anderen Teilen der Staaten gerodet und mit kleinbäuerlichen Betrieben aufgesiedelt. Es kann dieser Fragenkomplex hier nur kurz – anhand einiger Beispiele – angedeutet werden.

Sandner (1961) untersuchte die Agrarkolonisation in Costa Rica, die von verschiedenen Bevölkerungsgruppen getragen wird. Neben der Plantagenkolonisation ausländischer Gesellschaften, der Landnahme des Großgrundbesitzes und gelenkter Gruppenkolonisation einheimischer und ausländischer Siedler wird das Land von einer ungelenkten bäuerlichen Agrarkolonisation geprägt, die aus dem dichtbesiedelten Hochland in die peripheren, von tropischem Regenwald bestandenen Regionen im Tiefland drängt. Meistens handelt es sich um kapitalarme Bevölkerungsgruppen, die nach Landbesitz, Selbstversorgung und sozialer Sicherung streben. Diese Siedlungen leiden heute unter Marktferne und Isolierung, für den Staat sind sie nahezu unproduktiv. Der Wald wird flächenhaft vernichtet.

In größerem Ausmaß erfolgt die Beanspruchung des tropischen Regenwaldes in Brasilien (Kohlhepp 1979). Trotz einer ungeklärten, ja verworrenen Eigentumssituation dringen die verschiedensten Gruppen in Amazonien vor. Hierbei bilden die großen Verkehrswege die Leitlinien. Es kommt dabei zu den unterschiedlichsten Flächenkonflikten. Großgrundbesitzer, Kolonisten, Pächter, Posseiros (landlose Bevölkerungsgruppen, die ohne Besitztitel die bisher nicht von Eignern bewirtschaftete Flächen besetzen und nutzen), Holzfällerkolonnen, Goldsucher etc. verdrängen die einheimischen Indianer, denen laut Verfassung das Land gehört, und zerstören die Wälder. Die staatlichen Instanzen sind unfähig, diese Prozesse ordnungsgemäß zu lenken.

Anders in Paraguay; Kleinpenning und Zoomers (1988) berichteten über die innere Kolonisation im Südosten des Landes als eine Strategie, um die Probleme im ländlichen System im dichtbesiedelten Südwesten – Latifundien, Minifundien – zu meistern. Paraguay dient als ein Beispiel für viele Länder Lateinamerikas. In großem Umfange wird auch in Afrika und Indonesien Land gerodet und besiedelt. Der starke Bevölkerungsdruck findet hier ein Ventil.

Nation, Nationalismus

All diese Bevölkerungsbewegungen gestalten die Staatspopulation. Bei dieser kann es sich einfach um die Bevölkerung eines Staates handeln, verwaltet von einer Zentrale aus. Die Staatspopulation kann sich aber auch als Nation verstehen, wenn sich die Bürger mit ihrem Staat identifizieren, ihn als politisch-kulturelle Einheit verstehen. Dies äußert sich im Nationabewußtsein (Francis 1965, S.60 f.). Minderheiten haben sich in diesem Ganzen, mehr oder weniger geduldet, einzufügen. Nationalbewußtsein setzt eine gemeinsame Geschichte voraus und den Willen, die Zukunft gemeinsam zu gestalten. Bereits in der frühen Neuzeit, mit dem Humanismus und der geistigen Befreiung von der Kirche entstand die Idee der Nation. In Frankreich hat sich dann der Wunsch, den Staat als von einer Verfassung und einer einheitlichen, von einer Zentrale aus gesteuerten Administration getragenen Einheit mit den Menschen zu einem Ganzen, dem Nationalstaat zu verschmelzen, am eindrücklichsten realisiert. Der Zentralismus (vgl. S.422) ist ein Ausdruck der Idee des Nationalstaates.

In Deutschland und anderen europäischen Ländern hat sich erst im vorigen Jahrhundert ein Nationalstaat entwickelt, im Gefolge der Freiheitskriege und des romantischen Aufbruchs. Hier schlug Nationalbewußtsein bald in einen bedrohlichen Nationalismus um. Die Nation wurde nicht nur als unverwechselbare, individuelle Einheit betrachtet, die anderen ebenbürtig ist, sondern als überlegen gesehen. Mit Nationalismus ist Sendungsbewußtsein verbunden. Es ist nur folgerichtig, daß Konflikte mit den Nachbarstaaten auftreten, der Friede gefährdet wird, zumal wenn von totalitären Regimen Nationalismus und Forderungen nach zusätzlichem Lebensraum verknüpft werden, wie dies beim Nationalsozialismus realisiert wurde.

Untersuchungen im Detail zeigen, daß Nationalismus an Ideologien von Interessengruppen, Mobilisierung der Eliten und ökonomische Entwicklung gekoppelt ist (Williams 1985). U.a. bildeten Urbanisierung, soziale Umbrüche und neue Entfaltungsmöglichkeiten für eine Mittelklasse den Hintergrund für das Aufkommen des Nationalismus in großen Teilen Europas im vorigen Jahrhundert. Andererseits spielen Sprachprobleme eine Rolle, z.B. in Grenzgebieten. Durch die Erforschung solcher Zusammenhänge erhält man einen Einblick in die Entstehung des Nationalismus (Mitchison, Hrsg., 1980, am Beispiel nord- und nordwesteuropäischer Länder im 19. und 20.Jh.).

Internationale Konflikte

Nationalismus und internationale Konflikte liegen häufig nahe beieinander. Gestalten Wanderungen die innere Form der Staaten durch die Verteilung der Bevölkerung, so wird die äußere Form durch Diplomatie und kriegerische Prozesse mit verursacht. Grenzen sind sehr variable Gebilde.

Friede bedeutet auf der Ebene der Kulturpopulation ein Gleichgewichtszustand zwischen den Stammes- oder Staatspopulationen. Er wird durch Diplomatie aufrecht erhalten; mit ihrer Hilfe kann die bestehende Ordnung im Systemgefüge erhalten oder behutsam korrigiert werden. Auf derselben Ebene ist der Krieg zu sehen, aber als strukturverändernder Prozeß. Schon v.Clausewitz (1832/1943, S. 32, 580) bezeichnete den Krieg als „politischen Akt", darüber hinaus als „bloße Fortsetzung der Politik mit anderen Mitteln". Wenn man auch nach zwei Weltkriegen die Zeitbedingtheit seiner Äußerungen erkennen kann, so wird man doch insoweit zustimmen können, als Diplomatie und Krieg als derselben Kategorie zugehörig betrachtet werden müssen.

Die Kommunikation der Diplomatie wandelt sich im Krieg zu einer materiellen Interaktion, d.h. aus dem informativen wird ein materieller Prozeß; Mitscherlich (1969, S. 121) diagnostizierte einen Übergang von der Aggression zur Destruktion, wenn die Erregung sich so gesteigert hat, daß keine Rückkehr mehr möglich ist. Es werden die in den materiellen und biotischen Aufgabenkategorien tätigen Organisate bzw. Populationen der beteiligten Systeme mehr und mehr einbezogen. Die dadurch bedingten hohen Aufwendungen erfassen mit steigendem technischen Aufwand zunehmend die ganze Staatspopulation (Buchan 1968, S. 124 f.), bis beim „totalen Krieg" alle Kräfte kurzfristig auf die Überwindung des Gegners ausgerichtet sind.

Eine „autistische" Abkapselung und Selbstbezogenheit bildet die Voraussetzung, sie stört die internationale Kommunikation. Ein solches Verhalten ist typisch für Konfliktsituationen (Senghaas 1972 b, S. 46). Es wurzelt im „ethnozentrischen Weltbild" (Mühlmann 1962, S. 216 f., 311 f.), das eine scharfe Abgrenzung zwischen den Angehörigen der Population und den Fremden bedingt.

In unserem Zusammenhang ist es unerheblich, ob man den Krieg zum großen Teil auf einen angeborenen Aggressionstrieb zurückführt, wie von Verhaltensforschern und Psychologen dargestellt wird (Ardrey 1966, S. 289; Eibl-Eibesfeldt 1967/78, S. 622; Mitscherlich 1969, S. 107 f.), oder als Erfindung deklariert, wie es von anthropologischer Seite geschieht (Mead 1940/68, S. 273; Malinowski 1941/68, S. 249, 260). Schumpeter (1919, zit. nach Senghaas 1972 b, S. 47) fand eine irrationale Neigung zu Krieg und Eroberung in der Geschichte der Menschheit. Senghaas (1972 b, S. 63 f., 70 f.) präzisierte diesen Gedanken vor dem Hintergrund psychisch bedingter Verhaltensmechanismen und zeigte, daß Staaten „viel weniger zureichend mit Fähigkeit zur Realitätsprüfung ausgerüstet" sind als Individuen.

Die Geschichtswissenschaften, die Geschichtsphilosophie und die vornehmlich von Politologen und Soziologen getragene Friedensforschung bemühen sich, die für diesen Prozeß verantwortlichen Vorgänge und Faktoren sowie die Folgen zu verstehen und zu erklären, wobei die Geschichtswissenschaften mehr die konkrete Entwicklung im Ganzen (P. Schmitthenner 1930) oder einzelner Zeitabschnitte (z.B. Dreißigjähriger Krieg: M. Ritter 1889/1908, Franz 1943/79; Kriege 1870/71 und 1.Weltkrieg G. Ritter 1954-68) im Auge haben, Geschichtsphilosophie und Friedensforschung die Regelhaftigkeit zu erarbeiten versuchen, somit normativ vorgehen (z.B. Toynbee 1950/54; Richardson 1960; Etzioni 1967/68; Singer 1972; Senghaas 1972 b).

Die unmittelbaren Anlässe von Kriegen können ganz verschieden sein. Sendungsbewußtsein, scheinbar fehlende Entfaltungsmöglichkeiten, Ideologien, ökonomische Diskrepanzen, diktatorischer Machtrausch, Attentate, Überrüstung, Territorialansprüche etc. treten in den Vordergrund. Sie überdecken häufig generellere Probleme, die im Umfeld der beteiligten Staaten zur Lösung anstehen. So kann man zu einer Typologie der Kriege kommen, z.B. auf der Basis der Motive. Die Einteilung Toynbees (1950/54, S. 2 f) in Religionskriege (16.-17.Jahrhundert), Kriege zum „Zeitvertreib der Könige" (17.-18.Jahrhundert) und Volkskriege (seit dem 18.Jahrhundert) deutet dies an. Nef (1968, S. 228 f., 263, 357 f.) brachte eine ähnliche Einteilung, sah in der mittleren Gruppe aber stärker ökonomische Motive im Vordergrund und bezeichnete die Kriege in der jüngsten Phase als Totale Kriege.

Howard (1976/81) erarbeitete einen anderen Vorschlag. Er unterschied in der europäischen Geschichte der Kriege vornehmlich nach den sie tragenden sozialen Eliten, den involvierten Gruppen und den verwandten Techniken. So kam er zu einer Folge von Kriegstypen: Kriege der Ritter (ca. 8.- 15.Jahrhundert), der Söldner (14.-17.Jahrhundert), der Kaufleute (15.-18.Jahrhundert), der Profis (17.- 18.Jahrhundert), der Revolutionäre (18.-19.Jahrhundert), der Nationen (19.- bis frühes 20.Jahrhundert) und der Techniker (1.Hälfte 20.Jahrhundert) sowie schließlich das nukleare Zeitalter.

Der innere Zustand einer Staatspopulation und die Verhaltensweisen den Nachbarn gegenüber stehen häufig in engem Zusammenhang. So beeinflussen sich Revolutionen und Kriege gegenseitig. Gesellschaftliche Veränderungen gehen nicht kontinuierlich, sondern diskret vor sich, bruchhaft, und weiter, diese Wandlungen werden häufig von außen angestoßen, den Populationen aufgezwungen. Es erfolgt in Kriegs- und Revolutionszeiten eine „Beschleunigung der Geschichte", zumal sich technische Neuerungen hinzufügen (G. Schulz 1989, S.205 f.). Am Beispiel der Französischen Revolution von 1789 zeigte Fehrenbach (1989, S.66), daß einerseits „der Krieg vor allem die Volksbewegung politisierte, organisierte und radikalisierte – und zwar in entgegengesetzte Stoßrichtungen, sowohl für wie gegen die Revolution" ..., daß andererseits er aber auch „den politisch-ideologischen Kampf zementierte, der dann auch noch weitergeführt wurde, als im Frühjahr 1794 erneute Siege den Terror erübrigten". Der Krieg blieb mit der Revolution untrennbar verflochten.

Enge Zusammenhänge zwischen dem innerstaatlichen gesellschaftlichen Zustand und den Außenbeziehungen zeigen sich vor allem in der Dritten Welt. Im einzelnen haben die Kriege hier viele Ursachen, z.B. Auseinandersetzungen mit den ehemaligen Kolonialmächten, ethnisch bestimmte Konflikte aufgrund der staatlichen Zuordnung verschiedener Ethnien zu einem Staat oder eines Volkes oder eines Stammes zu verschiedenen Staaten, Verfügbarkeit über Bodenschätze, die Bildung „regionaler Vormächte" etc. (Matthies 1985). Fast immer aber sind die Ergebnisse der politischen und ökonomischen Aktivitäten der ehemaligen Kolonialmächte, Einwirkungen der gegenwärtigen Industriestaaten sowie ungleiche Akkulturationsprozesse im Land beteiligt.

Hier haben auch die innerstaatlichen Kriege häufig ihre Wurzel. In der Gesellschaft entstehen Spannungen dadurch, daß verschiedene Schichten oder Stämme ein asynchronisches Wachstum aufweisen, verschiedenen Bildungsstand und Zugang zu den Ressourcen und politischen Statuspositionen besitzen. In vielen afrikanischen Ländern bildet der „Tribalismus" ein Problem. Stammeszugehörigkeit bildet ein soziales Netz, das einer Sozialversicherung gleichkommt (vgl. S.500). Sie gibt den Armen und Arbeitslosen Schutz; andererseits verlangt sie Loyalität, auch im Konfliktfall. So kann sich ein

Konflikt zwischen angesehenen Persönlichkeiten rasch zum ethnischen Konflikt, zum innerstaatlichen Krieg ausweiten, dies um so eher, als heute das soziale Elend in diesen Ländern stark zugenommen hat. Hier greift denn auch die Weltwirtschaftsordnung und die Übermacht der Industrieländer ein und leistet dem Verfall der staatlichen Macht Vorschub.

Erschwerend kam in den letzten Jahrzehnten hinzu, daß auch regional begrenzte Konflikte durch Eingriff u.a. der Supermächte internationalisiert und ideologisiert wurden. Rüstungsmaterial wurde – und wird – in gewaltigem Ausmaß in die Länder geliefert und von diesen bezahlt, wobei nötige Maßnahmen für Bildung, Infrastruktur, Gesundheitswesen etc. zurückstehen müssen. Nach Nuhn (1986) kann man die innerstaatlichen Konflikte in Autonomie- und Sezessionskriege einteilen, sonstigen regional und sektoral begrenzten Kriegen zuordnen oder als allgemeine Bürgerkriege und Volksaufstände klassifizieren. Zwischenstaatliche Konflikte sind Unabhängigkeitskriege, Grenzkriege und Gebietsokkupationen sowie größere allgemeine Kriege. Nuhn ist sich über die Problematik der Zuordnung im klaren; es gibt zahlreiche Übergänge. Menzel und Senghaas (1986) gliederten die innerstaatlichen Konflikte in Anti-Regime-Kriege sowie Sezessions-, Religions-, Stammes- etc. -kriege.

An den Konflikten in Afrika zeigt sich, daß Kriege zwischen den Staaten sich in bestimmten Weltgegenden räumlich häufen (O'Loughlin 1986). Das hat unterschiedliche politische, soziale, ökonomische und militärische Ursachen. In diesem Sinne wird von Kliot (1989) auch der Mittelmeerraum als problematisch gesehen; er ist einer der heterogensten Regionen der Welt – ein Raum, in dem sich drei Hauptreligionen, wenigstens zwei Rassen, viele Sprachgruppen und unterschiedliche Kulturen treffen. Die gegenwärtigen Konflikte in Jugoslawien unterstreichen diese Einschätzung.

Die zitierten Arbeiten verdeutlichen, daß die Kriege nicht isoliert gesehen werden dürfen. O'Loughlin und van der Wusten (1986) stellten Krieg und Frieden einander gegenüber, sahen sie als Probleme einer Politischen Geographie. Denn hier werden Zustände des Gleichgewichts und Nichtgleichgewichts internationaler Regionen angesprochen. Die politischen Systeme arrangieren sich, es bilden sich ökonomische und politische Vormachtstellungen heraus. Aron (1962/86, S.183) unterschied drei Typen des Friedens: Gleichgewicht, Hegemonie und Imperium: „In einem historisch gegebenen Raum sind die Kräfte der politischen Einheiten im Gleichgewicht, oder sie werden von einer unter ihnen beherrscht oder von einer unter ihnen soweit überflügelt, daß alle Einheiten außer einer ihre Autonomie als Zentren politischer Entscheidungen verlieren und zu verschwinden drohen. Der imperiale Staat behält sich schließlich das Monopol der legitimen Gewalt vor". Und später (S.186): „Die Klassifizierung des Friedens in drei Typen liefert uns gleichzeitig eine formale und ganz allgemeine Klassifizierung des Krieges: die ‚vollkommenen' Kriege im Sinne des politischen Begriffs des Krieges sind zwischenstaatlich, an ihnen sind politische Einheiten beteiligt, die sich gegenseitig in ihrer Existenz und Legitimität anerkennen. Man kann überstaatlich oder imperial jene Kriege nennen, die als Objekt, Ursprung und Konsequenz die Ausmerzung bestimmter Kriegführender und die Bildung einer Einheit auf höherer Ebene haben. Man kann innerstaatlich oder innerimperial die Kriege nennen, die als Ziel die Aufrechterhaltung oder Zersetzung einer nationalen oder imperialen politischen Einheit haben".

Durch die Einbeziehung der innerstaatlichen sozioökonomischen Zustände, der regionalen Verknüpfungen, des historischen Erbes und des Friedens erhält die Forschung nach den Ursachen eine breite Basis, sind die hierarchischen, distanziellen und zeitlichen Koordinaten berücksichtigt. Notwendig erscheint – in unserem Kontext – auch die Beachtung der Populationsstruktur sowie die Position, die die Staaten (oder Stämme) in der Prozeßsequenz ihrer eigenen Entwicklung einnehmen.

Entsprechend der Einbindung der Staaten in die Kulturpopulation müssen zwei Arten von Kriegen unterschieden werden (wenn auch gewisse Übergänge möglich sind):

1. Die Kriege zwischen Staatspopulationen innerhalb einer Kulturpopulation („Central System and Major Power Wars"; Singer und Small 1972, S. 31),

2. die Kolonialkriege zwischen Populationen verschiedener Kulturpopulationen, oder im Kolonialgebiet außerhalb des Lebensraumes der Kulturpopulation („Extra-systemic" oder „Imperial and Colonial Wars"; Singer und Small 1972, S. 31 f.).

Innerhalb von Staats- oder Stammespopulationen sind Revolutionen, Bürgerkriege, Aufstände zu erwähnen (Intra-systemic oder Interstate Wars; Singer und Small 1972, S. 31); sie haben eine gewaltsame Veränderung der sozialen Schichtung zum Ziele. Die imperialistischen Kriege sind am Rande der Kulturpopulationen kennzeichnend und im Zusammenhang mit der Bildung von Kolonialreichen zu verstehen.

Die zuerst genannten Kriege sind auf die Kulturpopulation beschränkt. Die Staaten innerhalb einer Kulturpopulation sind Konkurrenten um die Position des Innovationszentrums dieser Kulturpopulation. Im Verlauf der Zeit verschob sich die Vormachtposition z.B. in Europa mehrfach (vgl. S.448f). Man kann hier von Rotation sprechen. Solche Rotationen auf der Ebene der Staaten bergen die Gefahr von Konflikten in sich. Die hierarchischen Positionen verschieben sich, so daß es zu Auseinandersetzungen kommen kann. Dies ist ein wesentlicher Hintergrund der Kriege. Die Ursachen des Krieges hängen vermutlich auch mit der Position der Populationen in ihrer Prozeßsequenz zusammen; z.B. sind einige „Religionskriege" vielleicht mit den Determinationsphasen in der Entwicklung in Zusammenhang zu bringen; hier sind aber noch weitere Untersuchungen nötig.

3.3.2 Institutionen und Prozesse im Rahmen der Menschheit als Art

3.3.2.1 Institutionalisierung der Aufgabe (Induktionsprozeß: *Adoption)

Herrschaft hat Konsequenzen nicht nur für die Bildung der Sekundärpopulationen, also des Staates, in dem sie die Hierarchie und Kontrolle der Arbeitsprozesse ermöglicht, sondern auch für den Menschen als Individuum in seinen ganzen Lebensbezügen. Die Menschen und die sie prägenden Populationen werden unter dem Eindruck kommunikativer, hierarchischer Strukturen gestaltet. Primärpopulationen, deren sozialer Aufbau und deren generatives Verhalten einheitliche Züge annehmen, formieren sich aber vor allem von unter her, von den Menschen, und dies im Verlauf einer langen Entwicklung.

Autorität

Die Autorität bildet eine wichtige Grundlage dauerhafter Herrschaft (vgl. S.407f). Autorität kommt vom lateinischen Wort auctoritas, und dieses von auctor; augere heißt vermehren, zunehmen, fördern. Die Grundbedeutung von auctor ist Mehrer, Urheber, Schöpfer, Förderer. Der Begriff Autorität führt also in – nicht erklärbare, aber wirksame – Ursprünge zurück. Autoritäten waren in römischer Zeit durch ihre besondere Einsicht befugt, und der, der fragte, ordnete sich von vornherein unter. „Auctoritas bewirkte freiwillige Unterwerfung unter den helfenden Rat eines anderen im Vertrauen auf dessen zwingende Überlegenheit“ (Eschenburg 1965/76, S.11 f.). Wenn auch die Autorität im Verlauf der Geschichte ein unterschiedliches Gewicht erhielt, so blieb sie doch im Grundverständnis gleich.

Autorität bedeutet Informationsvorsprung, d.h. im Nichtgleichgewichtssystem der Population im vertikal verlaufenden Informationsfluß also auch Überordnung, Macht (vgl. S.407f). „Macht zwischen zwei Menschen besteht darin, daß der Wille des einen gegenüber dem Willen des anderen die Oberhand hat“ (Sennett 1985, S.207). Die Autorität muß, um von Dauer sein zu können, legitimiert sein. Die Legitimität persönlicher Autorität erwächst aus der Wahrnehmung von Stärkeuntertschieden. „Die Autorität vermittelt, und das Subjekt gewinnt den Eindruck, daß die Autorität aufgrund dieser Unterschiede etwas eigentümlich Unerreichbares an sich hat“ (S.187). Aufgrund von Autoritätsunterschieden bilden sich „Befehlsketten“; A kontrolliert B, B kontrolliert C usw. Die Befehlskette „ist die Architektur der Macht“ (S.207).

Aus Macht ist nach Hondrich (1973, S.149 f.) Herrschaft entstanden, beim Übergang von der Kulturstufe der Jäger und Sammler zu der der Agrargesellschaften und bürgerlichen Gesellschaften. So könnten zunächst Sippenälteste oder Priester Macht ausgeübt haben. Dann mögen Führer- und Gefolgschaften bestanden haben. Dieser Schluß wird durch Untersuchungen über die germanisch-deutsche Verfassungsgeschichte von historischer Seite nahegelegt (Wenskus 1961; Schlesinger 1963).

3.3.2.2 Durchführung der Aufgabe (Induktionsprozeß: *Produktion)

Sprache und politische Einheit

Führerschaft und Gefolgschaft sind auf Dauer nur dann praktizierbar, wenn die Informationen verstanden werden. D.h., Kommunikation bildet eine Voraussetzung. Sie ermöglicht den Informationsfluß. Für den Zusammenhalt von Stämmen und Völkern bildet die gemeinsame Sprache die wichtigste Voraussetzung.

Sprache begründet Kommunikationssysteme. Mit ihrer Hilfe können komplex mehrdimensionale Sachverhalte der Lebenswelt durch ein zeitliches Nacheinander verstehbar, von einem einem anderen Menschen beschrieben werden. Der Angesprochene begreift den Inhalt der Botschaft, identifiziert ihn als Ganzheit und wird in die Lage versetzt, ihn für sein Handeln umzusetzen.

Das Verstehen ist für das Zustandekommen von Kommunikation unerläßlich. Folgt auf eine kommunikative Handlung eine weitere, so wird jeweils mit geprüft, ob die vorausgehende Kommunikation verstanden ist. So wird Kommunikation zum selbstreferentiellen Prozeß (Luhmann 1984, S.198; Klüter 1986; vgl. S.221f).

Wenn Sprache auch nicht das einzige Kommunikationsmittel darstellt, so ist sie doch das wichtigste. Es gibt keine menschliche Population ohne Sprache. Vielleicht spielt dieses Kommunikationsmedium für die so erfolgreiche Entwicklung des Menschen eine große Rolle, da er damit Handlungen koordinieren konnte. So war es sicher wichtig, daß bei der Jagd mehrere Personen sich über das Vorgehen bei der Erlegung von Tieren durch Rufe verständigen konnten (Narr 1973, S. 29 f.). Sprachgemeinschaften sind Handlungsgemeinschaften, Kommunikation bedingt Verknüpfung der Mitglieder im Hinblick auf gemeinsames Vorgehen. So erhalten Populationen eine Basis.

Sprache erlaubt Verständigung auch über die unmittelbare, durch Sinneskontakt gekennzeichnete Umgebung hinaus, durch Weitergabe über Zwischenträger, allerdings nicht über beliebige Entfernung hinweg; dann verwischt der Inhalt („Rauschen"), die Schrift wird unverzichtbar (vgl. S.410f). Die gemeinsame Sprache schafft auch durch die Begrenzung gegenüber den Benutzern anderer Sprachen einen geschlossenen Kommunikationsbereich.

Wie sehr die gemeinsame Sprache mit politischer Einheit verknüpft ist, die Mitglieder verschiedener Sprachgemeinschaften sich umgekehrt verschiedenen politischen Einheiten zugehörig fühlen, zeigte Murphy (1988) in seiner Untersuchung über die regionale Dynamik der Sprachdifferenzierung in Belgien. Zwar traten die sprachlichen Unterschiede nicht während der Zeit hervor, als der Staat im vorigen Jahrhundert unabhängig wurde; die Menschen fühlten sich seinerzeit als Belgier, und Französisch war die Sprache der Administration und Gerichte – wie weithin in Europa. Mit der Zeit jedoch traten die Unterschiede hervor; vor allem der Niedergang der von Kohle und Stahl bestimmten Wirtschaft im französischsprachigen Wallonien und das Aufstreben des flämischsprachigen Teils – mit dem blühenden Hafen Antwerpen – gab dem Flämischen mehr Gewicht und förderte eine Identifizierung der Menschen mit ihren Regionen. Brüssel – zugleich mit überregionalen politischen Funktionen befrachtet – spielt eine eigenständige Rolle. Die Regionen entfremden sich politisch immer mehr.

In ähnlicher Weise eskaliert das Sprachenproblem im Zusammenhang mit ökonomischen Ungleichgewichten in Kanada, im Baskenland und anderen Gebieten der Erde, auch in der Dritten Welt („Tribalismus"; vgl. S.500); die Minoritäten streben ein größeres politisches Gewicht an, sie sehen dabei die Sprache als wichtigstes Kriterium und Identifikationsmerkmal. Andererseits bildet die Schweiz ein Beispiel dafür, daß ein Staat auch als mehrsprachiges Gebilde einen hohen Grad an Stabilität besitzen kann; hier hat sich eine wohlhabende Nation herausgebildet. Vereinzelt auftretende Regionalisierungstendenzen (z.B. im Schweizer Jura) sind bisher ohne nachhaltige Bedeutung geblieben. Ob dies freilich so bleibt, muß abgewartet werden.

Die Sprache kann als politisches Instrument benutzt werden. Z.B. kann ein Staat Minoritäten veranlassen, die „Staatssprache" zu übernehmen (z.B. Frankreich im Verfolg seiner zentralistischen Politik insbesondere zur Zeit der Französischen Revolution (Francis 1965, S.116 f.).

Sprache kann, wie jedes Kulturgut, übertragen werden. Anscheinend war die Verbreitung der wichtigsten Sprachen in der europäischen Familie mit der Diffusion der Landwirtschaft im Zuge der „neolithischen Revolution" (vgl. S.367f) zwischen etwa dem 7. und dem 4. Jahrtausend v.Chr. verbunden (Renfrew 1988, S.145 f.). Ähnliche Prozesse vollzogen sich später in anderen Regionen der Erde, z.B. im Südpazifik (Bellwood 1991). Auch ist es möglich, daß sich – vor allem in polyglotten Regionen – zusätzlich zu den indigenen Sprachen Verkehrssprachen bilden, die einen Austausch der Information über die Populationsgrenzen hinaus erlauben. Diese Fragen finden zunehmend auch in der Geographie Interesse. Cooper (Hrsg., 1982) hat eine Sammlung von Beiträgen herausgegeben, die zeigen, wie Sprachen sich ausbreiteten, z.B. die englische oder französische Sprache in den Kolonialgebieten, aber auch das Griechische, Lateinische oder Türkische in früheren Weltreichen, das Amharische oder das Malaysische in Regionen der Dritten Welt. Hier spielen ökonomische Gründe eine wichtige Rolle.

3.3.2.3 Strukturierung des Volkes bzw. Stammes (Reaktionsprozeß: *Rezeption)

Rezeption bedeutet auch bei den Stämmen und Völkern eine Einordnung in die allgemein akzeptierte Sprachgemeinschaft und soziale Hierarchie; hierbei treten aber auch problematische Begleiterscheinungen auf, z.B. das Abweisen allen Fremdartigen, d.h. Diskriminierung.

Hierarchische Strukturierung

Hierarchische Strukturen sind sicher in der Menschheitsgeschichte seit alter Zeit kennzeichnend, sie sind möglicherweise bereits genetisch festgelegt, zumindest auch in der Tierwelt gegeben (z.B. „Hackordnung"; Eibl-Eibesfeldt 1967/78, S.483 f.; E.O. Wilson 1975, S.279 f., 554 f.).

Wie dargelegt (vgl. S.434f) ist Kommunikation Voraussetzung für gemeinsames Vorgehen. Erst dieses gemeinsame in die Zukunft weisende Handeln der Mitglieder macht aus einer Kommunikationsgemeinschaft eine Population. Das gemeinsame Vorgehen wird in einer Hierarchie festgelegt; sie erhält – im Idealfall – von ihrer Basis durch die Menschen mit ihren divergierenden Auffassungen, selektiert nach oben zu, die inhaltliche Orientierung, und kulminiert in einer Spitze, von der aus Weisungen erteilt werden.

Dieses hierarchische Verhältnis entwickelt sich mit zunehmender Populationsgröße und Differenzierung von einem einfachen Führer-Gefolgschaftsverhältnis meint zu einer abgestuften Vertikalgliederung. So treffen wir in vielen Gesellschaften einen Stammeshäuptling, der von untergeordneten, evtl. tributpflichtigen Sippenältesten oder Dorfhäuptlingen als Primus respektiert wird; die Sippen und Dorfpopulationen lassen wiederum eine vertikale Gliederung erkennen. Rechtsprechung, Entscheidungen etc. betreffend zukunftsträchtige Projekte, religiöse Probleme usw. werden so geregelt.

In diesem Rahmen mag sich eine Bewertungsskala in der Population bilden, die eine Verstetigung zu einem Autoritäts-Gefolgschafts-Verhältnis begünstigt. Eine solche vertikale Strukturierung der Bevölkerung ist natürlich nicht so kompliziert gestaltet wie die soziale Schichtung in höher differenzierten Populationen (vgl. S.414f). Wir haben hier ja

Primärpopulationen vor uns, die sich – grundsätzlich betrachtet – in den lebenswichtigen Fragen auf Familienebene selbst regulieren.

Aber auch die Primärpopulationen in höher differenzierten Gesellschaften kennen eine soziale Schichtung. Jede dem Staat untergeordnete Population zeigt eine Gliederung in soziale Schichten. Da sich aber diese mit zahlreichen gleichartigen Populationen auf gleicher Stufe in der Hierarchie befinden, müssen sich, von der übergeordneten Population aus betrachtet, durchgehende Bewertungsskalen quer durch alle gleichrangigen untergeordneten Populationen hindurch bilden. Dies ist aber nur mit Einschränkungen der Fall. Es ergeben sich regionale und lokale Unterschiede. Sozial und politisch besonders wirksam ist die soziale Schichtung auf Gemeindeebene, auf der die Kenntnis der Person eine wichtige Rolle spielt. Autorität, Kompetenz und ähnliche Eigenschaften sind hier durchaus von großer Bedeutung für die Entscheidungen und das Ansehen. Die Community-Power-Forschung sucht Klarheit über die lokalen Machtstrukturen zu erhalten (Siewert 1979; vgl. auch S.536f).

Ethnische Minoritäten

Vorgegebene ethnische Strukturen werden manchmal durch die Bildung von Staaten verändert, z.T. gewaltsam zerbrochen (z.B. Juden im Deutschland der 30er Jahre). Doch üblicherweise sind sie sehr persistent. Neben dem staatstragenden Volk bleiben kleinere Gruppen erhalten, Minoritäten, die ihr Eigenleben besitzen und häufig mit der Staatsgewalt in Konflikt geraten.

Ethnische Minoritäten lassen sich nur schwer definieren (Vogelsang 1985). Es gibt zwei Ansätze, einen objektiven oder strukturellen und einen subjektiven oder phänomenologischen. Beim ersten Ansatz stellt man fest, ob im Hinblick auf Herkunft, Kultur, Religion, Rasse und Sprache Gemeinsamkeiten oder Unterschiede gegeben sind; beim zweiten Ansatz geht man von der subjektiven Identifikation der Individuen mit speziellen Gruppen oder Gruppenmerkmalen aus. Vogelsang schlägt vor, beide Ansätze zu vereinen, unter Berücksichtigung des Raumverhaltens. So ergeben sich für den Untersuchenden folgende Problembereiche (S.146/47):

„1) Grad der strukturell bedingten, inneren Geschlossenheit (Identifikationskreise, Organisation)
2) Kulturelle und ethnische Distanz zur Majorität (Rasse, Sprache, Lebensgewohnheiten)
3) Wanderung (Herkunftsgebiete, Ziele, Wanderungsphasen und – frequenzen)
4) Räumliches Verhalten (Konzentration, Dispersion, Kernräume, Verteilung nach städtischen und ländlichen Räumen, räumliche Beziehungssysteme)
5) Raumgestaltung (Spezifische Nutzungsformen, Beiträge zur Erschließung und Umwertung des Raumes, Einflüsse auf Architektur und topographische Bezeichnungen)
6) Größe der ethnischen Gruppen
7) Bevölkerungsstruktur der ethnischen Gruppe (Demographische Kennzeichen, Berufs- und Bildungsstruktur)
8) Politische und gesellschaftliche Situation (offizielle und inoffizielle Diskriminierung, Einwanderungsbestimmungen und -praxis, Kultur- und Sozialpolitik)

9) Innere Dynamik (Tendenzen der Akkulturation, Assimilation, Resistenz)."

Angehörige ethnischer Minoritäten können über einen ganzen Staat oder gar eine ganze Kultur verstreut sein, wie die Türken als Gastarbeiter in Deutschland und anderen Staaten Europas, die Juden (über die Juden in Deutschland vgl. S.419), Sinti und Roma, die irischen Travellers (Bender 1986). Gibt es mehrere solcher ethnischer Minoritäten in einem Staat, und werden sie respektiert, so kann man von ethnischem Pluralismus sprechen (Clarke, Ley und Peach, Hrsg., 1984; am Beispiel Kanada Ley 1984). Bei verschiedenen Gruppen zeigen sich regionale Konzentrationen. So ist die Minorität der Schwarzen in den USA vor allem in dem ehemaligen Plantagenland konzentriert.

Ein eigentlicher Regionalismus (vgl. S.498) ist noch nicht zu konstatieren. Auch für die Hispanics trifft dies noch nicht zu. Sie bilden im Südwesten der USA eine stark zunehmende Minderheit (Nostrand 1973; 1976; Albrecht 1990). Der politische Einfluß wächst immerhin deutlich. Seit den 60er Jahren artikulieren sich diese Gruppen verstärkt; der Begriff „Chicanos" wird zu einem Identifikationsbegriff. Im einzelnen verbergen sich ganz verschiedene Gruppen dahinter, Leute, die aus Mexiko gekommen sind, in alter Zeit (vgl. spanische Kolonisation, vgl. S.497) solche, die aus Mexiko erst in den letzten Jahrzehnten hereingekommen sind, Leute aus Mittelamerika und aus anderen Teilen Lateinamerikas. In den Barrios, d.h. den von den spanisch sprechenden Gruppen bewohnten Stadtteilen, kommt die Vielfalt zum Tragen. Hier bildeten sich Stadtteilbewegungen, die sich auf ihr kulturelles Erbe besinnen. Arreola (1987) beschrieb San Antonio, Texas, als kulturelle „Hauptstadt" der Mexican Amcricans. Hier bestanden schon im vorigen Jahrhundert besonders enge Verbindungen zu Mexiko; sie haben sich bis heute erhalten. Die Stadt ist immer noch ein wichtiges Zentrum für Immigranten.

In dem US-Census 1980 wurde auch die Herkunft der Vorfahren erfragt. Lieberson und Waters (1988) werteten die Daten aus. „A principal finding of the study is that white ethnics, while different from one another on a variety of measures, are still much more similar to each other than they are to blacks, Hispanics, American Indians, and Asians... The conclusion is inescapable: For whatever the cause(s), a European–non-European distinction remains a central division in the society" (S.247 f.). Aber auch innerhalb der weißen Gruppen sind vielfach Differenzen nicht verschwunden. Die Vorfahren konzentrierten sich in bestimmten Regionen der USA oder Stadtvierteln in den Städten. Die Autoren wiesen nach, daß die ethnischen Bedingungen zu diesen Regionen nicht verschwunden sind, trotz massiver Migrationen.

Während die bisher besprochenen Gruppen aus eigenem Willen, durch Vertreibung oder zwangsweise Deportation immigrierten, sich also nach Bildung der Staaten bzw. der herrschenden Majoritäten einbrachten und als Gruppen etablierten, gibt es viele Fälle, in denen umgekehrt bereits bestehende ethnische Volksgruppen in neue Staaten inkorporiert wurden.

Die Berber bilden in den Maghrebstaaten eine Minorität unter den Arabern. Sie wurden von Popp (1990) beschrieben als eine Volksgruppe, in der die Stammesbezogenheit bis in die Gegenwart in der Sozialorganisation eine prägende Rolle spielt. Dabei kommt den Vererbungssitten, den Rechtsnormen, verschiedenen Riten, Formen der Siedlung, die sich von denen der Araber unterscheiden, eine Bedeutung zu. Andererseits leben die Berber in vielen Siedlungskammern über den ganzen Maghreb verstreut. Die verschiedenen Stämme sprechen Dialekte, aber es fehlt eine ihnen gemeinsame Hochsprache; auch läßt sich keine Zugehörigkeit zu einer gemeinsamen Rasse erkennen. In der Kolonialzeit unterstützten die Franzosen das Identitätsbewußtsein der Berber, nach der Devise „divide et impera". Heute versuchen die Berber – ausgehend von der Intelligenzschicht –, ihre Spezifika herauszuheben, ein Eigenbewußtsein zu pflegen. Popp sah die Berber als eine Volksgruppe am Scheideweg.

Ein besonderes Problem stellt die arabische Minderheit in Israel dar (Schnell 1990). Die Angehörigen dieser Minderheit blieben nach dem verlorenen Krieg 1948 im Land, in dem sie vormals, vor der jüdischen Einwanderungswelle in den 30er und 40er Jahren, die Mehrheit gebildet hatten. Es lassen sich im Hinblick auf soziale Integration der israelischen Araber drei Phasen erkennen: Von 1948 bis 1954 vermieden Juden und Araber jegliche Kooperation untereinander. Anschließend, bis zum Krieg 1967, versuchten die Araber, sich in die israelische Wirtschaft und Politik zu integrieren. Die Integration gelang aber nur in geringem Umfange. Nach 1967 kam es zur Annäherung der in Israel lebenden Araber mit den Palästinensern in den besetzten Gebieten, schließlich zu separatistischen Tendenzen und zur Übernahme palästinensischer Identität. Israelische Planungsstrategien dürften die Marginalisierung der arabischen Regionen in Israel und damit die Segregationstrends verstärkt haben. Welche Auswirkungen der Golfkrieg auf diese Entwicklung hat, ist noch nicht abzusehen.

Auch die Reste der indigenen Völker in den Siedlungskolonien stellen heute ethnische Minoritäten dar (Softestad 1988). Sie kämpfen – auch wenn ihnen Reservate zugestanden werden – um ihr Überleben, seien es die Indianer Nordamerikas (Frantz 1989) oder im Amazonasbecken, die Aborigines in Australien, die Maori in Neuseeland (Hüttermann 1990), die Sami in Lappland. Dabei spielt das Land als wichtigste Ressource eine entscheidende Rolle, nicht nur als biophysikalische Umwelt, sondern auch im Hinblick auf die sozioökonomische und kulturelle Bedeutung. Dieser Aspekt greift weit in das Gesellschaftssystem herein, berührt – bis in die Religion sich äußernd – die kulturelle und herrschaftliche Identität der Stämme. Die Wegnahme von Land sowie Umsiedlungsaktionen treffen diese Menschen so, daß ihr Überleben gefährdet ist; das Sozialsystem, das ganz mit der Umwelt integriert ist, bricht zusammen (Ragaz 1988). Es ist erforderlich, daß die speziellen Landrechte dieser Völker respektiert werden, daß die Menschen im Staate eine selbstbestimmte Verwaltung ausüben können (Softestad 1988).

Rassismus

Manche ethnische Minoritäten nehmen einen tiefstehenden Rang in der Skala der sozialen Schichtung ein (vgl. S.417f). Hier ist das Problem des Rassismus anzusiedeln; die Angehörigen der einen „Rasse" dünken sich denen anderer „Rassen" überlegen, wobei der Begriff Rasse nicht eng anthropologisch zu verstehen ist. Nicht die Persönlichkeit des Individuums wird be- und verurteilt, sondern das Individuum als Angehöriger einer diskriminierten Gruppe.

Im einzelnen hat der Rassismus viele Wurzeln, die sich geistesgeschichtlich bis zum Tode Jesu zurückverfolgen lassen. Viel konkreter sind bei den Menschen Angst vor Konkurrenz auf dem Arbeitsmarkt, Gefühle des Neides, die Furcht vor dem Fremdarti-

Tab. 15: Minderheiten in der Bundesrepublik Deutschland

Merkmal		Minderheiten
Rasse		farbige Kinder, farbige Studenten, Zigeuner
Nationalität		ausländische Arbeiter, Dänen (Südschleswiger), Exilkroaten, Fremdarbeiter, Gastarbeiter, heimatlose Ausländer, Polen und Slowenen (im Ruhrgebiet)
Religion		Juden, jüdische Gemeinde, jüdische Jugend, Zeugen Jehovas (Sekten)
Kultur		Flüchtlinge, Friese, Ostdeutsche, Ostvertriebene, Spätaussiedler, Studenten aus Entwicklungsländern
Deviation	körperlich	Alte Menschen, Blinde, blinde Schüler, Contergankinder, Körperbehinderte, Sehgeschädigte
	geistig	Geisteskranke, geistig Behinderte, Intelligenzbehinderte
	psychisch	psychisch Behinderte, Süchtige (Drogen, Alkohol)
	rechtlich	Gefängnisinsassen, Strafgefangene, Strafentlassene, Verbrecher, Vorbestrafte
	sexuell	Homphile, Homosexuelle, Prostituierte, Prostituiertenkinder, sexuelle Außenseiter
	ökonomisch/ sozial	Arme, Land-, Stadtstreicher, Nichtseßhafte, Obdachlose, sozial Deklassierte

Quelle: Markefka 1984, S. 23

gen, d.h. es sind Emotionen, die im Individuum geweckt werden, die zu Ungerechtigkeiten und Aggressivität führen. Rassismus hat nicht seinen Ursprung in der menschlichen Natur. „The existence of so-called ‚natural antipathies' between groups or people is a racist belief for which there is no secure scientific basis. The classification of people based on physical differences such as skin colour is even less ‚natural', arising not from some innate human instinct but from specific historical circumstances" (Jackson 1987, S.7).

Die meisten Formen von Rassismus sind in asymmetrischen Machtverhältnissen in der Gesellschaft verwurzelt und – oft unbewußt – institutionalisiert, werden durch die gegebenen politischen und administrativen Strukturen und privaten Praktiken verstetigt, durch Erziehung und Bildung weitergegeben, reproduziert (Jackson 1987, S.10). Insofern ist Rassismus ein dauerhaftes Problem und darf nicht nur der ideologischen Sphäre zugeordnet werden; vielmehr umfaßt er auch die Praxis, den Umgang der Menschen miteinander im Alltag. Rassismus ist so der vielleicht augenfälligste Ausdruck abwertender Gefühle; letztlich ist alles Andersartige gemeint, Minderheiten, Asylanten, Obdachlose, Drogensüchtige, Vorbestrafte, Behinderte etc. (Tab.15).

Diskriminierung gilt „als ein Handeln, in dem Eigengruppenmitglieder Fremdgruppenmitglieder als ungleichwertige Partner ansehen und entsprechend benachteiligen" (Markefka 1984, S.49). Angehörige von Minoritäten werden gern als ungleiche oder ungleichartige Menschen angesehen, denen Gleichberechtigung nicht zusteht (S.55). Das entscheidende Merkmal, das Majoritäten gegenüber Minoritäten als Fremdgruppe haben, heißt Macht (S.18). Hierbei spielen soziale Vorurteile eine entscheidende Rolle, d.h. „Äußerungen negativer Überzeugungen einer Majorität (oder ihrer Angehörigen) über eine Minderheit (oder Einzelpersonen) wegen tatsächlicher oder vermeintlicher Minoritätszugehörigkeit), ohne Rücksicht auf ihre Richtigkeit" (S.32). Vorurteile bilden eine Art „Einbahnstraße der Wahrnehmung, die die Urteilsrichtung der Eigengruppe als Repräsentanz des Guten nur auf die Fremdgruppe als Verkörperung des Schlechten freigibt" (S.32). So werden Urteile über fremde Gruppen als soziale Vorurteile häufig negativ gefärbt.

3.3.2.4 Formung des Volkes bzw. Stammes (Reaktionsprozeß: *Reproduktion)

Bildung von Stämmen und Völkern; Ethnogenese

Ethnogenese ist ein vielgestaltiger und ganz unterschiedlich ablaufender Prozeß. Hier können nur einige Hinweise gegeben werden. Stämme und Völker können durch Zusammenschluß vorgegebener Populationen niederer Ordnung – z.B. Lokalgruppen, Gemeinden, Volksgruppen – entstehen. So bildete sich wohl im 9.-11.Jahrhundert das deutsche Volk.

Vielfach bilden sich aber auch Stämme oder Völker im Gefolge von Landnahme- und Kolonisationsprozessen heraus. Z.B. wanderte wohl in der ersten Hälfte des 13.Jahrhunderts eine kleine Gruppe von Towa-sprechenden Indianern – die Jemez-Leute im Südwesten der heutigen USA – aus dem ca. 50 km weiter nördlich gelegenen Gallina-Gebiet in das vom Flußsystem Jemez entwässerte Waldgebiet ein. Die Leute hatten vorher in lockeren Hausgruppen gelebt (Fliedner 1972), nun errichteten sie kompakte Pueblos. Vermutlich hat sich während der Migration ein gesellschaftlicher Wandel vollzogen. Muß man für die älteren Hausgruppen eine nur lose Verbindung von relativ kleinen sozialen Einheiten annehmen, so wird man in den Pueblos die Wohnstätten von straff organisierten Gemeinschaften zu sehen haben, die vor allem durch religiöse Bindungen ihren Rückhalt erhielten. Gegen Ende des 13.Jahrhunderts waren etliche neue Dorfbauten hinzugekommen. Nach Auskunft der Keramik (Ellis 1956, S.26/27; 1964; Noftsker 1967) bestanden zwischen 1450 und 1620 13, vielleicht auch 18 Pueblos. In der Zwischenzeit waren aber auch einige verlassen worden; heute finden sich mindestens 41 Ruinen in einem Gelände von ca. 350 qkm, davon 11 auf einem Raum von ca. 35 qkm konzentriert; eine genaue archäologische Bestandsaufnahme fehlt freilich bisher (Fliedner 1974c, S.16 f.), so daß diese Angaben nur eine erste Orientierung geben können. In den drei Jahrhunderten kam es also zu Ausdehnungs- und Schrumpfungsprozessen, die darauf hindeuten, daß sich die Population in ihrer Umwelt stabilisierte. Die benachbarten Indianerpopulationen sprachen eine andere Sprache (außer der in ca. 100 km Distanz lebenden Pecos-Population). Auch in kulturellen Äußerungen, vor allem sichtbar in der Keramik, verfolgten die Jemez-Leute eigene Wege, so daß man von einem Stamm sprechen kann. Er ging – vor allem unter dem Einfluß der Spanier und dem Ansturm der benachbarten indianischen Sammler und Jäger – bis auf eine kleine Gruppe Ende des 17.Jahrhunderts zugrunde. Die letzten Menschen sammelten sich im heutigen Jemez-Pueblo. Sie nahmen im 19.Jahrhundert die restlichen Bewohner des ebenfalls abgegangenen Pueblos Pecos (vgl. S.274f) auf. Noch heute bilden diese in dem Pueblo eine eigene Gruppe, eine „Minorität".

Wesentlich komplexer sind natürlich die Vorgänge, die zur Bildung von großen Völkern durch Kolonisation führten. Das eindrucksvollste Beispiel ist sicher die Entstehung der Vereinigten Staaten (Billington und Ridge 1949/82), eines Staates, der sich im Zuge einer Ethnogenese gebildet hat, die heute noch keineswegs abgeschlossen ist und wohl auch nicht enden wird. Von verschiedenen Seiten her kamen europäische Siedler seit dem 17.Jahrhundert und verdrängten sukzessive und gewaltsam die indianischen Vorbewohner. Durch Eigenvermehrung und immer neue Immigrantenschübe wurden die Kolonisationsströme von Osten nach Westen vorgetragen. Die Einwohnerschaft vervielfachte sich exponentiell, die Wanderungen verzweigten sich, Rodung, Siedlung und Kampf mit den Indianern wurde für die Frontiersmen identisch. 1776 hatten die 13 englischen Kolonien im Osten der Appalachen ihre Unabhängigkeit erstritten. Damals drangen die Pionierfronten über die Appalachen vor, schlossen sich zusammen, und die neue Frontier drang – nach verschiedenen Landerwerbungen – im Verlaufe des 19.Jahrhunderts bis zum Pazifik vor.

Beim Census 1790, kurz nach den Unabhängigkeitskriegen, lebten – außer den Ureinwohnern und den Sklaven – etwa 3 Mio weiße Menschen in den Staaten; sie kamen aus vielen Ländern. Aus vielen kleinen Gruppen war eine politische Einheit entstanden, eine Population mit einer eigenen Dynamik. Turner (1893/1947) hatte in einer die amerikanische Forschung stark beschäftigenden These gemeint, daß durch das Erlebnis der gemeinsamen Rodungen und Besiedlung, der Kämpfe, des Aufeinanderangewiesenseins und Rückführung der Lebensäußerung auf das Wesentliche sich ein generelles demokratisches Grundverständnis herausbildete, so daß die verschiedenen Volksgruppen sich zu einem, dem amerikanischen Volk zusammenfügten – die Frontier also als Schmelztiegel. Diese Auffassung wird heute nicht nur angesichts der patriotischen Verbrämung und des monokausalen Hintergrundes relativiert; es ergibt sich bei den gravierenden ethnischen Problemen (Blacks, Hispanics etc.) überhaupt die Frage nach der Gültigkeit der Metapher „Schmelztiegel". Andererseits kann kaum bezweifelt werden, daß die Frontier für eine gemeinsame Grundübereinstimmung vor allem im weißen ländlichen Amerika eine wesentliche Bedeutung hatte, und die heutigen Probleme gab es damals noch nicht in dieser Form.

Die eigentliche Ethnogenese der USA hat viele Gründe. Natürlich spielte die gemeinsame Absicht, sich eine Heimstatt im neuen Kontinent zu schaffen, eine Rolle, auch die Tatsache, daß die fiskalischen Zwänge seitens des Mutterlandes Widerstand weckten („Boston Tea Party"). Wichtiger aber war, daß hier ein leidlich stabiler Siedlungsraum entstanden war, durch Absicherung einer eigenen ökonomischen Basis bei entsprechend großer Distanz vom Mutterland, durch räumliche Erschließung mittels zentraler Orte und Verkehrswege, durch Herausbildung einer in sich gegliederten Gesellschaft mit einer autoritativen amerikanischen Führungsschicht. Zudem hatte diese Population eine beachtliche Bevölkerungszahl (England hatte damals nur ca. 2,5 mal soviel Einwohner), so daß sie eine eigene Dynamik entfalten und – unter Ausnutzung der Konflikte in Europa – ihren Willen durchsetzen konnte.

Vaterland

Das „Land der Väter“ ist etwas Gewordenes; sein Ursprung verläuft sich oft in mythischen Herrschergeschlechtern. Auch in manchen jungen, nach Kolonisationen entstandenen Völkern wird gern auf den Ursprung zurückgeblickt, auf Freiheitshelden oder die ersten Einwanderer (z.B. die „Pilgerväter“ in den USA). Das Volk wird von der „Muttersprache“ her bestimmt, die Kommunikation erschließt es als Einheit. Je nach eigenem politischem Standort sieht man im Vaterland eine Gemeinschaft, in der Toleranz, Brüderlichkeit, Gleichheit konstitutiv sind, oder Treue, Ehre, Heldentum.

Wie das Nationalbewußtsein und Nationalismus ein affektives Verhältnis der Mitglieder zum Staat erweist, so Patriotismus oder Vaterlandsliebe zum Volk. Wenn – wie bei allen dem Emotionalen verbundenen Äußerungen – die Begriffe auch nicht deutlich getrennt werden können, so ist doch wohl der Akzent unterschiedlich gesetzt. Während beim Nationalgefühl und Nationalismus mehr die Macht und Bedeutung der Population im Vordergrund stehen, so beim Patriotismus oder der Vaterlandsliebe das kulturelle Erbe, das damit verbundene Ethos. Patriotismus äußert sich in Verehrung und Treue gegenüber den sprachlichen, künstlerischen, wissenschaftlichen Leistungen und den sittlichen Werten des Volkes, gewöhnlich in idealistischer Überhöhung. In Krisenzeiten werden diese Gefühle besonders angesprochen, sie bringen dann die Population zusammen, stärken die gemeinsamen Kräfte und tragen so zum Überleben bei. In solchen Phasen sind Nationalismus (vgl. S.429) und Patriotismus nicht mehr zu trennen.

Eigenschaften der Stämme und Völker

Ein Stamm – in wenig differenzierten Gesellschaften – zeichnet sich, wie gesagt, durch gemeinsame Sprache, gemeinsame kulturelle Eigenschaften (religiöse Riten, künstlerische Darstellung etc.) aus, durch Konzentration auf einen Raum, durch die Bereitschaft, gemeinsam sich gegenüber Feinden zu verteidigen. Vor allem ist die gemeinsame Herkunft wichtig, die den Stamm verklammert. Die Mitgliederzahl zählt nach Tausenden.

Ein Volk – in differenzierten Gesellschaften – ist wesentlich größer, umfaßt im allgemeinen wenigstens Hunderttausende von Menschen; es muß in sich so differenziert sein, daß ein Eigenleben möglich ist. Diese Differenzierung erhält es durch seine Geschichte, als Konsequenz eines evolutionären Prozesses, sei es durch Zusammenschluß aus einer Mehrzahl von Gemeinden und Volksgruppen hervorgegangen, sei es aufgrund einer Kolonisation entstanden. Die gemeinsame Geschichte bedeutet also vor allem die gemeinsame Wurzel, aus der heraus sich der Differenzierungsvorgang vollzogen hat.

Stämme und Völker tragen auch gemeinsame Züge im biotischen Verhalten. Eine gewisse „reproduktive Isolation“ der verschiedenen Populationen ist für die Erhaltung ihrer Eigenart notwendig (Sperlich 1973, S. 154). Tatsächlich haben die Völker ein für sie charakteristisches generatives Verhalten. Nicht nur die – stark von dem Stand der medizinischen Kenntnis und der hygienischen Praktiken abhängigen – Sterbeziffern, sondern auch die Geburtenziffern zeigen eine eigene Dynamik. Bevölkerungspolitische Maßnahmen des Staates haben darauf, wie Höhn und Schubnell (1986) bei ihren Untersuchungen zur Geburtenpolitik europäischer Staaten nachgewiesen haben, kaum eine Wirkung.

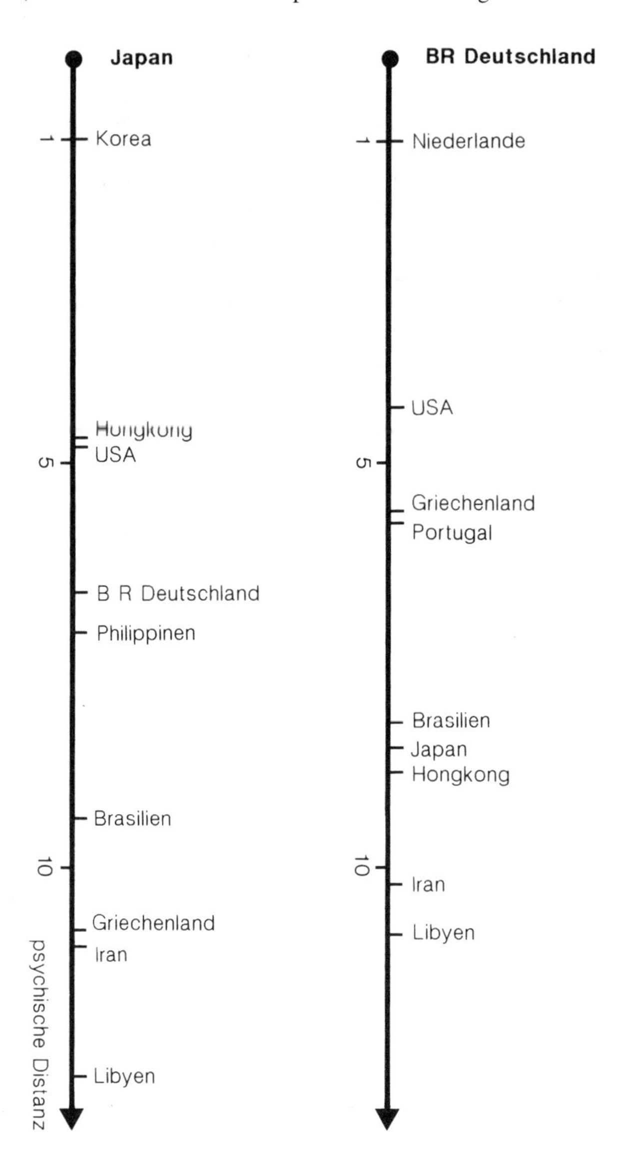

Abb. 36 Psychische Distanz ausgewählter Länder von der Bundesrepublik Deutschland bzw. Japan (Skalierung: Niederlande bzw. Korea = 1)
Quelle: Brockhoff 1988, S.83(nach Dichtl u.a.)

Stämme und Völker erhalten im Verlaufe der Prozesse ein immer deutlicheres unverwechselbares Gesicht, das sich im Volkscharakter äußert (vgl. über diesen Gegenstand Broek 1967; aus psychologischer Sicht Hellpach 1938/44; vgl.S.67). Beispiele für Untersuchungen bieten die Darstellungen der Amerikaner (Gorer 1949/56; vgl. auch Dahrendorf 1963), der Deutschen (Elias 1989) oder der Hopi-Indianer (Aberle 1967). Diese Eigenarten werden von anderen Völkern gleichfalls wahrgenommen und als Bild (vgl.

S.149) übernommen, was durchaus auch ökonomische Konsequenzen haben kann (Abb.36; Brockhoff 1988, S.82 f.).

3.3.3 Prozeßsequenzen und Beispiele strukturverändernder Prozesse

Im Dezennienrhythmus und auf der Ebene der Staatspopulationen, Stämme und Völker wird die Regulation der Menschheit als Gesellschaft verändert (vgl. S.323f), d.h. die Position des Menschen im gesellschaftlichen Gefüge.

Die systemeigenen Prozesse in diesem Rhythmus wurden bereits früher anhand der Entwicklung der Anthropogeographie und benachbarter Wissenschaften in den letzten zwei Jahrhunderten vorgestellt (vgl. S.232f; 311f). Es zeigte sich, daß sich das Raumverständnis mit jedem Teilprozeß in dem Sinne wandelte, daß das Subjekt gegenüber dem Objekt eine wachsende Bedeutung erhielt. Dieser Wandel vollzog sich im Rahmen der kulturellen Evolution. Der gesamte Paradigmenwechsel zwischen 1800 und 1990 ist Teil der Dynamisierungsphase im Zentennienrhythmus (vgl. S.399f). Er zeigt, wie sich in dieser Zeit die Grundorientierung der Gesellschaft und damit das Menschenbild wandelte.

Das Quellenmaterial steht für die Prozesse dieser Dauer reichlicher zur Verfügung als für die länger währenden, aber auch für die kürzere Zeit in Anspruch nehmenden Prozesse. Dies mag an den Rhythmen der Volkszählungen liegen, auch an der Tatsache, daß das Urmaterial häufig durch Jahresangaben dokumentiert wird. Es scheint aber auch an der Qualität des Materials zu liegen; in diesem Rhythmus erfolgen die großen „Basisinnovationen" (Mensch 1975), d.h. die sachlich eindeutig definierbaren Neuerungen – Einführung neuer Techniken, Kunststile, wissenschaftliche Sichtweisen etc. –, so daß die Aufstellung von Zeitreihen relativ eindeutige Ergebnisse liefern mag.

So erfolgt entsprechend der differenzierteren Nachfrage ein differenzierteres Angebot, und diese mündet in eine differenziertere Gesellschaftsstruktur ein; Induktions- und Reaktionsprozeß zusammen betrachtet werden auf vielfältige Weise durch Innovationen realisiert. Die Innovationen bzw. die zeitgleichen Schwingungen (vgl. S.312) ordnen sich diesem durch die fortschreitende Differenzierung gegebenen Rhythmus ein.

3.3.3.1 Die Entwicklung der deutschen Staatspopulation seit dem Mittelalter als Beispiel einer Prozeßsequenz im Dezennienrhythmus

Die Entwicklungen in den einzelnen Aufgabenkategorien formieren sich zu Prozeßsequenzen, die insgesamt ca. 500 Jahre in Anspruch nehmen. Bei Behandlung der Kulturpopulationen konnten ja z.B. frühes Mittelalter (ca. 500 – ca. 900 n.Chr.), hohes Mittelalter (ca. 900 – ca. 1500) und Neuzeit (ca. 1500 – ca. 1900) unterschieden werden (Zentennienrhythmus). In diesen Rahmen fügen sich die hier zu behandelnden Prozesse im Dezennienrhythmus ein.

Die Einführung des Christentums im Frankenreich nach 496 (Steinbach und Petri 1939; Bosl 1970/75, S. 64 f.) und die Reform des Mönchtums durch den Hl.Benedict (Ling

1968/71, S. 349 f.; Tschudy 1960, S. 80 f.), aber auch die Trennung der oströmischen Kirche von Rom mögen am Anfang des frühen Mittelalters stehen; sie spiegeln bedeutsame Wandlungen in der Determination wider. Die Innovationen umfaßten jeweils die gesamte damalige europäische Kulturpopulation.

Die Einführung der Grundherrschaft um 700 n.Chr.Geb., insbesondere aber die Vollendung der Staatenbildung im 8.Jahrhundert (Karolinger) könnten die Regulation im frühen Mittelalter verkörpern. Das 9. und 10. Jahrhundert sah die Anlage von zahlreichen Verkehrssiedlungen vor allem im Bereich der Nordseeküste und ihrem Hinterland (Wikorte; Planitz 1954, S. 54 f.; Pirenne 1933/76, S. 44 f.; Haarnagel 1955) sowie einen Aufschwung des frühen Städtewesens in Mitteleuropa (Bischofsstädte, Kirchorte; Organisation). Welche Ereignisse und Prozesse der Dynamisierung, Kinetisierung und Stabilisierung dieser frühmittelalterlichen Prozeßsequenz dienten, kann nicht gesagt werden.

Die folgende hochmittelalterliche Prozeßsequenz hat ihre ersten deutbaren Ereignisse mit der Entstehung der Romanik (ca. 10.Jh.; als Perzeption zu interpretieren) sowie im 11. und frühen 12.Jahrhundert, als sich in der Kirche wichtige Änderungen vollzogen; so waren die Bewegung der Cluniazenser und der Investiturstreit Ausdruck einer umfassenden geistigen Bewegung (Mitteis 1940/59, S. 185 f.; Le Goff 1964/70, S. 110, 144; Weisbach 1945, S. 15 f.; Bosl 1970/75, S. 182 f.; Tellenbach 1988), die man als Determination deuten kann. Die Staatenbildung trat im hohen Mittelalter, besonders im 12.Jahrhundert (Stauferreich, Friedrich Barbarossa; Hampe 1908/49, S. 104 f.; Mitteis 1940/59, S. 63 f.; 248 f.) hervor; man kann hier den Ausdruck der Regulationsphase erblicken. Die Prozesse wurden bis ins Siedlungswesen hinein staatlich gelenkt (Fliedner 1969; Filipp 1971). Die Gründung der Städte durch Landesherren (z.B. Staufer, Zähringer, Welfen; Planitz 1954, S. 130 f.; Stoob 1956) setzte aber schon neue Akzente. Die Entstehung der Stadt-Umland-Populationen wurde durch den Aufschwung der Wirtschaft im 13.Jahrhundert – sowohl die Landwirtschaft als auch das Gewerbe sind hier zu nennen – sehr gefördert. Anscheinend fand in dieser Zeit auch ein starker Ausbau des Straßennetzes statt. Der Höhepunkt der Verbreitung der Stadt-Umland-Organisation, also der Stadtgründungen, fällt ins 13.Jahrhundert (Pirenne 1933/76, S. 171 f.; Lütge 1952, S. 113; Planitz 1954, S. 161 f.; 205 f.; Haase 1960/65). Diese Zeitspanne ist als Organisationsphase zu deuten.

Die Wüstungsperiode im späten 14. und 15.Jahrhundert ist von einem starken Ausbau des Handels (z.B. Hanse) begleitet. Die späteren Phasen der hochmittelalterlichen Prozeßsequenz sind nicht klar deutbar.

Am ehesten mag die jüngste Phase, die Neuzeit, zu gliedern sein. Im Bereich der Kunst und der Wissenschaft (Perzeption) wird man auf die Renaissance kommen, in ihr vollzog sich die Lösung dieser Institutionen von der Kirche. Es sei zudem an die zahlreichen technischen Erfindungen und Neuerungen am Beginn der Neuzeit erinnert (u.a. Straub 1949/64, S. 62 f.), der folgende Zeitraum war ärmer an entsprechenden Inventionen.

Auch die Religion (Determination) erfuhr wichtige Wandlungen. Die Reformation und die katholische Reform erlaubten durch die Lösung von der überkommenen Einheit von Herrschaft, Ökonomie und Kirche eine neue Einstellung zur Arbeit und zum wirtschaftlichen Erfolg (Brandi 1927/60; vgl. auch S.379)

Während des Absolutismus (ausgehend von Frankreich im 17.Jahrhundert) wurde die Herrschaft (Regulation) reformiert. Während dieser Periode erreichte die zentrale Staatsgewalt ihre klarste Ausprägung (Hubatsch 1962/70; Kunisch 1986). Die Wirtschaft wurde im Absolutismus von den Ständen, also der alten Ordnung, gelöst. In England vollzog sich in dieser Hinsicht im 17./18.Jahrhundert eine entsprechende, aber nicht über den Absolutismus führende Entwicklung (Trevelyan 1942/48, S. 204 f.).

Im Bereich des Verkehrs (Organisation) begann Mitte des 19.Jahrhunderts ein neues Zeitalter. Die Einführung der Eisenbahn als schnelles Massenverkehrsmittel änderte grundsätzlich die Verkehrssituation und lenkte die Organisation in eine andere Richtung. Es bildete sich ein neues System zentraler Orte.

Von den neuen Möglichkeiten der Organisation profitierte vor allem die Industrie (Dynamisierung), die eigene Schwerpunkte bildete, z.B. in Bergbaugebieten. Aber auch die Landwirtschaft erfuhr starke Impulse (Finck von Finckenstein 1960; Haushofer 1963/72). Der Ausbau der Wirtschaft förderte die Produktion in bisher ungeahnten Größenordnungen (Kinetisierung; über die Zusammenhänge von Innovationen und 50-Jahreszyklus im industriellen Zeitalter vgl. u.a. Mensch 1975; Marshall 1987). Die wirtschaftliche Investitions- und Produktionssteigerung war von solchen Dimensionen, daß die industrielle Revolution auch den Millennien- und Zentennienrhythmus beeinflußten (vgl. S.369 bzw. 401).

3.3.3.2 Prozesse im Rahmen einzelner Institutionen

Zur Verdeutlichung der Prozeßabläufe empfiehlt es sich, einzelne in den geschilderten Prozeßsequenzen in übergreifender Zusammenschau dargestellten Innovationen und Schwingungen herauszustellen. Sie haben ihre eigene Problematik; es sei auf die theoretischen Erörterungen in Kap.2 hingewiesen (vgl. S.311f sowie Abb.21 und 22a). Als Beispiele dienen die Kunststile, die staatenprägenden Innovationen und internationalen Konflikte, Verkehr, Industrie und Handel sowie Kolonisationen.

Kunststile

Die Kunst ist, wie geschildert (vgl. S.367), in der Menschheit als Population schon früh als Institution entstanden; sie konkretisiert die Perzeption. Als Beispiel diene die Malerei. In ihr vollzog sich um die vorletzte Jahrhundertwende der „romantische Aufbruch“, um 1860 die Wende zum Impressionismus; um 1910 begann die „klassische Moderne“ (Fauves, Expressionismus, Dadaismus, Futurismus, Kubismus etc.). Um 1940 kann man den Beginn der Gegenwartskunst (Informel, Pop-Art, Op-Art etc.) ansetzen (vgl. S.163f).

Die Entwicklung der Architektur verlief etwa synchron, während in der Literatur sich die Wandlungen im allgemeinen ein oder zwei Jahrzehnte früher vollzogen haben (Abb.37a, b).

In der kunstgeschichtlichen Forschung wurde versucht, den der Kunst innewohnenden rhythmischen Wandel durch ein „mehrdimensionales“ Ineinandergreifen der Entwicklung verschiedener Formprinzipien zu deuten, die zielgerichtet die künstlerische Gestaltung zur Vollendung bringen. Nach Pinder (1928/49, S. 145 f.) kommt den einzelnen Künsten, dem Sprachlichen, den Generationen, dem Einzelnen und den stetigen Faktoren (Nationen, Stämme) jeweils prägende Kraft zu. Besonders hervorzuheben ist ein Wechsel in der Generationsabfolge. Pinder behauptete, daß es „Gruppierungen entscheidender Geburten" gibt, und Intervalle, die eine „Neigung der Natur zum Menschenalter" (25-30 Jahre) als Maßeinheit erkennen lassen. Die ganz großen Meister sollen innerhalb zeitlicher „Geburts-Schichten" stehen. Zwei Generationen würden eine Dezennienphase ergeben. Frey (1946, S. 50) sah in einer „synthetischen Zusammenfassung" eine Möglichkeit, zu der „geistigen Strukturform einer zeitlichen, gesellschaftlichen oder biologischen Gemeinschaft vorzudringen", auch um die Periodisierung besser zu verstehen. Dies ist sicher der Weg, der – ganz nach unserem Verständnis – berücksichtigt, daß zwischen der künstlerischen Ausdrucksform und den Institutionen in anderen Aufgabenbereichen Wechselwirkungen bestehen, die in den Schwingungen und der Prozeßsequenz ihren Niederschlag finden.

Staatenprägende Innovationen; Vormachtstellung und internationale Konflikte

Es lassen sich in der Neuzeit in Europa vor allem zwei Grundkonzeptionen des Staates erkennen: der Absolutismus und die Demokratie.

In der Renaissance wurden die weltanschaulichen Grundlagen für einen neuzeitlichen Staat – vor allem durch Machiavelli – geschaffen. Seine Lehre bezieht die Religion als integrierende Kraft ein, betont die Bedeutung der Gesetze, befürwortet eine Wehr zum Schutz der Grenzen und zur Bewahrung der Ordnung. Sie stellt die Macht als Instrument der Politik heraus und sieht die Staatsraison als Voraussetzung für ein Funktionieren des Staates.

Der absolute Staat konnte sich in vielen Punkten auf Machiavelli berufen. Eine streng hierarchische Ordnung der Gesellschaft war kennzeichnend. Der Fürst hatte eine unwiderrufliche Legitimation zur Herrschaft (Gottesgnadentum). Nach Anfängen im 15. und 16.Jahrhundert – will man nicht die italienischen Stadtdespoten hier anführen – setzte sich der Absolutismus im 17.Jahrhundert vor allem in Frankreich durch und breitete sich im 18.Jahrhundert in Mittel- und Osteuropa aus (u.a. Hubatsch 1962/70, S.159 f.; Kunisch 1986). In dieser Zeit wurde die Verwaltung auf einen hohen Stand gebracht, und auch nach dem Ende der absolut regierten Staaten blieben wesentliche Elemente in der Administration erhalten.

Mit der Französischen Revolution (Griewank 1958) und der Unabhängigkeit der Vereinigten Staaten wurde die Grundidee des Absolutismus einer hierarchisch aufgebauten Gesellschaft von der Idee der Gleichheit aller Menschen abgelöst. Sie konnte sich aber zunächst nicht durchsetzen. Die Monarchien – wenn auch in abgewandelter Form – konnten sich lange behaupten, wurden in verschiedenen Ländern nach dem Ersten Weltkrieg sogar durch sich ideologisch rechtfertigende Diktaturen – ein Rückfall in die extreme, nicht vom Volk legitimierte Form der Hierarchie – abgelöst, bis schließlich im Zweiten Weltkrieg sowie im Zuge der gegenwärtigen Umbrüche in Mittel- und Osteuropa sich die demokratische Staatsverfassung allgemein durchsetzte.

Innerhalb der europäisch-nordamerikanischen Kulturpopulation verschoben sich die politischen Regulationszentren mehrfach, wobei anscheinend der Dezennienrhythmus eine Rolle spielte. In der historischen Literatur wird der Begriff „Großmacht" oder „Vormacht" verwendet; freilich ist auch hier das Problem, geeignete Kriterien zu finden. Modelski (1987) entwickelte ein Modell – unter Heranziehung der systemtheoretischen Überlegungen von Parsons (vgl. S.108f) –, das den Wechsel der Führungsposition der Weltmächte in der Neuzeit zu deuten versuchte. Der Autor ist der Auffassung, daß in einem ca. hundertjährigen Rhythmus die Staaten Portugal, die Niederlande, Großbritannien (zweimal) und die USA die Führungsposition innehatten. Vor Beginn standen jeweils Revolutionen und Bürgerkriege (S.222): 1383-85 und 1438 in Portugal, 1565-80 in den Niederlanden, 1641-48 in England, 1776 in den USA, aber England betreffend, 1861-66 in den USA. Terlouw (1990, S.53 f.) verglich diese Auffassung mit – ähnlichen – Vorstellungen anderer Autoren.

Parker (1988) thematisierte das Wachstum des politischen Einflusses verschiedener Staaten Europas – z.B. Spanien, Österreich, Ungarn, Frankreich, Deutschland, Rußland – und stellte die Dominanz über andere Staaten in den Mittelpunkt seiner Betrachtung. Das Wachstum erfolgte nach ihm jeweils von Kernbereichen aus und erfaßte immer größere Räume, bis ein Höhepunkt überschritten war und jeweils ein Rückzug erfolgte.

Vielleicht liegt diesen Verschiebungen in der Dominanz der Dezennienrhythmus zugrunde; so wird man mit Vorbehalt behaupten dürfen, daß Frankreich ab etwa Mitte des 17.Jahrhunderts, dann Österreich (im Anschluß an die Türkenkriege) Ende des 17.Jahrhunderts, Preußen ab ca. 1740 bis etwa 1770 (Kunisch 1986, S.126 f.), Frankreich bis ca. 1810, England bis ca. 1860, Deutschland bis ca. 1915 und von da ab die USA bis nach 1950 (Nierop und de Vos 1988) die wichtigsten Staaten darstellten, zumal die Machtorientierung – z.B. auf den Kontinent Europa oder auf Übersee – unterschiedlich war. Die gegenwärtige Situation ist unklar. Wenn diese Hinweise also auch sehr angreifbar sind, so wird man doch eine Rotation in der Hierarchie der Völker als solche innerhalb der Kulturpopulation konstatieren dürfen (vgl. auch Kennedy 1987/89).

Verschiebungen in der Vormachtposition sind häufig mit internationalen Konflikten verbunden (vgl. S.429f). Versucht man, die Kriege in einer Zeitreihe darzustellen, so stößt man auf Schwierigkeiten, die in der Vergleichbarkeit der erarbeiteten Werte der Kriegshäufigkeit begründet sind. Man kann sie dadurch vermindern, daß man Einschränkungen vornimmt. Ein Versuch von Pfetsch (1989) krankt daran, daß er eine zu weitgehende Aufgliederung der Kriege nach Motiven (es wurden sieben Gruppen gebildet) und keine eindeutige Umgrenzung des Untersuchungsgebietes gewählt hatte (es wurde die ganze Welt mit ihren völlig unterschiedlich gelagerten Konflikten herangezogen). So ergab sich kein klares Bild.

Daher wurde in unserem Zusammenhang eine Population (die Kulturpopulation Europa), ein bestimmter Typ (Kriege zwischen Staatspopulationen) und eine vom Standpunkt der Entwicklung der Kulturpopulation homogene Periode (jüngere Neuzeit) gewählt (Abb.37c). Im Mittelalter herrschte augenscheinlich ein anderer Kriegstyp vor (Montgomery of Alamein 1975,S. 197f). Nach dem Zweiten Weltkrieg änderte sich auch der Bezugsrahmen erheblich, denn nun kann man nicht mehr allein die Konflikte innerhalb des europäischen Kontinents als wichtig für diesen heraussondern; vielmehr ist durch die Ausweitung der Interessensphären der Großmächte jede Konfliktsituation auf der Erde auch für die Sicherheit in Europa von Belang (Singer 1972, S. 281).

In dem Diagramm wird der Dezennienrhythmus sichtbar. Erkennbar wird dieser auch bei Singer und Small (1972, S. 205 f.), die freilich eine zu kurze Zeitspanne, 1815-1965, für ihre Untersuchung wählten und nicht genügend die unterschiedlichen Kriegstypen berücksichtigten, sowie bei Goldstein (1988, S.258), der Kriegshäufigkeit und wirtschaftliches Wachstum miteinander in Beziehung setzte. Es erscheint gerade dann jeweils eine Häufung kriegerischer Ereignisse, wenn die Populationen von einer Phase in der Entwicklung der Regulation zur nächsten überwechselten, wenn sich die Machtverhältnisse in der Kulturpopulation verschoben.

Mit der Vormacht USA ist ein Staat von der Größenordnung einer Kulturpopulation früherer Zeit hervorgetreten („Supermacht"). Auch die sich wandelnde EG, die Sowjetunion (bzw. die sich daraus entwickelnde „Gemeinschaft unabhängiger Staaten"), China und Indien gehören dieser neuen Größenordnung an. Mit dem Wechsel der Innovationszentren zu dieser neuen Größenordnung setzte wohl eine neue – die Neuzeit ablösende – Prozeßsequenz ein; die europäisch-nordamerikanische Kulturpopulation wandelt sich zur die ganze Menschheit umfassenden Kulturpopulation.

Verkehr, Industrie, Handel (Kondratieff-Zyklus)

Die Innovationen im Verkehr und in der Industrie (Abb.38a-c) brachten ganz neue Entwicklungen der Technik mit ihren Folgen für die übrigen Institutionen. Sie sollen hier nur kurz angesprochen werden, da sie nicht der eigentlichen Sozialgeographie zuzuordnen sind. Fernstraßen-, Kanal-, Eisenbahnbau und Einführung des Automobils hatten tiefgreifende Wandlungen in den räumlichen Strukturen zur Folge, regten aber auch die Innovationen in dem verarbeitenden Gewerbe an (Manufakturen, Textilindustrie, Kohle und Stahl, Investitionsgüterindustrien sowie die modernen Hochtechnologien). Diese Innovationen stehen zugleich im Zusammenhang mit den Handelszyklen (Abb.38d), die als Kondratieff-Zyklen schon seit langem die Aufmerksamkeit der Wirtschaftswissenschaften gefunden haben (Kondratieff 1928; Schumpeter 1939/61).

Kolonisationen

Die große Kolonisationswelle im Zentennienrhythmus (vgl. S.401) ist der Kulturpopulation zuzuordnen. Sie sind in sich gegliedert, und hier kommt die Eigenart der Volkspopulationen zur Geltung. Dies gilt sowohl für die Außen- als auch für die Binnenkolonisationen.

Die „Europäisierung der Erde" (Abb.34; vgl. S.404) ging im 15.Jahrhundert von den Portugiesen aus, es folgten im 16.Jahrhundert die Spanier (Abb.39). Die Niederlande und Rußland hatten ihre stärkste Expansionsperiode im 17.Jahrhundert. Damals setzten auch England und Frankreich an, die – ebenso wie Rußland – in den folgenden Jahrhunderten ihre Kolonialreiche weiter ausdehnten, bis die große Periode des Kolonialismus in der zweiten Hälfte des 19.Jahrhunderts in der sogenannten imperialistischen Phase, an

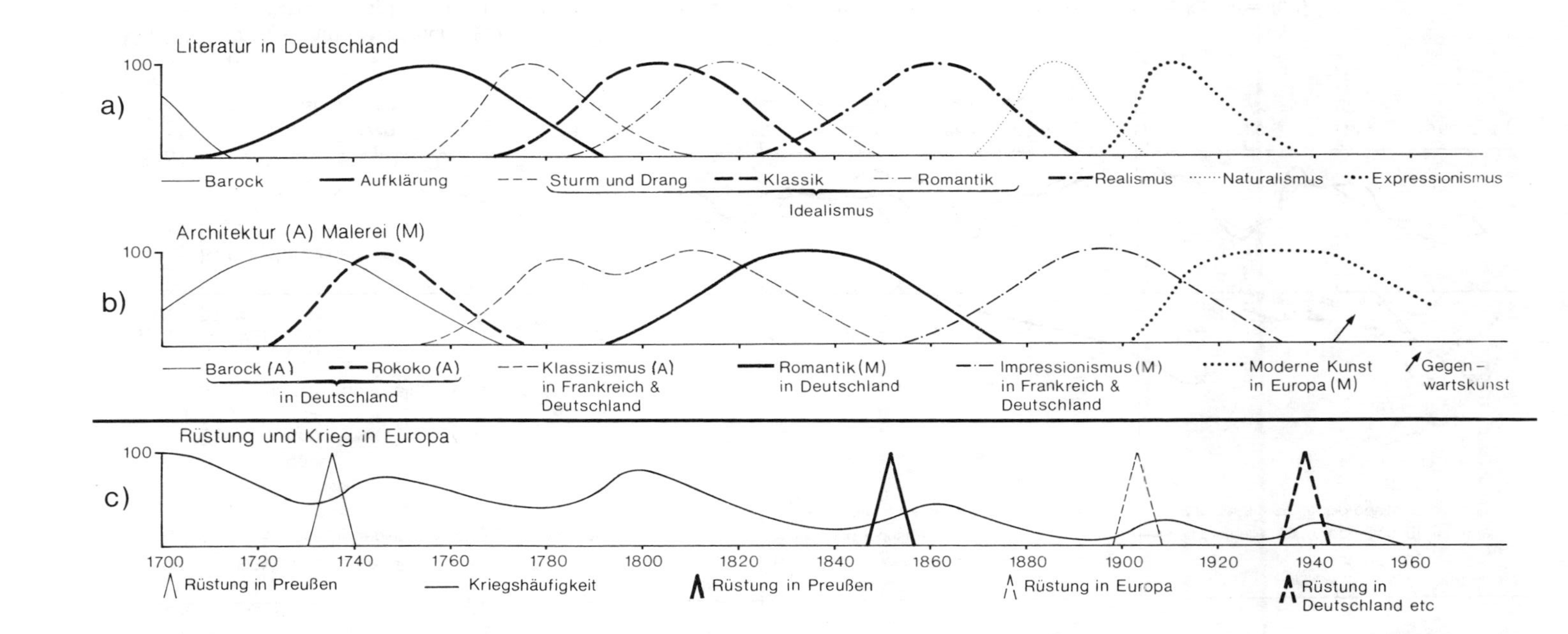

Abb. 37 Prozesse im Dezennienrhythmus;
Auswertung von Literaturangaben und Zahlenreihen (Maximum der jeweiligen Zuwächse in jeder Kurve = 100)
a) Literatur in Deutschland b) Architektur und Malerei in Europa c) Rüstung und Krieg in Europa
Quelle: Fliedner 1981, S. 89, 142; 276, 279 (dort detaillierter Quellennachweis)

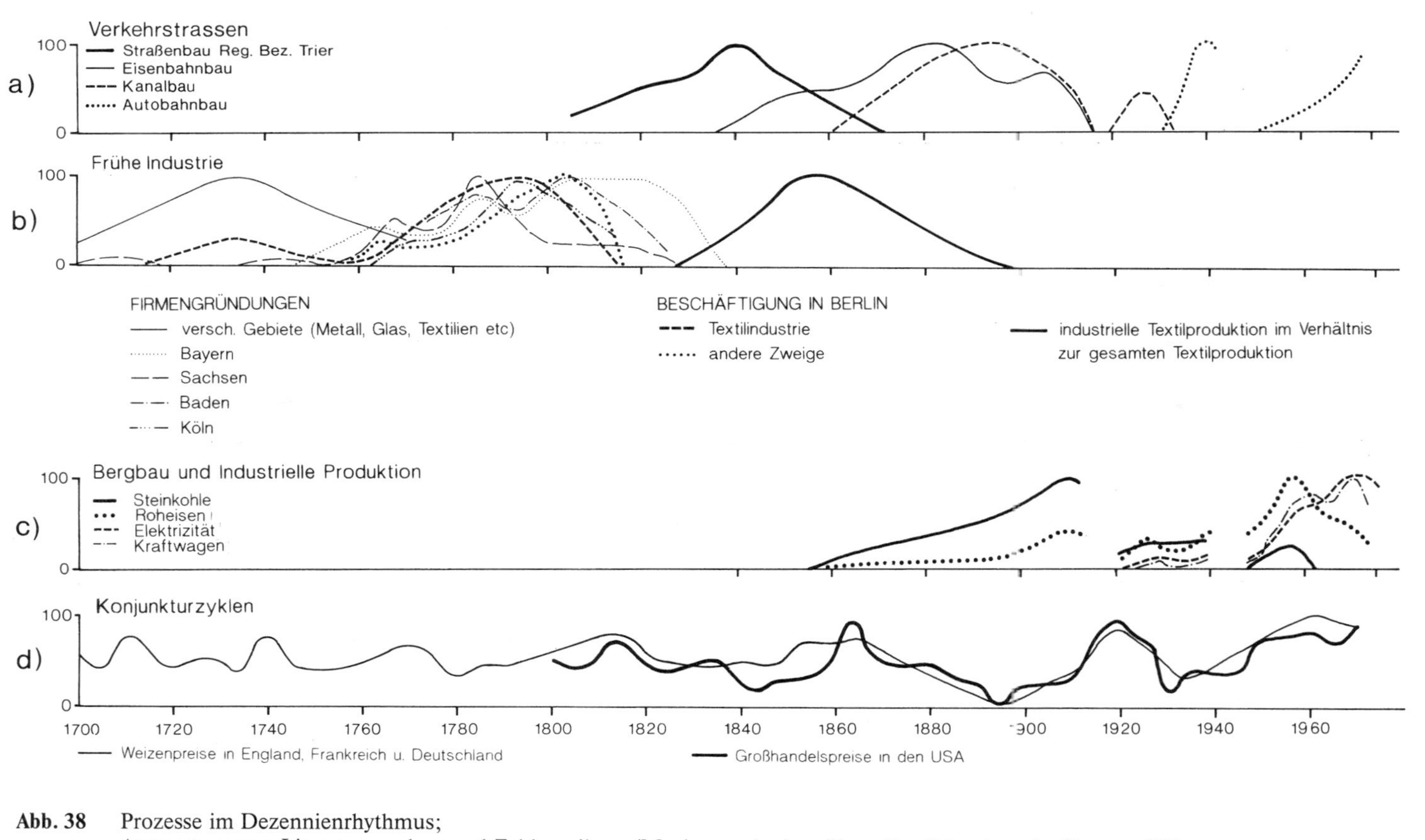

Abb. 38 Prozesse im Dezennienrhythmus;
Auswertung von Literaturangaben und Zahlenreihen (Maximum der jeweiligen Zuwächse in jeder Kurve = 100)
a) Verkehrsstraßen in Deutschland b) Frühere Industrie in Deutschland c) Bergbau und industrielle Produktion in Deutschland
d) Konjunkturzyklen
Quelle: Fliedner 1981, S. 89, 119, 131; 276 bis 278 (dort detaillierter Quellennachweis)

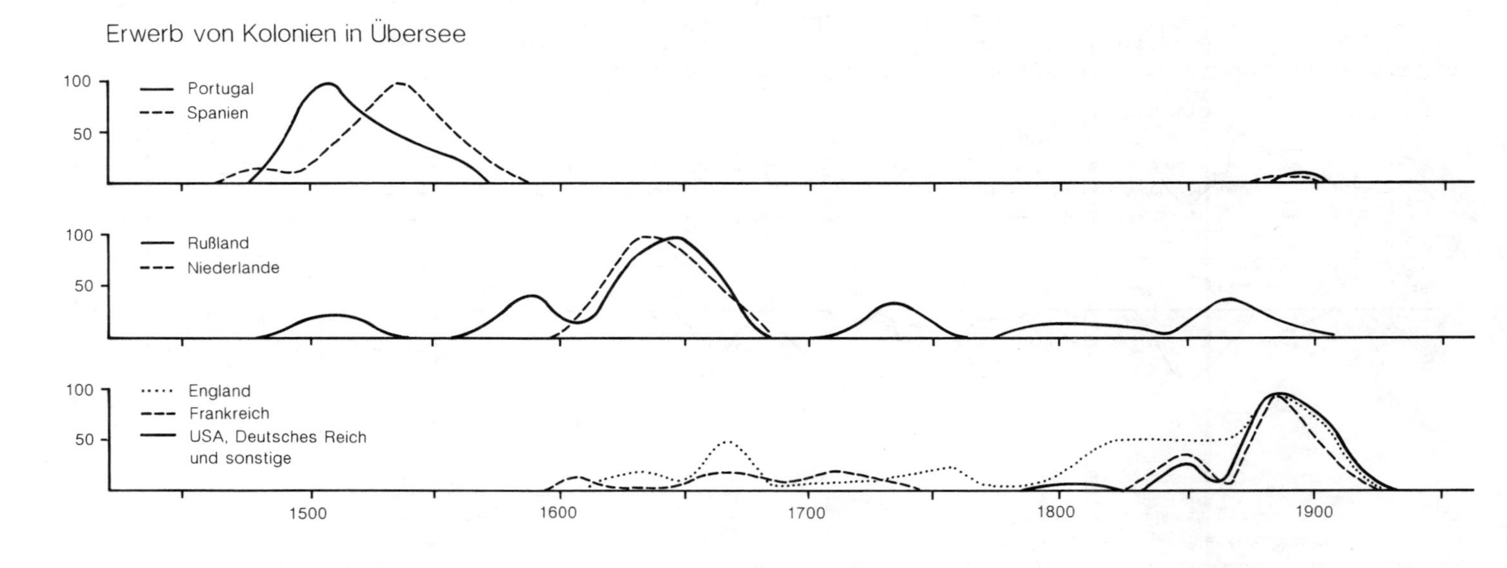

Abb. 39 Prozesse im Dezennienrhythmus.
Außenkolonisation: Erwerb von Kolonien in Übersee vom 15. bis zum 20. Jahrhundert durch europäische Staaten.
Auswertung von Literaturangaben und Zahlenreihen (Maximum der jeweiligen Zuwächse in jeder Kurve = 100)
Quelle: Fliedner 1987 b, S. 120, 122/23 (dort detaillierter Quellennachweis)

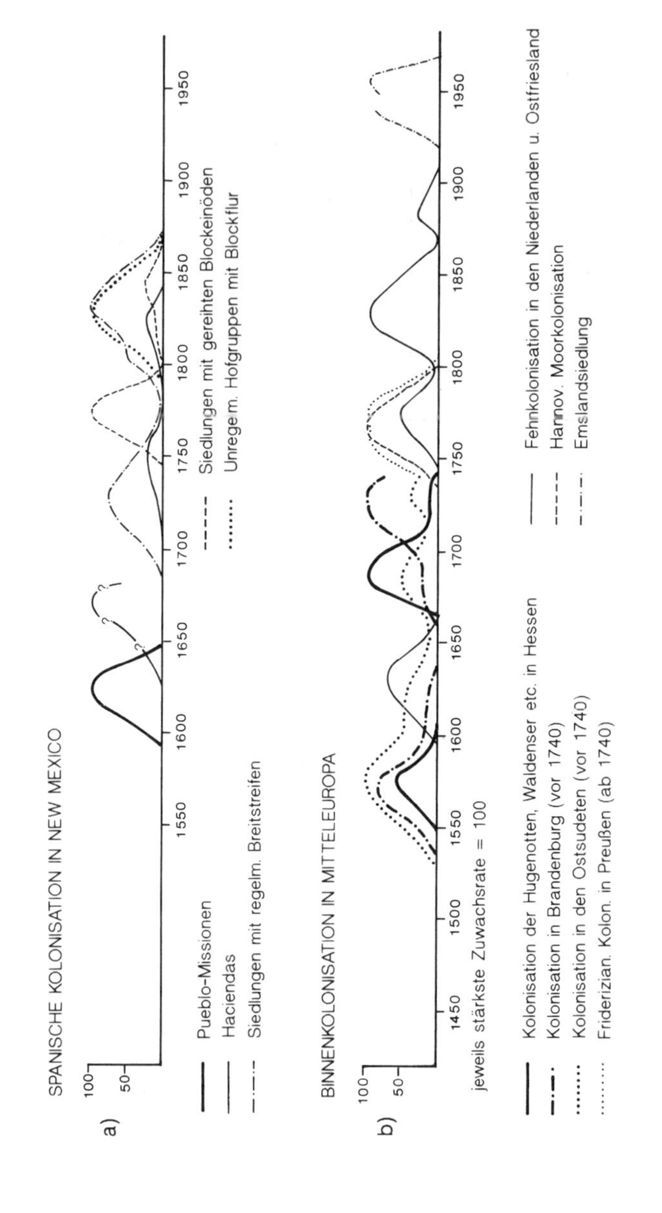

Abb. 40 Prozesse im Dezennienrhythmus. Kolonisation als Siedlungsprozeß. Auswertung von Literaturangaben und Zahlenreihen (Maximum der jeweiligen Zuwächse in jeder Kurve = 100)
a) Spanische Kolonisation in New Mexico b) Binnenkolonisation in Mitteleuropa
Quelle: Fliedner 1981, S. 163, 280/81 (dort detaillierter Quellennachweis)

der auch Deutschland und die USA sich beteiligten – den größten Gebietszuwachs erfuhren. Im 19. und 20.Jahrhundert erkämpften und erkämpfen sich die Völker ihre Unabhängigkeit. Das Ende des Zeitalters des Kolonialismus ist nun erreicht.

An der Siedlungsfront in den Kolonialländern läßt sich der 50-Jahresrhythmus unmittelbar erkennen; als Beispiel diene die Besiedlung New Mexicos durch die Spanier zwischen dem 17. und dem 19.Jahrhundert (Abb.40a). Trotz stetiger Bevölkerungszunahme vollzog sich die Kolonisation in Wellen, die jeweils etwa ein halbes Jahrhundert umfaßten. Etwa zwanzig bis dreißig Jahre schwoll die Siedlungstätigkeit an, trotz sich nicht vermindernder Feindseligkeiten der diesen Raum bewohnenden bodenvagen Indianer. Dann ließ jeweils die Energie der Kolonisationsprozesse nach. Im Gegenzug fielen manche Gebiete sogar wüst. Kolonisation und Wüstung stehen häufig in engem genetischen Zusammenhang (Fliedner 1975; vgl. S.332).

Für jede der fünf Kolonisationswellen (die anscheinend zeitweise parallel zur Kolonisationsbewegung in Nordmexiko verliefen; Trautmann 1986) waren bestimmte neue Siedlungsformen charakteristisch. Die Prozesse im 17.Jahrhundert standen unter dem Eindruck der Suche nach Gold, der militärischen Sicherung und der missionarischen Tätigkeit der Spanier; so wurden in den Dörfern der eingeborenen Puebloindianer Missionsstationen eingerichtet. Dann setzte sich eine flächenhafte Kolonisation durch, getragen vom Gedanken einer wirtschaftlichen Ausbeutung des Landes; es entstanden zahlreiche Hacienden.

Nach einer Revolte der Puebloindianer im Jahre 1680 mußten sich die Spanier ganz aus New Mexico zurückziehen. Sie kamen nach zwölf Jahren zurück. Nun aber siedelten sie als Bauern, legten geregelte Breitstreifensiedlungen und Breitstreifen-Blockflursiedlungen mit Reihen- und Plazadörfern an. Sie waren stark geprägt von staatlicher Lenkung. In der zweiten Hälfte des 18.Jahrhunderts kamen eigenständige Initiativen der Siedler auf, es wurden unregelmäßige gereihte Blockeinöden angelegt. Dieser Verselbständigungsvorgang gegenüber den spanischen Kolonialherren fand am Anfang des 19.Jahrhunderts in der letzten Siedlungswelle ihre Fortsetzung. Nun setzten sich weilerartige unregelmäßige Gehöftgruppen und individuelle Siedlungen mit Blockflur durch. Mexiko hatte inzwischen (1822) seine Selbständigkeit von Spanien erkämpft.

Die spanisch-mexikanische Kolonisation fand ihr Ende, als Mitte des 19.Jahrhunderts New Mexico unter US-Herrschaft geriet, die Rancher das noch nicht vergebene Land in Besitz nahmen und – etwa 1880 – die Eisenbahn das Gebiet an die Industrieregionen im Osten der USA anschloß.

Nach Abschluß der Kolonisation wurden im selben Rhythmus Bergwerkssiedlungen – zum Teil noch unter mexikanischer Herrschaft – angelegt sowie landwirtschaftliche Siedlungen, aber nun unter ganz anderer Ägide. Vergleicht man zudem die übrigen erwähnten Kolonisationen – sowohl die Außenkolonisation als auch die mitteleuropäische Binnenkolonisationen, so fällt auf, daß alle in etwa demselben Rhythmus abliefen. Dies deutet darauf hin, daß für diese Expansions- und die entsprechenden Schrumpfungsprozesse die weltweiten Konjunkturzyklen und vorher die Getreidepreiszyklen einen entscheidenden Einfluß besaßen. Schon Abel (1935/78, S.107 f., 205 f. für Mitteleuropa) und in jüngster Zeit vor allem Sandner (1985 für den westkaribischen Raum) wiesen auf

Zusammenhänge zwischen Konjunkturzyklen und Landesausbau- oder Kolonisationswellen hin.

Aber auch die Binnenkolonisationen in den Ländern Europas zeigen den Dezennienrhythmus. In Mitteleuropa läßt sich eine Vielzahl von Kolonisationsschüben in der Neuzeit herausstellen (Abb.40b). Die Motive sind verschieden; so treten im 16. und 17.Jahrhundert Glaubensflüchtlinge in den Vordergrund (z.B. Erbe 1937; Zögner 1966), daneben – bei der Entstehung der Fehnsiedlungen – ökonomische Gründe (Torfgewinnung; z.B. Keunig 1933; Bünstorf 1966). Im Zeitalter des aufgeklärten Absolutismus (18.Jahrhundert) stand die Wohlfahrt des Staates im Blickpunkt (Froese 1938; Hugenberg 1891; Kuhn 1955-57); in der ersten Hälfte des 20.Jahrhunderts waren es nationalpolitische Gründe (z.B. Herzog 1953; Krings 1986; Smit 1986).

3.3.4 Formale Einordnung der Institutionen und Prozesse (Zusammenfassung)

Der Staat im Rahmen der Menschheit als Gesellschaft (Sekundärpopulation)

Als Basisinstitution ermöglicht die Herrschaft der Menschheit als Gesellschaft auf diesem Populationsniveau eine Kontrolle, die Regulation ihrer Prozesse. Die Institutionalisierung von Herrschaft und Macht könnte man als Basisinstitution der *Adoption zurechnen, die Administration, die Kommunikationsmedien (Schrift, Massenmedien), die Akzeptanz durch die Bürger und die Wahlen der *Produktion.

Im Reaktionsprozeß gestaltet sich die Population selbst. Das der Herrschaft innewohnende hierarchische Element findet in der sozialen Ordnung seine Antwort; damit verbunden sind Privilegierung und Diskriminierung: *Rezeption. Die Populationsbildung findet in einer Zentrierung der Bevölkerung in bestimmten Regionen und Ausdünnung vor allem in Randgebieten ihren Ausdruck; die Herausbildung einer Nation ist das Ergebnis: *Reproduktion. Die Form der Population wird zudem durch die Außenbeziehung gestaltet; im Miteinander der Staaten ist Diplomatie gefragt, versagt sie, bilden sich in der Entwicklung schwerwiegende geistige und wirtschaftliche Asymmetrien, es kann zu Konflikten, Kriegen kommen, mit all ihren Konsequenzen.

Der 50-Jahresrhythmus (Dezennienrhythmus) ist diesem Populationstyp angemessen. Die gesamte Prozeßsequenz währt ca. 500 Jahre (Induktionsprozeß).

Der Stamm, das Volk im Rahmen der Menschheit als Art (Primärpopulation)

Autorität ist der Anfang jeder hierarchischen Ordnung; sie bildet die Voraussetzung für dauerhafte Herrschaft. Ihre Institutionalisierung kann man der *Adoption zurechnen. Die Anordnungen sind zu befolgen, es bilden sich Gefolgschaftsverhältnisse. Die Sprache bildet das wichtigste Medium der politischen Einheit; ihre Verwendung bedeutet *Produktion.

Der Reaktionsprozeß führt auch hier zu einem sozialen Übereinander, zuweilen, auch bei ethnischer Vielfalt, zu einer Schichtung, die Züge der Diskriminierung (Rassismus) tragen kann: *Rezeption. Die Populationsbildung selbst, die Akzeptanz des Führungs-Gefolgschaftssystems, eine Zentrierung, ist das letzte Stadium: *Reproduktion. Es kommt zur Bildung einer Kommunikationseinheit, des Stammes oder – in höher differenzierten Gesellschaften – des Volkes.

3.4 Stadt-Umland-Population, Volksgruppe

3.4.0 Definitionen. Die Organisation als Aufgabe

Die [3]räumliche Organisation der Menschheit erfolgt auf der Ebene der Stadt-Umland-Populationen bzw. der Volksgruppen; Informations- und Energiefluß werden miteinander verkoppelt (vgl. S.468).

Der Begriff Stadt läßt sich verschieden definieren (vgl. Schwarz 1966/89, II, S.483 f.; Lichtenberger 1986a, S.35 f.):

1) von der kulturlandschaftlichen Erscheinung her, als Konzentration von Häusern mit meist mehreren Stockwerken, als eine Siedlung mit einer Verdichtung und einer Mindestanzahl von Menschen,

2) als wirtschaftliches Phänomen, mit einem hohen Anteil an Einrichtungen des sekundären und tertiären Sektors, mit hohem Verkehrsaufkommen,

3) als historisch gewordene Siedlung mit herausragender rechtlicher Position,

4) als zentraler Ort, der ein Umland mit gewerblicher Produktion und Dienstleistungen zu versorgen hat und von ihm u.a. landwirtschaftliche Produkte erhält,

5) als Zielgebiet von Pendlern, Einkäufern, Schülern, Besuchern der kulturellen Einrichtungen oder Gesundheitsdienste etc., also von Menschen, die sich – aus welchen Gründen auch immer – der Stadt verbunden fühlen, die im Umland wohnen, das seinerseits der in der Stadt wohnenden Bevölkerung u.a. als Naherholungsgebiet dient,

6) als ein in sich differenziertes Gebilde mit einer ringförmigen, sektoralen und multinukleiden Gliederung – je nachdem, welche Inhalte oder Funktionen man betrachtet; und diese Vielgestaltigkeit setzt sich weitmaschiger ins Umland hinein fort.

Der Verkehr verbindet Stadt und Umland miteinander (vgl.S.459f), die Stadtteile und die verschiedenen Teile des Umlandes untereinander. Die funktionale Gliederung wird durch den Verkehrsfluß, d.h. Informations-, Energie- und Materiefluß sowie den Transport von Menschen ermöglicht. Stadt und Umland sind als Einheit zu verstehen, als eine Sekundärpopulation. Volksgruppen bilden dagegen in derselben Größenordnung Primärpopulationen. Eine Definition dieses vieldeutigen Begriffes wird später vorgenommen (vgl. S.490f).

Mehrere – durchschnittlich fünf – Jahre dauern die diesen Populationstypen angemessenen Teilprozesse (vgl.S.323). Sie schließen sich zu Prozeßsequenzen zusammen, die ihrerseits mehrere Jahrzehnte, also Dezennien umfassen. Im Gegensatz zum Dezennienrhythmus ist beim Mehrjahresrhythmus das Quellenmaterial wesentlich weniger ergiebig. So muß die Darstellung der strukturverändernden Prozesse sich auf wenige Beispiele beschränken.

3.4.1 Institutionen und Prozesse im Rahmen der Menschheit als Gesellschaft

3.4.1.1 Institutionalisierung der Aufgabe (Induktionsprozeß: *Adoption)

Verkehr als Basisinstitution; Verbindung von Verschiedenem

Durch die [1]Raumbeanspruchung der Populationen und Prozesse sowie die Körperhaftigkeit der dauerhaften Anlagen wird eine dreidimensionale gegenseitige Zuordnung der Elemente der Systeme erzwungen, die auf der Erdoberfläche weitgehend, wenn auch nicht vollständig, in ein zweidimensionales Nebeneinander umgeprägt werden muß.

Die Organisation zielt auf eine Optimierung der Prozesse von der [3]räumlichen Anordnung her; sie strebt die räumlich günstigste Umsetzung der als Input von der Regulation her übernommenen Hierarchie der Prozesse und Populationen an. Dies wird durch den Verkehr ermöglicht. Verkehr beinhaltet die Heranführung von Informationen, Energie, Gütern und Menschen an die Stellen im System, an denen sie für den Ablauf der Prozesse notwendig sind. Damit bedeutet er [3]Raumüberwindung, die „Verkleinerung der zeiträumlichen Abstände" (Götz 1888, S. 10 f; Predöhl 1961, S. 102; Schliephake 1973, S. 1 f.; Voigt 1965-73, I).

Verkehr verbindet einerseits Gleichartiges, andererseits Verschiedenartiges miteinander (von Richthofen 1891/1908, S.201 f.). Gleichartige Gebilde, also Aggregate, bestehen z.B. aus Organisaten mit gleichartigen Aufgaben. Verkehr ermöglicht Kontakte innerhalb der Aggregate, dient der Annäherung der Menschen untereinander. Andererseits vermittelt der Verkehr zwischen Verschiedenartigem, im Dienste der übergeordneten Population. Er verknüpft Organisate, die im Prozeßablauf miteinander kooperieren und wirkt dem Nachteil der Körperhaftigkeit und [1]Raumbeanspruchung von Systemen und Prozessen entgegen. Hier, im Rahmen der durch Differenzierung gebildeten Stadt-Umland-Populationen, wird Verschiedenartiges miteinander verbunden.

Generell betrachtet beinhaltet der Verkehr ein Hin und Her (Hettner 1951, S. 5); während die Produkte, Energie, Informationen, Güter von einem Punkt zum anderen gebracht werden, kehren der Überbringer und das benutzte Fahrzeug wieder zurück. Somit bleibt die Struktur des Systems oder der Population erhalten. Mit einseitigen Transportbewegungen wie z.B. bei Wanderungen (vgl. S.470), Kolonisationen (vgl. S.497), Flucht oder Vertreibung (vgl. S.388) sind Strukturveränderungen verbunden.

Verkehr folgt Gradienten, d.h. es ist eine Verkehrsspannung zwischen zwei Regionen oder Orten erforderlich. Wie nun der Spannung entsprochen werden, wie häufig und auf welchem Wege der Verkehr durchgeführt werden kann, bedarf der Planung und Abstimmung. Die Transportkosten und -zeiten sind dabei von entscheidender Bedeutung. Sie variieren mit den Transportmitteln und dem Transportgut. Die Beförderung von Informationen hat möglichst schnell zu erfolgen, denn die Information hat jeder anderen Aktivität vorauszueilen (vgl. S.258f). Der Informationstransfer benötigt nur den geringsten Aufwand. Auf der anderen Seite ist der Transport von Massengütern meist nicht so sehr auf Geschwindigkeit angewiesen, wohl aber auf Preiswürdigkeit des Transports. Personen, Energie und Stückgüter stehen im allgemeinen zwischen diesen Extremen. Land-, Wasser- oder Luftverkehr bieten hier verschiedene Möglichkeiten.

Der Verkehr selbst wird mit den Medien, d.h. den Verkehrsmitteln ausgeführt. Sie sind auf dauerhafte Anlagen – Schienen, Straßen etc. – angewiesen, die den Verkehr kanalisieren. Der Verkehr geht von Quellgebieten aus und führt auf Zielgebiete hin. Die Linienführung und Trassierung des Verkehrsnetzes hängen von den natürlichen Gegebenheiten ab und den kulturellen Entwicklungen (Hettner 1951; Rutz 1970), aber auch von den zu überwindenden Distanzen. Vor allem folgen sie dem Potentialgefälle und führen – im Idealfall – entsprechend der hierarchischen Abstufung der zentralörtlichen Systeme von Knoten zu Knoten, in denen jeweils die Netze verschiedener Stufen miteinander verknüpft sein können. Durch die Hierarchie der Netze verschränken und beeinflussen sich deren Trassen.

3.4.1.2 Durchführung der Aufgabe (Induktionsprozeß: *Produktion)

Stadt-Umland-System als Verkehrseinheit

Entsprechend der zu überwindenden Distanz unterscheiden wir zwischen Lokalverkehr, Nahverkehr, Fernverkehr (und internationalem Verkehr). Der Nahverkehr beinhaltet im allgemeinen einen Personen- oder Güterverkehr, der ein tägliches Hin und Zurück erlaubt. Man wird sagen können, daß hierdurch – in der Bundesrepublik Deutschland auf die Oberzentren (im Sinne von Kluczka, 1970) ausgerichteten – Stadt-Umland-Populationen bzw. Volksgruppen in ihrer Größe definiert werden; es können keine strukturerhaltenden Prozesse erfolgen, wenn nicht die Informationen, Produkte oder Menschen an die übrigen Stellen zu den Konsumenten des Systems transportiert bzw. an den Produktionsort herangeführt werden können. Je weitergehend die Arbeit in der Population geteilt ist, um so eher können die auf Kontakte in besonders starkem Maße angewiesenen Organisate zum Zentrum drängen, um so ausgeprägter kann dies in einer räumlichen Differenzierung zum Ausdruck kommen. Die Volksgruppen gestalten sich so mit zunehmender Differenzierung und zunehmender Bedeutung der zentralen Orte um, werden aber durch die Stadt-Umland-Populationen als Sekundärpopulationen z.T. ersetzt (vgl. S.341f). Dies gilt für die auf ein Oberzentrum hin orientierten Systeme. Zentrale Orte höherer Ordnung, z.B. Großzentren, sind nur in Teilaspekten, einzelnen Branchen, über die Stadt-Umland-Population hinaus für ein Umland von Bedeutung (z.B. Flughafenfunktion und Bankenfunktion von Frankfurt am Main).

Die Verkehrsverknüpfungen im die Informationen umfassenden sowie im materiell-energetischen Sektor sind auch sonst im Detail komplizierter, die Funktionen sind sachlich nahezu beliebig aufteilbar; die zu transportierenden Informationen und Güter werden in den verschiedenen Orten produziert bzw. benötigt. Die Stadt-Umland-Systeme definieren sich heute vor allem durch ihren Populationscharakter, mit Wohn- und Arbeitsstätten sowie Versorgungseinrichtungen. So verschiebt sich das Gefüge vom ökonomischen auf den sozialen Sektor. Die Stadt-Umland-Populationen werden heute vor allem durch den Personen-Nahverkehr in sich verklammert. Hier, im Rahmen der Sozialgeographie, steht dieser, nicht der Güterverkehr, im Vordergrund, d.h. der Pendelverkehr und jener Personenverkehr, der mit den Dienstleistungen der Stadt verbunden ist (Einkauf, ärztliche Versorgung etc.). Umgekehrt suchen die Menschen der Stadt das Umland im Rahmen des Naherholungsverkehrs auf. Hinzu kommen Besuche von Verwandten und Freunden, Suche nach persönlichen Kontakten, Inanspruchnahme kultureller Einrichtungen etc. Aber auch bei dieser Definition der Stadt-Umland-Systeme als Populationen lassen sich keine klaren Grenzen erkennen, überschneiden sich die (Verbreitungsgebiete der einzelnen Funktionen bzw.) Einzugsgebiete der zentralen Orte. Die Handlungsspielräume der Konsumenten haben sich in den letzten Jahrzehnten erheblich ausgeweitet. Die Distanzvariable hat an Erklärungswert eingebüßt (Heinritz (1979, S.146 f).

Pendelverkehr und Zirkulation

Im Pendelverkehr werden Berufstätige und Schüler täglich zum Arbeits- bzw. Ausbildungsort und wieder zurück zum Wohnort gebracht, meistens aus dem Umland in die Stadt und aus dieser zurück ins Umland. Berufsverkehr kann als Transport menschlicher Energie interpretiert werden, zwischen dem System in der Menschheit als Art und dem System der Menschheit als Gesellschaft. Der Pendelverkehrsraum umfaßt vor allem den Nahbereich (Schöller 1956; Uthoff 1967). Ganser (1969, S.15 f.) und Klingbeil (1969, S.122 f.) sprachen vom „stabilen Pendlerraum“, wenn (abgesehen von einer differenzierten Sozialstruktur der Pendelnden) der Zeitaufwand bis zu 40 Minuten täglich (einfacher Weg) beträgt und alle Gemeinden intensiv in das Pendlergeschehen einbezogen sind. Pendelverkehr ist aber nicht nur radial im Sinne der Hauptgradienten in der Stadt-Umland-Population gerichtet. In hochverdichteten Industrieräumen wie auch in stärker industrialisierten ländlichen Gebieten besteht ein dichtes Geflecht von unterschiedlich gerichteten Pendlerströmen. In den USA unterschieden Mitchelson und Fisher (1987) zwischen Pendlern, die in lokalem Maßstab über kurze Distanzen, und solche, die in großstädtischen Einzugsgebieten große Distanzen überwinden. Die „long-distance-Pendelfelder“ haben im oberen Staat New York eine Ausdehnung bis ca. 80 oder 100 Kilometer. Jenseits dieser Grenzen sind die Arbeitskräfte im allgemeinen nicht bereit, zu pendeln. Durch die Counterurbanisation (vgl. S.482f) wird das Pendelverkehrsnetz noch vielgestaltiger (Fisher und Mitchelson 1981).

Die Pendler sind eine in sich differenzierte Gruppe. Eine Mitte der 70er Jahre durchgeführte Untersuchung im Raum Klagenfurt (Lichtenberger 1986a, S. 136 f.) zeigt, daß der Anteil der Einfamilienhausbesitzer, der verheirateten Pendler und Pendlerehepaare, der Angestellten sowie der Benutzer eines Personenkraftwagens stadtwärts ansteigt, während der Anteil der Männer, der alleinstehenden Personen, der Hilfsarbeiter und der Kinder von Landwirten unter den Pendlern nach außen zu zunimmt.

Im allgemeinen pendeln auch sonst Frauen im Durchschnitt über weniger große Distanzen als Männer. Die Gründe sind vielfältig; Haushaltsverpflichtungen scheinen keine große Rolle zu spielen. Wichtiger sind einerseits die Wahl der Berufe – viele Frauen streben typische „Frauenberufe“ an, z.B. im Büro, in Geschäften, in der Textilindustrie; sie werden relativ schlecht bezahlt. Andererseits werden diese Berufe, da sie weniger speziell sind, auch weiter verbreitet angeboten als die stärker spezialisierten typischen „Männerberufe“. Wählen Frauen stärker spezialisierte Männerberufe, sind die Pendeldistanzen auch größer (z.B. Hanson und Pratt 1988b; Johnston-Anumonwo 1988; Untersuchungsgebiet Worcester, Mass.). Andererseits machten Maraffa und Broker-Gross (1987) darauf aufmerksam, daß – in den USA – verheiratete Frauen, die außerhalb der Städte wohnen und täglich zur Arbeit fahren, häufig größere Wege zurückzulegen haben als ihre männlichen Ehepartner. Der Grund ist darin zu suchen, daß das Hauseigentum erworben wurde, als nur die Männer außer Haus arbeiteten, während die Frauen die Familienarbeiten durchführten. Später nahmen diese dann Arbeit an und mußten z.T. mit solchen Arbeitsplätzen vorlieb nehmen, die weiter entfernt liegen.

Die Zirkulation umfaßt auch einen in längeren Intervallen vollzogenen rhythmischen Wechsel zwischen Wohn- und Arbeitsplatz, also auch den Wochen- oder gar Monatspendelverkehr sowie die Saisonarbeit. Standing (1986, S.390) definierte Zirkulation „as temporary movement between geographical areas for work or in search of work“ (ähnlich v. Ginneken, Omondi-Odhiambo und Muller 1986 in ihrer Untersuchung der Zirkulation in Kenya). Während der tägliche Berufspendelverkehr in den Industrieländern vorherrscht, ist in den Entwicklungsländern auch die längere Abwesenheit von der Heimat sehr verbreitet. Es mag sein, daß diese Art der Zirkulation einen Übergang darstellt, der eine Definitivwanderung vorbereitet; es mag sich aber in vielen Fällen auch um eine Dauererscheinung handeln. Zweifellos führt sie aus dem Gebiet des Nahverkehrs, d.h. der Stadt-Umland-Population, heraus. Ulack, Costello und Palabrica-Costello (1985) untersuchten die Erscheinungen der Zirkulation auf Cebu und Nord-Mindanao in den Philippinen. Sie fanden, daß Individuen, die an dieser Wanderungsart teilnehmen, jung sind, relativ gut gebildet, unverheiratet und ökonomisch motiviert. Zirkulation minimiert das Risiko der Migration. Die Lebenshaltungskosten sind relativ gering; die Teilnehmer gründen keine Familie, Miete und Ausgaben für das Essen sind gering.

Zirkulation generell – einschließlich der täglichen Pendelwanderung – hat nach Standing (1986) wesentlich zu einer sozialen Segmentierung des Arbeitsmarktes und zur Schichtung der städtischen Arbeitskräfte beigetragen. Urbanisation und Industrialisierung vollzogen sich nicht in jeweils gleichem Zeitraum. Deshalb war Arbeiterwanderung ein notwendiger Teil des industriellen Wachstums. Damit ging aber auch eine Proletarisierung einher, die Masse der arbeitenden Bevölkerung wurde frei verfügbar. Die Arbeitskräfte waren praktisch rechtlos, konnten kurzfristig eingestellt und wieder entlassen werden, je nach Bedarf. So konnten genau die Arbeitskräfte – entsprechend ihren speziellen Vorkenntnissen, nach Alter, Geschlecht, Rasse – herausgefiltert werden, die im jeweiligen Produktionsprozeß benötigt wurden. Dies führte – laut Standing – die Menschen in verschiedene soziale Schichten (vgl. soziale Schichtung und marxistische Geographie, S.414f bzw. S.156f; zur Segmentierung vgl. auch S.574).

Hanson und Pratt (1988) hinterfragten das Problem des Zusammenhangs zwischen Wohnung und Arbeit, zwischen Wohnungs- und Arbeitsmarkt neu, anhand der Literatur und aufbauend auf eigenen Untersuchungen in Worcester, Mass. Beide Bereiche dürfen nicht – wie es bisher bei stadtgeographischen Arbeiten meist geschieht – isoliert voneinander gesehen werden, oder durch eine simple „journey to work"-Darstellung miteinander verbunden werden. Produktion und Reproduktion sollten in der Analyse verknüpft, die Wirkung der Wohnung, das Zuhause auf die Arbeit betrachtet werden. Hier lassen sich Einflüsse auf die Wahl der Arbeit ausmachen, auf die Entscheidung, ob Ganztagsarbeit oder nicht, auf den Ort des Arbeitsplatzes, auf die Sozialisation am Arbeitsplatz; wichtig ist die Zugehörigkeit zu Geschlecht, sozialer Klasse, zu einer ethnischen Minderheit. Die Größe des Haushalts spielt herein, die Art der Nachbarschaft, die Bezüge zu ihr etc. Ebenso stellt sich die Frage nach den Wirkungen der Arbeit auf die Wohnung, auf emotionale Bindungen zuhause und in der Nachbarschaft. Dann ist nach der Berufsgruppe (Arbeiter, Angestellter, Freischaffender etc.) zu fragen, nach der Karriererichtung, der Art der Beschäftigung, dem Verdienst. Auch spielt eine Rolle, wer und wieviel Familienangehörige arbeiten, u.a. im Hinblick auf die Mobilität, die sozialen Kontakte mit Kollegen oder in der Nachbarschaft. Eng mit diesen Fragen ist das Problem der Verwurzelung der Bewohner verbunden. All dies wirkt sich natürlich auf den Arbeits- und Wohnungsmarkt aus. Darüber hinaus stellt sich das Problem, wie sich der Übergang in die postindustrielle Gesellschaft vollzieht, mit seinen Umwandlungen in der Arbeits- und Berufsstruktur, u.a. sich in dem Gentrifikationsprozeß (vgl. S.475f) äußernd.

Einkaufsverkehr und sonstiger, der persönlichen Versorgung dienender Verkehr

Nicht nur als Arbeits- und Ausbildungsplatz wird die Stadt von den Bewohnern des Umlandes aufgesucht, sondern auch als Stätte des Einkaufs, der ärztlichen, administrativen und rechtlichen Versorgung, der Kultur (Theater, Museen, Kino), des Vergnügens und der menschlichen Kontakte. Wichtig ist auch hier die Möglichkeit der Rückreise am selben Tag, ob in der Woche oder an Wochenenden.

Die Einzugsgebiete der zentralen Orte in der Bundesrepublik Deutschland sind aufgrund umfangreicher Befragungen durch die Bundesanstalt für Landeskunde gemeinsam mit verschiedenen Hochschulinstituten in den 60er Jahren untersucht worden (Kluczka 1970). Das Bild hat sich seitdem z.T. gewandelt, ist komplizierter geworden. Nach außen zu lassen sich oft nur schwer eindeutige Grenzen ziehen. So ergab eine Ermittlung der Kundschaft von ausgewählten Einzelhandelsgeschäften in Weißenburg in Bayern nur sehr unscharfe Umrisse des Einzugsgebietes (Heinritz 1979, S.84 f.). Darüber hinaus können die Einzugsbereiche in den einzelnen Funktionen unterschiedlich sein. Ittermann (1975) demonstrierte, daß die Grenzen der Einzugsgebiete von Marburg, Kassel, Paderborn, Bielefeld, Dortmund, Hagen, Siegen und anderen zentralen Orten sich im westfälisch-hessischen Grenzgebiet vielfach überlappen („Güterspezifische Polyorientierung"). Daß auch die Angehörigen verschiedener Berufsgruppen unterschiedliche Präferenzen aufweisen können, zeigte bereits Klöpper (1953, zit. nach Heinritz 1979, S.81; „Gruppenspezifische Polyorientierung"). Es kommt hinzu, daß wöchentliche und jährliche Schwankungen festzustellen sind, die Einzugsgebiete nehmen also im Zeitablauf verschieden große Flächen ein (Meschede 1974).

Die Attraktivität eines Einkaufsstandorts richtet sich nach der Größe, der Differenziertheit des Angebots, die Situation in den Geschäften (Kundenfreundlichkeit) und der Umgebung (weitere Attraktionen etc.). Kagermeier (1991) versuchte, am Beispiel Passau die einzelnen Attraktivitätskomponenten unter sozialpsychologischem Aspekt in einen

Gesamtwert einzubringen, um so einen besseren Einblick in das Konsumentenverhalten zu erlangen.

Die Oberzentren werden von einem dem Einkauf und der sonstigen Bedarfsdeckung dienenden Nahverkehrsgebiet umgeben. Größere Zentren werden sporadisch oder auch regelhaft aufgesucht, um beruflich Geschäfte zu zeitigen, die überregionalen Kultureinrichtungen zu besuchen etc. Dieser Verkehr ist z.T. dem Fernverkehr zuzurechnen.

Der Naherholungsverkehr (vgl. besonders Ruppert und Maier 1970a, b) – der dem Fernverkehr zuzuordnende Ferien- oder Urlaubsverkehr soll hier nicht behandelt werden (vgl. S.589f) – führt im wesentlichen in eine dem Berufs- und Arbeitsverkehr entgegengesetzte Richtung, bevorzugt in weniger dicht besiedelte oder von industriellen Arbeitsstätten durchsetzte Gebiete. Er versteht sich als jener Teil des Erholungsverkehrs, der ein tägliches Hin und Zurück erlaubt, aber auch die Wochenenderholung einschließt. Die Reiseziele sind natürlich von den benutzten Verkehrsmitteln und der Jahreszeit abhängig. Sie sind aber auch gruppenspezifisch. Untersuchungen um München (1980) zeigen, daß die Sommermonate Juni, Juli und August an der Spitze liegen, aber auch die Wintersaison, Frühjahr und Herbst sind wichtig; dies variiert natürlich mit den Zielgebieten. Erwartungsgemäß werden mit steigendem sozialen Status mehr Ausflüge unternommen (Graef 1989, S.49).

3.4.1.3 Strukturierung der Stadt-Umland-Population (Reaktionsprozeß: *Rezeption)

Wirtschafts- und Sozialformationen

In der arbeitsteiligen Wirtschaft ordnen sich die Menschen und Organisate den Strukturen der Verkehrsfelder ein. Die Organisate der Landwirtschaft sind bestrebt, sich im Wirtschaftsraum so anzuordnen, daß sie einerseits die Vorzüge der natürlichen Ausstattung, andererseits die Distanzen zum Markt, darüber hinaus auch der handelsorganisatorischen Verknüpfungen nutzen können. Es kann so zur relativen Anreicherung gleichartig wirtschaftender landwirtschaftlicher Organisate in bestimmten Regionen kommen (vgl. das Thünensche Modell).

Die Tendenz zur Aggregierung der Aktivitäten oder Funktionen in mehr oder weniger homogene Areale ist auch bei Organisaten in zentralen Orten klar erkennbar (Kant 1962; österreichische Städte: Lichtenberger 1972, S. 246 f.). Die Organisate, d.h. die sie steuernden Menschen, ordnen sich aus infrastrukturellen und absatzbestimmten Gründen so an, daß sie sich dem Wettbewerb stellen können; so bilden sich Bankenviertel, Geschäftsviertel, Industrieviertel etc. Beim Einzelhandel werden Vorteile vor allem beim Absatz postuliert (Behrens 1965, S. 39 f.: „branchengleiche Agglomeration"). Daneben sind aber auch hier gleichartige Infrastruktur, Vergleichsmöglichkeiten zwischen den Anbietern für den Nachfragenden etc. als Ursache heranzuziehen, d.h. die Aggregierung wird weitgehend von der Umwelt gesteuert.

Im Rahmen seiner Untersuchung der Agrarräume der Sierra Madre de Chiapas sonderte Waibel (1927/69) regionale Einheiten aus, die durch landwirtschaftliche Betriebe, also Organisate, mit einer gleichgerichteten Produktion gebildet werden und durch zusätzliche Einrichtungen, die der ganzen Einheit dienen, ökonomisch verkoppelt werden. Er nannte sie Wirtschaftsformationen. Hier – im Rahmen der Sozialgeographie – soll betont werden, daß es wirtschaftende Menschen sind, die diese Einheiten formen. So sah es auch Waibel.

Der Begriff der Wirtschaftsformation und die Methoden ihrer Erforschung haben in den letzten Jahrzehnten immer wieder Aufmerksamkeit erregt, wie die Diskussion vor allem methodologischer Art zeigt (z.B. Pfeifer 1958; Pfeifer, Hrsg., 1971; Windhorst 1974), aber auch die Übertragung auf nichtlandwirtschaftliche Aggregate, z.B. im Bereich der Industrie (Quasten 1970) oder der Waldwirtschaft (Tichy 1958; Windhorst 1972). Wirtschaftsformationen entstehen durch Wechselwirkungen. Die Aggregierung der Organisate ist nur denkbar, wenn von der Umwelt her eine entsprechende Beeinflussung erfolgt, sei sie dadurch gegeben, daß auf der Inputseite (Arbeiterreservoir, Bodeneignung, Infrastruktur etc.) eine gemeinsame und gleichartige Nutzung nahegelegt wird, oder dadurch, daß an der Output-Seite (Absatz von Produkten) von der übergeordneten Population oder dem übergeordneten System, z.B. aufgrund besonders günstiger Lage, ein Zusammenrücken der gleichartigen Organisate auf einen begrenzbaren Raum gefördert wird. Die Außenbeziehungen bedingen häufig spezielle Einrichtungen, die z.B. der gemeinsamen Arbeitskraftbeschaffung oder der Verbesserung der Absatzmöglichkeiten etc. dienen. Diese verbindenden Einrichtungen wurden besonders von Schmithüsen (1976, S. 81 f.) und Quasten (1975, S. 69 f.) herausgestellt, wobei die Stärke der Bindungen unterschiedlich ist. Unverbindliche Absprachen der betroffenen Betriebe, lockere übergreifende Organisationsformen oder klar definierbare genossenschaftliche Organisate, denen die Verkoppelung und die Vertretung zur Umwelt obliegen, bilden die Glieder einer Kette, Stufen unterschiedlicher Integration (Nitz 1975, S. 47).

In ländlichen Gebieten oder weniger entwickelten Gesellschaften bilden die Wirtschaftsformationen und die in ihnen arbeitenden Menschen auch regionale Einheiten, so daß man von sozioökonomischen Formationen sprechen kann. Sie können viele Gemeinden umfassen. Im allgemeinen überschichten sich aber verschiedene solcher Formationen und bilden komplexe Systeme. Nur die einzelnen Funktionen lassen sich begrenzen. Dies brachte die Landschaftkunde in methodische Schwierigkeiten (vgl. S.119f).

In hochdifferenzierten städtischen Gesellschaften fallen Arbeits- und Wohnbereich meist auseinander, so daß man Wirtschaftsformation und Sozialformation trennen muß. Im zentral-peripheren Aufbau der Stadt-Umland-Population schließen sich die Wirtschaftsformationen zu Zonen um das Zentrum zusammen. Diese Ringe markieren gemeinsame Positionen im Vertikalgefüge im Energiefluß der Stadt-Umland-Populationen.

Es sind aber, wie bereits angedeutet (vgl. S.460), immer weniger die angelieferten Rohstoffe und Halbfertigwaren bzw. die abzusetzenden Produkte, die dieses räumliche Nebeneinander bedingen. Die Einordnung in die Stadt-Umland-Population ist kaum noch an die Produktionsketten gebunden. Ein Automobilwerk kann Elektronikteile aus der ganzen Welt beziehen; aber die diese Produkte liefernden Firmen sind mit den in ihnen arbeitenden Menschen ihrerseits an Standorte mit einer gegebenen Infrastruktur gebunden, die in irgendeinem Stadt-Umland-System geboten wird, und eine Fläche, die ihm eine Gemeinde zugeteilt hat. Der Begriff Wirtschaftsformation kann hier nur bedingt greifen, da die räumliche Vergesellschaftung von Betrieben gleicher Produktionsausrichtung fehlt. Die Stadt-Umland-Populationen erhalten ihre Struktur vornehmlich durch den Menschen, der arbeitet, der konsumiert und produziert.

Das Zentrum ist für alle Populationsangehörigen im Mittel am ehesten erreichbar, die Lokalisierung dort besonders günstig. Hier werden die produktiven Organisate – wo immer sie auch ihren Standort haben mögen – mit den Konsumenten der Stadt-Umland-Population und diese gleichzeitig mit der übergeordneten Population verkoppelt. Die Aneignung der Vorteile durch die Organisate bedingt – vor allem über die Bodenpreise – eine Sortierung, eine Strukturierung der Population, die in mehreren Modellen zu erfassen versucht wurde.

Kombiniert man die bereits erarbeiteten Modellkonzeptionen des Stadtaufbaus (Burgess 1925/67; Babcock 1932, zitiert nach Goodall 1972, S. 11; Hoyt 1939; Harris und Ullmann 1945/69), des Stadtumlandes und der Stadtregion (Lösch 1940; Boustedt 1970), der Umlandgliederung (v.Thünen 1826/1921) sowie der zentralörtlichen Hierarchie (Christaller 1933; Isard 1956) mit dem Modell der Prozeßsequenz, so kommt man zu einem den Rahmen setzenden Gesamtmodell der [3]räumlichen Struktur.

Ringstruktur

Es sei hier – anhand von Saarbrücken und dem Saarland (Abb.41) – der einfachste Fall dargestellt, eine mittlere Großstadt oder ein Oberzentrum (Kluczka 1970), sowie der ihn umgebende Nahverkehrsraum, von dem aus an einem Tage die Stadt aufgesucht werden kann, in ihr Besorgungen gemacht werden können und die Rückfahrt durchgeführt werden kann. Zu den Positionen, die für die Population am besten erreichbar sind, streben vor allem jene Organisate, die sich als Kontaktstelle zwischen den (z.T. von weit außerhalb liefernden) Produzenten und den Menschen als Konsumenten (als Angehörige der Stadt-Umland-Population) verstehen. Dies ist die Stelle, an der die Population perzipiert. Als Institution dient der Handel, besonders augenfällig der Einzelhandel. Hier werden die Produkte übernommen, so daß die produzierenden Organisate ihre Informationen über den Geschäftsgang, den Fortgang ihrer Produktion erhalten. Der Raumbedarf der hier liegenden Organisate ist relativ zu denen der meisten übrigen Aufgabenkategorien gering; allerdings sind gewöhnlich (außer bei Waren- bzw. Kaufhäusern) nur die unteren Stockwerke der Gebäude attraktiv. In einem einfachen Ringstruktur-Modell, bei dem sich das Zentrum einer Stadt als der am besten erreichbare Punkt – von allen verkehrsbedingten Differenzierungen abstrahiert – darstellt, würde also die Hauptgeschäftsstraße der City jenes Areal sein, in dem die mit der Perzeption befaßten Organisate lokalisiert sind.

Der nächste Schritt in der Sequenz der Prozesse ist die Determination. Im Modell müssen jene Organisate gemeint sein, in denen Entscheidungen für die Produktion in großen Bereichen der Population getroffen werden. Sie sind in (privaten) Büros untergebracht. Besonders eindrucksvoll dokumentiert sich dies in den regionalen Vertretungen der Konzerne und Banken, doch sind hier auch zahlreiche andere Verwaltungsbüros, Praxen etc. zu nennen.

Nach außen schließen sich die der Regulation gewidmeten Organisate an, worunter hier vornehmlich die öffentliche Verwaltung für die Region zu verstehen ist; auch sie ist in

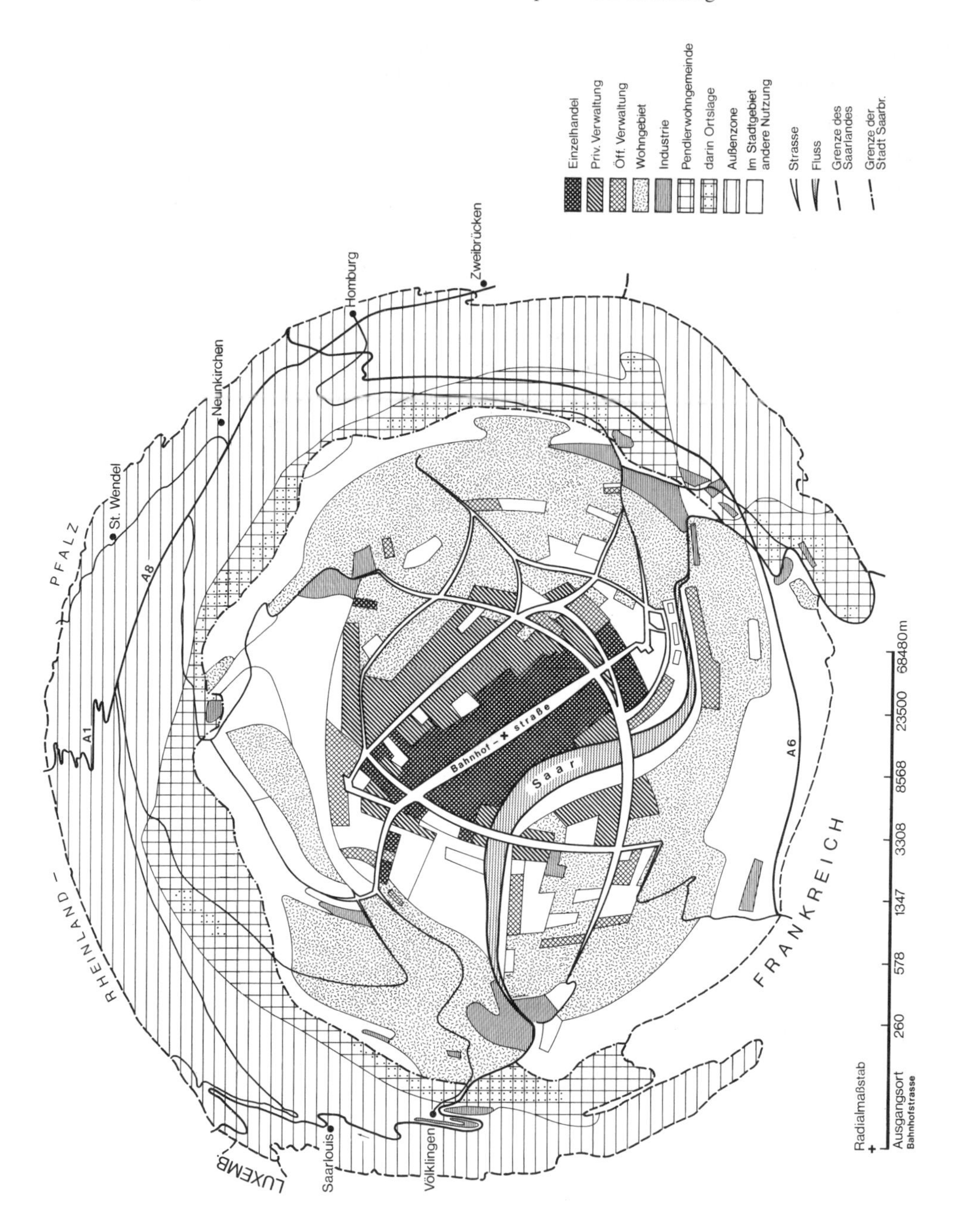
Einzelhandel
Priv. Verwaltung
Öff. Verwaltung
Wohngebiet
Industrie
Pendlerwohngemeinde
darin Ortslage
Außenzone
Im Stadtgebiet andere Nutzung
Strasse
Fluss
Grenze des Saarlandes
Grenze der Stadt Saarbr.
Zweibrücken
Homburg
Neunkirchen
St. Wendel
PFALZ
A8
A1
RHEINLAND –
LUXEMB.
Saarlouis
Völklingen
FRANKREICH
A6
Bahnhof – straße
Saar
Radialmaßstab
Ausgangsort Bahnhofstrasse
260
578
1347
3308
8568
23500
68480m

Büros lokalisiert. Bei den (privaten und öffentlichen) Büros besteht gegenüber den Organisaten des Einzelhandels die Möglichkeit, auch die höheren Stockwerke der Gebäude zu nutzen. Dies erleichtert den Hochhausbau.

Legt man wiederum das klassische Stadt-Umland-Modell zugrunde, bei dem unterstellt ist, daß das Zentrum der am besten erreichbare Punkt darstellt, so wird man die bisher behandelten Organisate als zur City gehörig betrachten dürfen. Die Sortierung erfolgt vornehmlich über den Grundstückspreis.

Von der Wohnung aus fahren die Arbeitskräfte täglich in die Organisate der City und der Industrie (vgl. unten). Von hier aus werden weitere Aktivitäten aller Aufgabenkategorien verrichtet, u.a. auch die Erholung und überhaupt der Konsum. Die Haushalte mit ihren wechselnden persönlichen Wohnbedürfnissen (vgl. S.555) stehen in Flächenkonkurrenz zu den Organisaten. In den Gürtel der Wohnungen um die City bis zum Standtrand wohnt in hochdifferenzierten Industriegesellschaften die Menge der Bevölkerung; sie hat sich durch die Migration in den Organisationsprozeß einbezogen und markiert im Stadt-Umland-Modell die Zone der Organisation. D.h. die Haushalte, deren Angehörige im Rahmen der Sekundärpopulation in der Rolle der Produzierenden und Konsumierenden verstanden werden müssen, repräsentieren mit ihren Input-Output-Verknüpfungen die Aufgabenkategorie der Organisation in der Prozeßsequenz. Dieser Gürtel mit privaten Haushalten wird nach innen zur City wesentlich deutlicher markiert als nach außen, wo er in den Gürtel der Pendlerhaushalte übergeht.

Die Organisate, die der Verarbeitung der Produkte der Urproduktion dienen, also der Dynamisierung, haben weiter außen ihre eigentliche Verbreitung. Sie unterliegen durch den Materialtransport bestimmten räumlichen Zwängen, benötigen eine spezifische Infrastruktur. Die hierzu vor allem zählenden industriellen Betriebe bevorzugen den Stadtrand; sie werden bei weiterer Expansion der Städte von Wohnvierteln eingeengt und umwachsen, so daß die alten Stadtränder häufig im Stadtbild anhand alter Industrieanlagen erkennbar sind. Hinzu kommen gärtnerische Betriebe, Lagerhallen etc. Die Industriebetriebe bestimmen durch ihren Arbeitskräftebedarf die Größe der Siedlungen in erheblichem Umfange mit.

Insgesamt betrachtet sind also die Perzeption, Determination, Regulation und Organisation sowie der Verarbeitung in der Aufgabenkategorie der Dynamisierung großenteils im Stadtkörper vereinigt. Die Stadtbevölkerung bildet eine Sekundärpopulation auf Gemeindeebene und steht gleichrangig neben den Populationen der ländlichen Siedlungen (vgl. S.507f). So wird man behaupten können, daß die Stadt eine Siedlung ist, in der die Aufgabenkategorien der Perzeption, der Determination, der Regulation, Organisation und Dynamisierung, ohne die weitflächige landwirtschaftliche Urproduktion, konzentriert sind.

◄

Abb. 41 Stadt-Umland-System Saarbrücken/Saarland: Flächennutzung der sozioökonomischen Aktivitäten (aufgrund von Kartierungen sowie der amtlichen Statistik)
Quelle: Fliedner 1987a, Beilage; Berechnungen von G. Körner und K. Rothe

Die in der Stadt lokalisierten Organisate haben sich von der direkten Bindung an die Ressourcen des Lebensraums trennen können. Weiter außerhalb in der Ringstruktur liegen die Betriebe der Urproduktion, besonders der Landwirtschaft. In den sich rasch urbanisierenden Industrieländern unterliegen am Stadtrand die Betriebe der Landwirtschaft im Spannungsfeld von Bodenpreisen, Erlösen für die Bodenbearbeitung und Flächenkonkurrenz starken Unsicherheiten in der Nutzungsplanung. Gerade diese Flächen werden mehrfach genutzt, z.B. als Ackerland, als Wassersammelreservoir, als Ausgleich für die Luftverunreinigung, für den Fremdenverkehr etc. Insbesondere leben hier viele Menschen, die die Vorzüge der Distanzen von der Stadt, die niedrigere Umweltbelastung, die günstigeren Bodenpreise etc. für die Beschaffung von Haus- und Garteneigentum nutzen. Man kann hier die eigentlichen Suburbs (vgl. S.477f), die Pendlervororte erkennen. Es ist dies die Kinetisierungszone, denn in der Aufgabenkategorie der Organisation bedeutet Verkehr die Durchführung, Kinetisierung. Diese Zone dürfte identisch sein mit Schöllers (1957/72, S.271) Umland.

Nach außen zu nimmt der Aufwand für den Transport von Menschen zu, und von einer gewissen – von der Effektivität der Verkehrsmittel abhängenden – Distanz wird er unrentabel, im Sinne des täglichen Hin und Zurück. Hier übernehmen kleinere zentrale Orte niederer Ordnung solche Versorgungsaufgaben (Christaller 1933, S.65 f.); das System wird gegenüber anderen Populationen stabilisiert, so daß diese Zone als Stabilisierungszone bezeichnet werden kann. Schöller (1957/72, S.271) gliedert sie in Hinterland und Einflußgebiet, je nach dem Grad ihrer Anbindung. Die kleinen zentralen Orte entlasten das Zentrum der Populationen von einem Teil der Aufgaben. Dies kann man in den verschiedensten Größenordnungen sehen. Es bildet sich eine Hierarchie der zentralen Orte heraus; denn auch die zentralen Orte niederer Ordnung haben ihre Stabilisierungszone. Auch die landwirtschaftliche Nutzung demonstriert hier eine Stabilisierung der Population, und zwar gegenüber der natürlichen Umwelt.

Generell läßt sich also feststellen, daß die sich bei der Flächenkonkurrenz ergebenden Konflikte nicht chaotisch ausgetragen werden, sondern aufgrund allgemeiner Regeln und im Interesse hierarchisch übergeordneter Systeme. Innerhalb dieses Rahmens besteht ein Spielraum bei der Standortwahl, denn es sind viele Individuen und Organisate in vergleichbarer Position. Die Standortwahl selbst vollzieht sich in Konkurrenz mit den übrigen. Insofern sind die von der Volkswirtschaftslehre besonders seit Lösch (1940) erarbeiteten umfassenden raumwirtschaftlichen Konzepte mit der Vorstellung, daß man in der Wirtschaft eine hierarchische Ordnung von Gleichgewichtssystemen annehmen muß (v.Böventer 1962, S.182), nicht schon dadurch überholt, daß heute Konsumverhalten und Standortentscheidungen in ihrer Bedeutung stärker gewürdigt werden; vielmehr wird nur eine Beachtung aller Fakten der Realität gerecht. Stadt-Umland-Populationen und zentrale Orte ordnen sich in einen Kreislauf ein, der vor allem dem Erhalt der Populationen als Produzenten (im Arbeitsprozeß) und als Konsumenten dient (Abb.42).

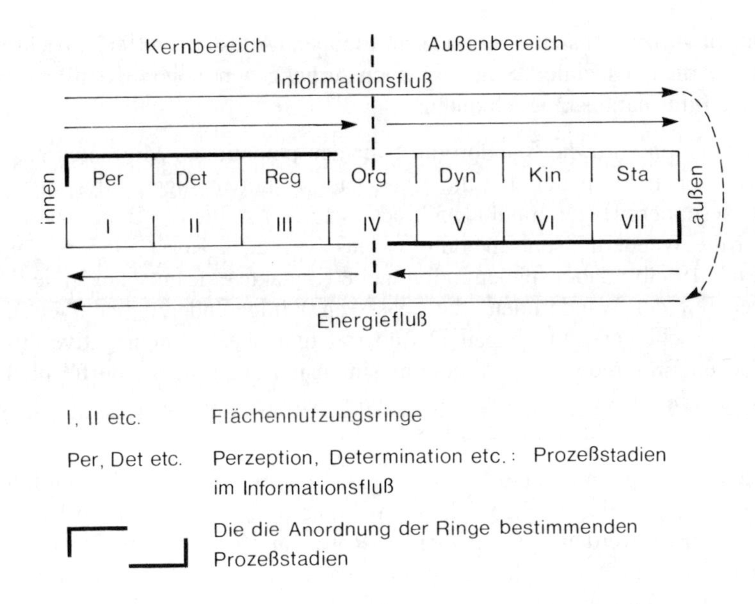

Abb. 42 Kern- und Außenbereich des Stadt-Umland-Systems im Informations- und Energiefluß. Anordnung der Ringe und Prozeßstadien. Vgl. Text
Quelle: Fliedner 1987a, S.113

3.4.1.4 Formung der Stadt-Umland-Population (Reaktionsprozeß: *Reproduktion)

Wanderungsentscheidungen

Die Population wird durch Wanderungen gestaltet. Migrationen erlauben, trotz Verlagerung der Organisate im Zuge der Herausbildung der Sekundärpopulationen, die Aufgaben im Rahmen der Menschheit als Art weiter wahrzunehmen. Viele Forscher beschäftigen sich mit den Wanderungen, mit ihren Motiven, ihren sozioökonomischen Implikationen für Stadt und Land, sowohl in den Industrie- als auch den Entwicklungsländern, so daß eine umfangreiche Literatur vorliegt. Eng verbunden mit den Wanderungen ist der soziale strukturelle Aufbau der Stadt-Umland-Population, so daß auch diese Problematik hier erörtert werden muß. Dabei muß zwischen der die Individuen und ihr Wohnumfeld umfassenden Mikroebene und (Meso- und) Makroebene unterschieden werden; die Diskussion ist auf beiden Ebenen zu führen (Cadwallader 1989; im Hinblick auf die Stadtuntersuchungen vgl. Lichtenberger 1986a, S.114 f.).

Die Individuen unterliegen als Arbeitende und Konsumenten dem Zwang übergeordneter Standortvor- und -nachteile, die perzipiert werden und Entscheidungen erfordern. Beim Entscheidungsprozeß kann zwischen den eigentlichen Motiven und den Randbedingungen unterschieden werden (Vanberg 1975, S.9 f.). Die Motive werden in den gesellschaftlichen Prozessen von der Kenntnis der Differenz her bestimmt, die zwischen der eigenen Position und den in einem anderen Teil des Systems erreichbaren Status gegeben ist. Hinter der Wanderung steht die „subjektive Zielvorstellung einer gegenüber der bisherigen verbesserten Umgebungssituation" (Iblher 1973, S.3).

Wanderungen vollziehen sich direkt oder in Etappen (Atteslander 1955). Hierbei gibt es Unterschiede, die auf soziale Voraussetzungen zurückgehen mögen, vor allem aber wohl auch auf die Informationsmöglichkeiten.

Durch Information wird die Standortgunst für den potentiellen Migranten abschätzbar. Die Informationen lösen den für die Entscheidung notwendigen Streß aus (Wolpert 1966/73). Besonders Hägerstrand (1957, bes. S.132 f.) stellte die Bedeutung der Information für die Wanderungsentscheidung heraus (vgl. auch Rossi 1955, S.159 f.; Dahl 1957; Bartels 1968b); dabei spielen individuelle Kontakte eine entscheidende Rolle. Ein erheblicher Teil der Wandernden (die „passiven“) folgt anderen („aktiven“), die die Möglichkeiten schon erkundet haben. Der überall zu beobachtende negative Zusammenhang zwischen Entfernung und Wanderungsintensität (vgl. unten) dürfte nicht in den Umzugskosten begründet sein, sondern in den abnehmenden Informationseffekten (vgl. auch Jansen 1969, S.158; Kühne 1974, S.196 f.).

Für die Entscheidung, ob nun ein Umzug vollzogen wird oder nicht, ist von Bedeutung, ob das im täglichen oder wöchentlichen Rhythmus regelmäßig berührte Umland beim Umzug gewechselt werden muß oder nicht (Roseman 1971). Ist die Distanz zwischen Wohnung und neuem Arbeitsplatz zu groß – wie es häufig der Fall ist, wenn beide in verschiedenen Siedlungen liegen –, dann wird umgezogen.

Die Randbedingungen im Sinne Vanbergs (vgl. oben) kommen bei der Wohnplatzwahl in der neuen Umgebung, soweit möglich, zum Tragen. Ziel dieser Wanderungen ist deshalb ein Platz, der selbst in einer den Migranten auch sonst hinsichtlich ihrer Lebensqualität zusagenden Wohnumwelt sich befindet, von dem aus das die Arbeit bietende Organisat in erträglichem Zeit- und Kostenaufwand erreicht werden kann (Chapin 1968/74, S.267 f.). Nicht der Arbeitsplatz allein bestimmt den Standort der Wohnung; vielmehr besitzen alle Individuen ein breites Spektrum von Wohnwünschen, die sie als Konsumenten auszeichnen (Michelson 1977).

Schon hierin kommt der doppelte Aspekt der Migration zum Ausdruck, das Individuum wandert als Glied der Gesellschaft und als Teil der Bevölkerung. Dementsprechend lassen sie zwei Grundmotive erkennen: die sozio-ökonomischen und die individuellen (Neundörfer 1961, S.500 f.). Die individuellen Motive stehen mit den Lebensbedürfnissen (im Rahmen der Menschheit als Art; vgl. S.492f) in Verbindung.

Sozioökonomische Wanderungen

Migrationen aus sozio-ökonomischen Motiven – sie nehmen in der Bundesrepublik etwa die Hälfte aller Wanderungsfälle ein (Wieting und Hübschle 1968, S.90 f.) – stehen in Zusammenhang mit der Organisation der Systeme. Sie führen in Sekundärpopulationen hinein, also in die Menschheit als Gesellschaft. Die Umzüge werden, vom Standpunkt des Systems und der Optimierung seiner Organisation aus betrachtet, unternommen, weil die Migranten Träger bestimmter Berufe sind. Die Migration ermöglicht den Ausgleich von räumlich-strukturellen Spannungen im System; sie schafft ihn auf dem Sektor der Arbeitskräfte, wenn Ungleichgewichte in der regionalen Tragfähigkeit auftreten (vgl. S.526f). Die Migrationen tragen so zur Erhaltung der Population bei. Daneben begründen aber auch strukturverändernde Prozesse in den übrigen Aufgabenkategorien

Migrationen (technologische Innovation, ökonomisches Wachstum, politischer Wechsel, Änderung des Wohnumfeldes etc.; Sauvy 1966/69, S.468 f.; Hoffmann-Novotny 1970; Phipps 1989).

So sind horizontale und vertikale Mobilität oft miteinander verbunden. Umgekehrt besagt dies, daß die Umzugswahrscheinlichkeit mit den zu erwartenden Aufstiegsmöglichkeiten zunimmt (vgl. Zimmermann et al. 1973, S.189; Kaufmann 1972/74, S.284 f.). Allerdings müssen sich die Erwartungen nicht erfüllen. In der Realität wird wie bei jedem anderen Prozeß rückgekoppelt, d.h. die nicht erfüllten Erwartungen führen bei den potentiell Nachfolgenden zu einem Nachlassen des Anreizes und evtl. zu einem Erlahmen der Migration.

Stadt-Umland-Systeme bilden, wie gesagt, die wichtigsten Migrationsfelder. In ihnen liegen die Geburtenziffern in den weiter außen gelegenen Bereichen häufig (wenn auch nicht immer; vgl. Mackenroth 1953, S.269 f.) höher als in der Stadt (Schwarz 1964, S.72; G. Müller 1968, S.202 f.). Umgekehrt besteht in der Stadt – bei wirtschaftlich prosperierender Entwicklung – ein starker Bedarf an Arbeitskräften.

Die Migrationsfelder greifen häufig über die Staatsgrenzen hinaus, dann nämlich, wenn die peripheren Populationen relativ zur Tragfähigkeit eine zu hohe Bevölkerungszahl besitzen. Hierher gehören auch die Wanderungen in Mitteleuropa in der Frühphase der Industrialisierung (z.B. in die großen europäischen Industriezonen; Ipsen 1933, S.437 f.; speziell ins Ruhrgebiet: Brepohl 1948; Köllmann 1974, S.35 f., 125 f., 171 f., 229 f.), aber auch die heutigen Gastarbeiterwanderungen in Europa oder den Entwicklungsländern (vgl. S.381f).

Die den Städten näheren Gemeinden werden stärker von der Abwanderung erfaßt als die weiter entfernt gelegenen. Von verschiedenen Autoren wurde bereits versucht, das Intensitätsgefälle der Zuwanderung mathematisch zu definieren. Young (1924) fand die vom Gravitationsgesetz abgeleitete Formel

$$M = K \cdot F \cdot D^{-2}$$

wobei M die Zahl der Zugewanderten bedeutet, K eine Konstante, F die Anziehungskraft des zentralen Ortes charakterisieren soll und D die Entfernung von ihm. Später erkannten vor allem skandinavische Forscher (u.a. Kant 1946; Agersnap 1952; Hägerstrand 1957), daß die Zuwanderungsstärke keineswegs immer mit dem Quadrat der Entfernung abnimmt, wie es Young vermutete; vielmehr kann der Exponent in der Gleichung größer oder kleiner sein als 2, d.h. die Kurve kann steiler oder flacher verlaufen, die mittlere Umzugsentfernung also kleiner oder größer sein. Die Anziehungskraft des zentralen Ortes, der untersuchte Zeitraum, die Eigenart der an den Wanderungen beteiligten Gruppen bestimmen die Steilheit der Kurve und damit den Exponenten der Gleichung.

Eigene Untersuchungen (Fliedner 1962a) ergaben, daß der Exponent e der – allgemeiner gefaßten – Formel

$$M = K \cdot F \cdot D^{-e}$$

Tab. 16: Zu- und Abwanderungsintensität verschiedener sozialer Gruppen im Umkreis der Stadt Göttingen (1961), errechnet nach dem Gravitationsgesetz (Exponentenwerte)

Berufsgruppen	Exponentenwerte	
	Zuzüge	Fortzüge
Arbeiter	1,9	1,7
Familienangehörige	1,7	1,6
Ruheständler	1,7	1,6
Selbstständige	1,5	1,5
Angestellte	1,4	1,2
Beamte	1,3	1,1
Akademiker	1,1	1,1
Studierende	1,1	1,0
Summe aller Berufsgruppen (Durchschnitt)	1,5	1,4

Quelle: Fliedner 1962b, S. 30

bei allen herausgegliederten Gruppen zwischen 1 und 1,9 liegt, in jedem Fall also niedriger als in der Gleichung Youngs (Tab.16).

Diese Tabelle zeigt auch, daß bei den Fortzügen die Kurven im allgemeinen flacher verlaufen und damit die mittleren Wanderungsentfernungen größer sind als bei den Zuzügen. Außerdem spiegelt sich in der Reihenfolge der Werte bis zu einem gewissen Grade die soziale Rangskala wider, denn bei den höherstehenden Berufen wie den Beamten und Akademikern sind die Umzugsdistanzen im allgemeinen größer als bei den weniger qualifizierten, z.B. den Arbeitern.

Im einzelnen vollziehen sich in den Innenstädten, in den Vororten (Suburbien) und im Umland ganz verschiedene Prozesse, und sie werden ihrerseits durch die soziale Differenzierung noch unübersichtlicher. Rein ökonomische Gründe dominieren bei den Bewegungen aus den Innenstädten hinaus, soweit sie mit der Ausdehnung der City in Zusammenhang stehen. Diese zentrifugale Migrationsbewegung wurde bereits in den 30er Jahren von Leyden (1934/35) anhand holländischer Beispiele ausführlich dargelegt. Andererseits wurde und wird die Innenstadt auch aus anderen Gründen verlassen und wieder besiedelt. Heute sind hier die Wohnviertel der niederen sozialen Schichten denen der besser Situierten gegenüberzustellen; mit ihnen sind gegenläufige Tendenzen verbunden, die zum Niedergang der Bausubstanz und Zuzug ärmerer Bevölkerung auf der einen und Konservierung und Luxussanierung der Bausubstanz vor dem Hintergrund der Gentrifikation auf der anderen Seite führen können (vgl. S.475f).

Innenstädte: Bewohner ärmerer Bevölkerungsschichten (u.a. Slumbildung)

In den Innenstädten kommt es im Zuge der Migrationen zu Sortierungsprozessen (vgl. auch S.517f). Ein auffälliges Ergebnis dieser Prozesse sind die Viertel mit Bewohnern der niederen Schichten und mäßig oder gar schlecht ausgestatteten Wohnungen in den US-amerikanischen Großstädten. Sie tendieren in der fortschreitenden Entwicklung der

Tab. 17: Kapitaltransfer in Metropolitan Detroit von den Slums des Innenstadtbereichs in die Suburbs

Profite der Slum-Geschäftsleute
Profite aus Schwindelunternehmen, Verbrechen, Wucher
Ersparnisse, Versicherungsgelder für Fernschäden
Steuern für nicht geleistete Dienste (Schulen, Parks)
Berufliche Diskriminierung, wurzellose Pendler
Slum-Mieten, Hypotheken-Geld
Polizeigehälter

Quelle: Lichtenberger 1986a, S. 121 (nach Bunge 1971)

kapitalistischen westlichen Gesellschaft und mit dem steigenden Lebensstandard zum Abstieg (Slumbildung); die besser situierten Vorbewohner ziehen in die Vororte (Suburbs), ärmere Bewohner ziehen ein. Es gibt bereits eine sehr umfangreiche Literatur zu diesem Thema, vor allem im Rahmen des human-ökologischen Ansatzes (vgl. S.81f; 136f), so in den USA, z.B. anhand der Farbigenviertel in Boston und Chicago (Hoyt 1939), New York (Kantrowitz 1969), Milwaukee (Rose 1970/73), Detroit (Bunge 1971), Seattle (Morrill 1972), Honolulu (China-Stadt; Kreisel 1977). Slumbewohner müssen sich aber nicht rassisch oder ethnisch von den übrigen Stadtbewohnern unterscheiden (z.B. Appalachians; Fowler, Davies und Albaum 1973, S. 100 f.).

Die auch für die Entwicklungsländer und innerstaatlichen unterentwickelten Regionen charakteristischen Erscheinungen treten hier konzentriert auf (schlechte Infrastruktur, Bildung und Berufsstruktur, geringe Differenzierung, Unterprivilegierung, Arbeitslosigkeit); hinzu kommen Kriminalität, schlechter baulicher Zustand der Wohnungen, Überbelegung. Erstaunlicherweise erfolgt ein starker Kapitaltransfer aus den Elendsgebieten heraus (Bunge 1971; vgl. Tab.17). Dies alles führt beim betroffenen Individuum zu ungünstigen Aussichten in Bezug auf das berufliche Weiterkommen, was wieder zurückschlägt auf die Möglichkeiten, die Situation zu verbessern. Es fehlt nicht an Interaktionen der Bewohner untereinander, sie sind sogar recht ausgeprägt (Whyte 1943/74). Die Möglichkeiten zur Integration in die übrige städtische Gesellschaft sind aber den hier Wohnenden nahezu verschlossen. Stokes (1962/70) sprach von Slums der Verzweiflung.

Zur Erklärung sind mehrere Theorien entwickelt worden, die vor allem zwei Tatsachen in den Mittelpunkt stellen:

1. Die Aggregierung der Unterprivilegierten, wobei die unterschiedlich scharfe Abgrenzung zwischen diesen und den benachbarten Sozialformationen ins Auge fällt,

2. die Lage, z.B. in unmittelbarer Nähe zur City, also auch auf hochwertigen Grund und Boden.

Z.B. stellten Bunge (1971) und Morrill (1972) Modelle auf, in denen u.a. das relative Einkommens- und Bildungsniveau, Wohnungscharakteristika, die Lage, die Fahrtkosten, die Reaktion der übrigen Bevölkerung etc. als Parameter eingebracht sind.

Nach Downs (1983; zit. nach Aitken 1990, S.249) muß man den Urbanisierungsprozeß als übergeordnet zur Erklärung der Prozesse heranziehen. Downs nahm an, daß die

Wohnviertel in amerikanischen Städten („Nachbarschaften") eine Sequenz durchlaufen, verursacht durch Anpassungen an Wohnverhältnisse, Wohndichte und Zusammensetzung der Haushalte. Das Anfangssstadium ist durch Aufbau und relative Stabilität gekennzeichnet, dann folgen Auffüllung und Umwandlung. Das Ergebnis mag sein, daß das Viertel absinkt auf Slum-Niveau; schließlich mag eine Erneuerung und soziale Aufwertung folgen (Gentrifikation; vgl. unten). Die Entwicklung wird durch Investitionslenkung von den Gemeinden manchmal unterstützt.

In Europa gab es entsprechende Elendsviertel im vorigen Jahrhundert z.B. in London und Berlin. Heute finden sich in jeder Großstadt Konzentrationen (Peach 1987, S.36 f. für die westeuropäischen Städte; vgl. auch S.517), aber nicht Stadtteile, die ausschließlich von einer Minderheit bewohnt werden; eine Slumbildung im eigentlichen Sinne – vergleichbar der in den USA – hat hier nicht stattgefunden (Lichtenberger 1986a, S.239). Eine Ghettobildung mit all ihren negativen Begleiterscheinungen ist aber auch für europäische Großstädte kennzeichnend. Bender (1984) schilderte in Dublin die Entwicklung der Arbeiterviertel, den Verfall der Bausubstanz und die administrativen Bemühungen, dem gegenzusteuern. Robson (1988) demonstrierte ähnliche Tendenzen für Großbritannien und erörtert die Bedeutung, die Bemühungen und Fehlleistungen der „urban policy" der staatlichen und lokalen Behörden. Auch für Mitteleuropa liegen Arbeiten vor; Heinritz und Lichtenberger (1986, S.27) zeigten anhand der Beispiele Wien und München, daß hier kein direkter Zusammenhang zwischen dem Auszug Gutsituierter und dem Einzug ärmerer Bevölkerungsgruppen sowie dem Verfall der Innenstädte besteht. Nach Lichtenberger (1989) ist Stadtverfall heute mit politischer Stabilität und wirtschaftlicher Prosperität breiter Bevölkerungsschichten verbunden. Folgende Merkmale – aufgezeigt an Wien – kennzeichnen den Stadtverfall:

1) Unzureichende Abbruchraten im Vergleich zur Neubautätigkeit,
2) Flucht einkommensstärkerer Schichten aus dem älteren Baubestand,
3) geringere Investitionsbereitschaft der Hausbesitzer in den Altbaubestand,
4) Fehlen umfassender neuer Stadtmodelle bei den Entscheidungsträgern für die Stadtsanierung und
5) Rückzug auf eine anti-urbane Haltung, aus der man sich bemüht, überschaubar kleine Stadterneuerungsgebiete auszugrenzen.

Daneben sind – dies sei hier nur kurz dargelegt (vgl. S.485f) – Elendsviertel in den Entwicklungsländern beschrieben worden (für Lateinamerika vgl. z.B. Nickel 1975; Brücher und Mertins 1978; generell zur sozialen Schichtung und Viertelsbildung in den lateinamerikanischen Städten Sandner 1969; Bähr 1976). Diese Viertel, insbesondere jene an den Stadträndern, sind von anderer Art. In ihnen steht nicht die Diskriminierung im Vordergrund, sondern mehr das Mißverhältnis zwischen Angebot und Nachfrage an Arbeitskräften. Die Wirtschaft ist nicht fähig, genügend Arbeitsplätze zu schaffen. Es ist die Problematik der Entwicklungsländer (vgl. S.357f), die ihren lokalen Niederschlag findet. Ob man hier mit Stokes (1962/70) von „Slums der Hoffnung" sprechen kann, erscheint fragwürdig.

Innenstädte: Bewohner reicherer Bevölkerungsschichten (u.a. Gentrifikation)

In den letzten Jahrzehnten ist zunehmend festzustellen, daß junge vermögende Leute in die citynahen Stadtteile ziehen (Gentrifikation). Sie bevorzugen die traditionell besseren Wohnviertel, deren Vorbewohner z.B. aus Altersgründen die Altbauwohnungen aufgegeben haben oder die in neue Einfamilienhäuser am Stadtrand oder in den Vororten umgezogen sind. Oft ist mit der Gentrifikation auch eine Aufwertung der – vielfach stark vernachlässigten – Wohngebiete verbunden, so daß von einer Revitalisierung der Innenstädte gesprochen wird. Angesichts der großen, zu Slums herabgesunkenen Stadtteile – vor allem in den USA – ist es freilich verfrüht, schon jetzt von einer größerräumigen Umgestaltung zu sprechen. Allerdings bedeutet die Gentrifikation einen weltweit erkennbaren Trend gegen den Verfall der Innenstädte. In den USA widmen sich zahlreiche Untersuchungen dieser Thematik (vgl. z.B. Sammlungen unterschiedlicher Beiträge: Palen und London, Hrsg., 1984; N. Smith und Williams, Hrsg., 1986); in Westeuropa wird diese Problematik in verschiedenen stadtgeographischen Übersichtsdarstellungen behandelt (z.B. White 1984, S.288 f.).

Berry (1980) sah die Gentrifikation als eine vorübergehende Erscheinung an, als Folge eines Ungleichgewichts im Wohnungsmarkt; Haushaltsgründung und Wohnungsangebot in den Vororten seien nicht aufeinander abgestimmt.

Als Voraussetzung wurde von N. Smith (1986) angenommen – aus Sicht der „Radikalen Geographie“ (vgl. S.156f) –, daß der Marktwert der Gebäude heruntergeschrieben worden sei, bis zu dem Punkt, wo er – im Vergleich zu den tatsächlichen Kosten im Zusammenhang mit den Grundstückspreisen – als zu niedrig angesehen werden müsse. So seien auch zu geringe Mieten angefallen, habe sich ein „rent gap“ gebildet. Nun erfolge ein Rückfluß des Kapitals in die Innenstädte; die Disparität zwischen der potentiellen Miete und der – aufgrund des schlechten Bauzustandes der Wohnungen – tatsächlich erreichbaren und erhobenen Miete ziehe die neuen Bewohner an. Es ergeben sich also folgende Leitprozesse (nach N. Smith 1986, S.22):

a) suburbanization and the emergence of the rent gap;
b) industrialization of advanced capitalist economies and the growth of white-collar employment
c) the spatial centralization and simultaneous decentralization of capital;
d) the falling rate of profit and the cyclical movement of capital;
e) demographic changes and changes in consumption patterns.

Badcock (1989) untersuchte die Gentrifikation in australischen Städten und konnte zu einem Teil die Vorstellungen von N. Smith bestätigen. Er stellte in Adelaide ein „rent gap“ seit Ende der 60er Jahre fest und seine Auffüllung seitdem. Für die starke Ausbildung des rent gap sei nicht zuletzt die Politik des Staates und der Stadt verantwortlich (Verbot der Wiederherstellung zu kleiner und ungesunder Wohnungen; Mietkontrolle etc.). So sei der Abfluß des Kapitals und der Verfall vieler Gebäude gefördert worden. Im Rahmen der Revitalisierungspolitik floß das Kapital in die vernachlässigten Stadtteile zurück.

Diesen allgemeinen Überlegungen stehen die detaillierten Beobachtungen gegenüber. In New York werden verschiedene Ghettos von den Rändern her unterwandert (Schaffer und Smith 1986), oft von besseren Wohngebieten rings um wichtige Kulturinstitutionen (Universitäten, Lincoln Center etc.) ausgehend (D. Wilson 1987). Die Vorbewohner werden gezwungen, in entferntere Wohngebiete umzusiedeln (vgl. auch Grotz 1987 für Sydney); hiervon sind die Angehörigen ethnischer Minoritäten besonders betroffen – „Racial ‚leapfrogging' occurs, when some blacks settle farther from the urban core and inner city ghettos than some whites" (Rich 1984, S.31) – oder Künstler, die in sanierungsbedürftigen Wohnungen oder Lageretagen („Lofts") sich einquartiert hatten, dann aber vor dem Anstieg der Mieten und geplanten Luxussanierungsmaßnahmen weichen mußten (Jackson 1985a; Cole 1987). Die öffentlich geförderten Sanierungsmaßnahmen begleiten häufig die Gentrifikation (z.B. auch Upmeier 1985 für Philadelphia). Whalley (1988) entwickelte für Minneapolis Vorschläge für den wirkungsvollsten Einsatz solcher Programme.

Oft sind die Sanierungsarbeiten mit Maßnahmen des Denkmalschutzes verknüpft. Gerade die Bestrebungen, erhaltenswerte Bausubstanz zu schützen und zu restaurieren, finden viel Verständnis; es äußert sich hierin auch ein bestimmtes Bedürfnis nach Lebensqualität (Datel 1985). Dabei haben sich in den letzten Jahren Wandlungen vollzogen. Rose (1984, S.62 f.) wies u.a. auf die Bildung von „alternativen", nicht traditionellen Formen des Zusammenlebens der jungen Leute hin. Das Wachstum des Dienstleistungssektors in der postindustriellen Gesellschaft hat eine starke Zunahme der Gruppe von Leuten verursacht, deren Konsum und Lebensstil eng mit der City verbunden ist; ein neues Lebensgefühl wertet die Innenstädte auf (Ley 1980, am Beispiel Vancouver). Solche neuen Vorstellungen erhalten in New York von Künstlern starke Impulse (Jackson 1985a), aber auch andere Gruppen streben nach Lebensqualität, guter Nachbarschaft und verständnisvollem Zusammenleben verschiedener ethnischer Gruppen. Die Stadt New York z.B., aber auch eine Vielzahl lokaler Institutionen, fördern solche Entwicklungen. Die Mietergruppen wehren sich gegen Luxussanierung und stark steigende Mieten, finden Verständnis bei Banken und Maklern, es bildet sich eine „lebenswerte Nachbarschaft"-Ideologie (D. Wilson 1987, S.43).

Aus ökonomischer Sicht ist eine Luxussanierung häufig am rentabelsten, verbunden mit „Entmischung" und Verkauf der sanierten Flächen als Eigentumswohnungen. Die Verwaltungen der Städte fördern dies zum Teil. Da sind ärmere Bewohner, zumal Angehörige ethnischer Minderheiten, manchmal unerwünscht. So berichtete Rich (1984) von bewußtem, z.T. von Behörden mit getragenem oder von Nachbarn geschürtem Abwehren von potentiellen Zuzüglern (vor allem von Schwarzen in amerikanischen Städten). Dagegen fanden van Hoorn und van Ginkel (1986) in Utrecht, daß Stadtverwaltung und Wohnungsgesellschaften eine liberalere Politik betreiben, bei der ein Zusammenleben verschiedener ethnischer Gruppen angestrebt wird.

In Europa muß die Gentrifikation überhaupt etwas anders gesehen werden als in den USA. Lichtenberger (1986, S.116) meinte z.B., daß heute das Design und der Lebenszuschnitt der Hochgründerjahre und des Jugendstils wiederentdeckt werden; die Gentrifikation habe hier eine Wurzel. Wichtig sind aber vor allem die demographischen und sozialen Veränderungen. Das Londoner Eastend ist hier anzuführen. Aber auch Mitteleuropa bietet Beispiele. Herlyn (1989) zeigte, daß – als Konsequenz der ökonomischen Wandlungen in den Städten – die Revitalisierung von innerstädtischen Wohngebieten als Beispiel einer Aufwertung, die soziale Erosion in Wohnhochhäusern als

Beispiel einer Abwertung von Wohngebieten gelten können. Bei der Revitalisierung werden traditionelle Formen des Zusammenlebens zerstört. Durch die Abwertung der Wohnhochhausgebiete werden die sozial marginalisierten Gruppen besonders betroffen. Im Hintergrund ist auch die starke Wandlung der Haushaltsstruktur zu sehen (vgl. S.554f); insbesondere ist das Ansteigen der Einpersonenhaushalte („Singles") hervorzuheben.

Genauere Untersuchungen geben Aufschluß über die sozialen und demographischen Wandlungen in den Innenstädten. Thomi (1985) demonstrierte, daß in Nähe der Frankfurter City sich eine innerstädtische Mobilitätszone mit hohem Anteil jüngerer Menschen herausgebildet hat, in dem umgebenden traditionellen, noch stabilen Wohngürtel dagegen der Anteil der Alten überproportional hoch ist, und daß in dem peripheren Wohn- und Neubaugebieten sich trotz starken Zuzugs auch älterer Bürger sich die für Suburbanisierungszonen typische Unterrepräsentanz alter Menschen zeigt.

Auch in München wird ein Großteil der innerstädtischen Neubaubewohner von kinderlosen jüngeren Haushalten gebildet, die die zentrale Lage suchen (Mayr 1989). Diese Leute kommen zum großen Teil entweder aus den Innenstadtgebieten selbst oder aus dem übrigen Stadtgebiet, so daß von einer Bewegung „zurück zur Stadt" keine Rede sein kann. Viele dieser Haushalte werden von Studierenden gebildet; hierbei spielt der soziale Aufstieg autochthoner Bewohner eine Rolle. Wichtig für die Zunahme dieser traditionell auf die innenstadtnahen Wohngebiete fixierten Bevölkerungsteile ist die Steuergesetzgebung (sog. Bauherrenmodell); in größerem Umfange werden Luxussanierungen durchgeführt. Die Fluktuation innerhalb der neugebauten Wohnungen ist hoch; bei einer Änderung der Haushaltsgröße (z.B. bei Heirat) wird ein Umzug erwogen. Geschlossene Gebiete mit hochwertigen Neubauten sind selten; häufiger ist eine Lozierung solcher Wohnanlagen inmitten der vorgegebenen, z.B. vornehmlich von Arbeitern bewohnten, Quartiere. Eine Ghettobildung ist so nicht zu erwarten.

Innerhalb dieser Wohnkomplexe verhalten sich die sozialen Gruppen ganz unterschiedlich. Eine spezifische Rolle nehmen jene Haushalte ein, deren Inhaber nur eine limitierte Zeit in der Stadt leben, die gar nicht die Absicht haben, sich zu integrieren. Hierher gehören z.B. Angehörige von Firmen, die in Filialbetrieben in einem andern Land arbeiten oder dort die Chance für einen günstigen Gelderwerb nutzen. Diesem Typ von Wohnungsinhaber gehören z.B. die Japaner in Düsseldorf an oder die Deutschen in Hongkong (Zielke 1982; Friedrich und Helmstädt 1985).

Stadtrandgebiete: Suburbanisierung und Wohnausbau der Umlandgemeinden

In den US-amerikanischen Großstädten vollzieht sich aber auch heute das eigentliche Stadtwachstum vor allem im suburbanen Bereich, während die Innenstädte weiterhin verfallen (am Beispiel Atlanta: Schneider-Sliwa 1989). Eine wesentliche Rolle spielen tradierte Wertvorstellungen der amerikanischen Gesellschaft, die den eigenen Landbesitz geistig überhöhen, gleichsam als Grundrecht betrachten (vgl. S.379). An dieser fortdauernden Tendenz des „urban sprawl" haben auch die Versuche zur Revitalisierung der Innenstädte im Grundsatz nichts ändern können, weder die staatlichen Stadterneuerungsprogramme der 70er Jahre noch die die private Initiative fördernden Versuche der Reagan-Administration der 80er Jahre.

Die nordamerikanischen Suburbs zeichnen sich durch einen überdurchschnittlich hohen Anteil von gut situierten und gebildeten Angestellten aus (Lichtenberger 1986a, S.252). Daneben werden aber auch diese Gebiete zunehmend von ärmeren Bevölkerungsschichten durchdrungen, und ebenso hat der Zerfall von Wohnsubstanz solche Areale erfaßt, die früher ausschließlich von höheren und mittleren Bevölkerungsschichten bewohnt waren.

Suburbia wächst ständig; Baugesellschaften erschließen immer neue ehemals landwirtschaftlich oder forstwirtschaftlich genutzte Areale, so daß sich in verschiedenen Gebieten der USA die Wohnviertel, durchsetzt mit Commercial Strips und Shopping Centers, benachbarter Metropolitan Areas berühren – so im ostatlantischen Küstenraum sowie in Kalifornien.

In Mitteleuropa ist dagegen ein anderer Trend festzustellen. In den 60er und 70er Jahren wurden vielfach Großwohnsiedlungen am Stadtrand „auf die grüne Wiese" gesetzt, Trabanten- und Satellitenstädte, die mit breiten Straßen und öffentlichen Verkehrsmitteln an die Innenstädte angeschlossen wurden (Schwarz 1966/89, II, S.775 f.). Es waren im allgemeinen reine Wohnstädte, nur selten wurden in ihnen auch Industrieflächen ausgewiesen.

Diese Art Wohnbebauung brachte z.T. soziale Probleme mit sich; es stellten sich teilweise Marginalisierungstendenzen ein. Hinzu kam in den 70er und frühen 80er Jahren eine gewisse Sättigung des Wohnungsmarktes. Gleichzeitig setzte in großem Umfange in den stadtnahen ländlichen Gebieten ein Umstrukturierungsprozeß ein.

In der Bundesrepublik Deutschland sind vor allem zwischen Stadt und nahmen Umland Umzüge häufig, besonders von den Kernstädten zum nahen Umland nach Erwerb billigeren Baugrundes und preiswerten Wohnraumes (Riquet 1989). Die Landwirtschaft verlor an Bedeutung, die ländlichen Gebäude wurden vielfach in Wohnhäuser umgebaut. Außerdem wurde und wird weiteres Neubauland von den ländlichen Gemeindeverwaltungen ausgewiesen, so daß neue Ausbaugebiete entstanden sind, mit Einfamilien- oder Zweifamilienhäusern. Die stadtnahen ländlichen Gemeinden erhielten so eine ganz andere Sozialstruktur (z.B. Hoyer 1987 im Umland von Hannover). Der Anteil der Angestellten, Beamten und auf die Nachbarstädte hin orientierten Selbständigen wuchs. Die Dörfer wandelten und wandeln sich zu Wohngebieten der Stadt-Umland-Population. München bietet ein besonders drastisches Beispiel für die Ausweitung der Vorortgemeinden (Heinritz und Klingbeil 1986). Der steigende Lebensstandard trug und trägt an dieser Entwicklung entscheidend bei. Hinzu kommt der überproportionale Anstieg der Grundstückspreise und Baukosten in den Städten. Spekulation mit dem Boden und den Altbauten im Zuge der Gentrifikation spielt eine wichtige Rolle.

Das Land wird zum ökologischen Regenerationsraum der immer problematischer werdenden Großstädte, zum Erholungsraum der Städter (vgl. S.463), zum Zuwanderungsraum städtischer Abwanderer (Beyer 1986 im Umland von Bamberg und Bayreuth); auch sozial schwache Bevölkerungsgruppen weichen z.T. aufs Land aus. Andererseits dringt die städtische Wirtschaft mit problematischen technischen Großbetrieben, mit

Müllplätzen, Flughäfen, Verkehrskreuzen, Golfanlagen, Wasserversorgungseinrichtungen etc. aufs Land hinaus.

Auch in anderen europäischen Ländern schreitet die Umwandlung ländlicher Gemeinden mit vorwiegend landwirtschaftlichen Betrieben in Wohngemeinden fort. Teilweise werden die Gehöfte umgewandelt in Wohnhäuser, teilweise entstehen Neubauten am Rand der Dörfer (für Südwest-Cheshire in Mittelengland vgl. Grossman 1987).

Das flache Land als Abwanderungsgebiet

Eine gute Konjunktur im sekundären und tertiären Sektor steigert naturgemäß die Abwanderung. Van Cleef (1938, S.114 f.) wies nach, daß umgekehrt die Weltwirtschaftskrise in den USA eine Rückwanderung zum Land zur Folge hatte. Zu ähnlichen Ergebnissen kam Winners-Runge (1934, S.62) für Deutschland.

Durch die Abwanderung vom Lande wird die soziale Zusammensetzung der Bevölkerung stark verändert. Die stadtfernen Landesteile entleeren sich immer mehr, besonders dann, wenn es sich um landwirtschaftlich ertragsarme Regionen mit hoher struktureller Arbeitslosigkeit handelt. Hier kommt es in der Landwirtschaft zu Extensivierungserscheinungen, in vereinzelten Landstrichen sogar Flur- und Gehöftwüstungen („Höhenflucht"). Im einzelnen handelt es freilich um sehr komplizierte Prozesse, die in einem Gesamtrahmen von ökonomischen, sozialen und ökologischen Zusammenhängen verstanden werden müssen. Siedlungsmuster lassen sich als Ausdruck komplexer Systeme verstehen. Veränderungen in den Systemen finden vor allem in den Grenzregionen der Ökumene in (Besiedlungs- und) Entsiedlungsprozessen ihren Niederschlag (am Beispiel der Alpen: Egli 1990).

Mit der Landflucht sind Ausleseerscheinungen verbunden. In Zeiten ökonomischer Konjunktur wandert das wirtschaftliche und biologische Potential der Bevölkerung vom Lande am ehesten ab; es sind jüngere Menschen im erwerbsfähigen Alter (u.a. Betz 1988, am Beispiel nordostniedersächsischer Gebiete). Im Gegensatz dazu kommen in Krisenzeiten durchschnittlich ältere Menschen aufs Land zurück. Die in der Landwirtschaft engagierte Bevölkerung überaltert.

Einen gewissen Einfluß auf die Abwanderungshäufigkeit haben auch volkspsychologische Momente. So scheint z.B. die Bevölkerung in den ostfriesischen Marschen weniger bodenverbunden zu sein als auf der Geest (Klöpper 1949, S.52). Auch in anderen Ländern ist ähnliches zu beobachten; in Estland bestand ein deutlicher Unterschied zwischen der mobileren Bevölkerung in Ober-(SO-)Estland und der konservativeren in Nieder-(NW-)Estland (Kant 1946). Untersuchungen in den 50er Jahren legen den Schluß nahe, daß Protestanten weniger bodenstet sind als Katholiken, setzt man sonst gleiche wirtschaftliche und soziale Verhältnisse voraus (vgl. auch Mayntz 1958, S.38; Lange 1954, S.23; Hahn 1958a, S.243). Gerade die konservativere Grundhaltung kann aber auch scheinbar das Gegenteil bewirken: H. Hahn (1951, S.174; 1958a, S.246) stellte in den Kreisen Memmingen und Tecklenburg fest, daß in den katholischen Gemeinden die Abwanderung stärker ist als in den benachbarten evangelischen Gebieten; der Grund ist, daß durch den Kinderreichtum der Katholiken ein größerer Bevölkerungsüberschuß entstand als bei den Protestanten.

Seit den 50er Jahren hat sich die überkommene Sozialstruktur – Bauern als Ober-, Arbeiter, Knecht etc. als Unterschicht – ganz verschoben. Die Bauern verloren an Bedeutung, die in nichtlandwirtschaftlichen Berufen Arbeitenden bilden heute die Mehrheit der Bewohner, weisen durchschnittlich höhere Einkommen auf und besitzen vielfach das höhere Prestige.

Der Ausbau des Straßennetzes hat auf dem flachen Land zu einer Anbindung an die Städte geführt. Städtische Lebensart verbreitet sich, mehr und mehr wird die Bildungsdifferenz zwischen Stadt und Land abgebaut. Gleichzeitig wächst aber auch der ökonomische Einfluß. Kleingewerbe und Geschäfte wechseln vielfach ihre Eigentümer, gehen an Großkonzerne über. Der ländliche Raum wird zunehmend von zentralen Bürokratien fremdgesteuert (Schneider 1990). Benachteiligt sind Alte, Arbeitslose, Behinderte, die kein eigenes Kraftfahrzeug besitzen, auf die öffentlichen Verkehrsmittel angewiesen sind und somit relativ unbeweglich sind.

Landwirtschaftliche Betriebe müssen subventioniert werden. Gewöhnlich versucht die in der Landwirtschaft verbliebene Bevölkerung natürlich, durch Rationalisierung ihrer Betriebe, durch Flurbereinigung, Umbau der Hofstellen, Vergrößerung der bewirtschafteten Flächen ihre Lebensverhältnisse zu verbessern, ihre Wettbewerbsfähigkeit im immer härter werdenden Markt zu erhalten. Daß das nur zu einem kleinen Teil gelingt, zeigt der starke Rückgang der Zahl der landwirtschaftlichen Betriebe. Zudem treten zunehmend ökologische Probleme auf.

In Fremdenverkehrsgebieten kann es zu dramatischen Änderungen kommen. Die Werte und Normen verschieben sich. In der Schweizer Bergregion Grindelwald konnte Nägeli-Oertle (1988) eine „zunehmende Verlagerung der Verfügungsgewalt über die sektorspezifischen Produktionsmittel in den Gewerbe- und Dienstleistungssektor erkennen" (S.9). Die landwirtschaftliche Bevölkerung beteiligt sich z.T. an dem Transformationsprozeß; insgesamt gesehen verliert sie aber zunehmend die Kontrolle über ihren ursprünglichen Wirtschafts- und Lebensraum.

Anhand dreier bayerischer Fallbeispiele zeigten Richter und Schmals (1986), daß das flache Land in die überregionalen ökonomischen Wandlungen einbezogen ist; diese Veränderungen vollziehen sich sich einerseits als aktiver Strukturwandel (in Form eines geplanten Ineinandergreifens von Marktgesetzen und staatlicher Intervention), andererseits als passive Sanierung (Zentralisation von gewerblichen Arbeitsstätten, Konzentration von Kapital und Entscheidungspotentialen). Diese Prozesse verstärken einen „Rückzug aus der Fläche" (vgl. auch Kunst 1985 bei seinen Untersuchungen in Westmittelfranken). Im strukturschwachen ländlichen Raum werden die Lebensbedingungen schlechter, Arbeitsplätze werden abgebaut, die Qualität der Arbeitsplätze wird vermindert, Unternehmensfunktionen werden vermindert, die Versorgung verschlechtert. Eine Neuorientierung der Raumordnungs- und Regionalpolitik wird von den Autoren für nötig gehalten, wobei endogene, also innerregionale Entwicklungsstrategien entwickelt werden müssen. Insbesondere sollte durch Qualifizierung der Arbeitskräfte und ähnliche Maßnahmen eine regionale Infrastruktur zur Umsetzung von Interessen und Bedürfnissen „von unten" aufgebaut werden, d.h. ein arbeitnehmerorientiertes Konzept verfolgt werden.

Bei der Untersuchung regionaler Disparitäten wird zunehmend danach gefragt, was in dem Raum selbst für Möglichkeiten stecken, wie die Bevölkerung motiviert werden kann. So wurde von Deiters und Meyer (1988) am Beispiel des westniedersächsischen Grenzraums untersucht, welche Kräfte in der betroffenen Bevölkerung selbst zur Verbesserung ihrer Situation geweckt werden können („endogene Potentiale", „endogen orientierte Regionalpolitik"). Ähnlich argumentierte Krüger (1988), der entsprechende Untersuchungen in Ostfriesland und Oldenburg durchführte. „Ihre Ergebnisse mögen zumindest zur regionalen Aufklärung der Bevölkerung beitragen und eine ‚Bewußtseinsbildung zu mehr Selbstbewußtsein' anstoßen. Damit sind die tristen Lebensbedingungen nicht aus der Welt geschafft, doch sind Splitter einer realen Utopie in Gang gesetzt" (S.61). Am Beispiel Oberfrankens wird demonstriert, daß man nicht nur danach fragen soll, was man von anderer Seite über das Gebiet denkt (Image) und für dieses Gebiet tun kann, sondern auch, was die Bewohner selbst über ihre Lebenswelt denken, wie ihr Problembewußtsein gefördert, die Entwicklung einer regionalen Identität gestärkt werden kann. So kann die Voraussetzung zur Erstellung alternativer, dezentraler, ökologisch-ökonomisch begründbarer Entwicklungskonzeptionen geschaffen werden (v.Ungern-Sternberg 1989).

Gatzweiler (1986) wies auf regionale Unterschiede hin. Er differenzierte zwischen 1. ländlichen Räumen innerhalb von Regionen mit großen Verdichtungsräumen, 2. ländlichen Räumen mit leistungsfähigen Oberzentren und vergleichsweise guten wirtschaftlichen Entwicklungsbedingungen und 3. peripheren, dünn besiedelten ländlichen Räumen abseits der wirtschaftlichen Zentren des Bundesgebietes (S.22 f.). Diesen Typen entsprechen siedlungsstrukturelle Gebietstypen: Regionen mit großen Verdichtungsräumen, solche mit Verdichtungsansätzen und schließlich ländlich geprägte Regionen. Die Raumordnungspolitik versucht, einen Mindeststandard für die Versorgung der Bevölkerung zu erreichen, um die Lebensqualität aller Teilräume einander anzunähern, wie das Grundgesetz es vorsieht (S.29). Dieses Ziel ist nicht unumstritten; es stellt sich die Frage, ob nicht die ökologischen Probleme der Verdichtungsräume in den ländlichen Raum getragen werden. Außerdem kann man überlegen, ob nicht – in internationaler Sicht – diejenigen Regionen besonders gefördert werden sollten, die im Wettbewerb besonders gute Chancen haben. Dieser Zielkonflikt ist in der Bundesrepublik zugunsten der ländlichen Bevölkerung entschieden worden. Dabei sollen die besonderen Vorteile und Strukturen des ländlichen Raumes genutzt werden, die regionalen Besonderheiten in der Wirtschaftspolitik, der Berufsbildungs- und Arbeitsmarktpolitik herausgebracht werden; Landwirtschaft und Fremdenverkehr sollen unter Schonung der Umwelt gefördert werden. Besonderes Gewicht kommt den regionalen Potentialen zu; die selbstregulierenden Kräfte müssen geweckt werden.

M. Schmidt (1990) plädierte für einen wissenschaftlichen, den „hermeneutischen", qualitativ-sozialgeographischen (vgl. S.207f) Zugang zum Dorf, nachdem bisher mit analytisch-rationalen Methoden die Wirklichkeit des Dorfes zu erfassen versucht wurde. Ein Beispiel, wie hier vorgegangen werden kann, stellte Römhild (1986) vor. Er untersuchte die Problematik tourismusorientierter Umnutzung von historisch bedeutenden Gebäuden – in diesem Fall des Umbaus einer Burg zu einem Hotel – und die Auswirkungen solchen „Ausverkaufs" von Zeugen der Vergangenheit auf die Einstellung der Bevölkerung. Auf der einen Seite werden Arbeitsplätze geschaffen und die Infrastruktur verbessert, auf der andern Seite bilden solche Gebäude von herausragender Bedeutung, aber auch ein historisch interessantes Dorfbild, Identifikationspunkte für die Bewohner der ländlichen Räume und tragen zur Lebensqualität bei. Es ist notwendig, die ansässige Bevölkerung bei solchen Prozessen durch ständige Information zu beteiligen, damit das Dorf als Lebens- und Identifikationsraum intakt bleibt und sein „Gesicht“ behält.

Heute betreffen infrastrukturelle Unterversorgung und ungleiche Lebenschancen alle Menschen auf dem Lande. In der Literatur wird vor allem die Zerstörung der ländlichen Lebenswelt thematisiert. Die Bewohner sind sich bewußt geworden, daß die Verbesserung der ökonomischen Bedingungen allein nicht ausreicht; durch Industrieansatz, Flurbereinigung, Rationalisierung der Landwirtschaft, Sanierung der dörflichen Bausubstanz, Ausbau des Verkehrswegenetzes kann nur ein Teil der Bedürfnisse der ländlichen Bevölkerung befriedigt werden. Dorferneuerung ist heute eine wichtige Aufgabe (Henkel 1979; Hoyer 1987, S.183 f.). Sie sollte die Verbesserung der Lebensqualität als wichtigstes Ziel haben. Die Bewohner sind deshalb schon in der Planungsphase einzubeziehen.

Baur (1986) versuchte – in einer Untersuchung von fünf ländlichen Regionen –, Leitbilder im Schnittpunkt subjektiver Beurteilungen und objektiver Indikatoren zu entwickeln. Objektive Indikatoren sind statistische Daten und beobachtbare Fakten. Die subjektiven Beurteilungen beruhen auf Befragungen. Insgesamt ergibt sich, daß der ländliche Raum bei den Bewohnern eine sehr hohe Wertschätzung genießt. U.a. wiegt die Möglichkeit, im eigenen Haus zu wohnen, die landschaftlich schöne Umgebung, kinderfreundliche Umwelt, geringe Umweltbelastung, gute Nachbarschaft etc. die Nachteile, die sich vor allem aus der ungenügenden Infrastruktur und der schlechten Arbeitsmarktsituation ergeben, zu einem erheblichen Teil auf. Die Lebensqualität wird heute nicht mehr eindeutig im ländlichen Raum als geringer empfunden als in der Stadt.

Vielfach läßt sich feststellen, daß das Selbstbewußtsein der Bewohner ländlicher Regionen zunimmt. Dies äußert sich u.a. im verstärkten Wunsch, auf Gemeindeebene die Lebenswelt selbst mitzugestalten („Lokalismus“; vgl. S.536f).

Counterurbanisation (Desurbanisierung)

Seit den 60er Jahren erfährt der bis dahin ungemindert vorherrschende Trend des Städtewachstums eine gegenläufige Tendenz, die Counterurbanisation. Nach Berry (1976a,b) bedeutet Urbanisation die zunehmende Konzentration der Bevölkerung in größere und dichter bevölkerte Siedlungen, während Counterurbanisation eine Wanderung der Bevölkerung in umgekehrter Richtung meint, mit der Redistribution der Bevölkerung von den wichtigeren Städten und Verdichtungsräumen auf kleinere Städte und nichtstädtische Siedlungen.

Während Suburbanisation die Zuwanderung der Bevölkerung – aus den Kernstädten und den ländlichen Räumen – in die nahen Umländer meint, findet Counterurbanisation auf einer höheren Maßstabsebene statt. Auf jeden Fall wird gegenwärtig die Lebensfähigkeit der großen Städte eher geschwächt als gestärkt (Hall 1984). Nach Vogelsang und Kontuly (1986) soll mit dem Begriff Counterurbanisation umschrieben werden, „daß der Konzentrationstrend zu den bevölkerungsreichen und dicht besiedelten Großräumen eine Wende erfährt und sich die Gegensätze in ihnen nicht weiter verschärfen" (S.461). Die Urbanisation erhält also durch die Counterurbanisation eine Gegentendenz.

Counterurbanisation hängt eng mit der postindustriellen ökonomischen Entwicklung zusammen. Die Städte hatten ihre Bedeutung vor allem mit der Industrialisierung erhalten. Heute dagegen wächst das ökonomische Gewicht des ländlichen Raumes. Zum Beispiel fanden Haynes und Machunda (1987), daß zwischen 1950 und 1980 in ländlichen (nonmetropolitan) Gebieten Indianas die Beschäftigung in Industriebetrieben stark zugenommen hat. Es wanderten Industrien von dem großstädtischen (metropolitan) in die ländlichen Gebiete ab. Dies führt zu einem verstärkten Zuzug in diese Region.

In ähnlicher Weise erhält – nach fast einem Jahrhundert überwiegender Abwanderung von Schwarzen aus dem Süden in andere Regionen der USA – seit den 70er Jahren dieses Jahrhunderts bis in die 80er Jahre umgekehrt auch dieses Gebiet wieder eine starke Zuwanderung (McHugh 1987). Der „sunbelt" gewinnt an Attraktivität für die Wirtschaft. Man kann aber nicht von einem einheitlichen Gürtel sprechen; vielmehr bilden sich einzelne subregionale Wachstumsgebiete heraus (Vollmar und Hopf 1987), wo sich Rüstungsindustrie, Raumfahrt-, Computerindustrie etc. niedergelassen haben. Für viele Schwarze ergibt sich so Gelegenheit, in das Land zurückzukehren, aus dem sie oder ihre Vorfahren abgewandert waren; sie fühlen sich zu ihresgleichen hingezogen (vgl. S.493f).

Warum die Industrie in die ländlichen Gebiete strebt, kann hier nur angedeutet werden. Haynes und Machunda (1987) sahen u.a. ein attraktives Lohnniveau. Mitchelson und Fisher (1987) nahmen an, daß durch die Pendler Kapital in die Peripheriegebiete gebracht wird. Läpple (1986) brachte die Langen Wellen der Konjunktur und Innovationszyklen (Kondratieffzyklus; vgl. S.450) in die Diskussion; als Basisinnovationen scheinen insbesondere die Informationstechnologie und wohl auch die Biotechnologie eine zentrale Rolle zu spielen. Das Konzept des Taylorismus und Fordismus – Arbeitsteilung, Hierarchie der Zulieferung, Montage, Fließbandorganisation, verknüpft mit Massenproduktion (vgl. S.63) ist an Grenzen gestoßen. Die zunehmende Arbeitsteilung führt zu einer weiteren funktionalen Fragmentation, wobei neue spezialisierte Produktionsstätten entstehen, mit neuer Arbeitsorganisation, flexiblen Fertigungssystemen. Wiederum andere Produktionsstätten werden an die Peripherie verlagert, außerhalb der Verdichtungsräume, in andere Länder, sogar in die Dritte Welt. Das bedeutet eine weiterführende Abstimmung der Arbeitsschritte, eine Anwendung neuer Logistik-Strategien, d.h. eine Verstärkung des tertiären Sektors im Zentrum. Hall (1985) meinte, daß jeweils neue Innovationsschübe in jeweils anderen Räumen zur Wirkung kommen (Rotation; vgl. S.278). In den adoptierenden Regionen ist nach Läpple ein differenziertes und flexibles Produktionsmilieu notwendig, das weniger in den von Großindustrie beherrschten Altindustrieregionen, sondern eher in peripheren Bereichen mit handwerklicher und kleinindustrieller Tradition gegeben ist. Auch Butzin (1986), der die Entwicklung in Nordeuropa und Kanada näher untersuchen konnte, meinte, die Counterurbanisation stelle sich als „technologisch begründete Korrektur und Anpassung des Siedlungssystems im Übergang von der hoch- zur postindustriellen Technologiegeneration" (S.147) dar.

Als Basistechnologien sind – wie gesagt – in diesem Falle die Informations- und Kommunikationstechnologie von großer Bedeutung, durch die Steuer- und Kontrollfunktionen räumlich und funktionell vom Produktionsbereich getrennt werden können (Müdespacher 1990). Computernetze schaffen neue räumliche Strukturen (Hepworth 1987; 1989) und Interaktionsmuster (Andersson 1985, S.20), wobei das Zentrum nicht als solches ökonomisch an Gewicht verliert; denn Face-to-face-Kontakte bleiben gerade auf der Ebene der Entscheidungsträger durchaus bedeutend (Nijkamp und Salomon 1985, S.103). In Westeuropa sind es vor allem kleine und mittlere selbständige Unternehmen, die sich in kleinen Städten und ländlichen Regionen niederlassen (Keeble 1989), weniger die großen (z.B. durch Filialbildung).

In Europa begann die Counterurbanisation in den 60er Jahren im Nordwesten, einige Jahre später wurde sie in Mitteleuropa erkennbar, und in den 70er Jahren erfaßte sie auch die Mittelmeerländer. In seiner Untersuchung über „urban decline" schrieb D. Clark (1989, S.126): „Cities in recent years have lost much of their importance as centres of activity, power and influence in the space economy. A wide range of general explanations for this trend has been advanced in the literature but ... the components of urban decline and the reasons for them are too many and varied to be encompassed by any single interpretation. The most useful perspective is to view decline as a consequence of long-term geographical redundancy. Cities quite simply have lost their locational appeal. Urban decline reflects the collective perception of individuals and entrepreneurs that cities are no longer the most attractive places in which to live and do business".

Über die jüngsten Entwicklungen liegen unterschiedliche Einschätzungen vor. Während Fielding (1989) meinte, die Tendenzen der Counterurbanisation nähmen ab, und auch Champion (1989) in England einen wieder verstärkten Zuzug nach London feststellte, glaubte Clark (1989), daß Bevölkerungsabnahme und Arbeitsplatzverluste in den Städten Englands und der westlichen Welt keineswegs eine ephemere Erscheinung sind, sondern einen tiefverwurzelten Trend wiedergeben, der fortdauern wird.

In der – insgesamt bereits durch hohe Bevölkerungsdichte gekennzeichneten – Bundesrepublik Deutschland (in den Grenzen bis 1989) zeigt sich ein differenziertes Bild. Gatzweiler und Sommerfeldt (1986) analysierten die Entwicklungstendenzen von 1960 bis 1985. Großräumig betrachtet verlieren vor allem die strukturschwachen Verdichtungsregionen (Altindustrieregionen Ruhr, Saar) an Bedeutung. Die strukturstarken Verdichtungsregionen (Hamburg, Frankfurt, Stuttgart, München etc.) bleiben dagegen als Wirtschaftszentren bedeutend. Die kleinen Verdichtungsansätze (z.B. Kiel, Münster, Göttingen, Würzburg, Freiburg) und ländlichen Regionen weisen sogar große Zuwachsraten auf. Die Kernstädte verlieren Bevölkerung, dagegen weisen die suburbanen Umländer meist eine starke Zunahme auf. Haushalte und unternehmensbezogene Dienstleistungen wandern häufig ins Umland ab. Die Wirtschaftskraft der Kernstädte nimmt im gesamten Bundesgebiet stark zu, die des Umlandes und der ländlichen Räume dagegen kaum oder nur mäßig; im Hinblick auf die Wirtschaftskraft findet also keine Suburbanisierung statt.

Das vorgegebene Verteilungsmuster in Verdichtungsräume verschiedener Größenordnung und periphere, ausgedünnte Regionen wird sich durch die Counterurbanisation nicht ändern. Doch bei den großräumigen Bevölkerungsverlagerungen, die mit den Industrialisierungsperioden verknüpft waren, ist eine Trendwende eingetreten. Diese Veränderung scheint auch mit einer Verschiebung der Hierarchie der Städte einherzugehen. Die Räume werden neu bewertet, was für die Raumordnung von Bedeutung ist (Vogelsang und Kontuly 1986).

Die Menschen folgen dem ökonomischen Trend. Er betrifft alle Altersgruppen, vor allem aber die Jugend und die im Erwerbsleben stehenden Bewohner (für die Schweiz: Ernste und Jaeger 1986-87). Arbeits- und Wohnungsmarkt werden betroffen, die Menschen müssen sich in einem neuen Wohnumfeld einrichten (Johnston 1986b). Counterurbanisation ist aber auch Ausdruck einer allgemeinen Umstrukturierung der Gesellschaft (de Smidt 1989). War früher eine sozioökonomische Kategorisierung eng an die Berufsklassen gebunden, die hierarchisch einander zugeordnet waren, so ist heute, mit dem viel komplizierteren Tätigkeitsbild der arbeitenden Menschen, eine solche soziale Schichtung nicht mehr klar erkennbar. Die gesellschaftliche Realität ist höchst differenziert geworden. Diese Vielschichtigkeit wirkt sich heute auf dem Wohnungsmarkt aus, macht ihn – wie der Autor meint – unübersichtlich. Er erscheint von der Nachfrageseite her hoch diversifiziert, von der Angebotsseite dagegen mehr oder weniger festgeschrieben (über den Wohnungsmarkt vgl. S.555f). Dem haben die Wohnungspolitik und Stadtsanierung Rechnung zu tragen.

Wie sich die zukünftige Entwicklung gestalten wird, ist noch nicht recht klar. Ob man so weit gehen muß wie Moewes (1980), der das überkommene Konzept einer die zentralen Funktionen in sich vereinigenden Stadt selbst in Frage stellt, bleibt abzuwarten. Moewes schwebt ein Stadt-Land-Verbund vor; die Landwirtschaft spielt eine immer geringere Rolle, wenigstens im Sinne eines Stadt-Umland-Systems Thünenscher Prägung. Städte und Grünflächen in lockerem Verbund, Landwirtschaft als Landbewirtschaftung im weitesten Sinne prägen das Bild. Öffentliche Massenverkehrsmittel haben nach Moewes wohl nur über große Distanzen und im innerstädtischen Raum eine Zukunft.

Sozioökonomische Land-Stadt-Wanderungen in den Entwicklungsländern

In den wirtschaftlich schwachen Ländern haben die Migrationen vom Land zur Stadt vor allem die Funktion eines Ventils, um der ökonomisch untragbaren Situation auf dem Lande zu entfliehen. Dies zeigt sich schon in den südlichen Randbereichen der europäischen Kulturpopulation. Ritter und Richter (1990) untersuchten die aktuellen Urbanisierungsprozesse in der Türkei. Die Binnenwanderung zeigt einen starken Trend in den Westen, der das deutliche ökonomische West-Ost-Gefälle widerspiegelt. Ein anderes Beispiel bietet Portugal. Hier ist eine starke Abwanderung von den Bergregionen im Osten in die Städte an der Küste festzustellen. Diese werden freilich selbst durch eine hohe Arbeitslosigkeit gekennzeichnet. Untersuchungen in den ländlichen Bergregionen ergeben, daß nur etwa ein Viertel (28 von 107 Befragten) den landwirtschaftlichen Betrieb der Eltern übernehmen wollen (Kummert 1990).

Weit gravierender ist die Situation in den eigentlichen Entwicklungsländern. Nach Blenck (1982) wandern entweder bereits auf dem Lande marginalisierte Menschen ab und gelangen in die Slums der Städte, vergrößern also dort die Verelendung; oder besser ausgebildete jüngere und gesunde Menschen wandern ab, können in der Stadt – wegen des Überangebots – aber nicht aufsteigen, mehren also dort gleichfalls die sozioökonomische Marginalität. Vorlaufer (1984b, S.259) sieht in seinen Untersuchungen über Kenya den Wunsch der Einheimischen im Vordergrund, in der Stadt Geld zu verdienen, um in der ländlichen Heimat ein Stück Land kaufen zu können. D.h., daß die Land-Stadt-Wanderung dazu beitragen kann, die Situation auf dem Lande zu verbessern. In anderen Fällen wird die Situation auf dem Lande aber nicht erleichtert (Gilbert und Kleinpenning 1986), da nach Abwanderung dort die Arbeitskräfte fehlen. Von Oppen (1985) machte ähnliche Probleme aus; er stellte bei seinen Untersuchungen im ländlichen Gebiet in Sambia fest, daß die Verbindungen Abgewanderter mit ihrer Heimatfamilie durch Rücküberweisungen und spätere Rückwanderung zwar vielfach gegeben ist. Andererseits ist diese Abwanderung nicht unbedingt als funktional im Sinne des Gesamtsystems zu betrachten; sie steht mit den Überlebensstrategien der Landbewohner im Zusammenhang. Die ländliche Subsistenzproduktion ist ohne Geldzufluß nicht mehr möglich; traditionell unbezahlte Hilfe wird heute kaum noch gewährt, die Dienste sind nur gegen Entlohnung zu haben. Zu ähnlichen Erkenntnissen kamen Momsen (1986) bei seinen Untersuchungen ländlicher Gebiete in der Karibik sowie Heinritz und Manguri (1986) in Süd-Darfur.

Simon (1986) betonte die Rolle der kolonialen Vergangenheit; so gibt es in Simbabwe heute noch „europäische" Kern- und „afrikanische" Peripherieregionen. Zwischen beiden bestehen sehr große Unterschiede, die nicht nur durch Abwanderung ausgeglichen werden können; vielmehr müssen agrarische Reformen den Prozeß begleiten.

Im Detail lassen sich sehr unterschiedliche Anlässe für die Abwanderung aus dem ländlichen Raum erkennen.

Kohlhepp (1989) zeigte in Paraná (Südbrasilien) enge Zusammenhänge zwischen der Agrarproduktion in ihrer Abhängigkeit von dem Weltmarkt und der Abwanderung in den letzten 25 Jahren. Die Abkehr von Kaffeemonokulturen und Diversifizierung der Produktion ist mit Rationalisierungsmaßnahmen verbunden und einer Freisetzung von Arbeitskräften. Die Folge ist eine Abwanderung ländlicher Bevölkerung an die Pionierfronten Paraguays (vgl. auch S.428) oder in die Elendsviertel der Großstädte.

Es sind nicht nur rational nachvollziehbare Gründe wie die Ungleichheit in der regionalen Entwicklung, die zur Abwanderung führen. Zoomers (1986) fand bei seinen Untersuchungen in Nordmexiko, daß der Nachahmungseffekt eine wichtige Rolle spielt („Kettenwanderung"). Eine differenzierte Analyse stellten Brown, Brea und Goetz (1988) vor. Sie untersuchten Abwanderung und Pendelwanderung in Ecuador. Abwanderung betrifft vor allem solche Gebiete, die eine lange Tradition von Lohnarbeit haben, und weiter solche Regionen, die abgelegen sind, wo Beschäftigungsmöglichkeiten am Ort oder in der Nähe fehlen. Weitere Differenzierungen sind historisch, ethnisch und sozioökonomisch bedingt. Pendelung reflektiert eine stärkere Identifikation der Bewohner mit ihrer kulturellen und ethnischen Gemeinschaft. Auch bindet Landbesitz; berufliche Beweglichkeit, z.B. handwerkliche Fertigkeit und die Aussicht auf Landerwerb ermöglichen zudem vielleicht ein Auskommen auf dem Lande.

Den großen Einfluß von Kulturtradition und ethnische Identität auf das Wanderungsverhalten, auf soziale Kontakte und Integration in städtischen Räumen zeigte Ruppert (1988) bei seinen Untersuchungen von ehemaligen Nomaden im Sudan. Die Zuwanderer müssen ihre Lebensweise in der Stadt ändern; dabei spielt eine wesentliche Rolle, wie sich diese Leute selbst sehen und wie sie von anderen gesehen werden. Gruppen mit starkem Eigenbewußtsein und Selbstwertgefühl sowie einer emotional skeptischen Einstellung zur Stadt als Lebensraum haben große Akzeptanzschwierigkeiten. Im einzelnen ergeben sich Unterschiede bei den verschiedenen Gruppen; Abstammung, Sprache, Kulturtradition, Rechtsgemeinschaft sind wichtige „Identifikatoren" im Rahmen der ethnischen und der persönlichen Identität. Verwandtschaftsbeziehungen und ethnische Bindungen – die im Extremfall zu Tribalismus führen (vgl. S.500) – spielen in Afrika und im Orient eine sehr große Rolle.

Vorlaufer (1985a) schilderte anhand der Zuwanderung nach Nairobi, daß in den Städten die Menschen in ganz anderer Weise Einflüssen ausgesetzt werden als auf dem Lande; Beruf, Einkommen, Bildung und andere Faktoren greifen in das Leben ein. Massive Akkulturationsprobleme bestehen auch hier; dies läßt die Zugewanderten die Beziehungen zum heimischen Stamm aufrechterhalten und eine Rückkehrmöglichkeit offenhalten, von der häufig – spätestens nach dem altersbedingten Ausscheiden aus dem Arbeitsprozeß – Gebrauch gemacht wird. G. Meyer (1985) machte im Nordjemen die Beobachtung, daß auch zwischen Kleinunternehmern, die in die Großstadt Sanaa abgewandert waren, enge Verbindungen zum ländlichen Raum erhalten blieben; es besteht ein äußerst tragfähiges Netz sozioökonomischer Verflechtungen und wechselseitiger Unterstützung vor allem zwischen den Mitgliedern der Kernfamilie, dann aber auch zwischen den Angehörigen des erweiterten Familienverbandes und schließlich sogar noch zwischen Personen anderer Familien im Siedlungsverband und regionaler Stammesunterabteilungen aus einer Region. Die auf dem Lande durchaus noch üblichen Kooperationsformen sind in diesem Kulturraum also auf urbane Wirtschaftsstrukturen übertragbar.

Besonders problematisch ist die Rolle der Frau. Vorlaufer (1985b) zeigte, daß in Kenya ein Großteil der Frauen ihren Ehemännern folgt. Auf dem Lande wird die alleinstehende Frau oft an der Abwanderung gehindert; hier besteht eine rigide soziale Kontrolle vor dem Hintergrund des überkommenen Wertesystems. Dennoch nimmt die Landflucht der Frauen zu, mit der Begründung einer Suche nach eigener Beschäftigung und dem Wunsch, eine Schule zu besuchen. Die Emanzipation der Frau spielt dabei weniger eine Rolle als die Tatsache, daß die eingegangenen Beziehungen zu Männern häufig als Folge des sozialen Wandels scheitern, viele Frauen mit ihren Kindern aber ihren Lebensunterhalt verdienen müssen. Sie entfliehen der Diskriminierung im ländlichen Milieu und suchen Chancen zum Überleben in den Städten, als Gelegenheitsarbeiterinnen, Barmädchen etc. So erscheint die Frauenwanderung zu einem wesentlichen Teil als Begleiterscheinung der zunehmenden Verelendung großer Teile der Bevölkerung.

Neue Entwicklungsstrategien sind notwendig, die die ländlichen Gebiete stärken, dort eigene Impulse wecken und so die Abwanderung bremsen. Ansätze gibt es bereits (vgl. S.359f).

Modelle sozialer Gliederung der Stadt-Umland-Population in den Industrieländern

Stadt-Umland-Populationen spiegeln beispielhaft die Gestaltung einer Sekundärpopulation wider; die Menschen in ihrer Eigenschaft als Arbeitskräfte konzentrieren sich mit hohen Dichtewerten im Zentrum, in der City. Die Wohnbevölkerung ist im Zentrum kaum vertreten; die Dichtewerte erreichen im angrenzenden Wohnungsgürtel ihr Maximum. Das Wohnen ordnet sich hier entsprechend der Konkurrenz der menschlichen Aktivitäten vor dem Hintergrund der Bodenpreise in das Ringsystem (vgl. S.465f) ein. Insgesamt gesehen nimmt die Bevölkerung nach außen zu zunächst rasch, dann mit

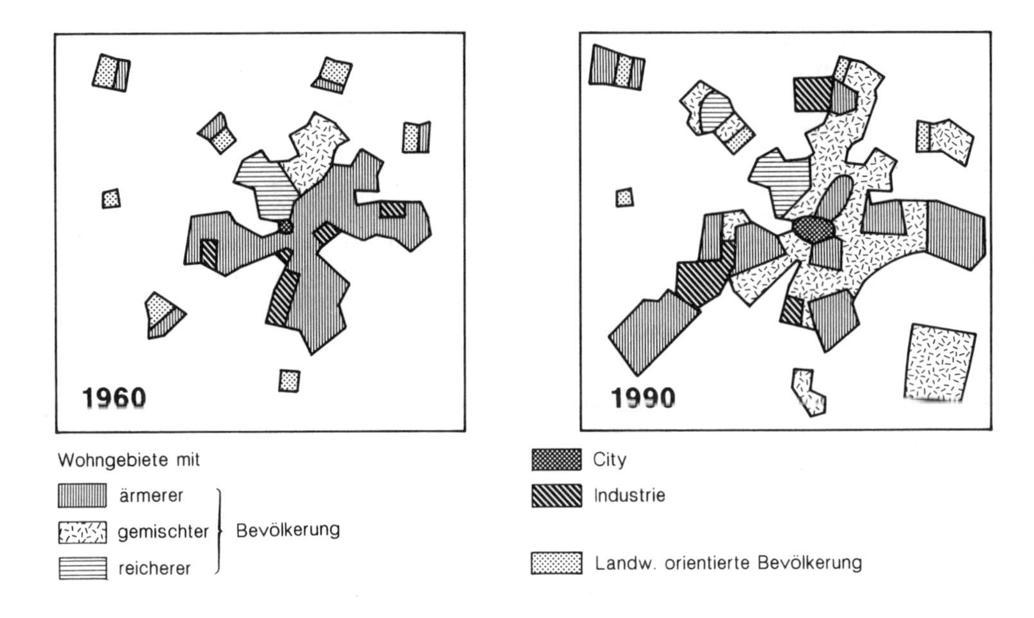

Abb. 43 Schema der sozialen Gliederung der mitteleuropäischen Stadt 1960 und 1990. Vgl. Text Quelle (Zeitpunkt 1960): Fliedner 1961, S.171

wachsender Distanz immer langsamer ab. Das Weitwirkungsprinzip wird hier erkennbar (vgl.S.341f).

Die sozialräumliche Gliederung der Städte ist vielfach dokumentiert und in Modellen dargelegt (Lichtenberger 1986a, S.54 f.). Neben den schon kurz zitierten bekannten Stadtmodellen (vgl. S.82) – sie sollen hier nicht näher erörtert werden – wurden spezifischere Modelle bestimmter Städte oder Städtetypen entwickelt, z.B. von Wien, den Metropolitan Areas in den USA, lateinamerikanischer oder schwarzafrikanischer Städte (Lichtenberger 1970; 1975; Bähr und Mertins 1981; Vennetier 1989). In ihnen wird – neben den ökonomisch bestimmten Stadtteilen wie City oder Industrieviertel – die Bevölkerung entsprechend ihrer Position in der sozialen Schichtung dargestellt, wobei Unter-, Mittel- und Oberschicht oder Arbeiter- und gehobene Schichten unterschieden werden. Ein weiteres Modell (von Lichtenberger 1981) umfaßt eine Stadtregion, also eine Stadt (Wien) zusammen mit ihrem Umland, in dem zwischen Oberschicht, Angestellten und Arbeitern (überwiegend) unterschieden wird. White (1984, S.188) entwarf für die westeuropäische Stadt ein Modell, das auch Pendlerdörfer, einen Waldgürtel und Flächen zur Naherholung enthält.

In unserem Zusammenhang soll auf ein älteres, um 1960 entwickeltes Modell (Abb.43a) zurückgegriffen werden, das eine räumliche Separierung der Schichten in – im wesentlichen – zwei sozialen Stadtkomplexen bzw. Sozialformationen demonstriert, die wir der Kürze halber als Bürgerstadtkomplex und Arbeiterstadtkomplex bezeichnet haben (Fliedner 1961). Dieses Modell beruht auf Untersuchungen in verschiedenen deutschen Städten. Der Bürgerstadtkomplex umfaßte 1960 die Viertel besserer Wohnlage mit den vor allem in der City in Geschäft und Verwaltung beschäftigten Geschäftsleuten, Beamten und Angestellten. Dieser Komplex – mit der City – wurde von einem Kranz von Wohnvierteln schlechterer Lage umgeben, in denen die am Stadtrand in den Industriewerken oder Verkehrsanlagen (Rangierbahnhöfen etc.) beschäftigten Arbeiter wohnten. Der Bürgerstadtkomplex mit der City und den dazugehörigen Wohnvierteln besserer Lage lag meist exzentrisch im Stadtgebiet; der Arbeiterstadtkomplex mit Industrie- und Arbeiterwohnviertel bildete – zwar nicht städtebaulich, wohl aber sozial und wirtschaftlich gesehen – einen mehr oder weniger geschlossenen Ring. Nur sehr große Städte zeigten auch außerhalb dieses Ringes oder in ihnen eingestreut vereinzelt Viertel besserer Wohnlage mit Villen, Land- und Wochenendhäusern (z.B. Berlin, München). Der Arbeiterstadtkomplex griff meistens bis ins Zentrum, die Altstadt hinein vor, wo er, der City benachbart, häufig sozial abgesunken war. Hier prallten die sozialen Gegensätze zum Bürgerstadtkomplex häufig hart aufeinander. Zum Außenrand hin dagegen ging der Arbeiterstadtkomplex ohne deutlichen Übergang langsam in das Umland über (Pendlerzone).

Ein Vergleich mit der heutigen Situation zeigt, daß das um 1960 entworfene Modell zwar auch heute noch in den Grundzügen als gültig betrachtet werden kann, daß aber doch auch beträchtliche Unterschiede bestehen. Bürgerstadt- und Arbeiterstadtkomplex sind nicht mehr so deutlich voneinander abgesetzt (Abb.43b), die Übergangsgebiete weiteten sich stark aus, und die Neubaugebiete im Umland nehmen heute einen wesentlich größeren Raum ein. Das besagt nicht, daß die Spannweite zwischen Reich und Arm geringer geworden wäre; wohl aber zeigt sich, daß der Anteil der Angehörigen mittlerer Einkommensgruppen stark zugenommen hat. Diese Entwicklung schreitet fort, mit der zunehmenden Differenzierung der Gesellschaft, vor allem mit der Ausweitung des Tertiären Sektors und der damit verbundenen Erhöhung des Anteils der in ihm beschäftigten Menschen, d.h. auch mit dem Verblassen der Klassengegensätze (vgl. S.180) vor dem Hintergrund der Individualisierung und der Herausbildung einer industriellen „Ständegesellschaft“ (Beck 1986; vgl. S.187).

Prinzipiell gleichartig ist die Verteilung der sozialen Gruppen – die Gliederung in Komplexe mit reicherer und ärmerer Bevölkerung – auch in den Städten anderer Länder, soweit sie eine ähnliche Gesellschaftsordnung haben. White (1984, S.160 f.) unterschied in der westeuropäischen Stadt zwischen high und low status residential districts. Im einzelnen sind freilich Abweichungen erkennbar. In den USA und anderen anglophonen Ländern außerhalb Europas sind den grundlegenden Arbeiten von Burgess (1925/67) zahlreiche weitere „humanökologische“ Untersuchungen (vgl. S.81f) gefolgt, die ein in den Grundsätzen ähnliches, im Detail bei großen Städten aber auch komplizierteres Verteilungsmuster zeigen (Lichtenberger 1981, S.248; Beispiel Chicago). Hier werden vielfach die Gegensätze zwischen den Bereichen mit gutsituierter und den mit schlechtsituierter Bevölkerung zudem noch durch die Problematik der Ghettobildung verschärft.

3.4.2 Institutionen und Prozesse im Rahmen der Menschheit als Art

3.4.2.1 Die Institutionalisierung der Aufgabe (Induktionsprozeß: *Adoption)

Verkehr; Verbindung von Gleichem

Die Prozesse auf diesem Niveau der Populationshierarchie der Menschheit führen zum räumlichen Miteinander in Primärpopulationen oder halten es aufrecht. Der Verkehr hat zwei Seiten; er dient zum einen der Bildung der – entsprechend den Aufgaben – hochdifferenzierten Stadt-Umland-Populationen, d.h. der Gestaltung der Sekundärpopulationen, wie dargestellt (vgl. S.459f). Dabei wird Verschiedenes miteinander verknüpft, im Sinne eines Produktionsablaufs, einer Prozeßsequenz. Auf der anderen Seite erlaubt er den Menschen ihr Miteinander als Volksgruppe, ein Leben in der Primärpopulation; so werden menschliche Kontakte ermöglicht, können die Aufgaben im Rahmen der Menschheit als Art erfüllt werden. Hier wird also Gleiches miteinander verbunden.

Es ist verständlich, daß das Kontaktbedürfnis der Bewohner andere Verkehrsnetze erfordert als das funktionale Aufeinanderbezogensein im Gefolge ökonomischer Arbeitsteilung. Während diesem radial gestaltete Verkehrsnetze mit Knoten und Peripherie angemessen sind, sind jenem flächenerschließende Netze eigen, die die Nachbarorte miteinander verknüpfen und tägliches Erreichen ermöglichen.

3.4.2.2 Durchführung der Aufgabe (Induktionsprozeß: *Produktion)

Individuelle Kontakte

Tägliche Erreichbarkeit ermöglicht häufige Kontakte. In erster Linie ist das Verhalten im Rahmen der biotischen Reproduktion zu nennen. Innerhalb eines Tages können die in einer Region wohnenden Verwandten besucht werden. Es besteht aber auch die Möglichkeit, mit fremden Familien bekannt zu werden, für die Partnerwahl eine wichtige Voraussetzung. So kann Exogamie praktiziert werden; es bedeutet, daß Heiraten innerhalb derselben Gruppe (z.B. der Sippen oder Gemeinden) vermieden werden können. Die Heiratskreise erhalten so eine gewisse Mindestgröße. Konkret äußern sich die individuellen Kontakte vor allem in Verwandtenbesuchen, im Aufsuchen gemeinsamer Feste, im Knüpfen von Freundschaften.

Exogamie hat aber auch den Vorteil, daß verschiedene Gruppen – Lokalgruppen, Gemeinden – auch in nichtbiotischen Sachbereichen miteinander verkoppelt werden. In einfach strukturierten Gesellschaften können Nahrungsmittel ausgetauscht, in Notfällen Hilfsdienste („Nachbarschaftshilfe“) geleistet werden. So wird die territoriale Flexibilität erhöht – für die Subsistenzstrategie von großer Bedeutung (Harris 1987/89, S.168 f.). Darüber hinaus ist eine Verständigung bei Gefahr von außen (Hazard) möglich, sei sie natürlichen Ursprungs (Überschwemmung, Dürre etc.), sei sie durch feindliche Stämme oder Felddiebe verursacht; z.B. standen, wie sich anhand einzelner Relikte von Beobachtungskabinen rekonstruieren läßt, die Jemez-Indianer verschiedener

Gemeinden eines Talzuges in vorspanischer Zeit durch Sichtkontakt miteinander in Verbindung, so daß eine rasche Verständigung möglich war (Fliedner 1974c, S.33 f.).

Aber auch in höher differenzierten Gesellschaften sind persönliche (Face-to-Face-)Kontakte nötig. Es werden Gespräche geführt, um gemeinsame wirtschaftliche Aktivitäten entfalten, die Freizeit gestalten, Konflikte abwenden oder austragen zu können. Lernprozesse erfordern ein persönliches Miteinander. Im direkten Gegenüber der Ego-Alter-Dyade oder in der Gruppe wird Identifikation, werden sozio-emotionale Bindungen, Sympathie- und Antipathiebekundungen möglich. Überhaupt benötigen Handlungen und Prozesse Kontakte. Hier ist auch der Gruppenbegriff einzubringen; soziale Gruppen definieren sich u.a. durch die Häufigkeit der Interaktionen (Homans 1950/60; Hofstätter 1957).

3.4.2.3 Strukturierung der Volksgruppen (Reaktionsprozeß: *Rezeption)

Kontakt- oder Interaktionsfelder

Jedes Individuum besitzt seine eigenen Kontakt- oder Interaktionsfelder. Sie sind wesentlich kleiner als die Informationsfelder (vgl. S.356f). Wirth (1979a, S.217), der die definitorischen Probleme ausführlich behandelt hat, versteht unter dem Kontaktfeld eines Menschen „die Gesamtheit derjenigen Örtlichkeiten und Menschen ..., die dieser selbst aufsucht und damit aus eigener Anschauung kennt bzw. mit denen er in direktem persönlichen Kontakt von Angesicht zu Angesicht steht". Und weiter: „Das Interaktionsfeld umgreift jenseits des Kontaktfeldes *zusätzlich* noch denjenigen Bereich, zu welchem *wechselseitige* Beziehungen ohne direkten persönlichen Kontakt bestehen" (S.220 f.), z.B. Brief- oder Telefonbeziehungen. Das Interaktionsfeld ist, wie Wirth betont (S.221), das „räumliche Korrelat sozialen Handelns im Sinne von M. Weber ..."; insofern kommt ihm grundlegende Bedeutung zu.

Eine Trennung der beiden Begriffe erscheint angesichts der wachsenden Bedeutung moderner Kommunikationsmittel aber fraglich. Wenn auch dem „Augenschein" des Kontaktfeldes eine herausragende Bedeutung im menschlichen Miteinander zukommt, so muß man doch auch sehen, daß zu verschiedenen Zeiten zwischen denselben Personen ganz verschiedene Arten von Kontakten und Interaktionen möglich sind, im direkten Gegenüber, per Telefon, per Post etc.; wichtiger sind Regelmäßigkeit und Häufigkeit der Kontakte oder Interaktionen, denn dadurch lassen sich strukturelle Bindungen definieren.

Auch der Begriff Aktionsraum (oder -feld) kann mit dem Kontaktfeld oder Interaktionsfeld auf eine Stufe gestellt werden. Dürr (1972, S.74) verband ihn mit den Grunddaseinsfunktionen (vgl. S.134f), und Schwesig (1985) brachte ihn im Zusammenhang mit der Achse Wohn-/Arbeitsstätte, mit den Funktionen Einkauf und Arbeit sowie Freizeit. Chapin (1965; 1968/74) verknüpfte ihn mit dem Zeitbudget (vgl. S.154).

Auch im Rahmen unserer Untersuchung soll die Zeit berücksichtigt werden; die Kontakt- oder Interaktionsfelder oder auch individuellen Aktionsräume werden dadurch konturiert, daß sie im täglichen Hin und Zurück berührt oder realisiert werden können. Zudem ist von Bedeutung, daß die Kontakte oder Interaktionen regelmäßig stattfinden. Die Häufigkeit hängt u.a. von der Dichte der Bindungen ab, die ihrerseits in distanziellen oder ethnischen Fakten oder auch im Zwang zu gemeinsamer Problembewältigung ihre Ursache hat. So strukturieren diese Intensitätsfelder in ihrer Gesamtheit die Gruppierung des Menschen in einer Region über die Gemeindegrenzen hinaus. In den Volksgruppen manifestiert sich die Summe der täglichen individuellen Kontakt- oder Interaktionsfelder.

3.4.2.4 Formung der Volksgruppen (Reaktionsprozeß: *Reproduktion)

Individuelle Migrationen gestalten das Volksgruppengefüge. Regional konzentrierte Volksgruppen können vor allem dann entstehen, wenn gezielte Zuwanderung in eine Region stattfindet, d.h. durch Kolonisation. Insofern sind regional konzentrierte Volksgruppen meist vor der Bildung der Staaten, denen sie zugeordnet sind, entstanden. Volksgruppen können ein starkes Eigenbewußtsein entwickeln und mit den Staaten, denen sie zugeordnet sind, in Konflikt geraten („Regionalismus"; vgl. S.497f).

Individuelle Wanderungen

Die von Neundörfer (1961) neben den „sozioökonomischen" ausgeschiedenen „individuellen" Migrationen (vgl. S.470) sind vor allem in persönlichen Veränderungen im Lebenszyklus begründet. Das heißt, daß diese Migrationen im Rahmen der Erhaltung der Menschheit als Art durchgeführt werden. Diese Wanderungen sind – in der Makroebene betrachtet – meist nicht radial gerichtet, wie die sozioökonomisch begründeten Wanderungen in der Stadt-Umland-Population; sie sind vielmehr diffus, zufällig, entsprechend der Wahrscheinlichkeit verteilt, in der Primärpopulation Volksgruppe vermutlich mit einer Zunahme der Wanderungsfälle zum dichter besiedelten Zentrum hin. Die Umzüge führen zwar aus der Wohngemeinschaft heraus, vollziehen sich im übrigen aber meistens im Nahbereich innerhalb einer Siedlung (Wieting und Hübschle 1968, S.89 f.; für Zürich Iblher 1973). Es werden aber auch Wanderungen zwischen verschiedenen Siedlungen oder auch über größere Distanzen unternommen.

Eine besondere Bedeutung für die Reproduktion der Bevölkerung haben die Wanderungen, die mit der Partnerwahl in Zusammenhang stehen. In wenig differenzierten Gesellschaften (z.B. Agrargesellschaften) umfassen Heiratskreise vornehmlich die Nachbarfamilien und Nachbardörfer. Auch in höher differenzierten Gesellschaften bilden sich gleichartige Gruppen, andererseits sind sie – mit der sekundären Ausbildung des Systems zentraler Orte (Schwidetzky 1959/70, S.264 f.; Morrill und Pitts 1967 mit Beispielen aus den USA, Schweden und Japan) – wesentlich weiter ausladend. Umfangreiche Binnenwanderungen bewirken ein „Aufbrechen der Isolate" (Schwidetzky 1971, S.14 f.). Größere Entfernungen werden auch häufig zurückgelegt, wenn Verwandte zusammenziehen, so in Italien (Kühne 1974, S.200 f., 228 f.).

Individuelle Wanderungen stehen darüber hinaus mit der Familiengründung in Verbindung, mit der Anpassung der Wohnungsgröße an einen veränderten Bedarf (z.B. Robson 1973b; Untersuchungen in den USA: Rossi 1955, S.77 f.; in der BRD: Schaffer 1970, S.62 f.; Böhm, Kemper und Kuls 1975, S.46 f.).

Eine weitere Schwelle im Ablauf des Lebens ist der Eintritt ins Rentenalter. J.W. Meyer (1985) untersuchte das Wanderungsverhalten der älteren (d.h. über 60 Jahre zählenden) Menschen in Rhode Island. Besonders wichtig ist die innergemeindliche Wanderung. Ältere, alleinstehende, gesundheitsgefährdete Menschen – zumal wenn sie zur Miete wohnen – suchen meist die Nähe helfender Menschen, vor allem ihrer Kinder. Auch findet sich oft erhöhte Mobilität im Zusammenhang mit der Vorbereitung auf das Alter. Ein dritter Typ ist seltener und kommt eher bei jüngeren Menschen dieser Altersgruppe vor: der Umzug aus dem Grunde, um mehr Annehmlichkeiten zu haben. Wer freilich schon früher mobil war und ein gutes Einkommen aufweist, neigt zu Umzügen dieser Art, z.B. zu den bekannten Rentnerstädten. Solche älteren Menschen, die ein geringeres Einkommen haben, neigen weniger zum Umzug, andererseits auch Hauseigentümer.

Im Gegensatz zu den USA und anderen industrialisierten Ländern ist die ältere Bevölkerung in Westdeutschland vergleichsweise immobil. Es gibt auch nur relativ wenige von Ruheständlern bevorzugte Orte (z.B. Kurorte oder alte Universitätsstädte). Wohl aber kommt es innerhalb der Städte zu Konzentrationen von älteren Menschen, die Innenstädte und ländlichen peripheren Gebiete der Verdichtungsräume. Dies hat aber vornehmlich den Grund im Abwandern der jüngeren Leute (Rohr-Zänker 1989).

Angehörige ethnischer Minderheiten fühlen sich zu ihresgleichen hingezogen und verstärken so die Regionalisierungstendenz; so deckte sich vor dem Zweiten Weltkrieg das Einzugsgebiet von Budapest praktisch mit dem Bereich mit magyarisch sprechender Bevölkerung, auch außerhalb Ungarns (Kant 1951). Umgekehrt nehmen die Kurden kaum an der westgerichteten Migration in der Türkei teil, bleiben also im Gebiet ihrer Volksgruppe (Ritter und Richter 1990).

Besonders sprechende Beispiele bieten die Schwarzen in den USA. Johnson und Roseman (1990) untersuchten – aufgrund von Zahlenmaterial aus der Volkszählung von 1980 – die Abwanderung dieser Gruppe von Los Angeles und die Bedeutung der Familienbindung (Haushaltstypen) und verwandtschaftlichen Beziehungen. Es zeigten sich signifikante Unterschiede; eine Gruppe zog in die Vororte von Los Angeles oder in andere Gegenden der USA und gründete einen Haushalt, eine andere – Einzelpersonen, getrennt Lebende, Geschiedene oder Verwitwete mit ihren Kindern – wanderten zurück in ihre Heimat, vor allem im Süden der USA, um dort von der Großfamilie wieder aufgenommen zu werden, sich in ihre Volksgruppe eingliedern zu können.

Auch aus den anderen Gebieten der USA zieht es Schwarze in den alten Süden (Vollmer und Hopf 1987). Analysen der verwandtschaftlichen Zusammenhänge und genauere Interviews deuten darauf hin, daß auch solche, die nicht im Süden geboren sind, ihre Wanderungen als Heimkehr verstehen, dorthin, wo ihre Vorfahren ihre Wurzeln hatten (Cromartie und Stack 1989, für die Jahre 1975-80). In diesem Zuwanderungsgebiet kommt es zur Zeit zu Umstrukturierungen, die auf die Schaffung einer inneren Organisation schließen lassen. Herrschte seit dem Zusammenbruch des Plantagensystems im vorigen Jahrhundert – neben den Kleinstädten – eine unregelmäßige Streuung der Farmhäuser und nichtlandwirtschaftlichen Wohnhäuser der Schwarzen vor, so bilden sich nun kleine geschlossene Siedlungen heraus, Hamlets und Dörfer, deren kleinste wenige, deren größere hundert und mehr Häuser umfassen. Die direkt von der Agrarwirtschaft lebende Bevölkerung bildet nur einen kleinen Prozentsatz in diesen ländlichen Gebieten (Alabama, Mississippi, Tennessee, Georgia etc.). Die Menschen pendeln in die benachbarten

Städte. Aiken (1985) sieht in dieser Entwicklung den Ausdruck einer neuen Einstellung, einer Stärkung des Selbstbewußtseins, ein Ausfluß einer neuen Freiheit – trotz immer noch großer Armut; diese kleinen Siedlungen bilden wichtige lokale Konzentrationspunkte der „black power"; es ist kein Zufall, daß ihre Entstehung mit der der „civil-rights"-Bewegung zusammenfällt; die politische Artikulation wird durch regionales Miteinander erleichtert. Für die Masse der Schwarzen in diesem Raum hat sich allerdings nur wenig geändert. Ihre Situation ist nach wie vor problematisch (Berentzen 1987).

Regionalbewußtsein

Hier hat sich also ein ausgeprägtes Volksgruppenbewußtsein herausgebildet, wenn die Schwarzen hier auch nur eine Minorität darstellen. In einem Staat sind üblicherweise verschiedene Gruppierungen zusammengefügt, die ein eigenes Identitätsbewußtsein entwickelt haben. Diese Gruppierungen können sich jeweils aus verschiedenen Ursprüngen herleiten oder/und Problemen gegenübersehen, die sie gemeinsam lösen wollen. Diese Probleme – wie bei den Schwarzen – können im Gefolge sozialer Diskriminierung auftreten oder sprachliche Besonderheiten beinhalten, wobei die Betroffenen Fremdvölkern angehören oder aus Tradition die Eigenheiten erhalten haben können (Francis 1965, S.201). Diese Art von Volksgruppen muß nicht eine regionale Konzentration aufweisen (vgl. S.437f).

Andere Volksgruppen dagegen dominieren eindeutig in ihrer Region. Sie können ein Regionalbewußtsein entwickelt haben. Die von ihnen eingenommenen Naturräume – z.B. Talbecken, Küstenlandschaften, Gebirgsvorländer, bewässerbare Areale, vielfrequentierte Paßregionen – sind vielleicht in spezifischer Weise gestaltet, haben bestimmte Vor- und Nachteile; dies erfordert von den Bewohnern eigene Formen der Bodenbearbeitung, Schutzvorrichtungen, Wassererschließungsmaßnahmen, Verteidigungsaktivitäten etc. Die gemeinsamen Probleme bei der Bewältigung des Lebensunterhaltes bringt die Bewohner zusammen, mögen ein Bewußtsein füreinander schaffen. Dieses Bewußtsein für Verbundenheit mit seinesgleichen – in verschiedener Intensität – kann sich, trotz der modernen Überformung bei der Bildung von Stadt-Umland-Populationen, bis heute durchpausen (vgl. auch die Diskussion um den Begriff „place"; vgl. S.207f). Regionalbewußtsein wird dann zum Bezugsrahmen für politisches und kulturelles Handeln (Blotevogel, Heinritz und Popp 1986, S.112). Es entsteht eine „Lebensraumidentität"; Wolf (1989b) versuchte, die damit verknüpfte „Lebensraumzufriedenheit" an einem Beispiel (Region des Hessischen Rieds) empirisch herauszuarbeiten.

Wie dem auch sei, die persönlichen individuellen Kontakte zwischen den Angehörigen der Volksgruppen dürften im allgemeinen enger sein als die zwischen ihnen und den Angehörigen anderer Gruppen. Die Mitglieder solcher Volksgruppen fühlen sich, wie gesagt, als zusammengehörig vor allem durch ihre tägliche Erreichbarkeit, die die Lösung von die Population betreffenden Problemen ermöglicht (vgl. S.490f). Es haben sich oft im Verlauf der Geschichte Ähnlichkeiten im Dialekt, im Hausbau, in der Folklore, in der Gestaltung der Kulturlandschaft herausgebildet. Mit einem Regionalbewußtsein verbinden sich Raumvorstellungen, die sich an Landmarken, Berge, Seen, Meeresküsten, überragende Bauwerke etc. symbolhaft orientieren können.

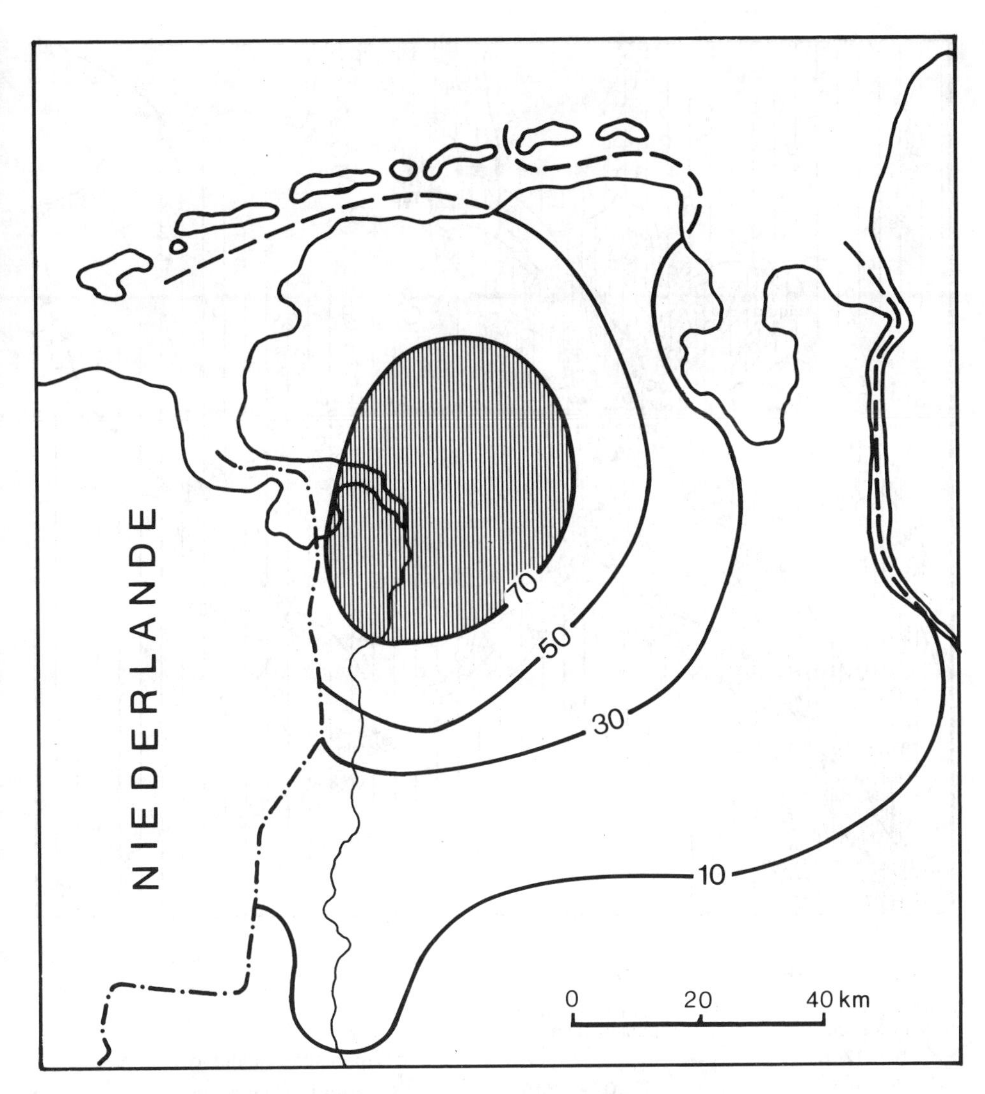

Abb. 44 Ostfriesland. Mental Map von Befragten im Landkreis Leer
Quelle: Meißner 1986, S.241

Volksgruppen dieser Art bilden z.B. die Bewohner Ostfrieslands (Meissner 1986) und des Allgäus (Klima 1989). Mittels wahrgehmungsgeographischer Untersuchungen lassen sich Regionalbewußtsein und Image ermitteln. Damit erfaßt man nicht die Population als solche, sondern die persönliche Perspektive; z.B. sieht Ostfriesland – und die Volksgruppe, die es prägt – aus der Sicht der Bewohner des Landkreises Leer (Abb.44) anders aus, asymmetrisch verschoben, als aus einer „objektiven" Sicht, z.B. wenn alle Bewohner gefragt worden wären, ob sie sich als Ostfriesen fühlen. Historisch tradiertes Regionalbewußtsein läßt sich sogar grenzübergreifend in der verschiedenen Staaten – Schweiz, Deutschland, Frankreich – zugehörigen „Regio" im südlichen Oberrheinland ermitteln (Fichtner 1988).

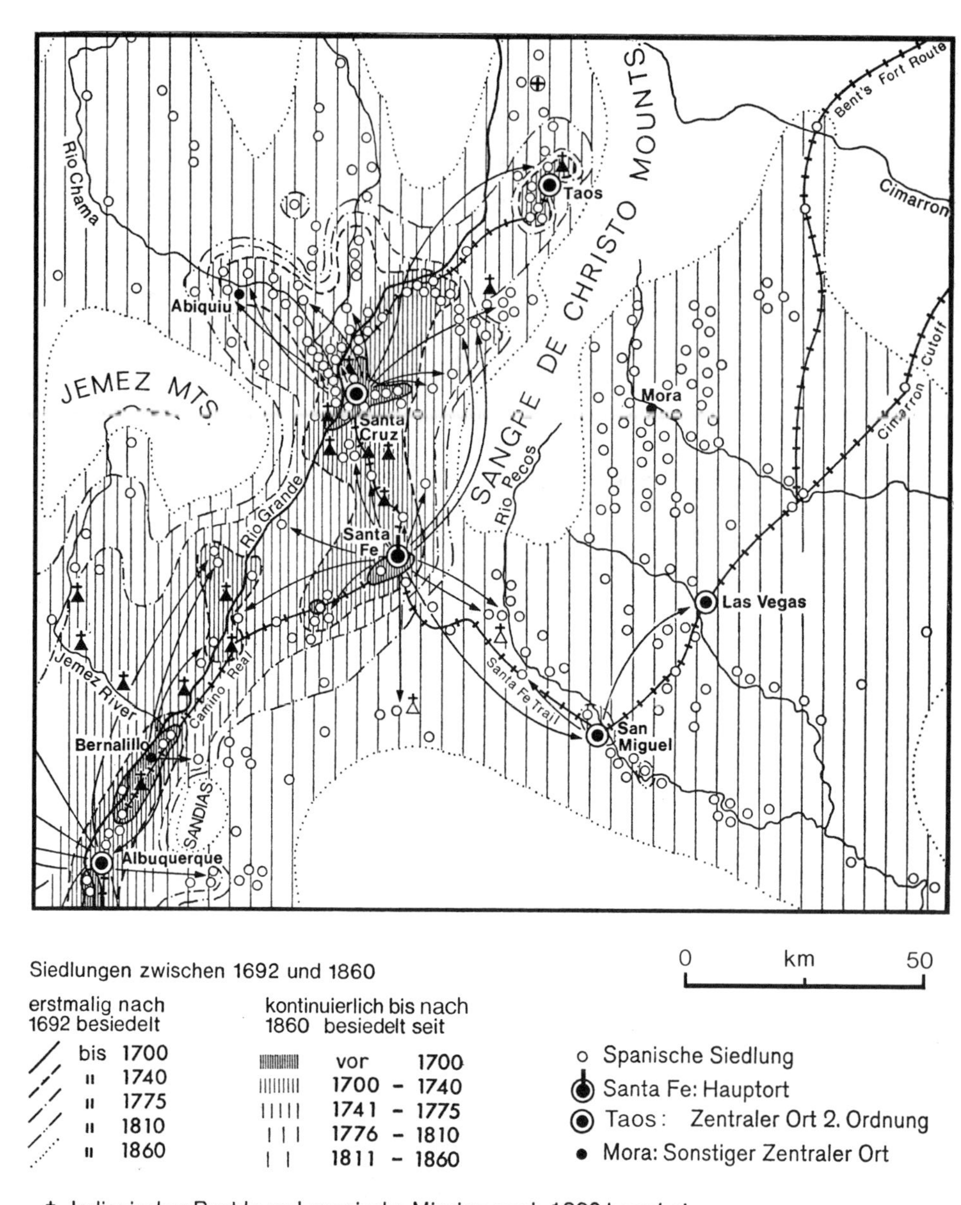

Abb. 45 Die Besiedlung New Mexicos durch die Spanier 1692 bis 1860 als Beispiel der Bildung einer Volksgruppe
Quelle: Fliedner 1975, S.25/26 (dort detaillierter Quellennachweis)

Man kann Regionalbewußtsein aber auch im Ruhrgebiet finden, das sich ganz spezifischen Problemen gegenübersieht (Blotevogel, Butzin und Danielzyk 1988), ähnlich im Saarland. Hier erkennt man, daß es keineswegs nur die historische Reminiszenz ist, die gemeinsame Geschichte; diese ist in diesen Regionen nur recht kurz. Es ist vor allem die gemeinsame Zukunft in der Arbeits-, aber auch in der Freizeitwelt. Etliche politische Meinungsbildner treten auf den Plan, die dieses Gemeinschaftsgefühl fördern (Politiker, Wirtschaftsverbände, Zeitungen etc.).

Volksgruppenbildung durch Kolonisation

Auch Kolonisationen führen zur Bildung von regional definierbaren Volksgruppen. Es werden Räume neu besiedelt, die Siedler werden mit den Vor- und Nachteilen des Naturraumes konfrontiert, müssen sich einrichten. Gemeinsame Anstrengungen sind nötig, um den Lebensraum zu schaffen, administrative, ökonomische und soziale. So bilden sich Lebensformgruppen heraus, im Sinne der Genres de vie (vgl. S.37f). Ein Beispiel (Abb.45):

New Mexico wurde durch die Spanier von Mexico aus kolonisiert (Fliedner 1975), in der Zeit von 1598 bis 1680 und – nach einer durch einen Aufstand der unterworfenen indianischen Vorbevölkerung erzwungenen Unterbrechung – zwischen 1692 bis ins vorige Jahrhundert hinein (vgl. S.339f). Dabei wurden die Indianer z.T. verdrängt bzw. durch Kriegshandlungen, Krankheiten und Kulturschock dezimiert. Vor allem durch die natürliche Bevölkerungsvermehrung dehnte sich der Siedlungsraum sukzessive aus, es bildete sich eine Volksgruppe mit eigener Verwaltung, eigener zentralörtlicher Struktur, eigenem Verkehrsnetz. Es handelt sich um einen Trockenraum, der schon früh besondere Maßnahmen erforderte (Einführung bestimmter Früchte, Bewässerung, Viehhaltung, z.T. genossenschaftliche Struktur der Siedlungen). Die Bevölkerungszahl war von 1598 bzw. 1692 bis ca. 1850 von jeweils wenigen hundert Menschen bis auf über 50.000 angewachsen, als zunächst das selbständig gewordene Mexiko in der Nachfolge Spaniens und dann die USA New Mexico übernahmen. Damit war der Prozeß hin zur Formung eines eigenen Volkes, das sein politisches Schicksal selbst gestalten möchte, abgebrochen.

Seit der Eingliederung in die USA ging diese Volksgruppe in die ethnische Minorität der Chicanos ein (Francis 1965, S.312 f.; Nostrand 1976); größere Gruppen spanischsprechender Menschen sind zusätzlich seitdem aus Mexico und Mittelamerika eingewandert (vgl. S.438). Ein neues städtisches Zentrum (Albuquerque) wuchs heran, erhielt eine dominierende Position, so daß hier eine Stadt-Umland-Population sich herausbildete (Abb.25; vgl. S.340), wobei die treibenden Kräfte von den Angloamerikanern ausgingen. Die Nachfahren der alten spanischen Kolonisten, die aus Mexico eingewanderten Hispanics und erst recht die Indianer sind ökonomisch an den Rand geraten.

Regionalismus

In den letzten zwei Jahrzehnten sind an den Peripherien der Industriestaaten regionalnationale Tendenzen sichtbar geworden, die von einem neuen Selbstbewußtsein ausgehend dem Hegemonialanspruch der Zentralstaaten entgegenwirken. Die Volksgruppen empfinden sich als kolonisiert („interner Kolonialismus") und streben Selbständigkeit oder mehr Autonomie an. Blaschke (1986) zeigte anhand von Beispielen aus Spanien, Frankreich und Belgien, daß Nationalstaatenbildung (vgl. S.422; 429) und Industrialisierung parallel verliefen. Die regionalen sozialen Bewegungen sind als Reaktion zu werten. Sie haben sich den internen Kolonialismus als Leitidee geschaffen, um dem massiven Anspruch der Nationalstaaten ein eigenes Gewicht entgegensetzen zu können. Es werden „ethnische Symbolformationen" geschaffen, wie nationalistische Utopien und Ideologien, um eine Abgrenzung zu ermöglichen.

Mit dem Begriff „Regionalismus" wird das Bestreben von Volksgruppen – insbesondere ethnisch, kulturell oder konfessionell sich definierenden Minderheiten – beschrieben, innerhalb eines Staates mehr Eigenständigkeit zu erhalten. Es wird damit eine innenpolitische Konfliktsituation beschrieben. Genauer: „Regionalismus ist eine oppositionelle Politisierung von kulturellen, politischen und/oder wirtschaftlichen Zentralisierungsprozessen, die eine Konkurrenz zwischen einem subnationalen und einem gesamtstaatlichen Bezugsrahmen gesellschaftlicher und politischer Aktivitäten begründen" (Gerdes 1987, S.527). Es handelt sich um einen territorialisierten Konflikt. Regionalistische Bewegungen können eine Separation, also Eigenstaatlichkeit, oder eine föderale Struktur, also Bundesstaatlichkeit, anstreben. Autonomisten streben einen Status an, der weder das radikale Ziel der Separatisten, noch die Integration in den staatlichen Verbund wie die Föderalisten verfolgt; vielmehr wird eine Dezentralisierung der Kompetenzen gefordert, die eigene politische Entscheidungen unabhängig von der Zentrale ermöglicht – wobei die Art der Selbständigkeit unterschiedlich ist.

Aus grundsätzlicher Sicht ermunterten Ley, Peach und Clarke (1984) die Geographen, enger mit Soziologen zusammenzuarbeiten, um die regionalen ethnischen Strukturen besser herausarbeiten zu können. Nach ihnen „pluralism represents the triumph of history and inertia over entropy. History and belief in a common descent are the electrical charges that bind members of an ethnic group together, while entropy is the force that moves the universe random mixing of its population" (S.7).

Eine korrekte Deutung des Regionalismus muß ökonomische Analysen, aber auch kultursoziologische Überlegungen einbeziehen. So sah Pieper (1987) im Regionalismus auch einen soziokulturellen, identitätsstiftenden Orientierungsrahmen sozialen Handelns und zeigte, daß es sich dabei um kein neues Phänomen handelt. Zur Erklärung zog er vier Thesen heran:

1) Die Differenzierungsthese, die den Regionalismus aus dem Prozeß der Modernisierung erklärt; dabei steht die disparitäre wirtschaftliche Entwicklung auf dem nationalen Territorium zwischen den Zentren und den Peripherien im Vordergrund.

2) Die Persistenzthese besagt, daß ethnische Identitäten und Kulturmerkmale eine historische Trägheit besitzen, die ihre Auflösung im Modernisierungsprozeß behindert.

3) Die Konvergenzthese behauptet, daß der Regionalismus auf die Konvergenz system- und sozialintegrativer Strukturbildungsprozesse auf einer Ebene im Maßstab der Region zurückzuführen ist.

4) Die Entdifferenzierungsthese fußt auf der Vorstellung, daß Differenzierungsprozessen auf der einen Seite Entdifferenzierungsprozesse auf der anderen Seite gegenüberstehen; der Regionalismus ist in diesem Sinne „nicht primär als funktionale Dezentralisierung in einem sich stabilisierenden komplexen Gesamtsystem zu betrachten, sondern als regressive Strukturbildung eines destabilisierten Systems, das von einem grundlegenden Strukturwandel betroffen ist“ (S.538).

Aschauer (1987, S.188) betonte – in Anlehnung an Amery –, daß einige „Regionalbewegungen aufgrund ihres umfassenden Charakters als tendenziell kulturrevolutionär“ zu betrachten sind: „Neben die Ablehnung der Zentrumskultur tritt die Wiederaneignung und Neuentwicklung der eigenen Kultur, aus der Wahl der Kultur entsteht die Wahl der Gesellschaftsstruktur“. Die meisten Regionalbewegungen beschränken sich freilich „auf einen verwaltungstechnischen Kampf um regionalstaatliche Autonomie und auf sprachpolitische und andere ‚ethnische‘ Forderungen“.

Zwischen der staatlichen Administration und den Minoritäten besteht ein heikles Verhältnis. So kann eine pluralisitsche Regionalpolitik, die den Bewohner von innerstaatlichen Regionen – Angehörige von ethnischen Gruppen – Rechte gewährt, die Identität und das Miteinander der betroffenen Volksgruppen stark beeinflussen. Sicher wird mittels einer solchen Politik die ethnische Identität unterstützt, doch müssen auch die jeweiligen Umstände betrachtet werden. Es hängt stark von der Art der Politikvermittlung ab, von den Machtverhältnissen, der räumlichen Verteilung, der vorgefundenen Entwicklung und der Intensität des ethnischen Selbstbewußtseins, ob die Regionalpolitik Erfolg hat. „Although (the territorial policies; Anm. Fl.) do sustain and advance pluralism in some cases, they can discourage it in others. Only by assessing the mediating role of the local context can the relationships between policy design and result be understood“ (Murphy 1989, S.421).

Die politische Gliederung in Staaten hat sich in verschiedenen Zeiten im Gefolge der jeweiligen politischen Machtverhältnisse ergeben. In der Gegenwart wird deutlich, daß der Typus des – vor allem des zentralistisch organisierten (vgl. S.422) – Nationalstaates im Verständnis des vergangenen Jahrhunderts selbst hinterfragbar ist. Heute erscheinen große Zusammenschlüsse zu Staatengemeinschaften mehr und mehr die Rolle der politischen Machtträger zu übernehmen, z.B. Europa, zukünftig vielleicht auch die ehemalige Union der Sowjetrepubliken, die sich heute als „Gemeinschaft unabhängiger Staaten“ versteht. Ein Teil der Zuständigkeiten der Staaten wird auf die Staatengemeinschaft verlagert. In dieser Situation der Unsicherheit der Zuständigkeiten wird vielleicht verständlich, daß auch die Regionen sich auf ihre Position, ihre politische Zukunft besinnen. Hierbei handelt es sich aber in den seltensten Fällen um Volksgruppen oder Stadt-Umland-Populationen, sondern um politische Gebilde in subnationaler Größenordnung (z.B. Bundesländer in Deutschland). Immerhin wird auch hier deutlich, daß die Probleme auf dieser regionalen Ebene offensichtlich nicht ausreichend durch die Staaten vorgebracht und gelöst werden können. In Europa nehmen die Nationalstaaten eine mittlere Position ein, die vielleicht langsam ausgehöhlt wird.

Von Europa aus wurde die Staatenbildung und die Idee des Nationalstaats als eine Innovation in viele Kolonialgebiete vorgetragen, die vorher Stammesverfassung hatten. Die Grenzen Afrikas gehen auf die Kolonialzeit zurück. 1914 war die Aufteilung des Kontinents im wesentlichen beendet. Es wurden Ethnien zerschnitten, andere widerstrebend zusammengefügt. Verkehrsverbindungen wurden unterbrochen und ökonomisch zusammengehörige Räume zergliedert (z.B. Wandergebiete der Nomaden). Kleine Änderungen erfolgten noch später (z.B. in der Sahara im Bereich des französischen Kolonialreiches und im Gefolge des Ersten Weltkrieges; Griffiths 1986). Ein nicht unerheblicher Teil der Konflikte hat in diesen Grenzziehungen ihre Ursache (vgl. S.431f).

Anhand der zentralafrikanischen Staaten Gabun und Zaire zeigte Pourtier (1989) die Probleme auf, die den jungen Staaten durch die administrative Zerschneidung des Raumes in kolonialer Zeit entstanden sind. Der Aufbau städtischer Umländer, die Erneuerung der Dorfstruktur und die Verknüpfung von Kommunikationsnetzen werden erschwert. Die alten Stammesbindungen, die im positiven Sinne den Zusammenhalt der Bevölkerung fördern und ein soziales Netz darstellen, bilden Schranken. Dieses Stammesbewußtsein mit all seinen kommunikativen Konsequenzen, Tribalismus genannt, muß in den neuen Staaten umorientiert werden, in die neue Verfassung und Administration integriert werden.

Dieser Prozeß – so er nicht auch hier wie in Europa von supernationalen Zusammenschlüssen begleitet und dies zu einer Stärkung der Regionen und Volksgruppen führt – wird noch Jahrzehnte in Anspruch nehmen.

3.4.3 Prozeßsequenzen und Beispiele strukturverändernder Prozesse

Lichtenberger (1986b) hob bei ihrer Betrachtung der Konzepte in der Stadtgeographie auch die zeitliche Komponente hervor, wies auf zyklische Phänomene im Tages-, Wochen- und Jahresablauf hin. Grundsätzlich sind nach ihr derartige Rhythmen

1) durch Messung der Verkehrsströme in den Quell- und Zielgebieten bzw. in bestimmten Querschnitten herauszufinden,

2) vom Individuum aus, durch Feststellung seines Zeitbudgets und der rhythmischen Standortverlagerung aufgrund der Teilnahme an bestimmten Aktivitäten der städtischen Gesellschaft zu ermitteln, und

3) durch Feststellung der Nutzung des Stadtraumes bzw. spezifischer Einrichtungen zu fassen; hierbei denkt sie vor allem an den Tag-Nacht-Rhythmus (z.B. Tag- und Nachtkriminalität), aber auch an den Wochenrhythmus und den saisonalen Wechsel der Arbeits- und Freizeitbevölkerung.

Die Formung des Stadtraumes benötigt größere Zeiträume. Hierher gehören Bauzyklen, die jeweils mehrere Jahre umfassen (z.B. an der Wiener Ringstraße; Lichtenberger 1986a, S.99 f.) oder gar – Jahrzehnte währende – Baustilperioden (Abb. 37b; vgl. S.451).

Whitehand (1987) untersuchte die Entwicklung der Städte, d.h. den Urbanisierungsprozeß – besonders in Großbritannien seit etwa der Mitte des vorigen Jahrhunderts – und stellte auch hier ein zyklisches Auf und Ab fest. Die Bautätigkeit selbst schwankte stark, in den einzelnen Städten und in den Ländern (USA, Großbritannien, Frankreich etc.)

unterschiedlich, wie dies auch Lichtenberger bei ihren Untersuchungen festgestellt hatte. Man kann Wellen, u.a. von durchschnittlich 17 Jahren herauslesen, wobei die Abweichung mehrere Jahre betragen kann (S.62 f.). Ökonomische Gründe, die Nachfrage nach diesem oder jenem Haustyp (Mietshäuser, kommerzielle Hochhäuser, Einfamilienhäuser), die Kosten und Bereitstellung der Baugrundstücke, die Zinsentwicklung, Planungsmodalitäten, Wanderungsverhalten usw. spielen hier herein. Es sind also Wellen, die man nicht als ursprünglich, sondern als abgeleitet betrachten muß, entstanden durch Interferenz verschiedener Prozesse.

Nach unseren Vorstellungen erhalten sich die Stadt-Umland-Populationen im Mehrjahresrhythmus, d.h. die Teilprozesse Perzeption … Stabilisierung dauern etwa fünf Jahre. Die gesamte Prozeßsequenz nimmt, wie bereits dargelegt (vgl. S.323) etwa 50 Jahre in Anspruch. In diesem Rhythmus vollziehen sich die großen Umbrüche, die Basisinnovationen, im Zusammenhang mit der Umgestaltung der Verkehrsmittel und -netze. Leider liegen über den Mehrjahresrhythmus der Stadt-Umland-Population noch nicht genügend Unterlagen vor, die die Darstellung von Prozeßsequenzen rechtfertigen würden. So soll hier am Beispiel der Kolonisierung einer Region – Voraussetzung zur Bildung einer Volksgruppe – eine Prozeßsequenz im Mehrjahresrhythmus vorgestellt werden.

3.4.3.1 Die Besiedlung der Region Teufelsmoor bei Bremen im 18.Jahrhundert als Beispiel einer Prozeßsequenz im Mehrjahresrhythmus

Die in den Staatspopulationen Europas ermittelbaren Phasen im Dezennienrhythmus (vgl. S.445f) sind gegliedert durch Teilprozesse. So erscheint die Hannoversche Moorkolonisation bei Bremen (Fliedner 1989b) zwar in Abb.40b als Prozeß im Dezennienrhythmus. Dieser Prozeß ist aber in breit sich überlappende Teilprozesse von ebenfalls mehreren Jahrzehnten Dauer aufgegliedert, deren Maxima jeweils einige Jahre zeitlich auseinander liegen. Zum theoretischen Verständnis der Zusammenhänge sei auf Kap.2 (Abb.21 und 22, vgl. S.313 bzw. 315) verwiesen.

Im 17.Jahrhundert und Anfang des 18.Jahrhunderts wurde das Moorgebiet nördlich von Bremen von den Nachbargemeinden mehr oder weniger planlos genutzt, auch wurden schon einzelne Siedlungen angelegt. Dann, ab 1720, erwarb Hannover das Gebiet; nun begann die eigentliche staatliche Erschließungsarbeit:

1720 – ca. 1760: Systematische Untersuchung der Moore durch Bevollmächtigte der Domänenkammer, Amtsleute, Feldmesser. Sie maßen die Höhen, machten Torfproben, fertigten Zeichnungen und Gutachten an. Diese Erkundungsphase kann als Perzeption identifiziert werden.

1730 – ca. 1776: Entscheidung darüber, daß und wie die Moore aufgeteilt werden sollten. Es wurde amtlicherseits empfohlen, in die wilde Moornutzung einzugreifen. Statt ihrer wurden Saatländereien, Holzbesamungen, die Anlage von Siedlungen vorgesehen, die Entwässerung des Landes. Ein amtlicher Bericht wurde gefertigt: Determination.

1744 – ca. 1780: Die Regierung übernahm die Arbeiten. Ein Beauftragter (ab 1754 Findorff) wurde eingesetzt, die Ämterzuständigkeit geregelt. In „Moorkonferenzen" wurde das weitere Vorgehen festgelegt. Kontrolle, Planung, Strategie manifestieren die Regulation.

1750 – ca. 1790: Es wurden die Grenzen zu den Nachbargemeinden und innerhalb des Moorgebietes festgelegt, exakte Karten gezeichnet, Pfähle eingesetzt und die Vermessungen durchgeführt. Diese räumlichen Festlegungen markieren die Organisationsphase.

1753 – 1804: Nun erfolgte die Anlage der Siedlungen. Es wurden Kanäle gegraben, die Hauptdämme aufgeschüttet, die Abwässerungsgräben ausgehoben, dann die Anbauplätze festgelegt, die Hausstellen gebaut, die Flächen um das Haus begrüppt sowie die Zuwege angelegt. Diese konkreten Investitionen geben die Dynamisierungsphase wieder.

1755 – ca. 1826: Die Siedler wurden auf ihre Stelle gesetzt. Die Dörfer belebten sich, der Boden wurde bearbeitet, die Einsaat besorgt und die erste Ernte eingebracht. Dies ist die eigentlich produktive Phase, die Kinetisierung.

1760 – ca. 1830: Die Eigenproduktion konnte die Bevölkerung zunehmend ernähren. Ein Dorf nach dem andern wurde – häufig nach Rückschlägen – selbständig und eine in sich funktionierende Gemeinde: Stabilisierung.

Die Hannoversche Moorkolonisation war damit beendet. Später wurden noch mehrere kleine Ansiedlungen in den Moorbereichen, die noch übriggeblieben waren und vor allem den älteren Gemeinden als Allmende zur Verfügung standen, angelegt. Sie zählen nicht mehr zur eigentlichen Hannoverschen Moorkolonisation. Die Bildung einer auf ein Zentrum hin orientierten dauerhaften Volksgruppe – wie z.B. bei der Kolonisierung New Mexicos durch die Spanier (vgl. S.497) – erfolgte nicht; die Region geriet bald in den Einzugsbereich der nahen Großstadt Bremen.

Es werden in diesem Prozeß also Dezennien- und Mehrjahresrhythmus verbunden; in den einzelnen Gemeinden als den nächstuntergeordneten Populationen erscheinen die Teilprozesse im Mehrjahresrhythmus hintereinandergeschaltet, als eigene Prozeßsequenz. Dies Beispiel ist typisch für den Detailstruktur von Prozessen. Weitere Untersuchungen sind freilich erforderlich.

3.4.3.2 Quantitative Beispiele von Prozessen

In der Wirtschaftswissenschaft wurden schon früh Mehrjahreszyklen erkannt, als Konjunkturzyklen. Vor dem Ersten Weltkrieg spielten ein acht bis zehn Jahre umfassender „Juglar-Zyklus" (Abb.46a) und ein vierzig Monate währender „Kitchin-Zyklus" eine große Rolle (Jacobs und Richter 1935, S.48 f.; Schumpeter 1939/61; Schmölders 1955/65, S.42; Predöhl 1962, S.20 f.). Sie sind heute kaum noch erkennbar; statt ihrer hat sich ein vier bis sechs Jahre dauernder Zyklus durchgesetzt (Abb.46b). Dieser Zyklus läßt sich bei den Getreidepreisen z.B. im 16.Jahrhundert (Abel 1971, S.409), bei der Produktion industrieller Güter und dem Handel (Oppenländer 1984; Landmann 1984), der Beschäftigung bzw. Arbeitslosigkeit (z.B. für Kanada: Lloyd und Dicken 1972,

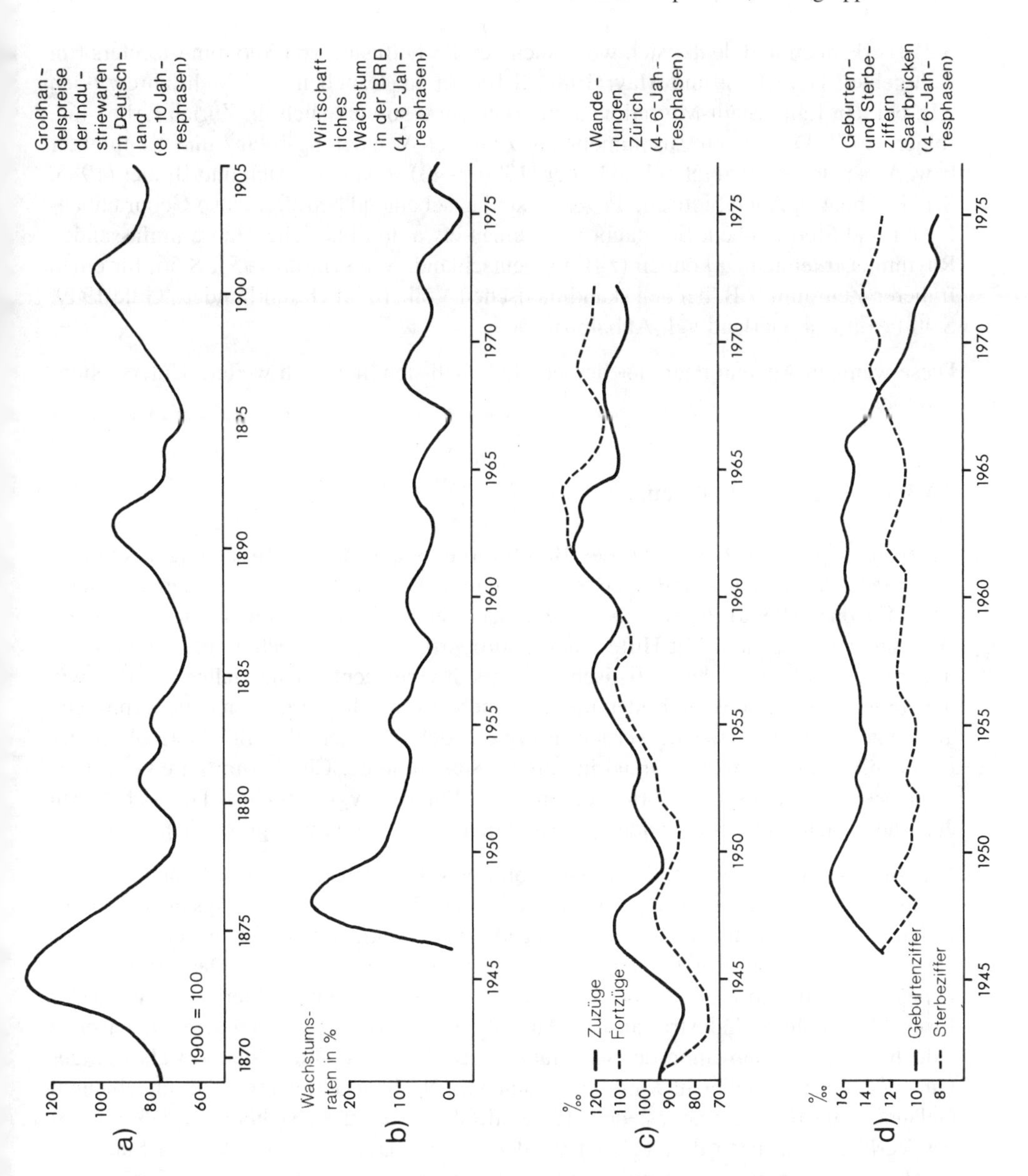

Abb. 46 Prozesse im Mehrjahreszyklus
a) Großhandelspreise der Industriewaren in Deutschland (1870-1905)
b) Wirtschaftliches Wachstum in der Bundesrepublik Deutschland (1946-1978)
c) Wanderungen Zürich (1942-1972) (nach Iblher)
d) Geburten- und Sterbeziffern Saarbrücken (1946-1975)
Quelle: Fliedner 1981, S.136, 278/79 (dort detaillierter Quellennachweis)

S.213) erkennen und deutet sich wohl auch bei der Diffusion von Shopping-Centers (im Ruhrgebiet; Heineberg und Mayr 1984, S.100 f.) an. Daneben sind Mehrjahreszyklen z.B. bei den Land-Stadt-Migrationen zu erkennen – so untersucht in Zürich (Abb. 46c; Iblher 1973). Den engen Zusammenhang zwischen Wanderungsbilanz und Konjunktur bzw. Arbeitslosigkeit zeigten Ludäscher (1986, S.43) sowie Friedrich und Brauer (1985, S.101; Abb.47). Auch biotische Prozesse sind anscheinend betroffen, also Geburtenhäufigkeit und Sterblichkeit. So glaubt man, einen etwa drei bis sieben Jahre umfassenden Rhythmus erkennen zu können (z.B. in Deutschland: Mackenroth 1953, S.56; für einen früheren Zeitraum, z.B. bei den skandinavischen Völkern im 18.Jahrhundert, Gille 1949, S.40 f.; für das Saarland vgl. Abb.46d).

Diese wenigen Andeutungen machen deutlich, daß sich hier noch weitere Untersuchungen lohnen.

3.4.3.3 Beispiele von Rotation

Untersuchungen von Umzügen, des Berufsverkehrs und des Kraftfahrzeugverkehrs in verschiedenen Städten – Göttingen, München und Osnabrück – und ihren nahen Umländern (Fliedner 1962a) ließen neben radial auch tangential gerichtete Tendenzen in den Bewegungen erkennen. Mit Hilfe einer „biproportionalen" Umrechnung, durch die die in der Grenzziehung in den statistischen Bezirken verursachten Ungleichgewichte sowie die ungleiche ökonomische Bedeutung aufzuheben versucht wurde, konnten verborgene Tendenzen sichtbar gemacht werden. Es zeigte sich, daß bei allen Beispielen Verlagerungstendenzen erkennbar waren, die um die Stadtmitte der City herumführen (am Beispiel des innerstädtischen Berufsverkehrs in München, vgl. Abb.48). Die sich hierin äußernde Rotation ist eine vielen Prozessen eigene Erscheinung (vgl.S.278f).

Jede Innovation wird notwendigerweise von Investitionen begleitet, durch die neue dauerhafte Anlagen geschaffen werden. Sie stabilisieren die Struktur des Systems. Auf der anderen Seite werden durch diese Anlagen neue Veränderungen erschwert, denn sie verfestigen auch die Struktur der anderen Institutionen des Systems. Das Problem der Persistenz greift ein (vgl. S.263). Z.B. könnte in einem Stadtrandviertel, während des Eisenbahnzeitalters, Industrie an den Ausfallgleisen errichtet worden sein. Inzwischen jedoch, nach der Innovation des Kraftfahrzeuges, könnte sich der Standort als weniger günstig erweisen. Vielleicht wurde inzwischen im Nachbarviertel auf bisher unbebautem Gelände neue Industrie angesiedelt, für Kraftfahrzeuge gut erreichbar, so daß ein Teil des Verkehrs nun nach dort gelenkt werden konnte. Die Ausfallstraßen am Stadtrand wurden im allgemeinen aber nicht verlegt, ihnen gegenüber wären dann die Zielgebiete des Verkehrs tangential verschoben worden. Entsprechendes könnte für die Wohnungsbautätigkeit im Hinblick auf die Umzugsbewegungen postuliert werden.

Um diese Hypothese zu prüfen, müßten die Wandlungen in den Stadtvierteln untersucht werden.

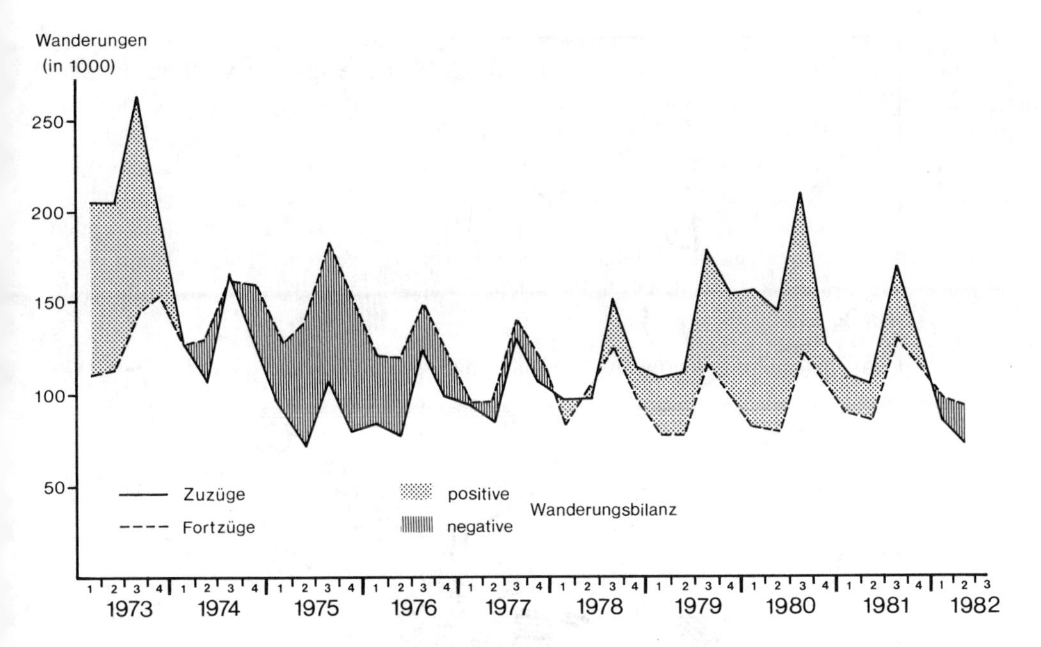

Abb. 47 Ausländerwanderungsbilanz der Bundesrepublik Deutschland (1973-1982); positive und negative Salden im Jahres- und Mehrjahreszyklus
Quelle: Friedrich und Brauer 1985, S.101

3.4.4 Formale Einordnung der Institutionen und Prozesse

Die Stadt-Umland-Population im Rahmen der Menschheit als Gesellschaft (Sekundärpopulation)

Der Verkehr widmet sich als Basisinstitution der Lösung der Aufgabe der Organisation. Er verbindet räumlich Verschiedenes: *Adoption. Es bilden sich zentralperipher angeordnete Nahverkehrsfelder um die Städte: *Produktion. Als Reaktion auf die gegebene Zentrierung ordnen sich die Organisate in Anpassung an das System; es bilden sich Tätigkeits- oder Nutzungsringe (z.B. City, Wohnungsgürtel, Pendler-Wohngemeinden): *Rezeption. Sozioökonomische Wanderungen gestalten die Stadt-Umland-Population: *Reproduktion.

Diese Prozesse vollziehen sich im Mehrjahresrhythmus, d.h. die Teilprozesse nehmen etwa 5 Jahre in Anspruch, die gesamte Prozeßsequenz ca. 50 Jahre.

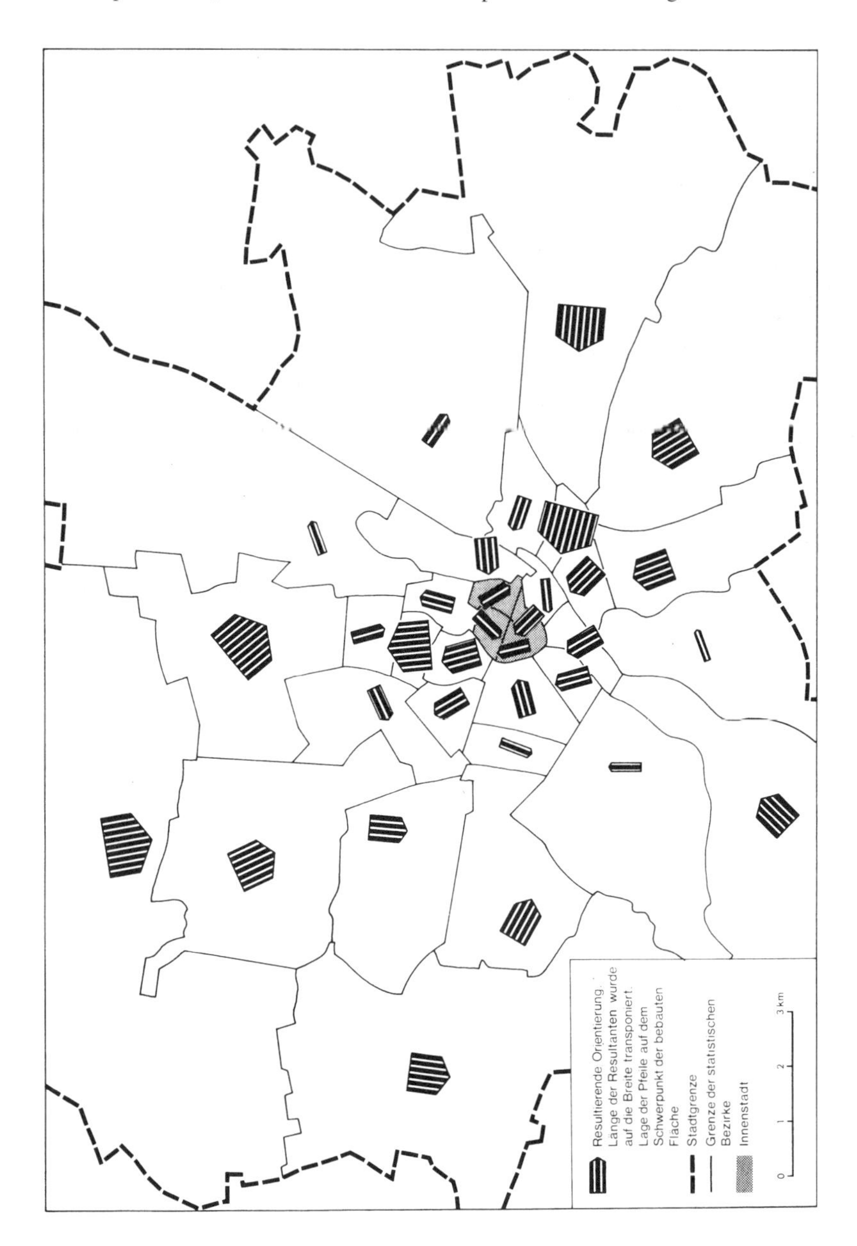

Abb. 48 Latente Tendenzen im innerstädtischen Berufsverkehr in München (1939). Ein- bzw. Auspendlerzahlen der einzelnen Bezirke wurden entsprechend den Durchschnittswerten aller Bezirke umgewertet, um die unterschiedliche Größe und das ökonomisch bestimmte Gewicht der Bezirke statistisch aufzuheben (Biproportionale Methode)
Quelle: Fliedner 1962a, S.287

Die Volksgruppe im Rahmen der Menschheit als Art (Primärpopulation)

Auch hier bildet der Verkehr die Basisinnovation, aber in diesem Fall wird Gleiches mit Gleichem verbunden. Das Nebeneinander, die Erreichbarkeit binnen Tagesfrist – d.h. über die Gemeindegrenzen hinaus – ist wichtig für die Kontakte, das kommunikative und interaktive Miteinander der Menschen. Die Bewegung, der Verkehr, die Kontakte umgreifen die *Adoption, das stetige Miteinander im Rahmen der Erreichbarkeit, zwecks Tausch und Knüpfung verwandtschaftlicher Beziehungen die *Produktion.

Im Reproduktionsprozeß bilden sich individuelle Kontakt- oder Interaktionsfelder heraus (*Rezeption), vollziehen sich individuelle Migrationen, von Menschen, die miteinander leben und arbeiten wollen: *Reproduktion. Durch Kolonisation kann es zur Populationsbildung kommen. Es bilden sich Gruppierungen mit ähnlichen Problemen, die ein Regionalbewußtsein entwickeln. In wenig differenzierten Gesellschaften sind diese Populationen vielfach identisch mit den Stämmen, mit wachsender Bevölkerungszahl und fortschreitender Differenzierung kann es zur Volksgruppenbildung kommen.

3.5 Gemeinde, Lokalgruppe

3.5.0 Definitionen. Die Dynamisierung als Aufgabe

Die Aufgabe der Dynamisierung im Rahmen der Menschheit erfolgt auf dem Niveau der ländlichen und städtischen Siedlungspopulation, d.h. der Gemeinde bzw. – in weniger differenzierten Gesellschaften – der Lokalgruppe (vgl. S.320). Die Ressourcen der untergeordneten Umwelt werden genutzt, der Energiefluß wird in geregelte Bahnen gebracht. Diese Populationen haben die Prozesse zu optimieren, dafür zu sorgen, daß ihre Mitglieder ökonomisch versorgt werden. Als Gemeinde kann man – aus politisch-geographischer Sicht – den kleinsten öffentlich-rechtlichen, dem Staat untergeordneten Verband sehen, der die örtlichen Interessen der Bewohner zu wahren hat, mit eigener Gebietshoheit ausgestattet ist, begrenzte Entscheidungskompetenz besitzt (Selbstverwaltung) und definierte Planungsaufgaben zu erfüllen hat (z.B. Boesler 1983, S.50 f.; Haus, Schmidt-Eichstaedt, Schäfer u.a. 1986). Der Soziologe sieht in der Gemeinde eine „lokale Einheit mit (nach außen) abgrenzbaren sozialen Interaktionsgefügen und gemeinsamen kulturellen, wirtschaftlichen und sozialen Bindungen der betreffenden Bewohner" (Hartfiel und Hillmann 1972/82, S.242), die „Grunderscheinungsform des sozialen Lebens" (König 1958, S.8 f.), oder betrachtet „die verschiedensten Siedlungsformen ... (Dorf, Stadt, Großstadt), so weit sie eine eigene Struktur entwickelt haben" (Siebel 1974, S.193). Schäfers (1988, S.14) definiert – ebenfalls aus soziologischer Sicht – Gemeinden bzw. Städte als soziale Gebilde eigener Art, geprägt durch eine spezifische Kultur- und Sozialentwicklung, eine Identität ihrer Bewohner als Gemeinde- bzw. Stadtbürger. Die Mehrzahl der sozialen und kulturellen Aktivitäten ist auf eine lokale Basis bezogen und steht in Abhängigkeit von Siedlungsstruktur und -größe.

In der Tat sind Gemeinde und Siedlung im Kontext zu sehen. Der Geograph hat sich auf dieser Maßstabsebene vor allem mit dem Aspekt der Siedlungen beschäftigt; nach Niemeier (1967/69, S.7) sind Siedlungen „als Bestandteile von Landschaften, von Wirtschafts- und Lebensräumen" zu betrachten; er zählt zu ihnen „die Behausungen als Wohn-, Arbeits-, Erholungs-, Kultstätten usw. in ihren Gruppierungen, vom Windschirm eines Wildbeuters bis zur Weltstadt. In die geographische Beschreibung agrarischer Siedlungen muß die zugeordnete Wirtschaftsfläche, vor allem die Flur, einbezogen werden".

In sozialgeographischer Betrachtungsweise steht der Populationscharakter im Vordergrund. Die Menschen einer Gemeinde nutzen entweder direkt die Ressourcen der natürlichen Umwelt oder stehen – in höher differenzierten Gesellschaften – in nichtlandwirtschaftlichen Wirtschaftsbereichen in einem anderen Niveau des Energieflusses; sie richten sich in der natürlichen und sozialen Umwelt ein und gestalten durch den Bau dauerhafter Anlagen sich ihre Siedlungen.

Die Populationen werden in jeweils mehreren Jahren umgewandelt, die Teilprozesse der Sequenz nehmen dabei etwa ein Jahr ein (vgl.S.323).

3.5.1 Institutionen und Prozesse im Rahmen der Menschheit als Gesellschaft

3.5.1.1 Institutionalisierung der Aufgabe (Induktionsprozeß: *Adoption)

Wirtschaft als Basisinstitution

Die Aufgabe Dynamisierung meint, daß das System Menschheit als Gesellschaft mit Energie, Materie versorgt wird, damit es die übrigen Aufgaben erfüllen kann. Dies tut die Wirtschaft, d.h. der Energiefluß in der Menschheit als Gesellschaft wird von der Institution Wirtschaft strukturiert und kontrolliert (zur Definition des Begriffes „Energie" vgl. S.241f). Vom Standpunkt der Aufgabe für das System wäre es möglich, die wirtschaftlichen Aktivitäten nach dem Output zu gliedern. Hier wären dann z.B. Begriffe wie Ernährungs- bzw. Nahrungsmittelwirtschaft, Energiewirtschaft oder Bauwirtschaft einzuordnen.

Traditionell jedoch werden die Organisate von der Statistik nach ihrer Produktion unterschieden:

1. Urproduktion (Primärer Sektor): Die Land- und Forstwirtschaft sowie Fischerei, die Nahrungsmittel für die Menschen beibringen sowie die pflanzlichen und tierischen

Rohstoffe für das weiterverarbeitende Gewerbe und die Energieversorgung liefern. Hinzu kommt der Bergbau, der die mineralischen Rohstoffe für die Energiewirtschaft und das Gewerbe liefert.

2. Verarbeitung (Gewerbe, Sekundärer Sektor): Die Veredelung der Rohstoffe ist im Energiefluß der Urproduktion nachgeordnet. Durch sie werden, soweit es nicht bereits von der Urproduktion besorgt wird, die Rohstoffe in verwertbare Konsumgüter, Medien (Instrumente, Geräte etc.) und dauerhafte Anlagen verwandelt. Man kann hierbei produzierendes Handwerk und Industrie unterscheiden (aufgrund der Größe, der Art der Produktion, der Eigentumsverhältnisse etc.). Daneben steht die Gewinnung und Aufbereitung von verwertbarer Energie aus den von der Urproduktion übernommenen Rohstoffen.

3. Dienstleistungen (Tertiärer Sektor der Wirtschaft): Die Verteilung der Produkte, d.h. die Verknüpfung von Produzenten und Konsumenten in all ihren Erscheinungsformen folgt als weiterer Wirtschaftskomplex. Hier werden Groß- und Einzelhandel, Geld- und Versicherungswesen etc. zusammengefaßt.

Man erhält ein Schema, das leicht handhabbar ist. Betrachtet man den Prozeßablauf im Rahmen der Menschheit als Gesellschaft, so sieht man die Energiequellen und den Energiefluß von den Ressourcen aus der natürlichen Umwelt, die im wesentlichen von den Organisaten des primären Sektors genutzt werden, durch die Organisate des sekundären Sektors, in denen die Energie umgewandelt wird, zu den Einrichtungen des tertiären Sektors, die die Produkte verteilen. Dies ist natürlich nur ein sehr grober Überblick. Vor allem: Die konkreten Energieströme sind nicht mehr innerhalb einzelnen Gemeinden verortbar; vielmehr haben sich weite Beziehungsgeflechte gebildet, z.T. erdüber. Auch ist der tertiäre Sektor sehr vielgestaltig.

Dennoch bestehen die Gemeinden weiter. In ursprünglichen, nicht differenzierten Lokalgruppen leben die Menschen vom Sammeln, Fischen und Jagen, in unmittelbarem Kontaktbereich zur natürlichen Umwelt. Ressourcenbeschaffung und Wirtschaft sind identisch. Wildbeuter nutzen die natürliche Umwelt für ihre Bedürfnisse, die die Beschaffung von Nahrung und Kleidung sowie Wohnen einschließt. Sie schweifen in ihrem Territorium umher und vermeiden so eine Übernutzung bestimmter Teile des Landes. Energiegewinnung ist bei ihnen im wesentlichen Flächennutzung. Mit der Seßhaftwerdung wird die Wohnfunktion von der Funktion der Beschaffung von Nahrung und Kleidung abgesondert; es entstehen Feldland, Jagd- und Sammelgebiete auf der einen Seite und der Ort mit Häusern, Wegen etc. auf der anderen Seite. Damit wird nun die Ressourcengewinnung von der Ortsanlage und -nutzung getrennt. Mit weiterer Differenzierung werden Organisate – und zugehörige Gebäude – mit gewerblicher und kommerzieller Funktion von der Wohnung getrennt. In differenzierten Gesellschaften schaltet sich die Veredelung in den verschiedensten Stufen zwischen die Gewinnung der Rohstoffe und den Konsum im weitesten Sinne. Die Gemeinde schafft dafür die Voraussetzungen, durch Ordnen der Bodennutzung, durch Einrichtung dauerhafter Anlagen, durch – dies ist besonders wichtig für die Existenz der Gemeinden – zur Verfügungstellung der Menschen als Arbeitskräfte.

Die Gemeinden als Sekundärpopulationen haben so den Sinn, Ressourcengewinnung, Veredelung und Verteilung der Energie und Materie – unbeschadet der konkreten Informations- und Energieflüsse – zu ordnen, die Standorte von Häusern mit Organisaten oder Wohnungen, von Straßen, Plätzen, Feldern so zu wählen, daß ein allseitig größter Nutzen im Hinblick auf die Ressourcengewinnung, die Sicherstellung der ökonomischen Versorgung im weitesten Sinne gegeben ist. D.h., daß die Innen- und Außenverknüpfungen der Organisate und Wohnungen sich in ihrer Gesamtheit möglichst effektiv gestalten. Bei den Gemeinden als Primärpopulationen steht das Miteinander der Bewohner im Vordergrund, die sich in der Gesellschaft ökonomisch behaupten müssen und so sich gegenseitig stützen können (vgl. S.529).

3.5.1.2 Durchführung der Aufgabe (Induktionsprozeß: *Produktion)

Adaptation an die natürliche Umwelt; Hazard

Ressourcengewinnung ist ein Anpassungs-, Adaptationsprozeß. Die konkrete Aufgabe der Adaptation in der natürlichen Umwelt mit dem Ziel der ökonomischen Versorgung wird durch gemeinsames Handeln auf lokaler Ebene ermöglicht. Der Begriff Adaptation wird, wenn er generell als Anpassung definiert wird, etwas schwammig (z.B. Giddens 1984/88, S.289). Hier ist die Nutzung und Gestaltung der natürlichen Umwelt – unter Ausnutzung der gegebenen Möglichkeiten und unter dem Aspekt der Nachhaltigkeit – durch menschliche Populationen auf lokaler Ebene gemeint. Z.B. schilderte Rappaport (1967) die Anstrengungen der Tsembaga-Population in Neuguinea, sich im Regenwald durch Shifting Cultivation und bestimmte Methoden der Tierhaltung ihren Lebensraum zu formen und auf Dauer zu sichern; sie wechseln jährlich die Anbaufläche (Brandrodung), so daß der Wald sich erholen kann; die Rotationsdauer beträgt 15 bis 20 Jahre. Zudem beschränken sie ihre Bevölkerungszahl durch Heiratshemmnisse und kriegerische Auseinandersetzungen mit den Nachbarstämmen, die etwa alle 12 bis 15 Jahre erfolgen. Shantzis und Behrens (1976) haben die Prozesse im Detail aufbereitet und in einem Modell, das die Regelkreise, positive und negative Rückkoppelungen, im Zusammenspiel der Prozesse herausstellt und zusammenfaßt (vereinfachte Darstellung: Abb.49).

In differenzierten Gesellschaften ist die Produktion durch die Arbeitsteilung in viele Einzelschritte aufgelöst, so daß zahlreiche Produktketten und -schritte entstanden sind. Daher ist die Einordnung der Populationen in die natürliche Umwelt sehr viel komplizierter geworden. Die Gemeinde als Sekundärpopulation hat auf diese Weise vielfältige Aufgaben.

Die Prozesse sollen so kontrolliert werden, daß den Ökosystemen des Lebensraumes eine Regeneration ermöglicht wird. Dennoch treten unbeabsichtigt Nebeneffekte auf (Neef 1976; aus soziologischer Sicht Merton 1936/72). Insbesondere hat die Zerstörung der Vegetation und ihr Ersatz durch Kulturpflanzen große Probleme (Auslaugung, Erosion des Bodens) entstehen lassen.

Die nicht wieder verwendbaren Materialien werden der Umwelt, dem Lebensraum, wieder zugeführt. Sie sind nur dann, wenn man die sehr langen Phasen im Umgestaltungsrhythmus der unbelebten Natur betrachtet und in überplanetarischen Zusammenhängen denkt, unschädlich. Da die menschlichen Populationen jedoch zu jeder Zeit die Umwelt

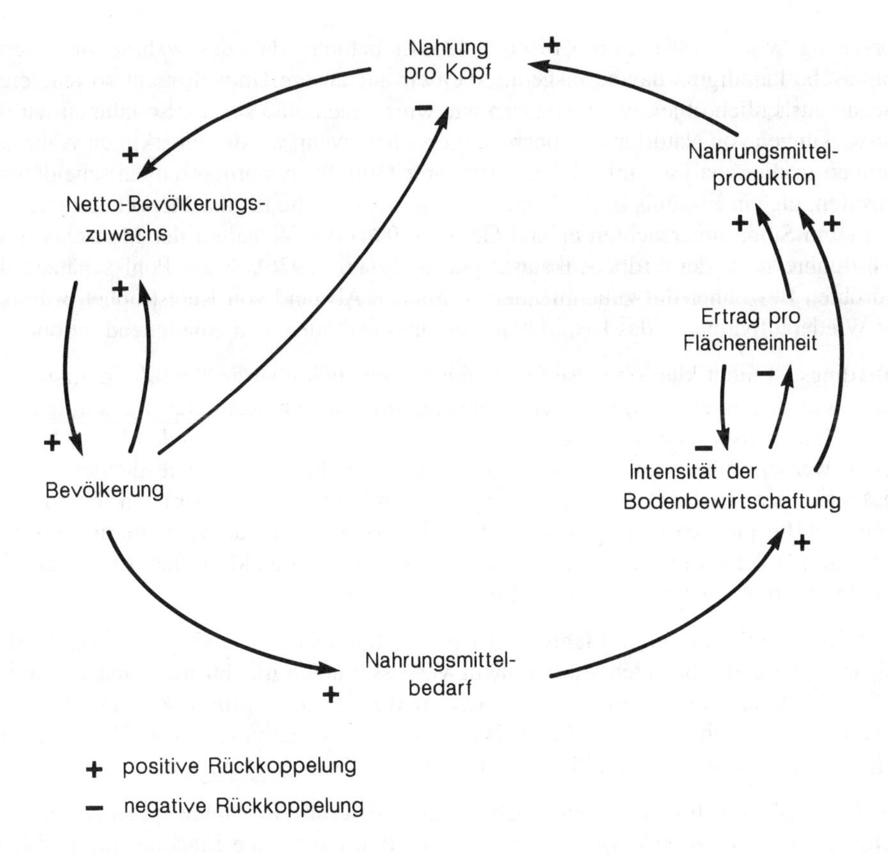

Abb. 49 Regelkreis Ursache-Wirkung mit positiven und negativen Rückkopplungen für eine agrarische Population mit beschränkter Landfläche (Landwechselwirtschaft)
Quelle: Shantzis und Behrens 1976, S.227 (mit freundlicher Genehmigung der Deutschen Verlagsanstalt, Stuttgart)

benötigen und nur auf kleine Ausschnitte aus dem Naturraum – Luft, Boden, Wasser, Biosphäre – angewiesen sind, kann die materiell konzentrierte Rückführung einseitig zusammengesetzter Materialien (z.B. Chemikalien, Abwärme, radioaktive Stoffe) den Lebensraum als den benötigten relativ kleinen Ausschnitt des globalen Ökosystems schwer beeinträchtigen und die zukünftigen, der Energieversorgung dienenden Prozesse behindern. Der Energiekreislauf läßt sich nicht schließen.

Jede Flächennutzung ist im Hinblick auf die Erhaltung der natürlichen Ressourcen problematisch. In der Gegenwart werden Methoden zur Prüfung der Umweltverträglichkeit entwickelt, um hier eine Kontrolle zu gewährleisten (Gaßner und Winkelbrandt 1990; gesetzliche Grundlagen in der Bundesrepublik Deutschland vgl. Storm und Bunge, Hrsg., 1988 f.).

Umgekehrt können sporadisch auftretende Naturkatastrophen den Adaptationsprozeß behindern. Die Menschen müssen mit der Ungewißheit leben. Die Perzeptionsforschung befaßt sich u.a. mit dem Problem der Reaktion des Menschen auf Bedrohung (Hazard-

Forschung; vgl. S.149). Pohl (1990, S.433 f.) betonte, daß das wahrnehmungsgeographische Paradigma davon ausgeht, „daß wir auf unsere Umwelt nicht so reagieren, wie sie tatsächlich objektiv ist, sondern wie wir meinen, daß sie sei. So können wir die Auswirkungen von Naturkatastrophen nur verstehen, wenn wir die subjektiven Wahrnehmungen in die Analyse einbeziehen. Auf ihrer Grundlage werden die Entscheidungen getroffen, die ein Ereignis in der Natur erst zur Katastrophe für die Menschen machen." In diesem Sinne untersuchten er und Geipel (1990) das Verhalten der Menschen über zwölf Jahre nach der Erdbebenkatastrophe in Friaul (1976). Nach Pohl schätzen die bedrohten Bewohner mit zunehmendem zeitlichen Abstand von Katastrophen während der Wiederaufbauphase das Risiko höher ein und verhalten sich zunehmend rational.

Allerdings ist nicht klar, ob diese Grundeinstellung auch über größere Zeiträume bleibt oder ob nicht schließlich doch wieder Gleichgültigkeit sich ausbreitet. Bekannt ist, daß durch Vulkanausbrüche gefährdete Gebiete trotz der Bedrohung von den Menschen besiedelt werden; häufig finden sich sogar besonders hohe Bevölkerungsdichtewerte auf diesen Flächen, da die Böden recht ertragreich sind (z.B. Java). Aber auch sonst gibt es genügend Beispiele dafür, daß die Bedrohung ignoriert oder verdrängt wird; in der durchtechnisierten Welt sind Naturkatastrophen nur schwer von den Menschen zu internalisieren; die geistige Distanz ist zu groß. Einige Beispiele:

Der schwerste Sturm seit 250 Jahren verwüstete Mitte Oktober 1987 große Gebiete Südenglands. Trotz der Schäden wurden nicht Verbesserungen im Hazard-Management beschlossen, da andere Ereignisse (Einbruch im Börsenverlauf) diese Katastrophe überschatteten. Dies zeigt, daß natürliches Hazard durch soziokulturelle, wirtschaftliche und politische Einflüsse stark modifiziert werden kann (Mitchell, Devine und Jagger 1989).

Die Gletscher, die früher in den Hochgebirgen oft große Probleme bereiteten, ziehen sich heute erdüber zurück. Dennoch bleibt eine Bedrohung; die Erschließung und Nutzung der Bergregionen durch den Sport (Skilauf, Alpinismus) hat zugenommen, führt bis in die Gletscherregion hinein. Kleine Klimaschwankungen könnten so große Probleme zeitigen (Grove 1987).

Driever und Vaughn (1988) zeigten anhand der Blue River-Talaue in Kansas City, daß die Bebauung trotz wachsender Bedrohung durch Überschwemmungen mit großer Intensität weiterbetrieben wird. Um Bewohner von gefährdeten Flußauen zu überzeugen, vorbeugende Maßnahmen gegen Überschwemmungsschäden zu treffen, bedarf es seitens der öffentlichen Hand bestimmter Strategien. Sims und Baumann (1987) schlagen Beratungsprogramme vor, mit dem Ziel, die Hauseigentümer zu beeinflussen.

Wichtig ist eine Hazard-Minimierung durch geeignete Maßnahmen. Preusser (1990) schildert die – zu geringen und zögerlichen – Anstrengungen, die im Gefolge des Ausbruchs des Mount St. Helens in den USA (18.5.1980) unternommen wurden und werden.

Über technologische Hazards vgl. die Erörterungen über Flächennutzungskonflikte (vgl. S.515f).

Gliederung der Ortsflächen. Infrastruktur

Es ist die Aufgabe der Gemeinden, die Nutzung der natürlichen Umwelt zum Wohle aller Mitglieder sinnvoll zu koordinieren. Eine geeignete Aufgliederung der Fläche ist eine wesentliche Voraussetzung. In der ersten neuzeitlichen Gemeindeordnung im deutschen Sprachgebiet, im Allgemeinen Landrecht für die preußischen Staaten von 1794 heißt es in § 18 des VII.Titels und 2.Abschnitts: „Die Besitzer der in einem Dorf oder in dessen Feldmark gelegenen bäuerlichen Grundstücke, machen zusammen die Dorfgemeine aus" (zit. nach Haus, Schmidt-Eichstaedt, Schäfer u.a. 1986, S.17). In dieser Ordnung wird festgeschrieben, daß die (landwirtschaftliche) Gemeinde der Hofbesitzer die alle gemeinsam betreffenden Aufgaben wie Bau und Unterhaltung von Wegen, Wasserläufen, Feuerschutz und Nutzung der Allmende rechtlich ordnet. D.h., daß sie für die Infrastruktur verantwortlich ist.

Darüber hinaus ist die Gemeinde, konkret die Verwaltung, den Bewohnern, aber auch den Nichtbesitzenden gegenüber verpflichtet. In § 21 dieser Ordnung heißt es z.B.: „Die Gemeine kann aber, zum Nachtheil der Rechte der übrigen Dorfseinwohner, nichts beschließen".

Heute hat die Gemeindeverwaltung die Aufgabe der kommunalen Selbstverwaltung und zusätzlich – vom Staat, von der Kirche etc. – übertragene Aufgaben (Haus, Schmidt-Eichstaedt, Schäfer u.a. 1986, S.20 f.). So soll ein korrektes Miteinander der Menschen und ihrer Aktivitäten in der Gemeinde sowie die Erfüllung von Aufgaben der über- und untergeordneten Populationen (z.B. Bildungs-, kirchliche, staatliche, Verkehrs-, Produktions-, soziale, Versorgungsaufgaben etc.) garantiert werden. Die Gemeinden haben Bürgermeister (oder Dorferste), Gemeinderäte etc., die über die Arbeiten allein oder (je nach Verfassung) mit den Bürgern zusammen entscheiden. Die Verwaltung selbst besorgt die administrativen Aufgaben, koordiniert die Planungen etc..

Flächennutzungs- und Bebauungspläne geben den Aktivitäten den Rahmen. Die Siedlungen können als Mosaik von einheitlich genutzten Flächen und Räumen aufgefaßt werden. Man mag diese kleinsten Einheiten als Tope bezeichnen, worunter nach Meynen (in: Meynen, Hrsg., 1985, S.1169) „Geländeteile von gleichartigem Gesamtkomplex, sei es Naturplan ... und/oder geistesbestimmten Gestaltplan, in der Mehrzahl auftretend, mit bestimmter Ausstattung und Nutzungsmöglichkeit, die Gefügeelemente (Grundeinheiten) formaler erdräumlicher Gliederung" verstanden werden. In Ort und Flur können Grundstücke oder Parzellen als einheitlich bewirtschaftete, genutzte Flächen, als rechtlich fixierte und von dauerhaften Anlagen bestandene Tope betrachtet werden.

Dauerhafte Anlagen garantieren das geordnete Nebeneinander der Arbeitsabläufe. Sie sind von ganz unterschiedlicher Art, je nach ihrem Verwendungszweck; Gebäude, Verkehrstrassen, Verteidigungsanlagen, Felder etc. erlauben eine Trennung und Verstetigung der Tätigkeiten, oder, allgemeiner, eine Kanalisierung des Energieflusses (vgl. S.247). In den Orten sollen die Gebäude, Straßen oder Plätze so angelegt, die Organisate so angeordnet sein, daß die Materialien, Nahrungsmittel und Energiestoffe bei möglichst geringem Energieverlust weiterverarbeitet werden und zum Konsumenten gelangen können. Dieses geordnete Miteinander der dauerhaften Anlagen ist für jeden Ortstyp – Dorf, Gewerbesiedlung, Stadt, Verdichtung – anders, entsprechend den Aufgaben der

Siedlung. Für jede Nutzung ist Fläche nötig, und so stehen die Nutzer in Konkurrenz miteinander (Flächennutzungskonkurrenz; vgl. unten). Regelnde Mechanismen sind vor allem der Markt – über den Bodenpreis – und die Vorgaben bzw. Anordnungen der Gemeindeverwaltungen.

Auf diese Weise wird für die Organisate die Schaffung einer Infrastruktur ermöglicht, ihre Einbettung und ihren Anschluß an die unter- und übergeordneten sowie konkurrierenden und kooperierenden Systeme ermöglicht. Nach Jochimsen und Gustafsson (1977, S.38) ist Infrastruktur „die Gesamtheit der materiellen, institutionellen und personellen Einrichtungen und Gegebenheiten, die der arbeitsteiligen Wirtschaft zur Verfügung stehen und dazu beitragen, daß gleiche Faktorenentgelte für gleiche Faktorenleistungen (vollständige Integration) bei zweckmäßiger Allokation der Ressourcen (höchstmögliches Niveau der Wirtschaftstätigkeit) gezahlt werden."

Unter materieller Infrastruktur werden vor allem die dauerhaften Anlagen verstanden. Institutionelle Infrastruktur meint die „gewachsenen und gesetzten Normen, organisatorischen Einrichtungen und Verfahrensweisen einer Volkswirtschaft" (Jochimsen und Gustafsson 1977, S.39); sie wie auch die personelle Infrastruktur – Zahl und Eigenschaften der Menschen – sind nicht der Gemeinde zuzuordnen, sondern anderen Populationen. Infrastrukturpolitik ist somit Sache sowohl der Gemeinden als auch der übergeordneten Populationen, vor allem des Staates.

Flächennutzungskonflikte

In Gemeinden sind – der Aufgabenstellung entsprechend – häufig Flächennutzungskonflikte zu lösen. Dies gilt für wenig differenzierte Populationen genau so wie für Industriegemeinden. Einige Beispiele:

Im Gefolge der großen Dürren in der Sahel-Zone wanderten Gruppen der Fulani-Nomaden mit ihren Herden in das Land der Senufo-Bauern im Norden der Elfenbeinküste. Bassett (1988) untersuchte die daraus resultierenden Konflikte, wobei er sowohl die großräumige Politik der Landnutzung als auch die lokalen agrarischen Systeme berücksichtigte („Political Ecology Approach"). Durch Befragungen auf verschiedenen Ebenen der unmittelbar Beteiligten und der Verwaltung konnte er Einblick in die Entscheidungsstruktur der am Konflikt beteiligten Gruppen erhalten.

Bei der vielseitigen Beanspruchung sind Flächennutzungskonflikte in modernen Industriegesellschaften unvermeidlich und müssen ausgetragen werden. Ein besonders drastisches Beispiel wurde von Hommel (1984) geschildert: im Zuge der Nordwanderung des Bergbaus und der Industrie aus dem Ruhrgebiet in die Lippezone hinein sind Bergbaubetriebe, Bergehalden, Kraftwerke, Industriebetriebe, Wohnungen, Verkehrsanlagen angelegt worden, zu Lasten der Freiflächen, die ihrerseits für Erholung und Landwirtschaft dringend erforderlich sind.

In den Entwicklungs- und Flächennutzungsplänen muß den verschiedenen Interessen Rechnung getragen werden. Die zunehmende ökologische Belastung stellt ganz neue Anforderungen an den Raum. So berichtete Blacksell (1985) über Nutzungskonflikte im Zusammenhang mit der Anlage und dem Management der Nationalparks in Großbritannien. Es werden u.a. von den Landwirten Einschränkungen in ihrer Nutzung verlangt; dadurch wird aber deren wirtschaftliche Basis gefährdet. Erholungssuchende werden als Eindringlinge angesehen. Durch die Motorisierung nimmt der Erholungsverkehr zu, so daß die Konflikte nicht geringer werden.

Problematisch sind vor allem jene Fälle, wo die Wohninteressen der Menschen durch Anlagen berührt werden, die als belästigend oder bedrohlich empfunden werden. Lake (1987, S. XV f.) schrieb in seiner Einführung zu einer Aufsatzsammlung (mit Beispielen aus den USA), in der Konflikte zwischen den Einwohnern der Gemeinde auf der einen Seite und Betreibern bzw. Eigentümern von Kernkraftwerken, Hochhäusern, Industriewerken, Deponien, Drogenbehandlungszentren, Obdachlosenschutzeinrichtungen, Gefängnissen etc. auf der anderen Seite thematisiert werden: „Locational conflict refers to the clash of interests generated by a siteselection decision. Locational conflict pits communities against corporations, local municipalities against state and federal agencies, environmentalists against industry, neighborhoods against regions – the broader society in need of a facility against local community selected to site that facility. Local opposition often presents the greatest single hurdle to facility development, dwarfing technological problems and fiscal constraints."

Die Menschen reagieren ganz unterschiedlich auf solche Bedrohungen ihrer Lebenswelt. Die einen resignieren; so berichten Karan, Bladen und Wilson (1986) über die Probleme, die durch die Chemiekatastrophe in Bhopal (Indien) am 3.12.1984 entstanden waren und wie sich die Bewohner mit diesem technologischen Hazard abgefunden haben (Abb.50; über Hazard vgl. S.511f).

Pohl (1989) fand bei seinen Befragungen zur Umweltbelastung im Münchener Norden, daß nur die unmittelbar Betroffenen deutlich reagieren, sonst aber Passivität und Verdrängung vorherrschend sind. Dies würde vermutlich anders sein, wenn die Bevölkerung zureichend an den Planungsprozessen beteiligt würde (Hahn, Schubert und Siewert 1979, S.61 f.), denn das politische Bewußtsein hat sich in den Industrieländern generell deutlich verstärkt („Lokalismus"; vgl. S.536f). Tharun (1986) stellte die Frage nach den potentiellen Konflikten zwischen der städtischen Planung und den betreffenden Bürgern bei Stadterneuerungsmaßnahmen, die sich in Bürgerinitiativen und aus der Entstehung spontaner Gruppen äußert. Drei Themenkreise erscheinen ihr besonders wichtig:

1) Wird der Entstehungszusammenhang von Problemräumen zu wenig beachtet? Anscheinend ist dies so; raumbezogene Sozialforschung sollte sich stärker mit dieser Frage in planungsbedürftigen Gebieten auseinandersetzen.

2) Determinieren die zur Verfügung stehenden Instrumente der Stadterneuerung das planerische Handeln? Am Beispiel einer Stadtsanierung im Frankfurter Stadtteil Bockenheim wird gezeigt, daß der Handlungsspielraum der Planer sowohl bei der Auswahl der Sanierungsgebiete als auch bei der Festlegung der Sanierungsziele eingeschränkt ist.

3) Bedarf staatliche Planung der zusätzlichen Legitimation durch Partizipation, um Planungskonflikte zu vermeiden? Auch diese Frage wird bejaht. Es ist eine stärkere Auseinandersetzung mit dem Legitimationsproblem von Planung nötig.

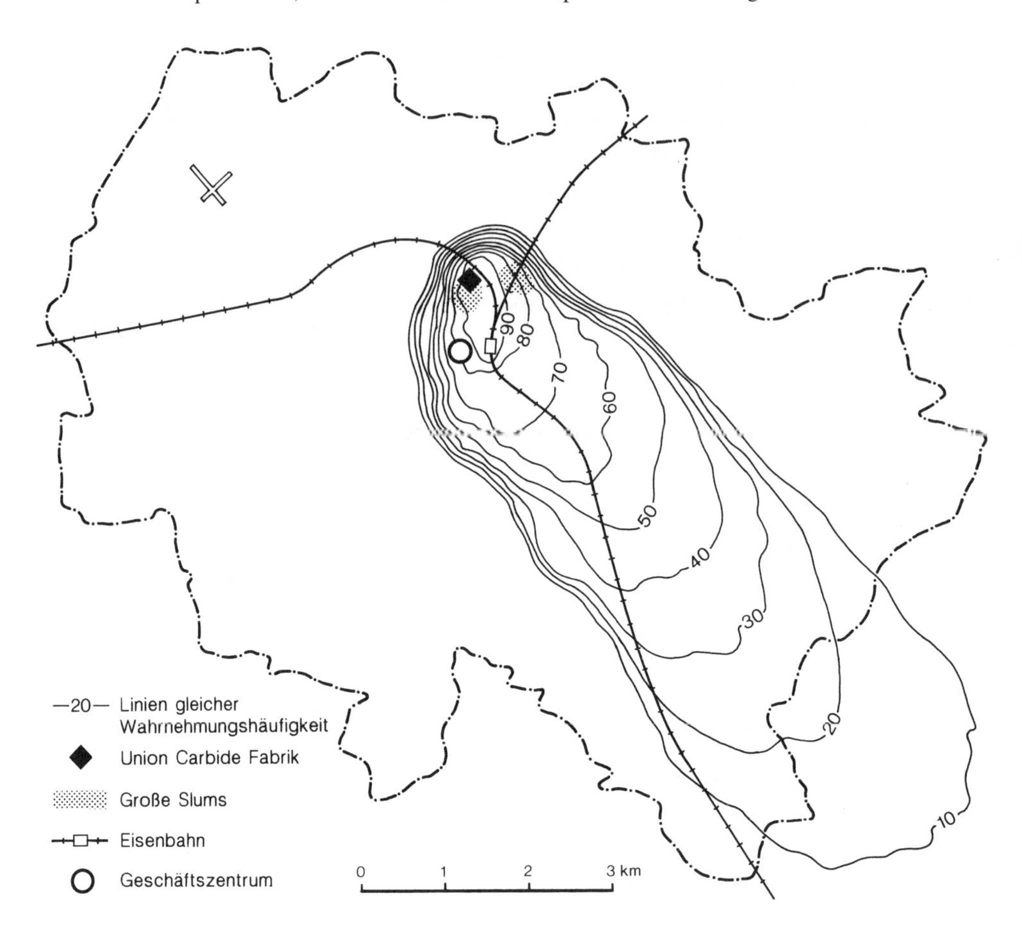

Abb. 50 Wahrnehmung der Giftwolke im Gefolge des Unglücks in der Chemiefabrik Union Carbide in Bhopal (Indien) am 3.12.1984
Quelle: Karan, Bladen und Wilson 1986, S.206

3.5.1.3 Strukturierung der Gemeinde als Sekundärpopulation (Reaktionsprozeß: *Rezeption)

Die Gemeinde versucht, die wirtschaftlichen Aktivitäten dadurch zu ordnen und zu kontrollieren, daß sie ihnen, d.h. konkret den ihnen zuzuordnenden dauerhaften Anlagen der Organisate und Wohnungen, Flächen zuweist. So bildet die Gemeinde ein Mosaik von in sich gleichartig genutzten kleinen Flächen. Diesem Ordnungsvorgang scheint ein Prinzip zugrundezuliegen; im vertikalen Energiefluß erscheinen die gleichen Aktivitäten auf der Erdoberfläche konzentriert, von anderen Aktivitäten separiert. Dies läßt sich auch in anderen Größenordnungen feststellen. In hochverdichteten Ballungsräumen – z.B. New York, London – erscheinen so die kommerziellen Organisate vielfach auf kleinen Flächen vergesellschaftet, z.B. Blumengeschäfte, Buchläden, Schmuckboutiquen etc. Dabei dürfte hier die Konsumentenseite diese Konzentrationstendenzen verursachen. Generell finden sich in jedem größeren zentralen Ort solche Ansammlungen von Gleichartigem. Aber auch von der Rohstoffseite her kommt es zum Zusammenrücken von Organisaten gleicher Produktionsrichtung, z.B. von Industriebetrieben, die seeschifftiefes Fahrwasser oder die landwirtschaftlichen Anbaugebiete aufsuchen.

Soziale Viertel; Konzentrations- und Segregationstendenzen (Beispiele aus Europa und Nordamerika)

Dieses Prinzip Gleiches tendiert zu Gleichem scheint in der Sozialstruktur seine Entsprechung zu haben. Gemeint sind jene Areale in den Siedlungen, besonders in den Städten, die von mehr oder weniger sozial homogen zusammengesetzten Gruppierungen bewohnt werden. Wir können sie als soziale Viertel bezeichnen. Allerdings ist bei solchen Analogieschlüssen Vorsicht am Platz. Es handelt sich ja nicht um Wirtschaftsunternehmen, die im vertikalen Energiefluß stehen, sondern um Menschen. Hier wird man sagen können, daß sich die Menschen zu solchen Gruppierungen hingezogen fühlen, mit denen sie Gleiches verbindet.

Schon in ländlichen Gebieten sind gewisse Konzentrationstendenzen erkennbar, so jeweils bei den Alteingesessenen im Ortskern, den Ortsbürtigen, und den Fremdbürtigen in den Neubaugebieten am Ortsrand (in Oberfranken: Burdack 1990). Die Fremdbürtigen zeichnen sich durch einen durchschnittlich höheren Sozialstatus als die Ortsbürtigen aus, pflegen weniger Kontakte zur Nachbarschaft und haben weniger am dörflichen Sozialleben teil.

In den Städten kommt es viel eindeutiger zu Separierungstendenzen und zur Bildung und zur Konzentration bestimmter Bevölkerungsgruppen (zusammenfassend Lichtenberger 1986a, S.221 f.; Schwarz 1966/89, S.703 f.; für Westeuropa: Glebe und O'Loughlin, Hrsg., 1987; vgl. auch S.474). Spezifische Eigenschaften tendieren zu eigenen räumlichen Verbreitungsmustern (Timms 1971); z.B. erkennt man, wie Salins (1971) herausfand (ähnlich Murdie 1969/71), bei Zugrundelegung der ethnischen Struktur das Mehrkern-Modell von Harris und Ullman (1945/69), des Lebenszyklus eine konzentrische Struktur (Ring-Modell von Burgess 1925/67) und des sozialen Rangs das Sektor-Modell von Hoyt (1939) wieder (vgl. S.82).

Durch die Konzentrations- bzw. Segregationstendenzen werden soziale und kulturelle Kategorien der städtischen Gesellschaft stabilisiert. Die städtische „Wohnlandschaft" wird andererseits durch Wandel der Altersstruktur der Bevölkerung, den Transfer von Wohlstand zwischen den unterschiedlichen Stadtteilen, Einwanderung von außen und interregionale Wohlstandsverschiebungen destabilisiert (Adams 1984).

Die Land-Stadt-Migrationen enden mit der Einordnung in eine neue Gemeinde, dort bevorzugt in solchen Vierteln, in denen Individuen und Familien mit gleichartigen Eigenschaften wohnen (Albrecht 1972, S. 261 f.). Der Begriff Gleichartigkeit ist freilich auslegbar, und die Bewertung der verschiedenen Merkmale ist in der Tat sehr unterschiedlich. So mögen Menschen bewußt zusammenziehen, weil sie sich gleichgesinnt dünken, mit gleichen Problemen behaftet sind oder gleiche Privilegien genießen, weil sie sich der gleichen Minorität zugehörig fühlen oder weil sie bestimmte Wohnungs- und Wohnumfeldbedingungen suchen, die ihnen behagen. Die soziale Schichtung (vgl. S.414f) scheint bei den Konzentrations- und Segregationsprozessen einen Vorrang zu besitzen. So führen Wanderungen in den Arbeiter- oder Bürgerstadtkomplex (vgl. S.488f). Andererseits läßt sich – zumal in den Großstädten – eine weit diffizilere Aufgliederung in Stadtquartiere oder Stadtviertel erkennen.

Schon vor der Industrialisierung gab es in den Städten und auf dem Lande verschiedene Bevölkerungsschichten; in den Städten tendierten sie in Mittelalter und früher Neuzeit zur Absonderung in eigene Quartiere (u.a. Lichtenberger 1972; 1973; 1977, am Beispiel Wiens). Sie ordneten sich in verschiedenen Vierteln und Straßen an, wobei häufig die höher stehenden, besser situierten Bewohner bestimmte Bezirke in den inneren Teilen und die Hauptstraßen einnahmen, die ärmeren Bevölkerungsschichten in die äußeren Stadtgebiete und Hinterstraßen (für das Ende des 17.Jahrhunderts vgl. auch Busch 1969).

Von besonderer Bedeutung waren die jüdischen Ghettos. Um etwa 1000 n.Chr. wurde von christlicher Seite verboten, mit Juden zusammenzuwohnen. Damals entstanden vor allem in Italien, Spanien, Frankreich, Deutschland, Österreich und verschiedenen Ländern Osteuropas die geschlossenen Judenviertel oder -gassen, zum Teil ummauert, mit eigener Selbstverwaltung. Diese Zwangsghettos wurden in der Zeit der Aufklärung meistens wieder abgeschafft, doch erhielten sich die jüdischen Wohnviertel zum Teil bis ins 20.Jahrhundert hinein. Der Holocaust vernichtete das jüdische Leben; in Warschau, Lodsch, Lublin und anderen Großstädten Osteuropas wurden von den deutschen Besatzern wieder Ghettos eingerichtet; in ihnen gingen viele Menschen an Unterernährung und Krankheit zugrunde. 1943 wurde ein Aufstand im Wahrschauer Ghetto niedergeschlagen.

Hershkowitz (1987) entwickelte ein Modell, das die rassisch, durch Nationalitäten und insbesondere religiös motivierten Segregationstendenzen in den Städten veranschaulichen soll. Sie unterschied dabei solche Kräfte, die von den Minderheiten selbst ausgehen („positive Kräfte"), von solchen, die den Minderheiten von den Mehrheiten aufgezwungen werden („negative Kräfte"). In Jerusalem zeigte die Autorin, daß religiös begründete Segregation als ein Beispiel eines von der Minderheit erwünschten Prozesses betrachtet werden kann, bei dem sich die Bevölkerungsgruppe selbst isoliert, um ihren Lebensstil praktizieren zu können.

Dies ist aber wohl eher die Ausnahme. Häufiger werden „negative Kräfte" beschrieben, die die Segregation fördern. Die Aggregierung der Bevölkerung erscheint als Mittel zur Bewältigung des Einflusses aus der Umwelt. Gemeinsame Aktion und Reaktion erleichtern die Aufgabe, vermindern die Anstrengungen. Allein sind die Individuen in einer zu nutzenden, vielleicht feindlichen Umwelt gefährdet oder doch wesentlich weniger effektiv. Die Aggregierung ist zunächst als mehr passive Reaktion zu werten.

Besonders scharfe Separierungs- bzw. Konzentrationstendenzen weisen die US-amerikanischen Städte auf. Die Wohnungsmärkte und die Strategien der Wohnungspolitik erscheinen als Ausdruck der sozialen Ungleichheit, der gesellschaftlichen Machtverhältnisse, sich äußernd u.a. im „zoning", der räumlichen Festlegung von Wohnstandards, um Wohneigentum vor Wertverlust zu schützen und ethnische Gruppen zu trennen (Adams 1987, S.23; Adams wertete den US-Census 1980 aus und stellte die Ergebnisse in einem Atlasband dar).

Ethnische Separierung wird auch durch den Grundstücks- und Häusermarkt gefördert. So fand Palm (1985) in Denver (Colorado), daß Verkäufer von Häusern in Vorortgebieten sich an Makler wenden, die denselben ethnischen Hintergrund haben. So fühlen sich schwarze Makler behindert, wenn sie Grundstücke oder Häuser in von Weißen dominierten Gebieten suchen und vermitteln wollen. Weiße Makler arbeiten vorzugsweise mit Weißen, schwarze vorzugsweise mit Schwarzen, spanisch sprechende vorzugsweise mit spanisch Sprechenden zusammen. So teilt sich der Markt in verschiedene Territorien auf, bilden sich räumlich unterschiedlich orientierte Netzwerke von Geschäftsbeziehungen heraus.

Die Segregation am Arbeitsplatz und in den Wohnpräferenzen entsprechen sich in den USA vielfach, wie Baumgardt und Nuhn (1989) am Beispiel des Silicon Valley demonstrierten. Die in den Betrieben typische Beschäftigungsstruktur findet sich in der Siedlungsstruktur wieder. Die höher dotierten Tätigkeiten werden vornehmlich von Weißen, die übrigen von ethnischen Minoritäten – vielfach auch Frauen – ausgeübt. Die Eigendynamik sozialer Kontakte und Infrastrukturen sowie gezielte Aktivitäten jüngerer Bürgerinitiativen verfestigen die Segregation.

Während in den amerikanischen Großstädten die ethnischen Minoritäten sich teilweise so abgekapselt haben, daß manche Stadtviertel fast ausschließlich von Angehörigen einer Minorität (z.B. Chinesen, Schwarze, Puerto Ricanern) bewohnt werden, man also von Ghettobildung sprechen kann, ist es in Europa lediglich zu Konzentrationen gekommen (O'Loughlin 1987b; Peach 1987, S.46 f.; vgl. auch S.474). Hier kamen die Gastarbeiter erst nach dem Zweiten Weltkrieg, sie wurden als Arbeiter angeworben; insofern war ihre Position besser als die der meisten Bewohner der Ghettos in amerikanischen Großstädten. Die soziale Diskriminierung ist meist nicht so ausgeprägt; Gewerkschaften und sozialistische Parteien sowie Sozialgesetzgebung begünstigen Übergänge zwischen den sozialen Schichten, mindern die Segregationstendenzen. Auch wird in Europa meist der Wohnungszustand kontrolliert. Bei manchen Bewohnern spielt zudem der Wille zu einer eventuellen Rückwanderung eine gewisse Rolle (in einigen Gastarbeitergruppen in Österreich). Die Zuwanderung erfolgte seinerzeit kontrolliert, die Bausubstanz war nicht so schlecht oder nicht so vernachlässigt wie in den sich stark ausweitenden US-Großstädten. In Frankreich wurden sogar neue Siedlungen, häufig am Stadtrand, neu errichtet, speziell für ehemalige Bewohner von Bidonvilles (White 1987).

Detailuntersuchungen (vgl. S.384f) können weitere Einsichten in die Gründe der Segregation bzw. der mehr oder weniger fortschreitenden Integration in die Gastländer ans Tageslicht bringen. Jackson (1985b) fordert eine stärkere Beachtung ethnographischer Untersuchungen, die auf der Mikroebene das Innenleben und die Textur der verschiedenen sozialen Enklaven sowie die persönlichen Lebensumstände der städtischen Gesellschaften aufzuklären bestrebt sind.

In diesem Sinne unternahmen – um den Gründen der Verteilung der ausländischen Arbeiter in den mitteleuropäischen Städten näherzukommen – O'Loughlin, Waldorf und Glebe (1987) bei verschiedenen ethnischen Gruppen solch detaillierte Untersuchungen und stellten fest, daß das unmittelbare Wohnumfeld und die Qualität der Wohnung (Ausstattung, Größe etc.) den größten Einfluß auf die Wohnentscheidung haben. Darüber hinaus zeigten sich nationalitätenspezifische Unterschiede; während die türkische Bevölkerung segregiert und räumlich konzentriert erscheint (vgl. auch Bender 1977; Bürkner 1987), tendiert die griechische Bevölkerung z.B. zwar auch zur Absonderung, aber nicht zur räumlichen Konzentration.

(Beispiele aus Afrika)

In afrikanischen Städten können die Angehörigen der Stämme ein Zusammenleben in einzelnen Stadtvierteln bevorzugen, da dies die Bewahrung ihrer Identität und der Beziehungen zum Mutterstamm erleichtert (so in Kenya; Vorlaufer 1985a).

Größere Probleme treten aber zwischen Weißen und Schwarzen auf. Die Segregationsprozesse gehen dabei meist von den Weißen aus. So entschieden sich, wie Frenkel und Western (1988) berichten, die Engländer 1901 in ihren Kolonien für eine Politik rassischer Segregation. In Sierra Leone z.B. wiesen sie den Einheimischen ein malariaverseuchtes Terrain zur Wohnbebauung zu, da sie annahmen, daß diese bereits malariainfiziert oder immun seien. Die Engländer selbst siedelten sich in gesundem Klima an; so entstand 1904 eine abgesonderte „Hill Station" bei Freetown, die durch eine Eisenbahn mit der Stadt verbunden wurde.

Auf die Apartheidspolitik in Südafrika wurde an anderer Stelle (vgl. S.418f) eingegangen. Sie zielte seit Erlaß des Group Areas Act (1950) auf eine Segregation der Rassen in Wohngebiete ab. Wie sich dies auf die Stadtentwicklung auswirkte, schilderte u.a. Western (1984) für Kapstadt. Christopher (1987) demonstrierte am Beispiel von Port Elizabeth, wie diese Stadt zwischen 1950 und 1985 fast total der Apartheidspolitik angepaßt wurde; die verschiedenen ethnischen Gruppen zugehörigen Bewohner wurden in verschiedene separate Viertel eingeordnet. Diese sehr weitgehende Segregation schädigt das Erscheinungsbild und die räumliche Ordnung der Stadt und schafft für die zukünftige Planung Probleme; insbesondere hat eine schwere wirtschaftliche Krise die Stadt betroffen. Im weißen Sektor folgt die Planung dem Markt, die Spekulation spielt eine große Rolle dabei. Im Sektor, der von Indern und „Farbigen" bewohnt wird, wird die Entwicklung von den städtischen Behörden kontrolliert. Im den Schwarzen vorbehaltenen Sektor herrscht Armut. Viele von der Krise besonders betroffene Bewohner können die errichteten Wohnungen nicht bezahlen, es entstehen Squatter Camps. So finden sich in Port Elizabeth, wie der Autor meinte, Zeugen der Ersten, Zweiten (sozialistischen) und Dritten Welt.

In der Gegenwart beginnen sich unter dem Eindruck des schwindenden Einflusses der Apartheidspolitik die Strukturen in den südafrikanischen Städten zu wandeln. In der Nähe der Geschäftszentren dringen zunehmend in die den Weißen vorbehaltenen Stadtteile illegal Angehörige der nichtweißen Bevölkerungsgruppen ein und nehmen Wohnung („grey areas"). Legal werden in den früher rein weißen Geschäftszentren von nichtweißen geleitete Geschäftsbetriebe zugelassen („open" oder „free settlement areas"). Bähr und Jürgens (1990) konnten in Johannesburg und Durban sprechende Beispiele vorführen und diskutieren.

Rule (1989) stellte einen der Vororte von Johannesburg vor, in dem zunehmend Integration der Rassen stattfindet. Zwischen 1986 und 1988 nahm die Zahl der weißen und chinesischen Haushalte ab, die der schwarzen und farbigen Haushalte zu. Eine Umfrage ergab, daß die Bewohner zunehmend indifferent reagieren, wenn die Frage der Durchmischung des Wohnviertels gestellt wird, so daß wohl die Einsicht wächst, daß die Entwicklung zu „grey residental areas" unvermeidlich ist.

Die Segregation kann auch ganze Orte, gar Städte zu homogenen Gemeinden werden lassen. Die Townships in Südafrika als von Schwarzen bewohnte Siedlungen außerhalb der Großstädte Johannesburg oder Kapstadt sind als eine Konsequenz der Apartheidspolitik zu sehen. Daneben bilden sich aber auch auf „freiwilliger" Basis solche homogenen Siedlungen, z.B. in den USA. So berichtete Aiken (1990) am Beispiel eines Gebietes im Staate Mississippi, daß im Zuge der modernen sozialen und ökonomischen Umgestaltung der Plantagengebiete des Alten Südens der USA schwarze Bewohner in Kleinstädte wandern. Sie stellen heute z.T. mehr als 75 % der Bewohner und zeigen in mancherlei Hinsicht die Charakteristika der Schwarzenghettos in den Großstädten, d.h. u.a. hohe Armutsrate, fehlende Arbeitsmöglichkeiten, Verfallserscheinungen. Über die „all negroe"-Städte und entsprechende „all white"-Städte hatte bereits Lowry (1971) berichtet (zit. nach Bähr 1983, S.171).

Generell betrachtet stellt Pluralismus den Gegenentwurf zur Segregation dar. „The essence of plural societies, and plural states is a living together, a sharing of a common territory by groups which differ from one another in different ways. Thus, boundaries which separate groups and subdivide territories into discrete units (like nationalism which creates nations from peoples), be they states, autonomous regions or administrative areas, represent the inability of the peoples in a given region to exist within a plural framework" (Waterman und Kliot 1983, S.313).

Einer modernen Industriegesellschaft sind Segregierungstendenzen – auch dann, wenn man die moralische Problematik außer acht läßt – nicht angemessen. Schon die vielfältigen ökonomischen Verbindungen, die hohe Spezialisierung des Arbeitsangebotes und die dadurch gegebenen Beschränkungen auf dem Arbeitsmarkt erfordern soziale Durchlässigkeit und Chancengleichheit für jeden, um alle Möglichkeiten für einen gedeihlichen Fortschritt auszuschöpfen. Gesellschaften, die allen Bewohnern gleiche Chancen eröffnen, müssen unter diesem Gesichtspunkt überlegen sein, Diskriminierung behindert die vertikale Mobilität. Dies wird rational von den meisten Menschen durchaus nachvollzogen, und auch die Verfassungen der Länder bestätigen in den meisten Fällen die Gleichberechtigung der Menschen vor dem Gesetz. (Über Rassismus vgl. S.439f).

3.5.1.4 Formung der Gemeinde (Reaktionsprozeß: *Reproduktion)

So stellen sich die Gemeinden als in sich gestaltete, geordnete Populationen dar, als ein Mosaik dauerhafter Anlagen mit spezifischen Aufgaben. Die Gemeinde ist einerseits ein Gebilde, das seine ökonomische Basis zwischen primärem und tertiärem Sektor besitzt, zwischen Landwirtschaft und Handel. Hierin ordnet sie sich ökonomisch in die Stadt-Umland-Population ein; es gibt so Gemeinden mit landwirtschaftlichen, gewerblichen und Cityfunktionen, die Siedlungs- und Populationsgestaltung hat dem Rechnung zu tragen. Auf der anderen Seite ist der in diesem ökonomischen System arbeitende Mensch zu sehen, in seiner Funktion in der arbeitsteiligen Wirtschaft und mit Wohnungsbedarf, der Mensch, der die Arbeitsstätten täglich erreichen muß; auch er ist in das Stadt-Umland-System mit seinem Verkehrsangebot eingebunden. Die Zahl der Bewohner, die in einer Region leben kann, die Tragfähigkeit eines Raumes also, hängt nicht zuletzt davon ab, wie – entsprechend dem Differenziertheitsgrad der Wirtschaft – die Gemeinde die Aufgabe des geordneten Miteinanders löst.

Prägung der Gemeinden durch die Landwirtschaft

Es wurde bereits (vgl. S.513f) dargelegt, daß die dauerhaften Anlagen die Kontrolle der Energiegewinnung und des Energieflusses ermöglichen. In den Siedlungen sind sie so organisiert, daß sie möglichst günstig im Sinne des Prozeßablaufes angeordnet sind, d.h. daß möglichst wenig Energie verlorengeht (ähnlich Jäger 1977).

In undifferenzierten Gesellschaften stehen in den (ländlichen) Siedlungen die Menschen als Lebewesen dem Lebensraum (vgl. S.261f) gegenüber. Der Lebensraum ist mit seinen Ökosystemen nur begrenzt belastbar, d.h., daß die Bearbeitung so schonend vorgenommen werden muß, daß er regenerieren kann. Nur dann kann die Population auf Dauer überleben. Dies bedeutet, daß die Belastung über die Fläche kontrolliert erfolgt. Die Wildbeuterhorden ziehen aus diesem Grunde in ihrem Territorium herum und nutzen so alle Stellen gleichmäßig. Die bodenvagen Shifting Cultivators verlegen ihre Felder, wenn der Boden zu erschöpfen droht und kehren erst nach einer Reihe von Jahren zurück, wenn die aufgekommene Sekundärvegetation eine neue Rodung und landwirtschaftliche Nutzung zulassen (vgl. S.510f).

Wird der Wohnplatz festgelegt, d.h. eine Dauersiedlung angelegt, besteht die Gefahr, daß die dorfnäheren Flächen übernutzt werden. Die Siedler können dem mit Düngung entgegensteuern. Auch dient die Einteilung der Flur in Felder, die in sich einheitlich bewirtschaftet werden, der sachgerechten Bearbeitung, vor allem auch der kontrollierten Nutzung der Flächen. Durch die dauerhaften Anlagen, in diesem Fall also durch die Flurgliederung mit ihren Feldern, wird die Energiegewinnung kontrolliert, wird die Ressourcengewinnung in bestimmte Bahnen gelenkt. Die Feldflächen werden bei der Landnahme, Kolonisation oder bei Flurbereinigungen aufgrund des Wissens um die Ergiebigkeit der Böden markiert.

Eine einfache Theorie über die ländlichen Siedlungsmuster in Abhängigkeit von der Lage der Ressourcen im Lebensraum hat Haggett (1965/73, S. 118 f.) vorgestellt (Abb.51). Dies ist aber nur ein Gesichtspunkt. Es müssen alle Aufgabenkategorien bei der Interpretation herangezogen werden, die Prozesse beeinflussen sich zudem auch gegenseitig, so daß verschiedenartige Muster entstehen können (Otremba 1953/76, S. 182 f.).

Bei einer genossenschaftlichen Struktur der ländlichen Gemeinde – wie im mittelalterlichen Deutschland – mußte darauf geachtet werden, daß jeder Bauer gleich oder doch meßbar (also z.B. Halbbauer) an den Vor- und Nachteilen der Natur beteiligt war; denn sein Gewicht in der Gemeindeversammlung oder seine Berechtigung, Vieh in die Allmende zu treiben, aber auch z.B. seine Verpflichtung, sich an den Wegekosten zu beteili-

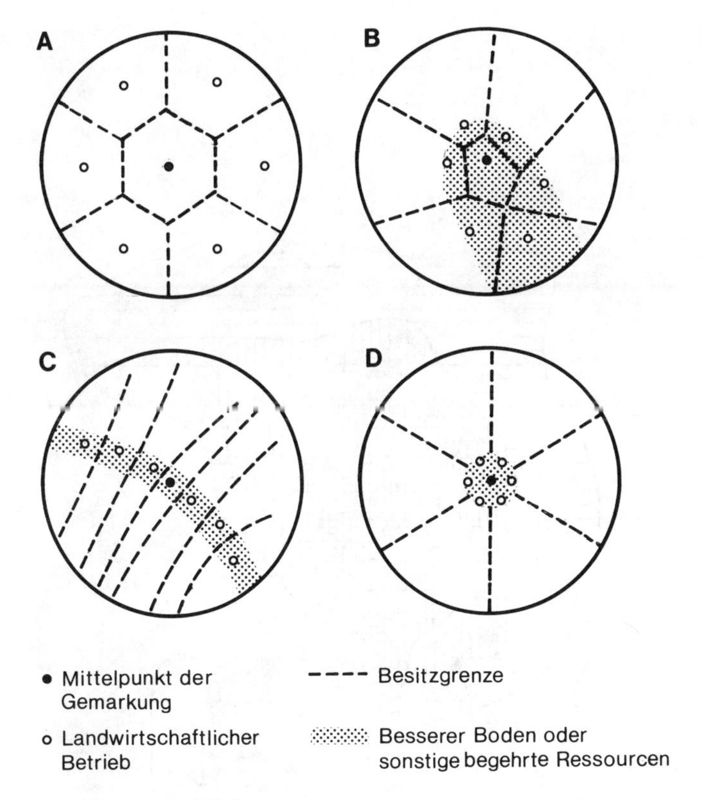

Abb. 51 Tendenzen bei der Bildung von Mustern ländlicher Siedlungen in Abhängigkeit von der Anordnung der Ressourcen unter der Annahme der Gleichberechtigung aller Siedler (genossenschaftliche Verfassung)
Quelle: Haggett 1965/73, S.119

gen, richtete sich nach der Fläche seines Besitzes. Langstreifen-, Gewannfluren und Wald- oder Marschhufenfluren sind Beispiele, wie versucht wurde, diesem Prinzip gerecht zu werden. Bei der Anlage von Kleinblockfluren stehen andere Gesichtspunkte im Vordergrund; vielleicht fehlte eine Planung, vielleicht wurde von einem Dorfältesten die Zuteilung – kraft Autorität – bestimmt. In Dörfern mit ausschließlich kollektiver Bewirtschaftung des Landes fehlen Besitzparzellen (auf freiwilliger Basis Kibbuzim in Israel, als Folge von Zwangskollektivierungen Kolchosen oder landwirtschaftliche Produktionsgenossenschaften in der ehemaligen Sowjetunion bzw. DDR).

Alle ländlichen Siedlungen zeigen einen zentral-peripheren Aufbau; dies gilt schon in wenig differenzierten Agrargesellschaften. So ist das Wirtschaftsland von Pecos, der hier schon häufiger herangezogenen ehemaligen Indianersiedlung im Südwesten der heutigen USA, im Kernbereich intensiv und vorsorgend bearbeitet worden, nach außen zu zwar auch durch Feldbau genutzt, aber mehr im Sinne des Raubbaus, so daß hier die Bodenerosion besonders wirkungsvoll war, starke Spuren hinterließ (Fliedner 1981, S.80 f.). Ganz außen herrschten Jagd und Sammeln vor, also extensive Nutzungsformen (Abb.52). Auch in Mitteleuropa war die Gemarkung gegliedert (Müller-Wille 1936,

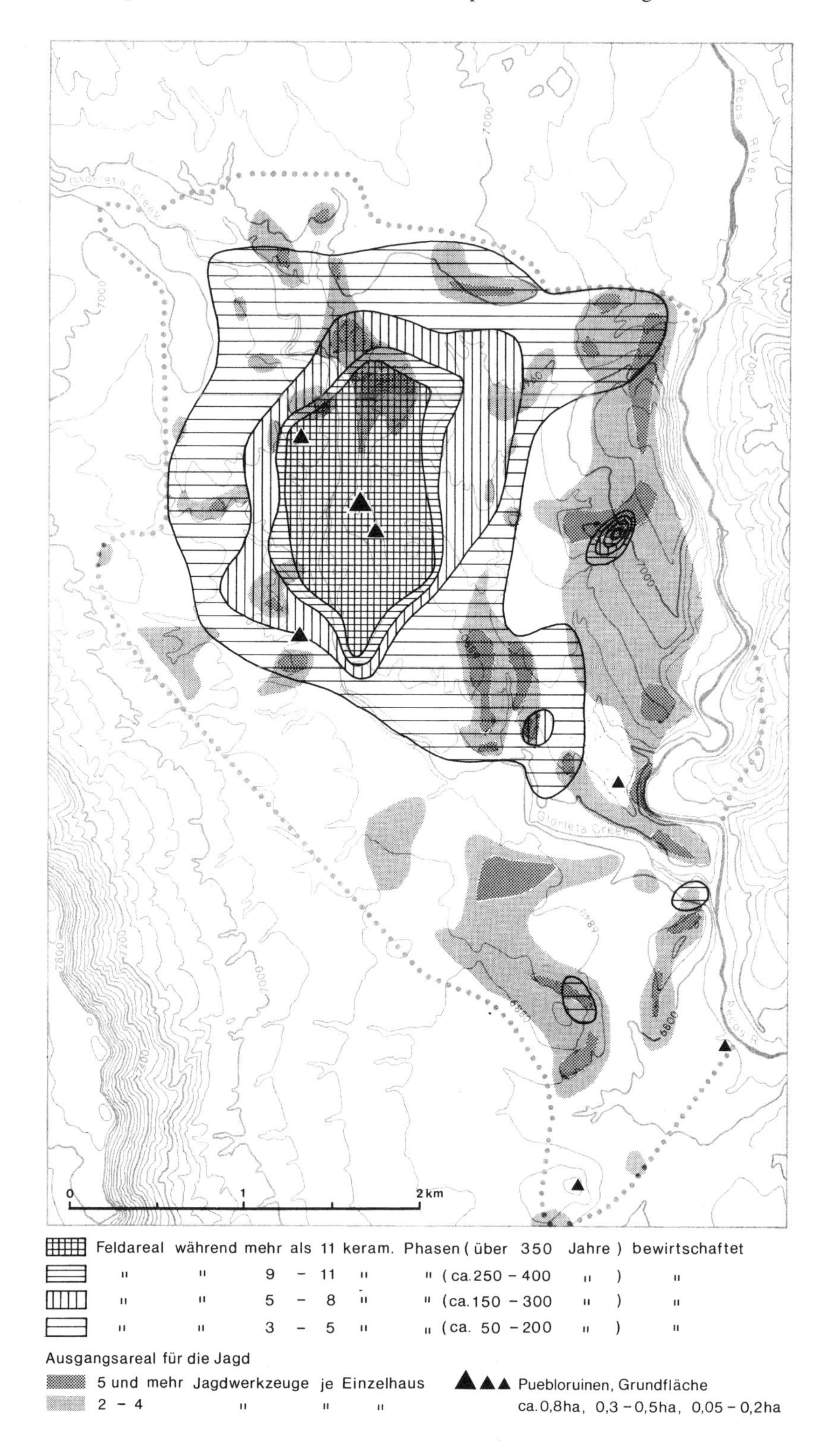
Glorieta Creek
Pecos River
Pecos R.
7000
6800
7800
7200
0
1
2 km
Feldareal während mehr als 11 keram. Phasen (über 350 Jahre) bewirtschaftet
" " 9 – 11 " " (ca. 250 – 400 ") "
" " 5 – 8 " " (ca. 150 – 300 ") "
" " 3 – 5 " " (ca. 50 – 200 ") "
Ausgangsareal für die Jagd
5 und mehr Jagdwerkzeuge je Einzelhaus
2 – 4 " " "
Puebloruinen, Grundfläche
ca. 0,8 ha, 0,3 – 0,5 ha, 0,05 – 0,2 ha

S.89; übersichtlich für das 18.Jahrhundert in Mitteleuropa z.B. M. Born 1974, S.100 f.); im Idealfall zeigt sich: Im Zentrum der Siedlungen liegen die Höfe und Gärten. Sie werden von der Flur, d.h. den Feldflächen umgeben. Der Außenbereich wird von Weide und Wald eingenommen. Die Intensität der Nutzung findet ihr Pendant in der ökologischen Situation. Zwischen dem Kern und dem äußeren Rand des Lebensraumes lassen sich Catenen herausstellen, die in ihrer Zusammensetzung den unterschiedlichen Grad der Veränderung von Pflanzen- und Tierwelt wiedergeben, z.B. vom Dorf zur Gemarkungsgrenze (von Hornstein 1958).

Wenn im Verlaufe der Zeit sich die Gesellschafts- und Wirtschaftsstruktur wandelt, die Struktur der ländlichen Siedlungen dagegen Persistenz zeigt, in den älteren Formen verharrt, muß es zu umfassenden Agrarreformen kommen. Dies kann Neuaufteilung der Flur, Flurbereinigung, Verkoppelung und Allmendeteilung bedeuten, wie sie seit dem 18. Jahrhundert in Deutschland durchgeführt wurden (Abel 1962, S.271 f.; Haushofer 1963/72, S.54 f.). Wichtig ist darüber hinaus die Änderung der Agrarverfassung, z.B. die Abschaffung der Grundherrschaft durch Ablösung (z.B. Stein-Hardenbergsche Reformen in Preußen im frühen 19.Jahrhundert, ihr folgend entsprechende Gesetze in den übrigen deutschen Ländern; Haushofer 1963/72, S.22 f.). In der Gegenwart finden sich zahlreiche Beispiele in den Randgebieten Europas und in den Entwicklungsländern (vgl. S.359f). In Portugal (Schacht 1988) z.B. galt es, den Großgrundbesitz neu zu ordnen, was bisher nur teilweise als Erfolg (Schaffung von Kooperationen und Kleinbauernstellen) gesehen werden kann. Auch in Chile wurden die Latifundien aufgelöst. Hier kam die Reform vor allem den Betrieben mittlerer Größe zugute, die sich als besonders lebensfähig erwiesen. Die Minifundien dagegen sehen sich großen ökonomischen Schwierigkeiten gegenüber (Bähr und Fischbock 1987). Besonders sind in den Ländern der Dritten Welt Agrarreformen vonnöten (Elsenhans, Hrsg., 1979).

Prägung der Gemeinden durch Gewerbe und Handel

Die Organisate, die nichtlandwirtschaftlichen Aktivitäten gewidmet sind, vor allem also Gewerbe und Handel betreiben, sind von Bodengüte und natürlichen Ökosystemen weitgehend unabhängig. Eine Ausnahme bildet der Fremdenverkehr. Braun und Schliephake (1987) untersuchten – anhand empirischer Daten von Oissach am See (Österreich) – den Fremdenverkehr und das Raumangebot unter Berücksichtigung von Nachfrage und Angebot. Freizeit- sowie Urlaubsbedürfnisse und -aktivitäten erscheinen in einem komplexen räumlich bestimmten Ursache-Wirkung-System; dies ist die Nachfrageseite. Auf der Angebotsseite sind – durch die Konkurrenzsituation unter den Anbietern sowie die Notwendigkeit, ein ausgeklügeltes, hochwertiges Infrastrukturangebot bereitzustellen, – die Verhältnisse ähnlich komplex. Hinzu kommen die ökologischen und sozialen Probleme des Massentourismus. So wird die Nachfragestruktur von Bedürfnissen und Restrik-

◄
Abb. 52 Nutzungsdauer des Feldlandes von Pecos und wichtigstes Jagdgebiet
Quelle: Fliedner 1981, S.50; 273

tionen geprägt, Gewohnheiten und Anpassung. Im zeitlichen Ablauf ergibt sich eine Prozeßfolge Raumkonzeption – Raumselektion – Raumnutzung – Raumbelastung.

Städtische Gemeinden sind in sich vielfältig gestaltet, die unterschiedlichsten Flächennutzungsansprüche sind zu regeln; es wurde bereits bei der Behandlung der Stadt-Umland-Population die Gestaltung dieses Siedlungstyps behandelt (vgl. S.465f). Während in den landwirtschaftlich geprägten Gemeinden der Zwang zur Ausnutzung der Fläche und damit eine Tendenz zur Ausdehnung besteht, so hier die Tendenz zur Konzentration auf den günstigsten Ort des Stadtgebietes. Die Vielfalt der Raumansprüche findet ihren Niederschlag in der Formung des Grund- und Aufrisses, die als Ergebnis dieser Bemühungen in verschiedenen Perioden ein wichtiges Interpretationsobjekt – besonders in der Stadtgeographie – darstellt.

Die Formung der Stadt ist in starkem Maße durch die Bewältigung der Baumassen geprägt (W. Müller et al. 1970) – d.h. durch die dauerhaften Anlagen. Die Führung der Straßen, die Festlegung der Höhe der Häuser, die Schaffung von Freiflächen, dies alles entsprechend den topographischen Möglichkeiten, sind typisch städtische, gemeindliche Aufgaben. Entsprechend der Zweckbestimmung gibt es eine sehr große Zahl von verschiedenen Typen von Gebäuden und sonstigen dauerhaften Anlagen. Sie spiegeln die Vielfalt der Aktivitäten wider, in die die Bewohner in ihren verschiedenen Rollen engagiert sind, als Elemente der verschiedenen Populationen. Hier ist nur wichtig, daß die Organisate arbeitsfähig sind, für den Kunden erreichbar, für den Wettbewerb gerüstet.

Aufgrund ihrer vorherrschenden wirtschaftlichen Aktivitäten, nach ihrer Gestalt, ihrem Alter, dem Grad der Differenzierung lassen sich die Siedlungen typisieren. Vom Erscheinungsbild ausgehend und die Entstehung der „Funktion“ einbeziehend typisierte z.B. Höhl (1962) die fränkischen Städte, präzisere statistische Methoden wurden z.B. von Linde (1953), Schneppe (1970) und Hasenfratz (1986) angewendet. Die überkommene Gliederung in ländliche und städtische Gemeinden wird heute immer fragwürdiger. Die postmoderne Gesellschaft schickt sich an, eine komplexe Siedlungslandschaft zu schaffen. Nach den Vorstellungen von Moewes (1980, für Mittelhessen, S.731 f.) könnte ein Stadt-Land-Verbund entstehen, mit Wohnbereichen, Industrieparks, Versorgungseinrichtungen, mit offenen Räumen für Landwirtschaft und Erholung, mit Waldgebieten und Seen. Die Gemeinde wird unter solchen Umständen neu zu definieren sein; die ökonomischen Unterschiede treten zurück, dafür wird vielleicht der Mensch selbst als wichtigstes Definitionsmerkmal in den Mittelpunkt gelangen.

Tragfähigkeit von Gemeinden

Größe und Form der Gemeinde werden zudem durch die Tragfähigkeit bestimmt. Sie wurde bei der Behandlung der Menschheit als Population angesprochen (vgl. S.365f). Dabei wurde auch dargelegt, daß die Gemeinde die Population darstellt, die die Aufgabe hat, die ökonomischen Prozesse zu ordnen. Jede Population hat sich auf Dauer in ihrer Nische einzurichten, so, daß ein Fließgleichgewicht zwischen ihr und der Umwelt entsteht. Im einzelnen können – bei landwirtschaftlich orientierten sowie generell bei wenig differenzierten Gemeindepopulationen, z.B. Lokalgruppen – die nötigen Materialien und Energiestoffe direkt aus dem Territorium, d.h. der Gemarkung der Gemeinde gewonnen werden, oder es müssen in mehr oder weniger großem Umfange bestimmte Materialien oder Energiestoffe von den Territorien anderer Gemeinden zugeführt werden, vielleicht im Tausch gegen andere Materialien oder Energiestoffe, oder durch Kauf. So unterschied schon Fischer (1925) zwischen innenbedingter und außenbedingter Tragfähigkeit.

Borcherdt und Mahnke (1973, S.16) definierten: „Die Tragfähigkeit eines Raumes gibt diejenige Menschenmenge an, die in diesem Raum unter Berücksichtigung des hier (effektive Tragfähigkeit) / heute (potentielle Tragfähigkeit) erreichten Kultur- und Zivilisationsstandes auf agrarischer (agrarische Tragfähigkeit) / natürlicher (naturbedingte Tragfähigkeit) Basis ohne (innenbedingte Tragfähigkeit) / mit (außenbedingte Tragfähigkeit) Handel mit anderen Räumen unter Wahrung eines bestimmten Lebensstandards (optimale Tragfähigkeit) / des Existenzminimums (maximale Tragfähigkeit) auf längere Sicht leben kann".

Populationen besitzen also einen unterschiedlichen Grad an Autonomie; sie schließen sich in verschiedenen Aufgaben gegenüber anderen Populationen ab, in anderen öffnen sie sich. Durch die relativ eindeutige Grenze zwischen der Population und ihrer Umwelt – sowohl zum Ökosystem als auch zu den übrigen Populationen – ist es z.T. möglich, näheren Aufschluß auch quantitativer Art über diese Frage und damit einen Einblick in die Beziehungen zwischen Population und Umwelt zu erhalten. In diesem Sinne entwickelte Zubrow (1971; 1975) verschiedene systemische Modelle, um die Tragfähigkeit eines Raumes, der von wenig differenzierten Stämmen (Indianer in Nord-Arizona) bewohnt wurde, präziser bestimmen zu können. Dabei wurden neben der Bewohnerzahl u.a. Geburten- und Sterberate, Zu- und Abwanderung, Ressourcen etc. als Elemente verwendet. In diesem Sinne müssen auch die Berechnungen von Shantzis und Behrens (1976) auf der Basis der – bereits erwähnten (vgl. S.510f) – Untersuchungen von Rappaport (1967) sowie von Brush (1975) gewertet werden, die einzelne Siedlungspopulationen im tropischen Urwald (Shifting Cultivation) untersuchten und als System interpretierten.

Den das Problem der Tragfähigkeit Untersuchenden ist bald klar gewesen, daß hierbei der verschiedene Grad der Differenzierung eine große Rolle spielt (vgl. S.336f). Eine Vielzahl von Arbeiten von Anthropologen stellt den engen Zusammenhang zwischen Bevölkerungsdruck bzw. Tragfähigkeit und Differenzierung einer Population dar (Boserup 1965; Dumond 1965; Harner 1970; für prähistorische Gesellschaften Cohen 1975).

Ganz abstrakt gesehen kann man in den Aufgabenkategorien, in denen Informationen gewonnen, aufgeschlossen und verteilt werden, den Grad der Autonomie präzise dadurch erfassen, daß man die Zahl der Entscheidungen, die in der Gruppe selbst getroffen werden, und die Zahl derjenigen, die von außen hereinkommen, einander gegenüberstellt (Wiener 1948/68, S.194). Dies ist natürlich nur theoretisch zu sehen und betrifft lediglich den Informationsfluß. Bei den übrigen Aufgabenkategorien ist das Instrument Input-Output-Analyse anzuwenden, wie es bereits Isard (1951, S.318 f.) und Spreen (1966) zur ökonomischen Charakterisierung von Regionen benutzt haben; hierbei wird der Energiefluß untersucht.

Genauer ging Isenberg (1961/65; Isenberg und Krafft 1970) vor. Er unterschied den Teil der Wirtschaft, der für den Fernbedarf produziert („primäre Bevölkerung"), von jenem

Teil der Wirtschaft, der für den Nahbedarf tätig ist („sekundäre Bevölkerung“). (Die Begriffe „primäre“ und „sekundäre“ Bevölkerung sind zu unterscheiden von den primären und sekundären Populationen in unserer Terminologie.) Diese Gedankengänge beruhen letztlich auf der Exportbasentheorie, der Basic-Nonbasic-Konzeption, nach der der Umfang der Nachfrage von außen die ökonomische Entwicklung einer Region bestimmt. Im Sinne unserer Überlegungen heißt dies, daß die Fernbedarfstätigen für das übergeordnete System arbeiten, also mit der Umwelt in Austausch stehen, „fundamentale“ Leistungen erbringen, während die Nahbedarfstätigen für das lokale System arbeiten; in den Tragfähigkeitsberechnungen muß unterstellt werden, daß sie von den Fernbedarfstätigen abhängig sind, „derivate“ Leistungen erbringen. Anders ausgedrückt: die sog. „sekundäre Bevölkerung“ ist an die ökonomische Leistung der „primären Bevölkerung“ gebunden, so daß eine Erhöhung der Tragfähigkeit eines Raumes eine Verbesserung des Outputs der der „primären Bevölkerung“ zugeordneten Organisate zur Voraussetzung hat. Die „sekundäre“, also für den Nahbedarf arbeitende Bevölkerung kann dann ebenfalls zunehmen. Von der übergeordneten Population, z.B. dem Staat, kann durch Subventionen oder Hineinbringen bzw. Abzug von Organisaten direkt die Tragfähigkeit eines Raumes erhöht oder erniedrigt werden. Auch indirekt läßt sich die Tragfähigkeit, das regionale Wachstum beeinflussen.

Diese Überlegungen stellen die Produktion in den Vordergrund, und sie berücksichtigen dabei auch, daß in differenzierten Gesellschaften die Produktion höher ist als in undifferenzierten. Die produzierenden Organisate sind so ein Gradmesser für die Tragfähigkeit. Andererseits – je differenzierter die Gesellschaft, je höher die Produktion ist, je dichter die Menschen leben, um so größer ist auch der Abfall, um so knapper werden die Ressourcen, die der Mensch zum Leben benötigt, also reine Luft, sauberes Wasser etc. Dieses Problem, das in den Gemeinden anfällt, dort, wo die Menschen wohnen und produzieren, ist bisher in die lokalen oder regionalen Tragfähigkeitsberechnungen kaum eingegangen.

Einen weiteren Akzent brachte Mitchell (1979/89, S.155 f.) in die Diskussion; er unterschied zwischen der biophysikalischen und der sozialen Tragfähigkeit. Die biophysikalische Tragfähigkeit meint – im traditionellen Sinne – die Fähigkeit eines Gebietes, Menschen zu ernähren. Die soziale Tragfähigkeit berücksichtigt auch die Qualität der interpersonellen Wirkungen. Sie beruht vor allem auf den Flächen, die notwendig sind, um z.B. Erholungsuchenden den nötigen Freiraum zu gewähren. So haben z.B. Fremdenverkehrsgebiete eine begrenzte Tragfähigkeit.

Die Problematik der Tragfähigkeit muß mit der der Gemeindestruktur und -größe verknüpft werden. Der Begriff Äquifinalität (vgl. S.329f) ist auch in diesem Zusammenhang zu hinterfragen. So wird die Tragfähigkeit zum Menschen geführt, zu seiner Wohnumwelt, seinen Ressourcen, seinem Raumbedürfnis. Der Tragfähigkeitsbegriff könnte dann aus seinem deterministischen Zusammenhang herausgelangen.

3.5.2 Institutionen und Prozesse im Rahmen der Menschheit als Art

3.5.2.1 Institutionalisierung der Aufgabe (Induktionsprozeß: *Adoption)

In der Gemeinschaft leben

Auf dieser Populationsebene der Menschheit als Art erfolgt die Versorgung – Nahrung, Kleidung, Hausbau – und die dazu erforderliche Umweltgestaltung. Die Menschen ordnen sich in die Umwelten ein, adaptieren sich aktiv, um den Energiefluß in ihrem Sinne zu beeinflussen.

Es ist dies andererseits, wie bereits dargelegt, aus systemischer Sicht – aus geisteswissenschaftlichem Blickwinkel müssen natürlich andere Akzente gesetzt werden – die Aufgabe der Menschheit als Gesellschaft. In der Tat hat die Menschheit als Art ihre biotisch bedingten Bedürfnisse dadurch optimiert, daß sie die Gesellschaft durch fortschreitende Differenzierung im Sinne der kulturellen Evolution entwickelt hat. Die Menschheit als Gesellschaft ist so genetisch betrachtet aus der Menschheit als Art hervorgegangen (vgl. S.239f).

Die Differenzierung vollzieht sich auf der Ebene der Familien bzw. Organisate; in diesen Populationen wird die Arbeit geteilt (vgl. S.336f). Dies ist aber nur dadurch möglich, daß Familie und Organisat Teile einer übergeordneten Population sind, deren Mitglieder beiden Populationstypen zugleich angehören. Diese übergeordnete Population ist die Gemeinde, und sie erlaubt das geregelte Miteinander der verschiedenen Populationstypen. In Lokalgruppen lassen sich diese Unterschiede noch nicht erkennen, auch noch nicht in herrschaftlich oder sittenbäuerlich strukturierten ländlichen Gemeinden. Das mittelalterliche deutsche Dorf kannte bereits eine Selbstverwaltung (vgl. S.522f); es war genossenschaftlich organisiert, d.h. neben den Familien waren die Höfe als Organisate in einer anderen Rechtseinheit eingebunden, die ein ökonomisches Zusammenwirken auf Gemeindeebene entsprechend der Leistungsfähigkeit des Hofes erzwang. In städtischen Gemeinden regelte das Stadtrecht die Rechte und Pflichten der Bürger. In hochdifferenzierten Gesellschaften gibt es das bürgerliche Gesetzbuch, ein großer Teil der früher auf Gemeindeebene festgelegten Usancen des Miteinanders ist auf den Staat übergegangen.

Nach König (1958, S.19) bedeutet in älterem Sprachgebrauch Gemeinde und Gemeinschaft das gleiche; beide hatten „eine unmittelbare Beziehung zum Gemeindegrund" … (vgl. S.508). Entscheidend ist für uns, daß die Gemeinde eine Population darstellt, die durch verschiedenartig gestaltete Reglements ihre regulative Struktur erhält. Neben dem geschriebenen Recht gibt es zahlreiche Bindungen und Normvorstellungen, seien sie institutionalisiert oder nicht, die der zentralen Kontrolle unterliegen und ein Miteinander der Mitglieder ermöglichen. Dies gilt für ländliche und für städtische Gemeinden. Die Gemeinde ist der größte Populationstyp, bei dem die Menschen eng, d.h. auf Gesprächsdistanz, zusammenleben.

Die Formulierung „in Gemeinschaft leben" stammt von Partzsch (vgl. S.134f), der so eine seiner Daseinsgrundfunktionen umschrieb. Er verstand darunter (1970a, S.430) „neben der umfassenden Kommunikationsfunktion die des Wohnens", wobei er freilich die

Intimsphäre ausschloß. Hier meint das „In Gemeinschaft Leben" den lokalen öffentlichen Raum außerhalb der Privathaushalte.

3.5.2.2 Durchführung der Aufgabe (Induktionsprozeß: *Produktion)

Gestaltung des Gemeindelebens

Dieser regulative Rahmen umfaßt eine große Zahl von realen Prozessen. Hier sind nicht die Prozesse gemeint, die die Gemeinde in ihrer Verpflichtung gegenüber der Ökonomie durchführen muß (vgl. S.507f), sondern jene, die von den Bedürfnissen der Menschen selbst initiiert sind. In jüngster Zeit hat die Feministische Geographie (vgl. S.560f) dieser Problematik Aufmerksamkeit geschenkt. Jedem Haushalt müssen Einkaufsmöglichkeiten, Kindergärten, Schulen, Spielplätze, Erholungsanlagen in erreichbarer Distanz zur Verfügung stehen. Die ärztliche Versorgung (Notdienst) ist sicherzustellen. Jeder Bürger hat Anspruch auf Schutz vor Verbrechen und Belästigungen etc. Die Administration ist bürgerfreundlich zu gestalten, auch von den Distanzen her (vgl. z.B. Henkel und Tiggemann, 1990; vgl. S.536f). Sicherheit auf den Straßen, Schutz vor Lärm und Abgasen sind anzustreben; Wasser-, Elektrizitäts-, Gasversorgung und Müllentsorgung sind zu regeln, die Einbindung in den öffentlichen Nahverkehr sowie ins öffentliche Straßennetz. Das Vereinsleben ist zu fördern, die Jugend muß Entfaltungs- und Kommunikationsmöglichkeiten erhalten, das kulturelle Angebot hat angemessen zu sein. Gasthäuser, Hotels, Kinos etc. werden im allgemeinen von privater Seite betrieben. Die Kirchen haben ihre wichtigen Aufgaben, u.a. die, das Miteinander menschlich zu gestalten.

All diese Einrichtungen erfordern Investitionen, die von der Gemeinde als öffentlichem Träger, von Körperschaften oder Privatleuten zu tätigen sind. Sie müssen in der Gemeinde ihren Platz erhalten, die Gemeinde mitgestalten, sie bewohnbar machen. Die einseitig ökonomisch bestimmte Ortsgestaltung, wie sie z.B. in den 50er und 60er Jahren betrieben wurde, die exzessive Aufgliederung in Funktionsbereiche, die Bevorzugung des Kraftfahrzeugs in der Verkehrsplanung machten die Städte „unwirtlich" (Mitscherlich 1965/80; Bahrdt 1974). Heute wird mehr eine Durchmischung angestrebt, ein innigeres Miteinander der Funktionen, soweit sich diese nicht stören. Menschliches Maß hat auch bei der baulichen Gestaltung der Gemeinde obzuwalten (vgl. S.532f).

3.5.2.3 Strukturierung der Gemeinde als Primärpopulation (Reaktionsprozeß: *Rezeption)

Die Bewohner, ihrerseits Familien bzw. Haushalten zugeordnet, richten sich in der Gemeinde ein, entfalten ihr eigenes Leben und strukturieren so die Population. Hierbei kommt den sozialen Netzwerken und Nachbarschaften eine zentrale Bedeutung zu.

Soziales Netzwerk

„Heimisch" kann sich das Individuum nur dann fühlen, wenn es auch über die Familie hinaus mit zahlreichen anderen Menschen in Verbindung steht; es ist in soziale Netzwerke eingebunden, die die alltäglichen sozialen Beziehungen bezeichnen. Die Netzwerkforschung versucht, das Feld sozialer Beziehungen systematisch zu erforschen. Dabei stehen z.B. folgende Fragen im Vordergrund: 1) Wie sehen die Beziehungsnetze in der Alltagswelt aus? 2) Welche Funktionen haben sie für die Identität der Subjekte und die Bewältigung der Alltagsprobleme? 3) Durch welche gesellschaftlichen Prozesse werden die Beziehungen gestärkt oder geschwächt? Welche Rollen spielen die Gesundheits- und Sozialarbeit, die Sozialpolitik?

Im Gegensatz zu den die Volksgruppen strukturierenden Kontakt- und Interaktionsfeldern (vgl.S.491f) stehen hier die inhaltlichen Lebensbezüge im Vordergrund. Gerade in der gegenwärtigen Zeit, in der die Menschen aus vor allem ökonomischen Gründen häufig umziehen, ihre soziale Umwelt verlassen, sich eine neue aufbauen müssen, sind solche Forschungen von Bedeutung. Keupp und Röhrle (1987, S.7) schreiben: „Der in spätkapitalistischen Gesellschaften von jedem Subjekt geforderte Individualisierungsprozeß beinhaltet die Chance zu einem eigenen Lebensweg und zur Entscheidung, mit wem man sich assoziieren möchte, und zugleich bedeutet er den vermehrten Verlust an Zugehörigkeit, Eingebundensein, er bedeutet das gewachsene Risiko von Isolation und Vereinsamung". „Die Erkundung von Netzwerken gehört zur Suche nach ‚Gemeinschaft' in der modernen Gesellschaft" (Wendt 1986, S.55). In diesem Feld der „structural analysis" arbeiten Anthropogeographen, Stadtsoziologen und Kulturanthropologen, so in den USA (Wellman und Berkowitz, Hrsg., 1988, insbesondere der Beitrag von Wellman).

Die häufigste Form der Analyse ist die Erhebung persönlicher Netzwerke. Dabei kann man sich Angehörige bestimmter sozialer Gruppen vornehmen, z.B. alleinerziehende Mütter oder alte Menschen (Keupp 1987, S.25). So erhält man einen Überblick über die „Geometrie der sozialen Beziehungen". Z.B. hat eine Untersuchung arbeitsloser Lehrer gezeigt (Strehmel und Degenhardt 1987), daß Zusammenhänge zwischen sozialer Unterstützung und Belastungssymptomen sowie psychosomatischer Belastung bestehen. Diese Belastungen sind aus dem sozialen Netzwerk heraus entstanden. Der Verlust sozialer Unterstützung aus dem Netzwerk heraus trat verzögert, etwa ein halbes Jahr nach Entlassung aus dem Schuldienst auf. Soziale Isolation ist bei dieser Gruppe nicht festzustellen – im Gegensatz zu anderen Arbeitslosen –, wohl aber hat sich die Qualität der Beziehungen geändert; sie sind gedämpfter, indirekter.

Rowe und Wolch (1990) nutzten den zeitgeographischen Ansatz, um deutlich zu machen, welchen Problemen sich die Obdachlosen während des Tages- und Lebenslaufes ausgesetzt sehen und wie sie versuchen, in der Situation zu überleben (Abb.53). Obdachlose Frauen, die in einem Bezirk von Los Angeles untersucht wurden, schaffen sich im personellen Umfeld und in ihren amtlichen und ökonomischen Kontakten ein soziales Netzwerk, das ihnen ermöglicht, mit den Widrigkeiten umzugehen und eine Raum-Zeit-Kontinuität zu schaffen. Solche Beziehungen beeinflussen Identität und Selbstachtung und können als Ersatz für die im „normalen" Leben üblichen stabilisierenden Faktoren wie Wohnung, Familie und Arbeit dienen. (Obdachlosigkeit vgl. auch S.580f)

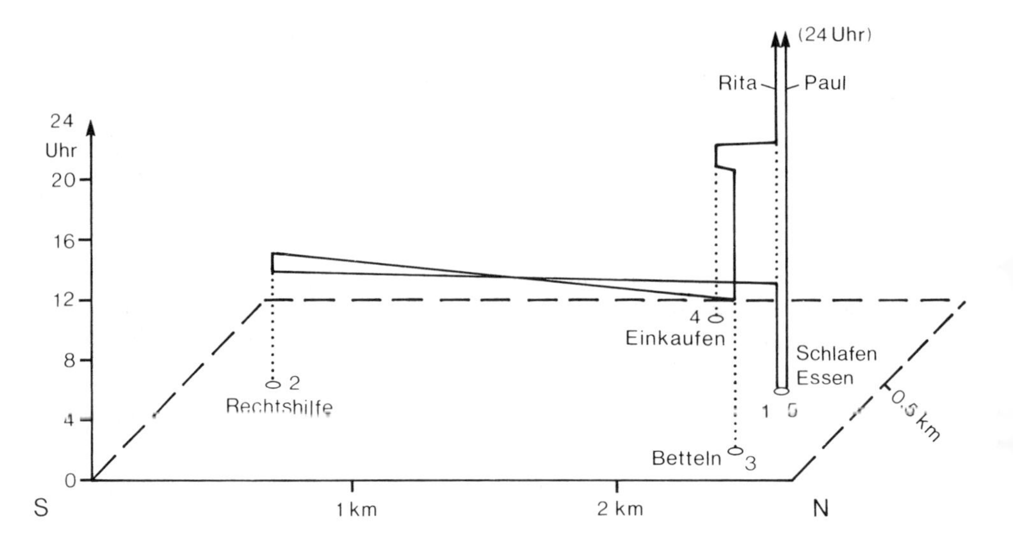

Abb. 53 Typischer Tagespfad eines Obdachlosenpaares in Los Angeles
Quelle: Angaben von Rowe und Wolch 1990, S.193

Soziale Wandlungsprozesse z.B. in innerstädtischen Wohngebieten können für die Bewohner zu einem Verlust an Vertrautheit, Zugehörigkeit, Nachbarschaft, Gemeinschaft führen (Keupp 1987, S.21 f.). Dabei erweist sich, daß die lokalbezogenen sozialen Netzwerke eine Art private Sozialversicherung für Krisensituationen bilden. Während früher die Nachbarschaft in Arbeiterbezirken oft lange stabil blieb, die Eltern im selben Viertel aufgewachsen sind und Bekanntschaften entstanden sind, fielen dem Modernisierungsprozeß viele solche gewachsenen Quartiere zum Opfer.

Nachbarschaft, Wohnumfeld und Sozialverträglichkeit

Die sozialen Netzwerke werden von den Individuen aus gestaltet, von den Wohnstandorten aus. Umgekehrt werden die Menschen mit den unterschiedlichsten aus der Umwelt kommenden Aufgaben konfrontiert; sie betreffen die Versorgung, die Lebensqualität, das menschliche Miteinander in einer sozial geschichteten Gesellschaft mit Privilegierten und Diskriminierten. Es bilden sich unter diesen Aspekten Gruppierungen, die sich ähnlichen Problemen gegenüber sehen, die Nachbarschaften. Es handelt sich dabei um jenen Bereich, der außerhalb des Privatbezirks der Familie angesiedelt ist, andererseits sich aber noch nicht in der Anonymität der Öffentlichkeit vollzieht. „Die Regeln des Verhaltens sind abgestimmt auf Kontakte von Menschen, die sich typischerweise im Alltag im Umfeld der privatisierten Wohnsphäre häufig begegnen, einander individuell identifizieren, d.h. sich persönlich kennen. Sie haben einerseits das Bedürfnis, in ihrem Privatleben nicht gestört zu werden; andererseits haben sie ein gewisses Bedürfnis nach Kommunikation und Kooperation mit bekannten (d.h. verläßlichen) Personen, und zwar bei der Bewältigung von Alltagsproblemen, mit denen die privatisierte Gruppe allein nicht so schnell fertig wird“ (Bahrdt 1974, S.28).

Nachbarschaften sind also Kommunikationsgemeinschaften, die über die Familie hinaus greifen. Die räumliche Nähe der Nachbarn ist mehr oder weniger zufällig entstanden. Nachbarschaften stellen sich als lockeres Netzwerk von Beziehungen dar (Herlyn 1970, S.140 f.). Der nachbarschaftliche Verkehr ist, wie Klages (1958, S.211 f.) bei einer Untersuchung in einem Wohnviertel einer Großstadt herausfand, nicht gruppenspezifisch, sondern bestimmten, meist ökonomischen Aufgaben gewidmet (vgl. auch Hamm 1973, S.80 f.; Schwonke und Herlyn 1967, S.98 f.).

Nachbarschaften entwickeln sich im Laufe der Zeit; sie bilden sich aufgrund gemeinsamer Probleme (Hilfsgemeinschaften) und ähnlicher Interessen, erstellen ein erträgliches Wohnumfeld und bilden oft die Keimzelle von Bürgerinitiativen. Darüber hinaus befriedigen sie das alltägliche Kommunikationsbedürfnis Gleichgesinnter, z.B. Jugendlicher, ermöglichen die soziale Kontrolle; sie dienen aber auch der Herausarbeitung unterschiedlicher Standpunkte und bilden so die Plattform verschiedenartigster Konflikte.

Auch Anthropogeographen widmen sich diesem Themenkreis. So ging Lofland (1989) der Frage nach den Zusammenhängen zwischen privatem Lebensstil, sich wandelnder Nachbarschaft und öffentlichem Leben nach. Er stellte fest, daß Lebensstile sich in der Wahl der Nachbarschaft und dem Engagement im öffentlichen Leben niederschlagen, daß aber auch umgekehrt von diesen Wirkungen auf den Lebensstil ausgehen.

Die materielle Umwelt erscheint als von den menschlichen Gruppen geprägter und sie prägender objektivierter Ausdruck der Lebenswelt (Greverus 1978/87, S.273). Bei der baulichen Gestaltung hat menschliches Maß obzuwalten. Die Perzeptionsforschung hat hier neue Möglichkeiten eröffnet. Lynch (1960/65) zeigte – anhand von kognitiven Karten von Boston –, wie die städtische Umwelt von den Menschen wahrgenommen wird. Er setzte Angaben von verschiedenen befragten Bürgern – betreffend Wege, Bezirke, Merkpunkten, Grenzen, stark frequentierte Punkte – zu Karten zusammen und fand so heraus, welche sichtbaren Teile der Stadt für wichtig gehalten werden, welche bekannt oder unbekannt sind. Hall (1959/76) thematisierte „die Sprache des Raumes", die bebaute Umwelt als System von Symbolen, die Informationen abgeben, die zu entschlüsseln sind. Die Umwelt hat Bedeutung für die Menschen in kultureller Hinsicht und als zum Leben notwendiger Verfügungsraum.

Mit perzeptionsgeographischen Methoden (vgl. S.147f) kann so ein tieferes Verständnis für das, was die Bürger in ihrem Wohnumfeld bewegt, gewonnen werden; vor allem ist dies im Hinblick auf eine Verbesserung der Lebensumwelt von Interesse. So untersuchte Häsler (1988) das Leben im ländlichen Raum des südlichen Neckarlandes, stellte die Wechselwirkungen von Mensch und Umwelt ins Zentrum der Betrachtung, um daraus Folgerungen für die Entwicklung des Raumes und die Verbesserung der Lebensbedingungen zu ziehen.

Kroner (1982) entwickelte Gedanken, wie das Dorf als Wohndorf gestaltet werden sollte, aus „umweltsoziologischer" Sicht. Dabei versuchte sie, „die beiden Umwelten, also die soziale und die räumliche, zu integrieren, Zusammenhänge und Abhängigkeiten zu identifizieren und zu erklären" (S.100). Von daher kommt sie zu Planungshinweisen, die der Stabilisierung des Dorfes als Wohnstandort dienen, so z.B. im Hinblick auf die Dorfkerngestaltung, die Beseitigung von Integrationshemmnissen (Fremdenfurcht, soziale Kontrolle, Kontaktmangel) und auf die Schaffung von Freizeit- und Sozialöffentlichkeit.

Wohnumweltverbesserung bildet heute einen wesentlichen Teil auch der Stadtmodernisierung. Boesch (1986b) stellte fest, daß heute nicht mehr – wie in den 60er Jahren – eine großräumige Entmischung der Grundfunktionen Wohnen und Arbeiten verfolgt wird, sondern ein klarer Trend besteht, die „Wohnlichkeit ans Quartier" zurückzugeben. Das menschliche Maß wird wiederentdeckt, die Stadtpolitik strebt bürgernahe Entscheidungen an. Die Planungen werden in ständigem Kontakt mit den Betroffenen durchgeführt, wobei diese sich als Gesprächspartner einbringen müssen. Ähnlich wurde bei der Altstadtsanierung von Augsburg vorgegangen (Schaffer 1988).

Grohé und Tiggemann (1985) demonstrierten an einem Beispiel in Bochum, wie solche Vorhaben im Rahmen einer ökologischen Planung durchgeführt werden. Ökologische Planung berücksichtigt die natürlichen und sozialen Wirkungszusammenhänge; sie unterscheidet sich also wesentlich von den bisher üblichen ressortorientierten Fach- und Bauleitplanungen. In der Praxis müssen verschiedene Ämter zusammenarbeiten, Arbeitsgruppen bilden. Öffentliche und private Maßnahmen sind zu koordinieren. Dabei ist das Anliegen der Bewohner ausreichend zu berücksichtigen. Die Maßnahmen sind nur dann wirksam, wenn sie vernetzt und langfristig angelegt sind. Stadtsanierungs- und Wohnumfeldprogramme – so die Autoren – müssen als Daueraufgaben gesehen werden. Und Wendt (1986, S.11) meinte: „Der Begriff der sozialen Umwelt darf uns nicht davon abbringen, sie im physisch-materiellen Raum zu erfahren: Was da ‚sozial' heißt, schlägt eindrücklich in der äußeren Struktur des Lebens durch. Der Alltag des Menschen läßt sich als ein raumzeitlich ausgedehnter Haushalt denken, als ein gesellschaftlich entfalteter Prozeß, der Natur in Anspruch nimmt. Wir ziehen den Gesichtspunkt des Haushaltens zugleich in Naturzusammenhängen und sozialen Zusammenhängen heran, um die Verantwortung eines sozialen Engagements zu charakterisieren, das über punktuelle Eingriffe hinaus kommen und lebensgerecht werden will. Die prinzipielle Orientierung am Haushalt von Mensch und Natur bei Rücksicht auf den gemeinsamen Lebensraum sei mit dem Ausdruck ‚ökosozial' gekennzeichnet".

Zunehmend beteiligen sich die Bürger an der Gestaltung ihrer Gemeinde (vgl. S.536f).

3.5.2.4 Formung der Gemeinde als Primärpopulation (Reaktionsprozeß: *Reproduktion)

Die Gestalt der Gemeinde wird durch Umzüge (in Städten vgl. S.472f) geformt, vor allem aber von den für die Baugestaltung zuständigen Behörden im Widerspiel mit den Bürgern, die sich mit ihrer Gemeinde identifizieren, als ihrer „Heimat". Dieser Fragenkomplex soll hier im Vordergrund stehen.

Heimatbewußtsein

Die Gemeinde bildet für die Heimat den strukturellen Rahmen. Für viele Menschen bedeutet aus subjektiver Sicht die Gemeinde „nicht nur ihrer inneren Ausdehnung nach eine Totalität des Lebens", sondern wird „mit der Totalität des Lebens schlechterdings identisch... In diesem Sinne wird auch die Gemeinde zur ‚Heimat' im strengen Sinne, indem sich in ihr nicht nur die Grund- und Durchschnittsformen aller sozialen Aktivitäten und Werte beschließen, sondern darüber hinaus noch ein Stück Natur mit in sie eingeht, so wahr jede Gemeinde immer auch ein Stück sozial und kulturell gestalteter Landschaft ist“ (König 1958, S.10).

Erinnerungen an die Heimat (vgl. auch S.207f) verbinden sich mit unmittelbaren Sinneseindrücken in der Gemeinde, der Nachbarschaft, mit konkreten Dingen wie Straßen, Häusergruppen, Plätze, Schulen, Felder, Gärten und Gewässer. Dabei lassen sich Geräusche, Gerüche, Gefühle der Freude oder der Angst wieder wachrufen. Es sind von der Größenordnung her die unmittelbaren Umwelten, die dauerhaften Anlagen, die überfamiliären Beziehungen zu Freunden oder Nachbarn, die den Rahmen der Erinnerung abgeben. In differenzierten Gesellschaften ist häufig die Heimat der Kindheit keineswegs mehr die Heimat des Erwachsenen; jeder Umzug bringt die Menschen in neue Umwelten. Die Erinnerung läßt dann manchmal den Wunsch hochkommen, im Alter oder auch nach dem Tode wieder in die Heimat der Kindheit zurückzukehren bzw. überführt zu werden. Rowles und Comeaux (1987) untersuchten die Überführungen aus dem als Alterssitz beliebten Staat Arizona; besonders deutlich hebt sich der obere Mittelwesten und die Region an den Großen Seen als Zielgebiet ab, die Heimat der Verstorbenen. „For some, ‚home’ is birthplace symbolizing a bond with the soil (mother earth) from which one originated and to which one is ultimately returned. For others, ‚home’ is a place where significant events within life history transpired. The purchase of a burial plot is often an expression of this existential affinity with a special place“ (S.115).

Dieser affektive Bezug zur Heimat vergangener Lebensabschnitte gibt aber nur einen Aspekt des Heimatbewußtseins wieder; es ist eine ganz subjektive Perspektive. Andererseits ist jede persönliche nahe Umwelt eine potentielle Heimat, in der man sich zunächst einrichtet, an die man Erwartungen knüpft. Hier sind dann nicht mehr nur Erinnerungen, sondern auch Gegenwart und Zukunft in den Begriff einbezogen. Das Individuum, die Familie fühlen sich „heimisch“, identifizieren sich mit ihrer Nachbarschaft, ihrer Gemeinde. Dabei werden die Konflikte weitgehend ausgeblendet. Heimat wird emotional zur positiv bewerteten Lebenswelt. Sie erscheint für die Menschen als ein Symbol für die Integration in die Gemeinde, „die in der sozialen Wirklichkeit unerreichbar ist“ (König 1958, S.124). Heimat wird so zu einer Utopie, die den Impuls zur Verbesserung der Lebenswelt in sich birgt (vgl. S.186f).

So tritt Krüger (1987) für ein prospektives Heimatverständnis ein und führt damit das Heimatbewußtsein an das Gemeindebewußtsein, den Lokalismus (vgl. S.536f) heran. Z.B. werden Eingriffe in die Lebenswelt als problematisch von den Bewohnern erkannt; sie wecken das Bewußtsein für die Lebensqualität und ihre Bedrohung durch von außen eingebrachte Leitvorstellungen von ökonomischem Fortschritt. Dieses Bewußtsein wird in politisches Handeln umgesetzt. So gewinnen hinter dem „strukturellen Gerippe des Raumes … die individuellen und gruppenhaften Einstellungs- und Verhaltensmodi der Menschen in ihrer lebensweltlichen Verhaftung an Bedeutung“ (S.172). Dieses prospektive Heimatverständnis ist mit Aufklärung verbunden, die sicherstellt, daß das Individuum nicht fremde Interessen zu vermeintlich eigenen macht. Der Bürger muß so angemessen an den Entscheidungsprozessen beteiligt werden; hinzu kommt die didaktische Vermittlung im Rahmen einer politischen Landeskunde. So „legitimiert sich ein Pluralismus, der sowohl auf quantifizierende Verfahren der Raumanalyse als auch auf qualitative Verfahren der Lebensweltbedeutung zurückgreift“ (S.174).

Nach Häsler (1988) ist ein ganzheitlicher Heimatbegriff gefragt, der alle Lebensbereiche einschließt, auch und gerade die Konfliktstoffe. Heimat hat nach ihr die Aufgabe, Orientierungshilfen zu geben, „aber nicht, indem sie von den konkreten, alltäglichen Lebensverhältnissen abstrahiert und damit anfällig wird für ideologische und sentimentale Verzerrung, sondern indem ihre Inhalte konkretisiert und auf die Bedürfnisgerechtigkeit der sozialräumlichen Voraussetzungen bezogen werden" (S.173).

Heimat erhält somit eine große Bedeutung für das Identitätsbewußtsein der Bevölkerung. Die in den 60er und 70er Jahren durchgeführte Gebietsreform berührt auch dieses Problemfeld. Haus (1989) untersuchte anhand von drei oberfränkischen Beispielgemeinden das lokale Identitätsbewußtsein im Zusammenhang mit dem aktionsräumlichen Beziehungsgeflecht. Sie kommt zu dem Schluß, daß nicht allein soziale Kontakte (z.B. Verwandtenbeziehungen) für die Ausbildung räumlicher Identität ausschlaggebend sind; sehr wichtig sind auch die Eigenheiten der konkreten Umwelt, die teilweise Symbolcharakter besitzen (z.B. Dorflinde). Aktionsräumliches Verhalten (z.B. bezüglich Einkauf und Arbeitsplatzwahl) und Identitätsbewußtsein können einander beeinflussen. Dies berührt auch die Beurteilung der im Rahmen der Gebietsreform neugeschaffenen Großgemeinden seitens ihrer Bürger. Die traditionellen Präferenzen können durch eine geschickte Integrationspolitik beeinflußt werden.

Die Praxis der Landesplanung kann hier Entscheidendes leisten. Ein Beispiel: Im rheinischen Braunkohlenrevier wurden seit 1945 annähernd 29000 Menschen umgesiedelt. Wirth (1990) untersuchte, was dies für Betroffene bedeutete. Sie stellte aufgrund von Befragungen fest, daß sich in den neuen Gemeinden nur bedingt eine Identifikation mit der neuen Umgebung ausgebildet hat. Besonders die Älteren beklagen den Verlust vorheriger räumlicher und sozialer Bezüge; für die Jüngeren dagegen ist die Umsiedlung häufig mit sozialem Aufstieg verbunden. So verwinden sie eher die negativen Auswirkungen des Ortswechsels. In jedem Fall kann die Planung durch Transferierung dorftypischer Merkpunkte (z.B. im Straßennetz, Bildstöcke, Denkmäler) die Dorfidentität bis zu einem gewissen Maße erhalten, so daß sich auch am neuen Ort ein Heimatbewußtsein entwickelt. Hinzu muß eine Grundausstattung mit Versorgungseinrichtungen im Wohnumfeld sichergestellt sein. Die Bürger müssen dabei beteiligt werden. Die Umsiedlung beeinflußt das Lokalbewußtsein, das bedeutet aber nicht, daß dem Umgezogenen Lokalbewußtsein verlorengeht. Es hängt von der Art der Maßnahmen ab. Es sollte bei zukünftigen Umsiedlungsmaßnahmen vielleicht nicht nur die Umweltverträglichkeit, sondern auch die Sozialverträglichkeit geprüft werden.

Lokalismus, Stadtteilbewußtsein

Die formalen administrativen Strukturen geben für die Prozesse den Rahmen ab. Wie sehr sich die Bürger damit identifizieren, äußert sich auch in ihrer Beteiligung am Gemeindeleben. Dadurch werden die lokalen Macht- und Entscheidungsstrukturen mitgestaltet. Parteien, Unternehmen, Bauern, Bewohner, Lobbyisten, Bürgerinitiativen etc. artikulieren ihre Wünsche. Die Community-Power-Forschung geht diesen Fragen im Detail nach (z.B. Siewert 1979). Die soziale Schichtung, die – oft ökonomisch bestimmten – Interessenverbände, Privilegierung und Diskriminierung, die Eigentumsstruktur sind Faktoren, die die Entscheidungen über Bauvorhaben, die Straßenführung etc. beeinflussen. Dabei kann es zu Koalitionsbildungen außerhalb der Gemeinderäte kommen (Cox und Mair 1988 mit Beispielen aus den USA).

Die Identitätsfindung und -erhaltung einer Gemeinde als Population ist ein komplexes Problem. Daß die aktuell drängenden Probleme und die gegenwärtigen Wirtschafts- und Sozialstrukturen mit den daraus resultierenden Machtverhältnissen das politische Leben einer Gemeinde prägen, zeigte am Beispiel einer bäuerlichen dörflichen Gemeinde Matter (1986). Darüber hinaus bestimmen aber auch die vergangenen Ereignisse und Konfliktsituationen die Dorfpolitik mit. Mündlich tradierte Geschichte wirkt in den vielfach von alteingesessenen Familien beherrschten Gemeinden als eine Art „kollektives Gedächtnis", wirkt im geltenden Werte- und Normsystem der Dorfbewohner nach und bestimmt auch die dörfliche politische Kultur.

Das politische Engagement der Bürger im ländlichen Raum – so stellte Jarren (1986) fest –, der „ländliche Lokalismus" wird von den Kommunikationsverhältnissen im Ort und von den Massenmedien stark beeinflußt. Die Kommunikation auf dem Lande ist dabei keineswegs nur von Offenheit, Direktheit und Harmonie geprägt; vielmehr spielen auch die Statusschranken eine Rolle, viele Themen werden in Diskussionen ausgeklammert. „Die kontinuierliche personale Kommunikation wird zunehmend auch auf dem Lande durch Nachbarschafts- und Verwandtschaftsbeziehungen sowie durch kleine und kleinste Interessengruppen bestimmt" (S.305). Andererseits büßten in jüngerer Zeit diese Beziehungen mit dem Rückgang an gemeinsamen Arbeitsaktivitäten und dem zunehmenden Fernsehkonsum an Bedeutung ein; einen echten Ersatz gibt es noch nicht. Die Lokalzeitungen sind nicht konkret genug. Vielleicht können lokale Parteizeitungen, Pfarr- und Gemeindebriefe etc. Abhilfe schaffen; politisches Engagement auf lokaler Ebene ist von solchen konkreten Informationen abhängig.

Dorfsanierung bildet in diesem Zusammenhang ein zentrales Problem. Haindl (1986) warf das Problem auf und stellte es im Zusammenhang mit der „Revitalisierung der dörflichen Alltagswelt", unter Heranziehung von Beispielen aus dem Tessin und dem Odenwald. Es besteht die Gefahr, daß mit der Sanierung eine Überfremdung von außen her das dörfliche Leben zerstört, vor allem in landschaftlich reizvollen Gegenden; Armut von gestern wird zur Schönheit von heute umfunktioniert. Dagegen ist wichtig, die dörfliche Alltagswelt behutsam zu reaktivieren, durch kollektive Aneignung der Neuerungen seitens der Bevölkerung. Die Bewohner sind in das Sanierungsverhalten voll einzubeziehen. „Es muß akzeptiert werden, daß eine der stärksten Triebfedern des menschlichen Lebens die eigene Mitwirkung bzw. Mitverantwortung ist". Erreicht werden muß, daß der Wille des Menschen respektiert wird, „in möglichst selbstbestimmter Übereinstimmung mit seiner Umwelt zu leben" (S.403/04). Lokalismus bedient sich des Heimatbewußtseins (vgl. S.534f).

Das Selbstbewußtsein der Menschen in den ländlichen Regionen (vgl. S.479f) hat im letzten Jahrzehnt stark zugenommen. Hiervon mag auch die ökonomische Lebensfähigkeit des Raumes profitieren. Zang (1986) schilderte – unter Zuhilfenahme von Interviews und mündlicher Tradition –, wie sich im ländlichen Raum eine Wechselwirkung zwischen den von außen einwirkenden Strukturen und dem subjektiven Verhalten der Bewohner herausgebildet hat. Der dörfliche Strukturumbruch beeinflußt die Lebensläufe, die Lebensläufe beeinflussen aber auch den Strukturumbruch. Die „Provinzialisierung" hat so eine „objektive, strukturelle" und eine „subjektive" Seite. Das relative Zurückbleiben wirkt sich auf den Einzelnen aus und wird als unverbundene Abfolge verschiedener Zustände im Alltag empfunden, nicht als zusammenhängender, dynamischer Prozeß. Es besteht ein starker Wunsch der Einheimischen, in der Region zu bleiben, wenn auch die Möglichkeiten immer geringer werden. Dieser Wille mag für eine eigenständige Entwicklung des ländlichen Raumes wesentlich werden.

Ähnliche Erfahrungen machte Häsler (1988), die ca. 500 Menschen im ländlichen Raum des südlichen Neckarlandes befragte. Die Vorteile des Landlebens werden höher gewichtet als die durchaus wahrgenommenen Nachteile, die sich aus den strukturellen Defiziten ergeben.

Der zunehmende Lokalismus bringt auch den Wunsch mit sich, mehr politische Kompetenz auf die lokale Ebene zu verlagern, um so eine bessere Artikulation „von unten" her zu ermöglichen. Demokratie „von oben", Entscheidungsgewalt von der staatlichen oder regionalen Zentrale aus wird als nicht mehr befriedigend empfunden; die betroffenen Bürger wollen ein größeres Mitspracherecht erreichen, vor allem in den Fragen, die sie unmittelbar berühren (z.B. Autobahnbau, Elektrizitätsversorgung, Abfallbeseitigung etc.).

Über diesen Fragenkomplex – aus britischer Sicht – meinte Cooke (1989, S.27): „The principal lesson to be drawn from this account is that the active creation of local networks of power is a necessary protection against the overarching powers of state and global economy ... Clearly, local power operates in a hierarchical relationship to many other nonlocal forms of power, but these tend to be routine and often negative in nature, hence vulnerable to hard-edge critical thinking".

Auch in Städten gilt es, dem politischen Willen der Bürger stärker Rechnung zu tragen. Weichhart, Weixlbauer u.a. (1990) zeigten am Beispiel eines Stadtviertels in Salzburg Möglichkeiten einer „partizipativen Planung" auf der Stadtteilsebene auf. Es wird von den Autoren einer nutzerbezogenen kleinräumigen Stadtplanung auf Stadtteilebene das Wort geredet. Voraussetzung ist ein Viertelsbewußtsein, das auf der Nachbarschaft aufbaut, die Bindung der Stadtbewohner an ihr Quartier. Es bestehen emotionale Bindungen der Bewohner zu den Stadtteilen, die sich in einer ausgeprägten „Viertelsloyalität" äußern. Die kulturellen Aktivitäten spielen für die Lebensqualität eine bedeutsame Rolle, wobei einerseits zwischen Arbeitswelt und Freizeitwelt, andererseits zwischen Alltagskultur und Hochkultur unterschieden werden muß. Die kulturellen Einrichtungen müssen den Bedürfnissen angemessen sein. Der Stadtteil stellt für Aktivitäten der gehobenen Alltagskultur die wichtigste Handlungsbühne dar.

Am Beispiel einer Stadtteilentwicklung versuchte Franz (1989), die Machtstrukturen in einer Siedlung zu deuten und darüber hinaus zu zeigen, daß Mikro- und Makro- (oder Meso-)ebene miteinander verknüpft werden können. Er entwickelte ein „constrained choice-Modell", um Prozesse der Stadtteilentwicklung zu erklären. Dabei nahm er an, daß die Stadtentwicklung als kollektives Phänomen auf Handlungen von Akteuren zurückzuführen ist, die ihrerseits wieder Reaktionen auf – dem Stadtteil eigentümliche – Bedingungen darstellen. Die „choice"-Dimension kommt bei Bewertungen aufgrund stadtteilübergreifender Vergleiche in politischen Aktivitäten bei Selbsthilfevorhaben in den Bereichen Sozialberatung, Kultur, Gesundheit etc. zum Ausdruck. Auf der anderen Seite ist die „constrained"-Dimension zu sehen, die die Handlungsfreiheit der Individuen einengt, repräsentiert vor allem durch die Machtposition des politisch-administrativen Systems, der Wohnungsbaugesellschaften etc. Die Machtstrukturen wandeln sich. Neben direkte Eingriffe in die Sphäre der Bewohner – z.B. in der Verdrängung von Mietern in den Innenstädten sich äußernd – treten zunehmend komplexere und indirektere Formen der Machtausübung, wobei eine Vielzahl von Akteuren involviert ist. Systemische Effekte machen die Prozesse unübersichtlich; es kommt z.B. bei Neuerschließung von Baugebieten zu unerwarteten Folgeprozessen (Verkehrsprobleme, Verödung von Stadtzentren, Soziallastenverschiebung etc.). Mikro- und Makroebene stehen sich also nicht statisch gegenüber, sondern beeinflussen sich in vielfältiger Weise. So muß die forschungsleitende These, „daß die Bewohner der Städte aufgrund erweiterter Handlungsmöglichkeiten ihre Umwelt in zunehmendem Maße selbst gestalten und verändern, ohne sich dessen oft bewußt zu sein, und damit eine Dynamik städtischen Wandels begründen, die schwieriger zu verstehen und zu steuern ist als in der Vergangenheit ..." (S.3), in differenzierterer Weise beantwortet werden.

3.5.3 Prozeßsequenzen und Beispiele strukturverändernder Prozesse

3.5.3.1 Beispiel einer Prozeßsequenz

Die Gemeinde formt sich und ihre Umwelt im Jahresrhythmus; die gesamte Prozeßsequenz nimmt mehrere – durchschnittlich fünf – Jahre in Anspruch (vgl. S.323).

Der Jahresrhythmus ist in der Natur vorgegeben, im Wechsel von Wetter, Vegetation und Tierwelt. Würde man in der Hierarchie der Populationen in der Menschheit als Gesellschaft, deren Prozeßdauer sich ja um jeweils eine Zehnerpotenz unterscheidet, herabsteigen, so würde man auf einen Halbjahresrhythmus kommen. Die Adaptation der Gemeindepopulation in die Umwelt erfordert aber die Anpassung an den naturgegebenen Zyklus.

Als Beispiel eines strukturverändernden Prozesses (die theoretischen Grundlagen der Prozeßsequenz vgl. S.303f) diene eine Sanierungsmaßnahme im Ortsteil Wadern (ca. 2000 Einwohner) der nordsaarländischen Stadtgemeinde Wadern (insgesamt 16000 Einwohner) (Wiemer 1991). Die gesamte Maßnahme hat sich über mehrere Jahre erstreckt, die einzelnen Teilprozesse folgten etwa im Jahresrhythmus: Erste Vorüberlegungen erfolgten 1968 im Rahmen der agrarstrukturellen Vorplanung Losheim-Wadern-Weiskirchen, die erste Anfrage beim zuständigen Ministerium 1969/70 (Perzeption). 1970 wurde ein Werkvertrag mit der Deutschen Gesellschaft für Landentwicklung (DGL) geschlossen. 1972-75 erfolgten der Beschluß der Gemeinde, das Verfahren durchzuführen, sowie die Festlegung des Sanierungsgebietes (einschl. Änderungen) (Determination). Die Entwicklungsgesellschaft – nun in festem Vertragsverhältnis – legte in den Jahren 1973-78 Planungen vor, informierte die betroffenen Bürger, holte deren Einverständnis ein (Regulation). Die Bebauungspläne für die Teilgebiete wurden im einzelnen im zuständigen Kreisbauamt in den Jahren 1975-80 erarbeitet und genehmigt (Organisation). Die öffentlichen Finanzierungsmittel (ca. 8 Mio DM) erhielt die Gemeinde zwischen 1974 und 1983 (Dynamisierung). 1975/76 begannen die konkreten Maßnah-

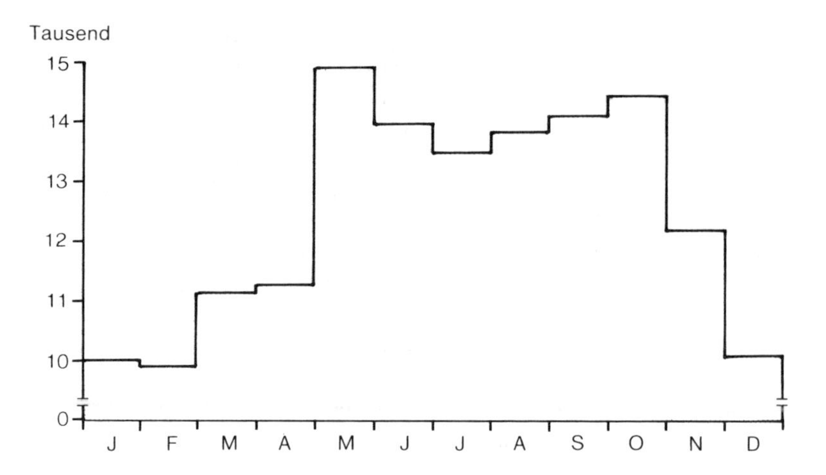

Abb. 54 Fremdenübernachtungen im Saarland im Ablauf des Jahres 1990
Quelle: Statistische Berichte Saarland G IV, 1991

men, d.h. Erwerb von Grundstücken, Tiefbau, Renovierung alter Gebäude seitens der Stadt; hinzu kamen die Investitionen privater Eigentümer und Anlieger (Kinetisierung).

In ähnlichen zeitlichen Größenordnungen werden die Verfahren zur Erschließung von Bauland in ländlichen Gemeinden abgewickelt.

3.5.3.2 Einzelne Beispiele von Prozessen im Jahresrhythmus

Eine monatlich geführte Statistik gibt es nur in wenigen Sachgebieten; insofern ist es nur selten möglich, quantitativ untermauerte Beispiele von Prozessen im Jahresrhythmus darzustellen:

Am augenfälligsten erhält die Landwirtschaft den klimatischen Jahreszyklus aufgezwungen, die ländlichen Siedlungen richten ihre Arbeit darauf ein, „ländliches Jahr" (Jensch 1957; Otremba 1953/76, S. 148 f.; Ruppert 1987). Besonders auffällige saisonale Schwankungen treten in der Fernweidewirtschaft (Born 1965; Beuermann 1967; Beaujeu-Garnier 1967) und bei den Sammlern und Jägern auf (Thomas 1973, S. 159).

Der Jahresrhythmus bestimmt in hohem Maße den Fremdenverkehr (Abb.54), greift auf die Industrieproduktion (z.B. Mode, Automodelle), die Bauwirtschaft und die Energiegewinnung durch, wenn hier auch die Schwankungen geringer sind. Auch bei dem mit dem Gewerbe verbundenen Fernverkehr oder dem internationalen Verkehr fehlen saisonale Schwankungen nicht, wie z.B. sich im Schiffsverkehr zeigt (Couper 1972, S. 93). Die Beschäftigung unterliegt – wie auch die Produktion – saisonalen Schwankungen (zusammenfassend aus bevölkerungsgeographischer Sicht Beaujeu-Garnier 1967, S.246 f.). Die Arbeitslosigkeit ist bekanntlich im Winter am höchsten und im Sommer am niedrigsten (Abb.55).

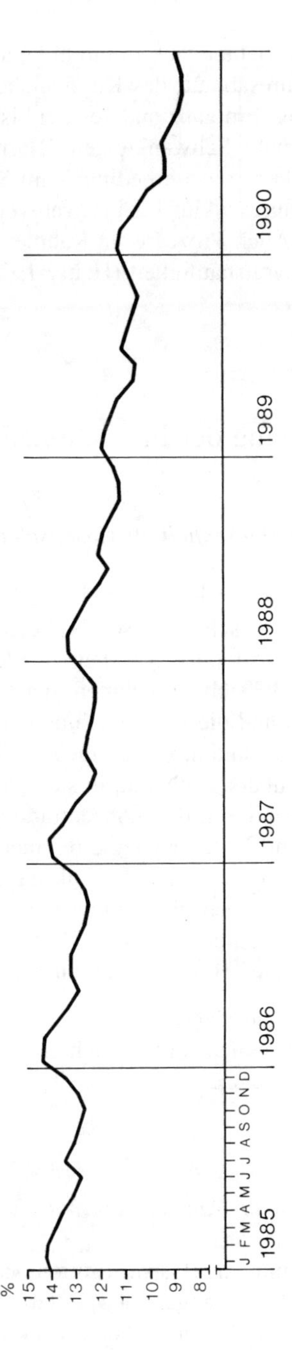

Abb. 55 Arbeitslosigkeit im Saarland 1985-1990
Quelle: Landesarbeitsamt Rheinland-Pfalz-Saarland. Statistisches Sonderheft 1/1991

Die Schulen und Universitäten richten sich in ihrem Unterrichtsrhythmus und ihrer Semestereinteilung nach dem Jahresablauf; das Kirchenjahr ist weiterhin zu nennen, oder die staatliche Haushaltsplanung. Ein ganz anderes Feld ist die Kriminalität; die Gewaltdelikte zeigen deutlich saisonale Schwankungen (Harries, Stadler und Zdorkowski 1984); sie sind – natürlich nicht nur wetterbedingt – im Sommer am höchsten. Weniger bekannt dürfte sein, daß der Jahreszyklus bis ins Wahlverhalten zu verfolgen ist (Fliedner 1961, S. 186 f.; Abb.56). Auch Prozesse im Rahmen der Menschheit als Art – wie Kindersterblichkeit und die Heiratshäufigkeit (Henry 1976, S.37 f.; 40 f.) zeigen saisonale Schwankungen.

3.5.4 Formale Einordnung der Institutionen und Prozesse

Die Gemeinde im Rahmen der Menschheit als Gesellschaft (Sekundärpopulation)

Aufgabe der Gemeinde ist die Dynamisierung, d.h. die Versorgung mit Energie aus der untergeordneten Umwelt; die Wirtschaft ist so als die Basisinstitution anzusehen. Die Institutionalisierung kann als *Adoption gesehen werden. Die Durchführung (*Produktion) hat auf die Umwelt Rücksicht zu nehmen (u.a. Hazard); der Gemeinde obliegt die Aufgliederung der Flächen und die Bereitstellung der Infrastruktur (dauerhafte Anlagen). Flächennutzungskonflikte sind unvermeidlich. Im Reaktionsprozeß (*Rezeption) ordnen sich die Aktivitäten in überschaubaren, in sich gleichartigen Einheiten. Die Bevölkerung fügt sich diesem Trend ein; die Konzentration gleichartiger Gruppierungen, z.B. ethnische Minderheiten und Unterprivilegierte, auch Ghettobildung gehören hierher. Die Gemeinde formt sich so zu einem Mosaik dauerhafter Anlagen und sozialer Viertel (*Reproduktion). Dabei haben die Landwirtschaft auf der einen und Gewerbe und Handel auf der anderen Seite unterschiedliche Gestaltungstendenzen. Die Tragfähigkeit der Gemeinde und damit deren Bevölkerungszahl hängt von diesen Prozessen ab.

Diese Prozesse vollziehen sich im Jahresrhythmus, von Natur vorgegeben. Die Teilprozesse ordnen sich zu Prozeßsequenzen von mehreren Jahren (5-10 Jahre Induktionsprozeß bzw. gesamte Prozeßsequenz).

Die Lokalgruppe oder Gemeinde im Rahmen der Menschheit als Art (Primärpopulation)

In Gemeinschaft leben könnte man als Basisinstitution betrachten (*Adoption). Die Gemeinden haben hierzu die Voraussetzungen zu schaffen, durch Bereitstellung der Infrastruktur und die Einrichtung dauerhafter Anlagen (*Produktion). Im Reaktionsprozeß (*Rezeption) bedeutet die Aneignung die Identifikation der Bewohner mit ihrer Gemeinde, d.h. rezeptives Heimatbewußtsein. Hieraus erwachsen soziale Netzwerke und Nachbarschaften. So wird die Gemeinde in sich strukturiert. Die Population formt sich durch ihr politisches Handeln, an dem sich die Bürger beteiligen (Lokalismus) sowie durch Migration und natürliche Bevölkerungsbewegung (*Reproduktion).

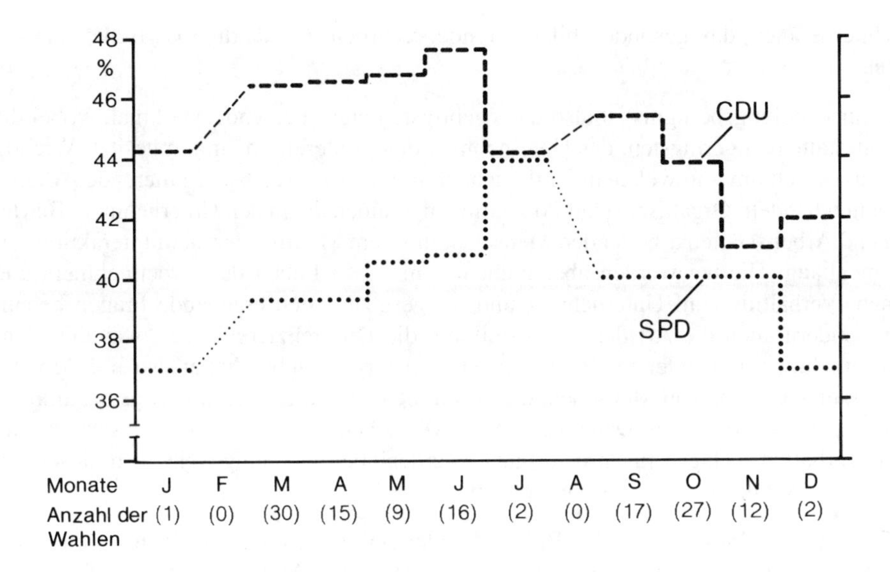

Abb. 56 Wahlergebnisse der Bundestags-, Landtags- und Kommunalwahlen in der Bundesrepublik Deutschland (Monatsmittel 1959-1987). Anteil der CDU und SPD an den gültigen Stimmen (Landtags- und Kommunalwahlergebnisse in den Bundesländern umgerechnet entsprechend dem Verhältnis bei der nächstgelegenen Bundestagswahl)
Quelle: Statistisches Jahrbuch der Bundesrepublik Deutschland; Berechnungen von J. Heymann

3.6 Organisat, Familie

3.6.0 Definitionen. Die Kinetisierung als Aufgabe

Die Kinetisierung im Rahmen der Menschheit als Gesellschaft erfolgt auf der Ebene der Familien und Organisate (vgl. S.319f). Die Primärpopulation ist die Familie. Die Ausgliederung der beruflichen Funktionen führte zur Gründung der Organisate. Organisate bilden mit Unternehmen, Betrieben und Arbeitsstätten denselben Gegenstand; während aber diese aus industriegeographischer oder auch betriebswirtschaftswissenschaftlicher Sicht untersucht werden, so jene aus sozialgeographischem oder auch soziologischem Blickwinkel. Brücher (1982, S.29 f.) unterschied – unter Bezug auf Quasten (ersch. 1985) – aus dem Blickwinkel der Industriegeographie

1) Arbeitsstätten, also örtliche Betriebseinheiten auf einem Grundstück mit mindestens einem Erwerbstätigen, außerdem

2) Betriebe, d.h. organisatorisch selbständige, örtlich abgegrenzte Wirtschaftseinheiten, und schließlich auch

3) Unternehmen, d.h. gesondert bilanzierende, rechtlich selbständige Wirtschaftseinheiten.

Die Entscheidungsbefugnis ist also das wichtigste unterscheidende Merkmal, wobei die Arbeitsstätte den geringsten, das Unternehmen den größeren Spielraum besitzt. Wichtig ist, daß es sich um – in welchem Umfang auch immer – sich selbst regulierende Arbeitseinheiten handelt. Organisate sind Populationen, meinen die in den Unternehmen, Betrieben und Arbeitsstätten arbeitenden Menschen in ihrem Miteinander, dem Interaktionszusammenhang. Hierbei werden aber nicht nur mit dem Leben des Arbeitnehmers und seinem Verhältnis zum Unternehmer und Vorgesetzten sich ergebende Fragen behandelt, sondern auch die Art der Arbeitsteilung, die Differenzierung, das, was die Menschen tun, um miteinander zu produzieren etc. Ein Organisat beinhaltet also eine Arbeitseinheit, eine Gruppe von Menschen, die zusammengekommen ist, um etwas bestimmtes zu tun, etwas herzustellen. Dabei nutzen die Menschen die Technik, die Maschinen und die dauerhaften Anlagen für ihre Aufgabe, werden aber auch umgekehrt von diesen, im Sinne der Produktionsoptimierung, geformt.

In Gewerbe und Industrie werden Rohstoffe oder Halbfertigwaren zu Fertigwaren verarbeitet. Aber auch in solchen Organisaten, die nicht direkt Materie veredeln, wird etwas durchgeführt oder erzeugt. Hier sind die Organisate in den nichtökonomischen Aufgabenkategorien zu benennen; Beispiele sind Kirchen, Praxen, Büros, Ämter, Verkehrsbetriebe, Kasernen, Hotels, Geschäfte.

Aus betriebswirtschaftlicher Sicht sind Betriebe als produktive, den privaten Haushalten als primär konsumptiven Wirtschaftseinheiten gegenüberzustellen. Die Betriebe ihrerseits gliedern sich in Unternehmungen sowie öffentliche Betriebe und Verwaltungen (Schierenbeck 1987, S.23 f.). Der Mensch geht in die Wirtschaft nur insofern ein, als er ein Produktionsfaktor unter anderen ist. Er erscheint nicht als Glied einer Population.

Dagegen stehen in der Soziologie die Menschen im Vordergrund des Interesses. Im einzelnen befassen sich verschiedene Zweige mit dem Thema, vor allem die Arbeits-, Berufs-, Industrie- und Betriebssoziologie, die Kutsch und Wiswede (1986), mit anderen Teildisziplinen, zur Wirtschaftssoziologie rechnen. Der Betrieb erscheint als soziale Organisation. Dabei stehen z.B. die Beziehungen zwischen den Individuen im Arbeitsprozeß, die Rollenstruktur, die Spannungen und Konflikte – auch in ihren Bezügen zu außerbetrieblichem Miteinander –, die Auswirkungen des technologischen Fortschritts, gruppendynamische Phänomene, das Verhältnis zwischen Management und Arbeiterschaft, die Rolle des Angestellten etc. zur Frage (Hartfiel und Hillmann 1972/82, S.83 f.; Zündorf 1979). Die Sozialgeographie hat bisher nur andeutungsweise dieses Metier behandelt, im Rahmen vor allem der Industriegeographie. Geipel (1969/81) betrachtete besonders die Außenbeziehungen der arbeitenden Menschen, und Sedlacek (1988, S.18) sah als allgemeinen Zweck des Unternehmens an, seinen Mitgliedern eine ausreichende wirtschaftliche Existenz zu gewährleisten.

Wir wollen uns insbesondere mit den Prozessen befassen, die diesem Populationstyp, also dem Organisat zugrundeliegen, dem hierarchischen Übereinander, der beruflichen Struktur und der Arbeitsteilung, den Produktionsschritten, dem distanziellen Nebeneinander im Betrieb, dem Informations- und Energiefluß, der die Population erhält; dabei müssen wir uns vor allem auf nichtgeographische Literatur stützen. Die Bezüge der

Arbeitenden zu den Familien zählen in diesem Fall zu den Verknüpfungen zur Umwelt. Diese Sichtweise würde derjenigen entsprechen, die auch bei den übrigen Populationstypen – Gemeinde, Stadt-Umland-Population etc. – angewandt wird.

Die Organisate werden durch einen strukturverändernden Prozeß in jeweils ca. einem Jahr oder einer Saison umgewandelt. Die einzelnen Teilprozesse nehmen ca. eine Woche oder einen Monat in Anspruch (vgl.S.322f).

Sind im Rahmen der Menschheit als Gesellschaft die Organisate die mit der Kinetisierung befaßten Populationen, so im Rahmen der Menschheit als Art die Familien; sie erscheinen in der Hierarchie der Populationen auf derselben Ebene und sind im Rahmen der Differenzierung der Gesellschaft selbst in starkem Maße verändert worden.

3.6.1 Institutionen und Prozesse im Rahmen der Menschheit als Gesellschaft

3.6.1.1 Institutionalisierung der Aufgabe (Induktionsprozeß: *Adoption)

Erzeugung als Basisinstitution

Im Induktionsprozeß ist die Erzeugung die Basisinstitution; die mit ihr verbundenen Zwänge bestimmen das Prozeßgeschehen. Der Begriff Produktion soll hier nicht verwendet werden, wegen der Belegung dieses Begriffes im Aufgabenkanon der Prozeßsequenz (*Produktion).

Auf der Ebene der Familien und Organisate vollzieht sich die für die kulturelle Evolution besonders wesentliche Arbeitsteilung (vgl. S.336f). Die ursprünglich in den Familien durchgeführten Arbeiten sind für das Überleben wichtig; es sind neben der Fortpflanzung, Erziehung und ähnlichen Verrichtungen die Herstellung von Waren, Nahrungsmitteln, Kleidung, Geräten, Wohnung und Medizin.

Die Organisate stehen also im Informations- und Produktenfluß, d.h. sie benötigen Anregungen, Nachfrage, also Kunden, dann Energie, Materie, Rohstoffe, also Zulieferer; sie benötigen darüber hinaus Arbeitskräfte und zahlreiche weitere Dienste. Das bedeutet, daß jedes Organisat, und sei es die einfachste Arbeitsstätte, Umländer besitzt, eine Weitwirkung, die über seinen lokalen Standort hinausgreift. Hierdurch wird das Organisat abhängig von Kunden, anderen Organisaten und Wohngebieten. Umgekehrt bindet das Organisat seine „Umländer“ an sich, und im Zuge dieser gegenseitigen Beeinflussung kommt es zu Anpassungserscheinungen, die die Umgestaltung auch der übergeordneten Populationen veranlassen; auf die Entstehung der Stadt-Umland-Populationen sei in diesem Zusammenhang hingewiesen. Organisate sind die entscheidenden Schrittmacher bei der Bildung von Sekundärpopulationen überhaupt.

Die Erzeugung setzt einen Plan voraus. Der notwendige Faktoreneinsatz (Input) und das Ergebnis, die Menge der Produkte (Output) können berechnet werden. Die Kapazität ist eine Konsequenz des inneren Aufbaus der Organisate und des Umfangs der Investitionen; sie entscheiden über das Produktionsvolumen und die Produktionsgeschwindigkeit.

Die Größe der Organisate wird durch den Umfang der Erzeugung bestimmt, die ihrerseits von der Größe und der Nutzungsintensität des Umlandes an der Input- und Outputseite abhängig ist. An der unteren Grenze liegen Kleinbetriebe, darüber ordnen sich Mittel- und Großbetriebe an. In die komplexen, organisatorisch gegliederten Großunternehmen der modernen Wirtschaft, Handelsunternehmen, Bergbau- oder Industriekonzerne sind viele Organisate integriert; sie sind aber auch selbst als Organisate zu betrachten.

Die Produktivität, je Arbeitskraft gemessen, hängt von dem persönlichen Vermögen der Arbeitskräfte ab (vgl. S.571f), auch von den Hilfsmitteln, der Zuordnung und der Einpassung in den übergeordneten Prozeß. Daher ist Technik, sind Medien – Maschinen, Geräte, Instrumente etc. – notwendig, die eine kontrollierte Erzeugung ermöglichen oder doch erleichtern. Technik ist Teil der sozialen Ordnung; sie hilft mit, eine soziale Ordnung zu verkörpern, zu schaffen oder zu ändern (Novotny und Schmutzer 1981, S.26 f.). Die Anordnung bestimmter Einzelheiten in einem technischen System, die Einbettung in andere Systeme oder Verkopplung mit anderen – Systemen, Zugang und Handhabung – kurz gesagt das „soziale Design“ haben großen Einfluß auf die Organisate, ihre räumliche Effizienz und ihre humane Komponente. „Technische Zwänge“ formen die Population des Organisats. Es wird eine Anpassung der sozialen Organisationsformen an technische Gegebenheiten verlangt, eine Anpassung, die neben möglichen Effizienzsteigerungen auch Einschränkungen der persönlichen Entfaltungsmöglichkeit mit sich bringen kann.

Die öffentliche Deklarierung ihrer Aufgabe ist für die meisten konkurrierenden Organisate zur Sicherung des Outputs unabdingbar. Ein Handwerks- oder Industriebetrieb z.B. hat sich die Bestimmung gegeben, gewisse Waren zu erzeugen oder Dienstleistungen zu erbringen; sie haben dies nach außen zu verdeutlichen. Private Betriebe sind zudem meist auf Werbung angewiesen.

Organisate schaffen sich auch ihre dauerhaften Anlagen, in denen die Menschen die Arbeiten verrichten und in denen die für die Produktion nötigen Medien, also Geräte, Instrumente, Maschinen installieren und betreiben lassen. Die Gebäude und Räume werden so zu gestalten versucht, daß sie für die Verrichtungen als optimal erachtet werden und dies auch nach außen kundtun sollen. Vielfältige Einflüsse aus den übergeordneten Populationen (z.B. architektonische Stilmittel) kommen hinzu. Organisate, Durchführung, Technik und Gebäude gehören funktional zusammen.

3.6.1.2 Durchführung der Aufgabe (Induktionsprozeß: *Produktion)

Arbeitsteilung und Kooperation (Mikroebene)

Die Prozesse in den Organisaten werden durch die Arbeitsteilung aufgegliedert in viele Einzelschritte (vgl. S.336f). „Die Arbeitsteilung innerhalb eines Betriebes dient der Umsetzung betrieblicher Ziele in bearbeitbare Aufgaben, womit das allgemeine betriebliche Interesse an der Nutzung von Arbeitskraft konkretisiert wird“ (Littek 1982, S.117). Die Aufgliederung im Zuge der Arbeitsteilung läßt sich verschieden vornehmen. Nach Brockhoff (1988, S.101) kann man hierarchisch (entsprechend der Position in der Befehlsstruktur), sektoral (entsprechend der Zuordnung zu den Abteilungen) und nach dem Engagement im Betrieb (entsprechend dem Beschäftigungsverhältnis) gliedern.

Nach Wachtler (1982, S.21) können unterschieden werden:

„1. wird der gesamte Komplex aller anfallenden Arbeit innerhalb eines Sozialzusammenhanges so aufgegliedert, daß einzelne Teilarbeiten entstehen (Aufgabendifferenzierung)

2. werden die so entstehenden Teilarbeiten auf die verschiedenen arbeitsfähigen Mitglieder verteilt (Berufsdifferenzierung);

3. sind soziale Mechanismen vorhanden, um die Vielzahl der von einzelnen verrichteten Teilarbeiten wiederum zu einem sinnvollen Ganzen werden zu lassen (Arbeitsorganisation); und

4. wird die Verteilung der durch die Arbeit entstehenden Produkte auf die einzelnen Gesellschaftsmitglieder geregelt (Verteilungsstruktur)".

Mit der Arbeitszerlegung muß eine Abstimmung der Arbeitsschritte einhergehen. Sie werden entweder in Einzelarbeiten durchgeführt oder in Gruppenarbeit, Kooperation. Büroarbeit und das Bedienen von Maschinen ist im allgemeinen Einzelarbeit, d.h. es wird eine bestimmte Arbeitsaufgabe jeweils von einer Arbeitskraft durchgeführt. Kooperation liegt dann vor, wenn eine Arbeitsgruppe Hand in Hand arbeitet, sich gegenseitig durch Beratung und Hilfestellung unterstützt; dies ist die „teamartige Kooperation", wie sie z.B. in der Bauwirtschaft verbreitet ist. Die „gefügeartige Kooperation" besteht dann, wenn durch die technische Vermittlung einer Anlage eine feste systematische Zusammenarbeit besteht. „Linienartige Kooperation" schließlich gibt es am Fließband (Littek 1982, S.119 f.).

Diese Gliederung ist vom einzelnen Arbeitsplatz aus gesehen. Im Erzeugungsprozeß kann man entsprechende Unterschiede erkennen:

1) Eine Arbeitskraft vollführt viele unterschiedliche Arbeitsschritte. Z.B. haben der Handwerker im Kleinbetrieb, der Zahnarzt, die Sekretärin ein vielseitiges Programm zu bewältigen mit sehr unterschiedlichen Einzelschritten.

2) Die Arbeiten sind in der zeitlichen Reihenfolge aufgegliedert, das Werkstück oder die Information wird in etlichen Arbeitsschritten, die jeweils von anderen durchgeführt werden, hintereinander fertiggestellt. Z.B. wird Erz gegraben, das Eisen wird geschmolzen, dann in der Schmiede bearbeitet; die Schmiedestücke werden schließlich mit Holzteilen zu einem Wagen zusammengefügt.

3) Die einzelnen Zwischen- und Endprodukte werden in großer Stückzahl hergestellt, zu immer komplexeren Produkten zusammengefügt und schließlich an einem Fließband montiert. Diese Art der Erzeugung geht mit einer starken Spezialisierung der einzelnen Arbeitskräfte einher und kann stark rationalisiert werden. So kommt es zu einer hierarchischen Ordnung der Produktionsstätten und zu einer Massenfertigung, die die Produkte sehr verbilligt („Taylorismus", „Fordismus"). Andererseits bringt die Arbeit am Fließband starke psychische und physiologische Probleme mit sich.

4) Die Automatisierung der Massenproduktion und der Ausbau der Kommunikation läßt neue Strukturen der Zusammenarbeit entstehen. Rechnergestütztes Arbeiten wird zur

Norm. Die Organisation wird dezentralisiert, „Fertigungsinseln" werden immer wichtiger, Qualitätszirkel, teilautonome Arbeitsgruppen. Diese „partizipatorischen Organisationsformen" fördern das Selbstwertbewußtsein, motivieren die Beschäftigten (v.Eckardstein 1987). Kennzeichnend ist das Teamwork, die Zusammenarbeit in kleinen überschaubaren Gruppen, die nicht nur Einzelteile, sondern auch komplizierte Produkte in vielen Arbeitsschritten herstellen. Die Arbeitsschritte werden für jeden transparent. So kommt es zu Funktionsbündelung am Arbeitsplatz (Bühner 1987, S.80). Für diese Art der Arbeitsorganisation ist auch der Begriff „Postfordismus" geprägt worden.

Ein weiteres wichtiges Merkmal der Organisate besteht in der Hierarchie der Arbeiten und der damit verbundenen Kontrolle. Die Leitung koordiniert die Einzelarbeiten zu einem sinnvollen Ganzen und kontrolliert die Beschäftigten bei ihrer Arbeit. Wenn man so will, handelt es sich um eine Herrschaftsausübung im Betrieb. Hier variieren die Relationen Über-/Untergeordnete mit dem Grad der Mitbestimmung, dem Verantwortungsbewußtsein und der Loyalität. Dies ist zweifellos ein Konfliktfeld (Littek 1982, S.120 f.).

Drei Typen der formellen hierarchischen Organisation sind erkennbar (Franke 1980, S.55 f.):

1) Das Lineare System bedeutet eine einfache Hierarchie mit dem Vorgesetzten an der Spitze der Pyramide; an der Basis steht der Mitarbeiter ohne Weisungsbefugnis.

2) Das Funktionale System beinhaltet eine sektorale Aufgliederung; Spezialisten sind für jeweils alle Arbeitseinheiten der untergeordneten Ebenen zuständig, so ein Funktionsmeister für die Arbeitsverteilung, ein zweiter für die Maschinenwartung, ein dritter für die Arbeitsanleitung.

3) Das Stab-Linien-System ist ein Kompromiß zwischen Linearsystem und Funktionalsystem. Die Spezialisten – z.B. Ingenieure, Chemiker, Psychologen – werden aus der hierarchisch geordneten Linie der Weisungsbefugnis herausgenommen und in „Stabstellen" gleichsam in Sackgassenposition gestellt.

In großen Betrieben sind in der Hierarchie Zwischenebenen notwendig; denn ein Vorgesetzter kann nur eine gewisse Zahl von Personen überblicken. Das erschwert die Informationsweitergabe. Manche Mitarbeiter „filtern" unangenehme Informationsbestandteile heraus. Umgekehrt gelangen nur wichtige, oft verdichtete und damit verzerrte Informationen von unten nach oben zur Spitze. Durch diese Unzulänglichkeiten ist oft überdimensioniert erscheinender Schriftverkehr nötig.

Eine Verlagerung der Kompetenzen auf eine niedere Ebene oder eine Dezentralisation der betrieblichen Entscheidungen kann sinnvoll sein. Der Vorgesetzte wird von solchen Arbeiten entlastet, die weniger Qualifizierte erledigen können. So wird die Gesamtheit des Personals in höherem Grade gefordert, können die Mitarbeiter auch die Bedürfnisse nach Erleben des eigenen Wertes und der eigenen Wirkung befriedigen (Franke 1980, S.62).

Die räumliche Anordnung der Produktionsstätten innerhalb und außerhalb der Organisate wird so vorgenommen, daß möglichst geringe Kosten entstehen. So sind die Distanzen so gering wie möglich zu halten, so daß ein Arbeitsschritt dem zweiten folgen kann.

Dazu müssen die Werkstücke ohne Verzögerung zur Verfügung stehen. Die Maschinen werden in den Fabriken so angeordnet, daß dies möglich ist (anhand eines Automobilwerkes vgl. Brücher 1982, S.112). Die Außenbeziehungen sind problematischer. Entweder die Zuliefererfirmen sind nicht weit entfernt, oder größere Lager im empfangenden Werk sind erforderlich oder das Lager wird sozusagen auf die Straße und Schiene verlegt, d.h. Kraftwagen und Bahn transportieren ständig die Teile und liefern sie pünktlich ins Werk („just in time").

3.6.1.3 Strukturierung der Organisate (Reaktionsprozeß: *Rezeption)

Berufe

Im Reaktionsprozeß stellen sich die Menschen auf die durch den Induktionsprozeß gegebenen institutionellen Notwendigkeiten ein, gestalten so ihre Population, d.h. das Organisat. Die Erzeugung und ihre Effektivität sind entscheidend für das Arbeitsleben der Menschen, für die Ausbildung, die Wahl ihres Berufes; man kann – aus marxistischer Sicht (vgl. S.461; 574f) – auch sagen, daß die Segmentierung der Gesellschaft vom Kapital gesteuert wird. Beruf erscheint als Zugeordnetsein der Arbeitskräfte zu gewissen Positionen im Organisat. Im Detail gibt es unterschiedliche Sichtweisen. So definieren Hartfiel und Hillmann (1972/82, S.76 f.) den Berufsbegriff: „Er meint eine Kombination spezifischer Leistungen bzw. die Fähigkeiten und Fertigkeiten zur Erstellung dieser Leistungen ebenso wie die ‚Grundlage für eine kontinuierliche Versorgungs- und Erwerbschance' (Max Weber), oder die auf Neigung und Begabung sowie fachliche Ausbildung beruhende Eignung des einzelnen Menschen in Wirtschaft und Gesellschaft, oder einen von der Gesellschaft als soziale Position abgegrenzten Tätigkeitsbereich mit spezifischen Orientierungen, Wertungen und Zielvorstellungen."

Etwas anders sahen es Brater und Beck (1982, S.209): „Die institutionalisierten, dem einzelnen vorgegebenen Muster der Zusammensetzung und Abgrenzung spezialisierter Arbeitsfähigkeiten, die gewöhnlich mit einem eigenen Namen benannt werden (‚Ingenieur', ‚Schlosser', ‚Friseur', ‚Lehrer' usw.) und den Ausbildungen als differenzierendes und strukturierendes Organisationsbild zugrundeliegen, nennen wir Berufe".

Die Geschichte der Berufe lehrt, daß die Aufteilung der Arbeit und ihre Zusammenfassung zu Arbeits- oder Kompetenzbereichen, die von Individuen zu übernehmen sind, nahezu beliebig vorgenommen werden können (Brater und Beck 1982, S.211). Konkrete Arbeitsplatzanforderungen und Berufsausbildung sind weitgehend entkoppelt, was dazu führt, daß Einzelberufe und Arbeitsfähigkeiten auf dem Arbeitssmarkt erscheinen, miteinander in Konkurrenz treten.

Es muß aber auch auf die hierarchische Komponente in der Berufszugehörigkeit hingewiesen werden. Die Hierarchie der Berufe – Un- und Angelernte, Facharbeiter, Fachschulberufe, Fachhochschul- und Hochschulberufe – verläuft etwa parallel zur Hierarchie sozialer Schichten (vgl. S.414f), entspricht so auch den Stabilitätserfordernissen der innerbetrieblichen Hierarchie der Arbeitsplätze (Beck, Brater und Daheim 1980, S.70).

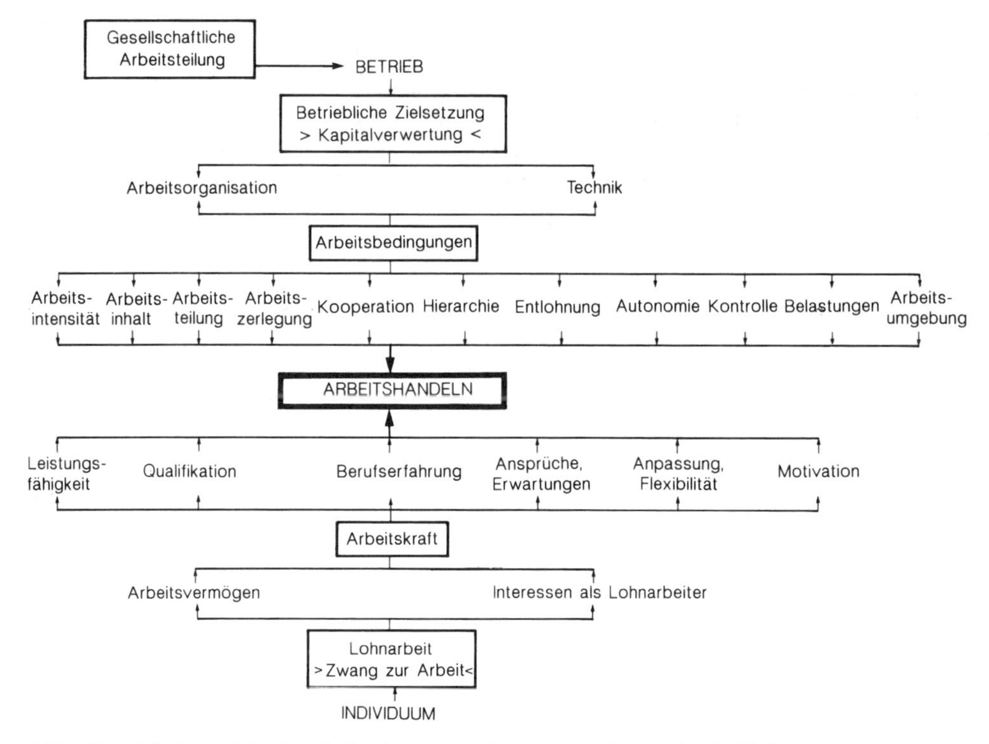

Abb. 57 Arbeitshandeln des Individuums im Organisat zwischen betrieblichen Anforderungen und subjektivem Angebot
Quelle: Littek 1982, S.116; leicht verändert

Das Miteinander der Menschen im Organisat

Formelle Kontakte zwischen den Angehörigen der Organisate sind durch den Organisationsplan, durch Richtlinien oder Arbeitsanweisungen vorgeschrieben. Informelle Kontakte werden vom Betrieb nicht ausdrücklich gefordert (Franke 1980, S.54; Littek 1982; Abb. 57). Die Unterscheidung zwischen beiden Arten von Kontakten ist sicher fragwürdig; sie sind im Arbeitshandeln miteinander verwoben. Dennoch ist die Unterscheidung sinnvoll; denn beide sind unterschiedlichen Ursprungs. Der formelle Organisationsplan wird von der Betriebsleitung geschaffen (im Induktionsprozeß), die informelle Ausfüllung ist Sache der betroffenen Mitarbeiter (im Reaktionsprozeß). Der offizielle Organisationsplan sieht z.B. eine Hierarchie vor, doch realiter kann die Hierarchie ganz verschieden gehandhabt werden. So kann der Vorgesetzte durch die Art der Arbeitsanweisung die Wertschätzung des Nachgeordneten deutlich machen. Zudem läßt sich durch Statussymbole die Rangposition zusätzlich verdeutlichen (Franke 1980, S.76 f.), z.B. durch die Größe des Zimmers, das Vorhandensein von Gardinen etc. Für manche Mitarbeiter sind solche Statussymbole für das Selbstwertgefühl von großer Bedeutung.

Informelle Kontakte entstehen immer, wenn Menschen zusammen sind (Franke 1980, S.65 f.). Es läßt sich eine gegenseitige Einwirkung und gegenseitige Steuerung des Verhaltens erkennen. Urteile anderer bilden Orientierungswerte. Soziale Eingliederung bietet Geborgenheit, jeder Mitarbeiter will eine Rolle im Ganzen spielen, die ihm ein Wertgefühl vermittelt. Sympathiegefühle beeinflussen das Verhalten erheblich; es kann so zu kleinen informellen Arbeitseinheiten kommen, mit wechselseitigem Abhängigkeitsverhältnissen. So können aber auch über die nähere Umgebung hinaus Beziehungen entstehen, die vorteilhaft sein können, andererseits aber auch als „Seilschaften“ Probleme mit sich bringen; denn andere werden ausgeschlossen.

„Die informellen Beziehungen, die gewissermaßen Quer- und Diagonalverstrebungen in einem Betrieb bilden, halten das Ganze – über die positiven gefühlshaften Beziehungen von Belegschaftsmitgliedern – zusammen und geben ihm eine gewisse Elastizität“ (Franke 1980, S.71). Durch Betonung der formellen Rolle verhindert man das Aufbrechen von Widerständen und die Äußerung unerträglicher Zumutungen. Umgekehrt kann man die formelle Härte durch informelle Begleitaktionen ausgleichen und damit den störenden Effekten nachhaltiger Enttäuschungserlebnisse vorbeugen.

3.6.1.4 Formung des Organisats (Reaktionsprozeß: *Reproduktion)

Organisate nach dem Grad an Differenziertheit

Die zunehmende Arbeitsteilung findet ihren sichtbaren Ausdruck in einer immer weitergehenden Zersplitterung der Produktionsaktivitäten, d.h. einer sich verstärkenden Differenzierung und einer Vervielfachung der Organisattypen. Differenzierung ist die Reaktion auf Arbeitsteilung. Dabei dürfen die Organisate, wie dargelegt (vgl. S.543f), nicht lediglich als konkrete, lokalisierbare, von technischen Einrichtungen erfüllte dauerhafte Anlagen gesehen werden, als Produktionsstätten; vielmehr handelt es sich um Populationen, um miteinander interagierende Menschen, die auf ein bestimmtes Ziel hinarbeiten, das Erzeugnis. Andererseits sind die Menschen nicht als solche, sondern als Arbeitskräfte gemeint, soweit sie engagiert sind und ihre Rolle spielen. Der Grad der Arbeitsteilung entscheidet über Art und Einbindung der Menschen, über die Differenziertheit der Organisate.

Dies gilt z.B. für die Organisate im Aufgabenbereich der Informationsgewinnung und -verarbeitung. So haben sich die in Forschungsstätten und Schulen Beschäftigten mit immer komplexeren Untersuchungsgegenständen und Lehrinhalten zu beschäftigen. Auch für die Kirchen werden Verwaltung und Lehre differenzierter. Insbesondere nimmt die Aufgabenvielfalt der staatlichen Administrationen stark zu, was zu einem immer stärker spezialisierten Beamten-, Angestellten- und Arbeiterapparat führt.

In den ökonomischen Organisaten steuern die Menschen den Energiefluß, wandeln Rohmaterial in Produkte um. Die zunehmende Arbeitsteilung führt zu immer stärkerer Spezialisierung der in den Organisaten arbeitenden Menschen. Durch den Erwerb von Kenntnissen über die Nutzungsmöglichkeiten der Umwelt, durch ihre Ausrichtung, ihre hierarchische und räumliche Ordnung geben sie dem Organisat eine spezifische differenzierte Struktur, die es ihm erleichtert, aus der Umwelt Energie zu gewinnen. Je besser diese Vorleistungen im Informationsfluß, um so höher ist die mögliche Intensität der Prozesse, um so größer die nachhaltige Energieausbeute. Daß diese Grundsätze häufig nicht beachtet werden, ist leider Gewißheit, ändert aber nichts an den Feststellungen als solchen, daß Wissen und Planung erlauben, die Umwelt schonend zu nutzen.

So läßt sich nach dem Grad an Differenziertheit eine Sequenz von der Sammelwirtschaft über die Urwechselwirtschaft – die sich noch weiter in Feld-Wald-Wirtschaft und Feld-Busch-Wirtschaft mit unterschiedlich langen Brachphasen aufgliedern läßt (Boserup 1965) – zur Feld-Gras- und Felderwirtschaft sowie Gärtnerei konstatieren.

In noch deutlicherer Weise lassen sich Typen von Industrieorganisaten unterscheiden, entsprechend dem Grad an Differenziertheit, d.h. auch dem Grad der Spezialisierung der in den Organisaten arbeitenden Menschen:

Die erste Gruppe
der Organisate stellt relativ einfache Produkte in beschränktem Umfang trotz hohem Arbeitskräfteeinsatzes her. Es werden kaum andere Industriebetriebe einbezogen und technische Vorbedingungen gestellt. Beispiel ist die Textilindustrie.

Die zweite Gruppe
umfaßt jene Organisate, in denen Eisen- und Stahlbleche sowie -schienen (Schwerindustrie), einfachere Maschinen, Eisenbahnwagen etc. produziert werden. Sie stellen höhere Forderungen an die Infrastruktur, z.B. in Bezug auf Energie, auf Verkehrsanschluß, eine angelernte Arbeiterschaft.

In einer dritten Gruppe
sind diejenigen Organisate zusammengefaßt, die kompliziertere Investitionsgüter, chemische Erzeugnisse etc. herstellen. Sie sind an Ballungsgebiete und große zentrale Orte mit guter Infrastruktur und Populationen mit gehobenem technischen Knowhow gebunden. Ein vielfältiges Angebot im tertiären Sektor, zahlreiche Arbeitskräfte und gute Verkehrslage sind als Faktoreneinsatz Bedingung.

Die vierte Gruppe
ist durch einen besonders großen Forschungsaufwand und/oder durch einen hohen Grad der Automation gekennzeichnet. Vor allem sind die „Hightech“-Unternehmen zu nennen (Computerherstellung, Atomindustrie, Biotechnologie etc.) mit hochqualifizierten Mitarbeitern. Diese Organisate benötigen vielfältige Anregungen und Kommunikation mit wissenschaftlichen Instituten, sind aber nicht unbedingt an Großstädte gebunden.

Für die in diesen Organisaten verschiedenen Grades an Differenziertheit engagierten Menschen ergibt sich ein unterschiedlicher Grad an Spezialisierung in ihren Tätigkeiten, ein wachsender Wissenshintergrund, der mit einer ausführlicheren Ausbildung einhergeht; d.h. daß jedes im Arbeitsprozeß befindliche Individuum selbst eine zunehmende „Infrastruktur“ besitzen muß, um kompetent und verantwortungsvoll seine Aufgaben im Produktionsprozeß wahrnehmen zu können. Die Spezialisierung im Zuge der Arbeitsteilung kann für die Inhaber der Berufe auch spürbare Verluste an Freiräumen mit sich bringen, evtl. eine Dequalifikation, eine Einschränkung an Kreativität und Verlust eines Restes an spontaner Selbstbestimmung (Novotny und Schmutzer 1981, S.31).

In der jüngsten Zeit, bei der vierten Gruppe, erhält die Entwicklung aber einen neuen Akzent. Ausgehend von Untersuchungen der Automatisierung in der Automobilindustrie, des Werkzeugmaschinenbaus und der Chemischen Industrie kamen Kern und Schumann (1986) zu der Überzeugung, daß der Prozeß der Arbeitsteilung, in dem Sinne, daß die Arbeitskräfte für jeweils spezielle Arbeiten ausgebildet und eingesetzt werden, sich umkehre. Die Fortschritte in der Mikroelektronik verlagern die Spezialisierung in die Maschinen. Die Arbeitskräfte erhalten zunehmend integrierende Aufgaben. Diese Aufgaben erfordern einen hohen Ausbildungsstand, und dementsprechend gibt es auf der anderen Seite die Arbeitslosen als die Verlierer dieses Prozesses.

Die Menschen formen als ganzheitliche Individuen ihr Leben, betätigen sich politisch, besitzen in der Familie verantwortungsvolle Aufgaben. Ob das Problem der Entfremdung (vgl. S.583) durch die neue Entwicklung entschärft wird, bleibt abzuwarten.

Verbundenheit der Mitarbeiter mit dem Organisat; Tradition

Als Population trachtet das Organisat danach, sich selbst zu erhalten. Deshalb sind in ihm alle Aufgaben angemessen zu erfüllen – ob vom Arbeitgeber oder Arbeitnehmer. Das gilt nicht nur für die ökonomische Struktur, die das Organisat im arbeitsteiligen Gesamtzusammenhang zu verbessern und so seine Position zu behaupten und auszubauen versucht; denn das Organisat hat ja eine spezifische Aufgabe zu erfüllen im Informations- und Energiefluß. Es gilt in ganz entsprechender Weise für das Organisat als ein von Menschen betriebenes Ganzes. Die Eigner sind am Profit interessiert, den sie konsumieren oder wieder investieren können. Die Beschäftigten verdienen ihren Lebensunterhalt. Beide Gruppen werden durch ihr Wirken gesellschaftlich evaluiert, erhalten Selbstwertgefühl und menschliche Bedeutung, die Basis für ihr Tun.

Insofern ist begreiflich, daß das Organisat auch als eine Population gewertet werden kann, mit der man sich identifiziert. Betriebszeitungen appellieren an dieses Gefühl, rufen das Traditionsbewußtsein wach, z.B. in Bergbaubetrieben oder Automobilfirmen. Vereine fördern und pflegen das Wir-Gefühl. Tradition und Fortschritt, Überkommenes und Zukunftssicherung sind gerade auf der Ebene der Organisate verknüpft. Seinen rechtlichen Ausdruck findet dies auch im Erbrecht; der Eigentümer des Grundstücks, der Gebäude (dauerhaften Anlagen) und der Einrichtungen (der Technik) hat das Recht, zu bestimmen, wer sein Nachfolger wird. Damit wird Kontinuität rechtlich verbindlich vorgeschrieben. Das Organisat erscheint als die vielleicht wichtigste Bezugspopulation für die Tradition, als der eigentliche Traditionsträger – ein Gedanke, der weiter untersucht werden sollte.

3.6.2 Institutionen und Prozesse im Rahmen der Menschheit als Art

3.6.2.1 Institutionalisierung der Aufgabe (Induktionsprozeß: *Adoption)

Familiäre Obliegenheiten

In nur wenig differenzierten Gesellschaften (Sammler, Jäger, Agrargesellschaften, Nomaden) werden die für den Erhalt nötigen Tätigkeiten innerhalb der Familie geregelt. Neben der selbstverständlich biologisch vorgegebenen Rollenverteilung (Geburten der Kinder) werden auch die übrigen Arbeiten der Individuen innerhalb der Familie aufgeteilt. Im einzelnen ist dies unterschiedlich geregelt. Jagd und Schutz vor Feinden ist im allgemeinen Männern vorbehalten. Sammeln von Früchten und Kleintieren, Feldarbeit, die Herstellung von Geräten, die Vorbereitung von Festen, die Durchführung von Tänzen und anderer kultischer Handlungen, z.B. im Rahmen der Beschwörung der Götter und Geister, der Heirats-, Hochzeits-, Beerdigungsrituale, werden teils von Frauen, teils von Männern besorgt. Die Zubereitung von Speisen, die Aufzucht von Kleinkindern ist gewöhnlich Sache der Frauen. Die Erziehung der Kinder wird meist geschlechtsspezifisch von Frauen und Männern besorgt. Die volkskundliche und anthropologische Literatur geht diesen Fragen im einzelnen nach (u.a. Keesing und Keesing 1958/71, S.206 f.; Harris 1987/89, S.151 f.).

Die – kulturell unterschiedlich geregelte – Arbeitsteilung macht die Familie zu einer „Produktionsgemeinschaft". Dies gilt auch für höher entwickelte Gesellschaften. Hier haben sich, wie gezeigt (vgl. S.336), die Organisate entwickelt, und in ihnen arbeiten einzelne erwachsene Familienmitglieder. Sie haben ihren Beruf. Erwachsene Kinder mögen die Familie verlassen, wenn sie einen Beruf erlernt haben und einer eigenen Beschäftigung nachgehen. Für den Unterhalt der Familie arbeitet ein Elternteil oder arbeiten beide Elternteile. Grundlage der Arbeitsteilung in der Familie bzw. im Haushalt ist das begrenzte Zeitbudget. Es sind täglich, wöchentlich, jährlich zur unmittelbaren Eigenversorgung, zur Versorgung im Rahmen der Kinderaufzucht, für die Gemeinschaft etc. Arbeiten zu verrichten, die keinen Aufschub erlauben.

Die interne Aufgabenverteilung ergibt sich aus der Zusammensetzung der Haushalte, der Kinder- und Altenzahl, dann aber auch aus der Entscheidung, wer außerhalb des Haushalts in Organisaten Geld verdient und wer den Haushalt führt. Die traditionelle Rollenverteilung – der Ehemann ist Haushaltsvorstand und bringt das Geld, die Ehefrau ist Hausfrau, besorgt also die wirtschaftlichen Angelegenheiten (Essenbereitung, Aufräumen und Säubern der Wohnung, Einkaufen, Waschen und Bügeln etc.) – lockert sich angesichts der Vervielfältigung des Arbeitsangebots, der Erleichterung der Arbeiten im Haushalt, vor allem aber angesichts der Emanzipation der Frau. Überkommene Verhaltensweisen und Gewohnheitsrechtspositionen erschweren den Übergang.

3.6.2.2 Durchführung der Aufgabe (Reaktionsprozeß: *Produktion)

Haushaltung

Haushalte bilden den Rahmen, in dem Arbeitsteilung praktiziert wird. Sie übernehmen die produzierten Waren und die angebotenen Dienste. Es handelt sich vielfach um Familien, sie verstehen sich als Wirtschaftseinheit. Die amtliche Statistik definiert: „Als Haushalt (Privathaushalt) zählt jede zusammenwohnende und eine wirtschaftliche Einheit bildende Personengemeinschaft sowie Personen, die allein wohnen und wirtschaften" (Kutsch und Wiswede 1986, S.235). Haushalte beziehen – aus wirtschaftswissenschaftlicher Sicht – Einkommen, aber nur abgeleitetes, nicht originär unternehmerisches. Sie benötigen Güter, produzieren selbst aber keine (im Gegensatz zu den Organisaten; vgl. S.545f). Dennoch sind es selbständig wirtschaftende und bilanzierende Einheiten.

Die Haushaltsstrukturen in ihren regionalen Unterschieden in der Bundesrepublik Deutschland wurden von Kemper (1986) untersucht. Die Zahl der Kinder je Haushalt, die Tatsache, ob eine Person oder zwei Personen einen Haushalt bilden, ob eine erwachsene Person ein Kind aufzieht oder ein Elternpaar, variiert recht deutlich. Gründe sind Konfessionszugehörigkeit, Sortiervorgänge bei der Land-Stadt-Wanderung (vgl. S.479f), nicht näher definierbare kulturell tradierte Verhaltensmuster, das Einkommen, Wohnungsversorgung etc.

Die Durchschnittszahl der Personen je Haushalt hat in der Bundesrepublik Deutschland kontinuierlich abgenommen, von 4,63 Personen im Jahre 1871 auf 2,43 Personen im Jahre 1982 (zit. nach Kutsch und Wiswede 1986, S.237). Die Zahl der Einpersonenhaushalte nimmt stark zu. Wenn Haushalt auch nicht – wie die meisten Organisate – im Wettbewerb stehen, so sind sie doch auf Effizienz im Sinne der Ausnutzung der Arbeitskraft und des Verbrauchs der durch die Arbeitsleistung der Mitglieder erwirtschafteten Gelder angewiesen. Für einen Haushalt ist die Gruppenleistung ausschlaggebend, was in einer Arbeitsteilung zum Ausdruck kommt. Die Innenstruktur ist informell, es besteht keine Zielvorgabe wie bei den Organisaten, die mittels einer Hierarchie durchgesetzt werden muß, sondern ein gemeinsames Interesse. Dies schließt freilich nicht Gewalt und psychisch bedingte organisatorische Schieflage der Mitglieder aus.

Außer der traditionellen Familie (vgl. S.564f) gibt es auch andere Formen des Zusammenlebens. Diese neuen Haushaltstypen – unverheiratet Zusammenlebende, Wohngemeinschaften, Alleinlebende und Verheiratete – wurden u.a. von Spiegel (1986) untersucht; ihre Arbeit basiert auf Befragungen. Es zeichnet sich ein sehr vielfältiges Spektrum unterschiedlicher Formen des Lebens und Wohnens ab, letztlich ein Ergebnis der zunehmenden funktionalen Differenzierung unserer Gesellschaft. Vom Einzelnen her gesehen hängt die Entscheidung für die eine oder andere Lebensform von rechtlichen und wirtschaftlichen Rahmenbedingungen ab, deutlich auch von der wirtschaftlichen Situation des Einzelnen. Darüber hinaus erfolgt die Entscheidung aufgrund persönlicher Vorlieben.

Im Hintergrund ist ein Individualisierungsprozeß sichtbar (vgl. S.187). Die Individuen werden immer stärker abhängig vom Arbeitsmarkt, von Bildung, vom Staat mit seinen sozialrechtlichen Regelungen, von der medizinischen und psychiatrischen Versorgung. Andererseits fügen sich die den Familien alten Typs Entfremdeten zu neuen Gruppen zusammen, z.B. zu Frauengruppen, Altengruppen etc. Dies schlägt sich natürlich in der Haushaltsstruktur nieder.

Pahl (1989) betonte, daß die Wandlungen des Lebensstils und der Haushaltsarbeitspraxis auch den Konsum tangieren und die Produktion. Die Komplexität der „postindustriellen“ Welt wird durch das Wohnen geformt, und umgekehrt wird das Wohnen durch die neuen Arbeits- und Aktivitätsmuster geformt.

Wohnen

Wohnen bedeutet die Inanspruchnahme von Wohnräumen, einem Haus oder einer Wohnung in einem Mietshaus. Wohnen bedeutet aber auch Leben und Wirken im Schutz der Wohnung, um die Aufgaben, die der Alltag stellt, erfüllen zu können. Wohnen bedeutet zudem die Möglichkeit, zu konsumieren und sich zu erholen, in Privatheit (Bahrdt 1974, S.23 f., 205 f.).

Seamon und Mügerauer (1985) haben eine Aufsatzsammlung herausgegeben, in der das Wohnen als ein Problem des Alltags und der Lebenswelt, der Lebensgestaltung in einer kulturell geprägten Umwelt interdisziplinär, aus phänomenologischer Sicht, mit Beispielen aus verschiedenen Kulturen hinterfragt wird.

Hier soll näher auf die Probleme in der Bundesrepublik Deutschland sowie der benachbarten Länder eingegangen werden. Eine große Zahl von Publikationen widmet sich den konkreten Problemen des Wohnungsmarktes. So zeigten Wollmann und Jaedicke (1989), daß z.B. in Großbritannien, der Bundesrepublik Deutschland, den Niederlanden und Italien der Wohnungsmarkt an Vielfalt zugenommen hat, viele gute Möglichkeiten enthält, vor allem für Besserverdienende, andererseits aber zu wenig im Niedrigpreissektor bietet. Die öffentliche Hand hatte den Wohnungsmarkt vernachlässigt oder sich von ihm zurückgezogen, so daß diese Probleme stark wachsen. Die Vielfalt des Wohnungsmarktes hat ihre Ursache in der Vielfalt der Nachfrage. Die „Einsteiger" in den Wohnungsmarkt kommen – wie die schon im Besitz einer Wohnung befindlichen Haushalte – aus ganz unterschiedlichen Einkommensschichten und haben dementsprechend ganz unterschiedliche Präferenzen, wie Linde, Dieleman und Clark (1986) in Holland feststellten.

Clark, Deurloo und Dieleman (1984) untersuchten in Tilburg (Niederlande) die Zusammenhänge zwischen Haushaltsstruktur und Wohnverhältnissen. Der „Wohnungskonsum" variiert mit dem Lebenszyklus und Besitz, z.B. in der Weise, daß größere und ältere Haushalte wesentlich weniger Raum beanspruchen als jüngere. Der Raumanspruch bildet den wichtigsten Stimulus im Mobilitätsprozeß; eine wichtige Rolle als Auslöser bei den Umzügen spielt dabei die Geburt der Kinder, also die Vergrößerung der Familie.

In den Niederlanden wird um das Jahr 2000 über die Hälfte der Haushalte im „Reduktionsstadium" des Lebenszyklus sich befinden; dieses Stadium beginnt, wenn das erste Kind den Elternhaushalt verläßt (die Mutter 47 Jahre oder älter ist). In diesem Stadium werden eventuelle Umzüge nicht mehr vornehmlich von sozioökonomischen Motiven (z.B. Einkommenshöhe) bestimmt. Wohnungsmiete, Wohnungsqualität und das Alter des Haushaltsvorstandes stehen im Vordergrund. D.h., daß die Nachfrage nach kleinen Mietwohnungen ansteigen wird (Hooimeijer, Dieleman und van Dam 1988).

Auch in der Bundesrepublik ist der Wohnungsmarkt differenziert, weist sehr unterschiedliche Probleme auf (Becker 1989). So gibt es viele Teilwohnungsmärkte. Zur Abgrenzung dieser Wohnungsteilmärkte lassen sich viele Kriterien heranziehen, z.B. bauliche Merkmale der Gebäude und Wohnungen (Baualter, Gebäudeart, Ausstattung und Größe der Wohnung), Entfernung zum Stadtzentrum, Sozialprestige des Viertels, statusrechtliche Aspekte wie Miet- bzw. Eigentumsobjekte, die Art der Finanzierung (Wohnungen des frei finanzierten, des sozialen, des gemeinnützigen Wohnungsbaus etc.), preisliche Merkmale etc. (Wießner 1989 für München).

In jüngerer Zeit haben sich beträchtliche Änderungen vollzogen, u.a. im Zusammenhang mit der „Gentrifikation" (vgl. S.475f). Nicht mehr eine Expansion der Wohnbebauung nach außen, sondern eine Erneuerung des Wohnungsbestandes im Stadtgebiet steht im

Vordergrund. Der Wohnungsmarkt differenziert sich zunehmend, besonders in den Innenstadtgebieten. Überall ist eine Verteuerung spürbar, sie geht mit einer Verknappung des Angebots einher. Gründe sind (nach Wießner 1989, S.16 f.) 1) Veränderungen in den Wohnpräferenzen; die Innenstadtrandgebiete werden beliebter, die Nachfrage nach Wohnungen in Großwohnanlagen dagegen nimmt ab. 2) Einflußnahme der Stadtadministration (Wohnraumbeschaffungsprogramme, Sanierungsmaßnahmen etc.) und des Gesetzgebers (Steuerrecht, Wohnungsbauförderung etc.). 3) Ökonomische Faktoren; geringe Flächenverfügbarkeit, Hochpreisniveau im Neubaubereich und reduzierte Renditen etc. fördern Umgestaltung und Aufwertung des Wohnungsbestandes (S.17).

Zu ähnlichen Ergebnissen kam Hentze (1986) bei seinen Untersuchungen in Düsseldorf. Nach ihm hat die „neue Wohnungsnot" letztlich ihre Ursache in den Veränderungen der Haushaltsstruktur (vgl. oben).

Wohnungsmodernisierungen bilden heute die wichtigsten Maßnahmen im Rahmen der Stadtsanierung im innerstädtischen Bereich. Am Beispiel Nürnberg zeigte Wießner (1988), daß bei kommunal betreuten und privatwirtschaftlich verantworteten Modernisierungen diese überwiegend bewohnergerecht und differenzierend durchgeführt werden. Problematische Situationen ergeben sich vor allem in zweierlei Hinsicht; zum einen wird ein Teil der Altbaubestände unzureichend erreicht, zum andern führen Maßnahmen einiger Hauseigentümer zur Verdrängung von Bewohnern und zur Etablierung eines Hochpreismarktes, auch hier im Zusammenhang vor allem mit der Gentrifikation. So besteht nach wie vor bei den Wohnungsmodernisierungen ein erheblicher Handlungsbedarf. Auch in München werden durch Umwandlung von Sozialwohnungen in Eigentumswohnungen preisgünstige Wohnungen dem Wohnungsmarkt entzogen (Opitz 1989). Viele Eigentümer sind die ehemaligen Mieter (25 %) und Drittkäufer (42 %). Etwa 23 % der Mieter verließen bisher im Gefolge der Umwandlungen ihre Wohnung; dieser Prozentsatz mag sich erhöhen. Jüngere Haushalte erwerben neue Wohnungen, um zukünftigen Mieterhöhungen entgegenzuwirken. Bei älteren Haushaltungen steht dagegen die Angst vor dem Verlust der Wohnung im Vordergrund.

In den 60er und 70er Jahren wurden in der Bundesrepublik Deutschland etwa eine halbe Million Wohnungen in Großwohnsiedlungen (mit mehr als 500 Wohnungen) errichtet (Fangohr 1988). Sie gehören heute zu den problematischen Stadtteilen. Es gibt städtebauliche und architektonische Probleme (Stadtrandlage, fehlende Schnellanbindungen, fehlende Infrastruktur, fehlende Einbindung in die Umgebung, fehlende Gestaltung des Wohnumfeldes, überdimensionierte Erschließungsstraßen und Parkflächen, monotone Architektur, unterdimensionierte Hauseingangsbereiche etc.), wohnwirtschaftliche Probleme (angemessene Mieten) und soziale Probleme; da die Großsiedlungen überwiegend aus öffentlich geförderten Wohnungen bestehen, sind hier Bindungen und Vergabekriterien zu berücksichtigen. Sowohl Problemgruppen (Haushalte, die Schwierigkeiten haben, auf dem freien Wohnungsmarkt Wohnungen zu bekommen; Ausländer, Alleinerziehende, Einkommensschwache, Kinderreiche) als auch „Risikomieter", bei denen Vertragsverletzungen oder nicht voll vertragsgerechtes Verhalten gegeben sein können, sind mit in diesen Wohnungen untergebracht. Einkommensstärkere Haushalte ziehen häufig in bessere Wohnlagen ab, so daß es zu Umschichtungen in der Mieterzusammensetzung kommt. Die Entwicklung wird sich noch verschärfen, so daß eine Stigmatisierung oder gar Ghettobildung nicht auszuschließen ist. Mit gewissem finanziellen Aufwand lassen sich die Probleme aber mildern, durch Verbesserung der Wohnungsqualität. Der Abriß von gut geschnittenen und besonnten Wohnungen ist aus Kostengründen und auch moralisch nicht vertretbar, solange noch Wohnungsnot besteht (Fangohr 1988). Obdachlosigkeit ist ein wachsendes Problem (vgl. auch S.531f; 580f).

Die Vernachlässigung der Großwohnanlagen ist auch in kleineren Städten beobachtbar. Hofmann (1987) fand heraus, daß Leerstand von Wohnungen in einer Stadtrandsiedlung des sozialen Wohnungsbaus aus den 50er und 60er Jahren in Eschwege – ähnlich wie in den Großstädten – seine Ursache in Mängeln des äußeren Erscheinungsbildes der Wohnanlage, im Bausubstanzzerfall, im schlechten Image, in ungünstigen Wohnungsgrößen und in unangemessen hohen Wohnungskosten haben.

Es liegt nahe, daß solche Voraussetzungen die Konzentration von ärmeren Bevölkerungsschichten (vgl. S.472f; 517f) begünstigen. Sailer Fliege (1991) ermittelte durch Befragungen von Bewohnern von Sozialmietwohnungen in verschiedenen Städten in Nordrhein-Westfalen, daß die mit dem Wohnungsmarkt der sozialen Mietwohnungen verbundenen Haushalte ganz wesentlich von den Primärbedürfnissen (Wohnungsgröße, Ausstattung, Miethöhe) in ihrem Wohnstandortverhalten geprägt werden, weit weniger von den Sekundärbedürfnissen, die sich auf die Lage beziehen (Wohnumfeld, distanzielle Lagefaktoren, Lärm-/ Geruchsbelästigung). Dieses Verhalten verfestigt gegebene Verteilungsmuster und trägt wesentlich zu den Segregationstendenzen bei (S.186 f., 267 f.).

3.6.2.3 Strukturierung der Familie (Reaktionsprozeß: *Rezeption)

Die Familie entfaltet sich als Population der Menschheit als Art im Reaktionsprozeß; ihr sind die biotischen, persönlichen Prozesse zuzuordnen. Die Familie bildet den Rahmen, innerhalb dessen der Mensch sich selbst reproduziert. In der Familie werden die Aktivitäten, die für das Leben und die Erhaltung der Art nötig sind, koordiniert.

Die einzelnen Familienmitglieder haben eine unterschiedliche Position:

Position der Männer

In den verschiedenen Kulturen und in verschiedenen Zeiten hat der Mann in der Familie unterschiedliche Positionen besessen (Tellenbach 1978); meistens aber ist er dominant, besitzt in der Rollenverteilung den höheren Status. Der Grund dafür ist noch nicht klar. Wahrscheinlich spielt die unterschiedliche Aufteilung der Arbeiten im Haushalt eine Rolle. Gewöhnlich obliegen – wie dargelegt (vgl. S.554) – in wenig differenzierten Kulturen die Arbeiten in Haus und Garten sowie die Erziehung der Kinder den Frauen, während die Außenbezüge, Krieg, Jagd und rituelle Verrichtungen, dem Mann zufallen.

So war es wohl auch in der Frühzeit der europäischen Kultur. Mit wachsender Differenzierung wurden gerade die Tätigkeiten außer Haus wichtiger – in Organisaten unterschiedlicher Art –, so daß die Arbeit des Mannes mehr und mehr Gewicht und Prestige erhielt. Bis ins 18.Jahrhundert hinein war die Dominanz des Mannes in der Familie offensichtlich, aber ein echter Rollenkonflikt bestand seinerzeit wohl noch nicht (Raisch 1986, S.35). Mit der Industrialisierung entfernten sich Arbeitswelt und häusliches Leben aber voneinander; das Rollenspiel wandelte sich, freilich in verschiedenem Umfange. In der Arbeiterschicht wurde der Mann in einen Produktionsprozeß eingebunden, der nur geringen Prestigewert besaß. Vielfach mußte die Frau mitarbeiten und war so doppelt belastet (S.41). In der bürgerlichen Familie konnte sich das vorgegebene Rollenbild aber weiterentwickeln.

Seit die industrielle Gesellschaft existiert, dominieren Männer in fast allen außerhäuslichen Berufen (Raisch 1986, S.45), und auch heute noch ist in Verwaltung und Wissenschaft, Kirche, Technik und Wirtschaft die Rolle des Mannes in den oberen Positionen nur wenig umstritten; in den (alten) Ländern der Bundesrepublik gehörten 1989 von 100 erwerbstätigen Männern 32 zu der untersten Berufsgruppe (un-, angelernte Kräfte, mithelfende Familienangehörige, Lehrlinge), von 100 erwerbstätigen Frauen aber 47; andererseits gehörten zur obersten Berufsgruppe (Führungskräfte und Selbständige) 18 von 100 erwerbstätigen Männern, aber nur 8 von 100 erwerbstätigen Frauen (Angaben des Statistischen Bundesamtes).

Dies Verhältnis verschiebt sich nun stetig zu Gunsten der Frau. Man muß aber dabei sehen, daß „die Aufwertung der Frau ... primär über ihre Anpassung an die männlich orientierte Gesellschaft und deren herausragenden Wert: berufliche Leistung, Konkurrenz, Karriere, Lohnorientierung bzw. Profitstreben etc.“ erfolgt (Raisch 1986, S.154). Immerhin, diese Verschiebung in der beruflichen Rollenverteilung wirkt sich auch auf das Leben in der Familie aus; die patriarchalische Struktur weicht zunehmend einem Partnerschaftsverhältnis (Mitterauer und Sieder, Hrsg., 1977/84).

Die Beurteilung der Position des Mannes wird noch komplizierter, wenn man berücksichtigt, daß die Vaterrolle im Familienzyklus sich wandelt, daß in der Expansionsphase bzw. Kontraktionsphase der Familie ganz unterschiedliche Situationen gegeben sind. Besondere Aufmerksamkeit verdienen, wie Schwägler (1978) hervorhob, Sonderrollen des Vaters, z.B. als unehelicher, als verwitweter oder als Stiefvater. Das Rollenverständnis ist jeweils ganz unterschiedlich.

Position der Frauen

Die Gleichberechtigung der Frau ist noch keineswegs erreicht. Sexistisch motivierte Diskriminierung bestimmt immer noch stark ihre Position in den Familien und Organisaten. Die Frauen sind im allgemeinen schlechter ausgebildet, in der Stellung im Beruf benachteiligt, mit Doppelarbeit belastet, d.h. sie gehen außerhalb des Hauses einer bezahlten Arbeit nach und versorgen Familie und Haushalt. „Erwerbstätigkeit unterschiedlicher Dauer und unterschiedlicher Verteilung auf die Lebensphasen ist Bestandteil jeder weiblichen Lebensgeschichte geworden“ (Diezinger u.a. 1982, S.227). So hat der Anteil an verheirateten Frauen im Arbeitsleben stark zugenommen. Z.B. stieg in den Niederlanden der Anteil von verheirateten Frauen mit zwei Kindern (unter 17 Jahren), die einer Arbeit außer Hauses nachgehen, von 32 % im Jahre 1968 auf 64 % im Jahre 1982 an; bei denen mit einem Kind stieg die Rate von 51 auf 77 % (Fagnani 1990, S.182).

Die Zugehörigkeit zu einem Geschlecht entscheidet oft über die Zuweisung zu bestimmten Arbeiten; diese werden häufig schlechter bezahlt. Hausarbeit schließlich entzieht sich weitgehend einer korrekten Bewertung. Lohnarbeit und Hausarbeit sind aber nicht

Tab. 18: Frauenarbeit in bestimmten Aufgaben in Afrika. Prozentsatz von Arbeitsstunden

Aufgabe	Prozentsatz der Frauenarbeit an der gesamten Arbeitszeit
Nahrungmittelproduktion, Feldarbeit	70
Häusliche Nahrungsmittelbevorratung	50
Nahrungszubereitung	100
Viehwitschaft	50
Verkauf auf dem Markt	60
Brauerei	90
Wasserversorgung	90
Versorgung mit Brennmaterial	80

Quelle: Townsend und Momsen 1987, S. 59 (nach Dixon)

voneinander zu trennen, wenn man bedenkt, daß meist Frauen mit der Hausarbeit befaßt sind; die Lohnarbeit profitiert davon, damit indirekt auch der Mann. Die Frauen haben sich organisiert und in langwährenden Kämpfen auf ihre Situation aufmerksam gemacht. Die Geschichte des Feminismus ist eine Geschichte um die Rechte der Frauen am Arbeitsplatz, in der Familie und der Gesellschaft überhaupt (Menschik 1985).

Feministische Forschung geht von der gesellschaftlichen Benachteiligung der Frau aus, berücksichtigt aber auch, daß – mit dem Ziel der Gleichberechtigung – diese Situation geändert werden muß. Nadig (zit. nach Bäschlin Roques 1990, S.21 f.) definiert: „Ich verstehe unter feministischer Forschung den Versuch, in einer männerdominierten Gesellschaft, welche sexistische Wissenschaft betreibt, die Lebenszusammenhänge der Frau in den historischen Kultur-, Klassen- und Produktionsverhältnissen so zu untersuchen, daß die Art der Geschlechterbeziehung und die Situation der Frauen ihren adäquaten Raum erhalten". Frauenforschung steht in enger Beziehung zur Frauenbewegung, versteht sich also als engagierte Forschung (Bowlby und McDowell 1987). „Sie geht von der persönlichen Betroffenheit von Frauen aus und hebt damit auch die Trennung zwischen Geschlecht und Objekt der Forschung auf, eine Trennung, die in der abendländischen Wissenschaft zu verheerenden Folgen geführt hat" (Rössler 1989, S.67 f.). Sie wirkt interdisziplinär, versteht sich als übergreifende gesellschaftskritische Wissenschaft. In diesem Rahmen hat auch die Geographie ihren Platz; die feministische Geographie stellt sich nicht die Aufgabe, eigene wissenschaftliche Methoden zu entwickeln (Bock, Hünlein, Klamp und Treske 1989, S.7); sie hat aber eigene Ansätze entwickelt, die sich aus spezifischen Fragen ergeben. Hierher gehören Untersuchungen zur Hausarbeit, der Kindererziehung, der Arbeit der Frauen im Erwerbsleben. Auch wird versucht, die Geschlechterrollen in der Gesellschaft theoretisch zu erfassen, die gesellschaftlichen Grundbedingungen für die Ungleichheit der Frauen zu hinterfragen (Rössler 1989, S.58 f.).

MacKenzie (1989) zeigte die Probleme der Frau in der städtischen Umwelt auf und konstatierte, daß Feminismus in der geographischen Wissenschaft nicht lediglich sich auf eine Analyse der Situation beschränken dürfe, sondern auch eine Politik des Wandels bedeute. Er müsse Wege bereiten für neue soziale Verbindungen im Alltag. Große Bedeutung kommt der Frauenforschung für die Raumplanung zu (Reich, Hrsg., 1986).

Hier ist in erster Linie das Wohnumfeld zu nennen. Konkrete Ansatzpunkte für eine Verbesserung der baulichen und räumlichen Gestaltung sind (Stern 1990):

1) Einrichtung wohnungsnaher dezentraler Versorgungseinrichtungen (u.a. für ältere Frauen)
2) Ausbau des öffentlichen Personennahverkehrs (evtl. auch Kleinbusse, Nachttaxis etc.)
3) Schaffung wohnungsnaher Erwerbsarbeitsplätze für Frauen
4) Schaffung halböffentlicher Räume, d.h. wohnungsnaher Freiflächen (für Erholung, für Kommunikation etc.)
5) Einrichtung von stadtteilbezogenen Gemeinschaftseinrichtungen (z.B. zur Erleichterung der Hausarbeiten)
6) Einrichtung ausreichender wohnungsnaher Spielflächen für Kinder
7) Einrichtung wohnungsnaher Aus- und Weiterbildungsstätten (z.B. Volkshochschule, Wiedereingliederungsinstitutionen)
8) Schaffung von öffentlichen Kommunikationseinrichtungen für Frauen
9) Versorgung der Stadtteile mit frauenspezifischen Einrichtungen für die Gesundheitsversorgung (Beratungsstellen, Sportmöglichkeiten etc.)
10) Abbau von öffentlichen Gefahrenräumen (Beleuchtung, Förderung der Übersichtlichkeit, Erhöhung der Sicherheitseinrichtungen etc.).

Besonders schwierig ist die Situation der Frauen in der Dritten Welt. Die soziale Schichtung schlägt in besonderem Maße durch. In ländlichen Gebieten tragen Frauen meistens die Hauptlast bei der Beschaffung der Nahrung; dabei müssen häufig für Transport von Wasser, Brennholz, Nahrungsmitteln weite Wege zurückgelegt werden (Barth 1989). Etwa drei Viertel der Bevölkerung der Dritten Welt leben in Ländern, wo Frauen mehr als ein Drittel der Landarbeit besorgen; ähnlich sieht es bei den Dienstleistungen aus. Im industriellen Sektor sind Frauen meist weniger beschäftigt. Untersuchungen in Afrika zeigen, in welchem Umfange Frauen in spezifischen Arbeiten engagiert sind (Tab.18).

Townsend und Momsen (1987) gaben einen weltweiten Überblick über wichtige Schlüsseldaten, die die Position der Frauen charakterisieren (Erziehung, Haushalt, Ehe, von Frauen gelenkte Haushalte, Wanderung, Gewalt in der Familie, Arbeitsteilung etc.). In einem Sammelband (mit 20 Beiträgen) werden vielfältige Aspekte des Lebens der Frauen in den verschiedenen Ländern der Dritten Welt geschildert, in Südasien, Lateinamerika und Afrika (Momsen und Townsend, Hrsg., 1987).

Position der Senioren

Ein zunehmend gravierendes Problem ist der Anstieg der durchschnittlichen Lebenserwartung. In der von Rowles und Ohta (1983) herausgegebenen Aufsatzsammlung wird das Problem des Alters aus geographischer und philosophischer Perspektive anhand vor allem amerikanischer Beispiele beleuchtet. Rowles (1986) regte eine Geographie des Alterns und der Alten an, die den Platz („place") der Alten in der Welt erforschen soll. „From a geographical perspective, the transitions of ageing involve three interdependent themes. The first is change in the individual's transactional relationship with the physical and social milieu. Here concern is with understanding an evolving relationship with place. The second is the cumulative outcome of this process, the geographical distribution of the aged. In this domain, concern is with description and explanation of spatial patterns. Finally, a geographical perspective facilitates prescriptive contributions with regard to the equitable spatial allocation of resources and development of appropriate models of service delivery" (S.528/529).

Ähnliche Überlegungen stellte Romsa (1986) aufgrund eines Vergleichs der demographischen Entwicklung der Gegenwart in der Bundesrepublik Deutschland und Kanada an. Er meinte, daß den Lebensstilen und Bedürfnissen der Senioren sowie ihrem Freizeitverhalten zunehmend Aufmerksamkeit zuteil werden müßte. Die Gerontologie hat sich in beiden Ländern aus den von den USA beeinflußten soziologischen und psychologischen Fächern entwickelt. Es werden aber auch Geschichte, Geographie, Architekturwissenschaft etc. berührt. Interdisziplinäre Zusammenarbeit ist gefordert.

Auch Warnes (1987) meinte, daß man nicht nur den behinderten und hilfsbedürftigen Alten Aufmerksamkeit schenken dürfe. Industrie und Wohnungsmarkt, Handel und Freizeitindustrie stellten sich bereits darauf ein, daß die Alten ein „drittes Leben" führten. Dies treffe aber bevorzugt für die Begüterten zu. Daneben gebe es auch viel Armut, gebe es Altenheime und Pflegenotstand. Besonders schwierig sei die Situation in der Dritten Welt. Die Sozialgeographie kann hier wichtige Arbeit leisten.

Die Position der Kinder

Kinder und Jugendliche werden durch Erziehung in die Gesellschaft hereingeführt, sozialisiert, durch Bildung auf das Berufsleben vorbereitet. In dieser Zeit, die in den Industrieländern, in denen hochspezialisierte Berufe angestrebt werden, etwa zwei bis drei Jahrzehnte in Anspruch nimmt, haben der Familienhaushalt, die Gemeinde und der Staat die Kosten zu tragen. Ob sich die sehr hohen Kosten für die Gesellschaft rechnen, hängt von der Fähigkeit ab, die jungen Menschen in das Produktionsleben zu integrieren. Arbeitslosigkeit mit all ihren Begleiterscheinungen (vgl. S.575f) bilden für eine Gesellschaft eine nicht tolerierbare Hypothek.

Rücken die persönlichen Probleme der Erwachsenen in den Vordergrund, haben Kinder einen schweren Stand. Sie stören und werden vernachlässigt, vielleicht sogar abgeschoben; in den reinen Wohngebieten werden ihnen nur wenig Entfaltungsmöglichkeiten eröffnet. Dies in vielen Industrieländern beobachtbare Phänomen, das sogar in der Gesetzesplanung seinen Niederschlag findet, ist in allen Schichten der Bevölkerung verbreitet.

Besonders groß sind natürlich die Probleme bei den ärmeren Gruppen in den Entwicklungsländern sowie in den Elendsvierteln westlicher Großstädte. Verwahrlosung, Drogenprobleme, Kinder- und Jugendprostitution sind bekannte Phänomene. Die jungen Menschen sind sich überlassen; die Hilfsorganisationen und öffentlichen Fürsorgeinstitutionen können nur die Not lindern, aber nicht die Ursachen beheben. In den Entwicklungsländern ist die Kinderarbeit weit verbreitet. In Bangkok z.B. produzieren zwölfjährige Jungen mehr als sie konsumieren, und innerhalb von drei Jahren haben sie mehr erwirtschaftet, als sie an Kosten verursacht haben. In Java tragen Kinder die Hälfte zu der Produktion aller Haushaltsmitglieder bei (Harris 1987/89, S.109 f.). Dies zeigt schon, daß das Problem der hohen Kinderzahl in diesen Gesellschaften keineswegs allein mit der Empfängnisverhütung in Zusammenhang zu bringen ist.

Die Beispiele legen den Schluß nahe, daß es neben einer Frauengeographie und einer Geographie der Alten auch eine Geographie geben muß, die die Probleme der Kinder thematisiert.

3.6.2.4 Formung der Familie (Reaktionsprozeß: *Reproduktion)

Geburten und Sterbefälle

Die Familie, genauer gesagt der Genpool, erhält sich durch Vererbung, d.h. durch Fortpflanzung, über den Tod der Eltern hinaus. Diese von den Bevölkerungswissenschaften behandelte Problematik kann hier nur kurz angedeutet werden.

Das Fortpflanzungsalter liegt – je nach der Lebenserwartung entsprechend dem Stand der Differenzierung der Population – zwischen 13/18 bis 30/65 Jahren (u.a. Goode 1967, S. 28 f.; Boughey 1968, S. 121 f.; Petersen 1961/75, S. 71 f.). Geschlechtsproportion und Altersstruktur der Bevölkerung, Heirats- und Scheidungsziffer beeinflussen so direkt die Fertilität, die (Lebend-)Geburtenhäufigkeit. Die Entscheidung über die Zahl der Kinder hängt von dem Willen der Eltern ab; er unterliegt aber auch einer Reihe von Einflüssen, die den Wunsch nach Kindern hemmen oder begünstigen. Sie sind abhängig von den übergeordneten Populationen, unterliegen also nicht nur dem freien Willen der Eltern. In der Idealfamilie ernähren und erziehen die Eltern die Kinder, versorgen darüber hinaus die Kranken und Erholungsbedürftigen. Daß dieses Bild deutlicher Korrekturen bedarf, wurde bereits dargelegt. Wie dem auch sei, alle diese Vorgänge, also das generative Verhalten, sind vom Ergebnis gesellschaftlicher Prozesse abhängig, z.B. vom Wissen, von der Religion, dem Staat, dem Beruf, dem Einkommen, die als Input übernommen werden. So sind die Einflüsse auf die Familie sehr unterschiedlich.

Die Geburten sind den Sterbefällen gegenüberzustellen. Wachstum und Schrumpfung der Populationen hängen von beiden ab. Die Mortalität ist, wie die Fertilität, populationsspezifisch. Sie hängt von den übrigen Elementen des Systems ab, kann aber auch aus der Umwelt, durch Krankheiten und Seuchen erheblich beeinflußt werden. Schon immer versuchte der Mensch, Tod und Krankheit zurückzudrängen; die Medizin gehört zu den ältesten Wissenschaften.

Geburten und Sterbefälle sind Ausdruck des generativen Verhaltens der Bevölkerung der Population. Dabei gehen zahlreiche Werte im Einzelnen ein, Heiratshäufigkeit, Familienverfassung, Fertilität, Altersstruktur etc., d.h. die „Bevölkerungsweise" oder „generative Struktur" (vgl. dazu Ipsen 1933, S. 425 f.; 458 f.; Mackenroth 1953, S. 70 f., 110 f.; Linde 1959). Umgekehrt beeinflußt das generative Verhalten auch die übrigen, insbesondere die sozialen Prozesse. In der Literatur sind solche Wechselwirkungen, die in sich sehr vielschichtig sind, mit unterschiedlicher Akzentsetzung dargestellt worden (z.B. Riesman 1958, S. 20 f.; J. Schmid 1976, S. 204 f.). Sie vollziehen sich meist nicht direkt, sondern über die Psyche, sind insofern nur schwer greifbar. Sie werden besonders dort sichtbar, wo Strukturänderungen durch Prozesse in der einen Aufgabenkategorie solche in anderen nach sich ziehen. Z.B. sank die Bevölkerungszahl der Indianer im

Südwesten der heutigen USA, als die Spanier im 16.Jahrhundert das aufeinander abgestimmte Systemgefüge der strukturerhaltenden Prozesse u.a. dadurch störten, daß sie die religiöse Basis in Frage stellten. Moralische und Prestigegründe, auch nationalistische Emotionen können die Fruchtbarkeit erhöhen. Zwischen den verschiedenen sozialen Schichten lassen sich Differenzen erkennen, aber auch diese können im Zeitablauf und von Population zu Population stark variieren (z.B. Petersen 1961/75, S. 524 f.).

Überhaupt ist die jeweilige Situation zu untersuchen, sind voreilige Schlußfolgerungen gefährlich. Dies gilt auch für die Wechselbeeinflussung zwischen generativem Verhalten und Wirtschaft. Auf der einen Seite ist beobachtbar, daß Bevölkerungszunahme ökonomische Expansion nach sich zieht, so im hohen Mittelalter oder in der frühen Neuzeit oder im Verlauf der früheren Stadien der Industrialisierung (Petersen 1961/75, S. 435 f.; Wrigley 1969, S. 146 f.). In einer ähnlichen Situation scheinen jetzt die Entwicklungsländer zu stehen. Auf der anderen Seite nimmt die Geburtenziffer mit der ökonomischen Entwicklung ab und liegt heute in den Industrieländern sehr niedrig.

Verschiedentlich wurde versucht, diese komplizierten Zusammenhänge in Modellen begreiflich zu machen. Diese Modelle geben wertvolle Einblicke in die Mechanismen und ihre Wechselbeeinflussung, doch ist die Bedeutung und Verknüpfung der Elemente noch sehr unsicher. Eine befriedigende Lösung wird auf lange Sicht erst zu erreichen sein, wenn die Prozesse, die das generative Verhalten bestimmen, unter Beachtung der Populationshierarchie und der Prozeßsequenz zu deuten versucht werden.

Aufbau der Familie

Es gibt unterschiedliche Formen von Familien (Goetze und Mühlfeld 1984, S.202 f.). Im einfachsten Fall besteht die Familie aus den Eltern oder einem Elternteil und unselbständigen Kindern (Kern- oder Kleinfamilie). Sie stellt die ursprüngliche und auch am weitesten verbreitete Produktions- und Fortpflanzungsgemeinschaft der Gesellschaft dar (Sieder 1987). Auch gibt es – meistens in weniger differenzierten Gesellschaften – Verbände von Familien, mehrere Generationen umfassend (Großfamilien, Sippen); sie sind in der Populationshierarchie evtl. eher den Lokalgruppen und Gemeinden zuzurechnen, wenn es sich auch um gentile Populationen handelt.

Den Typ Großfamilie hat es in West- und Mitteleuropa in der vorindustriellen Zeit nicht gegeben (Laslett 1972; Mitterauer 1977/84b). Bollinger (1980; vgl. auch Rosenbaum 1982; Sieder 1987) schildert die Entwicklung der Familie und des Haushalts in Westeuropa seit der Landnahme vom Bauernhof über den – mit Feudalherrschaft und Stadtbildung sich herausbildenden – zünftisch-frühbürgerlichen Haushalt in den Städten bzw. den protoindustriellen Haushalten bei schwindenden Arbeitsmöglichkeiten der Kleinbauern auf dem Lande. Die Familie hat eine gewisse Selbständigkeit und Eigenverantwortlichkeit erlangt. In der Neuzeit kommt der Typus der bürgerlichen Familie auf, eine auf sich selbst begrenzte Sozialform, in der der Mann wieder dominant wird und die Frau auf häusliche Tätigkeiten eingeengt wird. Die Industrialisierung schuf ein neues Bild; durch den Bedarf an hochqualifizierten Technikern, Unternehmern und Beamten wurde aus der bürgerlichen Familie zunehmend die statusorientierte spätbürgerliche Familie mit stark patriarchalischer Struktur; daneben entstand der proletarische Haushalt, ohne eigene Produktionsmittel, räumlich mobil, der Arbeit entfremdet.

In der Gegenwart wird das aus der bürgerlichen Familie überkommene patriarchalische Verhältnis zugunsten eines Partners immer mehr ersetzt (Mitterauer 1977/84a; vgl. S.558f), verbunden mit einem generellen Vordringen der Bedeutung des Individuums als eines selbstbestimmten Wesens (Sieder 1987, S.243; vgl. auch S.187).

Die Mitglieder der Familie stehen im Spannungsverhältnis zwischen selbstbestimmtem Eigenleben und Verstrickung in vielfältigen Abhängigkeiten. An die familiare Arbeit der Mutter, des Vaters und der Kinder werden hohe Anforderungen gestellt, gerade in heutiger Zeit mit ihren vielfältigen Belastungen, was seinerseits die Abhängigkeit von Expertenwissen von außen erhöht (Ostner und Pieper 1980). Die Familienbande lockern sich. Mit zunehmender Differenzierung der Gesellschaft werden die Außenbindungen der Mitglieder stärker (Kindergarten, Schule, Freundeskreis, Vereine, Interessengruppen, Cliquenbildung etc.). Der Einfluß der Eltern auf die Kinder läßt nach, aber auch die Bindungen zwischen den Partnern in einer Ehe lockern sich (König 1974/78, S.49 f.; 61 f.; Sieder 1987, S.259 f.), wobei im einzelnen vielfältige Gründe anzuführen sind.

Verbundenheit mit der Familie

Der affektive Bezug zur Familie ist personenbezogen, umfaßt vor allem Geborgenheitsgefühl, Erinnerung an die Kindheit, an Eltern und Geschwister. Er wird dominiert von der psychischen Einordnung im Rollenspiel als Kind in die arbeitsteilig gegliederte Familie. Diese Gefühle führen einerseits in die Intimsphäre, Privatheit, zu den Wurzeln des eigenen Werdegangs; andererseits stecken sie den Rahmen ab dessen, was man Zuhause nennt. Besonderen Symbolwert erfüllen die Mutter-Kind-Beziehungen, wie die Geschichte auch der Kunst ausweist. Es wird eine scharfe Grenze zwischen innen – den verwandtschaftlichen Bindungen – und außen gezogen.

In der Familie werden die Weichen für die Entwicklung der Kinder gestellt, die Erinnerung wird dann zur Basis, auf der die Zukunft realisiert und gerechtfertigt werden kann. Die Schranken der Generationenfolge wird überwunden, der Weg führt von den Ahnen über die eigenen Kinder in die Zukunft. Dies gibt den Menschen das Gefühl, über sich selbst, den eigenen Tod hinaus zu wirken, durch ererbte Veranlagung und durch anerzogene Denkweise. Materiell wird diese zeitliche Kontinuität durch das Erbrecht, das in der Erbfolge eindeutig die verwandtschaftlichen Bindungen berücksichtigt und akzentuiert.

Ideologisch begründete staatliche Eingriffe in Aufgaben und Rechte der Familie sind immer wieder vorgenommen worden, zuletzt in besonders krasser Form durch den Nationalsozialismus. Die affektiven Bezüge der Menschen wurden umgemünzt, in eine Blut-und-Boden-Politik eingebracht, um die Bevölkerung an den Staat und seinen Lebensraum zu binden, die „nordische Rasse“ aufzuwerten und die „nichtarische Rasse“ auszugrenzen, schließlich zu eliminieren (vgl. S.419).

3.6.3 Prozeßsequenzen und Beispiele strukturverändernder Prozesse

Jede Erzeugung hat entsprechend der Prozeßsequenz gegliedert zu sein, wenn das Ergebnis erzielt werden soll, ob es sich um Prozesse in der Landwirtschaft, der Industrie etc. handelt (über die theoretischen Grundlagen vgl. S.303f). Im strukturverändernden Prozeß werden die Aktivitäten hintereinandergeschaltet; sie nehmen Zeit in Anspruch. Jede saisonale Änderung der Produktion schlägt sich in einer Veränderung der Organisate selbst nieder; für diese ist es ein strukturverändernder Prozeß, eine Prozeßsequenz, deren Teilprozesse einen Zeitraum von Wochen oder Monaten einnehmen; diese Zeitspannen vermitteln zu dem – ebenfalls durch den natürlich vorgegebenen – Tagesrhythmus, der im individuellen Leben die entscheidende Rolle spielt.

Das individuelle Werk nimmt also gewöhnlich mehrere individuelle Arbeitstage in Anspruch – von wem auch immer die Einzelleistungen erbracht werden. Hierin wird wohl der Grund dafür liegen, daß Wochen- und Monatseinteilungen in den verschiedenen Kulturen unabhängig voneinander festgelegt wurden. Die Arbeitszeit ist in der altorientalischen und später abendländischen Kulturpopulation seit dem 3.Jahrtausend v.Chr.Geb. (Babylonien) in Wochen eingeteilt. Zerubavel (1985) zeigte, daß die 7-Tage-Woche kulturellen Ursprungs ist (S.5 f.). Auch Sorokin (zit. nach Zerubavel, S.139) erkannte: „The week is a social convention“. Sie bildet eine Einheit, es wird in Wochen gedacht (Zerubavel 1985, S.95 f.), die Aktivitäten werden so eingerichtet. „The weekly compartimentalization of human life highlights the fact, that the week provides our existence with some structure. Aside from imposing an unmistakable ‚beat' on the vast array of our activities, it also helps to structure the actual differentiation among them. The week disrupts the otherwise continuous flow of our everyday life on a regular basis and, in doing that, adds more dimensions to our existence“ (S.106). Die Religion reklamiert einen Tag in der Woche für sich. In anderen Kulturpopulationen sind z.T. andere Einteilungen üblich gewesen, z.B. sechs Tage, ein Monat usw. In Altmexiko war ein zwanzigtägiger Monat üblich (Schlenther 1965, S. 57).

3.6.3.1 Beispiele von Prozeßsequenzen

Der Wochenrhythmus oder die Monatseinteilung sind nicht direkt – im Sinne einer Festlegung auf Teilprozesse – mit der Herstellung eines Werkes in Zusammenhang zu bringen. Wichtiger ist der Jahresrhythmus, und er umfaßt jeweils eine ganze Prozeßsequenz. Die Dauer der Teilprozesse variiert in diesem Rahmen.

Das „ländliche Jahr“ wurde als saisonale Schwankung erwähnt (vgl. S.540). Für einen landwirtschaftlichen Hof, also ein Organisat, erscheint das Jahr konkret als eine Prozeßsequenz. Man kann sich gut einen Bauern vorstellen, der im Winter – entsprechend den Markt- oder betrieblichen Bedürfnissen – seine Planungen trifft (Stadien Perzeption bis Regulation), im Frühjahr die Felder vorbereitet und die Einsaat vornimmt (Organisation und Dynamisierung), um im Sommer ernten (Kinetisierung) und anschließend die Frucht verkaufen zu können (Stabilisierung).

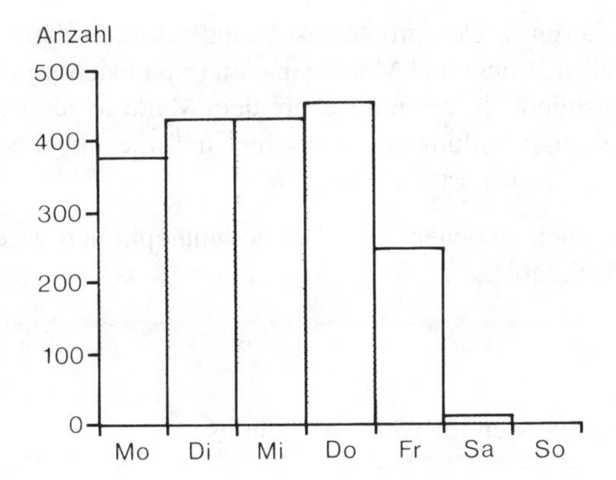

Abb. 58 Veranstaltungsstunden in den Fächern der Philosophischen Fakultät der Universität des Saarlandes im Wintersemester 1990/91, gegliedert nach Wochentagen
Quelle: Vorlesungsverzeichnis

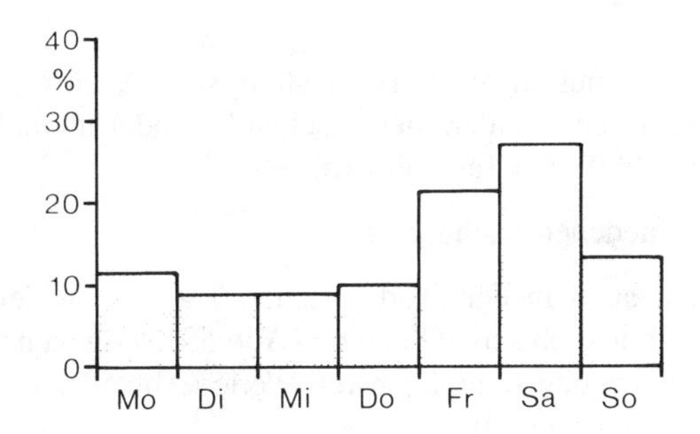

Abb. 59 Der wöchentliche Rhythmus des Fremdenverkehrs in Neuhaus (Solling). Kurzfristiger Fremdenverkehr (‹ 4 Nächtigungen). 1. Mai – 15. Oktober 1967
Quelle: Uthoff 1970, S.76

Ähnlich ist die Gliederung in gewerblichen Organisaten: Vielfach haben wir jährlich Modellwechsel, in der Mode werden neue Trends entwickelt, von den einzelnen Organisaten. In einem industriellen Organisat ist der Erzeugungsprozeß etwa folgendermaßen gegliedert: Generell ist die Marktbeobachtung (Perzeption) wichtig. Jedes Organisat hat mit der Umwelt Kontakt aufzunehmen und zu pflegen und die eigene Forschung und Entwicklung daran zu orientieren (ausführlich aus betriebswirtschaftlicher Sicht: Schierenbeck 1987, S. 73 f.; 89 f.; Brockhoff 1988). Diese Arbeiten sind im allgemeinen eng mit der Direktion oder dem Vorstand verbunden, die die eigentlichen Entscheidungen treffen (Determination). Die verschiedenen Arbeitsgänge sind zu kontrollieren; diese Steuerung vollzieht sich bei größeren Betrieben über eine Hierarchie, wobei die einzelnen Glieder in ihren Handlungen aufeinander abgestimmt sind (Franke 1980, S.197; vgl. S.546f). Das Management ordnet die Arbeiten zu und legt fest, wo die Arbeitsschritte zu erfolgen haben (Regulation und Organisation). Die verschiedenen Verwaltungsabteilungen können ein eigenes Gebäude bezogen haben, separat von den Anlagen für die Produktion. Die Rohstoffbeschaffung und -lagerung erfolgt in großen Betrieben über besondere Abteilungen (Dynamisierung). Den größten Aufwand erfordert dann die eigentliche Produktion mit ihren Fabrikations- und Montagehallen (Kinetisierung). Ob die Arbeit erfolgreich ist, zeigt sich schließlich, wenn die Ware dem Markt angeboten wird (Stabilisierung). Hierzu sind Verkaufsabteilungen eingerichtet und die mit ihnen verbundenen Lagerhallen, -flächen und Transporteinrichtungen.

Die Organisate bilden die Populationen, in denen die Arbeitsteilung optimiert wird (über die theoretischen Grundlagen vgl. S.336f).

3.6.3.2 Einzelne Beispiele von Prozessen im Wochenrhythmus

Über die Prozeßsequenzen im Wochenrhythmus liegen bisher noch keine Untersuchungen vor. Die hier vorgestellten Beispiele von Wochenrhythmen spiegeln so auch keine Teilprozesse im eigentlichen Sinne wider, sondern lediglich die Rhythmisierung der menschlichen Arbeits- bzw. Freizeit. Es erscheint hier also lediglich das Schwingungs-, nicht das Innovationsbild (vgl. S.312f).

So äußert sich z.B. der Wochenrhythmus in der Leistungsfähigkeit. Auch die Entlohnung erfolgt in den höher differenzierten Populationen wöchentlich oder monatlich, abgesehen von den unregelmäßig beschäftigten Tagelöhnern.

Konkrete Beispiele aus ganz verschiedenen Sachgebieten:

Der Arbeitsrhythmus spiegelt sich auch in der akademischen Tätigkeit wider, so im Lehrveranstaltungskalender einer Philosophischen Fakultät (Abb.58); umgekehrt hat der Naherholungsverkehr in den Wochenenden seine höchsten Werte (Abb.59), ähnlich die Fehlzeithäufigkeit von Arbeitnehmern (Abb.60).

Da fast alle Tätigkeiten sich des Verkehrs bedienen, stehen auch die Straßenunfälle (Abb.61) mit dem Wochenrhythmus in Zusammenhang.

3.6.4 Formale Einordnung der Institutionen und Prozesse

Das Organisat im Rahmen der Menschheit als Gesellschaft (Sekundärpopulation)

Die Aufgabe der Kinetisierung wird durch die Ausführung, die Herstellung von Erzeugnissen in Organisaten institutionalisiert, d.h. von den die Betriebe, Praxen, Ämter etc. führenden Populationen ausgeführt: *Adoption. Durch Arbeitsteilung wird die Erzeugung optimiert: *Produktion.

Der Reaktionsprozeß ist auf der Basis der Arbeitsteilung die Differenzierung in Tätigkeiten und Berufe sowie die Interaktion der Menschen in den Organisaten: *Rezeption. Durch Differenzierung werden die Organisate selbst gebildet und gestaltet: *Reproduktion.

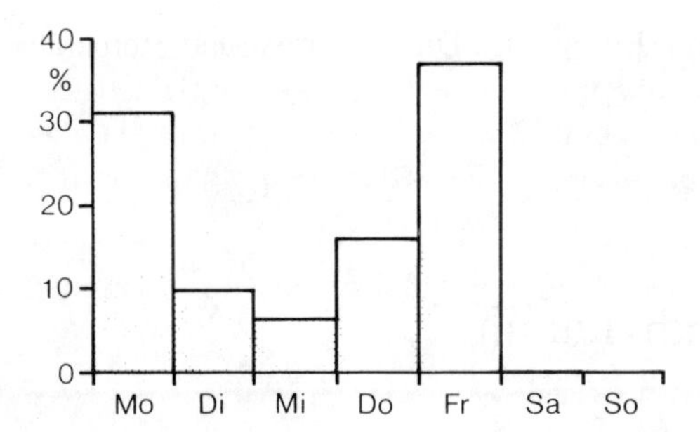

Abb. 60 Fehlzeithäufigkeit (Krankmeldungen) der Beschäftigten von 295 befragten Betrieben in der Bundesrepublik Deutschland („alte Länder"). Anteil der Fehltage an allen Fehltagen, gegliedert nach Wochentagen.
Quelle: Institut der deutschen Wirtschaft, entnommen aus Der Spiegel 45 (1991), Nr.18, S.49

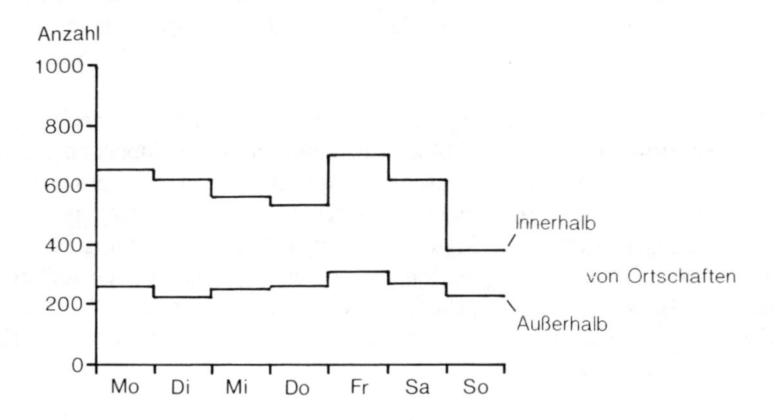

Abb. 61 Straßenverkehrsunfälle mit Personenschaden im Saarland 1988, gegliedert nach Wochentagen
Quelle: Saarland in Zahlen, Sonderheft 154, 1990

Der Wochen- oder Monatsrhythmus ist dem Organisat zuzurechnen. Die Prozeßsequenz ist auf den Jahresablauf ausgerichtet.

Die Familie im Rahmen der Menschheit als Art (Primärpopulation)

Die Institutionalisierung und Gliederung der Familie und der für ihren Unterhalt erforderlichen Tätigkeiten kann als *Adoption bewertet werden. Die Arbeiten, d.h. die die ökonomische Basis sicherstellenden Prozesse, erfolgen konkret in den Haushalten: *Produktion.

Die Eigenheiten der Haushaltsobliegenheiten schlagen auch auf die Familie durch, die sich strukturiert. In diesem Kontext müssen auch die Positionen der Frauen, der Alten und der Kinder gesehen werden (*Rezeption). Die Geburten- und Sterbefälle „formen" die Familie (*Reproduktion).

3.7 Arbeitskraft, Individuum

3.7.0 Definitionen. Die Stabilisierung als Aufgabe

Im Individuum endet der die Menschheit als Gesellschaft bzw. als Art erhaltende Induktionsprozeß, d.h. die *Adoption und die *Produktion, und beginnt der Reaktionsprozeß, d.h. die *Rezeption und die *Reproduktion (vgl. S.324f). Das Individuum arbeitet, wird entlohnt, schafft Werte für die Gesellschaft und für sich selbst. Diesem Individuum in seinen Rollen im sozialen Interaktionsfeld steht das Individuum als „Unteilbares", als Ganzheit gegenüber; hier ist das Problem zu erörtern, daß es sein Leben im Alltag gestaltet, daß es Bedürfnisse hat, konsumiert und weiter, daß es sich gesund erhält. Beck, Brater und Daheim (1980, S.243) schreiben: In der Berufsarbeit kommt die „doppelte Zweckstruktur" zur Geltung, der Einzelne muß einer doppelten Rationalität genügen. „Indem ‚die Arbeit' einem (gesellschaftlichen und) ‚Produktionszweck' dient, ist sie Bestandteil der ‚gesellschaftlichen Konstruktion der Wirklichkeit', praktische Existenzbasis der Gesellschaft, konkreter Handlungsinhalt der vielfältig feststellbaren gesellschaftlichen Mechanismen, Funktionszusammenhänge und Systemabläufe ... Indem Arbeit unter Berufsbedingungen aber zugleich auch einem privaten ‚Reproduktionszweck' dient, ist sie Bestandteil der ökonomisch vermittelten individuellen Erhaltung und Versorgung arbeitender Subjekte".

Individuen stellen je einen in sich funktionierenden Organismus mit seinen Bedürfnissen dar. Sie empfangen Anregungen und reagieren. Der Tagesrhythmus ist ihnen angemessen (vgl. S.322f). Eine Prozeßsequenz läßt sich nicht erkennen, d.h. die Tätigkeiten werden zeitlich nicht so geordnet, daß sie täglich einen anderen Teilprozeß beinhalten; die Arbeitsteilung erfolgt auf der Ebene der Organisate (vgl. S.543f). Die Individuen haben die Freiheit, ihre Handlungen entsprechend ihren – z.T. von übergeordneten Populationen („Zwängen") vorgeschriebenen – Notwendigkeiten und Möglichkeiten zu ordnen, zu Teilprozessen und Prozessen; sie „verhalten sich". Die Handlungen liegen unterhalb der hier behandelten Prozeßhierarchie (vgl. S.299).

Mit den Individuen, ihrem Verhalten und Handeln, befaßt sich vor allem die Mikrogeographie (vgl. S.146f). Dabei stehen aber nicht die Individuen selbst – als Träger von Rollen bzw. als Lebewesen – im Mittelpunkt des Interesses, sondern nur deren Handlungen oder ihr Verhalten. Das Individuum wird in der Industriegesellschaft immer wichtiger („Individualisierung"; vgl. S.187). So werden hier auch Beiträge u.a. der Soziologie und Anthropologie, der Psychologie und Medizin, aber auch der Arbeitswissenschaft herangezogen. Im Rahmen der hier vertretenen Prozeßtheorie interessiert zunächst die Struktur und die Position der verschiedenen dieser Ebene zuzuordnenden Institutionen und Prozesse im Rahmen der Menschheit als Gesellschaft und als Art.

3.7.1 Institutionen und Prozesse im Rahmen der Menschheit als Gesellschaft

3.7.1.1 Institutionalisierung der Aufgabe (Induktionsprozeß: *Adoption)

Arbeit als Basisinstitution

Arbeit bildet im Sinne der Volkswirtschaftslehre einen grundlegenden Produktionsfaktor – neben Kapital und Boden –, im Sinne der Betriebswirtschaftslehre ein grundlegendes Betriebsmittel – neben den Rohstoffen.

Hier soll eine andere Sichtweise herausgestellt werden. Das Individuum erscheint in der Menschheit (als Gesellschaft) als Arbeitskraft. Dabei interessiert die Arbeitskraft aber nicht aus dem Blickwinkel des Organisats, das Erzeugnisse für das System herstellt (vgl. S.545f), sondern aus der Perspektive des Individuums. Aus seiner Sicht ist „Arbeit planmäßige körperliche und geistige Tätigkeit ... zur indirekten Befriedigung seiner materiellen und geistigen Bedürfnisse“ (May 1985, S.25). Die Arbeit muß natürlich, soll sie nicht sinnlos sein, vom System, vor allem dem Organisat, gewollt sein, benötigt werden; dieses wird durch das Offerieren des Arbeitsplatzes sichergestellt. Zudem: das System bzw. das jeweilige Organisat entlohnt und veranlaßt das Individuum – bei genügendem Entgelt –, bei seiner Arbeit zu bleiben. So erst wird das Individuum zu einer Arbeitskraft als ständige Einrichtung.

Durch die Arbeit erhält das Individuum also seine spezifische Aufgabe für das System, spielt es seine wichtigste Rolle. Das System Menschheit als Gesellschaft wird durch die Arbeit in Gang gehalten und verändert; Informations- und Energiefluß werden erst durch sie ermöglicht. Nach Fürstenberg (zit. nach Kißler 1985, S.20) ist Arbeit soziales Handeln, das sich konstituiert aus dem Wirkungszusammenhang von 1. objektiven Sacherfordernissen und 2. subjektiven Interessenlagen; die objektiven Sacherfordernisse sind vornehmlich ein Gegenstandsbereich des naturwissenschaftlich-technischen Ansatzes, die subjektiven Interessenlagen sind Domäne des sozialwissenschaftlichen Verständnisses von Arbeit.

Dabei übt die Differenzierung der Gesellschaft einen besondern Einfluß auf die Arbeit aus. In einfach strukturierten Gesellschaften sind die Arbeiten sachlich umfassend, eingebunden in Traditionen und unmittelbare Überlebensstrategien; in hochdifferenzierten Gesellschaften erfolgt Arbeit im Rahmen von Berufen, ist fachlich spezialisiert. „Arbeit ist stets das Resultat eines historisch-gesellschaftlichen Prozesses, d.h. sie ist Ausdruck menschlichen Zusammenlebens, ist konkrete Ausprägung der Auseinandersetzung der Menschen mit der Natur und der Auseinandersetzung der Menschen mit ihren Mitmenschen“ (Wachtler 1982a, S.14). „Menschliches Handeln kann dann als Arbeit bezeichnet werden, wenn es eine bewußte planvolle und zielgerichtete Tätigkeit ist, in der sich Menschen aktiv mit der Natur auseinandersetzen und sich diese für ihre Zwecke aneignen“ (S.15)... „Der Arbeitsprozeß ist somit stets ein instrumenteller Prozeß der zweckbezogenen Naturaneignung und zugleich ein sozialer Prozeß der Konstitution gesellschaftlicher Verhältnisse“ (S.16).

Tab. 19: Bestimmungsgründe für die Ergiebigkeit menschlicher Arbeit

Arbeitsproduktivität						
Objektive Arbeitsbedingungen			Individuelle Eignung		Subjektiver Leistungswille	
Arbeits-verfahren	Arbeits-platz	Arbeitszeit u. -tempo	Arbeitsan-forderungen	Leistungs-fähigkeit	Leistungs-anreize	Leistungs-motive

Quelle: Schierenbeck 1987, S. 170

3.7.1.2 Durchführung der Aufgabe (Induktionsprozeß: *Produktion)

Arbeitsplatz und Arbeitskraft

Von Seiten der Organisate wird die Arbeit benötigt und angeboten. Sie wird in das System der Menschheit als Gesellschaft gelenkt, dadurch, daß Arbeitsplätze angeboten und genutzt werden. Hier kommt es vor allem auf die Qualität des Arbeitsplatzes an; Arbeitskraft und Arbeitsplatz müssen aufeinander abgestimmt sein, müssen zueinander passen. Nur mit entsprechender Qualifikation kann die Arbeitskraft voll wirksam werden (Tab.19).

Das System Arbeitsplatz – Arbeitskraft setzt sich aus vier Kategorien zusammen (Martin 1985, S.39):

a) die Menschen als Arbeitspersonen oder Arbeitssubjekte
b) die Werkstücke als Arbeitsobjekte
c) die Werkzeuge, Maschinen und Verrichtungen als Arbeitsmittel bzw. Betriebsmittel
d) das Umfeld am Arbeitsplatz als Arbeitsplatzumgebung.

Zu a):
Die arbeitenden Menschen sind Belastungen körperlicher und geistiger Art, dem Leistungsdruck z.B. durch Akkordarbeit etc. ausgesetzt (Littek 1982, S.102 f.). Die natürliche Leistungskurve steigt morgens an, erreicht um ca. 9 Uhr ihr Maximum, fällt dann bis ca. 15 Uhr ab, um um ca. 19 Uhr ein zweites Maximum zu finden (Martin 1985, S.50 f.). Um ca. 3 Uhr besteht das absolute Minimum (Abb. 62; vgl.S.586). Dies bringt Probleme für die Schichtarbeit mit sich. Arbeitszeit und Arbeitsbedingungen bilden die wichtigsten Felder des Interessenkonfliktes zwischen den die Arbeitsplätze stellenden Organisaten – vertreten durch die Arbeitgeber –, und den Arbeitskräften – vertreten durch die Gewerkschaften (Kutsch und Wiswede 1986, S.174 f.). Beide Felder können im Rahmen der Humanisierung der Arbeitswelt verbessert werden (G. Schmidt 1982, S.165 f.). Hierzu gehören eine konkrete Verringerung der Belastungen am Arbeitsplatz, eine Verbesserung im sozialen Umfeld im Betrieb (Kooperation, Anerkennung, Betriebsklima etc.) und im Umfeld des Betriebes (Bindung an den Betrieb, Abbau von Diskriminierung etc.) sowie im Verhältnis Arbeit/Freizeit (Arbeitszeitregelung, Schichtbetrieb, Weg zum Arbeitsplatz etc.).

Zu b):
Der Arbeitsplatz hat eine bestimmte sachliche Ausrichtung, z.B. im Großhandel oder in der Textilindustrie. Dies bedingt den Arbeitsinhalt und die Qualifikation, natürlich im einzelnen auch die Arbeitsobjekte. In diesem Rahmen muß nicht näher darauf eingegangen werden.

Zu c):
Die Technik gibt die Arbeitsschritte vor; dennoch gibt es Gestaltungsmöglichkeiten bei der Aufteilung der gesamten Arbeitsmenge auf die Beschäftigten, bei der Spezialisierung der einzelnen Arbeitsfunktionen, bei der vertikalen Arbeitsteilung in planende und ausführende Tätigkeiten, bei der Kombination von Arbeitsaufgaben und Aufgabenelementen zu Tätigkeiten an konkreten Arbeitsplätzen und bei der Verteilung von Arbeitsaufgaben auf verschiedene Abteilungen (Lutz, zit. nach Fricke 1985, S.160 f.). Wichtig ist in diesem Zusammenhang die Einbindung der Arbeit in den Produktionsprozeß, innerhalb des Organisats, das den Arbeitsplatz stellt, entsprechend der Art der Arbeitsteilung (vgl. S.546f).

Zu d):
Aus arbeitswissenschaftlicher Sicht kann man die Koordinationsmechanismen betonen, in die die Arbeitskraft eingebunden ist (Nutzinger 1985, S.132 f.):

1. Marktmäßige Koordination: Die Arbeitskraft wird zur Vermehrung des Unternehmensgewinns eingestellt.

2. Bargaining-Systeme (Verhandlungssysteme): Zwischen Verbänden werden Entlohnungs- und Arbeitsbedingungen ausgehandelt.

3. Politische Koordinationsmechanismen: Wahlen, Abstimmungen etc.

4. Direkte, z.B. sprachliche Interessenartikulation und -abstimmung: Arbeitsanweisung bzw. Einwände dagegen.

5. Hierarchische Koordinationsmechanismen: Über- bzw. Unterordnung.

Der arbeitsorientierte Ansatz in der Industriesoziologie versucht, die strukturellen Bedingungen, die Entwicklungstendenzen und die Auswirkungen aus der Sicht der Arbeitenden zu analysieren; nach ihm wird

1. Arbeit als Prozeß der Auseinandersetzung mit Arbeitsaufgaben,
2. Qualifikation als Handlungspotential, das die Auseinandersetzung mit Arbeitsaufgaben und den technisch-organisatorischen Bedingungen der Arbeit ermöglicht,
3. Arbeitsorganisation als Ergebnis der Aufteilung aller Arbeitsaufgaben, die zur Aufrechterhaltung eines Produktionsprozesses erforderlich sind, auf die in einem Betrieb Beschäftigten,
4. Kooperation als die Realisierung der arbeitsorganisatorischen Regelungen im Arbeitsprozeß,
5. Technik als Ergebnis von betrieblichen Rationalisierungsstrategien und ihnen entgegengerichteten Strategien der Arbeitenden zur Verteidigung und Verbesserung der Arbeitsbedingungen

verstanden (Fricke 1985, S.174 f.).

Arbeitsmarkt

Das Individuum als Arbeitskraft hat Teil am Arbeitsmarkt. Auf dem Arbeitsmarkt bieten sich die unselbständigen Erwerbspersonen als Arbeitnehmer an und werden von Organisaten oder Haushalten als Arbeitgeber nachgefragt.

In der wirtschaftswissenschaftlichen Diskussion werden theoretische und empirische Untersuchungen über den Arbeitsmarkt angestellt, um die Bestimmungsgründe für das Arbeitsangebot und die Arbeitsnachfrage im Rahmen der übrigen Produktionsfaktoren (Boden, Kapital) bzw. der demographischen Situation zu klären. Die Nachfrage hängt vor allem – entsprechend der wirtschaftlichen Situation – von der Nachfrage nach Produkten und Dienstleistungen ab, dem Grad der Automatisierung in den Organisaten, den lohnpolitischen Bedingungen etc., während das Angebot von der Bevölkerungszahl (Geschlechtsproportion, Altersaufbau etc.), dem Ausbildungsstand etc. beeinflußt werden (Buttler und Gerlach 1982).

Eine Geographie der Arbeit oder der Beschäftigung hat die räumliche Verbreitung der Arbeitskräfte und der Beschäftigungsmöglichkeiten zum Gegenstand (de Smidt 1986, S.404). Sie untersucht die Bedingungen für die Anpassungsprozesse, deren Entwicklung und Folgen. Man soll nicht nur auf die Extreme des Marktkontinuums blicken (z.B. „Yuppies“ einerseits, ethnische Minoritäten andererseits), sondern seine Perspektive erweitern. Arbeitsmärkte sind nicht homogen, sie unterliegen einer großen Vielfalt von verursachenden Einflüssen. Technologische Bedürfnisse, Industriestruktur, Produktmarktbedingungen, Gewerkschaftsaktivitäten, staatliche Politik, die einheimische Wirtschaft, kulturelle Gegebenheiten spielen eine Rolle in der Produktion und Reproduktion der Arbeitsmarktstrukturen.

So ist die Frage der Segmentation einzubeziehen. Darunter wird jedwede Differenzierung der Gesellschaft nach sachlichen Gesichtspunkten verstanden, was sich vor allem in der Einkommensstruktur niederschlägt; sie begründet, daß Anpassungsprozesse sehr kompliziert werden. Entsprechend divergenter Entwicklungen in der industriellen Struktur und damit zusammenhängender Unsicherheiten hat sich – nach Peck (1989) – der Arbeitsmarkt in zwei Sektoren aufgespalten („labour market segmentation“). „The primary sector contains the better quality jobs in the labour market, characterized by relative stability, high wages and good working conditions. Internal labour markets are prevalent in this sector, which is also likely to be unionized. The secondary sector, by contrast, is characterized by low wages, poor working conditions and a lack of job security. The most disadvantaged workers in the labour market effektively become ‚trapped‘ in this sector“ (S.45). (Vgl. dazu auch S.461).

Darüber hinaus ist zu sehen, daß eine geographische Aufteilung des regionalen Arbeitsmarktes existiert; es kommt im Laufe der Zeit zu räumlichen Verschiebungen von Arbeitskräften und Arbeitsplätzen in den Berufsgruppen. Nach Massey (1987) herrscht in den Arbeitsmärkten eine bemerkenswerte Dynamik; das Angebot an Menschen, die für die Arbeit in einer bestimmten Region zur Verfügung stehen und – auf der anderen Seite – von Arbeitsplätzen mit bestimmten Eigenschaften in demselben Gebiet kann sich dramatisch ändern. Besonders das Angebot an Arbeitsplätzen wandelt sich rasch, entsprechend den ökonomisch-konjunkturellen Schwankungen, die ihrerseits von der internationalen Arbeitsteilung mitbestimmt werden. Aber auch das Angebot unterliegt starken Veränderungen, abhängig u.a. von der soziokulturellen Situation. Massey zeigte dies am Beispiel englischer Kohlegebiete und der Londoner Bekleidungsindustrie.

Anpassungsprozesse auf der Angebotsseite des Arbeitsmarktes hängen großenteils von soziodemographischen und beruflichen Charakteristiken der Arbeitskräfte in den Regionen ab. Jede dieser Kategorien hat ihre eigene regionale Dynamik, wobei der Wille zum Pendeln oder zum Wandern eine Rolle spielt. Frauen nehmen in sich wandelnder Weise am Arbeitsleben teil. Van der Knaap (1987) meinte z.B., daß in den Niederlanden angesichts der abnehmenden Geburtenrate und dem gegenwärtig niedrigen Umfang der interregionalen Migration in den kommenden Jahren nur geringe Wandlungen in der regionalen Verteilung der Arbeitskräfte zu erwarten seien. Die wichtigsten Änderungen vollziehen sich nach ihm mit demographischen Prozessen, z.B. durch das Altern. Das Angebot an weiblichen Arbeitskräften wird in den Verdichtungsräumen und deren Randgebieten zunehmen. Die bereits erwähnte Segmentierung des Arbeitsmarktes sowie die unterschiedliche räumliche Entwicklung auch auf der Nachfrageseite des Arbeitsmarktes führen zu Ungleichgewichten. Sie mögen durch Wanderungen gemindert werden.

Anpassung auf der Nachfrageseite des Arbeitsmarktes hängt gleichfalls von verschiedenen Faktoren ab; große Konzerne können Arbeitsstätten verlagern, es können Betriebe in peripheren und/oder traditionellen industriellen Zentren der Industrieländer geschlossen, an anderer Stelle evtl. neu eingerichtet werden (de Smidt 1986, S.404).

Eine Beurteilung all dieser Fragen hängt stark von den Sichtweisen ab (z.B. neo-klassische, neo-marxistische Sichtweise etc.; v.d. Laan 1987).

Clark (1986, S.422) forderte eine integrierte Theorie des Firmenverhaltens und der Beschäftigungspraxis; ohne sie könnte es keinen realen Fortschritt in unserem Verständnis der räumlichen Differenzierung geben. Inzwischen – so Clark – gibt es Untersuchungen, die die lokalen Beschäftigungspraktiken, die Beziehungen zwischen Arbeit und Management etc. behandeln. „Indeed, this school of thought promises to redirect location theory from relative factor prices to the local social relations of production" (S.423). Vielleicht entsteht hierbei eine „labour theory of location".

Arbeitslosigkeit

Arbeitslosigkeit heißt aus sozioökonomischer Sicht, daß das Angebot von Arbeitsleistungen – in Art und Menge – die Nachfrage übersteigt. Das gegebene Arbeitskräftepotential wird nicht voll ausgeschöpft. Arbeitslosigkeit hängt von der konjunkturellen Entwicklung der Wirtschaft ab, sodann von der Übernahme technologischer Innovationen; sie tritt – als strukturelle Arbeitslosigkeit – abseits der prosperierenden Verdichtungsräume verstärkt auf, d.h. in Notstands- oder Fördergebieten der Staaten (z.B. für die alte Bundesrepublik H. Müller 1990), weltüber betrachtet in den Entwicklungsländern abseits der industriell geprägten Zentren („Metropolen") der abendländischen Kulturpopulation (vgl. S.357f). Im Jahresrhythmus treten Schwankungen auf (vgl. S.540f), vor allem in solchen Branchen, die saisonal direkt oder indirekt von Witterungsbedingungen abhängig sind. So ist das Arbeitsplatzangebot von der Struktur, dem Funktionieren und den Rhythmen der Prozeßabläufe in den Populationen abhängig.

Bestimmte Gruppen der Populationen werden stärker betroffen als andere. So können spezifische Berufe – saison- und strukturbedingt – ins Abseits geraten, der Ausbildungsstand mag Probleme bereiten. Kranke, in ihrer Leistungsfähigkeit begrenzte Menschen, werden eher arbeitslos, auch ältere. Darüber hinaus werden viele Personen ob ihrer Nationalität, ihrer Rasse diskriminiert, Frauen wegen ihres Geschlechts. Dabei sind nicht nur die registrierten Arbeitslosen zu berücksichtigen, sondern auch die verdeckt Arbeitslosen, die z.B. in Kleinbetrieben chronisch unterbeschäftigt sind, von Familienangehörigen versorgt werden etc. Einen Teil der Arbeitslosen nimmt auch die informelle, d.h. ungeschützte Wirtschaft auf (z.B. Obstpflücken, Ährenlesen, Botendienste, Kinderhüten; für die Niederlande van Geuns, Mevissen und Renooy 1987).

In einer auf Leistung orientierten und angewiesenen Gesellschaft gehören die Arbeitslosen zur in der Hierarchie untersten sozialen Schicht. Die psychische Situation vor allem der Langzeitarbeitslosen ist bedrückend (Jahoda, Lazarsfeld und Zeisel, zit. nach Friedrich und Brauer 1985, S.27 f.; Brinkmann 1976, S.406 f.): Die nichtfinanziellen Belastungen werden häufig als noch stärker empfunden als die finanziellen. Es kommt zu einer Veränderung der Zeitstruktur des Alltags, dadurch, daß der gewohnte Rhythmus Arbeitszeit – Freizeit entfällt. Die durch die Arbeitslosigkeit entstandene freie Zeit wird zum Problem (Brinkmann 1976, S.412). Die Zukunftsperspektiven – im Hinblick auf die eigene Berufskarriere und die familiäre Entwicklung – gehen verloren. Die sozialen Kontakte zu den Kollegen nehmen ab. Es fehlt die Möglichkeit, sich darzustellen, sich zu bewähren und Anerkennung zu erfahren. Das soziale Selbstwertgefühl schwindet, der Arbeitslose empfindet sich als Versager, entwickelt Schuldgefühle. Die Autorität in der Familie leidet durch Beeinträchtigung der Funktion als Ernährer. Vergebliche Stellensuche und wiederholte Arbeitslosigkeit vermitteln das Gefühl der eigenen Handlungsohnmacht. Hinzu kommt die Abhängigkeit von Ämtern und Arbeitsvermittlung, evtl. dem Sozialamt.

Im Erfahren der eigenen Arbeitslosigkeit lassen sich bei Langzeitarbeitslosen vier Phasen erkennen (Friedrich und Brauer 1985, S.28 f.):

1) Der Eintritt in die Arbeitslosigkeit löst einen Schock aus.

2) Die folgende aktive Phase der Stellensuche ist noch durch einen ungebrochenen Optimismus gekennzeichnet.

3) Es machen sich Geldsorgen bemerkbar, Langeweile greift Platz, das Selbstwertgefühl wird geschmälert, die schwindende Aussicht auf Arbeit läßt Pessimismus aufkommen, begleitet von Ängsten und Depressionen.

4) Die wachsende Dauer der Arbeitslosigkeit wird selbst zum Hindernis für eine Wiedereinstellung, die Erkenntnis, zu den Schwervermittelbaren zu gehören, führt zu Resignation, zu Fatalismus.

Die Entwicklung führt zu Einschränkungen, vielfach zu Armut, in Extremfällen gar zur Obdachlosigkeit. Die Isolation im gewohnten mitmenschlichen Milieu hat ein Absinken in der Skala der sozialen Hierarchie, eine Umorientierung im sozialen Netzwerk (vgl. S.531f) zur Folge .

Auf der anderen Seite kann es zu Aufbegehren kommen, zu Zusammenschlüssen zu Gangs und zum Abrutschen in die Kriminalität. Diese Entwicklungen sind aber nie alleine auf die Arbeitslosigkeit zurückzuführen; immer kommt es dabei auf die Gesamtsituation der Menschen an, auf ihre Akzeptanz in der Gesellschaft, auf Erlebnisse in der Sozialisationsphase etc. (vgl. S.392f).

Zur Bekämpfung der Arbeitslosigkeit sind vornehmlich staatliche Eingriffe (Zahlung von Unterstützung, Beschäftigungsprogramme, Strukturpolitik) und ökonomische Maßnahmen (Lohnabsenkung, Investitionen, Arbeitszeitverkürzung etc.) durchgeführt worden. Sie sind z.T. aber problematisch, z.B. können Wohlfahrtszahlungen oder Sozialhilfe die Arbeitslosen entmutigen, sich Arbeit zu suchen (vgl. auch S.582). Kodras (1986) zeigte, daß dieser Effekt in den Vereinigten Staaten räumlich variiert, wobei der Arbeitsmarkt und das Sozialhilfesystem entscheidend sind.

Fischer und Nijkamp (1988) untersuchten die Arbeitsmarktpolitik in verschiedenen europäischen und nordamerikanischen Industrieländern sowie Australien und stellten fest, daß deren Wirkung nur gering war. Der direkte Eingriff (mit strikter Kontrolle, Verboten, Regeln, Zuweisungen) hatte nur wenig Erfolg, aber auch indirekte Strategien (Stimulieren oder Behindern von regionalen Initiativen ohne strikte Kontrolle) schlugen weitgehend fehl. Als sinnvoll erwiesen sich gezielte Technologieprogramme – vor allem, wenn sie mit einer Verbesserung des einheimischen Entwicklungspotentials einhergingen und berufliche Ausbildungsprogramme enthielten.

Die Zusammenhänge von Politik, Wirtschaft, Beschäftigung, Standort etc. sind im einzelnen aber immer noch schwer durchschaubar. Im konkreten Fall sind soziale und psychische Hilfe von großer Bedeutung, um das Leben der Betroffenen erträglich zu gestalten. Leider bestehen hier – auch in den Industrieländern – noch erhebliche Defizite.

3.7.1.3 Entgelt für die Arbeit (Reaktionsprozeß: *Rezeption)

Arbeitslohn und privates Einkommen

Der Rezeptionsprozeß der Populationen beinhaltet die Aufnahme des Erlöses aus der Produktion und die Umstrukturierung des Systems. Auf individueller Ebene entspricht dem das Entgelt für die Arbeit. Arbeit wird entgolten, in Form von Lohn, Gehalt, Honorar, Heuer etc. In einfach strukturierten Gesellschaften ist Naturallohn üblich, sonst meist Geld. Die Höhe des Lohns unterscheidet sich nach der Art der Arbeit, nach der Vereinbarung zwischen Arbeitgeber und Arbeitnehmer, nach der Belastung des Arbeitsmarktes, nach staatlichen Vorgaben u.ä.; die Einflüsse der übergeordneten Systeme machen sich hierbei geltend. Diese Zusammenhänge werden in Lohntheorien zu klären versucht.

Für die Arbeitskraft ist die Arbeit in erster Linie Mittel zur Erzielung eines Einkommens, für den Betrieb dagegen ist sie das Mittel, das Kapital optimal zu verwerten (Littek 1982, S.122). Lohn wird als Leistungslohn (Akkordlohn) und als Zeitlohn entrichtet.

Freilich, bei fortschreitender Rationalisierung und Mechanisierung von Produktionsabläufen kann die Arbeitskraft ihre Leistung immer weniger beeinflussen; die Bedeutung von Akkord- und Prämienlohnsystem nimmt ab (Kutsch und Wiswede 1986, S.40 f.). Eine direkte Zurechenbarkeit von Leistungen wird bei der wachsenden Komplexität der Arbeitsstrukturen immer schwieriger.

Lohn, Gehalt oder Dienstbezüge werden aus nichtselbständiger Tätigkeit erzielt, es sind Arbeitseinkommen. Daneben gibt es noch andere Arten des Einkommens, aus selbständiger Arbeit – also Unternehmertätigkeit –, die Gewinneinkommen; hinzu kommen die Besitzeinkommen (aus Vermögen wie Sparguthaben, Beteiligungen etc.).

Die Verteilung der Einkommen ist ein außerordentlich komplexes ökonomisches Problem; die Zuordnung der Einkommenshöhe zu bestimmten Tätigkeiten unterliegt in erster Linie dem freien Spiel des Marktes. Aber oft spielt auch der Zufall eine Rolle, werden spezielle sozioökonomische Konstellationen wichtig, kommt Manipulation ins Spiel. Je höher die Arbeit in sozioökonomischer Vereinbarung bewertet wird, um so vielfältiger sind die Möglichkeiten der Individuen, sich in Besitz, Macht u.a. für das soziale Rollenspiel wichtige Positionen in der Gesellschaft zu erlangen.

Aus sozialgeographischer Sicht ist das Einkommen vor allem auch dadurch von Interesse, weil die Bezieher unterschiedlicher Einkommen unterschiedliche Chancen im Leben erhalten. Auf diese Probleme weisen vor allem die Vertreter der marxistischen Geographie hin. Einkommen definieren in kapitalistischen Gesellschaften in hohem Maße den Status in der Hierarchie (vgl. S.414f). Damit verbunden sind die Möglichkeiten der beruflichen und persönlichen Entfaltung im Verlaufe des Lebenszyklus, die Art der Ausbildung, die Berufswahl, die Aufstiegschancen, der Ausstieg aus dem Berufsleben mit zunehmendem Alter.

So sind Lohn und Gehalt nicht lediglich Faktoren der Kaufkraft und damit des Konsumstandards. Nach Fürstenberg (zit. nach Kutsch und Wiswede 1986, S.39) kann man eine Reihe von sozialen Funktionen der Entlohnung unterscheiden:

- die Anreizfunktion: Personen können durch Entgelt motiviert werden, in Form von Arbeit einen bestimmten Beitrag zu leisten;

- die Anerkennungsfunktion: Personen können durch die Höhe des Entgelts für ihre Arbeitsleistung Anerkennung finden;

- die Signalisierungsfunktion: Es kann Personen durch die Einstufung in eine bestimmte Bezahlungsklasse ein bestimmter Status oder Prestige signalisiert werden;

- die Stratifizierungsfunktion: Über die Bezahlung wird zu einem wesentlichen Teil die Soziallage (Berufsstellung etc.) mitbestimmt;

- die Gerechtigkeitsfunktion: Die Personen können durch Vergleich ihrer Leistungen und Ergebnisse mit solchen anderer Personen zu einer Beurteilung der Angemessenheit kommen;

- die Kontrollfunktion: Über die Belohnung erfolgt eine Disziplinierung in der normgerechten Erbringung von Arbeitsleistung.

3.7.1.4 Ertrag der Arbeit (Reaktionsprozeß: *Reproduktion)

Armut und Reichtum

Am Ende des Prozesses steht das Individuum, das als Arbeitskraft mehr oder weniger im Wirtschaftsleben Erfolg hatte und hat. Aus rein materieller Sicht äußert sich dies in Reichtum oder Armut – mit allen daraus sich ergebenden Konsequenzen für den individuellen Lebensweg. Daß dies nicht den Menschen in seiner Person meint, sondern nur seine Situation im System Menschheit als Gesellschaft definiert, sei hervorgehoben. Armut und Reichtum sind ein Ergebnis des Arbeitsprozesses – seien sie verdient oder unverdient, seien sie sozial vorgegeben, selbstverschuldet oder ererbt, seien sie durch nicht nachvollziehbare Prozesse begünstigt oder nicht, seien sie aus ethischer Sicht berechtigt oder unberechtigt. Genauer: reiche, weniger reiche, saturierte oder arme, Mangel leidende Menschen sind letztlich die Träger und die Betroffenen des Arbeitsprozesses.

Das Gegensatzpaar Armut/Reichtum oder anders ausgedrückt: der Lebensstandard hat einen verschiedenen Bedeutungshintergrund. In einer undifferenzierten Gesellschaft (z.B. Sammler und Jäger) sind diese Begriffe nahezu gleichbedeutend mit Hunger/Sättigung (vgl. S.366 und 527), während in höher differenzierten Populationen, wie bereits angedeutet, individuelle Arbeit eine ganz unterschiedliche Bedeutung für die Gesellschaft besitzt und dementsprechend unterschiedlich entlohnt wird; die Produkte der Organisate und die erzielten Erlöse aus der Arbeit („Mehrwert") gelangen in individuellen Besitz, werden in Macht, Landbesitz oder weitere Produktionsstätten umgesetzt, wie bereits Marx (vgl. S.24) gesehen hat.

Hier soll vor allem auf die Armut eingegangen werden.

In vielen Industrieländern gibt es tiefgreifende Armut. In den USA ist sie ein Phänomen, das in der Geschichte weit zurückgreift (Mose 1987). Dabei zeigt sich eine starke räumliche Differenzierung; vor allem der periphere ländliche Raum ist betroffen sowie bestimmte Gebiete in den Innenstädten (Elendsviertel, Slums). Angehörige ethnischer Minderheiten nehmen eine herausragende Stellung ein (Schwarze, Indianer, Hispanics). Aber auch in Europa erhöht sich zusehends der Anteil der Armen, wobei die Arbeitslosigkeit, hohe Mieten, Verantwortung für Kinder, Drogenmißbrauch, nicht zuletzt dann aber auch der Zerfall der Familienbande und „soziale Kälte" die Menschen in die Hilfslosigkeit treiben.

Entsprechend der verschiedenen gesellschaftlichen Einflüsse und der hierarchischen Stellung der Populationen in den von ihnen bewohnten Regionen lassen sich die Probleme der Armut in unterschiedlichem Maßstab diskutieren (vgl. auch Coates, Johnston und Knox 1977, S. 23 f.), z.B. bei der Entwicklungsländerproblematik (vgl. S.357f) und dem Problem der Elendsviertel in manchen Großstädten der westlichen Welt (vgl. S.472f). Hier soll die individuelle Ebene im Vordergrund stehen.

Man kann absolute Armut als die Unfähigkeit zur längerfristigen Sicherung der körperlichen Selbsterhaltung definieren (Schäuble 1984, S.39), als „Unmöglichkeit, am gesellschaftlichen Reichtum teilzuhaben, mit den psychischen und physischen Folgen, die sich für das Individuum daraus ergeben" (Roth 1985, S.66). Von der Statistik wird das Ein-

Tab. 20: Typen der Obdachlosen in den USA.

Weiß	Schwarz	Hispanier
Stadtstreicher		
Veteranen		
Alkoholiker		
	Geisteskranke	
	Drogensüchtige	
Bag Ladies		
	Alleinstehehnde Frauen mit Kindern	
	Wegwerfkinder	
	Arbeitslose	
Delogierte Familien		

Quelle: Lichtenberger 1990a, S. 481

kommen zur Beurteilung der Armut herangezogen. Die notwendigen Mittel zur Lebenserhaltung werden durch einen „Warenkorb" ermittelt, der notwendige Nahrungsmittel und Bekleidungsbedürfnisse, Mittel für Wohnung, Heizung etc. enthält und sich durch Geld ausdrücken läßt. Das Geld erscheint als Äquivalent, auf das alle Befriedigungsmittel bezogen werden können. Es läßt sich eine objektiv nachvollziehbare Armutsgrenze definieren.

Dies reicht freilich nicht aus; die Maßstäbe sind von Land zu Land verschieden. Außerdem ist festzustellen, daß Armut nicht nur Nahrung, Kleidung und Obdach als fixe Größen enthält; vielmehr wird Gesundheit durch körperliche, psychische und kognitive Faktoren, darüber hinaus auch durch soziale Bindungen beeinflußt. Menschenwürdiges Dasein hängt von gesellschaftsstrukturellen Gegebenheiten ab, d.h. von der Funktionsfähigkeit und Stabilität der Außenbeziehungen zur Arbeitswelt und von den privaten Beziehungen, den „Treueverhältnissen" (Schäuble 1984, S.75 f.). „Nicht die konkrete Verfügung, der Umfang und die Beschaffenheit der Mittel zur Bedürfnisbefriedigung sind für die Bestimmung der Grundbedürfnisse maßgebend. Es ist ihr Faktum als existenznotwendige Bedingung menschlichen Lebens, die ihre Bedeutung ausmachen. Dies verhindert keineswegs die Bestimmung des Ausmaßes (Standards) der zum Überleben notwendigen Bedürfnisbefriedigungsmittel zu einer gegebenen Zeit und für bestehende Gesellschaften" (S.40).

Dieser die Armut umschreibende Komplex ist von äußeren Bedingungen abhängig (von der Natur wie Boden, Klima etc. der vorgegebenen biotischen Konstitution des Einzelnen, den objektiv vorhandenen gesellschaftlichen Faktoren), aber auch von der eigenen Einstellung (Wertorientierung, Ziele) etc. (Schäuble 1984, S.43). Auf der persönlichen Ebene wird zudem ein lebensgeschichtlicher Kreislauf der Armut deutlich (S.232 f.). Die Stadien:

1) Überproportionale Armut unter Kindern und Jugendlichen,
2) niedere Armutsrate im Erwerbsarbeitsalter und
3) große Armutsbevölkerung im Alter.

Lichtenberger (1990a) zeigte für die USA, daß in der Nachkriegszeit immer neue Probleme für die Menschen auftraten; sie äußerten sich in den 50er und 60er Jahren durch die wachsenden Ghettos der Schwarzen in den Kernstädten, in den 70er Jahren durch die flächenhaften Verfallserscheinungen der gründerzeitlichen Bausubstanz der inneren Stadtteile und Ausbreitung der Ghettobildung auf die ältern Suburbs. Die Gentrifikation (vgl. S.475f) hat nur in den attraktivsten Teilen der Innenstädte eine Revitalisierung durch obere Bevölkerungsgruppen bewirkt. In den 80er Jahren kommen neue soziale Probleme hinzu; die weibliche Erwerbsquote steigt stark an („Feminisierung des Arbeitsmarktes"), vor allem in den schlechteren Positionen. Dies erhöht den Anteil der Frauen unter den Armen („Feminisierung der Armut"; Jones III und Kodras 1990). Die Probleme am Arbeitsmarkt – so Lichtenberger – setzen sich fort, am unteren Ende der Sozialpyramide bildet sich eine „underclass", Menschen, die aus dem Arbeitsprozeß herausgedrängt werden. Die Obdachlosigkeit (vgl. dazu auch S.531f) steigt, die „neuen Obdachlosen" bilden so ein äußerst komplex zusammengesetztes Bevölkerungselement (Tab.20). Nicht mehr nur die alten Kernstädte sind nun betroffen, sondern auch Kleinstädte und ländliche Räume, der Süden der USA ebenso wie der Norden. Die Entwicklung ist zu einem erheblichen Teil der Politik der Reagan-Ära zuzuordnen, während der die Sozialpakete stark beschnitten wurden; dies traf die am wenigsten adaptierungsfähige Bevölkerung zuerst, so daß eine „neue Armut" entstand, eine neue „soziale Frage". Hinzu kommen ökonomische Wandlungen (Entindustrialisierung, „EDV-isierung") und soziale Wandlungen (die Kernfamilie verliert ihren Platz als Leitbild); die Ehedauer nimmt ab, Geschiedene und Singles bestimmen in starkem Maße den Wohnungsbedarf (Lichtenberger 1990a).

Aber auch in Deutschland nimmt die „neue" Armut zu, ein „Ergebnis struktureller Selektionsmechanismen in dieser Gesellschaft, in der das Prinzip der Gewinnmaximierung sowie dessen Durchsetzung über Marktprozesse ursächlich sind" (Roth 1985, S.61, sich beziehend auf E.H. Huster). Leistung und Konkurrenz erscheinen „als Grundprinzipien sozialen Verhaltens in faktisch allen Lebensbereichen". Die Arbeitnehmerschaft wird in immer größerem Maße von Armut betroffen; seit den 50er Jahren nimmt der Abstand zu den Selbständigen im Durchschnitt zu (S.63).

Armut ist „immer mit materieller und immaterieller Randständigkeit der entsprechenden Personenkreise im Vergleich zur restlichen Gesellschaft verbunden" (Roth 1985, S.61). Die abweichenden Lebensverhältnisse können zu subkulturellen Lebensweisen führen. Die Armen haben ein eigenes, wenn vielfach auch nur rudimentär ausgebildetes und als substituär zu betrachtendes soziales Netzwerk aufgebaut (vgl. S.531f). So kann Armut zu einer stabilen und beständigen Lebensform führen, die sich häufig genug sogar von Generation zu Generation vererbt (Schäuble 1984, S.250 f.). Zwischen den Mitgliedern der armutsbedingten Subkultur und den Angehörigen der gesamtgesellschaftlich integrierten Schichten gibt es zahlreiche Konfliktsituationen. Hier ist sicher auch ein Teil der Kriminalität angesiedelt. Andererseits besteht kein klarer Zusammenhang zwischen Armut, Verwahrlosung und Kriminalität (vgl. S.392f).

Fällt ein Individuum in unserer Wohlstandsgesellschaft unter die absolute Armutsgrenze, so wird es von den drei Merkmalen: Nahrung, Kleidung und Obdach noch am ehesten den Kleidungsbedarf decken können. Ist es immobil, so wird es ihm – vorausgesetzt, es erhält keine Hilfe – an Nahrung mangeln; manche alten und gebrechlichen Menschen leiden definitiv Hunger in ihren Wohnungen. Wer sich bewegen kann, wird die Wohnung aufgeben, was Obdachlosigkeit beinhalten kann.

Die Behörden bieten Obdachlosen vielfach den Aufenthalt in Obdachlosensiedlungen an. Aber auch dies hat seinen Preis; in Untersuchungen wurde festgestellt (zit. in Schäuble 1984, S.288), daß in solche Siedlungen eingewiesene Obdachlose stigmatisiert sind: Sie leiden an Orientierungsunsicherheit, das Anspruchsniveau im Bereich der beruflichen Ausbildung sinkt, die Sozialbindungen mit Personen außerhalb der Siedlungen nehmen ab; die siedlungsinternen Beziehungen können zwar intensiviert werden, aber auch völlige Isolation ist häufig. Die Bewohner dieser Obdachlosensiedlungen zeigen sich renitent gegenüber Behörden, die Kinder leiden unter Verhaltensstörungen, werden häufiger krank. Die Apathie nimmt zu, Jugendliche werden polizeiauffällig, die Arbeitslosigkeit wächst etc.

Gallaway und Vedder (1986; zit. nach Jones III 1987) entwarfen ein Modell, das den Zusammenhang von Armut, Sozialhilfezahlungen, Einkommensverbesserung und Entmutigung, sich Arbeit zu suchen, darzustellen versucht. Wohlfahrtszahlungen erhöhen das Einkommen, Armut wird erträglich und als Überbrückung der Arbeitslosigkeit verstanden. Werden die Zahlungen erhöht, werden die Empfänger entmutigt, sich Arbeit zu suchen; wenn die Sozialhilfezahlungen weiter steigen, kann sich umgekehrt dieser Effekt wieder abschwächen (vgl. auch S.577). Jones III (1987) untersuchte die Armut, die Sozialhilfe und die Arbeitslosigkeit bei bestimmten besonders betroffenen Gruppen in den USA (weibliche Schwarze mit Kindern) und fand in der Tat im Grundsatz das Modell bestätigt. So könne, meinte er, durch genaue Dosierung der Sozialhilfezahlungen die Armut minimiert werden.

Sicher müssen detaillierte Untersuchungen folgen, die die tatsächlichen Probleme dieser Familien empirisch verdeutlichen.

Arbeit und Identität

Arbeit und Persönlichkeitsbildung stehen in engem Verhältnis zueinander (Schumm 1982, S.250 f.); berufliches Lernen und Arbeitserfahrungen wirken sich auf die Handlungs- und Konfliktfähigkeit aus, d.h. es erfolgt eine Sozialisation durch Arbeit. Diese äußert sich vor allem in drei Feldern:

1) Die objektiven Bedingungen (z.B. die konkreten Tätigkeitsanforderungen) werden insbesondere im latenten, vor allem die Qualifikationsanforderungen betreffenden Einfluß von Arbeit wirksam.

2) Davon ist zu unterscheiden, wie die persönliche Identität durch Arbeitserfahrung geprägt wird.

3) Die langfristigen Wirkungen beruflicher Sozialisation schlagen sich auf direktem Wege in Biographien beruflicher Arbeit nieder und prägen auch das Familienleben, die normative Orientierung der Kinder etc.

Der Beruf – Resultat der Arbeitsteilung (vgl. S.336f; 549) – bildet die Basis sozialer Identität. Er führt zur Innenstabilisierung der Person. Dabei spielt eine Rolle, daß die Ausbildung eine Investition darstellt, bei freier Berufswahl hat sich das Individuum für den Beruf entschieden. Sodann ist wichtig, daß sich der Inhaber eines Berufs als Experte fühlen kann, der in dieser Frage anderen überlegen ist. Drittens bildet der Beruf eine „Brücke zur Gesellschaft", wird der Beruf als Medium erlebt, über das der einzelne am Leben der Gesellschaft teilhat; im Gegensatz dazu wird die Familie eher als Rückzugsgruppe, als isolierte Insel empfunden (Beck, Brater und Daheim 1980, S.217 f.).

Hier ist auch die Frage der Identifikation der Individuen mit ihrer Arbeit und die Selbsterkenntnis ihrer Lage in der Gesellschaft anzureißen. Besonders Marx (vgl. S.24) nahm sich des Problems der Entfremdung an. Er sah, daß die Arbeit in der Industriegesellschaft mehr und mehr zu einem reinen Produktionsfaktor wird, die Arbeitskraft zu einer Sache degradiert wird. Das Individuum wird fremdbestimmt, es wird selbst unfähig, den Wert seiner Arbeit einzuordnen (Durkheim 1893/1977; May 1985).

Nach Marx ist Entfremdung eine direkte Konsequenz der kapitalistischen Ordnung. Die Arbeit erscheint im Gefolge der Arbeitsteilung und der Tatsache, daß die Produktionsmittel sich in fremden Händen befinden, nicht mehr als Ausdruck des menschlichen Vermögens; sie wird dem Menschen entfremdet. Der produzierte Gegenstand hat keinen direkten Bezug zur Person. Fremdbestimmung tritt an die Stelle der Selbstbestimmung (Kiss 1972-75, I, S.131 f.). Der Kampf um die Arbeitszeit hat in diesem Sinne eine politische und eine kulturelle Dimension. Die Verkürzung der Arbeitszeit ist ein Akt der Befreiung, dient der Selbstverwirklichung (Negt 1984, S.24 f.). Es hängt freilich von der Art der Arbeit ab, wie sie zu werten ist. „Wo Arbeit einen schöpferischen Charakter annimmt, da löst sich in der Regel die abstrakte Entgegensetzung von Arbeit, Freizeit und Faulheit auf. Problematisch ist also nicht nur die herkömmliche Arbeitszeit, sondern die herkömmliche Arbeit" (S.180).

Die Wirkung der Technik auf die Arbeit wird von Rammert (1982 b, S.66 f.) herausgestellt. Durch Technisierung werden die Werkzeuge von der führenden Hand getrennt und auf einen sie bewegenden sachlichen Mechanismus übertragen. Damit kann die Leistung, d.h. „die in der Maschine vergegenständlichte Arbeitserfahrung und Geschicklichkeit unabhängig von den organischen Schranken des Menschen" gesteigert werden.

Die qualifizierten Arbeiter verlieren so die Fähigkeit, ihre Leistung zu beurteilen. Die Unternehmer können diesen Sachverhalt nutzen. Mit dem Problem des Sichbewußtwerdens der Arbeiter, der Angestellten etc. mit ihrer Lage kommen politische Akzente in das Verhältnis Unternehmer/Arbeitnehmer. Die Herausbildung der Interessenvertretungen, vor allem der Gewerkschaften, hat hier ihre Wurzeln.

Noelle-Neumann und Strümpel (1984) behandelten – aus unterschiedlicher Sicht in Form eines Briefwechsels – das Problem der Identifikation der Beschäftigten mit ihrer Arbeit, die Frage des Zusammenhangs von Arbeitsfreude und Lebensfreude, von Arbeit und Krankheit, und zwar auf der Basis von Umfragen. Zwar sind die meisten erörterten Fragen für eine statistische Auswertung recht weich, für eine sozialgeographische Diskussion zu undifferenziert; die Interpretation hängt zudem stark vom eigenen politischen Standpunkt ab. Dennoch lassen sich tendenziell bestimmte Zusammenhänge klären. Vor allem zeigt sich, daß die Identifikation der Berufstätigen mit ihrer Arbeit deutlich von der Position im Beruf abhängt; ungelernten Arbeitern und Facharbeitern ist der Beruf viel weniger wichtig als leitenden Angestellten oder gar Selbständigen (S.23).

Ähnliche Ergebnisse brachte eine frühere Untersuchung der Arbeitsmotivation von mittleren Angestellten und Arbeitern in der Produktion in der Industrie (van Dyck 1970/79). Nicht die Arbeit als solche ist entscheidend für die unterschiedliche Einstellung, sondern die Perzeption der Arbeit vor dem Hintergrund der persönlichen Wertorientierung. Man kann von einer geschichteten Bedürfnisstruktur der Individuen (S.36) sprechen, d.h., daß für die Einstellung die Position in der Hierarchie entscheidend ist. „Der Angestellte wird formal immer als Kopfarbeiter angesehen, und von ihm erwartet man eine innere Beziehung zu seiner Tätigkeit, und ferner, daß diese innere Beziehung zu seiner Tätigkeit sich in seinen Erwartungen an die tatsächliche Arbeit widerspiegelt. Andererseits erwartet man vom Arbeiter – als Handarbeiter – Interesse vor allem an Geld, Arbeitsplatzsicherheit, allgemeinen sozialen Leistungen des Betriebes und an den speziellen technischen Merkmalen seiner Arbeitssituation... Die in der Betriebshierarchie mit ausgewiesene Arbeiter-Angestellten-Differenzierung impliziert auf der Ebene von Erwartungsmustern das Vorherrschen von zwei verschiedenen Werthaltungen. Die jeweilige Perzeption der Arbeit und der den verschiedenen Arbeitsmotiven jeweils zugeschriebene Wert sind bedingt durch die strukturell unterschiedlichen Arbeitssituationen“ (S.47 f.). Ob man Angestellter oder Arbeiter ist, hat somit nicht nur sekundäre Bedeutung – im Hinblick auf Gehalt oder Lohn z.B. –, es beeinflußt auch das unmittelbare Verhältnis des Menschen zu seiner Arbeit.

Daß die kulturbedingte Lebensform die Grundeinstellung zur Arbeit mitbestimmt, wurde bereits erörtert („Wirtschaftsgeist“, vgl. S.378f).

3.7.2 Institutionen und Prozesse im Rahmen der Menschheit als Art

3.7.2.1 Institutionalisierung der Aufgabe (Induktionsprozeß: *Adoption)

Erhaltung des Lebens als Basisinstitution

Über all der Diskussion um die systemische Einbindung des Menschen in die Gesellschaft, über seine Rollen, seine Aufgaben und sein Handeln wird allzu leicht übersehen, daß der Mensch ein Individuum ist, etwas „Unteilbares“. Er ist einmalig, vom Aussehen, ausgestattet mit Charakterzügen und körperlichen und geistigen Fähigkeiten; ihm sind Eigenschaften anerzogen worden, die sein sittliches Verhalten beeinflussen, sein Gewissen markieren, seine Kenntnisse umgreifen, seine Fähigkeit, seine natürliche und soziale Umwelt zu verstehen, tangieren.

Das Individuum hat einen Willen, es bringt sich entsprechend eigener Entscheidungsfreiheit in die Umwelt ein. Es konsumiert entsprechend dem eigenen Bedarf und Geschmack sowie den eigenen Möglichkeiten. Es ist eine biotische Einheit mit entsprechenden Instinkten und Vorlieben im Geschmack oder in der Farbe. Es vererbt Eigenschaften von sich auf seine Kinder. Darüber hinaus ist es ein soziales Wesen, das sich mehr oder weniger in den gesellschaftlichen Prozessen darstellt und bewährt, das selbst über sein Schicksal nachdenkt und mit entscheidet, die Reihenfolge und Intensität der Prozesse für das gesellschaftliche Ganze, der Handlungen im Tages-, Wochen- und Jahresablauf definert, das vielleicht sogar einen Lebensplan hat.

In einmaliger Weise wird das Individuum in jeder Situation neu von den Mitmenschen akzeptiert oder zurückgestoßen, geliebt oder gehaßt; es beansprucht, stört, reflektiert oder fördert die Prozesse, die die Gesellschaft gestalten. Es belastet die natürliche Umwelt, auch seine soziale Umwelt.

Als Basisinstitution des Individuums im Rahmen der Menschheit als Art kann man die Erhaltung des Lebens bezeichnen, Leben verstanden als Summe aller Tätigkeiten, die für den Bestand des Organismus, seiner körperlichen und geistigen Existenz notwendig und erwünscht sind. Die Tätigkeiten können produktiv sein (Arbeit; vgl. S.571f) oder konsumptiv (z.B. Essen, Kleiden, Wohnen, Schlafen), sie können geistig sein (z.B. Denken, Glauben) oder materiell (z.B. Hausbau, Feldbestellung), sie können auf sich selbst bezogen sein (z.B. Nahrungsaufnahme, Meditieren) oder sozial orientiert (z.B. Kindererziehung, politisches Engagement), sie können auf den eigenen Körper bezogen sein (z.B. Körperpflege) oder auf die umgebende Lebenswelt (z.B. Umweltschutz). Für all diese – und noch für viele mehr – Bedürfnisse gibt es in der arbeitsteiligen Gesellschaft Institutionen, Organisate, dauerhafte Anlagen.

Das Individuum gehört allen Typen von Populationen, auch in der Menschheit als Art, an, und die Aktivitäten sind entsprechend vielfältig. Als Lebewesen, in der untersten Stufe der Populationshierarchie, hat das Individuum all jene Tätigkeiten auszuüben, die seine Zugehörigkeit zu den Populationen erfordern, darüber hinaus solche, die seiner Erhaltung, der Lebensfreude und Lebensfähigkeit dienen. Für diese gibt es wiederum eigene Institutionen.

Die Freiheit der Entscheidung ermöglicht den Individuen im vorgegebenen Rahmen eine große Vielfalt von Verhaltensweisen, sowohl allgemein im Hinblick auf die Art, wie sie das Leben führen, als auch auf die Reihenfolge und Qualität der einzelnen Handlungen und Prozesse. Hierdurch wird den Prozessen ihre spezifische Eigenart, ihre Individualität, mitgegeben, was sich auch in den übergeordneten Systemen auswirkt.

3.7.2.2 Durchführung der Aufgabe (Induktionsprozeß: *Produktion)

Zeitliche Zwänge und Möglichkeiten

Im Lebenslauf tritt das Individuum in der arbeitsteiligen Gesellschaft im Durchschnitt zwischen dem 15. und 25. Lebensjahr in den produktiven Abschnitt ein und verläßt ihn etwa zwischen dem 55. und 65. Lebensjahr. Vorher und hinterher erscheint es vorzugsweise als Konsument, der von der Gesellschaft bzw. seinen Anrechten aus der vorher ausgeübten Arbeit lebt.

Im täglichen Rhythmus ist zunächst – biologisch vorgegeben – zwischen Wachsein und Schlaf zu unterscheiden; der Schlaf dient der Erholung, das Bewußtsein ist aufgehoben,

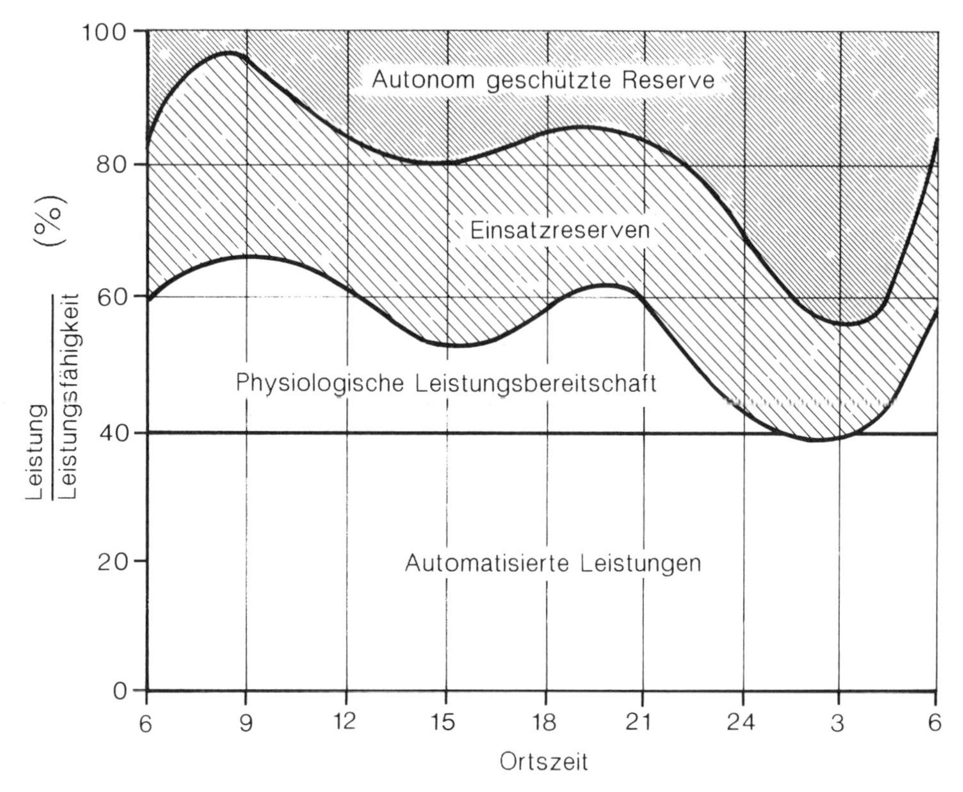

Abb. 62 Die Tagesperiodik der menschlichen Leistungsbereitschaft
Quelle: Stegemann 1971/91, S.255 (nach Graf, mit freundlicher Genehmigung des Thieme-Verlages, Stuttgart und New York)

intentionale Bewegungen und Denkprozesse sind nicht möglich. Der Zustand des Wachseins läßt sich in Arbeits- und Freizeit gliedern. Freizeit steht der selbstbestimmten individuellen Nutzung zur Verfügung. Der jeweilige Aufwand an Zeit ist zudem zu addieren und in einen gegebenen Rahmen einzubringen (Zeitbudget). Arbeit und Freizeit sind nicht nur zeitlich verknüpft, sondern wirken auch aufeinander. Z.B. zeigte Bamberg (1986), daß Streß am Arbeitsplatz, soziales Umfeld und Freizeitgestaltung in engem Zusammenhang stehen.

Absolut dominant ist das biologisch begründbare Bedürfnis nach Schlaf; der Tag-Nacht-Rhythmus zwingt das Individuum, die übrigen Tätigkeiten ihm anzupassen. Die Leistungsfähigkeit der Menschen unterliegt deutlich diesem Rhythmus. Um dies zu verdeutlichen, muß man von einer Höchstleistungsfähigkeit des Menschen als Bezugsgröße ausgehen; sie gibt an, welche Leistungen mit größter Willensanstrengung erbracht werden können. 40 % dieser Höchstleistungsfähigkeit entfällt im Tagesablauf gleichmäßig auf automatisierte Leistungen, d.h. ohne Willensanstrengung ist das Individuum fähig, die geforderte Tätigkeit auszuüben (Stegemann 1971/84, S.268 f.). Der Arbeitsantrieb, den ein Mensch normalerweise bereit ist aufzubringen, ist die „physiologische" Leistungsbereitschaft. Diese Bereitschaft schwankt im Tagesablauf (Abb.62); sie erreicht um 9 und um 19 Uhr je ein Maximum. Dann gibt es Einsatzreserven, die willkürlich mobilisiert werden können, z.B. bei sportlichen Hochleistungen. Der Rest ist „autonom geschützt", er wird nur bei Lebensgefahr, bei Affekten, durch aufputschende Medizin etc. mobilisiert.

Die Individuen haben ein ganz verschiedenes Verhältnis zur Zeit und damit einen verschiedenen Arbeitsrhythmus, wie Starkey (1988) hervorhob. Dies hängt von der Veranlagung ab, aber auch von sozialen Faktoren. In Anlehnung an Gurvitch meinte er, daß die Individuen verschiedener sozialer Schichten ein ganz unterschiedliches Zeitempfinden haben, sowohl im Hinblick auf Zeitdauer als auch auf den Rhythmus im Ablauf der Zeit. Ein besonderes Problem liegt darin, daß von seiten des Arbeitgebers Zeit und ökonomischer Erfolg zusammen gesehen werden, während der Arbeitende seine Lebensgestaltung im Vordergrund sieht.

Dies alles macht deutlich, daß der Mensch als Ganzheit zu sehen ist, daß Erholung, Verhalten, Arbeit, soziale Bezüge in Wechselwirkung stehen und die Handlungen und Prozeßabläufe auf individueller Ebene bestimmen.

Alltag und Lebenswelt

Der Alltag sei als zeitlicher Rahmen, als zeitliche Umwelt des Individuums interpretiert, die Lebenswelt als ^{3}räumlicher Rahmen, als ^{3}räumliche Umwelt. Die Definition von Lippitz (1980; vgl. S.188) sei hier angeführt, darüber hinaus auch die Diskussion des Begriffs „Place" (vgl.S.207f). Nach Eyles (1989) sollte die Anthropogeographie die „Biographien der Individuen" und die „Strukturen der Gesellschaft" in ihrem Verhältnis zueinander erforschen. „Those structures and biographies are enmeshed in everyday life and experience. Everyday life is, therefore, a taken-for-granted reality which provides the unquestioned background of meaning for the individual. It is a social construction which becomes a ‚structure' itself. Thus through our actions in everyday life we build, maintain and reconstruct the very definitions, roles and motivations that shape our actions. ... Everyday life is, therefore, the plausible social context and believable personal world within which we reside. From it, we derive a sense of self, of identity, as living a real and meaningful biography. Everyday life ist thus crucial for understanding human life and society" (S.103).

Das Leben im Alltag erscheint als ein schwieriger Balanceakt zwischen den persönlichen Wünschen und den Möglichkeiten, zwischen effektiver Einmischung in gesellschaftliche Vorgänge und kühler Distanz, zwischen traditionell verstetigender Tendenz und progressivem Verändern-Wollen, zwischen Sich-Einfügen und Dagegen-Aufbegehren. Verstehen kann man als Außenstehender die Handlungen und den Handlungsstil nur dann, wenn man das Humanum in sich nicht ignoriert, wenn man partizipiert. Hard (1985a) meinte, daß es bei einer Betrachtung des Alltags „keine akzeptable Fremd- und Gegenstandskenntnis ohne Selbsterkenntnis geben kann, daß gerade hier eine hinreichende Objektivität nur erreichbar ist durch eine Reflexion auf die beteiligten Subjekte" (S.197).

Die Kategorie „Alltag" – wie auch „Lebenswelt" – ist, nach Hard (1985b) nicht aus dem Alltag bzw. aus dem Leben gegriffen; Alltag bezeichnet vielmehr das Konkrete auf abstraktester Ebene. Der Begriff ist, wie er meinte, im geographischen Sprachgebrauch mit vielerlei Inhalten befrachtet; in gewissem Sinne ist der Alltagsbezug so alt wie die Geographie. „Ohne eigens thematisiert zu werden, war die Alltagsperspektive unabdingbarer Teil, ja Konstruktions- und Legitimationsbasis des Paradigmas der klassischen Geographie“ (S.17). Die Perzeptionsgeographie führte die Tradition in den 60er Jahren fort, aber mit neuem Akzent; der Alltag wurde nun „reduziert auf die Einheit der Welt in der Subjektivität der Handelnden“ (S.21). In den 70er Jahren wurde nun von außen her (Ethnologie, Geschichtswissenschaft, Sozialwissenschaft; vgl. S.188f) der Begriff wieder aufgenommen, auch von Geographen, die z.B. gesellschaftspolitisch engagiert waren, auf Verbesserung der Umwelt abzielten.

Das Alltagsthema kann heute nicht „nur als Mittel der Objekt- oder Welterkundung“ dienen, sondern auch für die Subjekterkundung und sogar die Selbsterkundung von Bedeutung sein (Hard 1985b, S.39). Die „traditionelle Alltagswelt der Geographen müßte wie jede andere Alltagswelt immer auch als Perzeption und Kognition bestimmter Subjekte und Lebensformen betrachtet werden…“ (Hard 1985a, S.197).

Vielleicht kann man auch formulieren: Die Individuen erscheinen im Alltag und in ihrer Lebenswelt als in ihren ^{4}Raum eingebunden. Dieser Raum ermöglicht einerseits Einmaligkeit, Unvorhersehbarkeit und Kreativität, andererseits die Verknüpfung mit der Struktur, der Berechenbarkeit und der Routine der Gesellschaft.

3.7.2.3 Konsum (Reaktionsprozeß: *Rezeption)

Wird bei den Individuen im Rahmen der Menschheit als Gesellschaft die Aufgabe der *Rezeption durch das Entgelt für die geleistete Arbeit institutionalisiert, so ist bei den Individuen im Rahmen der Menschheit als Art der Konsum der Individuen zu sehen; er ist der Lohn für die der Erhaltung des Lebens gewidmeten Aktivitäten. Dies meint die Inanspruchnahme der von den übergeordneten Populationen erbrachten Leistungen. Hierzu gehören die Möglichkeit, Bildungs- und Kunstinstitutionen oder die Kirchen zu besuchen, die Inanspruchnahme der staatlichen Rechtsordnung und des staatlichen Schutzes, der öffentlichen und privaten Verkehrsmittel, die Möglichkeit, Waren zu kaufen etc. Diese potentiellen oder tatsächlich ausgeführten Aktivitäten schließen sich an den Arbeitsprozeß an oder schließen ihn mit ein.

Konsumverhalten

Konsum meint den Vorgang der Einkommensverwendung, also die Entnahme von Gütern aus dem Markt sowie den Vorgang der Nutzung dieser Güter durch Haushalt und Individuum. So ist hier der Einkauf und die Verwendung von Nahrungsmitteln, Kleidung und Heizmaterial zur Regelung des individuellen Energiebedarfs zu sehen, die Beschaffung und Nutzung der Unterkunft, die Gestaltung der Freizeit.

Hieraus ergeben sich eine Vielzahl von Prozessen, die in den Wirtschaftswissenschaften und in der Geographie Aufmerksamkeit gefunden haben. Auf diese ökonomischen Fragen sei hier nicht näher eingegangen. Aus sozialwissenschaftlicher Sicht – dies sei aber erwähnt – interessiert vor allem das Verbraucherverhalten. Es sind vier Problembereiche von Bedeutung (Kutsch und Wiswede 1986, S.211):

- die sozialen Aspekte des Konsumverhaltens, einschließlich des Verhältnisses zur Freizeit- und zur Arbeitssphäre,
- die Zusammenhänge zwischen Konsumverhalten und Sozialstruktur, d.h. unter Berücksichtigung der Familie, der Kultur und Schichtenzugehörigkeit etc.,
- die Position des Konsumenten auf dem Markt; dies schließt die Frage der Informationsbeschaffung etc. ein,
- die Aspekte der Konsumgesellschaft mit den Problemen der sich wandelnden wirtschaftlichen und ökologischen Umfelder.

Konsumverhalten ist von zahlreichen Faktoren abhängig, u.a. von der Erziehung, der Schichtenzugehörigkeit, der Kritikfähigkeit und natürlich dem realen Bedürfnis seitens der Konsumenten.

In der Wirtschaftssoziologie werden Motivation, Information, Entscheidung der Individuen, das Verhalten beim Kauf untersucht. Vorlieben und Moden spielen eine wichtige Rolle, der Einfluß auf das sonstige Verhalten entsprechend den finanziellen Möglichkeiten, dem sozialen Status, dem Zeitbudget. Jüngere, gebildete Angehörige der gehobenen neuen Mittelschichten („Yuppies“) erweisen sich als besonders konsumdynamisch (Hillmann 1988, S.146).

In den modernen Industriegesellschaften machen sich bei den oberen Sozialschichten Anzeichen von Sättigung bemerkbar. Zeitknappheit behindert die Nutzung bzw. den Genuß vieler Güter und Dienstleistungen; wachsendes Gesundheitsbewußtsein steht dem Verzehr mancher Nahrungsmittel entgegen. Verpackung und geplanter Verschleiß wirft ökologische Probleme auf (Hillmann 1988, S.254). Untere Sozialschichten und Randgruppen dagegen leiden Mangel, vor allem der Großteil der Menschen in den Entwicklungsländern (vgl. S.579f).

Nutzung der Freizeit; Erholung

Freizeitnutzung stellt eine für das Individuum besonders wichtige Konsumart dar. Für die Freizeitgestaltung stand und steht den Individuen in sehr verschiedenem Maße Zeit zur Verfügung (Eibl-Eibesfeldt 1976, S.208 f.). In der vorindustriellen Gesellschaft gab es in den handwerklichen Betrieben in Deutschland einen bedächtigen Arbeitsrhythmus, der im Zusammenhang mit den familiären Bedürfnissen, aber auch den sittlich-moralischen Normen und ökonomischen Regeln (Begrenzung der Lehrlings- und Gesellenzahl je Meister, Kontrolle des Rohstoffbezuges, Verbot, den Zunftgenossen Kunden abspenstig zu machen) zu sehen ist (Deutschmann 1985, S.73 f.). In der frühindustriellen Phase wurde mit der Änderung der Gewerbestruktur und dem Aufkommen der Konkurrenz die Arbeitszeit heraufgesetzt. Im einzelnen war das Bild heterogen. Um 1850 waren 14 bis 18 Stunden tägliche Arbeitszeit verbreitet, d.h. 80 bis 120 Stunden in der Woche. Bis 1890 reduzierten sich die Werte auf 10 bis 16 bzw. 60 bis 100. Bis zum Ersten Weltkrieg näherte sich die Tagesarbeitszeit 8-14, die Wochenarbeitszeit 50-90 Stunden.

In entsprechender Weise begann sich langsam der Jahresurlaub durchzusetzen. Eine „Freizeitbewegung" propagierte in den 20er und frühen 30er Jahren ein Recht auf mehr Freizeit und suchte zudem nach sinnvollen Möglichkeiten der Freizeitgestaltung (Giesekke 1983, S.47). Im Dritten Reich wurden diese Tendenzen im Sinne des Regimes funktional ausgerichtet. Nach 1945 setzte sich der Trend nach Verkürzung der Arbeitszeit, der Erweiterung und sinnvollen Nutzung der Freizeit wieder fort und führte zur heutigen Situation. Die Gewerkschaften hatten an dieser Entwicklung entscheidenden Anteil, aber auch die Kirchen. Die klare Trennung von Arbeitssphäre und Nicht-Arbeitssphäre setzte die emanzipatorischen Möglichkeiten der Freizeit frei (Giesecke 1983, S.90).

Freizeit wird in der verschiedensten Weise genutzt, zur Erholung, zur Erbauung, zur Weiterbildung, zum sozialen Engagement etc. Die starke Zunahme der Freizeit hat zur Entfaltung eines weitgefächerten Angebots an solchen Einrichtungen geführt, die der Erholung und dem individuellen Vergnügen dienen. So werden Kinos, Theater, Restaurants besucht, Fernsehen und Radio dienen zunehmend dem Zeitvertreib (Postman 1985), Fußballstadien und Pferderennbahnen, Tennishallen und Spielhallen kommen den tatsächlichen oder manipulierten Bedürfnissen der Menschheit nach Entspannung und Erholung entgegen. Persönliche Befriedigung kann aber auch im Garten, beim Spaziergang im Park oder bei der Lektüre eines guten Buches gefunden werden. Es ist hier nicht der Ort, in dieser mehr auf das Grundsätzliche abzielenden Arbeit einen detaillierten Katalog der Freizeitaktivitäten vorzustellen.

Nach Stockdale und Eldred (1981, zit. nach Kirby 1985, S.66) wird die Freizeit aus verschiedenem Blickwinkel gesehen:

„a) The philosophic or classical approach: this revolves about a content definition, i.e. certain activities are seen to be inherently pleasurable and thus contribute to leisure.

b) The work-leisure antithesis approach: this is a residual emphasis, which regards activities undertaken out of work time as non-work: i.e. recreation.

c) The discretionary time approach: this is an evolution of category b, which recognizes that not all tasks undertaken outside work are recreational.

d) Comprehensive or holistic approach: this attempts to integrate notions of non-work with individual commitments, psychological needs, cultural values and pleasure."

Das Freizeitverhalten und die Wirtschaft sind in ein Wechselverhältnis eingetreten; heute ist die Freizeitwirtschaft ein umfassender Wirtschaftszweig, der in einer umfangreichen Literatur untersucht wird. Aus sozialgeographischer Sicht haben sich vor allem Ruppert (1975) und seine Schüler mit dieser Problematik befaßt. Entsprechend dem Zeitaufwand und der Distanzüberwindung unterscheiden Maier, Paesler, Ruppert und Schaffer (1977, S.146) das Freizeitverhalten im Wohnumfeld, im Naherholungsraum und im Fremdenverkehrsraum (längerfristiger Reiseverkehr); die räumliche Organisationsform erscheint den Autoren als besonders wichtig. Die unterschiedlichen Gruppen haben verschiedene Anforderungen an den ^{3}Raum, und diesen wird in verschiedener Weise entsprochen, z.B. durch die Anlage von Spielplätzen, Skipisten, Wanderwegen, Ferienhäusern, Verkehrstrassen etc.

In jüngster Zeit wird umgekehrt gefragt, welchen Vorteil die Bewohner der Fremdenverkehrsgebiete langfristig erhalten, wie die ökologischen und sozialen Probleme des Massentourismus bewältigt werden können (z.B. Braun und Schliephake 1987; Troeger-Weiß 1987; vgl. S.525f). Die Darstellungen von Kulinat und Steinecke (1984) sowie Wolf und Jurczek (1986) geben einen Überblick über die Forschung.

Tourismus stellt eine wichtige Art der Freizeitgestaltung dar. Storbeck (1988) charakterisierte den Tourismus als Phänomen der modernen Gesellschaft. Tourismus ist nach ihm „die Summe der Vorgänge, die aus dem zeitweisen Ortswechsel von Personen, Familien und Gruppen für Urlaubszwecke (in Distanz zum Alltag und damit verbundener Erholung) folgt" (S.252). Es sind im einzelnen viele Motive erkennbar, wie Kulinat und Steinecke (1984, S.33 f.) betonten. Grundsätzlich wichtig ist nach ihnen der Kontrast zum Arbeitsalltag. Der Ortswechsel bildet nach Storbeck die Grundlage – wenigstens psychologisch – für die Erreichung einer Distanz vom Arbeitstag und damit für einen Rollenwechsel. Es kann hierdurch zeitweise eine reale Gegenwelt entfaltet werden; damit erfüllt der Tourismus gesamtgesellschaftlich „systemstabilisierende Funktionen; ... indem der Einzelne die von ihm angestrebten Rollenwechsel mehr oder weniger vornehmen kann" (S.248). Die Distanz zum Arbeitstag schafft Spielräume gegen die normale Existenz. Der Erholungsfaktor hat also keineswegs nur eine medizinische Komponente.

Aus dem Blickwinkel des Individuums kann man die Frage stellen, inwieweit die Freizeit der Regeneration dient, der Selbstverwirklichung, der Entspannung und Freude, inwieweit soziale Bindungen geknüpft oder repariert werden, inwieweit schöpferische Fähigkeiten – als Gegengewicht zur Entfremdung – geweckt werden. Dabei sind ganz unterschiedliche Ansprüche zu berücksichtigen; sie reichen vom bescheidenen Komfort bis zum Luxus. Andererseits sollte auch gefragt werden, ob die Art des Freizeitangebotes immer sinnvoll ist oder sinnvoll genutzt wird. Wolf (1989a) verlangte, daß die Geographie der Freizeit und des Tourismus zu einer Lebensraumforschung weiterentwickelt wird, „die den ganzen Menschen in seinem alltagsweltlichen (lebensweltlichen) Handeln erfaßt..." (S.22). Eine enge Zusammenarbeit mit anderen Sozialwissenschaften bietet sich an.

3.7.2.4 Individuelle Reproduktion (Reaktionsprozeß: *Reproduktion)

Erhaltung der Gesundheit

Reproduktion auf individueller Ebene bedeutet in erster Linie die Erhaltung der Gesundheit. Man mag Gesundheit als vollständiges körperliches und geistiges Wohlbefinden definieren; realistischer ist wohl, wenn man von Abwesenheit von Krankheit spricht. Dementsprechend kann sich die Forschung auf statistische Daten stützen, die die Krankheiten und verschiedene Lebensdaten zum Gegenstand haben und die Basis für Vergleiche darstellen, aber auch für die Medizin eine wichtige Grundlage bieten. So stellt die Lebenserwartung ein wichtiges Maß für die Beurteilung des Zustandes der Bevölkerung dar. In der Bundesrepublik Deutschland z.B. beträgt sie bei männlichen Neugeborenen 72, bei weiblichen 78 Jahre. Diese Werte haben in dem letzten Jahrhundert stark zugenommen, vor allem weil die Säuglingssterblichkeit abgenommen hat, aber auch weil die Zahl der schweren Krankheiten im Erwachsenenalter zurückgegangen ist und die Alterspflege auf eine breitere Basis gestellt wurde. Eine Vielzahl von

Einrichtungen dient heute der Gesundheitssicherung der Bevölkerung, so Arztpraxen, Apotheken, Krankenhäuser, Kurkliniken, Rettungseinrichtungen etc.

Die Medizingeographie umfaßt die ganzen mit diesem Problemfeld befaßten Fragestellungen (McGlashan und Blunden, Hrsg., 1983; Jusatz und Wellmer, Hrsg., 1984; Pacione, Hrsg., 1986), so das ökologische Umfeld der Krankheiten, die Ausbreitung und Bekämpfung von Seuchen, Standortfragen medizinischer Einrichtungen (z.B. Clarke, Hrsg., 1984; Thouez 1989), Gesundheitsvorsorgeprogramme, Ernährungsfragen etc. Barrett (1986) definierte: „Medical geography is the analysis of the human-environmental relationship of disease, nutrition, and medical care systems in order to elucidate its interrelationships in space" (S.27). Dabei werden auch sozialgeographisch interessante Belange erörtert. Z.B. stellte Andrews (1985) fest, daß die Untersuchungen zur gesundheitlichen Vorsorge von Kindern in den letzten Jahren sich nicht mehr nur den medizinischen Fakten widmen, sondern zunehmend die sozioökologische Perspektive einbeziehen. So wird den indirekten Risiken mehr Aufmerksamkeit geschenkt.

Insbesondere stellten auch Eyles und Woods (1983) den sozialen Kontext der medizinischen Tätigkeit und der Gesundheit in den Vordergrund. Sie legten dar, daß Krankheiten in engem Zusammenhang mit der Umwelt sowie der sozialen und ökonomischen Umwelt stehen und hoben hervor, daß Gesundheitsfürsorge nicht lediglich ein technisch-medizinisches, sondern auch ein politisches Problem ist, daß Interessengruppen eine erhebliche Rolle spielen. Die Kirchen haben sich z.B. in die Gesetzgebung eingeschaltet, um sicherzustellen, daß nicht die ökonomischen Interessen zu stark im Vordergrund stehen. Eine holistische Sichtweise ist nötig, die immer berücksichtigt, daß Heilkunde und Gesundheit nicht losgelöst von Wohlfahrt, Arbeit, Wohnung, Kultur und sozialer Einbettung betrachtet werden dürfen. Hier können Geographen ihre Arbeit einbringen.

3.7.3 Beispiele von Aktivitäten im Tagesrhythmus

Das Individuum muß, wie oben angedeutet, die sozioökonomischen und biotischen, die produktiven und konsumptiven Tätigkeiten in eine verträgliche Ordnung bringen. Die theoretische Begründung der Position des Individuums wurde in Kap.2 (vgl. S.314f) zu geben versucht. Da auf der individuellen Ebene keine Prozeßsequenzen gegeben sind (vgl. S.570), erscheint in den Beispielen lediglich das Schwingungsbild (vgl. S.311f).

In unserer differenzierten Gesellschaft hat sich ein individueller Tagesablauf herausgebildet, der mit dem Aufstehen und hygienischen Verrichtungen beginnt, mit dem Frühstück, der – bei Trennung von Wohn- und Arbeitsstätte – Fahrt zur Arbeit und der vormittäglichen Arbeit fortgesetzt wird. Nach dem Mittagessen folgt die nachmittägliche Arbeit und die Rückfahrt zur Wohnung. Abends werden evtl. Einkäufe getätigt, das Abendessen eingenommen, die verbleibende Freizeit genutzt. Die Zeitgeographie (vgl. S.154f) hat etliche „Tagesbahnen" aufgezeichnet (z.B. Shapcott und Steadman 1978). Ein besonderes Beispiel ist in Tab.21 aufgezeichnet, der tägliche Arbeitsablauf einer Nomadenfrau im Vergleich mit dem einer deutschen Hausfrau (Holter 1988).

Tab. 21: Tägliche Aufgaben einer Nomadenfrau (12-Personenhaushalt) und einer deutschen Hausfrau (4-Personenhaushalt)

Tätigkeiten	Zeit in Wochenstunden	
	Nomaden-frau	Deutsche Hausfrau[1]
Ernährung		
Zubereitung von Mahlzeiten	10h30	12h30
Tee kochen	6h15	–
Melken	7h	–
Milch erhitzen zum Buttern	2h20	–
Buttern	7h	–
Hirse mahlen	7h	–
Mörsern	1h10	–
Brennholz sammeln	2h20	–
Einkaufen	–	bis 5h
	43h35	17h30
Reinigung		
Feuermachen, Geschirr spülen	4h40	–
Küche aufräumen, Geschirr spülen	–	7h30
Aufräumen, Betten machen, Säubern der Wohnung	–	7h30
Waschen	selten	bis 5h
Bügeln	–	bis 5h
Wohnung gründlich säubern	–	7h30
	4h40	32h20
Kinderbetreuung[2]	nicht gemessen	über 20h

[1] Nach *Pross* (1975), der Durchschnittswerte für Durchschnittshaushalte von 4 Personen angibt.
[2] Die Kinder wurden von den Nomadenfrauen den ganzen Tag über parallel zu den anderen Tätigkeiten betreut.

Quelle: Holter 1988, S. 230

Die individuellen Tagesrhythmen übertragen sich auf die Makroebene. Z.B. ist der Tagesrhythmus mit dem Nahverkehr (vgl. S.459f) verknüpft. Die Amplituden sind allgemein weit größer als die im Jahresrhythmus des Fernverkehrs. Im Berufsverkehr treten die Stunden hervor, in denen die Arbeitskräfte morgens in die Stadt kommen (besonders 6 bis 8 Uhr); der Einkaufsverkehr folgt zeitlich etwas später, mit Maximalwerten um 10/12 Uhr (Fußgängerverkehr in den Innenstädten; Heidemann 1967, S. 62 f.). Am Nachmittag akkumulieren sich verschiedene Verkehrsspitzen im Lokal- und Nahverkehr (Fußgänger: Berufsverkehr 17 bis 18 Uhr, Einkaufsverkehr 16 bis 18 Uhr); insbesondere ist aber hier der zu den Wohnungen flutende Straßenverkehr nach der Arbeitszeit zu nennen (vgl. auch Lichtenberger 1986a, S.108 f.).

Als weitere Beispiele seien die Aktivitäten in einem Wintersportgebiet aufgeführt (Abb.63) und der Besuch eines Waldgasthauses (Abb.64). Die Straßenverkehrsunfälle zeigen in den Wochentagen, an Sonnabenden und Sonntagen eine unterschiedliche Periodik (Abb.65).

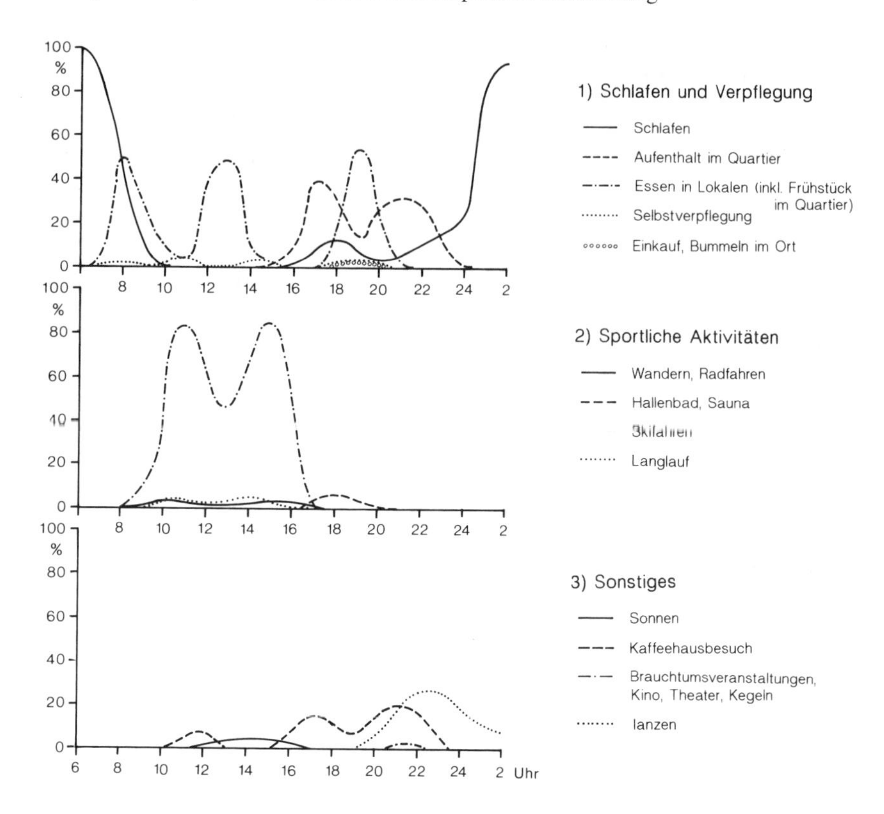

Abb. 63 Durchschnittliches tägliches Aktivitätsmuster in den Ski-Gebieten des Salzburger Landes (Anteil der Gäste, die bestimmte Aktivitäten ausüben. Alle Aktivitäten zusammen ergeben 100 %)
Quelle: Steinbach 1989, S.63 (nach Steinbach, Feilmayer und Haug 1983)

3.7.4 Formale Einordnung der Institutionen und Prozesse (Zusammenfassung)

Das Individuum im Rahmen der Menschheit als Gesellschaft

Das Individuum hat die Aufgabe der Stabilisierung der Menschheit als Gesellschaft. Es ist als Arbeitskraft, als eigentliches Agens der Sozialprozesse im untersten Niveau der Prozeßhierarchie eingebunden. Arbeit ist die Basisinstitution (*Adoption). Bei der Durchführung (*Produktion) ist eine Prozeßsequenz wie bei den Populationen nicht gegeben; wohl aber sind die Aufgaben zu lösen, entsprechend den Möglichkeiten, die das System dem Individuum läßt, und den Fähigkeiten, die dem Individuum von seiner Konstitution her gegeben sind. Entscheidend ist zudem der Wille der Individuen selbst. Die Problembereiche umfassen auch den Arbeitsmarkt und die Arbeitslosigkeit. Die Entlohnung (Gehalt, Verdienst etc.) bildet auf dieser Ebene die *Rezeption. Ebenso erscheinen

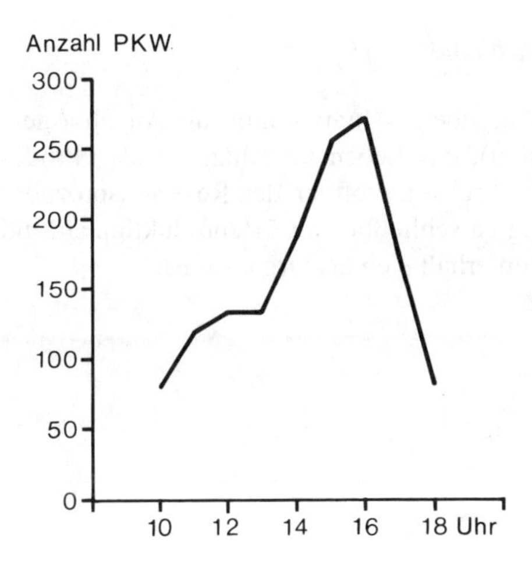

Abb. 64 Anzahl der Personenkraftwagen am Gasthaus „Forsthaus Lindemannsruh" (Pfälzer Wald) am 4.6.1972. Jede Stunde zwischen 10 und 18 Uhr wurde gezählt
Quelle: Angaben von Eberle 1976, S.209

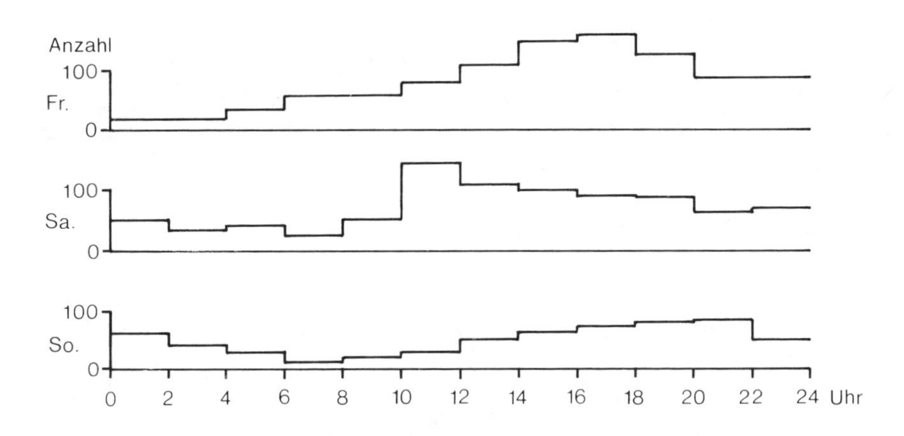

Abb. 65 Straßenverkehrsunfälle mit Personenschaden im Tagesablauf an allen Freitagen, Sonnabenden und Sonntagen (Montag bis Donnerstag nahezu gleich verlaufend mit Freitag). Saarland 1988
Quelle: Saarland in Zahlen, Sonderheft 154, 1990

im Reaktionsprozeß als ein Ergebnis vom Empfang des Lohnes Armut und Reichtum sowie die Zufriedenheit mit der eigenen Arbeit (*Reproduktion).

Der Tageslauf regelt die Arbeit-Freizeit-Gestaltung.

Das Individuum im Rahmen der Menschheit als Art

Es ist die Erhaltung des Lebens die Aufgabe des Individuums als Angehöriger der Art, also im biotischen Rahmen (*Adoption), das Leben im Alltag ist als *Produktion zu sehen. Der Konsum, die Gestaltung der Freizeit, eröffnen den Reaktionsprozeß (*Rezeption). Die körperliche Gesunderhaltung ist schließlich als *Reproduktion auf individueller Ebene zu bewerten. Das Individuum erhält sich als Organismus.

4.Zusammenfassung und Rückblick

Die Frage nach dem, was Sozialgeographie ist, kann man am ehesten wohl als Sozialgeograph beantworten, d.h. aus der Innenperspektive des Faches. In dem Buch versuchte ich eine Selbstbeschreibung des Systems „Gesellschaft" und damit verknüpft des Systems „Sozialgeographie". Hard (1990b, S.7 f.) formulierte, im Anschluß an Luhmann (1984): „(Selbst-) Reflexion und Reflexionstheorie – also auch die Theorie der Geographie – sind höchstens systemintern verbindlich: sie leisten auf sozialer Ebene ungefähr das, was auf individueller Ebene ‚Introspektion' leistet. Nur Individuum und System selbst können sich selbst beobachten." Aber dieses Privileg hat einen Defekt: „Selbstbeobachtung, Selbstreflexion etc. kann (auf individueller *und* auf sozialer Ebene!) prinzipiell nicht durch objektivierende Fremdbeobachtung nachvollzogen werden."

Dieser Nachsatz kann so nicht akzeptiert werden. Hard wie auch Luhmann (vgl. S.183f) gehen von der Vorstellung aus, daß die Systeme, denen der Mensch angehört, auf gleicher hierarchischer Ebene nebeneinander bestehen. In diesem Sinne müßte es sich um Gleichgewichtssysteme handeln, und so werden als Beispiele von „modernen Funktionssystemen" die Ökonomie und Wissenschaft genannt (Hard 1990a, S.39). Konkretisiert man diese Systeme nicht in den Populationen, d.h. bringt man sie nicht mit den Trägern, den Menschen, in Zusammenhang, müssen sie in der Tat als Institutionen oder Gleichgewichtssysteme betrachtet werden. Hard (und Luhmann) denken im ^{3}Raum. Tatsächlich, dies wurde zu zeigen versucht, leben wir auch in einem – richtig verstanden – hierarchisch, d.h. exponentiell aufgebauten Raum, dem ^{4}Raum. Wir sind also auch Angehörige eines übergeordneten Raumes, als Wissenschaftler (im Bezug auf die Geographie), als Lebewesen (im Bezug auf die Menschheit) etc. Und von daher ist eine Fremdbeobachtung durchaus möglich. Dieser ^{4}Raum ist etwas evolutionär Entstandenes: „Autopoietische Systeme nehmen sich selber aus der Umwelt heraus und eben dadurch konstituieren sie sich, nämlich durch hochselektives Verhalten gegenüber der Umwelt" (Hard 1990a, S.38). Und diese Umwelten sind – entgegen Hards im Nachsatz geäußerten Meinung – wiederum Systeme, Wirkungsgefüge, wenn man sie als Nichtgleichgewichtssysteme betrachtet. Nur solche Nichtgleichgewichtssysteme sind zur Autopoiese fähig. Und wir, die Wissenschaftler, sind Teil dieses evolutionär herausgebildeten Systemkomplexes „Menschheit", sind Insider; in uns sind die in der Evolution durch Differenzierung immer weiter aufgespaltenen Eigenschaften angelegt. Insofern sind wir berechtigt, durch Reflexion die systemischen Verknüpfungen, die uns als Individuen prägen, wieder hervorzuholen und damit zu definieren. Das Forschungsobjekt ist subjektiv erfahrbar, wir formen auch in unseren Arbeiten unsere Welt mit.

Diese Einsichten liegen dem Buch zugrunde; ich habe den Prozeß des „Sich selber aus der Umwelt Herausnehmens" genauer analysiert. Die Gesellschaft als autopietisches System betrachtet, das im Zuge des Adaptationsprozesses sich selbst emanzipiert. Den Anstoß zu diesen Überlegungen bildeten die in den 70er Jahren durchgeführten Untersuchungen an inzwischen – bis auf kleine Reste – untergegangenen Indianerpopulationen der Jemez- und Pecos-Leute, die sich in ihrer Umwelt über mehrere Jahrhunderte dort eingerichtet und ihr Sozialleben dem kreativ angepaßt, gestaltet hatten.

Die Menschheit wurde aus struktureller Sicht und inhaltlich in diesem Sinne zu definieren versucht:

1) Die Menschheit hat im Verlaufe der kulturellen Evolution, vor allem seit dem Jungpaläolithikum, einen beschleunigten Differenzierungsprozeß durchgemacht, der sie heute als ein sich durch Institutionen, durch eine Vielzahl von Prozessen, durch eine Populationshierarchie und durch seine ^{4}räumliche Vielfalt gegliederte Einheit erscheinen läßt. Differenzierung bedeutet Aufgliederung, aber auch das Miteinander-Verbunden-Bleiben, im Sinne der Arbeitsteilung bzw. der Arbeitsverknüpfung, Kooperation.

Die Populationen sind strukturell durch ihre Aufgaben für die Gesellschaft, durch die Rhythmik ihrer Eigenschwingung, durch die Position in der Hierarchie und dem ^{4}Raumanspruch her definiert. Wie dies alles ineinandergreift, sei an einem Modell erläutert (Abb.66). Es zeigt die Induktionsprozesse der verschiedenen Populationstypen und ihr Zusammenwirken entsprechend der Hierarchie in der Menschheit im Zuge der die Menschheit als Art und als Gesellschaft umfassenden Prozeßsequenz. Die Abbildungen 14 und 23 (vgl. S.281; 321) sind in diesem Modell – in reduzierter Form – zusammengefügt. Jeder Populationstyp zeigt in sich einen zirkulären Ablauf der Prozesse, die Stimulans kommt als Nachfrage von außen, wird adoptiert, die Produktion führt zum Angebot, wobei die Abnahme seitens der Nachfrage nicht gesichert ist und zu einem neuen Umlauf, d.h. zu Schwingungen führt. *Adoption und *Produktion sind strukturell definierbar.

Dies gilt auch für den – in entsprechender Weise aufgebauten – Reaktionsprozeß, der zur Strukturierung (*Rezeption) und zur Gestaltung (*Reproduktion) der Population, d.h. Autopoiese führt. Kapitel 2 befaßt sich ausführlich mit der Theorie.

2) Inhaltlich sind die Populationen durch Institutionen und Prozesse definiert. Aufgabe des dritten Kapitels ist es, die bisher in der Sozialgeographie und in den Nachbarwissenschaften gemachten Beobachtungen auf der Basis der vorherigen theoretischen Überlegungen (Kap.2) als ein sinnvoll einander zugeordnetes und miteinander interagierendes Ganzes begreiflich zu machen.

Die Gliederung erfolgt nach Populationsebenen, da in der Hierarchie der Populationen jede Ebene eine eigene Aufgabe für die Menschheit zu erfüllen hat. Diese Aufgaben bilden ja den Ausgang der Betrachtung. Auf jeder Ebene werden Menschheit als Gesellschaft und Menschheit als Art getrennt behandelt; so hat die Menschheit als Gesellschaft in ihren Populationen die Tendenz, die Institutionen und Prozesse zu separieren, zu entzerren, um sie einander zuordnen zu können; so lassen sich die günstigsten synergetischen Effekte erzielen. Das Weitwirkungsprinzip erweist sich für alle Raumtypen, nicht nur für den ^{2}Raum, als gültig. Die Menschheit als Art dagegen tendiert dahin, die Menschen als Individuen zusammenzuführen, damit u.a. die biotischen Prozesse durchgeführt werden können. Hierin äußert sich das Kohärenzprinzip. Nur wenn man diese Unterschiede beachtet, kann man die Prozesse in den richtigen Rahmen stellen.

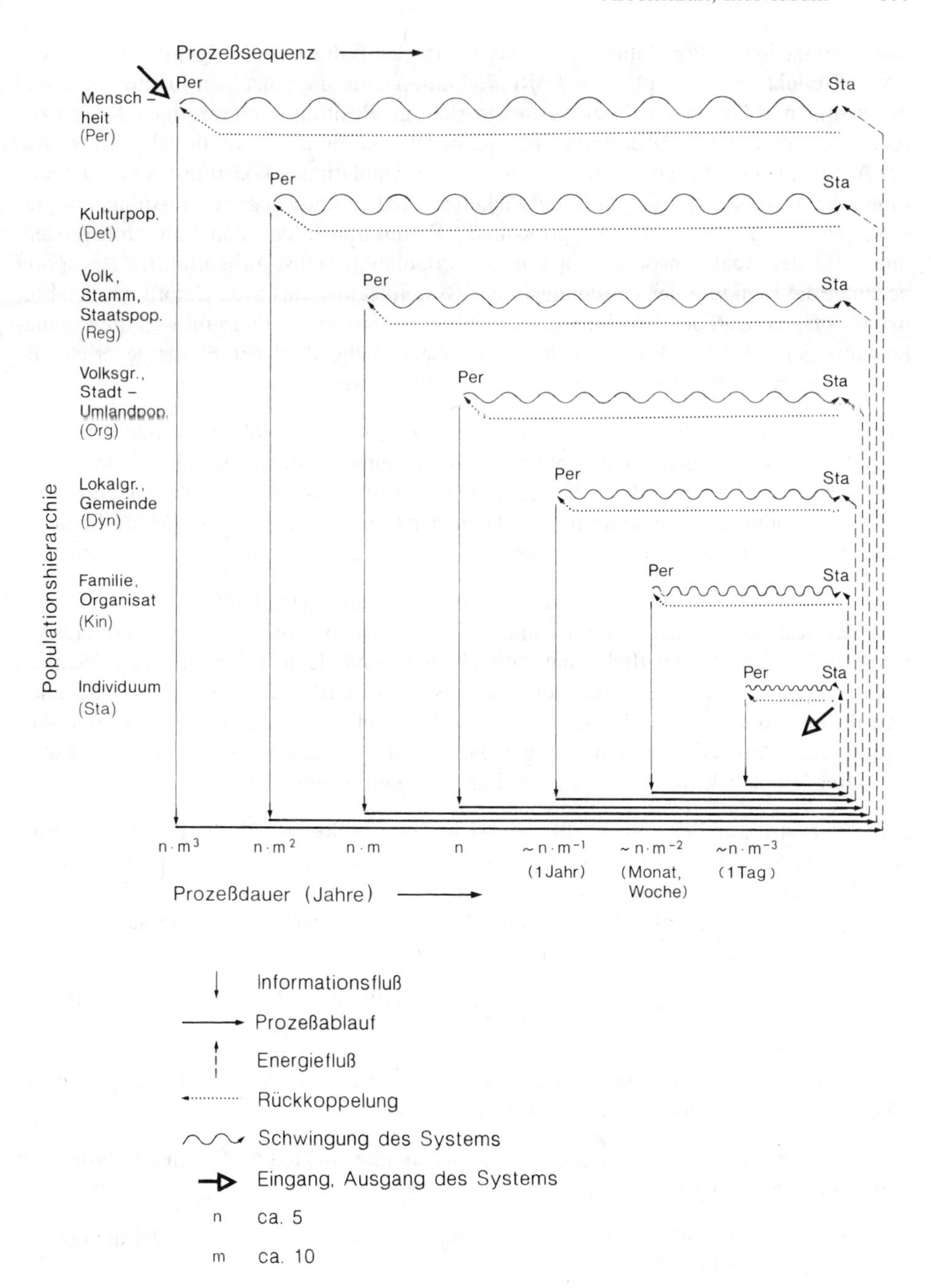

Abb. 66 Die Menschheit als Art und als Gesellschaft. Strukturmodell der Populationshierarchie und der zirkulären Prozeßverläufe
Quelle: Fliedner 1981, S.187 (leicht verändert)

Die Prozesse in den Populationstypen werden in vier Teilprozesse aufgegliedert (*Adoption, *Produktion, *Rezeption und *Reproduktion), um die einzelnen Institutionen und die in ihnen ablaufenden Prozesse in die richtige Position der jeweiligen Sequenzen rücken zu können. Die *Adoption ist gleichbedeutend mit der Institutionalisierung, also der Aufnahme der Basisinstitutionen, die für die Populationen konstitutiv sind. Die ausführenden Prozesse mit den dafür entwickelten Medien und dauerhaften Anlagen repräsentieren die *Produktion. *Adoption und *Produktion bilden den Induktionsprozeß; ihm folgt der Reaktionsprozeß, der in die Population selbst zurückführt. *Rezeption bedeutet die Lenkung der Anregung in das System selbst, das Sich-Einordnen der Elemente entsprechend den Ergebnissen des Induktionsprozesses; hier gibt sich die Population ihre Struktur. Die Form selbst, die Größe und die Zahl der Elemente erhält die Population durch die *Reproduktion, die eigentliche Autopoiese.

Nun kann es nicht Aufgabe einer Zusammenfassung sein, die große Fülle der sich in der Literatur niederschlagenden Einzelergebnisse nochmals darzulegen; hier sollen daher lediglich die wichtigsten (Basis-)Institutionen als Konkretisierung der Aufgaben in Prozesse, außerdem die charakteristische Dauer der (Teil-)Prozesse in der Menschheit als Gesellschaft (Tab. 22a) und Menschheit als Art (Tab. 22b) zusammengestellt werden.

Dieses dritte Kapitel soll zeigen, daß die empirisch erarbeiteten Fakten sich in den theoretischen Rahmen einfügen. Mehr kann hier nach unserem Kenntnisstand nicht erreicht werden. Theoretische, letztlich quantitativ abzusichernde Konstrukte bilden *ein* Vehikel, empirische, qualitativ zu ergründende Ergebnisse „vor Ort“ ein anderes; beide begegnen sich im Prozeßbegriff. Die Prozesse – einige Beispiele sind in den jeweils letzten Abschnitten der Populationsbeschreibungen dargestellt – müssen bevorzugt untersucht werden. Hier öffnet sich für die empirische Forschung ein weites Feld.

Die so aus struktureller und inhaltlicher Sicht vorgestellte Gesellschaft bildet den Forschungsgegenstand der Anthropogeographie. Wie diese sich, als „Produkt“ der zitierten Forschergemeinde der Geographen, als Nichtgleichgewichtssystem entwickelt hat, wurde in Kapitel 1 dargestellt. Nach unserer Analyse kann man wohl kaum sagen, daß – folgend dem Märchen – der Geograph Hans im Glück

- den Goldklumpen der Geographie Ritters (um 1870) gegen das feurige Roß des Positivismus tauschte,
- dieses aber nicht reiten konnte und es daher (nach dem Ersten Weltkrieg) gegen die bäuerlich-bodenständige Kuh des Holismus abgab,
- die aber ihrerseits (in den 60er Jahren) als unnütz diskreditiert vom szientifischen Schwein ausgestochen wurde,
- bis endlich (in den 80er Jahren) nach abermaligem betrügerischem Handel die hermeneutische Gans übrigblieb.

So etwa glossierte Wardenga (1989, S.23) in nachdenklich stimmender ironischer Distanz eine mögliche Interpretation der Entwicklung der Geographie. Fehlen nun noch der Wetzstein sowie der Verlust desselben, was wohl – entsprechend dieser Sichtweise – die Auflösung der Geographie bedeuten würde (ein Schluß, der von der Autorin sicher nicht gezogen würde).

Tab. 22a: Menschheit als Gesellschaft. Tabellarische Einordnung der behandelten Institutionen und Prozesse in die Populationshierarchie und populationseigene Prozeßsequenz

Aufgabe	Populationstyp	Induktionsprozeß		Reaktionsprozeß		Dauer der Teilprozesse
		*Adoption (Aufnahme der Basisinstitution)	*Produktion (Durchführung des Prozesses)	*Rezeption (Strukturierung der Population)	*Reproduktion (Formung der Population)	
Perzeption	Menschheit (Sekundärpopulation)	Kunst, Wisssenschaft	Bildung	Lernen, Informationsverbreitung	Industie-/ Entwicklungsländer	Millenien
Determination	Kulturpopulation (Sekundärpopulation	Religion	Mythos, Glaubenslehre, Kultus, Ethos, Normen, Mission	Akkulturation, Wirtschaftsgeist, ökonomisch bestimmte Lebensformen	Internationale Wanderungen, ausländ. Arbeiterproblematik, Außenkolonisation, Flucht, Vertreibung	Zentennien
Regulation	Staat	Herrschaft, Macht	Verfassung, Gesetz, Administration, Kommmunikationsmedien, Wahlen	Soziale Schichtung, Unterprivilegierung	Innerstaatliche Wanderungen, zentrale/periphere Regionen, Binnenkolonisation, Nationalismus, Kriege	Dezennien
Organisation	Stadt-Umland-Population	Verkehr (Verbindung von Verschiedenem)	Nahverkehr (Pendelverkehr, Zirkulation, Verkehr zur persönl. Bedarfsdeckung)	Wirtschafts-, Sozialformationen, Ringstruktur	Soiziοökonomische Wanderungen, Slumbildung, Gentrifikation, Suburbanisierung, Counterurbanisation	Mehrere Jahre
Dynamisierung	Gemeinde (Sekundärpopulation)	Wirtschaft	Adaption an die natürliche Umwelt, Hazard, Gliederung Ortsflächen, Infrastruktur, Nutzungskonflikte	Soziale Viertel, Konzentrations-/ Segregationstendenzen	Prägung der Gemeinde durch Landwirtschaft, Gewerbe und Handel; Tragfähigkeit (Gemeindeebene)	ca. 1 Jahr
Kinetisierung	Organisat	Erzeugung	Arbeitsteilung, Kooperation (Mikroebene)	Berufe, Miteinander der Menschen im Organisat	Organisate nach Grad an Differenziertheit, Verbundenheit mit Organisat, tradition	Wochen, Monate
Stabilisierung	Individuum (als Arbeitskraft)	Arbeit	Arbeitsplatz und Arbeitskraft, Arbeitsmarkt (Arbeitslosigkeit)	Arbeitslohn und privates Einkommen	Armut und Reichtum, Arbeit und Identität	ca. 1 Tag

Tab. 22b: Menschheit als Art. Tabellarische Einordnung der behandelten Institutionen und Prozesse in die Populationshierarchie und populationseigene Prozeßsequenz

Aufgabe	Populationstyp	Induktionsprozeß		Reaktionsprozeß		Dauer der Teilprozesse
		*Adoption (Aufnahme der Basisinstitution)	*Produktion (Durchführung des Prozesses)	*Rezeption (Strukturierung der Population)	*Reproduktion (Formung der Population)	
Perzeption	Menschheit (Primärpopulation)	Magie (als Vorform der Wissenschaft)	Erziehung	Sozialisation, Kooperation, Interaktionsgemeinschaft	Tragfähigkeit der Erde	Millenien
Determination	Kulturpopulation (Primärpopulation	Magie (als Vorform der Religion), Religion	Mythos, Kultus, angemessenes/ abweichendes Verhalten	Enkulturation, kulturell bestimmte Lebensformen	Wanderungen und Landnahmeprozesse	Zentennien
Regulation	Volk, Stamm (als Kommunikationseinheit	Autorität	Sprache, politische Einheit	Hierarchische Strukturierung, Ethnische Minoritäten, Rassismus	Ethnogenese, Vaterland, Eigenschaften der Stämme und Völker	Dezennien
Organisation	Volksgruppe, Stamm (als Regionaleinheit)	Verkehr (Verbindung von Gleichem)	Individuelle Kontakte	Kontakt- oder Interaktionsfelder	Individuelle Wanderungen, Regionalbewußtsein, Regionalismus	Mehrere Jahre
Dynamisierung	Gemeinde (Primärpopulation), Lokalgruppe	In Gemeinschaft leben	Gestaltung des Gemeindelebens	Soziales Netzwerk, Nachbarschaft, Wohnumfeld	Heimatbewußtsein, Lokalismus, Stadtteilbewußtsein	ca. 1 Jahr
Kinetisierung	Familie	Familiäre Obliegenheiten	Haushaltung, Wohnen	Position des Mannes, der Frau, der Senioren, der Kinder	Geburten-, Sterbefälle, Aufbau der Familie, Verbundenheit mit der Familie	Wochen, Monate
Stabilisierung	Individuum (als Lebewesen	Erhaltung des Lebens	Zeitliche Zwänge und Möglichkeiten, Alltag und Lebenswelt	Konsum, Nutzung der Freizeit, Erholung	Erhaltung der Gesundheit	ca. 1 Tag

Ich versuchte demgegenüber zu zeigen, daß die Entwicklung im Raumverständnis immer tiefere Einsichten in den komplexen Gegenstand „Gesellschaft" ermöglichte; die Anthropogeographie erscheint demnach als eingebettet in die kulturelle Evolution als einem Differenzierungsprozeß; sie demontierte sich nicht, sondern sie formierte sich neu.

3) Am Ende der Ausführungen wird man sagen können, daß die Anthropogeographie als eine Disziplin zu bezeichnen ist, die sich – aus makrogeographischer Sicht – der kreativen Adaptation des Menschen an die Ökosysteme der Erde sowie – aus mikrogeographischer Sicht – der vorsorgenden Gestaltung der Lebenswelt widmet. Gestaltung, Musterbildung, Informations- und Energiefluß stehen, wie in allen Nichtgleichgewichtssystemen in engem Zusammenhang. Der Mensch als biotisches Wesen fragt Energie nach, die Ökosysteme der Erdoberfläche bilden die Ressourcen, derer sich die Menschheit bedient. Diesen Vorgang kann man, wie bereits früher im Rahmen der Theorie erörtert wurde (vgl. S.247), in verschiedene Partialkomplexe mit ihrer jeweils eigenen Dynamik gliedern, mit denen sich die Teildisziplinen der Anthropogeographie beschäftigen:

a) Die Menschheit als Art hat die Aufgabe der Erhaltung der Art. Ihre biotische Dynamik dient dieser Aufgabe; ihr kann nur dann entsprochen werden, wenn Menschen zusammenkommen, sich gruppieren. Das Kohärenzprinzip liegt der Gestaltung der Menschheit als Art zugrunde. Die Aufgliederung in Primärpopulationen wird von der Menschheit als Gesellschaft in Wechselwirkung mit der Menschheit als Art initiiert.

b) Die Menschheit als Gesellschaft hat die Aufgabe, den Energiefluß aus dem Ökosystem in die Menschheit als Art zu organisieren. Sie differenziert sich als Konsequenz einer immer weiter fortschreitenden Arbeitsteilung. Es bilden sich (seit dem Jungpaläolithikum) im Zuge der kulturellen Evolution Sekundärpopulationen, die als eigenständige Nichtgleichgewichtssysteme Aufgaben übernehmen und in Institutionen verstetigen. Diese Populationen geben sich entsprechend dem Zwang zur Erhöhung der Effizienz im Kontakt mit dem technisch-ökonomischen Komplex ihre Form; hierbei kommt dem Weitwirkungsprinzip eine große Bedeutung zu.

c) Der technisch-ökonomische Komplex ordnet sich nach seinen eigenen Gesetzen, um die Aufgaben der gezielten Gewinnung und kontrollierten Verarbeitung der Ressourcen im weitesten Sinne und der Ordnung dieser Prozesse auf der Erdoberfläche optimal entsprechen zu können. Effizienz ist mit Hilfe von Präzision und synergetischen Effekten möglich. Auch diese Prozesse besitzen eine spezifische Dynamik; in Anpassung an die Ressourcenverteilung und distanziellen Optimierungstendenzen entstehen weit ausladende Informations- und Energie-(Waren-)ströme, die die Betriebe und Unternehmen als Knoten miteinander verbinden und die zwischen den Populationen und den Ökosystemen der natürlichen Umwelt vermitteln.

d) Die Gestaltung der Kulturlandschaft durch dauerhafte Anlagen dient vornehmlich der Stabilisierung und [4]räumlichen Anpassung der Prozesse im technisch-ökonomischen Prozeß an die Ökosysteme. Aber auch die übrigen Partialkomplexe sind involviert, der Mensch als Lebewesen in seiner Alltagswelt, durch seine Präsenz als konsumierender und belastender, auch emotional verwurzelter Bewohner der Erde, dann als Angehöriger der Gesellschaft in seiner Arbeitswelt und seinen informierenden und produzierenden Aktivitäten. Dabei erhalten die Prozesse der Kulturlandschaftsgestaltung eine wiederum eigene Tendenz, aus den Eigenheiten der natürlichen „Gegebenheiten" heraus. Der Naturraum wird so zur Umwelt, die fähig ist, die Menschheit zu tragen („Tragfähigkeit").

Als wesentliche Zweige der Geographie schälen sich demnach heraus:

a) die Bevölkerungsgeographie,
b) die Sozialgeographie (einschließlich Kunst-, Bildungs-, Religions-, Politische Geographie),
c) die technisch-ökonomische Geographie (einschließlich Geographie der Ressourcen, Wirtschaftsgeographie, Verkehrsgeographie),
d) die Kulturlandschaftsgeographie (einschließlich der Geographie der ländlichen und städtischen Siedlungen).

So besetzt die Geographie ein Terrain, das sie schon immer bearbeitet hat. Hier, im Rahmen unserer Vorstellungen, wurde sie aus dem Problem heraus und aus struktureller Sicht zu ordnen versucht. Andererseits: Für jeden der genannten Bereiche gibt es eigene Sachdisziplinen, so die Bevölkerungswissenschaft, die Soziologie, die Wirtschaftswissenschaft und die Siedlungsforschung. Die jeweiligen Teildisziplinen der Anthropogeographie arbeiten eng mit diesen Nachbarwissenschaften zusammen, überlappen sich teilweise sogar mit diesen (für die Sozialgeographie mit der Sozialwissenschaft vgl. Urry 1989). Hard (1988, S.268) meinte, daß die Versuche der Geographen einer – sachlich verstandenen, in Einzelteildisziplinen verfolgten – Verwissenschaftlichung aus der Geographie hinausführten, in eben diese Nachbarwissenschaften hinein. Stimmt also seine These: „Die Geographie ist als Geographie schlechthin nicht zu verwissenschaftlichen, der Preis wäre die Aufgabe ihres Mensch-Erde-Kernparadigmas, d.h. ihre Identität als Disziplin, an der auch ‚Land' und ‚Landschaft' hängen"?

Nun muß man berücksichtigen, daß Hard seine Behauptung ohne Einbeziehung der verschiedenen von mir herausgestellten, den Adaptationsprozeß differenzierenden Dynamiken und ihrer Abhängigkeiten voneinander bzw. Wechselwirkungen untereinander aufgestellt hat. Das Problem stellt sich daher etwas anders, subtiler; man müßte fragen, ob sich die genannten („Nachbar"-) Wissenschaften bewußt sind, daß ihre Forschungsobjekte „Menschheit als Art", „als Gesellschaft" etc. Kompartimente des übergeordneten Systems „Menschheit – globales Ökosystem" darstellen, die voneinander abhängig sind, interagierende Teile des Adaptationsprozesses. Wäre dies so, würde die (Anthropo-)Geographie ihren Sinn verlieren; dann wäre die Geographie lediglich eine Übergangserscheinung gewesen, ein Kind des Paradigmenwechsels, mit ihm entstanden und mit ihm vergangen: Der Geograph als Hans im Glück (vgl. oben).

Man kann es aber auch anders sehen. Die genannten Kompartimente oder Teilsysteme sind Gleichgewichtssysteme. Die These Hards ist, wie bereits (vgl. S.597) hervorgehoben, das Ergebnis – vor dem Hintergrund Luhmannscher Gedankenwelt – eines konsequent zu Ende geführten Denkprozesses im ^{3}Raumverständnis, in der für die „vierte Dimension" kein Platz ist, in der es keine Evolution, keine Differenzierung, keine Prozeßsequenzen, kein politisches Handeln gibt, keine Gestaltung, keine Musterbildung. Ich habe versucht darzulegen, daß wir in ^{4}Räumen denken müssen; aber wahrscheinlich mußte die „Anthropogeographie" erst in diese Sackgasse geraten, bevor sich die neue Sichtweise durchsetzen kann. Der Untersuchungsgegenstand der Anthropogeographie ist das Nichtgleichgewichtssystem „Menschheit"; hierbei erhalten in der Bevölkerungsgeographie die Primärpopulationen als dynamische Einheiten besonderes Gewicht, in der Sozialgeographie die Sekundärpopulationen, in der technisch-ökonomischen Geographie die z.T. weit ausladenden Systeme der Informations- und Energie-(Güter-)ströme mit den Zentren in den Unternehmungen oder Betrieben, in der Kulturlandschaftsgeographie die sich in Anpassung an die Möglichkeiten der natürlichen Ökosysteme bildenden Aktivitätssysteme, die durch ihre – mittels dauerhafter Anlagen – vorsorgende Gestaltung unseren Lebensraum nutzbar machen und erhalten. Dies sind die [4]räumlichen, sich ständig im Prozeßablauf wandelnden und miteinander interagierenden Einheiten, die an die Stelle der Kontinente, Erdgegenden, Länder, Landschaften, Regionen etc. treten, die, wie Hard (1988, u.a. S.279 f.) bereits erkannte, in der ganzheitlichen Weltschau von von Humboldt und Ritter – also in der Zeit vor dem Paradigmenwechsel – wurzeln.

Die Erde: das Erziehungshaus des Menschengeschlechts; das Menschengeschlecht: der – vorsorgende, zur Vorsorge verpflichtete – Gestalter dieses Hauses.

Literatur

ABEL, W. (1935/78): Agrarkrisen und Agrarkonjunktur. Eine Geschichte der Land- und Ernährungswirtschaft Mitteleuropas seit dem hohen Mittelalter. 3.Aufl. Hamburg und Berlin.

ABEL, W. (1943/76): Die Wüstungen des Mittelalters. Quellen und Forschungen zur Agrargeschichte, Bd.1., 3.Aufl. Stuttgart.

ABEL, W. (1962): Geschichte der deutschen Landwirtschaft vom frühen Mittelalter bis zum 19.Jahrhundert. In: FRANZ, G. (Hrsg.): Deutsche Agrargeschichte, Bd.2. Stuttgart.

ABEL, W. (1971): Landwirtschaft 1500-1648. In: AUBIN, H. u. ZORN, W. (Hrsg.): Handbuch der deutschen Wirtschafts- und Sozialgeschichte, 1.Bd., S. 386-413. Stuttgart.

ABENDROTH, W. (1965/72): Sozialgeschichte der europäischen Arbeiterbewegung. 8.Aufl. Frankfurt.

ABERLE, D.F. (1967): The Psychosocial Analysis of a Hopi Life-History. In: HUNT, R. (Ed.): Personalities and Cultures. S. 79-138. Garden City/New York.

ABLER, R., ADAMS, J.S. u. GOULD, P. (1971): Spatial Organisation. The Geographer's View of the World. Englewood Cliffs, N.J.

ADAMS, J.S. (1972): The Geography of Riots and Civil Disorders in the 1960's. Economic Geography 67, S. 24-42.

ADAMS, J.S. (1984): Presidential Address: The Meaning of Housing in America. Ann. of the Assoc. of Am. Geogr. 74, S. 515-526.

ADAMS, J.S. (1987): Housing America in the 1980s. New York.

ADAMS, R.M. (1966): The Evolution of Urban Society. Chicago.

AGERSNAP, T. (1952): Studie over Indre Vandringer in Danmark. (Studies on international Migration in Denmark). Acta Jutlandica, Bd.XXIV, Suppl.B, Ser.5. Aarhus.

AGNEW, J.A. und DUNCAN, J.S. (Hrsg.) (1989): The Power of Place: Bringing Together Geographical and Sociological Imaginations. Boston, London.

AGNEW, J.A., MERCER, J. und SOPHER, D. (Hrsg.) (1984): The City in Cultural Context. Boston (Mass.), London.

AIKEN, Ch.S. (1985): New Settlement Pattern of Rural Blacks in the American South. Geogr. Rev. 75, S. 383-404.

AIKEN, Ch.S. (1990): A New Type of Black Ghetto in the Plantation South. Ann. of the Ass. of Am. Geogr. 80, S. 223-246.

AITKEN, St.C. (1990): Local Evaluations of Neighborhood Change. Ann. of the Assoc. of Am. Geogr. 80, S. 247-267.

AKYÜREK, A. (1985): The Drawbacks of Rural Development in a Developing Country. Geogr. Helv. 40, S. 14-18.

ALBRECHT, G. (1972): Soziologie der geographischen Mobilität. Zugleich ein Beitrag zur Soziologie des sozialen Wandels. Stuttgart.

ALBRECHT, V. (1990): Nationale Einheit und kulturelle Vielfalt in den USA. Aufgezeigt am Beispiel der Hispanics im Südwesten. Geogr. Rundsch. 42, S. 488-496.

ALISCH, L.-M. und RÖSSNER, L. (1977): Grundlagen einer generellen Verhaltenstheorie. Theorie des Diagnostizierens und Folgeverhaltens. München/Basel.

AL-ISSA, I., WAYNE, D. (Hrsg.) (1970): Cross Cultural Studies of Behavior. New York etc.

ALSLEBEN, K. (1973): Informationstheorie und Ästhetik. In: GADAMER, H.G. u. VOGLER, P. (Hrsg.): Neue Anthropologie, Bd.4 (Kulturanthropologie). S. 321-358. Stuttgart.

AMMANN, H. (1963): Der Lebensraum der mittelalterlichen Stadt. Eine Untersuchung an schwäbischen Beispielen. Ber. z. dt. Landeskunde, Bd.31; S. 284-314.

ANDERSSON, A.E. (1985): Research, Technological Development and Structural Change. In: GEOFFREY, I.A., HEWINGS, J.O. u. NIJKAMP, P. (Hrsg.): Information Technology: Social and Spatial Perspectives, S. 9-20. Berlin, Heidelberg, New York etc.

ANDREAE, B. (1977/83): Agrargeographie. 2.Aufl. Berlin/New York.

ANDREW, C. und MILROY, B.M. (Hrsg.) (1988): Life Spaces: Gender, Household and Employment. Vancouver.

ANDREWS, H.F. (1985): The Ecology of Risk and the Geography of Intervention: From Research to Practice for the Health and Well-being of Urban Children. Ann. of the Assoc. of Amer. Geogr. 75, S. 370-382.

ANTE, U. (1986): Ansätze für eine zeitgenössische Politische Geographie. Zeitschr. f. Wirtschaftsgeogr. 30, S. 10-14.

ANTE, U. (1989): Zu aktuellen Leitlinien der Politischen Geographie. Zeitschr. f. Wirtschaftsgeogr. 33, S. 30-40.

ARDREY, R. (1966): Adam und sein Revier. Der Mensch im Zwang des Territoriums. München.

ARNHEIM, R. (1984): Gestaltpsychologie und künstlerische Form. In: HENRICH, D. u. ISER, W. (Hrsg.) (1984): Theorien der Kunst. 2.Aufl., S. 132-147. Frankfurt.

ARNOLD, A. (1985): Agrargeographie. Paderborn.

ARNOLD, H. (1988): Soziologische Theorien und ihre Anwendung in der Sozialgeographie. Urbs et Regio 49. Kassel.

ARON, R. (1962/86): Frieden und Krieg. Eine Theorie der Staatenwelt. (A. d. Franz., Neuausg.). Frankfurt.

ARREOLA, D.D. (1987): The Mexican American Cultural Capital. Geogr. Rev. 77, S. 17-34.

ARYEETEY-ATTOH, S. u. CHATTERJEE (1988): Regional Inequalities in Ghana: Assessment and Policy Issues. Tijdschr. v. Econ. en Soc. Geogr. 79, S. 31-39.

ASCHAUER, W. (1987): Regionalbewegungen. Urbs et Regio 45. Kassel.

ASCHAUER, W. u. HELLER, W. (1989): Nationalität als Faktor der Siedlungsgestaltung? Eine Fallstudie deutscher Minderheitensiedlungen in Ungarn 1945-1988. Geogr. Zeitschr. 77, S. 228-243.

ASHTON, Th.S. (1948): The Industrial Revolution 1760-1830. London.

ATTESLANDER, P.M. (1955): Dynamische Aspekte des Zuzugs in die Stadt. Kölner Zeitschr. f. Soziologie u. Sozialpsych. VII, 2; S. 253-279.

AUBERT, V. (1952/79): White-Collar Kriminalität und Sozialstruktur. In: KÖNIG, R. (Hrsg.): Kriminalsoziologie. 2.Aufl., S. 201-215. Wiebaden. (Zuerst 1940 publ.).

AUBIN, H., FRINGS, Th., und MÜLLER, J. (1926): Kulturströmungen und Kulturprovinzen in den Rheinlanden. Geschichte, Sprache, Volkskunde. Bonn.

Autorenkollektiv (1990): DDR, ökonomische und soziale Geographie. Gotha.

BADCOCK, B. (1989): An Australien View of the Rent Gap Hypothesis. Ann. of the Assoc. of Americ. Geogr. 79, S. 125-145.

BADER, K.S. (1957-62-73): Studien zur Rechtsgeschichte des mittelalterlichen Dorfes. 3 Teile. Weimar; Wien, Köln, Graz

BÄHR, J. (1976): Neuere Entwicklungstendenzen lateinamerikanischer Großstädte. Geogr. Rundschau 28, S. 125-133.

BÄHR, J. (1983): Bevölkerungsgeographie. Verteilung und Dynamik der Bevölkerung in globaler, nationaler und regionaler Sicht. Stuttgart.

BÄHR, J. u. FISCHBOCK, A. (1987): Die Veränderungen der landwirtschaftlichen Betriebsgrößenstruktur durch die Agrarreform in Chile. Erdkunde 41, S. 52-60.

BÄHR, J. u. JÜRGENS, U. (1990): Die Auswirkungen des jüngeren politischen Wandels auf die Struktur südafrikanischer Innenstädte. Geogr. Zeitschr. 78, S. 93-114.

BÄHR, J. u. MERTINS, G. (1981): Idealschema der sozialräumlichen Differenzierung lateinamerikanischer Großstädte. Geogr. Zeitschr. 69, S. 1-33.

BÄSCHLIN ROQUES, E. (1990): Einleitende Gedanken zum folgenden Artikel von Stephanie Stern. Arbeitskreis „Feministische Geographie". Geogr. Helv. 45, S. 21-23.

BAHRDT, H.P. (1961/69): Die moderne Großstadt. Soziologische Überlegungen zum Städtebau. 2.Aufl. Hamburg.

BAHRDT, H.P. (1974): Umwelterfahrung. München.

BAHRENBERG, G. (1979): Anmerkungen zu E. Wirths vergeblichem Versuch einer wissenschaftstheoretischen Begründung der Länderkunde. Geogr. Zeitschr. 67, S. 147-157.

BAHRENBERG, G. (1987a): Unsinn und Sinn des Regionalismus in der Geographie. Geogr. Zeitschr. 75, S. 149-160.

BAHRENBERG, G. (1987b): Einleitung (zum Kapitel „Raum und Geographie"). Bremer Beitr. z. Geogr. u. Raumplan., H.11 (D. BARTELS zum Gedenken), S. 141-145.

BAHRENBERG, G. (1987c): Über die Unmöglichkeit von Geographie als „Raumwissenschaft" – Gemeinsamkeiten in der Konstituierung von Geographie bei A. Hettner und D. Bartels. Bremer Beitr. z. Geogr. u. Raumplan., H.11 (D. BARTELS zum Gedenken), S. 225-239.

BAHRENBERG, G. (1987d): Emerging Trends in Post-Industrial Societies and their Spatial Impacts (FRG). In: WINDHORST, H.- W. (Hrsg.): The Role of Geography in a Post-Industrial Society. Vechtaer Arb. z. Geogr. u. Regionalwiss. Bd.5, S. 37-42.

BAHRENBERG, G. (1988): Zwecke und Methoden der Raumgliederung. Raumforschung und Raumordnung 1988, S. 2-11.

BAHRENBERG, G. und ŁOBODA, J. (1973): Einige raum-zeitliche Aspekte der Diffusion von Innovationen am Beispiel der Ausbreitung des Fernsehens in Polen. Geogr. Zeitschrift 61, S. 165-194.

BAILLY, A. (1984): Images de l'espace et pratiques commerciales: l'apport de la geographie de la perception. Annales de Geogr. 93, S. 423-431.

BAK, P. und CHEN, K. (1991): Selbstorganisierte Kritizität. Spektrum der Wissenschaft, H.3, S. 62-71.

BALANDIER, G. (1960/1972): Die Dynamik der Primitivgesellschaften. In: DREITZEL, H.P. (Hrsg.): Sozialer Wandel, S. 213-238. Neuwied/Berlin. (Zuerst 1960 publ.).

BALES, R.F. (1950/68): Die Interaktionsanalyse: Ein Beobachtungsverfahren zur Untersuchung kleiner Gruppen. In: KÖNIG, R. (Hrsg.): Praktische Sozialforschung 2, 6.Aufl. Köln. (Zuerst 1950 publ.).

BALLAUFF, T. (1989): Pädagogik als Bildungslehre. 2.Aufl. Weinheim.

BAMBERG, E. (1986): Arbeit und Freizeit. Eine empirische Untersuchung zum Zusammenhang zwischen Streß am Arbeitsplatz, Freizeit und Familie. Weinheim/Basel.

BANSE, E. (1920): Expressionismus und Geographie. Braunschweig.

BARGATZKY, T. (1986): Einführung in die Kulturökologie. Umwelt, Kultur und Gesellschaft. Berlin.

BARNES, T.J. (1988): Rationality and Relativism in Economic Geography: An Interpretative View of the Homo Economicus Assumption. Progr. i. Hum. Geogr. 12, S. 473-496.

BARNETT, H.G. (1953): Innovation. The Basis of Cultural Change New York/Toronto/London.

BARRETT, A. (1986): Medical Geography: Concept and Definition. In: PACIONE, M. (Hrsg.): Medical Geography: Progress and Prospect. S. 1-34. London, Sydney.

BARROWS, H.H. (1923): Geography as Human Ecology. Annals of the Association of American Geogr.13, S. 1-14.

BARSCH, H. (1971): Landschaft und Landschaftsnutzung – ihre Abbildung im Modell. Zeitschr. f. d. Erdkundeunterricht 23, S. 88-98.

BARSCH, H. und BÜRGER, K. (1988): Naturressourcen der Erde und ihre Nutzung. Gotha.

BARTELS, D. (1968a): Zur wissenschaftlichen Grundlegung einer Geographie des Menschen. Geogr. Zeitschr., Beihefte (=Erdkundl. Wissen H. 19). Wiesbaden.

BARTELS, D. (1968b): Türkische Gastarbeiter aus der Region Izmir. Zur raumzeitlichen Differenzierung der Bestimmungsgründe ihrer Aufbruchsentschlüsse. Erdkunde 22, S. 313-324.

BARTELS, D. (1968c): Die Zukunft der Geographie als Problem ihrer Standortbestimmung. Geogr. Zeitschr. 56, S. 124-142.

BARTELS, D. (1970a): Einleitung. In: BARTELS, D. (Hrsg.): Wirtschafts- u. Sozialgeographie, S. 13-45. Köln/Berlin.

BARTELS, D. (1970b): Zwischen Theorie und Metatheorie. Geogr. Rundschau 22, S. 451-457.

BARTELS, D. (1970c): Geographische Aspekte sozialwissenschaftlicher Innovationsforschung. Verhandlungen d. dt. Geographentage 37, Kiel 1969, S. 283-296. Wiesbaden.

BARTELS, D. (1974): Schwierigkeiten mit dem Raumbegriff in der Geographie. Geogr. Helvetica 29, Beiheft 2/3, S. 7-21.

BARTELS, D. (1978): Raumwissenschaftliche Aspekte sozialer Disparitäten (Hans Bobek zum 75.Geburtstag). Mitt. d. öster. Geogr. Gesell. Wien 120, S. 227-242.

BARTELS, D. (1979): Theorien nationaler Siedlungssysteme und Raumordnungspolitik. Geogr. Zeitschr. 67, S. 110-146.

BARTELS, D. (1980): Die konservative Umarmung der „Revolution“. Zu Eugen Wirths Versuch in „Theoretischer Geographie“. Geogr. Zeitschr. 68, S. 121-131.

BARTELS, D. (1981): Menschliche Territorialität und Aufgabe der Heimatkunde. In: RIEDEL, W. (Hrsg.): Heimatbewußtsein, S. 7-13. Husum.

BARTH, U. (1989): Frauen gehen lange Wege: Transportvorgänge von Frauen in ländlichen Regionen Afrikas südlich der Sahara. Schriftenreihe, Institut f. Regionalwiss. a.d. Univ. Karlsruhe 26.

BASSETT, Th.J. (1988): The Political Ecology of Peasant Herder Conflicts in the Northern Ivory Coast. Ann. of the Assoc. of. Am. Geogr. 78, S. 453-472.

BASTIAN, A. (1886): Zur Lehre von den geographischen Provinzen. Berlin.

BASTIAN, A. (1895): Ethnische Elementargedanken in der Lehre vom Menschen. 1. und 2. Sektion. Berlin.

BATESON, G. (1967/85): Kybernetische Erklärung. In: BATESON, G.: Ökologie des Geistes, S. 515-529. (A. d. Engl.). Frankfurt. (Zuerst 1967 publ.).

BAUCH, K. (1952): Abendländische Kunst. Düsseldorf.

BAUER, M. (1990): Die räumliche Differenzierung der Tagespresse und ihr geographischer Aussagewert. Regensburger Geographische Schriften 23.

BAUMGARDT, K. u. NUHN, H. (1989): Sozialräumliche und ökologische Probleme des Technologiebooms im Silicon Valley. Geogr. Rundsch. 41, S. 298-305.

BAUR, R. (1986): Leitbilder für den ländlichen Raum im Schnittpunkt subjektiver Beurteilung und objektiver Indikatoren. In: SCHMALS, K.M. u. VOIGT, R. (Hrsg.): Krise ländlicher Lebenswelten, S. 277-296. Frankfurt.

BAYAZ, A., DAMOLIN, M. u. ERNST, H. (Hrsg.): Integration. Anpassung an die Deutschen? Weinheim, Basel.

BAYAZ, A. u. WEBER, F. (1984): Die Rechnung ohne den Gast. In: BAYAZ, A., DAMOLIN, M. u. ERNST, H. (Hrsg.): Integration. Anpassung an die Deutschen?, S. 158-166. Weinheim/Basel.

BEAUJEU-GARNIER, J. (1967): Geography of Population. 2.Aufl. London.

BECK, G. (1982): Der verhaltens- u. entscheidungstheoretische Ansatz. Zur Kritik eines modernen Paradigmas in der Geographie. In: SEDLACEK. P. (Hrsg.): Kultur- /Sozialgeographie, S. 55-89. Paderborn.

BECK, H. (1959-61): Alexander von Humboldt. 2 Bde. Wiesbaden.

BECK, H. (1979): Carl Ritter, Genius der Geographie. Berlin.

BECK, U. (1986): Risikogesellschaft. Auf dem Weg in eine andere Moderne. Frankfurt.

BECK, U., BRATER, M. u. DAHEIM, H. (1980): Soziologie der Arbeit und der Berufe. Reinbek bei Hamburg.

BECKER, Ch., JOB, H., und KOCH, M. (1991): Umweltschonende Konzepte der Raumordnung für Naherholungsgebiete. Belastungen, Lösungs- und Planungsansätze, Verwaltungsstrukturen. Materialien zur Fremdenverkehrsgeographie 22. Trier.

BECKER, F. (1988): Typisieren von Räumen in Entwicklungsländern: Aspekte zur Konzeption und Problematik eines planungsorientierten Ansatzes. Geogr. Zeitschr. 76, S. 208-225.

BECKER, H. (1989): Wohnungsfrage und Stadtentwicklung: Strategien, Engpässe und Perspektiven der Wohnungsversorgung. Arbeitshefte d. Inst. f. Stadt- und Regionalplan. d. Techn. Univ. Berlin 39.

BECKER, H. und BURDACK, J. (1987): Amerikaner in Bamberg. Eine ethnische Minorität zwischen Segregation und Integration. Bamberger Geogr. Schriften, Sonderfolge Nr.2.

BECKER, J. (1990): Postmoderne Modernisierung der Sozialgeographie? Geogr. Zeitschr. 78, S. 15-23.

BECKMANN, J.P. (1989): Metaphysische Entwürfe und ontologische Verpflichtungen. Über Möglichkeiten von Metaphysik im 20. Jahrhundert. Informationen Philosophie 4, S. 5-22.

BEHRENS, K.C. (1965): Der Standort der Handelsbetriebe. = Der Standort der Betriebe 2. Köln/Opladen.

BEHRMANN, W. (1919): Der Vorgang der Selbstverstärkung. Zeitschrift der Gesellschaft für Erdkunde zu Berlin, S. 153-157.

BEHRMANN W. (1948): Die Entschleierung der Erde. Frankfurter Geogr. H. 17, 22.Jg.

BEHRMANN, W. (1949): Die Entschleierungskurve der Erde. Forschungen und Fortschritte, S. 57-60.

BELL, D. (1973/85): Die nachindustrielle Gesellschaft (A. d. Amerik., Neuausg.). Frankfurt/New York.

BELLAH, R.N. (1964/73): Religiöse Evolution. Seminar, Religion und gesell. Entwicklung (Studien zur Protestantismus- These Max Webers); S. 267-302. Frankfurt/M. (Zuerst 1964 publ.).

BELLWOOD, P. (1991): Frühe Landwirtschaft und die Ausbreitung des Austronesischen. Spektrum der Wissenschaft 9/1991, S. 106-112.

BENARD, Ch. (1981): Die geschlossene Gesellschaft und ihre Rebellen. Die internationalen Frauenbewegungen und die Schwarze Bewegung in den USA. Frankfurt.

BENDER, R.J. (1977): Räumlich-soziales Verhalten der Gastarbeiter in Mannheim. Mannheimer Geogr. Arb. 1, S. 165-201.

BENDER, R.J. (1984): Die Entwicklung der Arbeiterwohngebiete in Dublin – ein Überblick. In: BENDER, R.J. (Hrsg.): Neuere Forschungen zur Sozialgeographie von Irland. Mannheimer Geogr. Arb., H.17, S. 9-53.

BENDER, R.J. (1986): Die irischen Travellers – sozioökonomische Merkmale einer marginalen Bevölkerungsgruppe. Zeitschrift für Wirtschaftsgeographie 30, S. 37-44.

BENECKE, P. (1974): Arbeitsmodelle für Strömungsprobleme in Böden und ihre mathematische Formulierung. Mitt. d. bodenkundl. Gesell. 19, S. 114-132.

BENEDICT, R. (1934): Patterns of Culture. London.

BENNETT, R.J. u. CHORLEY, R.J. (1978): Environmental Systems. Philosophy, Analysis and Control. London.

BERELSON, B. und STEINER, G.A. (1972-74): Menschliches Verhalten. Aus dem Englischen. 2 Bde. Weinheim/Berlin/ Basel.

BERENTSEN, W.H. (1987): Entwicklung des Wohlstands in den USA (1970-1984). Geogr. Rundsch. 39, S. 462-467.

BERNSDORF, W. (1972): Gruppe. In: BERNSDORF, W. (Hrsg.): Wörterbuch der Soziologie, S. 313-326. Frankfurt.

BERRY, B.J.L. (1961/70): Eine Methode zur Bildung homogener Regionen mehrdimensionaler Definition. In: BARTELS, D. (Hrsg.): Wirtschafts- und Sozialgeographie, S. 212-227. Köln, Berlin (1961 zuerst publiziert).

BERRY, B.J.L. (1972): Hierarchical Diffusion: the Basis of Developmental Filtering and Spread in a System of Growth Centers. In: HANSEN, N.M. (Ed.): Growth Centers in Regional Economic Development, S. 108 f. New York und London.

BERRY, B.J.L. (1976a): Introduction: On Urbanization and Counterurbanization. In: BERRY, B.J.L. (Hrsg.): Urbanization and Counterurbanization (= Urban Affairs Annual Review 11), S. 7-14. Beverly Hills/ Cal., London.

BERRY, B.J.L. (1976b): The Counterurbanization Process. Urban America Since 1970. In: BERRY, B.J.L. (Hrsg.): Urbanization and Counterurbanization. (= Urban Affairs Annual Review 11), S. 17-30. Beverly Hills/ Cal., London.

BERRY, B.J.L. (1980): „Inner City Futures": An American Dilemma Revisited. Transactions of the Institute of British Geographers, New Ser. 5, S. 1-28.

BERRY, B.J.L., CONKLING, E.C. und RAY, D.M. (1976): The Geography of Economic Systems. Englewood Cliffs, N.J.

BERRY, B.J.L. u. HORTON, F.E. (1970): Geographic Perspectives on Urban Systems. Englewood Cliffs, N.Y.

BERTALANFFY, L.v. (1950): The Theory of Open Systems in Physics and Biology. Science, Vol.111, S. 23-29.

BERTALANFFY, L.v. (1951): An Outline of General Systems Theory. Journal British Phil.Sci., Vol.1, S. 134-165.

BERTALANFFY, L.v. (1960): Principles and Theory of Growth In: NOWINSKI, W.W. (Hrsg.): Fundamental Aspects of Normal and Malignant Growth, S. 143-156. Amsterdam.

BERTALANFFY, L.von, BEIER, W. und LAUER, R. (1952/77): Biophysik des Fließgleichgewichts. 2.Auflage; Braunschweig.

BERTHOLET, A. (1926/78): Das Wesen der Magie. In: PETZOLD, L. (Hrsg.): Magie und Religion. Beiträge zu einer Theorie der Magie. S. 109-134. Darmstadt. (Zuerst 1926 publ.).

Bestandsaufnahme zur Situation der deutschen Schul- und Hochschulgeographie (1970). Deutscher Geographentag Kiel 1969, Tag.ber. und wiss. Abh. S. 191-202. Wiesbaden.

BETZ, R. (1988): Wanderungen in peripheren ländlichen Räumen. Voraussetzungen, Abläufe, Motive. Dargest. am Beispiel dreier niedersächsischer Nahbereiche. Abh. d. Geogr. Inst., Anthropogeogr., Freie Univ. Berlin. Bd.42.

BEUERMANN, A. (1967): Fernweidewirtschaft in Südosteuropa. Braunschweig.

BEYER, R. (1986): Der ländliche Raum und seine Bewohner. Abgrenzung und Gliederung des ländlichen Raumes, durchgeführt am Beispiel einer bevölkerungsgeographischen Untersuchung des Umlandes von Bamberg und Bayreuth. Bamberger Geogr. Schriften 6.

BHOLA, H.S. u.a. (Hrsg.) (1983): The Promise of Literacy. Baden-Baden.

BILLINGTON, R.A. u. RIDGE, M. (1949/82): Westward Expansion. A History of the American Frontier. 5.Aufl. New York/London.

BINDING, G., MAINZER, U. u. WIEDENAU, A. (1975): Kleine Kunstgeschichte des deutschen Fachwerkbaus. 2.Aufl. Darmstadt.

BIRD, A. (1969): Roads and Vehicles. London.

BIRD, J. (1989): The Changing Worlds of Geography. A Critical Guide to Concepts and Methods. Oxford.

BIRKENHAUER, J. (1974): Die Daseinsgrundfunktionen und die Frage einer „curricularen Plattform" für das Schulfach Geographie. Geogr. Rundschau, 26.Jg., S. 499-503.

BIRKET-SMITH, K. (1941/64): Geschichte der Kultur. Eine allgemeine Ethnologie. München.

BITTERLI, U. (1986): Alte Welt – neue Welt, Formen des europäisch-überseeischen Kulturkontaktes vom 15. bis zum 18.Jahrhundert. München.

BJORKLUND, E.M. (1964): Ideology and Culture Exemplified in Southwestern Michigan. Annals of the Association of American Geogr. 54, S. 227-241.

BJORKLUND, E.M. (1986): The Danwei: Socio-Spatial Characteristics of Work Units in China's Urban Society. Econ. Geogr. 62, S. 19-29.

BLACKSELL, M., WATKINS, Ch. u. ECONOMIDES, K. (1986): Human Geography and Law: A Case of Separate Development in Social Science. Progr. i. Hum. Geogr. 10, S. 371-396.

BLACKSELL, M. (1985): Geschützte Gebiete in Großbritannien. Typisierung, Management und Nutzungskonflikte. Geogr. Rundsch.37, S. 130-134.

BLASCHKE, J. (1986): Nationalstaatsbildung und interner Kolonialismus als Entwicklungsimpulse regionaler Bewegungen in Westeuropa. In: SCHMALS, K.M. u. VOIGT, R. (Hrsg.): Krise ländlicher Lebenswelten. Analysen, Erklärungsansätze und Lösungsperspektiven, S. 49-87. Frankfurt.

BLENCK, J. (1982): Entwicklungstheorien als Analyserahmen zu bevölkerungsgeographischen Mobilitätsuntersuchungen. Geogr. Zeitschr., Beihefte, H.59, S. 247-265.

BLENCK, J., TRÖGER, S., WINGWIRI, S.S. (1985): Geographische Entwicklungsforschung und Verflechtungsanalyse. Zeitschr. f. Wirtsch.geogr. 29, S. 65-72.

BLEYER, B. (1988): Verlauf einer Stadtteilkarriere: München-Milbertshofen. Münchener geogr. H. 58. Kallmünz/Regensburg.

BLOCH, E. (1954-59/1973): Das Prinzip Hoffnung. 3 Bde., Frankfurt. (Zuerst 1954-59 publ.).

BLOMLEY, N.K. (1987): Legal Interpretation: The Geography of Law. Tijdschr. v. Econ. en Soc. Geogr. 78, S. 265-275.

BLOMLEY, N.K. (1989): Text and Context: Rethinking the Law-Space Nexus. Progr. i. Hum. Geogr. 13, S. 512-534.

BLOTEVOGEL, H.H. (1984): Zeitungsregionen in der Bundesrepublik Deutschland. Zur räumlichen Organistation der Tagespresse und ihren Zusammenhängen mit dem Siedlungssystem. Erdkunde 38, S. 79-93.

BLOTEVOGEL, H.H., BUTZIN, B. u. DANIELZYK, R. (1988): Historische Entwicklung und Regionalbewußtsein im Ruhrgebiet. Geogr. Rundsch. 40, H.7/8, S. 8-13.

BLOTEVOGEL, H.H., HEINRITZ, G. u. POPP, H. (1986): Regionalbewußtsein –

Zum Leitbegriff einer Tagung. Ber. z. dt. Landeskunde 60, S. 103-114.

BLOTEVOGEL, H.H., HEINRITZ, G. u. POPP, H. (1989): „Regionalbewußtsein“. Zum Stand der Diskussion um einen Stein des Anstoßes. Geogr. Zeitschr. 77, S. 65-88.

BLUM, O. (1936): Verkehrsgeographie. Berlin.

BLUMBERG, H. (1965): Die deutsche Textilindustrie in der industriellen Revolution. Veröff. d. Inst. f. Wirtschaftsgesch. u. d. Hochsch. f. Ökon. Berlin-Karlshorst, Bd. 3.

BLUME, H. u. SCHWARZ, R. (1976): Zur Regionalisierung der USA. Geogr. Zeitschr. 64, S. 262-295.

BOAS, F. (1911): The Mind of Primitive Man. New York.

BOAS, F. (1928): Anthropology and Modern Life. New York.

BOBEK, H. (1928): Innsbruck. Eine Gebirgsstadt, ihr Lebensraum und ihre Erscheinung. Forschg. z. dt. Landeskunde 25, H.3.

BOBEK, H. (1948/69): Stellung und Bedeutung der Sozialgeographie. In: STORKEBAUM, W. (Hrsg.): Sozialgeographie, S. 45-62. Darmstadt. (Zuerst 1948 publ.).

BOBEK, H. (1957/67): Gedanken über das logische System der Geographie. In: STORKEBAUM, W. (Hrsg.): Zum Gegenstand und zur Methode der Geographie, S. 289-329. Darmstadt. (Zuerst 1957 publ.).

BOBEK, H. (1959/69): Die Hauptstufen der Gesellschafts- u. Wirtschaftsentfaltung in geographischer Sicht. In: WIRTH, E. (Hrsg.): Wirtschaftsgeographie, S. 441-485. Darmstadt. (Zuerst 1959 publ.).

BOBEK, H. (1961/1969): Über den Einbau der sozialgeographischen Betrachtungsweise in die Kulturgeographie. In: STORKEBAUM, W. (Hrsg.): Sozialgeographie. = Wege der Forschung LIX. S. 75-103. Darmstadt. (Zuerst 1961 publ.).

BOBEK, H. (1962/69): Kann die Sozialgeographie in der Wirtschaftsgeographie aufgehen? In: STORKEBAUM.W. (Hrsg.): Sozialgeographie, S. 121-139. Darmstadt.

BOBEK, H. u. SCHMITHÜSEN J.(1949): Die Landschaft im logischen System der Geographie. Erdkunde 3, S. 112-120.

BOCHENSKI, J.M. (1954): Die zeitgenössischen Denkmethoden. München.

BOCK, St., HÜNLEIN, U., KLAMP, H. und TRESKE, M. (Hrsg.) (1989): Frauen(t)räume in der Geographie. Beiträge zur feministischen Geographie. Urbs et Regio 52. Kassel.

BOECK, A. (1985): Dependencia und kapitalistisches Weltsystem, oder: Die Grenzen globaler Entwicklungstheorien. In: NUSCHELER, F. (Hrsg.): Dritte Welt-Forschung; Entwicklungstheorie und Entwicklungspolitik, S. 27-55. Opladen.

BÖCKLE, F. (1985): Fortschritt wohin? Überlegungen zur Verantwortung in Technik und Wissenschaft. In: Information Philosophie. Jg.13, S. 6-17. Reinach.

BÖHM, H., KEMPER, F.-J. und KULS, W. (1975): Studien über Wanderungsvorgänge im innerstädtischen Bereich am Beispiel von Bonn. Arbeiten zur Rheinischen Landeskunde 39.

BÖHME, G. (Hrsg.) (1984): Wissenschaft, Technik, Gesellschaft. 10 Semester interdisziplinäres Kolloquium an der THD. Darmstadt.

BÖRSCH-SUPAN, H. (1973/80): Caspar David Friedrich. Neuausgabe. München.

BOESCH, E. (1963): Raum und Zeit als Valenzsysteme. In: Dialektik und Dynamik der Person (Festschrift R. Heiss zum 60. Geburtstag). S. 135-154. Köln, Berlin.

BOESCH, E. (1976): Psychopathologie des Alltags. Ökopsychologie des Handelns und seiner Störungen. Bern.

BOESCH, E. (1980): Kultur und Handlung. Einführung in die Kulturpsychologie. Bern.

BOESCH, E. (1986): Verhaltensort und Handlungsbereich. In: Kaminski, G. (Hrsg.): Ordnung und Variabilität im Alltagsgeschehen. S. 129-134. Göttingen, Toronto, Zürich.

BOESCH, E. und ECKENSBERGER, L. (1969): Methodische Probleme des interkulturellen Vergleichs. In: GRAUMANN, C.F. (Hrsg.): Sozialpsychologie, 1. Halbband (= Handb. der Psychologie, Bd.7). S. 515-566. Göttingen.

BOESCH, H. und BÜHLER, J. (1972): Eine Karte der Welternährung. Geogr. Rundschau 24, S. 81-82.

BOESCH, M. (1986a): Schweizer Geographie am Wendepunkt: Überlegungen zu einer Normativen Metatheorie. Geogr. Helvetica 41, S. 147-154.

BOESCH, M. (1986b): Zur Bedeutung von Quartierzentren in der Stadtentwicklungspolitik. Möglichkeiten einer engagierten Stadtgeographie. Geogr. Helv. 41, S. 198-206.

BOESCH, M. (1989): Engagierte Geographie. Zur Rekonstruktion der Raumwissenschaft als politik-orientierte Geographie. Erdkundliches Wissen, H.98, Stuttgart.

BOESLER, K.-A. (1969): Kulturlandschaftswandel durch raumwirksame Staatstätigkeit. Abhandl. d. 1. Geogr. Instit. d. Freien Univ. Berlin 12.

BOESLER, K.-A. (1974): Gedanken zum Konzept der politischen Geographie. Die Erde 105, S. 7-33.

BOESLER, K.-A. (1976/80): Einleitung. In: BOESLER, K.-A. (Hrsg.): Raumordnung, S. 1-13. Darmstadt. (Zuerst 1976 publ.).

BOESLER, K.-A. (1983): Politische Geographie. Stuttgart.

BÖVENTER, E.v. (1962): Theorie des räumlichen Gleichgewichts. Schriften z. angew. Wirtschaftsforschg. 5. Tübingen.

BOHLE, H.-G. (1986a): Internationales „Hunger-Management“ und lokale Gesellschaft. Fallstudien über den Umgang mit Hunger im Tschad und Sudan. Geogr. Rundsch. 38, S. 565-574.

BOHLE, H.-G. (1986b): Die Debatte über Produktionsweisen in Indien. Mit Anmerkungen zur Bedeutung von Theorien „mittlerer Reichweite“ für geographische Entwicklungs(länder)forschung. Geogr. Zeitschr. 74, S. 106-119.

BOHLE, H.-G. (1988a): „Endogene Potentiale“ für dezentralisierte Entwicklung: Theoretische Begründungen und strategische Schlußfolgerungen, mit Beispielen aus Südindien. Zeitschr. f. Wirtschaftsgeogr. 32, S. 259-268.

BOHLE, H.-G. (1988b): Probleme disparitärer Raumentwicklung in der Bundesrepublik Deutschland – darsgestellt am Beispiel einer strukturschwachen ländlichen Region in Zonenrandlage. Geogr. Zeitschr. 76, S. 1-21.

BOLLINGER, H. (1980): Hof, Haushalt, Familie. In: OSTNER, I. u. PIEPER, B. (Hrsg.): Arbeitsbereich Familie. Umrisse einer Theorie der Privatheit, S. 13-72. Frankfurt/New York.

BOLTE, K.M. und KAPPE, D. (1964/67): Struktur und Entwicklung der Bevölkerung. 3.Aufl. (1.Aufl. 1964) Opladen.

BOLTE, K.M., KAPPE, D. und NEIDHARDT, F. (1975): Soziale Ungleichheit. Beiträge zur Sozialkunde, Reihe B: Struktur und Wandel der Gesellschaft 4. (2.Aufl.) Opladen.

BONINE, M. E. (1987): Islam and Commerce: Waqf and the Bazaar of Yazd, Iran. Erdkunde 41, S. 182-196.

BOOKCHIN, M. (1982/85): Die Ökologie der Freiheit. Wir brauchen keine Hierarchien. (A. d. Amerik.). Weinheim/Basel.

BOOTS, B.N. (1979): Population Density, Crowding and Human Behavior. Progress in Human Geogr. 3, S. 13-63.

BORCHARDT, K. (1965): Integration in wirtschaftshistorischer Perspektive. In: Weltwirtsch. Probleme der Gegenwart = Schr. d. Vereins f. Sozialpolitik, N.F. 35, S. 388-410. Berlin.

BORCHARDT, K. (1972): Die industrielle Revolution in Deutschland. München.

BORCHARDT, K. (1976): Wachstum und Wechsellagen 1914-1970. In: AUBIN, H. u. ZORN, W. (Hrsg.): Handbuch der deutschen Wirtschafts- und Sozialgeschichte, 2.Bd., S. 685-740. Stuttgart.

BORCHERDT, Ch. (1961): Die Innovation als argrargeographische Regelerscheinung. Arb. a. d. Geogr. Inst. d. Univ. d. Saarlandes, Bd.6. Saarbrücken.

BORCHERDT, Ch., GROTZ, R., KAISER, K. und KULINAT, K. (1971): Verdichtung als Prozeß. Dargestellt am Beispiel des Raumes Stuttgart. Raumforsch. u. Raumordnung 29, S. 201-207.

BORCHERDT, Ch., MAHNKE, H.P. (1973): Das Problem der agraren Tragfähigkeit mit Beispielen aus Venezuela. Stutt. Geogr. Studien 85, S. 1-93.

BORN, M. (1965): Zentralkordofan. Bauern und Nomaden in Savannengebieten des Sudans. Marburger Geogr. Schriften 25.

BORN M. (1974): Die Entwicklung der deutschen Agrarlandschaft. Darmstadt.

BORN, M. (1977): Geographie der ländlichen Siedlungen 1. Stuttgart.

BORRIES, B. v. (1986): Kolonialgeschichte und Weltwirtschaftssystem Europa und Übersee zwischen Entdeckungs- und Industriezeitalter 1492-1830. Düsseldorf.

BOSERUP, E. (1965): The Conditions of Agricultural Growth. London.

BOSERUP, E. (1981): Population and Technological Change. A Study of Long-Term Trends. Chicago.

BOSL, K. (1966): Die Sozialstruktur der mittelalterlichen Residenz- und Fernhandelsstadt Regensburg. Die Entwicklung des Bürgertums vom 9.-14.Jahrhundert. In: Konstanzer Arbeitskreis für mittelalterliche Geschichte (Hrsg.): Vorträge und Forschungen, XI, S. 93-213. Konstanz/Stuttgart.

BOSL, K. (1970/75): Europa im Mittelalter. Weltgeschichte eines Jahrtausends. Bayreuth. (Zuerst 1970 publ.).

BOSL, K. (1971): Gesellschaftsentwicklung 500 – 900. In: AUBIN, H. u. ZORN, W. (Hrsg.): Handbuch der deutschen Wirtschafts- und Sozialgeschichte, Bd.1, S. 133-168. Stuttgart.

BOTTOMORE, T.B. (1966/69): Elite und Gesellschaft. München.

BOUDON, R. (1988): Ideologie. Geschichte und Kritik eines Begriffs. (A. d. Franz.). Reinbek.

BOUGHEY, A.S. (1968): Ecology of Populations. New York.

BOULDING, K.E. (1956): The Image. Ann Arbor/Mich.

BOURGUIGNON, E. und GREENBAUM, L.S. (1973): Diversity and Homogenity in World Societies. o.O. (USA, Hraf Press).

BOURNE, L.S. (1968/71): Apartment Location and the Housing Market. In: BOURNE, L.S. (Hrsg.): Internal Structure of the City, S. 321-328. New York/Toronto/London. (Zuerst 1968 publ.).

BOUSTEDT, O. (1970): Stadtregionen. In: Akademie f. Raumforsch. u. Landesplan. (Hrsg.): Handwörterbuch der Raumforschung und Raumordnung. 3Bde. Bd.3, Spalte 3207-3238. (2.Aufl.). Hannover.

BOUSTEDT, O. u. RANZ, H. (1957): Regionale Struktur und Wirtschaftsforschung. Aufgaben und Methoden. Veröff. d. Akad. f. Raumf. u. Landespl., Abh. 33. Bremen-Horn.

BOWDEN, M.J. (1977): The Cognitive Renaissance in American Geography: The Intellectual History of a Movement. Organon 14, S. 199-204.

BOWLBY, S.R. und McDOWELL, L. (1987): The Feminist Challenge to Social Geography. In: PACIONE, M. (Hrsg.): Social Geography: Progress and Prospect. S. 295-323. London, New York.

BOWMAN, I. (1931): The Pioneer Fringe. American Geographical Society, Spec.publ. No. 13. New York.

BOWMAN, I. (1934): Geography in Relation to the Social Science. Rep. of the Comm. on the Social Studies, V. New York.

BRACKERT, H. u. WEFELMEYER, F. (Hrsg.) (1984): Naturplan und Verfallskritik; zu Begriff und Geschichte der Kultur. Frankfurt.

BRANDI, K. (1927/60): Deutsche Geschichte im Zeitalter der Reformation und Gegenreformation. 3.Aufl. München.

BRANDT, A.v. (1963):Die Hanse als mittelalterliche Wirtschaftsorganisation – Entstehung, Daseinsformen, Aufgaben. Wiss. Abhandl. d. Arbeitsgemeinsch. f. Forschungen des Landes Nordrhein-Westfalen, Bd.27: Die Deutsche Hanse zwischen Ost und West, S. 9-37. Köln/Opladen.

BRANDT, A.v. (1966): Die gesellschaftliche Struktur des spätmittelalterlichen Lübeck. In: Arbeitskreis für mittelalterliche Geschichte, XI (Hrsg.): Vorträge und Forschungen, S. 215-239. Konstanz/Stuttgart.

BRANDT, K. (1964): Arbeitsteilung. Wirtschaftliche Bedeutung. In: Handwörterbuch der Sozialwissenschaften, Bd.12, S. 517-532. Stuttgart, Tübingen, Göttingen.

BRASSEL, K., BÜTTLER, D. u. FLURY, A. (1986): Experimente zur Raumkognition der Schweiz. Geogr. Helv. 41, S. 3-10.

BRATER, M. und BECK, U. (1982): Berufe als Organisationsformen menschlichen Arbeitsvermögens. In: LITTEK, W., RAMMERT, W. u. WACHTLER, G. (Hrsg.): Einführung in die Arbeits- und Industriesoziologie, S. 208-224. Frankfurt/New York.

BRATZEL, P. (1976): Theorien der Unterentwicklung. Karlsruher Manuskripte z. Mathem. und Theor. Wirt.- u. Sozialgeogr., H.17.

BRATZEL, G. und MÜLLER, H. (1979): Regionalisierung der Erde nach dem Entwicklungsstand der Länder. Geographische Rundschau 31, S. 131-136.

BRAUDEL, F. (1949): La Méditerranée et le Monde méditerranée a l'époque de Philippe II. Paris.

BRAUDEL, F. (1958/77): Geschichte und Sozialwissenschaften. Die Longue durée. In.: BLOCH, M., BRAUDEL, F., FEBVRE, L. et al.: Schrift und Materie (Hrsg. Honegger, C.), S. 47-85. Frankfurt. (Zuerst 1958 publ.).

BRAUN, G. u. SCHLIEPHAKE, K. (1987): Fremdenverkehr und Raumangebot; Wahrnehmung, Bewertung, Auslastung und Belastung. Mit einem Beispiel aus Kärnten. Geogr. Zeitschr. 75, S. 41-59.

BRAUN, P. (1968): Die sozialräumliche Gliederung Hamburgs. Weltwirt. Studien Inst. f. europ. Wirtschaftspolitik Univ. Hamburg, H.10.

BREPOHL, W. (1948): Der Aufbau des Ruhrvolkes im Zuge der Ost-West-Wanderungen. Beiträge z. dt. Sozialgesch. d. 19. u. 20.Jh. Recklinghausen.

BRINKMANN, Chr. (1976): Finanzielle und psycho-soziale Belastungen während der Arbeitslosigkeit. Mitteilungen a. d. Arbeitsmarkt- u. Berufsforschung 9, S. 397-413.

BROCKHOFF, K. (1988): Forschung und Entwicklung, Planung und Kontrolle. München/Wien.

BROEK, J.O.M. u. WEBB, J.W. (1968): A Geography of Mankind. New York/St.Louis/ San Francisco etc.

BROEK, J.O.M. (1967): National Character in the Perspective of Cultural Geography In: The Annals of the American Academy of Political and Social Science, S. 8-15.

BRONGER, D. (1989): „Kaste“ und „Entwicklung“ im ländlichen Raum. Geogr. Rundsch. 41, S. 75-82.

BRONNY, H.M., DODT, J., GLATTHAAR, D., HEINEBERG, H., MAYR A. und NIGGEMANN, J. (1972): Ländliche Problemgebiete. Beiträge zur Geographie der Agrarwirtschaft in Europa. Bochumer Geograph. Arbeiten 13.

BROWN, L.A. (1968a): Diffusion Processes and Location: A Conceptual Framework and Biliography. Regional Science Research Inst., Bibliographie Ser. 4. Philadelphia.

BROWN, L.A. (1968b): Diffusion Dynamics. Lund Studies in Geogr., Ser.B, No. 29. Lund.

BROWN, L.A. (1988): Reflections on Third World Development: Ground Level Reality, Exogenous Forces, and Conventional Paradigms. Econ. Geogr. 64, S. 255-278.

BROWN, L.A. und COX, K.R. (1971): Empirical Regularities in the Diffusion of Innovation. Ann. of the Ass. of Am. Geogr. 61, S. 551-559.

BROWN, L.A., BREA, J.A. u. GOETZ, A.R. (1988): Policy Aspects of Development and Individual Mobility: Migration and Circulation from Ecuador's Rural Sierra. Econ. Geogr. 64, S. 147-170.

BRÜCHER, W. (1982): Industriegeographie. Braunschweig.

BRÜCHER, W. (1987): Frankreich – Dezentralisierung oder Persistenz des Zentralismus? Geogr. Rundsch. 39, S. 668-674.

BRÜCHER, W. (1992): Zentralismus und Raum. Das Beispiel Frankreich. Tübingen.

BRÜCHER, W. und MERTINS, G. (1978): Intraurbane Mobilität unterer sozialer Schichten, randstädtische Elendsviertel und sozialer Wohnungsbau in Bogotá, Kolumbien. Marburger Geogr. Schriften, H.77, S. 1-130.

BRÜCHER, W. und RIEDEL, H. (1991): Jüngere industriegeographische Veränderungen in der Bundesrepublik Deutschland unter besonderer Berücksichtigung des sogenannten Süd-Nord-Gefälles. Stud. z. internat. Schulbuchforschung. Schriftenreihe des Georg-Eckert-Instituts, Bd.70 (Industriegeographie der BRD und Frankreichs in den 1980er Jahren), S. 51-74. Frankfurt am Main.

BRÜNING, K. (1934): Atlas Niedersachsen. Oldenburg.

BRUNHES, J. (1910/56): La Geographie humaine. (1.Aufl. 1910) Paris.

BRUNNER, O. (1956/68): Bemerkungen zu den Begriffen „Herrschaft" und „Legitimität". In: BRUNNER, O. (Hrsg.): Neue Wege der Verfassungs- und Sozialgeschichte. 2.Aufl., S. 64-79. Göttingen.

BRUSH, S. (1975): The Concept of Carrying Capacity for Systems of Shifting Cultivations. American Anthropologist 77, S. 799-811.

BUCH-HANSON, M. und NIELSON, B. (1977): Marxist Geography and the Concept of Territorial Structure. Antipode 9, Nr.2, S. 1-12.

BUCHAN, A.I. (1966): War in Modern Society. London.

BUCHHOLZ, H.J. (1970): Formen städtischen Lebens im Ruhrgebiet, untersucht an sechs stadtgeographischen Beispielen. Bochumer Geogr. Arb. 8.

BUCKLEY, W. (1972): Society as a Complex Adaptive System. In: BEISHON, J. und PETERS, G. (Hrsg.): Systems Behaviour, S. 155-178. London/New York etc.

BÜCHER, K. (1914/71): Volkswirtschaftliche Entwicklungsstufen. In: SCHACHT-SCHABEL, H.G. (Hrsg.): Wirtschaftsstufen und Wirtschaftsordnungen, S. 77-104. Darmstadt. (Zuerst 1914 publ.).

BÜCHER, K. (1893/1926): Die Entstehung der Volkswirtschaft. 17.Aufl. Tübingen.

BÜHL, W.L. (1987): Kulturwandel. Für eine dynamische Kultursoziologie. Darmstadt.

BÜHL, W.L. (1990): Sozialer Wandel im Ungleichgewicht. Soziologische Gegenwartsfragen 49. Stuttgart.

BÜHNER, R. (1987): Personelle und organisatorische Voraussetzungen zur Umsetzung von Prozeßinnovationen in der Produktion. In: DICHTL, E., GERKE, W. u. KIESER, A. (Hrsg.): Innovation und Wettbewerbsfähigkeit, S. 75-93. Wiesbaden.

BÜLOW, Fr. (1972): Verband. In: BERNSDORF, W. (Hrsg.): Wörterbuch der Soziologie. (1.Aufl. 1969), S. 884-885. Frankfurt.

BÜNSTORF, J. (1966): Die ostfriesische Fehnsiedlung als regionaler Siedlungsform-Typus und Träger sozial-funktionaler Berufstradition. Gött. Geogr. Abh. 37, Göttingen.

BÜRKNER, H.-J. (1987): Die soziale und sozialräumliche Situation türkischer Migranten in Göttingen. Isoplan-Schriften 2. Saarbrücken, Fort Lauderdale.

BÜRKNER, H.-J., HELLER, W. u. UNRAU, J. (1988): Die erfolgreiche Rückkehr von Arbeitsmigranten – Mythos oder Wirklichkeit? Kritische Anmerkungen zur Verwendung von Wanderungstypologien in der geographischen Remigrationsforschung. Die Erde 119, S. 15-24.

BÜRSKENS, H. (1990): Der Terrorismus auf Barbados. Entwicklung und Auswirkungen auf einen kleinen Inselstaat. Geogr. Rundsch. 42, S. 26-32.

BÜSCHGES, G. (1976): Organisation und Herrschaft, einige einführende Bemerkungen. In: BÜSCHGES, G. (Hrsg.): Organisation und Herrschaft, S. 14-28. Reinbek bei Hamburg.

BÜTTNER, M. (1972): Der dialektische Prozeß der Religion-Umwelt-Beziehung in seiner Bedeutung für den Religions- bzw. Sozialgeographen. Münchener Studien z. Sozial- und Wirtschaftsgeogr. 8, S. 89-107.

BÜTTNER, M. (1977/89): Von der Religionsgeographie zur Geographie der Geisteshaltung?. In: BÜTTNER,M. (Hrsg.): Abh. z. Gesch. d. Geowiss. u. Religion/Umweltforschg., Bd.2: Religion/Umweltforschung im Umbruch., S. 228-279. (Zuerst 1977 publ.).

BÜTTNER, M. (1981): Zu Beziehungen zwischen Geographie, Theologie und Philosophie im Denken Carl Ritters. In: LENZ, K. (Hrsg.): Carl Ritter – Geltung und Deutung. S. 75-91. Berlin.

BÜTTNER, M. (1987/89): Grundsätzliches zu den Schöpfungsmythen aus religionsgeographischer Sicht. In: BÜTTNER, M. (Hrsg.): Abhandlungen zur Geschichte der Geowissenschaften und Religion/Umweltforschung, Bd.2: Religion/Umweltforschung im Umbruch, S. 436-453. Bochum. (Zuerst 1987 publiziert)

BUNGE, W. (1962): Theoretical Geography. Lund Studies in Geography, Ser. C, Vol.1.

BUNGE, W. (1971): Fitzgerald: Geography of a Revolution. Cambridge, Mass.

BUNKSE, E.V. (1990): Saint-Exupéry's Geography Lesson: Art and Science in the Creation and Cultivation of Landscape Values. Ann. of the Assoc. of Am. Geogr. 80, S. 96-108.

BURDACK, J. (1990): Dörfliche Neubaugebiete und soziale Segregation im ländlichen Umland einer Mittelstadt, untersucht am Beispiel von Gemeinden im Landkreis Bamberg. Ber. z. dt. Landesk. 64, S. 175-196.

BURGESS, E.W. (1925/67): The Growth of the City. In: PARK, R.E., BURGESS, E.W. und McKENZIE, R.D. (Hrsg.): The City, S. 47-62. Chicago. (1.Aufl. 1925).

BURGESS, E.W. (1929): Urban Areas. In: SMITH, T.V. and WHITE, L.D. (Hrsg.): Chicago, an Experiment in Social Science Research, S. 113-138. Chicago.

BURHOE, R.W. (1973): The World System and Human Values. In: LASZLO, E. (Ed.): The World System. Models, Norms, Variations, S. 161-185. New York.

BURTON, J. (1963/70): Quantitative Revolution und theoretische Geographie. In: BARTELS,D. (Hrsg): Wirtschafts-u.Sozialgeogr., S. 95-109. Köln/Berlin. (Zuerst 1963 publ.).

BUSCH, S. (1969): Hannover, Wolfenbüttel und Celle. Quellen und Darstellungen zur Geschichte Niedersachsens, Bd. 75. Hildesheim.

BUSCH-ZANTNER, R. (1937/69): Ordnung der anthropogenen Faktoren. In: STORKEBAUM, W. (Hrsg.): Sozialgeographie, S. 32-43. Darmstadt. (Zuerst 1937 publ.).

BUTTIMER, A. (1969): Social Space in Interdisciplinary Perspective. The Geogr. Review 59, S. 417-426.

BUTTIMER, A. (1984): Ideal und Wirklichkeit in der angewandten Geographie. Münchener Geogr. Hefte 51.

BUTTIMER. A. (1990): Geography, Humanism, and Global Concern. Ann. of the Assoc. of Am. Geogr. 80, S. 1-33.

BUTZER, K.W. (1964/71): Agricultural Origins in the Near East as a Geographical Problem. In: STRUEVER, St. (Ed.): Prehistoric Agriculture, S. 209-235. Garden City/ New York. (Zuerst 1964 publ.).

BUTZER, K.W. (1982): Archaeology as Human Ecology: Methods and Theory for a Contextual Approach. Cambridge, London.

BUTZIN, B. (1982): Elemente eines konfliktorientierten Basisentwurf zur Geographie des Menschen. In: SEDLACEK, P. (Hrsg.): Kultur-/Sozialgeographie, S. 93-124. Paderborn.

BUTZIN, B. (1986): Zentrum und Peripherie im Wandel. Erscheinungsformen und Determinanten der „Counterurbanization“ in Nordeuropa und Kanada. Münstersche Geogr. Arb. 23.

BYLUND, E. (1960): Theoretical Considerations Regarding the Distribution of Settlement in Inner North Sweden. Geogr. Annaler, Ser.B, 42. S. 225-231.

CADWALLADER, M. (1988): Urban Geography and Social Theory. Urban Geography 9, S. 227-52.

CADWALLADER, M. (1989): A Conceptual Framework for Analysing Migration Behaviour in the Developed World. Progr. i. Hum. Geogr. 13, S. 494-511.

CARLSSON, G. (1967/68): Response Inertia and Cycles: a Study in Macro-Dynamics. Acta Sociologica 11, S. 125-143.

CARLSTEIN, T. (1982): Time Resources, Society and Ecology on the Capacity for Human Interaction in Space and Time in Preindustrial Societies. Lund Studies in Geogr., Ser.B, No.49.

CARLSTEIN, T., PARKES, D. und THRIFT, N. (Hrsg.) (1978): Timing Space and Spacing Time. 3 Bde. London.

CARLSTEIN,T. u. THRIFT, N. (1978): Afterword: Towards a Time- Space Structured Approach to Society and Environment. In: CARLSTEIN, T., PARKES, D. u. THRIFT, N. (Hrsg.): Timing Space and Spacing Time, S. 225-263. London

CARNEIRO, R.L. (1956/60): Slash-and-Burn Agriculture. A Closer Look at it Implications for Settlement Patterns. The Bobbs-Merrill Reprint Series in the Social Science A 26. (Univ. of Penns. Pr.) (Zuerst 1956 publ.).

CARNEIRO, R.L. (1967): On the Relationship Between Size of Population and Complexity of Social Organization. Southwestern Journal of Anthropology 23, S. 234-243.

CAROL, H. (1960): The Hierarchy of Central Functions within the City. Lund Studies in Geogr., Ser.B, Nr.24, S. 555-576.

CAROL, H. (1963): Zur Theorie der Geographie. Mitt. d. öster. Geogr. Gesell. Wien, H.105, S. 23-38.

CASTELLS, M. (1983): Crisis, Planning, and the Quality of Life: Managing the New Historical Relationships between Space and Society. Environment and Planning D: Society and Space 1, S. 3-21.

CASSOU, J. (1954): Die Impressionisten und ihre Zeit (Einleitung). München.

CATER, J. und JONES, T. (1989): Social Geography. An Introduction to Contemporary Issues. London.

CHAMPION, A.G. (1989): Counterurbanization in Europe. I: Counterurbanization in Britain. Geogr. Journal 155, S. 52-59.

CHANG, K.C. (Hrsg.) (1968): Settlement Archaeology. Palo Alto (Cal.).

CHAPIN, F.St. jr. (1965): The Study of Urban Activity Systems. Urban Land Use Planning. 2.Aufl. Urbana, Ill.

CHAPIN, F.St. jr. (1968/74): Aktivitätssysteme und urbane Struktur – Ein Arbeitsschema. In: ATTESLANDER, P. u. HAMM, B.

(Hrsg.): Materialien zur Siedlungssoziologie, S. 260-272. Köln. (Zuerst 1968 publ.).

CHAPUIS, R. (1984): La système socio-spatial. In: De la géographie urbaine à la géographie sociale; sens et non-sens de l'espace. S. 43-56. Paris.

CHILDE, V.G. (1936/51): Man Makes Himself. New York/Toronto. (1.Aufl. 1936).

CHOMBART DE LAUWE, P.H. (1952): Paris et l'agglomeration parisienne. Bibliothèque de Sociologie contemporaire, Ser.B. Paris.

CHOMBART DE LAUWE, P.H. (1956): La vie quotidienne des familles ouvrières. Paris.

CHRISTALLER, W. (1933): Die zentralen Orte in Süddeutschland. Jena.

CHRISTOPHER, A.J. (1987): Apartheid Planning in South Africa: The Case of Port Elisabeth. Geogr. Journal 153, S. 195-204.

CLARK, C.E. (1986): The American Family Home 1800-1960. Chapel Hill.

CLARK, D. (1989): Urban Decline. London, New York.

CLARK, G.L. (1983): Interregional Migration, National Policy, and Social Justice. Totowa, N.J.

CLARK, G.L. (1984): A Theory of Local Autonomy. Ann. of the Assoc. of Americ. Geogr. 74, S. 195-208.

CLARK, G.L. (1986): Regional Development and Policy: The Geography of Employment. Progr. i. Hum. Geogr. 10, S. 416-426.

CLARK, W.A.V., DEURLOO, M.C. u. DIELEMAN, F.M. (1984): Housing Consumption and Residential Mobility. Ann. of the Assoc. of Am. Geogr. 74, S. 29-43.

CLARK, W.C. (1989): Verantwortliches Gestalten des Lebensraums Erde. Spektrum der Wissenschaft Nov. 1989, S. 48-56.

CLARKE, C., LEY, D. und PEACH, C. (Hrsg.) (1984): Geography and Ethnic Pluralism. London.

CLARKE, J. (1973): Population in Movement. In: CHISHOLM, M. and RODGERS, B. (EdS.): Studies in Human Geography, S. 85-124. London.

CLARKE, M. (Hrsg.) (1984): Planning and Analysis Health Care Systems. London Papers in Regional Sciences 13, London.

CLAUSEWITZ, C.v. (1832/1943): Vom Kriege. (1.Aufl. 1832) Berlin.

CLEEF, E. van (1938): The Functional Relations between Urban Agglomerations and the Country Side with Special Reference to the United States. Comtes rendus de Congr. intern. d. Géographie Amsterdam II, Sect. IIIa.

CLAVAL, P. (1987): Les trois niveaux d'analyse des genres de vie. Bremer Beiträge zur Geographie und Raumplanung, H. 11, S. 73-87.

COATES, B.E., JOHNSTON, R.J. u. KNOX, P.L. (1977): Geography and Inequality. Oxford,London.

COE, M.D. and FLANNERY, K.V. (1964): Microenvironments and Mesoamerican Prehistory. Science 143, No.3607, S. 650-654.

COHEN, E. (1976): Environmental Orientations: a Multidimensional Approach to Social Ecology. Current Anthropology Vol.17, No.1, S. 49-70.

COHEN, M.N. (1975): Archaeological Evidence for Population Pressure in Pre-Agricultural Societies. American Antiquity 40, S. 471-475.

COLE, D.B. (1985): Gentrification, Social Character, and Personal Identity. Geogr. Review 75, S. 142-155.

COLE, D.B. (1987): Artists and Urban Redevelopment. Geogr. Review 77, S. 391-407.

CONZE, W. (1976): Sozialgeschichte 1800-1850; 1850-1918. In: AUBIN, H. und ZORN, W. (Hrsg.): Handbuch der deutschen Wirtschafts- und Sozialgeschichte, Bd.2. S. 426-494, 602-684.

COOK, E. (1971): The Flow of Energy in an Industrial Society. Scientific America 224, S. 135-144.

COOKE, Ph. (1989): The Contested Terrain of Locality Studies. Tijdschr. v. Econ. en Soc. Geogr. 80, S. 14-29.

COOLEY, Ch.H. (1902): Human Nature and the Social Order. New York.

COOLS, R.H.A. (1950): Die Entwicklung und der Stand der Sozialgeographie in den Niederlanden. Erdkunde IV, S. 1-5.

COOPER, R.L. (Hrsg.) (1982). Language Spread: Studies in Diffusion and Social Change. Bloomington (Indiana Univ.)

Council of Europe (Hrsg.) (1978): Population Decline in Europe. London.

Council on Environmental Quality und US-Außenministerium (Hrsg.) (1980): Global 2000. Aus dem Amerikanischen. Frankfurt, Main.

COUPER, A.D. (1972): The Geography of Sea Transport. London.

COURTHION, P. (1976): Malerei des Impressionismus. Köln.

COWGILL, D.O. (1949): The Theory of Population Growth Cycles. Americ. Journal of Sociology 55, S. 163-170.

COX, K.R. (1969): The Voting decision in a Spatial Context. Progress in Geogr.1, S. 81-117.

COX, K.R. (1973): Conflict, Power, and Politics in a City: A Geographic View. New York.

COX, K.R. u. MAIR, A. (1988): Locality and Community in the Politics of Local Economic Development. Ann. of the Assoc. of Am. Geogr. 78, S. 307-325.

COY, M. (1986): Regionalentwicklung in Rondônia/Brasilien. Integrierte ländliche Entwicklung und politische Rahmenbedingungen. Geogr. Zeitschr. 74, S. 177-185.

COY, M. (1990): Pionierfront und Stadtentwicklung. Sozial- und wirtschaftsräumliche Differenzierung der Pionierstädte in Nord-Mato Grosso (Brasilien). Geogr. Zeitschr. 78, S. 115-134.

CRAMER, F. (1988): Chaos und Ordnung. Die komplexe Struktur des Lebendigen. Stuttgart.

CREDNER, W. (1947): Kultbauten in der hinterindischen Landschaft. Erdkunde I, S. 48-61.

CROMARTIE, J. u. STACK, C.B. (1989): Reinterpretation of Black Return and Nonreturn Migration to the South 1975-1980. Geogr. Review 79, S. 297-310.

CURRY, M.R. (1986): On Possible Worlds: From Geographies of the Future to Future Geographies. In: GUELKE, L. (Hrsg.): Geography and Humanistic Knowledge. Dep. of Geogr. Publ. Ser. No.25, Waterloo Lectures in Geography Vol.2, S. 87-101.

CURRY, M.R. (1989): Forms of Life and Geographical Method. Geogr. Review 79, S. 280-296.

CURRY, M.R. (1991): Postmodernism, Language, and the Strains of Modernism. Ann. of the Assoc. of Amer. Geographers 81, S. 210-228.

CZAJKA, W. (1953): Lebensformen und Pionierarbeit an der Siedlungsgrenze. Hannover.

CZAJKA, W. (1964): Beschreibende und genetische Typologie in der ostmitteleuropäischen Siedlungsformenforschung. Schriften d. Geogr. Inst. d. Univ. Kiel, Bd.XXIII; S. 37-62.

DAHL, S. (1957): The Contacts of Västeras with the Rest of Sweden. Lund Studies in Geogr., Ser.B,13, S. 206-243.

DAHMS, F.A. (1987): Population migration and the elderly: Ontario 1971-1981. Occasional papers in geography, Department of Geography, University of Guelph, 9. Guelph, Ont.

DAHRENDORF, R. (1953): Gibt es noch Klassen? Die Begriffe der „sozialen Schicht" und „sozialen Klasse“ in der Sozialanalyse der Gegenwart. Ann. Universitatis Saraviensis, Philosophie- Lettres II, 4, S. 267-279.

DAHRENDORF, R. (1958/64): Homo sociologicus. 6.Aufl. Köln/Opladen.

DAHRENDORF, R. (1961): Über den Ursprung der Ungleichheit unter den Menschen. Tübingen.

DAHRENDORF, R. (1963): Die angewandte Aufklärung. Gesellschaft und Soziologie in Amerika. München.

DAHRENDORF, R. (1964): Arbeitsteilung. Soziologische Betrachtung. In: Handwörterbuch der Sozialwissenschaften, Bd.12, S. 512-516. Stuttgart, Tübingen, Göttingen.

DANGSCHAT, J. (1985): Residentielle Segregation der Altersgruppen in Warschau. Geogr. Zeitschr. 73, S. 81-105.

DARWIN, Ch. (1869/99/1920/88): Über die Enstehung der Arten durch natürliche Zuchtwahl oder die Erhaltung der begünstigten Rassen im Kampf um's Dasein. (Hrsg. H. MÜLLER; nach der letzten engl. Aufl. durchgesehen von J.V. CARUS). Darmstadt.

DATEL, R.E. (1985): Preservation and a Sense of Orientation for American Cities. Geogr. Review 75, S. 125-141.

DAVIS, K. und MOORE, W.E. (1945/73): Einige Prinzipien der sozialen Schichtung. In: HARTMANN, H. (Hrsg.): Moderne amerikanische Soziologie (2.Aufl.), S. 394-410. Stuttgart. (Zuerst 1945 publiziert)

DEAR, M.J. (1988): The Postmodern Challenge: Reconstructing Human Geography. Transactions, Institut of British Geographers 13, S. 262-274.

DEAR, M.J. und MOOS, A.J. (1986): Structuration Theory in Urban Analysis II: Empirical Application. Environment and Planning, A, Society and Space 18, S. 351-373.

DEAR, M.J. und WOLCH, J. (1989): How Territory Shapes Social Life. In: WOLCH, J. und DEAR, M. (Hrsg.): The Power of Geography. How Territory Shapes Social Life. S. 3-18. Boston.

DE GEER, St. (1923): Greater Stockholm. Geogr. Review 13, S. 497-506.

DEHIO, G. (1930/34): Geschichte der deutschen Kunst. 4 Bde. 4.Band von G. Pauli. Berlin/Leipzig.

DEITERS, J. und MEYER, M. (1988): Endogenes Potential und regional angepaßte Entwicklungsstrategien. Problemwahrnehmung und Zielfindung am Beispiel des westniedersächsischen Grenzraumes. Materialien zur Schriftenreihe „Osnabrücker Studien zur Geographie“, 15.

DEMANGEON, A. (1947): Problèmes de Géographie humaine. (Hrsg. E. de MARTONNE). Paris.

DEMMLER-MOSETTER, H. (1990): Raumwahrnehmungen: Eine Annäherung an Lebenswelten. Beitr. z. Angew. Sozialgeogr. 23. Augsburg.

DENECKE, D. (1969): Methodische Untersuchungen zur historisch-geographischen Wegeforschung im Raum zwischen Solling und Harz. Gött. Geogr. Abh., H.54.

DENECKE, D. (1976a): Innovation and Diffusion of the Potato in Central Europe in the Seventeenth and Eighteenth Centuries. In: BUCHANAN, R.H., BUTLIN, R.A. and McCOURT, C. (Eds.): Fields, Farms and Settlements, Papers presented at a Symposium. Belfast, July 12-15, 1971. Belfast.

DENECKE, D. (1976b): Tradition und Anpassung der agraren Raumorganisation und Siedlungsgestaltung im Landnahmeprozeß des östlichen Nordamerika im 17. und 18. Jahrhundert. Ein Beitrag zum Problem formengebender Prozesse und Prozeßregler. 40.Dt.Geographentag Innsbruck 1975; Tagungsber. und wiss. Abh. S. 228-255. Wiesbaden.

DENECKE, D. (1991): Arbeitsfelder anwendungsorientierter historischer Geographie in Forschung, Lehre und Praxis. Kulturlandschaft 1, S. 69-73.

DERRUAU, M. (1968): Die Sozialgeographie. Fragen zur Methode. Münchener Studien zur Sozial- und Wirtschaftsgeographie 4, S. 23-27.

DESBARATS, J. (1983a): Spatial Choice and Constraints on Behavior. Ann. of the Assoc. of Americ. Geogr. 73, S. 340-357.

DESBARATS, J. (1983b): Constrained Choice and Migration. Geogr. Annaler 65 B, S. 11-22.

DESCARTES, R. (1644/1908/55): Die Prinzipien der Philosophie. 1.Aufl. 1644; übersetzt und erl. von A.Buchenau, 6.Aufl. Hamburg (1955).

DEUTSCHMANN, Ch. (1985): Der Weg zum Normalarbeitstag. Die Entwicklung der Arbeitszeiten in der deutschen Industrie bis 1918. Frankfurt/New York.

DICKENSON, J.P. u.a. (1985): Zur Geographie der Dritten Welt. (A. d. Engl.). Bielefeld.

DICKINSON, R.E. (1969): The Makers of Modern Geography. London.

DIEZINGER, A. u.a. (1982): Die Arbeit der Frau in Betrieb und Familie. In: LITTEK, W., RAMMERT, W. u. WACHTLER, G. (Hrsg.): Einführung in die Arbeits- und Industriesoziologie, S. 225-248. Frankfurt/New York.

DITFURTH, H. v. (1976): Der Geist fiel nicht vom Himmel. Die Evolution des Bewußtseins. Hamburg.

DITTMANN, L. (1987): Farbgestaltung und Farbtheorie in der abendländischen Malerei. Darmstadt.

DÖRRENBÄCHER, P. (1991): Unternehmerische Anpassungsprozesse. Ein industriegeographisches Arbeitsmodell, dargestellt am Beispiel der Saarbergwerke AG. Phil. Diss. Saarbrücken (erscheint als Bd.38 der Arbeiten a. d. Geogr. Inst. d. Univ. d. Saarl. 1992).

DÖRRIES, H. (1925): Die Städte im oberen Leinetal: Göttingen, Northeim, Einbeck. Göttingen.

DÖRRIES, H. (1929): Entstehung und Formenbildung der niedersächsischen Stadt. Forsch. z. dt. Landes- u. Volkskunde 27, 2.

DOLCH, J. (1967): Grundbegriffe der pädagogischen Fachsprache. 6.Aufl. München.

DOMNICK, O. (1950/63): Diskussionsbemerkungen zum Vortrag „Über die Gefahren der modernen Kunst" von Hans Sedlmayr im Rahmen des Darmstädter Gesprächs „Das Menschenbild in unserer Zeit", 1950. In: SABAIS, H.W. (Hrsg.): Die Herausforderung. München.

DORNER, K. (1974): Probleme der weltwirtschaftlichen Integration der Entwicklungsländer. Bochumer Schr. z. Entwicklungsforschg. u. Entwicklungspolitik 16. Tübingen/Basel.

DOWNS, A. (1983): Some Changing Aspects of Neighborhoods in the United States. Urban Law and Policy 6, S. 65-74.

DOWNS, R.M. (1970): Geographic Space Perception. Past Approaches and Future Prospects. Progress in Geogr., Vol.2, S. 65-108.

DOWNS, R.M. u. STEA, D. (1973): Cognitive Maps and Spatial Behavior: Process and Products. In: DOWNS, R.M. u. STEA, D. (Hrsg.): Image and Environment; Cognitive Mapping and Spatial Behavior, S. 8-26. Chicago.

DOWNS, R.M. u. STEA, D. (Hrsg.) (1973): Image and Environment; Cognitive Mapping and Spatial Behavior. Chicago.

DOWNS, R.M. u. STEA, D. (1977/82): Kognitive Karten. Die Welt in unseren Köpfen; (Hrsg.: R. GEIPEL). New York. (Zuerst 1977 publ.).

DREITZEL, H.P. (Hrsg.) (1972): Sozialer Wandel. Neuwied/Berlin.

DRIESCH, H. (1908/28): Philosophie des Organischen. 4.Aufl. Leipzig.

DRIESCH, U. von den (1988): Historisch-geographische Inventarisierung von persistenten Kulturlandschaftselementen des ländlichen

Raumes als Beitrag zur erhaltenden Planung. Phil. Diss. Bonn.

DRIEVER, St.L. u. VAUGHN, D.M. (1988): Flood Hazard in Kansas City since 1880. Geogr. Review 78, S. 1-19.

DÜRR, H. (1972): Empirische Untersuchungen zum Problem der sozialgeographischen Gruppe: der aktionsräumliche Aspekt. Münchner Studien z. Sozial- u. Wirtschaftsgeogr. 8, S. 72-81.

DÜRRENBERGER, G. (1987): Menschliche Territorien. Geographische Aspekte der biologischen und kulturellen Evolution. ETH Zürich. Diss.

DÜSTERLOH, D. (1967): Beiträge zur Kulturgeographie des Niederbergisch-Märkischen Hügellandes; Bergbau und Verhüttung vor 1850 als Elemente der Kulturlandschaft. Gött. Geogr. Abh., H.38.

DUMOND, D.E. (1965): Population Growth and Cultural Change. Southwestern Journal of Anthropology 21, S. 302-324.

DURAND, C. u. TOURAINE, A. (1970/79): Die kompensatorische Rolle der Werkmeister. In: ZÜNDORF, L. (Hrsg.): Industrie- und Betriebssoziologie, S. 119-157. Darmstadt.

DURKHEIM, E. (1893/1977): Über die Teilung der sozialen Arbeit. (A. d. Franz.) (1.Aufl. 1893).

DURKHEIM, E. (1895/1979): Kriminalität als normales Phänomen. In: KÖNIG, R. (Hrsg.): Kriminalsoziologie. 2.Aufl. S. 3-8. Wiesbaden. (Zuerst 1895 publ.).

DURKHEIM, E. (1897/98): Morphologie sociale. L'Année sociologique 2, 1899, S. 520-552.

DUX, G. (1971/73): Religion, Geschichte und sozialer Wandel in Max Webers Religionssoziologie. In: Seminar: Religion und gesellschaftliche Entwicklungsstudien zur Protestantismus-Kapitalismus-These Max Webers. S. 313-357. Frankfurt/Main. (Zuerst 1971 publ.)

DUX, G. (1982): Die Logik der Weltbilder. Sinnstrukturen im Wandel der Geschichte. Frankfurt.

DYCK, J. v. (1970/79): Arbeitsmotivation und Wertorientierung in der Industrie – Untersuchungsschritte und Untersuchungsmethoden. In: ZÜNDORF, L. (Hrsg.): Industrie- und Betriebssoziologie, S. 31-52. Darmstadt.

EBERLE, I. (1976): Der Pfälzer Wald als Erholungsgebiet, unter besonderer Berücksichtigung des Naherholungsverkehrs. Arb. a. d. Geogr. Inst. d. Univ. d. Saarlandes Bd.22. Saarbrücken.

EBERLE, I. (1990): Ermittlung und historische Erkundung von Altlasten, Altablagerungen und kontaminationsverdächtigen Gewerbestandorten in Mannheim. 47.Dt. Geographentag Saarbrücken 1989, Tagungsber. u. wiss. Abhandl., S. 276-280.

EBERT, J. u. HERTER, J. (1986): Elemente demokratischer Bildung. Zur Interpretation eines pädagogischen Grundbegriffs. In: TENORTH, H.-E. (Hrsg.): Allgemeine Bildung. Analysen zu ihrer Wirklichkeit, Versuche über ihre Zukunft. S. 231-250. Weinheim/München.

ECHTERNHAGEN, K. (1983): Die Diffusion sozialer Innovation. Eine Strukturanalyse. Spardorf.

ECKARDSTEIN, D. v. (1987): Unter welchen Voraussetzungen können partizipative Organisationsformen als personalpolitische Innovation gelten? In: DICHTL, E. u. GIESER, A. (Hrsg.): Innovation und Wettbewerbsfähigkeit. S. 115-135. Wiesbaden.

ECKENSBERGER, L.H. (1977): Die ökologische Perspektive in der Entwicklungspsychologie: Herausforderung oder Bedrohung? Beitrag, gehalten auf dem Symposium „Entwicklung in ökologischer Sicht" Konstanz, 25.-29.4.1977; als Ms. vervielfältigt.

ECKENSBERGER, L.H. und BURGARD, P. (1977): Ökosysteme in interdisziplinärer

Sicht. Bericht über ein DFG-Symposium, das vom 17.-19.6.1976 in Schloß Reisenberg stattfand. Saarbrücken, als Ms. vervielfältigt.

ECKERMANN, E. (1981): Vom Dampfwagen zum Auto. Motorisierung des Verkehrs. Reinbek bei Hamburg.

EGGAN, F. (1950): Social Organization of the Western Pueblos. Chicago/London.

EGLI,H.-R. (1990): Die Untersuchung der Besiedlungs- und Entsiedlungsvorgänge im Gebirge als Prozeßforschung: Fragestellung und Methoden. Siedlungsforschung Bd. 8, S. 43-67.

EHLERS, E. (Hrsg.) (1983): Ernährung und Gesellschaft. Bevölkerungswachstum – agrare Tragfähigkeit der Erde. Stuttgart, Frankfurt.

EHLERS, E. (1984): Bevölkerungswachstum – Nahrungsspielraum – Siedlungsgrenzen der Erde. Frankfurt, Aarau.

EHLERS, E. u. MOMENI, M. (1989): Religiöse Stiftungen und Stadtentwicklung. Das Beispiel Taft/Zentraliran. Erdkunde 43, S. 16-26.

EIBL-EIBESFELDT, I. (1967/78): Grundriß der vergleichenden Verhaltensforschung. Ethologie; 5. Aufl. München/Zürich.

EIBL-EIBESFELDT, I. (1976): Menschenforschung auf neuen Wegen. Die naturwissenschaftliche Betrachtung kultureller Verhaltensweisen. Wien/München/Zürich.

EICKSTEDT, E. FREIHERR VON (Hrsg.) (1941): Bevölkerungsbiologie der Großstadt. Leipzig.

EIGEN, M. und WINKLER, R. (1975): Das Spiel. Naturgesetze steuern den Zufall. München, Zürich.

EINSTEIN, A. (1905/74): Zur Elektrodynamik bewegter Körper. In: Das Relativitätsprinzip, 7.Aufl., S. 26-50. Darmstadt. (Zuerst 1905 publ.)

EINSTEIN, A. (1916/74): Die Grundlagen der allgemeinen Relativitätstheorie. In: Das Relativitätsprinzip, 7.Aufl., S. 81-124. Darmstadt. (Zuerst 1916 publ.).

EINSTEIN, A. (1954/60): Vorwort zum Buch von JAMMER, M.:Das Problem des Raumes; S.XI-XV. Darmstadt. (Zuerst 1954 publ.).

EISEL, U. (1980): Die Entwicklung der Anthropogeographie von einer Raumwissenschaft zur Gesellschaftswissenschaft. Urbs et Regio 17. Kassel.

EISEL, U. (1981): Zum Paradigmenwechsel in der Geographie. Über den Sinn, die Entstehung und Konstruktion des sozialgeographischen Funktionalismus. Geogr. Helvetica 1981, S. 176-190.

EISENSTADT, Sh.N. (1964/70): Sozialer Wandel und Evolution. In: ZAPF, W. (Hrsg.): Theorien des sozialen Wandels, S. 75-91. Köln/Berlin. (Zuerst 1964 publ.).

EISENSTADT, Sh.N. (Hrsg.) (1967): The Decline of Empires. Englewood Cliffs, N.J.

EISENSTADT, Sh.N. (1970): Die protestantische Ethik und der Geist des Kapitalismus. Kölner Zeitschrift für Soziologie und Sozialpsychologie 22, S. 1-23, 265-299.

EISENSTADT, Sh.N. und SHACHAR, A.(1987): Society, Culture, and Urbanization. Newbury Park, Cal.

EISENSTÄDTER, J. (1912): Elementargedanken und Übergangstheorie in der Völkerkunde. Stuttgart.

ELIADE, M. (1957/85): Das Heilige und das Profane. Vom Wesen des Religiösen. (A. d. Franz.). 2.Aufl. Frankfurt.

ELIAS, N. (1969): Über den Prozeß der Zivilisation. Soziogenetische und psychogenetische Untersuchungen. 2 Bde. Frankfurt.

ELIAS, N. (1984): Über die Zeit. Arbeiten zur Wissenssoziologie. Frankfurt.

ELIAS, N. (1989): Studien über die Deutschen. Machtkämpfe und Habitusentwicklung im 19. und 20. Jahrhundert. Frankfurt.

ELKINS, T.H. (1986): German Social Geography with Particular Reference to the „Munich School“. Progr. in Human Geogr. 10, S. 313-344.

ELLEGARD, K., HÄGERSTRAND,T. u. LENNTORP, B. (1977): Activity Organization and the Generation of Daily Travel: Two Future Alternatives. Economic Geogr. 53, S. 126-152.

ELLEN, R. (1988): Persistence and Change in the Relationship between Anthropology and Human Geography. Progr. in Human Geogr. 12, S. 229-262.

ELLENBERG, H. (1973a): Ziele und Stand der Ökosystemforschung. In: ELLENBERG, H. (Hrsg.): Ökosystemforschung; S. 1-31. Berlin/Heidelberg/New York.

ELLENBERG, H. (1973b): Die Ökosysteme der Erde. In: ELLENBERG, H. (Hrsg.): Ökosystemforschung; S. 235-265. Berlin/Heidelberg/New York.

ELLIS, C.H. (1954-59): British Railways History. 2 Bde. London.

ELLIS, F.H. (1956): Anthropological Evidence Supporting the Land Claims of the Pueblos Zia, Santa Ana, and Jemez. Unpublished Ms.

ELLIS, F.H. (1964): A Reconstruction of the Basic Jemez Pattern of Social Organization, with Comparisons to other Tanoan Social Structures. Univ. of New Mexico Publications in Anthropology No.11. Albuquerque, N.M.

ELSENHANS, H. (Hrsg.) (1979): Agrarreform in der Dritten Welt. Frankfurt.

ELSENHANS, H. (1984): Nord-Süd-Beziehungen. Geschichte – Politik – Wirtschaft. Stuttgart/Berlin etc.

ELSNER, G. (1985): Medizinische Aspekte industrieller Arbeit. In: GEORG, KISSLER u. SATTEL (Hrsg.): Arbeit und Wissenschaft: Arbeitswissenschaft?, S. 86-112. Bonn.

ELWERT, G. (1984): Die Angst vor dem Ghetto. Binnenintegration als erster Schritt zur Integration. In: BAYAZ, A., DAMOLIN, M. u. ERNST, H. (Hrsg.): Integration. Anpassung an die Deutschen?, S. 51-74. Weinheim/Basel.

ELWERT, G. (1985): Überlebensökonomien und Verflechtungsanalyse. Zeitschr. f. Wirtsch.Geogr. 29, S. 73-84.

ENDRUWEIT, G. (1986): Elite und Entwicklung. Theorie und Empirie zum Einfluß von Eliten auf Entwicklungsprozesse. Frankfurt/Bern/New York.

ENTRIKIN, J.N. (1991): The Betweenness of Place. Towards a Geography of Modernity. Houndsmills, Basingstoke, London.

ERBE, H. (1937): Die Hugenotten in Deutschland. Volkslehre und Nationalitätenrecht in Geschichte und Gegenwart, 2.Reihe: Geschichte des nationalen Gedankens und Nationalitätenrechts, Bd.1. Essen.

ERLANDSSON, U. (1979): Die Erreichbarkeitssituation regionaler Arbeitsmärkte durch den öffentlichen Personen-Nahverkehr. Karlsruher Manuskripte z. Mathem.- u. Theor. Wirt.- u. Sozialgeogr., H.35, S. 68-81.

ERNSTE, H. u. JAEGER, C. (1986-87): Neuere Tendenzen schweizerischer Migrationsströme. 2 Teile. Geogr. Helv. 41, 1986, S. 111-116; 42, 1987, S. 27-34.

ESCHENBURG, Th. (1965/76): Über Autorität. (Neuaufl.). Frankfurt.

ESSER, H. (1981): Aufenthaltsdauer und die Eingliederung von Wanderern: Zur theoretischen Interpretation soziologischer „Variablen“. Zeitschr. f. Soziologie 10, S. 76-97.

ETZIONI, A. (1967/68): Toward a Sociological Theory of Peace. In: BRAMSON, L. and GOETHALS, G.W. (Eds.): War. Studies from Psychology, Sociology, Anthropology, S. 403-428. 2.Aufl. New York/London 1968.

EVANS, D. und HERBERT, D.T. (Hrsg.) (1989): The Geography of Crime. London, New York.

EVERS, G.H.M. (1987): The Dynamics of Regional Labour Supply and Unemployment: The Netherlands 1971-1986. Tijdschr. v. Econ. en Soc. Geogr. 78, S. 339-347.

EVERS, H.-D. (1987): Subsistenzproduktion, Markt und Staat. Geogr. Rundsch. 39, S. 136-140.

EVERS, T.T. und WOGAU, P.v. (1973): Dependencia: Lateinamerikanische Beiträge zur Theorie der Unterentwicklung. Argument 79, S. 404-454.

EYLES, J. (1974): Social Theory and Social Geography. Progress in Geography 6, S. 27-87.

EYLES, J. (Hrsg.) (1986): Social Geography in International Perspective. London.

EYLES, J. (1989): The Geography of Everyday Life. In: GREGORY, D. und WALFORD, R. (Hrsg.): Horizons in Human Geography. S. 102-117. Houndsmills, Basingstoke, London.

EYLES, J. und SMITH, D.M. (Hrsg.) (1988): Qualitative Methods in Human Geography. Cambridge.

EYLES, J. und WOODS, K.J. (1983): The Social Geography of Medicine and Health. London, New York.

EZELL, P.H. (1963): Is there a Hohokam-Pima Culture Continuum? American Antiquity 29, S. 61-66.

FABER, K.-G. (1972): Theorie der Geschichtswissenschaft. 2.Aufl. München.

FABER, K.-G. und MEIER, Ch. (Hrsg.) (1978): Historische Prozesse. Theorie der Geschichte, Beiträge zur Historik, Bd.2. München.

FAGNANI, J. (1990): City Size and Mother's Labour Force Participation. Tijdschr. v. Econ. en Soc. Geogr. 81, S. 182-188.

FANGOHR, H. (1988): Großwohnsiedlungen in der Diskussion. Am besten alles abreißen? Geogr. Rundsch. 40, H.11, S. 26-32.

FEBVRE, L. (1922/49): La Terre et L'Evolution Humaine. = L'Evolution de L'Humanité, Synthèse collective, Vol.4. Paris. (Zuerst 1922 publ.)

FEHN, K. (1970): Die zentralörtlichen Funktionen früher Zentren in Altbayern. Raumbindende Umlandbeziehungen im bayrisch-österreichischen Altsiedelland von der Spätlatènezeit bis zum Ende des Hochmittelalters. Wiesbaden.

FEHN, K. (1971): Zum wissenschaftstheoretischen Standort der Kulturlandschaftsgeschichte. Mitt. d. Geogr. Ges. München 56, S. 95-104.

FEHN, K. (1991): Anwendungsorientierte Forschung im „Arbeitskreis für genetische Siedlungsforschung in Mitteleuropa“ (1974-1990). Kulturlandschaft 1, S. 3-5.

FEHRENBACH, E. (1989): Die Ideologisierung des Krieges und die Radikalisierung der Französischen Revolution. In: LANGEWIESCHE, D. (Hrsg.): Revolution und Krieg. Zur Dynamik historischen Wandels seit dem 18.Jahrhundert. S. 57-66. Paderborn.

FELDERER, B. (1983): Wirtschaftliche Entwicklung bei schrumpfender Bevölkerung. Eine empirische Untersuchung. Berlin/Heidelberg etc.

FELS, E. (1935/54): Der wirtschaftende Mensch als Gestalter der Erde. 2.Aufl. In: LÜTGENS, R. (Hrsg.): Erde und Weltwirtschaft, Bd.5. Stuttgart.

FEUSTEL, R. (1973/85): Technik der Steinzeit, Archäolithikum – Mesolithikum. 2.Aufl. Weimar.

FICHTNER, U. (1988): Regionale Identität am Südlichen Oberrhein – zur Leistungsfähigkeit eines verhaltenstheoretischen Ansatzes. Ber. z. dt. Landesk. 62, S. 109-139.

FICKELER, P. (1947): Grundfragen der Religionsgeographie. Erdkunde 1, S. 121-144.

FIELDING, A.J. (1989): Counterurbanization in Europe. II: Migration and Urbanization in Western Europe Since 1950. Geogr. Journal 155, S. 60-69.

FILIPP, K. (1971): Hochmittelalterliche Landesplanung und geographischer Bedeutungswandel im Rhein-Main-Gebiet. Ber. z. dt. Landeskunde 45, S. 193-202.

FINCHER, R. (1987): Space, Class and Political Processes: The Social Relations of the Local State. Progr. i. Hum. Geogr. 11, S. 496-515.

FINCK von FINCKENSTEIN, H.W. Graf (1960): Die Entwicklung der Landwirtschaft in Preußen und Deutschland 1800-1930. Würzburg.

FISCHER, A. (1925): Zur Frage der Tragfähigkeit des Lebensraumes. Zeitschrift für Geopolitik 2, 10/11, S. 762-779, 842-858.

FISCHER, M.M. u. NIJKAMP, P. (1988): Regional Labour Market Policies: A Crossnational Overview. Tijdschr. v. Econ. en Soc. Geogr. 79, S. 290-296.

FISCHER, M.M. und SCHÄTZL, L. (1990): Technologischer Wandel und industrielle Restrukturierung. 47. Dt. Geographentag Saarbrücken 1989, Verhandl. u. wiss. Abhandl., S. 205-208.

FISCHER, Th. (1904): Der Ölbaum. Seine geogr. Verbreitung, seine wirtsch. und kulturhistorische Bedeutung. Pet. Geogr. Mitt., Ergh. Nr.147. Gotha.

FISCHER, W. (1928): Vergleichung der Intensitätsstufen der Landwirtschaft in den einzelnen europäischen Staaten. Ber. über Landwirtschaft, N.F., Bd. VIII, S. 295-346. Berlin.

FISCHER, W. (1976): Bergbau, Industrie und Handwerk 1850-1914. In: AUBIN, H. u. ZORN, W. (Hrsg.): Handbuch der deutschen Wirtschafts- und Sozialgeschichte, Bd.2, S. 527-562. Stuttgart.

FISHER, J.S. und MITCHELSON, R.L. (1981): Extended and Internal Commuting in the Transformation of the Intermetropolitan Periphery. Econ. Geogr. 57, S. 189-207.

FISHMAN, R. (1987): Bourgeois Utopias: The Rise and Fall of Suburbia. New York.

FISZ, M. (1976): Wahrscheinlichkeitsrechnung und mathematische Statistik. Berlin.

FLANNERY, K.V. (1968/71): Archaeological Systems Theory and Early Mesoamerica. In: STRUEVER, St. (Ed.): Prehistoric Agriculture, S. 80-100. Garden City/New York. (Zuerst 1968 publ.).

FLANNERY, K.V. (1969/71): Origins and Ecological Effects of Early Domestication in Iran and the Near East. In: STRUEVER, St. (Ed.): Prehistoric Agriculture, S. 50-79. Garden City/New York. (Zuerst 1969 publ.).

FLIEDNER, D. (1961): Zur Frage der Bevölkerungsbewegungen im Kraftfeld zentraler Orte. Neues Archiv f. Niedersachsen 10 (15), S. 163-207.

FLIEDNER, D. (1962a): Zyklonale Tendenzen bei Bevölkerungs- u. Verkehrsbewegungen in städtischen Bereichen, untersucht am Beispiel der Städte Göttingen, München und Osnabrück. Neues Archiv f. Niedersachsen 10 (15), S. 277-294.

FLIEDNER, D. (1962b): Zu- und Abwanderung im Bereich einer deutschen Mittelstadt, dargestellt am Beispiel der Stadt Göttingen. Neues Archiv f. Niedersachsen 11 (16), S. 14-31.

FLIEDNER, D. (1963): Der Raum zwischen Weser und Elbe in seiner jüngsten Entwicklung als Vorfeld der Großstädte Bremen, Hamburg und Hannover. Neues Archiv f. Niedersachsen, Bd.12 (=Kurt Brüning Gedächtnisschrift); S. 270-289.

FLIEDNER, D. (1969): Formungstendenzen und Formungsphasen in der Entwicklung der ländlichen Kulturlandschaft seit dem hohen Mittelalter, besonders in Nordwestdeutschland. Erdkunde XXIII, S. 102-116.

FLIEDNER, D. (1972): Über die Entstehung der Siedlungsformen und Siedlungsräume im Bereich der Pueblo-Indianer Neu-Mexikos (USA). Göttinger Geogr. Abhandl., H.60 (Hans-Poser-Festschrift), S. 467-481.

FLIEDNER, D. (1974a): Räumliche Wirkungsprinzipien als Regulative strukturverändernder und landschaftsgestaltender Prozesse. Geogr. Zeitschr. 62, S. 12-28.

FLIEDNER, D. (1974b): Wirtschaftliche und soziale Stadt- Umland-Beziehungen im hohen Mittelalter (Beispiele aus Nordwestdeutschland). Veröff. d. Akad. f. Raumf. u.

Landespl., Forsch. u. Sitzungsber., Bd.88; S. 123-137.

FLIEDNER, D. (1974c): Der Aufbau der vorspanischen Siedlungs- und Wirtschaftslandschaft im Kulturraum der Pueblo-Indianer. Eine historisch-geographische Interpretation wüstgefallener Ortsstellen und Feldflächen im Jemez-Gebiet, New Mexico (USA). Arbeiten aus dem Geogr. Institut der Universität des Saarlandes, Bd. 19. Saarbrükken.

FLIEDNER, D. (1975): Die Kolonisierung New Mexicos durch die Spanier. Ein Beitrag zum Problem der Entstehung von anthropogenen Räumen. Arb. a. d. Geogr. Inst. d. Univ. d. Saarlandes, Bd.21. Saarbrücken.

FLIEDNER, D. (1980): Phasen und Prozesse der Landnahme und Kolonisation in außereuropäischen Erdteilen (Einführung in die Fachsitzung). Tagungsber. u. wiss. Abh., 42. Dt. Geographentag Göttingen 1979. S. 362-363.

FLIEDNER, D. (1981): Society in Space and Time. Arb. a. d. Geogr. Inst. d. Univ. d. Saarlandes 31. Saarbrücken.

FLIEDNER, D. (1984): Umrisse einer Theorie des Raumes. Arb. a. d. Geogr. Inst. d. Univ. d. Saarlandes 34. Saarbrücken.

FLIEDNER, D. (1986): Systeme und Prozesse – Gedanken zu einer Theorie. Philosophia Naturalis 23, S. 139-180.

FLIEDNER, D. (1987a): Prozeßsequenzen und Musterbildung. Ein anthropogeographischer Forschungsansatz, dargestellt am Beispiel des Stadt-Umland-Systems. Erdkunde 41, S. 106-117.

FLIEDNER, D. (1987b): Zur Entwicklung der Kulturpopulation Europas. Gedanken aus sozialgeographischer Sicht. In: BLUME, H. u. WILHELMY, H. (Hrsg.): Erdkundl. Wissen, H.88: Heinrich Schmitthenner Gedächtnisschrift, zu seinem 100.Geburtstag, S. 114-123. Stuttgart.

FLIEDNER, D. (1988): Informations- und Energiefluß in sozialen Systemen. Grundlagenstudien a. Kybernetik u. Geisteswiss. 29, S. 147-160.

FLIEDNER, D. (1989a): Soziale Systeme im Informations- und Energiefluß. Grundlagenstudien a. Kybernetik u. Geisteswiss. 30, S. 27-37.

FLIEDNER, D. (1989b): Die Struktur raumverändernder Prozesse in der Geschichte. In: DENECKE, D. u. FEHN, K. (Hrsg.): Geographie in der Geschichte. = Erdkdl. Wissen, H.96, S. 39-49. Stuttgart.

FLIEDNER, D. (1990): Die Entwicklung des Raumverständnisses in der Anthropogeographie in den letzten hundert Jahren. Karlsruher Manuskripte z. Mathem. u. Theoret. Wirt.- u. Sozialgeographie, H.93.

FLINK, J.J. (1970): America Adopts the Automobile, 1895-1910. Cambridge, Mass.

FLITNER, W. (1958): Das Selbstverständnis der Erziehungwissenschaft in der Gegenwart. Pädagogische Forschungen 1. 2.Aufl. Heidelberg.

FORBERGER, R. (1958): Die Manufaktur in Sachsen vom Ende des 16. bis zum Anfang des 19.Jahrhunderts. Schriften d. Inst. f. Gesch. d. dt. Akad. d. Wiss. z. Berlin, Reihe 1, Bd.3. Berlin.

FORD, L.R. (1986): Multiunit Housing in the American City. Geogr. Review 76, S. 390-407.

FORD, R.I. (1972): An Ecological Perspective on the Eastern Pueblos. In: ORTIZ, A. (Ed.): New Perspectives on the Pueblos, S. 1-17. School of American Research. Albuquerque.

FORDHAM, P. (Hrsg.) (1985): One Billion Illiterates. One Billion Reasons for Action. Bonn.

FORRESTER, J.W. (1968/72): Grundzüge einer Systemtheorie. (Ins Deutsche übertragen) Wiesbaden.

FORRESTER, J.W. (1969): Urban Dynamics. Cambridge/Mass.

FORRESTER, J.W. (1972): Der teuflische Regelkreis. Das Globalmodell der Menschheitskrise. (Deutsche Übers.) Stuttgart.

FOURASTIE, J. (1949/54): Die große Hoffnung des zwanzigsten Jahrhunderts. (Ins Deutsche übertragen) Köln-Deutz.

FOWLER, G.L., DAVIES, SH., und ALBAUM, M. (1973): The Residential Location of Disadvantaged Urban Migrants: White Migrants to Indianapolis. In: ALBAUM, M. (Hrsg.): Geography and Contemporary Issues. S. 95-105. New York etc.

FRAENKEL, E. und BRACHER, D. (Hrsg.) (1957): Staat und Politik. Das Fischerlexikon. Frankfurt.

FRAENKEL, E. und BRACHER, D. (Hrsg.) (1957/64): Staat und Politik. Neuausgabe. Das Fischerlexikon. Frankfurt.

FRÄNZLE, O. (1971): Physische Geographie als quantitative Landschaftsforschung. Schriften d. geogr. Instituts Kiel 37. (O. Schmieder zum 80.Geburtstag), S. 297-312.

FRÄNZLE, O. (1978): Die Struktur und Belastbarkeit von Ökosystemen. 41. Dt. Geographentag Mainz 1977, Tagungsber. u. wiss. Abh. S. 469-485. Wiesbaden.

FRANCIS, E. (1965): Ethnos und Demos. Soziologische Beiträge zur Volkstheorie. Berlin.

FRANK, H. (1969): Kybernetische Grundlagen der Pädagogik. 2 Bde. 2.Aufl. Baden-Baden.

FRANKE, J. (1980): Sozialpsychologie des Betriebes. Erkenntnisse und Ansätze zur Förderung der innerbetrieblichen Zusammenarbeit. Stuttgart.

FRANTZ, K. (1989): Zur Frage der territorialen Entwicklung und Souveränität der US-amerikanischen Indianerreservationen. Mitt. d. Österr. Geogr. Ges. 131, S. 27-46. Wien.

FRANTZIOCH, M. (1987): Die Vertriebenen – Hemmnisse, Antriebskräfte und Wege ihrer Integration in der Bundesrepublik Deutschland. Schriften zur Kultursoziologie 9. Berlin.

FRANZ, G. (1943/79): Der Dreißigjährige Krieg und das deutsche Volk. 4.Aufl. Quellen und Forsch. z. Agrargesch. Bd.7. Stuttgart, New York.

FRANZ, G. (1970/76): Geschichte des deutschen Bauernstandes vom frühen Mittelalter bis zum 19.Jahrhundert. Deutsche Agrargeschichte IV. 2.Aufl. Stuttgart.

FRANZ, P. (1989): Stadtteilentwicklung von unten: zur Dynamik und Beeinflußbarkeit ungeplanter Veränderungsprozesse auf Stadtteilebene. Basel. (= Stadtforschung aktuell 21).

FREEMAN, D.B. (1985): The Importance of Being First: Preemption by Early Adoptors of Farming Innovations in Kenya. Ann. of the Assoc. of Am. Geogr. 75, S. 17-28.

FREMONT, A. (1976): La region, espace vécu. Paris.

FREMONT, A. (1984): Esquisse pour une problematique de la géographie sociale. In: De la géographie urbaine à la géographie sociale; sens et non-sens de l'espace. S. 37-41. Paris.

FREMONT, A., CHEVALIER, J., HERIN, R. und RENARD, J. (1984): Géographie sociale. Paris.

FRENKEL, St. u. WESTERN, J. (1988): Pretext or Prophylaxis? Racial Segregation and Malarial Mosquitos in a British Tropical Colony: Sierra Leone. Ann. of the Assoc. of Am. Geogr. 78, S. 211-228.

FREY, D. (1946): Kunstwissenschaftliche Grundfragen. Prolegomena zu einer Kunstphilosophie. Wien (unveränderter reprogr. Abdruck Darmstadt 1972).

FREY, D. (1955/76): Geschichte und Probleme der Kultur- und Kunstgeographie. In: FREY, D.: Bausteine zu einer Philosophie der Kunst (Hrsg. G. FREY). S. 260-319. Darmstadt. (Zuerst 1955 publ.)

FREY, D. (1958/76): Zur Deutung des Kunstwerkes. In: FREY, D.: Bausteine zu einer Philosophie der Kunst (Hrsg. G. FREY). S. 83-112. Darmstadt. (Zuerst 1958 publ.)

FREY, D. (1976): Kunst und Sinnbild. In: FREY, D.: Bausteine zu einer Philosophie der Kunst (Hrsg. G. FREY). S. 113-211. Darmstadt.

FRICKE, W. (1985): Soziologische Aspekte industrieller Arbeit. In: GEORG, KISSLER u. SATTEL (Hrsg.): Arbeit und Wissenschaft: Arbeitswissenschaft?, S. 142-179. Bonn.

FRIEDMANN, J. und WULFF, R. (1976): The Urban Transition: Comparative Studies of Newly Industrializing Societies. Progress in Geography, Vol.8, S. 1-93. London.

FRIEDRICH, H. u. BRAUER, U. (1985): Arbeitslosigkeit. Dimensionen, Ursachen und Bewältigungsstrategien. Opladen.

FRIEDRICH, K. u. HELMSTÄDT, R. (1985): Deutsche in Hong Kong – Wohnverhältnisse zwischen Tradition und Transformation. Zeitschr. f. Wirtsch.geogr. 29, S. 38-51.

FROESE, U. (1938): Das Kolonisationswerk Friedrichs des Großen. Wesen und Vermächtnis. Beiträge z. Raumf. u. Raumordnung Bd.5. Heidelberg/Berlin.

FROMMHOLD, G. (1970): Regionalplanung als integrierte Entwicklungsplanung. Notwendigkeit, Aufgaben und Arbeitsverfahren. Raumforschung und Raumordnung 28, S. 261-265.

FUCHS, P. (1985): Agrarsoziale Situation im Sahel. Die Erde 116, S. 169-175.

FURGER, F. (1927): Zum Verlagssystem als Organisationsform des Frühkapitalismus im Textilgewerbe. Vierteljahresschr. f. Sozial- u. Wirtschaftsgesch., Beiheft 11. Stuttgart.

GABRIEL, K. (1976): Organisationen und sozialer Wandel. In: BÜSCHGES, K. (Hrsg.): Organisation und Herrschaft, S. 301-324. Reinbek bei Hamburg.

GALBRAITH, J.K. (1967/74): Die moderne Industriegesellschaft. München/Zürich. 1.Aufl. 1967.

GALLUSSER, W.A. (1986): Umweltpolitik als moderner Problembereich der Politischen Geographie. Zeitschr. f. Wirtschaftsgeogr. 30, S. 15-22.

GALTUNG, J. (1972): Gewalt, Frieden und Friedensforschung. In: SENGHAAS, D. (Hrsg.): Kritische Friedensforschung, S. 55-104. 2.Aufl. Frankfurt.

GALTUNG, J. (1976): Eine strukturelle Theorie des Imperialismus. In: SENGHAAS, D. (Hrsg.): Imperialismus und strukturelle Gewalt, S. 29-104. 3.Aufl. Frankfurt.

GALTUNG, J. (1983): Self-Reliance, Beiträge zu einer alternativen Entwicklungsstrategie. (A. d. Engl.). München.

GANS, P. (1982): Raumzeitliche Eigenschaften und Verflechtungen innerstädtischer Wanderungen in Ludwigshafen/Rhein zwischen 1971 und 1978. Eine empirische Analyse mit Hilfe des Entropiekonzeptes und Informationsstatistik. Diss. Mannheim.

GANS, P. (1990): Wirtschaftspolitik und soziale Probleme in Argentinien. Aufgezeigt am Beispiel der Wohnsituation in Gran Buenos Aires. Geogr. Rundsch. 42, S. 164-170.

GANSER, K. (1966): Sozialgeographische Gliederung der Stadt München aufgrund der Verhaltensweisen der Bevölkerung bei politischen Wahlen. Münchener Geogr. H. 28. Kallmünz/Regensburg.

GANSER, K. (1969): Pendelwanderung in Rheinland-Pfalz. Struktur, Entwicklungsprozesse und Raumordnungskonsequenzen. Mainz (Staatskanzlei Rheinland-Pfalz, Oberste Landesbehörde).

GARIJO-GUEMBE, M.M. (1988): Gemeinschaft der Heiligen. Grund, Wesen und Struktur der Kirche. Düsseldorf.

GARRISON, W.L. (1956): Applicability of Statistical Interference to Geographical Research. Geogr. Review 46, S. 427-429.

GARRISON, W.L. (1959-60): Spatial Structure of the Economy. Ann. of the Assoc. of Am. Geogr. 49, S. 232-239, 471-482; 50, S. 357-373.

GASPERSZ, J.B.R. u. VOORDEN, W. van (1987): Spatial Aspects of Internal Labour Markets. Tijdschr. v. Econ. en. Soc. Geogr. In: HOTTES, K. (Hrsg.): Industriegeographie, S. 292-300. Darmstadt. (Zuerst 1952 publ.).

GASSNER, E. und WINKELBRANDT, A. (1990): UVP – Umweltverträglichkeitsprüfung in der Praxis. Methodischer Leitfaden. München.

GATRELL, A.C. (1983): Distance and Space: A Geographical Perspective. Oxford.

GATZWEILER, H.-P. (1986): Entwicklung des ländlichen Raumes im Bundesgebiet – Probleme, Ziele und Strategien aus raumordnungspolitischer Sicht. In: SCHMALS, K.M. u. VOIGT, R. (Hrsg.): Krise ländlicher Lebenswelten, S. 21-48. Frankfurt/New York.

GATZWEILER, H.-P. u. SOMMERFELDT, P. (1986): Raumstrukturelle Veränderungen seit Verabschiedung des Raumordnungsgesetzes 1965. Geogr. Rundsch. 38, S. 441-447.

GEFFROY, G. (1894): Histoire de l'Impressionisme. La vie artistique, 3. Paris.

GEHLEN, A. (1940/62): Der Mensch. Seine Natur und seine Stellung in der Welt. 7. Aufl. Frankfurt/Bonn.

GEHLEN, A. (1963): Probleme einer soziologischen Handlungslehre. In: GEHLEN, A. (Hrsg.): Studien zur Anthropologie und Soziologie, S. 196-231. Neuwied/Berlin.

GEIPEL, R. (1969/81): Industriegeographie als Einführung in die Arbeitswelt. 2.Aufl. Braunschweig.

GEIPEL, R. (1977): Friaul. Sozialgeographische Aspekte einer Erdbebenkatastrophe. Münchner Geogr. Hefte 40.

GEIPEL, R. (1982): Kognitives Kartieren als Bindeglied zwischen Psychologie und Geographie. Eine Einführung des Herausgebers. In: DOWNS und STEA (1977/82), S. 7-14.

GEIPEL, R. (1988): Einführung. Regionale Bildungsforschung: Anpassungs- und Entwicklungsprobleme regionaler Bildungsstrukturen. 46.Dt. Geographentag München 1987. Tagungsber. u. wiss. Abhandl., S. 343-344. Stuttgart.

GEIPEL, R. (1990): Zwölf Jahre Wiederaufbau im erdbebenzerstörten Friaul. 47.Dt. Geographentag Saarbrücken 1989, Tagungsber. u. wiss. Abhandl., S. 436-445.

GEISLER, W. (1924): Die deutsche Stadt. Forschg. z. dt. Landes- u. Volkskunde XXII. Stuttgart.

GEISMEIER, W. (1984): Die Malerei der deutschen Romantik. Stuttgart.

GELLERT, J. (1960): Alexander von Humboldt. Leben und Werk. Wiss. Abh. (Geogr. Ges. d. DDR), Bd.2: Alexander von Humboldt (Anl. der 100. Wiederkehr seines Todestages am 6.Mai 1959), S. 1-9. Berlin.

GEORG, W., KISSLER, L. u. SATTEL, W. (Hrsg.) (1985): Arbeit und Wissenschaft: Arbeitswissenschaft? Bonn.

GEORGE, P. (1966): Sociologie et Géographie. Paris.

GERDES, D. (1987): Regionalismus und Politikwissenschaft. Zur Wiederentdeckung von „Territorialität" als innenpolitischer Konfliktdimension. Geogr. Rundsch. 39, S. 526-531.

GERLACH, H.-H. (1986): Atlas zur Eisenbahngeschichte Deutschland, Österreich, Schweiz. Zürich/Wiesbaden.

GEUNS, R. van, MEVISSEN, J. u. RENOOY, P. (1987): The Spatial and Sectoral Diversity of the Informal Economy. Tijdschr. v. Econ. en Soc. Geogr. 78, S. 389-398.

GIBBS, J.P. (1981): Norms, Deviance and Social Control. New York/Oxford.

GIDDENS, A. (1984/88): Die Konstitution der Gesellschaft. Grundzüge einer Theorie der Strukturierung. A. d. Engl. Frankfurt/New York.

GIESE, E. (1978): Räumliche Diffusion ausländischer Arbeitnehmer in der Bundesrepublik Deutschland 1960-1976. Die Erde 109, S. 92-110.

GIESE, E. (Hrsg.) (1987): Aktuelle Beiträge zur Hochschulforschung. Gießener Geogr. Schriften H.62.

GIESE, E. u. NIPPER, J. (1984): Die Bedeutung der Innovation und Diffusion neuer Technologien für die Regionalpolitik. Erdkunde 38, S. 202-215.

GIESECKE, H. (1983): Leben nach der Arbeit. Ursprünge und Perspektiven der Freizeitpädagogik. München.

GILBERT, A. u. KLEINPENNING, J. (1986): Migration, Regional Inequality and Development in the Third World. Introduction to the Special Issue. Tijdschr. v. Econ. en Soc. Geogr. 77, S. 2-6.

GILLE, H. (1949): The Demographic History of the Northern European Countries in the Eighteenth Century. Population Studies Vol.3, No.1. London.

GILMOUR, J.M. (1972): Spatial Evolution of Manufacturing: Southern Ontario 1851-1891. Univ. of Toronto, Dept. of Geogr. Research Publ. 10. Toronto.

GINNEKEN, J.K. van, OMONDI-ODHIAMBO u. MULLER, A.S. (1986): Mobility Patterns in a Rural Area of Machakos District, Kenya in 1974-1980. Tijdschr. v. Econ. en Soc. Geogr. 77, S. 82-91.

GLEBE, G. und O'LOUGHLIN, J. (Hrsg.) (1987): Foreign Minorities in Continental European Cities. Erdkundl. Wissen 84. Stuttgart.

GLEICHMANN, P., GOUDSBLOM, J. u. KORTE, H. (1977/82): Vorwort. In: GLEICHMANN, P., GOUDSBLOM, J. u. KORTE, H. (Hrsg.): Materialien zu Norbert Elias' Zivilisationatheorie, S. 7-15. Frankfurt.

GLOZER, L. (1981): Westkunst. Zeitgenössische Kunst seit 1939. Ausstellungskatalog. Köln.

GÖTZ, W. (1888): Die Verkehrswege im Dienste des Welthandels. Stuttgart.

GOETZE, D. u. MÜHLFELD, C. (1984): Ethnosoziologie. Stuttgart.

GOLD, J.R. (1980): An Introduction to Behavioral Geography. Oxford.

GOLD, J.R. u. GOODEY, B. (1989): Environmental Perception: The Relationship with Age. Progr. i. Hum. Geogr. 13, S. 99-106.

GOLDAMMER, K. (1960): Die Formenwelt des Religiösen. Stuttgart.

GOLDSTEIN, J.S. (1988): Long Cycles. Prosperity and War in the Modern Age. New Haven, London.

GOLDZAMT, E. (1971/74): Städtebau sozialistischer Länder. Soziale Probleme. 2.Aufl. Berlin (Ost).

GOLLEDGE, R.G. und STIMSON, R.J. (1987): Analytical Behavioural Geography. London, New York.

GOLTER, J. (1987): Dorfgemeinschaften in den tropischen Anden Perus. Geogr. Rundsch. 39, H.2, S. 82-85.

GOODALL, B. (1972): The Economics of Urban Areas. Oxford/New York.

GOODE, W.J. (1967): Die Struktur der Familie. 3.Aufl. Köln/Opladen.

GOODMAN, N. (1984): Kunst und Erkenntnis. In: HENRICH, D. u. ISER, W. (Hrsg.): Theorien der Kunst. 2.Aufl., S. 569-591. Frankfurt.

GORER, G. (1949/56): Die Amerikaner. Eine völkerpsychologische Studie. (Ins Deutsche übertragen) Hamburg.

GOULD, P.R. (1963/70): Der Mensch gegenüber seiner Umwelt, ein spieltheoretisches Modell. In: BARTELS, D. (Hrsg.): Wirtschafts- und Sozialgeographie. S. 388-400. Köln, Berlin. (Zuerst 1963 publ.)

GOULDNER, A.W. (1959/73): Reziprozität und Autonomie in der funktionalen Theorie. In: HARTMANN, H. (Hrsg.): Moderne amerikanische Soziologie, S. 371-393. Stuttgart. (Zuerst 1959 publ.).

GRADMANN, R. (1898): Das Pflanzenleben der Schwäbischen Alb. 2 Bde. Tübingen.

GRADMANN, R. (1901): Das mitteleuropäische Landschaftsbild nach seiner geschichtlichen Entwicklung. Geogr. Zeitschr. 7, S. 361-377, 435-447.

GRADMANN, R. (1914): Siedlungsgeographie des Königreichs Württemberg. Forschg. z. dt. Landes- u. Volkskunde XXI, H.1 u.2. Stuttgart.

GRADMANN, R. (1924): Das harmonische Landschaftsbild. Zeitschr. Gesellsch. f. Erdkunde Berlin, S. 129-147.

GRADMANN, R. (1931/64): Süddeutschland. 2 Bde. Darmstadt. (Nachdruck der 1.Aufl. 1931).

GRAEF, P. (1987): Information und Kommunikation der Elemente der Raumstruktur. Münchener Studien z. Sozial- und Wirtschaftsgeogr. 34.

GRAEF, P. (1989): Wandel der Naherholung im Quellgebiet München 1968-1980 und aktuelle Tendenzen. Freie Univ. Berlin, Institut für Tourismus, Berichte u. Materialien Nr.6.

GRANÖ, J.G. (1927): Die Forschungsgegenstände der Geographie. Acta Geogr.1, No.2. Helsinki.

GRANÖ, J.G. (1929): Reine Geographie. Eine methodische Studie, beleuchtet mit Beispielen aus Finnland und Estland. Acta Geogr.2, No.2. Helsinki.

GREES, H. (1975): Ländliche Unterschichten und ländliche Siedlung in Ostschwaben. Tübinger Geographische Studien 58.

GREGORY, D. (1984): Space, Time and Politics in Social Theory: An Interview with Anthony Giddens. Environment and Planning, D, Society and Space 2, S. 123-132.

GREGORY, D. (1985): Suspended Animation: The Stasis of Diffusion Theory. In: GREGORY, D. und URRY, J. (Hrsg.): Social Relations and Spatial Structures. S. 296-336. London.

GREGORY, D. (1989): Areal Differentiation and Post-Modern Human Geography. In: GREGORY, D. und WALFORD, R. (Hrsg.): Horizons in Human Geography. S. 67-96. Houndsmills, Basingstoke, London.

GREGORY, D. und URRY, J. (1985): Introduction. In: GREGORY, D. und URRY, J. (Hrsg.): Social Relations and Spatial Structures, S. 1-8. London.

GREGORY, D. und WALFORD, R. (Hrsg.) (1989): Horizons in Human Geography. Houndsmills, Basingstoke, London.

GREGSON, N. (1986): On Duality and Dualism: The Case of Structuration and Time Geography. Progr. in Hum. Geogr. 10, S. 184-205.

GRESCH, P. (1989): Denkmuster für die Angewandte Geographie. Geogr. Helvetica 44, S. 196-203.

GREVERUS, I.-M. (1978/87): Kultur und Alltagswelt. Eine Einführung in Fragen der Kulturanthropologie. (Neuausgabe). Frankfurt.

GREWE-WACKER, M. (1985): Kleinräumige Bevölkerungsprognosen. Beitrag zur kommunalen Planung. Geogr. Rundsch. 37, S. 560-564.

GRIEWANK, K. (1958): Die französische Revolution 1789-1799. 2.Aufl. Graz/Köln.

GRIFFITH, D.A. und LEA, A.C. (Hrsg.) (1983): Evolving Geographical Structures. Mathematical Models and Theories for Space-Time Processes. NATO-ASI-Series D, No.15. The Hague.

GRIFFITHS, I. (1986): The Scramble for Africa: Inherited Political Boundaries. Geogr. Journal 152, S. 204-216.

GROHE, T. u. TIGGEMANN, R. (1985): Ökologische Planung und Stadterneuerung. Dargestellt am Beispiel von Maßnahmen zur Wohnumfeldverbesserung in Bochum. Geogr. Rundsch. 37, S. 234-239.

GROHMANN, W. (1966/77): Der Maler Paul Klee. Neuausgabe. Köln.

GROOTHOFF, H.H. (1964): Stichworte Bildung, Erziehung. In: GROOTHOFF, H.H. (Hrsg.): Pädagogik. Fischer Lexikon 36, S. 32-43, 74-82. Frankfurt/Main.

GROSSMAN, D. (1987): Rural Polarization – The Relation Between Population, Spatial Patterns and Socio-Economic Characteristics: The Case of Southwestern Cheshire,

England. Tijdschr. v. Econ. en Soc. Geogr. 78, S. 276-289.

GROTZ, R. (1987): Jüngere Veränderungen im Innern der Agglomeration Sydney; Ursachen, Prozesse und Folgen des Wandels von Bevölkerungs-, Sozial- und Wohnstrukturen. Erdkunde 41, S. 311-325.

GROVE, J.M. (1987): Glacier Fluctuations and Hazard. Geogr. Journal 153, S. 351-369.

GUELKE, L. (1986): Preface. In: GUELKE, L. (Hrsg.): Geography and Humanistic Knowledge. University of Waterloo, Dept. of Geogr. Publ. Ser. No. 25; Lectures in Geography Vol.2, S.V-VII. Waterloo.

GÜSSEFELDT, J. (1985): Belfast. Die Wirkungen terroristischer Gewalt auf die Teilung der Stadt. Geogr. Rundsch. 37, S. 443-447.

GUILFORD, J.P. (1959/65): Persönlichkeit. Logik, Methodik und Ergebnisse ihrer quantitativen Erforschung. Dt. Ausgabe, 2. 13.Aufl. Weinheim/Bergstr.

GUNZELMANN, Th. (1987): Die Erhaltung der historischen Kulturlandschaft. Angewandte Historische Geographie des ländlichen Raumes mit Beispielen aus Franken. Bamberger wirtschaftsgeogr. Arbeiten 4.

HAARMANN, H. (1990): Universalgeschichte der Schrift. Frankfurt, New York.

HAARNAGEL, W. (1955): Die frühgeschichtliche Handelssiedlung Emden und ihre Entwicklung bis ins Mittelalter. Friesisches Jahrbuch 35, S. 9-78.

HAARNAGEL, W. (1961): Die Marschen im deutschen Nordseeküstengebiet und ihre Besiedlung. Ber. z. dt. Landeskunde, Bd. 27, S. 203-219.

HAARNAGEL, W. (1971): Siedlungsformen im Nordseegebiet. Westfälische geographische Studien 25, S. 90-112.

HAAS, L. (1965): Sociaal-economisch structuurbeeld van de Nederlandse provincie Limburg. Tijdschr. voor Econom. en Sociale Geografie 56, S. 32-37.

HAASE, C. (1960/65): Die Entstehung der westfälischen Städte. Veröffentlichungen des Provinzialinstituts für westfälische Landes- und Volkskunde, Reihe I, Heft 11. (1.Aufl. 1960). Münster.

HAASE, J. u. HAASE, G. (1971): Die Mensch-Umwelt-Problematik. Geogr. Berichte, Bd. 16, H. 61, S. 243-270.

HAASE, G. u. LÜDEMANN, H. (1972): Flächennutzung und Territorialforschung. Gedanken zu einem Querschnittsproblem bei der Analyse und Prognose territorialer Strukturen. Geogr. Berichte 62, S. 13-25.

HABER, L.F. (1971): The chemical industry 1900-1930. International growth and technological change. Oxford.

HABER, W. (1972): Grundzüge einer ökologischen Theorie der Landnutzungsplanung. Innere Kolonisation 21, S. 294-298.

HABERMAS, J. (1981): Theorie des kommunikativen Handelns. 2 Bde. Frankfurt.

HABERMAS, J. (1985): Die Neue Unübersichtlichkeit. Frankfurt.

HABERMAS, J. u. LUHMANN, N. (1971): Theorie der Gesellschaft oder Sozialtechnologie – Was leistet die Systemforschung? Frankfurt a.M.

HADFIELD, E.C.R. (1971): The Canal Age. (2.Aufl.) London.

HAECKEL, E. (1866): Generelle Morphologie der Organismen. 2 Bde. Berlin.

HÄGERSTRAND, T. (1952): The Propagation of Innovation Waves. Lund Studies in Geogr., Ser.B, No.4. Lund.

HÄGERSTRAND, T. (1953/67): Innovation Diffusion as a Spatial Process. (Postscript and translation by Allan Pred). Chicago/ London. (Zuerst 1953 publ.).

HÄGERSTRAND, T. (1957): Migration and Area. Survey of a Sample of Swedish Migration Fields and Hypothetical Considerations on their Genesis. Lund Studies in Geogr., Ser.B, No.13. S. 27-158. Lund.

HÄGERSTRAND, T. (1966/70): Aspekte der räumlichen Struktur von sozialen Kommunikationsnetzen und der Informationsausbreitung. In: BARTELS, D. (Hrsg.): Wirtschafts- und Sozialgeographie. Köln/Berlin 1970. (Zuerst 1966 publ.).

HÄGERSTRAND, T. (1973): The Domain of Human Geography. In: CHORLEY, R.J. (Hrsg.): Directions in Geography, S. 67-87. London.

HÄGERSTRAND, T. (1975): Space, Time and Human Conditions. In: KARLQUIST, A., LUNDQUIST, L. u. SNICKARS, F. (Hrsg.): Dynamic Allocation of Urban Space, S. 3-14. Westmead (Engl.)/Lexington (Mass.).

HÄGERSTRAND, T. (1978): A Note in the Quality of Life-Times. In: CARLSTEIN, T., PARKES, D. u. THRIFT, N. (Hrsg.): Timing Space and Spacing Time, Vol.2, S. 215-224. London.

HÄSLER, S. (1988): Leben im ländlichen Raum. Wahrnehmungsgeographische Untersuchungen im Südlichen Neckarland. = Stuttgarter Geogr. Studien 108.

HAFERKAMP, H. (1972/76): Soziologie als Handlungstheorie. 3.Aufl. Opladen.

HAFTMANN, W. (1954/76): Malerei im 20. Jahrhundert. Eine Entwicklungsgeschichte. 5.Aufl. München.

HAGGETT, P. (1965/73): Einführung in die kultur- und sozialgeographische Regionalanalyse. Berlin/New York. (Zuerst 1965 publ.).

HAGGETT, P. (1972/83): Geographie, eine moderne Synthese. (Aus dem Englischen). Berlin, New York.

HAHN, A., SCHUBERT, H.-A. u. SIEWERT, H.-J. (1979): Gemeindesoziologie. Stuttgart/ Berlin etc.

HAHN, E. (1892/1969): Die Wirtschaftsformen der Erde. In: WIRTH, E. (Hrsg.): Wirtschaftsgeographie, S. 30-40. Darmstadt. (Zuerst 1892 publ.).

HAHN, E. (1914): Von der Hacke zum Pflug. Leipzig.

HAHN, H. (1950): Der Einfluß der Konfessionen auf die Bevölkerungs- und Sozialgeographie des Hunsrücks. Bonner Geogr. Abh. 4.

HAHN, H. (1951): Die berufliche und soziale Gliederung der evangelischen und katholischen Bevölkerung des Kreises Memmingen. Erdkunde 5, S. 171-174.

HAHN, H. (1957): Sozialgruppen als Forschungsgegenstand der Geographie. Gedanken zur Systematik der Anthropogeographie. Erdkunde XI, S. 35-41.

HAHN, H. (1958a): Konfessionen und Sozialstruktur. Vergleichende Analysen auf geographischer Grundlage. Erdkunde 12, S. 245-253.

HAHN, H. (1958b): Die Erholungsgebiete der Bundesrepublik. Bonner Geogr. Abh., H.22.

HAHN, H. (1964-65): Die Stadt Kabul (Afghanistan) und ihr Umland. Bonner Geogr. Abh. 34 u. 35.

HAINDL, E. (1986): Revitalisierung dörflicher Alltagswelt – Versuche und Chancen, dargestellt an Waldamorbach im Odenwald, Corippo und Brione in der Schweiz. In: SCHMALS, K.M. u. VOIGT, R. (Hrsg.): Krise ländlicher Lebenswelten, S. 375-408. Frankfurt.

HAKEN, H. (1977/83): Synergetik. Eine Einführung. 2.Aufl. (Aus dem Amerikanischen). Berlin, Heidelberg etc.

HALL, E.T. (1959/76): Die Sprache des Raumes. (Aus dem Englischen). Düsseldorf. (Original 1959).

HALL, P. (1984): The Urban Culture and the Suburban Culture: A New Look at an Old Paper. In: AGNEW, J., MERCER, J. und SOPHER, D. (Hrsg.): The City in Cultural Context. S. 120-133. Boston.

HALL, P. (1985): The Geography of the Fifth Kondratieff. In: HALL, P. und MARKUSEN, A. (Hrsg.): Silicon Landscapes, S. 1-19. Boston.

HALL, P. (1988): The Intellectual History of Long Waves. In: YOUNG, M. u. SCHULLER, T. (Hrsg.): The Rhythms of Society, S. 37-52. London/New York.

HAMBLOCH, H. (1960): Einödgruppe und Drubbel. Landeskundl. Karten u. Hefte d. Geogr. Komm. v. Westf., Reihe Siedlung u. Landschaft in Westf. 4; S. 39-56.

HAMBLOCH, H. (1972/82): Allgemeine Anthropogeographie. Eine Einführung. 5.Aufl. Erdkdl. Wissen 31. Wiesbaden.

HAMBLOCH, H. (1983): Kulturgeographische Elemente im Ökosystem Mensch – Erde. Eine Einführung unter anthropologischen Aspekten. Darmstadt.

HAMBLOCH, H. (1986): Der Mensch als Störfaktor im Geosystem. Rheinisch-Westfälische Akademie der Wissenschaften, Vorträge. G 280. Opladen.

HAMBLOCH, H. (1987): Erkenntnistheoretische Probleme in der Geographie. Münstersche Geogr. Arb. 27 (Natur und Kulturräume, Ludwig Hempel zum 65. Geburtstag). Paderborn.

HAMM, B. (1973): Betrifft: Nachbarschaft. Verständigung über Inhalt und Gebrauch eines vieldeutigen Begriffs. Bauwelt Fundamente 40. Düsseldorf.

HAMMER, T. (1988): „Regionalentwicklung von innen“: Ein wirtschaftsgeographisches Entwicklungskonzept für Entwicklungsländer? Geogr. Helv. 43, S. 125-132.

HAMPE, J. (1985): „Lange Wellen“ im Raum: Die räumliche Dimension des sektoralen Strukturwandels als Aufgabe der Raumordnung. Beiträge zur Raumforschung, Raumordnung und Landesplanung (Hrsg. ILS), S. 38-45. Dortmund.

HAMPE, K. (1908/49): Deutsche Kaisergeschichte im Zeitalter der Salier und Staufer. 10.Aufl. Heidelberg.

HANNEMANN, M. (1975): The Diffusion of the Reformation in Southwestern Germany 1518-1534. The Univ. of Chicago, Dept. of Geogr., Research Paper 167. Chicago.

HANSON, S. u. PRATT, G. (1988a): Reconceptualizing the Links between Home and Work in Urban Geography. Econ. Geogr. 64, S. 299-321.

HANSON, S. u. PRATT, G. (1988b): Spatial Dimensions of the Gender Division of Labor in a Local Labor Market. Urban Geography 9, S. 180-202.

HANTSCHEL, R. (1986): Neue Wege der Geographie in Deutschland. Geogr. Helvetica 41, 1986, S. 127-133.

HARD, G. (1970): Die „Landschaft“ der Sprache und die „Landschaft“ der Geographen. Colloquium Geographicum Bd.11. Bonn.

HARD, G. (1973): Die Geographie. Eine wissenschaftstheoretische Einführung. Berlin/New York.

HARD, G.(1985a): Alltagswissenschaftliche Ansätze in der Geographie? Zeitschr. f. Wirtschaftsgeogr. 29, S. 190-200.

HARD, G. (1985b): Die Alltagsperspektive in der Geographie. In: ISENBERG, W. (Hrsg.): Analyse und Interpretation der Alltagswelt. S. 13-77. Osnabrücker Studien z. Geogr., Bd.7.

HARD, G. (1986): Der Raum – einmal systemtheoretisch gesehen. Geogr. Helvetica 41, S. 77-83.

HARD, G. (1987a): Auf der Suche nach dem verlorenen Raum. In: FISCHER, M.M. und SAUBERER, M. (Hrsg.): Gesellschaft, Wirtschaft, Raum. Festschrift Stiglbauer. Mitt. d. Arbeitskr. für Neue Methoden in der Regionalforschung, Vol.17, S. 24-38. Wien.

HARD, G. (1987b): „Bewußtseinsräume“. Interpretation zu geographischen Versuchen, regionales Bewußtsein zu erforschen. Geogr. Zeitschr. 75, S. 127-148.

HARD, G. (1988): Selbstmord und Wetter – Selbstmord und Gesellschaft. Studien zur Problemwahrnehmung in der Wissenschaft und zur Geschichte der Geographie. Erdkundl. Wissen, H.92, Stuttgart.

HARD, G. (1989): Geographie als Spurenlesen. Eine Möglichkeit, den Sinn und die Grenzen zu formulieren. Zeitschr. f. Wirtschaftsgeogr. 33, S. 2-11.

HARD, G. (1990a): „Was ist Geographie?" Reflexionen über geographische Reflexionstheorien. Karlsruher Manuskripte z. Mathem. u. Theoret. Wirtschafts- u. Sozialgeographie, H. 94.

HARD, G. (1990b): „Was ist Geographie?" Re-Analyse einer Frage und ihrer möglichen Antworten. Geogr. Zeitschr. 78, S. 1-14.

HARD, G., STERNSTEIN, H.P.v. u. SCHMITT, M. (1985): Die Suizidhäufigkeit als sozialräumlicher Indikator am Beispiel der Region Osnabrück. Geogr. Zeitschr. 73, S. 1-25.

HARDESTY, D.L. (1972): The Human Ecological Niche. Am. Anthropologist 74, S. 458-466.

HARDESTY, D.L. (1975): The Niche Concept: Suggestions for its Use in Human Ecology. Human Ecology 3, S. 71-85.

HARNER, M.J. (1970): Population pressure and the social evolution of agriculturalists. Southwestern Journal of Anthropology 26 (1), S. 67-87.

HARRIES, K.D., STADLER, St.J. u. ZDORKOWSKI, R.T. (1984): Seasonality and Assault: Explorations in Inter-Neigborhood Variation, Dallas 1980. Ann. of the Assoc. of Am. Geogr. 74, S. 590-604.

HARRIS, Ch.D. u. ULLMAN, E.L. (1945/1969): The Nature of Cities. In: SCHÖLLER, P. (Hrsg.): Stadtgeographie, S. 220-237. Darmstadt. (Zuerst 1945 publ.).

HARRIS, M. (1968): The Rise of Anthropological Theory. New York.

HARRIS, M. (1987/89): Kulturanthropologie. (A. d. Amerikan.). Frankfurt/New York.

HARRIS, R. (1984): A Political Chameleon: Class Segregation in Kingston, Ontario, 1961-1976. Ann. of the Assoc. of Am. Geogr. 74, S. 454-476.

HART, H. (1959/1972): Die Beschleunigung der kulturellen Entwicklung. In: DREITZEL, H.-P. (Hrsg.): Sozialer Wandel, S. 250-263. Neuwied/Berlin. (Zuerst 1959 publ.).

HARTFIEL, G. u. HILLMANN, K.-H. (1972/82): Wörterbuch der Soziologie. 3.Aufl. Stuttgart.

HARTKE, St. (1985): „Endogene" und „exogene" Entwicklungspotentiale, dargestellt für unterschiedliche Teilräume des Zonenrandgebietes. Geogr. Rundschau 37, S. 395-399.

HARTKE, W. (1938): Das Arbeits- und Wohnortsgebiet im Rhein-Mainischen Lebensraum. Untersuchungen über Grundlagen der Kultur- und Wirtschaftsgeographie und ihren Raumbegriff am besonderen Beispiel der Pendelwanderung. Rhein-Mainische Forschungen 18.

HARTKE, W. (1952/69): Die Zeitung als Funktion sozialgeographischer Verhältnisse im Rhein-Main-Gebiet. In: STORKEBAUM, W. (Hrsg.): Sozialgeographie, S. 224-248. Darmstadt. (Zuerst 1952 publ.).

HARTKE, W. (1953): Die soziale Differenzierung der Agrarlandschaft im Rhein-Main-Gebiet. Erdkunde VII, S. 11-27.

HARTKE, W. (1956a): Die „Sozialbrache" als Phänomen der geographischen Differenzierung der Landschaft. Erdkunde X, S. 257-269.

HARTKE, W. (1956b): Die Hütekinder im Hohen Vogelsberg. Der geographische Charakter eines Sozialproblems. Münchner Geogr. Hefte 11.

HARTKE; W. (1957/69): Sozialgeographischer Strukturwandel im Spessart. In: STORKEBAUM (Hrsg.): Sozialgeographie, S. 294-325. Darmstadt. (Zuerst 1957 publ.).

HARTKE, W. (1959/69): Gedanken über die Bestimmung von Räumen gleichen sozialgeographischen Verhaltens. In: STORKEBAUM, W. (Hrsg.): Sozialgeographie, S. 162-186. Darmstadt. (Zuerst 1959 publ.).

HARTKE, W. (1963/69): Die geographischen Funktionen der Sozialgruppe der Hausierer am Beispiel der Hausiergemeinden Süddeutschlands. In: STORKEBAUM, W. (Hrsg.): Sozialgeographie, S. 439-471. Darmstadt. (Zuerst 1963 publ.).

HARTKE, W. (1970): Die Grundprinzipien der sozialgeographischen Forschung. Geographical Papers 1, S. 105-111. Zagreb.

HARTMANN, N. (1933/49): Der Aufbau der realen Welt. 2.Aufl. Meisenheim am Glan.

HARTSHORNE, R. (1939/61): The Nature of Geography. A Critical Survey of Current Thought in the Light of the Past. Ass. of Am. Geogr., Lancaster/Penn. (Zuerst 1939 publ.)

HARTSHORNE, R. (1950): The Functional Approach in Political Geography. Ann. of the Ass. of Am. Geogr. 40, S. 95-130.

HARTSHORNE, R. (1954): Political Geography. In: JAMES, P.E. u. JONES, C.F. (Hrsg.): American Geography, Inventory and Prospect, S. 167-225. New York.

HARVEY, D. (1969/73): Explanation in Geography. London.

HARVEY, D. (1973): Social Justice and the City. London.

HARVEY, D. (1985): The Geopolitics of Capitalism. In: GREGORY, D. u. URRY, J. (Hrsg.): Social Relations and Spatial Structures, S. 128-163. Houndmills etc.

HARVEY, D. (1987): Flexible Akkumulation durch Urbanisierung: Reflektionen über „Postmodernismus" in amerikanischen Städten. Prokla 17 (69), S. 109-131.

HASENFRATZ, E. (1986): Gemeindetypen in der Pfalz. Mannheimer Geogr. Arb., H.20.

HASENHÜTTL, G. (1974): Herrschaftsfreie Kirche. Sozio-theologische Grundlegung. Düsseldorf.

HASS, H. und LANGE-PROLLIUS, H. (1978): Die Schöpfung geht weiter.Station Mensch im Strom des Lebens. Stuttgart.

HASSE, J. (1988): Die räumliche Vergesellschaftung des Menschen in der Postmoderne. Karlsruher Manuskripte zur Mathem. u. Theoret. Wirtsch.- u. Sozialgeogr. 91.

HASSE, J. (1989): Sozialgeographie an der Schwelle zur Postmoderne. Für eine ganzheitliche Sicht jenseits wissenschaftstheoretischer Fixierungen. Zeitschr. f. Wirtschaftsgeogr. 33, S. 20-29.

HASSERT, K. (1913/31): Allgemeine Verkehrsgeographie. 2.Aufl. Leipzig/Berlin.

HASSINGER, H. (1930): Über Beziehungen zwischen der Geographie und den Kulturwissenschaften. Freiburger Universitätsreden 3. Freiburg (Baden).

HASSINGER, H. (1933): Soziogeographie. In: KLUTE, F. (Hrsg.): Handbuch der geographischen Wissenschaft, Bd. II (Geographie des Menschen). S. 486-542. Potsdam.

HAUBNER, K. (1964): Die Stadt Göttingen im Eisenbahn- und Industriezeitalter. Schriften der Wirtschaftwiss. Ges. z. Studium Nieders., Bd.75. Göttingen/Hannover.

HAUS, U. (1989): Zur Entwicklung lokaler Identität nach der Gemeindegebietsreform in Bayern. Fallstudien aus Oberfranken. Passauer Schriften zur Geographie, H.6.

HAUS, W., SCHMIDT-EICHSTAEDT, G., SCHÄFER, R. u.a. (1986): Wie funktioniert das? Städte, Kreise und Gemeinden. Mannheim/Wien/Zürich.

HAUSER, A. (1953): Sozialgeschichte der Kunst und Literatur. 2Bde. 2.Aufl. München.

HAUSHERR, R. (1965): Überlegungen zum Stand der Kunstgeographie. Zwei Neuerscheinungen. Rheinische Vierteljahresblätter 30, S. 351-372.

HAUSHOFER, H. (1963/72): Die deutsche Landwirtschaft im technischen Zeitalter. Deutsche Agrargeschichte V. 2.Aufl. Stuttgart.

HAY, I.M. (1988): A State of Mind? Some Thoughts on the State in Capitalist Society. Progr. i. Hum. Geogr. 12, S. 34-46.

HAYNES, K.E. u. MACHUNDA, Z. (1987): Spatial Restructuring of Manufacturing and Employment Growth in the Rural Midwest: An Analysis for Indiana. Econ. Geogr. 63, S. 319-333.

HEATWOLE, Ch.A. (1989): Sectarian Ideology and Church Architecture. Geogr. Review 79, S. 63-78.

HEBERER, G. und SCHWIDETZKY, I. (Hrsg.) (1959/70): Anthrogologie. Das Fischerlexikon. 2.Aufl. Frankfurt.

HEBERLE, R. u. MEYER, F. (1937): Die Großstädte im Strome der Binnenwanderung. Leipzig.

HEGEL, G.W.F. (1827/1905): Encyklopädie der philosophischen Wissenschaften im Grundrisse. (In 2. Aufl. neu herausgegeben von G. Lasson). Philosoph. Bibliothek Bd. 33. Leipzig. (Zuerst 1827 publ.).

HEIDEGGER, M. (1927/76): Sein und Zeit. 13.Aufl. Tübingen.

HEIDEMANN, C. (1967): Die Gesetzmäßigkeiten städtischen Fußgängerverkehrs. Forschungsarbeiten aus dem Straßenwesen, N.F. 68. Bad Godesberg.

HEILFURTH, G. (1975): Die Arbeit als kulturanthropologisch-volkskundliches Problem. Die Mitarbeit, Zeitschr. z. Ges.- u. Kulturpolitik, 14, S. 12-32.

HEINEBERG, H. u. MAYR, A. (1984): Shopping-Center im Zentrensystem des Ruhrgebietes. Erdkunde 38, S. 98-114.

HEINEBERG, H. (1986): Stadtgeographie. Paderborn.

HEINEKEN, E., BANCIC, B. u. GIPMANS, M. (1986): Zur kognitiven Repräsentation der geographischen Lage europäischer Städte bei Gymnasialschülern. Geogr. Zeitschr. 74, S. 31-42.

HEINEMANN, M. (1974): Einkaufsstättenwahl und Firmentreue der Konsumenten. Verhaltenswissenschaftliche Erklärungsmodelle und ihr Aussagewert für das Handelsmarketing. Diss., Univ. Münster.

HEINRITZ, G. (1977): Einzugsgebiete und zentralörtliche Bereiche – Methoden und Probleme der empirischen Zentralitätsforschung. Münchener Geogr. H. 39, S. 9-43.

HEINRITZ, G. (1979): Zentralität und zentrale Orte. Eine Einführung. Stuttgart.

HEINRITZ, G. u. KLINGBEIL, D. (1986): The Take-off of Suburbia in the Munich Region. In: HEINRITZ, G. u. LICHTENBERGER, E. (Hrsg.): The Take-off of Suburbia and the Crisis of the Central City. Erdkundl. Wissen 76, S. 33-53.

HEINRITZ, G. u. LICHTENBERGER, E. (1986): Munich and Vienna – A Cross-national Comparison. In: HEINRITZ, G. u. LICHTENBERGER, E. (Hrsg.): The Take-off of Suburbia and the Crisis of the Central City. Erdkundliches Wissen 76, S. 1-29.

HEINRITZ, G. u. MANGURI, H. el (1986): Abwanderung und Remigration in Süd-Darfur. Geogr. Zeitschr. 74, S. 225-240.

HELLER, W. (1989): Bevölkerungsaustausch in der Altstadt von Istanbul. Die Erde 120, S. 51-68.

HELLPACH, W. (1911/50): Geopsyche. 6.Aufl. Stuttgart.

HELLPACH, W. (1938/44): Einführung in die Völkerpsychologie. 2.Aufl. Stuttgart.

HEMPEL, C.G. (1962/70): Erklärung in Naturwissenschaft und Geschichte. In: KRÜGER, L. (Hrsg.): Erkenntnisprobleme der Naturwissenschaften, S. 215-238. Köln/Berlin.

HEMPEL, V. (1985): Staatliches Handeln im Raum und politisch-räumlicher Konflikt. Eine politisch-geographische Untersuchung mit Beispielen aus Baden-Würtemberg. Forsch. z. dt. Landeskunde Bd.224.

HENKEL, G. (1979): Dorferneuerung. Ein gesellschaftspolitischer Auftrag an die Wissenschaft. Ber. z. dt. Landeskunde 53, H.1, S. 49-59.

HENKEL, G. (1979/83): Dorferneuerung. Die Geographie der ländlichen Siedlungen vor neuen Aufgaben. In: HENKEL, G. (Hrsg.): Die ländliche Siedlung als Forschungsgegenstand der Geographie. S. 352-370. Darmstadt.

HENKEL, G. und TIGGEMANN, R. (1990): Eine Nachbetrachtung. Die Kommunale Gebietsreform: Eine demokratiefeindliche Reform aus heutiger Sicht – unabänderlich für alle Zeiten? In: HENKEL, G. und TIGGE-

MANN, R. (Hrsg.): Kommunale Gebietsreformen – Bilanzen und Bewertungen. Essener Geogr. Arbeiten 19. Paderborn.

HENNEN, M. und PRIGGE, W.-U. (1977): Autorität und Herrschaft. Darmstadt.

HENNING, F.-W. (1973/76): Die Industrialisierung in Deutschland 1800-1914. 2.Aufl. Paderborn.

HENNING, F.-W. (1974/78): Das industrialisierte Deutschland, 1914-1976. 2.Aufl. Paderborn.

HENNINGS, W. (1988): Subsistenzwirtschaft und Entwicklungspolitik in Samoa. Ökonomische Probleme und soziale Folgen marktwirtschaftlich orientierter Projekte. Geogr. Rundsch. 40, H.2, S. 29-41.

HENRY, L. (1976): Population. Analysis and Models. London.

HENTZE, H.-W. (1986): Verdrängung durch Aufwertung. Zur Problematik und Anwendung bewohnerorientierter Erhaltenssatzungen am Beispiel Düsseldorf. Osnabrücker Studien zur Geographie Bd.8.

HEPWORTH, M.E. (1987): Information Technology as Spatial Systems.Progr. i. Hum. Geogr. 11, S. 157-180.

HEPWORTH, M.E. (1989): The Electronic Comeback of Information Space. Tijdschr. v. Econ. en Soc. Geogr. 80, S. 30-42.

HERBERT, D.T. (1989): Crime and Place. In: EVANS, D.J. und HERBERT, D.T. (Hrsg.): Geography of Crime. London, New York.

HERBERT, U. (1986): Geschichte der Ausländerbeschäftigung in Deutschland 1880-1980. Saisonarbeiter, Zwangsarbeiter, Gastarbeiter. Berlin/Bonn.

HERDER, J.G. (1784/91/o.J. ca.1910): Ideen zur Philosophie der Geschichte der Menschheit. In: MATTHIAS, Th. (Hrsg.): Herders Werke, Bd.4. Leipzig/Wien. (Zuerst 1784 publ.).

HERIN, R. (1984): Le renouveau de la géographie sociale française. In: De la géographie urbaine à la géographie sociale; sens et non-sens de l'espace. S. 19-30. Paris.

HERINGTON, J.M. (1986): Exurban Housing Mobility: The Implications for Future Study. Tijdschr. v. Econ. en Soc. Geogr. 77, S. 178-186.

HERLYN, U. (1970): Wohnen im Hochhaus. Eine empirisch-soziologische Untersuchung an ausgewählten Hochhäusern der Städte München, Stuttgart, Hamburg und Wolfsburg. Stuttgart/Bern.

HERLYN, U. (1989): Upgrading and Downgrading of Urban Areas. Tijdschr. v. Econ. en Soc. Geogr. 80, S. 97-105.

HERSHKOWITZ, S. (1987): Residential Segregation by Religion: A Conceptual Framework. Tijdschr. v. Econ. en Soc. Geogr. 78, S. 44-52.

HERWEGEN, S. (1988): Selbsthilfeorganisationen von Frauen im informellen Sektor: Händlerinnen und Handwerkerinnen in Elfenbeinküste und Nigeria. Zeitschr. f. Wirtschaftsgeogr. 32, S. 96-100.

HERZ, T.A. (1983): Klassen, Schichten, Mobilität. Stuttgart.

HERZOG, F. (1953): Die großzügige Siedlungsarbeit des Staates im Emsland. Jahrb. d. emsld. Heimatvereins, S. 26-37.

HESSE, P. (1949): Grundprobleme der Agrarverfassung. Stuttgart.

HESTER, J.J. (1962): Early Navajo Migration and Acculturation in the South-West. Museum of New Mexico / Papers in Anthropology, No.6. Santa Fe.

HETTNER, A. (1897/1975): Der gegenwärtige Stand der Verkehrsgeographie. In: OTREMBA, E. u. a.d.HEIDE, V. (Hrsg.): Handels- u. Verkehrsgeographie, S. 36-70. Darmstadt. (Zuerst 1897 publ.).

HETTNER, A. (1900): Über bevölkerungsstatistische Grundkarten. Verh. d. VII. Intern. Geogr. Kongresses in Berlin 1899, S. 502-510. Berlin.

HETTNER, A. (1906): Ferdinand von Richthofens Bedeutung für die Geographie. Geogr. Zeitschr. 12, S. 1-11.

HETTNER, A. (1915): Englands Weltherrschaft und der Krieg. Leipzig und Berlin.

HETTNER, A. (1919): Die Einheit der Geographie in Wissenschaft und Unterricht. Geogr. Abende 1. Berlin.

HETTNER, A. (1923/29): Der Gang der Kultur über die Erde. 2.Aufl. Leipzig/Berlin.

HETTNER, A. (1927): Die Geographie. Ihre Geschichte, ihr Wesen und ihre Methoden. Breslau.

HETTNER, A. (1932): Grundzüge der Länderkunde. 1.Bd.: Europa. 5.Aufl. Leipzig und Berlin.

HETTNER, A. (1934): Der Begriff der Ganzheit in der Geographie. Geogr. Zeitschr. 40, S. 141-144.

HETTNER, A. (1947): Allgemeine Geographie des Menschen. I.Bd.: Die Menschheit. Hrsg.: SCHMITTHENNER, H., Stuttgart.

HETTNER, A. (1951): Verkehrsgeographie. Hrsg. H. SCHMITTHENNER. Stuttgart.

HETTNER, A. (1957): Wirtschaftsgeographie. Hrsg. E. Plewe. Stuttgart.

HEUSS, A. (1973): Zum Problem einer geschichtlichen Anthropologie. In: GADAMER, H.G. u. VOGLER, P. (Hrsg.): Neue Anthropologie, Bd.4: Kulturanthropologie, S. 63-87. Stuttgart.

HEY, B. (1985): „Geschichte von unten“. Lokale Geschichtsforschung und die Erkundung des historisch-politischen Alltags. In: ISENBERG, W. (Hrsg.): Analyse und Interpretation der Alltagswelt, S. 105-126. Osnabrücker Studien z. Geogr. Bd.7.

HEYMANN, Th. (1989): Komplexität und Kontextualität des Sozialraumes. Erdkundl. Wissen, H.95.

HIGGINS, B. (1968): Economic Development. New York.

HILBERG, R. (1985): The Destruction of European Jews. 3 Bde. 2.Aufl. New York.

HILDEBRAND, B. (1864/1971): Natural-, Geld-, und Kreditwirtschaft. In: SCHACHTSCHABEL, H.G. (Hrsg.): Wirtschaftsstufen und Wirtschaftsordnungen, S. 53-76. Darmstadt. (Zuerst 1864 publ.).

HILF, H.H. (1957): Arbeitswissenschaft. Grundlagen der Leistungsforschung und Arbeitsbelastung. München.

HILL, P.B. (1984): Determinanten der Eingliederung von Arbeitsmigranten. Materialien zur Arbeitsmigration und Ausländerbeschäftigung, Bd.10. Königstein, Ts.

HILL, R.D. (1988): Notes on Chinese Agricultural Colonization in Southeast Asia. Erdkunde 42, S. 123-135.

HILLMANN, K.-H. (1988): Allgemeine Wirtschaftssoziologie. München.

HIRSCH, J. (1985): Fordismus und Postfordismus. Die gegenwärtige gesellschaftliche Krise und ihre Folgen. Politische Vierteljahresschriften 26, S. 160-182.

HITLER, A. (1925/27): Mein Kampf. München.

HITZER, H. (1971): Die Straße. München.

HOBSBAWM, E.J. (1968/76): Industrie und Empire. Britische Wirtschaftsgeschichte seit 1750. 2Bde. (1.Aufl.1968) Frankfurt/Main.

HÖHL, G. (1962): Fränkische Städte und Märkte in geographischem Vergleich. Versuch einer funktionell-phänomenologischen Typisierung, dargestellt am Raum von Ober-, Unter- und Mittelfranken. 2Bde. Forsch. z. dt. Landeskunde 139.

HÖHN, Ch. u. SCHUBNELL, H. (1986): Bevölkerungspolitische Maßnahmen und ihre Wirksamkeit in ausgewählten europäischen Industrieländern. Zeitschr. f. Bevölkerungswiss., Jg.12., S. 3-51, 185-219.

HÖHN, H.-J. (1985): Kirche und kommunikatives Handeln. Frankfurter Theol. Studien, Bd.32. Frankfurt.

HÖLLHUBER, D. (1975): Die Mental Maps von Karlsruhe. Wohnstandortpräferenzen und Standortcharakteristika. Karlsruher Manuskripte z. Mathem. u. Theoret. Wirt.- u. Sozialgeogr., H.11.

HÖLLHUBER, D. (1982): Innerstädtische Umzüge in Karlsruhe. Plädoyer für eine sozialpsychologisch fundierte Humangeographie. Erlanger Geogr. Arb., Sonderband 13.

HÖMBERG, A. (1935): Die Entstehung der westdeutschen Flurformen – Blockgewannflur, Streifenflur, Gewannflur. Berlin.

HÖVER, G. (1990): Notwendigkeit und Verantwortung im Umweltschutz. Überlegungen aus der Sicht der Moraltheologie. Renovatio 2/3, S. 162-173.

HÖZEL, E. (1896-97): Das geographische Individuum bei Karl Ritter und seine Bedeutung für den Begriff des Naturgebietes und der Naturgrenze. Geogr. Zeitschr. 2, S. 378-396; 3, S. 433-444.

HOFFMANN-NOVOTNY, H.-J. (1970): Migration, ein Beitrag zu einer soziologischen Erklärung. Stuttgart.

HOFMANN, A.v. (1930): Das deutsche Land und die deutsche Geschichte. 3 Bde. Stuttgart/Berlin.

HOFMANN, A. (1987): Ursachenanalyse des Wohnungsleerstandes in der Stadtrandsiedlung Heuberg in Eschwege. Manuskripte des Geogr. Inst. der Fr. Univ. Berlin, Bd.11.

HOFSTÄTTER, P.R. (1957): Gruppendynamik. Kritik der Massenpsychologie. Hamburg.

HOGGART, K. und KOFMAN, E. (Hrsg.) (1986): Politics, Geography and Social Stratification. London.

HOKE, G.W. (1907): The Study of Social Geography. Geogr. Jornal XXIX, H.1. S. 64-67.

HOLE, F. (1966/74): Investigating the Origin of Mesopotamian Civilizations. In: SABLOFF, J.A. u. LAMBERG-KARLOVSKY, C.C. (Hrsg.): The rise and fall of civilizations, S. 269-281. Menlo Park, Cal. (Zuerst 1966 publ.).

HOLE, F., FLANNERY, K.V. und NEELY, J.A. (1969/71): Prehistory and Human Ecology of the Deh Luran Plain (Excerpts). In: STRUEVE, S. (Ed.): Prehistoric Agriculture, S. 252-311. Garden City/New York. (Zuerst 1969 publ.).

HOLLSTEIN, W. (1937): Eine Bonitierung der Erde auf landwirtschaftlicher und bodenkundlicher Grundlage. Pet. Geogr. Mitt., Erg. H. 234. Gotha.

HOLT-JENSEN, A. (1980): Geography: its History and Concepts. A Student's Guide. London.

HOLTER, U. (1988): Die Rolle der Frau beim Übergang vom Nomadismus zur Seßhaftigkeit, dargestellt am Bereich Ernährung bei den Mahria (Kamelnomaden in Norddarfur/ Sudan). Die Erde 119, S. 227-234.

HOLZNER, L. (1985): Stadtland USA – Zur Auflösung und Neuordnung der US-Amerikanischen Stadt. Geogr. Zeitschr. 73, S. 191-205.

HOLZNER, L. (1990): Stadtland USA. Die Kulturlandschaft des American Way of Life. Geogr. Rundsch. 42, S. 468-475.

HOMANS, G.C. (1950/60): Theorie der sozialen Gruppe. Köln/Opladen. (Zuerst 1950 publ.).

HOMANS, G.C. (1958/73): Soziales Verhalten als Austausch. In: HARTMANN, H. (Hrsg.): Moderne amerikanische Soziologie, S. 247-263. 2.Aufl. Stuttgart. (Zuerst 1958 publ.).

HOMMEL, M. (1984): Raumnutzungskonflikte am Nordrand des Ruhrgebietes. Erdkunde 38, S. 114-124.

HONDRICH, K.O. (1973): Theorie der Herrschaft. Frankfurt.

HONEGGER, C. (1977): Geschichte im Entstehen; Notizen zum Werdegang der Annales. In: BLOCH, M., BRAUDEL, F., FEBVRE, L. et al.: Schrift und Materie der Geschichte – Vorschläge zur systematischen Aneignung historischer Prozesse (Hrsg. v. C. Honegger), S. 7-44. Frankfurt.

HOOIMEIJER, P., DIELEMAN, F.M. u. DAM, J. van (1988): Residential Mobility of Households in the Reduction Stage in The Netherlands. Tijdschr. v. Econ. en Soc. Geogr. 79, S. 306-318.

HOORN, F.J.J.H. van, GINKEL, J.A. van (1986): Racial Leap-frogging in a Controlled Housing Market: The Case of the Mediterranean Minority in Utrecht, The Netherlands. Tijdschr. v. Econ. en Soc. Geogr. 77, S. 187-196.

HORN, J. (1962): Einleitung zu G.W. Leibniz (1714/1962): Monadologie. Frankfurt.

HORNSTEIN, F.v. (1958): Wald und Mensch. Theorie und Praxis der Waldgeschichte. Untersucht und dargestellt am Beispiel des Alpenvorlandes Deutschlands, Österreichs und der Schweiz. 2.Aufl.1958. Ravensburg.

HORTON, F.E. u. REYNOLDS, D.R. (1971): Effekts of Urban Spatial Structure and Individual Behavior. Econ. Geogr. 47, S. 36-48.

HOSELITZ, B.F. (1969): Wirtschaftliches Wachstum und sozialer Wandel. Schriften z. Wirtsch.- u. Sozialgesch. 15. Berlin.

HOSKIN, M. (1985): Die öffentliche Meinung in der Bundesrepublik Deutschland und die ausländischen Arbeitnehmer. In: ROSCH, M. (Hrsg.): Ausländische Arbeitnehmer und Immigranten, S. 2-30. Weinheim/Basel.

HOTTES, K. (1970): Sozialgeographie. In: TIETZE, W. (Hrsg.): Westermann Lexikon der Geographie, Bd.3. Braunschweig.

HOYER, K. (1987): Der Gestaltwandel ländlicher Siedlungen unter dem Einfluß der Urbanisierung – eine Untersuchung im Umland von Hannover. Gött. Geogr. Abh. 83.

HOYT, H. (1939): The Structure and Growth of Residential Neighborhoods in American Cities. Washington, D.C.

HOYT, H. (1941/69): Forces of Urban Centralization and Decentralization. In: SCHÖLLER, P. (Hrsg.): Allgemeine Stadtgeographie, S. 347-359. Darmstadt. (Zuerst 1941 publ.).

HUBATSCH, W. (1962/70): Das Zeitalter des Absolutismus 1600-1789. 3.Aufl. Braunschweig.

HUBER, M. (1989): Grundeigentum-Siedlung-Landwirtschaft. Kulturlandschaftswandel im ländlichen Raum am Beispiel der Gemeinden Blauen (BE) und Urmein (GR). Baseler Beiträge zur Geographie 38.

HUDSON, J.C. (1988): North American Origins of Middle-Western Frontier Populations. Ann. of the Ass. of Am. Geogr. 78, S. 395-413.

HUDSON, R. und LEWIS, J. (Hrsg.) (1985): Uneven Development in Southern Europe. New York

HÜBSCHMANN, E. (1952/69): Die Sozialstruktur der Zeil. Soziographische Studie über eine Straße. In: STORKEBAUM, W. (Hrsg.): Sozialgeographie, S. 249-267. Darmstadt. (Zuerst 1952 publ.).

HÜMMER, P. u. SOYSAL, M. (1979): Investitionsverhalten ausländischer Arbeitnehmer in ihrem Heimatland. Die Türkei als Beispiel. Geogr. Rundschau 31, S. 315-318.

HÜTTERMANN, A. (1985): Industriegebiete. Attraktive industrielle Standortgemeinschaften. Stuttgart.

HÜTTERMANN, A. (1990): Bikulturalismus nach 150 Jahren weißer Vorherrschaft. Maori in Neuseeland. Geogr. Rundsch. 42, S. 126-134.

HUFF, D.L., LUTZ, J.M. u. SRIVASTAVA, R. (1988): A Geographical Analysis of the Inovativeness of States. Econ. Geogr. 64, S. 137-146.

HUGENBERG, A. (1891): Innere Kolonisation im Nordwesten Deutschlands. Abhandl. a. d. Staatswiss. Seminar z. Straßburg i.E., Heft VIII.

HUGILL, P.J. und DICKSON, D.B. (Hrsg.) (1988): The Transfer and Transformation of Ideas and Material Culture. College Station, Texas.

HUMBOLDT, A.v. (1807/1960): Ideen zu einer Geographie der Pflanzen (Hrsg. v. M.

DITTRICH). Oswalds Klassiker der exakten Wissenschaften, Nr.248. Leipzig.

HUMBOLDT, A.v. (1808/49): Ansichten der Natur. 3. Aufl. Stuttgart/Tübingen.

HUMBOLDT, A.v. (1845-62): Kosmos. Stuttgart/Tübingen.

HUPPERT, W. (1957): Gesetzmäßigkeit und Voraussehbarkeit des wirtschaftlichen Wachstums. Berlin.

HUSSERL, E. (1913/50): Ideen zu einer reinen Phänomenologie und phänomenologischen Philosophie. Erweiterte (1.) Aufl. Den Haag.

HUSSEY, A. (1989): Tourism in a Balinese Village. Geogr. Review 79, S. 311-325.

HUXLEY, J.S. (1955): Evolution, Cultural and Biological. Yearbook of Anthropology (Wenner-Gren-Foundation for anthropological research, New York), S. 3-25.

IBLHER, G. (1973): Wohnwertgefälle als Ursache kleinräumiger Wanderungen, untersucht am Beispiel der Stadt Zürich. Wirtschaftspolit. Studien a. d. Inst. f. europ. Wirtschaftspolitik, H. 32.

ICHII, S. (1970): Kein Fortschritt ohne Tradition. In: REINISCH, L. (Hrsg.): Vom Sinn der Tradition, S. 107-131. München.

IMDAHL, M. (1981): Bildautonomie und Wirklichkeit. Zur theoretischen Begründung moderner Malerei. Mittenwald.

IPSEN, D. (1986): Raumbilder. Zum Verhältnis des ökonomischen und kulturellen Raumes. Informationen zur Raumentwicklung. S. 921-931.

IPSEN, G. (1933): „Bevölkerungslehre“. In: PETERSEN, C. u. SCHEEL, O. (Hrsg.): Handwörterbuch des Grenz- u. Auslanderdeutschtums, 1.Bd., S. 425-463. Breslau.

ISAAC, E. (1962/71): On the Domestication of Cattle. In: STRUEVER, St. (Hrsg.): Prehistoric Agriculture, S. 451-470. Garden City/New York (American Museum of Natural History). (Zuerst 1962 publ.).

ISARD, W. (1951): Interregional and Regional Input-Output-Analysis: A Model of a Space Economy. The Review of Economics and Statistics, Vol. 33, S. 318 f.

ISARD, W. (1956): Location and Space-Economy. A General Theory Relating to Industrial Location, Market Areas, Land Use, Trade, and Urban Structure. Cambridge (Mass.)/London.

ISARD, W. u.a. (1969): General Theory: Social, Political, and Regional, with Particular Reference to Decision Making Analysis. The Regional Science Studies Series 8. Cambridge (Mass.)/London.

ISBARY, G. (1960): Problemgebiete im Spiegel politischer Wahlen am Beispiel Schleswigs. Mitt. a. d. Inst. f. Raumforschung 43. Bad Godesberg.

ISBARY, G. (1971): Raum und Gesellschaft. Beiträge zur Raumordnung und Raumforschung aus seinem Nachlaß. (Bearb. v. D. Partzsch). Veröff. d. Akad. f. Raumf. u. Landespl. Beiträge 6. Hannover.

ISENBERG, G. (1961/65): Die volkswirtschaftliche Entwicklung als Voraussetzung für den Strukturwandel der City. Schriftenreihe d. Dt. Akad. f. Städtebau u. Landespl. 14, S. 67-85. (Zuerst 1961 publ.).

ISENBERG, G. u. KRAFFT, D. (1970): Tragfähigkeit. Akad. f. Raumf. u. Landespl. (Hrsg.): Handwörterbuch der Raumforschung und Raumordnung, 2.Aufl., Sp.3381-3414. Hannover.

ISNARD, H. (1978): L'espace géographique. Paris.

ISSING, O. (1987): Einführung in die Geldtheorie. 6.Aufl. München.

ITTERMANN, R. (1975): Die Versorgungsbereichsgrenze – wirklichkeitsfremdes Konstrukt oder Darstellung realer Sachverhalte? Ein Beitrag zur Zentralitätsforschung. Erdkunde 29, S. 189-194.

JAAKKOLA, M. (1985): Relative Deprivation und Statusverlust bei Immigranten in Schweden – Ethnische Identifikation als Ausweg? In: ROSCH, M. (Hrsg.): Ausländische Arbeitnehmer und Immigranten, S. 258-278. Weinheim/Basel.

JACKSON, P. (1985a): Neighbourhood Change in New York: The Loft Conversion Process. Tijdschr. v. Econ. en Soc. Geogr. 76, S. 202-215.

JACKSON, P. (1985b): Urban Ethnography. Progr. i. Hum. Geogr. 9, S. 157-176.

JACKSON, P. (1987a): Social Geography: Politics and Place. Progr. in Human Geogr. 11, S. 286-292.

JACKSON, P. (1987b): The Idea of „Race“ and the Geography of Racism. In: JACKSON, P. (Hrsg.): Race and Racism – Essays in Social Geography. S. 3-21. London.

JACKSON, P. (Hrsg.) (1987c): Race and Racism. Essays in Social Geography. London.

JACKSON, P. und SMITH, S.J. (1984): Exploring Social Geography. London.

JACOBS, A. u. RICHTER, H. (1935): Die Großhandelspreise in Deutschland von 1792-1934. Sonderheft d. Inst. f. Konjunkturforschung 37. Berlin.

JACOBY, H. (1984): Die Bürokratisierung der Welt. 2.Aufl. Frankfurt/New York.

JÄCKEL, E. und ROHWER, J. (Hrsg.) (1985): Der Mord an den Juden im Zweiten Weltkrieg. Stuttgart.

JAEGER, C. und STEINER, D. (1988): Humanökologie: Hinweise zu einem Problemfeld. Geogr. Helvetica 43, S. 133-140.

JAEGER, D. (1966): Recente ontwilkkelingen in het Ijmondgebied. Historisch perspectief en geografische planning. Tijdschr. v. h. Koninkl. Nederl. Aardrijksk. Genootschap 83, S. 406-415.

JÄGER, H. (1951): Die Entwicklung der Kulturlandschaft im Kreise Hofgeismar. Göttinger Geogr. Abh. 8.

JÄGER, H. (1969): Historische Geographie. Braunschweig.

JÄGER, H. (1977): Das Dorf als Siedlungsform und seine wirtschaftliche Funktion. Abhandlungen der Akademie der Wissenschaften in Göttingen, Phil. Hist. Klasse, 3.Folge, Nr.101, S. 62-80. Göttingen.

JÄGER, H. (1987): Entwicklungsprobleme der europäischen Kulturlandschaft. Darmstadt.

JÄTZOLD, R. (1970): Die wirtschaftsgeographische Struktur von Südtanzania. Tübinger Geogr. Studien 36.

JANKUHN, H. (1969): Vor- und Frühgeschichte – Vom Neolithikum zur Völkerwanderungszeit. Dt. Agrargeschichte, Bd.1. Stuttgart.

JANKUHN, H. (1977): Einführung in die Siedlungsarchäologie. Berlin/New York.

JANSEN, P.G. (1969): Zur Theorie der Wanderungen. Beiträge z. Raumpl. 1, S. 149-163. Bielefeld.

JARREN, O. (1986): „Ländlicher Lokalismus“ durch Massenkommunikation? Daten und Anmerkungen über ländliche Kommunikationsverhältnisse. In: SCHMALS, K.M. u. VOIGT, R. (Hrsg.): Krise ländlicher Lebenswelten, S. 297-319. Frankfurt.

JASCHKE, D. (1974): Sozial- und Siedlungsstruktur – Möglichkeiten und Grenzen ihrer Korrelation. Erdkunde 28, S. 241-246.

JENSCH, G. (1957): Das ländliche Jahr in deutschen Agrarlandschaften. Abh. d. Geogr. Inst. d. Freien Univ. Berlin 3.

JETTMAR, K. (1973): Die anthropologische Aussage der Ethnologie. In: GADAMER, H.-G. u. VOGLER, P. (Hrsg.): Neue Anthropologie; Bd.4, S. 63-87. Stuttgart.

JOAS, H. (1988): Eine soziologische Transformation der Praxisphilosophie – Giddens' Theorie der Strukturierung. Einführung zu GIDDENS, A.: Die Konstitution der Gesellschaft. S. 9-23. Frankfurt, New York.

JOCHIMSEN, R. u. GUSTAFSSON, K. (1977): Infrastruktur. Grundlage der marktwirtschaftlichen Entwicklung. In: SIMONIS,

U.E. (Hrsg.): Infrastruktur. Theorie und Politik. Köln.

JOHANSON, P. (1963): Der hansische Russlandhandel, insbesondere nach Novgorod, in kritischer Betrachtung. Wiss. Abh. d. Arbeitsgem. f. Forsch. des Landes Nordrhein-Westfalen, H.27: Die Deutsche Hanse als Mittler zwischen Ost und West, S. 39-57. Köln/Opladen.

JOHNSON, Ch. (1971): Revolutionstheorie. Köln/Berlin.

JOHNSON, G.A. (1975): Locational Analysis and the Investigation of Uruk Local Exchange Systems. In. SABLOFF, J.A. u. LAMBERG-KARLOVSKY, C.C. (Hrsg.): Ancient Cilivizations and Trade, S. 285-339. Albuquerque.

JOHNSON, J.H. Jr. u. ROSEMAN, C.C. (1990): Increasing Black Outmigration from Los Angeles: The Role of Household Dynamics and Kinship Systems. Ann. of the Ass. of Am. Geogr. 80, S. 205-222.

JOHNSTON, R.J. (1983/86): Philosophy and Human Geography. An Introduction to Contemporary Approaches. 2.Aufl. London.

JOHNSTON, R.J. (1985): On the Practical Relevance of a Realist Approach to Political Geography. Progr. i. Hum. Geogr. 9, S. 601-604.

JOHNSTON, R.J. (1986a): On Human Geography. Oxford, New York.

JOHNSTON, R.J. (1986b): Job Markets and Housing Markets in the „Developed World“. Tijdschr. v. Econ. en Soc. Geogr. 77, S. 328-335.

JOHNSTON, R.J. (1989): People and Places in the Behavioral Environment. In: BOAL, F.W. und LIVINGSTON, D.N. (Hrsg.):: The Behavioral Environment: Essays in Reflection, Application und Re-evaluation. S. 235-252. London.

JOHNSTON, R.J. (1990): The Challange for Regional Geography: Some Proposals for Research Frontiers. In: JOHNSTON, R.J., HAUER, J. u. HOEKVELD, G.A. (Hrsg.): Regional Geography. S. 122-139. London, New York.

JOHNSTON, R.J. und CLAVAL, P. (Hrsg.) (1984): Geography Since the Second World War: An International Survey. London.

JOHNSTON, R.J. und GREGORY, S. (1984): The United Kingdon. In: JOHNSTON, R.J. und CLAVAL, P. (Hrsg.): Geography Since the Second World War. S. 107-131. London, Sydney.

JOHNSTON, R.J., HAUER, J. u. HOEKVELD, G.A. (1990): Region, Place, and Locale: An Introduction to Different Conceptions of Regional Geography. In: JOHNSTON, R.J., HAUER, J. u. HOEKVELD, G.A. (Hrsg.): Regional Geography. S. 1-10. London, New York.

JOHNSTON, R.J., PATTIE, C.J. u. JOHNSTON, L.C. (1990): Great Britain's Changing Electoral Geography: The Flow-of-the-Vote and Spatial Polarisation. Tijdschr. v. Econ. en Soc. Geogr. 81, S. 189-207.

JOHNSTON-ANUMONWO, J. (1988): The Journey to Work and Occupational Segregation. Urban Geography 9, S. 138-154.

JONAS, H. (1979/84): Das Prinzip Verantwortung. (Abdruck). Frankfurt.

JONES, III, J.P. (1987): Work, Welfare, and Poverty Among Black Female-Headed Families. Econ. Geogr. 63, S. 20-34.

JONES III, J.P. und KODRAS, J.E. (1990): Restructured Regions and Families: The Feminization of Poverty in the US. Ann. of the Assoc. of Americ. Geogr. 80, S. 163-183.

JONES, P.C. u. JOHNSTON, R.J. (1985): Economic Development, Labour Migration and Urban Social Geography. Erdkunde 39, S. 12-18.

JONES,R.C. (1989): Causes of Salvadoran Migration to the United States. Geogr. Review 79, S. 183-194.

JÜNGST, P. und MEDER, O. (1990): Psychodynamik und Territorium. Zur gesellschaftlichen Konstitution von Unbewußtheit und

Verhältnis zum Raum. 1. Experimente zur szenisch-räumlichen Dynamik von Gruppenprozessen: Territorialität und präsentative Symbolik von Lebens- und Arbeitswelten. Urbs et Regio 54. Kassel.

JUNG, C.G. (1950): Gestaltungen des Unbewußten. Psychologische Abh. VII. Zürich.

JUSATZ, H.J. u. WELLMER, H. (Hrsg.) (1984): Theorie und Praxis der medizinischen Geographie und Geomedizin. Geogr. Zeitschr., Beihefte (=Erdkundliches Wissen H. 70). Wiesbaden.

KAGERMEIER, A. (1991): Versorgungszufriedenheit und Konsumentenverhalten. Erdkunde 45, S. 127-134.

KAISER, G. (1988): Kriminologie. Ein Lehrbuch. 2.Aufl. Heidelberg.

KALMUS, L. (1937): Weltgeschichte der Post, mit besonderer Berücksichtigung des deutschen Sprachgebietes. Wien.

KANITSCHEIDER, B. (1979): Philosophie und moderne Physik. Systeme, Strukturen, Synthesen. Darmstadt.

KANT, E. (1946): Den inre omthyttningen i Estland. I samband med de estniska städernas omland. Zusammenfassung: About Internal Migration in Estonia in Connection with Complementary Areas of Estonian Towns. Svensk Geogr. Arsbok 22, S. 84-124.

KANT, E. (1951): Omlands forskning och sektoranalys. Zusammenfassung: Umland Studies and Sector Analysis. In: Tätorter och Umland. Uppsala.

KANT, E. (1962): Zur Frage der inneren Gliederung der Stadt, insbesondere die Abgrenzung des Stadtkerns mit Hilfe der bevölkerungskartographischen Methoden. Proceed. of the IGU Symp. in Urban Geography, Lund 1960. S. 329-337; 374-381. Lund.

KANT, I. (1781/1877): Kritik der reinen Vernunft. Hrsg. K. Kehrbach. Text der Ausgabe von 1781. Leipzig.

KANT, I. (1802/1922): Physische Geographie. In: VORLÄNDER, K. et al. (Hrsg.): I. Kant, Sämtliche Werke, Bd.9. Leipzig. (Zuerst 1802 publ.).

KANTROWITZ, N. (1969): Negro and Puerto Rican Populations of New York City in the Twentieth Century. Am. Geogr. Society, Studies in Urban Geogr. 1. New York.

KARAN, P.P., BLADEN, W.A. u. WILSON, J.R. (1986): Technological Hazards in the Third World. Geogr. Review 76, S. 195-208.

KASCHUBA, W. (1985): Alltagsweltanalyse in der regionalen Ethnographie, kulturanthropologische Gemeindeforschung. In: ISENBERG, W. (Hrsg.): Analyse und Interpretation der Alltagswelt. S. 79-102. Osnabrücker Studien z. Geogr., Bd.7.

KASTER, T. (1979): Einführung in die Zeit-Geographische Betrachtungsweise. Karlsruher Manuskripte z. Math. u. Theor. Wirt- u. Sozialgeographie 35, S. 6-33.

KATES, R.W. (1967): The Perception of Storm Hazard on the Shores of Megalopolis. In: LOWENTHAL, D. (Hrsg.): Environmental Perception and Behavior, S. 60-71. Chicago.

KATES, R.W. u.a. (Hrsg.) (1986): Hazards: Technology and Fairness. Series on Technology and Social Priorities, 4. Washington, D.C. 1986.

KAUFHOLD, H. (1976): Handwerk und Industrie 1800-1850. In: AUBIN, H. u. ZORN, W. (Hrsg.): Handbuch der deutschen Wirtschafts- und Sozialgeschichte, Bd.2, S. 321-368. Stuttgart.

KAUFMANN, A. (1972/74): Urbanisierung. In: ATTESLANDER,P. u. HAMM, B. (Hrsg.): Materialien zur Siedlungssoziologie, S. 274-289. Köln. (Zuerst 1972 publ.).

KEEBLE, D. (1989): Counterurbanization in Europe. III: The Dynamics of European Industrial Counterurbanization in the 1980s: Corporate Restructuring or Indigenous Growth? Geogr. Journal 155, S. 70-74.

KEESING, R.M. u. KEESING, F.M. (1958/71): New Perspectives in Cultural Anthropology. New York/Chicago etc.

KELLENBENZ, H. (1971): Gewerbe und Handel 1500-1648. In: AUBIN, H. u. ZORN, W. (Hrsg.): Handbuch der deutschen Wirtschafts- und Sozialgeschichte, Bd.1, S. 414-464. Stuttgart.

KELLER, W. (1943/71): Einführung in die philosophische Anthropologie. (Neuausgabe, Hrsg. v. J.Baum) München.

KELLERMAN, A. (1987): Time-Space Homology: A Societal-Geographical Perspective. Tijdschr. v. Econ. en Sociale Geogr. 78, S. 251-264.

KEMPER, F.-J. (1986): Regionale Unterschiede der Haushaltsstruktur in der Bundesrepublik Deutschland. Erdkunde 40, S. 29-45.

KENNEDY, P. (1987/89): Aufstieg und Fall der großen Mächte. Ökonomischer Wandel und militärischer Konflikt von 1500 bis 2000. (Aus dem Englischen). Frankfurt.

KENNTNER, G. (1975): Rassen aus Erbe und Umwelt. Berlin.

KENZER, M.S. (1988): Besprechung von GUELKE, L. (Hrsg.) (1986). Geogr. Review 78, S. 453-455.

KERN, H. u. SCHUMANN, M. (1986): Das Ende der Arbeitsteilung? 3.Aufl. München.

KEUNING, H.J. (1933): De Groninger Veenkolonien. Een sociaal-geografische studie. Diss. Utrecht/Amsterdam.

KEUNING, H.J. (1951): Inleiding tot de Sociale Aardrijkskunde. Gorinchem.

KEUNING, H.J. (1959): Een halve eeu Utrechtse Sociale Geografie. Tijdschr. v. h. Koninkl. Nederl. Aardrijksk. Genootschap, S. 10-21.

KEUNING, H.J. (1968): Standort der Sozialgeographie. Münchener Studien zur Sozial- u. Wirtschaftsgeogr. 4, S. 91-97.

KEUPP, H. (1987): Soziale Netzwerke – Eine Metapher des gesellschaftlichen Umbruchs? In: KEUPP, H. u. RÖHRLE, B. (Hrsg.): Soziale Netzwerke, S. 11-53. Frankfurt.

KEUPP, H. u. RÖHRLE, B. (1987): Vorwort. In: KEUPP, H. u. RÖHRLE, B. (Hrsg.): Soziale Netzwerke, S. 7-10. Frankfurt/New York.

KEYNES, J.M. (1936/55): Allgemeine Theorie der Beschäftigung, des Zinses und des Geldes. Berlin. (1.Aufl. 1936).

KEYSER, E. (1958): Städtegründungen und Städtebau in Nordwestdeutschland im Mittelalter. Forschg. z. dt. Landeskunde 111.

KIDDER, A.V. (1958): Pecos, New Mexico, Archaeological Notes. Papers of the Rob. S. Peabody Found. for Archaeology, Vol. 5, Phillips Acad. Andover (Mass.).

KILCHENMANN, A. (1974): Zum gegenwärtigen Stand der quantitativen und theoretischen Geographie. Karlsruher Manuskripte z. Mathem. u. Theor. Wirtschafts- u. Sozialgeogr., H.1.

KILCHENMANN, A., et al. (1975): Umriß einer neuen Kultur-und Sozialgeographie anhand einer kommentierten Literaturliste. Karlsruher Manuskripte z. Mathem. u. Theor. Wirtschafts- u. Sozialgeogr., H.12.

KILGER, W. (1958): Produktions- und Kostentheorie. Wiesbaden.

KIRBY, A. (1985): Leisure as Commodity: the Role of the State in Leisure Provision. Progress in Human Geography 9, S. 64-84.

KIRCHHOFF, A. (1882): Schulgeographie. Halle.

KIRCHHOFF, A. (1884): Bemerkungen zur Methode landeskundlicher Forschungen. Verh. d. 4. Dt. Geographentages zu München, S. 149-155. Berlin.

KISS, G. (1974-75): Einführung in die soziologischen Theorien. Studienbücher z. Sozialwiss., 2 Bde., 2.Aufl. Opladen.

KISSLER, L. (1985): Arbeitswissenschaft für wen? Die Antwort der arbeitsorientierten Wissenschaften von der Arbeit. In: GEORG, KISSLER u. SATTEL (Hrsg.): Arbeit und

Wissenschaft: Arbeitswissenschaft?, S. 9-36. Bonn.

KJELLEN, R. (1914/33): Die Großmächte vor und nach dem Weltkriege. 24.Aufl. der „Großmächte" R. Kjelléns; Hrsg. K.Haushofer. (3. Aufl. der Neubearbeitung). Leipzig/Berlin.

KLAGES, H. (1958): Der Nachbarschaftsgedanke und die nachbarliche Wirklichkeit in der Großstadt. Forsch.ber. d. Wirtsch.- u. Verkehrsmin. Nordrhein-Westf. Nr. 566. Köln/Opladen.

KLEINPENNING, J.M.G. u. ZOOMERS, E.B. (1988): Internal Colonization as a Policy Instrument for Changing a Country's Rural System: The Example of Paraguay. Tijdschr. v. Econ. en Soc. Geogr. 79, S. 257-265.

KLIMA, A. (1989): Das Abbild der Raumvorstellung „Allgäu" als Facette des Regionalbewußtseins einer heimattragenden Elite. Ber. z. dt. Landesk. 63, S. 49-78.

KLINGBEIL, D. (1969): Zur sozialgeographischen Theorie und Erfassung des täglichen Berufspendelns. Geogr. Zeitschr. 57, S. 108-131.

KLINGBEIL, D. (1977): Aktionsräumliche Analysen und Zentralitätsforschung – Überlegungen zur konzeptionellen Erweiterung der zentralörtlichen Theorie. Münchener Geogr. H. 39, S. 45-74.

KLINGBEIL, D. (1978): Aktionsräume im Verdichtungsraum. Zeitpotentiale und ihre räumliche Nutzung. Münchener Geogr. Hefte 41.

KLINGBEIL, D. (1979): Mikrogeographie. Der Erdkundeunterricht 31, S. 51-80.

KLIOT, N. (1989): Mediterranean Potential for Ethnic Conflict: Some Generalizations. Tijdschr. v. Econ. en Soc. Geogr. 80, S. 147-163.

KLIOT, N. und WATERMAN, St. (Hrsg.) (1983): Pluralism and Political Geography: People, Territory and the State. New York.

KLÖPPER, R. (1949): Die Bevölkerungsentwicklung in den ostfriesischen Marschen. Dt. Geogr. Blätter 45, S. 37-77.

KLÖPPER, R. (1961): Der Stadtkern als Stadtteil, ein methodologischer Versuch zur Abgrenzung und Stufung von Stadtteilen am Beispiel von Mainz. Ber. z. dt. Landeskunde 27, S. 150-162.

KLUCZKA, G. (1970): Zentrale Orte und zentralörtliche Bereiche mittlerer und höherer Stufe in der Bundesrepublik Deutschland. Forsch. z. dt. Landeskunde 194. Bad Godesberg.

KLÜTER, H. (1986): Raum als Element sozialer Kommunikation. Gießener Geogr. Schriften 60.

KLÜTER, H. (1987a): Wirtschaft und Raum. Bremer Beiträge z. Geogr. u. Raumpl. 11: Geographie des Menschen (Dietrich Bartels zum Gedenken). (Hrsg. Bahrenberg et al.). S. 241-259.

KLÜTER, H. (1987b): Räumliche Orientierung als sozialgeographischer Grundbegriff. Geogr. Zeitschr. 75, S. 86-98.

KLUG, H. und LANG, R. (1983): Einführung in die Geosystemlehre. Darmstadt.

KNAAP, G.A. van der (1987): Labour Market on Spatial Policy. Tijdschr. v. Econ. en Soc. Geogr. 78, S. 348-358.

KNIPPENBERG, H. u. VOS, S. de (1989): Spatial Structural Effects on Dutch Church Attendance. Tijdschr. v. Econ. en Soc. Geogr. 80, S. 164-170.

KNOX, P. (1982): Urban Social Geography. An Introduction. London/New York.

KNOX, P.L. (1987): The Social Production of the Built Environment. Architects, Architecture and the Post-Modern City. Progr. i. Hum. Geogr. 11, S. 354-377.

KOBAYASHI, A. u. MACKENZIE, S. (Hrsg.) (1989): Remaking Human Geography. Boston, London etc.

KODRAS, J.E. (1986): Labor Market and Policy Constraints on the Work Disincentive

Effect of Welfare. Ann. of the Assoc. of Am. Geogr. 76, S. 228-246.

KÖLLMANN, W. (1971): Die Bevölkerung Rheinland-Westfalens in der Hochindustrialisierungsperiode. Vierteljahresschriften für Sozial- und Wirtschaftsgeschichte 58, S. 359-388.

KÖLLMANN, W. (1974): Bevölkerung in der industriellen Revolution. Studien zur Bevölkerungsgeschichte Deutschlands. Kritische Studien z. Geschichtswiss. 12. Göttingen.

KÖNIG, R. (1946/74): Materialien zur Soziologie der Familie. 2.Aufl. Köln.

KÖNIG, R. (1958): Grundformen der Gesellschaft: Die Gemeinde. Hamburg.

KÖNIG, R. (1969): Soziale Gruppen. Geogr. Rundschau 21, S. 2-10.

KÖNIG, R. (1972): Soziales Handeln. In: BERNSDORF, W. (Hrsg.): Wörterbuch der Soziologie, S. 754-757. Frankfurt/Main.

KÖNIG, R., (1974/78): Die Familie der Gegenwart. 3.Aufl. München.

KOEPPEN, W. (1923): Die Klimate der Erde. Berlin/Leipzig.

KÖTTER, H. (1958): Landbevölkerung in sozialem Wandel. Düsseldorf.

KOHL, J.G. (1841): Der Verkehr und die Ansiedlungen von Menschen in ihrer Abhängigkeit von der Gestalt der Erdoberfläche. Dresden/Leipzig.

KOHL, J.G. (1873): Nordwestdeutsche Skizzen. 2.Aufl. Bremen.

KOHLER, Th. (1988): Landbesitz und Landnutzung im Umbruch: Das Beispiel des Laikipia Districts nordwestlich des Mt.Kenya. Erdkunde 42, S. 37-49.

KOHLHEPP, G. (1979): Brasiliens problematische Antithese zur Agrarreform: Agrarkolonisation in Amazonien. In: ELSENHANS, H. (Hrsg.): Agrarreform in der Dritten Welt. S. 471-504. Frankfurt, New York.

KOHLHEPP, G. (1989): Strukturwandlungen in der Landwirtschaft und Mobilität der ländlichen Bevölkerung in Nord-Parana (Südbrasilien). Geogr. Zeitschr. 77, S. 42-62.

KOLB, A. (1962): Die Geographie und die Kulturerdteile. Festschrift H. v. Wissmann, S. 42-49. Tübingen.

KONDRATIEFF, N.D. (1928): Die Preisdynamik der industriellen und landwirtschaftlichen Waren. Zum Problem der relativen Dynamik und Konjunktur. Archiv f. Sozialwiss. u. Sozialpolitik 60, S. 1-85.

KOST, K. (1986): Begriffe und Macht. Die Funktion der Geopolitik als Ideologie. Geogr. Zeitschr. 74, S. 14-30.

KOST, K. (1988): Die Einflüsse der Geopolitik auf Forschung und Theorie der Politischen Geographie von ihren Anfängen bis 1945. Ein Beitrag zur Wissenschaftsgeschichte der Politischen Geographie und ihrer Terminologie unter besonderer Berücksichtigung von Militär- und Kolonialgeographie. Bonner Geogr. Abh. 76.

KOST, K. (1989): Großstadtfeindlichkeit und Kulturpessimismus als Stimulans für Politische Geographie und Geopolitik bis 1945. Erdkunde 43, S. 161-170.

KRADER, L. (1968): Formation of the State. Englewood Cliffs/N.J.

KRAPPMANN, L. (1988): Soziologische Dimensionen der Identität. 7.Aufl. Stuttgart.

KRAUS, Th. (1933/69): Geographie und Wirtschaftsraum. In: WIRTH, E. (Hrsg.): Wirtschaftsgeographie, S. 283-299. Darmstadt. (Zuerst 1933 publ.).

KREISEL, W. (1977): Honolulus Chinatown. Erdkunde 31, S. 102-120.

KRENZLIN, A. (1961): Die Entwicklung der Gewannflur als Spiegel kulturlandschaftlicher Vorgänge. Ber. z. dt. Landeskunde 27, S. 19-36.

KRENZLIN, A. und REUSCH, L. (1961): Die Entstehung der Gewannflur nach Untersuchungen im nördlichen Unterfranken. Frankfurter Geogr. Hefte 35, 1.

KRINGS, W. (1986): Ländliche Neusiedlung im westlichen Mitteleuropa vom Ende des

19.Jahrhunderts bis zur Gegenwart: Ehrgeizige Pläne – enttäuschende Resultate? Erdkunde 40, S. 227-235.

KRISTOF, L.K.L. (1959/69): The Nature of Frontiers and Boundaries. In: KASPERSON, R.E. u. MINGHI, J.V. (Hrsg.): The Structure of Political Geography, S. 126-131. Chicago. (Zuerst 1959 publ.).

KROEBER, A.L. (1952): The Nature of Culture. Chicago.

KRONER, J. (1982): Umweltsoziologie. Eine Projektstudie zur Wohnfunktion des Dorfes. In: Dorfentwicklung. Beiträge zur funktionsgerechten Gestaltung der Dörfer. Hrsg. Ministerium f. Ernährung, Landwirtschaft u. Forsten in Baden-Württemberg, EM 82, S. 59-101. Stuttgart.

KRÜGER, R. (1967): Typologie des Waldhufendorfes nach Einzelformen und deren Verbreitungsmustern. Göttinger Geogr. Abh. 42.

KRÜGER, R. (1987): Wie räumlich ist die Heimat – oder: Findet sich in Raumstrukturen Lebensqualität? Gedanken zum gesellschaftstheoretischen Diskussionsstand um die „Krise der Moderne" und die Bedeutung der Regionalforschung. Geogr. Zeitschr. 75, S. 160-177.

KRÜGER, R. (1988): Die Geographie auf der Reise in die Postmoderne? Wahrnehmungsgeogr. Studien zur Regionalentwicklung H.5. Oldenburg.

KÜHNE, I. (1974): Die Gebirgsentvölkerung im nördlichen und mittleren Apennin in der Zeit nach dem Zweiten Weltkrieg, unter besonderer Berücksichtigung des gruppenspezifischen Wanderungsverhaltens. Erlanger Geogr. Arbeiten, Sonderband 1.

KÜNNECKE, B.H. (1987): Mobile Homes in den USA. Kennzeichen für Mobilität? Geogr. Rundsch. 39, S. 498-503.

KÜPPERS, B.-O. (Hrsg.) (1987): Ordnung aus dem Chaos, Prinzipien der Selbstorganisation und Evolution des Lebens.

KUHN, Th.S. (1962/76): Die Struktur wissenschaftlicher Revolutionen. Aus dem Amerikanischen. 2.Aufl. Frankfurt/Main.

KUHN, W. (1955-57): Geschichte der deutschen Ostsiedlung in der Neuzeit. = Ostmitteleuropa in Vergangenheit und Gegenwart 1, 2 Bde. Köln/Graz.

KULINAT, K. u. STEINECKE, A. (1984): Geographie des Freizeit- und Fremdenverkehrs. Darmstadt.

KULS, W. (1980): Bevölkerungsgeographie. Eine Einführung. Stuttgart.

KUMMERT, Ch. (1990): Entwicklungen und Entwicklungsperspektiven der Landwirtschaft in den portugiesischen Bergregionen. Geogr. Zeitschr. 78, S. 38-48.

KUNICK, A. und STEEB, W.-H. (1986): Chaos in dynamischen Systemen. Mannheim, Wien, Zürich.

KUNISCH, J. (1986): Absolutismus. Europäische Geschichte vom Westfälischen Frieden bis zur Krise des Ancient Régime. Göttingen.

KUNST, F. (1985): Siedlungsstruktur, Distanz und Lebensraum. Funktionsräumliche Maßstabsvergrößerungen in einer westmittelfränkischen Region – ein unaufhaltsamer Trend? Erdkunde 39, S. 307-316.

KUTSCH, T. u. WISWEDE, G. (1986): Wirtschaftssoziologie. Stuttgart.

LAAN, L. van der (1987): Causal Processes in Spatial Labour Market. Tijdschr. v. Econ. en Soc. Geogr. 78, S. 325-338.

LAASER, U. (1980): Zum Verhältnis von Bildung und Entwicklung in den Ländern der Dritten Welt. Weltwirtschaft und Internationale Beziehungen. Diskussionsbeiträge 23. München, London.

LACOSTE, Y. (1990): Geographie und politisches Handeln. Perspektiven einer neuen Geopolitik. Berlin (Kl. kulturwiss. Bibl. 26).

LÄPPLE, D. (1986): Trendumbruch in der Raumentwicklung. Auf dem Weg zu einem neuen industriellen Entwicklungstyp? Informationen zur Raumentwicklung 11/12, S. 909-920.

LAKE, R.W. (Hrsg.) (1987): Resolving Locational Conflict. New Brunswick/N.J.

LAKE, R.W. (1987): Introduction. In: LAKE, R.W. (Hrsg.): Resolving Locational Conflicts, S.XV-XXVIII. New Brunswick/N.J.

LAL, H. (1987): City and urban fringe: a case study of Bareilly. New Delhi: Concept Publ.

LAMBOOY, J.G. (1969): City and City Region in the Perspective of Hierachy and Complementary. Tijdschr. Econ. Soc. Geogr. 60, S. 141-154.

LANDES, D.S. (1969/73): Der entfesselte Prometheus. Technologischer Wandel und industrielle Entwicklung in Westeuropa von 1750 bis zur Gegenwart. (A. d. Engl.). Köln.

LANDMANN, O. (1984): Lohnbildung und internationaler Konjunkturzusammenhang unter flexiblen Wechselkursen. In: BOMBACH, G., GAHLEN, B. u. OTT, A. (Hrsg.): Perspektiven der Konjunkturforschung, S. 99-118. Tübingen.

LANGE, G. (1954): Regionalgliederung der Bekenntnisse in Westdeutschland. Gemeinschaft u. Politik, S. 16-26.

LANGE, G. (1956): Die hessische Zonengrenze im Spiegel des Fernsprechbuchs. Zeitschr. f. d. Post- u. Fernmeldewesen 8, S. 228-232.

LANGER, J. (1988): Grenzen der Herrschaft. Die Endzeit der Machthierarchien. Opladen.

LANGTON, J. (1972): Potentialities and Problems of Adopting a Systems Approach to the Study of Change in Human Geography. Progress in Geogr. 4, S. 125-179. London.

LANGEWIESCHE, D. (1977): Wanderungsbewegungen in der Hochindustrialisierungsperiode. Regionale innerstädtische Mobilität in Deutschland 1880-1914. Vierteljahresschr. für Sozial- und Wirtschaftsgeschichte 64, S. 1-40.

LANGEWIESCHE, D. (1979): Mobilität in deutschen Mittel- und Großstädten. Aspekte der Binnenwanderung im 19. und 20. Jahrhundert. In: CONZE, W. u. ENGELHARDT, U. (Hrsg.): Arbeiter im Industrialisierungsprozeß. Schriftenreihe des Arbeitskr. f. moderne Sozialgesch. 28, S. 70-93. Stuttgart.

LARKHAM, P.J. (1988): Aesthetic Control, Architectural Styles and Townscape Change. University of Birmingham, Dept. of Geography, Occasional publication, 25. Birmingham.

LASLETT, P. (1972): Mean Household Size in England since the Sixteenth Century. In: LASLETT, P. u. WALL, R. (Hrsg.): Household and Family in Past Time, S. 125-158. Cambridge.

LASLETT, P. (1988): Social Structural Time: An Attempt at Classifying Types of Social Change by their Characteristic Paces. In: YOUNG, M. u. SCHULLER, T. (Hrsg.): The Rhythms of Society, S. 17-36. London/New York.

LASZLO, E. (1972): The Systems View of the World. The Natural Philosophy of New Developments in the Sciences. New York.

LASZLO, E. (1987): Evolution, die neue Synthese. Wege in die Zukunft. Zürich.

LAUTENSACH, H. (1952a): Der geographische Formenwandel, Studien zur Landschaftssystematik. Coll. Geographicum 3, Bonn.

LAUTENSACH, H. (1952b): Otto Schlüters Bedeutung für die methodische Entwicklung der Geographie. Pet. Geogr. Mitt. 96, S. 219-231.

LAUTENSACH, H. (1953): Das Mormonenland als Beispiel eines sozialgeographischen Raumes. Bonner Geogr. Abh. 11.

LE FEBVRE, L. (1922): La terre et l'evolution humaine. Paris.

LE GOFF, J. (1964/70): Kultur des europäischen Mittelalters. (1.Aufl. 1964) (Ins Deutsche übertragen) München/Zürich.

LEE, R.B. (1966/69): Kung Bushman Subsistence: An Input-Output Analysis. In: VAY-

DA, P. (Hrsg.): Environment and Cultural Behavior. Ecological Studies in Cultural Anthropology. Garden City/New York (Museum of Natural History). (Zuerst 1966 publ.).

LEHMANN, H. (1961): Zur Problematik der Abgrenzung von „Kunstlandschaften“, dargestellt am Beispiel der Po-Ebene. Erdkunde 15, S. 249-264.

LEIB, J. u. MERTINS, G. (1983): Bevölkerungsgeographie. Braunschweig.

LEIBNIZ, G.W. (1714/1962): Grundwahrheiten der Philosophie: Monadologie. Eingeleitet und herausgegeben von J.Ch. Horn. Frankfurt. (Zuerst 1714 publ.).

LEIGHLY, J.B. (1928): The Towns of Mälardalen in Sweden. A Study in Urban Morphology. Univ. of Calif. Publ. in Geogr., Vol.3, No.1. Berkeley.

LEISER, W. (1979): Die Regionalgliederung der evangelischen Landeskirchen in der Bunderepublik Deutschland. Beiträge der Akad. f. Raumf. u. Landespl., Bd.24. Hannover.

LEITNER, H. (1983): Gastarbeiter in der städtischen Gesellschaft. Segretation, Integration und Assimilation von Arbeitsmigranten. Am Beispiel jugoslawischer Gastarbeiter in Wien. Frankfurt.

LEMBERG, E. (1977): Anthropologie der ideologischen Systeme. Gesellschaft und Bildung. Bd.1. Baden-Baden.

LENG, G. (1973): Zur „Münchener“ Konzeption der Sozialgeographie. Geogr. Zeitschr. 61, S. 121-134.

LENK, H. (Hrsg.) (1977-82): Handlungstheorien interdisziplinär. 4 Bde. München.

LE PLAY (1855/77-79): Les ouvriers européens. 2.Aufl. Paris.

LESER, H. (1976): Landschaftsökologie. Stuttgart.

LEU, H.R. (1985): Subjektivität als Prozeß. München.

LEVI-STRAUSS, C. (1949/78): Der Zauber und seine Magie. In: PETZOLD, L. (Hrsg.): Magie und Religion. Beiträge zu einer Theorie der Magie, S. 256-278. Darmstadt. (Zuerst 1949 publ.).

LEVI-STRAUSS, C. (1958/67): Strukturale Anthropologie. (Aus dem Französischen). Frankfurt/Main.

LEWIS, J.R. (1986): International Labour Migration and Uneven Regional Development in Labour Exporting Countries. Tijdschr. v. Econ. en Soc. Geogr. 77, S. 27-41.

LEY, D. (1980): Liberal Ideology and the Postindustrial City. Ann. of the Assoc. of American Geogr. 70, S. 238-258.

LEY, D. (1984): Pluralism and the Canadian State. In: CLARKE, C., LEY, D. und PEACH, C. (Hrsg.): Geography and Ethnic Pluralism. S. 87-110. London.

LEY, D. (1989): Modernism, Post-Modernism, and the Struggle for Place. In: AGNEW, J.A. und DUNCAN, J.S. (Hrsg.): The Power of Place. S. 44-65. Boston.

LEY, D., PEACH, C. und CLARKE, C. (1984): Introduction: Pluralism and Human Geography. In: CLARKE, C., LEY, D. u. PEACH, C. (Hrsg.): Geography and Ethnic Pluralism. S. 1-22. London.

LEYDEN, F. (1934/35): Die Entvölkerung der Innenstadt in den größeren Städten von Holland. Tijdschr. econom. Geogr. 25, S. 73-87; 26, S. 169-186.

LICHTENBERGER, E. (1970): The Nature of European Urbanism. Geoforum 4, S. 45-62.

LICHTENBERGER, E. (1972): Die europäische Stadt. Wesen, Modelle, Probleme. Ber. z. Raumf. u. Raumpl. 16, S. 3-25.

LICHTENBERGER, E. (1973): Von der mittelalterlichen Bürgerstadt zur City. Sozialstatische Querschnittsanalysen am Wiener Beispiel. In: HELCZMANOVSKI, H. (Hrsg.): Beiträge z. Bevölkerungs- u. Sozialgesch. Österreichs, S. 297-331. Wien.

LICHTENBERGER, E. (1975): Die Stadterneuerung in den USA. Berichte zur Raumforsch u. Raumplanung 19/6, S. 3-16. Wien.

LICHTENBERGER, E. (1977): Die Wiener Altstadt. Von der mittelalterlichen Bürgerstadt zur City. Wien.

LICHTENBERGER, E. (1981): Die europäische und nordamerikanische Stadt – ein interkultureller Vergleich. Österreich in Geschichte und Literatur 25, 4, S. 224-251.

LICHTENBERGER, E. (1984a): Die europäische und die nordamerikanische Stadt – ein interkultureller Vergleich. Österreich in Geschichte und Literatur mit Geographie, 25.Jg., S. 224-252.

LICHTENBERGER, E. (1984b): Gastarbeiter – Leben in zwei Gesellschaften. Wien.

LICHTENBERGER, E. (1986a): Stadtgeographie. Bd.1: Begriffe, Konzepte, Modelle, Prozesse. Stuttgart.

LICHTENBERGER, E. (1986b): Stadtgeographie – Perspektiven. Geogr. Rundsch. 38, S. 388-394.

LICHTENBERGER, E. (1989): Die Stadtentwicklung von Wien: Probleme und Prozesse. Tagungsband des Kartographenkongresses 1989 Wien, S. 49-60.

LICHTENBERGER, E. (Hrsg.) (1989): Österreich zu Beginn des 3.Jahrtausends. Raum und Gesellschaft, Prognosen, Modellrechnungen und Szenarien. Österr. Akad. d. Wiss., Beitr. z. Stadt- u. Regionalforsch. Bd.9. Wien.

LICHTENBERGER, E. (1990a): Die Auswirkungen der Ära Reagan auf Obdachlosigkeit und soziale Probleme in den USA. Geogr. Rundsch. 42, S. 476-481.

LICHTENBERGER, E. (1990b): Hans Bobek – ein Nachruf. Mitteilungen der Österreichischen Geogr. Gesellsch., 132.Jg., S. 238-248. Wien.

LIEB, M.G. (1986): Organisationsstruktur und Bildungssystem. Frankfurt/Bonn/New York.

LIEBERSON, St. und WATERS, M.C. (1988): From many Strands: Ethnic and Racial Groups in Contemporary America. New York.

LIENAU, C. (1977): Geographische Aspekte der Gastarbeiterwanderungen zwischen Mittelmeerländern und europäischen Industrieländern, mit einer Bibliographie. Düsseldorfer Geogr. Schriften 7, S. 49-86.

LINDE, H. (1953): Grundfragen der Gemeindetypisierung. Forsch.- u. Sitzungsber. d. Akad. f. Raumf. u. Landespl. 3, S. 58-121. Bremen-Horn.

LINDE, H. (1954): Zur sozioökonomischen Struktur und soziologischen Situation des deutschen Dorfes. In: ABEL, W. (Hrsg.): Das Dorf und die Aufgabe des ländlichen Zusammenlebens. Schriftenreihe f. ländl. Sozialfragen, H.11. Hannover.

LINDE, H. (1959): Generative Strukturen. Studium Generale, Jg. 12, S. 343-350.

LINDE, H. (1972): Sachdominanz in Sozialstrukturen. Gesellsch. u. Wissenschaft 4. Tübingen.

LINDE, M.A.J., DIELEMAN, F.M. u. CLARK, W.A.V. (1986): Starters in the Dutch Housing Market. Tijdschr. v. Econ. en Soc. Geogr. 77, S. 243-250.

LING, T. (1968/71): Die Universialität der Religion. Geschichte und vergleichende Deutung. München. (1.Aufl. 1968).

LINTON, R. (1964/79): Mensch, Kultur, Gesellschaft. (A. d. Engl.). Stuttgart.

LIPPITZ, W. (1980): „Lebenswelt“ oder die Rehabilitierung vorwissenschaftlicher Erfahrung. Weinheim/Basel.

LITTEK, W. (1982): Arbeitssituation und betriebliche Arbeitsbedingungen. In: LITTEK, W., RAMMERT, W. u. WACHTLER, G. (Hrsg.): Einführung in die Arbeits- und Industriesoziologie, S. 92-135. Frankfurt/New York.

LITTEK, W., RAMMERT, W. u. WACHTLER, G. (Hrsg.) (1982): Einführung in die Arbeits- und Industriesoziologie. Frankfurt/New York.

LLOYD, P. u. DICKEN, P. (1972): Location in Space: A Theoretical Approach to Economic Geography. New York.

LLOYD, R. (1989): Cognitive Maps: Encoding and Decoding Information. Ann. of the Assoc. of Am. Geogr. 79, S. 101-124.

LLOYD, S. (1984): The Archaeology of Mesopotamia From the Old Stone Age to the Persian Conquest. 2.Aufl. London.

ŁOBODA, J. (1989): Ausgewählte Probleme der räumlichen Gliederung Wroclaws. Geogr. Zeitschr. 77, S. 209-227.

LÖSCH, A. (1940): Die räumliche Ordnung der Wirtschaft. Jena.

LOFLAND, L.H. (1989): Private Lifestyles, Changing Neighborhoods, and Public Life: A Problem in Organized Complexity. Tijdschr. v. Econ. en Soc. Geogr. 80, S. 89-96.

LOLL, B.-E. (1985): Unterschiede und Ähnlichkeiten in der Assimilation verschiedener Gruppen von Ausländern in der Bundesrepublik Deutschland. In: ROSCH, M. (Hrsg.): Ausländische Arbeitnehmer und Immigranten, S. 118-152. Weinheim/Basel.

LOMAX, A. u. BERKOWITZ, N. (1973): The Evolutionary Taxonomy of Culture. Science 177, S. 228-239.

LOOSE, R. (1982): Von der Gebirgsentvölkerung in den italienischen Zentralalpen. Geogr. Zeitschr. 70, S. 223-227.

LORENZ, Konrad (1965): Über tierisches und menschliches Verhalten. Aus dem Werdegang der Verhaltenslehre. Gesammelte Abhandlungen; 2 Bde. München.

LORENZ, Konrad (1973): Die Rückseite des Spiegels. Versuch einer Naturgeschichte menschlichen Erkennens. München/Zürich.

LORENZ, Kuno (1990): Einführung in die philosophische Anthropologie. Darmstadt.

LOUIS, H. (1936): Die geographische Gliederung von Groß- Berlin. In: Länderkundliche Forschung (Festschrift Krebs), S. 146-171. Stuttgart.

LOWE, J.C. u. MORYADAS, S. (1975): The Geography of Movement. Boston.

LOWMAN, J. (1986): Conceptual Issues in the Geography of Crime: Toward a Geography of Social Control. Ann. of the Assoc. of Americ. Geogr. 76, S. 81-94.

LOWMAN, J. (1986): Conceptual Issues in the Geography of Crime: Toward a Geography of Social Control. Ann. of the Assoc. of Americ. Geogr. 76, S. 81-94.

LOWMAN, J. (1989): The Geography of Social Control: Clarifying Some Themes. In: EVANS, D.J. und HERBERT, D.T. (Hrsg.): The Geography of Crime. London. New York.

LOWRY, M. (1971): Population and Race in Mississippi 1940-1960. Ann. of the Assoc. of Am. Geogr. 61, S. 576-588.

LUDÄSCHER, P. (1986): Wanderungen und konjunkturelle Entwicklung in der Bundesrepublik Deutschland seit Anfang der sechziger Jahre. Geogr. Zeitschr. 74, S. 43-61.

LÜHRING, J. (1977): Kritik der (sozial-)geographischen Forschung zur Problematik von Unterentwicklung und Entwicklung – Ideologie, Theorie und Gebrauchswert. Die Erde 108, S. 217-238.

LÜTGE, F. (1952): Deutsche Sozial- und Wirtschaftsgeschichte. Berlin/Göttingen etc.

LÜTGENS, R. (1928): Allgemeine Wirtschaftsgeographie. Breslau.

LÜTGENS, R. (1950): Die geographischen Grundlagen und Probleme des Wirtschatfslebens. In: LÜTGENS, R. (Hrsg.): Erde und Weltwirtschaft, Bd.1. Stuttgart.

LÜTGENS, R. (1952): Die Produktionsräume der Weltwirtschaft. In: LÜTGENS, R. (Hrsg.): Erde und Weltwirtschaft, Bd.2. Stuttgart. Einführung und Grundlagen. Breslau.

LUHMANN, N. (1970/73): Institutionalisierung – Funktion und Mechanismus im sozialen System der Gesellschaft. In: SCHELSKY, H. (Hrsg.): Zur Theorie der Institution. 2.Aufl. Düsseldorf.

LUHMANN, N. (1970/75): Soziologische Aufklärung. 2 Bde. Opladen.

LUHMANN, N. (1971): Sinn als Grundbegriff der Soziologie. In: HABERMAS, J. U. LUHMANN, N. (Hrsg.): Zur Theorie der Gesellschaft oder Sozialtechnologie – Was leistet die Systemforschung?, S. 25-100. Frankfurt/Main.

LUHMANN, N. (1975): Macht. Stuttgart.

LUHMANN, N. (1977): Funktion der Religion. Frankfurt/Main.

LUHMANN, N. (1984): Soziale Systeme. Grundriß einer allgemeinen Theorie. Frankfurt.

LUTZ, H. (1982): Reformation und Gegenreformation. 2.Aufl. München/Wien.

LYNCH, K. (1960/65): Das Bild der Stadt. (Aus dem Englischen). Berlin/Frankfurt/Wien. (Original 1960).

LYOTARD, J.-F. u.a. (1985): Immaterialität und Postmoderne. Aus dem Französischen. Berlin.

MABOGUNJE, A.L. (1970/72): Systems Approach to a Theory of Rural-Urban Migration. In: ENGLISH, P.W. u. MAYFIELD, R.C. (Hrsg.): Man, Space and Environment, S. 193-209. New York/London. (Zuerst 1970 publ.).

MacARTHUR, R.H. u. CONNELL, J.H. (1966/70): Biologie der Populationen. (Aus dem Amerikanischen). München/Basel etc.

McEVEDY, C. und JONES, R. (1978): Atlas of World Population History. New York.

McGLASHAN, N.D. und BLUNDEN, J.R. (Hrsg.) (1983): Geographical Aspects of Health: Essays in Honor of Andrew Learmonth. London, New York.

McHUGH, K.E. (1987): Black Migration Reversal in the United States. Geogr. Review 77, S. 171-182.

MACKENROTH, G. (1953): Bevölkerungslehre – Theorie, Soziologie und Statistik der Bevölkerung. Berlin/Göttingen/Heidelberg.

MacKENZIE, S. (1989): Women in the City. In: PEET, R. und THRIFT, N. (Hrsg.): New Models in Geography, II. S. 109-126. London, Boston.

MAI, U. (1989): Gedanken über räumliche Identität. Zeitschr. f. Wirtschaftsgeogr. 33, S. 12-19.

MAIER, J. (1969/72): Stichwort „Verbrechen". In: BERNSDORF, W. (Hrsg.): Wörterbuch der Soziologie, S. 888-891. Frankfurt.

MAIER, J. (1976): Zur Geographie verkehrsräumlicher Aktivitäten. Münchner Studien z. Sozial- u. Wirtschaftsgeogr. 17.

MAIER, J., PAESLER, R., RUPPERT, K. u. SCHAFFER, F. (1977): Sozialgeographie. Braunschweig.

MALINOWSKI, B. (1941/68): An Anthropological Analysis of War. In: BRAMSON, L. u. GOETHALS, G.W. (Hrsg.): War. Studies from Psychology, Sociology, Anthropology, S. 245-268. (Zuerst 1941 publ.).

MALINOWSKI, B. (1944/75): Eine wissenschaftliche Theorie der Kultur. (Aus dem Amerikanischen). Frankfurt.

MANDELBROT, B.B. (1977/83): Die fraktale Geometrie der Natur. Basel. (Originalausgabe 1977).

MANSHARD, W. (1982): Ressourcen, Umwelt und Entwicklung. Fragenkreise 23564. Paderborn, München.

MANSHARD, W. (1988): Entwicklungsprobleme in den Agrarräumen des tropischen Afrikas. Darmstadt.

MARAFFA, Th.A. u. BROOKER-GROSS, S.R. (1987): Intrahousehold Commuting Behavior in a Nonmetropolitan Setting. Tijdschr. v. Econ. en Soc. Geogr. 78, S. 108-113.

MARGULIS, H.L. (1977): Rat Fields, Neighborhood Sanitation, and Rat Complaints in Newark, New Jersey. The Geogr. Review 67, S. 221-231.

MARKEFKA, M. (1984): Vorurteile – Minderheiten – Diskriminierung. 5.Aufl. Neuwied/Darmstadt.

MARSHALL, M. (1987): Long Waves of Regional Development. Houndsmills, Basingstoke.

MARTENSSON, S. (1977): Childhood Interaction and Temporal Organization. Economic Geography 53, S. 99-125.

MARTIN, H. (1985): Technische Aspekte industrieller Arbeit. In: GEORG, W., KISSLER, L. u. SATTEL, W. (Hrsg.): Arbeit und Wissenschaft: Arbeitswissenschaft? Eine Einführung, S. 37-85. Bonn.

MARTIN, P.S. u. PLOG, F. (1973): The Archaeology of Arizona. A Study of the Southwest Region. Garden City (New York).

MARTINY, R. (1926): Hof und Dorf in Altwestfalen. Das westfälische Streusiedlungsproblem. Forsch. z. dt. Landes- u. Volkskunde XXIV, H.5. Stuttgart.

MARX, K. (1867/1962-64): Das Kapital. Kritik der politischen Ökonomie. In: LIEBER, H.-J. u. KAUTZKY, B. (Hrsg.): Karl-Marx-Ausgabe in 7 Bänden; Bde. IV-VI. Stuttgart. (Zuerst 1867 publ.).

MASSEY, D. (1987): Spatial Labour Markets in an International Context. Tijdschr. v. Econ. en Soc. Geogr. 78, S. 374-379.

MATHIESEN, I. (1940): Verden und sein Lebensraum. Jahrbuch d. Geogr. Gesell. Hannover f. 1938/39, S. 1-8.

MATTER, M. (1986): Sozioökonomische Entwicklung, kollektives Gedächtnis und Dorfpolitik – Ein Beitrag zur historischen Analyse zentraler Werte und Bestimmung lokaler politischer Kultur am Beispiel eines Dorfes in der Hocheifel. In: SCHMALS, K.M. u. VOIGT, R. (Hrsg.): Krise ländlicher Lebenswelten. Analysen, Erklärungsansätze und Lösungsperspektiven, S. 163-189. Frankfurt.

MATTHIES, V. (1985): Kriege in der Dritten Welt. Zur Entwicklung und zum Stand der Forschung. In: NUSCHELER, F. (Hrsg.): Dritte Welt-Forschung; Entwicklungstheorie und Entwicklungspolitik, S. 362-384. Opladen.

MATURANA, H.R. u. VARELA, F.J. (1984/87): Der Baum der Erkenntnis. Die biologischen Wurzeln des menschlichen Erkennens. 2.Aufl. (Aus dem Spanischen). Bern, München.

MAULL, O. (1915): Kultur- und politisch-geographische Entwicklung und Aufgaben des heutigen Griechenlands. Mitt. d. Geogr. Ges. München 10, H.1, S. 91-171.

MAULL, O. (1925): Politische Geographie. 1.Aufl. Berlin.

MAULL, O. (1956): Politische Geographie. 2.Aufl. Berlin.

MAULL, O. (1934): Die Erde als Lebensraum. In: HAUSHOFER, K. (Hrsg.): Raumüberwindende Mächte, S. 7-34. Leipzig/Berlin.

MAY, H. (1985): Arbeitsteilung als Entfremdungssituation in der Industriegesellschaft von Emile Durkheim bis heute. Baden-Baden.

MAYNTZ, R. (1958): Soziale Schichtung und sozialer Wandel in einer Industriegemeinde. Eine soziologische Untersuchung der Stadt Euskirchen. Stuttgart.

MAYNTZ, R. (1961/74): Kritische Bemerkungen zur funktionalistischen Schichtungstheorie. Kölner Zeitschr. f. Soziologie und Sozialpsychologie; 5.Sonderheft: Soziale Schichtung und soziale Mobilität, S. 10-28. (1.Aufl. 1961).

MAYNTZ, R. (1963): Soziologie der Organisation. Reinbek bei Hamburg.

MAYNTZ, R. (1969/72): Soziale Schichtung. In: BERNSDORF, W. (Hrsg.): Wörterbuch der Soziologie, Bd.3, S. 741-743. Frankfurt/Main. (Zuerst 1969 publ.).

MAYR, A. (1987): Changing Preferences of Geography Students Regarding University Locations and Degrees in the Federal Republic of Germany. In: WINDHORST, H.-W. (Hrsg.): The Role of Geography in the Post-Industrial Society. Vechtaer Arb. z. Geogr. u. Regionalwiss. Bd.5, S. 161-172.

MAYR, A. (1989): „Back to the City“? Erleben wir eine Renaissance unserer innenstadtnahen Wohngebiete? In: Münchner Wohnungsteilmärkte im Wandel. = Münchener Geogr. Hefte 60, S. 25-57.

MEAD, M. (1928/70): Jugend und Sexualität in primitiven Gesellschaften. Bd 1: Kindheit und Jugend in Samoa. Ins Deutsche übersetzt. München. (Zuerst 1928 publ.).

MEAD, M. (1940/68): Warfare is only an Invention, not a Biological Necessity. In: BRAMSON, L. u. GOETHALS, G.W. (Hrsg.): War: Studies from Psychology, Sociology, Anthropology, S. 269-274. 2.Aufl. New York/London. (Zuerst 1940 publ.).

MEADOWS, D., MEADOWS, D., ZAHN, E. u. MILLING, P. (1972): Die Grenzen des Wachstums. Bericht des Club of Rome zur Lage der Menschheit. Stuttgart.

MEIBEYER, W. (1966): Bevölkerungs- und sozialgeographische Differenzierung der Stadt Braunschweig um die Mitte des 18. Jahrhunderts. Braunschw. Jahrbuch 47, S. 125-157.

MEIER, Ch. (1978): Fragen und Thesen zu einer Theorie historischer Prozesse. In: FABER, K.-G. und MEIER, CH. (Hrsg.): Theorie der Geschichte, Beiträge zur Historik, Bd.2, S. 11-66. München.

MEISSNER, R. (1986): Lebensqualität und Regionalbewußtsein – objektive Lebensbedingungen und subjektive Raumbewertung im Kreis Leer (Ostfriesland). Ber. z. dt. Landesk. 60, S. 227-246.

MEITZEN, A. (1895): Siedelung und Agrarwesen der Westgermanen und Ostgermanen, der Kelten, Römer, Finnen und Slaven. Berlin.

MELLAART, J. (1975): The Neolithic of the Near East. London.

MENSCH, G. (1975): Das technologische Patt. Innovationen überwinden die Depressionen. Frankfurt.

MENSCHIK, J. (1985): Feminismus. Geschichte, Theorie, Praxis. 3.Aufl. Köln.

MENSCHING, G. (1968): Soziologie der Religion. 2.Aufl. Bonn.

MENZEL, U. u. SENGHAAS, D. (1986): Europas Entwicklung und die Dritte Welt. Eine Bestandsaufnahme. Frankfurt.

MERRITT, R. (1963/69): Systems and the Desintegration of Empires. In: KASPERSON, R.E. u. MINGHI, J.V. (Hrsg.): The Structure of Political Geography, S. 243-257. Chicago. (Zuerst 1963 publ.).

MERTON, R.K. (1936/72): Die unvorhergesehenen Folgen zielgerichteter sozialer Handlungen. In: DREITZEL, H.P. (Hrsg.): Sozialer Wandel, S. 169-197. Neuwied/Berlin. (Zuerst 1936 publ.).

MESAROVIC, M. u. PESTEL, E. (1974): Mankind and the Turning Point. The Second Report to the Club of Rome. New York.

MESCHEDE, W. (1974): Kurzfristige Zentralitätsschwankungen eines großstädtischen Einkaufzentrums – Ergebnisse von Kundenbefragungen in Bielefeld. Erdkunde 28, S. 207-216.

MEURERS, J. (1976): Metaphysik und Naturwissenschaft. Darmstadt.

MEURERS, J. (1984): Kosmologie heute. Eine Einführung in ihre philosophischen und naturwissenschaftlichen Problemkreise. Darmstadt.

MEUSBURGER, P. (1991): Ausbildungsniveau und regionale Disparitäten der Wirtschaftsstruktur. Neuere Forschungstrends in der Geographie des Bildungs- und Qualifikationswesens. Geogr. Rundschau 43, S. 652-657.

MEUSER, M. (1985): Alltagswissen und gesellschaftliche Wirklichkeit. Sozialwissenschaftliche Alltagsforschung. In: ISENBERG, W. (Hrsg.): Analyse und Interpretation der Alltagswelt, S. 129-158. Osnabrücker Studien z.Geogr., Bd.7.

MEYER, D.R. (1976): Urban Change in Central Connecticut. From Farm to Factory to Urban Pasturalism. Assoc. of Americ. Geogr., Comparative Metrop. Analysis Project.

MEYER, G. (1985): Sozioökonomische Handlungsstrategien und sozialspezifische Kooperationsformen im informellen Sektor von Sanaa/Nordjemen. Zeitschr. f. Wirtsch.-geogr. 29, S. 107-116.

MEYER, G. (1990): Wirtschaftlicher und sozialer Strukturwandel in der Altstadt von Kairo. Erdkunde 44, S. 93-110.

MEYER, J.W. (1985): Distinctively Elderly Mobility: Types and Determinants. Econ. Geogr. 61, S. 79-88.

MEYER, Th. (1989): Fundamentalismus. Aufstand gegen die Moderne. Reinbek bei Hamburg.

MEYER-ABICH, K.-M. und SCHEFOLD, B. (1986): Die Grenzen der Atomwirtschaft. München.

MEYNEN, E. (1952): Die Situation der deutschen Landeskunde. Tagungsber. u. wiss. Abh., Dt. Geographentag Frankfurt 1951, S. 73-80.

MEYNEN, E. (1955): Die wirtschaftsräumliche Gliederung Deutschlands.Aufgabe und Methode. Ber. z. dt. Landeskunde 15, S. 94-103.

MEYNEN, E. (1957): Die wirtschaftsräumliche Gliederung Deutschlands, Aufgabe und Methode. Dt. Geographentage in Hamburg 1955, Verh. d. dt. Geographentages 30, S. 274-281.

MEYNEN, E. (Hrsg.) (1985): Internationales Geographisches Glossarium. Deutsche Ausgabe. Stuttgart.

MEYNEN, E. u. SCHMITHÜSEN, J. (Hrsg.) (1952-63): Handbuch der Naturräumlichen Gliederung. Remagen/Bad Godesberg.

MICHELSON, W. (1977): Environmental Choice, Human Behavior, and Residental Satisfaction. New York.

MISES, L.v. (1953): Human Action. A Treatise on Economics. 5.Aufl. New Haven.

MISTELE, K.-H. und EIDLOTH, V. (1988): Vergangene Jüdische Lebenswelten im Bamberger Raum. Ländliche Armutsinseln – städtische Villenviertel. Bamberger Geogr. Schriften, Sonderfolge Nr.3.

MITCHELL, B. (1979/89): Geography and Resource Analysis. 2.Aufl. New York.

MITCHELL, J.K., DEVINE, N. u. JAGGER, K. (1989): A Contextual Model of Natural Hazard. Geogr. Review 79, S. 391-409.

MITCHELSON, R.L. u. FISHER, J.S. (1987): Long Distance Commuting and Income Change in the Towns of Upstate New York. Econ. Geogr. 63, S. 48-65.

MITCHISON, R. (Hrsg.) (1980): The Roots of Nationalism: Studies in Northern Europe. Edinburgh.

MITSCHERLICH, A. (1963): Auf dem Weg zur vaterlosen Gesellschaft. München.

MITSCHERLICH, A. (1965/80): Die Unwirtlichkeit unserer Städte. Anstiftung zum Unfrieden. 15.Aufl. Frankfurt.

MITSCHERLICH, A. (1969): Die Idee des Friedens und die menschliche Aggressivität. Vier Versuche. Frankfurt/Main.

MITSCHERLICH, E.A. (1909): Das Gesetz des Minimums und des abnehmbaren Bodenertrages. Landwirtsch. Jahrb. 38, S. 537-552.

MITTEIS, H. (1940/59): Der Staat des hohen Mittelalters. 6.Aufl. Weimar. (1.Aufl. 1940).

MITTELSTRASS, J. (1984): Fortschritt und Eliten. Analysen zur Rationalität der Industriegesellschaft. Konstanzer Universitätsreden 150. Konstanz.

MITTERAUER, M. (1977/84a): Funktionsverlust in der Familie? In: MITTERAUER, M. u. SIEDER, R. (Hrsg.): Vom Patriarchat zur Partnerschaft. Zum Strukturwandel der Familie. 3.Aufl. München.

MITTERAUER, M. (1977/84b): Der Mythos von der vorindustriellen Großfamilie. In: MITTERAUER, M. u. SIEDER, R. (Hrsg.): Vom Patriarchat zur Partnerschaft, S. 38-63. München.

MODELSKI, G. (1987): Long Cycles in World Politics. London.

MOELLER VAN DEN BRUCK (1922/31): Das dritte Reich. 3.Aufl. Hamburg/Berlin/ Leipzig.

MOEWES, W. (1975): Beiträge der angewandten Geographie zur Regionalplanung. Gießener Geogr. Schriften, H.35, S. 135-139.

MOEWES, W. (1980): Grundfragen der Lebensraumgestaltung. Berlin, New York.

MOHS, G. und GRIMM, F. (1983): Geographie und Territorialstruktur in der DDR. Analysen, Trends, Orientierungen. Beiträge z. Geogr. Bd.31. Berlin.

MOMSEN, J.D. (1986): Migration and Rural Development in the Caribbean. Tijdschr. v. Econ. en Soc. Geogr. 77, S. 50-58.

MOMSEN, J.H. und TOWNSEND, J.G. (Hrsg.) (1987): Geography of Gender in the Third World. London.

MONOD, J. (1970/75): Zufall und Notwendigkeit. Philosophische Fragen der modernen Biologie. München. (Originalausgabe 1970).

MOOS, A.J. und DEAR, M.J. (1986): Structuration Theory in Urban Analysis I: Theoretical Exegesis. Environment and Planning, A, Society and Space 18, S. 231-252.

MORRILL, R.L. (1968): Waves of Spatial Diffusion. Journal of Regional Science VIII, S. 1-18.

MORRILL, R.L. (1970): The Shape of Diffusion in Space and Time. Econ. Geogr. 46, S. 259-268.

MORRILL, R.L. (1972): A Geographic Perspective of the Black Ghetto. In: ROSE, H.M. (Hrsg.): Perspectives in Geography, 2: Geography of the Ghetto; S. 29-58. De Kalb, Ill.

MORRILL, R.L. (1984): Presidential Address: The Responsibility of Geography. Ann. of the Assoc. of Am. Geogr. 74, S. 1-8.

MORRILL, R.L. und DORMITZER, J.M. (1979): The Spatial Order: An Introduction to Modern Geography. Belmont, Cal.

MORRILL, R.L. u. PITTS, F.R. (1967): Marriage, Migration, and the Mean Information Field: A Study in Uniqueness and Generality. Ann. of the Ass. of Am. Geogr. 57, S. 401-422.

MORRILL, R.L. u. WOHLENBERG, E.H. (1971): The Geography of Poverty in the United States. New York.

MORTENSEN, H. (1946/47): Fragen der nordwestdeutschen Siedlungs- und Flurforschung im Lichte der Ostforschung. Nachr. d. Akad. d. Wiss. in Göttingen, Phil. Histor. Kl., S. 37-59.

MORTENSEN, H. u. SCHARLAU, K. (1949): Der siedlungskundliche Wert der Kartierung von Wüstungsfluren. Nachr. d. Akad. d. Wiss. in Göttingen, Phil. Histor. Kl.; S. 303-331.

MOSE, I. (1987): Armut in den USA. Geogr. Rundsch. 39, S. 481-484.

MOSE, I. (1989): Eigenständige Regionalentwicklung – Chance für den peripheren ländlichen Raum. Geogr. Zeitschr. 77, S. 154-167.

MOSER, F. (1981): Wissenschaft und Technik im Weltbildwandel. In: MOSER, F. (Hrsg.): Neue Funktionen von Wissenschaft und Technik in den 80er Jahren, S. 109-140. Wien.

MOTTE, M. de la (1983): „Der besoffene Besen" 1938-1983. Anmerkungen zu Informel und Tachismus. In: KÖLTZSCH, G.W. (Hrsg.): Informel, Symposium 8.-12. Okt. 1982. Die Malerei der Informellen heute. Ausstellung 8.Mai – 19.Juni 1983. Moderne Galerie des Saarlandmuseums, S. 9-16. Saarbrücken.

MOTTEK, H. et al. (Hrsg.) (1960): Studien zur Geschichte der Industriellen Revolution in Deutschland. Veröff. d. Inst. f. Wirtsch.-gesch. a. d. Hochsch. f. Ökon. Berlin-Karlshorst, Bd.1. Berlin.

MOWINCKEL, S. (1953): Religion und Kultus. (Aus dem Norw.) Göttingen.

MÜCKE, H. (1988): Historische Geographie als lebensweltliche Umweltanalyse: Studien im Grenzbereich zwischen Geographie und Geschichtswissenschaft. Frankfurt, Bern.

MÜDESPACHER, A. (1990): Telematik: eine Gefahr für die Wirtschaft peripherer Räume? Geogr. Helv. 45, S. 113-121.

MÜGERAUER, R. (1981): Concerning Regional Geography as a Hermeneutical Discipline. Geogr. Zeitschr. 69, S. 57-67.

MÜHLMANN, W.E. (1962): Homo creator. Wiesbaden.

MÜHLMANN, W.E. (1964): Rassen, Ethnien, Kulturen. Soziale Texte Bd.24. Neuwied.

MÜHLMANN, W.E. (1966): Umrisse und Probleme einer Kulturanthropologie. In: MÜHLMANN, W.E. u. MÜLLER, E. (Hrsg.): Kulturanthropologie, S. 15-49. Köln/Berlin.

MÜHLMANN, W.E. (1972a): Akkulturation. In: BERNSDORF, W. (Hrsg.): Wörterbuch der Soziologie, 3 Bde., S. 20-21. Frankfurt/Main.

MÜHLMANN, W.E. (1972b): Kultur. In: BERNSDORF, W. (Hrsg.): Wörterbuch der Soziologie, 3 Bde; S. 479-482. Frankfurt/Main.

MÜLLER, G. (1968): Regionale Unterschiede der natürlichen Bevölkerungsbewegung und die Problematik ihrer Ursachenforschung. Raumf. u. Raumord. 26, S. 201-208.

MÜLLER, H. (1985): Berlin (West) und Berlin (Ost). Sozialräumliche Strukturen einer Stadt mit unterschiedlichen Gesellschaftssystemen. Geogr. Rundsch. 37, S. 437-441.

MÜLLER, H. (1990): Regionale Entwicklung der Arbeitslosigkeit in der Bundesrepublik Deutschland. 47.Dt. Geographentag Saarbrükken 1989, Tagungsber. u. wiss. Abhandl., S. 399-405.

MÜLLER, J.O. (1988): Zum Problem der Entwicklung von Wolof- Bauern und Peulh-Nomaden bei Desertifikation und Ressourcenverfall im Djolof, Senegal. Die Erde 119, S. 253-258.

MÜLLER, K.E. (1973/74): Grundzüge der agrarischen Lebens- und Weltanschauung. In: Paideuma, Jg.19/20, S. 54-124.

MÜLLER, K.V. (1942): Siebungsvorgänge bei der Bildung von Großstadtbevölkerungen. Archiv f. Bevölkerungswiss. u. Bev.politik XII, S. 1-26.

MÜLLER, P. (1977a): Biogeographie und Raumbewertung. Darmstadt.

MÜLLER, P. (1977b): Die Belastbarkeit von Ökosystemen. Schwerpunkt f. Biogeographie d. Univ. d. Saarlandes, Mitt. 8. Saarbrükken.

MÜLLER, P. (1981): Arealsysteme und Biogeographie. Stuttgart.

MÜLLER, W. et al. (1970): Städtebau. Stuttgart.

MÜLLER, W.B. (1958/79): Die Kultur der Unterschicht als ein Entstehungsmilieu für Bandendelinquenz. In: KÖNIG, R. (Hrsg.): Kriminalsoziologie. 2.Aufl. S. 339-359. Wiesbaden. (Zuerst 1958 publ.).

MÜLLER-ARMACK, A. (1940/71): Genealogie der Wirtschaftsstile. In: SCHACHTSCHABEL, H.G. (Hrsg.): Wirtschaftsstufen und Wirtschaftsordnungen, S. 156-207. Darmstadt. (Zuerst 1940 publ.).

MÜLLER-WILLE, L. (1990): Nationen der Vierten Welt in Kanada. Kultur und Raum in Gefahr. Geogr. Rundsch. 42, S. 460-466.

MÜLLER-WILLE, W. (1936): Die Ackerfluren im Landesteil Birkenfeld und ihre Wandlungen seit dem 17./18. Jahrhundert. Beiträge z. Landesk. der Rheinlande, R.2, H.5. Bonn.

MÜLLER-WILLE, W. (1944a): Die Hagenhufendörfer in Schaumburg-Lippe. Pet. Geogr. Mitt. 90, S. 245-247.

MÜLLER-WILLE, W. (1944b): Langstreifenflur und Drubbel. Archiv f. Landes- u. Volksforsch. 8, S. 9-44.

MÜLLER-WILLE, W. (1952): Westfalen. Landschaftliche Ordnung und Bindung eines Landes. Münster.

MUNTON, R.J.C. (1974): Farming on the Urban Fringe. In: JOHNSON, J.H. (Hrsg.): Suburban Growth. Geographical Processes at the Edge of the Western City, S. 201-223. London.

MURDIE, R.A. (1969/71): The Social Geography of the City: Theoretical and Empirical Background. In: BOURNE, L.S. (Hrsg.): Internal Structure of the City., S. 279-290. New York/Toronto etc. (Zuerst 1969 publ.).

MURPHY, A.B. (1988): The Regional Dynamics of Language Differentation in Belgium. A Study in Cultural-Political Geography. Univ.of Chicago, Geogr. Research Paper No. 227.

MURPHY, A.B. (1989): Territorial Policies in Multiethnic States. Geogr. Review 79, S. 410-421.

MURPHY, A.B. (1991): Regions as Social Constructs: The Gap Between Theory and Practice. Progr. i. Human Geogr. 15, S. 22-35.

MURPHY, R.E. (1971): The Central Business District. A Study in Urban Geography. London.

MURPHY, R.E. u. VANCE, J.E. (1954): Delimiting the CBD. Economic Geography 30, S. 189-222.

MYRDAL, G. (1974): Interview mit Willem L. Olmans. In: Grenzen aan de groei. Utrecht/ Antwerpen. Gekürzte dt. Ausgabe: Die Grenzen des Wachstums, pro und contra, S. 33-39. Reinbek bei Hamburg.

MYRDAL, G. (1957/74): Ökonomische Theorie und unterentwickelte Regionen. Frankfurt. (1.Aufl.1957).

NADEL, S.F. (1951/63): Institutionen. In: SCHMITZ, C.A. (Hrsg.): Kultur. Frankfurt/ Main. (Zuerst 1951 publiziert).

NÄGELI-OERTLE, R. (1988): Veränderungen der landwirtschaftlichen Betriebs- und Grundeigentumsstruktur als Abbild des sozialökonomischen Wandels im Berggebiet: das Beispiel Grindelwald. Geogr. Helv. 43, S. 3-13.

NARR, K.J. (1973): Beiträge der Urgeschichte zur Kenntnis der Menschennatur. In: GADAMER, H.G. u. VOGLER, P. (Hrsg.): Neue Anthropologie, Bd.4: Kulturanthropologie. S. 3-62. Stuttgart.

NARR, K.J. (1978): Zeitmaße in der Urgeschichte. Rhein. Westf. Akad. d. Wissensch., Vorträge G 224. Opladen.

NEEF, E. (1950): Das Problem der zentralen Orte. In: Petermanns Geogr. Mitt. 94, S. 6-17,

NEEF, E. (1951/52): Das Kausalitätsproblem in der Entwicklung der Kulturlandschaft. Wiss. Zeitschr. d. Univ. Leipzig, H.2. S. 81-91.

NEEF, E. (1952): Die zentralen Orte als Glieder der Kulturlandschaft. Tagungsber. u. wiss. Abh., Dt. Geographentag Frankfurt 1951, S. 149-153.

NEEF, E. (1967): Die technische Revolution und die Aufgaben der Physischen Geographie. In: MOHS, G. (Hrsg.): Geographie und technische Revolution. S. 28-41. Gotha, Leipzig.

NEEF, E. (1969): Der Stoffwechsel zwischen Gesellschaft und Natur als geographisches Problem. Geographische Rundschau 21, S. 453-459.

NEEF, E. (1976): Nebenwirkungen der gesellschaftlichen Tätigkeiten im Naturraum. Petermanns Geogr. Mitt. 120, S. 141-144.

NEF, J.U. (1968): War and Human Progress. 2.Aufl. New York.

NEGT, O. (1984): Lebendige Arbeit, enteignete Zeit: politische und kulturelle Dimensionen des Kampfes um die Arbeitszeit. Frankfurt.

NERRETER, W. (1985): Dorferneuerung als raumordnungspolitische Entwicklungsaufgabe, dargestellt am Beispiel von vier nordhessischen Dörfern. Urbs et Regio 39. Kassel.

NEUNDORFER, L. (1961): Binnenwanderungen. In: v. BECKERATH, E., BENTE, H. et al. (Hrsg.): Handwörterbuch der Sozialwissenschaften, Bd.11, S. 497-503. Stuttgart, Tübingen etc.

NEWIG, J. (1986): Drei Welten oder eine Welt: Die Kulturerdteile. Geogr. Rundsch. 38, S. 262-267.

NEWTON,I. (1686/1725/1963): Mathematische Prinzipien der Naturlehre. Hrsg. J.Ph. Wolfers. Unveränderter Nachdruck von 1872. Darmstadt. (Zuerst 1686 publ.).

NICKEL, H.J. (1975): Marginalität und Urbanisierung in Lateinamerika. Eine thematische Herausforderung auch an die Politische Geographie. Geogr. Zeitschr. 63, S. 13-30.

NIEMEIER, G. (1944): Gewannfluren, ihre Gliederung und die Eschkerntheorie. Pet. Geogr. Mitt. 90, S. 57-74.

NIEMEIER, G. (1967/69): Siedlungsgeographie. 2.Aufl. Braunschweig.

NIEROP, T. u. VOS, S. de (1988): Of Shrinking Empires and Changing Roles: World Trade Patterns in the Postwar Period. Tijdschr. v. Econ. en Soc. Geogr. 79, S. 343-364.

NIETZSCHE, F. (1873-76/1930): Unzeitgemäße Betrachtungen. Leipzig. (Zuerst 1973-76 publ.).

NIJKAMP, P. u. SALOMON, I. (1985): Telecommunication and the Tyranny of Space. In: GEOFFREY, I.O., HEWINGS, J.O. u. NIJKAMP, P. (Hrsg.): Information Technology: Social and Spatial Perspectives, S. 91-106. Berlin, Heidelberg, New York etc.

NIPPER, J. u. STREIT, U. (1977): Zum Problem der räumlichen Erhaltensneigung in räumlichen Strukturen und raumrelevanten Prozessen. Geogr. Zeitschr. 65, S. 241-263.

NISSEN, H.J. (1983): Grundzüge einer Geschichte der Frühzeit des Vorderen Orients. Darmstadt.

NITSCHKE, A. (1973): Verhalten und Wahrnehmung. In: GADAMER, H.G. u. VOGLER, P. (Hrsg.): Neue Anthropologie. Vol.4: Kulturanthropologie. S. 123-149. Stuttgart.

NITZ, H.-J. (1972): Zur Entstehung und Ausbreitung schachbrettartiger Grundrißformen ländlicher Siedlungen und Fluren. Gött. Geogr. Abh. 60, S. 375-400.

NITZ, H.-J. (1975): Wirtschaftsraum und Wirtschaftsformation. Geogr. Zeitschr., Beihefte 41 (Der Wirtschaftsraum – Festschrift E. Otremba zum 65. Geburtstag); S. 42-58.

NÖBAUER, W. u. TIMISCHL, W. (1979): Mathematische Modelle in der Biologie. Eine Einführung für Biologen, Mediziner und Pharmazeuten. Braunschweig/Wiesbaden.

NOELLE-NEUMANN, E. (1989a): Öffentliche Meinung. In: NOELLE-NEUMANN, E., SCHULZ, W. u. WILKE, J. (Hrsg.): Publizistik, Massenkommunikation. Das Fischer-Lexikon, S. 255-266. Frankfurt.

NOELLE-NEUMANN, E. (1989b): Wirkung der Massenmedien. In: NOELLE-NEUMANN, E., SCHULZ, W. u. WILKE, J. (Hrsg.): Publizistik, Massenkommunikation. Das Fischer-Lexikon, S. 360-400. Frankfurt.

NOELLE-NEUMANN, E. u. STRÜMPEL, B. (1984): Macht Arbeit krank? Macht Arbeit glücklich? Eine aktuelle Kontroverse. München.

NOFTSKER, A.D. (1967): Site Survey of the Jemez Province. Unpubl. Thesis, Dept. of Anthropology, Univ. of New Mexico, Albuquerque.

NOSS, J.B. (1949/74): Man's Religion. 5.Aufl. New York/London.

NOSTRAND, R.L. (1973): „Mexican American" and „Chicano": Emerging Terms for a People Coming of Age. Pacific Historical Review, Vol.42, S. 389-406.

NOSTRAND, R.L. (1976): Los Chicanos: Geographáa histórica regional. Mexico.

NOVOTNY, H. u. SCHMUTZER, M. (1981): Angst vor der Technik oder Angst vor sozialer Kontrolle. In: BÖHME, G. (Hrsg.):

Neue Funktionen von Wissenschaft und Technik in den 80er Jahren, S. 20-51. Wien.

NUHN, H. (1986): Kriegerische Konflikte nach 1945 und ihre Bedeutung für die Dritte Welt. Geogr. Rundsch. 38, S. 585-593.

NUHN, H. u. OSSENBRÜGGE, J. (1988): Polarisierte Siedlungsentwicklung und Dezentralisierungspolitik in Zentralamerika – Teilergebnisse eines Forschungsprojekts in Costa Rica. Zeitschr. f. Wirtschaftsgeogr. 32, S. 230-241.

NUSCHELER, F. (1985): Einleitung: Entwicklungslinien der politikwissenschaftlichen Dritte Welt-Forschung. In: NUSCHELER, F. (Hrsg.): Dritte Welt-Forschung; Entwicklungstheorie und Entwicklungspolitik, S. 7-25. Opladen.

NUTZINGER, H.G. (1985): Ökonomische Aspekte industrieller Arbeit. In: GEORG, KISSLER u. SATTEL (Hrsg.): Arbeit und Wissenschaft: Arbeitswissenschaft?, S. 113-141. Bonn.

NYSTUEN, J.D. (1963/70): Die Bestimmung einiger fundamentaler Raumbegriffe. In: BARTELS, D. (Hrsg.): Wirtschafts- und Sozialgeographie. S. 85-94. Köln, Berlin. (1963 zuerst publ.).

OBERMAIER, D. (1980): Möglichkeiten und Restriktionen der Aneignung städtischer Räume. Dortmunder Beiträge zur Raumpl. 14.

OBST, E. (1922): Eine neue Geographie? In: BANSE, E. (Hrsg.): Die Neue Geographie, Jg.1; S. 4-13.

OBST, E. (1926/69): Die Thünenschen Intensitätskreise und ihre Bedeutung für die Weltgetreidewirtschaft. In: WIRTH, E. (Hrsg.): Wirtschaftsgeographie, S. 195-198. Darmstadt. (Zuerst 1926 publ.).

OBST, E. (1950/51): Das Problem der allgemeinen Geographie. Tagungsber. u. wiss. Abh., Dt. Geographentag München 1948, S. 29-48. Landshut.

OBST, E. u. SPREITZER, H. (1939): Wege und Ergebnisse der Flurforschung im Gebiet der großen Haufendörfer. Pet. Geogr. Mit. 85, S. 1-19.

OCHEL, W. (1982): Die Entwicklungsländer in der Weltwirtschaft. Eine problemorientierte Einführung. Köln.

OGBURN, W. (1957/72): Die Theorie des „Cultural Lag". In: DREITZEL, H.-P. (Hrsg.): Sozialer Wandel, S. 328-338. Neuwied/Berlin. (Zuerst 1957 publ.).

O'LOUGHLIN, J. (1986): Spatial Models of International Conflicts: Extending Current Theories of War Behaviour. Ann. of the Assoc. of Am. Geogr. 76, S. 63-80.

O'LOUGHLIN, J. (1987a): Foreign Minorities in Continental European Cities. In: GLEBE, G. und O'LOUGHLIN, J. (Hrsg.): Foreign Minorities in Continental European Cities. Erdkundl. Wissen H.84, S. 9-29.

O'LOUGHLIN, J. (1987b): Chicago an der Ruhr or what?: Explaning the Location of Immigrants in European Cities. In: GLEBE, G. und O'LOUGHLIN, J. (Hrsg.): Foreign Minorities in Continental European Cities. Erdkundl. Wissen H.84, S. 52-69.

O'LOUGHLIN, J. (1988): Political Geography: Bringing the Context Back. Progr. i. Hum. Geogr. 12, S. 121-137.

O'LOUGHLIN, J. (1989): Political Geography: Coping with Global Restructuring. Progr. i. Hum. Geogr. 13, S. 412-426.

O'LOUGHLIN, J., WALDORF, B. u. GLEBE, G. (1987): The Location of Foreigners in an Urban Housing Market: A Micro-Level Study of Düsseldorf-Oberbilk. Geogr. Zeitschr. 75, S. 22-42.

O'LOUGHLIN, J. und van der WUSTEN, H. (1986): Geography, War and Peace: Notes for a Contribution to a Revived Political Geography. Progr. i. Human Geogr. 10, S. 484-510.

OLSSON, G. (1967/70): Zentralörtliche Systeme, räumliche Interaktion und stochastische Prozesse. In: BARTELS, D. (Hrsg.): Wirtschafts- und Sozialgeographie, S. 141-178. Darmstadt 1970. (Zuerst 1967 publ.).

OPITZ, B. (1989): Umwandlungen von Sozialmiet- in Eigentumswohnungen in München. In: Münchner Wohnungsteilmärkte im Wandel. = Münchener Geogr. Hefte 60, S. 59-84.

OPP, K.-D. (1970): Soziales Handeln, Rollen und soziale Systeme. Stuttgart.

OPP, K.-D. (1972): Verhaltenstheoretische Soziologie. Eine neue soziologische Forschungsrichtung. Reinbek bei Hamburg.

OPPEN, H.J.v (1985): Abwanderung, Arbeitskraftentzug und Subsistenzproduktion in einer peripheren Region Sambias. Zeitschr. f. Wirtsch.geogr. 29, S. 85-96.

OPPENLANDER, K.H. (1984): Zu aktuellen Fragen der Konjunkturbeobachtung. In: BOMBACH, G., GAHLEN, B. UND OTT, A. (Hrsg.): Perspektiven der Konjunkturforschung, S. 189-204. Tübingen.

OSEI-KWAME, P. u. TAYLOR, P.J. (1984): A Politics of Failure; The Political Geography of Ghanaian Elections, 1954-1979. Ann. of the Assoc. of Am. Geogr. 74, 574-589.

OSSENBRÜGGE, J. (1983): Politische Geographie als räumliche Konfliktforschung. Konzepte zur Analyse der politischen und sozialen Organisation des Raumes auf der Grundlage anglo-amerikanischer Forschungsansätze. Hamburger Geogr. Studien 40.

OSSENBRÜGGE, J. (1984): Zwischen Lokalpolitik, Regionalismus und internationalen Konflikten: Neuentwicklung in der angloamerikanischen politischen Geographie. Geogr. Zeitschr. Jg.72, S. 22-33.

OSTNER, I. u. PIEPER, B. (1980): Problemstruktur Familie – oder: Über die Schwierigkeit, in und mit der Familie zu leben. In: OSTNER, I. u. PIEPER, B. (Hrsg.): Arbeitsbereich Familie. Umrisse einer Theorie der Privatheit, S. 96-170. Frankfurt/New York.

OSTWALD, W. (1909): Die energetischen Grundlagen der Kulturwissenschaft. Leipzig.

OTREMBA, E. (1950-51/69): Wertwandlungen in der deutschen Wirtschaftslandschaft. In: WIRTH, E. (Hrsg.): Wirtschaftsgeographie, S. 374-390. Darmstadt. (Zuerst 1950-51 publ.).

OTREMBA, E. (1953/76): Allgemeine Agrar- und Industriegeographie. In: LÜTGENS, R. (Hrsg.): Erde und Weltwirtschaft, Bd.3. Stuttgart.

OTREMBA, E. (1957): Allgemeine Geographie des Welthandels und des Weltverkehrs. In: LÜTGENS, R. (Hrsg.): Erde und Weltwirtschaft, Bd.4. Stuttgart.

OTREMBA, E. (1959/69): Struktur und Funktion im Wirtschaftsraum. In: WIRTH, E. (Hrsg.): Wirtschaftsgeographie, S. 422-440. Darmstadt. (Zuerst 1959 publ.).

OTREMBA, E. (1962/69): Die Gestaltungskraft der Gruppe und der Persönlichkeit in der Kulturlandschaft. In: STORKEBAUM, W. (Hrsg.): Sozialgeographie, S. 104-120. Darmstadt. (Zuerst 1962 publ.).

OTREMBA, E. (1969): Der Wirtschaftsraum – seine geographischen Grundlagen und Probleme. In: LÜTGENS, R. (Hrsg.): Erde und Weltwirtschaft, Bd.1. Stuttgart.

OTREMBA, E. u. AUF DER HEIDE, U. (1975): Einleitung. In: OTREMBA, E. u. AUF DER HEIDE, U. (Hrsg.): Handels- und Verkehrsgeographie. Darmstadt.

OVERBECK, H. (1954/78): Die Entwicklung der Anthropogeographie (insbesondere in Deutschland) seit der Jahrhundertwende und ihre Bedeutung für die geschichtliche Landesforschung. In: FRIED, P. (Hrsg.): Probleme und Methoden der Landesgeschichte, S. 190-271. Darmstadt. (Zuerst 1954 publ.).

OVERBECK, H. (1957): Das politisch-geographische Lehrgebäude von Friedrich Ratzel. Die Erde IX, S. 169-192.

PACH, W. (1983): Pierre Auguste Renoir. 5.Aufl. Köln.

PACIONE, M. (Hrsg.) (1986): Medical Geography: Progress and Prospect. London, Sydney.

PACIONE, M. (Hrsg.) (1987): Social Geography: Progress and Prospect. London.

PACIONE, M. (Hrsg.) (1988): The Geography of the Third World: Progress and Prospect. London, New York.

PACIONE, M. (1990): Conceptual Issues in Applied Urban Geography. Tijdschr. v. Econ. en Soc. Geogr. 81, S. 3-13.

PAFFEN, K.-H. (1959): Stellung und Bedeutung der Physischen Anthropogeographie. Erdkunde 13, S. 354-372.

PAHL, R.E. (1989): Housing, Work and Life Style. Tijdschr. v. Econ. en Soc. Geogr. 80, S. 75-81.

PALEN, J.J. u. LONDON, B. (Hrsg.) (1984): Gentrification, Displacement, and Neighborhood Revitalization. Albany.

PALM, R. (1982): Earthquake Hazard Information: The Experience of Mandated Disclosure. In: HERBERT, D.T. u. JOHNSTON, R.J. (Hrsg.): Geography and the Urban Environment, Vol. 5, S. 241-277. Chichester/New York.

PALM, R. (1985): Ethnic Segmentation of Real Estate Agent Practice in the Urban Housing Market. Ann. of the Assoc. of Am. Geogr. 75, S. 58-68.

PALME, H. (1987): Anmerkungen zur Analyse räumlicher Entwicklungsprozesse. In: FISCHER, M.M. und SAUBERER, M. (Hrsg.): Gesellschaft, Wirtschaft, Raum. Festschrift Stiglbauer. Mitt. d. Arbeitskr. für Neue Methoden in der Regionalforschung, Vol.17, S. 39-45. Wien.

PANOFSKY, E. (1927/85): Die Perspektive als „symbolische Form“. In: PANOFSKY, E.: Aufsätze zu Grundfragen der Kunstwissenschaft, S. 99-167. Berlin.

PANTEL, G. (1989): Möglichkeiten zur Verbesserung der Wohn- und Behausungssituation für die Wohnbevölkerung unterster Einkommen und in überproportional wachsenden Großstädten der Dritten Welt, dargestellt am Beispiel Lima/Peru. Diss. TU Berlin.

PARETO, V. (1916/55): Allgemeine Soziologie. Ausgewählt, eingeleitet und übersetzt von C. BRINKAMNN. Besorgt von W. GERHARD. Tübingen.

PARK, R.E., BURGESS, E.W. u. McKenzie, R.D. (1925/67): The City. Chicago/London. (Neudruck).

PARKER, G. (1988): The Geopolitics of Domination. London.

PARKES, D. und THRIFT, N. (1978): Putting Time in its Place. In: CARLSTEIN, T. u.a.: Timing Space and Spacing Time, Bd.1, S. 119-129. London.

PARSONS, T. (1937/68): The Structure of Social Action. 2 Bde. Glencoe. (1.Aufl. 1937).

PARSONS, T. (1945/73): Systematische Theorie in der Soziologie. Gegenwärtiger Stand und Ausblick. In: PARSONS, T: Soziologische Theorie (Hrsg. H. Maus und F. Fürstenberg), S. 31-64. Darmstadt, Neuwied.

PARSONS, T. (1951a): Some Fundamental Categories of the Theory of Action. In: PARSONS, T. u. SHILS, E.A. (Hrsg.): Toward a General Theory of Action. New York.

PARSONS, T. (1951b): Toward a General Theory of Action. In: PARSONS, T. u. SHILS, E.A. (Hrsg.): Toward a General Theory of Action. New York.

PARSONS, T. (1951c): The Social System. Glencoe.

PARSONS, T. (1958/73): Einige Grundzüge der allgemeinen Theorie des Handelns. In: HARTMANN, H. (Hrsg.): Moderne amerikanische Soziologie, S. 218-244. 2.Aufl. Stuttgart 1973. (Zuerst 1958 publ.).

PARSONS, T. (1961): Introduction. Zum Buch von H. SPENCER: The Study of Sociology (1872/1961). S.V-X. Ann Arbor.

PARTZSCH, D. (1965): Die Funktionsgesellschaft und ihr Verhältnis zur Raumordnung. Die Mitarbeit, Zeitschr. z. Gesellschafts- u. Kulturpolitik, Jg.14, H.3, S. 34-44.

PARTZSCH, D. (1970a): Daseinsgrundfunktionen. Stichwort im Handwörterbuch der Raumforschung und Raumordnung. Akad. f. Raumforsch. u. Raumordnung, Bd.1, S. 424-430. Hannover.

PARTZSCH, D. (1970b): Funktionsgesellschaft. In: Akad. f. Raumf. u. Raumordn. (Hrsg.): Handwörterbuch der Raumforschung und Raumordnung, Bd.I, Sp.861 868. Hannover.

PASSARGE, S. (1919/29): Die Grundlagen der Landschaftskunde. 1.Bd.: Beschreibende Landschaftskunde. 2.Aufl. Hamburg.

PASSARGE, S. (1949): Problemgeographie. Forsch. u. Fortschritte, 25.Jg.; S. 216-219.

PATER, B. van und SMIDT, M. de (1989): Dutch Human Geography. Progr. in Human Geogr. 13, S. 348-373.

PATZELT, W.J. (1987): Grundlagen der Ethnomethodologie. Theorie, Empirie und politikwissenschaftlicher Nutzen einer Soziologie des Alltags. München.

PEACH, C. (1987): Immigration and Segregation in Western Europe Since 1945. In: GLEBE, G. und O'LOUGHLIN, J. (Hrsg.): Foreign Minorities in Continental European Cities. Erdkundl. Wissen H.84, S. 30-51.

PECK, J.A. (1989): Reconceptualizing the Local Labour Market: Space, Segmentation and the State. Progr. i. Hum. Geogr. 13, S. 42-61.

PEET, R. (1985): The Social Origins of Environmental Determinism. Ann. of the Assoc. of Am. Geogr. 75, S. 309-333.

PEET, R. und THRIFT, N. (Hrsg.) (1989): New Models in Geography. 2Bde. Boston, Sydney, Wellington.

PELZER, J. (1935): Die Arbeiterwanderungen in Südostasien. Eine wirtschafts- und bevölkerungsgeographische Untersuchung. Hamburg.

PENCK, A. (1924/69): Das Hauptproblem der Anthropogeographie. In: WIRTH, E. (Hrsg.): Wirtschaftsgeographie, S. 157-180. Darmstadt. (Zuerst 1924 publ.).

PERPEET, W. (1984): Zur Wortbedeutung von „Kultur". In: BRACKERT, H. u. WEFELMEYER, F. (Hrsg.): Naturplan und Verfallskritik, S. 21-28. Frankfurt.

PERROUX, F. (1964): L'economie du XXeme siecle. 2.Aufl. Paris.

PESCHEL, O. (1867/77): Über Carl Ritter, 3. Die Rückwirkung der Ländergestaltung auf die menschliche Gesittung. In: PESCHEL, O.: Abhandlungen zur Erd- u. Völkerkunde (Hrsg.: J. Löwenberg); S. 371-421. Leipzig. (Zuerst 1867 publ.).

PETERSEN, W. (1961/75): Population. 3.Aufl. New York/London.

PETTERSON, O. (1957/78): Magie – Religion. Einige Randbemerkungen zu einem alten Problem. In: PETZOLD, L. (Hrsg.): Magie und Religion. Beiträge zu einer Theorie der Magie. S. 313-324. Darmstadt. (Zuerst 1957 publ.).

PETZOLD, L. (1978): Einleitung. In: PETZOLD, L. (Hrsg.): Magie und Religion. Beiträge zu einer Theorie der Magie. S.VII-XVI. Darmstadt.

PFEIFER, G. (1935): Die Bedeutung der Frontier in den Vereinigten Staaten. Geogr. Zeitschr. 41, S. 138-158.

PFEIFER, G. (1958): Zur Funktion des Landschaftsbegriffes in der deutschen Landwirtschaftsgeographie. Studium generale 11, S. 399-411.

PFEIFER, G. (Hrsg.) (1971): Symposium zur Agrargeographie anläßlich des 80. Geburtstages von Leo Waibel am 22. Februar 1968. Heidelberger Geogr. Arb., H.36.

PFEIL, E. (1950): Großstadtforschung. Veröff. d. Akad. f. Raumforsch. u. Landesplanung, Abh.19. Bremen-Horn.

PFETSCH, F.R. (1989): Konfliktforschung: Krieg und Frieden in neuerer Zeit. Spektrum der Wissenschaft, H.5, Mai 1989, S. 12-16.

PHIPPS, A.C. (1989): Intended-Mobility Responses to Possible Neighborhood Change in an American, a British, and a Canadian Inner-Urban Area. Tijdschr. v. Econ. en Soc. Geogr. 80, S. 43-57.

PIEPER, A. (1985): Ethik und Moral. Eine Einführung in die praktische Philosophie. München.

PIEPER, P. (1964): Das Westfälische in Malerei und Plastik. Der Raum Westfalen, Bd.IV: Wesenszüge seiner Kultur, 3.Teil. Münster.

PIEPER, R. (1987): Region und Regionalismus. Zur Wiederentdeckung einer räumlichen Kategorie in der soziologischen Theorie. Geogr. Rundsch. 39, S. 534-539.

PINDER, W. (1928/49): Das Problem der Generation in der Kunstgeschichte Europas. 4.Aufl. Köln

PINDER, W. (1952-53): Vom Wesen und Werden deutscher Formen. 3 Bde. (jeweils Text- u. Bildband). (2./5. Aufl.). Frankfurt/ Main.

PIRENNE, H. (1933/76): Sozial- und Wirtschaftsgeschichte Europas im Mittelalter. 4.Aufl. München.

PLANITZ, H. (1954): Die deutsche Stadt im Mittelalter. Graz/Köln.

PLATT, R.S. (1931): An Urban Field Study: Marquette, Michigan. Ann. of the Ass. of Am. Geogr., Vol.21; S. 52-73.

PLESSNER, H. (1928/65): Die Stufen des Organischen und der Mensch. Einleitung in die philosophische Anthropologie. 2.Aufl. Berlin.

PLEWE, E. (1932): Untersuchungen über den Begriff der „vergleichenden" Erdkunde und seine Anwendung in der neueren Geographie. Zeitschr. d. Ges. f. Erdkunde z. Berlin, Ergänzungsheft IV.

PLEWE, E. (1960): Alfred Hettner. Seine Stellung und Bedeutung in der Geographie. Heidelberger Geogr. Arb. 6 (Alfred Hettner, Gedenkschrift zum 100. Geburtstag), S. 15-27.

POHL, J. (1986): Geographie als hermeneutische Wissenschaft. Ein Rekonstruktionsversuch. Münchener Geogr. Hefte 52.

POHL, J. (1989): Die Wirklichkeiten von Planungsbetroffenen verstehen. Eine Studie zur Umweltbelastung im Münchener Norden. In: P. SEDLACEK, Hrsg., Programm und Praxis qualitativer Sozialgeographie. = Wahrnehmungsgeographische Studien zur Regionalentwicklung 6, S. 39-64. Oldenburg.

POHL, J. (1990): Die Einschätzung des Wiederkehrrisikos eines Erdbebens in Friaul durch die Bevölkerung. 47.Dt. Geographentag Saarbrücken 1989, Tagungsber. u. wiss. Abhandl., S. 433-436.

POPP, H. (1990): Die Berber. Zur Kulturgeographie einer ethnischen Minderheit im Maghreb. Geogr. Rundsch. 42, S. 70-75.

POPPER, K. (1934/89): Logik der Forschung. 9. Aufl. Tübingen.

POPPER, K. (1960/87): Das Elend des Historismus. Die Einheit der Gesellschaftswissenschaften, Bd.3. 6.Aufl. Tübingen.

POPPER, K. (1973): Objektive Erkenntnis. Ein evolutionärer Entwurf. Hamburg.

POPPER, K. (1987): Die erkenntnistheoretische Position der Evolutionären Erkenntnistheorie. In: RIEDL, R. u. WUKETITS, F.M. (Hrsg.): Die Evolutionäre Erkenntnistheorie; Bedingungen, Lösungen, Kontroversen; S. 29-37. Berlin/Hamburg.

PORTEOUS, J.D. (1985): Smellscape. Progr. i. Hum. Geogr. 9, S. 356-378.

PORTMANN, A. (1956): Zoologie und das neue Bild des Menschen. Hamburg.

POSER, H. (1939): Geographische Studien über den Fremdenverkehr im Riesengebirge. Abh. d. Ges. d. Wiss. zu Göttingen, math.-physik. Kl., 3.Folge, H.20.

POSTMAN, N. (1985): Wir amüsieren uns zu Tode. Urteilsbildung im Zeitalter der Unterhaltungsindustrie. Aus dem Amerikanischen. Frankfurt.

POTTER, R.B. (1989): Urban Housing in Barbados, West Indies. Geogr. Journal 155, S. 81-93.

POTTER, R.B. u. UNWIN, T. (Hrsg.) (1989): The Geography of Urban-Rural Interaction in Developing Countries. London, New York.

POURTIER, R. (1989): Les Etats et le contrôle territorial en Afrique centrale: principes et pratiques. Ann. de Géogr. 98, S. 286-301.

PRATT, G. (1986): Housing Tenure and Social Cleavages in Urban Canada. Ann. of the Assoc. of Am. Geogr. 76, S. 366-380.

PRED, A. (1977): The Choreography of Existence. Comments on Hägerstrand's Time-Geography and its Usefulness. Econ. Geogr. 53, S. 207-221.

PRED, A. (1982): Social Reproduction and the Time-Geography of Everyday Life. In: GOULD, P. und OLSSON, G. (Hrsg.): A Search for Common Ground. S. 157-186. London.

PRED, A. (1984): Place as Historically Contingent Process. Structuration and the Time-Geography of Becoming Places. Ann. of the Assoc. of Am. Geogr. 74, S. 279-297.

PRED, A. (1986): Place, Practice and Structure: Social and Spatial Transformations in Southern Sweden 1750-1850. Oxford.

PREDÖHL, A. (1961): Verkehr. Handwörterbuch d. Sozialwiss. 11, S. 102-111.

PREDÖHL, A. (1962): Das Ende der Weltwirtschaftskrise. Hamburg.

PRESCOTT, J.R.V. (1972/75): Einführung in die politische Geographie. (Aus dem Amerikanischen). München.

PRESTON, D.A. (1990): From Hacienda to Family Farm: Changes in Environment and Society in Pimampiro, Ecuador. Geogr. Journal 156, S. 31-38.

PRESTON, R.E. (1985): Christaller's Neglected Contribution to the Study of the Evolution of Central Places. Progr. i. Hum. Geogr. 9, S. 177-193.

PREUSSER, H. (1990): Mount St. Helens: Hazard und Hazardminimierung nach der Katastrophe. 47.Deutscher Geographentag 1989, Tagungsber. u. wiss. Abhandl., S. 428-433.

PREWO, R., RITSERT, J. u. STRACKE, E. (1973): Systemtheoretische Ansätze in der Soziologie. Eine kritische Analyse. Reinbek bei Hamburg.

PRIGOGINE, I. (1979): Vom Sein zum Werden. Zeit und Komplexität in den Naturwissenschaften. München/Zürich.

PRIGOGINE, I. u. STENGERS, I. (1981): Dialog mit der Natur. München, Zürich.

PROKOP, D.v. (Hrsg.) (1972-73): Massenkommunikationsforschung. 2 Bde. Frankfurt.

PUDUP, M.B. (1988): Arguments within Regional Geography. Progr. i. Hum. Geogr. 12, S. 369-390.

PYLE, L.A. (1985): The Land Market Beyond the Urban Fringe. Geogr. Review 75, S. 32-43.

QUASTEN, H. (1970): Die Wirtschaftsformation der Schwerindustrie im Luxemburger Minett. Arb. a. d. Geogr. Inst. d. Univ. d. Saarlandes, Bd.13. Saarbrücken.

QUASTEN, H. (1975): Die Konzeption der Wirtschaftsformation und ihre Bedeutung für die Wirtschaftsraumanalyse. Geogr. Zeitschr., Beihefte (Der Wirtschaftsraum – Festschrift E. Otremba); S. 59-77. Wiesbaden.

QUASTEN, H. (1985): Begriffe der „Industriegeographie". In: MEYNEN, E. (Hrsg.): International Geographic Glossary. Dt. Ausgabe. S. 533-563. Stuttgart.

QUEEN, S.A. u. CARPENTER, D.B. (1953): The American City. New York/Toronto/London.

RAFFESTIN, C. (1986): Territorialité: Concept ou Paradigme de la géographie sociale? Geogr. Helvetica 41, S. 91-96.

RAGAZ, Ch. (1988): Einleitung „Die Welt der indigenen Völker". Geogr. Helv. 43, S. 163.

RAISCH, M. (1986): Veränderungen des Rollenverhaltens des Mannes. Bundesanstalt für Bevölkerungsforschung, Materialien zur Bevölkerungswissenschaft, H.50. Wiesbaden.

RAMMERT, W. (1982a): Kapitalistische Rationalität und Organisierung der Arbeit. In: LITTEK, W., RAMMERT, W. u. WACHTLER, G. (Hrsg.): Einführung in die Arbeits- und Industriesoziologie, S. 37-61. Frankfurt/New York.

RAMMERT, W. (1982b): Technisierung der Arbeit als gesellschaftlich-historisches Projekt. In: LITTEK, W., RAMMERT, W. u. WACHTLER, G. (Hrsg.): Einführung in die Arbeits- und Industriesoziologie, S. 62-75. Frankfurt/New York.

RAMMERT, W. (1982c): Verwissenschaftlichung der Arbeit: Industrialisierung der Wissensproduktion und der Informationsverarbeit. In: LITTEK, W., RAMMERT, W. u. WACHTLER, G. (Hrsg.): Einführung in die Arbeits- und Industriesoziologie, S. 76-90. Frankfurt/New York.

RAPOPORT, A. (1969): House Form and Culture. Englewood Cliffs, N.J.

RAPPAPORT, R.A. (1967): Pigs for the Ancestors. Ritual in the Ecology of the New Guinea People. New Haven, Conn.

RATHJENS, C. (1990): Strukturen von Staatsform und Machtausübung in Afghanistan. Zur Politischen Geographie eines islamischen Staates. Geogr. Zeitschr. 78, S. 186-197.

RATZEL, F. (1882-91): Anthropo-Geographie. 2 Bde. Stuttgart. (2.Aufl. des 1.Bandes 1899)

RATZEL, F. (1885-88): Völkerkunde. Leipzig.

RATZEL, F. (1897a): Politische Geographie. München.

RATZEL, F. (1897b): Über den Lebensraum. Die Umschau, Bd.1, S. 363-366.

RATZEL, F. (1901/66): Der Lebensraum. Eine biogeographische Studie. Tübingen. (Nachdruck Darmstadt 1966).

RAUCH, Th. u. REDDER, A. (1987): Autozentrierte Entwicklung in ressourcenarmen ländlichen Regionen durch kleinräumige Wirtschaftskreisläufe. Die Erde 118, S. 109-126.

REDDER, A. u. RAUCH, Th. (1987): Möglichkeiten und Grenzen der Umsetzung des Konzepts kleinräumiger Wirtschaftskreisläufe im ländlichen Zambia. Beispiel Nordwest-Provinz 1980-1986. Die Erde 118, S. 127-141.

REED, C. (1962/71): Animal Domestication in the Prehistoric Near East. In: STRUEVER, St. (Hrsg.): Prehistoric Agriculture, S. 423-450. Garden City/New York. (Zuerst 1962 publ.)

REICH, D. (Hrsg.) (1986): Schafft Raum für Frauen – Frauenforschung in der Raumplanung. Fachgebiet Soziologische Grundlagen/ FOPA e.V. (Feministische Organisation von Planerinnen und Architektinnen). Uni Dortmund, Fachbereich Raumplanung.

REICHERT, D. (1987): Zu den Menschenbildern der Sozial- und Wirtschaftswissenschaften. Bremer Beitr. z. Geogr. u. Raumplan., H.11 (D. BARTELS zum Gedenken), S. 27-48.

REICHERT, D. (1988): Möglichkeiten und Aufgaben einer kritischen Sozialwissenschaft: Ein Interview mit Anthony Giddens. Geogr. Helvetica 43, S. 141-147.

RELPH, E. (1986): Violent and Non-Violent Geographies. In: GUELKE, L. (Hrsg.): Geography and Humanistic Knowledge. Dep. of Geogr. Publ. Ser. Nr.25, Waterloo Lectures in Geography Vol.2, S. 69-85.

RELPH, H. (1991): Post-Modern Geography. The Canadian Geographer 35, S. 98-105.

RENFREW, A.C. (1988): Archaeology and Language: The Puzzle of Indo-European Origins. Cambridge.

RESCHER, N. (1985): Die Grenzen der Wissenschaft. (A. d. Engl.). Stuttgart.

REYMOND, H. (1981): Une problématique théorique de la géographie: plaidoyer pour une chorotaxie expérimentale. In: ISNARD, H., RACINE, J.-B. u. REYMOND, H. (Hrsg.) (1981): Problématiques de la géographie. Paris.

RICH, J.M. (1984): Municipal Boundaries in a Discriminatory Housing Market: An Example of Racial Leapfrogging. Urban Studies 21, S. 31-40.

RICHARDSON, L.F. (1960): Statistics of Deadly Quarrels. Chicago.

RICHTER, G. u. SCHMALS, K.M. (1986). Die Krise des ländlichen Raumes – aktiver Strukturwandel und passsive Sanierung am Beispiel der Wachstumsmetropole München und der Entleerungsgebiete Oberpfalz-Nord und Landshut. In: SCHMALS, K.M. u. VOIGT, R. (Hrsg.): Krise ländlicher Lebenswelten – Analysen, Erklärungsansätze und Lösungsperspektiven, S. 193-227. Frankfurt.

RICHTHOFEN, F. v. (1864): Die Metallproduktion Californiens. Pet. Geogr. Mitt., Erg.H. 14.

RICHTHOFEN, F. v. (1877-1912): China, Ergebnisse eigener Reisen. Berlin.

RICHTHOFEN, F. v. (1883): Aufgaben und Methoden der heutigen Geographie. Akademische Antrittsrede, gehalten in der Aula der Universität Leipzig am 27.April 1883. Leipzig.

RICHTHOFEN, F. v. (1891/1908): Ferdinand von Richthofen's Vorlesungen über Allgemeine Siedlungs- und Verkehrsgeographie. (Nach der Mitschrift von 1891 bearbeitet und herausgegeben von Otto Schlüter). Berlin.

RICHTHOFEN, F. v. (1903): Triebkräfte und Richtungen der Erdkunde im 19. Jahrhundert. Zeitschr. d. Ges. f. Erdkunde z. Berlin, Jg.1903, No.9. (Sonderdruck).

RICKERT, H. (1902): Die Grenzen der naturwissenschaftlichen Begriffsbildung. Tübingen/Leipzig.

RIEDL, R. (1987): Kultur – Spätzündung der Evolution? München/Zürich.

RIEDL, R. (1979/88): Biologie der Erkenntnis. Die stammesgeschichtlichen Grundlagen der Vernunft. München.

RIEHL, W.H. (1851-53-55/o.J.): Die Naturgeschichte des deutschen Volkes. In Auswahl hrsg. u. eingeleitet von H. NAUMANN u. R. HALLER. Leipzig. (1.Aufl. 1851, 1853, 1855).

RIEHL, W.H. (1853/61): Land und Leute. 2.Aufl. Stuttgart.

RIESMAN, D. (1958): Die einsame Masse. Hamburg.

RINSCHEDE, G. (1990): Religionstourismus. Geogr. Rundsch. 42, S. 14-20.

RIPPEL, J.K. (1958): Die Entwicklung der Kulturlandschaft am nordwestlichen Harzrand. Schriften d. wirtschaftswiss. Ges. zum Studium Niedersachsens, Reihe AI, Bd. 69.

RIQUET, P. (1989): Mobilité résidentielle, marché immobilier et conjoncture dans les grandes villes allemandes. Ann. de Géogr. 97, S. 1-39.

RITTER, C. (1818/52): Einleitung zu dem Versuche einer allgemeinen vergleichenden Geographie. In: RITTER, C. (1852): Einleitung zur allgemeinen vergleichenden Geographie und Abhandlungen zur Begründung einer mehr wissenschaftlichen Behandlung der Erdkunde. S. 2-62. Berlin.

RITTER, C. (1833/52): Ueber das historische Element in der geographischen Wissenschaft. In: RITTER, C. (1852): Einleitung zur allgemeinen vergleichenden Geographie und Abhandlungen zur Begründung einer mehr wissenschaftlichen Behandlung der Erdkunde. S. 152-181. Berlin.

RITTER, G. (1954-68): Staatskunst und Kriegshandwerk. 4 Bde. München.

RITTER, G. u. RICHTER, W. (1990): Aktuelle Urbanisierungsprozesse in der Türkei. = Geostudien 12. Leverkusen.

RITTER, M. (1889-1908): Deutsche Geschichte im Zeitalter der Gegenreformation und des Dreißigjährigen Krieges 1555-1648. 3 Bde. Stuttgart/Berlin.

RITTER, W. (1991): Allgemeine Wirtschaftsgeographie. München, Wien.

RIVIERE, D. (1987): Migrations d'entreprises et migrations de main-d'oeuvre en Italie. Ann. de Gogr. 96, S. 705-710.

ROBSON, B.T. (1973a): A View on the Urban Scene. In: CHISHOLM, M. u. RODGERS, B. (Hrsg.): Studies in Human Geography, S. 203-241.

ROBSON, B.T. (1973b): Urban Growth: An Approach. London.

ROBSON, B.T. (1975): Urban Social Areas. London.

ROBSON, B.T. (1988): Those Inner Cities: Reconciling the Social and Economic Aims of Urban Policy. Oxford.

RODENWALDT, E. u. JUSATZ, H.J. (Hrsg.) (1952-61): Weltseuchenatlas. 3 Bde. Hamburg.

RÖMHILD, R. (1986): Die „Verkaufte Vergangenheit" – ein soziokulturelles Spannungsfeld: Zur Problematik der tourismusorientierten Umnutzung von Spitzenobjekten historisch-ländlicher Bausubstanz. Zwei Beispiele aus dem nordrheinischen Kreis Waldeck-Frankenberg. In: SCHMALS, K.M. u. VOIGT, R. (Hrsg.): Krise ländlicher Lebenswelten, S. 351-374. Frankfurt.

RÖSSLER, M. (1987): Die Institutionalisierung einer neuen „Wissenschaft" im Nationalsozialismus: Raumforschung und Raumordnung 1935-1945. Geogr. Zeitschr. 75, S. 177-193.

RÖSSLER, M. (1989): Frauenforschung in der Geographie. In: BOCK, St., HÜNLEIN, U., KLAMP, H. und TRESKE, M. (Hrsg.): Frauen(t)räume in der Geographie. Beiträge zur feministischen Geographie. Urbs et Regio 52, S. 45-72. Kassel.

RÖSSLER, M. (1990): „Wissenschaft und Lebensraum": Geographische Ostforschung im Nationalsozialismus. Ein Beitrag zur Disziplingeschichte der Geographie. Hamburger Beitr. z. Wissenschaftsgeschichte 8.

ROGERS, E.M. (1962): Diffusion of Innovations. New York/London.

ROGERS, E.M. (1962/83): Diffusion of Innovations (3.Aufl.). New York, London.

ROGERS, E.M. u. SHOEMAKER, F.F. (1971): Communication of Innovation: A Cross Cultural Approach. (2.Aufl. von ROGERS, E.M. 1962). New York/London.

ROGGE, J.R. (Hrsg.) (1987): Refugees: A Third World Dilemma. Totowa. N.J.

ROHR, H.-G. v. (1988): Applied Geography in the Federal Republic of Germany. Geogr. Zeitschr. 76, S. 96-106.

ROHR, H.-G. v. (1990): Angewandte Geographie. Braunschweig.

ROHR-ZÄNKER, R. (1989): A Review of the Literature on Elderly Migration in the Federal Republic of Germany. Progr. i. Hum. Geogr. 13, S. 209-221.

ROMSA, G. (1986): Geographische Aspekte der Altersforschung in Kanada und in der Bundesrepublik Deutschland. Geogr. Zeitschr. 74, S. 207-224.

ROSE, D. (1984): Rethinking Gentrification: Beyond the Uneven Development of Marxist Urban Theory. Environment and Planning D, Society and Space 2, S. 47-74.

ROSE, H.M. (1970/73): The Development of an Urban Subsystem: The Case of a Negro Ghetto. In: ALBAUM, M. (Hrsg.): Geography and Contemporary Issues. S. 135-156. New York etc. (Zuerst 1970 publ.).

ROSE, H.M. (Hrsg.) (1972): Geography of the Ghetto. Perceptions, Problems, and Alternatives. Perspectives in Geogr. 2. De Kalb/Ill.

ROSEMAN, C.C. (1971): Migration as a Spatial and Temporal Process. Ann. of the Ass. of Am. Geogr. 61, S. 589-598.

ROSENBAUM, H. (1982): Formen der Familie. Untersuchungen zum Zusammenhang von Familienverhältnissen, Sozialstruktur und sozialem Wandel in der deutschen Gesellschaft des 19.Jahrhunderts. Frankfurt.

ROSENBERG, A. (1930): Mythus des 20. Jahrhunderts. München.

ROSSI, P.H. (1955): Why Families Move. Glencoe, Ill.

ROSTOW, W.W. (1960/67): Stadien wirtschaftlichen Wachstums. Eine Alternative zur marxistischen Entwicklungtheorie. 2.Aufl. Göttingen.

ROTH, E. (1988): Die planmäßig angelegten Siedlungen im Deutsch-Banater Militärgrenzbezirk 1765-1821. München. Zugleich Aachen, Techn. Hochschule, Diss., 1984.

ROTH, G. (1986): Selbstorganisation – Selbsterhaltung – Selbstreferentialität: Prinzipien der Organisation der Lebewesen und ihre Folgen für die Beziehung zwischen Organismus und Umwelt. In: DRESS, A., HENDRICHS, H. u. KÜPPERS, G. (Hrsg.): Selbstorganisation; die Entstehung von Ordnung in Natur und Gesellschaft. S. 149-180. München.

ROTH, J. (1985): Zeitbombe Armut. Soziale Wirklichkeit in der Bundesrepublik. Hamburg.

ROTH, R. u. RUCHT, D. (Hrsg.) (1987): Neue soziale Bewegungen in der Bundesrepublik Deutschland. Frankfurt/New York.

ROUSE, I. (1972): Introduction to Prehistory. A Systematic Approach. New York.

ROWE, St. u. WOLCH, J. (1990): Social Networks in Time and Space: Homeless Women in Skid Row, Los Angeles. Ann. of the Ass. of Am. Geogr. 80, S. 184-204.

ROWLES, G.D. (1986): The Geography of Ageing and the Aged: Toward an Integrated Perspective. Progr. i. Hum. Geogr. 10, S. 511-539.

ROWLES, G.D. u. COMEAUX, M.L. (1987): A Final Journey: Post-Death Removal of Human Remains. Tijdschr. v. Econ. en Soc. Geogr. 78, S. 114-124.

ROWLES, G.D. und OHTA, R.J. (Hrsg.) (1983): Aging and Milieu: Environmental Perspectives on Growing Old. New York.

RÜBBERDT, R. (1972): Geschichte der Industrialisierung. Wirtschaft und Gesellschaft auf dem Weg in unsere Zeit. München.

RÜHL, A. (1922/69): Die Wirtschaftspsychologie des Spaniers. In: WIRTH, E. (Hrsg.): Wirtschaftsgeographie, S. 90-125. Darmstadt. (Zuerst 1922 publ.).

RÜHL, A. (1925): Vom Wirtschaftsgeist im Orient. Leipzig.

RÜHL, A. (1927): Vom Wirtschaftsgeist in Amerika. Leipzig.

RUF, O. (1973): Die Eins und die Einheit bei Leibniz. Eine Untersuchung zur Monadenlehre. Meisenheim.

RULE, S.B. (1989): The Emergence of a Racially Mixed Residential Suburb in Johannesburg: Demise of the Apartheid City? Geogr. Journal 155, S. 196-203.

RUPPERT, H. (1988): Konflikte bei der Wanderung von Nomaden in den städtischen Raum. Das Beispiel der Wanderung der Zaghawa nach Omdurman und der Hadandawa nach Port Sudan. Die Erde 119, S. 211-217.

RUPPERT, K. (1968): Die gruppentypische Reaktionsweite – Gedanken zu einer sozialgeographischen Arbeitshypothese. Münchener Studien z. Sozial- u. Wirtschaftsgeogr. 4 (Festschrift W. Hartke), S. 171-184.

RUPPERT, K. (1975): Zur Stellung und Gliederung einer Allgemeinen Geographie des Freizeitverhaltens. Geogr. Rundschau 27, S. 1-6.

RUPPERT, K. u. MAIER, J. (Hrsg.) (1970a): Zur Geographie des Freizeitverhaltens. Beiträge zur Fremdenverkehrsgeographie. Münchner Studien z. Sozial- u. Wirtschaftsgeogr. 6.

RUPPERT, K. u. MAIER, J. (1970b): Naherholungsraum und Naherholungsverkehr – geographische Aspekte eines speziellen Freizeitverhaltens. Münchner Studien z. Sozial- u. Wirtschaftsgeogr. 6, S. 55-77.

RUPPERT, K. u. SCHAFFER, F. (1969): Zur Konzeption der Sozialgeographie. Geogr. Rundschau, 21.Jg., S. 205-214.

RUPPERT, K. u. SCHAFFER, F. (1974): Zu G. Leng's Kritik an der „Münchner" Konzeption der Sozialgeographie. Geogr. Zeitschr. 62, S. 114-118.

RUPPERT, R. (1987): Klima und die Entstehung industrialisierter Volkswirtschaften. Zeitschr. f. Wirtschaftsgeogr. 31, S. 1-11.

RUSSELL, J.C. (1972): Medieval Regions and their Cities. Newton Abbot.

SAARINEN, Th. (1966): Perception of Drought Hazard on the Great Plains. Dept. of Geogr., Research Paper No. 106, Univ. of Chicago.

Saarland in Zahlen (1990): Straßenverkehrsunfälle im Jahr 1988. Sonderhefte, Nr.154.

SACHSSE, H. (1979): Kausalität-Gesetzlichkeit- Wahrscheinlichkeit. Darmstadt.

SACK, R.D. (1980): Conceptions of Space in Social Thought. A Geographic Perspective. London etc.

SACK, R.D. (1983): Human Territoriality; A Theory. Ann. of the Ass. of Am. Geogr. 73, S. 55-74.

SACK, R.D. (1986): Human Territoriality: Its Theory and History. Cambridge.

SACK, R.D. (1988): The Consumer's World: Place as Context. Ann. of the Assoc. of Americ. Geogr. 78, S. 642-664.

SAHLINS, M.D. (1968): Tribesmen. Englewood Cliffs, N.J.

SAILER-FLIEGE, W. (1991): Der Wohnungsmarkt der Sozialmietwohnungen. Angebots- und Nutzerstrukturen, dargestellt am Beispiel aus Nordrhein-Westfalen. Erdkundl. Wissen 104. Stuttgart.

SALINS, P.D. (1971): Household Location Patterns in American Metropolitan Areas. Economic Geogr. 47, S. 234-248.

SANDNER, G. (1961): Agrarkolonisation in Costa Rica. Schriften d. Geogr. Inst. d. Univ. Kiel, Bd.XIX, H.3.

SANDNER, G. (1969): Die Hauptstädte Zentralamerikas; Wachstumsprobleme, Gestaltwandel, Sozialgefüge. Heidelberg.

SANDNER, G. (1985): Zentralamerika und der ferne karibische Westen. Konjunkturen, Krisen und Konflikte 1503-1984. Stuttgart.

SANDNER, G. (1988): Über den Umgang mit Maßstäben und Grenzen. Fragen und Antworten der Politischen Geographie. Festvortrag. 46.Dt. Geographentag München 1987. Tagungsber. u. wiss. Abhandl., S. 35-54. Stuttgart.

SANDNER, G. (1989): The Germania Triumphans Syndrome and Passarge's Erdkundliche Weltanschauung. The Roots and Effects of German Political Geography beyond Geopolitik. Political Geogr. Review 8, S. 341-351.

SANDNER, G. (1990): Zusammenhänge zwischen wissenschaftlichem Dissens, politischem Kontext und antisemitischen Tendenzen in der deutschen Geographie 1918-1945: Siegfried Passarge und Alfred Philippson. Colloquium Geographicum 20, S. 35-49.

SANDNER, G. u. NUHN, H. (1971): Das nördliche Tiefland von Costa Rica. Geographische Regionalanalyse als Grundlage für die Entwicklungsplanung. Univ. Hamburg, Abh. a. d. Gebiet d. Auslandskunde 72 (Reihe C, Bd.21). Berlin/New York.

SANKE, H. (1956): Über Inhalt, Stellung und Gliederung der Politischen und Ökonomischen Geographie. Geogr. Ber. 1, S. 165-176.

SAUER, C.O. (1952): Agricultural Origins and Dispersals. Am. Geogr. Society. New York.

SAUVY, A. (1966/69): General Theory of Population. (Aus dem Franz.) London. (1.Aufl. 1966).

SAXENIAN, A. (1985): The Genesis of Silicon Valley. In: HALL, P. und MARKUSEN, A. (Hrsg.): Silicon Landscapes, S. 20-34. Boston.

SAYCE, R.U. (1933): Primitive Arts and Crafts. Cambridge.

SAYER, A. (1989): The „New“ Regional Geography and Problems of Narrative. Environment and Planning D: Society and Space 7, S. 253-276.

SCHACHT, S. (1988): Die portugiesische Agrarreform und ihre Auswirkungen auf die landwirtschaftlichen Besitz- und Betriebsverhältnisse, dargestellt am Beispiel des Kreises Alcácar do Sal. Erdkunde 42, S. 203-214.

SCHAEFER, F.K. (1953/70): Exzeptionalismus in der Geographie: Eine methodologische Untersuchung. In: BARTELS, D. (Hrsg.): Wirtschafts- u. Sozialgeographie, S. 50-65. Köln/Berlin. (Zuerst 1953 publ.).

SCHÄFERS, B. (1988): Stadtsoziologie in der Bundesrepublik Deutschland. Geogr. Rundsch. 40, H.11, S. 14-17.

SCHÄTZL, L. (1981): Wirtschaftsgeographie 1: Theorie. 2.Aufl. Paderborn etc.

SCHÄUBLE, G. (1984): Theorien, Definitionen und Beurteilung der Armut. Berlin.

SCHAFFER, F. (1968a): Untersuchungen zur sozialgeographischen Situation und und regionalen Mobilität in neuen Großwohngebieten am Beispiel Ulm-Eselsberg. Münchener Geogr. H. 32.

SCHAFFER, F. (1968b): Prozeßhafte Perspektiven sozialgeographischer Stadtforschung – erläutert am Beispiel von Mobilitätserscheinungen. Münchener Studien z. Sozial- u. Wirtschaftsgeogr. 4 (Festschrift W. Hartke), S. 185-207.

SCHAFFER, F. (1970): Räumliche Mobilitätsprozesse in Stadtgebieten. Veröff. d. Akad. f. Raumf. u. Landespl., Forsch.- u. Sitz.ber. 55, S. 55-76. Hannover.

SCHAFFER, F. (1988): Die Identität der Altstadt. Komponenten und Gestaltbarkeit durch kommunale Investitionen. Beispiel Augsburg. 46. Dt. Geographentag München 1987. Tagungsber. u. wiss. Abhandl., S. 172-185. Stuttgart.

SCHAFFER, R. u. SMITH, N. (1986): The Gentrification of Harlem? Ann. of the Assoc. of Am. Geogr. 76, S. 347-365.

SCHÄTZL, L. (1978/81): Wirtschaftsgeographie, Bd.1, 2.Aufl. Paderborn etc.

SCHARLAU, K. (1953): Bevölkerungswachstum und Nahrungsspielraum. Geschichte, Methoden und Probleme der Tragfähigkeitsuntersuchungen. Veröff. d. Akad. f. Raumf. u. Landespl., Abh. 24. Bremen-Horn.

SCHELER, M. (1928/47): Die Stellung des Menschen im Kosmos. 2.Aufl. München.

SCHELSKY, H. (1970/73): Zur soziologischen Theorie der Institution. In: SCHELSKY, H. (Hrsg.): Zur Theorie der Institution, S. 9-26. 2.Aufl. Düsseldorf.

SCHEMPP, H. (1968): Gemeinschaftssiedlungen auf religiöser und weltanschaulicher Grundlage. Tübingen.

SCHENK, W. u. SCHLIEPHAKE, K. (1989): Zustand und Bewertung ländlicher Infrastrukturen: Idylle oder Drama? – Ergebnisse aus Unterfranken. Ber. z. dt. Landesk., S. 157-179.

SCHENK-DANZINGER, L. (1984): Entwicklung, Sozialisation, Erziehung. Wien.

SCHEU, E. (1927/69): Der Einfluß des Raumes auf die Güterverteilung. Ein wirtschaftsgeographisches Gesetz! In: OTREMBA, E. (Hrsg.): Handels- u. Verkehrsgeographie, S. 180-190. Darmstadt. (Zuerst 1927 publ.).

SCHIERENBECK, H. (1987): Grundzüge der Betriebswirtschaftslehre. 9.Aufl. München/Wien.

SCHLEE, G. (1989): Nomadische Territorialrechte: das Beispiel des kenianisch-äthiopischen Grenzlandes. Die Erde 120, S. 131-138.

SCHLENGER, H. (1953): Das deutsche Flüchtlingsproblem. Erdkunde 7. S. 58-60.

SCHLENTHER, U. (1965): Die geistige Welt der Maya. Berlin (Ost).

SCHLESINGER, W. (1963): Beiträge zur deutschen Verfassungsgeschichte des Mittelalters, Bd.1: Germanen, Franken, Deutsche. Göttingen.

SCHLICHT, E.J. (1986): Ökonomische Theorie, speziell auch Verteilungstheorie, und Synergetik. In: DRESS, A., HENDRICHS, H. und KÜPPERS, G. (Hrsg.): Selbstorganisation. Die Entstehung von Ordnung in Natur und Gesellschaft. S. 219-227. München.

SCHLIEPHAKE, K. (1973): Geographische Erfassung des Verkehrs. Ein Überblick über die Betrachtungsweisen des Verkehrs in der Geographie mit praktischen Beispielen aus dem mittleren Hessen. Gießener Geogr. Schriften 28.

SCHLÜTER, O. (1903): Die Siedelungen im nordöstlichen Thüringen. Ein Beispiel für die Behandlung siedelungsgeographischer Fragen. Berlin.

SCHLÜTER, O. (1906): Die Ziele der Geographie des Menschen. München/Berlin.

SCHLÜTER, O. (1919): Die Stellung der Geographie des Menschen in der erdkundlichen Wissenschaft. Geogr. Abende im Zentralinst. f. Erziehung u. Untericht 5. Berlin.

SCHLÜTER, O. (1928): Die analytische Geographie der Kulturlandschaft, erläutert am Beispiel der Brücken. Zeitschr. d. Ges. f. Erdkunde z. Berlin (Sonderband zur 100-Jahr-Feier der Gesellschaft); S. 388-411.

SCHLÜTER, O. (Hrsg.) (ab 1935): Mitteldeutscher Heimatatlas; 2.Aufl., hrsg. von SCHLÜTER, O. u. AUGUST, O. (1958-60-61): Atlas des Saale- und mittleren Elbgebietes. 3 Teile. Leipzig.

SCHLÜTER, O. (1952-53-58): Die Siedlungsräume Mitteleuropas in frühgeschichtlicher Zeit. Forschungen z. dt. Landeskunde, Bde. 63, 74 u. 110. Remagen.

SCHMID, C.F. (1960/79): Verbrechensmorphologie einer Großstadt. In: KÖNIG, R. (Hrsg.): Kriminalsoziologie. 2.Aufl. S. 121-153. Wiesbaden. (Zuerst 1960 publ.).

SCHMID, J. (1976): Einführung in die Bevölkerungssoziologie. Reinbek bei Hamburg.

SCHMID, J. (1984): Bevölkerungsentwicklung und soziale Entwicklung. Der demographische Übergang als soziologische und politische Konzeption. Boppard.

SCHMIDT, A. (1980): Internationale Arbeitsteilung oder ungleicher Tausch. Kontroversen über den Handel zwischen Industrie- und Entwicklungsländern. Frankfurt/New York.

SCHMIDT, G. (1982): „Humanisierung" der Arbeit. In: LITTEK, W., RAMMERT, W. u. WACHTLER, G. (Hrsg.): Einführung in die Arbeits- und Industriesoziologie, S. 163-183. Frankfurt/New York.

SCHMIDT, G. u.a. (1986): Methoden der Datenerschließung und mathematisch-statistischen Aufbereitung in Geographie und Regionalforschung. Beitr. z. Geogr. Bd.33. Berlin.

SCHMIDT, M. (1990): Hermeneutik – der Versuch eines neuen wissenschaftlichen Zugangs zum Dorf. Essener Geogr. Arb. 22, S. 51-72.

SCHMIDT, P.H. (1932): Allgemeine Einführung in die Geographie der Wirtschaft. Jena.

SCHMIDT, R.D. (1951): Sozialgeographische Studien mit Beispielen aus Estland (nach E. Kant). Erdkunde V, S. 249-250.

SCHMIDT-WULFFEN, W.D. (1987): Zehn Jahre entwicklungstheoretischer Diskussion. Ergebnisse und Perspektiven für die Geographie. Geogr. Rundschau 39, S. 130-135.

SCHMIEDER, O. (1932): Länderkunde Südamerikas. Leipzig.

SCHMIEDER, O. (1933): Länderkunde Nordamerikas. Leipzig.

SCHMIEDER, O. (1934): Länderkunde Mittelamerikas. Leipzig/Wien.

SCHMITHÜSEN, J. (1936/74): Zur räumlichen Gliederung des westlichen Rheinischen Schiefergebirges und angrenzender Gebiete. Arb. a. d. Geogr. Inst. d. Univ. d. Saarlandes, Bd.18: J. Schmithüsen, Landschaft und Vegetation. Gesammelte Aufsätze von 1934-1971; S. 53-73. (Zuerst 1936 publ.).

SCHMITHÜSEN, J. (1941/74): Arbeit und Leben der Moselwinzer. Arb. a. d. Geogr. Inst. d. Univ. d. Saarlandes, Bd.18: Josef Schmithüsen, Landschaft und Vegetation. Gesammelte Aufsätze von 1934-1971; S. 74-77. (Zuerst 1941 publ.).

SCHMITHÜSEN, J. (1942/74a): Die landschaftliche Gliederung des lothringischen Raumes. Arb. a. d. Geogr. Inst. d. Univ. d. Saarlandes, Bd.18; J. Schmithüsen, Landschaft und Vegetation. S. 78-94. (Zuerst 1942 publ.).

SCHMITHÜSEN, J. (1942/74b): Vegetationsforschung und ökologische Standortlehre in ihrer Bedeutung für die Geographie der Kulturlandschaft. Arb. a. d. Geogr. Inst. d. Saarlandes, Bd.18; J. Schmithüsen, Landschaft und Vegetation. S. 95-140. (Zuerst 1942 publ.).

SCHMITHÜSEN, J. (1970): Die Aufgabenkreise der Geographischen Wissenschaft. Geogr. Rundschau, Jg. 22, S. 431-437.

SCHMITHÜSEN, J. (1971): Der Formationsbegriff und der Landschaftsbegriff in der Wirtschaftsgeographie. Heidelberger Geogr. Arb. 36 (Symposium zur Agrargeographie anläßlich des 80.Geburtstages von Leo Waibel am 22.Februar 1968; hrsg. von G. Pfeifer); S. 26-34.

SCHMITHÜSEN, J. (1976): Allgemeine Geosynergetik. Lehrbuch der Allg. Geographie XII. Berlin/New York.

SCHMITTHENNER, H. (1938/51): Lebensräume im Kampf der Kulturen. 2.Aufl. Heidelberg.

SCHMITTHENNER, H. (1951): Studien über Carl Ritter. Frankfurter Geogr. Hefte, 25.Jg., H.4.

SCHMITTHENNER, H. (1954): Studien zur Lehre vom geographischen Formenwandel. Münchener Geogr. Hefte 7. Kallmünz/Regensburg.

SCHMÖLDERS, G. (1955/65): Konjunkturen und Krisen. Hamburg. (1.Aufl. 1955).

SCHMÖLDERS, G. (1972): Das Bild vom Menschen in der Wirtschaftstheorie. Von dem Modell des „homo oeconomicus" zur empirischen Verhaltensforschung. In: GADAMER, H.G. u. VOGLER, P. (Hrsg.): Neue Anthropologie, Bd.3: Sozialanthropologie, S. 134-167. Stuttgart.

SCHMOLLER, G. (1890/1968): Das Wesen der Arbeitsteilung und der sozialen Klassenbildung. In: SEIDEL, B. u. JENKNER, S. (Hrsg.): Klassenbildung und Sozialschichtung, S. 1-69. Darmstadt. (Zuerst 1890 publ.).

SCHNÄDELBACH, H. (1982): Transformation der Kritischen Theorie. Besprechung der Arbeit von J.Habermas, Theorie des kommunikativen Handelns. Philos. Rundschau 29, S. 161-178.

SCHNEIDER, H.J. (1987): Kriminologie. Berlin/New York.

SCHNEIDER, K.H. (1990): Die politisch-wirtschaftliche und wissenschaftliche Fremdsteuerung des ländlichen Raumes durch die zentralen Bürokratien. Anmerkungen aus historischer Perspektive. Essener Geogr. Arb. 22, S. 11-37.

SCHNEIDER, N. (1988): Kunst und Gesellschaft: Der sozialgeschichtliche Ansatz. In: BELTING, H., DILLY, H. u.a. (Hrsg.): Kunstgeschichte, eine Einführung. 3.Aufl., S. 305-331. Berlin.

SCHNEIDER-SLIWA, R. (1989): Großstadtpolitik in den USA vor und unter der Reagan-Administration und die „Central City – Suburb Disparität". Die Erde 120, S. 253-270.

SCHNELL, I. (1990): The Israeli Arabs: The Dilemma of Social Integration in Development. Geogr. Zeitschr. 78, S. 78-92.

SCHNEPPE, F. (1970): Gemeindetypisierung auf statistischer Grundlage. Die wichtigsten Verfahren und ihre methodischen Probleme. Veröff. d. Akad. f. Raumf. u. Landespl., Beiträge 5. Hannover.

SCHÖLLER, P. (1953a): Stadtgeographische Probleme des geteilten Berlin. Erdkunde 7, S. 1-11.

SCHÖLLER, P. (1953b): Die rheinisch-westfälische Grenze zwischen Ruhr und Ebbe-Gebirge. Ihre Auswirkungen auf die Sozial- und Wirtschaftsräume und die zentralen Funktionen der Orte. Forsch. z. dt. Landeskunde 27. Remagen.

SCHÖLLER, P. (1953/69): Aufgaben und Probleme der Stadtgeographie. In: SCHÖLLER, P. (Hrsg.): Allgemeine Stadtgeographie, S. 38-97. Darmstadt. (Zuerst 1953 publ.).

SCHÖLLER, P. (1956): Die Pendelwanderung als geographisches Problem. Ber. z. dt. Landeskunde 17,2; S. 254-265.

SCHÖLLER, P. (1957): Wege und Irrwege der politischen Geographie und Geopolitik. Erdkunde XI, S. 1-20.

SCHÖLLER, P. (1957/72): Stadt und Einzugsgebiet. In: SCHÖLLER, P. (Hrsg.): Zentralitätsforschung. S. 267-291. Darmstadt.

SCHÖLLER, P. (1958): Das Ende einer politischen Geographie ohne sozialgeographische Bindung. Erdkunde XII, S. 313-316.

SCHÖLLER, P. (1959/69): Sozialgeographische Aspekte zum Stadt-Umland-Problem. In: STORKEBAUM, W. (Hrsg.): Sozialgeographie, S. 187-192. Darmstadt. (Zuerst 1959 publ.).

SCHÖLLER, P. (1968): Leitbegriffe zur Charakterisierung von Sozialräumen. Münchener Stud. z. Soz.- u. Wirtschaftsgeogr. 4, S. 177-184.

SCHÖLLER, P. (1977): Rückblick auf Ziele und Konzeptionen der Geographie. Geogr. Rundschau 29, S. 34-38.

SCHÖLLER, P. (1978): Einleitung. In: SCHÖLLER, P., DÜRR, P.H. u. DEGE, E: Ostasien, S. 11-15. Frankfurt.

SCHÖLLER, P. (1984): Die Zentren der neuen Religion Japans. Erdkunde 38, S. 288-302.

SCHÖLLER, P. (1986): Städtepolitik, Stadtumbau und Stadterhaltung in der DDR. Erdkundl. Wissen, H.81. Stuttgart.

SCHÖLLER, P. (1987): Die Spannung zwischen Zentralismus, Föderalismus und Regionalismus als Grundzug der politisch- geographischen Entwicklung Deutschlands bis zur Gegenwart. Erdkunde 41, S. 77-106.

SCHOENBERGER, E. (1989): New Models of Regional Change. In: PEET, R. und THRIFT, N. (Hrsg.): New Models in Geography I. S. 115-141. London, Boston.

SCHOLZ, F. (1985): Geteilte Städte. „Teilung“ als Gegenstand geographischer Forschung. Geogr. Rundsch. 37, S. 418-421.

SCHOLZ, F. (1986): Informelle Institutionen versus Entwicklung (Plädoyer für detaillierte empirische Regionalforschung als Grundlage entwicklungsstrategischer Überlegungen und projektbezogener Maßnahmen). Die Erde 117, S. 285-297.

SCHOLZ, F. (1987): Nomaden und Erdöl. Über Lage und Rollen der Beduinen in den Erdölförderländern der arabischen Halbinsel. Geogr. Rundsch. 39, S. 394-401.

SCHOLZ, F. (1988): Position und Perspektiven geographischer Entwicklungsforschung. Zehn Jahre „Geographischer Arbeitskreis Entwicklungstheorien“. Bremer Beitr. z. Geogr. u. Raumpl. H.14, S. 9-35.

SCHOPENHAUER, A. (1819/o.J., ca.1890): Die Welt als Wille und Vorstellung. 2 Bde. Leipzig. (Zuerst 1819 publ.).

SCHREIBER, M. (1990): Großstadttourismus in der Bundesrepublik Deutschland am Beispiel einer segmentorientierten Untersuchung der Stadt Mainz. Mainzer Geogr. Studien 35.

SCHREPFER, H. (1935/69): Über Wirtschaftsräume und ihre Bedeutung für die Wirtschaftsgeographie. In: WIRTH, E. (Hrsg.): Wirtschaftsgeographie, S. 300-313. Darmstadt. (Zuerst 1935 publ.).

SCHRETTENBRUNNER, H. (1970): Bevölkerungsgeographische Studien in einer Fremdarbeitergemeinde Kalabriens. Tagungsber. u. wiss. Abh. 37, Dt. Geographentag Kiel 1969, S. 429-439. Wiesbaden.

SCHRETTENBRUNNER, H. (1971): Gastarbeiter, ein europäisches Problem aus der Sicht der Herkunftsländer und der Bundesrepublik Deutschland. Themen z. Geogr. u. Gemeinschaftskunde. Frankfurt/Berlin/München.

SCHRETTENBRUNNER, H. (1974): Methoden und Konzepte einer verhaltenswissenschaftlich orientierten Geographie. In: FICHTINGER, R. u.a.: Studien zu einer Geographie der Wahrnehmung. Der Erdkundeunterricht, H.19, S. 64-86.

SCHÜTZ, A. (1971a): Gesammelte Aufsätze, Bd.1: Das Problem der sozialen Wirklichkeit. Den Haag.

SCHÜTZ, A. (1971b): Gesammelte Aufsätze, Bd.3: Studien zur phänomenologischen Philosophie. Den Haag.

SCHÜTZ, A. u. LUCKMANN, Th. (1975): Strukturen der Lebenswelt. Neuwied, Darmstadt.

SCHULTZ, H.-D. (1980): Die deutschssprachige Geographie 1800-1970. Ein Beitrag zur Geschichte ihrer Methodologie. Abhandl. d. Geogr. Inst. d. FU, Anthropogeographie 29. Berlin.

SCHULTZ, H.-D. (1981): Carl Ritter – Ein Gründer ohne Gründerleistung? In: LENZ, K. (Hrsg.): Carl Ritter – Geltung und Deutung. S. 55-74. Berlin.

SCHULTZE, A. (1962): Die Sielhafenorte und das Problem des regionalen Typus im Bauplan der Kulturlandschaft. Gött. Geogr. Abh. 27.

SCHULTZE, A. (1970): Allgemeine Geographie statt Länderkunde! Geogr. Rundschau 22, S. 1-10.

SCHULZ, G. (1989): Zum historischen Wandel von Revolutionsbegriff und Revolutionsverständnis. In: LANGEWIESCHE, D. (Hrsg.): Revolution und Krieg. Zur Dynamik historischen Wandels seit dem 18. Jahrhundert, S. 189-209. Paderborn.

SCHULZ, R. (1989): Mediaforschung. In: NOELLE-NEUMANN, E., SCHULZ, W. u. WILKE, J. (Hrsg.): Publizistik, Massenkommunikation. Das Fischer-Lexikon, S. 133-156. Frankfurt.

SCHULZ, W. (1989): Kommunikationsprozeß. In: NOELLE-NEUMANN, E. SCHULZ, W. u. WILKE, J. (Hrsg.) (1989): Publizistik, Massenkommunikation. Das Fischer-Lexikon. Frankfurt.

SCHUMM, W. (1982): Sozialisation durch Arbeit. In: LITTEK, W., RAMMERT, W. u. WACHTLER, G. (Hrsg.): Einführung in die Arbeits- und Industriesoziologie, S. 250-268. Frankfurt/New York.

SCHUMPETER, J.A. (1912/52): Theorie der wirtschaftlichen Entwicklung. 5.Aufl. Berlin.

SCHUMPETER, J.A. (1939/61): Konjunkturzyklen. Eine theoretische, historische und statistische Analyse des kapitaistischen Prozesses. 2 Bde. Göttingen. (1.Aufl. 1939).

SCHWÄGLER, G. (1978): Der Vater in soziologischer Sicht. In: TELLENBACH, H. (Hrsg.): Das Vaterbild im Abendland. Bd.1. S. 149-165. Stuttgart.

SCHWARZ, A. (1989): Der Surrealist als homo ludens. In: SCHWARZ, A. (Hrsg.): Die Surrealisten (Ausstellungskatalog). S. 13-103. Frankfurt.

SCHWARZ, G. (1966/89): Allgemeine Siedlungsgeographie. 4.Aufl. 1988. Berlin.

SCHWARZ, K. (1964): Die Kinderzahlen in den Ehen nach Bevölkerungsgruppen. Ergebnis des Mikrozensus 1962. Wirtschaft u. Statistik, Bd.16, S. 71-77.

SCHWARZ, R. (1981): Informationstheoretische Methoden. Geomod 2. Paderborn.

SCHWEMMER, O. (1976): Theorie der rationalen Erklärung. Zu den methodischen Grundlagen der Kulturwissenschaften. München.

SCHWERDTFEGER, F. (1963/77): Autökologie. Ökologie der Tiere, Bd.1. 2.Aufl. Hamburg/Berlin.

SCHWESIG, R. (1985): Die räumliche Struktur von Außerhausaktivitäten von Bewohnern der Region Hamburg – eine Anwendung der aktionsräumlichen Dispersionsanalyse. Geogr. Zeitschr. 73, S. 206-221.

SCHWIDETZKY, I. (1949): Die Mobilität der Geschlechter und die Stadt-Land-Wanderung. Forschungen und Fortschritte, S. 163-164.

SCHWIDETZKY, I. (1954): Das Problem des Völkertodes. Eine Studie zur historischen Bevölkerungsbiologie. Stuttgart.

SCHWIDETZKY, I. (1959/70): Sozialanthropologie. In: HEBERER, G., SCHWIDETZKY, I. u. WALTER, H. (Hrsg.): Anthropologie. Das Fischer Lexikon. 2.Aufl. S. 253-273. Frankfurt/Main.

SCHWIDETZKY, I. (1971): Hauptprobleme der Anthropologie, Bevölkerungsbiologie und Evolution des Menschen. Freiburg.

SCHWIDETZKY, I. (1974): Grundlagen der Rassensystematik. Mannheim/Wien etc.

SCHWIND, M. (1952/64): Kulturlandschaft als objektiver Geist. In: SCHWIND, M.: Kulturlandschaft als geformter Geist, S. 1-26. Darmstadt. (Zuerst 1952 publ.).

SCHWIND, M. (1972): Allgemeine Staatengeographie. Lehrbuch der allgemeinen Geographie, Bd.VIII. Berlin/New York.

SCHWONKE, M. u. HERLYN, U. (1967): Wolfsburg. Soziologische Analyse einer Industriestadt. Göttinger Abh. z. Soziologie, Bd.12. Stuttgart.

SCOTT, J.P. und SIMPSON-HOUSLEY, P. (1989): Relativizing the Relativizers: On the Postmodern Challenge to Human Geography. Transactions, Institute of British Geographers 14, S. 231-236.

SCRIMSHAW, N.S. u. TAYLOR, L. (1980): Welternährung. Spektrum der Wissenschaft, Nov. 1980, S. 63-73.

SEAMON, D. und MÜGERAUER, R. (Hrsg.) (1985): Dwelling, Place and Environment: Towards a Phenomenology of Person and World. S. 15-31. Boston.

SEDLACEK, P. (Hrsg.) (1978): Regionalisierungsverfahren. Darmstadt.

SEDLACEK, P. (1982a): Kulturgeographie als normative Handlungswissenschaft. In: SEDLACEK, P. (Hrsg.): Kultur-/Sozialgeographie, S. 187-216. Paderborn.

SEDLACEK, P. (1982b): Sinnrationalität als empirische Disposition oder methodisches Prinzip. Bemerkungen im Anschluß an E. Wirth's „Kritische Anmerkungen zu den wahrnehmungszentrierten Forschungsansätzen in der Geographie". Geogr. Zeitschr., Jg. 70, S. 158-160.

SEDLACEK, P. (1988): Wirtschaftsgeographie. Eine Einführung. Darmstadt.

SEDLACEK, P. (1989): Qualitative Sozialgeographie. Versuch einer Standortbestimmung. In: SEDLACEK, P. (Hrsg.): Programm und Praxis qualitativer Sozialgeographie. – Wahrnehmungsgeogr. Studien zur Regionalentwicklung 6, S. 9-19. Oldenburg.

SEDLACEK, P. (Hrsg.) (1989): Programm und Praxis qualitativer Sozialgeographie. Wahrnehmungsgeographische Studien zur Regionalentwicklung, 6. Oldenburg.

SEDLMAYR, H. (1955a): Verluste der Mitte. Die Bildende Kunst des 19. und 20. Jahrhundert als Symptom und Symbol der Zeit. Frankfurt/Main.

SEDLMAYR, H. (1955b): Die Revolution der modernen Kunst. Hamburg.

SEIFRITZ, W. (1987): Wachstum, Rückkopplung und Chaos. Eine Einführung in die Welt der Nichtlinearität und des Chaos. München.

SENGHAAS, D. (1972a): Editorisches Vorwort. In: SENGHAAS, D. (Hrsg.): Imperialismus und strukturelle Gewalt. Analysen über abhängige Reproduktion, S. 7-25. Frankfurt/Main.

SENGHAAS, D. (1972b): Rüstung und Militarismus. Frankfurt/Main.

SENGHAAS, D. (1976): Der Weltmarkt als Sackgasse für Entwicklungsländer. In: Friedensanalysen; Für Theorie und Praxis 3; Schwerpunkt: Unterentwicklung, S. 45-67. Frankfurt/Main.

SENNETT, R. (1985): Autorität. (A. d. Amerik.). Frankfurt.

SHANNON, C. u. WEAVER, W. (1949/76): Mathematische Grundlagen der Informationstheorie. (Aus dem Amerikanischen). München, Wien. (Zuerst 1949 publ.).

SHANTZIS, St.B. u. BEHRENS, W.W. (1976): Der Kontrollmechanismus bei einer primitiven Agrarbevölkerung. In: MEADOWS, D. u. D.H. (Hrsg.): Das globale Gleichgewicht, S. 224-249. Reinbek bei Hamburg.

SHAPCOTT, M. und STEADMAN, Ph. (1978): Rhythms of Urban Activity. In: CARLSTEIN, T., PARKES, D. und THRIFT, N. (Hrsg.): Timing Space and Spacing Time. Vol.2. S. 49-74. London

SHORTRIDGE, J.R. (1985): The Vernacular Middle West. Ann. of the Assoc. of Am. Geogr. 75, S. 48-57.

SIEBEL, W. (1974): Einführung in die systematische Soziologie. München.

SIEDER, R. (1987): Sozialgeschichte der Familie. Frankfurt.

SIEGFRIED, A. (1913): Tableau politique de la France de l'Ouest sous la Troisième République. Paris.

SIEWERT, H.-J. (1979): Lokale Elite-Systeme. Königstein, Ts.

SIMMEL, G. (1908): Der Raum und die räumliche Ordnungen der Gesellschaft. Soziologie, Untersuchungen über die Formen der Vergesellschaftung, S. 614-708. Leipzig.

SIMON, D, (1986): Regional Inequality, Migration and Development: The Case of Zimbabwe. Tijdschr. v. Econ. en Soc. Geogr. 77, S. 7-17.

SIMS, J.H. u. BAUMANN, D.D. (1987): The Adoption of Residential Flood Mitigation Measures: What Price Success? Econ. Geogr. 63, S. 259-272.

SINGER, J.D. (1972): Internationale Kriege der Neuzeit. In: SENGHAAS, D. (Hrsg.): Kritische Friedensforschung. 2.Aufl. S. 55-104. Frankfurt/Main.

SINGER, J.D.u. SMALL, M. (1972): The Wages of War, 1816-1965: A Statistical Handbook. New York.

SLAWINGER, G. (1966): Die Manufaktur in Kurbayern. Forsch. z. Sozial- u. Wirtschaftsgesch., Bd.8. Stuttgart.

SMIDT, M. de (1986): Labour Market Segmentation and Mobility Patterns. Tijdschr. v. Econ. en Soc. Geogr. 77, S. 399-407.

SMIDT, M. de (1989): A New Profile of Urbanization. Tijdschr. v. Econ. en Soc. Geogr. 80, S. 69-74.

SMIT, J.G. (1986): Ländliche Neusiedlung in Mitteleuropa vom Ende des 15.Jahrhunderts bis zur Gegenwart als nationalpolitisches Instrument: Ziele, zeitgenössische Stellungnahmen und Ergebnisse. Erdkunde 40, S. 165-174.

SMITH, A. (1776/86/1963): Eine Untersuchung über das Wesen und den Reichtum der Nationen. Berlin (Ost). (Übersetzg. d. 4.Aufl. 1786; 1.Aufl. 1776).

SMITH, Ch.J. (1988): Public Problems. The Management of Urban Distress. New York, London.

SMITH, D.M. (1973): The Geography of Social Well-Being in the United States. An Introduction to Territorial Social Indicators. New York.

SMITH, N. (1984): Uneven Development. Nature, Capital, and the Production of Space. New York.

SMITH, N. (1986): Gentrification, the Frontier, and the Restructuring of Urban Space. In: SMITH, N. und WILLIAMS, P. (Hrsg.): Gentrification of the City. S. 15-34. Boston, London.

SMITH, N. und WILLIAMS, P. (Hrsg.) (1986): Gentrification of the City. Boston, London.

SMITH, S.J. (1977): Human Geography: A Welfare Approach. London.

SMITH, S.J. (1984): Practicing Humanistic Geography. Ann. of the Assoc. of Amer. Geogr. 74, S. 353-374.

SMITH, S.J. (1989): Social Geography: Social Policy and the Restructuring of Welfare. Progr. in Hum. Geogr. 13, S. 118-128.

SOCHAVA, V.B. (1972): Geographie und Ökologie. Pet. Geogr. Mitt. 116, S. 89-98.

SOCHAVA, V.B. (1974): Das Systemparadigma in der Geographie. Pet. Geogr. Mitt. 114, S. 161-166.

SÖLCH, J. (1924): Die Auffassung der natürlichen Grenzen in der wissenschaftlichen Geographie. Innsbruck.

SOFTESTAD, L.T. (1988): Indigene Völker und Landrechte: Ein Überblick. Geogr. Helv. 43. S. 164-176.

SOJA, E.W. (1989): Postmodern Geographies. The Reassertion of Space in Critical Social Theory. London. New York.

SOMBART, W. (1912/23): Die deutsche Volkswirtschaft im neunzehnten Jahrhundert und im Anfang des 20.Jahrhunderts. 6.Aufl. Berlin.

SOMBART, W. (1931): Grundformen des menschlichen Zusammenlebens. In: Handwörterbuch der Soziologie, S. 221-239. Stuttgart. (Neudruck 1959).

SOMMER, R. (1966): Man's Proximate Environment. Journal of Social Issues XIII, No.4, S. 59-70.

SOPHER, D.E. (1967): Geography of Religions. Found. of Cultural Geogr. Series. Englewood Cliffs/N.J.

SOROKIN, P. u. ZIMMERMANN, C.C. (1929): Principles of Rural- Urban Sociology. New York.

SORRE, M. (1947-52): Les fondements de la géographie humaine. 3 Bde. Paris.

SORRE, M. (1957): Recontres de la Géographie et de la Sociologie. Paris.

SOYEZ, D. (1985): Ressourcenverknappung und Konflikt. Entstehung und Raumwirksamkeit mit Beispielen aus dem Mittelschwedischen Industriegebiet. Arb. a. d. Geogr. Inst. d. Univ. d. Saarl., Bd.35. Saarbrücken.

SPAEMANN, R. u. LÖW, R. (1985): Die Frage Wozu? Geschichte und Wiederentdekkung des teleologischen Denkens. 2.Aufl. München/Zürich.

SPENCER, H. (1872/1961): The Study of Sociology. Neuauflage. Ann Arbor.

SPERLICH, G. (1973): Populationsgenetik. Stuttgart.

SPETHMANN, H. (1928): Dynamische Länderkunde. Breslau.

SPETHMANN, H. (1932-39): Das Ruhrgebiet im Wechselspiel von Land und Leuten, Technik und Politik. 3 Bde. Berlin.

SPIEGEL, E. (1986): Neue Haushaltstypen. Entstehungsbedingungen, Lebenssituation, Wohn und Standortverhältnisse. Frankfurt/ New York.

SPIETHOFF, A. (1932/71): Die allgemeine Volkswirtschaftslehre als geschichtliche Theorie. Die Wirtschaftsstile. In: SCHACHTSCHABEL, H.G. (Hrsg.): Wirtschaftsstufen und Wirtschaftsordnungen, S. 123-155. Darmstadt. (Zuerst 1932 publ.).

SPRANDEL, R. (1968): Das Eisengewerbe im Mittelalter. Stuttgart.

SPRANGER, E. (1914/66): Lebensformen. 9.Aufl. Tübingen. (1.Aufl. 1914).

SPREEN, E. (1966): Räumliche Aktivitätsanalysen. Wirtschaftspol. Stud. a. d. Inst. f. Europ. Wirtschaftspol. d. Univ. Hamburg 7. Göttingen.

SPRINGENSCHMID, K. (1936): Die Staaten als Lebewesen; geopolitisches Skizzenbuch. Leipzig.

SPRONDEL, W.M. (1973): Sozialer Wandel, Ideen und Interessen: Systematisierungen zu Max Webers Protestantischer Ethik. In: Seminar: Religion u. gesell. Entwicklung, Studien z. Protestantismus-Kapitalismus-These Max Webers, S. 206-224. Frankfurt/ Main.

STANDING, G. (1986): Labour Circulation and the Urban Labour Process. Tijdschr. v. Econ. en Soc. Geogr. 77, S. 389-398.

STARK, W. (1974): Grundriß der Religionssoziologie. Freiburg.

STARKEY, K. (1988): Time and Work Organization: A Theoretical and Empirical Analysis. In: YOUNG, M. u. SCHULLER, T. (Hrsg.): The Rhythms of Society, S. 95-117. London/New York.

STEGEMANN, J. (1971/84): Leistungsphysiologie. 3.Aufl. Stuttgart/New York.

STEGMÜLLER, W. (1961/70): Einige Beiträge zum Problem der Teleologie und der Analyse mit zielgerichteter Organisation. In: STEGMÜLLER, W. (Hrsg.): Aufsätze zur Wissenschaftstheorie. Darmstadt. (Zuerst 1961 publ.).

STEGMÜLLER, W. (1973/85): Probleme und Resultate der Wissenschaftstheorie und Analytischen Philosophie. Bd.II: Theorie und Erfahrung. 2.Halbband: Theoriestrukturen und Theoriedynamik. Berlin/Heidelberg/New York. (Zuerst 1961 publ.).

STEGMÜLLER, W. (1987/89): Hauptströmungen der Gegenwartsphilosophie. Eine kritische Einführung. 3 Bde. 7./8.Aufl. Stuttgart.

STEIN, H.F. (1987): Developmental Time, Cultural Space: Studies in Psychogeography. Norman/London.

STEINBACH, F. (1927): Gewanndorf und Einzelhof. In: Historische Aufsätze, Aloys Schulte zum 70. Geburtstag, S. 44-61.

STEINBACH, F. u. PETRI, F. (1939): Zur Grundlegung der europäischen Einheit durch die Franken. Dt. Schriften z. Landes- u. Volksforsch. 1. Leipzig.

STEINBACH, J. (1989): Das räumlich-zeitliche System des Fremdenverkehrs in Österreich. Arb. a.d. Fachgeb. Geographie d. Kath. Univ. Eichstätt Bd.4. München.

STEINBERG, H.G. (1964/69): Fragen einer sozialräumlichen Gliederung auf statistischer Grundlage. In: STORKEBAUM, W. (Hrsg.): Sozialgeographie, S. 193-223. Darmstadt. (Zuerst 1964 publ.).

STEINBERG, H.G. (1967): Methoden der Sozialgeographie und ihre Bedeutung für die Regionalplanung. Beiträge z. Raumpl. 2. Köln.

STEINBERG, H.G. (1986): Sozioökonomische Entwicklung und Apartheid in der Republik Südafrika. Zeitschr. f. Wirtschaftsgeogr. 30, S. 45-62.

STEINGRUBE, W. (1987): Raumanalytische Aspekte der Wahlen zum Deutschen Bundestag. Ber. z. dt. Landesk. 61, S. 83-107.

STEINMETZ, S.R. (1913/35): Die Stellung der Soziographie in der Reihe der Sozialwissenschaften. In: STEINMETZ, S.R.: Gesammelte kleinere Schriften zur Ethnologie und Soziologie, S. 96-107. Groningen/Batavia. (Zuerst 1913 publ.).

STEINMETZ, S.R. (1927): Das Verhältnis von Soziographie und Soziologie. Verh. d. 5.Dt. Soziologentages Wien 1926, S. 217-225. Wien/Tübingen.

STEINMETZ, S.R. (1932/35): Die Soziologie als positive Spezialwissenschaft. In: STEINMETZ, S.R.: Gesammelte kleinere Schriften zur Ethnologie und Soziologie, S. 340-351. Groningen/Batavia. (Zuerst 1932 publ.).

STEINMETZ, S.R. (1935): Gesammelte kleinere Schriften zur Ethnologie und Soziologie, Bd.III. Groningen/Batavia.

STERN, St. (1990): Neuere Ansätze zu Frauen und „Wohnumfeld" im städtischen Raum. Geogr. Helv. 45, S. 24-28.

STETZER, F. (1985): Personality Theory of U.S. Migration Geography. Tijdschr. v. Econ. en Soc. Geogr. 76, S. 43-52.

STEWARD, J.H. (1951): Levels of Socialcultural Integration. Southwestern Journal of Anthropology VII, S. 374-390. Albuquerque.

STEWARD, J.H. (1955): Theory of Culture Change. Urbana (Ill.)

STIENS, G. (1987): Auf dem Wege zu einer regionalistischen Raumorganisation? Über Dezentralisierungstendenzen in der Bundesrepublik Deutschland unter räumlichen Aspekten. Geogr. Rundsch. 39, S. 548-553.

STIENS, G. (1989): Geographische Prognostik aus der Sicht bestehender und möglicher Anwendungsfelder. Neue Anforderungen an eine Disziplin mit Tradition. Geogr. Helv. 44, S. 187-195.

STODDART, D.R. (1965/70): Die Geographie und der ökologische Ansatz. In: BARTELS, D. (Hrsg.): Wirtschafts- und Sozialgeographie, S. 115-124. Köln/Berlin. (Zuerst 1965 publ.).

STOKES, Ch.J. (1962/70): A Theory of Slums. In: DESAI, A.R. u. PILLAI, S.D. (Hrsg.): Slums and Urbanization, S. 55-72. Bombay. (Zuerst 1962 publ.).

STOOB, H. (1956): Kartographische Möglichkeiten zur Darstellung der Stadtentstehung in Mitteleuropa, besonders zwischen 1450 und 1800. Veröff. d. Akad. f. Raumf. u. Landespl., Forsch.- u. Sitzungsberichte (Historische Raumforschung 1), S. 21-76.

STORBECK, D. (1988): Sozialwissenschaftliche Erklärungsansätze für den Tourismus. In: STORBECK, D. (Hrsg.): Moderner Tourismus – Tendenzen und Aussichten. Materialien z. Fremdenverkehrsgeogr. 17. S. 239-255. Trier.

STORM, P.-Ch. u. BUNGE, Th. (Hrsg.) (1988f): Handbuch der Umweltverträglichkeitsprüfung (HdUVP). Ergänzbare Sammlung der Rechtsgrundlagen, Prüfungsinhalte und -methoden für Behörden, Unternehmen, Sachverständige und die juristische Praxis. Berlin.

STRASSEL, J. (1975): Semiotische Aspekte der geographischen Erklärung. Heidelberger Geogr. Arb. 44.

STRAUB, H. (1949/64): Geschichte der Bauingenieurkunst. 2.Aufl. Basel.

STREHMEL, P. u. DEGENHARDT, B. (1987): Arbeitslosigkeit und soziales Netzwerk. In: KEUPP, H. u. RÖHRLE, B. (Hrsg.): Soziale Netzwerke, S. 139-155. Frankfurt.

STRUCK, E. (1985): Formen der ländlichen Abwanderung in der Türkei. Erdkunde 39, S. 50-55.

STRUEVER, S. (Hrsg.) (1971): Prehistoric Agriculture. American Museum Sourcebooks in Anthropology. Garden City, New York.

SUNKEL, O. (1972): Transnationale kapitalistische Integration und nationale Desintegration: Der Fall Lateinamerika. In: SENGHAAS, D. (Hrsg.): Imperialismus und strukturelle Gewalt. S. 258-315. Frankfurt.

SUTHERLAND, J.W. (1973): A General Systems Philosophy for the Social and Behavioral Sciences. In: LASZLO, E. (Hrsg.): The International Liberary of Systems Theory and Philosophy. New York.

SWEET, L.E. (1965/69): Camel Pastoralism in North Arabia and the Minimal Camping Unit. In: VAYDA, A.P. (Hrsg.): Environment and Cultural Behavior. Garden City/ New York. (Zuerst 1965 publ.).

TAAFFE, E.J. u. GAUTHIER jr., H.L. (1973): Geography of Transportation. Englewood Cliffs, N.J.

TANSLEY, A.G. (1935): The Use and Abuse of Vegetational Concepts and Terms. Ecology 16, S. 284-307.

TAYLOR, A.M. (1973): Some Political Implications of the Forrester World System Model. In: LASZLO, E. (Hrsg.): The World System; Models, Norms, Variations. S. 29-68. New York.

TAYLOR, F.W. (1913): Die Grundsätze wissenschaftlicher Betriebsführung. Dt. Ausgabe von ROESLER, R. München/Berlin.

TAYLOR, P.J. (1983): The Question of Theory in Political Geography. In: KLIOT, N. und WATERMAN, St. (Hrsg.): Pluralism and Political Geography. People, Territory and State. S. 9-18. London, Canberra.

TAYLOR, P.J. (1985): Political Geography. World-Economy, Nation-State and Locality. London, New York.

TEILHARD DE CHARDIN, P. (1959/81): Der Mensch im Kosmos. (A. d. Franz., Neuausg.). München.

TELLENBACH, G. (1988): Die westliche Kirche vom 10. bis zum frühen 12. Jahrhundert. Göttingen.

TELLENBACH, H. (1978) (Hrsg.): Das Vaterbild im Abendland. 2Bde. Stuttgart.

TENGLER, H. u. HENNICKE, M. (1987): Dienstleistungsmärkte in der Bundesrepublik Deutschland. Schriften z. Mittelstandsforschung 19 NF. Stuttgart.

TENORTH, H.-E. (1986): Bildung, allgemeine Bildung, Allgemeinbildung. In: TENORTH, H.-E. (Hrsg.): Allgemeine Bildung. Analysen zu ihrer Wirklichkeit, Versuche über ihre Zukunft. S. 7-30. Weinheim/München.

TERLOUW, C.P. (1989): World-System Theory and Regional Geography. A Preliminary Exploration of the Context of Regional Geography. Tijdschr. v. Econ. en Soc. Geogr. 80, S. 206-221.

TERLOUW, C.P. (1990): Regions of the World System: Between the General and the Specific. In: JOHNSTON, R.J., HAUER, J. u. HOEKVELD, G.A. (Hrsg.): Regional Geography. S. 50-66. London/München.

THARUN, E. (1986): „Geplantes" Konfliktpotential in der Stadterneuerung – Überlegungen am Beispiel der Sanierungsgebiete von Frankfurt-Bockenheim. Geogr. Zeitschr. 74, S. 193-207.

THIELE, H. (1986): Berufskrankheiten. Verhüten, Erkennen, Betreuen. München, Wien etc.

THIEME, G. (1984): Disparitäten der Lebensbedingungen – Persistenz oder raumzeitlicher Wandel? Untersuchungen am Beispiel Süddeutschlands 1895 und 1980. Erdkunde 38, S. 258-267.

THOMALE, E. (1972): Sozialgeographie. Eine diziplingeschichtliche Untersuchung zur Entwicklung der Anthropogeographie. Marburger Geogr. Schriften 53.

THOMALE, E. (1978): Entwicklung und Stagnation in der Sozialgeographie. Die Erde 109, S. 81-91.

THOMAS, D.H. (1973): An Empirical Test for Steward's Model of Great Basin Settlement Patterns. Am. Antiquity 38, S. 155-176.

THOMAS, K. (1985): Zweimal deutsche Kunst nach 1945. 40 Jahre Nähe und Ferne. Köln.

THOMI, W. (1985): Zur räumlichen Segregation und Mobilität alter Menschen in Kernstädten von Verdichtungsräumen: Das Beispiel Frankfurt am Main. In: Studien zur regionalen Wirtschaftsgeographie, Frankfurter Wirtsch.- u. Sozialgeogr. Schr. 47, S. 15-58.

THOUEZ, J.-P. (1989): Régions et planification sanitaire. Ann. de Géographie 98, S. 196-212.

THRIFT, N. (1983): On the Determination of Social Action in Space and Time. Environment and Planning, Society and Space 1, S. 23-57.

THRIFT, N. (1985): Flies and Germs: A Geography of Knowledge. In: GREGORY, D. und URRY, J.: Social Relations and Spatial Structures, S. 366-403. London.

THRIFT, N. u. WILLIAMS, P. (Hrsg.) (1987): Class and Space: The Making of Urban Society. London.

THÜNEN, J.H. v. (1826/1921): Der isolirte Staat in Beziehung auf Landwirtschaft und Nationalökonomie. (Hrsg. H. Waentig). 2.Aufl. Jena.

THURNWALD, R.C. (1932): Die menschliche Gesellschaft. Bd 2: Werden, Wandel und Entfaltung von Familien, Verwandtschaft und Bünden im Lichte der Völkerforschung. Berlin/Leipzig.

THURNWALD, R.C. (1936-37/66): Beitäge zur Analyse des Kulturmechanismus. In: MÜHLMANN, W.E. u. MÜLLER, E.W. (Hrsg.): Kulturanthroplogie, S. 356-391. Köln/Berlin. (Zuerst 1936/37 publ.).

TICHY, F. (1958): Die Land- und Waldwirtschaftsformationen des Kleinen Odenwaldes. Heidelberger Geogr. Arb. 3.

TIETZ, B. (1985): Der Handelsbetrieb – Grundlagen der Unternehmenspolitik. München.

TIMMS, D. (1971): The Urban Mosaic. Cambridge Geogr. Studies, Vol.2. Cambridge/ London.

TJADEN, K.H. (1972): Soziales System und sozialer Wandel. Stuttgart.

TOBLER, W.R. (1963/70): Geographischer Raum und Kartenprojektionen. In: BARTELS, D. (Hrsg.): Wirtschafts- und Sozialgeographie. S. 245-277. Köln, Berlin. (Zuerst 1963 publ.).

TOBLER, W.R. (1975): Migration Fields. Als Ms. publ. Papier, das im Rahmen des Forschungsvorhabens „Geographical Patterns of Interaction“, Dept. of Geogr., Univ. of Michigan (1972-74) hergestellt wurde.

TOURAINE, A. (o.J./1975): Industriearbeit und Industrieunternehmen. Vom beruflichen zum technischen System der Arbeit. Histoire ge'ne'rale du travaile, Bd.4, S. 17-31. Paris. Dt. Übersetzg. in: HAUSEN, K. u. RÜRUP, R. (Hrsg.): Moderne Technikgeschichte, S. 291-307. Köln.

TOWNSEND, J.G. (1991): Towards a Regional Geography of Gender. Geogr. Journal 157, S. 25-35.

TOWNSEND, J.G. und MOMSEN, J.H. (1987): Towards a Geography of Gender in Developing Market Economies. In: MOMSEN, J.H., und TOWNSEND, J. (Hrsg.): Geography of Gender in the Third World. S. 27-81. London.

TOYNBEE, A.J. (1950/54): Krieg und Kultur. Militarismus im Leben der Völker. Stuttgart.

TRAUTMANN, W. (1986): Geographical Aspects of Hispanic Colonization on the Northern Frontier of New Spain. Erdkunde 40, S. 241-250.

TREINEN, H. (1965/74): Symbolische Ortsbezogenheit. In: ATTESLANDER, P. u. HAMM, B. (Hrsg.): Materialien zur Siedlungssoziologie, S. 234-259. Köln. (Zuerst 1965 publ.).

TREUE, W. (1976): Die Technik in Wirtschaft und Gesellschaft 1800-1970. In: AUBIN, H. u. ZORN, W. (Hrsg.): Handbuch der deutschten Wirtschafts- und Sozialgeschichte, Bd.2, S. 51-121. Stuttgart.

TREVELYAN, G.M. (1942/48): Kultur- und Sozialgeschichte Englands. Hamburg. (Zuerst 1942 publ.).

TROEGER-WEISS, G. (1987): Regionale und kommunale Fremdenverkehrspolitik in peripheren Räumen. Traditionelle versus neuere Ansätze und Entwicklungen, dargestellt am Beispiel Oberfranken. Zeitschr. f. Wirtsch.-geogr. 31, S. 133-148.

TSCHIERSKE, H. (1961): Raumfunktionale Prinzipien in einer allgemeinen theoretischen Geographie, axiomatische und empirische Bestandteile in ihr. Erdkunde 15, S. 92-109.

TSCHUDY, R. (1960): Die Benediktiner. Orden d. Kirche 4. Freiburg/Schweiz.

TUAN, Y.-F. (1974): Topophilia. A Study of Environmental Perception, Attitudes and Values. Englewood Cliffs, N.J.

TUAN, Y.-F. (1976): Humanistic geography. Ann. of the Ass. of Am. Geogr. 66, S. 266-276.

TUAN, Y.-F. (1978): Sacred Space: Explorations of an Idea. In: BUTZER, K.W. (Hrsg.): Dimensions of Human Geography. Univ. of Chicago, Dept. of Geogr., Research Paper 186. S. 84-99.

TUAN, Y.-F. (1984): Besprechung des Sammelbandes: GOULD, P. und OLSSON, G. (Hrsg.) (1982): A Search for Common Ground. Ann. of the Assoc. of Americ. Geogr. 74, S. 174-178.

TUAN, Y.-F. (1986): Strangers and Strangeness. Geogr. Review 76, S. 10-19.

TUAN, Y.-F. (1989a): Surface Phenomena and Aesthetic Experience. Ann. of the Assoc. of Americ. Geogr. 79, S. 233-241.

TUAN, Y.-F. (1989b): Cultural Pluralism and Technology. Geogr. Review 79, S. 269-279.

TUCKERMANN, W. (1931): Länderkunde der Niederlande und Belgiens. Leipzig, Wien.

TURBA-JURCZYK, B. (1990): Geosystemforschung. Eine disziplingeschichtliche Studie zur Mensch-Umweltforschung in der Geographie. Gießener Geogr. Schriften, H.67.

TURNER, F.J. (1893/1947): Die Grenze. Ihre Bedeutung in der amerikanischen Geschichte. (Aus dem Amerikanischen). Bremen.

TURNEY, O.A. (1929): Prehistoric Irrigation in Arizona. Phoenix.

TZSCHASCHEL, S. (1986): Geographische Forschung auf der Individualebene. Darstellung und Kritik der Mikrogeographie. Münchener Geogr. Hefte 53.

UEXKÜLL, J.v. (1921): Umwelt und Innenwelt der Tiere. 2.Aufl. Berlin.

UHLIG, H. (1963): Die Volksgruppen und ihre Gesellschafts- und Wirtschaftsentwicklung als Gestalter der Kulturlandschaft in Malaya. Mitt. d. österr. Geogr. Gesell. Wien 105, S. 65-94.

UHLIG, H. (1970): Organisation und System der Geographie. Geoforum 1, S. 19-52.

ULACK, R., COSTELLO, M.A. u. PALABRICA-COSTELLO, M. (1985): Circulation in the Philippines. Geogr. Review 75, S. 439-450.

UNDT, W. (1976): Wochenperioden der Arbeitsunfallhäufigkeit im Vergleich mit Wochenperioden von Herzmuskelinfarkt, Selbstmord und täglicher Sterbeziffer. In: HILDEBRANDT, G. (Hrsg.): Biologische Rhythmen und Arbeit. Wien/New York, S. 73-79.

UNGERN-STERNBERG, D. von (1989): Das Image der peripheren Regionen: Ausdruck und Verstärker ihrer Abhängigkeit von den Zentren? Untersucht am Beispiel Oberfranken. Arbeitsmat. z. Raumordnung u. Raumpl. 78. Bayreuth.

United Nations (Hrsg.): (1985): World Population Trends and Development Interrelations and Policies – 1983 Monitoring Report, 2Bde. New York.

UPMEIER, H. (1985): Post-Industrielle Entwicklungstendenzen in der atlantischen Megalopolis: Fallstudie der Großstadtregion Philadelphia. Geogr. Zeitschr. 73, S. 106-124.

URRY, J. (1989): Sociology and Geography. In: PEET, R. und THRIFT, N. (Hrsg.): New Models in Geography. Bd.2. S. 295-317. London, Boston.

UTHOFF, D. (1967): Der Pendelverkehr im Raum Hildesheim. Eine genetische Untersuchung zu seiner Raumwirksamkeit. Göttinger Geogr. Abh. 39.

UTHOFF, D. (1970): Der Fremdenverkehr im Solling und seinen Randgebieten. Gött. Geogr. Abh. 52.

VALKENBURG, S. van u. HUNTINGTON, E. (1935): Europe. New York.

VANBERG, M. (1975): Ansätze der Wanderungsforschung. Folgerungen für ein Modell der Wanderungsentscheidung. Veröff. d. Akad. f. Raumf. u. Landespl., Forsch.- u. Sitzungsber. 95, S. 3-20. Hannover.

VEN, F. van der (1972): Sozialgeschichte der Arbeit. 3 Bde. München.

VENNETIER, P. (1989): Centre, périphérie et flux intra-urbains dans les grandes villes d'Afrique noire. Ann. de Géographie 98, S. 257-285.

VERSTEGE, J.Ch.W. (1942): Geografie. Regionaal onderzoek en geografische ordening. Een systematologische studie. Diss. Utrecht.

VESTER, F. (1976): Ballungsgebiete in der Krise. Eine Anleitung zum Verstehen und Planen menschlicher Lebensräume mit Hilfe der Biokybernetik. Stuttgart.

VESTER, F. u. HESLER, A.v. (1980): Sensitivitätsmodell. Regionale Planungsgemeinschaft Untermain. Frankfurt.

VIDAL de la BLACHE, P.M.(1902): Les conditions géographiques des faits sociaux. Ann. de Geogr. XI, No.55, S. 13-23.

VIDAL de la BLACHE, P.M. (1911): Les genres de vies dans la géographie humaine. Ann. de Geogr. XX, S. 193-212, 289-304.

VIDAL de la BLACHE, P.M. (1922): Principes de Géographie Humaine. Hrsg. v. E. de MARTONNE. Paris.

VIERKANDT, A. (1928/75): Gesellschaftslehre. 2.Aufl. Stuttgart. (Zuerst 1928 publ.).

VOGELSANG, R. (1985): Ein Schema zur Untersuchung und Darstellung ethnischer Minoritäten – erläutert am Beispiel Kanadas. Geogr. Zeitschr. 73, S. 145-162.

VOGELSANG, R. u. Th. KONTULY (1986): Counterurbanisation in der Bundesrepublik Deutschland. Ein Begriff zur Umschreibung gegenwärtiger regionaler Bevölkerungsveränderungen. Geogr. Rundsch. 38, S. 461-468.

VOIGT, F. (1965-73): Verkehr. 2 Bde. Berlin.

VOLLMAR, R. u. HOPF, Ch. (1987): „Der Sunbelt", das Wirtschaftswunderland der USA? Geogr. Rundsch. 39, S. 468-473.

VOLLMER, G. (1985-86): Was können wir wissen? 2Bde. Stuttgart.

VOLLMER, G. (1987): Was Evolutionäre Erkenntnistheorie nicht ist. In: RIEDL, R. u. WUKETITS, F.M. (Hrsg.): Die Evolutionäre Erkenntnistheorie; Bedingungen, Lösungen, Kontroversen; S. 140-155. Berlin/Hamburg.

VOLZ, W. (1926): Der Begriff des Rhythmus in der Geographie. Mitt. d. Ges. f. Erdkunde z. Leipzig f. 1923 bis 1925, S. 8-41.

VOPPEL, G. (1961): Passiv- und Aktivräume und verwandte Begriffe der Raumforschung im Lichte wirtschaftsgeographischer Betrachtungsweise. Forsch. z. dt. Landeskde. 132. Bad Godesberg.

VORLAUFER, K. (1984a): Ferntourismus und Dritte Welt. Frankfurt.

VORLAUFER, K. (1984b): Wanderungen zwischen ländlichen Peripherie- und großstädtischen Zentralräumen in Afrika. Eine migrationstheoretische und -empirische Studie am Beispiel Nairobi. Zeitschr. f. Wirtschaftsgeogr. 28, S. 229-261.

VORLAUFER, K. (1985a): Ethnozentrismus, Tribalismus und Urbanisierung in Kenya. Das Wanderungs- und Segregationsverhalten ethnischer Gruppen am Beispiel Nairobi. In: Studien zur regionalen Wirtschaftsgeographie. Frankfurter Wirtsch.- u. Sozialgeogr. Schr. 47, S. 107-157.

VORLAUFER, K. (1985b): Frauen-Migrationen und sozialer Wandel in Afrika. Das Beispiel Kenya. Erdkunde 39, S. 128-143.

VRIES REILINGH, H. de (1961): De sociale aardrijkskunde als geesteswetenschapp (Human Geography as One of the Humanities). Tijdschr. v. h. Koninkl. Nederl. Aardrijksk. Genootschap Reihe 2, 78; S. 112-122.

VRIES REILINGH, H. de (1962): Soziographie. In: KÖNIG, R. (Hrsg.): Handbuch der empirischen Sozialforschung, Bd.1, S. 522-536. Stuttgart.

VRIES REILINGH, H. de (1968): Gedanken über die Konsistenz in der Sozialgeographie. Münchener Studien z. Sozial- u. Wirtschaftsgeogr. 4 (Festschrift W. Hartke), S. 109-117.

VUUREN, L. van (1932): De Merapi. Bijdrage tot de sociaalgeographische kennis van dit vulkanisch gebied. Geogr. en geolog. Mededeelingen; Anthropo-geografische Reeks, No.2. Utrecht.

VUUREN, L. van (1941): De relatie mensch-natuur. Tijdschr. van het Koninkl. Nederl. Aardijksk. Genootschap, R.2, Bd.58; S. 829-835.

WACHTLER, G. (1982a): Die gesellschaftliche Organisation von Arbeit. Grundbegriff der gesellschaftstheoretischen Analyse des Arbeitsprozesses. In: LITTEK, W., RAMMERT, W. u. WACHTLER, G. (Hrsg.): Einführung in die Arbeits- und Industriesoziologie, S. 14-25. Frankfurt/New York.

WACHTLER, G. (1982b): Lohnarbeit im industriellen Kapitalismus. In: LITTEK, W., RAMMERT, W. u. WACHTLER, G.

(Hrsg.): Einführung in die Arbeits- und Industriesoziologie, S. 26-36. Frankfurt/ New York.

WÄHLER, M. (Hrsg.) (1937): Der deutsche Volkscharakter. Eine Wesenskunde der deutschen Stämme und Volksschläge. Jena.

WAGNER, H. (1900): Lehrbuch der Geographie. (6.Aufl. von Guthe-Wagner's Lehrbuch der Geographie). 1.Bd.: Einleitung, Allgemeine Erdkunde. Hannover/Leipzig.

WAGNER, H.-G. (1972): Der Kontaktbereich Sozialgeographie – Historische Geographie als Erkenntnisfeld für eine theoretische Kulturgeographie. Würzburger Geogr. Arb. 37, S. 29-52.

WAGNER, Ph.L. (1972): Environments and Peoples. Englewood Cliffs.

WAIBEL, L. (1927/69): Die Sierra Madre de Chiapas. In: WIRTH, E. (Hrsg.): Wirtschaftsgeographie, S. 242-248. Darmstadt. (Zuerst 1927 publ.).

WAIBEL, L. (1933a): Probleme der Landwirtschaftsgeographie. Wirtschaftsgeogr. Abh. 1. Breslau.

WAIBEL, L. (1933b): Was verstehen wir unter Landschaftskunde? Geogr. Anzeiger, 34.Jg., S. 197-207.

WALKER, R. (1985): Class, Division of Labour and Employment in Space. In: GREGORY, D. u. URRY, J. (Hrsg.): Social Relation and Spatial Structures, S. 164-189. Houndmills etc.

WALLER, P.P. (1986): Integration von Entwicklungs- und Regionalpolitik als Strategie der Raumgestaltung in Entwicklungsländern. Geogr. Zeitschr. 74, S. 130-142.

WALLNER, E.M. u. FUNKE-SCHMITT-RINK, M. (1980): Soziale Schichten und soziale Mobilität. Heidelberg.

WALTER, F. (1986): Propriété privée, équilibre social et organisation de l'espace. Geogr. Helv. 41, S. 11-16.

WALTER, H. (1969): Der technische Fortschritt in der neueren ökonomischen Theorie. Versuch einer Systematik. Quaestiones Oeconomicae Bd.4. Berlin.

WALTHER, P. (1987): Material zu einer pragmatischen Humangeographie. Geogr. Zeitschr. 75, S. 99-110.

WARDENGA, U. (1987): Probleme der Länderkunde? Bemerkungen zum Verhältnis von Forschung und Lehre in Alfred Hettners Konzept der Geographie. Geogr. Zeitschr. 75, S. 195-207.

WARDENGA, U. (1989): Wieder einmal: „Geographie heute?" Zur disziplinhistorischen Charakteristik einiger Verlaufsmomente in der Geographiegeschichte. Wahrnehmungsgeographische Studien zur Regionalentwicklung, H.6, S. 21-37. Oldenburg.

WARNES, A.M. (1987): Geographical Locations and Social Relationships among the Elderly. In: PACIONE, M. (Hrsg.): Social Geography: Progress and Prospect. S. 252-294. London, New York.

WARNKE, M. (1985): Hofkünstler. Zur Vorgeschichte des modernen Künstlers. Köln.

WARNKE, M. (1988): Gegenstandsbereiche der Kunstgeschichte. In: BETTING, H., DILLY, H. u.a. (Hrsg.): Kunstgeschichte, eine Einführung. 3.Aufl., S. 19-44. Berlin.

WATERMAN, St. und KLIOT, N. (1983): Overview. In: KLIOT, N. und WATERMAN, St. (Hrsg.): Pluralism and Political Geography. People, Territory and State, S. 311-317. London, New York.

WATZLAWICK, K.O., BEAVIN, J.H. u. JACKSON, D.D. (1990): Menschliche Kommunikation. Formen, Störungen, Paradoxien. (A. d. Amerik.). 8.Aufl. Bern/Stuttgart etc.

WEBB, M.C. (1975): The Flag Follows Trade: An essay on the Necessary Interaction of Military and Commercial Factors in State Formation. In: SABLOFF, J.A. u. LAMBERG-KARLOVSKY, C.C. (Hrsg.): Ancient Civilizations and Trade, S. 155-209. Albuquerque.

WEBER, A. (1909/22): Über den Standort der Industrien. 1.Teil: Reine Theorie des Standorts. (Zuerst 1909 publ.). Tübingen.

WEBER, E. (Hrsg.) (1988): Development and redistribution and labour force in agrarian regions of Europeen socialist and capitalist countries: proceedings. Greifswalder geographische Arbeiten, 6. Greifswald 1988.

WEBER, M. (1920a): Die protestantische Ethik und der Geist des Kapitalismus. In: WEBER, M.: Gesammelte Aufsätze zur Religionssoziologie, Bd.1; S. 18-56. Tübingen.

WEBER, M. (1920b): Die Wirtschaftsethik der Weltreligionen. Einleitung. In: WEBER, M.: Gesammelte Aufsätze zur Religionssoziologie, Bd.1; S. 238-248. Tübingen.

WEBER, M. (1921/72): Wirtschaft und Gesellschaft. Grundriß der verstehenden Soziologie. 5.Aufl. (Studienausgabe). Tübingen.

WEHNER, W. (1987): Modelle zur Beschreibung territorialer Prozesse. Dargestellt am Beispiel des Instrumentariums „Regionalstruktur der Güterströme der DDR". In: AURADA, K.D. (Redaktionskollegium) (1987): Strukturen und Prozesse in der Geographie. Beiträge zur quantitativ arbeitenden Geographie. Wiss. Abh. d. Geogr. Ges. d. Dt. Demokr. Republ. 19, S. 125-133. Gotha.

WEICHHART, P. (1975): Geographie im Umbruch. Ein methodologischer Beitrag zur Neukonzeption der komplexen Geographie. Wien.

WEICHHART, P. (1986): Das Erkenntnisobjekt der Sozialgeographie aus handlungstheoretischer Sicht. Geogr. Helvetica 41, S. 84-90.

WEICHHART, P. (1990): Raumbezogene Identität: Bausteine zu einer Theorie räumlich-sozialer Kognition und Identifikation. Erdkundliches Wissen 102. Stuttgart.

WEICHHART, P., WEIXLBAUMER, N. u.a. (1990): Partizipative Planung auf der Stadtteilsebene. Nutzerspezifische Problemsichten am Beispiel kulturbezogener Infrastruktur in Lehen (Salzburg). Ber. z. dt. Landesk. 64, S. 105-130.

WEINBERG, St. (1977): Die ersten drei Minuten. München.

WEISBACH, W. (1945): Religiöse Reform und mittelalterliche Kunst. Einsiedeln/Zürich.

WEISCHET, W. (1977): Die ökologische Benachteiligung der Tropen. Stuttgart.

WEIZSÄCKER, C.F.v. (1977): Der Garten des Menschlichen. Beiträge der geschichtlichen Anthropologie. München.

WELLERSHOFF, D. (1976): Die Auflösung des Kunstbegriffs. Frankfurt/Main.

WELLMAN, B. (1988): Structural Analysis: From Method and Metaphor to Theory and Substance. In: WELLMAN, B. und BERKOWITZ, S.D. (Hrsg.): Social Structures: A Network Approach. S. 19-61. Cambridge, New York etc.

WELLMAN, B. und BERKOWITZ, S.D. (Hrsg.) (1988): Social Structures: A Network Approach. Cambridge, New York.

WELSCH, W. (1987): Unsere postmoderne Moderne. Acta Humaniora. Weinheim.

WENDT, W.R. (1986): Die ökologische Aufgabe: Haushalten im Lebenszusammenhang. In: MÜHLUM, A. u.a. (Hrsg.): Umwelt und Lebenswelt, Beiträge zu Theorie und Praxis ökosozialer Arbeit. S. 7-84. Frankfurt.

WENSKUS, R. (1961): Stammesbildung und Verfassung. Das Werden des mittelalterlichen Gentes. Köln/Graz.

WERLEN, B. (1986a): Einleitung zum Themaheft „Sozialgeographie". Geogr. Helvetica 41, S. 55-56.

WERLEN, B. (1986b): Thesen zur handlungstheoretischen Neuorientierung sozialgeographischer Forschung. Geogr. Helvetica 41, S. 67-76.

WERLEN, B. (1988a): Gesellschaft, Handlung und Raum. Grundlagen handlungstheoretischer Sozialgeographie. 2.Aufl. Stuttgart.

WERLEN, B. (1988b): Von der Raum- zur Situationswissenschaft. Geogr. Zeitschr. 76, S. 193-208.

WERNER, F. (1971): Zur Raumordnung in der DDR. Berlin.

WESTERN, J. (1984): Social Engineering through Spatial Manipulation. Apartheid in South African Cities. In: CLARKE, C., LEY, D. und PEACH, C. (Hrsg.): Geography and Ethnic Pluralism. S. 113-140. London.

WHALLEY, D. (1988): Neighborhood Variations in Moderate Housing Rehabilitation Program Impacts: An Accounting Model of Housing Quality Change. Econ. Geogr. 64, S. 45-61.

WHITE, Ch.L. u. RENNER, G.T. (1936): Geography. An Introduction to Human Ecology. New York/London.

WHITE, G.F. (1945): Human Adjustment to Floods. Dept. of Geogr., Research Paper No. 29, Univ. of Chicago.

WHITE, L. (1943): Energy and the Evolution. Am. Anthropologist 45, S. 335-356.

WHITE, P. (1984): The West European City. A Social Geography. London, New York.

WHITE, P. (1987): The Migrant Experience in Paris. In: GLEBE, G. und O'LOUGHLIN, J. (Hrsg.): Foreign Minorities in Continental Eurpean Cities. Erdkundl. Wissen H.84, S. 184-198.

WHITEHAND, J.W.R. (1987): The Changing Face of Cities. A Study of Development Cycles and Urban Form. Oxford.

WHITEHAND, J.W.R. (1988): The Changing Urban Landscape: The Case of London's High-Class Residential Fringe. Geogr. Journal 154, S. 351-366.

WHITEHEAD, A.N. (1929/87): Prozeß und Realität. Entwurf einer Kosmologie. Frankfurt/Main. (Zuerst 1929 publ.).

WHITTAKER, R.H. (1975): Communities and Ecosystems. 2.Aufl. New York.

WHYTE, W.F. (1943/74): Social Organization in the Slums. In: GREER, S. u. GREER, A.L. (Hrsg.): Neighborhood and Ghetto. S. 37-45. New York. (Zuerst 1943 publ.).

WIEBE, D. (1985): Afghanische Flüchtlingslager in Pakistan. Kulturgeographische Probleme einer Zwangsmigration im islamisch-orientalischen Raum. Geogr. Zeitschr. 73, S. 222-244.

WIEGELMANN, G. (1970): Innovationszentren in der ländlichen Sachkultur Mitteleuropas. In: Volkskultur und Geschichte. Festgabe für Josef Dünninger zum 65.Geburtstag. S. 120-136. Berlin.

WIEHN, E. (1968): Theorien der sozialen Schichtung. München.

WIEMER, L. (1991): Das Modell Wadern; ein Beispiel für die Stadtsanierung in der Bundesrepublik Deutschland. Zulassungsarbeit zur fachwissenschaftlichen Prüfung für das Lehramt an Gymnasien. Ms. Saarbrücken.

WIENER, N. (1948/68): Kybernetik. Regelung und Nachrichtenübertragung in Lebewesen und Maschinen. Reinbek bei Hamburg. (1.Aufl. 1948).

WIESE, B. (1989): Plantagen und Bauernwirtschaften in den Tropen: Vom Konflikt zur Kooperation? Geogr. Rundsch. 41, S. 406-412.

WIESENDAHL, E. (1987): Neue soziale Bewegungen und moderne Demokratietheorie. Demokratische Elitenherrschaft in der Krise. In: ROTH, R. u. RUCHT, D. (Hrsg.): Neue soziale Bewegungen in der Bundesrepublik Deutschland, S. 364-384. Frankfurt/New York.

WIESSNER, R. (1988): Probleme der Stadterneuerung und jüngerer Wohnungsmodernisierung in Altbauquartieren aus sozialgeographischer Sicht. Mit Beispielen aus Nürnberg. Geogr. Rundsch. 40, H.11, S. 18-25.

WIESSNER, R. (1989): Münchner Wohnungsteilmärkte im Wandel und die Relevanz geographischer Forschungsperspektiven (Einführung). In: Münchner Wohnungsteilmärkte im Wandel. = Münchener Geogr. Hefte 60, S. 8-24.

WIETING, R.G. u. HÜBSCHLE, J. (1968): Struktur und Motive der Wanderungsbewegungen in der BRD, unter besonderer Berücksichtigung der kleinräumigen Mobilität. Basel.

WIGGERSHAUS, R. (1986): Die Frankfurter Schule. Geschichte, theoretische Entwicklung, politische Bedeutung. München/Wien.

WIHELMY, H. (1952): Südamerika im Spiegel seiner Städte. Hamburg.

WILLEY, G.R. u. SHIMKIN, D.B. (1971): The Collaps of Classic Maya Civilization in the Southern Lowlands: A Symposium Summary Statement. Southwest Journal of Anthropology Vol. 27, S. 1-18.

WILLIAMS, C.H. (1985): Conceived in Bondage – Called unto Liberty: Reflections on Nationalism. Progr. i. Hum. Geogr. 9, S. 331-355.

WILSON, B. (1970): Religiöse Sekten. München.

WILSON, D. (1987): Urban Revitalization on the Upper West Side of Manhattan: An Urban Managerialist Assessment. Economic Geogr. 63, S. 35-47.

WILSON, E.O. (1975): Sociobiology; The New Synthesis. Cambridge,Mass./London.

WILSON, E.O. u. BOSSERT, W.H. (1973): Einführung in die Populationsbiologie. (Aus dem Amerik.). Berlin/Heidelberg etc.

WIMMER, J. (1885): Historische Landschaftskunde. Innsbruck.

WINDELBAND, W. (1894): Geschichte und Naturwissenschaft. Rede zum Antritt des Rektorats. Straßburg.

WINDHORST, H.-W. (1972): Gedanken zur räumlichen Ordnung der Forstwirtschaft. Ein Beitrag zur Forstgeographie. Geogr. Zeitschr. 60, S. 357-374.

WINDHORST, H.-W. (1974): Agrarformationen. Geogr. Zeitschr. 62, S. 272-294.

WINDHORST, H.-W. (1983): Geographische Innovations- und Diffusionsforschung. Erträge d. Forsch. 189. Darmstadt.

WINDHORST, H.-W. (Hrsg.) (1987): The Role of Geography in the Post-Industrial Society. Vechtaer Arb. z. Geogr. u. Regionalwiss. Bd.5.

WINKLER, E. (1935): Über das System der Anthropogeographie. Geogr. Wochenschrift 3, S. 1073-1078.

WINKLER, E. (1961/69): Zur Systematik der Sozialgeographie. In: STORKEBAUM, W. (Hrsg.): Sozialgeographie, S. 63-74. Darmstadt. (Zuerst 1961 publ.).

WINNERS-RUNGE, E. (1934): Landflucht in Konjunktur und Krise. Die Wirtschaftskurve 13, S. 61-66. Frankfurt.

WINZ, H. (1952): Die soziale Gliederung von Stadträumen. Der „natural area"-Begriff in der amerikanischen Sozialökölogie. Verh. d. Dt. Geographentages Frankfurt 1951, S. 141-148.

WIRTH, A. (1990): Bewahrung lokalen Bewußtseins bei Umsiedlungsmaßnahmen im rheinischen Braunkohlenrevier. Ber. z. dt. Landesk. 64, S. 157-173.

WIRTH, E. (1956/69): Der heutige Irak als Beispiel orientalischen Wirtschaftsgeistes. In: WIRTH, E. (Hrsg.): Wirtschaftsgeographie, S. 391-421. Darmstadt. (Zuerst 1956 publ.).

WIRTH, E. (1965): Zur Sozialgeographie der Religionsgemeinschaften im Orient. Erdkunde 19, S. 265-284.

WIRTH, E. (1969a): Zum Problem einer allgemeinen Kulturgeographie. Raummodelle – kulturgeographische Kräftelehre – raumrelevante Prozesse – Kategorien. Die Erde, 100.Jg., S. 155-193.

WIRTH, E. (1969b): Wirtschaftsgeographie, Einleitung. In: WIRTH, E. (Hrsg.): Wirtschaftsgeographie, S.IX-XVIII. Darmstadt.

WIRTH, E. (1977): Die deutsche Sozialgeographie in ihrer theoretischen Konzeption und in ihrem Verhältnis zur Sozialgeographie und Geographie des Menschen. Geogr. Zeitschr. 65, S. 161-187.

WIRTH, E. (1978): Zur wissenschaftstheoretischen Problematik der Länderkunde. Geogr. Zeitschr. 66, S. 241-261.

WIRTH, E. (1979a): Theoretische Geographie. Grundzüge einer Theoretischen Kulturgeographie. Stuttgart.

WIRTH, E. (1979b): Zum Beitrag von G. Bahrenberg „Anmerkungen zu E. Wirths vergeblichem Versuch…". Geogr. Zeitschr. 67, S. 158-162.

WIRTH, E. (1981): Kritische Anmerkungen zu den wahrnehmungszentrierten Forschungsansätzen in der Geographie. Umweltpsychologisch fundierter „Behavioral Approach" oder Sozialgeographie auf der Basis moderner Handlungstheorien? Geogr. Zeitschr. 69, S. 161-198.

WIRTH, E. (1984): Geographie als moderne theorieorientierte Sozialwissenschaft. Erdkunde 38, S. 73-79.

WIRTH, E. (1987): Franken gegen Bayern – ein nur vom Bildungsbürgertum geschürter Konflikt? Aspekte regionalen Zugehörigkeitsbewußtseins auf der Mesoebene. Ber. z. dt. Landeskunde 61, S. 271-297.

WITTFOGEL, K.A. (1955): Developmental Aspects of Hydraulic Societies. In: STEWARD, J.H. et al. (Hrsg.): Irrigation Civilizations, S. 43-52. Washington.

WITTGENSTEIN, L. (1953/67): Philosophische Untersuchungen. Bd.1 der „Schriften" (Suhrkamp-Ausgabe). Übers. v. G.E.M. ANSCOMBE. Oxford. (Zuerst 1953 ersch.).

WÖHE, G. (1960/76): Einführung in die Allgemeine Betriebswirtschaftslehre. 12. Aufl. München. (1.Aufl. 1960).

WÖHLKE, W. (1969): Die Kulturlandschaft als Funktion von Veränderlichen. Überlegungen zu einer dynamischen Betrachtung in der Kulturgeographie. Geogr. Zeitschr. 21, S. 298-308.

WOLCH, J. und DEAR, M. (Hrsg.) (1989): The Power of Geography. How Territory Shapes Social Life. Boston.

WOLF, K. (1989a): Aufgaben der Geographie der Freizeit und des Tourismus in der „Freizeitgesellschaft". In: ELSASSER, H. (Hrsg.) (1989): Beiträge zur Freizeit-, Erholungs- und Tourismusforschung I. Wirtschaftsgeogr. u. Raumpl. 4, S. 7-25. Zürich (Geogr. Inst.).

WOLF, K. (1989b): Freizeitforschung und Regionalbewußtsein. Zur Problematik qualitativer Ansätze am Beispiel des Hessischen Ried. Freie Univ. Berlin, Inst. f. Tourismusforschung. Berichte u. Materialien Nr.6.

WOLF, K. u. JURCZEK, P. (1986): Geographie der Freizeit und des Tourismus. Stuttgart.

WOLFF, K.H. (1972): Soziale Kontrolle (Social Control). In: BERNSDORF, W. (Hrsg.): Wörterbuch der Soziologie. 3Bde. S. 722-726. Frankfurt.

WOLLMANN, H. u. JAEDICKE, W. (1989): The Rise and Fall of Public Housing. Tijdschr. v. Econ. en Soc. Geogr. 80, S. 82-88.

WOLPERT, J. (1963/70): Eine räumliche Analyse des Entscheidungsverhaltens in der mittelschwedischen Landschaft. In: BARTELS, D. (Hrsg.): Wirtschafts- u. Sozialgeographie, S. 380-387. Köln/Berlin. (Zuerst 1963 publ.).

WOLPERT, J. (1966/73): Migration as an Adjustment to Environmental Stress. In: ALBAUM, M. (Hrsg.): Geography and Contemporary Issues; Studies of Relevant Problems, S. 417-427. New York/London etc. (Zuerst 1966 publ.).

WOOD, W.B. (1989): Long Time Coming: The Repatriation of Afghan Refugees. Ann. of the Assoc. of Am. Geogr. 79, S. 345-369.

WORMINGTON, H.M. (1947/68): Prehistoric Indians of the Southwest. The Denver Museum of the Natural History, Pop. Ser. 7. Denver. (8.Ausgabe).

WRIGHT, J.K. (1947/66): Terrae Incognitae: The Place of the Imagination in Geography. In: WRIGHT, J.K.: Human Nature in Geography, S. 68-88. Cambridge/Mass. (Zuerst 1947 publ.).

WRIGLEY, E.A. (1969): Bevölkerungsstruktur im Wandel. Methoden und Ergebnisse der Demographie. (Aus dem Engl.). München.

WUNDER, B. (1986): Geschichte der Bürokratie in Deutschland. Frankfurt.

WURZBACHER, G. u. PFLAUM, R. (1954): Das Dorf im Spannungsfeld industrieller Entwicklung. Stuttgart.

YOUNG, E.C. (1924): The Movement of Farm Population. Cornell Univ. Agricult. Experim. Stat. Bull. No.426. Ithaca (New York).

YOUNG, M. u. SCHULLER, T. (1988): Introduction: Towards Chronlogy. In: YOUNG, M. u. SCHULLER, T. (Hrsg.): The Rhythms of Society, S. 1-16. London/New York.

ZAPF, W. (1965): Wandlungen der deutschen Elite. Ein Zirkulationsmodell deutscher Führungsgruppen, 1919-61. Studien zur Soziologie 2. München.

ZAPF, W. (1970): Einleitung zum Sammelwerk „Theorien des Sozialen Wandels" (Hrsg. W. Zapf); S. 11-32. Köln/Berlin.

ZAPF, W. (Hrsg.) (1970): Theorien des sozialen Wandels. 2.Aufl. Köln/Berlin.

ZANG, G. (1986): Randwelten – wie ein dörflicher Strukturumbruch Lebensläufe und diese Lebensläufe den Strukturumbruch beeinflußt haben. In: SCHMALS, K.M. u. VOIGT, R. (Hrsg.): Krise ländlicher Lebenswelten. Analysen, Erklärungsansätze und Lösungsperspektiven, S. 91-132. Frankfurt.

ZELINSKY, W. (1970): A Prologue to Population Geography. Englewood Cliffs/N.J.

ZELINSKY, W. (1971): The Hypothesis of the Mobility Transition. Geogr. Review 61, S. 219-249.

ZELINSKY, W., KOSINSKY, L.A. and PROTHERO, R. (Hrsg.) (1970): Geography in a Crowding World. A Symposium on Population Pressures upon Physical and Social Resources in the Developing Lands. New York/London/Toronto.

ZERUBAVEL, E. (1981): Hidden Rhythms. Schedules and Calendars in Social Life. Chicago/London.

ZERUBAVEL, E. (1985): The Seven Day Circle. New York.

ZIELKE, E. (1982): Die Japaner in Düsseldorf. Manager- Mobilität – Voraussetzungen und Folgen eines Typs internationaler geographischer Mobilität. Düsseld. Geogr. Schr. 19.

ZIMMERMANN, H. et al. (1973): Regionale Präferenzen. Wohnorientierung und Mobilitätsbereitschaft der Arbeitnehmer als Determinanten der Regionalpolitik. Gesell. f. Regionale Strukturentwicklung, Schriftenreihe Bd.2.

ZIMMERMANN, W. (1967-74): Methoden der Evolutionswissenschaft. In: HEBERER, G. (Hrsg.): Die Evolution der Organismen; 3 Bde. 3.Aufl. Stuttgart.

ZIMPEL, H.-G. (1963): Vom Religionseinfluß in den Kulturlandschaften zwischen Taurus und Sinai. Mitt. d. Geogr. Gesell. München 48, S. 123-171.

ZIPF, G.K. (1949): Human Behavior and the Principle of Least Effort. An Introduction to Human Ecology. Cambridge/Mass.

ZÖGNER, L. (1966): Hugenottendörfer in Nordhessen. Marburger Geogr. Schr., H.28.

ZOOMERS, E.B. (1986): From Structural Push to Chain Migration: Notes on the Persistence of Migration to Ciudad Juarez, Mexico. Tijdschr. v. Econ. en Soc. Geogr. 77, S. 59-67.

ZORN, W. (1971): Sozialgeschichte 1500-1648; Gewerbe und Handel 1648-1800; Sozialgeschichte 1648-1800. In: AUBIN, H. u. ZORN, W. (Hrsg.): Handbuch der deutschen Wirtschafts- und Sozialgeschichte, Bd.1, S. 465-494; 531-573; 574-607. Stuttgart.

ZUBROW, E.B. (1971): Carrying Capacity and Dynamic Equilibrium in the Prehistoric Southwest. Am. Antiquity 36 (2), S. 127-138.

ZUBROW, E.B. (1975): Prehistoric Carrying Capacity: A Model. Menlo Park/Cal.

ZÜNDORF, L. (1979): Einleitung. In: ZÜNDORF, L. (Hrsg.): Industrie- und Betriebssoziologie. Darmstadt.

Register

Personen werden nur dann erwähnt, wenn über deren Arbeit im Text genauer berichtet wird. Mit Kursivdruck werden die den Begriff erläuternden Kapitel angezeigt.